Energy Systems
Engineering
Evaluation and Implementation
Fourth Edition

Francis M. **Vanek**
Louis D. **Albright**
Largus T. **Angenent**
Michael W. **Ellis**
David A. **Dillard**

제4판

에너지 시스템 공학

김용찬 심준형 이동찬 이성혁 이호성
정 석 정지환 정진택 조홍현 옮김

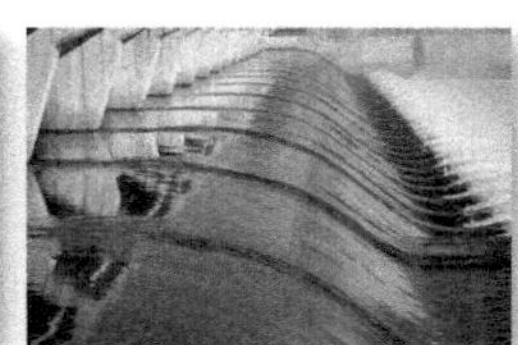

TEXT BOOKS
텍스트북스

Energy Systems Engineering: Evaluation and Implementation, 4th Edition.

1 2 3 4 5 6 7 8 9 10 Textbooks 20 24

Original: Energy Systems Engineering: Evaluation and Implementation, 4th Edition. © 2022
By Francis Vanek, Louis Albright, Largus Angenent
ISBN 9781260456400

This authorized Korean translation edition is jointly published by McGraw-Hill Education Korea, Ltd. and Textbooks. This edition is authorized for sale in the Republic of Korea

This book is exclusively distributed by Textbooks.
When ordering this title, please use ISBN 979-11-91679-36-6

Printed in Korea

옮긴이 소개

김용찬 고려대학교 기계공학부
이동찬 서울시립대학교 기계정보공학과
이호성 고려대학교 기계공학부
정지환 부산대학교 기계공학부
조홍현 조선대학교 기계공학과
심준형 고려대학교 기계공학부
이성혁 중앙대학교 기계공학부
정 석 고려대학교 기계공학부
정진택 고려대학교 기계공학부

산업통상자원부(MOTIE)와 한국에너지평가원(KETEP)의 지원을 받아 출판됨.
(NO. RS-2024-00397362)

에너지 시스템 공학 제4판

발행일 2024년 12월 30일 4판 1쇄

지은이 Francis M. Vanek · Louis D. Albright · Largus T. Angenent · Michael W. Ellis · David A. Dillard

옮긴이 김용찬 · 심준형 · 이동찬 · 이성혁 · 이호성 · 정 석 · 정지환 · 정진택 · 조홍현

발행인 임은정 발행처 (주)텍스트북스

주소 서울시 영등포구 양평로 30길 14, 세종앤까뮤스퀘어 1109호

전화 02-702-5725 팩스 02-702-5727 웹사이트 www.textbooks.co.kr

등록번호 제2022-000098호

ISBN 979-11-91679-36-6 93550

정가 45,000원

옮긴이 머리말

Preface by the Translator

에너지 시스템 공학이 교육에서 차지하는 비중이 점차 증가하고 있다. 이는 고갈되는 화석에너지 자원을 대체할 지속 가능 에너지원의 발굴이 시급하고, 기후변화에 대응하여 탄소중립에 기여할 수 있는 핵심 기반 기술에 대한 교육의 필요성이 증가되고 있기 때문이다. 이어 따라 공학교육을 담당하고 있는 우리들은 에너지 시스템 공학 전반에 대한 강의를 할 수 있는 교재를 찾아왔고, 에너지 사용과 인류 문명과의 관계, 화석연료 연소로 발생하는 이산화탄소에 의한 기후변화, 에너지 시스템의 경제성, 전통적 화석연료 연소 시스템, 재생에너지 기술, 원자력에너지 기술, 미래 에너지 전망 등 에너지 시스템 기술 전 분야가 포함되기를 원했다. Francis M. Vanek, Louis D. Albright, Largus T. Angenent, Michael W. Ellis, David A. Dillard가 공동 저술한 『에너지 시스템 공학(Energy Systems Engineering)』 4판은 최근 동향을 반영한 에너지 전반에 대한 교육이 가능한 요소들을 모두 포함하고 있다.

『에너지 시스템 공학』 4판은 3판에 신규로 에너지 절약과 관련된 6장과 새로운 기술을 제시한 17장이 추가되어 총 18장으로 구성되어 있다. 1장과 2장에서는 에너지 시스템의 다양한 분야들을 살펴보며, 지속 가능한 발전, 에너지와 경제 활동 간의 관계, 에너지 시스템의 평가에 사용되는 경제 도구 등을 소개하였다. 3장과 4장에서는 21세기 에너지 시스템의 방향을 형성할 주요 요인인 기후변화와 화석연료 가용성을 살펴보고 있다. 5장에서 14장까지는 고정된 위치에서 에너지를 생산하는 시스템들, 즉 화석연료 연소, 에너지 절약 및 에너지 효율 전략, 탄소 포집, 원자력, 태양에너지, 풍력에너지 및 생물학적 에너지 등을 소개하였다. 15장과 16장에서는 교통 시스템에서 사용하기 위한 에너지 변환을 다루고, 17장은 몇 가지 새로운 기술의 개요를 제시하였으며, 18장에서 이 책의 결론을 제공하였다. 온라인에서 접근 가능한 책의 부록은 시스템 공학 및 정책 도구의 배경과 다양한 기술적 표를 포함하고 있다.

『에너지 시스템 공학』 4판의 번역에는 9명의 기계공학과 교수들이 참여하였다, 1장과 6장은 고려대 이호성 교수, 2장, 13장, 18장은 고려대 심준형 교수, 3장과 8장은 부산대 정지환 교수, 4장, 11장, 16장은 조선대 조홍현 교수, 5장은 고려대 정진택 교수, 7장과 12장은 고려대 김용찬 교수, 9장과 10장은 중앙대 이성혁 교수, 14장과 15장은 고려대 정석 교수, 17장은 서울시립대 이동찬 교수가 적극적으로 번역을 담당하여 주었다. 4판의 번역과 교정에 참여한 모든 분들께 진심으로 감사드린다. 이 책이 에너지 시스템 공학 교육에 많이 활용되어 공학교육 발전에 기여하기를 바란다.

2024년 12월 2일

김용찬 적음

제4판 머리말

Preface to the Fourth Edition

『에너지 시스템 공학』 4판은 에너지 시스템 전문가와 이 분야에 관심 있는 학생들을 대상으로 주요 에너지 관련 기술 지식을 전달하는 것을 목적으로 한다. 이러한 지식은 에너지 시스템이 어떻게 작동하고 이들을 어떻게 정량적으로 평가할 수 있으며 비용은 어떻게 되는지, 또한 자연환경에 미치는 영향과 이점은 무엇인지에 대한 내용을 포함한다. 이 책의 또 다른 목적은 이러한 에너지 시스템이 현재까지 어떻게 구축되었고, 미래에는 어떻게 구현될지를 독자들에게 개괄적으로 설명하는 것이다. 인류(특히 빈곤한 국가의 사람들)에게 좀 더 나은 삶을 제공하고자 하는 갈망은 기본 에너지 자원을 바꾸는 문제와 대기 중 이산화탄소 증가에 따른 기후변화의 영향이라는 두 가지 문제에 얽혀 있는데, 인류가 에너지 분야에서 이러한 난관에 봉착한 적은 아마도 없었을 것이다. 여러 분야의 에너지 시스템 엔지니어들 그리고 공학 이외 관련 분야 사람들 역시 이러한 도전에 직면하고 있다.

2008년에 출판된 이 책의 초안 작성을 시작한 2004년 이후로 17년이 지났다. 2016년에 3판이 나온 이후 일부 추세는 같은 방향으로 계속 지속된 반면, 다른 추세는 다른 방향으로 이동하기 시작하였다. 예를 들어, 이산화탄소 배출량과 재생에너지 설치 용량의 변화는 전 세계 에너지 분야의 도전과 기회를 강조한다. 2004년 화석연료 사용으로 인한 세계 탄소 배출량은 7.6기가톤의 탄소 환산량에 달하였다. 2012년의 수치는 9.7기가톤으로, 단 8년 만에 연간 배출량이 2.1기가톤 증가한 것이다. 반면, 2012년부터 2019년까지의 배출량은 9.6~10.2기가톤 사이의 정체 상태를 유지한 후 2020년 세계적인 유행병으로 인해 감소하였다. 높은 배출량은 대기 중 이산화탄소를 증가시키지 않고 에너지 수요를 충족시켜야 하는 도전이 커지고 있음을 의미하며, 대규모 발전소에서 소형 개인 차량에 이르기까지 새롭게 추가된 에너지 소비 장치들을 통해 사람들은 미래에도 지속적인 에너지 공급을 기대하고 있다. 몇 년 동안 '배출 정체기' 상태를 유지하는 것은 지속 가능한 방식으로 에너지 수요를 충족시키기 위한 첫 번째 단계이다. 나아가 사회는 그 정체기를 벗어나 하향 경사면으로 들어가는 다음 단계를 밟아야 한다.

좀 더 희망적인 예로, 우리는 10장과 13장에서 전 세계의 태양열, 풍력 및 태양광 장치의 설치 용량이 몇 배나 증가한 것을 기록하였다. 태양열의 경우 2005~2019년 사이 124배 증가하였고, 풍력의 경우 2005~2018년 사이 10배(풍력의 경우 초기의 설치 용량이 이미 컸기에 증가율이 높지 않았음) 증가하였는데, 이러한 성장은 산업화된 OECD 국가에서뿐만 아니라 신흥 경제국에서도 이루어졌다. 중국은 다른 어느 나라보다 태양광 및 풍력 시설을 더 많이 설치한 국가로 올라섰고, 풍력의 경우 인도와 브라질이 크게 뒤처지지 않았다. 이는 전 세계의 개인과 산업체 그리고 정부가 이러한 도전을 헤쳐나가기 시작했음을 의미한다. 동기 부여에서 이 책의 내용으로 이야기를 옮기면, 이 책의 첫 파트에서는 에너지 시스템 분석을 위한 주요 배경지식을 제공하기 위해 챕터를 구성하였으며, 두 번째 파트에서는 에너지 수요 충족을 위한 다양한 종류의 접근 방식을 보여주고자 하였다. 1장과 2장에서는 에너지 시스템의 다양한 분야들을 살펴보며, 지속 가능한 발전, 에너지와 경제 활동 간의 관계, 에너지 시스템을 투자 대상으로 평가하는 데 사용되는 경제 도구 등을 소개하였다. 3장과 4장에서는 21세기 에너지 시스템의 방향을 형성할 두 가지 주요 요인인 기후변화와 화석연료 가용성을 살펴보았다. 5장에서 14장까지는 고정된 위치에서 에너지를 생산하는 시스템들, 즉 화석연료 연소, 에너지 절약 및 에너지 효율 전략, 탄소 포집, 원자력, 태양에너지, 풍력에너지 및 생물학적 에너지 등을 소개하였다. 15장과 16장에서는 교통 시스템에서 사용하기 위한 에너지 변환을 다루고, 17장은 이전에 다루지 않았던 몇 가지 새로운 기술의 개요를 제시하며, 18장은 이 책의 결론을 제공하였다. 온라인에서 접근 가능한 책의 부록은 시스템 공학 및 정책 도구의 배경과 다양한 기술적 표를 포함하고 있다.

책에서 다루는 내용은 대학 학부 수준의 기본적인 물리학, 화학, 수학, 열역학, 통계학 개론, 유체역학 그리고 열전달을 바탕으로 한다. 또한 책에서 다루는 기술들은 가장 기초적인 이론을 바탕으로 하며, 별도의 특별한 사전지식을 요구하지 않는다.

이 책은 미국 코넬대학교 기계항공공학과의 강의 내용을 기반으로 만들어졌다. 4판의 경우 버지니아 공과대학에 개설된 강의 내용이 포함되었다. 에너지 시스템 개념, 예제 그리고 연습 문제는 강의에서 소개된 내용이다. 이들 두 과목에서는 태양에너지 및 풍력에너지에 초점을 맞추었으며, 따라서 이 책에서도 특별히 이 두 가지 분야를 강조하게 되었고, 9장에서 13장까지 관련하여 많은 내용을 포함하였다.

이 책에서 기술적인 부분을 다룰 때 기술 자체와는 독립적인 에너지 시스템 공학을 위해 다음과 같은 몇 가지 전제조건을 고수하고자 하였다. 첫째, 에너지 시스템의 선택은 기술 중립적이라는 점이다. 어떤 에너지 시스템도 완벽할 수 없고, 모든 에너지 시스템은 어느 정도 장단점을 갖고 있다. 따라서 가능하다면 시스템 선정에 있어 먼저 선택 기준을 세우고, 어떤 시스템을 미리 정하기보다는 이러한 선택 기준을 가장 잘 충족시키는 시스템을 찾거나 여러 시스템을 결합하도록 해야 한다. 화석연료는 온실가스 배출의 주요 단점을 가지고 있고, 원자력에너지는 고위험성 원자력 폐기물 관리에 대한 문제를 가지고 있으므로, 이러한 점들은 재생에너지를 우선적인 옵션으로 고려하게 한다. 그러나 재생에너지는 간헐성, 분산성 및 큰 초기 비용이라는 문제가 있으며, 에너지 자체는 '무료'일 수 있지만, 인프라는 그렇지 않다. 대중은 현재의 에너지 시스템이 완벽하지 않다는 것을 인식하고 때로는 완벽한 에너지 시스템을 요구하는 경우도 있다. 에너지 전문가의 역할은 이러한 시스템이 존재하지 않음을 알리고, 우리의 자원을 활용하여 최선의 결정을 내리도록 대중에게 정보를 전하는 것이다.

둘째, 에너지 방안을 살펴볼 때는 포트폴리오 접근 방식을 취하는 것이 좋다. 포트폴리오 접근 방식의 가치는 여전히 유효하지만, 2004년 이후 그 내용은 변화하였다. 현재 시점에서의 몇 가지 요인들은 재생에너지가 다양한 에너지 자원들 사이에서 고르게 분산되는 에너지 시스템 대신 최종적인 주요 에너지원으로 부상할 것으로 기대된다. 첫째, 온실가스 배출률 및 기후변화의 속도가 10년 전에 예상된 것보다 크다. 이러한 속도는 기후변화 대응을 위한 가속화된 조치에 대한 긴급성을 부각하고 있다. 둘째, 다른 두 주요 에너지원인 탄소 포집 및 저장(carbon capture and sequestration: CCS)을 갖춘 화석연료와 원자력은 기후변화 문제의 심각성을 고려할 때 예상 대비 빠르게 성장하고 있지 않다. CCS의 경우, 개념 증명을 계속하는 여러 프로젝트가 있지만, 용량에 대한 투자는 제한적으로 이뤄지고 있다. 원자력의 경우, 후쿠시마 사고와 그 이후의 여파는 많은 나라에서 새로운 원자력 발전소에 대한 열망을 저하시켰다. 세 번째이자 마지막 요인은 앞에서 언급한 대로 태양 및 풍력에 의해 생산된 전기의 가격 하락과 그 둘의 빠른 도입이다. 그럼에도 불구하고 CCS와 원자력이 여전히 고려되는 이유가 있다. 미국과 중국 같은 국가에서는 태양 및 풍력이 매우 빠르게 성장했지만, 이들은 여전히 총 1차 에너지 중 10% 미만을 대표한다. 이러한 자원들이 총 1차 에너지 공급 중에서 장기적으로 80% 또는 그 이상이 된다면, 이러한 자원의 불규칙성을 관리하기 위해서는 CCS 및 원자력과 같이 전력을 조절 가능한 저탄소 원천에 대한 투자가 필요할 수 있다. 따라서 앞으로의 포트폴리오는 주요 에너지원으로 재생에너지가 있고 CCS 및 원자력은 보조 역할을 하는 방식으로 포트폴리오 접근 방식이 유지될 것이다.

세 번째 전제는 CCS와 결합되지 않은 화석연료가 단기간 내지는 중기간 동안 1차 에너지 공급을 계속 보조한다는 것이며, 따라서 에너지 절약을 극대화하기 위한 전략이 이 책의 중요한 주제이다. 이를 위해 에너지 절약과 관련된 6장을 추가했다. 1990년에는 화석연료가 세계 1차 에너지 시장의 85%를 차지하였으며, 그 이후 몇 년 동안 백분율은 조금씩 오르거나 내려가긴 했지만 2017년까지 그들의 점유율은 여전히 85%로 나타났다. 재생에너지는 상당히 성장했지만, 세계적인 에너지 수요도 증가하였다. 미국 전기 시장의 경우 화석연료가 다시 60%의 시장을 지배하고 있으며, 나머지 40%는 원자력과 재생에너지 사이에 거의 균등하게 분배되어 있다. 이 상황에서 이 책에서 현재 비용 효율적이고 재생 가능 자원 소비나 이산화탄소 배출량을 줄이는 기술 및 시스템, 최적의 실천 방법을 제시하는 것은 그것들이 완전한 해결책은 아닐지라도 그 가치가 있다. 일반적으로 이러한 해결책은 변환 단계(예: 연료의 에너지를 전기 또는 온수로 변환) 또는 최종 사용 단계(예: 공기역학적 자동차)에서 더 효율적이며, 이때 사용된 자원 혹은 이산화탄소 배출량 대비 더 많은 에너지 서비스를 제공한다.

비록 이 책은 미국 에너지 시스템을 바탕으로 미국 저자들에 의해 기술되었지만 국제적인 관점을 유지하고자 하였는데, 자원 매장지와 국가 간 기술 이전의 관점에서 에너지 산업은 국제적인 성격이 점점 강해지고 있기 때문이다. 미국 외 국가의 독자들도 책의 내용을 유용하게 사용하길 바라며, 미국 독자들은 이 책을 다른 나라의 에너지 관련 프로젝트에 적용해 보고 이를 통해 세계 에너지 관련 현황을 이해할 수 있기를 희망한다. 편의상 비용에 관련된 내용은 미국 달러로 다루었지만, 금융 관련 내용 수식들은 다른 국가의 통화로 대체해도 당연히 아무 상관이 없다.

설계와 비용 분석에서는 시스템 접근 방식과 공학 경제 접근 방식 모두에 중점을 두었다. 프로젝트 범위에 대한 체계적인 고려, 경쟁 기준에 대한 상충관계 평가, 프로젝트 생애주기 비용 및 에너지 사용량 분석과 같은 훌륭한 시스템 공학 기술을 이용하면 프로젝트를 좀 더 성공적으로 이끌 수 있을 것이다. 또한, 프로젝트의 비용과 수입 그리고 효율을 고려한다면 프로젝트의 수익성에 대해 더 잘 이해할 수 있을 것이다.

비용 분석에서는 에너지 자원과 에너지 변환장치 구입에 드는 가격을 적정선에서 근사하게 산정했다. 이를 통해 독자들이 기술의 재무 가치가 얼마나 되는지, 예를 들어 어떤 에너지 기술이 전체 수명주기에 있어서 연료비용과 자본비용 그리고 연료 외 운영비용의 비율이 어떻게 되는지를 가늠할 수 있도록 하고자 했다. 하지만 이러한 근사치는 프로젝트 실시 여부를 실제로 결정하는 근거로 사용되어서는 안 된다는 점을 명심하기 바란다. 특정한 경우 가장 최근 값을 반영하는 것이 필요하기 때문이다. 특히 2004~2005년 이후 들쭉날쭉한 에너지 및 원자재 가격을 고려할 때 프로젝트에 최신 정보를 반영하는 것에 특별히 신중해야 한다. 세계에서 인구가 가장 많은 두 나라인 중국과 인도는 경제 성장 속도가 매우 빠르고, 따라서 에너지뿐만 아니라 철과 구리같이 에너지 시스템을 구축하는 데 필수적인 원자재에 대한 수요가 기하급수적으로 늘고 있다. 이는 화석연료를 사용하는 에너지 시스템 운영비용뿐만 아니라 재생 및 비재생에너지 시스템에 드는 자본비용에도 영향을 미치게 된다. 4장에서 구체적인 예를 들어보겠다. 2005년까지 원유 가격은 $20/배럴 이하였고, 이후 2008~2014년 사이 대부분의 기간 동안 $80~140/배럴 사이에서 변동하였으며, 2014년부터는 $30~70/배럴 사이의 범위로 하락했다. 따라서 다음에 어떤 일이 발생할지 예측하기 어렵다. 대표 가격과 함께 때로는 제품이나 제조사의 이름을 포함하기도 했지만, 이 정보는 독자의 편의를 위한 것으로 어떠한 보증도 나타내지 않는다. 우리는 그와 관련하여 어떠한 보상도 받지 않았다.

지금까지의 에너지 시스템에 관한 책들은 유해 가스 배출량을 줄이기 위한 스크러버나 촉매 변환장치와 같은 장치들을 중점적으로 다루었다. 이 책에서는 새로운 에너지 자원을 이용하여 이산화탄소 배출이 전혀 없는 새로운 기술 역시 결국 유해 가스 배출을 없애는 것을 목적으로 하므로 공기 청정에 대해서는 별도의 주제로 크게 다루지 않았다. 대신 에너지 시스템 개발에 있어 제약조건으로 종종 다루었다. 만약 어떤 새로운 기술이 여러 가지 면에서 유리하지만 유해 가스 배출로 공기오염 문제를 일으킨다면, 공기 청정 관련 규제와 지표로 이러한 기술 사용을 제한해야 할 것이다.

결론적으로 우리는 책의 내용에 관한 한 진실한 정보 전달을 약속한다. 이 책은 어떤 문제에 대한 답을 줄 수도 있지만, 답하기 힘든 질문을 던질 수도 있다. 에너지 시스템에 관한 책을 쓰는 것은 이에 대해 수업을 하거나 강연을 하는 것만큼 여러 가지로 부족한 면이 많을 것이다. 독자들은 이 주제가 매우 어려운 분야이며 미래에 대해 아직 불투명한 점이 많다는 사실을 깨닫게 될 것이다. 이 책을 출간함으로써 에너지 시스템에 대해 가능한 부분에서나마 어느 정도 답을 줄 수 있기를 희망한다. 설령 이러한 답이 가능하지 않더라도 에너지 시스템을 공부함으로써 이 분야가 발전적인 방향으로 진행하는 데 이바지할 수 있기를 바란다. 직면하고 있는 에너지 분야의 도전이 그 규모와 복잡함으로 종종 우리를 주눅 들게 할 수 있지만, 에너지 전문가에게는 현재 또는 미래에 좋은 기회를 제공하기도 할 것이다. 우리는 독자 여러분의 이러한 노력이 각자의 분야에서 좋은 결실을 보기를 희망한다.

지은이 소개

About the Authors

Francis M. Vanek 공학박사는 코넬대학교에서 선임강사 및 연구교수로 재직하고 있으며, 에너지 효율, 대체에너지, 에너지 수송 등을 전문적으로 연구하고 있다. 또한 지속 가능 에너지에 대한 컨설턴트로 활동하고 있다.

Louis D. Albright 공학박사는 코넬대학교 생명환경공학과의 명예교수로 재직하고 있다. 현재 미국 농생명공학회(American Society of Agricultural and Biological Engineers) 펠로로 활동하고 있다.

Largus T. Angenent 공학박사는 독일 튀빙겐대학교에서 교수로 재직 중이며, 유기 바이오매스와 폐기물의 바이오에너지 전환을 전문적으로 연구하고 있다.

Michael W. Ellis 공학박사는 버지니아 공과대학교 기계공학과에서 부교수로 재직 중이고, 빌딩 에너지 시스템 및 연료와 배터리에 사용하는 다공물질에 대한 전문적인 연구를 수행하고 있다. 현재 조지아의 Professional Engineer (PE)로 등록되어 있고, 미국 기계학회(ASME) 펠로로 활동하고 있다.

David A. Dillard 공학박사는 버지니아 공과대학교 의공학 및 메카닉스과에서 Adhesive and Sealant Science Professor로 재직 중이고, 폴리머와 흡착메카닉스, 성능, 내구성 문제를 전문적으로 연구하고 있다.

감사의 글

Acknowledgments

수많은 분들이 이 책의 개정 작업에 도움을 주셨습니다. 먼저 나의 가족들(나의 아내 Catherine Johnson, 나의 어머니 Wilda Vanek, 그리고 나의 아이들 Ray와 Mira)에게, 내가 책을 쓰는 데 있어 남녀노소 모두에게 영향을 주는 주제인 만큼 관심을 갖고 오랜 시간 동안 기다려주고 격려해 준 것에 감사드립니다.

코넬대학교 시블리 기계항공공학과(Sibley School of Mechanical and Aerospace Engineering)에서 MAE 501 "미래 에너지 시스템(Future Energy Systems)" 과목을 제가 가르치기 전까지 가르치셨던 Zellman Warhaft 교수님께 감사드립니다. Warhaft 교수님은 제가 강의를 잘할 수 있도록 많이 도와주셨고, 최근까지 이 책에 대한 여러 가지 조언을 아끼지 않으셨습니다. 또한 2004년부터 2006년까지 코넬대학교 기계항공공학과에서 제가 수업을 잘할 수 있도록 도와주신 Juan Abello 교수님, Michel Louge 교수님, Betta Fisher 교수님, Sid Leibovich 교수님, Lance Collins 교수님, 그리고 다른 여러 학과 교수님께도 감사드립니다. 수업을 위해 행정적인 도움을 주신 June Meyermann과 Bev Gedvillas에게도 감사의 말을 전합니다. 또한 채점과 교정을 통해 제 수업을 도와준 학생들 Tim Fu, Adam Fox, Julia Sohnen, Rob Young, Cory Emil에게도 감사의 말을 전하고 싶습니다. 제 수업이 재미있고 의미 있는 강의가 될 수 있도록 도움과 조언을 아끼지 않았던 다른 학생들도 고맙게 생각합니다. 강의를 하는 동안 General Electric wind energy program의 Jim Lyons 박사님, ETM Solar Works의 Gay Cannough 박사님, National Renewable Energy Laboratories의 수석 엔지니어인 Sandy Butterfield, General Motors fuel cell R&D facility의 Tom Ruscitti 같은 훌륭한 강사를 섭외할 수 있었던 것은 매우 큰 행운이었습니다. 그들의 강연은 이 책에 많은 도움을 주었습니다. 깊은 감사를 드립니다.

코넬대학교 기계항공공학과의 여러 분들 이외에도 수송, 원자력에너지 그리고 시스템 공학 관련 여러 가지 사안에 대해 많은 조언을 해주신 토목환경공학과의 Mark Turnquist 교수님과 Linda Nozick 교수님에게도 감사드립니다. "미래 에너지 시스템" 강의에 많은 조언을 해주신 생물환경공학과의 Norm Scott 교수님과 이 책의 공저자인 Louis Albright 교수님에게도 감사의 뜻을 전합니다. 덕분에 강의가 원활하게 진행될 수 있었습니다.

이렇게 여러 분들에게 감사의 말을 전할 수 있는 것 역시 많은 동료들이 이 책을 쓰는 데 도움을 주었기 때문입니다. 이 책의 많은 부분에서 저와 함께 교정 작업을 진행하고 기술적인 조언과 의견을 아끼지 않은 Ellie Weyer에게 감사드립니다. 또한 교정 및 출판 작업에 도움을 준 Greg Pitts, Carol Henderson, Rob Young, Phil Glaser, 그리고 하버드대학교 역사학 박사(1961)이고 저의 어머니인 Wilda Vanek, 템플대학교 영화-영상학 석사(1999)이면서 저의 아내인 Catherine Johnson에게 감사의 마음을 전합니다. 또한 출판 작업을 함께 진행한 McGraw-Hill사에 감사드립니다. 1판에서는 Larry Hager, David Zielonka, Rick Ruzycka가 도와주었고, 2판에서는 Mike Penn과 David Fogarty, 3판에서는 Lauren Poplawski, 4판은 Ania Levinson이 도와주었습니다. 감사합니다. 이분들은 제 질문에 항상 성실하게 답해 주셨고 유용한 정보를 주셨습니다. 또한 전체적으로 집필 작업이 원활히 진행될 수 있도록 도와주셨습니다. Tasneem Kauser, Surendra Shivam, 그리고 KnowledgeWorks Global Ltd.의 모든 분들께도 노력에 감사드립니다. 책에서 인용한 그림과 사진들을 제공해 주신 분들도 고맙게 생각합니다.

많은 동료 분들과의 교류 덕분에 이 책의 내용을 채울 수 있었습니다. 14장에서 다룬 화물 수송에너지 사용에 대해서는 Edward Morlok 교수님께서 조사에 많은 도움을 주셨습니다. 이 점에 대해 매우 감사하게 생각합니다. 무엇보다도 교수님은 제가 지속 가능한 에너지 시스템이라는 분야에서 연구를 시작할 수 있도록 해주셨습니다. 교수님은 펜실베이니아 주립대학교에서 1993~1998년 사이 저의 박사 지도 교수님이셨습니다. 이타카에 있는 Taitem Engineering(Taitem은 "Technology as if the Earth Mattered"의 앞 글자를 딴 것임 – 역자 주)의 열병합발전 시스템과 대체연료 자동차에 대해 도움을 준 수석 엔지니어 Ian Shapiro, 수석 엔지니어 Lou Vogel 그리고 Susan Galbraith에게 특별히 감사드립니다. 영국의 화물수송 및 물류에 사용되는 에너지 연구에 도움을 주신 스코틀랜드 에든버러에 있는 헤리엇와트대학교 물류연구센터(Logistics Research Centre)의 James Campbell과 Alan McKinnon 교수님에게도 감사의 말을 전합니다. 2003~2005년 사이 진행된 수소에너지 기계공학 프로젝트에 참여한 학생들인 Julien Pestiaux, Audun Ingvarsson, Jon Leisner도 고맙게 생각합니다. 또한 2009~2010년 사이 진행된 풍력에너지 기계공학 프로젝트에 참여한 학생들인 Christine Acker, Kim Campbell, Stephen Clark, Jesse Negherbon, Alex Hernandez, Christina Hoerig, Happiness Munedzimwe, Reginald Preston, Karl Smolenski, Jun Wan, 그리고 마지막으로 같은 기간 대체연료 자동차 프로젝트에 참여한 Auret Basson, Mert Berberoglu, Ryan Cummiskey, Gurkan Gunay, Sara Lachapelle, Torsten Steinbach, Jackson Wang, Alice Yu, Naji Zogaib에게 감사의 말을 전합니다.

대체 에너지 시스템 분야의 최신 작업에 대해서는, Itotoh Akhigbe, Corey Belaief, Omer Yigit Gursoy, Pouyan Khajavi, Alejandro Martinez, Graham Peck, Ptah Plummer, Brad Sandahl, Taylor Schulz, Manuel Garcia Vilches, Michelle Chau, Hwan Choi, Benting Hu, Josh Lazoff, Molly McDonough, Sandra Quah, Justin Steimle, Kartik Shastri, Wan Hua Xie, Marrisa Yang, Martin Yu, Dan Zhao, Robert Ainslie, Nitesh Donti, Jacqueline Maloney, Ruju Mehta, Yeswanth Subramanian, 그리고 Yilin Wang께 감사를 드립니다.

그리고 검토 작업에 많은 분들(2장의 경제학 관련 내용에 대해 코넬대학교 인문대학 경제학과 교수이면서 저의 아버지인 Jaroslav Vanek 교수님, 3장 기후변화 관련 내용에 대해 코넬대학교 기계항공공학과의 Rajesh Bhaskaran 박사님, 8장 원자력에너지 시스템 관련 내용에 대해 코넬대학교 전기컴퓨터공학과의 Dave Hammer 교수님, 9장 태양에너지 자원에 대해 버지니아 공대의 David Dillard 교수님, 10장 태양광 관련 내용에 대해 메사추세츠주 케임브리지에 있는 Zapotec Energy의 수석 엔지니어 Paul Lyons, 13장 풍력에너지 시스템에 대해 캐나다 온타리오주 오크빌에 있는 GTR Energy Ltd.의 Howard Harrison 대표님과 앞에 소개한 Sandy Butterfield,

15장 수송에너지 기술에 대해 미시간대학의 John DeCicco 박사님이 도움을 주셨습니다. 깊이 감사드립니다. 코넬대학의 Mike Timmons 명예교수님께 엔지니어링 경제학, 태양에너지, 풍력에너지에 대한 수정과 제안에 도움을 주심에 감사드립니다. 태양광 시장 현황에 대해 최신 정보를 주신 Finlo Energy Systems의 Rob Garrity 대표님, 13장에서 참고한 이타카 대학의 풍력에너지 가능성 연구 관련 정보를 주신 이타카대학 물리학과의 Beth Clark 교수님, 그리고 17장에서 다룬 지열 펌프에 대한 정보를 주신 Earth Sensitive Solutions LLC의 대표 John Manning 수석 엔지니어에게도 감사의 말을 전하고 싶습니다.

책을 개정하면서, 여러 대학과 단과대학의 교수님들께서 수업에서 이 책을 사용한 경험을 바탕으로 피드백을 주시거나 전반적으로 검토해 주신 덕분에 많은 도움을 받을 수 있었습니다. 캘리포니아 주립대학교 리버사이드(U.C. Riverside)의 Matthew Barth 교수님, 럿거스대학교(Rutgers University)의 A. J. Both 교수님, 마이애미대학교(오하이오)의 C. S. Chen 교수님, 버지니아 공대의 David Dillard 교수님, 립스콤대학교의 Kerry Patterson 교수님, 디트로이트 자선대학교(University of Detroit Mercy)의 Mark Schumack 교수님, 워털루대학교(University of Waterloo)의 Jeff Casello, 말라르달렌 대학교(Malardalen University)의 Erik Dahlquist, 클라크슨대학교(Clarkson University)의 Jan DeWaters, 퍼시픽루터대학교(Pacific Lutheran University)의 Gary Dorris, Ascend Analytics, Katrina Hay, 노스이스턴대학교(Northeastern University)의 Chad Joshi, 더 퍼시픽대학교(University of the Pacific)의 Rahim Khoie, 캘리포니아 주립대학교 로스앤젤레스 캠퍼스(California State University at Los Angeles)의 Sam Landsberger, 맥마스터대학교(McMaster University)의 Shinya Nagasaki, 오클랜드대학교(Oakland University)의 Donald Newlin, EnergyTeachers.org의 Shawn Reeves, 펜실베이니아 주립대학교(Penn State University)의 Randy Vander Wal, 올드도미니언대학교(Old Dominion University)의 Grayson Walker, 그리고 보든 칼리지(Bowdoin College)의 Mary Lou Zeeman으로부터 도움이 되는 의견을 받았습니다. 또한, 2013년에 별세하신 콰메은크루마대학(Kwame Nkrumah University of Science and Technology)의 Abeeku Brew-Hammond를 기억하며, 그분이 이 책에 열정적으로 후원해 주신 것에 깊은 감사를 드립니다. 검토 작업과 기술적인 내용에 대한 조언, 강의에 대한 의견 등을 통해 출간 작업에 많은 기여를 해주신 것에 감사를 드리는 것과는 별개로, 책의 어떠한 오류에 대해서도 모든 책임은 저자들에게 있음을 밝힙니다.

마지막으로 작업하는 동안 격려해 주시고 도와주신 동료 교수님들, 학생들 그리고 친구들에게 늘 그렇듯이 감사의 마음을 전합니다. 그리고 제가 미처 인사를 드리지 못한 도움을 주신 분들에게도 감사드립니다.

Francis M. Vanek

이러한 책은 반드시 이 분야에 관심 있고 적극적인 학생들에게 먼저 가르친 후에 쓰여야 한다고 생각합니다. 지난 몇 년간 제 강의에서 많은 질문을 던지고 적극적으로 참여하고 결국 성공적으로 수업을 마친 학생들(그렇습니다. 저의 재생에너지 시스템 강의 초창기 10년 동안 일주일에 세 번 아침 8시 수업을 들었던 학생들입니다.)을 통해 이 책의 내용을 이해하고 어떻게 가르쳐야 하는지에 대해 많은 도움을 받았습니다. 이러한 학생들이 없었다면 제가 쓴 이 책의 내용은 결코 완성되지 못했을 것이며, 제 인생도 그다지 즐겁지 않았을 것입니다.

Louis D. Albright

이 책을 교재로 사용하는 분에게

Note to Instructors

이 책을 에너지 시스템 강의용 교재로 사용하고자 한다면, 각 장의 끝에 있는 연습 문제는 필자가 가지고 있는 과제, 시험문제, 강의 설명서, 스프레드시트 해답, 파워포인트 슬라이드, 프로그램 코드에서 일부 가져온 내용임을 알려드립니다. 수업을 위하여 구체적인 자료가 필요한 분은 www.mhprofessional.com/EnergySystemsEngineering4E를 참고하면 어떻게 자료를 받을 수 있는지 알 수 있습니다.

차례

Contents

제2장

제3장

화석연료 자원 ▸ 89

제5장

고정연소 시스템 ▸ 117

제9장

제10장

제11장

제12장

피동식 태양열 활용 ▸ 393

제13장

제 14 장

제18장

결론: 21세기 에너지 시스템 개발 ▸ 645

제 1 장

소개

Introduction

▶ 학습 목차

1-1 개요

이 장의 목적은 엔지니어에게 에너지 시스템의 세계적 중요성과 현재까지의 역사적 발전을 소개하는 데 있다. 우리는 여러 나라에서 에너지 사용이 인구 및 경제활동 수준과 어떤 관련이 있는지 논의한다. 다음으로 현재 세계의 총 에너지 사용량과 각 나라 에너지 사용량의 경향을 고찰하고, 증가하는 에너지 수요와 이산화탄소 배출에 의한 위협이 향후 수십 년간 전 세계에 미치는 영향을 검토한다. 그다음 다른 에너지원의 역할과 에너지 최종 사용처의 분배를 포함하는 *지속 가능한* 에너지의 전 세계적인 경향이 21세기 중후반에 어떻게 나타날 것인지에 대해 기술한다. 또한 이 책의 각 장들이 지속 가능한 에너지 해(solution)에 대해 어떤 내용을 제공하는지에 대한 *로드맵*(road map)을 제시한다. 이 장의 마지막에는 미터(SI) 단위와 미국 관습 단위로 측정되는 에너지에 대해 소개한다.

1-2 소개

에너지 시스템의 전문적인 책임자든 개인 소비자든 에너지 엔지니어[1]는 다양한 적용 분야의 에너지 혹은 에너지 시스템을 고려해야 한다. 이 응용 분야는 전등과 전자기기의 전력, 공간 난방과 산업적 사용을 위한 천연가스, 수송을 위한 가솔린 및 디젤과 같은 생산품을 포함한다. 아시아, 유럽, 북아메리카의 선진국에서는 에너지로의 접근이 보편화되어 에너지 시스템에서 완전히 격리되는 것은 어렵다. 가정, 직장 그리고 다양한 곳으로 이동하는 동안 사용되는 에너지 소비량은 현대 생활의 모든 면에서 거의 일정하다. 신흥국 혹은 미개발 국가의 도시 지역에서는 모든 시민이 에너지에 접근할 수 있는 것은 아니다. 그러나 모든 사람들이 에너지 시스템의 한 부분인 지방 전력선과 동력화

1 여기에서 '에너지 엔지니어'라는 용어는 정식 엔지니어링 교육을 받은 독자와 에너지 시스템을 이해하고 구현하는 데 관심이 있지만 정식 교육은 받은 적 없는 독자를 모두 지칭하는 데 사용된다.

운송수단에 밀접하게 살고 있다. 이 나라들의 시골 지역 사람들조차 매일의 생활 기반으로서의 현대 에너지 시스템을 알지 못할지라도 음식 운송선으로의 접근이나 시골 버스 서비스의 이용을 통해 에너지 시스템에 때때로 접근하게 될 것이다.

만약 에너지 사용이 현대인의 생활 어디에나 있는 것이라면 개인과 기관(정부, 개인 회사, 대학, 학교 등)이 모든 형태의 신뢰성 있는 에너지 공급에 *의존*하고 있는 것이 사실이다. 이와 같은 에너지 공급 없이는 안락한 실내온도, 안전한 식품, 고속 운송기관 등은 그 기능을 급격히 잃을 것이다. 개발도상국의 가장 가난한 사람들조차 기계화된 운송수단이 없으면 때때로 그들의 생존을 비효율적인 식품 운송선에 의존한다.

에너지원의 신뢰성 확보를 위해 첫째, 소비자가 요구하는 서비스를 제공해야 한다. 둘째, 소비자가 원할 때 요구되는 양의 에너지 공급이 가능해야 한다(그것이 벽으로부터 공급되는 전기든 주유소에서 분배되는 가솔린이든). 마지막으로 에너지원은 경제적으로 적당한 가격으로 구입 가능해야 한다.

이상 언급한 내용들을 통해 에너지원의 신뢰성이 정의된다. 왜냐하면 소비자는 에너지 시스템이나 장치가 정확하게 작동하지 않거나 에너지원의 가격이 적당하지 않다면 단기적으로 에너지원에 대한 신뢰를 잃게 될 것이기 때문이다. 장기적으로 볼 때는 에너지원이 구비해야 할 다른 기준이 있다. 그것은 개별적 사용자의 행동과 선택이 직접 영향을 미치지 않더라도 사회 전체가 부정적 결과에 영향을 받지 않도록 하는 기준인 환경적 지속성이다. 21세기 초부터 에너지 사용과 에너지 시스템의 중요성이 강조되고 있다. 100~150년 전에는 대단히 적은 수의 사람만이 에너지원에 접근할 수 있었기 때문에 아무런 문제가 없었던 일들이 수십억 명의 사람들이 에너지원에 접근하여 충분한 부를 얻을 수 있는 현재에는 문제가 되었다. 따라서 에너지를 *신뢰성이 있고 지속 가능하게* 공급하기 위한 요구는 인류에게 본질적이며 복잡한 도전이 되었다. 10년은 아닐지라도 다가오는 여러 해 동안 엔지니어뿐만 아니라 연구 과학자, 사업 경영자, 정부 관료, 정책 분석가 등의 재능과 노력이 필요한 상황이다.

1-2-1 에너지 공급의 역사적 성장

고대로부터 수백만 년간 인류가 어떻게 에너지를 사용했는지 돌아보면 산업혁명 초기에 저동력 시스템의 점진적인 개선에서 모든 종류의 동력집중 시스템의 급격한 발전으로 심대한 변화가 있었다는 것이 분명하다. 이 발전의 가속화에 따라 인류는 기술의 응용을 통해 사용할 수 있는 최대 동력을 급격하게 증가시킬 수 있었다.

물론 기록된 역사의 시작으로부터 인간은 물체를 움직이거나 제작하거나 원료를 생필품으로 만들거나 이동하는 데 인력 사용을 대신할 다른 동력을 찾음으로써 생활의 질을 향상시킬 수 있었다. 최초의 *기술*은 기계적 힘과 운송을 위해 말과 기타 짐수레를 끄는 동물을 사용하거나 보트나 뗏목, 기타 선박의 추진을 위해 물의 흐름과 돛을 사용하는 것이었다. 오랜 기간 동안 인간은 난방열과 요리 혹은 야금 등 여러 활동에 필요한 열을 사용하기 위해 '공정 열(process heat)'로 목재, 숯, *바이오연료*(biofuels)를 사용했다. 고대 지중해 문화의 돛단배는 1700년대 유럽의 복잡한 돛단배 시스템으로 진화했고, 아시아에서는 중국 항해사들이 진보된 돛단배 시스템으로 발전시켰다. 1800년경에는 열을 제공하는 데 지상에서 자란 식물을 연소시키는 대신 석탄을 사용했다. 그로 인해 석탄 채굴은 유럽 여러 나라에서 증가했으며 특히 영국에서 많은 양의 석탄이 채굴되었다.

1800년 이전 기계적 일을 위한 풍력의 사용은 산업혁명 전이 점진적 기술 발전을 보여주었다. 고대 중동에서는 곡물방아를 찧는 데 수직축 *풍차*(windmills)가 이용되었다. 후에 크레타섬과 지중해 지역에서 수평축 회전의 *지브밀*(jib mill) 풍차가 이용되었다. 지브밀은 동공 목재 구조에 가변 돛을 달아 운전자가 바람의 흐름에 따라 돛의 면적을 조절하여, 특히 바람이 심한 날은 풍차 블레이드의 일부만 작동하게 함으로써 과대한 풍력으로부터 풍차를 보호할 수 있었다. 몇 세기 후 바람의 방향에 따라 돌 수 있는 풍차가 나왔다. 처음에는 바람 방향으로 풍차를 향하게 하기 위해 구조 전체를 회전하게 하였으나, 후에는 구조물의 나머지 부분은 프대에 영구적으로 고정한 채 단지 풍차 상부 터릿(turret)만 도는 회전 풍차로 개선되었다(네덜란드, 벨기에, 북부 프랑스에서 오늘날에도 여전히 볼 수 있다). 이처럼 풍차의 진화는 약 1,000년간 이루어진 것이다.

이와 같은 산업혁명 전 풍차의 발전과 비교할 때 1800년 이후 풍차는 더 빨리 변화했다. 얼마 지나지 않아 수력과 풍력은 증기력에 자리를 내주었고, 증기력은 모든 응용 분야에서 전기모터와 전기펌프의 편만한 사용에 자리를 내주었다. 수송에 있어서는 1800년부터 2세기 동안 증기력 선박, 철도, 내연기관, 자동차, 비행기, 궁극적으로는 우주선이 개발되었다. 어찌 되었든 에너지의 전달뿐만 아니라 정보를 저장하고 전달하는 데 전기의 사용이 가능해졌다.

고대의 두 가지 사건과 현대 사건의 비교는 인간의 에너지 사용에 얼마나 큰 변화가 있었는지를 보여준다. 첫 번째 사건은 BC 216년에 한니발 장군 휘하에 있던 카르타고군이 이탈리아반도, 현재의 나폴리 동쪽 칸나에에서 파울러스 장군 휘하의 육군을 물리친 사건이다.[2] 이 전투에는 10만 명의 병력과 1만 마리의 말이 동원되었다. 동시대인 BC 200년경 중국의 진시황은 만리장성 건설을 명령했으며, 이 공사에는 약 10년이 소요되었고, 동시에 30만 명의 인력이 동원되었다.

전투와 건축 프로젝트에 대한 '에너지 분석'에 있어서 그 당시 동원된 인력과 자원의 규모는(칸나에의 경우) 현대의 에너지 시스템과 비교할 때 소규모라는 것을 보여준다. 이 분석에는 미터(SI) 단위의 동력인 *와트*(W로 약어화함)를 사용했으며, 이는 1-6-1절에 정의되어 있다. 인력과 말의 장기간 평균 출력은 각각 70 W와 200 W라는 전형적 형태를 따를 때 칸나에에서의 총 출력은 대략 9×10^6 W로 계산되고, 만리장성에서의 총 출력은 2.1×10^7 W[3]로 계산된다. 중국과 이탈리아 혹은 선진국에서의 화석연료 혹은 원자력 발전소는 현재 5×10^8 W 혹은 그 이상의 동력을 공급할 수 있으며, 10~50명 정도의 조종사들에 의해 운전되고 있다. 완전히 짐을 적재한 열차를 끄는 4개 혹은 5개의 현대 철도 기관차는 단지 3명의 조종사에 의해 약 4×10^7 W의 동력을 공급할 수 있다.

고대와 현대 사이의 이와 같은 비교에 있어서 관찰 대상이 두 가지 더 있다. 첫째, 1인당 최대 동력이 BC 200년에 70 W에서 2000년대 발전소에서 최대 5×10^7 W로 증가하여 100만 배 커진 것을 보면 대부분의 발전은 1800년부터 이루어졌다는 것을 알 수 있다. 현대 에너지 시스템을 출범시킨 발명에 필요한 과학적 이해는 이전 세기 중국 과학자들의 진전 혹은 르네상스나 유럽의 개화시대를 통해 이루어졌다. 그러나 과학적 지식을 생산기기로 전환시킨 에너지 기술에 대한 대부분의 실제 적용은 1800년 이후에 이루어졌다. 둘째, 세계적으로 에너지를 변환하고 분배하고 소비하는 자원집중 시스템이 발명되면서 인류 사회는 높은 에너지 사용률에 의존하게 되었고, 에너지 소비의

---

2 이 예는 Lorenzo (1994), p. 30에서 인용한 것이다. 그는 그 당시 말굽의 부재로 인해 말 한 필의 평균 출력을 현대의 마력보다 대단히 낮게 예측했다.

3 이는 인간과 말의 순간적 최대 출력보다 대단히 작다. 예를 들어 만리장성 축성 노동자가 온 힘을 다해 돌을 옮기는 경우보다 작다. 사실 인간과 동물이 힘을 사용하여 일할 때 높은 순간적 출력을 유지할 수 없는 것이 주된 제한이다.

일부분 혹은 전부를 갑자기 끊게 되면 인류에게 상당한 스트레스나 고통을 준다는 것이다. 예를 들면 대형 도시인 상파울루, 뉴욕, 런던, 요하네스버그, 두바이, 홍콩 혹은 시드니 등의 현대 고층 사무실들은 산업적 강성과 기술적 취약성 양면을 함께 상징한다. 이 건물들은 많은 거주자들에게 큰 안락과 기능을 부여한다. 그러나 전기, 천연가스, 물과 같은 에너지원의 공급을 차단하면 그 건물들은 쓸모없는 공간이 된다.

1-3 에너지, 인구, 부의 관계

개별 국가나 세계 전체에 대한 에너지 소비 수준의 변화는 인구 및 부의 수준과 공생관계에 있다. 즉, 증가된 에너지의 사용은 인류 사회에 더 큰 인구와 부의 수준 유지를 가능하게 하고, 동시에 증가하는 인구와 부는 일상생활의 모든 면에서 에너지 사용을 증가시킨다.

1850~2010년 사이 세계 인구와 에너지 생산량의 예측 비교(J 혹은 영국 열 단위 BTU, 1-6-1절 및 1-6-2절 참조)가 그림 1-1에 나타나 있다. 1인당 에너지 생산량의 성장도 나타나 있으며, 1인당 10^9 J 혹은 10^6 BTU로 측정되었다. 이 값들은 매년 총 에너지 생산량을 인구로 나눈 값이다. 인구의 증가는 이 기간 동안 인류 역사에 있어서 전례 없는 것으로 거의 5배가 되어 60억 명이 되었으나, 같은 기간 에너지 소비량 증가는 20배 이상이 되었다.

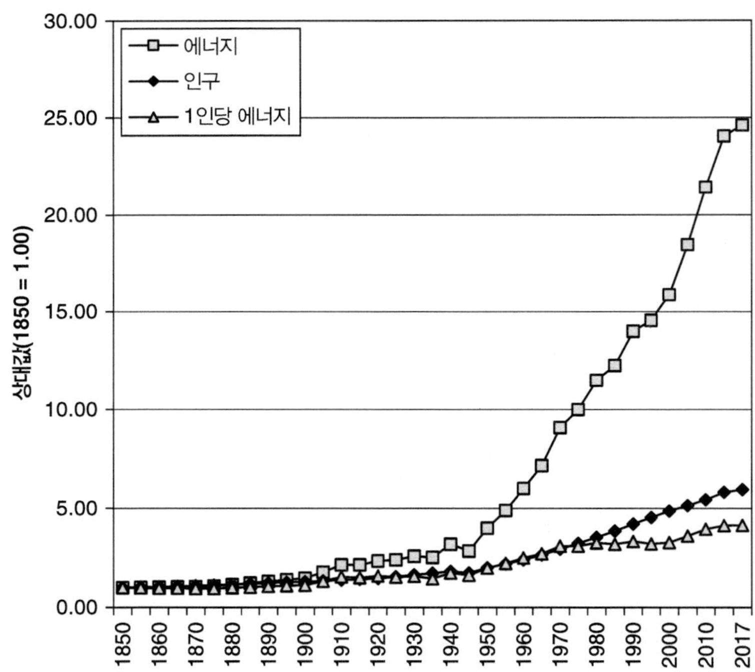

그림 1-1 1850~2017년의 세계 인구, 세계 에너지 생산량 및 1인당 평균 에너지 생산량의 상대적 증가율. 1850년을 기준으로 색인화 = 1.00.

참고: 1850년 인구는 12억 6,000만 명, 에너지는 25엑사줄(약칭 EJ) 또는 2경 3,700조 BTU (quads), 1인당 에너지 사용량은 19.8 GJ 또는 1인당 1,880만 BTU였다. 모든 데이터 포인트에서 1인당 에너지는 에너지 곡선의 값을 인구 곡선의 값으로 나눈 값이다(본문 참조). (*출처*: 미국 에너지부 에너지 정보 관리국의 에너지 데이터와 미국 인구조사국의 인구 데이터를 기반으로 한 자체 계산).

그림 1-1의 분석으로부터 에너지 생산량의 증가는 5개 기간으로 나눌 수 있다. 각 기간은 세계적인 기술 발전과 사회적 변화를 반영한다. 1850~1900년 사이 산업화와 철도망 건설은 세계 도처에서 행해졌다. 그러나 공산품을 구매하고 철도를 통해 여행할 수 있는 경제적 수단은 갖지 못했다. 따라서 1인당 에너지 사용량에서 산업화의 영향은 보통이었고 에너지 생산량은 인구와 거의 선형적으로 비례했다. 1900~1950년 사이에는 현대적 에너지를 공급받는 인구가 증가했고 석유, 가스, 석탄을 포함한 다양한 에너지 공급원이 등장했다. 그에 따라 에너지 생산량 증가가 인구 증가를 능가했으며, 1인당 에너지 사용량은 1850년과 비교하면 1950년에 2배가 되었다. 2차 세계대전 이후인 1950~1975년 사이의 경제 성장기에는 1인당 에너지 생산량이 급격히 증가했다. 1975~2000년 사이에 에너지 사용량과 인구가 꾸준히 증가했다. 그러나 에너지원들의 생산 제한, 특히 원유의 생산 제한과 높은 원유가로 인해 세계적으로 에너지의 효율적 사용이 요구되었으며, 그에 따라 1인당 에너지 생산량은 일정 수준을 유지했다. 2000~2017년 사이 세계적으로 1인당 에너지 사용량은 약간 증가했다. 이는 중국과 같은 신흥국에서 2000년 이후 에너지 소비가 급성장했기 때문이다.

그림 1-1의 기간별 자료로부터 향후 25~50년 사이에 일어날 현상을 예상하기는 어렵다. 한편 에너지 생산의 절대량은 현재 증가하고 있고 가까운 미래에도 증가할 것이다. 반면 선진국과 신흥국 모두 세계적 에너지 소비의 지속적이고 빠른 증가 문제를 인식하고 있기 때문에 우리는 언젠가 에너지 효율을 극적으로 상승시키려는 정치적 노력을 볼 수 있을 것이며, 그에 따라 더 많은 세계인들이 총 에너지 소비량의 가파른 증가 없이 에너지 혜택을 받게 될 것이다.

1-3-1 에너지 사용과 부의 상관관계

현재 가장 일반적으로 사용되고 있는 부의 측정 수단은 한 나라에서 해당 연도에 생산된 생산품과 서비스의 금전적 가치의 합을 나타내는 국내 총생산 혹은 GDP이다. 국제적 비교를 목적으로 이 값들은 일반적으로 그 해 평균 환율에 의해 미국 달러로 전환된다. 어떤 경우 GDP는 구매력평가(PPP)를 반영하여 조정될 수 있다. 왜냐하면 환율을 고려한다 하더라도 GDP에 대한 어떤 나라에서의 달러 가치로 다른 나라에서 그만큼 살 수 없기 때문이다(예를 들어 1990년대와 2000년대 초 10년 동안 달러는 일반적으로 일본이나 스칸디나비아보다 미국에서 더 큰 구매력을 갖고 있었다).

다른 인자가 중요한 역할을 하더라도 1인당 GDP로 측정된 나라의 부는 그 나라의 1인당 에너지 사용과 연관이 있다. 최근 자료에 의하면 GDP와 1인당 에너지 사용량은 최저 국가와 최고 국가에서 거의 100배 정도 차이가 나는 것으로 보고되고 있다. 2017년 데이터를 사용하여 바레인, 미국, 짐바브웨 세 국가를 살펴보자. 1인당 GDP의 경우, 짐바브웨는 1인당 1,477달러이고 미국의 경우 1인당 약 6만 300달러이다(PPP 미조정). 에너지의 경우, 짐바브웨는 1인당 11.3 GJ(1인당 1,070만 BTU)인 반면 바레인은 1인당 542 GJ(1인당 5억 1,400만 BTU)이다. 표 1-1은 부와 에너지의 연관성을 설명하기 위해 바레인, 미국, 짐바브웨를 포함한 세계 각국과 각 대륙 부의 변화 정도를 나타낸 부분집합 표이다.

주 석유 생산국이며 극한 기후를 가진 러시아와 바레인을 제외하면 1인당 에너지 사용 증가에 따라 1인당 GDP는 증가한다. 1인당 GDP가 3만 5,000달러 이상인 독일, 호주, 일본, 캐나다, 미국의 1인당 에너지 사용에는 큰 차이가 있다. 즉, 미국과 캐나다 시민들이 일본과 독일 시민들보다 평균 2배의 에너지를 사용하고 있다.

표 1-1 일부 국가의 인구, 에너지 사용량 및 GDP(2004년과 2017년 비교)

국가	인구(100만 명)		에너지(EJ)		GDP(10억 달러)	
	2004	2017	2004	2017	2004	2017
호주	20.2	23.2	6.0	6.4	699.7	1,323.4
바레인	0.7	1.4	0.5	0.8	11.7	35.4
브라질	186.4	216.6	10.6	13.3	804.5	2,053.6
캐나다	32.3	35.6	15.1	15.9	1,131.5	1,647.1
중국	1,315.8	1,382.0	47.7	147.1	2,240.9	12,237.7
가봉	1.4	1.8	0.1	0.1	9.0	15.0
독일	82.7	80.6	17.3	14.8	2,805.0	3,693.2
인도	1,103.4	1,282.0	15.4	32.2	787.8	2,650.7
이스라엘	6.7	8.2	0.9	1.1	122.8	353.3
일본	128.1	126.5	26.4	20.7	4,583.8	4,872.4
폴란드	38.5	38.2	4.3	4.6	303.4	526.5
포르투갈	10.5	10.8	1.3	1.1	183.0	219.3
러시아	143.2	134.5	33.9	34.6	768.8	1,578.4
태국	64.2	68.7	3.5	5.8	165.5	455.3
미국	298.2	323.1	116.8	103.1	12,555.1	19,485.4
베네수엘라*	26.7	30.1	3.5	2.6	134.4	205.8
짐바브웨	13.0	14.9	0.3	0.2	3.9	22.0

참고: 현재 달러로 표시된 GDP값이다.

출처: 인구는 유엔 경제사회국(2006) 및 인구참조국(2020), 에너지 사용량은 미국 에너지정보청(2020), 경제 데이터는 국제통화기금(2020).

*베네수엘라의 정치적 불안정으로 인해 2017년 값을 사용할 수 없었으므로 2017년 열에 2011년 값을 대신 표기했다.

1-3-2 인간 개발 지수: 번영을 평가하는 대안적 수단

경제적 성취를 넘어서 광범위한 국가적 목표를 더 잘 반영하는 번영의 척도를 만들기 위해 미국은 1990년대 초기부터 인간 개발 지수(human development index: HDI)의 수치를 추적하고 있다.

HDI는 0(최저)에서 1(최고) 사이의 값으로 측정된다.[4] 세 가지 일반 지표인 1인당 GDP, 교육, 기대수명(life expectancy: LE)의 평균이다.

$$\text{Life expectancy index} = (\text{LE}-25)/(85\text{-}25) \qquad (1\text{-}1)$$

$$\text{Education index} = 2/3(\text{ALI}) + 1/3(\text{CGER}) \qquad (1\text{-}2)$$

$$\text{CGER} = 1/3(\text{GER Prim} + \text{GERSecond} + \text{GERTerti}) \qquad (1\text{-}3)$$

$$\text{GDP index} = \frac{[\log(\text{GDPpc}) - \log(100)]}{[\log(40000) - \log(100)]} \qquad (1\text{-}4)$$

식 (1-1)~(1-4)에서 LE는 연 단위 기대수명이다. ALI는 성인문해 지표 혹은 문맹인 성인의 비

4 미래에는 최고 등급 나라에서 HDI가 1을 넘어서는 것을 방지하기 위해 벤치마킹한 기대수명과 1인당 GDP 값을 조절할 필요가 있을 것이다.

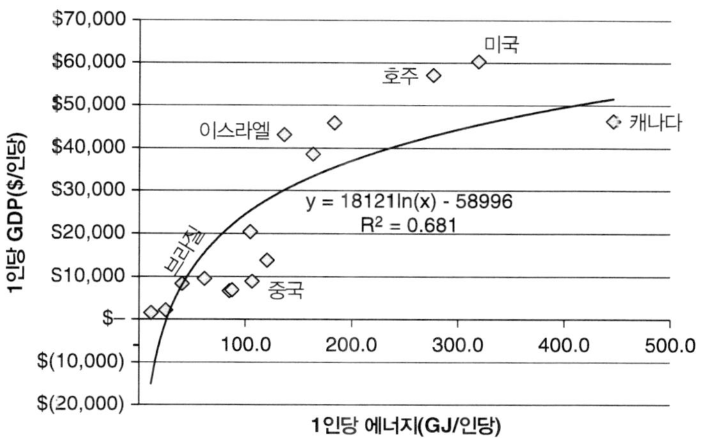

그림 1-2 일부 국가의 1인당 GDP와 1인당 에너지 소비량(GJ)의 함수(2017년).

참고: 환산은 100만 BTU =1.055 GJ이다. [*출처*: 유엔 경제사회국(2020), 인구 기준; 미국 에너지정보청(2020), 에너지 소비량 기준; 국제통화기금(2020), GDP 기준].

율, CGER은 결합된 총 취학률 혹은 1차, 2차, 3차 총 취학률의 평균이다(관련된 연령군 인구에 기반한 기대 취학 수준과 비교할 때 3개 각 교육 수준의 실제 취학률),[5] 그리고 GDPpc는 PPP 기준 1인당 GDP이다.

1인당 GDP의 경우와 1인당 에너지 사용률의 함수로 HDI를 도시하면(그림 1-3 참조) 높은 HDI의 나라가 낮은 HDI의 나라보다 1인당 에너지 사용량이 많다. 예를 들면 기대수명이 59년이고 HDI 값이 0.484인 짐바브웨는 1인당 에너지 사용이 1.43×10^{10} J 혹은 13.5×10^6 BTU인 반

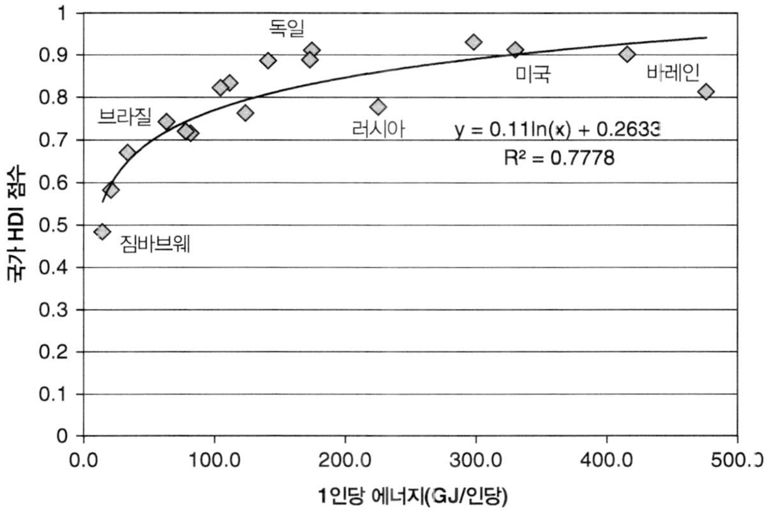

그림 1-3 일부 국가의 1인당 에너지 소비량(GJ)에 따른 인간 개발 지수(2011년).

5 예를 들어 한 나라에서 초등학교에 다니는 어린이(약 6~11세)의 인구가 100만 명이라고 가정하자. 이 연령군의 실제 등록자 수가 95만 명이라면 GERPrim = 0.95이다.

면, 캐나다는 그에 해당하는 값이 각각 0.950, 4.7×10^{11}, 442가 된다. 역시 높은 HDI (>0.80) 값을 갖는 나라 중에서 광범위한 에너지 강도 값이 존재한다. 1인당 4.76×10^{11} J (451×10^{6} BTU/capita)의 에너지를 소비하는 바레인의 HDI값은 0.813이며, 이 값은 캐나다보다 조금 작다.

1-4 에너지 소비로 인해 전 세계가 직면한 압력

그림 1-1에서 본 것처럼 세계 에너지 소비량은 1950~2017년 사이 급격하게 증가하여 대략 100 EJ에서 500 EJ로 증가했다. 에너지 소비량의 지속적인 증가 때문에 이 경향은 지금도 계속되고 있다. 많은 부유한 국가들에서는 과거 수십 년에 비해 현재의 에너지 소비량 증가가 둔화되고 있다. 이러한 경향은 특히 일본과 유럽 연합 국가들에서 현저하게 나타나고 있다. 덴마크와 같은 몇몇 국가에서는 에너지 소비량이 안정화되어 1980년에 0.92 EJ (0.86 quads)을 소비한 반면, 2017년에는 0.78 EJ (0.74 quads)을 소비했다. 그러나 이런 나라는 극히 일부이다. 왜냐하면 개발도상국이 빠르게 발전하는 경향은 에너지 수요를 급격히 증가시키기 때문이다. 그런 나라에서는 역사적 변화가 진행 중이며, 그 나라들이 부강해짐에 따라 미국, 일본, 캐나다와 같은 선진국의 발전 방향을 많이 채택하고 있어서 그들의 1인당 에너지 소비량은 선진국의 소비량에 근접하고 있다.

1-4-1 선진국 대 신흥국

수송, 전기로 변환, 에너지공간 난방, 산업공정열, 원자재로서의 에너지와 같은 총 에너지 소비량을 포함하는 그림 1-4의 자료는 이것을 보여준다. 이 그림에서는 유럽연합, 동유럽, 북아메리카, 일본, 호주, 뉴질랜드를 포함하는 나라들을 '선진' 범주로, 그 밖의 나라들은 '신흥' 범주로 그룹화했다. 이 구분은 역사적 이유 때문이다. 1950년대 에너지 사용량의 팽창 초기에 선진 범주의 나라들은 일반적으로 세계의 부유국으로 고려되었다. 오늘날 한국과 같은 몇 개의 신흥국들은 1인당 GDP와 1인당 에너지 사용량에서 이전의 동유럽 블록(체코 공화국, 폴란드 등) 몇 개의 산업 국가들을 넘어

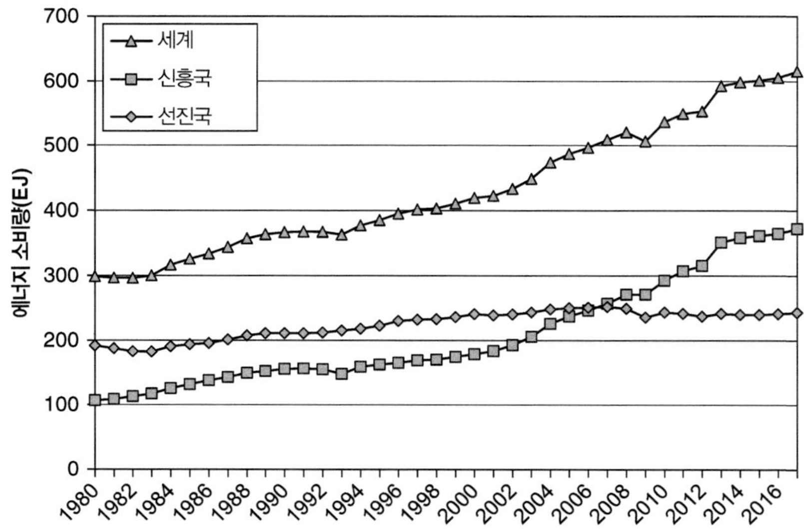

그림 1-4 선진국과 신흥국의 총 에너지 소비량 비교(1980~2017). [*출처*: 미국 에너지 정보국(2020)]

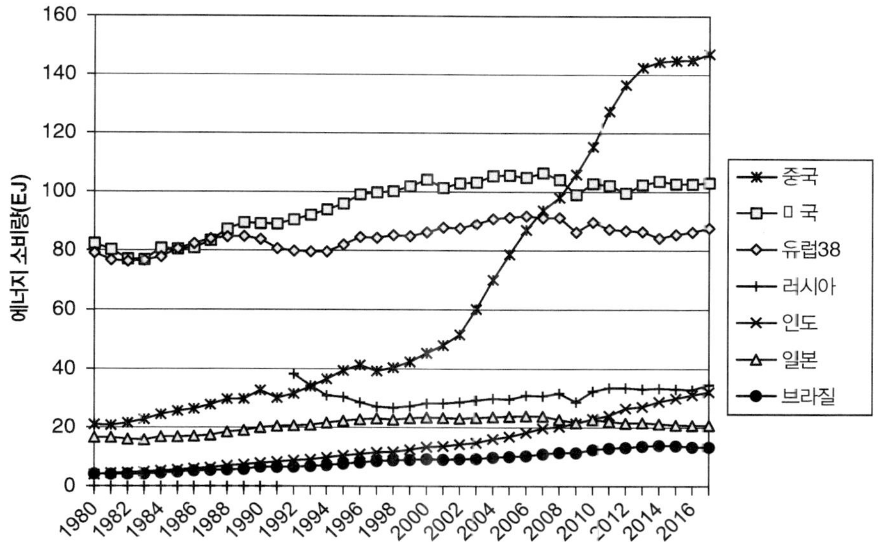

그림 1-5 일부 국가의 총 에너지 소비량 비교(1980~2017년).

참고: 러시아의 추세선은 1992년도에 나타나며, 그 이전에는 러시아의 에너지 소비가 구소련에 속해 있었기 때문이다.
[*출처*: 미국 에너지 정보 관리청(2020).]

서게 되었다. 어떤 경우든 2000년의 신흥국들이 2007년의 선진국들을 능가하는 빠른 성장 덕분에 두 그룹 나라들이 세계 경제의 경향을 오르내리게 하였다(1980년대 초, 1990년대 초, 2000년대 초, 2009~2010년 경기 침체 등 상대적 경제 약세 기간의 성장 둔화). 2012년 신흥국은 372 EJ (353 quads)를 소비한 반면, 선진국은 243 EJ(230 quads)를 소비했다.

더욱이 두 국가 그룹 간의 총 에너지 사용량과 총 인구를 비교하면 신흥국의 총 에너지 사용량이 앞으로 훨씬 더 증가할 것이다. 선진 국가는 10억 명의 인구로 구성되어 있는데, 신흥국들은 그 나머지인 65억 명을 차지하고 있다(2017년 기준). 이를 기준으로 볼 때 선진국은 신흥국보다 1인당 에너지 소비량이 3배 이상 많다. 향후 신흥국 경제가 선진국 경제와 비슷하게 성장하여 1인당 에너지 소비 격차가 크게 좁혀진다면 신흥국의 총 에너지 소비량이 선진국의 총 에너지 소비량을 2~3배 초과할 수도 있다.

세계 에너지 소비량에서 선진국과 신흥국의 영향을 더 부각시키기 위해 세계의 동향에 영향을 주는 몇 개국을 골라 각각의 에너지 소비량을 그림 1-5에 나타내었다. 이 그림의 국가들은 구소련을 제외한 서유럽, 동유럽의 38개 국가로 이루어진 '유럽38'이라 불리는 38개의 유럽 국가연합체를 포함하고 있다. 다른 나라로는 미국, 일본, 중국, 러시아, 인도, 브라질이 포함되었다.[6] 그림 속에 나타난 나라들을 합하면 2017년 전 세계 에너지 소비량의 71%를 차지한다.

그림 1-5는 2개의 중요한 경향을 보여준다. 첫째, 부유국 중 미국의 에너지 소비 증가가 유럽38과 일본보다 크며, 미국은 이 그룹 중에서도 점차 에너지 다소비 사용 국가가 되어가고 있다. 1980년대 후반 미국과 유럽38은 거의 같은 에너지 사용량을 보였으나, 유럽의 에너지 사용량은 그 후 백분율로나 절대량으로나 천천히 상승했다. 둘째, 2002년부터 2017년까지 중국, 브라질, 인도의 성장

6 브라질, 러시아, 인도, 중국은 전 세계 에너지 소비, 인구, 경제 활동의 상당 부분을 차지하는 '브릭스(BRIC)' 4개 국가로 구성되어 있기 때문에 이 수치에 포함되었다.

(a)

(b)

그림 1-6 중국의 빠른 기술 혁신 사례.

그림 1-6(a)는 1989년 광둥성에서 정기 운행 중인 중국 증기 기관차를 보여준다.
그림 1-6(b)는 2006년 상하이의 자기부상열차를 보여준다. 이 두 사진 사이에는 17년이라는 시간 차이가 있다. 현대 기술의 도입은 일반적으로 중국의 에너지 소비를 증가시켰지만, 1990년대 중반에 비효율적인 증기 기관차의 사용을 단계적으로 중단한 것처럼 일부 경우에는 효율성을 증가시키기도 했다. [*출처*: 왕지안슈오, 왕지안슈오닷컴(그림 1-6b). 허가를 받아 재인쇄됨.]

률과 절대 규모가 다른 국가에 비해 훨씬 높다. 이 세 국가는 이 기간 동안 각각 185%, 45%, 128% 성장했다. 특히 놀라운 것은 중국의 에너지 소비량 증가가 2002~2008년 사이 45 EJ (43 quads)이며, 이러한 에너지 소비량의 가파른 상승은 그림 1-4의 세계 에너지 소비량 증가 경향에 가시적

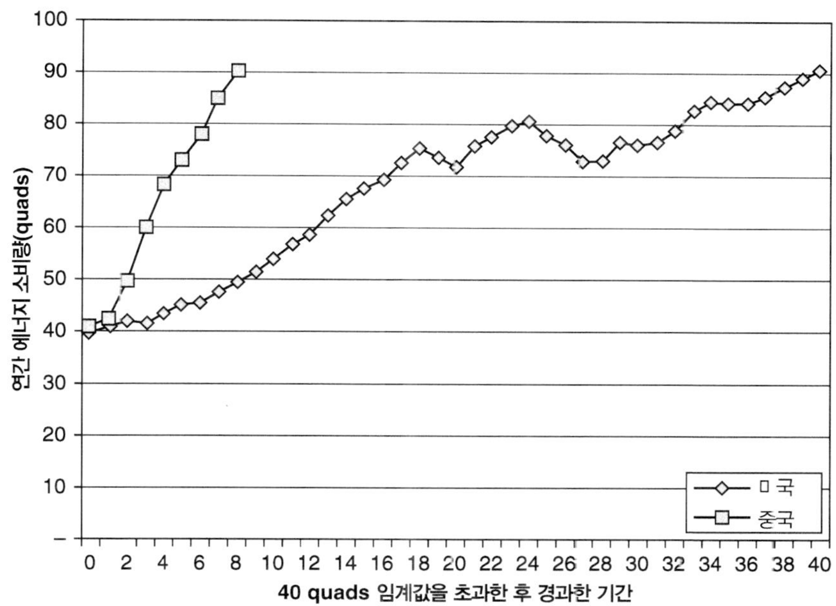

그림 1-7 8년 안에 40 quads에서 90 quads로? 중국과 미국의 연간 에너지 소비량이 총 에너지의 40 quads에서 90 quads로 증가하는 데 필요한 기간 동안의 수치이다. 그림에서 0년은 중국과 미국의 경우 각각 2001년과 1955년에 해당한다. (*출처*: 미국 에너지 정보국)

영향을 주기에 충분했다. 이 경향은 중국 경제가 그림 1-6의 2개 사진에서 상징하는 산업의 저임금 생산자에서 부국의 경제와 비슷한 현대 소비자 경제로 변환된 것을 반영한다. 중국의 에너지 성장 경로는 그림 1-7과 같이 총 에너지 소비량 40 quads에 도달한 이후 연간 성장률 측면에서 미국과 비교하여 다른 관점에서 볼 수 있다. 미국은 1955년에, 중국은 2001년에 이 임계값에 도달했다. 이 그림은 이후의 성장 경로를 보여주며, 가로축은 국가에 따라 1955년 또는 2001년 이후 경과한 연수를, 세로축은 해당 연도의 총 에너지 소비량을 나타낸다. 미국의 경우 40 quads에서 90 quads로 성장하는 데 40년(1955~1995년)이 걸렸다. 중국의 경우, 이러한 성장은 단 8년(2001~2009년)에 걸쳐 이루어졌다.

중국의 에너지 사용량은 특히 최근 들어 빠르게 증가하고 있지만, 1인당 에너지 사용량은 선진국에 비해 여전히 낮은 수준이다. 2017년 중국의 1인당 평균 에너지 소비량은 103 GJ (9,900만 BTU)인 반면, 미국의 1인당 평균 에너지 소비량은 317 GJ (3억 100만 BTU)였다. 그림 1-8은 1980~2017년 중국, 미국 그리고 다른 5개국의 에너지 소비량 변화 경향을 보여준다. 중국은 1인당 에너지 소비량이 2000년부터 괄목할 만큼 증가한 반면, 아직 일본, 영국, 러시아, 특히 미국의 에너지 소비량보다 적다.

앞의 자료들은 중국, 브라질, 인도와 같이 급성장하는 나라에서는 총 에너지 소비량과 1인당 에너지 소비량에 변화의 여지가 많다는 것을 보여준다. 그리고 에너지 사용량과 GDP 사이에 큰 연관성이 있음을 상기시킨다. 선진국들은 전형적으로 GDP가 연간 2~3% 성장한 반면, 중국 경제는 최근 연간 7~10% 증가해 왔다. 2020년의 전 세계적인 코로나 바이러스 팬데믹으로 인해 이러한 성장 추세가 잠시 중단되었지만, 이 보건 위기가 지나가면 계속될 것으로 보인다. 2017년 중국의

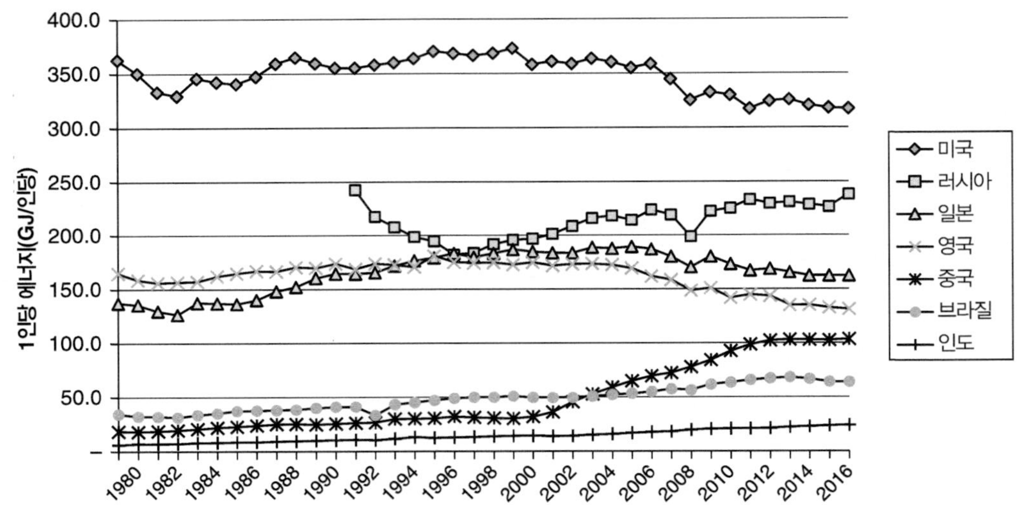

그림 1-8 일부 선진국 및 BRIC 국가들의 1인당 에너지 소비량(1980~2016년).

참고: 러시아는 1992년에 에너지 소비량이 구소련에 속해 있었기 때문에 1992년 추세선이 표시된다. 영국의 1인당 에너지 사용량은 유럽 연합 전체의 일반적인 값을 나타내는 데 사용된다. (*출처*: 미국 에너지 정보국)

GDP와 1인당 GDP가 각각 12조 2,000억 달러, 8,855달러인 반면 미국은 각각 19조 4,000억 달러, 6만 300달러이다. 세계 경제에 큰 변화가 없다면 중국의 GDP와 1인당 GDP는 성장의 여지가 많다는 것을 보여준다. 이와 같은 성장은 중국의 에너지 소비량을 계속적으로 상승시킬 것이다.

동시에 미국과 같은 선진국에서는 GDP와 에너지 사이의 연관성이 깨질 가능성이 있다. 그림 1-9는 미국 실질 GDP(2005년 고정 달러 기준)[7]와 미국 총 에너지 소비 경향을 1990년(=1.00) 값으로 지수화하여 나타낸 그림이다. 1996년부터 GDP는 빠르게 성장한 반면(1996~2017년 기간 동안 64%) 에너지 소비량의 성장은 느리다(같은 기간 동안 4%에 불과). 에너지에 대한 정보 증가(상대적으로 적은 에너지 사용으로 부를 생산하는), 일을 위해 몸을 움직이는 대신 통신 사용, 산업 및 주거용 에너지 사용에 있어서 보다 효율적인 기술의 사용, 에너지를 많이 사용하는 제조업의 해외[8] 이전 등 여러 요소들이 이러한 경향에 영향을 준다. 현재 기술로는 중국과 같은 나라에서 경제 성장이 에너지 소비량의 증가로 이어지지 않을 가능성이 있다. 그러나 1996년 이래로 경향에 대한 중요성을 과대 평가하지 않도록 주의해야 한다. 에너지와 GDP 사이 연관성 감소 현상은 일시적인 것이고, 미래에 에너지와 GDP 사이의 긴밀한 관계성 회복을 보여줄 가능성도 있다. 더욱이 1996~2017년 기간 동안 미국의 1인당 에너지 사용량은 매우 높으며, 현재 기술을 고려할 때 80억 명에 육박하는 전 세계 인구에 적용하면 지속될 수 없다.

---

7 '고정' 달러와 '통용' 달러의 구분은 다음과 같다: 통용 달러로 표시된 금액은 해당 연도의 달러 액면가이며, 고정 달러로 표시된 금액은 시간이 지남에 따라 달러의 구매력이 감소하는 것을 반영하여 조정된 금액이다. 예를 들어, 1993년과 2000년 통용 달러로 표시된 미국 GDP는 각각 66억 6,000만 달러와 98억 2,000만 달러였다. 그러나 2000년 달러 가치는 1993년 달러의 88%였으므로 GDP 가치를 2000년 고정 달러로 조정하면 각각 75억 3,000만 달러와 98억 2,000만 달러가 된다. 2장을 참조하라.

8 주의: 실제로 제조업의 해외 이전이 미국 내 에너지 소비 증가 둔화의 주요 원인으로 밝혀진 경우, 에너지 소비는 여전히 발생하지만 다른 국가의 에너지 수지에 포함되기 때문에 실제로는 GDP와 에너지 성장 간의 연결 고리가 끊어지지 않았다고 주장할 수 있다.

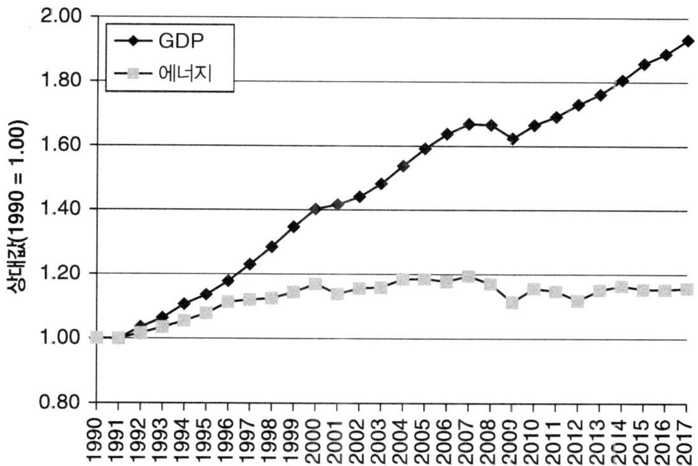

그림 1-9 1990년 = 1.00을 기준으로 환산한 미국의 에너지 사용량과 실질 GDP의 상대적 가치(1990~2017). 1990년 GDP(2005년 달러)의 가치는 8.0조 달러, 에너지 소비량은 89.3 EJ (84.6 quads)였다. (*출처*: 미국 에너지 정보국)

세계 에너지 소비량의 변화 추이를 살펴보는 또 다른 방법은 세계 최대 에너지 소비국을 나열하고 상위 국가가 어떻게 변화했는지 관찰하는 것이다. 표 1-2는 1980년과 2017년의 에너지 소비 상위 8개 국가와 나머지 국가 및 세계 총 에너지 소비량을 보여준다. 2017년에는 BRIC 국가들이 모두 상위 8개 국가에 포함되었으며, 이들의 부상으로 프랑스와 영국은 순위에서 밀려났다. 그사이 37년 동안 러시아는 구소련을 대체했고, 중국은 미국을 제치고 세계 최대 에너지 사용자가 되었다. 일본, 독일(1980년 동독을 흡수한 후 서독을 대체), 캐나다, 미국 등 나머지 선진국도 여전히 목록에 이름을 올렸다. 이 4개국은 모두 세계 평균보다 더 느리게 성장하여 캐나다를 제외하고는 모두 순위가 내려갔다.

표 1-2 1980년과 2017년 에너지 소비량(1경 BTU 단위) 기준 세계 상위 8개 국가 순위

순위	1980년 국가	연당 소비 Quads	2017년 국가	연당 소비 Quads
1	미국	78.07	중국	139.44
2	소비에트 연방	46.74	미국	97.69
3	중국	17.29	러시아	32.83
4	일본	15.20	인도	30.48
5	서독	11.27	일본	19.60
6	캐나다	9.80	캐나다	15.05
7	영국	8.84	독일	14.01
8	프랑스	8.39	브라질	12.59
소계	n/a	195.58	n/a	361.69
ROW*	n/a	87.57	n/a	208.48
세계	n/a	283.15	n/a	583.37

*ROW = 나머지 국가.

출처: 미국 에너지 정보국.

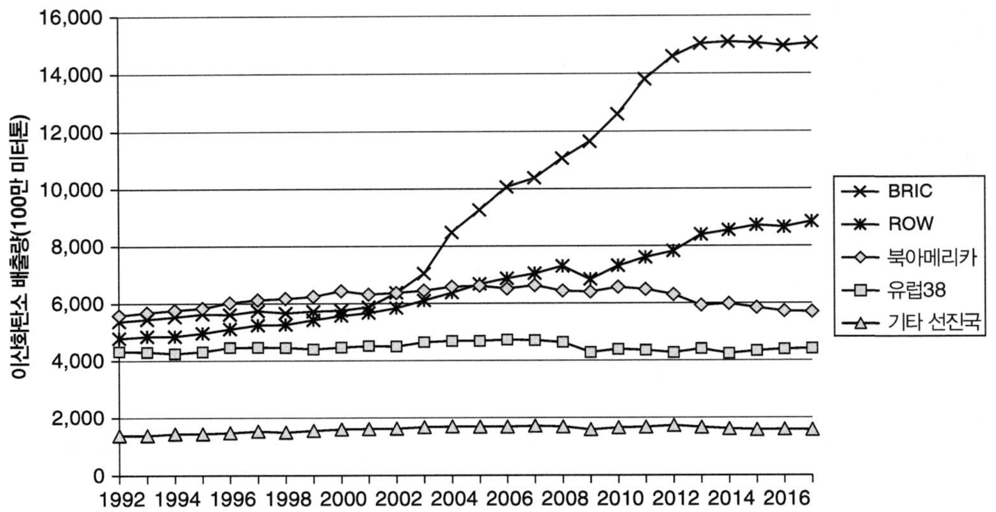

그림 1-10 북아메리카, 유럽, 기타 선진국, BRIC 및 ROW 국가의 이산화탄소 배출량(1992~2017년).

참고: '기타' 그룹에는 일본, 호주, 뉴질랜드가 포함된다. 기타 국가는 앞의 4개 그룹에 속하지 않은 모든 국가를 포함한다. (*출처*: 미국 에너지 정보국)

1-4-2 이산화탄소 배출에 대한 압력

에너지 사용의 부정적 영향은 총 에너지 소비 자체에 있는 것이 아니고 오히려 에너지를 전달하기 위해 소비되는 재생 불가능한 자원의 양, 오염물질 발생과 에너지 사용에 따라 배출되는 온실가스 등 에너지원을 추출함에 따른 부작용에 있다. 선진국 및 신흥국에서의 이산화탄소 배출 경향을 그림 1-10에서 볼 수 있다. 이 그림에서 선진국은 '북아메리카'(캐나다와 미국, 멕시코 제외), 유럽38, '기타 선진국'(일본, 호주, 뉴질랜드)으로 구분된다. 신흥국은 'BRIC 국가'와 위의 네 분류에 포함되지 않은 '기타 국가(ROW)'이다. ROW의 이산화탄소 배출 변화의 형태는 그림 1-4에 보이는 바와 같이 에너지 소비량에 대한 형태와 비슷하다. 에너지 소비량과 비교했을 때 신흥국, 특히 BRIC 국가는 이산화탄소 배출에 있어서 선진국을 압도하고 있다. 또한 신흥국은 에너지 소비에 비해 이산화탄소 배출량 측면에서 선진국을 더 빨리 추월했는데, 이 현상은 2003년과 2007년에 각각 일어났다. 달리 말하면 선진국은 단위 에너지 소비에 대해 이산화탄소를 덜 배출한다는 것이다(2017년 기준, 선진국은 48 kg/GJ, 신흥국은 64 kg/GJ). 선진국은 에너지원을 에너지 생산품으로 더 효율적으로 변화시키는 저탄소, 무탄소 에너지원에 접근할 수 있는 강점을 갖고 있기 때문이다.

그림 1-4와 1-10의 자료에 의하면 세계적 수준으로 볼 때 소비 에너지 GJ당 이산화탄소 배출량은 1980~2017년까지 약 6% 감소했다(62 대 58 kg CO_2/GJ). 세계적인 1인당 이산화탄소 배출은 1950~1980년 사이에 배가된 이후 1980~2017년 사이에 1인당 연간 4.0톤에서 4.7톤으로 소폭 증가했다.[9]

일부 선진국 및 신흥국의 1인당 이산화탄소 배출량 추이는 그림 1-11에 나와 있다. BRIC 국가들은 2000년 이후 1인당 배출량이 증가하고 있으며, 특히 중국은 국내 및 글로벌 시장에서의 산업

9 1950년과 1980년의 비교는 Marland 외(2003) 참조: 1950년 기준 약 2.4미터톤의 이산화탄소 환산, 1980년 4.5톤.

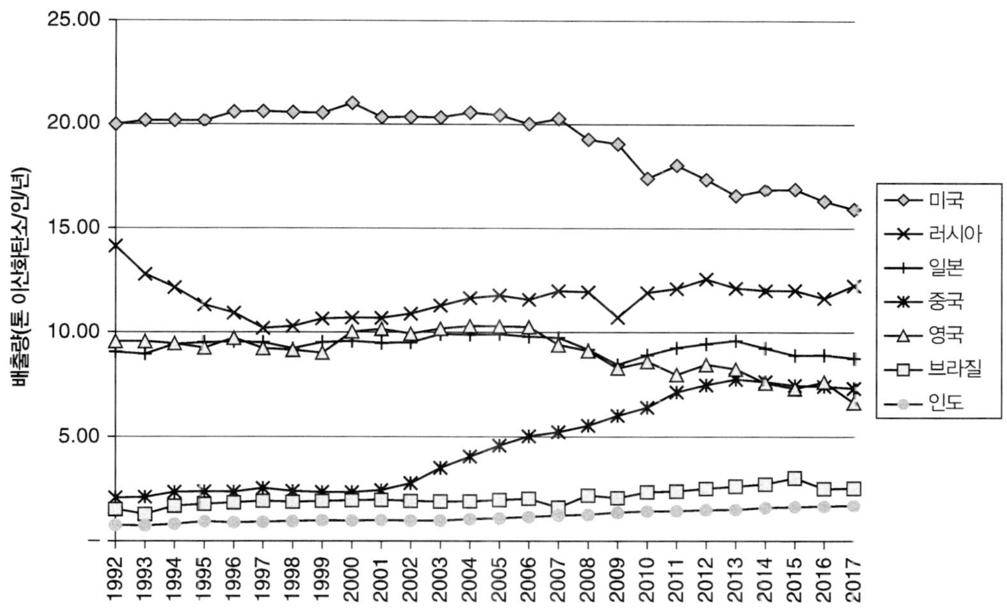

그림 1-11 일부 국가의 1인당 이산화탄소 배출량(1980~2017년). (*출처*: 미국 에너지 정보 관리)

생산량 증가와 중산층 증가로 인해 큰 폭의 증가세를 보이고 있다. 실제로 2017년 중국은 영국보다 1인당 배출량이 더 많았으며(연간 7.3톤 대 6.6톤 이산화탄소), 이는 신흥 경제가 선진 경제를 추월한 첫 번째 사례이다. 수치의 규모가 커서 쉽게 파악하기는 어렵지만 브라질과 인도의 1인당 배출량도 각각 29%, 75% 증가했으며 러시아의 1인당 배출량도 증가했다. 반면에 미국과 유럽(대표적인 유럽 에너지 사용자로 영국을 대표)의 배출량은 감소했다. 선진국가 중 일본의 경우 2011년 후쿠시마 사고 이후 원자력 발전소 폐쇄의 영향으로 2009년부터 2013년까지 배출량이 증가했지만 그 이후에는 지속적으로 감소했다.

결론적으로, 그림 1-10과 1-11의 추세는 단기 및 중기적으로 이산화탄소 배출에 대해 크게 우려할 만한 이유가 있음을 시사한다. 에너지 단위당 또는 1인당 이산화탄소 배출량은 2012~2017년 동안 소폭 감소하는 등 어느 정도 안정세를 보이고 있지만, 온실가스 배출량을 획기적으로 줄여야 하는 지구로서는 여전히 높은 수준이다. 또한, 총 에너지 사용량과 세계 인구가 모두 증가하고 있기 때문에 단위 에너지당 또는 1인당 이산화탄소 배출량을 줄이기 위한 적극적인 조치를 취하지 않으면 총 이산화탄소 배출량도 함께 증가할 것이다.

1-4-3 에너지 사용 및 이산화탄소 배출량 동향에 대한 관측 결과

다음 두 가지 관찰은 에너지와 이산화탄소에 대한 논의를 요약한 것이다. 첫 번째 관찰은 선진국과 신흥국이 현재의 에너지 도전에 임하는 역할에 대해 구별할 것이다. 그림 1-4를 보면 에너지를 가능한 한 효율적으로 사용하는 데 있어서 신흥국은 선진국보다 덜 노력하고 있는 것처럼 보인다. 그리고 그림 1-5에서 중국은 특히 에너지의 지속 가능한 사용을 위해 그 역할을 하지 않는 것처럼 보인다. 그러나 이와 같은 사고방식은 불공평하다. 중국과 신흥국은 일반적으로 선진국보다 1인당 에너지를 덜 사용하기 때문이다(그림 1-8 참조). 그러므로 에너지에 대한 세계적인 해결책을 강구하는 데 있어서 하나의 요소는 세계 각국의 재생에너지 사용 수준이고, 또 다른 요소는 복지 향상을 위해 에너지에 접근할 권리가 신흥국 시민들에게 있다는 사실을 세계 각국이 인식하는 것이다. 가능한 해는 선진국들은 에너지 사용의 효율을 대폭 증진시켜 에너지 사용과 1인당 이산화탄소 배출 모두를 감축시키고, 신흥국들은 선진국과 같이 삶의 질을 향상시키되 현재 선진국들이 사용하는 1인당 에너지와 이산화탄소 배출보다 적게 사용하고 적게 배출하는 것이다.

두 번째 관찰은 에너지와 이산화탄소 배출의 전체적 경향에 관한 것이고, 그것을 최대한 어떻게 설명하느냐에 대한 것이다. 그림 1-4, 1-5, 1-10, 1-11을 보면 여러 해 동안 에너지 소비와 이산화탄소 배출 증가가 지속되고 있는 것은 분명하다. 선진국들은 증가를 억제하고 있지만 신흥국들은 계속 상승시키는 위치에 있다. 그러므로 핵심 요소는 기술을 통해 환경에 미치는 부정적 요인의 증가 없이 에너지 사용을 증가시킬 수 있는가 하는 것이다. 이 책에서는 실질적으로 필요한 에너지를 공급하되 그에 해당하는 양의 이산화탄소를 대기에 배출하지 않는 많은 물리적 잠재력이 존재한다는 사실을 보일 것이다. 문제는 환경을 훼손하지 않으면서 에너지를 공급할 수 있는 기술을 개발하는 것이다. 재생에너지원은 전 세계적으로 현재 인류가 소비하는 에너지의 양보다 훨씬 많은 양을 사용할 수 있다. 재생에너지는 화석연료에서 발생하는 이산화탄소나 화석 및 원자력에너지의 단점인 고준위 방사성 폐기물을 발생시키지 않는다는 강력한 장점도 있다. 그러나 특정 유형의 원자력 에너지에 대한 자원은 거의 무한대에 가까울 정도로 대량으로 이용할 수 있다. 안전하게 채굴되면서 대기로 이산화탄소를 배출하지 않고 연소할 수 있다면 2~3세기 동안 사용 가능한 화석연료도 있다. 가장 바람직한 성과는 이 세 가지 에너지원의 혼합일 것이다.

1-4-4 논의: 에너지 요구 사항에 대한 주류적 관점과 생태보호 운동학적 관점의 대조

세계의 빈곤과 지구적 이산화탄소 배출을 설명하는 이전 논의의 밑바탕에는, 1인당 에너지 접근 증가는 부를 위한 요구이며 증가된 부는 인간의 복지를 향상시킨다는 기본적인 전제가 깔려 있다. 앞의 그림(GDP에 대한 그림 1-2 혹은 HDI에 대한 그림 1-3)에 근거한 에너지 소비량과 경제 척도 사이의 관계식은 가난한 나라들의 에너지 접근이 증가하면 그들의 지위는 부 혹은 HDI 곡선과 함께 상승할 것이라는 생각을 뒷받침한다. 부 혹은 HDI 영역에서의 성공이 삶의 질을 제공하는 데 있어 성공으로 이끈다고 가정하는 것은 타당하다. 이와 같은 논리에 의하면 세계 부유국들은 1인당 에너지 소비량을 감축해서는 안 된다. 왜냐하면 그것은 삶의 질에 대한 손실을 의미하기 때문이다. 대신 부유국들은 환경친화적 에너지 시스템의 입력과 출력을 만들어야 한다. 그러면 에너지 소비 수준이 어떠하든 환경은 보호될 것이고 시민들이 관여하는 활동(제조, 무역, 소매, 관광, 대중오락 등)은 더 이상 관심사가 되지 않을 것이다. 이와 같이 발달된 기술과 시스템은 신흥국들에도 유용하게 되어 그들 역시 에너지 소비에 더 많이 접근하고 지속 가능한 방법으로 높은 삶의 질을 누릴 수 있게 될 것이다.

이와 같은 '주류'의 전망은 경제학자, 엔지니어 그리고 정치적 지도자들에 의해 널리 채택되고 있다. 그러나 그것은 단지 하나의 접근 방법이고, 또 다른 접근 방법은 근본적으로 인간이 관여하는 활동을 다시 생각하는 것이다. 즉, 현재 형태의 활동의 혼합을 계속하는 것을 허용하는 대신 에너지와 원자재 사용과 쓰레기 배출을 감축시키는 활동 및 생활 양식을 통해 환경에 미치는 영향을 지속 가능한 수준으로 줄이는 것이다. 이 접근 방법은 *생태보호* 운동가들의 근본 도구 중 하나이다. 그것은 최근 몇십 년 동안 나타난 자연 세계와 사회의 관계에 대한 대체 철학이다.

생태보호 운동가들은 주류적 접근은 '표면적 생태학'의 하나가 되는 접근이고, 자원 추출과 부산물 처리에 대한 기술적 변화만을 가져오며, 세계 자연 시스템 안에서의 과도한 충돌에 대한 핵심 문제를 처리하지 않음으로써 생태적 위기의 표면만을 처리한다고 비판하고 있다. 예를 들어 생태보호 운동가들은 에너지 시스템의 경우 에너지원을 추출하거나 혹은 현재와 같은 비율로 에너지를 생산하는 대신 에너지를 덜 필요로 하는 환경친화적 방법으로 에너지의 최종 사용을 선택하도록 사람들을 변화시키고자 한다. 이와 같은 노력의 주된 목표는 인간의 기본적 생존을 위해 필요한 것이 아닌 삶의 질을 향상시키는 서비스와 상품의 중 · 상류 시민에 의한 구매, 곧 *소비자 문화*(consumer culture)이다. 생태보호 운동가들은 소비자 문화에서 구매와 소비의 방향을 *필요 불가결한 상품*과 서비스에 초점을 맞추도록 돌리려 한다. 장기적인 관점에서 이 그룹의 많은 사람들이 자원의 소비와 공해를 점차 줄이기 위해 전체 인구수를 줄이라고 주장한다.

주류적 접근과 생태보호 운동가들의 접근의 차이는 다른 나라들의 1인당 에너지 소비량을 사용하여 그리고 그들이 미래에 어떻게 변할 것인지를 고려하여 나타낼 수 있다. 일찍이 방글라데시의 1인당 에너지 소비는 9.4 GJ(1인당 8.9 M BTU)로 최하위에 있었다. 짐바브웨의 1인당 에너지 소비는 11.3 GJ(1인당 10.7 M BTU)로 1인당 에너지 사용량이 낮은 또 다른 국가로 앞서 제시되었다. 표 1-1을 보면 미국의 1인당 에너지 사용은 319 GJ(1인당 302 M BTU)이다. 두 접근 방법 모두 방글라데시의 낮은 1인당 에너지값은 인간의 잠재력을 제한한다는 데 동의한다. 왜냐하면 그것은 적합한 음식과 의학적 치료와 기타 필수품 공급을 어렵게 하기 때문이다. 그러나 방글라데시의 에너지 강도에 대한 정확한 목표를 어느 정도로 잡아야 하는지에 대해서는 의견이 서로 다르다. 주류적 접근에서는 환경보호에 대한 요구가 만족된다면 방글라데시의 에너지 강도가 미국의 에너지 강도에 도달할 때까지 상승해도 아무 제한을 두지 않는다. 반면 생태보호 운동가들의 접근에서는 방글라데시는 환경친화적 에너지원에 대한 개선된 접근을 통해, 미국은 생활형태 변화를 통해 두 나라 모두 중간 정도 값인 1인당 50~100 GJ(1인당 50~100 M BTU)을 염두에 두고 있다. 실질적으로 주류와 성태보호 운동학 접근 모두 방글라데시가 현재 직면하고 있는 질병과 기아를 면하게 할 적합한 식품 공급과 보편적 초등교육의 필요성을 인정한다. 그러나 주류적 접근은 부가적으로 기계화된 운송에의 보편적 접근, 자동차 소유의 확산, 변전소와 전력망의 포괄적인 네트워크, 쇼핑몰과 기타 상업적 설비의 발전을 권장하는 반면, 생태보호 운동학은 이에 반대한다.

생태보호 운동학적 대안은 몇몇 매력적 이점뿐만 아니라 상당한 도전을 내재하고 있다. 생태보호 운동학적 길을 따름으로써 얻어지는 에너지와 자원의 소비 감소는 실질적으로 생태학적 이득이 될 것이다. 에너지 서비스의 감소에 의해 석탄과 석유의 채굴률은 감소할 것이고, 재생에너지 시스템이 생산 · 설치될 것이며, 대기로 배출되는 이산화탄소량은 감소할 것이다. 결과적으로 자원의 추출로부터 부산물 관리로의 전환에 이르는 에너지 처리량을 감소시킴으로써 환경과 에너지 시스템을 조화시켜야 하는 도전을 단순화할 수 있다. 상대적으로 에너지 처리량이 많은 주류적 접근에서는 이 문제가 더 복잡해진다.

중 · 단기적으로 보면 생태보호 운동학적 접근은 사회에 도전이 될 것이다. 왜냐하면 생태보호 운동학적 접근 관점에서 보면 필수적이 아닌 것으로 여겨지는 현대 경제적 서비스의 많은 활동들이 그것들의 제공을 통해 삶을 영위하는 개인들에게는 없어서는 안 될 것이기 때문이다. 이 서비스의 갑작스런 제거는 에너지 소비와 배출을 줄이겠지만 동시에 많은 사람들에게 경제적 고통을 줄 것이다. 그러므로 에너지 문제 해결에 생태보호 운동학적 접근 방식을 채택하는 것은 부유국 경제가 그 시민들에게 일을 제공하는 방식에 대한 변화를 요구할 것이다. 그리고 그것은 단지 몇 년 혹은 몇십 년의 기간에 걸쳐 행해질 수 있다.

생태보호 운동학적 길에 완전히 참여하는 사람의 수는 지속적으로 적당한 환경적 안전장치로 조정된 높은 수준의 에너지 활동을 지속하려는 주류적 생각을 신봉하는 사람 수에 비해 상대적으로 적다. 그러나 생활방식과 소비 결정의 순위에 있어서 환경을 고려하는 개인적 행동에 관련된 접근은 몇몇 개별 소비자들의 선택에 영향을 주기 시작했다. 집 크기, 소비자 구매, 여행 결정 그리고 기타 유용한 선택이 환경에 미치는 영향을 이해함으로써 이들 소비자들은 경제적으로 유용한 구매를 삼가하여 환경에 미치는 영향을 줄이는 선택을 한다. 이와 같은 전환은 선진국 사회의 어떤 부류, 예를 들면 스스로를 '환경론자'로 정의하는 사람들에게 에너지 소비 증가를 억제하도록 한다. 그 영향은 앞으로도 계속 증가할 것으로 보이며 에너지 수요에 영향을 미칠 것이다.

1-5 에너지 문제와 이 책의 내용

1-5-1 동기, 기술 그리고 응용

이 책의 내용은 세 부분, 즉 *동기와 운전자*(motivations and drivers) (이 장에서 전술한 논의에 의해 제공된 부분), *도구*(tools) 그리고 *응용*(applications)으로 나누어져 있다. 그림 1-12의 순서도는 이 책에서 다루는 내용의 논리적 관계를 도식적으로 나타낸다.

세 가지 주된 도전은 이 책 내용에 대한 *동기*와 *운전자*를 구성하고 처음 5개 장에서 다루고 있다. 그 첫째는 '지속가능발전'(1장과 부록 H에서 다룸)이며, 특히 신흥국에서 가난을 제거하는 등 자연환경을 비가역적으로 손상시키지 않고 인간 요구를 만족시키는 지속적인 개발을 의미한다. 환경적 관심 중 대표적인 것은 기후변화(3장)인데, 에너지 시스템에 대한 결정과 기타 방법을 통해 대기 중 이산화탄소량을 안정화할 것(그리고 가능하다면 언젠가 감축시킬 것)을 요구한다. 마지막으로 세계가 비재생 화석연료를 계속 소비함으로써 석유와 가스 생산은 다음 몇십 년 어느 때인가 첨두에 도달할 것이며, 대기로 이산화탄소를 배출하지 않는 비전통적 화석연료 혹은 비화석 연료(4장)와 같은 대체에너지 개발을 요구할 것이다.

그림 1-12의 좌측 하단에 '기술과 도구'가 있다. 이들 중 첫째는 에너지 엔지니어가 에너지 시스템을 공부하는 기반이 된다고 가정한 열역학, 열전달, 유체역학, 전기와 자기, 화학, 통계학을 표시하기 위해 긴 점선으로 나타낸 '경질' 공학적 도구이다. 이 책에 포함된 기술은 2장과 부록 H에 나와 있다. 경제 도구(2장)는 기술로서의 에너지 시스템과 초기 투자비와 수입을 통해 시간을 두고 보상되는 유지비용과 운전비용(에너지 판매, 에너지 절약에 의한 경제적 이득 등) 모두를 포함하는 경제적 투자로서의 에너지 시스템 사이의 연관성을 만든다. 시스템 도구(부록 H)도 포함되어 있으며, 이러한 도구는 상호 작용하는 부품이 있는 시스템에서 발생하는 에너지 사용을 모델링하는 데 도움이 된다. 이 시스템들은 단계(계획, 구현, 최초 사용 혹은 작동수명, 해체/제거)가 구분된 '수명주기'를 갖는다. 여기서 각 단계는 시스템의 전체적 성공 또는 실패에 영향을 미친다.

동기/운전자, 도구/기술은 이 책의 나머지 부분에서 다루는 응용 분야인 에너지 시스템 공학에서 안내한다. 이들은 전기 생산과 공간 열 또는 공정 열로 대표되는 정적 응용과, 모든 형식의 육 · 해 · 공 운송기기 운동을 포함하는 운송 응용으로 나누어진다. '상호작용과 영향' 고리는 2개의

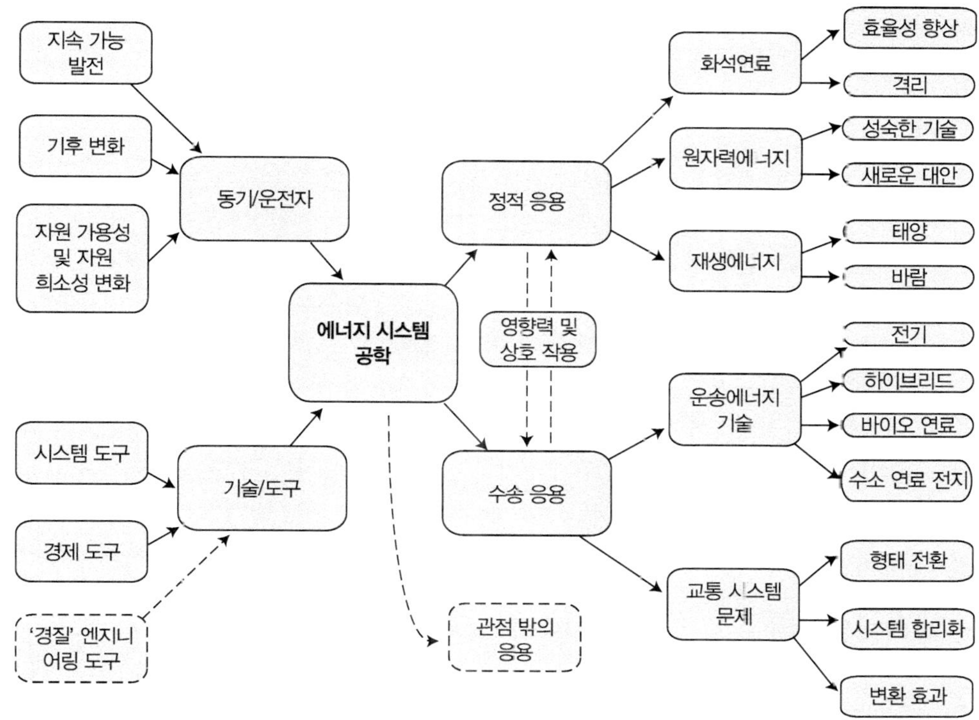

그림 1-12 동기/운전자, 기술/도구, 그리고 응용을 포함하는 이 책의 순서도.

응용 영역을 여러 방법으로 연결한다. 예를 들어 1차 에너지원은 어떤 영역에서 중복 소비되며, 두 영역의 수요 모두가 이따금 동시에 충족되어 상승 작용한다. 이 두 영역은 모든 에너지 최종 사용을 100% 포함하지는 않는다. 따라서 이 책 범위 밖의 응용은(모든 최종 에너지 소비의 10~15%보다 크지 않음) 긴 점선으로 나타낸다.[10]

정적 응용은 이 책에서 다루는 주 전환 기술로 대표된다. 전기 혹은 생성된 열은 최종소비자가 원하는 어떤 목적(예를 들어 실내온도 제어, 조명, 기기 작동 등)을 위해 사용된다(최종 사용 자체는 대부분 이 책의 범주 밖이다). 정적 응용은 화석연료 시스템(5장, 7장), 원자력에너지 시스템(8장)과 재생에너지 시스템(9~14장)으로 나누어진다. 6장에서는 정적 응용 분야와 연계된 전략으로 에너지 절약에 대해 설명한다. 수송 응용은 개별 수송 추진 기술(15장)과, 다양한 형태의 수송망(16장에서 논의된 바와 같이 도로, 철도, 수로, 항공망, 배관망)에서 그리고 수많은 운송수단, 배, 항공기 형태의 추진시스템에서 일어나는 시스템 논쟁점으로 나누어진다. 17장에서는 이 책에서 깊이 있게 다루지 않은 기술들에 대해 간단하게 논의한다. 그리고 미래 에너지 전망(18장)으로 마무리한다.

1-5-2 세 가지 기본 1차 에너지원의 초기 비교

그림 1-12에 적용 가능한 수는 많지만 이를 기초로 하는 주 에너지원은 화석, 원자력, 재생의 세 가

10 예를 들어, 매년 추출되는 전체 화석연료의 일부가 석유화학 산업이나 농업 비료의 원료로 사용되는데, 이 책에서는 이러한 용도를 고려하지 않았다.

지로 되어 있다. 이러한 주 에너지원 각각의 근본적 특성은 각 에너지원의 전환 · 전달 · 사용에 큰 영향을 주기 때문에 서론에 해당하는 이 장에서는 (1) 5~17장에서 더 심층적으로 탐구하기 전에 기본적인 비교를 할 것이며, (2) 주 에너지원의 혼합이 앞에서 논의된 동기와 운전자에 따라 21세기에 진화할 수 있는 가능한 경로를 나타낼 것이다.

표 1-3은 3가지 주 에너지의 기본적 장단점을 보여주고 있다. *화석에너지*(fossil energy)는 지표면 아래 자원으로부터 추출되는 탄소 기반 혹은 탄화수소 기반 에너지원이며, 현재 전 세계 에너지의 약 85%를 차지한다. 사용이 편리하고 상대적으로 직접비용이 저렴할지라도(공해와 사고 비용은 포함하지 않음), 전 세계적 에너지 소비의 현재 비율과 비교할 때 공급이 유한하고 대기 중 이산화탄소 농도 증가의 주 원인으로 지목되고 있다. *원자력에너지*(nuclear energy)는 화석연료에서의 화학 결합과 반대로 원자 결합에서 나오는 모든 형태의 주 에너지를 다 포함한다. 원자력에너지는 원자력 발전소에서 생성될 때 온실가스나 기타 공해물질을 배출하지 않는다. 그러나 원자력 발전소 사고 시 방사능 방출 위험과 원자력 연료 사용 결과물인 긴 시간 지속되는 고방사성 폐기물 축적의 위험이 있다. *재생에너지*(renewable energy)는 대부분 태양에너지의 대기 입사에 기인한 자연에서의 에너지를 인간이 제작한 시스템에서 사용 가능한 에너지 형태로 전환하는 시스템으로 구성되어 있다. 재생에너지는 지구 전체의 총 가용성에 있어서 광대하며, 온실가스를 배출하지 않고 에너지 전환 과정에서 공해물질을 배출하지 않는다.

두 번째 목적으로 전환해 보면, 3개의 주 에너지원을 평가하는 것뿐만 아니라 21세기에 지속 가능한 지구 에너지 해를 얻기 위해 그들을 어떻게 사용할지 고려하는 것이 필요하다. 현재 총 에너지에 대한 원자력에너지의 기여도는 11%, 재생에너지의 기여도는 4%, 나머지는 화석연료이다. 우리는 인구와 1인당 에너지 소비에 관한 두 가지 가정에서 시작한다.

표 1-3 세 가지 유형의 1차 에너지(화석, 원자력 및 재생에너지)의 기본 장단점

	장점	단점
화석	현재 지배적인 주 에너지원(세계 수요의 85%). 상대적으로 낮은 자본비용. 연료비를 포함한 직접적인 총 비용이 상대적으로 낮은 경우가 많음. '급속 처리 가능', 즉 연료가 전환될 때(전기, 기계적 운동 등) 사용자 제어 가능.	연료비는 변동될 수 있음. 달리 제어하지 않는 한 대기로 이산화탄소를 방출. 채굴은 파괴적일 수 있음. 추출 중 사고 위험. 궁극적으로 회수 가능한 공급량에 제한.
원자력	상대적으로 낮은 연료비용과 연료비용의 변동성이 없음. 발전 과정에서 이산화탄소 또는 기타 대기 오염 물질을 배출하지 않음. 급속 처리 가능. 궁극적으로 공급 가능량이 화석연료보다 많음.	높은 건설비용. 사고 발생 시 방사능 위험. 긴 수명을 가진 고방사성 폐기물의 장기간 보관 필요.
재생	많은 경우(바람, 태양) 연료비용이 없음. 에너지 공급이 무한정임. 지구에 입사되는 전체 태양광에 근거했을 때 총 에너지 공급이 대단히 큼. 생성 과정에서 이산화탄소와 다른 공해물질을 배출하지 않음.	높은 건설비용. 많은 재생에너지원의 경우 급속 처리보다는 간헐적 특성. 에너지 공급은 분산되어 있어 넓은 면적과 많은 자본비용이 높은 장비를 요구함.

1. 세계 인구 성장은 둔화되고 2060년경 90억 명 정도가 되어 2060~2100년 사이 일정한 값을 유지할 것이다. 이 시나리오는 21세기 인구 증가에 대한 미국 예측에 근거한 것이다.
2. 세계 평균 에너지 소비량은 21세기 내내 증가할 것이다. 중국, 인도, 브라질과 같은 개발도상국의 수치는 점차 증가하고 부유국에서는 떨어져 전체 평균값은 21세기 말에 1인당 10^8 BTU로 정착될 것이다.

뿐만 아니라 3개의 주 에너지원이 21세기 말에는 에너지 공급의 1/3을 차지할 것이라고 가정한다. 전통적인 화석에너지(예를 들어 대기로의 이산화탄소 배출을 제어하지 않는 화석의 연소)는 기후 보호에 적합하지 않으므로 탄소 포집 및 격리(carbon capture with sequestration: CCS)가 전통적 화석에너지를 대체하여 결국 모든 화석에너지는 이산화탄소 배출 없이 사용될 것이다.

2000년에 사용된 85%의 전통적 화석에너지가 2100년 비탄소 배출 혼합 에너지로 대체된 결과가 그림 1-13에 나타나 있다. 화석, 원자력, 재생이 각각 1/3씩 기여할 것이라는 구성은 임의로 설정된 것이다. 따라서 다른 에너지원들의 상대적 강점과 약점에 관한 어떤 간섭도 일어날 수 없다. 그럼에도 불구하고 이와 같은 가정이 달성되면 1인당 에너지 사용과 인구가 2100년에 안정될 것이므로 그 후 세계적 에너지 수요는 상당 기간 만족될 것이다. 결국 CCS에 의한 화석에너지원 1/3 부분도 다른 두 에너지원의 혼합으로 대체될 것이다. 왜냐하면 화석에너지원의 유용성이 줄어들고 결국은 고갈될 것이기 때문이다. 실제로 채굴 가능한 화석연료의 양이 그림 1-13의 화석/CSS에 있는 양만큼 21세기 동안 생산을 유지하지 못하면 CCS를 재생과 원자력의 복합으로 대체할 시기는 2100년보다 앞당겨질 수 있다.

화석에서 CCS로의 전환율에 대해 2개의 다른 논평이 있다. 첫째, 화석의 CCS 대체율은 2050년 선진국에서 이산화탄소 배출 80% 감축을 달성하고 신흥국에서 조금 낮은 양을 감축하도록 할 것이다. 그 후 화석연료는 2060년에 5% 이하로 떨어지고, 2070년에 사라질 것이다. 2070년 이산화탄소 배출 없는 에너지가 100% 달성될지라도 2000~2020년 사이에는 화석에너지(예를 들어 비

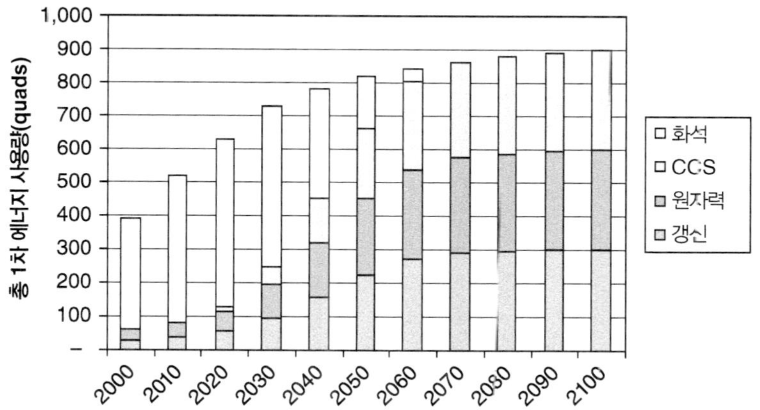

그림 1-13 21세기에 도래할 수 있는 1차 에너지 생산의 가능한 경로를 나타내고, 2100년에는 90억 명의 인구가 평균 인당 1억 BTU를 사용할 수 있다.

참고: '화석'은 격리되지 않은 화석에너지, 'CCS'는 탄소 포집 및 격리된 화석에너지, '재생'은 모든 유형의 재생에너지. 본문 참조.

CCS) 사용 총량이 증가하고, 그 후부터 화석에너지 사용이 점차 감소할 것이다. 이 경로는 최근 관찰된 성장과 일치한다. 화석연료로 인한 전 세계 1차 에너지의 공급은 2000년부터 2017년까지 156 EJ (147 quads), 즉 43% 증가했다. 둘째, 이 길은 통상적으로 현재 관찰되는 세계 화석연료 사용의 빠른 상승과 일치한다. 그러나 국가 공동체들이 기후변화에 효과적으로 대처하지 못하면 그 영향은 점차 증폭되어 심각해질 것이다. 만약 지금보다도 화석에너지 소비가 증대되면 기존 화석에너지 고갈은 그림에서 보이는 것보다 빨라질 것이다.

3개 형태의 에너지 장단점에 대한 더 자세한 고려와 에너지 지속 가능성에 대한 가능한 방법은 18장의 결론에 포함되어 있다. 2장에서 17장까지는 이 책 마지막에서의 더 복잡한 해결 방법에 대해 설명할 것이다.

1-6 에너지 시스템에서 사용되는 측정 단위

에너지 시스템에 사용되는 단위는 이미 독자들에게 친근하다. 와트(watt), 줄(joule), BTU와 이들의 곱인 GJ 혹은 EJ은 앞 절에서 이미 사용되었다. 이 책에서 통용되는 단위는 여기서 정의하고, 특수한 기술에서 사용되는 고유한 단위는 그것들이 제기될 때 정의한다. 미터, 그램, 초, 섭씨온도와 같은 기본 미터법 단위는 이미 이해하고 있다고 가정한다.

1-6-1 미터법(SI) 단위

세계 대부분의 지역에서 사용되는 측정 단위계는 *미터*계로, 국제단위계(International System: SI)라고도 불린다. 에너지에 관련된 많은 양에 있어서 미국은 미터계를 사용하지 않는다. 그러나 미국에서 전기 단위는 와트로, SI 단위이다.

미터법에서 힘의 기본 단위는 *뉴턴*(N)이다. 1 N의 힘은 1 kg의 질량에 1초에 1 m/s의 가속을 가한다. 즉, 다음과 같다.

$$1\ \mathrm{N} = 1\ \mathrm{kg \cdot m/s^2} \tag{1-5}$$

미터 단위에서 에너지의 기본 단위는 줄(J)이다. 이는 1 N의 힘을 1 m 거리에 가한 것에 기인한다. 따라서 다음과 같다.

$$1\ \mathrm{J} = 1\ \mathrm{N \cdot m} \tag{1-6}$$

동력의 기본 단위 혹은 단위 시간당 에너지 유동의 단위는 *와트*(W)이며, 이는 1초에 1 J의 에너지가 흐르는 것에 기인한다. 따라서 다음과 같다.

$$1\ \mathrm{W} = 1\ \mathrm{J/s} \tag{1-7}$$

편리한 에너지의 대체 질량 단위는 1시간에 1 W 흐름으로 1 Wh (*watthour*)로 표기된다. 일반적으로 사용되는 전기에너지의 계량 단위는 kWh (*kilowatthour*)이며 1,000 Wh를 나타낸다. J과 Wh는 에너지의 단위이다. 두 단위를 쉽게 전환할 수 있는 것은 도움이 된다. Wh에서 J로의 전환은 다음과 같이 계산된다.

$$(1\ \mathrm{Wh})\left(3{,}600\ \frac{\mathrm{s}}{\mathrm{h}}\right)\left(\frac{1\ \mathrm{J/s}}{\mathrm{W}}\right) = 3{,}600\ \mathrm{J} \tag{1-8}$$

다시 말해 Wh를 J로 전환하려면 3,600을 곱해 주어야 하고, J을 Wh로 전환하려면 3,600으로 나누어 주어야 한다.

전류에서 에너지의 양은 *암페어*(A)로 계량되는 유동의 함수이고, 포텐셜 변화는 *볼트*(V)로 계량된다. 전지 1 W의 전달은 1 A의 전류가 1 V의 포텐셜 변화를 일으키는 것에 상당하므로 다음과 같다.

$$1\ \text{W} = 1\ \text{VA} \tag{1-9}$$

VA (*voltampere*) 단위는 전력을 계량하는 데 와트 대신 사용되곤 한다.

미터 단위는 기본 단위에 10의 곱을 나타내는 접두사를 더함으로써 특정의 응용에 적합하다. 표 1-4는 마이크로(10^{-6})부터 엑사(10^{18})까지 접두사 이름과 약어, 수치 인자와 에너지 응용에서 각 접두사의 대표적 사용을 보여준다. 각각의 크기, 차수의 실제적 의미에 대한 접근성은 과학적 표기의 부정확한 조작에서 생기는 계산 오차를 피하는 데 도움이 된다. 예를 들면 연간 500 MW로 평가되는 석탄, 가스연소 발전소의 연간 출력은 GWh의 백 혹은 천의 차수이지 MWh의 백 혹은 천의 차수가 아니다.

미터계에서 큰 질량은 1,000 kg과 같은 *미터톤*을 사용하여 계량하는데, 이제부터는 미국 관습 단위와 구분하기 위해 톤이라고 부른다. 톤은 보통 10^6 g보다 큰 크기의 차수에 사용되며, 톤에 기반한 단위인 기가톤(10^9톤)이 사용된다. 약자 'MMT'는 100만 미터톤을 나타내는 단위이다.

접두사를 가진 미터 단위를 포함하는 단위들 사이의 전환 예로 에너지의 kWh를 MJ로 전환해 보고 그 반대도 고려해 보자. 식 (1-6)의 전환은 다음과 같이 이루어진다.

$$(1\ \text{kWh})\left(3{,}600\ \frac{\text{s}}{\text{h}}\right)\left(1{,}000\ \frac{\text{W}}{\text{kW}}\right)\left(1\ \frac{\text{J/s}}{\text{W}}\right)\left(\frac{1\ \text{MJ}}{1\times10^6\ \text{J}}\right) = 3.6\ \text{MJ} \tag{1-10}$$

다시 말하면 kWh를 MJ로 전환하기 위해 3.6을 곱해 주어야 하고, MJ을 kWh로 전화하기 위해 3.6으로 나누어 주어야 한다.

표 1-4 미터법 단위와 함께 사용되는 접두사

접두사	기호	차수	예
마이크로	μ	10^{-6}	마이크로('마이크로미터' 대신 사용) ~ 가시광선 파장
밀리	m	10^{-3}	밀리암페어 ~ 단일 광전지의 전류 흐름
킬로	k	10^3	킬로와트시 ~ 주택용 고객에 대한 전기 판매 단위
메가	M	10^6	메가와트 ~ 최대 상업용 풍력 터빈의 최대 전력 출력
기가	G	10^9	기가와트시 ~ 일반적인화석 연료로 구동되는 발전소의 연간 생산량 측정치
테라	T	10^{12}	테라와트 ~ 전 서계 모든 발전소의 총 정격 용량의 크기
페타	P	10^{15}	페타줄 ~ 2년간 미국 철도가 사용한 모든 에너지의 분량
엑사	E	10^{18}	엑사줄 ~ 모든 국가에서 연간 사용되는 모든 에너지 분량

예제 1-1

디젤 연료로 구동되는 휴대용 전기 발전기는 한 번의 작동 시간 동안 7 kWh의 전기를 생산한다. (a) MJ 단위로 측정된 에너지양은 얼마인가? (b) 소비된 연료의 에너지 함량이 110 MJ라고 가정한다. 장치의 효율이 100%라면 얼마나 많은 전기를 생산할 수 있을까?

풀이

(a) 7 kWh × 3.6 MJ/kWh = 25.2 MJ

(b) 110 MJ/3.6 MJ/kWh = 30.6 kWh

1-6-2 미국 표준 관습 단위

미국 관습 단위(이따금 *표준* 단위라 불린다)의 기본 단위는 질량에 대해서는 파운드 질량(lbm) 혹은 톤이며, 힘에 대해서는 파운드 힘(lbf), 온도에 대해서는 화씨(°F), 거리에 대해서는 인치(in), 피트(ft) 혹은 마일(mi)이다. 1파운드는 0.454 kg에 해당하고, '*짧은 톤*(short tone)'으로 알려진 1표준톤은 2,000 lb이며, 907.2 kg 혹은 0.9072톤에 상당한다. 1파운드 힘은 4.448 N이다. 1°F의 온도 변화는 0.556°C의 변화에 상당한다.

가장 통상적인 에너지 단위는 *영국 열 단위*(British Thermal Unit) 혹은 BTU이다. 1 BTU는 1 lbm의 물을 39.1°F에서 시작해서 1°F 올리는 데 필요한 에너지이며, 이는 1,055 J에 상당한다. 다른 온도에서 시작하면 요구되는 열은 1 BTU에서 약간 변한다. 그러나 그 차이는 작아서 이 책에서는 무시된다. 1쿠아드릴리언 BTU (10^{15} BTU)는 *쿠아드*(quad)라 불린다. BTU/s (1.055 kW 상당), BTU/h (3.798 MW 상당) 단위는 동력을 계량하는 단위로 사용된다. BTU의 크기 차수를 증가시키는 데 관련된 전형적인 양은 표 1-5에 주어져 있다.

동력 단위에 대한 대체 단위는 마력이며, 이는 1700년대 James Watt에 의해 말의 동력에 대한 대략적 측정으로 개발되었다. 그는 두 마리의 말이 완전히 같은 출력을 낼 수는 없으나 일반적인 말은 1분 동안 33,000 lb를 1 ft 높이로 올릴 수 있으며, 그것은 746 W에 상당하다는 것을 알았다.

미국에서 평균 전력 생산을 측정하기 위한 하이브리드 표준 미터 단위는 *열률*(heat rate)이며, 이는 열동력 플랜트에 1 kWh의 전기를 제공하기 위해 공급되는 BTU 평균 열량을 말한다. 예를 들면 3,412 BTU/kWh의 열률은 100% 효율에 해당하고, 더 실재적인 효율 32%는 10,663 BTU/kWh 열률의 결과를 낳는다.

표 1-5 BTU 측정 및 관련 수량의 규모 순서

BTU 수	전형적 계측 측정
1,000 BTU	휴대용 공간 히터에서 1시간 출력
100만 BTU	다양한 국가의 1인당 연간 에너지 소비량
10억 BTU	미국 사무실 집결지의 연간 에너지 소비량
조 BTU	미국이나 유럽 연합에서 기관차 운동에 의한 모든 철도의 연간 에너지 소비량
1,000조 BTU (quads)	국가 전체의 연간 에너지 소비량

1-6-3 석유 생산 및 소비 관련 단위

이따금 원유의 에너지양은 에너지 비교에 사용된다. 석유의 통상적인 계측은 *배럴*(barrel)이며, 이는 42 미국 갤런(U.S. gallon) 석유로 정의된다. 혹은 대략적으로 석유를 운송하는 데 사용되는 배럴 용기의 체적에 해당한다[미국 갤런은 영국에서 사용되는 *임페리얼 갤런*(imperial gallon)과 다르다. 1 임페리얼 갤런은 1.2 미국 갤런에 해당한다]. 규모가 큰 에너지원의 에너지양을 측정하기 위해 통상적으로 사용되는 것은 *석유환산톤*(tonne of oil equivalent, 이후 toe로 약기함)'인데, 이는 1톤 석유의 에너지양이다. 1배럴의 석유는 0.136 toe의 에너지양이며, 1 toe는 42.6 GJ의 에너지에 상당한다. 국가적인 혹은 국제적인 에너지 통계는 이따금 J 대신에 toe, ktoe (1,000 toe) 혹은 mtoe (10^6 toe)로 보고한다. 예를 들어 국제에너지기구(IEA)는 소속 국가들의 에너지 평형을 웹사이트에 ktoe로 보고한다.

1-7 요약

전력망을 통한 전기 형태든 도로 운송기관에 대한 석유 기반 연료이든 현대의 에너지 공급은 선진국뿐만 아니라 개발도상국이나 저개발국에서도 인간 사회에 심대한 영향을 준다. 역사가 기록된 초기 인류가 이 시스템들을 개발하기 시작한 이래 1800년경의 산업혁명 출현으로 그들의 진화는 크게 가속되었다. 오늘날 여러 나라에서의 에너지 사용은 그 나라의 GDP와 HDI값 모두에 크게 관계되어 있다. 그리고 나라가 부유해질수록 더 많은 총 에너지와 1인당 에너지를 소비하는 경향이 있다. 이와 같은 경우 2개의 도전에 직면하게 된다. 첫째는 증가하는 요구를 충족시킬 충분한 에너지를 공급하는 것이고, 둘째는 대기 중 이산화탄소 배출을 줄이는 것이다. 세계에는 에너지양을 측정하는 2개의 계가 있는데, 대부분의 나라에서 사용되는 미터계와 미국에서 사용되는 미국 관습계이다. 에너지에 대한 사용 단위는 J과 BTU이며 동력에 대해서는 와트이다.

References

Energy Information Administration (2020). *International Energy Database.* U.S. Department of Energy, Washington, DC.
International Monetary Fund (2020). *World Economic Outlook Database.* IMF, Washington, DC.
Lorenzo, E. (1994). *Solar Electricity: Engineering of Photovoltaic Systems.* PROGENSA, Sevilla, Spain.
Marland, G., T. Boden, and R. Andres (2003). "Global, Regional, and National Fossil Fuel CO_2 Emissions." Report, Carbon Dioxide Information Analysis Center, Oak Ridge National Laboratory, U.S. Department of Energy, available online at http://cdiac.esd.ornl.gov/trends/emis/meth_reg.htm.
Population Reference Bureau (2020). *Population World Data Sheet.* Web-based resource, available at www.prb.org. Accessed August 3, 2020.
United Nations Dept. of Economics and Social Affairs (2006). *World Population Prospects.* United Nations, New York.

Further Reading

Devall, B., and G. Sessions (1985). *Deep Ecology: Living as if Nature Mattered.* Peregrine

Smith Books, Salt Lake City, UT.
Energy Information Administration (2015). *Annual Energy Outlook 2015*. Web-based resource, available at www.eia.gov. Accessed June 16, 2015.
Hinrichs, R., and M. Kleinbach (2002). *Energy: Its Use and the Environment*. Brooks-Cole, Toronto.
Hoffert, M., K. Caldeira, G. Benford, et al. (2002). "Advanced technology paths to global climate stability: Energy for a greenhouse planet." *Science*, Vol. 298, pp. 981 – 987.
Merchant, C. (1992) *Radical Ecology: The Search for a Livable World*. Routledge, New York.
Priest, J. (1979). *Energy for a Technological Society*, 2nd ed. Addison-Wesley,Reading, MA.
Smith, H. (1936). "The Origin of the Horsepower Unit." *American Journal of Physics*, Vol. 4, No. 3, pp. 120 – 122.
Temple, R. (1986). *The Genius of China: 3000 Years of Science, Discovery, and Invention*. Touchstone Books, New York.
Tester, J., E. Drake, M. Driscoll, et al. (2012). *Sustainable Energy: Choosing Among Options*, 2nd ed. MIT Press, Cambridge, MA.
UN Development Program (2006). *Human Development Report 2006*. United Nations, New York.

연습 문제

1-1. 인터넷이나 기타 자료를 사용하여 에너지 기술의 초기 시작부터 현재까지의 발전 과정을 도표로 작성하라. 에너지 기술의 근본은 산업 혁명이 시작되기 전에 처음 등장했는가? 만약 그렇다면 어떻게 시작되었는가? 그렇지 않다면 언제 이 기술이 처음 등장했는가? 산업혁명은 어떤 방식으로 에너지 기술의 성장을 가속화했는가? 최근에는 정보화 시대(예: 컴퓨터, 소프트웨어, 전자 제어 작동, 인터넷 등)가 이 기술에 어떤 영향을 미쳤는가?

1-2. 당신이 선택한 국가에 대해 총 에너지 소비량, 이산화탄소 배출량, 인구, GDP 및 HDI에 대한 유용한 자료를 구한다. 가능하면 1980년부터 가장 최근 연도까지의 데이터를 구하거나, 그렇지 않은 경우 이러한 연도별 값의 부분 집합을 구한다. 이러한 데이터는 미국 에너지 정보국(www.eia.gov), 국제 에너지 기구(www.iea.org) 또는 기타 출처에서 얻을 수 있다. 1인당 에너지 사용량과 에너지 단위당 국내총생산(GDP)과 같은 지표에 대한 이 나라의 추세를 미국이나 중국의 추이와 비교하라. 선택한 국가는 어떤 면에서 미국 및 중국과 비슷한가? 어떤 면에서 다른가?

1-3. 가상 나라의 인구는 3,100만 명이며 연간 평균 12.09엑사줄(EJ), 즉 11.46 quads의 에너지를 소비한다. 가상 나라의 기대 수명은 63세이며, 1인당 국내총생산(GDP)은 PPP 기준 1만 3,800달러이다. 성인 문해율은 75%이다. 초등, 중등 및 대학 수준의 교육에 대한 적격 학생과 실제 학생 등록 수는 다음 표에 나와 있다.

	자격자 수	등록 수
초등	2,500,000	2,375,000
중등	2,100,000	1,953,000
대학	1,470,000	558,600

a. 가상 나라의 HDI를 계산한다.

b. 가상 나라의 에너지 집약도 대비 HDI 비율은 이 장의 차트에 있는 국가들과 어떻게 비교되는가? 다른 국가들보다 높은가, 낮은가, 아니면 비슷한 수준인가?

1-4. 세계 각국의 인구, 경제 및 환경 데이터에 대한 회귀 분석. 인터넷이나 기타 자료에서 가능한 한 많은 국가의 인구, 조정되지 않은 또는 PPP 형식의 GDP, 에너지 소비량, 토지 면적에 대한 값을 다운로드한다. 그리고 다음 질문에 답하라.

a. 수집한 가공하지 않은 데이터에서 1인당 GDP, 1인당 에너지 사용량, 평방킬로미터 또는 평방마일당 인구 밀도(인당)와 함께 국가별 표를 만든다.

b. (a)에서, 데이터 출처를 통해 전 세계 모든 대륙의 모든 주요 국가에 대한 세 가지 측정값의 수치를 모두 포함할 수 있었는가? 그렇지 않다면, 어떤 유형의 국가를 포함할 수 없었으며, 그 이유는 무엇이라고 생각하는가?

c. 스프레드시트 또는 기타 적절한 소프트웨어를 사용하여 1인당 GDP의 함수로 1인당 에너지 소비량에 대한 선형 회귀 분석을 수행한다. 값의 분산형 차트를 생성하고 분석에 대한 R^2값을 보고하라.

d. 인구 밀도가 에너지 소비에 영향을 미칠 것이라고 추측할 수도 있는데, 인구 밀도가 높은 국가는 사람과 상품을 필요한 곳으로 이동하는 데 에너지를 덜 사용하기 때문이다. 인구 밀도의 함수로 1인당 에너지 소비량에 대한 두 번째 회귀 분석을 수행한다. 값의 분산 차트를 생성하고 분석에 대한 R^2값을 보고하라.

e. 토론: (c)와 (d)의 R^2값에 근거하여, GDPpc와 인구 밀도가 에너지 소비를 얼마나 잘 예측하는가? 모델을 개선할 수 있는 다른 독립 변수는 무엇인가? 간단히 설명하라.

f. 세계 경제의 글로벌 특성을 고려할 때, 국가별로 세분화된 에너지 소비 수치를 사용하여 여러 국가의 1인당 상대적 에너지 소비량에 대한 분석을 할 때 발생할 수 있는 문제점은 무엇인가?

1-5. 미국 에너지부에 따르면 2005년 미국의 산업, 운송, 상업 및 주거 부문은 각각 31.6, 28.2, 18.1 및 20.0 quads의 에너지를 소비했다. EJ로 환산하면 이에 상응하는 양은 얼마인가?

1-6. 그림 1-5에서 미국, 일본, 중국, 인도의 2017년 에너지 소비량은 각각 103.7, 20.7, 147.1, 32.2 EJ이다. 이 같은 값을 quads로 환산하면 어떻게 되는가?

1-7. 또한 2017년에 이 4개국의 총 이산화탄소 배출량은 각각 5,133 MMT, 1,117 MMT, 10,419 MMT, 2,312 MMT로 추정된다. 소비된 에너지 단위당 탄소 집약도가 낮은 순서대로 4개 국가의 목록을 작성한다. 단위는 TJ당 이산화탄소 톤 또는 소비된 10억 BTU당 톤으로 표시한다.

1-8. 표 1-1의 호주, 브라질, 이스라엘, 포르투갈, 태국의 2017년 에너지 소비량을 100만 toe 단위로 변환하라.

1-9. 제임스 와트 등의 마력 단위 도출에 대한 설명을 사용하여 대략 1마력 = 746 W임을 보여라.

공학 경제적 도구

Engineering Economic Tools

▶학습 목차

2-1 개요

이 장에서는 에너지 시스템과 관련된 경제적 도구들을 개략적으로 살펴볼 것이다. 먼저 현재 화폐가치와 고정 화폐가치의 차이에 대해 설명하고, 이어서 화폐의 시간가치를 고려한 현금흐름할인의 포함 여부에 따라 두 가지 에너지 프로젝트 경제성 산출법에 대한 내용을 다룰 것이다. 이 장 후반부에서는 직접비용과 외부비용을 고려할 것이고, 또한 에너지 공급, 환경 보전 등 사회적 목적과 연관된 에너지 결정에 있어서 현 시점에 정부가 개입하는 방법에 대해 살펴볼 것이다.

2-2 서론

앞 장에서 보았듯이 엔지니어가 어떤 에너지 시스템을 개발하고자 한다면, 에너지 시스템의 경제적 차원을 고려하지 않을 수 없다. 에너지 시스템의 경제성은 그 시스템이 구동되도록 하는 전력 전달 부품들(터빈 또는 고압 송전선 등)에 대한 초기비용과 사용 연료, 유지 · 보수, 인건비 등의 지속비용 그리고 생산된 에너지를 시장에서 받을 수 있는 가격, 예를 들어 kWh당 전기료 또는 자동차 연료로 등가된 가솔린 가격 등이 포함된다. 에너지 경제학은 그 자체로 아주 넓은 범위의 지식을 포함하는 매우 전문화되고 정교한 분야로, 이 장에서 그 내용을 모두 다루는 것은 불가능하다. 하지만 이 장에서 제공하는 입문 단계의 에너지 기술 및 에너지 경제학은 엔지니어가 기초지식을 쌓는 데 많은 도움을 줄 것이다.

에너지 시스템의 비용, 수익, 이점 등 양적 계산의 세부적인 내용에 앞서, 에너지 시스템과 관련된 두 가지 중요한 경제학적 기능을 고려해야 한다. 첫 번째 기능은 프로젝트의 목적을 분명히 하는 것이다. 즉 어떤 시범적이거나 실험적인 목적이 아니라면, 대부분의 에너지 프로젝트에서 비용효과는 면밀히 검토된다. 어떠한 경제적인 이유에서 도입된 에너지 프로젝트는 그 소유자 또는 사용자에게 그 프로젝트가 내부 재원들을 효율적으로 사용한다는 것을 확신시킬 수 있어야 하고, 외부의 투자 자본에는 재정 지원할 가치가 있다고 확신시킬 수 있어야 한다. 두 번째 기능은 에너지 시스템에 대한 사회의 집단적 선택과 에너지 제품 및 서비스 비용 사이의 관계이다. 에너지 프로젝트에 대한 과도하게 비싼 초과 투자는 대중들에게 더 높은 에너지 사용료를 야기하고, 기존의 에너지 인프라에 대한 투자 축소 및 무시를 야기할 것이다. 따라서 주의 깊은 균형을 유지해야만 한다. 경제적으로 부유한 국가의 큰 산업공단에 대한 것이든 장작 한 더미의 비용을 고려한 가난한 국가의 부족민에 대한 것이든, 에너지 비용은 우리가 지급하는 여러 가지 경제적 비용 가운데 우리의 삶을 결정하는 사실상 가장 중요한 요인 중 하나이다.

2-2-1 화폐의 시간가치

소비자로서 우리는 대부분의 산업화된 경제에서 우리가 갖고 있는 화폐의 구매력이 시간이 지남에 따라 항상 감소하고 있음을 상기할 필요는 없다. 대부분의 생산품과 서비스 품목에 대한 1달러, 1유로, 또는 100엔의 가치는 인플레이션으로 인하여 수년 전에 비해 살짝 감소했기 때문이다. 게다가 투자자들은 언제나 자신들이 투자한 금액이 인플레이션율을 뛰어넘어 더 많은 금액으로 회수되기를 원하기 때문에 에너지 프로젝트를 포함하는 모든 부문에 투자된 돈에 대해서는 이러한 기대를 만족시킬 수 있어야 한다. 따라서 미래에 돌려받을 돈이 오늘 투자한 금액의 가치만큼만 되어서는 안 된다. 이러한 두 가지 흐름에 의해 시간에 따라 변하는 화폐가치의 변화를 *화폐의 시간가치*(time value of money)라 한다.

먼저 인플레이션의 역할을 살펴보면, 대부분의 정부 기관들은 대표적인 상품의 평균 가격으로 구성된 연간 가격지수를 계산하는 방식으로 가격에 대한 인플레이션 효과를 추적하고 있다. 매해 이러한 상품에 대한 가격 변화를 측정함으로써 시간에 따라 인플레이션이 가격을 얼마나 변화시키고 있는지를 알 수 있게 하는 지표를 제공한다. 개개인의 소비자에게는 생필품의 전반적인 가격이 가장 큰 관심사인 반면, 생산자와 사업가에게는 생산품의 가격과 사업을 유지하기 위해 필요한 지출에 대한 측정이 우선시된다. 따라서 정부는 일반적으로 소비자를 위한 *소비자 물가지수*(CPI)와 다양한 산업에 대한 *생산자 물가지수*를 발표한다(예: 건설 생산자 물가지수는 교통 인프라를 구축하는 건설 회사에 가장 적합할 것이다). 1997~2019년 기간 동안의 미국 CPI 값은 표 2-1에 나와 있으며, 비교를 위해 같은 기간 동안의 영국 CPI 값도 함께 나와 있다. 이 표를 보면 2000년부터 2012년까지 영국에서 소비자 물가가 미국보다 더 느리게 상승했음을 알 수 있다(산업별 생산자 물가지수는 표시되어 있지 않지만 관련 정부 기관에서 얻을 수 있다).

이러한 CPI 값을 이용하여, 우리는 해당 연도에 직면한 물가와 인플레이션이 적용된 물가를 분명하게 구분할 수 있다. *현재 달러*에 부여된 물가는 그 해에 아무것도 적용되지 않고 주어진 가치를 의미한다. 반면 *고정 연도-Y 달러*는 어느 해에나 같은 양의 가치를 의미하는 것으로, 서로 다른 연도일지라도 직접적인 비교가 가능하도록 계산된 가격을 의미한다. 고정 달러 안에서 고려된 가격비교는 인플레이션 효과가 배제된 것이기 때문에 종종 *실질 단위*로 이루어졌다고 일컬어진다. 이러한 차이는 예제 2-1에 잘 나타나 있다.

▶ 예제 2-1

어떤 자동차의 특정 모델을 현재 달러로 계산하면 1998년에 1만 7,000달러이고 2005년에 2만 8,000달러이다. 이 금액을 2002년의 고정 달러로 환산하면 각각 얼마인가? 표 2-1의 미국 CPI 값들을 활용하라.

▶ ***풀이***

표에 나타난 수치를 이용하여 1998년의 1만 7,000달러와 2005년의 2만 8,000달러를 2002년의 고정 달러로 환산하면 각각 다음과 같다.

$$\$17,000\left(\frac{104.5}{94.7}\right) = \$18,763$$

$$\$28,000\left(\frac{104.5}{113.4}\right) = \$24,986$$

$$1998 \text{ dollars} \times (104.5)/(94.7) = \$18,763$$

이렇게 인플레이션을 배제해도 해당 자동차 모델의 가격이 실질 단위에서 상당히 상승한 것을 알 수 있다.

표 2-1 1997~2019년 사이 미국의 영국의 CPI 지수

연도	미국	영국
1997	87.4	95.3
1998	94.7	97.9
1999	96.7	99.1
2000	100.0	100.0
2001	102.8	101.2
2002	104.5	102.5
2003	106.9	103.9
2004	109.7	105.3
2005	113.4	107.4
2006	117.1	109.9
2007	120.4	112.5
2008	125.0	116.5
2009	124.6	119.0
2010	126.7	123.0
2011	130.6	128.6
2012	133.3	132.2
2013	134.9	135.6
2014	137.5	137.5
2015	137.6	138.0
2016	139.4	139.4
2017	142.3	143.1
2018	145.8	146.3
2019	148.5	148.8

2000년 = 100을 기준으로 표시.

출처: 미국 노동통계국(2020), 미국; 영국통계청(2020), 영국.

경제성 분석을 좀 더 간단히 하기 위해 별다른 언급이 없을 경우 이 책에서 고려하는 모든 금액은 고정 달러로 간주한다. 또한 우리는 앞으로 인플레이션 효과는 배제하기로 한다.[1]

화폐의 시간가치에 관한 두 번째 내용으로 에너지 프로젝트에 관한 투자 지원은 개인 투자자 또는 정부 지원으로 이루어지며, 그 형태는 에너지에 대한 자본 투자뿐만 아니라 다른 옵션들도 생각할 수 있다. 투자를 하지 않는 형태까지도 포함하는 투자 옵션은 다른 옵션을 선택함으로써 얻을 수 있는 잠재된 수익성과 연관된 각각의 *기회비용*을 갖고 있다. 모든 투자에는 인플레이션을 따라가는 것뿐만 아니라, 인플레이션율을 뛰어넘는 이득을 얻고자 하는 기대가 있다. 이러한 기대는 화폐의 가치 *하락*에 의한 할인 또는 미래 수익 계산을 통해 경제적 산출 내용에 포함될 수 있다.

2-3 에너지 프로젝트와 시스템에 대한 경제성 분석

우리는 다양한 비용과 수익 요소들에 대한 전반적인 논의에 기초하여, 에너지 프로젝트의 경제성 분석에 대한 각각의 물가와 비용에 대한 의문점에 대해 다룰 것이다. 화폐의 시간가치는 그 계산을 더욱 복잡하게 하므로 상황에 따라 몇몇 경제성 분석법에만 포함하고 나머지 분석법에서는 무시할 것이다.

2-3-1 용어 정리

시간가치 포함 여부에 상관없이 다음과 같은 용어들이 프로젝트의 경제성 분석에 사용된다.

- *프로젝트 기간*: 임의 프로젝트의 현금흐름이 평가받는 계획 대상 기간. 보통 N개의 연수로 나뉜다.
- *초기 투자비용*: 첫 번째 복리 계산 기간의 시작 지점에서 발생하는 한 번의 지출. 에너지 시스템에서 주요 자산의 매입 등이 그 예이다.
- *연금*: 임의 프로젝트와 관련된 현금흐름에서 발생하는 연간 증가액. 즉 초기 투자비용과 같이 일회성이 아니라, 일반적으로 수년간 반복되어 발생한다. 연금은 프로젝트에서 생산된 에너지의 판매에 따른 연간 수입과 같이 플러스가 될 수도 있고, 유지 · 보수를 위한 연간 지출 비용과 같이 마이너스가 될 수도 있다. 따라서 이러한 연금은 양의 흐름과 음의 흐름을 모두 고려하여 순 흐름 양으로 언급될 것이며, 어떤 에너지 관련 투자든지 투자금액을 회수하기 위해서는 반드시 순 흐름 양이 플러스여야만 한다. 다른 언급이 없는 한 이 책에서의 연금은 연간 비용을 뺀 양의 순 흐름 양을 가질 것이다.
- *잔존가치*: 임의 프로젝트의 마지막 실제 가동조건에서 자산과 시스템 등의 판매로 인하여 복리 계산 기간 끝에 한 번 발생하는 양의 현금흐름. 잔존가치는 일반적으로 초기 투자비용에 비해 적은 금액을 가진다.

2-3-2 할인이 배제된 계산 방법

화폐의 시간가치는 많은 금융 계산에서 중요한 요소지만, 몇몇 경우에는 할인을 고려하지 않고 화

---

[1] 관심이 있는 독자를 위해, Blank and Tarquin (2012) 또는 Newnan 등(2011)과 같은 공학 경제학에 관한 전문 서적에서 이 주제를 더 자세히 다루고 있다.

폐의 현존가치만을 다루는 것이 합당할 때가 있다. 보통 할인의 영향이 적은 짧은 기간의 프로젝트에서 특히 그렇다. *단순자금회수*와 *자본회수계수*라는 두 용어에 대하여 알아보자.

단순자금회수는 초기 투자비용, 연금, 잔존가치와 같이 프로젝트에서 들어오고 빠져나가는 모든 현금흐름을 합산하여 계산한다. 이러한 값을 순 *현재가치*(NPV)라 한다. NPV가 양의 값을 갖는다면 그 프로젝트는 재정적으로 성공 가능하다고 볼 수 있다. 양의 단순자금회수값을 갖는 다년도 프로젝트에서 *손익분기점*은 누적 연금이 초기 투자 비용을 넘어서 모두 회수되는 해를 의미한다.

자본회수계수(CRF)는 현금흐름과 투자비용 사이의 관계를 계산하기 위한 수치로, 주로 전기 발전 분야에 적용된다.[2] 이 값은 10년 이하의 단기 프로젝트에 적용할 수 있고, 이 경우에는 현재 달러가치가 사용된다.

자본회수계수(CRF)는 프로젝트의 NPV, 매년 연금, 연 횟수 N 등을 이용하여 계산한다.

$$\text{자본회수계수(CRF)} = \frac{\text{연간자본비용(ACC)}}{\text{순현재가치(NPV)}} \tag{2-1}$$

$$\text{연간자본비용(ACC)} = \text{연금} - \frac{\text{순현재가치(NPV)}}{N} \tag{2-2}$$

미국의 전력연구소(EPRI)는 최대 12%의 CRF를 권장하고 있다. 식 (2-2)에서 볼 수 있듯이 CRF가 너무 높으면 프로젝트의 순 가치 대비 연간 자본비용이 지나치게 높아진다. 예제 2-2는 이 계산이 어떻게 적용되는지 보여준다.

▶ 예제 2-2

소규모 도시 발전소의 투자 수명은 20년이고 순 현재 가치는 200만 달러이다. 프로젝트의 예상 연금은 연간 15만 달러이다. CRF 값을 계산하고 허용 범위 내에 있는지 여부를 서술하라.

▶ ***풀이***

먼저 ACC 값을 구한다.

$$\text{ACC} = \text{annuity} - \frac{\text{NPV}}{N} = \$150{,}000 - \frac{\$2{,}000{,}000}{20} = \$50{,}000$$

ACC의 값은 양수이며, 이는 성공적인 투자를 위한 최소 요건이다. 다음으로 CRF 값을 계산한다.

$$\text{CRF} = \frac{\text{ACC}}{\text{NPV}} = \frac{\$50{,}000}{\$20{,}000{,}000} = 2.5\%$$

그러므로, 2.5% 값은 최대 12%보다 낮으며, CRF 값은 허용된다.

2-3-3 현금흐름할인 분석법

현금흐름할인 분석법은 화폐의 가치가 시간이 갈수록 감소하고 그로 인해 미러의 가치는 현재보다 할인되어야 한다는 전제에서 시작한다. 현금흐름할인을 언급할 때 반드시 필요한 두 가지 용어에

2 전기 산업에서 자본회수계수(CRF)의 정의는 다른 종류의 투자 산업에서 정의하는 자본회수계수(CRF)와 다르며, 그때의 자본회수계수(CRF)는 식 (2-4)와 같이 할인이 적용된 연간 환산된 자본가치에 대한 비율로 정의된다.

대해 살펴보자.

- *금리*: 투자에 대한 상환금의 백분율 또는 기간이 시작될 때 빌린 자금의 총합에 대해 부과된 백분율. 다른 언급이 없으면 이자는 연말에 복리 계산된다. 즉, 1년이 '복리 계산 기간'의 기본 단위가 된다.
- *최저요구수익률*(MARR): 기업체, 국가 기관 또는 다른 어떤 투자를 결정할 수 있는 독립 기관이 설정해 놓은 것으로, 어떤 프로젝트가 재정적으로 매력적일 수 있게 하는 수익에 대한 최소한의 이자율이다.

수명기간 N년 동안 초기 투자비용과 고정적인 연금, 잔존가치를 모두 포함하는 프로젝트가 있다고 가정하자. 이 프로젝트의 계획 대상 기간을 그림 2-1과 같이 현금흐름 도표로 나타낼 수 있다.

적절한 MARR을 결정하기 위한 고려사항

MARR 값을 설정해야 하는 이유는 앞선 2-2-1절에서 설명한 오늘의 1달러가 내일의 1달러보다 높은 가치를 갖는 화폐의 시간가치 때문이다. 다음 설명이 MARR을 이해하는 데 도움을 줄 것이다. 당신이 오늘 1달러를 받거나 내년에 1달러를 받는다고 가정하자. 선택은 간단할 것이다. 오늘 받는 것이 훨씬 좋다. 그럼 당신이 오늘 1달러를 받거나 내년에 1.01달러를 받는다고 가정하자. 결정은 여전히 쉽다. 오늘 1달러를 받는 것이 아마도 조금은 더 매력적일 것이다. 만약 우리가 미래에 받을 수 있는 금액을 점차 올린다면, 어느 순간에는 더 이상 오늘 1달러를 받는 것이 내년에 1.xx달러를 받는 것만큼 매력적이지 못할 것이다. 결정은 점점 더 어려워져 xx가 충분히 커진다면 당신은 내년에 1.xx달러를 받는 것에 주저하지 않을 것이다. 당신이 결정을 내리는 데 있어 반반이라고 느끼는 지점의 xx 값이 바로 MARR의 첫 번째 추정치이다. 예를 들어 xx = 0.10달러라면, 당신의 평가에서 MARR은 10%이다.

앞서 언급된 주어진 돈에 대한 현재가치에 대해 최소 수익률을 요구하는 데에는 세 가지 주요한 요인이 있다. 그 첫 번째 이유는 화폐의 미래가치를 줄이는 인플레이션이다. 지난 한 세기 동안

그림 2-1 프로젝트에서 발생하는 초기비용, 연금, 잔존가치에 대한 현금흐름도 예.

미국의 인플레이션은 매년 평균 약 4%이다. 평균적으로 이 기간 동안 $y + 1$ 해의 1달러는 y 해의 1달러보다 4% 낮은 가치를 갖는다. 표 2-1의 CPI 수치에 따르면, 21세기 첫 번째 10년 동안의 총 인플레이션은 26.7%였다. 만약 MARR이 인플레이션율과 같다면 실질 화폐에서는 수익도 손해도 없다. 논리적으로 MARR은 기대 인플레이션율보다 작을 수 없다(디플레이션에서 내일의 화폐가치는 오늘의 화폐가치보다 더 높다. 하지만 디플레이션 경제는 특수하고 문제점이 많은 상황이다).

두 번째 이유는 다른 투자를 통해 이익을 얻을 수 있다는 것이다. 많은 경우 에너지 시스템에 대한 투자는 비용이 많이 든다. 에너지 시스템에 대한 투자가 환경적 인식과 같이 금전적 수익을 넘어서는 이유에서 이루어지기는 하지만, 대부분의 사람들은 적어도 재정적 경비를 충분히 충당할 수 있는 투자금의 회수를 원할 것이다. 만약 그 돈이 더 좋은 수익을 가진 사업에 투자될 수 있다면 많은 사람들이 후자를 택할 것이다. 이것은 가용한 대체 투자로부터 발생하는 수익률이 MARR에 대한 베이스라인이 된다는 의미이다(기대 인플레이션율보다 높다고 가정한다).

가장 중요한 세 번째 이유는 투자와 관련된 *위험*(risk)이다. 어느 투자나 약간의 위험 요소를 안고 있다. 게다가 신기술 또는 아직 도입되지 않은 기술에 대한 투자라면 그 위험은 더욱 크다. 만약 모든 것이 잘 되면 상대적으로 높은 수익률을 얻을 수 있고, 모든 것이 잘 되지 않으면 자본의 대부분 또는 전부를 잃을 수 있다는 점에서 높은 위험이 있는 투자는 도박에 가깝다.

현재가치, 연간가치 그리고 미래가치가 관계된 방정식

화폐의 시간가치를 포괄하는 기준으로, 현금흐름 분석법에서 현재가치, 연간가치, 미래가치 요소들의 상호 변환이 가능하게 하는 것은 매우 유용하게 사용될 수 있다. 먼저 하나의 현금흐름 요소에 대한 현재가치와 미래가치의 변환에서 시작한다. 금리 i와 N년의 기간, 현재가치 P가 주어졌을 때 미래가치 F는 다음과 같다.

$$F = P(1+i)^N \tag{2-3}$$

현재와 미래의 기준점에 대한 정방향 또는 역방향 균등 연금 흐름으로의 변환 역시 가능하다. N년의 기간 동안 균등 연금 흐름 A가 주어졌을 때 등가 현재가치 P는 다음과 같다.

$$P = A\frac{(1+i)^N - 1}{i(1+i)^N} \tag{2-4}$$

또한 같은 기간 같은 연금 흐름이 주어졌을 때 N 번째 해 말의 연금에 대한 미래가치 F는 다음과 같이 계산될 수 있다.

$$F = A\frac{(1+i)^N - 1}{i} \tag{2-5}$$

식 (2-4)와 (2-5)는 같은 크기의 연금 A만을 고려한 것이다. 연금이 일정하지 않을 경우에 대해서는 다음에 다루도록 하겠다.

이 수식들은 필요에 따라 역변환할 수 있다. 예를 들어 누군가가 F를 알고 P를 구하려 한다면, 식 (2-3)은 $P = F/(1 + i)^N$으로 다시 쓰일 수 있고 나머지 수식들도 같은 방법으로 변환할 수 있다. 또한 현금흐름에서 알고 있는 변수와 모르는 변수를 환산계수로 지정해 두면 더욱 편리한 것이다. 이러한 환산계수는 (P/F, i%, N) 또는 (P/A, i%, N) 등으로 사용될 수 있고, P/F는 'F에 주어진 P'라고 읽는다.

예제 2-3

어떠한 현금흐름이 7%의 이자로 10년 동안 10만 달러의 연금을 버는 것으로 구성되어 있다. 이 흐름에서 마지막 기간에 발생하는 미래가치는 얼마인가? 또한 이 경우 환산계수(F/A, i%, N)는 어떻게 되는가?

풀이

식 (2-3)에 A = \$100,000와 N = 10, i = 7%를 각각 대입하여 풀면 가장 최근의 달러를 계산할 수 있다.

$$F = \$100,000\frac{(1+0.07)^{10}-1}{0.07} = \$1,381,645$$

그러면 환산계수는 다음과 같다.

$$(F/A, 7\%, 10) = \$1,381,645/\$100,000 = 13.82.$$

에너지 프로젝트의 재정적 평가: 현재가치법과 연간가치법

앞 절에서 설명한 할인 방정식 프로젝트에서 화폐의 시간가치를 고려한 비용과 수익을 비교하는 방법을 나타내었다. *현재가치법*은 프로젝트에 대한 금융 분석의 모든 구성 요소들을 현재가치로 할인해 나가는 접근 방법이다. 여기서 초기 투자비용은 이미 현재 항에 반영되었기 때문에 제외된다. 이 방법에서 현금흐름에 대한 양과 음의 구성 요소들이 모두 합산되고, 만약 NPV가 양수라면 그 투자는 재정적으로 이득이 있는 것이다. 프로젝트에서 연금이 1년 후에 바로 시작하지 않는 경우라면, 연금 흐름은 첫 해의 연금에 대한 현재가치로 할인될 수 있다. 이렇게 계산된 하나의 합산된 값을 미래가치로 다룰 수 있고, 프로젝트의 시작에서 할인될 수 있다.

화폐의 시간가치를 사용하여 금융 가능성을 평가할 때, 프로젝트에서 선정된 MARR을 미래가치와 연금을 할인할 때 사용하는 이자율로 고려한다. MARR이 증가할수록 미래 지급금 단일 합계 혹은 연금의 현재가치는 점점 감소하여 프로젝트의 초기비용을 상쇄하기에 충분한 수익을 생성하기 어려워진다.

현재가치법과 마찬가지로 각 비용 요소를 이자율로 할인하여 프로젝트의 *연간가치*(annual worth)를 동등 연간 수치로 환산하고, 양 또는 음의 값을 합하여 모든 합계가 양이 되는 프로젝트를 채택한다.

예제 2-4

한 지방자치단체가 설치하는 데 650만 달러가 소요되고, 25년간 연간 40만 달러의 순 연금을 생성하며, 프로젝트가 끝날 때의 시스템 잔존가치가 100만 달러인 소규모 에너지 시스템에 투자를 고려 중이다. (a) 프로젝트의 순 가치를 단순투자회수 방법을 이용하여 계산하라. (b) 지방자치단체가 MARR을 5%로 설정했다면 프로젝트의 순 현재가치는 얼마인가?

풀이

(a) 단순투자회수 방법을 이용한 프로젝트의 순 가치는 연금의 총합에 시스템의 잔존가치를 더하고 프로젝트의 초기 비용을 뺀 값이다.

$$25 \times (\$400,000) + \$1,000,000 - \$6,500,000 = \$4,500,000$$

(b) 할인율을 적용하면 다음과 같은 요인이 필요하다: $(P/A,5\%,25) = 14.09$, $(P/F,5\%,25) = 0.295$.
그러므로 순 현재가치는 다음과 같고,

$$14.09 \times (\$400{,}000) + 0.295 \times (\$1{,}000{,}000) - \$6{,}500{,}000 = -\$567{,}119$$

그러므로 프로젝트는 5%의 MARR로는 성립할 수 없다.

▶ ***논의*** 단순투자회수 방법과 할인율을 적용한 현재가치 분석법의 비교는 비교적 낮은 최저요구수익률(MARR)에 대한 25년 정도의 장기간 금융 생존력의 잠재적 효과를 나타낸다. 이 경우 단순투자회수 계산법을 이용하면 연금과 잔존가치로 돌아오는 수익이 초기비용의 69%를 초과하는 프로젝트는 할인율을 고려하여 계산하면 실행에 옮길 수 없다. 이 효과는 보통 단위 생산 능력당 초기비용이 연간 생산량에 비해 상대적으로 높은 신재생에너지 프로젝트에서 높게 나타나기 때문에 이런 종류의 프로젝트는 긴 회수기간을 갖게 된다.

비균일 연금과 내부 수익률 방법

식 (2-4)와 (2-5)에서 연금은 프로젝트 동안 일정하게 유지되었다. 비균일 연금을 이용하여 개별 연금을 개별 납부로 고려하고 미래에서 현재를 할인함으로써 등가 현재가치 PW로 나타내는 것 또한 가능하다.

$$\mathrm{PW} = \sum_{n=1}^{N} \frac{A_n}{(1+i)^n} \tag{2-6}$$

여기서, A_n은 1부터 N 사이에 있는 n년째의 예측되는 연금값을 나타낸다. 매해 다른 값을 갖는 예상비용은 같은 방식으로 현재가치로 변환될 수 있다.

주어진 MARR에 의한 프로젝트의 NPV와 함께 프로젝트의 종료 시점과 손익분기점이 같아지게 되는 이자율을 사용하는 것 또한 유용하다. 이 정보는 프로젝트의 상대적인 매력을 평가하는 데 쓰이며, 내부수익률(IRR) 기법 혹은 현금흐름할인 투자수익률(DCFROI) 기법이라고 알려져 있다. 균일 연금이나 비균일 연금 프로젝트에 대해서는 프로젝트의 NPV를 이자율에 따라 계산하고, 이후 NPV = 0이 되는 이자율을 표를 통해 계산함으로써 DCFROI를 구할 수 있는 상용 소프트웨어를 사용할 수 있다. 몇몇 상용 소프트웨어는 자체적인 IRR 함수를 내포하고 있다.

▶ 예제 2-5

예제 2-4의 투자에 대한 내부수익률(IRR)을 계산하라.

▶ ***풀이***

수치해석을 이용해 계산하기 위해 선정된 소프트웨어 표의 헤드라인에 '연도', '자본비용 또는 수익', '순 흐름' 그리고 '할인된 순 흐름'을 적는다. 연도 '0'에서 시작하고 0년 차에 발생한 프로젝트의 초기비용을 고려한다. 잔존가치는 25년 차의 자본 이득으로 고려한다. 표에 보이는 값들은 예제 2-4의 초기 이자율 $i = 5\%$와 IRR의 $i = 4.2\%$로 계산했으며 단위는 1,000달러이다.

연도	자본 비용 또는 수익 (× $1,000)	연금 (× $1,000)	순 흐름 (× $1,000)	할인된 순 흐름 @ i = 5% (× $1,000)	할인된 순 흐름 @ i = 4.2% (× $1,000)
0	−6,500	0	−6,500	−6,500	−6,500
1	0	400	400	381	384
2	0	400	400	363	369
3	0	400	400	346	354
etc.	etc.	etc.	etc.	etc.	etc.
25	1,000	400	1,400	413	504
합계	n/a	n/a	4,500	−567	0

NPV = 0이 되는 값을 풀면 i = 4.2%이다. 즉, 표의 가장 우측 열의 값들을 더하면 25년 차가 될 때 합계는 0달러가 될 것이다(간결함을 위해 모든 값들을 적지 않았음에 주의하라. 원한다면 표를 다 채울 수 있다). 비교를 위해 옆 열의 값들을 더한다면 i = 5%일 때 누적 NPV는 −56만 7,000달러가 된다. 차이는 0년 이후 연간 할인된 순 흐름의 미미한 변화로 인하여 값이 달라진다. 예를 들어 1년 차의 $384K 대비 $381K 등이다.

예제 2-5의 투자에 대한 연도별 누적 NPV를 이자율 i = 4.2%를 고려하여 그림 2-2에 나타내었다. 표에 나타난 각각의 값은 매 연도의 NPV이다. 해가 지나면서 할인으로 인하여 연금의 값이 감소하고, NPV 곡선 기울기도 감소한다.

투자수익비용률법

PW, IRR 방법에 이은 세 번째 방법은 *편익비용 비율* 또는 프로젝트의 모든 비용에 대한 이윤의 비율을 계산하는 것이다. 투자수익비용률법(B/C)은 서로 다른 이해 관계자들에게 누적된 이익을 명백하게 처리하기 때문에 공공부문에서 특히 많이 이용된다. 예를 들어 수력발전 댐을 건설하는 프로젝트는 보트 타기, 낚시, 관개용수 등의 형태로 혜택을 제공할 수 있다. 각각의 이익을 추정할 수 있고, 총 이익에 비율로 표현할 수 있다.

일반적으로 B/C 비율이 1보다 큰 경우 프로젝트를 진행할 수 있고, B/C 비율이 1보다 작은 경우에는 진행이 불가능하다. B/C 비율이 1에 가까운 경우 의사 결정자는 입력값이 정확한지 다시

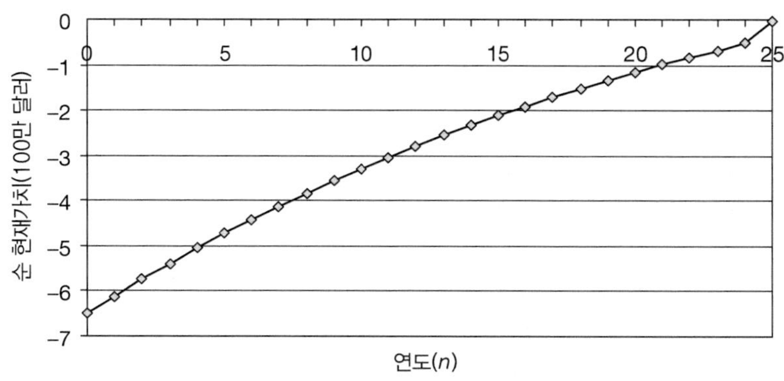

그림 2-2 최저요구수익률(MARR) 4.2%에서 에너지 투자에 대한 순 현재가치.

검토해야 하고, 의사결정에 도움이 되는 추가 정보를 찾아야 한다.

B/C 비율법 계산은 프로젝트 경영자의 운영비용 처리 방법에 따라 *전통적인 B/C 비율*과 *수정된 B/C 비율* 두 가지 방법이 존재한다. 수식으로 나타내면 다음과 같다.

$$\text{전통적인 B/C} = \frac{\text{총 이익}}{\text{초기비용} + \text{운영비용}} \tag{2-7}$$

$$\text{수정된 B/C} = \frac{\text{총 이익} - \text{운영비용}}{\text{초기비용}} \tag{2-8}$$

2개의 식 (2-7)과 (2-8) 중 특정 B/C 방법이 다른 방법에 비해 계산상의 장점을 갖지 않고 운영 주체마다 특정 수식을 선호할 수 있기 때문에 독자들은 두 수식 모두를 알고 있어야 한다. 고정된 이득, 초기비용, 운영비용을 가진 특정 프로젝트에 대한 두 가지 방법인 전통적인 B/C와 수정된 B/C는 같은 답을 준다. 예를 들어 하나의 방법으로 계산한 B/C 값이 1보다 크면 다른 방법으로 계산한 값도 1보다 크다. 그러나 수치값 자체는 다를 수 있다. 그러므로 두 방법에 의해 반환되는 B/C 수치값을 비교해서는 안 된다. 하나의 방법을 이용했을 때 더 높은 비율을 얻은 방법이 낮은 비율의 방법보다 더 좋다는 것을 의미하지 않는다. 예제 2-6과 2-7은 B/C 비율법을 사용하는 방법을 보여준다.

예제 2-6

예제 2-4의 투자에 대한 B/C 비율을 계산하라. (a) 모든 비용 및 이윤의 현재가치를 이용하여 계산하라. (b) 모든 비용 및 이윤의 연간가치를 이용하여 계산하라.

▶ ***풀이***

예제 2-4는 어떤 운영비용도 들어가 있지 않기 때문에 전통적인 B/C 방법과 수정된 B/C 방법 간에 어떠한 차이도 발생하지 않음에 주의하라.

(a) PW 방법 사용: 650만 달러의 초기비용이 사용되었다. 총 이익은 다음과 같이 할인되어야 한다.

$$\begin{aligned}\text{총 이익} &= \text{연금} + \text{잔존 가치}\\ &= (P/A, 5\%, 25) \times \$400,000 + (P/F, 5\%, 25) \times \$1,000,000\\ &= \$5.64\text{M} + \$295\text{K} = \$5.93\text{M}\end{aligned}$$

B/C 비율은 다음과 같이 계산된다.

$$\text{B/C} = \frac{\text{총 이익}}{\text{총 비용}} = \frac{\$5.93\text{M}}{\$6.5\text{M}} = 0.91$$

(b) AW 방법 사용: 40만 달러의 연금이 사용되었다. 초기비용 및 잔존가치는 할인되어야 한다. (a)에서 잔존가치의 현재가치는 29만 5,000달러이다. 따라서

$$\text{연간 환산 초기비용} = (A/P, 5\%, 25) \times \$6.5\text{M} = \$461,191$$

$$\text{연간 환산 잔존가치} = (A/P, 5\%, 25) \times \$295\text{K} = \$20,952$$

B/C 비율은 다음과 같이 계산된다.

$$\text{B/C} = \frac{\text{총 이익}}{\text{총 비용}} = \frac{\$400\text{K} + \$21\text{K}}{\$461\text{K}} = \frac{\$421\text{K}}{\$461\text{K}} = 0.91$$

PW 방법과 AW 방법으로 환산된 B/C 값이 0.91로 같다는 사실에 주의해야 하며, 이는 예제 2-4와 같은 결과로 이 프로젝트는 받아들일 수 없다.

예제 2-7

예제 2-4의 프로젝트에 5만 달러의 연간 운용비용을 포함하고 다른 값들은 같다고 가정하자. 전통적인 B/C 비율과 수정된 B/C 비율을 모든 비용 및 이익을 고려하여 계산하라.

풀이

운영비용의 연간가치는 5만 달러이고, 모든 연간 운영비용의 현재가치는 할인되어 (\$50,000)(P/A, 5%, 25) = \$704,500이 나온다. 그러므로 두 방법으로 구한 B/C 비율은 다음과 같다.

$$\text{전통적인 B/C} = \frac{\text{총 이익}}{\text{초기비용 + 운용비용}} = \frac{\$5.93\text{M}}{\$6.5\text{M} + \$704.5\text{K}} = \frac{\$5.93\text{M}}{\$7.21\text{M}} = 0.822$$

$$\text{수정된 B/C} = \frac{\text{총 이익 − 운용비용}}{\text{초기비용}} = \frac{\$5.93\text{M} - \$704.5\text{K}}{\$6.5\text{M}} = \frac{\$5.23\text{M}}{\$6.5\text{M}} = 0.805$$

앞에서 설명했듯이 두 방법은 동일한 결론(받아들일 수 없는 프로젝트)을 도출하지만 약간 다른 B/C 값을 갖는 것에 주의하라.

PW, IRR, B/C 방법의 장단점

프로젝트의 경제성 평가를 위한 여러 방법의 장단점 판단에서, 내부수익률법과 다른 방법들 간에는 주요한 차이점이 있다. 다른 방법들은 프로젝트의 경제성이 선정된 MARR에 의존하는 반면 IRR은 그렇지 않다. IRR은 민간 기업에서 주로 사용되고 B/C 방법은 공공부문에서 주로 이용된다. PW 방법은 민간 기업 및 공공부문에서 모두 사용된다.

IRR의 주요 장점은 분명하다. 왜냐하면 의사 결정자가 MARR을 미리 설정하지 않아도 되기 때문에 최저요구수익률을 선정하는 노력은 필요하지 않다. 외부 관찰자의 관점에서도 PW 방법 및 B/C 방법은 외부 관찰자가 프로젝트를 받아들일 수 있는지 혹은 거부해야 하는지를 판단하기 위해 단체가 어떤 방식으로 프로젝트를 MARR에 도달시키는지 그리고 MARR이 수정된다면 의사 결정에 어떤 영향을 미칠지를 고려해야 한다.

게다가 IRR은 항상 모든 비용과 이익의 순 현재가치가 0이 되는 할인현금흐름에 도달하기 때문에, 발생할 수 있는 총 초기비용 및 운영비용에 따른 양 또는 음의 순 현재가치값을 어떤 식으로 반영할지에 대한 문제가 발생하지 않는다. 예제 2-4의 경우를 보면 MARR이 5%일 때 프로젝트의 가치는 650만 달러의 투자에 대해 56만 7,000달러의 손실값을 갖는 데 비해 MARR이 4.2%일 때는 손익분기점이 된다. 한편 프로젝트 평가를 위한 입력값이 예를 들어 MARR이 5%로 변경되어 프로젝트의 순 현재가치가 몇십만 달러의 양의 값을 가진다고 가정해 보자. 먼 미래의 프로젝트 연간 수익 흐름 예측의 어려움을 고려할 때, 분석가들이 자신 있게 선정할 수 있는 충분히 높은 양의 값은 얼마일까? IRR 방법은 이런 복잡성을 피할 수 있다.

그러나 IRR 방법은 적어도 두 가지의 단점을 갖고 있다. 첫째, 의사 결정자가 MARR을 설정하려고 노력하지 않아도 되기 때문에 계산되는 IRR의 절대 수치가 큰 의미를 갖지 않는다. 예를 들어 내부수익률의 상대적 해석으로 어떤 프로젝트가 높은 내부수익률값을 제공하는 매력적인 다른 대안 프로젝트보다 매력이 없음을 알아내 예제 2-5의 4.2% 내부수익률값을 사용할 수 있다. 내부수익률이 4.2%인 단 하나의 프로젝트의 경우 내부수익률을 측정하기 위한 몇 가지 절대 표준에 접근할 수 있는 권한이 있거나 또는 결정을 위한 추가적인 분석이 필요하다.

둘째, 현금흐름값의 음양이 한 번 이상 바뀔 때, 내부수익률법은 현금흐름의 패턴에 따라 거짓값을 반환할 가능성이 있다. 지금까지의 예에서는 초기 현금흐름이 음이고(초기 투자자본 지출) 이후의 흐름은 양의 값을 갖는(수익 또는 잔존가치의 순 양수 금액) 단 한 번의 음양 변화가 있었다. 다른 경우 현금흐름은 음이 되고 양이 되고 다시 음이 될 수도 있다. 이런 경우 세 가지 가능한 상황이 있다. 더 이상 내부수익률법을 이용한 해법이 없는 경우(음이 아닌 어떠한 이자율을 갖지만 재정적으로 매력적이지 않은 경우), 하나의 해법이 있는 경우(하나의 음양 변화만이 있었다고 취급하는 경우) 혹은 두 가지 해법이 있는 경우(이자율에 대한 해를 사용할 수 없는 경우) 등이다.

후자의 경우 내부수익률법을 적용하여 반환된 값들을 채택하는 대신, *수정된 내부수익률법*(MIRR)이 사용되어야 한다. MIRR에 대한 설명은 상당한 양의 배경지식을 필요로 하고, 또한 이 책의 범위를 벗어난다. 자세한 내용은 다른 공학 경제학 책에 제시되어 있다.[3] 순 현재가치를 이자율의 함수로 나타낸 그래프를 그려보고 순 현재가치 그래프가 음수와 양수 사이를 몇 번이나 지나는지 확인함으로써, 현금흐름에 둘 혹은 그 이상의 음양 부호 변화가 있으면 하나 이상의 내부수익률에 대한 해가 있다는 것을 인지해야 한다. 둘 이상의 해가 나온다면 MIRR을 사용해야 한다.

유전에서 석유를 추출하는 에너지 시스템의 예와 같이, 기존 유전지에 새로운 유전이 더해지는 것은 2번의 음양 기호 변화와 함께 수년 동안 현금흐름으로 이어질 수 있다. 처음 현금흐름은 유전비용 때문에 음의 값을 갖고, 그 후 원유 추출의 가속화와 추가적인 유전의 도움으로 흐름은 양의 값이 된다. 그리고 더 이상의 유전이 개발되지 않아 추출된 원유의 가치가 하락하는 투자기의 마지막 즈음에 현금흐름은 다시 음의 값을 갖는다. 예제 2-8은 현금흐름에 여러 번의 음양 변화가 있어 MIRR을 적용할 필요가 있는 상황을 보여준다.

▶ 예제 2-8

석유회사는 유전지에 새로운 유전을 추가하는 600만 달러짜리 프로젝트를 고려하고 있다. 투자에 대한 결과로 1차 연도에 450만 달러의 원유 생산이 순 증가하며, 투자가 끝나는 9차 연도까지 생산이 매해 100만 달러 순 감소할 것이다. 2차 연도는 350만 달러, 3차 연도는 250만 달러 등으로 나타낼 수 있다. 6차 연도에는 생산이 음의 값으로 변한다. 즉, 6차 연도는 250만 달러, 그리고 새로운 유전 추가로 인하여 생산의 총 액면가치 순 증가가 450만 달러가 된다. 순 현재가치가 0일 때의 IRR 방법이 2개의 i 값을 반환함을 보여라.

▶ ***풀이***

이 문제는 다양한 이자율에 따른 현금흐름의 순 현재가치를 그래프로 나타내며 풀 수 있다. 이 경우 문제가 0, 1 혹은 2개의 해를 갖는지 파악하기 위해 이자율을 0%에서 시작하여 44%까지 4%씩 증가시키며

3 예를 들어 Newnan 등이 저술한 *Engineering Economic Analysis* 혹은 Blank, L. 및 A. Tarquin이 저술한 *Engineering Economy*를 참조하라. Blank와 Tarquin은 MIRR이라는 용어 대신 'Modified Rate of Return' 혹은 'Modified ROR'이라는 용어를 사용했다.

확인했다. 다음 표에는 0%, 4%, 16% 그리고 44%의 값을 예로 나타냈으며, 마지막 행에는 0차 연도부터 9차 연도까지 할인현금흐름의 합을 표시했다.

연도	이자율 0% ($1,000s)	이자율 4% ($1,000s)	이자율 16% ($1,000s)	이자율 44% ($1,000s)
0	−$6,000	−$6,000	−$6,000	−$6,000
1	$4,500	−$4,327	$3,879	$3,125
2	$3,500	−$3,236	$2,601	$1,688
3	$2,500	−$2,222	$1,602	$837
4	$1,500	−$1,282	$828	$349
5	$500	−$411	$238	$81
6	−$500	−$395	−$205	−$56
7	−$1,500	−$1,140	−$531	−$117
8	−$2,500	−$1,827	−$763	−$135
9	−$3,500	−$2,459	−$920	−$131
흐름의 합	−$1,500	−$342	$730	−$360

이자율의 함수로서 순 현재가치 그래프는 음의 값으로 시작해서 i의 값이 증가하며 양의 값으로 상승하고 다시 음의 값을 갖는다는 것을 표로부터 확인할 수 있다. 여러 이자율값에서 순 현재가치를 계산하여 그림 2-3에 나타내었다.

추가 조사 결과, 약 5.8%와 37%의 이자율에서 유정 현금 흐름의 NPV가 0이 됨이 확인되었다. 따라서 IRR 방법은 두 가지 해를 제공하지만, 둘 중 어느 것도 투자 평가에 사용할 수 없다. 대신 MIRR 방법을 사용해야 한다.

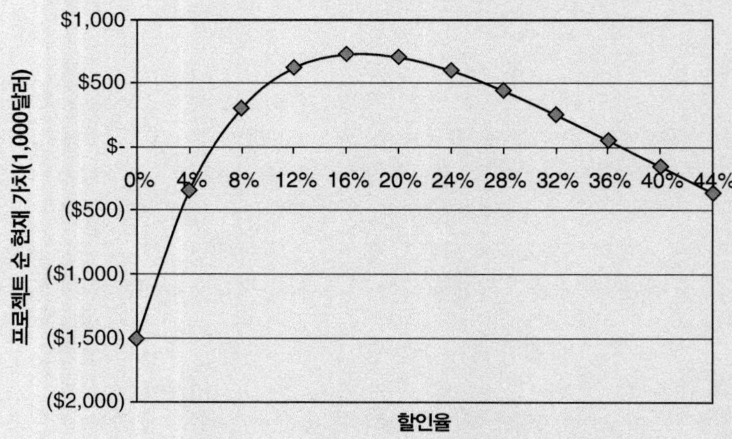

그림 2-3 0~44%까지의 할인율에 따라 나타낸 예제 2-8 원유 투자의 순 현재가치.

2-3-4 최대 회수기간법

어떤 경우, 투자자가 고정된 수명 기간 동안의 현재 가치, 연간 가치 또는 수익비용 비율이 아니라 최대 기간 내에 투자비용이 회수되는 것에 대해 우려하는 경우가 있다. 투자의 수명은 여전히 관심의 대상이지만, 투자 회수가 충분히 빠르지 않으면 순 수명 가치가 긍정적일지라도 투자가 거절될 수 있다. 최대 회수 기간(년)은 투자자가 친환경적인 이점이 있는 투자를 지원하기 위해 더 긴 최대 회수 기간을 용인할 의향 등 주관적인 요인에 따라 결정한다.

할인 없이 고려되는 투자의 경우, 투자금 회수까지 걸리는 기간 N(년)은 단순히 초기 가치 P_{init}를 연간 수익률의 가치로 나눈 값이다.

$$N = \frac{P_{init}}{P_{ann}} \tag{2-9}$$

할인이 적용되는 경우, 회수 기간은 각 추가 연도의 연금이 NPV에 미치는 누적 효과를 고려하여 반복적으로 산출되어야 한다. n을 현금 흐름에 포함된 연도 수, i를 할인율로 지정하면 다음과 같이 NPV를 계산할 수 있다.

$$\text{NPV} = -P_{init} + \sum_{i=1}^{n} \frac{P_{ann}}{(1+i)^n} \tag{2-10}$$

n이 1년씩 증가하여 t년, $t+1$, $t+2$ 등으로 증가함에 따라 NPV는 음수로 줄어들다가 마침내 음수에서 양수로 바뀌며, 이 시점에서 회수까지의 연수를 $N = n$으로 설정할 수 있다. 또는 N을 가장 가까운 1/10년 단위로 계산할 수도 있다. 마지막 음수 연도와 첫 번째 양수 연도의 순 현재가치를 각각 NPV_{t-1}와 NPV_t라고 한다. 그러면 회수 기간은 1년의 가장 가까운 10분의 1이 된다.

$$N = (t-1) + \frac{|\text{NPV}_{t-1}|}{(\text{NPV}_t - \text{NPV}_{t-1})} \tag{2-11}$$

최대 회수기간법의 한계 중 하나는 제한된 기간으로 인해 장기적으로 수익률이 높은 투자가 제외될 수 있다는 점이다. 이러한 상황은 예제 2-9에 설명되어 있다.

▶ 예제 2-9

이 예제에서는 할인율이 5%인 두 투자를 비교한다. 투자 A는 예 2-4의 조건(20년 만기, 연간 연금 40만 달러)과 유사하지만 초기 비용이 350만 달러이고 더 이상 회수 가치가 없다. 투자 B는 초기 비용이 20만 달러, 연금이 4만 달러, 수명이 12년이다. 허용되는 최대 투자 회수 기간은 7년이다. (a) 각 투자에 대한 NPV와 투자 회수 기간을 계산하라. (b) 각 투자가 투자 회수 요건을 충족하는지 여부를 서술하라.

▶ ***풀이***

(a) 투자 A에 대한 NPV와 투자 회수는 다음과 같다.

$$\text{NPV} = -\$3.5\text{M} + \$400\text{K} \cdot (P/A, 5\%, 20) = -\$3.5\text{M} + \$400\text{K} \cdot (12.46) = \$1.485\text{M}$$

투자금 회수를 위해 액면가 투자금과 연금, 할인된 가치, n년 차까지의 누적 NPV가 포함된 표를 만들고, NPV가 양수가 될 때까지 계속 진행한다.

연도	결제	연금	할인	누적
0	$(3,500,000)		$(3,500,000)	$(3,500,000)
1		$400,000	$380,952	$(3,119,048)
2		$400,000	$362,812	$(2,756,236)
3		$400,000	$345,535	$(2,410,701)
4		$400,000	$329,081	$(2,081,620)
5		$400,000	$313,410	$(1,768,209)
6		$400,000	$298,486	$(1,469,723)
7		$400,000	$284,273	$(1,185,451)
8		$400,000	$270,736	$(914,715)
9		$400,000	$257,844	$(656,871)
10		$400,000	$245,565	$(411,306)
11		$400,000	$233,872	$(177,434)
12		$400,000	$222,735	$45,301

11년 차에는 NPV가 음수이고 12년 차에는 양수라는 점에 유의하라. 투자 회수 기간을 가장 가까운 10년 단위로 계산하면 다음과 같은 결과가 나온다.

$$N = (t-1) + \frac{|\text{NPV}_{t-1}|}{(\text{NPV}_t - \text{NPV}_{t-1})} = 11 + \frac{177{,}434}{45{,}301 - (-177{,}434)} = 11 + 0.8 = 11.8\text{y}$$

투자 B의 계산도 유사하다.

$$\text{NPV} = -\$200\text{K} + \$40\text{K} \cdot (P/A, 5\%, 20) = -\$200\text{K} + \$40\text{K} \cdot (12.46) = \$155\text{K}$$

연도	결제	연금	할인	누적
0	$(200,000)		$(200,000)	$(200,000)
1		$40,000	$38,095	$(161,905)
2		$40,000	$36,281	$(125,624)
3		$40,000	$34,554	$(91,070)
4		$40,000	$32,908	$(58,162)
5		$40,000	$31,341	$(26,821)
6		$40,000	$29,849	$3,028

$$N = 5 + \frac{26{,}821}{3.028 - (-26{,}821)} = 5 + 0.9 = 5.9\text{y}$$

(b) 투자 A는 투자 B보다 NPV가 훨씬 크지만, 투자 회수 기간이 11.8년으로 최대 7년인 한도를 초과한다. 투자 B는 NPV가 더 작지만 N = 5.9년으로 한도 내에 있다.

예제 2-9는 최대 회수 기간 제한으로 인해 장기적으로 NPV가 양수인 투자가 어떻게 거절될 수 있는지 보여준다. 에너지 부문에 비유하자면, 조명이 열악하고 각 사무실에 대형 단창이 있는 오래된 사무실 건물을 예로 들 수 있다. 조명을 개선하면 비교적 빠르게 투자비용을 회수할 수 있지만, 전체 에너지비용에 비해 연금으로 얻을 수 있는 평생 NPV는 크지 않을 수 있다. 모든 창문을 기밀성이 뛰어난 최신식 이중창 또는 삼중창으로 교체하면 냉난방 요구량을 크게 줄일 수 있지만 초기 투자비용이 매우 크기 때문에 투자 회수 기간도 길어진다. 최대 투자 회수 방식에 대한 문제는 투자자가 에너지를 절약하고 온실가스 배출을 줄이는 친환경 투자의 잠재력을 충분히 실현하지 못할 수 있다는 것이다. 반면, 개인 투자자의 입장에서는 수익이 발생하기까지 오랜 시간 동안 투자를 유지해야 하는 부담을 감수해서는 안 된다고 주장하는 것이 합리적이다. 투자자와 투자 자금의 수혜자 모두 이 두 가지 관점 사이에서 균형을 잡아야 할 필요성을 인식해야 한다.

2-3-5 에너지의 균등화 비용

에너지 분야의 전문가는 때때로 고객에게 에너지를 전달하는 여러 옵션들의 비용을 비교하여 보여준다. 현저하게 다른 기술들이 프로젝트에 선택되기 위해 경쟁하는 경우, 초기 자본비용과 운영비용을 통합하는 것이 필요하다. 이는 화석연료 기술과 신재생에너지 기술을 비교할 때 나타나는데, 전자는 운영비용이 높은 반면 후자는 상대적으로 낮은 운영비용과 높은 초기비용을 필요로 하기 때문이다.

에너지 출력 단위당 *균등화 비용*은 모든 비용 요소를 측정 단위당 비용으로 결합하는 방법을 제공한다. 그로 인해 기술들 간의 비용을 비교할 수 있다. 균등화 비용은 발전에 적용될 수 있다. 프로젝트에 대한 전력의 예측 평균 출력이 kWh 단위로 알려졌다면, 연 단위의 모든 비용을 더한 값을 연간 에너지 출력으로 나눈다. 그러면 kWh당 비용을 계산할 수 있다. kWh당 비용은 프로젝트 수명이 끝날 시점의 자본 상환, 지속적인 비용, 투자수익(ROI)과 정확히 일치할 것이다. 그러므로

$$\text{균등화 비용} = \frac{\text{총 연간 비용}}{\text{연간 에너지 출력}} \text{(kWh 단위)} \tag{2-12}$$

로 나타낼 수 있고, 총 연간 비용 = 연간 환산 초기비용 + 운영비용 + 투자수익(ROI)이다.

여기서 연간 환산 초기비용은 프로젝트의 이자율과 $(A/P, i\%, N)$에 적용되는 프로젝트 수명을 사용하여 계산한다. 운영비용은 연료비용, 유지비, 발전소 임직원 임금, 이익에 따른 세금, 보험금, 부동산 비용 등을 포함한다. 이 균등화 비용 모델은 세금이 운영비용에서 따로 처리되지 않도록 단순화했고, ROI는 일시금으로 처리했다. 균등화 비용의 더욱 정확한 계산에서 세금은 연료, 공장의 감가상각, 자본 상환에 대한 이자 등의 항목을 차감한 수익에 부과된다. 반면 ROI는 영업 순 수익에서 비율로 계산된다. 이 계산은 예제 2-10에 나타내었다.

예제 2-10

연간 20억 kWh의 전력을 생산하는 발전소의 초기 자본비용이 5억 달러이고 예상수명은 20년이며 잔존가치는 없다. 발전소의 자본비용은 7%의 이자로 상환된다. 발전소의 총 운영비용은 연간 2,500만 달러이고, 연간 투자수익은 운영비용과 자본 상환 비용 합의 10%로 예상된다. 전력의 균등화 비용은 \$/kWh 단위로 얼마인가?

풀이

$(A/P, 7\%, 20)$을 이용한 연간 환산 초기비용은 0.0944이다. 연간 자본비용은 그에 따라 $(5 \times 10^8)(0.0944) = \$47.2$ M이다. 그러므로 총 연간비용은 7,220만 달러이고 투자수익은 722만 달러이다. 따라서 균등화 비용은 다음과 같이 구할 수 있다.

$$[(\$72.2\text{ M}) + (\$7.22\text{ M})]\ /\ 20\text{억 kWh} = \$0.0397/\text{kWh}$$

비교를 위해 살펴보면, 2019년 미국의 모든 유형의 고객을 대상으로 한 평균 전기에너지 가격은 송전비용을 포함하여 1 kWh당 0.1060달러였다. 이는 2004년의 1 kWh당 0.0762달러보다 0.0298달러 증가한 값이다. 따라서 전송에 소요된 평균 가격에 따라 이 발전소는 미국 시장의 많은 부분에서 상당한 경쟁력이 있다.

2-4 직접 및 외부비용과 이익

예제 2-10에서 전력의 균등화 비용을 자본 상환 비용 및 에너지 공급, 임금 그리고 유지비용을 포함한 운영비용에 기초하여 계산했다. 이 모든 비용은 시스템 운영자가 직접 부담하기 때문에 *직접비용*(direct costs)이라 한다. 또한 에너지 시스템의 오염으로 인하여 의료비용과 농업 생산 비용의 손실 등 *외부비용*이 발생할 수 있다. 이는 시스템에 의해 발생한 비용이지만, 따로 협의하지 않은 이상 시스템 운영자가 지불할 필요는 없기 때문에 외부비용으로 고려한다. 시스템의 반대편에는 상품 및 서비스 판매로부터 얻는 *직접수익*(direct benefits)이 있다. 에너지 시스템으로부터 *외부수익*을 올리는 것 또한 가능하다. 예를 들어 특이하거나 재미있는 에너지 기술은 주변 지역 관광객 방문으로 인하여 수익을 창출할 수 있다. 이런 수익은 외부 이익이기 때문에 시스템 운영자에게 전달되지 않는다. 에너지 시스템에서의 외부수익은 직접수익과 직접 또는 외부비용에 비해 상대적으로 적기 때문에 더 이상 고려하지 않는다.

운영자가 외부비용을 부담하지 않는다면 운영자는 사회적 관점에서 차선책을 선택할 수 있다. 화석연료 발전소는 약간의 오염물질과 상당한 외부비용을 발생시킨다. 전기 판매로 인한 직접수익이 직접비용보다는 크지만, 직접비용과 간접비용을 합한 값보다는 작다고 가정해 보자. 역전된 경제성에서 외부비용이 *내면화*되었더라도, 외부비용을 고려하지 않았을 경우 발전소의 경제성이 긍정적이기 때문에 발전소 운영자는 발전소를 작동시키는 것을 선택한다. 발전소 운영자가 실제 비용을 보지 못하기 때문에 시장은 효율적으로 작동하지 못하고, 이런 현상을 경제학자는 '시장실패(market failure)'라 부른다.

이런 유형의 시장실패를 해결하기 위해 수년에 걸쳐 많은 노력을 기울이고 있다. 가장 일반적인 방법 중 하나는 발전소의 배기가스 제어 기술을 규제하는 것이다. 이 정책은 비용과 이익을 실제 값에 가깝게 하는 효과가 있다. 오염 제어장비 설치로 인해 발생하는 상당한 추가 자본비용은 시간이 지남에 따라 상환해야 하며, 이 비용은 운영자의 몫이다. 또한 오염 제어장비는 지속적인 유지·관리를 필요로 한다(축적된 오염물질의 주기적인 제거 등). 그뿐만 아니라 오염 제어장치 작동으로 인하여 발생하는 에너지 손실로 수익이 약간 감소한다.

최근 많은 정부는 특정 기술을 요하는 '명령과 통제' 배출규제 대신 오염 '시장' 사용을 선호하고 있다. 오염시장 시스템에 참여하는 경우 발전소 운영자들은 경제적으로 가장 유리한 방법으로 자유롭게 배출 목표를 달성할 수 있다(그들의 목표보다 초과하거나 모자랄 경우 다른 운영자로부터 '배출권'을 구매하거나 팔 수 있다). 미국과 주변 다른 나라들은 1995년부터 SO_2(이산화황) 배출권 거래를 허용하고 있다. 2009년 미국의 여러 뉴잉글랜드주와 중대서양 지역에서 지역온실가스 계획(RGGI)에서 CO_2 배출권을 거래하기 시작했으며, 이는 현재까지 이어지고 있다.

2-5 사회적 목적을 달성하기 위한 에너지 투자에 개입

에너지 투자는 투자자들에게 높은 수익을 제공할 수 있다. 또한 에너지 투자는 사회가 부담하는 상당한 외부비용을 창출할 가능성을 갖고 있다. 많은 국가와 지방정부는 에너지 시장에서 법적 요구 또는 재정적 인센티브 그리고 저해 요소 등과 관련된 '중재자' 역할을 하고 있다. 다른 에너지 옵션과 비교하여 '바람직한' 에너지 옵션에 재정적인 이점을 주거나 적어도 재정적인 불이익을 줄이기 위해 노력하고 있다. 오염물질과 온실가스 배출 감소를 통해 외부비용을 줄일 수 있는 옵션들을 '청정에너지'라 부른다.

외부비용을 절감하는 에너지 투자에 개입하는 것에는 적어도 두 가지 이유가 있다. 첫 번째 이유는 외부 효과를 절감하는 프로젝트에 융자를 지원하기 위함이다. 그것은 현재 시장 기능으로는 주어질 수 없다. 예를 들어 클리너 입력 연료 등의 프로젝트 운영자는 대출자금 상환을 위해 많은 비용을 지불한다. 그들은 에너지 상품 판매를 통해 그 비용을 감당하기 힘들 것이다. 만약 그들이 '녹색' 에너지 상품에 대한 추가 요금을 부가할 수 있다고 해도, 추가 요금으로 인한 수익으로 비용을 감당하지 못할 수 있다. 정부의 개입으로 인해 운영비용이 감소할 수 있고, 기업이 경쟁력을 갖추는 데 도움을 줄 수 있으며, 외부 효과를 절감하는 옵션의 전체 매출이 증가할 수 있다. 정부 관점에서 보면 외부 효과 절감에 투자하느냐, 아니면 외부 효과로 인해 발생하는 오염 관련 질병 및 그로 인한 높은 의료비와 생산성 감소 등에 비용을 지불하느냐를 선택하는 일이다. 이러한 근거로 정부는 전자를 선택한다.

두 번째 이유는 신생 기술의 매출액이 성장할 기회를 허용하여, 시간이 지남에 따라 단위 용량당 가격이 저렴해지고 시장에서 경쟁할 수 있도록 하기 위함이다. 개인 투자자는 특정 청정에너지 기술이 장기적으로 대단한 장래성을 갖고 있다고 판단할 수 있다. 하지만 투자수익이 먼 미래에 올 수 있기 때문에 투자를 꺼릴 수 있다. 모든 사회 구성원들이 미래에 관심을 갖고 있기 때문에, 이러한 상황에서 조세 수입(그것은 개인과 기업을 포함한 모든 세금 지불 구성원으로부터 걷는다)의 일부를 할당하는 것이 정부의 역할이지만, 개개인이 재정 위험을 감당하기란 어려운 일이다. 정부 지원을 통해 선구적인 기업은 새로운 기술을 발전시키고 판매량을 늘릴 수 있으며, 그들이 경쟁력을 갖추면서 정부는 재정적 인센티브를 회수할 수 있다.

2-5-1 에너지 기술 투자에 개입하는 방법

연구 개발(R&D)에 대한 지원

일반적으로 정부는 개발 초기 단계에 연구 · 개발 비용을 지불함으로써 새로운 에너지 기술 도입을 지원한다. 정부 산하 연구소, 대학에서의 연구 후원 또는 민간 기업과 직접 협력하여 R&D를 수행할 수 있다. 에너지 기술이 특정한 성능 또는 가격적으로 중요한 시점에 도달하면, 추가 개발 및 상용화를 위해 정부는 근본적인 기술 이용을 가능하게 할 수 있다. 2차 세계대전 종료 이후 전 세계 많은 정부는 원자력발전, 태양광, 풍력, 기타 신재생에너지 그리고 운송용 대체연료에 이르기까지 다양한 에너지 연구 활동을 지원해 왔다.

에너지 시스템의 상용화 및 운영에 대한 지원

연구 · 개발 지원 외에도 정부는 청정연료 지원에서부터 고정 인프라 자산에 대한 지원에 이르기까지 에너지의 상업적 사용에 대한 지원을 제공할 수 있다. 이러한 유형의 지원 예는 다음과 같다.

- *직접비용 지원*: 정부가 에너지 장비 또는 에너지 제품 판매비용 일부를 판매자에게 지원하면, 구매자는 나머지 가격만 지불하면 된다. 이러한 방법은 일본의 '밀리언 태양열' 계획과 같은 에너지 발전 자산에 적용할 수 있다. 일본 정부는 태양광 전기 시스템이 적용된 가정용 지붕 100만 개를 목표로 주택 소유자에게 시스템 구입비 일부를 지원했다. 직접 지원은 미국의 바이오디젤에 대한 지원과 같은 에너지 제품에도 적용할 수 있다. 바이오디젤이 기존 디젤과 비교하여 가격 경쟁력을 갖추기 위해 미국 정부는 구입한 바이오디젤에 일정 금액을 지원했다.
- *세금 공제*: 정부는 청정에너지 설치 또는 구입의 대가로 개인 혹은 기업의 세금을 줄여줄 수 있다. 이러한 프로그램으로 인해 청정에너지 구매자는 에너지 시스템 비용의 일부분 또는 청정에너지 자원 지출과 관련된 세금 지출을 줄일 수 있다. 인프라 구매의 경우 정부는 전액을 여러 해 동안 나누어 지불하도록 할 수 있다. 이런 프로그램에서 정부는 지급률을 신중하게 설정해야 한다. 비율이 너무 낮으면 참여가 저조할 수 있고, 비율이 너무 높으면 많은 납세자들이 가입하여 정부의 조세 수입 손실이 클 수 있다. 구매자 관점에서 여러 과세연도 동안 세금 지출을 나누는 것은 프로젝트의 현금흐름에 문제를 일으킬 수 있다.
- *금리 바이다운 방식*: 구매자가 에너지 시스템을 취득하기 위해 융자를 받아야 할 경우 정부는 이자 지급 일부분을 '바이다운(buydown)' 대출 프로그램으로 지원할 수 있다. 뉴욕주 에너지 연구개발 기관(NYSERDA)은 첫 금리에서 4% 이자 지급을 줄일 수 있는 바이다운 프로그램을 갖고 있다. 이 프로그램은 구매자의 요구된 월별 지급을 줄이고 에너지 효율이 높거나 더 저렴한 대체에너지에 투자한다.

정부는 재정 지원을 제공하지 않고도 법적으로 상업시장에 개입할 수 있다. 예를 들어 독일 정부는 그리드(grid)에 판매하는 태양광발전 가격을 보장한다. 전력 공급사는 그 전기를 시장가격보다 높은 고정된 가격에 구매해야 한다. 이 방법은 경제적으로 매력 없는 태양광 시스템 구매자에게 여유를 줄 수 있을 것이다. 실제로 태양광발전 용량만이 이 프로그램을 통해 천천히 그리드에 추가되기 때문에, 그리드 공급자는 갑자기 고가의 전력비용으로 인해 난처해지지 않으며 소비자에게 비용을 넘기는 것도 쉽지 않다. 정부 지원의 효과는 예제 2-11에서 볼 수 있다.

▶ 예제 2-11

예제 2-4에서 구했던 순 현재가치(NPV)를 다음과 같은 정부의 지원 프로그램으로 수정하여 다시 계산하라.

1. 5,000 kW급 시스템, $200/kW의 보상금을 가짐
2. 연평균 180만 kWh 생산되는 시스템, $0.025/kWh로 운영됨
3. 프로젝트의 MARR 금리가 3% 감소되도록 바이다운 이용

▶ ***풀이***

1. 보상금은 $200/kW × 5,000 kW = $1,000,000의 가치를 가진다. 프로젝트의 순 자본비용은 현재 550만 달러이며, 프로젝트의 NPV는 현재 43만 2,881달러이다. 따라서 실행 가능하다.

2. 연간 운영 영업은 $0.025/kWh × 1.8 × 10^6 kWh = 45,000 EU/year의 가치를 가진다. 따라서 연금은 매년 44만 5,000달러 증가한다. 연금의 현재가치를 다시 계산하면 627만 달러를 부여하고, 프로젝트의 NPV는 현재 6만 7,108달러이다. 따라서 이 프로젝트는 근소하게 실행 가능하다.
3. 감소된 MARR에 연금에 대한 변환계수를 다시 계산하면 $(P/A, 3\%, 25) = 17.41$이다. 연금의 현재가치는 현재 697만 달러이며, 프로젝트의 NPV는 현재 94만 2,865달러이다. 따라서 실행 가능하다.

2-5-2 에너지 투자 개입의 비평

다른 유형의 정부 보조금 프로그램 및 세법에 대한 개입과 마찬가지로, 개입 프로그램 또한 의도적으로 악용되거나 시장에 역효과가 나타날 수 있다는 부작용을 피할 수 없다. 에너지 시스템 구매자는 정부의 지원이나 세금 혜택을 받을 수 있지만, 청정에너지 시스템이나 제품의 성능이 좋지 않을 수 있다. 따라서 지출에 비해 사회가 받는 혜택이 적을 수 있다. 그 가운데 대표적인 것은 1980년대 초 풍력발전을 위해 미국 정부가 캘리포니아주에 많은 재정 지원을 한 사례이다. 그때 설치된 풍력터빈은 형편없는 설계로 인하여 제대로 작동하지 않았다. 그 시스템은 판매되었고, 시스템 소유자는 그것을 구입했다는 이유만으로 많은 혜택을 받았다. 시스템 소유자는 이 장치를 유지하는 데 약간의 인센티브를 받았고, 프로그램 혜택이 사라지자 이들 업체는 곧 폐업했다. 다른 제조업체에서 더 성공적인 제품을 만들어 살아 남았으며 장기적으로 캘리포니아주에서 풍력발전을 영구적으로 만든 것이 사실이지만, 초기 단계에서 더 신중하게 설계했다면 공공 기금 프로그램을 보다 원활하게 진행할 수 있었을 것이다.

금전적 낭비 방지 측면에서, 청정에너지 기반 시설 설치와 대조적으로 청정에너지 공급원의 생산량에 지원하는 것은 이점을 갖고 있다. 풍력발전으로 인한 연간 전기 생산량과 같이 생산량에 맞춰 지급하기 때문에, 시스템 운영자는 자산의 초기 투자를 회수하기 위해 사업을 유지해야만 한다. 소규모 재생에너지 시스템 비용의 일부를 환불해 주는 프로그램 등 설치에 대한 지급은 자산을 구매할 수 있는 인센티브를 주지만, 자산을 사용하는 것에 대해서는 그렇지 않다. 따라서 운전자가 시스템을 유지하고 문제를 해결하도록 하는 동기가 충분하지 않을 수 있다.

이 프로그램이 청정에너지 생산 동기를 부여하도록 설계되었지만, 조세법의 허점을 악용하려는 사람들을 막기 위해 청정에너지 자산의 초기 구매나 재정 지원 정도는 신중히 결정해야 한다. 즉 정부 자금 지원 프로그램의 모든 가능한 오용을 근절해야 하는데, 끊임없는 경계만이 유일한 방법이다. 이러한 프로그램의 관계자들은 지원받는 사람들과 의사소통을 유지하고, 그들이 효율적으로 프로그램을 사용하도록 훈련하는 방법과 남용자를 미리 알아보는 방법을 배워야 한다.

2-6 순 현재가치 사례연구의 예

에너지 시스템에 대한 투자는 사용수명 기간 동안 걸쳐 많은 현금흐름을 수반할 가능성이 있다. 어떤 흐름은 소득이 될 것이고 일부는 지출될 것이다. 해마다 규모와 방향이 각각 변할 것이다(아직 사용하지 않은 미래비용은 그것을 사용할 연도의 수입으로 고려된다는 것에 주의하라).

가정용 태양전기 시스템에 대한 투자를 고려해 보자. 가장 확실한 현금흐름은 태양광 패널 및 관련 장비의 초기 구매이다. 이는 현금 또는 착수금 유무와 상관없이 대출을 통해 구매할 수 있으며, 다음과 같은 사항을 고려해야 한다.

- 현금으로 지급할지 대출을 통해 재원을 마련할지 여부
- 시스템 구성 요소의 예상수명
- 대출 상환 일정, 가능한 계약금의 조건
- 정부 또는 공공 투자 인센티브, 가능한 보조금
- 세금 공제
- 신재생 자원을 이용한 연간 전기 생산량
- 지역 전력회사의 전기요금 인하 정책
- 패널 청소나 전기 접속 검사 등과 같은 예측 가능한 유지 · 관리
- 주요 구성 부품의 수리 및 교체(예를 들어 인버터)
- 재산세(높은 재산세 또는 낮은 인센티브)
- 설치했을 경우 kWh당 전기비용
- 전기요금 상승률
- 일반 물가 상승률(전기요금 상승률과 반드시 동일하지는 않음)
- 예측되는 미래의 전기 사용량 변화(예를 들어 가계 규모의 증가 또는 감소)
- 한계 소득세율(연방, 주, 지방)
- 수명이 다했을 때의 제거비용

이 목록은 확장될 수 있다. 투자기간 동안 발생 가능한 사안에 대해 신중하게 생각하고 모든 합리적인 가능성을 고려해야 한다.

투자를 사업으로 진행하는 경우, 그 사업은 연간 전기비용을 세금 인하로 이용한다는 것에 유의하라(그것이 사업비용이기 때문이다). 전기세가 감소하면 세금 인하 역시 감소하고, 결과적으로 세금이 증가한다. 그럴 경우 실제로 연간 절약된 금액은 연간 전기요금 감소액에 보완된 한계 세율을 곱해서 얻을 수 있다.

$$\text{실제 절감비} = (\text{공제 전 절감비}) \times (1 - \text{한계세율}) \tag{2-13}$$

NPV 분석이 어떻게 재생에너지 투자에 적용될 수 있는지 알아보기 위해 단독주택에 설치된 태양광 패널 시스템을 고려해 보자. 이 예에서 '현재가치(PW)'란 용어는 미래 현금흐름의 현재가치에 적용된다. NPV 값은 투자수명 동안 PW를 합한 값과 같다. 즉, NPV는 특정 투자와 관련된 미래 현금흐름의 전체 시리즈 현재가치 값의 합(수입과 지출)으로 정의된다.

완벽한 NPV 분석을 위해서는 많은 가정이 필요하다. 이 예에서 설정한 가정은 실제 상황을 아주 정확하게 나타낼 수는 없다. 모든 투자에서 가정을 설정할 때는 심사숙고하는 것이 필요하다.

이 예에서 설정된 가정은 다음과 같다.

- 이 시스템은 8 kW급 용량을 갖고 있고 현금으로 구매할 수 있다.
- 설치는 0년(오늘)에 이루어지는 것으로 가정한다.

- 초기 구매를 제외하고 현금흐름은 매년 연말에 발생한다고 가정한다. 현금흐름이 매달 혹은 매주 발생한다고 가정할 수도 있지만, 결과 스프레드시트가 너무 길어져 이해하기 어렵기 때문에 이 예에서는 불필요하다.
- 총 설치비용은 인건비, 기재비 및 허가 등을 포함하여 2만 2,000달러이다. 이 비용은 설치된 와트당 2.75달러에 해당하며, 이 규모의 시스템에서는 일반적인 값이다.
- 기준가격지원제도(Feed-In-Tariff: FIT) 혜택은 없다.
- 설치비용 30%를 연방 세금 공제받을 수 있다. 당신의 소득은 이 세금 공제로 수익을 올리기에 충분하다.
- 주 에너지 기관으로부터 처음 5 kW 설치 용량에 대해 kW당 400달러를, 이후 5 kW 설치 용량에 대해 kW당 350달러를 인센티브로 받을 수 있다. 10 kW 설치 용량 이후로는 추가적인 인센티브가 없다.
- 지난 몇 년 동안 전기요금이 꾸준히 평균 요금을 유지하고 있는 상황에서 연간 전력 사용량은 평균 7,000 kWh이다. 과거의 전기 사용량에 비추어 앞으로 가계 규모와 전력량이 일정하게 유지될 것이라 예상한다(적극적인 에너지 절약으로 인하여 이 예측은 타당하다).
- 태양광 패널은 당신의 연간 전기의 70%를 제공한다. 또한 지역 공사가 주택 소유자를 위한 전기요금 인하 제도를 1년 동안 허가했기 때문에 모든 생산은 가치가 있다. (실제로 태양전지 패널은 시간이 지남에 따라 점진적으로 성능이 저하되고, 영향은 미미하지만 1차 연도의 생산량보다 적어지기 때문에 단순 가정임을 참고하라.)
- 현재 전기는 생산과 분배를 포함하여 kWh당 0.16달러이다.
- 전기요금은 연간 3% 오를 것으로 예상한다.
- 일반 물가 상승률은 연간 2%로 예상한다.
- 미래에 대한 심사숙고 끝에 적당한 시간가치를 7%로 결론 내렸다(밑에서 자세하게 논의될 위험에 대한 고려를 포함했다).
- 운영, 복구, 태양광 시스템의 청소 등 연간 소요비용은 첫해에는 초기비용의 0.3%이고, 일반 물가 상승률만큼 증가한다. 시스템이 폐기될 예정이기 대문에 운영 마지막 해에는 유지보수비용이 발생하지 않는다.
- 운영 시스템은 10년 주기로 정밀 검사를 실시해야 한다. 검사비용은 현재 1,200달러이고, 앞으로 일반 물가 상승률만큼 증가한다. 이 비용은 10년 차와 20년 차에 발생하지만 시스템 수명이 다한 시점이기 때문에 30년 차에는 발생하지 않는다.
- 이 시스템은 30년 후에는 쓸모없어질 것이다. 현재 제거비용은 고려하지 않는다.
- 당신은 투자수명 동안 집에 계속 있을 것이다(중요한 고려사항이다).

표 2-2에 매년 NPV를 계산하는 데 사용되는 비용 요소들을 나타내었다.

투자의 NPV는 4,095달러이다. 다시 말하면 모든 가정들이 고려된 조건하에 오늘의 투자는 모든 지출을 지불한 후 오늘 가치로 4,095달러를 이윤으로 받는 것과 동일하다.

그림 2-4에 투자수명 기간 동안 재정 변화를 시각화하여 나타내었다. 현금흐름(절약된 달러)이

표 2-2 사례연구를 위한 NPV 표

연도	구매 ($)	인센티브 ($)	세금 공제($)	kWh	절약된 달러($)	유지비 ($)	점검비 ($)	순 현금 흐름($)	순 현금 흐름의 현재 가치($)	순 현재 가치($)
0	(22,000)	3,050						(18,950)	(18,950)	(18,950)
1			6,600	4,900	1,120.00	(66.00)		7,654	7,153	(11,797)
2				4,900	1,153.60	(67.32)		1,086	949	(10,848)
3				4,900	1,188.21	(68.67)		1,120	914	(9,934)
4				4,900	1,223.85	(70.04)		1,154	880	(9,054)
5				4,900	1,260.57	(71.44)		1,189	848	(8,206)
6				4,900	1,298.39	(72.87)		1,226	817	(7,389)
7				4,900	1,337.34	(74.33)		1,263	787	(6,603)
8				4,900	1,377.46	(75.81)		1,302	758	(5,845)
9				4,900	1,418.78	(77.33)		1,341	730	(5,116)
10				4,900	1,461.35	(78.88)	(1463)	80	41	(5,156)
11				4,900	1,505.19	(80.45)		1,425	677	(4,480)
12				4,900	1,550.34	(82.06)		1,468	652	(3,828)
13				4,900	1,596.85	(83.70)		1,513	628	(3,200)
14				4,900	1,644.76	(85.38)		1,559	605	(2,595)
15				4,900	1,694.10	(87.09)		1,607	582	(2,012)
16				4,900	1,744.92	(88.83)		1,656	561	(1,452)
17				4,900	1,797.27	(90.60)		1,707	540	(911)
18				4,900	1,851.19	(92.42)		1,759	520	(391)
19				4,900	1,906.73	(94.26)		1,812	501	(110)
20				4,900	1,963.93	(96.15)	(1783)	85	22	(132)
21				4,900	2,022.84	(98.07)		1,925	465	(597)
22				4,900	2,083.53	(100.03)		1,983	448	(1,045)
23				4,900	2,146.04	(102.03)		2,044	431	(1,476)
24				4,900	2,210.42	(104.08)		2,106	415	(1,891)
25				4,900	2,276.73	(106.16)		2,171	400	(2,291)
26				4,900	2,345.03	(108.28)		2,237	385	(2,676)
27				4,900	2,415.38	(110.45)		2,305	371	(3,047)
28				4,900	2,487.84	(112.65)		2,375	357	(3,404)
29				4,900	2,562.48	(114.91)		2,448	344	(3,748)
30				4,900	2,639.35			2,639	347	(4,095)

표 열 속 데이터의 설명 및 계산:

A. 연도: 기대되는 유용한 수명의 연도 0(오늘)과 그다음 30년

B. 구매: 구매는 연도 0에서 한 번의 비용 지출이라고 가정

C. 인센티브: (5 kW)($400/kW) + (8 – 5 kW)($350/kW). 연도 0에 받는다고 가정

D. 세금 공제: 30%의 구매 가격. 연도 0의 세금이 제출되었을 때 연도 1 동안 받는다고 가정

E. 절약된 kWh: 7,000 kWh의 70% = 4,900 kWh. 매년 변하지 않음

F. 절약된 달러: $0.16 × 연도 1에 절약된 kWh. 그 후 매년(1.03 × 지난해의 값) 증가

G. 유지: 연도 1 구매비용의 0.3%. 그 후 시스템의 유용한 수명이 끝나는 연도 30을 제외하고 매년(1.02 × 지난해의 값) 증가

H. 점검: $(1.02)^N$으로 증가하는 1,200달러. N = 10과 20. 그리고 시스템의 마지막 수명인 연도 30에서는 점검 계획 없음

I. 순 현금흐름: 그 연도의 현재흐름 합계(가장 가까운 달러로 반올림)

J. 순 현금흐름의 현재가치: = 순 현금흐름 × 1.07^N. N은 연도, 0.07은 돈의 시간가치로 가정(가장 가까운 달러로 반올림)

K. 순 현재가치: NCF의 현재가치 합계

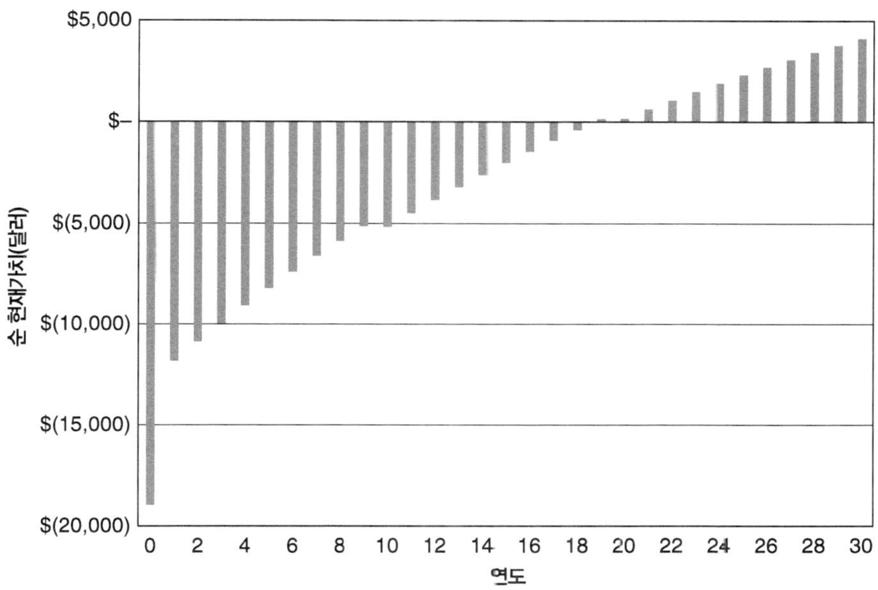

그림 2-4 사례연구 예에서 연간 NPV 값 변화.

점점 더 많이 증가함에도 불구하고, 그래프에서 보듯이 NPV는 가까운 미래에 해마다 조금씩 변화한다. 향후 달러 가치에서 절약과 다른 현금흐름이 훨씬 더 큼에도 불구하고 오늘날 그들은 다른 관점에서 적은 수입을 갖는데, 이는 돈의 시간가치를 반영한다.

2-7 요약

에너지 시스템에 대한 경제적 평가의 두 가지 중요한 전제는 (1) 인플레이션과 투자수익 기대 때문에 돈의 가치는 시간에 의존하며, (2) 에너지 시스템 작동에는 직접비용과 외부비용이 있는데 그것들이 직접 평가에 포함되지 않더라도 엔지니어는 후자의 비용을 알아야 한다는 것이다. 에너지 투자 수익을 분석할 때 미래 수년간 수입의 할인이 현재 프로젝트의 가치를 상당히 감소시킬 수 있고 따라서 분석 결과를 바꿀 수 있기 때문에 돈의 시간가치를 고려하는 것이 중요하며, 이는 특히 장기 프로젝트(적어도 8~10년)의 경우 그러하다. 마지막으로 개인이나 사기업이 일방적으로 외부비용을 줄이는 데 지출하는 것은 어려운데, 그러한 투자가 시장에서 보상받지 못할 수도 있기 때문이다. 그러므로 정부는 재정적인 인센티브를 사용하여 신흥 에너지 기술을 장려하는 중재 역할을 해야 한다. 이러한 인센티브와 관련된 재정적인 부담은 세금을 지불하는 모든 사람들의 몫으로 나뉜다.

References

Blank, L., and A. Tarquin (2012). *Engineering Economy*, 9th ed. McGraw-Hill, New York.

Costanza, R., R. d'Arge, R. de Groot, et al. (1997). "The Value of the World's Ecosystem Services and Natural Capital." *Nature*, Vol. 387, pp. 253–260.

Newnan, D., T. Eschenbach, and J. Lavelle (2011). *Engineering Economic Analysis*, 11th ed. Oxford University Press, Oxford.

U.K. National Statistics (2015). *National Statistics Online*. Web resource, available at www.statistics.gov.uk. Accessed August 31, 2020.

U.S. Bureau of Labor Statistics (2020). *Bureau of Labor Statistics Website*. Web resource, available at www.bls.gov. Accessed August 31, 2020.

Further Reading

DeGarmo, E., W. Sullivan, J. Bontadelli (1993). *Engineering Economy*, 9th ed. Macmillan, New York.

연습 문제

2-1. 한 발전소의 운영자는 효율 향상에 투자하는 것을 고려하고 있다. 120만 달러를 투자하면 10년 동안 매년 25만 달러를 절약할 수 있다. 투자의 잔존가치는 없다. 그 공장은 13%의 MARR을 가진다. 이 투자는 성공할 수 있는가?

2-2. 지방자치단체는 다음과 같은 소규모 재생에너지 발전소에 투자하는 것을 고려하고 있다. 비용은 36만 달러이고 평균 출력은 연중 50 kW이다. 발전소에 지불되는 전기비용은 kWh당 0.039달러이다. 투자는 25년에 걸쳐 평가되고, 프로젝트 종료 시 기대되는 잔존가치는 2만 달러이다. MARR은 6%이다.

a. 투자의 NPV를 계산하라. 이 값이 금전적으로 매력적인가?

b. 프로젝트가 재정적으로 작동 가능하도록 정부가 지원해야 하는 kWh당 작동 공제액을 계산하라. 1,000분의 1달러 단위로 표현하라.

2-3. 전기 공익사업 투자는 6,000만 달러의 자본비, 8년의 기간, 1,600만 달러의 연금을 가진다.이 투자의 CRF는 얼마인가?

2-4. 에너지 프로젝트는 연도 0에 800만 달러의 투자를 필요로 하고, 10년의 투자기간과 7%의 MARR을 가진다. 연도 1~10까지의 연금이 다음 표와 같다면 NPV는 얼마인가?

연도	연금
1	$1,480,271
2	$1,165,194
3	$1,190,591
4	$1,286,144
5	$1,318,457
6	$973,862
7	$1,108,239
8	$1,468,544
9	$1,105,048
10	$851,322

2-5. 바이다운 프로그램은 기준금리로부터 이자율을 4% 감소하라고 제안하고 있다. 8,000달러 대출에 대한 기준금리는 8%라 가정하자. 바이다운 프로그램 전과 후의 매달 지불액은 얼마인가? 복리를 사용하고, 기한은 120일 지불기간이며, 매달 이자는 바이다운 전에 0.667%, 바이다운 후에 0.333%이다.

2-6. 몇몇 과학자는 느린 기후변화가 요구하는 투자는 비싸지만, 장기간 '생태계 서비스' 손실(작물의 수분 작용, 강수의 분배 등)로 인해 발생하는 부정적 비용은 훨씬 더 크다고 주장한다. 기후변화에 대처하기 위해 2010~2050년까지 세계적으로 투자되는 연간 1,000억 달러의 투자 포트폴리오를 고려해 보자. 연간 비용은 청정에너지 판매 등과 같은 투자로 인한 수익을 모두 고려한 순 비용이다. 투자가 이루어진다면 2050~2100년까지 생태계 서비스에서 매년 2조 달러의 손실을 막을 것이다. 이 분석은 다음과 같이 단순화하여 계산되었다. (a) 2010년~2050년 사이 기후변화가 보다 광범위하게 나타나, 2050년의 생태계 서비스 손실은 현재 0달러에서 2조 달러로 증가한다. (b) 전 세계적으로 2010년 한 해에 투자를 0달러에서 1,000억 달러로 갑자기 증가시킬 수 없다. (c) 2100년 이후 무슨 일이 일어나는지는 고려 대상이 아니다. 또한 주어진 금액에 해당하는 생태계 시스템의 손실을 막기 위해 필요한 기술 투자 금액은 가상으로 설정한 값이다. 출판된[Costaza, R. 등(1997)] 것에 비해 상대적으로 타당한 크기로 생태계 시스템의 가치를 평가하더라도 생태계 서비스 가치의 잠재적인 손실 역시 가정이다.

a. 대출 금리 3% 및 10%와 단순투자회수를 사용하여 2010년 투자의 NPV를 계산하라.

b. 세 가지 경우에 대한 결과를 논하라.

2-7. 풍력발전단지는 0년 차에 설치하는 데 3,200만 달러의 비용이 들며 연간 5,000만 kW를 생산한다. 투자 수명은 20년이며 5%의 할인율이 적용된다. 총 운영비용은 $0.01/kW이다. 같은 지역에서 천연가스로 생산되는 전기의 생산비용은 $0.0464/kWh이다.

a. 풍력발전단지의 균등화 전기요금은 $/kWh로 얼마인가?

b. 풍력발전단지가 $0.0464/kWh 가격으로 손익분기점을 맞추려면 얼마의 생산 세액 공제($/kWh)를 제공해야 하는가?

c. 풍력발전단지가 생산 세액 공제 대신 자본비용을 줄이기 위해 일회성 초기 보조금을 받는다고 가정해 보자. 손익분기점을 맞추려면 보조금이 몇백만 달러가 되어야 하는가?

d. 대신에 프로젝트가 평준화 비용을 낮추기 위해 이자율 바이다운을 받는다고 가정해 보자. 이자율을 5%에서 몇 퍼센트까지 낮춰야 손익분기점을 맞출 수 있는가?

e. 풍력에너지의 균등화 비용을 줄이는 대신 천연가스에서 나오는 전기에 탄소세를 적용하여 가스와 풍력이 손익분기점에 도달할 때까지 균등화 비용을 높인다고 가정해 보자. 가스의 평균 배출량을 kWh당 0.325kg CO_2로 가정할 때, CO_2 1톤당 탄소세는 얼마가 부과되어야 하는가?

기후변화와 기후 모델링

Climate Change and Climate Modeling

▶학습 목차

3-1 개요

이 단원에서는 현재 전 세계의 에너지 시스템을 바꾸는 근본적 구동력의 하나, 즉 온실기체 양의 증가에 따른 기후변화에 대해 다룬다. 온실기체가 없다면 지구의 평균 온도는 지금보다 훨씬 더 추울 것이기 때문에 온실기체는 어느 정도까지는 지구의 생명체들에게 이득이 된다. 하지만 대기에서 그 양이 증가함에 따라 기온과 다른 기후 양상의 변화는 지구상의 인간과 인간 외의 생물들에게 큰 위협을 줄 수 있다. 이에 대해 과학자들이 더 많은 것을 알려 하고 그 미래를 더 잘 예측하려 하는 것처럼, 국가들은 지역적 및 국가적 조치는 물론 UN을 통해서도 조치를 취하려고 한다.[1]

3-2 서론

기후변화는 환경에 대한 이 시대의 가장 절박한 위협으로 여겨져 왔으며, 이 책에서 에너지 시스템에 대해 논하는 가장 중심적인 이유 중 하나이기도 하다. 정치 지도자들이나 유명 연예인들을 비롯한 수많은 유명 인사들이 이에 대한 조치를 취할 것을 주장하는 선두 과학자들에게 동참했다. 버락 오바마 대통령은 "기후변화보다 미래 세대에 더 큰 위협이 되는 도전은 없다."[2]라고 경고했다.

전력 생산, 공간/공정 열, 운송 등을 포함한 모든 형태에서의 에너지의 사용이 기후변화에 가장 크게 기여한다. 토지사용을 바꾸는 것 등의 인간에 의한 다른 활동 역시 중요한 기여를 하지만, 기후변화에 대항하여 사회적으로 할 수 있는 가장 중요한 것은 우리의 에너지 생산과 소비 방법을 바꾸는 것이다.

공학자에게 있어, 기후변화는 화석연료의 연소와 CO_2 배출 과정의 특성 때문에 꽤나 복잡하고

1 기후와 기후변화에 대한 보다 심층적인 논의는 Maslin (2013)을 참고하라.

2 2015년 1월 20일 워싱턴 DC에서 열린 2015년 국정연설에서 연설한 내용이다.

어려운 문제이다. 산화질소(NO_x)와 같은 대기 오염 물질들과는 달리, CO_2는 배기통로의 촉매변환장치를 이용해 양성 부산물로 바꿀 수 없다. 또한 화석연료의 연소로 발생하는 CO_2의 양 때문에, 입자포집기(particulate trap)나 부대여과기(baghouses)가 디젤이나 발전소 배기장치(이 시스템은 CO_2에 대한 탄소 제거 시스템으로 구성됐지만; 7장 참고)에서 입자들을 포집하는 것과 같은 방식으로 CO_2를 포집해서 버리는 것은 쉽지 않다. 게다가 CO_2는 그 효과가 장소와 시간에 의존적인 NO_x와 달리, 방출된 장소와 무관하게 같은 효과를 갖는다. 따라서 어디서든 CO_2 한 단위의 방출이 줄어들면 모든 곳에서의 기후변화 감소에 영향을 준다.

3-2-1 온실효과와 온실가스 방출 간의 관계

기후변화의 문제점은 빛을 투과시키되 열을 가두어 온도가 높아지는 유리 온실과 같이, 대기가 태양의 가시광선을 투과시키고 지구 표면에서 재방사된 열을 붙잡는 '온실효과'와 직접적으로 연관되어 있다. 온실효과를 유발하는 기체들을 *온실가스*(greenhouse gases: GHGs)라고 한다. 3-3절에서 논하는 것처럼, GHGs 없이는 지구의 평균 온도가 물의 어는점 아래로 내려가기 때문에, 일정량의 GHGs는 지구의 생명에게 필요하다. 하지만 대기 중 GHGs의 농도 증가는 기후변화로 이어져 넓은 범위에 걸쳐 부정적인 결과를 낳을 것이다.

GHGs 중 일부는 *생물 기원*, 즉 자연에서의 상호작용으로 발생하는 것들이고, 그 외에는 *인위적*, 즉 인간의 호흡을 제외한 다른 활동을 통해 발생하는 것들이다. 가장 중요한 생물 기원 GHGs는 수증기인데, 대기 질량의 약 0.2%를 차지하며, 물은 순환(증발과 강수)하므로 정확한 양에는 소폭의 차이가 나지만 준평형 상태에 있다. 가장 중요한 인위적 GHGs는 CO_2인데, 주로 화석연료의 연소에 의해 나오지만, 삼림을 줄이고 나무와 식물들에 들어 있다가 대기로 방출시키는 인간의 행위에 의해서도 나온다. 다른 중요한 GHGs로는 메탄(CH_4), 산화이질소(N_2O), 그리고 인공 염화불화탄소(CFCs) 등이 있다. 이상 GHGs의 분자당 온실효과에 대한 영향력은 CO_2보다 크지만, 그 농도가 훨씬 낮기 때문에 대기의 온난화에 대한 영향력은 더 작다.

3-2-2 탄소순환과 태양복사

CO_2를 대기의 안과 밖으로 보내는 탄소순환을 살펴보면, 장기 순환과 단기 순환이 모두 작동함을 알 수 있다(그림 3-1 참고). 탄소는 지속적으로 나무와 숲에 함유되어 있다가 분해를 통해 대기로 돌아가며, 지표면에서 사는 식물과 동물들은 호흡과 광합성을 통해 대기와 CO_2를 교환한다. 바다 또한 대기로부터 탄소를 흡수하고 배출하며 이 중 일부는 해저에 축적된다. 마지막으로, 인간의 활동에 의해 탄소가 대기에 공급되는데, 주로 화석연료를 지구의 지각에서 추출하여 연소시킴으로써 CO_2를 대기에 방출한다.

지구에 있는 총 탄소에 비하여 대기에 있는 것의 비율이 약 0.003%로 적고 99% 이상이 지구의 지각에 함유되어 있다는 점은 주목할 만하다. 그럼에도 불구하고, 지구의 탄소 중 이 작은 부분이 지표면과 대기 평균 온도에 중요한 영향을 미친다. 지표면 아래의 총 탄소량에 미세한 비율로 영향을 주는 변화도 대기 중 CO_2 농도를 확연히 바꿀 수 있다. 예를 들어, 요즘과 같이 1년에 탄소 약 8~9 Gt을 화석연료 형태로 추출하는 것은 지각 내의 2×10^7 GT의 탄소에 비하면 적지만, 수십에서 수백 년에 걸쳐 대기 중 탄소 농도를 배가할 가능성이 있다.

빛을 투과, 반사, 흡수하거나 확산시키는 대기의 역할이 그림 3-2에 그려져 있다. 태양에서의

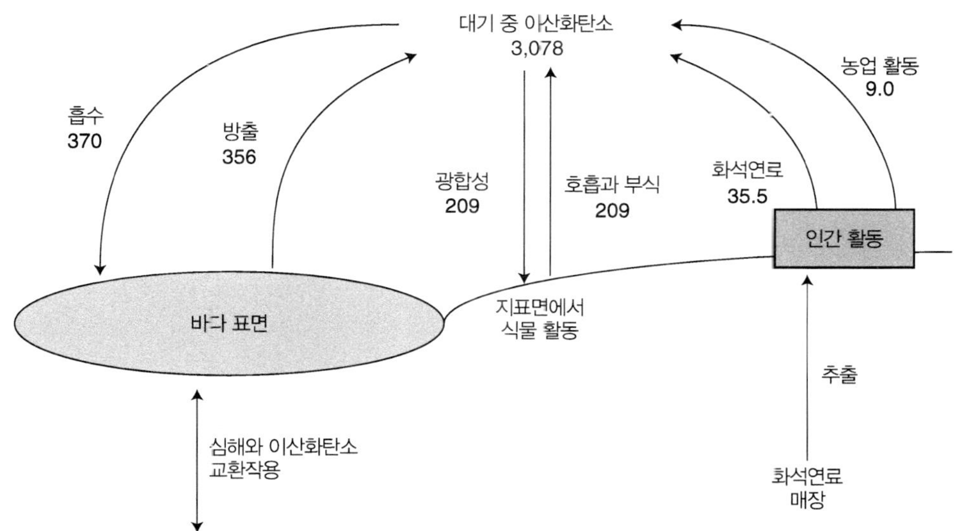

그림 3-1 2017년 현재 화석연료, 농업 관행 및 대기 농도 수치를 사용한 인간 활동, 대기, 육생식물, 그리고 해양 사이의 탄소의 흐름(CO_2 10^9톤 단위).

단파복사 중 일부는 지표면으로 직접 전달된다. 그 나머지는 우주 바깥으로 반사되거나 확산되어 경로가 바뀌거나(확산된 빛으로서 지표에 도달하게 될 수도 있다.) 또는 대기 중의 분자에 흡수된다. 지표에 닿은 빛은 온도를 높이고, 장파 혹은 적외선복사를 대기권으로 방출할 수 있도록 온도를 유지한다. 이렇게 복사된 일부는 대기권을 통과해 우주에 도달하지만 나머지는 GHGs에 흡수되거나 지표면으로 반사된다.

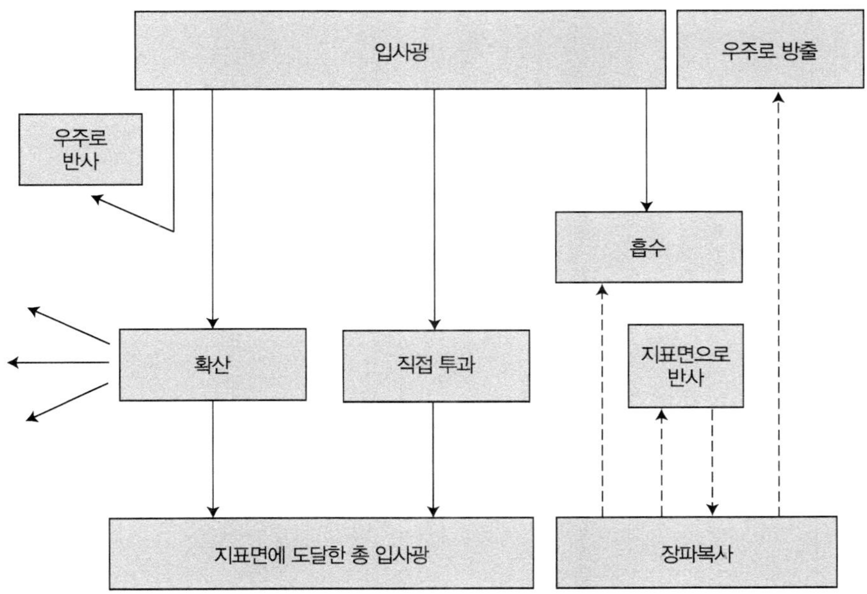

그림 3-2 태양에서의 입사광선과 지표면에서 바깥으로 방출되는 장파복사의 경로(실선 = 태양에서의 단파, 점선 = 지구에서의 장파).

3-2-3 대기권 안과 밖으로 이동하는 CO_2의 양적 불균형

그림 3-1에서 탄소가 이동하는 양을 살펴보면, 대기로 돌아오는 총량은 대기를 떠난 양에 비해 약 30 Gt CO_2/year 더 많다. 이 불균형에 의해서 대기에 있는 3,078 Gt이나 되는 농도의 CO_2는 고정되어 있지 않으며, 실제로 점점 증가하고 있다. 연간 들어오고 나가는 양의 불균형은 그림의 오른쪽에서 보듯이 현재 증가하는 인간의 활동에 의한 CO_2 배출 때문에 그 자체가 증가하고 있다. 1장의 자료는 1980년부터 2017년까지 전 세계 CO_2 배출량이 18 Gt에서 35 Gt으로 증가함을 보여준다. 후자의 양은 1900년의 배출량인 약 2 Gt에 비하면 17배의 증가를 보여준다. CO_2 배출량과 농도는 종종 CO_2가 아닌 탄소의 기가톤 단위로 주어진다. 탄소의 질량으로 보면 대기 중 농도는 2017년에 약 840 Gt C이고 매년 화석연료에 의한 배출량은 약 9.7 Gt이다. 화석연료에 의한 장기적 배출 경향은 그림 3-3에서 다른 원인에 의한 배출 경향과 함께 보이고 있다. 그림과 같이 약 1970년 이후로는 석유 제품들과 석탄에 의한 배출이 CO_2 배출량의 가장 큰 부분이며, 미미하진 않지만 보다 적은 부분이 천연가스로부터 나온다. 그림 3-3에서 볼 수 있듯이, 총 배출량은 2010년에 처음으로 9 Gt C를 넘어섰고, 2009년 8.7 Gt C에서 9.2 Gt C로 증가했다.

역사적으로 CO_2가 지표면의 온도 상승에 기여한다는 것은 19세기부터 알려져 있었지만, CO_2 배출량 증가가 CO_2 농도와 그에 따라 지표면의 평균 온도를 높인다는 것을 인류가 인식하는 데에는 더 오랜 시간이 걸렸다. 1827년 Fourier는 이미 농업용 유리온실에서의 온실효과를 알아냈고, 1869년 Tyndall은 CO_2와 물 분자에 의한 적외선의 흡수가 지구 온도에 영향을 준다고 주장했다. 1896년 Arrhenius는 대기권의 CO_2 농도가 2배가 되면 평균 온도를 5~6°C 올린다는 가상 분석을 제시했다. 그 후 수십 년간 대기 중의 어떠한 CO_2의 증가라도 바다가 흡수할 수 있으며, 배출량이 증가해도 온도를 확연히 바꾸는 것은 불가능하다고 믿었다. 1950년대에서야 과학자들은 바다가

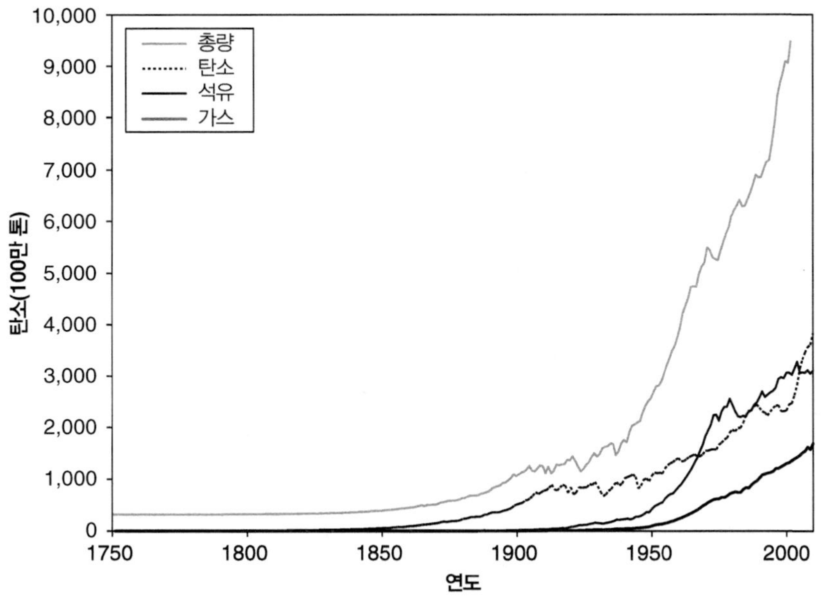

그림 3-3 1750~2010년 화석연료에 의한 톤 단위 탄소 배출량.

변환: 1톤의 탄소 = 약 3.7톤의 CO_2. (*출처*: CDIAC, Oak Ridge National Laboratories.)

'초과' CO_2를 흡수할 수 있는 무한한 용량을 가지고 있지 않고, 따라서 인간의 활동에 의한 CO_2 배출은 대기 중 농도를 더 높일 것이라고 결론지었다. 1957년, Revelle과 Seuss는 그림 3-4에 보인 것처럼 하와이 제도의 마우나로아산 정상에서 CO_2 농도 측정을 시작했다. 이렇게 외진 장소를 고른 이유는 이곳이 주요 인구 집중 지역들이나 산업적 방출원들로부터 떨어져 있어서 자연적인 CO_2 농도를 가장 잘 나타내기 때문이다. 마우나로아산의 관측 결과는 1960년 약 315 ppm에서 2020년 약 412 ppm까지 꾸준히 상승하는 경향을 보인다. 남극 대륙의 보스토크에서 채취한 얼음 핵 샘플을 조사해보면 현재의 상태는 이전 42만 년간 전례가 없는 일이다.

그림 3-4의 연간 평균 CO_2 농도는 1951~1980년 평균 지구 온도의 온도 편차와 결합되어 그림 3-5에서 2018년까지 두 추세의 상대적 상승을 보여준다. CO_2는 꾸준히 증가하고 실제로 증가

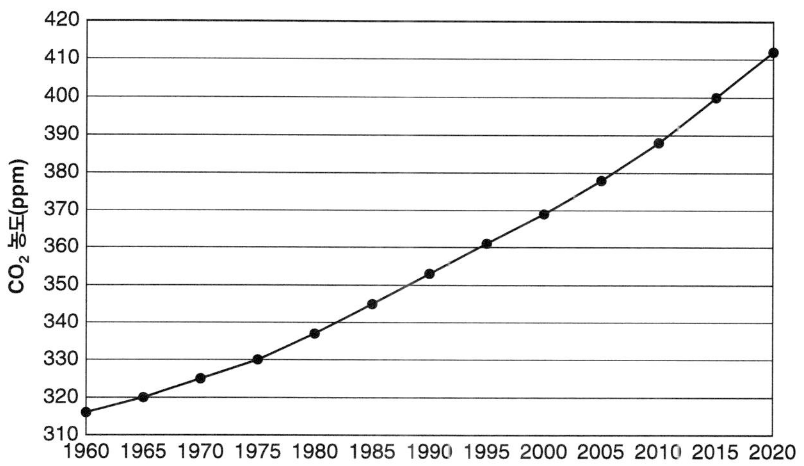

그림 3-4 1957~2020년 마우나로아산 천문대에서 관찰한 대기 중 CO_2 농도. (*출처*: Scripps Institution of Oceanography.)

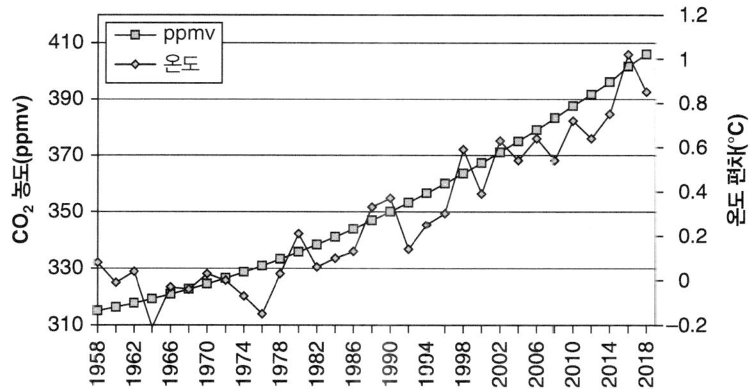

그림 3-5 1958~2018년 CO_2 농도와 온도 편차 비교.

주의: CO_2는 부피 ppm으로 주어졌고, 온도 편차는 1951~1980년 평균 기온과 비교하여 섭씨 온도로 주어졌다.
[*출처*: National Ocean & Atmosphere Administration (NOAA), for temperature; Carbon Dioxide Information & Analysis Center (CDIAC), for CO_2.]

율이 커지고 있다. 이는 흡수원은 커지지 않으면서도 화석연료 연소로 인한 연간 배출량이 증가하여 대기 중으로 CO_2의 흐름이 증가하기 때문이다. 평균 기온은 기상 패턴, 강수량, 평균 태양에너지의 약간의 변동성 및 기타 요인의 영향을 받기 때문에 온도 편차 추세는 더욱 가변적이다. 그럼에도 불구하고 상승률은 불균등하지만 전반적인 추세는 상승세를 보이고 있다. 대중 언론에서는 일부 분기에서 1998년부터 2010년 기간의 약간 따뜻했던 해와 추운 해 사이의 상승률과 변화의 전반적인 둔화를 기후변화의 타당성에 의문을 제기하는 이유로 사용했다. 그러나 그림에 나타난 점들의 이동 평균(그림에 표시되지 않았지만 모든 지점의 양쪽 4년)은 2년 전 값에 비해 대부분 해에 꾸준한 상승을 보이고 있으며, 어쨌든 온난화 추세는 1958년 이후 CO_2 농도의 가속 상승 이전 평균값 주위에 기복이 있었던 지구 평균 기온값에 중첩되고 있다(그림 3-4 참고).

3-2-4 기후변화와 인류의 연결에 대한 합의: 다음 단계로

인간의 활동과 지구 평균 온도 증가가 관련 있다는 것에 대한 합의는 Intergovernmental Panel on Climate Change (IPCC)의 업적을 보여준다. IPCC는 환경관련 주제의 일에 종사하는 역사상 최대의 과학자 연합으로, 기후 문제에 관해 가장 권위 있는 목소리를 내고 있다. 이 합의에 따르면, 전 세계의 매년 그리고 5년 간격의 평균 온도를 보여주는 그림 3-6에서 보듯이 인간의 활동에 의한 대기권 내 CO_2 농도의 증가는 1900년부터 2000년까지 0.74 ± 0.18°C의 온도 증가를 유발했다. 태양 활동이나 화산 활동과 같은 현상들도 작지 않은 영향이 있지만 이들만으로는 그림에서의, 특히 1960년대 이후의 상승을 설명할 수가 없다. 2007년 1월, IPCC는 "90% 확신을 가지고" 인간의 활동이 지구 온난화의 원인이라고 결론지었다. 이것이 모든 회원국가를 대표하는 과학자들 사이에서 그 연관성이 거의 확실하다는 것에 대한 최초의 합의였다. 2014년 IPCC의 후속 보고서인 5차 평가 보고서는 이러한 입장을 더욱 강화하고 온도 상승으로 인해 발생할 수 있는 결과 범위에 대한 통계적 한계를 좁혔다.

이 과학적 합의의 힘은 1993년에서 2003년 사이에 심사 과정을 거쳐 발표된 과학논문들 중 키워드에 "기후변화"가 있는 과학 논문들로부터 무작위 추출한 초록의 결론에 의해 더욱 강화되었다(Oreskes, 2004). 928개의 표본 논문 중 75%가 인간의 활동과 기후변화가 연관되어 있다는 관점에 동의했고, 25%는 중립에 있었으며, IPCC의 합의에 동의하지 않은 논문은 단 하나도 없었다.[3]

인간의 활동과 기후변화의 관련성에 관한 확신에도 불구하고, 인간의 활동이 기후변화에 미치는 정량적인 범위와, 특히 GHG 배출이 미래 기후에 얼마나 영향을 끼치는지에 대해서는 불확실함이 적지 않게 남아 있다. 일부 저자들은 식물의 빠른 생장과 같은 대기 중 CO_2 증가에 의한 잠재적 이익을 말한다(예를 들면, Robinson et al., 2007). 하지만 대부분 사람들 사이에서의 추측은 기후변화의 순 영향은 매우 부정적일 것이며, 재앙적일 가능성도 있다는 것이다. 2014년 IPCC 보고서에 따르면, 1900년부터 2100년까지의 증가량은 1.1~7.5°C의 범위일 것이며, 완화 조치를 취하지 않으면 2.5~7.5°C까지로 좁아질 수 있다. 2020년 현재, 지구촌에서는 기온 상승을 1.5~2.0°C 이내로 제한한다는 목표를 세웠다. 이 수치의 증가조차도 기후변화의 부정적인 영향으로 인해 전 세계 국가에 상당한 혼란을 의미한다. 범위의 최고값(7.5°C까지)은 훨씬 더 큰 혼란을 초래할 수 있

---

3 저자는 표본추출 방법이 연구 대상 기간에 출판된 논문 중 이 합의에 동의하지 않는 소수의 논문을 간과했을 수도 있음을 지적했다. 그럼에도 불구하고 수많은 논문이 표본이 되었고 동의하지 않은 논문이 하나도 없었음을 고려하면, 이러한 논문의 수는 많지 않았을 것이다.

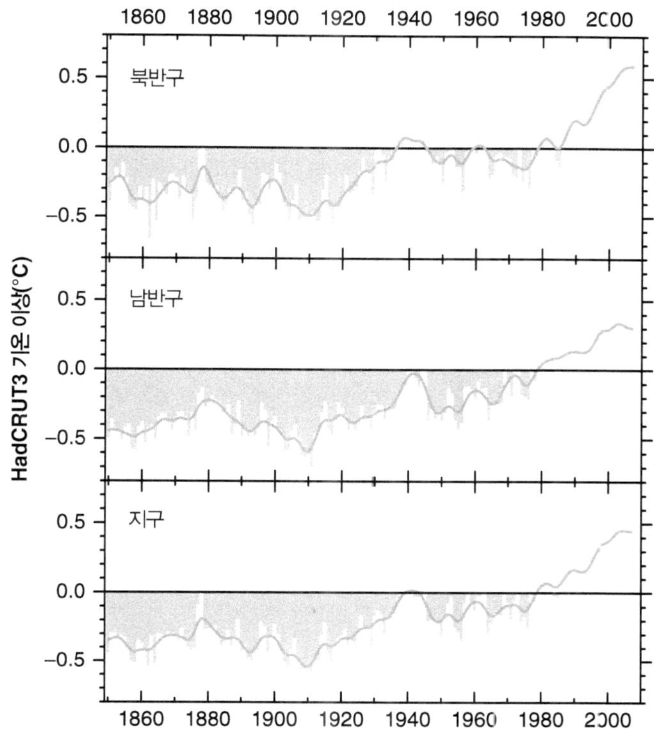

그림 3-6 1940년의 값을 기준으로 1850~2006년 지구의 평균 온도 변화.

(*출처*: Climate Research Unit, University of East Anglia.)

다. 우리는 지구의 평균 온도가 GHGs의 지속적인 배출에 어떻게 반응할지 확실하게 알지 못하며, 아무 조치도 취하지 않으면 최대 5~7.5°C까지 상승할 가능성이 있기 때문에, 에너지 시스템을 변화시켜 더 이상 이 문제가 야기되지 않도록 지속적이고 헌신적인 조치를 취하는 것이 우리의 최대 관심사이다.

3-2-5 변화의 조짐과 남아 있는 불확실한 부분

이미 기후변화의 조짐은 세계적으로 관측되고 있는데, 그 예시가 표 3-1에 있다. 만연된 극지방 표면 얼음의 감소에서 동식물들의 행동 변화에까지 범위가 넓다. 이러한 것들은 태양 활동과 대기권에서 화산재 양의 변동이나 다른 원인에 의해 스스로 발생할 수도 있다. 하지만 그들이 동시에 자주 일어나며, 그리고 GHGs의 증가와 함께 발생한다는 점은 이들이 기후변화에 의해 발생했음을 강하게 시사한다.

미래를 보자면 인구 예측, 경제 동향, 그리고 사회가 얼마나 빠르게 배출을 줄이려 움직일 것인지에 대한 시나리오를 근거로 미래 GHG 배출의 경로를 예측하는 것이 가능하다. 미래의 GHGs를 일정 범위 내로 예측할 수 있다고 할지라도, CO_2와 기타 GHGs 배출이 미치는 영향에 대한 예측 능력을 향상시키는 데 특히 중요한 세 가지 미지수가 있다.

1. *미래의 배출과 농도 사이의 관계*: 바다, 숲 그리고 다른 수용 장소가 대기 중 CO_2 농도의 증

표 3-1 기후변화의 초기 지표의 예

영향	설명
후퇴하는 빙하와 극빙의 감소	세계의 대부분 산악지대에서 빙하가 후퇴하고 있다. 빙하와 판빙을 잃은 대표적인 장소로는 아프리카의 킬리만자로산, 북아메리카의 글레이셔 국립공원, 유럽 알프스의 메르 드 글라스(그림 3-7과 3-8), 그리고 히말라야의 빙하가 있다. 또, 북극을 둘러싼 북극해의 여름 얼음층 또한 매년 줄어들고 있다.
폭염 및 기상 현상	1990년대와 2000년대에는 극도의 열파가 유럽, 북아메리카, 남아시아 등 지역에 영향을 미쳤다. 2020년 미국 캘리포니아의 폭염으로 인해 2020년 8월 17일 데스밸리의 기온은 54.4°C (130°F)로 기록되었다. 이는 지금까지 명확하게 기록된 지구상 최고 기온 중 하나이다. 지구 기온 이상은 2014년 +0.68°C에서 2016년 +1.0°C에 이르렀다. 아시아에서 발생한 가장 강력한 태풍 중 하나인 2013년 11월 필리핀의 태풍 하이옌(Haiyan)을 포함하여 파괴력 및 경제적 피해가 증가하는 수많은 기상 이변이 최근 몇 년 동안 발생했다. 2017년 허리케인 하비(Hurricane Harvey)는 텍사스에 50.5인치(약 154 cm)의 비를 내려 미국 강우량 기록을 세웠다.
동물, 식물, 조류의 분포 범위 변화	따뜻해진 온대지방의 평균 온도에 의해 동식물들의 분포 범위는 북반구에서는 북진하고, 남반구에서는 남진했다. 예를 들어, 독일에서는 매우 드물고 오히려 남방기후에 살던 유럽벌잡이새가 이제 매우 흔해졌다.
산호초 백화	산호가 건강의 악화로 희어지고 결국 죽음에 이르는 산호초 백화는 전 세계의 해양에 널리 퍼져 있다. 남획이나 화학물질의 유출과 같이 인간이 주는 부담과 함께, 지구 온난화에 의한 해수 온도의 증가는 이 변화의 주요 원인이다.

가에 대해 어떻게 반응할 것인지가 불확실하기 때문에, CO_2 농도의 향후 경로를 알 수 없다.

2. *미래의 농도와 미래의 지구 평균 온도 사이의 관계*: 농도와 지구의 평균 온도는 20세기 후반기 동안은 상호 관계가 있었다. 우리는 이들이 21세기에도 연관되어 평균 온도가 지속적으로 증가할 것을 예상하지만, 현재는 잘 알지 못하는 완화하거나 강화하는 요소가 작용할지도 모르기 때문에 미래의 농도를 알더라도 온도의 향후 변화를 정확하게 예측하기는 어렵다.
3. *미래의 지구 평균 온도와 미래의 국지기후 사이의 관계*: 미래의 기후변화에 의한 실제 환경과 경제에 대한 효과는 지구의 평균 온도가 아닌, 각 지역별 기후변화에서 온다. 일부 지역은 약간의 변화만을 겪을지 몰라도, 다른 지역은 세계의 평균 변화보다 온도가 더 많이 올라 극도의 변화를 경험할 수도 있다. 이런 유형의 가속된 변화는 이미 북극과 남극에서 일어나고 있다.

발전된 기후 시스템의 모델링은 이런 불확실한 영역의 일부에 빛을 비춰 줄 수 있을 것이다. 3-3절에 이 분야에 관하여 소개한다.

그림 3-7 2007년 여름, 프랑스 몽블랑 근처 메르 드 글라스 빙하.

1994년까지 약 1 m/year로 빙하가 얇아졌으며, 2000~2003년에 4 m/year로 가속되었다.

그림 3-8 빙하의 크기가 줄어들자 메르 드 글라스 관광지 운영자들은 관광객들을 빙하의 가장자리로 인도하기 위한 임시 계단을 추가했다.

3-3 기후와 기후변화의 모델링

이 장의 뒷부분에서 우리는 기후변화가 시간에 따라 느려질지 가속될지를 밝히기 위해 기후의 수학적 모델링을 다루고, 기후가 변함에 따라 작동하는 피드백 원리를 설명하기 위해 제시된 개념을 사용한다. 지구에서 사용 가능한 태양에너지를 계산하는 출발점으로, *흑체복사*가 온도의 함수로서 물체에서 나오는 열의 복사임을 상기하자. 흑체복사는 행성이나 별이 주위와 열을 교환하는 주된 방법이다. 흑체복사로부터의 에너지 흐름은 다음과 같이 온도의 네제곱의 함수이다.

$$F_{BB} = \sigma T^4 \tag{3-1}$$

F_{BB}는 W/m^2 단위의 플럭스이며, T는 켈빈온도, 그리고 σ는 $\sigma = 5.67 \times 10^{-8}$ W/m^{2}K^{4}인 *Stefan-Boltzmann 상수*이다.

태양과 지구를 두 흑체로 생각함으로써 대기가 없을 때의 지표면의 기대온도를 계산할 수 있다. 태양은 관측된 평균 표면 온도가 5,770 K이며, 식 (3-1)에 의해 6.28×10^7 W/m^{2}을 낸다. 태양의 지름은 약 7.0×10^8 m이고, 태양의 중심과 지구의 궤도의 평균 거리는 약 1.5×10^{11} m이다. 면적당 에너지 흐름의 세기는 거리의 제곱에 반비례하여 감소하기 때문에 지구에서의 평균 에너지의 강도는 다음과 같다.

$$6.28 \times 10^7 \text{ W/m}^2 \left(\frac{7.0 \times 10^8}{1.5 \times 10^{11}}\right)^2 = \sim 1{,}368 \text{ W/m}^2$$

이 1,368 W/m^2 값은 *태양상수*(solar constant)라고 알려져 있고, 변수 S_0로 나타낸다. 두 가지 문제가 있다. 첫째, '태양상수'라고 불리지만 시간에 따라 조금씩 변동한다(9장 참고). 둘째로, S_0 = 1,367 W/m^2 혹은 S_0 = 1,372 W/m^{2}처럼 문헌마다 조금씩 다른 S_0의 값이 나타난다. 이 장의 계산에서 S_0 값의 선택은 그 결과를 크게 바꾸지 않을 것이며, 독자는 원하는 값을 사용해도 좋다.

만약 대기가 없고 S_0에 의해서 지구로 오는 에너지와 흑체복사로 지구를 떠나는 에너지가 평형상태라면, 지표면의 평균 온도는 지표면 전체의 장기간 평균 온도보다 33 K (59°F) 정도 낮을 것이라는 것을 다음과 같이 보일 수 있다. 지구가 대기가 없는 흑체이고 태양으로부터의 에너지 흐름이 유일한 열의 공급원이라 가정하자. (실제 지구의 경우, 지각을 형성하는 암석층이 매우 열등한 열전도체이기 때문에, 그 외의 유일한 열원인 지구 핵으로부터 나오는 열은 지표면 온도에 거의 영향을 주지 않는다.) 그림 3-9에서 보는 바와 같이 R_E를 지구의 반경(R_E = 약 6.37 × 106 m)으로 정의하면 지구에 도달하는 에너지의 단면적은 지구 표면적 $4\pi {R_E}^2$의 4분의 1에 해당한다. 이 차이는 표면으로 들어오고 나가는 에너지 흐름의 균형을 계산할 때 중요하다. 또한 지구에 오는 빛의 일부는 반사되어 나가서 지구의 온도를 높이는 데 기여하지 않는데, 이 반사되는 빛의 비율은 *알베도*(albedo)라고 한다.

태양복사에 의해 지구에 닿는 에너지와 흑체복사에 의해 떠나는 에너지의 균형은 다음과 같이 쓸 수 있다. F_{sun}을 태양으로부터의 에너지 플럭스, F_{BB}를 지구로부터 흑체복사 플럭스라고 하자. 단위는 모두 W/m^{2}이다.

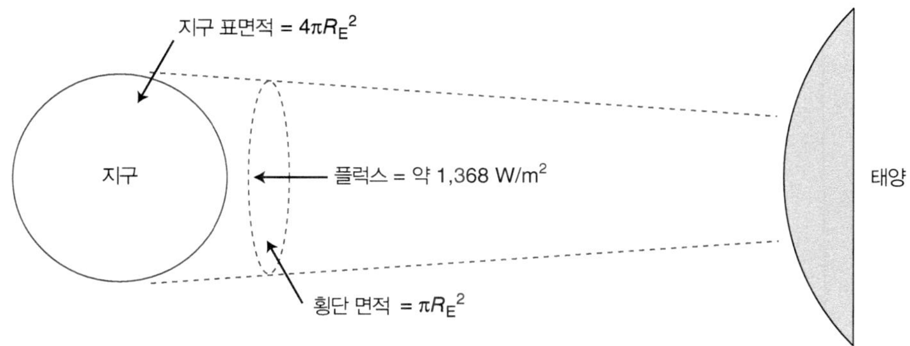

그림 3-9 태양에서 지구로 오는 태양상수의 도식.

$$E_{\text{in}} = E_{\text{out}}$$
$$F_{\text{sun}} A_{\text{disc}} = F_{BB} A_{\text{Earth}}$$
$$S_o(1-\alpha)\pi R^2_{\text{Earth}} = \sigma T^4_{\text{Earth}} 4\pi R^2_{\text{Earth}}$$
$$S_o(1-\alpha)/4 = \sigma T^4_{\text{Earth}} \tag{3-2}$$

여기서 α는 알베도이고, 지구에서의 관측된 값은 $\alpha = 0.3$이다. 알려진 값들을 대입하여 T_{Earth}를 풀면 다음과 같다.

$$T_{\text{Earth}} = \left[\frac{S_0(1-\alpha)/4}{\sigma}\right]^{1/4} = 255\ \text{K}$$

이 값은 태양을 지구와 같은 반지름으로 공전하고, 같은 알베도를 가지지만 대기가 없는 행성의 평균 온도를 나타낸다. 최근 1980~2000년의 더워진 기간을 제외하면, 관측된 평균 온도는 288 K이므로(즉, 온도 이변이 0°C인 그림 3-5와 3-6의 기준 온도), 그 차이는 GHGs의 영향으로 볼 수 있다.

3-3-1 파장, 에너지 플럭스, 흡수의 관계

흑체복사로 방출된 에너지의 총량은 흑체가 방출한 모든 파장의 파동에너지의 총합이다. 각 파동의 에너지는 그 파동의 진동수 f의 함수이다. λ를 미터 단위의 파장이라고 하고, c를 광속(약 3×10^8 m/s)이라고 하자. λ와 f는 반비례하며, $f = c/\lambda$의 관계를 가진다는 것을 상기하자. 전자가 낮은 준위로 전이하면서 에너지가 파동으로 방출된다. 이 에너지 변화 ΔE는 f에 다음과 같이 비례한다.

$$\Delta E = hf \tag{3-3}$$

여기서 h는 *Plank* 상수로, $h = 6.626 \times 10^{-34}$ J · s의 값을 가진다. 모든 흑체는 전체 스펙트럼에 걸친 모든 파장에서 어느 정도의 파동을 방출하지만, 태양과 같이 대량의 에너지를 방출하는 물체는 큰 에너지 변화에 의해 생성된 파동으로, f가 더 크고 λ가 더 작은, 대부분의 에너지를 내놓는다. 지구와 같이 표면 온도가 더 낮은 흑체는 f가 더 작고 λ가 더 크다.

뜨거운 흑체와 차가운 흑체 양쪽 모두에 대해, Plank 방정식에 따르면 총 에너지 플럭스의 세기는 파장과 온도에 따라 달라진다, 응용 분야에 따라 다양한 버전의 Plank 방정식이 존재하지만, 켈빈 단위의 고정된 온도 T에 대해 미터 단위의 파장 λ의 함수로 방출되는 에너지 $E(\lambda)$를 추정하기 위해 다음과 같은 식을 사용한다.

$$E(\lambda) = \frac{c_1}{\lambda^5} \cdot \frac{1}{\exp[c_2 / (\lambda T)] - 1} \tag{3-4}$$

여기서 상수 c_1과 c_2는 h, 빛의 속도 c, 그리고 볼츠만 상수 k_B ($k_B = 1.38 \times 10^{-23}$ JK^{-1}) 항으로 나타낸다.

$$c_1 = 2\pi hc^2$$

$$c_1 = 2\pi(6.626\times10^{-34})(3.0\times10^{8})^2 = 3.747\times10^{-16}\ \text{W m}^2$$

$$c_2 = hc / k_B$$

$$c_2 = \frac{(6.626\times10^{-34})(3.0\times10^{8})}{(1.38\times10^{-23})} = 1.44\times10^{-2}\ \text{m K}$$

식 (3-4)에서 $E(\lambda)$의 단위는 파장의 미터당 W/m^2, 혹은 W/m^{3}이다. 식 (3-4)에 의해 계산된 값은 10^6의 인수로 나누어 마이크로미터당 W/m^2 또는 W/m^2/μm 단위로 표시할 수 있으며, 이는 태양이나 지구에서 나오는 흑체복사에 중요한 파장에 더 적합하다. 주어진 온도 T에 대해 가능한 λ 값 범위에 걸쳐 식 (3-4)를 적분하면 식 (3-1)의 F_{BB} 값이 구해진다. 식 (3-4)에 기초하여, $E(\lambda)$가 최대 λ_{max}에 도달하는 파장은 다음과 같이 표현될 수도 있다.

$$\lambda_{max} = 2.897 \times 10^{-3}/T \tag{3-5}$$

여기서 λ_{max}는 미터 단위로 주어진다. 예제 3-1은 λ의 다른 값에서의 식 (3-4)의 응용을 보여준다.

▶ 예제 3-1

표면 온도의 값 288 K를 이용하여, λ_{max}와 $\lambda = 5$ μm (5×10^{-6} m), 그리고 $\lambda = 25$ μm에서의 $F_{BB}(\lambda)$를 구하라.

▸ ***풀이***

식 (3-5)를 사용해 λ_{max}를 구하면 $\lambda_{max} = 1.006 \times 10^{-5}$ m이다. $\lambda = 1.001 \times 10^{-5}$ m와 $T = 288$ K를 식 (3-4)에 대입하면

$$E(1.006\times10^{-5}) = \frac{c_1}{(1.006\times10^{-5})^5} \cdot \frac{1}{\exp[c_2/(1.006\times10^{-5}\cdot 288)] - 1} = 25.3\ \text{Wm}^{-2}\ \mu\text{m}^{-1}$$

마찬가지로, $E(5 \times 10^{-6}$ m$) = 5.49$ W/m^2, 그리고 $F_{BB}(25 \times 10^{-6}$ m$) = 6.01$ W/m^2 세 결과를 비교해 보면 λ_{max}에서 멀어지면 에너지 플럭스가 감소함을 보여준다. 세 점을 모두 그림 3-10의 파장에 대한 에너지 플럭스의 그래프에 나타내었다.

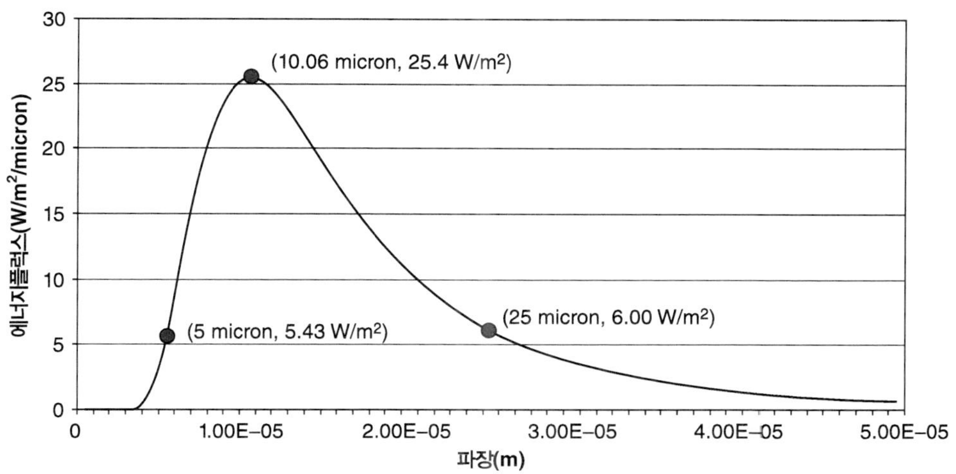

그림 3-10 288 K의 흑체에서 파장 변화에 대한 에너지 플럭스.

특정 파장과 기체의 온실효과에 대한 기여

3-3-1절에서, 온도가 흑체복사의 최대치가 나타나는 파장의 범위를 결정한다는 것을 보였다. 기후 온난화의 정도를 이해하기 위해서, 우리는 두 가지 다른 요소를 고려해야 한다. (1) 서로 다른 분자들이 서로 다른 파장의 빛을 흡수하는 능력과 (2) 어떤 가스의 농도가 증가할 때, 기존에 존재하던 양의 기체에 의해 흡수된 복사의 크기이다.

전자에 대해 말하자면, 일산화탄소(CO)처럼 두 원자가 다른 이원자 분자는 물론, H_2O나 CO_2와 같은 삼원자 분자는 분자의 결합구조로 인해 소량의 에너지 상승만을 흡수할 수 있다. 이러한 특성이 이 분자들이 $8 < \lambda < 30$ μm의 파장을 가진 파동의 에너지를 흡수할 수 있게 한다. 이에 비하여, O_2나 N_2처럼 두 원자가 같은 이원자 분자는 더 높은 에너지의 파동만을 흡수할 수 있다. 그림 3-11에서 윗부분은 태양과 지구에서 복사되는 에너지를 파장의 함수로써 보여주며, 그림의 아랫부분은 대기조성 분자들이 최대한 흡수할 수 있는 에너지의 파장을 보여준다. 특히 CO_2 분자는 최대 흡수 능력이 약 12~14 μm 범위에 있는데, 이는 지구의 흑체 온도에서의 에너지 플럭스가 극대되는 범위와 일치한다. H_2O는 장파장(> 20 μm)과 태양에서 오는 일부 짧은 파장을 포함해, 스펙트럼의 어느 곳에서나 높은 흡수력을 보여준다. H_2O, CO_2, 그리고 다른 기체들의 질량비와 대기온도 상승에 대한 기여도를 표 3-2에 나타내었다. 기후 온난화에 대한 물의 기여도가 CO_2보다 크다는 점에 주목하라. 기후변화의 결과로 대기 중 평균 물의 농도는 증가할 수도 있지만 대기 중 물의 비율 변화는 CO_2의 비율 변화만큼 크지 않을 것이며, 따라서 물의 농도의 변화에 따른 영향은 크지 않을 것이다.

또한, 그림 3-11은 대기의 분자들에 흡수된 에너지의 비율을 파장의 함수로 보여준다. 가장 긴 파장들(>20 μm)로 지표면에서 나오는 흑체복사는 100%가 흡수되지만, 7~20 μm의 범위에서 최고치를 보이는 지구의 흑체복사 중 일부는 흡수되지 않고 남는다. 따라서 대기 중 CO_2의 증가는 흡수율을 증가시켜서 지표면과 대기 모두의 평균 온도를 높인다.

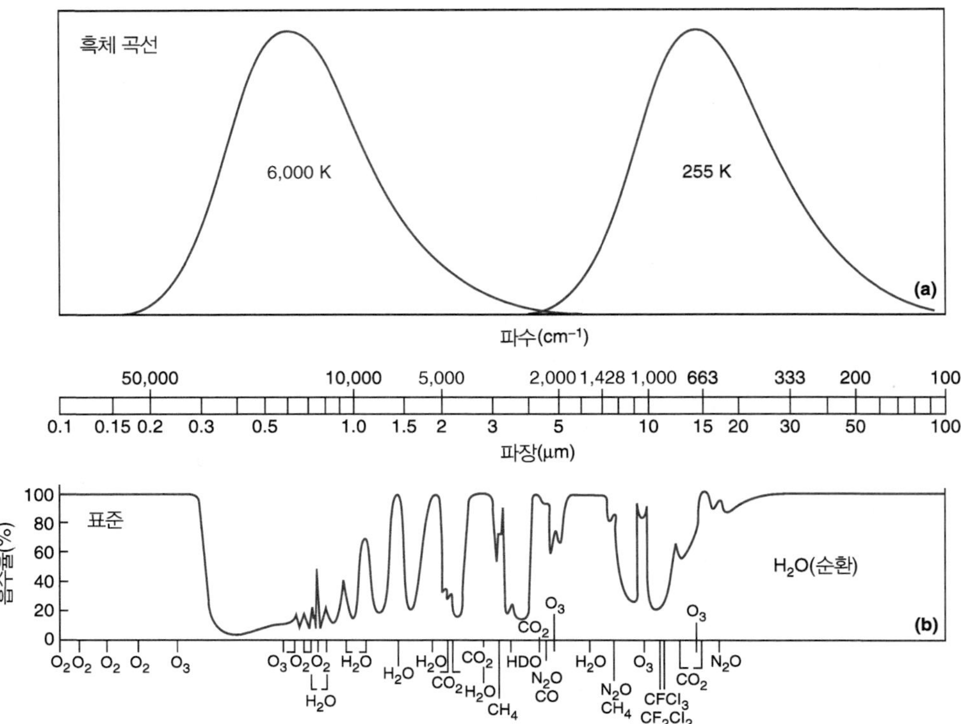

그림 3-11 태양과 지구 흑체에서 나오는 상대적 에너지의 파장에 따른 분포(a), 그리고 온실가스에 의한 흡수율(b). [*출처*: Mitchell (1989). American Geophysical Union.]

표 3-2에서 보듯이, H_2O와 CO_2에 의한 150 W/m^{2}의 대기가열은 온실효과로 증가한 지표면 온도 33 K의 대부분의 원인이 되고, 다른 GHGs가 온난화에 기여하는 것은 작다. 예제 3-2에서와 같이 H_2O와 CO_2의 효과는 각각을 별개로 생각하여서 이해할 수 있다.

표 3-2 주요 온실가스의 질량백분율과 대기 온난화에 대한 기여도

가스	질량백분율	온난화 기여도 (W/m^2)	최대 기여 파장 범위* (10^{-6} m)
H_2O	0.23%	~100	>20
CO_2	0.058%	~50	12~14
CH_4	<0.001%	~5	3, 8
그 외(N_2O, O_3, CFC11, CFC12 등)	각각 <0.001%	각각 <2	N_2O: 16 CFC_s: 11 O_3: 여럿

*그림 3-11에서 보인 것과 같음

대기의 총질량 = 5.3×10^{18} kg

주의: CO_2의 질량백분율과 기여도는 대기 중 탄소가 839 Gt (3,078 Gt CO_2)일 때의 값이다. 그림 3-4에서처럼 CO_2 농도가 증가함에 따라, 질량백분율과 온난화에 대한 기여도 모두 증가한다.

예제 3-2

물과 CO_2만이 대기의 유일한 GHGs라고 가정하자. 그 결과로 나타나는 온도를 각 경우에 대해 계산하라.

풀이

온실효과가 없으면, 지표면에서의 에너지 플럭스는 255 K의 흑체복사와 같다.

$$F_{BB} = (5.67 \times 10^{-8})(255)^4 = 240\ \mathrm{W/m^2}$$

그러므로, 두 경우에 대한 온도는 다음과 같다.

$$T_{\mathrm{H_2O\_only}} = \left(\frac{240+100}{5.67 \times 10^{-8}}\right)^{0.25} = 278\ \mathrm{K}$$

$$T_{\mathrm{CO_2\_only}} = \left(\frac{240+50}{5.67 \times 10^{-8}}\right)^{0.25} = 267\ \mathrm{K}$$

즉, 물만으로 온도를 23 K 증가시키고, CO_2만으로 12 K 증가시킨다. 이 값들이 더해지면 온실효과에 의한 총 온도 변화 ΔT보다 커지는데, ΔT 값을 계산하기 전에 모든 GHGs가 온난화에 기여하는 총 기여도를 우선적으로 계산함으로써 이 값이 계산되어야 한다.

표 3-2의 데이터는 대기가 없는 표면 온도와 GHGs를 부분적으로 포함한 대기가 있는 표면 온도의 비교를 위한 것이다. 따라서 GHGs 농도 *증가*의 영향을 포착하지는 못한다. 이 점은 최근 그 농도가 증가하는 물 이외의 GHGs에서 특히 중요하다. CO_2와 더불어서, CH_4와 N_2O 두 기체는 분자당 높은 에너지 포획능력을 가져, *지구 온난화 지수*(GWP)가 각각 24.5와 320으로 추정된다(메탄의 GWP는 최근 33 정도로 높게 추정되기도 하지만 불확실성이 있다). 메탄과 N_2O는 CO_2만큼 지구 평균 온도의 온난화에 영향을 주지는 않지만, 그들의 영향이 무시할 만하지는 않으며, 추가적인 기후변화의 우려를 제기한다.

이에 비해, IPCC의 네 번째 평가 보고서는 2004년도 온난화에 대한 CO_2, 메탄 그리고 N_2O의 *인위적인* 영향은 각각 1,7, 0.5 그리고 0.1 $\mathrm{W/m^2}$라고 했다. 모두 표 3-2에 나온 값보다 훨씬 작은 이 값들은, 산업화 이전에 비하여 최근에 이들 GHGs의 농도를 높임으로써 생긴 온실효과에 대한 기여도를 나타낸다. 0.1~1.7 $\mathrm{W/m^2}$ 범위의 기여도는 33 K의 총 온실효과의 크기에 비하면 작은 온도 변화밖에 주지 못하지만, 이렇게 상대적으로 작은 힘조차도 기후변화의 주요 우려사항이다. IPCC의 5차 보고서는 2010년 기준으로 인위적 기후변화로 인한 전체 기온 편차에 대하여 CO_2가 76%, 메탄이 16%, N_2O가 6%, 염화불화탄소가 2% 기여했다고 밝혔다.

메탄에 대한 커지는 우려: CO_2와의 비교

메탄(CH_4)은 CO_2에 이어 두 번째로 큰 인위적인 온실가스로, 현재와 미래의 영향에 대한 우려가 커지고 있다. IPCC의 네 번째 평가보고서에서 2010년 메탄의 기여도는 16%로, CO_2 49 Gt의 기여도와 동등하다고 했다. CO_2 배출에 의한 기여도가 76%(65%는 화석연료의 사용에서, 11%는 농경과 토지의 사용에 의해)임과 비교해보자. 메탄은 화석연료(석탄, 가스, 그리고 석유)의 생산, 고형 폐기물 매립지, 그리고 작물과 가축 모두를 포함하는 농업 과정에서 대기로 빠져 나간다. 국립해양대기청(National Oceanic and Atmospheric Administration)에 따르면, 지구의 대기에서 메탄의 농도는 산업화 이전 시대의 약 600 ppb에서 증가하여 1999년까지 약 1,770 ppb로 오르고,

2007년까지 1,770과 1,780 ppb 사이에서 기복을 갖는 안정기에 돌입하다가, 다시 증가하기 시작하여 2019년에는 1,875 ppb에 도달했다.

단기적으로는, 농업 과정을 더 적은 양의 메탄을 방출하도록 바꾸거나 쓰레기 매립지에서 나오는 메탄을 연소시켜 CO_2로 바꿈으로써 배출된 단위질량의 탄소당 GWP가 대폭 감소되도록 하는 등, 메탄에 의한 기후변화의 영향을 효과적으로 완화시킬 수 있다. 또한 매립지의 소유자들은 메탄을 인근의 공업시설이나 상업시설에 보내어 연소시킴으로써 전기를 생산할 수 있다. 이런 시스템은 자동차 회사인 BMW의 사우스캐롤라이나주 스파튼버그 공장에 있는데, 11 MW 정격용량의 발전기가 쓰레기 매립지의 가스를 이용하여 공장 전기의 약 30%를 생산한다.

시베리아의 영구동토나 북극에 격리된 메탄의 미래는 중 · 장기적으로 볼 때 훨씬 큰 위협이 될 수 있다. 이 자원은 마지막 빙하기 이후 메탄으로 포획된 1조 톤 이상의 탄소와 동등한 효과를 나타낸다. 점차 증가하는 지구의 온도와 함께 얼마만큼의 메탄이 방출될지는 불확실하지만 매우 극단적인 시나리오로, 그 결과로 나온 대기 중 메탄 농도가 기후변화에 미친 영향은 인위적으로 발생된 CO_2가 열을 가두는 효과를 능가할 수도 있다.

에너지 변환 과정에서 직접 나오는 것이 아니라 화석연료의 처리 과정, 농업, 혹은 동토의 해빙에서 방출되는 메탄은 이 책에서 더 이상 고려하지 않는다. 그러나 메탄 문제가 증가하고 있기 때문에, 독자들은 이 책의 초점인 CO_2 연구가 GHG 문제의 전 범위를 나타내는 것이 아니고 기후변화에 대한 위협을 이해하는 데에는 CO_2뿐만 아니라 메탄과 다른 GHGs도 관계되어 있음을 알아야 한다.

3-3-2 지구-대기 시스템 모델

앞서 소개되었던 지구-태양계의 흑체 모델은 어떻게 대기권이 없는 지구가 실제 관측되는 것보다 온도가 낮은가를 보여 준다. 이 절에서, 우리는 모델을 확장하여 대기를 지구의 표면과 대기권 너머의 우주 모두와 상호작용하는 하나의 층으로 통합한다. 이러한 모델은 두 가지의 목적에 도움을 준다.

1. 이 모델은 입사하는 태양복사, 대기권, 그리고 지표면이 어떻게 상호작용을 하는지 보여주며, 대기층을 더한 것이 지표면의 온도에 미치는 영향을 추정할 수 있는 대략적인 수학적 방법을 준다.
2. 이 모델은 기후를 모델링하고 미래의 GHGs 증가가 미치는 영향을 예상하는 데 현재 사용되고 있는 3-3-3절에서 논의되었으며, 훨씬 더 복잡한 *대기대순환모델*(general circulation models: GCMs)의 기능을 보여준다. (하지만 GCMs 계산의 구체적인 사항은 이 장의 범위 밖이다.)

이 모델에 사용된 단순화 가정은 다음과 같다. 첫째, 우리는 에너지가 직선적으로 전달되는 1차원적인 모델을 고려한다. 우주에서 대기를 통해 지표면으로 오고 다시 우주로 되돌아 나가며, 지표나 대기에서 인접한 영역 사이의 측면으로의 전달은 포함되지 않는다. 둘째, 대기권은 균일한 온도 T_a를 가지고, 지표면은 균일한 온도 T_s를 가지는 것으로 간주한다. 셋째, 복사와 전도만이 고려되며, 단순화를 위해 지표와 대기 사이의 대류는 고려하지 않는다. 이 모델의 목적은 에너지보존 방정식을 이용하여 지표면과 대기의 평형 온도를 산출하는 것이다.

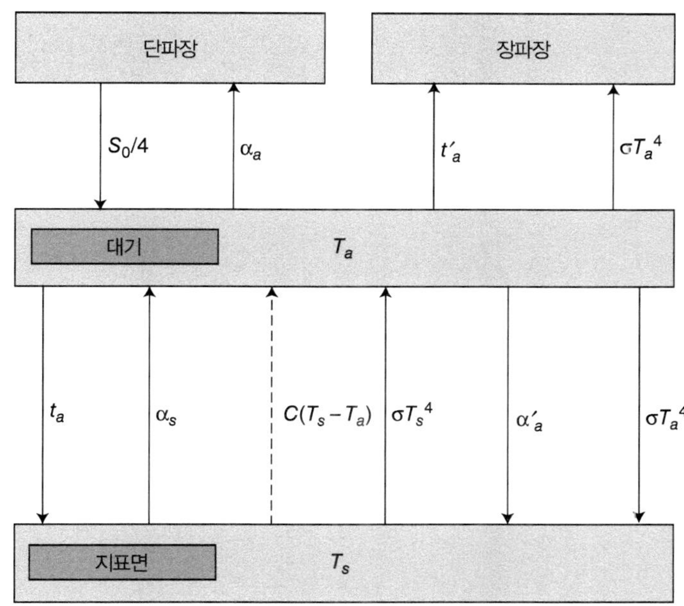

그림 3-12 간단한 지구–대기 기후모델의 도식도.

에너지의 흐름은 다음과 같이 설명될 수 있다. 그림 3-12에서 태양으로부터 들어오는 에너지 플럭스는 단파이며, 지구에서 나가는 에너지 플럭스는 장파이다. 태양복사는 대기권에 도달해서 일부는 반사되고, 일부는 투과되며, 일부는 흡수된다. 투과된 플럭스는 지구에 도달하여, 지구에서 반사된 것을 제외하고 지구를 평형 온도까지 가열한다. 그러면 지구는 장파의 에너지를 우주로 방출하며, 이는 다시 대기에 투과되거나 반사되거나 흡수된다. 또한, 지구와 대기 사이에서 그 둘의 온도 차이에 의해 전도열 전달이 일어난다. 앞에서 설명했듯이, 대기권에 닿는 에너지 플럭스는 S_0가 아닌 $S_0/4$임에 주의하라. 대기에서 지표면으로의 흑체복사와 지표에서 대기로의 복사가 지표로 반사되어 온 것 모두 지표에 완벽하게 흡수된다고 가정하며, 지표에서 이들이 반사될 가능성은 무시한다.

모델에서, 변수들과 첨자들은 다음과 같이 정의되어 있다. 계수 t는 대기의 안 혹은 밖으로 투과되는 부분을 나타낸다. 계수 α는 반사되는 부분을 나타낸다는 점에서 3-3절에 소개되는 알베도 함수와 유사하다. 대기와 지표면은 복사를 반사할 수 있다. 첨자 a와 s는 '대기(atmosphere)'와 '지표(surface)'를 나타낸다. 프라임 기호(′)는 지표면에서 방출되거나 대기에 의해 반사되어 지표로 되돌아오는 장파복사를 나타낸다. 프라임 기호가 없는 계수는 태양에서 오거나 대기나 지표에서 반사되는 단파복사를 나타낸다. GHGs 증가 이전의 지구–대기 시스템 함수를 근사하여 나타내는 초기 값들을 표 3-3에 나타내었다. C는 W/m^2K 단위의 열전도도이다.

파라미터값으로부터 직관적으로 알 수 있는 바는 다음과 같다. α_a의 값은 지구의 알베도와 같은 값이기 때문에, 들어오는 복사는 대기에서 반사되는 것과 같은 확률을 가진다. 대기의 반사와 투과값에 근거하면 약 17%가 흡수됨에도 불구하고, 남은 복사의 절반 이상이 대기권을 통과해 지표면에 전달된다. 지구를 뒤덮고 있는 물과 땅은 대기에 비해 입사하는 복사를 잘 반사하지 않기 때문에, α_a의 값은 α'_a의 값보다 작다. 밖으로 향하는 장파복사에서 반사되어야 하는 장파가 약간 증가

표 3-3 단층 기후모델의 초기 값

들어오는 흐름:	나가는 흐름:	전도열 전달:
$\alpha_s = 0.11$	$t'_a = 0.06$	$C = 2.5\ \mathrm{W/m^2K}$
$t_a = 0.53$	$\alpha'_a = 0.31$	
$\alpha_a = 0.3$		

하는 경향을 반영하여, 지구로 반사되는 확률은 α'_a 값보다 약간 크다. 하지만 온실효과의 주요 특징은 t_a보다 낮은 t'_a 값으로 구체적으로 표현할 수 있는데, 이는 대기가 단파보다 장파를 얼마나 덜 투과시키는지 보여주기 때문이다. 따라서 그림 3-11과 같이 대기에서 장파의 흡수량이 단파의 흡수량보다 크다.

지표에 대한 에너지 평형식[식 (3-6)]과 대기권에 대한 에너지 평형식[식 (3-7)]은 다음과 같이 쓸 수 있다.

$$t_a(1-\alpha_s)S_0/4 - C(T_s - T_a) - \sigma T_s^4(1-\alpha'_a) + \sigma T_a^4 = 0 \tag{3-6}$$

$$(1-\alpha_a - t_a(1-\alpha_s))S_0/4 + C(T_s - T_a) + \sigma T_s^4(1 - t'_a - \alpha'_a) - 2\sigma T_a^4 = 0 \tag{3-7}$$

지표면에 대한 식 (3-6)에서 네 개의 항은 다음과 같이 설명할 수 있다.

1. *태양에서 오는 에너지 플럭스*: 대기를 투과한 양에서 지표에 의해 반사된 양을 제한 값
2. *전도열 전달*: 지표면과 대기의 온도 차이에 의해 외부로 전달된 에너지
3. *밖으로 전달되는 복사열*: 밖으로 향하는 흑체복사에서 대기에 의하여 지표면으로 반사된 양을 제한 값
4. *안으로 오는 복사열*: 대기에서 지표면으로

식 (3-7)의 대기에 대한 에너지 플럭스는 비슷한 방법으로 설명할 수 있다.

1. *태양열 획득에 의해 오는 에너지 플럭스*: 대기가 보유한 양에서 대기에서 우주로 반사된 양과 대기가 지표면으로 투과한 양을 제한 값
2. *전도열 전달*: 지표면에서 대기로
3. *지표면에서 전달되어 오는 복사열*: 복사되어 들어오는 양에서 지표면으로 복사되는 양과 투과되어 우주로 가는 양을 제한 값
4. *밖으로 나가는 복사열*: 대기에서 지표와 우주로

표 3-3의 파라미터값을 이용하여 방정식을 수치해석으로 풀 수 있다. 수치해석의 결과는 T_s = 298.4 K, T_a = 248.4 K이다. 모델의 단순화로 인해, 결과는 관측된 표면 온도 288 K와 관측된 초고층 대기의 온도 255 K를 정확하게 예측하지는 않는다. 하지만 표면 온도의 값은 상당히 근접하며, 대기에서의 값도 7 K 차 이내에 있다. 이 결과는 대기의 역할을 포함한 단순한 모델이 표면 온도의 실제 값을 얼마나 근접하게 예측할 수 있는지 보여준다. 한 가지 개선 방법은 대기권을 여러 겹으로 확장시키는 것인데, 이를 통해 지구에서 가장 먼 층은 가장 온도가 낮고 가까운 곳은 온도가 높아져 온도구배가 실제 대기권에서처럼 생긴다.

앞에서 계산된 값들이 주어지면, 그림 3-13처럼 $\mathrm{W/m^2}$ 단위로 주어진 에너지 흐름의 값을 보

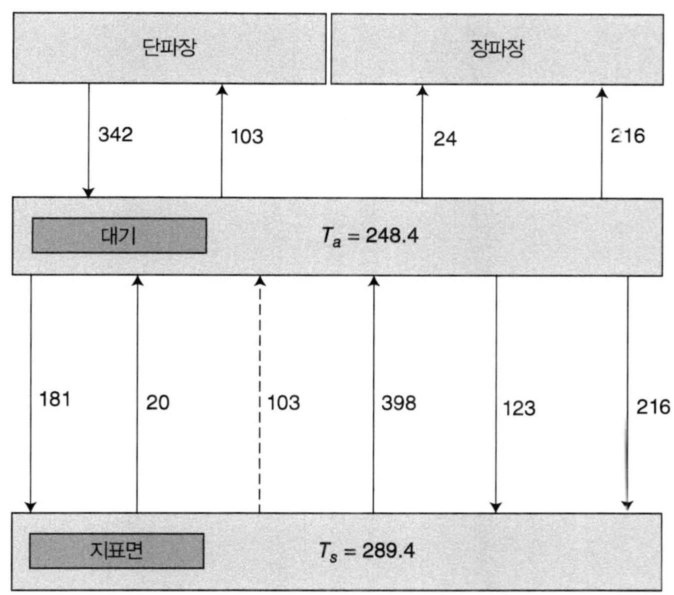

그림 3-13 단층 기후모델과 W/m^2 단위의 대표적 에너지 흐름.

여주는 것도 이해에 도움이 된다. 독자들은 온도가 균형에 이르렀을 때 지표면에 대하여 들어오는 520 W/m^{2}와 나가는 520 W/m^{2}의 흐름이 균형을 이루고, 대기로 들어오는 863 W/m^{2}와 나가는 863 W/m^2 흐름이 균형을 이룬다는 것을 입증할 수 있다. 대기층의 흡수에 의해 태양에서부터의 에너지 플럭스는 식 (3-2)를 이용하여 계산된 약 240 W/m^{2}에서 181 W/m^{2}로 줄어들었다는 점에 주목하라. 하지만 대기에서 지표면으로의 흑체복사 216 W/m^{2}와 대기에서 지표면으로 반사되는 123 W/m^{2}의 장파복사는 보상하는 것 이상이어서, 결국 지표면의 온도는 증가한다.

예제 3-3

표 3-2에 주어진 값으로 식 (3-6)과 (3-7)의 계수를 적절히 치환하여, GHGs의 증가로 인한 대기의 특성 변화가 T_s와 T_a 예측에 미치는 영향을 모델링하라.

풀이

증가한 GHGs의 예상된 효과로 장파복사 투과가 감소하므로, t'_a의 값을 낮추는 것으로 이 효과를 모델링할 수 있다. 값을 t'_a = 0.04로 바꾸고 수치해석으로 다시 계산하면 T_s = 291.4 K, T_a = 250.5 K를 얻는다. 이 변화는 지표면 온도 2.0 K 증가에 해당한다. 즉 t'_a의 33% 감소는 대기 중 CO_2 농도가 200에서 300 ppm으로 증가할 때 예상되는 효과와 동등한데, 이는 국가 공동체가 배출량을 줄이기 위해 강력한 조치를 취하지 않을 경우 21세기의 중반과 후반 사이에 일어날 수 있다.

3-3-3 지구 기후의 대기대순환모델(GCM)

대기대순환모델(general circulation models: GCM)은 GHG 농도 변화가 미래의 기후에 미치는 영향을 예측하기 위하여 사용되는 지구 기후에 대한 복잡한 컴퓨터 모델들이다. 이 모델들은 유체역학, 열역학, 화학, 그리고 어느 정도의 생물학을 여러 시간 간격에 걸쳐(모델에서의 보편적인 시간 증가량은 1일이다.) 3차원 격자점들에서 상태의 변화를 모델링하는 연립방정식에 통합하고 있다. 이들은 앞에서 설명된 단층 모델에 다음의 추가적 요소를 포함하여 간단한 개념들을 확장하였다.

1. *동적 모델링*: 단층 모델이 태양상수 혹은 T_s와 T_a의 변화 없이 평형상태로 유지되는 반면, GCMs는 한 시간 구간에서의 열에너지와 운동에너지가 다음 시간 구간에서 유지되며, 모델 내 특정 위치의 온도가 시간에 따라 변하는 동적 모델들이다.
2. *다중의 수직층*: 대기권은 위에서 아래까지의 온도구배를 추적하기 위해 약 20개의 층으로 모델링되어 있다. 지구에서 바다로 뒤덮인 부분은 대양의 온도 변화가 CO_2의 흡수와 방출 그리고 다른 인자들에 미치는 영향을 구하기 위하여, 15~20층으로 모델링한다.
3. *격자점의 수평행렬*: 격자점이 지구를 덮고 있어서 태양의 이동, 지구상 위치에 따른 얼음층 변화에 의한 반사율 변화, 또는 다른 요소로 인한 불균일한 지구 가열의 영향을 포착할 수 있다. 그 결과 삼차원 격자행렬이 지구를 뒤덮고 있다.
4. *대류*: 격자점 사이의 대류에 의한 열전달은 이 모델에 포함되어 있다.
5. *보다 복잡한 온도의 구동력*: 화산활동과 태양활동의 변화, 그리고 다른 편차들로 인한 과거와 미래의 태양입력의 변화를 포함할 수 있다.
6. *생물에 의한 과정들*: 모델들은 미래의 기후가 CO_2 흡수와 지표면에서 반사된 태양광 양에 영향을 주는, 숲의 면적에 미치는 영향을 포착한다.
7. *얼음으로 덮인 양의 변화*: 생물에 의한 과정들과 유사하게, 모델들은 온도의 변화가 얼음으로 덮인 양에 미치는 영향을 포착한다. 얼음으로 덮인 양은 얼음이 존재하는 산악지대나 극지방에서 반사되거나 흡수되는 태양광의 양에 영향을 준다.

GCMs는 전 세계의 수많은 과학 프로그램들에 의해 개발되어 왔다. 가장 잘 알려진 모델들로는 기후시스템연구본부(Center for Climate System Research: CCSR), Hadley Centre, Max-Planck 연구소, 그리고 국가기상연구센터(National Center for Atmospheric Research: NCAR)의 것들이 있다. 기후변화에 대응하기 위해 소집된 국제 조직으로서 IPCC는 기후의 미래 방향성을 가장 잘 나타내는 것으로 생각되는 하나의 모델을 채택하는 대신 광범위한 GCMs로부터 나오는 총체적 결과를 사용하여 모델들이 예측한 높고 낮은 값들로 형성되는 '한계범위(envelope)'는 물론 평균 온도와 같은 주요한 인자들의 예측된 평균값을 관찰한다.

미래의 기후를 예측하는 데 사용하기 위하여 GCMs는 우선 CO_2의 농도, 태양활동, 그리고 화산 폭발 등 알려진 정보를 이용하여 과거의 기후를 재현할 수 있는 능력을 평가함으로써 검증되어야 한다. 최근의, 약 1850년에서 2000년 기간에 대한 GCMs의 검증 역시 태양활동과 화산활동만으로는 지난 수십 년간의 평균 지구 온도 상승을 설명할 수 없다는 증거를 제공했다. 그림 3-14는 실제 평균 온도와 GCMs에 의해 계산된 값을 보여준다. GCM은 그 해의 같은 온도를 예측하지는 않지만, 관측된 값의 띠는 약 1960년 이후의 전환점을 확연하게 보여준다. 만약 CO_2 농도의 증가를 무시하고 태양활동과 화산활동만을 유일한 구동력으로 고려한다면, 그러한 전환점은 발생하지 않는다. 또한 GCMs는 가장 빠른 온도의 증가가 극지방에서 보일 것이라고 일관되게 예측했는데,

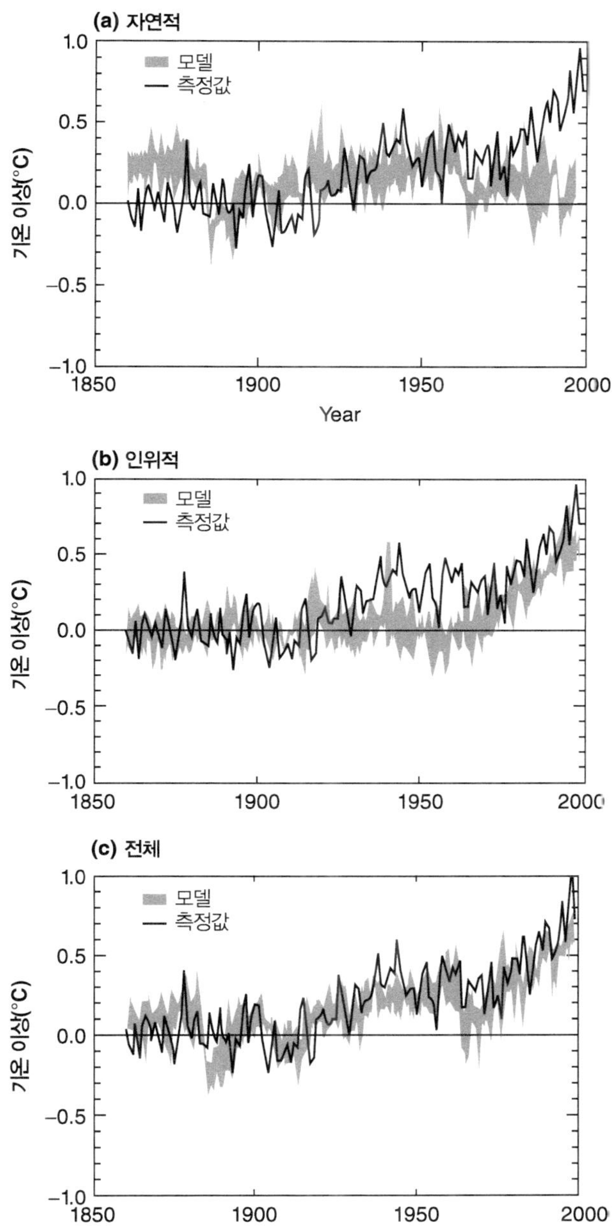

그림 3-14 1850~2000년 동안의 관측된 실제 지구 평균 온도와 GCMs으로 계산된 값의 범위. (a) 자연적: 태양흑점이나 화산활동의 변화와 같은 것이 요인. (b) 인위적: GHGs 배출 증가와 기후에 영향을 미치는 인간의 기타 행위가 요인. (c) 전체: 자연적 요인과 인위적 요인의 조합. (*출처*: Climate Change 2011: Synthesis Report, Intergovernmental Panel on Climate Change.)

이 예측은 최근에 증명되었다.

지구 통합평가 모델

간단히 '통합평가 모델'이라고도 불리는 지구 통합평가 모델은 GCM을 온실가스 배출 수준에 영향을 미치는 인간 결정의 사회 경제적 모델과 경제 및 인간 행동에 영향을 미치는 기후 행동을 통합함으로써 기후 모델링 능력을 확장한다(U.S. Department of Energy, 2015). 통합평가 모델은 정책입안자로 하여금 제안된 정책을 인간-기후 상호작용에 적용하고 미래 배출 및 CO_2 농도 수준 측면에서 결과를 관찰할 수 있도록 한다. 따라서 이러한 모델은 비용과 이익 관점에서 정책대안들을 평가할 수 있을 뿐만 아니라, 원하는 미래 기후 결과로부터 이를 달성할 수 있도록 하는 정책을 찾는 역방향 작업을 수행할 수 있도록 하기도 한다. 지구 기후 모델(GCM)의 이미 상당한 컴퓨팅 파워 요구량을 넘어서는 통합평가 모델을 구현하기 위해 필요한 컴퓨팅 파워 때문에 지리적 범위, 세부 수준, 그리고 최대 미래 시간 범위에 대한 향상 작업이 진행 중이다.

3-4 미래의 기후

기후변화는 이미 인구와 자연에 영향을 미칠 변화를 가져왔으나, 미래에는 큰 변화가 일어날 가능성이 높다. 당장에 어떤 방책이 실행되더라도 대기 중의 GHGs는 한동안 계속해서 증가할 것이다. 또한 GHGs에 의한 일부 영향은 긴 지연 시간을 가져 과거의 GHG 배출이 미래에 영향을 줄 것이기 때문에, 이러한 변화들은 양쪽 모두에서 일어날 것이다. 그와 동시에 기후상태의 변화는 3-4-1절에서 설명하듯이 기후변화를 가속시키거나 완화시키는 피드백으로 나타날 수 있다.

3-4-1 기후변화가 주는 양의 피드백과 음의 피드백

지구 기후처럼 매우 복잡한 시스템을 포함한 시스템들에서, 계의 출력상태와 입력의 영향 사이에서 피드백이 일어나는 것은 흔히 관찰된다. *양의 피드백*(positive feedback)은 초기 변화를 강화하거나 가속시키는 피드백이며, *음의 피드백*(negative feedback)은 변화에 대항하거나 변화를 약화시킨다. 그림 3-15는 평균 지구 온도, 얼음에 덮인 양, 그리고 구름에 덮인 양 사이의 피드백 관계를 보여 준다. 얼음과 구름은 모두 우주로 반사되는 태양광의 양에 기여할 잠재력이 있지만, 온도 증가로 구름이 증가하는 반면 얼음은 감소하므로 이 두 요소는 서로 상쇄된다.

피드백의 예시는 다음과 같다.

- *(양의 피드백) 얼음으로 덮인 지표면 감소*: 그림 3-14에서 보듯이 따뜻한 평균 온도는 극지방의 얼음을 녹인다. 이는 여름철에 입사하는 태양광의 반사를 줄이고 흡수를 증가시켜 온도를 더욱 높이고 더 많은 얼음을 녹인다. 이러한 양의 피드백의 예시는 특히 강하며, 평균 온도에 대한 가장 큰 영향이 극지방에서 감지되는지를 설명해준다. 얼음으로 덮인 면을 줄인 종합적 효과는 지구의 알베도를 줄이는 것과 같다. 알베도를 줄인 효과는 식 (3-2)로 대략적 계산이 가능한데, $\alpha = 0.3$을 $\alpha = 0.27$로 줄이면 흑체 온도를 2.5 K 증가시킨다.
- *(양의 피드백) 바다의 CO_2 흡수*: 바다가 따뜻해짐에 따라 CO_2를 흡수하는 능력이 감소하여 대기 중 CO_2의 순량을 증가시킨다.
- *(양의 피드백) 영구동토에서의 메탄 방출*: 온난화에 의해 영구동토가 녹음에 따라 갇혀 있던 CH_4가 대기로 방출되어 온실효과를 증가시킨다.
- *(양/음의 피드백) 숲의 생장 증가*: 숲의 생장이 일어나면, 입사하는 태양광의 흡수를 증가시켜 지구를 가열한다. 그러나 나무나 식물 생장의 가속으로 CO_2 흡수를 증가시키기도 한다.

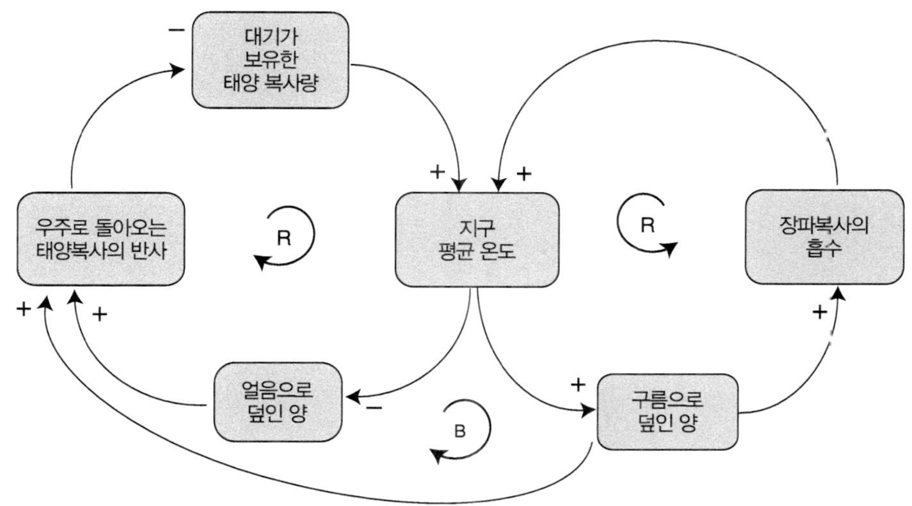

그림 3-15 지구 평균 온도, 구름이나 얼음으로 덮인 면, 그리고 입사 태양에너지를 잇는 순환 다이어그램.

- *(양/음의 피드백) 구름으로 덮인 면의 증가*: 그림 3-15에 따르면, 구름으로 덮인 면이 증가하면 입사하는 복사에너지를 더 많이 우주로 반사하지만 동시에 장파복사의 흡수도 증가한다.
- *(양/음의 피드백) 삼림 파괴*: 기후변화로 삼림 파괴가 일어나면 탄소를 추가적으로 방출하지만, 숲이 사라진 곳은 숲보다 보통 밝은 색이기 때문에 지구의 반사율을 높인다.
- *(음의 피드백) 더 뜨거운 행성으로부터 오는 흑체복사의 증가*: 온도 증가 경향의 어느 점을 넘어서면 복사의 증가가 GHGs의 추가적 복사에너지 흡수 능력을 넘어설 것이며, 따라서 지구 평균 온도의 증가율이 느려질 것이다.

앞의 목록에서 피드백에 대한 두 가지 중요한 관찰 결과가 나온다. 첫째, 양의 피드백이 음의 피드백보다 많다는 점이 우려된다. 시간의 경과에 따라 피드백이 어떻게 나타날지는 불확실하지만 모델에 따르면 지구는 이러한 효과의 가속화된 영향을 경험하게 될 것이며, 이는 2010~2020년 기간 동안 많은 국가에서의 경험과 일치한다. 기후변화에 대항하는 인간의 간섭이 그 효과를 효과적으로 느리게 하거나 약화시킬 수 있으나, 이 단계에서 이를 되돌리기는 어려울 것이다.

둘째, 장기적으로 봤을 때 '고삐 풀린' 지구 평균 온도 증가를 막을 수 있는 가장 확실한 음의 피드백은 최후의 효과, 즉 장파 흑체냉각이다. 이 피드백 효과를 보이자면, 온도가 288 K인 표면에서의 흑체복사는 390 W/m^{2}이다. 복사는 온도의 네제곱에 비례하기 때문에, 이 온도 이상에서 에너지 플럭스율은 급격히 증가하여, 292 K에서 412 W/m^2 그리고 296 K에서 435 W/m^{2}에 이른다. 그래서 평균 온도는 수 세기 동안 이 값들보다 크게 오르지 않을 것이다. 여전히 4~8 K의 장기적 상승이 자연계와 전 세계적으로 세워진 기반시설에 대하여 주는 잠재적 위험은 매우 커서, 이 정도 크기의 상승은 가능하기만 하다면 피해야 한다.

3-4-2 미래의 CO_2 배출률, CO_2 안정값, 그리고 평균 지구 온도에 대한 시나리오

CO_2 농도의 변화에 기후가 어떻게 반응하는지에 대해 많은 불확실함이 있는 가운데, 지역에 따른 계절별 온도를 예측하는 것은 말할 것도 없고, 미래의 지구 평균 온도를 CO_2 배출의 함수로 명확히 모델링하는 것은 불가능하다. 더욱이 정부 정책, 경제활동, 소비자 선택 등이 CO_2 배출의 미래 경로를 결정할 것인데, 이들은 아직 결정되지도 않았다. CO_2를 제외한 다른 GHGs의 역할은 이를 더욱 복잡하게 한다. 부록 H에서 나왔듯, 가능한 모든 결과를 포괄하기 위해 시나리오를 이용하는 것은 좋은 방법이다.

이에 대해 IPCC는 대기 중 CO_2 농도의 가능한 안정화 수준의 범위를 규명하고, 목표 농도에 도달하는 것을 가능케 하는 연간 배출 경로를 '역추적'하였다. 그림 3-16은 ppm 단위의 안정화된 CO_2 농도값으로 나타낸 결과값과 짝지어서 경로를 보여주고 있다. 모든 배출 경로들은 최근의 경제활동과 화석연료에 대한 매우 큰 의존도로 인해 연간 배출량이 단기적(2000년 이후)으로 계속해서 오른다는 점을 받아들이고 있다. 하지만 약 2020년부터 차이가 나타나는데, 가장 낮은 경로(450 ppm)에서는 매우 빠르게 극점을 지나 2100년까지 배출이 극적으로 줄어드는 반면, 가장 높은 경

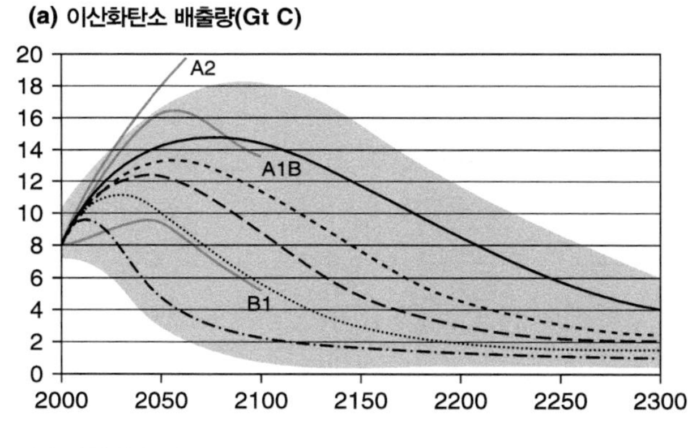

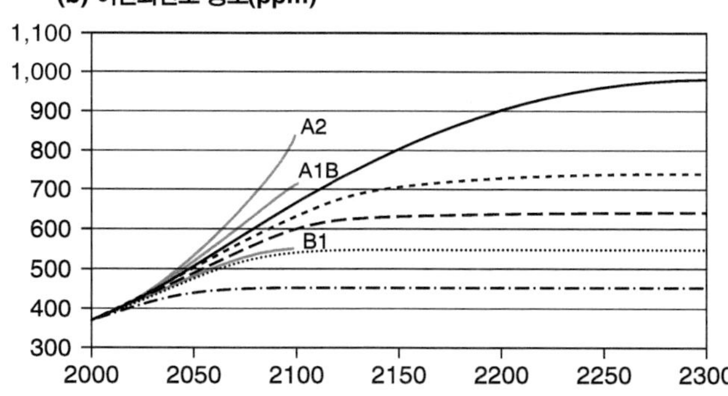

그림 3-16 450~1,000 ppm의 안정화값 범위에 대하여, 가능한 배출 경로(a)와 대기 중 농도 경로(b).

번호가 매겨진 곡선들은 IPCC 경제성장 시나리오이다. 예를 들어, A1B = 에너지원의 수지가 맞는 빠른 경제성장과 인구수는 정점에 이름, A2 = 지역 간 경제성장이 크게 다르고 인구수는 계속 증가, 그리고 B1 = A1B와 유사하지만 더 깨끗한 에너지원을 가지고 보다 덜 집중적인 경제로 변화. (*출처*: Climate Change 2011: Synthesis Report, Intergovernmental Panel on Climate Change.)

로(1,000 ppm)에서는 2075년쯤에 최고치에 이른다. 이 결과들은 약 280 ppm이었던 산업화 이전 시기의 농도에 비해 61%에서 257% 사이의 증가율을 나타낸다. 만약 인간들이 화석연료를 모두 사용하면 CO_2의 농도는 1,400 ppm을 넘지 않을 것이라고 제시되었듯이, 1,000 ppm은 가능한 최대 CO_2 농도에 가까울 것이다. 그림 3-16(a)는 주어진 안정화 농도에 다다를 정확한 경로를 알지 못한다는 것을 강조하기 위해 경로들의 주변에 회색 띠를 사용했으며, 색칠된 경로의 위나 아래로 변할 수도 있다. 그림 3-16(a)와 3-16(b)는 모두 IPCC의 경제성장 시나리오에 대응하는 번호가 붙은 검은 선을 보여 준다. 시나리오는 다음과 같다: A1B = 에너지원의 수지가 맞는 빠른 경제성장과 인구수는 정점에 이름, A2 = 지역 간 경제성장이 크게 다르고 인구수는 계속 증가, 그리고 B1 = A1B와 유사하지만 더 깨끗한 에너지원을 가지고 보다 덜 집중적인 경제로 변화.

우리는 가용한 GCMs 모델의 예측을 이용하여 지구 평균 온도 결과에 대한 타당한 결과를 추정할 수 있다. 그림 3-17은 그림 3-16의 배출 시나리오 A2에 대응하여 다른 GCM들이 2100년까지 예측한 온도 증가의 범위를 보여준다. 이 배출 시나리오에서 대기 중 CO_2 농도의 증가를 완화하는 간섭은 상대적으로 매우 적다. GCM들 중에서 시나리오 A2에 대응하여 온도가 최소한 2°C 증가할 것임에 동의하지 않는 것은 거의 없다. 그러나 5°C까지 오를 것인지에 대해서는 명확하지 않으며, 일부 GCM들은 그 중간 어딘가를 예측한다. 또한 CO_2 배출이 훨씬 급하게 줄어드는 시나리오에서는 온도 증가가 느리겠지만, 이는 그림에 나와 있지 않다. 약 2°C 증가한 온도의 영향과 약 5°C 증가한 영향의 차이는 다음 절에서 다룬다.

지구 평균 온도 증가의 장기적 효과

표 3-1은 기후변화가 원인이었을 것으로 보이는, 세계에서 관찰되는 변화의 예를 보여주고 있다. 지구 평균 온도가 증가할수록 표에 나온 변화들은 더욱 커질 것으로 예상된다. 또한, 온도의 증가와 기후변화에 의한 다른 장기적 효과가 나타날 수 있다. 예를 들어 대양의 상층부 평균 온도의 증가는

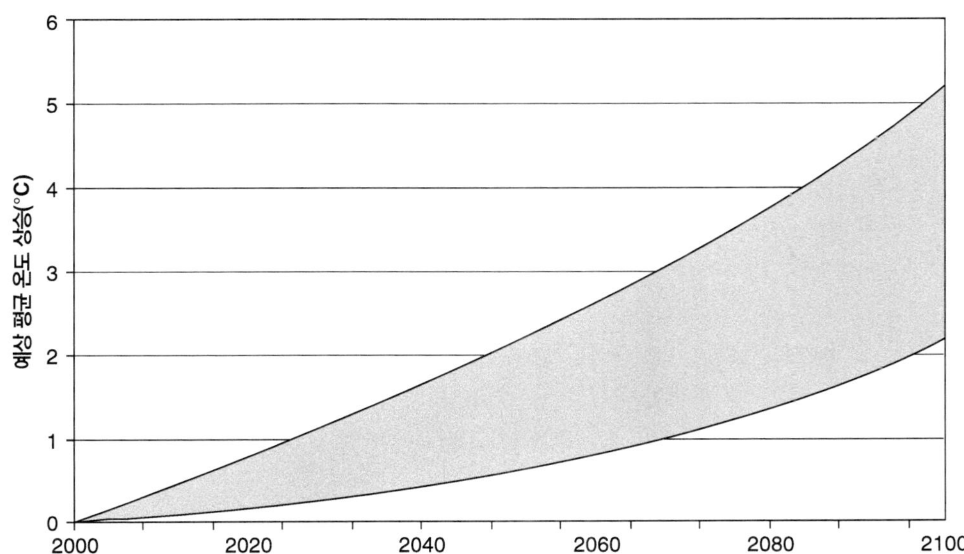

그림 3-17 배출 시나리오 A2, "지역 간 경제성장이 크게 다르고 인구수는 계속 증가"에 대응하여 예측한 21세기 동안의 온도 증가.

그 밀도를 낮출 것이며, 이에 따라 각 수심에서의 층의 팽창에 비례하여 수위가 높아질 것이다. 주변 온도와 압력에서, 해수의 온도가 1°C 증가하면 밀도는 0.025% 감소하므로, 대양 상부 100 m에서 1°C 증가할 때마다 평균 해수면은 2.5 cm 높아질 것이다. 이 계산은 수심에 따른 밀도의 변화, 압력 증가에 따른 열팽창계수의 변화, 열팽창에 대한 해저지형의 영향, 지구 온난화의 영향을 받는 해수의 최대 깊이 등을 고려하지 않은 단순한 계산이다.

열팽창에 의한 평균 해수면의 변화는 네덜란드나 미국의 미시시피 델타 지역에서 볼 수 있는 기반시설과 같은, 저지대의 해수 침범을 막는 기반구조물에 대하여 직접적인 위협을 주지 못할 정도로 작을 것이다. 하지만 극도의 기상악화 상황에서는 최대 수위의 상승으로 인해 폭풍이 장벽을 넘어 밀려올 수 있다는 위험이 있다. 해수면의 상승은 이미 타국에 자국민의 이민 허가를 요청한 투발루와 같은 저지대 태평양 제도 국가들로 하여금 대피가 필요하게 할 것이다. 남극과 그린란드에 있는 대량의 얼음은 추가적인 우려를 제기한다. 이 얼음은 약 3×10^{16}톤의 물, 혹은 바닷물 질량의 약 2%를 담고 있다. 만약 큰 얼음 조각이 녹아서 바다로 흘러 들어간다면, 여러 지역의 저지대 포기, 혹은 바다를 저지하기 위한 새로운 장벽에 대한 투자의 필요 등 해수면에 대한 장기적 결과는 심각할 수 있다. 미래의 해양 온도의 증가와 함께 일어나는 염도 변화는 대서양 만류(Atlantic Gulf Stream)와 같은 해류를 교란시켜, 특정 지역의 기후에 영향을 줄 수 있다.

IPCC는 보고에서 더 심각한 기후변화의 장기적 영향을 피하기 위해 가능하기만 하다면 대기 중 CO_2 농도를 450 ppm에, 온도의 증가를 2°C에 안정시키는 것이 중요함을 강조해왔다. 이러한 장기적 영향에는 온도 변화가 3°C를 넘으면 전 세계의 곡물 생산량 감소로 유발되는 고질적인 식량안보 문제, 세계 여러 곳에서의 고질적인 물안보 문제, 그리고 해수면 상승과 날씨 패턴의 변화에 의한 여러 지역의 홍수 위험 상승 등이 있다. 이러한 우려에 대응하여 다양한 국가의 협상가들은 기후에 관한 국제 협약, 특히 교토의정서(1997~2012)와 최근에는 파리기후협정(2015년 이후)을 추구해 왔다.

3-4-3 기후변화에 대항하기 위한 최근의 노력: 파리기후협정(2015~2020)

기후변화에 대응하여, 인간 사회는 여러 조치를 취하고 있고, 계속 취할 것이다. 기후변화에 대한 대응은 개인, 단체, 그리고 사업은 물론, 정부나 국제 조직을 포함한다. 2010년대 기후변화에 대한 전 세계적 조치의 가장 두드러진 사례는 2015년 파리에서 비준된 파리기후협정(Paris Climate Accord)이다. 이 협정의 장소인 파리는 당사국 총회(Conference of the Parties: COP) 회의로 알려진 전 세계 여러 도시에서 연속적으로 열리는 일련의 연례 국제 기후 회의에서 나온 것이다. 최근 몇 년간 이러한 회의를 주최한 도시 목록에는 2015년 파리, 2016년 마라케시, 2017년 본, 2018년 카토비체, 2019년 마드리드가 포함된다.

일련의 연례 COP 회의는 1992년에 리우데자네이루 지구정상회담에서 작성되어 1994년에 비준된 유엔기후변화협약(United Nations Framework Convention on Climate Change: UNFCC)의 결과물이다. UNFCC는 GHGs에 대해 구속력 있는 목표를 담고 있지 않으며, 대신 UNFCC의 폭넓은 가이드라인 아래에서 계속적으로 '의정서'를 만들고 비준할 것을 요구하고 있다.

파리협정 이전에 UNFCCC하의 가장 중요한 국제 기후 협약은 1997년 일본 교토에서 작성되고 충분히 많은 국가와 대표 GHG 배출량이 조약 서명국 총 수에 포함된 후 2005년에 비준된 교토의정서였다. 교토의정서의 범위에는 부유함 덕분에 배출 감소를 가장 잘 시작할 수 있는 산업화된 국가만 포함되었다. 특히 러시아를 제외한 BRIC 국가를 포함한 신흥경제국은 제외됐다. 의정서의 목표는 1990년의 배출량을 기준으로 2012년까지 유효했다.

의정서의 목표와 결과는 표 3-4와 같다. 강조 표시된 국가 중 덴마크와 영국은 목표를 초과 달성했고, 독일은 약간 미흡했으며, 일본과 호주는 목표를 달성하지 못했다. 일본은 상대적으로 1인당 CO_2 배출량이 낮게 의정서에 진입했기 때문에 표의 유럽 국가보다 더 작은 감소 목표를 설정했다. 그럼에도 불구하고 1인당 배출량은 16% 증가했지만 총 배출량은 24% 증가했다. 호주는 예상되는 대규모 인구 증가로 인해 8% 증가라는 목표를 설정했는데, 이로 인해 총 배출량을 줄이는 것이 매우 어려워졌다. 그러나 1인당 증가율이 19%였음에도 불구하고 실제 배출량은 목표보다 훨씬 많은 총 60% 증가했다. 비조약국인 미국은 총 배출량을 5% 증가시켰고, 1인당 배출량을 17% 감소시키는 성과를 거두었다.

파리협정은 여러 가지 중요한 면에서 교토의정서와 다르다. 첫째, 여기에는 산업화된 국가와 신흥 국가가 모두 포함되며, 국가들 모두로부터 기후 영향을 줄이겠다는 약속을 요구한다. 초기인 2015년에는 당시 내전 상태였던 시리아와 협정의 목표 수준에 대해 불만족한 니카라과를 제외한 모든 국가가 파리협정에 가입했다. 니카라과도 결국 가입한 반면, 미국 트럼프 행정부는 2017년에 협정 탈퇴 조치를 취했다. 이후 새로 선출된 바이든 행정부는 2021년 협정에 복귀했다. 두 번째 차이점으로, 교토의정서와 같이 구속력 있는 합의사항을 설정하기보다 파리협정은 각 국가가 연속적으로 자발적 협정을 맺는 것에 기초한다. 약속들이 제시된 후에 과학자들은 해당 약속으로 인해 예상되는 온도 상승을 평가한다. 그 후 다음 라운드에서 회원국들은 예상 미래 온도를 낮추기 위한 추가 약속을 제공하여 합의가 최종 온도 목표를 향해 나아갈 수 있도록 한다. 현재 유효한 목표는 2°C 온도 상승이며, 더 많은 기후변화 피해를 피하기 위해 선호되는 목표는 1.5°C이다. 1차 약속 이후 기온 상승 궤적은 3.8°C 상승으로 이어지기 때문에 파리협정이 성공하려면 추가 협상이 필요하다.

표 3-5는 파리협정하에서 산업화된 국가들의 자발적 목표의 몇 가지 예를 보여준다. 보는 바와 같이 국가는 약속의 기준 연도와 목표 연도, 그리고 감축 목표량을 자유롭게 선택할 수 있다. 비록

표 3-4 1990~2012년 화석 CO_2 배출과 교토의정서 가맹국 및 비가맹국의 목표(CO_2 100만 톤)

국가	총 배출량(MMT)				1인당 CO_2 톤		
교토의정서 가맹국:	**1990**	**2012**	**변화**	**목표**	**1990**	**2012**	**변화**
덴마크	59	40.5	−31%	−21%	11.1	7.24	−35%
독일*	980	788	−20%	−21%	12.48	9.80	−22%
일본	1,015	1,259	24%	−6%	8.48	9.81	16%
영국	598	499	−17%	−13%	10.44	7.83	−25%
호주	263	421	60%	8%	15.78	18.81	19%
비가맹국:							
미국	5,013	5,270	5%	n/a	20.19	16.79	−17%
세계적인 변화:							
세계 총 CO_2	21,616	32,310	49%	n/a	3.95	4.63	17%

*독일의 1990년 값은 구 동독과 서독 배출량의 합이다.

출처: Energy Information Administration, U.S. Department of Energy, for CO_2 from energy; European Environment Agency, for Europe Kyoto targets; Japan Environment Ministry, for Japan Kyoto targets.

표 3-5 파리협정에 따른 일부 산업화 국가의 약속 및 2017년 CO_2 배출량(100만 미터톤)

국가	기준 연도	기준값	목표 연도	목표	2017년도 값	변화
		(MMT CO_2)			(MMT CO_2)	(2017년 기준)
호주	2005	370	2025	−28%	416	12.4%
덴마크	1990	59	2030	−40%	36	−39.0%
독일	1990	980	2030	−40%	821	−16.2%
일본	2013	1,230	2030	−26%	1,117	−9.2%
미국	2005	5,991	2025	−28%	5,133	−14.3%

출처: U.S. Energy Information Administration.

협정 발효 초기이지만, 2017년 배출량값은 진척되고 있음을 어느 정도 보여준다. 조약에 참여한 5개 국가 중 덴마크만이 목표 달성에 근접해 1990년 이후 배출량을 39% 줄였다. 목표는 40% 감소였다. 독일, 일본, 미국은 목표 감소를 달성하기 위한 노력을 기울이고 있으며, 호주는 2025년까지 배출량을 28% 줄이겠다는 목표를 설정했지만 2005년에 비해 12.4% 증가했다.

브라질, 중국, 인도, 러시아 등 BRIC 국가로 대표되는 신흥국의 책무는 표 3-6에 별도로 표시되어 있다. 표에서 볼 수 있듯이, 브라질과 러시아는 각각 기준 연도인 2005년과 1990년보다 절대값으로 배출량을 줄이겠다고 약속했다. 대신 중국과 인도는 자국 경제의 탄소 집약도를 낮추겠다고 약속했다. 후자의 두 국가는 빈곤에서 벗어나 중산층으로 진입하려는 대규모 인구에 직면해 있으므로 절대 배출량 대신 탄소 집약도를 줄이는 선택은 사회 경제적으로 계층이 낮은 시민의 소득을 늘리는 데 필요한 경제 성장에 덜 제한적이다.

파리협정은 단기적으로 모든 서명 국가가 행동에 동참하고 기후에 미치는 영향을 줄이기 위한 조치를 시작할 수 있다는 이점이 있다. 장기적으로 보면 두 가지 과제가 있다. 첫째, 국가들은 3.8°C 기온 상승으로 이어지는 초기 기온 궤적을 유지하기 위해 제시한 약속을 준수해야 한다. 그렇지 않으면 기온 상승폭은 훨씬 더 높아질 것이다. 둘째, 3.8°C의 상승은 파리협정의 공감대에 따르면 너무 높으며, 사회, 경제, 그리고 자연환경에 큰 위험을 내포하므로 최대 2.0°C 상승 방향으로 경로를 전환하겠다는 추가 약속은 합의의 중요한 부분이다.

일부 기후 지도자들은 자발적인 접근 방식과 연합 구축에 대한 강조, 탄소 배출 감소에 대한 약속을 점진적으로 늘리는 파리협정을 비판했다. 예를 들어, 미국의 기후 과학자 James Hansen은 구속력 있는 목표가 부족하고 탄소세 형태로 탄소 배출량에 가격을 책정하지 못했다는 이유로 합의를 비난했다(Milman, 2015). Hansen에 따르면 이 과정은 온도 상승을 2.0°C 이상으로 제한한다

표 3-6 파리협정에 따른 BRIC 국가들의 약속

국가	기준 연도	목표 연도	서약
브라질	2005	2025	배출가스 37% 감소
중국	2005	2030	탄소 집약도 60~65% 감소
인도	2005	2030	탄소 집약도 33~35% 감소
러시아	1990	2030	배출가스 25~30% 감소

출처: Intergovernmental Panel on Climate Change.

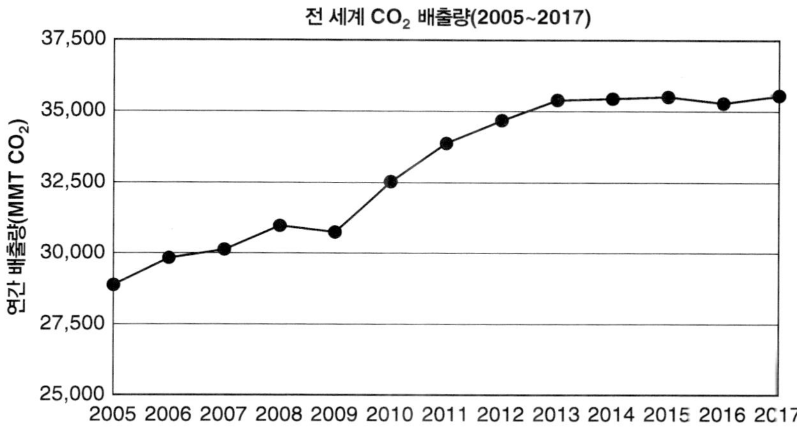

그림 3-18 최근 몇 년 동안(2005~2017년) 화석연료 연소로 인한 전 세계 CO_2 배출량(100만 미터톤).
(*출처*: U.S. Energy Information Administration.)

는 명시적 목표를 달성할 만큼 충분히 빠르게 작동할 수 없다.

결론적으로, 만일 파리협정의 전체적인 목표를 달성하고자 한다면 국가들은 화석연료를 훨씬 효율적으로 사용하고 배출을 더 많이 감축하기 위하여 대기로의 CO_2 배출을 확연히 줄이거나 완전히 없앨 수 있는 새로운 에너지 기술을 찾아야 할 것이다. 우리는 2005~2017년 기간 동안 화석연료 연소로 인한 전 세계 CO_2 배출의 최근 경로를 고려할 수 있다(그림 3-18). 그림에 따르면 세계가 정체기에 도달하고 있지만 국가 공동체가 다음 단계에서 총 배출량을 대폭 줄여야 하기 때문에 이는 첫 번째 단계일 뿐이다. 3.8°C에 도달하겠다는 초기 약속과 기온 상승을 2.0°C 또는 1.5°C로 낮추려는 추가 약속을 실현하는 데 필요한 두 가지 변화에는 야심 찬 조치가 필요하다. 모든 참여 국가가 모든 이정표를 달성하지는 못할 수도 있다. 그러나 일부 국가 수준의 목표가 달성되지 않더라도 저탄소 및 무탄소 에너지 기술을 훨씬 더 신속하게 구현해야 할 필요성은 계속될 것이다. 이 책의 이후의 장에서는 새로운 기술로의 전환이라는 관점에서 다양한 에너지 시스템을 다루고자 한다.

3-5 요약

에너지원으로 화석연료에의 의존도가 높기 때문에 인간의 에너지 사용은 많은 양의 CO_2를 대기로 배출한다. 에너지 변환에서 CO_2가 가장 많이 배출되기 때문에 기후변화는 현재 에너지 부문의 주요한 우려 중 하나이다. 전 세계의 수많은 과학자들은 대기의 움직임을 재현하여 CO_2양의 증가와 같은 교란에 대한 반응을 시험할 수 있게 해주는 전산화된 대기대순환모델(GCMs)을 개발하는 데에 참여함으로써 기후변화의 위협에 대응해왔다. 오늘날까지 이러한 모델링 연구는 CO_2가 매우 유력한 온실가스이므로 대기 중 농도가 두 배, 세 배가 되면 지구 평균 온도를 증가시켜서 국지적 평균 온도, 강수량, 이상기후 현상의 빈도와 강도, 또는 다른 우려 등에서 심각한 반향이 나타날 것임을 강력히 제시하고 있다. 메탄(CH_4), 산화이질소(N_2O), 염화불화탄소(CFC)와 같은 다른 인위적 GHGs 또한 역할을 한다. 빙하의 퇴각, 세계의 많은 산호초들의 스트레스와 같은 기후변화의 초기 신호들이 이미 나타났다. 사회는 이미 지역적, 국가적, 그리고 기후변화협약(UNFCC)과 2015년 파리기후협정 같은 국제적 방법으로 기후변화에 대응하고 있다.

References

Intergovernmental Panel on Climate Change (2007). Climate Change 2007: Impacts, Adaptation and Vulnerability. Report, IPCC, Geneva.

Intergovernmental Panel on Climate Change (2014). Summary for Policymakers from Fifth Assessment Report. IPCC, Geneva.

Maslin, M. (2013). *Climate: A Very Short Introduction*. Oxford University Press, Oxford.

Milman, O. (2015). James Hansen, father of climate change awareness, calls Paris talks "a fraud." *The Guardian*, December 12, 2015.

Mitchell, J. (1989). "The Greenhouse Effect and Climate Change." *Review of Geophysics*, Vol. 27, No. 1, pp. 115–139.

Oreskes, N. (2004). "Beyond the Ivory Tower: The Scientific Consensus on Climate Change." *Science*, Vol. 306, No. 5702, p. 1686.

Robinson, A., N. Robinson, and W. Soon (2007). "Environmental Effects of Increased Atmospheric Carbon Dioxide." *Journal of American Physicians and Surgeons*, Vol. 12, No. 3, pp. 79–90.

U.S. Department of Energy (2015). Climate and Environmental Sciences Division (CESD): Integrated Assessment of Global Climate Change. USDOE, Office of Science. Electronic resource, available at www.science.energy.gov. Accessed June 26, 2015.

Further Reading

Berthier, E., Y. Arnaud, D. Baratoux, et al. (2004). "Recent Rapid Thinning of the 'Mer de Glace' Glacier Derived from Satellite Optical Images." *Geophysical Research Letters*, Vol. 31.

Brohan, P., J.J. Kennedy, I. Harris, et al. (2006). "Uncertainty Estimates in Regional and Global Observed Temperature Changes: A New Dataset from 1850." *Journal of Geophysical Research*, Vol. 111.

Collins, W., R. Colman, J. Haywood, et al. (2007). "The Physical Science behind Climate Change." *Scientific American*, Vol. 297, No. 2, pp. 64–73.

Congressional Budget Office (2008). Climate-Change Policy and CO_2 Emissions from Passenger Vehicles. CBO, Washington, DC.

Hoffert, M., K. Caldeira, G. Benford, et al. (2002). "Advanced Technology Paths to Global Climate Stability: Energy for a Greenhouse Planet." *Science*, Vol. 298, pp. 981–987.

Hunt, J., S. Tett, and J. Mitchell (1996). "Mathematical and Physical Basis of General Circulation Models of Climate." *Zeitschrift fur Angewande Mathematik and Mechanik*, 76, Suppl. 6, pp. 501–508.

Intergovernmental Panel on Climate Change. (2018). "Summary for Policymakers of IPCC Special Report on Global Warming of 1.5℃ Approved by Governments." IPCC, Geneva.

Mascarelli, A. (2009). "A Sleeping Giant?" *Nature Reports*, Vol. 3, April 2009, pp. 46–49.

Moore, T. (1998). *Climate of Fear: Why We Shouldn't Worry about Global Warming*. Cato Institute Press, Washington, DC.

Sterman, J., and L. Sweeney (2007). "Understanding Public Complacency About Climate Change: Adult's Mental Models of Climate Change Violate Conservation of Matter." *Climate Change*, Vol. 80, No. 3–4, pp. 213–238.

Thorpe, A. J. (2005). "Climate Change Prediction: A Challenging Scientific Problem."*Report*. Institute of Physics, London.

Warhaft, Z. (1997). *The Engine and the Atmosphere: An Introduction to Engineering*. Cambridge University Press, Cambridge.
Wigley, T. M. L., and S. C. B. Raper (1987). "Thermal Expansion of Sea Water Associated with Global Warming." *Nature*, Vol. 357, pp. 293–300.

연습 문제

3-1. 이 장에서 나왔듯이, 대기 중 물과 CO_2 분자의 조합은 온실 가열에서 약 150 W/m^{2}의 원인이 된다. 255 K의 흑체에서 시작하여 물체 밖으로 나오는 150 W/m^{2}의 플럭스를 더한다면 새로이 예상되는 온도는 얼마인가?

3-2. 식 (3-6)과 (3-7)의 모델을 이용하여 빙하기의 영향을 모델링하라. 지표의 얼음 증가와 대기 중의 CO_2 감소로 모델에 있는 파라미터가 다음과 같이 바뀐다고 가정하라: $\alpha_s = 0.15$, $t'_a = 0.12$, $\alpha'_a = 0.23$. 다른 모든 파라미터는 바뀌지 않았다. 새로운 T_a와 T_s의 값은 얼마인가?

3-3. 화성과 금성은 각각 0.15와 0.75의 알베도값과 약 220 K와 약 700 K의 표면 온도를 가진다. 태양에서 화성까지의 평균 거리는 2.28×10^8 km이고, 태양에서 금성까지의 평균 거리는 1.08×10^8 km이다. 켈빈온도로 측정된 두 행성의 온실효과의 크기는 어느 정도인가?

3-4. 금성과 화성에 대하여, 식 (3-6)과 (3-7) 같은 유형의 단순 대기-지표 기후 모델을 서워라. 문제 3에 있는 알베도, 표면 온도(모델 검증을 위해), 그리고 궤도 거리를 사용하고, 모델의 남은 파라미터값에는 적절한 값을 선택하여 사용하라. 각 경우에 대해 모델은 얼마나 잘 작동하는가? 결과의 정확도는 당신이 선택한 파라미터값에 민감한가? 왜 그런지 논하라.

3-5. 예제 3-1의 모든 파장 전역에서 총 플럭스의 합계는 대략 식 (3-1)로 주어진 흑체복사값이 된다는 것을 증명하라. 이때, 플럭스가 무시할 만큼 작은 파장값까지 1 μm씩 증가시키면서 모든 파장에 대한 값을 더하여 계산한다.

3-6. 대기대순환모델이 2.5° 간격의 위도와 3° 간격의 경도를 사용한 격자 레이아웃을 가지고 있다. 이 레이아웃은 수직 방향으로 19개 층을 가진다. 또한, 바다로 뒤덮인 지표면의 71%는 바다 아래로 평균 10개 층을 가진다. 이 모델은 약 몇 개의 격자점을 가지고 있는가?

3-7. 과학자들은 극심한 빙하기에 지구를 뒤덮은 얼음의 양이 너무 많아지면 증가하는 알베도가 온도를 낮춰 더 많은 얼음층이 생기고, 알베도를 더욱 증가시키는 되돌아올 수 없는 점을 넘을 것이라고 생각한다. 결국 지구는 완벽하게 얼음으로 뒤덮여 'white Earth state'에 도달할 것이다. 이때의 알베도는 0.72로, 완벽하게 하얀 행성이라도 일부 복사는 여전히 흡수된다. 대기의 영향을 두시하고 태양의 복사와 균형을 이루는 지구의 흑체복사만을 고려할 때, 이 경우 지구의 표면 온도는 얼마이겠는가?

3-8. 다음의 단순화된 정보를 이용하여 'IPCC 같은' 안정화 시나리오를 만들어보아라. 2004년에 시작하여 대기 중의 CO_2 농도는 378 ppm, 세계의 CO_2 배출량은 연당 7.4 Gt이고, 대기 중 총 탄소의 양은 767 Gt이며, 배출량은 매년 4%씩 증가하고 있어, 예를 들면 2005년에는 배출량이 7.7 Gt, 2006년에는 8.0 Gt에 이르게 된다. 농도는 CO_2로 주어졌지만, 배출량과 대기 중 질량은 탄소의 Gt으로 주어졌음에 주의하라. 바다는 먼 미래까지 순(흡수량에서 방출량을 빼서) 3 Gt을 매년 흡수한다. '세계의 CO_2 정책'에 의한 배출량의 변화 혹은 감소는 다음과 같다. 2005년 배출량은 0.1%씩 감소하여 3.9%에 이르고, 그 이후에는 농도가 안정될 때까지 전년도 총 배출량을 7.4 Gt로 나눈 비율에 0.1%를 곱한 값만큼 변한다.

$$\text{Chg}\%_t = \text{Chg}\%_{t-1} - \frac{(0.1\%)(\text{총 배출량}_{t-1})}{7.4}$$

농도가 안정된 이후에 배출량은 3 Gt/year이며, 따라서 배출량은 바다의 흡수량과 정확하게 균형을 이룬다. 예시하면, (Chg%)2004 = 4%, (Chg%)2005 = 3.9%와 같이 이어진다. 또, 농도는 378 ppm × (대기 중 총 탄소량/767 Gt)으로 계산할 수 있다. (a) 농도가 도달할 수 있는 최대값은 얼마인가? (b) 몇 년도에 이 값에 도달하는가? (c) 그 해에 배출된 CO_2의 양은 얼마나 되는가? (d) 두 개의 서로 다른 그래프에 연당 CO_2의 농도와 배출량을 그려라. 힌트: 스프레드시트나 다른 소프트웨어를 사용하여 t년의 배출량, 배출량의 변화, 농도를 $t-1$년 값의 함수로 방정식을 세우고 계산하라. (e) (d)에서 만든 그래프에 기반을 두어 이 시나리오의 경로 형태와 실제 IPCC 시나리오를 비교하고, 유사점과 차이점을 논하라. (f) 이 문제의 시나리오는 미래에 탄소 안정화 프로그램이 실제로 어떻게 펼쳐질 것인지를 단순화한 것이다. 이 사리오가 단순화된 두 가지 방식을 밝혀라.

화석연료 자원

Fossil Fuel Resources

▶학습 목차

4-1 개요

현재 전 세계에서 소비되는 에너지의 대부분은 석유, 가스, 석탄 등 화석연료가 차지하고 있다. 또한, 모든 화석연료는 가용성과 기후변화에 영향을 미치는 영향이 동일하지 않다. 이 장의 첫 번째 부분에서는 남아 있는 자원과 파생된 에너지당 단위비용으로 추정되는 전 세계 에너지 소비율 측면에서 화석연료 대안을 비교하였다. 또한 에너지 단위당 방출된 CO_2의 양을 고려하였고, CO_2 배출량을 줄이기 위한 전략을 설명한다. 이 장의 두 번째 부분에서는 다양한 화석 자원의 향후 연간 소비 경로를 예측하는 방법을 제시하고 일반적인 화석연료의 감소에 영향을 미치는 석탄으로 만든 합성 화석연료 대체물질, 셰일 오일, 타르샌드와 같은 기존에 없었던 자원에 대하여 논의한다.

4-2 서론

이름에서 알 수 있듯이, 선사시대의 탄소 물질 층으로부터 나오는 화석연료는 인간의 에너지 요구를 충족시키기 위해 추출과 연소할 수 있는 고체, 액체 또는 기체의 고에너지-밀도 농도의 형태로 수백만 년 동안 압축되어 왔다. 각각의 다른 유형의 화석연료는 질량 또는 부피 단위당 에너지 함량, 세계의 다른 지역에서 현재 소비율, 아직 추출되지 않은 남아 있는 자원의 가용성과 연소하는 동안 방출되는 에너지의 단위당 CO_2 배출량의 측면에서 다르다. 이러한 차이점은 추후에 이 책에서 에너지 전환과 수송 응용에 사용된 많은 기술들의 차이에 대하여 보강 설명을 할 것이며, 이 장에서도 이러한 부분에 초점을 맞췄다.

19세기에 북아메리카와 유럽의 산업화에서 가정 및 산업적인 목적으로 인간에 의해 사용된 주된 에너지 자원으로써 목재를 능가하는 석탄의 사용 이후 화석연료는 전 세계적으로 주도적인 기본 에너지 자원이 되었으며, 현재 모든 에너지 생산의 약 85%를 차지한다. 인간의 욕구를 위해 주요 에너지로 나무와 거름 같은 바이오 연료를 사용하는 국가는 신흥 국가 중에서도 최빈국들뿐이다.

반면에 다른 나라들에서 화석연료는 전기 생성, 실내 난방과 수송을 위한 주요 에너지 공급자이다. 화석연료는 현재의 에너지 요구를 충족하기 위해 매우 중요하기 때문에, 미래의 비화석에너지원으로 가기 위한 중간 단계로 어떻게 발전시켜 사용할 것인가 등 고효율의 화석연료 연소 기술 등과 같은 지속 가능한 에너지원을 향해 갈 수 있는 다양한 경로에 대하여 장기간에 걸쳐서 고려되어야 한다. 또는 지속적인 발전의 목표와 부합성을 가지도록 화석연료를 어떻게 사용할 것인가에 대하여 고려해야 한다.

4-2-1 화석연료의 특성

오늘날 사용되는 주요 화석연료는 석탄, 석유, 그리고 천연가스(이후 '가스'로 약칭함)이다. 또한 이 장의 마지막 부분에는 *셰일 오일, 셰일 가스, 타르샌드*와 같은 몇 가지 비전통적 화석연료가 소개된다. 3가지 주요 자원 중 석탄은 내연기관에서 직접적으로 연소할 수 없기 때문에 운송 또는 '이동' 응용 분야에서 사용이 제한된다. 하지만 전력발전과 산업적 응용 분야를 포함한 '고정식(예: 비운송)' 응용에서 널리 사용된다. 또한 석탄은 요리나 공간 난방과 같은 소규모 가정용 응용 분야에도 사용될 수 있지만 지역적안 대기질 문제가 우려된다. 가스와 석유는 수송과 고정식 응용 분야 모두에서 사용되고 연소 방식 측면에서 더 유연하다. 가스는 일반적으로 최종 사용 고객에게 전달 및 판매되기 전에 약간의 정제 과정만 필요로 하는 반면, 석유는 다양한 최종 제품으로 정제되어야 하는 원유 형태로 제공된다. 각각의 최종 제품은 표 4-1에 나타낸 바와 같이, 정제 과정에서 제공되는 서로 다른 점도의 특징을 이용하여 적용된다.

화석연료의 에너지 밀도와 상대비용

연료의 *에너지 밀도*는 해당 자원에서 사용할 수 있는 질량 또는 부피 단위당 에너지양의 척도이다. 에너지 밀도가 낮은 연료는 동일한 양의 에너지 출력을 얻기 위해서는 더 많은 양이 에너지 변환 과정에 제공되어야 하므로 에너지 밀도는 중요하다. 더욱이, 낮은 밀도의 연료는 다른 조건이 동일하다면 수송과 저장을 위해 더 큰 비용이 소요된다.

석탄의 에너지 밀도는 GJ/톤 또는 100만 BTU/톤으로 표현된다. 3가지 주요 화석연료 중 석탄은 에너지 밀도가 가장 다양하다. 짧은 시간 동안 지하에 매장된 석탄은 매장 기간이 긴 석탄에 비해 상대적으로 수분 함유량이 높고 에너지 밀도가 낮다. 석유의 에너지 밀도는 GJ/배럴 또는 100만 BTU/배럴로 측정된다. 에너지 밀도는 황이나 질소와 같은 불순물의 양에 따라 달라 전 세계의 다양한 유전에서 추출된 석유마다 약간씩 차이가 있다. 석유를 소비하는 에너지 변환 장치의 출력을 추정하기 위해, 석유의 에너지 밀도로 일정한 값을 활용하여 가정하는 것은 가능하다. 천연가스의 경우 에너지 밀도는 kJ/m^3 또는 BTU/ft^3 단위로 측정되며, 그 값은 일정하다고 가정할 수 있다. 실제로, 가스는 운송 및 보관 시 공간을 절약하기 위해 압축된다.

표 4-1 증가 점도 순서에 따른 원유의 정제에서 사용 가능한 최종 제품

휘발유	자동차 가솔린, 제트 연료
등유	자동차 디젤 연료, 등유
경유	가정용 난방 오일, 산업용 연료유
윤활유	파라핀, 자동차용 엔진 오일
중유	산업적 응용에 대한 코크스, 아스팔트

표 4-2 천연가스, 석유, 석탄에 대한 2005~2020년도 일반적인 비용의 범위와 에너지 밀도

자원	에너지 밀도	단가	에너지의 단위당 비용($/GJ)
석탄	15~30 GJ/톤	$25~$100/톤	$1.00~$4.00
원유	5.2 GJ/배럴	$11~$150/배럴	S2.11~$28.85
천연가스	36.4 MJ/m^3	$0.11~$0.28/m^3	$2.91~$7.76

참고: 도시된 가격은 2005~2015 기간 동안 시장 가격에서 모든 변동을 반영하는 대표값이며, 또한 운송비용에서 가장 큰 변화를 조건으로, 특히 석탄에 대한 지역 가격은 다르다. 석탄의 에너지 밀도는 석탄의 품질에 따라 매우 가변적이다. 25 GJ/톤의 값은 에너지 단위당 비용으로 단위 비용을 변환하는 데 사용된다. $25/톤 이하의 값과 최저값 $15/톤은 에너지 정보 관리청에 의해 보고된다. 그러나 이 가격은 낮은 에너지 밀도의 석탄에 대한 것이므로, 표시된 비용 범위의 수치에 포함되지 않는다.

에너지 밀도의 일반적인 값은 2005~2020년 동안 세계 시장에서 미국 달러로 지불된 대표적인 가격 범위와 함께 표 4-2에 제시하였다. 석탄의 에너지 밀도는 15~30 GJ/톤으로 다양하지만, 일반적으로 25 GJ/톤의 값이 톤당 비용을 에너지 단위당 비용으로 변환하는 데 사용된다. 비용에 대해 살펴보면, 표는 일반적으로 석탄이 석유 또는 가스보다 원료 에너지의 단위당 비용이 현저하게 저렴하다는 것을 보여준다. 다만, 지역에 따라 각각의 사정은 다를 수 있다. 석탄은 운송이 가장 어렵고, 운송비용은 특히 트럭에 의해 장거리 운송을 요구하는 경우나 상대적으로 소량의 석탄을 구입하는 고객에 대하여 제시된 값보다 실제 높은 가격이 요구될 수 있다(예를 들어, 대형 석탄 화력발전소와 떨어져 있는 대학 캠퍼스의 중앙난방 설비). 1인당 GDP가 상대적으로 낮은 신흥국 중 가스 및 석유 자원이 많은 국가(예: 일부 부유한 선진국의 경우 1인당 3만 달러 이상인 것과 비교하여 1인당 5,000~1만 달러 범위)는 세계 시장 가격보다 낮은 가격으로 국내 개인 소비자에게 가스와 석유 제품을 판매한다. 이와 달리, 대규모 화석연료 매장량을 보유하지 않은 국가의 소비자는 표기된 범위의 가격을 지불할 것으로 예상할 수 있다.

표 4-2는 최근 조사된 화석연료 단위비용의 넓은 변동을 보여주며, 그림 4-1은 1990~2005년 동안에 상대적인 안정성을 비교하기 위해 2005년 이후 조사된 원유 가격의 변동성을 보여준다. 유가는 배럴당 12달러에서 147달러까지 다양하다. 이러한 변동은 개별 소비자와 전체 경제 부문 모두에게 우려스러운 일이지만, 화석연료의 가격은 스스로 조정될 수도 있다. 에너지 가격이 불균형적으로 상승하면 경제 성장을 저해하는 경향이 있으며, 이는 에너지 수요 감소로 이어져 에너지 가격이 다시 하락할 수 있다. 장기적으로 보면 높은 에너지 가격은 에너지 효율이 높은 기술의 가격 경쟁력을 높여 에너지 수요에 대한 상승 압력을 완화하고 비용 증가를 둔화하거나 역전시킬 수 있다. 가격 변화는 또한 미국 내 석탄과 가스의 상대적 시장 점유율에도 영향을 주었다. 그림 4-2에서 볼 수 있듯이, 석탄 가격은 2005년 이후부터 꾸준히 상승했지만 가스 가격은 2009년 이후 하락하였다. 가스의 시장 점유율은 상승한 반면 석탄의 시장 점유율은 하락했다.

화석연료의 위치, 추출, 가공과 유통에서 에너지 소비

표 4-2에 제시된 에너지 밀도 값은 땅에서 추출 후 제품의 에너지 함량을 반영한 것이며, 원유의 경우 에너지 제품으로 정제되기 전 에너지 함량이 반영되었다. 땅에서 화석연료를 추출하여 최종 에너지 제품으로 가공, 제품을 고객에서 배송하는 과정의 시스템은 '상류 손실'에 해당한다. 따라서 시스템에 의해 전달된 에너지의 최종적인 에너지양은 도시된 값보다 작다. 그러나 이러한 손실은 화

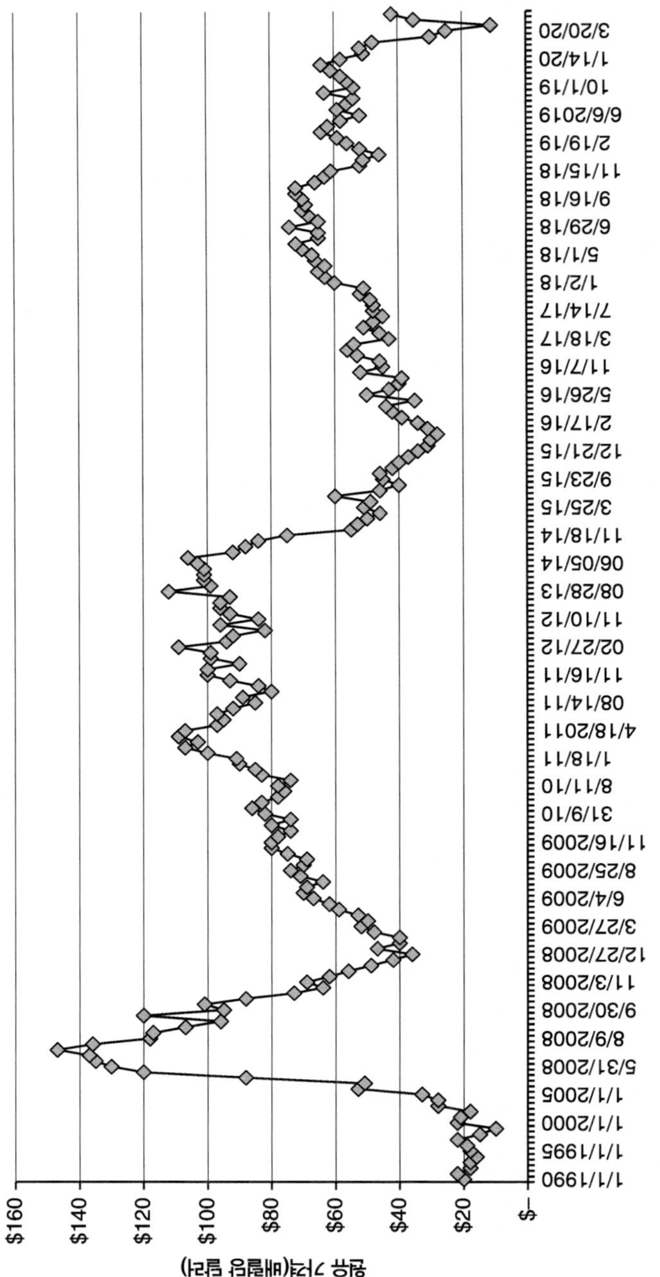

그림 4-1 원유의 국제가격. 1990~2006 연간 평균과 2006년 1월에서 2020년 9월의 표본값.

참고: 시간 규모의 변화는 이 기간 동안 다양한 선회를 나타내기 위해 2005~2015년에 사용되었다. 데이터는 에너지 정보 관리청(1990~2006년)에 있으며 공개된 값은 개인시료채취된 값이다(2006년에서 현재까지).

석연료를 기계 또는 전기에너지로 변환할 때 발생하는 더 큰 손실과 비교하면 일반적으로 작다. 석탄 추출의 경우, 미국 에너지부는 미국 탄광에서 석탄을 추출, 처리 및 운송하는 데 소비되는 에너지가 지표 채굴 또는 심수층 채굴에서 석탄 에너지 함량의 2~4%에 이를 수 있다고 추정했다. 가스의 경우 업스트림 손실이 12%인 반면, 석유 제품의 경우 17%에 달할 수 있다. 단, 이 수치에는 정제 공정의 상당 부분이 포함되어 있다.[1]

---

1 *출처*: 석유 제품에 대한 데이터는 Brinkman (2001), 가스에 대한 데이터는 Kreith 등(2002).

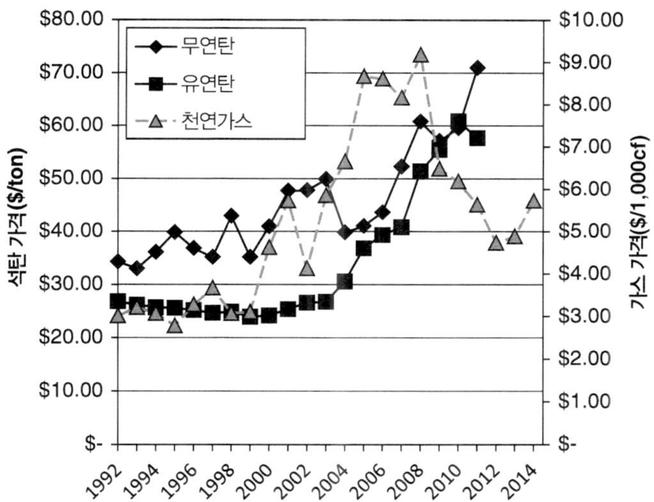

그림 4-2 1992~2014년 미국 석탄 및 천연가스의 가격.

출처: 미국 에너지 정보청. 유연탄과 무연탄은 대표적인 석탄 유형이다. 2011년 이후 수년간 USEIA에서 석탄 데이터 시리즈를 제공받지 못하였으며 표시된 천연가스 가격은 '시티 게이트' 가격으로, 정가와 현지 시장 전송은 포함되지간 소매가격 인상은 포함되지 않았다.

또한, 생명주기 관점에서 업스트림 손실은 초기에 자원 발견으로 이어지는 석유 탐사 과정 동안 소비된 에너지의 구성 요소를 포함해야 한다. 이러한 데이터는 현재 문헌에서 이용할 수 없다. 그러나 이를 포함한다고 해서 앞선 결과, 즉 업스트림 손실이 화석연료의 총 에너지 밀도에서 차지하는 비중이 크지 않으므로 결과가 달라지지는 않을 것으로 추측할 수 있다.

4-2-2 전체 자원 가용성과 소비의 현재 비율

매년 소비되는 자원의 에너지 총량의 측정 결과에 따르면, 화석연료는 세계 에너지 소비의 약 85%를 차지한다. 그림 4-3에서 보여주듯이, 2017년에는 원유가 가장 큰 에너지원이며 2위인 석탄과 3위인 천연가스는 모든 비화석에너지원을 합친 것보다 더 많은 에너지를 공급한다. "기타"는 주로 수력과 원자력으로 구성되며, 풍력, 태양, 바이오매스 등이 적은 양을 차지한다. 또한 2000~2012년 동안 석탄 소비량이 다른 두 화석연료의 소비를 앞질렀기 때문에, 석탄 소비량은 증가한 반면 석유의 점유율은 감소하였다.

화석연료는 국가의 부유함 또는 가난함에 따라 다른 양과 다른 방법으로 사용된다. 표 4-3은 선진국과 신흥국의 화석연료 소비 내역을 보여 준다.[2] 이러한 데이터는 산업적 국가에서 원유 소비가 집중되는 것을 보여주고 있으며, 반면 신흥국은 상대적으로 높은 비율로 석탄을 소비한다. 이러한 차이에는 몇 가지 이유가 있다. 첫째, 부유한 국가일수록 1인당 개인 자동차 보유 대수가 많거나 화물 이동량이 많은 등 석유 제품을 에너지원으로 사용하는 운송 수단에 대해 더 많이 접한다. 또한 천연가스 가격은 역사적으로 석탄 가격보다 높았으며, 특히 액화 천연가스 형태로 세계 시장으로의 장거리 운송이 포함된 가격일 때는 더욱 그렇다. 따라서 부유한 국가는 가난한 국가가 공급받지 못

2 선진국은 북미, 유럽, 일본, 호주 및 뉴질랜드로 구성된다. 신흥 국가에는 다른 모든 국가가 포함된다. 1장을 참고하라.

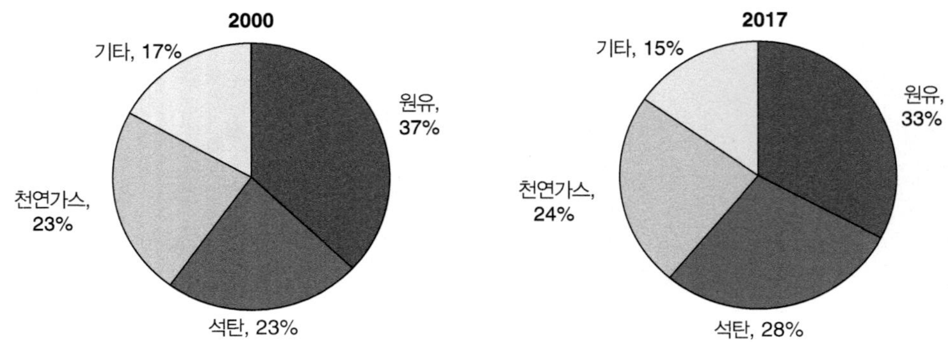

그림 4-3 2000년과 2017년 전 세계 에너지 생산의 화석연료 구성 비율.

참고: 총 가치: 2000년, 416 EJ(394쿼드); 2017년, 609 EJ(577쿼드). (*출처*: 에너지 정보 관리청)

표 4-3 2000년과 2017년 선진국와 신흥국에서 화석연료 형태에 의한 에너지 소비 비율 비교

연료 유형	선진국		신흥국	
2000년	**(EJ)**	**합계에 대한 비율(%)**	**(EJ)**	**합계에 대한 비율(%)**
석탄	45.92	23	60.83	31
천연가스	53.23	27	49.03	26
원유	97.94	50	62.33	35
모든 화석연료	97.10	100	172.19	100
2017년				
석탄	35.24	23	138.65	42
천연가스	57.51	38	79.41	24
원유	57.51	38	112.36	34
모든 화석연료	150.25	100	330.43	100

출처: U.S. 에너지 정보 기관.

하는 천연가스를 공급받을 수 있는 인프라를 구축했고, 그로 인해 부유한 국가는 더 높은 시장 점유율을 가진다. 현재 석탄과 천연가스의 상대적 비용이 변화하고 있지만 인프라가 이러한 변화를 따라가지 못하기 때문에 여전히 천연가스에 대한 접근성은 주로 부유한 국가들이 가지고 있다. 또한 선진국들은 원자력에 대한 전력 생산 접근성이 좋지만, 지금까지 개발도상국의 에너지 발전 시장에 크게 진출하지 못했다(8장 참조). 마지막으로, 태양광과 풍력 같은 신재생에너지는 부유한 국가에서 더 빠르게 성장하고 있다.

화석연료의 자원과 추정된 매장량

매장량은 추정한 연료량의 정확성 안에서 합의된 허용오차 내로 특정 위치에 존재하는 것으로 알려진 화석연료의 양이다(물론 가장 근접한 배럴 또는 m^2 내에서 지하에 있는 물질의 정확한 추정은 불가능하므로 공개된 양과 최종적으로 추출되는 실제량 사이에는 약간의 차이가 있을 것으로 예상된다). 자원은 아직 완전히 탐사 및 평가되지 않은 연료의 추정된 양이다. 시간이 지남에 따라 에너지 회사는 현재 개발 중인 에너지 매장량을 미래에 개발할 수 있는 새로운 매장량으로 대체하기 위

해 자원이 존재하는 것으로 알려진 지역을 탐사하여 그 규모를 평가한다. 따라서 특정 시점에 에너지 회사나 국가 정부에 의해 존재한다고 알려진 매장량은 결국 추출될 화석연료의 양보다 적다.

표 4-4는 전 세계뿐만 아니라 화석연료의 주요 소비자 또는 생산자인 일부 국가의 석탄, 석유, 가스의 가용 매장량을 보여주고 있다. 매장량은 해당 연료에 대한 일상적인 보고에 사용되는 표준 단위(예: 가스의 경우 1조 세제곱미터 등)와 에너지 함량 단위로 제공되며, 서로 다른 매장량에서 사용할 수 있는 에너지를 비교할 수 있도록 에너지 함량 단위로도 제공된다. 각 연료에 대해 표시된 매장량과 같거나 더 많은 양의 자원을 추가로 사용할 수 있다. 예를 들어, 전 세계 석탄 자원에 대한 한 추정치는 13만 EJ (Sorensen, 2002, p.472)로 2014년 매장량값의 5배가 넘는다.

표에서 두 가지 관찰이 가능하다. 첫째, 입증된 매장량의 정확한 에너지 함량을 고려하더라도 석탄이 가스나 석유보다 더 풍부하다는 것이다. 비전통적 석유 및 가스 추출의 확대르 인해 표 4-4의 상대적으로 적은 매장량과 비교하여 이 두 자원에 대한 전망이 바뀌고 있다(4-3절 참조). 그럼에도 불구하고 향후 세계 에너지 공급은 석유와 가스 공급이 부족해지면 석탄이 대체재로 사용되는 시점에 도달할 수 있다. 둘째, 중국과 같이 원유 수요가 많고 매장량이 상대적으로 적은 국가(표에서 세계 총량의 1.5%)는 가까운 미래에 수입에 의존할 것으로 예상할 수 있다. 미국은 2000년대 초만 해도 수입 의존도가 높은 국가 중 하나였지만, 국내 비전통 석유 추출이 증가하면서 수입 석유량이 크게 감소하였다(2010년 하루 1,000만 배럴 이상에서 2014년에는 500만 배럴로 감소).

연간 소비와 매장량의 관계는 예제 4-1에 제시되어 있다.

표 4-4 2004년과 2014년도 세계 및 일부 국가에서 화석연료의 매장량

국가	가스		석유		석탄	
2004년	(trilm^3)	(EJ)	(bill. Bbl)	(EJ)	(bill. tonnes)	(EJ)$^{(1)}$
중국	1.5	54.7	18.2	95	110	2,750
러시아	47.6	1,732.4	60.0	314	250	6,250
사우디 아라비아$^{(2)}$	6.5	238.2	262.0	1,373	–	–
미국	5.4	196.6	21.9	115	270	6,750
나머지 국가	111.0	4,040.4	902.9	4,731	370	9,250
전체	172.0	6,262.2	1265.0	6,628	1000	25,000
2014년						
중국	4.4	160.2	24.4	127.7	126.2	3,155.4
러시아	47.8	1,740.3	80.0	419.2	173.1	4,326.8
사우디 아라비아$^{(2)}$	8.2	299.8	268.4	1,406.1	–	–
미국	9.6	348.8	36.5	191.4	258.6	6,465.5
나머지 국가	127.5	4,639.6	1,246.3	6,530.4	421.9	10,547.1
전체	197.5	7,188.7	1,655.6	8,674.8	979.8	24,494.8

참고: (1) 가스 36.4 MJ/m^3, 석유 5.2 GJ/bbl, 석탄 25 GJ/toone에 대한 에너지 수치, 부피 변환: 1 m^3 = 35.3 ft^3. (2) 사우디아라비아는 석탄 자원이 많지 않다.

출처: U.S. 에너지정보 기관.

▶ 예제 4-1

2014년에 미국의 가스, 석유와 석탄의 전체 소비는 각각 에너지 함유량의 28.1, 37, 그리고 18.3 EJ로 측정되었다. (a) 이러한 3가지 자원에 대하여 미국의 에너지 소비에 대한 매장량의 비를 계산하라. (b) 이러한 계산의 타당성을 논의하라.

▶ ***풀이***

표 4-4에서 미국의 총 매장량은 각각 349, 191, 6,465 EJ이다. 따라서 세 가지 연료에 대한 비는 각각 12.4, 5.2, 354이다. 이러한 계산은 다른 상황을 고려하지 않은 현재 비를 의미한다. 가스 매장량은 약 12년 안에 소모되고, 석유 매장량은 3년 안에 소모되며, 석탄 매장량은 3세기 이상 더 지속될 것이다.

▶ ***논의*** 소비에서 매장률의 사용은 자원의 가용성에 대해 남은 시간을 정확히 설명할 수 없다. 첫째, 이러한 예제에서 가스와 석유에 대한 계산은 국내로 공급된 수입 자원의 비율을 고려하지 않는다. 미국 석유 소비의 특정한 경우에 대하여 이러한 비율은 중요하다. 2014년 국내 생산량은 53억 배럴, 즉 총수요 42.6 EJ 중 27.5 EJ에 해당하는 에너지에 해당한다. 9.5 EJ에 달하는 수입 석유가 나머지 26%의 점유율을 차지했다. 둘째, 기존 매장량의 고갈은 전체 확인 매장량에 새로운 자원을 추가하기 위한 탐사를 촉진하여 자원이 고갈되는 지점을 미래로 연기한다. 마지막으로, 석유와 같은 화석연료의 고갈이 가까워짐에 따라 남은 자원은 추출하기가 더 어렵고 비용도 더 많이 드는 경향이 있다. 또한 자원이 부족하다는 경제 시장의 인식으로 인해 판매자는 가격을 인상할 수 있다. 이러한 두 가지 이유로 인해 가격이 상승함에 따라 천연가스와 같은 대체재의 경쟁력은 더욱 높아지고 석유 수요의 일부를 대체하게 된다. 결과적으로 석유 수요가 감소하여 고갈 속도가 느려진다.

이러한 복잡한 요인으로 인해 소비에 대한 매장률을 통한 예측은 자원이 얼마나 오랫동안 지속되는지 정확히 예측하지 못한다. 그러나 낮은 매장량 대비 소비율을 가져 가장 먼저 소진될 자원들의 상대적 지표로 적용될 수 있다. 이 예에서 제시된 수치에 따르면 미국의 석유 매장량이 먼저 고갈되고, 가스 매장량, 석탄 매장량이 차례로 고갈될 가능성이 높다.

4-2-3 '탈탄소화(decarbonization)' 전략과 CO_2 배출량 비교

화석연료의 단위당 CO_2 배출량은 에너지를 방출하기 위한 산소와 연료의 화학반응의 함수이다. 방출된 에너지는 연료의 화학적 변환은 깨진 분자 결합의 수가 증가할수록 커진다. 탄소 대 수소의 높은 비율을 가지는 화석연료는 상대적으로 작은 질량과 더 큰 결합력을 가지며, 발생한 에너지 단위당 적은 CO_2를 방출할 수 있다. 이 점을 설명하기 위해 석탄, 가스와 석유의 순수한 형태의 연소를 지배하는 3가지 화학반응을 고려해보자.[3]

$$\text{석탄: } C + O_2 >> CO_2 + 30\ \mathrm{MJ/kg}$$

$$\text{가스: } CH_4 + 2O_2 >> CO_2 + 2H_2O + 50\ \mathrm{MJ/kg}$$

$$\text{석유(가솔린): } C_8H_{18} + 12.5O_2 >> 8CO_2 + 9H_2O + 44\ \mathrm{MJ/kg}$$

방출된 에너지는 CO_2가 아닌 연소되는 연료의 질량 단위당으로 표현된다.

발생된 에너지 단위당 방출된 CO_2의 양은 방출된 CO_2의 질량에 반응으로부터 연료의 분자량

---

3 석탄에 대하여 주어진 에너지 함량값은 고품질이고 상대적으로 순수 석탄에 해당한다. 수분 함량이 높거나 상당한 불순물이 있는 석탄은 kg당 낮은 에너지 함량을 가진다. 석유의 경우, 휘발유에 대한 공식은 대표적인 석유 제품으로 사용된다.

과 비교하여 이러한 반응식으로 계산할 수 있다. 메탄(CH_4)의 탄소 강도는 예제 4-2에서 계산된다.

예제 4-2

대기압으로 방출된 CO_2 1 kg당 CH_4 연소로 방출된 에너지를 MJ/kg CO_2 단위토 계산하라.

풀이

MJ/kg CO_2를 계산하기 위해, 수소원자는 1, 산소원자는 16, 탄소원자는 12의 분자량을 가짐을 상기하라. 따라서, 이 원소들의 1 kg-mol의 질량은 각각 12 kg, 16 kg, 1 kg이다. 따라서 CH_4의 1 kg-mol의 질량은 16 kg이고, CO_2의 1 kg-mol의 질량은 44 kg, 또한 대기압에서 배출된 CO_2의 단위당 방출되는 에너지의 양은 50 MJ/kg × (16/44) = 18.2 MJ/kg CO_2이다.

가솔린에 대한 14.2 MJ/kg CO_2를 제공하고, 석유에 대해서는 8.18 MJ/kg CO_2를 제공하는 것을 반복하여 계산할 수 있다. 이러한 계산을 수행하기 위해 이 장의 끝에 연습 문제가 남아 있다.

가스, 석유, 석탄의 값을 비교해보면 기후변화 방지를 위해 연소되는 연료의 탄소-수소 결합의 가치가 더 중요해진다. 석탄에는 그러한 결합이 없기 때문에 대기로 배출되는 CO_2 단위당 방출되는 에너지양이 가장 작다. 이는 CO_2 배출을 줄이려는 많은 국가에서 문제가 된다. 왜냐하면 비록 지난 몇 년 동안 석탄 사용을 줄이려 했음에도 불구하고 중국, 독일 또는 미국의 전력 부문과 같은 특정 부문에서는 발전 용량의 상당 부분을 석탄에 의존하기 때문이다. 상대적인 배출량으로 설명하자면, 연간 20억 kWh의 전기를 생산하는 일반적인 발전소는 이 수요를 충족하기 위해 대략 50 PJ(약 50조 BTU)의 에너지 사용이 필요할 수 있다. 이 정도의 에너지 함량으로 석탄을 완전히 연소하면 590만 톤의 CO_2가 발생하는 반면, 가스의 경우 그 양은 270만 톤이면 된다.

이러한 상황에 대응하여 일부 국가 또는 지역 정부는 생산된 에너지 단위당 배출되는 CO_2를 줄이기 위해 석탄을 전기, 산업 또는 기타 용도의 에너지 자원으로 석유와 가스로 대체하는 *탈탄소화* 정책을 추진하거나 옹호하고 있다. 탈탄소화는 2014년 인구 3,550만 명에 가스 매장량 1조 7,000억 m^3 (66조 7,000억 ft^3)와 석유 매장량 1,730억 배럴을 보유한 캐나다와 같이 가스나 석유 매장량이 많은 국가에 특히 매력적이다. 미국은 새로운 기술 덕분에 오늘날 천연가스 매장량이 훨씬 더 많은 것으로 입증되었고 천연가스가 발전 및 기타 용도로 석탄을 대체하고 있는 나라 중 하나이다. 국제 기후 협약에서 배출할 수 있는 이산화탄소의 양을 제한하고 있기 때문에 이들 국가는 탈탄소화를 통해 목표를 달성할 수 있다.

역사적으로 탈탄소화는 19세기부터 전 세계적으로, 특히 선진국을 중심으로 진행되어 왔으며, 세계 경제의 많은 부문에서 더 깨끗하고 운송 및 연소가 용이한 석유와 가스로 석탄을 대체하고 있다. 낮은 탄소 대 에너지 비율은 이러한 변화의 편리한 부작용이었지만, 이것이 동기는 아니다. 그러나 탈탄소화는 미래를 위한 전 세계적인 전략으로 (1) 석탄에 비해 상대적으로 가스 및 석유 매장량/자원이 부족하고 (2) 특히 신흥국을 중심으로 에너지 수요가 급격히 증가하는 문제에 직면해 있다. 훨씬 더 효율적인 에너지 전환 및 최종 사용 기술을 적극적으로 도입하면 산업 및 신흥국 모두에서 에너지 서비스 수요를 대폭 줄이고 나머지 에너지 수요의 대부분 또는 전부를 기존의 가스 및 석유 자원과 재생에너지를 사용하여 탈탄소화를 달성할 수 있다. 그렇지 않으면 탈탄소화는 화석연료 에너지 수요에 비해 대규모 가스 및 석유 자원이 적절히 혼합된 국가만으로 제한될 것이다.

이미 2000년 이후 화석에너지에서 석탄이 차지하는 비중이 증가함에 따라 전 세계적으로 탈탄소화, 즉 탄화수소에서 석탄으로 돌아가는 추세가 나타나고 있다. 그림 4-3에 따르면 2000년부터 2017년까지 석탄의 총소비량은 67 EJ 증가한 반면 천연가스는 35 EJ, 석유는 10 EJ 증가했다. 예를 들어, 중국은 경제가 빠르게 성장하고 있으며 표 4-4에서 볼 수 있듯이 석유나 가스보다 석탄 매장량이 훨씬 더 많기 때문에, 중국의 에너지 소비 증가는 화석연료에 대한 진정한 역사적 전환이 없다면 세계 에너지 분류에서 석탄이 차지하는 비중이 더 커지는 방향으로 나아가리라는 것은 놀라운 일이 아니다.

4-3 기존 화석연료의 쇠퇴와 비전통적 대안으로의 변환 가능성

예제 4-1에서 자원이 고갈될 때까지 일정한 비율로 사용된 화석연료의 자원 고갈에 대한 선형 모델은 현실적이지 않다는 점을 보여 주었다. 이번 절에서는 남아 있는 자원이 줄어듦으로써 연간 생산량이 감소하는 것을 포함하고 자원 고갈에 대한 타당한 방법을 생각해 볼 것이다. 전체적으로 자원의 수명에 대한 이 경로는 개별 유전, 탄광 등의 경로를 반영한다. 일반적으로 생산성은 처음에는 증가하다가 결국 정점에 도달한 다음 유정이나 광산과 마찬가지로 감소하기 시작하는 수명 주기를 따르며, 점차 생산성이 떨어지게 된다. 전 세계적으로 화석연료의 생산은 개별 분야의 생산과 동일한 경로를 따른다. 자원의 전 세계적 수명이 끝나갈 무렵, 생산성이 저하되는 오래된 유정이나 광산의 수가 새로 발견된 것보다 많아져 전체 생산량이 감소한다.

이제부터 우리는 잔여 공급에 대한 우려로 인해 현재 가장 주목받고 있는 자원인 원유의 특별한 경우에 초점을 맞춘다.

4-3-1 허버트 곡선을 응용한 자원 수명

재생 가능하지 않은 화석연료의 성장–정점–감소 형태는 자원의 *연간* 생산량과 *누적* 생산량의 두 가지 형태에서도 볼 수 있다. 이번 절에서는 먼저 연간 생산 형태에 대한 곡선 기법을 검토하고, 그 후에 누적 형태에 대한 곡선 기법을 검토할 것이다.

연간 산출량을 이용한 자원 수명

곡선을 이용한 재생 불가능한 화석연료의 수명모델은 가끔 '허버트(hubbert) 곡선'이라 불리는데, 1950년에 역사적 변화 형태를 통해 미국에서 석유 산출량을 곡선에 정립하고 미국 국내에서 미래에 석유 산출량의 정점을 예측하였다. 이 절에서 사용한 관찰된 데이터를 활용한 곡선 기법은 가우스(Gaussian) 곡선으로 제시되었다. 곡선의 선택은 가우스에 한정되지 않고, 다른 유사한 모양의 곡선이 정확도를 높이는 데도 가우스 곡선을 같이 사용할 수 있다.

가우스 곡선은 다음의 공식을 따른다.

$$P = \frac{Q_{\text{inf}}}{S\sqrt{2\pi}}\exp\left[-(t_m - t)^2/(2S^2)\right] \tag{4-1}$$

여기서 P는 t년 동안 기름의 산출량(배럴로 측정된 일반적인 값), Q_{inf}는 최대 회복 추측값(EUR) 혹은 최대로 회복될 수 있는 기름의 총량, S는 측정연수 동안 가우스 곡선의 한도 범위 안에서 측정된 변수값, t_m은 기름 산출량이 정점인 해이다. 가우스 곡선을 시간의 연속에 따른 기름 산출 데이터에 맞추기 위해서는 먼저 Q_{inf} 값이 반드시 구해져야 한다. 그 후 t_m과 S 값은 반복적으로 손으로 직접 풀거나 소프트웨어 기반의 해석 프로그램을 이용하여 관측된 P_{actual} 생산량값과 식 (4-1)에서 예상되는 P_{est} 값 사이의 편차값을 최소화하여 조정할 수 있다. 이러한 목적으로, *평균제곱근편차*(RMSD)는 다음과 같은 공식을 따라 구할 수 있다.

$$\mathrm{RMSD} = \sqrt{\frac{1}{n}\sum_{i=1}^{n}(P_{\text{actual, i}} - P_{\text{est, i}})^2} \tag{4-2}$$

여기서 n은 출력 데이터에 대한 연수이고, 하첨자 i는 시계열에서 연도를 의미한다. 예제 4-3은 이러한 기술의 사용을 설명하기 위해 과거의 미국 석유 출력 수치의 적은 수의 데이터를 사용한다.

예제 4-3

미국 국내에서 1910년, 1940년, 1970년, 2000년에 석유 산출량은 2억 1,000만 배럴, 15억 300만 배럴, 35억 1,700만 배럴, 21억 3,100만 배럴로 미국 에너지 정보 관리원에 의해 각각 측정되었다. 기름의 예상된 최대 회복이 223억 배럴로 추정될 경우 기름 산출량이 정점이 될 가장 가까운 시기를 예측한다. 그 해의 예상 산출량은 얼마인가?

▶ ***풀이***

시작점으로부터, 우리는 RMSD의 초기값을 계산하는 데 부족한 매개변수 S와 T의 값을 추측했다. S = 30년, 그리고 t_m = 1970이라고 가정한다. 다음 각각의 해 t를 P_{est}를 이용한 식 (4-1)로 n을 구할 수 있다. 적절한 RMSD 값을 구하기 위해 선행된 값 $\Sigma(P_{actual} - P_{est})^2 = 5.38 \times 10^{17}$에 의한 결과값이 다음 표에 제시되었다.

연도	P_{actual} (10^6 barrel)	P_{est} (10^6 barrel)	$(P_{actual}-P_{est})^2$
1910	210	401	3.665E+16
1940	1,503	1,799	8.772E+16
1970	3,517	2,966	3.032E+17
2000	2,131	1,799	1.101E+17
		전체	5.377E+17

이 RMSD 값은 식 (4-2)에 의해 계산되었다.

$$\mathrm{RMSD} = \sqrt{\frac{1}{4}(5.377 \times 10^{17})} = 3.67 \times 10^8$$

S 값과 t_m 값은 RMSD를 줄이기 위해 체계적인 수작업으로 바뀔 수 있다. 우리는 RMSD를 최소화하기 위한 S 값과 t_m 값을 계산기를 이용해 찾고, 이 경우에 계산기는 스프레드시트를 기반으로 하기 때문에 RMSD를 최소화하기 위한 S 값과 t_m 값이 필요할 것이다. 계산하면 S = 25.3년, t_m = 1974년으로 계산될 것이다.

연도	P_{actual} (10₆ barrel)	P_{est} (10₆ barrel)	$(P_{actual}-P_{est})^2$
1910	210	146	4.028E+15
1940	1,503	1,442	3.671E+15
1970	3,517	3,479	1.456E+15
2000	2,131	2,056	5.659E+15
		전체	1.481E+16

이러한 값을 기반으로, RMSD는 다음과 같이 감소된다.

$$\text{RMSD} = \sqrt{\frac{1}{4}(1.481 \times 10^{16})} = 6.086 \times 10^{7}$$

따라서, 최소값은 RMSD = 6.09×10^{7}이다. 식 (4-1)에서 Q = 2,230억, S = 25.3년, t_m = 1974를 대입한다.

$$P = \frac{2.23 \times 10^{11}}{25.3\sqrt{2\pi}}\exp(0) = \frac{2.23 \times 10^{11}}{25.3\sqrt{2\pi}} = 3.518 \times 10^{9} \text{ bbl}$$

이 값은 1972년에 관측된 미국의 석유 산출량의 최대값인 35억 2,000만 배럴에 꽤 근접한 값이다.

미국 및 세계 석유 생산 동향의 적용

그림 4-4와 같이 가우스 곡선은 1900년에서 2008년의 연간 출력 데이터의 값을 적용할 수 있다. Q_{inf} = 2,250억이라고 가정하면 S = 27.8년, t_m = 1976일 때 최적의 EUR 값을 찾을 수 있다.

따라서 미국에 대한 곡선에서 예측된 최대 산출량은 실제 정점으로부터 6년 후인 1976년에 연간 32억 2,000만 배럴로 나타난다. 2005년에 이르러 실제값 곡선과 예측된 값의 곡선은 각각 연간 18억 9,000만 배럴과 18억 6,000만 배럴로 감소하였다. 가우스 곡선이 정확하다면, 2050년에 99.3%의 최대 재생 자원을 소모하면서 기름 생산량이 9,300만 배럴로 감소할 것이다. 가우스 곡선

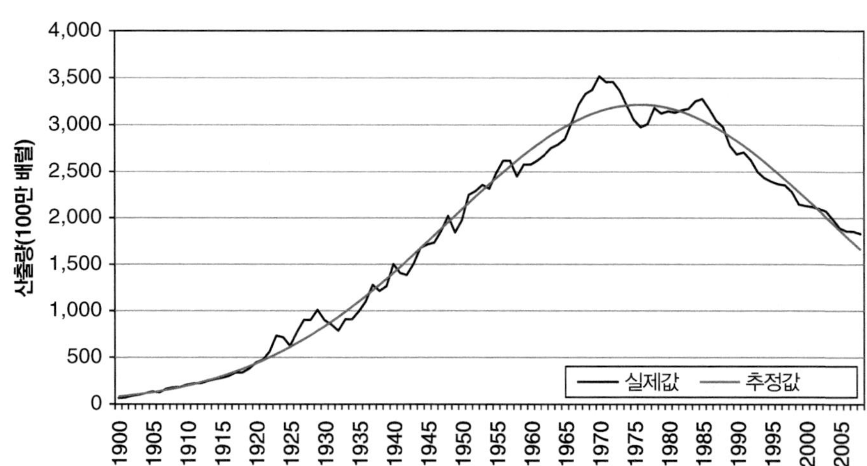

그림 4-4 1900~2008년 동안 미국의 모든 주에서 석유 산출량. (*출처*: 미국 에너지 정보 관리청.)

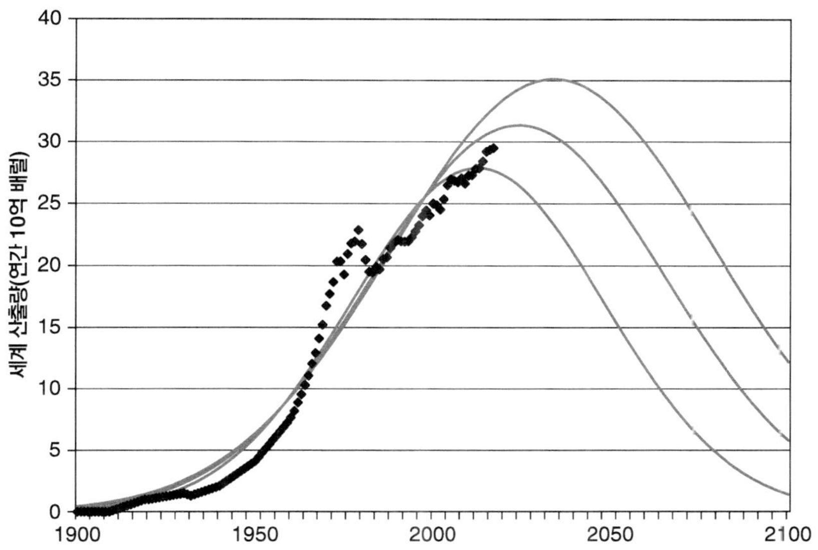

그림 4-5 1900~2017년 동안 2조 5,000억, 3조 2,500억, 4조 배럴에서의 EUR 값 함수에 가장 부합된 세계 석유 생산 데이터.

[*출처*: 직접 구한 생산량 변화 추이의 누적과 예상 식 (4-1)과 (4-2), 그리고 미국 에너지 정보 관리원에서 구한 역사적 생산량 데이터.]

은 1900년에서 2005년까지 충분한 기간 동안 매년 실제값과 추정값의 오차가 6%를 보이며 일치했다.

동일한 기술을 정점인 해의 출력값을 예측하기 위해서 세계 석유 생산 데이터에 적용할 수 있다. 그림 4-5에 보여주고 있는 바와 같이 매년 세계 석유 산출량의 미래 경로는 대체되는 기름의 총량의 예상 가능한 범위에서 예측이 가능하다. 전 세계 매장량과 자원이 현재 명확하게 알려지지 않았기 때문에, EUR 값은 2조 5,000억에서 4조 배럴의 값으로 광범위하게 가정할 수 있다.

그림 4-5는 석유 생산의 정점 연도의 시간이 EUR 값에 매우 민감하지 않음을 시사한다. 2조 5,000억에서 4조 배럴의 EUR 증가는 정점 연도를 2013년에서 2034년으로 21년간 지연시킨다. EUR이 3조 2,500억일 경우, 2024년에 산출 정점에 이른다. 또한, 일단 정점이 지나면 산출량의 감소는 아마 가속화될 것이다. EUR이 4조일 경우에, 2034년에 연간 353억 배럴로 정점에 이른 후 2070년에 연간 256억 배럴로 생산이 줄어 36년간 28%의 감소가 발생한다.

누적 산출값을 이용한 자원 수명

앞에서 분석한 *연간* 석유 생산량 시계열 데이터와 함께 비재생 자원의 *누적* 생산량 데이터도 관심을 가져야 하며, 여기서 누적 생산량은 1년 차부터 t년까지 연간 생산량값의 합이다. 연간 패턴이 상승, 정점, 감소 중 하나이기 때문에 누적값은 많은 침투 또는 고갈 과정에서 나타나는 'S-곡선' 형태를 띠게 된다.

생산 및 최종 고갈 과정의 경로를 위한 누적 생산량에 대한 관찰값을 적합을 통하여 논리곡선을 구할 수 있다. 최초 연도 t_0와 현재 연도 t 사이의 경과 연수를 t'이라 한다.

$$t' = t - t_0 \tag{4-3}$$

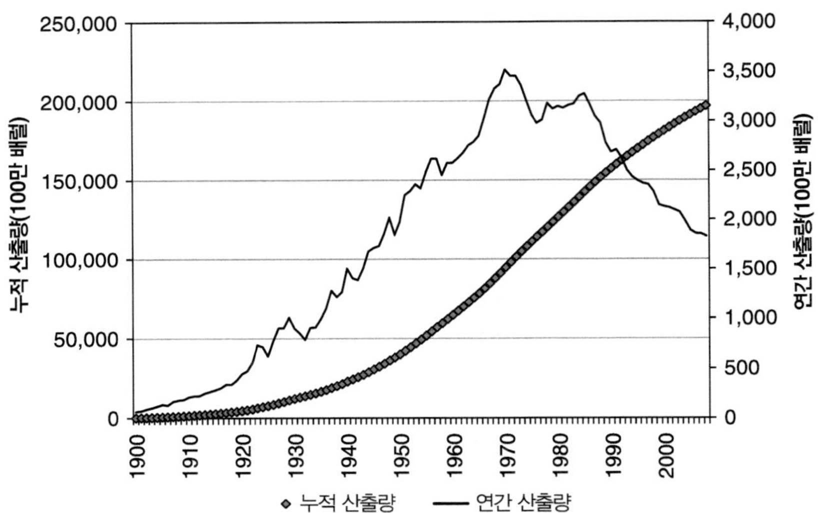

그림 4-6 1900~2008년의 모든 주를 포함한 미국 연간 석유 산출량과 누적 석유 산출량.

(*출처*: 미국 에너지정보관리원.)

그 후 만약 우리가 최종 삽입 단계와 t'년 이후 삽입 단계 $f(t')$을 달성한 경로를 갖는 EUR을 정의한다면 뒤따르는 곡선은 최소화된 조절계수 c_1과 c_2를 갖는 RMSD라고 할 수 있다.

$$f(t') = \frac{\text{EUR} \cdot e^{(c_1 + c_2 t')}}{1 + e^{(c_1 + c_2 t')}} \tag{4-4}$$

미국 석유 생산의 역사적 경로에 대한 물류 곡선의 적용을 보여주는 예제 4-4에서와 같이, 소비된 절대 석유 배럴 수 또는 EUR의 비율을 매개변수 c_1 및 c_2를 맞추는 데 사용할 수 있다. 독자는 그림 4-4에서 관찰된 연간 및 누적 생산량을 동일한 그래프에 표시하도록 조정한 그림 4-6을 참조할 수 있다.

예제 4-4

RMSD를 최소화하기 위해 매개변수 c_1과 c_2를 기름 생산의 누적 모델인 그림 4-4를 이용하며, 최종 회복값 EUR = 2.23×10^{11}일 때 1900년에서 2005년 사이의 생산값은 다음과 같다.

풀이

스프레드시트 또는 계산 소프트웨어 테이블을 설정하여 $f(t')$ 열의 셀을 F, c_1, c_2로 공식적으로 작성하여 실제값과 비교할 수 있도록 각 연도의 예상값을 제공한다.

시간에 따른 각 연도에 대해 하나씩 109개의 행이 있는 테이블이 생성된다. 여기에는 1900년, 1901년, 1950년 및 2008년의 값이 포함된 축약된 버전의 표가 표시되어 있으며, 절대 생산량('절대 접근 방식')과 소비된 EUR의 비율('비율 접근 방식')에 기반을 둔 계산이 모두 포함되어 있다. 누적 석유 생산량의 절대값은 수백만 배럴 단위로 보고된다는 점에 유의하라.

연도	누적량(100만)		(관찰값−예상값)^2	EUR 백분율		(관찰값−예상값)^2
	관찰값	예상값		관찰값	예상값	
1900	6.36E+01	2.26E+03	4.839E+06	0.03%	1.01%	9.73E−05
1901	1.33E+02	2.40E+03	5.156E+06	0.06%	1.08%	1.04E−04
기타	기타	기타	기타	기타	기타	기타
1950	39.96E+04	39.31E+04	4.165E+05	17.92%	17.63%	8.38E−06
기타	기타	기타	기타	기타	기타	기타
2008	1.83E+05	1.66E+05	7.31E+05	88.3%	87.9%	1.47E−05
오차 간격의 합:			2.73E+08	오차 간격의 합:		5.497E−03

모델에서 c_1 및 c_2를 변경하여 RMSD의 합을 최소화하여 다음과 같은 값을 산출한다. 절대 또는 비율 접근 방식에 대해 $c_1 = -4.58$, $c_2 = 0.06077$이 되어 표의 '모형화된' 열에 표시된 수치를 제공한다. 표 하단에 있는 오차 항의 합을 식 (4-2)에 대입하면 각각 RMSD에 대해 다음과 같은 값을 얻을 수 있다.

$$\text{RMSD\_Absolute} = \sqrt{(1/106)(2.73 \times 10^{8})} = 1{,}606$$

$$\text{RMSD\_Percent} = \sqrt{(1/106)(5.497 \times 10^{-3})} = 0.0072$$

이 RMDS 값들은 서로 다르지만, 두 값 모두 각 접근법의 최소값이다.

다음으로, 1950년을 예로 들어 특정 연도에 모델링된 값을 계산하는 방법을 다음과 같이 설명할 수 있다.

$$t' = 1950 - 1900 = 50$$

$$f(50) = \frac{\text{EUR} \cdot e^{(c_1 + c_2 t')}}{1 + e^{(c_1 + c_2 t')}} = \frac{2.23 \times 10^{11} \cdot e^{(-4.58 + 0.06077 \cdot 50)}}{1 + e^{(-4.58 + 0.06077 \cdot 50)}} = 3.931 \times 10^{10}$$

즉, 393억 1,000만 배럴의 추정치와 399억 6,000만 배럴의 관측치를 비교하면 6억 5,000만 배럴 또는 실제값의 1.6%의 차이가 있다. 그림 4-7의 두 곡선을 비교하면 알 수 있듯이 추정치와 관측치 간의 전반적인 일치도가 상당히 높다.

▶ ***논의*** 관찰된 누적 소비 침투 곡선의 장점 중 하나는 그것이 미래 고갈의 정도를 예측하는 다른 방법을 제공한다는 것이다. 예를 들어, $c_1 = -4.580$과 $c_2 = 0.06077$의 값을 가지는 외삽곡선이 2025년 ($t'' = 125$)에 이르면, 사용 가능한 초기 총량의 95%인 약 2,130억 배럴이 고갈되며, 남은 100억 배럴은 소비될 것이다.

또한, 연간 곡선은 매해 기복이 크지만 누적 S-곡선은 작은 영향을 보이며 1970년과 1980년 사이에 최대 증가율을 나타낸다. 그 이후 성장 속도가 감소함을 보였다. 초기 70~80년 동안의 총 추출 규모가 크다는 것은 누적 곡선을 상대적으로 둔감하게 하여 곡선이 부드러운 모양을 가지게 한다. 예를 들어, 1970년과 1980년 동안 연간 출력값은 연간 30억 및 35억 배럴 사이에 차이가 있지만, 그 기간에 누적값은 1970년 1,000억 배럴에서 1980년 약 1,300억 배럴로 성장하고 있기 때문에 5억 배럴 이하의 작은 영향은 인지하기 어렵다.

석유 생산의 정점과 쇠퇴에 대한 우려

에너지 정책 관점에서 기존의 석유 정점의 발생을 예측하는 것이 큰 관심사이다. 왜냐하면 정점 이후, 사회는 고정 또는 감소하고 있는 자원과 석유가 제공하던 서비스를 대신할 수 있는 것을 찾도록

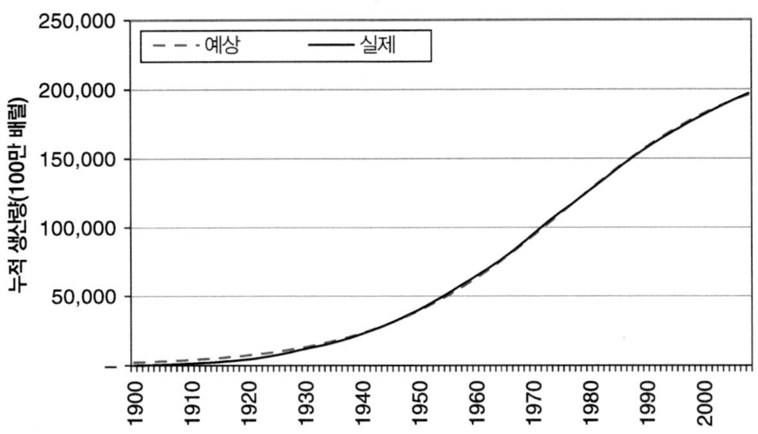

그림 4-7 1900~2008년 동안 미국의 관찰된 석유 생산량과 예상 누적 소비의 비교. (*출처*: 미국 에너지 정보 관리청.)

압력을 받고 있기 때문이다. 이러한 현상에 *피크 오일*이라는 이름이 붙여졌다. 예를 들어, 그림 4-5의 4조 배럴을 기준으로 한 세계 생산량 곡선은 2030년경에 정점을 찍고 향후 40년 동안 36% 감소할 것임을 시사한다. 경제 활동 증가에 따라 석유 수요는 계속 증가할 것이다.

미래 세계 연간 산출량 곡선에 따라 점진적으로 하락하고 정점에 이르리라는 것에 모든 분석가가 동의하는 것은 아니다. 어떤 사람들은 곡선이 어느 수준에 이르게 되면, 석유 생산자가 연간 생산량을 더 이상 늘리지 못하지만 20~30년간 유지할 수 있다고 믿는다. 하지만 대부분이 동의하는 의견은 2050년 이전에 총 산출량이 최종적으로 감소하리라는 것이다. 비슷한 경향이 천연가스에도 나타나는데 일부 나라에서 천연가스가 고갈되고 있어 가스 추출을 위한 새로운 기술을 개발하고 있다. 이러한 이유로 미래에는 비전통적인 화석연료의 잠재적 역할을 생각하는 것이 중요하다.

4-3-2 석유와 가스를 대체할 수 있는 비전통적 화석 자원의 잠재적인 역할

앞에서 언급한 바와 같이 석유, 가스, 석탄 등 주요 화석연료 외에도 석탄과 같은 지질학적 과정에서 파생된 비전통적 자원들이 있지만 현재 널리 사용되지 못하고 있다. 국제 시장의 석유 및 가스 가격이 높을 때, 특히 화석연료를 대량으로 수입하고 비전통적 자원을 잠재적 대안으로 보유한 국가에서는 이러한 자원이 때때로 더 저렴한 대안을 제공할 수 있기 때문에 수십 년 동안 비전통적 화석 자원에 대한 관심이 있었다. 다른 경우에는 기존 자원의 가용성이 감소하면 비전통적인 자원은 기존 자원의 감소한 가용성의 부족한 부분을 채울 수 있다. 대개 비전통적 자원을 가용할 수 있는 형태로 전환하는 것은 기존 석유 및 가스보다 더 복잡하고, 비용이 많이 소요된다. 그러나 최근 몇 년 동안 석유와 같이 가격이 급격히 상승하고 있는 상황에서는 현존하는 비전통적 자원의 생산량이 증가하고 새로운 위치에 대한 탐색도 지속적일 수밖에 없다.

여기에 다음과 같은 4가지의 주요한 비전통적 화석연료가 있다.

1. *오일 셰일*: 오일 셰일은 퇴적암 안에 화석연료 유기물이 합성되어 구성된 것이다. 오일 셰일은 가열하면 석유와 비슷한 화석 액체 연료를 배출한다. 기름의 농도가 충분히 큰 경우, 배출된 기름의 에너지 함유량은 투입된 에너지를 넘는다. 이때, 기름은 최종 사용 제품으로 정제되어 이용할 수 있다.

2. *타르샌드*: 타르샌드는 모래와 높은 점성의 탄화수소가 혼합된 형태이다. 오일 셰일과 마찬가지로 타르샌드는 정제할 수 있는 타르를 배출시키기 위해서 열을 가해야 한다.

3. *석탄에서의 합성가스와 액체 연료 제품*: 오일 셰일이나 타르샌드와 달리 이 자원의 생성은 기존의 연료인 석탄을 이용하여 기체 또는 액체 연료로 변환시킨다. 예를 들면, 운송 또는 난방을 위해 고체 연료를 사용하는 것은 불편하다. 석탄의 일부 에너지 함량은 변환 과정 중 사용되고 잠재적 결과로 생성되는 물질을 가스관을 통한 이송이 가능한 천연가스 또는 합성 디젤 연료로 변환시킬 수 있다(메탄 함량 최소 95%).

4. *고급 추출 기술로부터 비전통적인 가스 자원*: 최근 몇 년 동안, 예전엔 접근하기 어려웠던 천연가스 자원의 추출이 가능해지게 하는 기술이 개발되었다. 예를 들어, 높은 압력의 물을 이용한 '수압파쇄'는 가스 추출기가 셰일가스를 포함한 셰일층 안으로 수직으로 굴착된 이후 수평 방향으로 시추한다. 독점적인 화학 물질 혼합물을 포함하는 수성 파쇄 유체를 사용하여 셰일에서 가스를 방출하기 위한 초기 파쇄 작업 후에 가스는 장기간 동안 유정에서 펌핑될 수 있다.

현 시점에서 이러한 비전통적인 화석 자원은 세계시장에서 추출되고 변환되어 판매되었다. 예를 들어, 2019년도에 캐나다 앨버타의 오일샌드는 하루에 원유를 약 290만 배럴 생산했다. 오일샌드와 타르샌드에서 이용할 수 있는 전 세계 총 자원은 에너지 함량 측면에서 전 세계 총 석유 자원과 비슷한 규모로 추정되며, 완전히 개발될 경우 이론적으로 수십 년 동안 기존 석유를 대체할 수 있을 것으로 예상된다. 오일 셰일 자원의 총 매장량은 2조 6,000억 배럴로 추정되며, 미국과 브라질에 대규모 자원이 매장되어 있고 아시아, 유럽, 중동의 여러 국가에 소규모로 매장되어 있다. 경제적으로 회수할 수 있는 타르샌드 매장량은 캐나다와 베네수엘라에 집중되어 있으며 약 3조 6,000억 배럴로 추정된다.

비전통적인 자원의 채취 및 처리와 함께, 합성가스나 석유 대신 석탄의 변환은 기존의 가스와 석유를 대체할 수 있는 하나의 방법이 될 수 있다. 1984년부터 미국 노스다코타의 한 석탄 가스화 공장은 석탄을 국가 가스 파이프라인망의 송전에 적합한 합성 천연가스로 전환해 왔다. 석탄을 수송용 액체 연료로 전환하는 공정도 있지만, 현재로서는 상대적으로 비용이 많이 들어 상업적으로 사용되지는 않고 있다.

미국의 경우, 최근 몇 년간 비전통적 화석 자원의 중요한 개발 중 하나인 셰일가스 추출이 국내 총 가스 공급에 기여하는 비중이 커지고 있다. 2000년에는 미미한 양이었던 셰일가스는 2009년에는 전체 가스 공급량의 14%(6,460억 m^3 또는 23조 m^3 중 904억 m^3 또는 3조 2,000억 m^3), 2013년에는 44%(7,390억 m^3 또는 26조 1,000억 m^3 중 3,230억 m^3 또는 11조 4,000억 m^3)로 증가하였다. 표 4-4에 보여주듯이 미국과 전 세계의 지난 5~10년 동안의 셰일가스 증가는 가스 매장량 규모 증가의 원인이기도 하다. 예를 들어, 비전통적 가스 매장량을 포함하면 미국의 가스 매장량은 5 tcm에서 10 tcm으로 증가한다. 또한, 이러한 매장량의 규모는 기본 지질 구조가 더 잘 파악됨에 따라 계속 증가할 가능성이 높다.

따라서 비전통적 자원은 적어도 수십 년의 중간 기간 동안 에너지 문제의 자원 충분성 측면을 해결할 수 있는 잠재력을 보여주었다. 어떤 경우에는 한 유형의 비전통 자원이 다른 유형의 비전통적인 자원을 대체할 수 있는데, 예를 들어 미국의 경우 비전통 국내 셰일가스가 기존 석유 자원을 대체하여 장기적으로 대체 차량 연료를 제공하고 수입에 대한 지출을 줄일 수 있다. 비전통적인 화석연료 공급 증가의 예는 다음 절에서 정량적으로 살펴보자.

4-3-3 미국 및 세계 비전통적 석유 개발 사례

미국의 비전통적 석유 개발 사례는 그림 4-4에 표시된 생산량 데이터를 그림 4-8에 표시한 것처럼 2019년까지 확장하여 더 자세히 살펴볼 수 있다. 그림 4-8은 미국의 총생산량을 전통적 및 비전통적인 자원으로 구분하여 보여준다. 연도별 총생산량은 미국 에너지정보청에서 보고한 실제 총생산량이다. 전통적 방식 생산량은 그림 4-4의 허버트 곡선의 연속에 의해 예측된 양이며, 각 연도에 표시된 비전통적 생산량은 총생산량과 전통적 방식 생산량의 차이다.

시간 경과에 따른 데이터를 관찰하면 비전통적 자원 생산의 증가가 어떻게 미국 석유 생산의 장기적인 감소세를 반전시켰는지 알 수 있다. 2006~2008년에는 이미 소량 생산이 이루어졌지만 총 생산량은 계속 감소해 2008년 18억 3,000만 배럴로 최저치를 기록했다. 이후 비전통적 자원의 생산량이 급격히 증가해 2013년 기존 생산량을 넘어섰다(14억 배럴 대 13억 3,000만 배럴). 2019년 총 석유 생산량은 44억 7,000만 배럴로 1970년의 기존 석유 생산량 35억 2,000만 배럴을 넘어섰다. 비전통적 석유 생산량은 전년도에 비해 대부분 증가했지만 2015~2016년에는 감소세가 보였다. 이러한 성장 중단은 그림 4-1에 표시된 올해 전후의 글로벌 가격 붕괴로 인해 발생했을 수 있다.

2006~2019년 기간의 비전통적 석유에 대한 시간 경과에 따른 데이터는 식 (4-1)과 식 (4-2)의 방정식 형태 허버트 곡선 기술을 사용하여 석유 생산량의 미래 궤적을 예측할 수 있는 또 다른 기회를 제공한다. 개발이 초기 단계이기 때문에 2015년 현재 EUR 가치는 매우 불확실하지만, USEIA의 한 추정에 따르면 미국 대륙의 총 가치는 460억 배럴에 달한다(Slaughter, 2013). 업계가 지속해서 생산하고 경험을 쌓아감에 따라 사용할 수 있는 총금액이 증가할 가능성이 높기 때문에 이

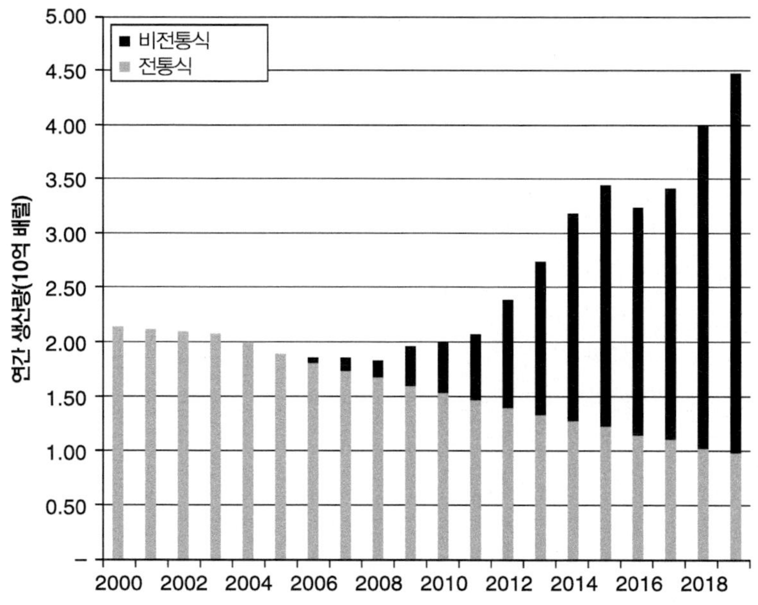

그림 4-8 2000~2019년 동안 미국 전통적인 및 비전통적인 석유 생산량. (*출처*: 미국 에너지 정보청, 연간 총생산.)

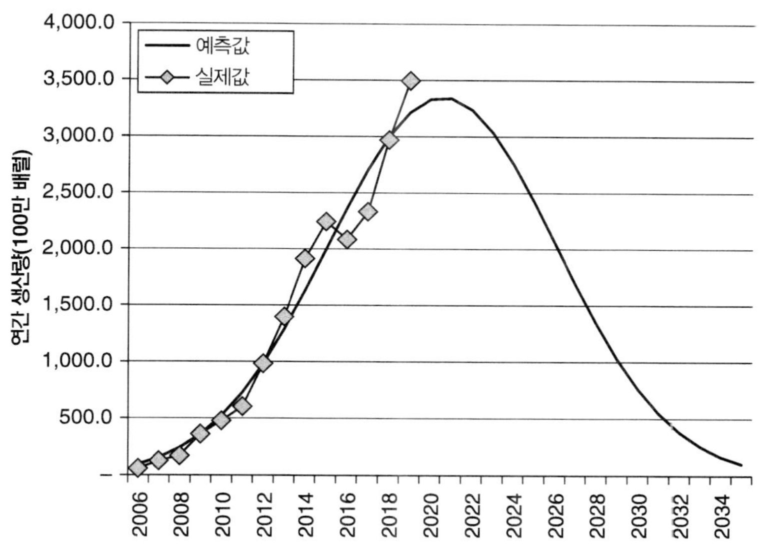

그림 4-9 2006~2034년 동안 미국의 비전통적 석유 생산을 위한 역사적 경로와 예상 허버트 곡선 경로.

참고: 곡선은 EUR = 460억 배럴을 가정한다. 자세한 내용은 본문 참조. (*출처*: 미국에너지정보국.)

EUR 값은 보수적일 가능성이 높다. 2019년까지 누적 생산량은 이미 190억 배럴에 이른다. EUR = 460억이라는 수치를 사용하여 곡선을 2006~2019년 생산량에 맞추면 최고 연도 t_m = 2021년과 폭 매개변수 S = 5.5년이 된다. 그림 4-9와 같이 자원은 2021년 이후 급격하게 감소하여 2030년까지 대부분 소모된다. 2019년 실제 생산량은 허버트 경로에서 예측한 연간 35억 배럴에서 32억 배럴을 초과했다. 그러나 2020년 중반까지 생산량은 허버트 경로에 더 부합하는 수준으로 감소했다. 일일 총생산량은 2019년 11월 하루 1,290만 배럴에서 2020년 6월 1,040만 배럴로 감소했다.

비전통적인 자원이 기존 자원을 대체하는 유사한 패턴이 전 세계 수준에서도 나타날 수 있다. 4-3-2절에서 언급했듯이 오일 셰일과 타르샌드 자원을 합치면 전 세계적으로 5조 배럴에 달할 수 있다. 이러한 자원 덕분에 허버트 곡선이 예측한 대로 전통적 자원이 감소하더라도 전 세계 석유 총생산량은 계속 증가할 수 있다. 예를 들어, Cambridge Energy Research Associates (2006)의 한 시나리오에 따르면 전통적 방식의 석유 생산량이 향후 수요를 따라잡지 못하고 2040년에 정점에 달할 것이지만 비전통적 석유가 그 차이를 메우고 총가용량의 뚜렷한 감소를 2060년 이후로 연기할 것으로 예상했다(그림 4-10).

4-3-4 피크 공급 대안으로서의 세계 피크 오일 수요

지금까지 피크 오일에 대한 논의는 세계 석유 수요가 석유 생산과 소비를 최종 정점까지 끌어올린 다음, 생산량이 감소하고 다른 에너지원이 그 자리를 대신하더라도 석유 소비는 계속될 것이라는 가정에 기초해 왔다. 이 시나리오에서는 석유 공급이 수요를 따라잡을 수 없기 때문에 세계 에너지 공급이 대체 에너지원으로 바뀌고 있다.

그러나 2020년 글로벌 코로나19 팬데믹이 발생하기 2~3년 전부터 석유 공급 피크 예측에 도전하는 '피크 수요'라는 대안적 비전이 등장했다. 피크 수요 시나리오에서는 전 세계 에너지 공급이

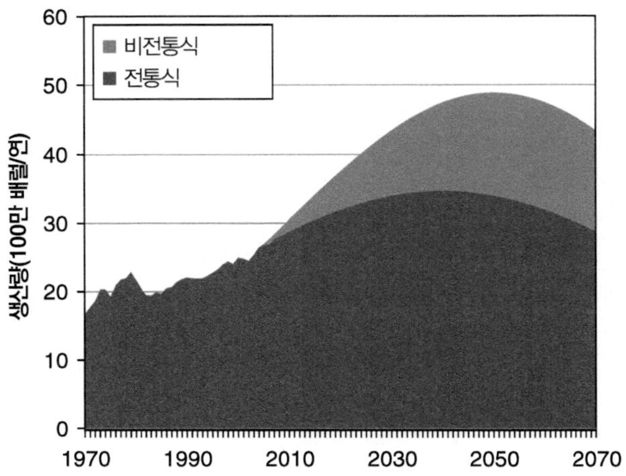

그림 4-10 2070년까지의 연간 세계 석유 생산량에 기반한 예측으로, 일정 기간 동안 비전통 석유가 총 생산량에 미치는 영향.

[*출처*: Cambridge Energy Research Associates (2006)에서 발췌.]

다음과 같은 경로에서 벗어나게 된다. 강력한 대체 에너지원과 정책 변화를 통해 생산량이 물리적으로 정점에 도달한다. 이러한 변화가 일어날 가능성이 가장 높은 영역은 경-상용차 부문이다. 이 분야에서는 석유를 에너지원으로 사용하지 않는 전기 자동차 기술의 발전과 지자체, 지역 및 국가 정책 전기화 촉진 정책이 전기 자동차 판매를 견인하고 있다. 장거리 운송 및 항공에 대한 석유 사용이 향후 수년 또는 수십 년 동안 강력하게 유지되더라도, 잠재적으로 소형 차량이 석유의 사용에서 벗어나게 되면 소형 차량이 석유 사용의 주요한 소비자이기 때문에 석유 사용의 궤적이 일정해질 것이다.

2020년 현재 석유 시장이 어떤 경로를 택할지는 불명확하다. 미국 에너지정보청에 따르면, 세계 석유 소비량은 2019년 6월 하루 1억 100만 배럴에서 2020년 6월 하루 8,800만 배럴로 감소하였다. 많은 국가의 인구가 통근 및 여행을 줄이면서 지상 대중교통 및 항공이 모두 감소하였다. 국가들이 코로나 바이러스 확산을 피하기 위해 출퇴근과 여행을 줄였다. 팬데믹이 끝나면 팬데믹 이전의 패턴으로 돌아갈 가능성이 있으며, 생산량은 다시 전 세계적으로 하루 1억 배럴을 넘어설 것이다. 반면에 인구는 새로운 생활 방식과 여행 방식을 영구적으로 채택할 수도 있고 석유를 에너지원으로 사용하지 않는 운송 수단으로 전환할 수 있다. 이 경우 세계 정점은 이미 지나갔을 수 있다.

4-3-5 토론: 진화하는 화석연료 추출의 잠재적인 생태학적 · 사회적 영향

지난 몇 년 동안, 화석연료 추출이 생태계에 미치는 영향에 대한 관심은 많은 분야에서 나타났으며, 어떠한 것보다 높은 대중의 관심을 보였던 2010년에 각각 15일 안에 발생한 2개의 재해보다 더 많은 언론의 관심을 받은 적이 없다. 처음 발생한 사고는 4월 5일 미국 웨스트 버지니아의 Upper Big Branch 광산에서 광산 기둥에 축적된 메탄이 폭발하면서 광산에 있던 29명의 광부가 사망한 사건이다. 이는 40년간 잃어버린 생명의 수치와 부합할 정도로 미국 석탄 광산 산업에서 발생한 최악의 사고였다. 두 번째 사고는 4월 20일 멕시코만의 석유 시추 탐사 플랫폼의 갑판에서 발생한 화재와 폭발로 플랫폼에서 11명의 작업 인원이 사망하였고 해저 유전의 파손으로 90일이 넘도록 멕시코만으로 500만 배럴의 원유가 유출된 것이다. 이 사고는 미국 석유 산업의 역사에서 가장 큰 실수로 해양에 많은 석유를 유출했다. 이와 비교하면, 1989년 미국 알래스카 프린스 윌리엄 사운드 해안에서 엑손 발데즈호의 유출은 멕시코만에 유출된 것으로 측정된 양의 10분의 1 정도였다.

사고의 위험성과 마찬가지로 시장을 위한 화석연료의 추출 및 수송은 고두 대기로 온실가스(GHGs)의 누출 위험과 기후변화와 관련 없는 국지적인 영향성과 같은 다른 위험에 직면해 있다. 이와 동시에, 그림 4-3은 세계가 화석연료로부터 나오는 에너지 공급의 지배적인 점유율을 감소시키기가 얼마나 어려운가를 보여준다. 그림에 표시된 17년 동안 재생에너지 공급은 백분율로 측정할 때 지속적으로 성장했지만, 에너지 총수요도 빠르게 증가하여 화석연료의 비중은 변하지 않았다. 에너지 공급과 환경 보호 사이의 적절한 균형이 무엇인지에 대한 쉬운 답은 없으며, 전문가와 일반 대중 사이에서 활발한 논쟁이 벌어지고 있는 주제이다.

기후변화의 잠재적 영향

비전통적인 석유 자원(예: 오일 셰일, 타르샌드 등)에 대한 의존도가 높아지면 최종 사용 적용처(예: 자동차, 가정용 난방 시스템 등)에 전달되는 유용한 에너지 단위당 CO_2 배출량이 증가하는 추가 난방 및 처리 에너지 지출로 인해 온실가스 배출 관점에서 우려할 만한 상황이다. 예를 들어, 휘발유나 천연가스를 연료로 사용하는 자동차는 차량의 전처리에서 12~17% 정도의 손실이 발생한다. 오일 셰일이나 타르샌드에서 동등한 제품을 대체하면 추출된 석유의 원래 에너지 함량의 10~20%에 해당하는 에너지가 추출 현장에서 소비되기 때문에 이 업스트림 손실이 두 배가 될 수 있다. 마찬가지로 석탄으로 만든 합성 액체 또는 가스의 경우, 석탄의 에너지 함량 중 상당 부분이 석탄을 화학적으로 전환하는 과정에서 공정 열로 사용된다. 이러한 추가적인 에너지 소비 부담은 현재와 같이 연소 부산물을 대기로 배출한다고 가정할 때 비전통적인 자원을 사용하면서 CO_2 감축 목표를 달성하는 것을 더욱 어렵게 만들 수 있다.

모든 유형의 화석연료 추출(석유, 가스, 석탄)은 부수적으로 소량의 메탄을 대기로 방출할 가능성이 있다. 여기에는 셰일가스가 포함되는데, 셰일가스는 추출 과정에서 추가 단계를 거치면 기존 가스 추출보다 더 많은 메탄이 방출되어 석탄에 비해 가스의 CO_2 배출량 이점을 약화시킬 수 있다. 가스 업계는 메탄의 유출을 방지하는 기술과 관행에 투자함으로써 이러한 상황을 어느 정도 개선할 수 있다.

기후변화와 관련되지 않은 다른 잠재적 환경적 영향

이산화탄소 배출이 증가함에 따라 지구를 오염시켰던 기존의 석유 및 가스에서 지구의 표면에서 추출된 오일 셰일, 타르샌드, 가공된 석탄, 셰일가스 등의 사용 확대는 지구에서 에너지 취득 장소를 넓혔다. 과거에 추출 장소에서의 자연환경을 유지하는 석유-가스 산업의 기록은 혼합되어 있고 몇 군데에서는 상당한 훼손을 겪었다. 가장 영향이 적은 옵션은 기존의 시추공과 벽을 이용한 석유와 가스의 시추, 그리고 깊은 수갱 광산으로부터 석탄의 채굴이다. 우리가 다른 시추 방법을 사용하고 비전통적인 화석연료의 사용이 증가함에 따라 개발 과정은 지표면에 대해 더 악영향을 미치며 반면 더 엄격했던 규제는 완화되었다. 그러나 50~100년 전과 비교해 어떻게 생태계를 복원하고 보호해야 하는가에 대한 이해도는 향상되었다.

석탄이 시추되는 동안 수갱 광산은 거대한 공터가 생긴다. 미국 동부 애팔래치아산맥에서 주로 사용되는 이 기술의 응용은 *산을 깎는* 데 사용되며, 석탄층 경계 위의 *상부 퇴적물* 또는 바위층을 제거하기 위해 많은 폭발물을 사용한다. 하루에 대략 1~2킬로톤 정도의 많은 양의 폭발물이 사용된다.[4] 상부 퇴적물이 제거되면, 석탄은 기계적으로 (노천광처럼) 채굴되며 그 뒤 상부 퇴적믈은 인근 계곡에 놓아두거나 버려진다. 법에 따라 채광 전 생태 시스템(숲과 야생생물)으로 되돌아가려는 일부 시도는 요구되지만, 경험에 의하면 일부는 되돌아갈 수 없음을 보여준다. 지표면에서 화석자원을 추출하는 타르샌드 또는 오일 셰일의 추출 과정 또한 마찬가지로 지표면에 파괴적인 영향을 준다.

석유의 일부 남아 있는 매장량은 바다의 깊은 곳에 있으며, 가스 분출이 발생할 위험이 있다면 석유를 얻는 것은 점점 어려워진다. 걸프 석유 유출 사건에서 보듯 바닷물로 누출을 막고 퍼지는 것을 막기 어려운 높은 수압을 가진 심해 5,000피트(약 1,500미터)에서 발생했다.

비전통적인 가스 추출로 인한 국부적인 영향은 다 측면적이다. 암석 파쇄 작업과 가스 추출을 위한 유정이 분산되어 있기 때문에, 관리망을 통해 각각의 유정에 도달할 수 없다. 그래서 수압파쇄를 통해 얻어진 유체는 트럭으로 이송되어야 한다. 이 과정에서의 물은 국부 자원으로부터 가져와야 하며 정화 후 공급 및 처리시스템을 담당하는 지역으로 되돌아온다. 유체는 운송과 포장의 실패로부터 발생할 수 있는 환경적 사고를 방지하기 위하여 조심스럽게 관리해야 한다. 미국 동부 마르첼로 셰일 형성을 예로 들면, 2011년부터 일부의 액체 누출의 징조가 있었으며, 생산 현장에서 폭발과 다른 사고들은 정부 기관이 회사에서 현장 정리와 벌금을 부과하도록 요구한다. 작업의 분산 특성으로 인해, 2010년의 걸프 석유 유출과 같이 큰 사고는 없었다. 추가 수송, 수질 문제, 그리고 사고 시간 등의 전반적 영향은 수습 작업이 원활히 진행되지 않는다면, 지역사회의 구조뿐만 아니라 환경에 유사한 영향이 미칠 것이다.

현재와 미래의 석탄의 양과 비전통적인 연료 사용의 비교는 지구 표면의 파괴가 심화되는 형태를 보여준다. 현재 석탄과 비전통적인 에너지는 전 세계 화석에너지 사용량 약 450 EJ 중 약 150 EJ를 차지하고 있다. 2050년에 총 화석에너지가 750 EJ로 증가하고 기존 석유 및 가스의 가용성 감소로 인해 80%가 석탄, 오일 셰일, 타르샌드 및 셰일 가스에서 파생된다면 이들 자원의 추출 속도는 4배로 늘어날 것으로 예상된다. 따라서 이러한 자원을 보유한 지역에서는 추출이 훨씬 빠른 속도로 진행되어 해당 지역의 인간 및 인간이 아닌 생명체 모두의 거주 적합성에 영향을 미칠 수 있다.

비전통적 가스 자원의 경우 미국에서도 비슷한 예가 개발될 수 있다. 2013년 이 자원이 전체 에너지 공급에 기여한 에너지 함량은 약 11 EJ였다. 미래에 국가 총에너지 수요가 약 100 EJ로 안정화된다고 가정한다면, 이 중 3분의 2인 67 EJ, 즉 현재 생산량의 약 5배가 비전통적 가스에서 추출되어 주거 및 산업용 열, 발전, 수송 연료로 사용될 수 있다고 예상할 수 있다. 이러한 가스 추출 속도는 텍사스 중부, 미시간주 하반도 또는 대서양 중부 주와 같이 인구가 많은 미국 지역에서 대부분 발생하므로 인구에 부담이 될 수 있다.

충격을 최소화하기 위한 단계

미래에 화석연료 사용 경향과 관계없이 사회는 현재 지역 환경을 보호하고 GHG 배출을 줄일 수 있는 다음과 같은 여러 단계를 진행할 수 있다.

1. *채굴로 인한 지역 영향에 대한 기준 강화:* 비전통적 연료 사용을 장려하는 정책의 보완책으

[4] 킬로톤은 폭발적인 힘의 척도이다. 1킬로톤은 에너지의 1.2 GWh에 해당한다.

로 야생 동물, 토지와 물 자원, 인간 사회를 보호하기 위한 높은 기준을 제정하고 시행해야 한다.

2. *산 정상을 파괴하는 채굴의 축소 또는 중단*: 이러한 행위는 수맥과 지역 환경에 막대한 손상을 주기 때문에 이러한 행위를 줄이거나 단계적으로 깊은 곳의 수갱 광산을 철거해야 한다. 수직갱을 이용한 채굴은 일반적으로 추출된 석탄의 단위당 비용뿐만 아니라 더 많은 일자리를 만든다. 그것은 모든 석탄층이 실용적이지 않을 수 있는 일부 수직갱을 이용한 채굴층에 대하여 산 정상을 깎는 대신 샤프트를 이용하여 작업할 수 있을지는 의문이다.
3. *화석연료로부터 메탄 반출에 대한 제어 향상*: 높은 지구온난화의 잠재성 또는 지구 온난화 지수(3장 참고) 때문에, 기존의 화석연료와 비전통적 화석연료 생산의 모든 단계에서 발생하는 부수적으로 발생하는 메탄 발생을 연구하고, 가능한 경우 배출량을 줄이기 위한 기술들을 개발해야 한다. 탄소 연소로 인한 CO_2 배출은 당분간 불가피하지만, 부수적인 메탄 배출은 에너지 전환으로 인한 전기나 추진력과 달리 어떠한 서비스도 제공하지 않으므로 가능한 한 제거해야 한다.
4. *화석연료의 수요 증가를 늦추기 위한 에너지 최종 사용의 효율성 증가*: 에너지 효율을 향상하는 것은 모든 종류의 화석연료를 추출할 필요성을 줄이므로 전반적인 도움이 된다.
5. *모든 형태인 화석연료의 에너지 변환으로부터 이산화탄소를 포획하기 위한 노력 증대*: 개념적으로 화석연료 연소 시스템은 공기의 주입을 허용하지 않고 이산화탄소를 생산함으로써 포획하도록 설계할 수 있다(7장 참고). 이러한 접근 방식은 일반적으로 최종 사용자 또는 수송에 사용할 수 있는 전기 또는 수소와 같은 에너지로 화석연료를 변환한다. 그러고 나서, CO_2는 장기간 외딴 육지나 바다 아래에 격리한다. 이 단계는 지역 환경에 미치는 영향을 해결하지는 못하지만 화석연료로 인한 기후변화 부담을 줄인다.

이 단계들이 시행되더라도 향후 20~30년 동안 적절하게 환경의 요구에 갖게 처리될지는 명확하지 않다. 기후변화에 대한 정책들은 비화석연료 에너지원으로 빠르게 이동하는 것을 요구하고, 화석연료의 영향성을 감소시키기 위해 노력하고 있다. 하지만 중단기적으로 이러한 단계들은 가능한 한 친환경적인 방법으로 일반적이고 비전통적인 연료를 사용할 수 있는 방법을 제공해야 한다.

4-3-6 결론: 화석연료의 과거와 미래

산업혁명의 시작 이후 화석연료 사용의 역사를 되돌아보면, 이러한 연료들이 기술적 진보를 위한 촉매로 매우 성공적임이 분명하다. 첫째, 예를 들면 화석연료는 나무와 동등한 질량을 연소하여 사용할 수 있는 에너지의 양보다 더 높은 에너지 밀도를 가진다. 또한 다수의 사례에서, 지구 표면에 분산된 나무 또는 연료 작물과 비교해 지하 매장량이 집중적으로 형성되어 있으며, 잠재적 에너지의 막대한 양을 모으기 위해서는 먼 거리로부터 수집해야 한다. 더욱이 기술은 화석연료를 추출 및 정제하는 데 완성되어 있고, 이것을 통하여 낮은 가격으로 많은 에너지 이용 분야에 사용할 수 있으며, 상대적으로 저렴함이 증명되었다. 실제로 화석연료를 사용하는 능력이 산업혁명의 성공에 대한 중요한 요인이라 주장할 수 있다.

미래를 내다볼 때, 우리가 화석연료의 이점에 감사해야 함은 분명하다. 화석연료의 이점을 인식하게 되었지만, 우리는 또한 화석연료와 기후변화 사이의 연관성을 새롭게 인식하는 세상에 살고 있다. 이러한 인식은 시간이 지남에 따라 화석연료 사용 방식을 변화시킬 것이다.

화석연료 사용에는 크게 두 가지 방법이 있다. 한 가지 방법은 에너지를 소비하는 기술을 빠르게 발전시키는 동안 이를 대체할 수 있는 비화석에너지원을 빠르게 개발하는 것이다 ("장기적인 화석연료 가용성" 시나리오). 매우 야심 찬 시나리오에서도 연간 350 EJ의 화석연료 소비를 하룻밤 사이에 재생에너지 또는 원자력발전으로 대체할 수 없으므로, 이 접근 방식은 오랜 시간이 걸릴 수 있다. 수년에서 수십 년 또는 그 이상의 시간이 걸릴 수 있다. 그 이후에 화석연료 소비는 석유화학 산업의 원료로만 사용하도록 제한될 것이다. 이 경우 화석연료 자원은 수천 년 동안 지속될 수 있다.

대안으로 그 이후에 대기로 이산화탄소를 방출하지 않고 금속 이온에 봉쇄하거나 포획하는 기술이 개발되면, 적어도 22세기에도 에너지를 이끄는 자원으로 화석연료가 사용될지도 모른다("왕성한 화석연료 사용" 시나리오). 이 기술이 성공하고 표면 채굴의 영향이 성공적으로 관리된다고 가정하면, 화석연료는 비화석연료의 대안에 대한 재정적 장점을 가지고 장기간 지속되고, 사회는 훨씬 더 후에 변환할 것이다.

그림 4-11은 이러한 두 시나리오가 1800년경 시작하여 오른쪽으로 이동하고 있는 모습을 보여줌으로써 모두 가능한 형태라는 것을 보여준다. 강력한 시나리오 사용의 궁극적 결과는 석유, 석탄, 가스 그리고 비전통적 자원에 대한 차이 없이, 모든 화석연료로부터 이용할 수 있는 에너지의 유럽연합 총량인 50만 EJ의 경우에 대한 허버트 스타일의 곡선을 사용하여 설명이 가능하다. 이 곡선은 1850~2000년의 기간에 대한 화석연료 소비의 역사적 성장비와 일치한다. 2100년 이후 세계 인구를 약 100억 명으로 가정하면, 2200년 근처의 최고값인 연간 220 GJ/인의 생산량과 동일하거나 오늘날의 독일, 일본 또는 미국과 같은 부유국의 수치를 합산한 것과 유사하다. 또한 장기적인 화석

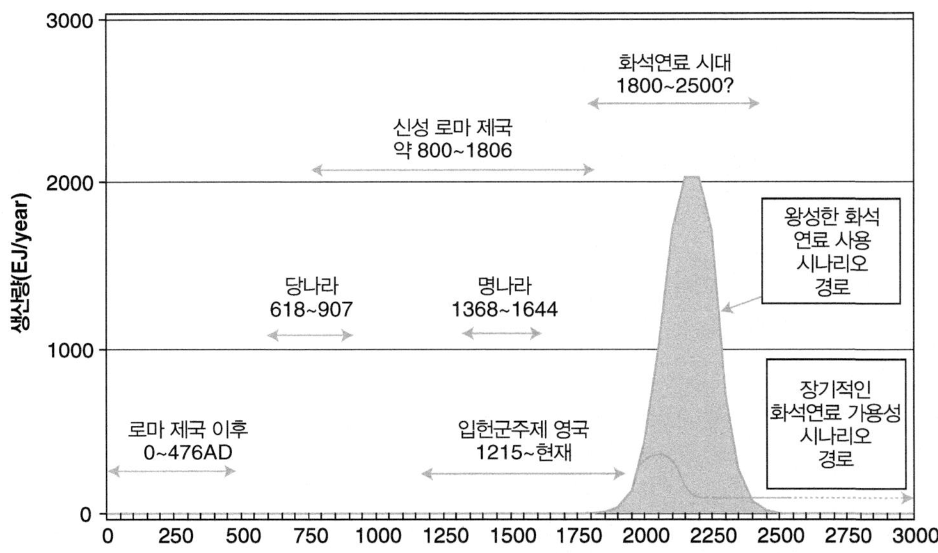

그림 4-11 모든 유형의 화석연료(석유, 석탄, 가스, 오일 셰일 및 타르샌드)에 대해 EUR 50만 EJ를 가정하고 AD 1800~2500년에 대한 "왕성한" 세계 화석연료 시나리오에 대한 예측을 통해 AD 0~3000년 동안의 화석연료 생산에 대한 장기 관점 및 "장기적인 화석연료 가용성" 시나리오 전망.

참고: "장기적인 화석연료 가용성" 시나리오에서 정상상태값은 글에 주어진 개념으로만 정의한다(본문 참조).

연료 가용성 시나리오에서 보여주듯이, 21세기 중반에 정점에 도달한 후 꾸준히 일정한 값으로 안정화되면 화석연료 소비의 현재 비율보다 더 낮아질 수 있다. 여기서 나타낸 일정한 값은 단지 대표값임을 주목하라. 어떠한 분석도 먼 미래의 화석연료 소모 정도를 추정할 수 없다.

서기 0에서 3000년까지 1,000년 단위를 사용하므로 이 수치는 또한 화석연료의 사용이 아마 상대적으로 짧게 느껴질 것이다. 예를 들어, 기원전 742년에서 로마제국의 멸망인 서기 476년까지의 기간이 같은 다른 역사적 시간 구간과 비교해 상대적으로 짧음을 느끼게 한다. 더욱이 우리가 아직 알지 못하는 새로운 화석연료의 예측치 못한 발견을 제외하고, 이 시대는 한번 지나면 다시 돌아오지 못할 것이다. 궁극적 유산이란 무엇인가? 분명히 화석연료는 더 이상 한정된 자원에 의존하지 않는 새로운 에너지 시스템의 개발로 가는 디딤돌의 역할로 사회에 부여된 자연의 세계로부터 기부인 '지원금'의 형태이며 혁신에 대한 촉매로 먼 미래에 언젠가 기억될 가능성이 있다. 더 비관적인 내용으로, 화석연료는 또한 다양한 형태의 독성 오염과 기후변화로부터 행성 생태계의 영구적 쇠퇴의 주 유산으로 남을 수도 있다. 결과는 우리가 앞으로 어떻게 화석연료의 소비를 관리하고 비화석연료 대체물의 개발을 관리하는지에 달려 있다.

4-4 요약

화석연료, 특히 석유와 가스의 미래 가능성에 대한 관심은 현 시점에서 세계적인 에너지 시스템 변환의 다른 주요 추진력 중 하나이다. 기존 화석연료 자원 세 가지 중 석탄은 풍부하며 석유나 가스에 비해 저렴하지만 에너지 출력당 이산화탄소 배출이 높은 단점이 있다. 화석연료 대장량 소비의 현재 속도는 상대적으로 부족함을 가진다. 하지만 자원의 연간 생산량의 미래 추이를 더욱 정확히 예측하기 위해, 허버트 곡선과 같은 툴을 사용하여 생산량의 증가, 정점, 감소를 고려하는 것이 필요하다. 기존의 석유와 가스 출력이 향후 몇 년 동안 감소할 것이라는 인식과 함께 오일 셰일, 타르샌드, 석탄으로부터 합성한 연료와 같은 비전통적 자원이 더 많은 관심을 받고 있다. 이러한 선택사항은 크게 화석연료의 사용을 확장하는 잠재성을 가질 수 있으나 이와 동시에 기후 변화 방지 목표를 지원하기 위해 대기 중으로의 CO_2 방출을 많이 감소시킬 수 있는 방법도 개발되어야 한다.

References

Brinkman, N., M. Wang, T. Weber, et al. (2005). *GM Well-to-Wheels Analysis of Advanced Fuel/Vehicle Systems: A North American Study of Energy Use, Greenhouse Gas Emissions, and Criteria Pollutant Emissions.* Report, General Motors Corp., Argonne National Laboratories, and Air Improvement Resources, Inc.

Cambridge Energy Research Associates. (2006). Press release 60907-9. Cambridge Energy Research Associates, Cambridge, MA.

Kreith, F., R. E. West, and B. E. Isler (2002). "Legislative and Technical Perspectives for Advanced Ground Transportation Systems." *Transportation Quarterly*, Vol. 56, No. 1, pp. 51–73.

Slaughter, A. (2013). "Global supply and market impacts of U.S. unconventional oil production growth". Presentation to Energy Information Administration 2013 conference, Washington, DC, June 18, 2013. Electronic resource, available at www.eia.gov. Accessed June 1, 2015.

Sorensen, B. (2002). *Renewable Energy: Its Physics, Engineering, Environmental Impacts,*

Economics and Planning, 2nd ed. Academic Press, London.
U.S. Energy Information Administration. (2015). Website of the USEIA. Electronic resource, available at www.eia.gov. Accessed July 2, 2015.

Further Reading

America's Natural Gas Alliance. (2011). "ANGA Remarks on Duke Study on Methane." http://www.anga.us/media-room/links--resources/anga-on-duke-study-on-methane. Web resource, accessed June 24, 2011.

Bartlett, A. (2000). "An Analysis of US and World Oil Production Patterns Using Hubbert- Style Curves." *Mathematical Geology*, Vol. 32, Num. 1, pp. 1–17.

Greene, D., J. Hopson, and J. Li (2003). *Running Out of and into Oil: Analyzing Global Oil Depletion and Transition through 2050*. Report ORNL/TM-2003/259, Oak Ridge National Laboratories, Oak Ridge, TN.

Howarth, A., R. Santoro, and A. Ingraffea (2011). "Methane and the greenhouse-gas footprint of natural gas from shale formations: A letter." *Climatic Change*, online journal, April 12, 2011, edition. Accessed April 21, 2011.

Hubbert, M. K. (1956). *Nuclear Energy and the Fossil Fuels*. American Petroleum Institute, Drilling and Production Practices, pp. 7–25.

Osborn, S. G., A. Vengosh, N. R. Warner, et al. (2011). "Methane contamination of drinking water accompanying gas-well drilling and hydraulic fracturing." *Proceedings of the National Academy of Sciences*, Vol. 108, pp. 8172–8176.

연습 문제

4-1. CO_2 강도: kg당 연료를 연소하면, 다음의 연료는 에너지를 방출한다: 부탄(C_4H_{10}) 50 MJ, 목재(CH_2O) 10 MJ, 가솔린(C_8H_{18}) 44 MJ, 석탄(순수 탄소) 30 MJ. 이러한 연료의 배출되는 CO_2의 kg당 방출하는 에너지를 계산하라.

4-2. 소비와 매장량의 비교: 미국이나 다른 나라 또는 전 세계에서 지금까지 과거의 석유 소비량과 매장량을 인터넷으로 알아보거나 과거에 출판된 석유 소비 자료와 미국이나 다른 나라에서 제공된 검증된 전 세계 자료를 비교하여 조사하라. 각각의 출처로부터 다음의 정보가 보고된 출처를 사용하여 별도의 행으로 보고하는 표를 만들어라: 데이터가 제공된 연도, 해당 연도 소비, 해당 연도 보유량, 소비에 대한 보유량의 비. 데이터로부터 보유량–소비의 비는 증가, 감소 또는 일정한가?

4-3. 이산화탄소 배출에 대한 합성 연료를 사용하는 영향: 천연가스를 사용하는 소형차는 1마일을 운전하는 데 0.218 kg의 이산화탄소를 방출한다. (a) 1마일을 움직이는 데 소비되는 연료의 양과 질량은 얼마인가? (b) 석탄에서 파생된 합성 천연가스가 차량에 연료로 공급된다고 가정하자. 석탄의 원래 에너지의 40%는 석탄을 합성 가스로 변환하는 데 사용된다. 1마일당 이산화탄소 배출량과 소비된 석탄의 양은 얼마인가? 원래의 에너지원으로 석탄 대신 가스를 사용하는 효과 및 변환 손실을 고려하고 다른 요소는 무시한다. 또한 단순하게, 순수 탄소와 같이 순수메탄과 석탄과 천연가스로 취급한다.

4-4. 허버트 곡선: 3조 5,000억 배럴에서 기존 세계 석유 자원에 대한 EUR을 가정해 보자. 19세기부터 현재까지 전 세계 석유 생산량의 역사적 성장률에 대한 인터넷 또는 다른 출처를 찾아라. 그 뒤 다음을 예측하기 위해 허버트 곡선 방법을 사용하라: (a) 소비가 정점에 도달하는 해, (b) 올해의 세계 생산량, 그리고 (c) 정점과 비교해 90%까지 생산량이 떨어지는 해.

4-5. 석유 회사에서 1배럴당 62달러의 가치를 가진 원유를 정유하여 정유회사의 소매점에서 운전자에게 이를 팔고 있다. 가격은 $2.90/US.gallon ($0.77/L)이다. 단위당(예: 갤런당 또는 리터당)으로 볼 때, 정제 전 원유에서 운전자에게 최종 판매될 때까지 가격이 몇 퍼센트 상승했는가?

4-6. 문제 4-5를 반복하라. 원유 가격은 1배럴당 100달러이며, 소매점에서는 1갤런당 4.00달러 ($1.06/L)로 취급한다.

ENERGY SYSTEMS ENGINEERING EVALUATION AND IMPLEMENTATION

제5장

고정연소 시스템

Stationary Combustion Systems

▶학습 목차

5-1 개요

최근 전 세계에서 생산되는 대부분의 전기는 화석연료를 전기로 변환하는 연소 기술을 사용하여 생산된다. 화석연료의 연소에 의존하지 않고 대체 자원을 이용하여 전기를 생산하려는 노력이 진행 중이지만, 그 비중을 크게 증가시키는 데 오랜 시간이 걸릴 것이므로, 이 장에서 설명하듯이 그 중간 단계로 더 효율적인 고정연소 기술을 적용할 필요가 있다. 이 기술들은 중 · 단기적으로 화석연료 소비와 이산화탄소 배출량을 줄이고, 미래에는 대규모 연소-격리 시스템의 한 부분으로 적용될 수 있다. 이 장에서는 먼저 변환 효율을 높이는 데 유용한 고등 연소 시스템에 적용되는 주요 기술의 혁신에 대해 설명한다. 그리고 이 장의 후반부에서는 이와 같은 시스템 투자에 대한 경제성 분석과 환경적 측면 그리고 가능한 미래의 설계에 대해 다룬다. 내연기관과 같은 운송을 위한 자동차 연소 기술은 15장과 16장에서 다룬다.

5-2 서론

현재 전력망 시스템의 핵심은 화석연료 같은 에너지 자원을 전기에너지로 변환시키는 연소 기술이다. 이 기술들은 전력 발전소에 자리하고 있으며, 다음과 같은 세 가지 주요 구성 요소로 이루어져 있다. (1) 연료를 열로 변환하는 장치, 가스 연료를 사용한 시스템의 경우에는 *연소실*이라 하고 물을 작동유체로 사용하는 시스템의 경우에는 *보일러*라 한다. (2) 열에너지를 기계적 에너지로 변환하는 *터빈*, (3) 기계적 에너지를 전기적 에너지로 변환하는 *발전기*(그림 5-1 참조). 화석연료가 전력 생산의 가장 주요한 자원이기 때문에 전 세계 대부분의 전력은 이러한 설비에서 생산된다. 또한 원자력 및 수력 발전소도 이 세 가지 구성 요소들을 어느 정도 사용한다. 원자력발전에서는 작동유

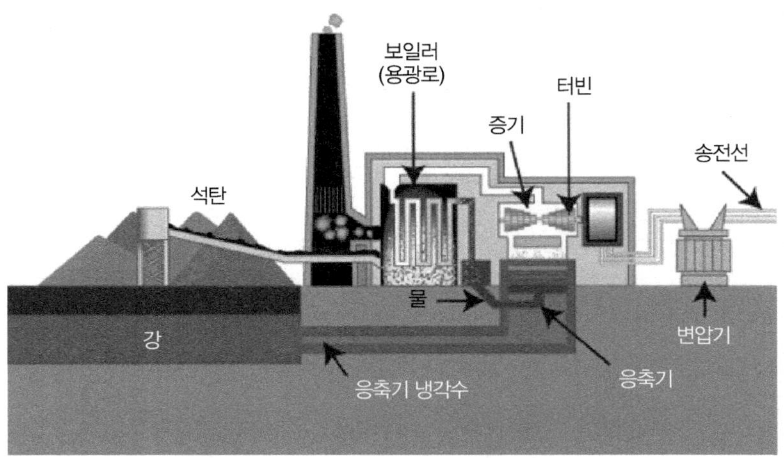

그림 5-1 보일러, 터빈, 발전기를 통해 석탄을 전기로 변환하는 석탄화력 발전소 구성 요소. 자연 혹은 인간이 만든 대규모의 냉각수가 존재한다. [*출처*: 테네시 밸리 공사(TVA), 미국 연방정부.]

체를 끓이는 열원이 핵반응이고, 수력발전에는 연료변환장치가 없다는 차이가 있다.

고정연소 시스템은 2004년과 2017년 미국의 전기 생산에서 중요한 역할을 한 것으로 나타났다(그림 5-2 참조). 석탄과 가스로 생산된 전기의 시장 점유율에는 큰 변화가 있었으며, 석탄 점유율은 50%에서 30%로 감소한 반면, 가스 점유율은 18%에서 31%로 증가하였다. 석탄, 가스, 그리고 석유를 합친 자원은 2004년에는 71%, 2017년에는 62%로 두 해 모두에서 가장 큰 비중을 차지하였다. 이 13년 동안 미국 인구는 2억 9,300만 명에서 3억 2,500만 명으로 3,200만 명 증가했으며, 전기 소비량은 3조 9,700억 kWh에서 4조 400억 kWh로 700억 kWh 증가하였다. 따라서, 연간 1인당 전기 사용량이 1만 3,600 kWh에서 1만 2,400 kWh로 감소하여 전기 소비 효율이 개선되었다.

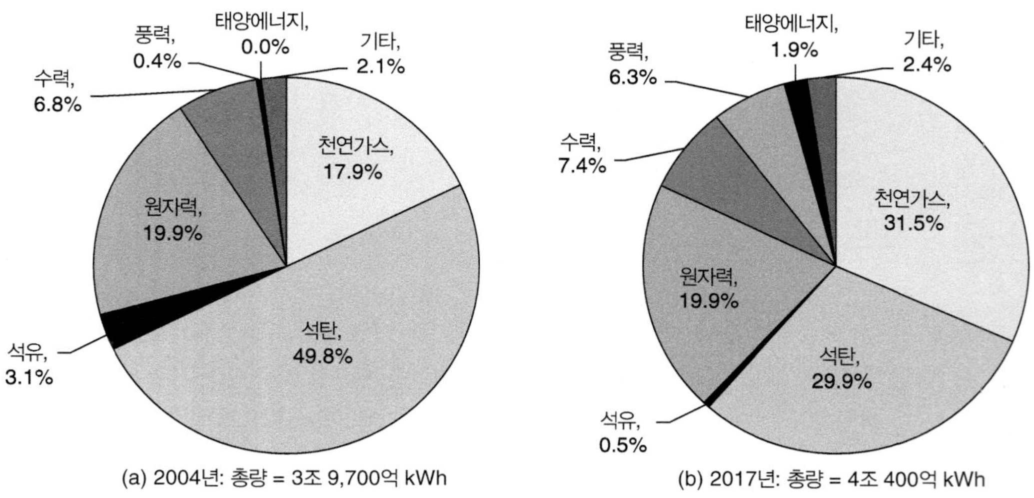

그림 5-2 미국 전기발전에 대한 자원 구성(2004년과 2017년). '기타 재생에너지(RE)'는 별도로 구분하지 않은 재생에너지를 포함한다. [*출처*: 미국 에너지 정보청(EIA).]

석탄 대비 가스의 상대적인 비용 감소와 공기 질 및 CO_2 이점이 석탄에서 가스로의 전환을 촉진하고 있다. 일부 경우에는 석탄 발전소가 폐쇄되고 그 용량이 다른 지역에 새롭게 건설된 가스 발전소로 대체된다. 다른 경우에는 석탄 발전소가 가스를 사용하도록 *리파워링*(repowering)되며, 이를 위해 에너지 변환 시스템을 교체하고 국가 가스 분배망에서 가스를 공급받는다. 코넬대학의 리파워링 예시는 5-5-3절에서 제시된다.

현재 새로운 세대의 연소 발전 시스템을 개발 및 설치하고자 하는 강한 동기가 있다. 이 새로운 세대의 시스템은 다음 목표를 달성할 수 있다.

- *다른 기술들이 전기 수요를 충분히 담당할 수 있을 때까지 이산화탄소 배출량을 줄인다*: 중 · 단기적으로 효율이 낮은 구식의 터빈 기술을 최신 기술로 대체함으로써 에너지 소비와 이산화탄소 배출량을 크게 줄일 수 있다. 비교하자면, 풍력과 태양열발전 같은 재생 가능 기술들은 자본 집약적이고 또한 장치를 생산하고 설치하는 데 많은 선행 기술을 필요로 한다. 현재에는 태양광 패널과 풍력터빈의 제작 시설을 최대로 가동시킨다 해도 이 설비에 설치된 장치의 총 용량은 전 세계의 전체 전력 생산량 중 작은 부분만을 차지한다. 이 시스템들을 구축하기 위한 제조 기술이 현재 빠르게 발전하고 있어서 재생에너지 시스템의 설치가 가속화되고 있지만 여전히 시간이 필요하다(10장 및 13장 참조).
- *화석연료뿐만 아니라 바이오연료도 전기와 열로 변환 가능하다*: 농작물과 목재로부터 만들어진 공급 원료는 화석연료가 연소되는 것과 같은 방법으로 에너지 변환 시스템에서 연소된다. 하지만 바이오연료의 탄소는 본래 대기에서 온 것이기 때문에 대기의 순 이산화탄소량에 영향을 주지 않으며 연소된다. 이 자원은 이미 많은 나라에서 전기를 생산하기 위해 사용되고 있다. 바이오연료의 활용은 에너지에 사용되는 원료와 사람에게 제공되는 식량이 균형을 이뤄야 한다는 제한 조건이 있지만 미래에도 계속 성장할 것이다. 발전을 위한 바이오연료의 사용은 가까운 미래에는 기존 연소 발전소를 유지하면서 '혼소(co-firing)'라 알려진 과정인 연소된 연료 혼합물에 바이오연료를 포함하는 방식과 적절한 곳에 새로운 바이오연료 발전소를 짓는 방식에 달려 있다. 또한, 변환 과정에서 부산물로 발생하는 열은 실내 난방이나 산업용 공정 열 등의 다른 곳에 사용할 수 있다.
- *화석연료가 전기로 변환될 때 발생하는 이산화탄소 부산물을 처리하는 방법을 준비한다*: 가까운 미래에는 기존 발전소가 에너지 변환 과정에서 발생하는 이산화탄소를 분리하고 격리 시설로 이동하는 장치를 새로 갖추게 될 것이다(7장 참조). 4장 끝에서 설명했듯이 이 기술은 아마도 몇 세기에 걸쳐 오랜 기간 동안 화석연료의 사용을 가능하게 만들 것이다.

이 세 가지 경우에 전기 사업 분야는 대기로의 이산화탄소 배출량을 최소화하거나 바이오연료로부터의 에너지양을 최대화하거나 새로운 처리 저장소에 필요한 투자를 최소화함으로써 가능한 한 최대 효율을 갖는 것을 중요하게 여길 것이다. 이러한 배경에서 이 장의 나머지 부분에서는 최근의 고효율 연소 기술 개발에 대해 살펴볼 것이다.

5-2-1 연소 기술에 대한 시스템 접근

'기술 중심' 또는 '시스템 중심'의 접근법은 모두 연소 기술을 향상시킬 수 있다. 기술적인 관점에서 보면 연소 효율은 향상될 수 있다. 예를 들어 금속공학자가 더 높은 온도를 견딜 수 있는 재료를 개발하면 더 높은 온도에서 작동할 수 있어 더 효율적인 증기 혹은 가스 터빈의 설치가 가능해진다. 반면 시스템 관점에서 보면 다음과 같은 질문에 답해야 한다.

1. 어떤 기술을 구현할 때 우리가 답하려 하는 근본적인 질문은 무엇인가?
2. 과거에는 시스템 설계 문제에서 어디를 경계로 설정했고, 미래에는 이 경계를 어디로 바꾸는 것이 새로운 해결책이 되는가?
3. 어떻게 기존의 기술을 새로운 방법에 적용하는가?
4. 어떻게 현재 문제의 해결책을 다른 문제의 해결책과 결합시켜 새로운 해결책을 만드는가?

점진적 향상에 대한 기회는 점점 달성하기 어려워지기 때문에, '새로운 사고를 하는' 시스템 관점을 통한 문제 해결은 갈수록 더 중요해질 것이다.

이러한 시스템 분석 방식은 연소 시스템에서 탄소 격리를 실행한다면 특히 중요할 것이다. 이 시나리오에서는 이산화탄소를 다른 부산물로부터 분리하기 위한 많은 방법이 계속 개발될 것이며, 일부는 현재의 터빈 설계와 완전히 다를 수 있다. 전력 사업은 자본비용은 낮지만 높은 운영비용을 요하는 성능 개선 기술과, 낮은 비용으로 이산화탄소를 격리시키지만 높은 초기 투자비용이 드는 전혀 새로운 기술 사이에서 균형을 맞춰야 할 것이다. 어떤 경우에는 개조가 쉽도록 단기적으로 발전 시설을 개선함으로써 격리 시설을 나중에 준비하는 기회를 가질 수도 있다. 하지만 '격리 가능'한 시설을 갖추는 것은 추가적인 비용을 수반하기 때문에 그러한 시도는 본질적으로 재정적인 위험이 있다. 그리고 그것이 언제인지도 알 수 없고, 이 적용들이 실제로 탄소 포집과 격리 기능을 적절히 수행할지도 알 수 없다. 어느 경우든 이 장에서 설명하는 기술은 발생하는 이산화탄소를 감소시키는 것과 격리 기술을 준비하는 것에 관련되어 있다.

5-3 연소 사이클 계산의 기본

연소 사이클에 대한 논의는 근본적인 열역학에 대한 복습에서 시작된다. 따라서 이 절에서는 먼저 간단히 열역학 개념을 복습하고, 기본적인 사이클인 증기를 이용한 랭킨 사이클과 가스를 이용한 브레이튼 사이클을 소개한다. 이 내용에 대한 더 자세한 설명은 이 책에서 다루지 않는다. 하지만 다른 공업열역학 책에서 폭넓게 다루고 있다(예를 들어 Cengel 및 Boles, 2014; Moran 및 Shapiro, 2012; Wark, 1983 참조).

5-3-1 열역학의 간단한 복습

사전적 의미에 의하면 열역학은 "열의 기계적인 행동이나 관계를 다루는 물리학의 한 분야"이다.[1] 공학에서 열역학은 열이나 에너지와 관련된 변환을 집중적으로 다룬다. 또한 터빈에서 고압 증기가 터빈을 지나며 저압 증기가 되며, 터빈의 샤프트에서 많은 운동에너지가 발생하는 것과 같이 에너지 변환이 물질과 구조에 미치는 영향에 대해서도 집중적으로 다룬다. 열역학은 거시적 수준에서 열과 에너지 상태량 변화를 겪는 물질을 바라보는 *고전 열역학*과, 미시적 및 거시적 현상을 모두 이해할 수 있도록 원자 또는 미시적 수준에서의 물질 거동을 보는 *통계 열역학*으로 더 자세하게 나눌 수 있다. 고전 열역학적 관점이 이 책의 목적에 적합하므로 이후의 모든 내용에 적용되었다.

1 메리엄-웹스터 온라인 사전, www.m-w.com에서 이용 가능.

열역학에서는 사용 가능한 에너지의 양과 엔탈피는 물론 에너지의 질 및 엔트로피가 열역학적 사이클을 평가하는 중요한 요소이다. 엔탈피는 단위 질량당 에너지 단위로 나타낸다. 예를 들어 미터 단위에서는 kJ/kg으로 나타내고 표준 단위에서는 BTU/lb로 나타낸다. 직관적으로 단위 질량당 많은 양의 에너지를 갖는다는 것은 더 큰 에너지 밀도 또는 집중을 의미한다. 엔트로피는 단위 질량–온도당 에너지양으로 나타낸다. 예를 들어 미터 단위에서는 kJ/kg · K으로 나타내고 표준 단위에서는 BTU/lb · °R으로 나타낸다. °R은 랭킨온도를 나타내고 $T_{\text{Rankine}} = T_{\text{Fahrenheit}} + 459.7$이다.[2] 이 측정에서 가장 기본이 되는 개념은 단위 질량과 캘빈 혹은 랭킨 온도당 측정된 에너지양이 주어진 절대온도에서 에너지를 포함할 수 있는 능력을 나타낸다는 것이다. 일반적인 언어로 '낮은 엔트로피'는 매우 안정된 상태를 묘사하는 데 사용되고 '높은 엔트로피'는 매우 불안정한 상태를 표현하는 데 사용되기 때문에, 지질학적인 시간의 흐름에서 우주 전체는 낮은 엔트르피에서 높은 엔트로피로의 점진적인 변화를 겪고 있다고 할 수 있다. 그러나 열역학에서 엔트로피의 수량화는 kJ/kg · K 또는 BTU/lb · °R가 높은 값을 가질 때 작동유체(예를 들어 물)가 높은 엔트로피값을 갖도록 하였다. 유체가 높은 압력과 온도에 있을 때, 따라서 높은 *건도*(quality) 또는 일을 할 수 있는 높은 능력을 가졌을 때를 나타낸다. 연소 사이클의 분석은 *열역학 표*로부터 물과 포화 증기, 과열 증기, 공기에 대해 발표되어 있는 엔탈피와 엔트로피를 얻는 것을 기본으로 한다.

*열역학 제1법칙*에 따르면 에너지는 열변환 과정에서 보존된다. 손실이 없는 에너지 변환 과정에서 작동유체가 함유하지 않은 모든 에너지는 터빈 샤프트의 회전과 같은 기계적 에너지로 이동된다. 물론 실제 에너지 변환장치에서는 손실이 발생한다. 예를 들어 작동유체를 담고 있는 물체의 물질을 통해 열이 전달되는 손실이 발생한다. *열역학 제2법칙*에 따르면 하나의 연소 사이클은 최초 상태에서의 엔트로피값과 동일하거나 더 큰 값의 엔트로피를 갖는 상태로만 돌아갈 수 있다. 엔트로피가 보존되는 과정을 *등엔트로피* 과정이라 부른다. 실제 생활에서는 약간의 엔트로피 증가가 불가피하지만, 단순화를 위해 이 장의 예제와 이 책에서 다루는 대부분의 사이클은 등엔트로피 과정으로 가정한다.

카르노 한계(Carnot limit)는 주어진 열역학적 사이클 성능 평가에 유용한 기준을 제시한다. 예를 들어 T_H와 T_L가 열역학적 과정에서 터빈으로 들어오는 작동유체의 높은 온도와 터빈을 지나 나가는 작동유체의 낮은 온도라 하자. 카르노 효율인 η_{Carnot}는 다음과 같이 정의된다.

$$\eta_{\text{Carnot}} = \frac{(T_H - T_L)}{T_H} \tag{5-1}$$

또는 유체의 초기 온도에 대한 온도 변화의 비율로 정의된다. 카르노 한계란, 열역학적 사이클의 효율은 카르노 효율보다 클 수 없다는 것을 말한다. 이렇게 온도값에 의해 도달할 수 있는 효율이 제한되므로, 사이클 효율을 최대화하기 위해서는 T_H를 증가시키고 T_L를 감소시켜야 한다는 것을 의미한다. [열기관과 반대되는 열펌프 성능 계수(COP) 개념 관련 논의는 6장을 참조하라.]

이어지는 절의 목적은 연료원에서 얻어지는 가용한 열에너지와 시스템 출력(터빈 일 또는 공정열), 사이클의 일부분인 펌프나 압축기 등을 가동하기 위해 필요한 일을 이용하여 연소 사이클의 이론 효율을 평가하는 것이다. 목적은 주어진 양의 열을 입력했을 때 내부적으로 필요한 일을 감소시키면서 출력을 최대화하는 것이다. 즉, 열효율 η_{th}을 향상시키는 것이다.

---

2 즉, 화씨온도를 랭킨온도로 변환하려면 459.7을 더해야 한다. 온라인 부록의 표에서 값들을 찾기 위해 이 변환은 $T_{\text{Rankine}} = T_{\text{Fahrenheit}} + 460$으로 반올림되었다.

$$\eta_{th} = \frac{w_{out} - w_{in}}{q_{in}} \tag{5-2}$$

여기서 w_{out}은 시스템에서 출력되는 일의 양이고, w_{in}은 시스템 출력을 위해 필요한 일의 양이다. q_{in}은 입력되는 열의 양을 나타낸다. 단순 사이클에서 더 복잡한 사이클로 진행해 가면서 사이클에 부가적인 구성 요소들을 추가함으로써 효율을 상당히 향상시킬 수 있음을 알 수 있을 것이다. 현실적으로는 이러한 향상이 높은 투자비용을 요구하기 때문에 추가적인 설비에 대한 경제성 검토가 중요하다.

5-3-2 랭킨 증기 사이클

랭킨 증기 사이클은 널리 사용되고 있는 기초적인 연소 사이클이다. 이 사이클은 물을 증기로 압축하고 가열하는 데 석탄, 액체 연료 및 다른 연료들을 이용하고, 증기의 열을 기계적 에너지로 변환시키기 위해 증기를 터빈에 통과시켜 팽창하게 하는 사이클이다. 이 사이클은 1859년 처음으로 사이클을 개발한 스코틀랜드 공학자 Willian J. M. Rankine의 이름을 따서 지었다. 단순 랭킨 사이클의 장치 구성도를 그림 5-3에 나타내었다. 또한 작동유체가 지나가는 길을 따라 네 가지 상태의 위치도 나타내었다. 다음과 같은 단계가 사이클에서 발생한다.

1. 1~2 펌프를 이용한 유체의 압축
2. 2~3 보일러에서 끓는점까지 유체의 온도를 올리고 액체에서 증기로 상변화시키며, 터빈의 입구 온도까지 압축 유체를 가열
3. 3~4 터빈에서 증기의 팽창
4. 4~1 응축기에서 증기의 응축

유체는 다시 펌프로 돌아오고 사이클은 반복된다.

사이클의 열 입력과 출력은 과정의 각 단계에서 엔탈피값을 기반으로 계산한다. 시스템에 입력되는 열량에 대한 엔탈피 변화는 $h_3 - h_2$이다. 시스템에서 생산되는 일에 대한 엔탈피 변화는 $h_3 - h_4$이다. 펌프 일은 최초 압력에서 최종 압력까지 유체를 압축시키는 데 필요한 일의 양을 기반으로

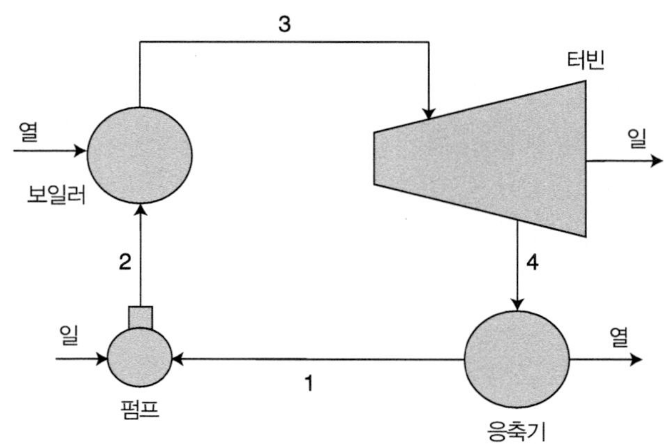

그림 5-3 단순 랭킨 장치의 구성 요소.

계산한다. 즉, 다음과 같다.

$$w_{\text{pump}} = v_f(P_2 - P_1) \quad (5\text{-}3)$$

여기서 v_f는 단위 질량당 부피로 측정되는 유체의 비체적을 나타낸다.

먼저 단순 랭킨 사이클의 경우 펌프를 통한 압축과 터빈을 통한 팽창이 등엔트로피 과정으로 *이상적인* 사이클이라 한다. 이 사이클에서 펌프와 보일러는 물을 *포화증기* 상태로 변환시켜서 보일러를 떠나 터빈으로 들어가게 한다. 즉, 물은 액체 상태로 남아 있지 않는다. 그리고 터빈의 배출 유체는 응축기를 떠날 때 *포화액체* 상태가 된다. 즉, 기체 상태로 남아 있지 않는다. 1번과 3번 상태에서 엔탈피와 엔트로피값은 표에서 바로 읽을 수 있다. 펌프 출구(상태 2)에서의 엔탈피값은 펌프가 작동하는 동안 사용한 일에 의해 결정된다. 터빈 출구에서의 엔탈피값은 등엔트로피 과정이라는 가정과, 알고 있는 3번과 4번 상태의 엔트로피값을 사용하여 구한다.

터빈 출구에서 작동유체는 액체와 증기의 혼합물로 존재한다. 그리고 상태 1로 펌프에 재진입하기 위해 포화액체로 다시 응축된다. 이 혼합물의 *건도*(quality) x는 s_4부터 액체까지 엔트로피 변화량과 그 온도에서 포화증기와 포화액체 사이에 가능한 최대 엔트로피 변화량 사이의 비율을 나타낸다. 즉, 다음과 같다.

$$x = \frac{s_4 - s_f}{s_g - s_f}$$

엔탈피 변화는 엔트로피 변화에 비례한다. 따라서 상태 4의 계산된 건도는 상태 4에서 엔탈피를 구하는 데 사용할 수 있다. 랭킨 사이클의 효율값 계산이 미터 단위를 사용한 계산은 예제 5-1에, 표준 단위를 사용한 계산은 예제 5-2에 소개되어 있다.[3] 미터법 및 표준 단위 모두에 대해, 사이클의 각 단계에서 온도와 엔트로피 관계는 그림 5-4를 참조하라.

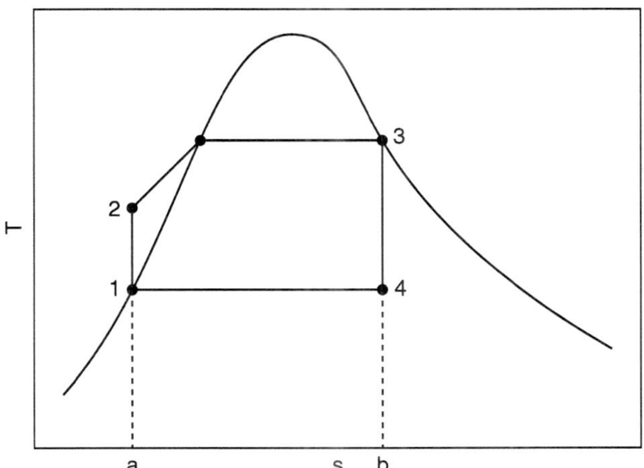

그림 5-4 이상적인 랭킨 사이클의 온도-엔트로피 선도.

3 예제 5-1, 5-2, 5-4, 5-5는 Wark(1984)의 16장, 17장 예제에 기초한다.

예제 5-1

미터 단위: 등엔트로피 압축 및 팽창 과정을 갖는 이상적인 랭킨 사이클이 터빈 입구에서 최대 4 MPa 그리고 응축기에서 100 kPa 압력 사이에서 작동한다. 이 사이클에 대한 열효율을 계산하라. 사이클의 최대 온도 차를 바탕으로 계산한 카르노 효율과 비교하라.

풀이

사이클은 온도-엔트로피(T-s) 선도에 표현되어 있다. 분석할 때 증기 표에서 바로 읽을 수 있는 엔탈피와 엔트로피값을 모두 나타내는 것이 유용하며 다음과 같다.

$$h_3 = 2{,}800.8\ \text{kJ/kg}\ (4\ \text{MPa에서 포화 수증기의 엔탈피})$$
$$h_1 = 417.5\ \text{kJ/kg}\ (100\ \text{kPa에서 액체 물})$$
$$s_3 = s_4 = 6.070\ \text{kJ/kg}\cdot\text{K}\ (\text{등엔트로피 팽창})$$

펌프 일: 압력 변화는 $4 - 0.1 = 3.9$ MPa이다. 100 kPa에서 물의 비체적은 0.00104 m^3/kg이다. 그러므로 펌프 일은 다음과 같다.

$$w_{\text{pump}} = 0.00104\ \text{m}^3/\text{kg} \times 3.9\ \text{MPa} = 4.0\ \text{kJ/kg}$$

따라서 $h_2 = h_1 + w_{\text{pump}} = 417.5 + 4.0 = 421.5$ kJ/kg이다.
터빈 출력: 터빈에서의 출력을 구하기 위해 h_4를 구해야 한다. 먼저 터빈을 나가는 증기의 건도, 즉 혼합물에서 증기의 백분율을 구한다. 100 kPa에서 액체 물과 포화증기의 엔트로피값을 사용하자.

$$s_f = 1.3028\ \text{kJ/kg·K}$$
$$s_g = 7.3589\ \text{kJ/kg·K}$$

그러면 건도 x는 다음과 같다.

$$x = \frac{s_4 - s_f}{s_g - s_f} = \frac{6.0696 - 1.3028}{7.3589 - 1.3028} = 78.7\%$$

100 kPa에서 액체 물과 포화증기의 엔탈피값은 $h_f = 417.5$, $h_g = 2{,}675.0$ kJ/kg임을 표를 통해 알 수 있다. h_4 값은 식을 재배열하여 구할 수 있다.

$$x = \frac{h_4 - h_f}{h_g - h_f}$$
$$h_4 = x(h_g - h_f) + h_f = 0.787(2{,}675.0 - 417.5) + 417.5 = 2{,}194.5\ \text{kJ/kg}$$

그러면 전체 효율은 다음과 같다.

$$\eta_{\text{th}} = \frac{w_{\text{out}} - w_{\text{in}}}{q_{\text{in}}} = \frac{(2{,}800.8 - 2{,}194.5) - 4.0}{(2{,}800.8 - 421.5)} = 25.3\%$$

카르노 효율과 비교: 100 kPa의 압력에서 완전히 응축된 물의 온도는 99.6°C 또는 372.7 K임을 증기 표를 통해 알 수 있다. 4 MPa의 압력에서 포화증기의 온도는 250.4°C 또는 523.5 K이다. 그러면 카르노 효율은 다음과 같다.

$$\eta_{\text{Carnot}} = \frac{(T_H - T_L)}{T_H} = \frac{(523.5 - 372.7)}{523.5} = 28.8\%$$

이 예제는 랭킨 사이클 효율이 카르노 한계에 따라 어떻게 가능한 최대 효율보다 약간 작은지를 설명한다.

▶ 예제 5-2

표준 단위: 등엔트로피 압축 및 팽창 과정을 갖는 이상적인 랭킨 사이클이 터빈 입구에서 최다 400 psi 압력 그리고 응축기에서 14.7 psi 압력 사이에서 작동한다. 이 사이클에 대한 열효율을 계산하라. 사이클에서 제일 끝 온도 사이의 차이를 바탕으로 계산한 카르노 효율과 비교하라.

▶ 풀이

사이클은 온도−엔트로피(T-s) 선도와 함께 표현된다. 분석을 할 때 증기 표에서 바로 읽을 수 있는 엔탈피와 엔트로피값을 모두 나타내는 것이 유용하며 다음과 같다.

$h_3 = 1{,}205.0$ BTU/lb (400 psi에서 포화 수증기의 엔탈피)
$h_1 = 180.2$ BTU/lb (14.7 psi에서 액체 물)
$s_3 = s_4 = 1.4852$ BTU/lb · °R (등엔트로피 팽창)

펌프 일: 압력 변화는 400 − 14.7 = 385.3 psi이다. 14.7 psi에서 물의 비체적은 0.01672 ft³/lb이다. 그러므로 펌프 일은 다음과 같다.

$$w_{\text{pump}} = \frac{(0.01672\,\text{ft}^3/\text{lb})(385.3\,\text{lb/in}^2)(144\,\text{in}^2/\text{ft}^2)}{778\,\text{ft}-\text{lb/BTU}} = 1.2\,\text{BTU/lb}$$

따라서 $h_2 = h_1 + w_{\text{pump}} = 180.2 + 1.2 = 181.4$ BTU/lb이다.
터빈 출력: 터빈에서의 출력을 구하기 위해 h_4를 구해야 한다. 먼저 터빈을 나가는 증기의 건도, 즉 혼합물에서 증기의 백분율을 구한다. 14.7 psi에서 액체 물과 포화증기의 엔트로피값을 사용한다.

$s_f = 0.3121$ BTU/lb·°R
$s_g = 1.7566$ BTU/lb·°R

그러면 건도 x는 다음과 같다.

$$x = \frac{s_4 - s_f}{s_g - s_f} = \frac{1.4852 - 0.3121}{1.7566 - 0.3121} = 81.2\%$$

14.7 psi에서 액체 물과 포화증기의 엔탈피값은 $h_f = 180.2$, $h_g = 1{,}150.3$ BTU/lb임을 표를 통해 알 수 있다. h_4 값은 식을 재배열하여 구할 수 있다.

$$x = \frac{h_4 - h_f}{h_g - h_f}$$

$$h_4 = x(h_g - h_f) + h_f = 0.812(1{,}150.3 - 180.2) + 180.2 = 967.7\,\text{BTU/lb}$$

그러면 전체 효율은 다음과 같다.

$$\eta_{\text{th}} = \frac{w_{\text{out}} - w_{\text{in}}}{q_{\text{in}}} = \frac{(1{,}205.0 - 967.7) - 1.2}{(1{,}205.0 - 181.4)} = 23.1\%$$

카르노 효율과 비교: 14.7 psi의 압력에서 완전히 응축된 물의 온도는 212°F (671.7°R)이고, 400 psi의 압력에서 포화증기의 온도는 444.6°F 또는 904.3°R임을 증기 표를 통해 알 수 있다. 그러면 카르노 효율은 다음과 같다.

$$\eta_{\text{Carnot}} = \frac{(T_H - T_L)}{T_H} = \frac{(904.3 - 671.7)}{904.3} = 25.7\%$$

이 예제는 랭킨 사이클 효율이 카르노 한계에 따라 어떻게 가능한 최대 효율보다 약간 작은지를 설명한다.

전체 성능에 비가역성이 미치는 영향

예제 5-1 및 5-2의 펌프와 터빈은 100% 효율로 가정했다. 예를 들어 터빈은 606.6 kJ/kg의 엔탈피 변화에서 가능한 모든 열에너지를 터빈 일로 변환한다고 가정한다. 하지만 실제로 이 장치들의 효율은 100%가 되지 않고, 이러한 효율 감소는 η_{th}의 계산에 영향을 미친다. 터빈 예제를 더 진행해 보자. $\eta_{turbine}$이 터빈의 효율이라면 터빈의 실제 출력은 $w_{actual} = \eta_{turbine}(w_{isentropic})$이 된다. 이때 $w_{isentropic}$은 엔트로피의 변화가 없다고 가정했을 때의 출력값이다. 랭킨 사이클 분석에 실제 터빈 효율을 적용하면 예제 5-3에서 볼 수 있듯이 출구의 엔탈피값 계산에 영향을 미친다.

예제 5-3

예제 5-1의 터빈 효율을 85%라 가정하고, 펌프는 등엔트로피로 작동한다고 하자. 이때 사이클의 효율을 다시 계산하라.

풀이

터빈 출구에서의 출력을 다시 계산하면 $w_{actual} = 0.85(606.3) = 515.4$ kJ/kg이 된다. 터빈 출구의 엔탈피값은 $h_4 = h_3 - w_{actual} = 2{,}800.8 - 515.4 = 2{,}285.4$ kJ/kg이다. h_4 값이 등엔트로피 경우와 비교했을 때 증가했기 때문에 배기가스가 터빈을 습증기 상태로 나가는지 확인해야 한다. 즉, $h_4 < h_g$인지 확인해야 한다. 그러면 전체 효율은 다음과 같다.

$$\eta_{th} = \frac{w_{actual} - w_{in}}{q_{in}} = \frac{515.4 - 4.0}{(2{,}800.8 - 421.5)} = 21.5\%$$

이와 같이 터빈에서의 손실을 고려하면 사이클 효율은 3.8% 감소하게 된다.

예제 5-3은 터빈 같은 구성 요소에서 효율 손실을 고려하는 것이 사이클 효율을 상당히 감소시킨다는 사실을 보여준다. 펌프나 압축기 같은 다른 장치에서 비가역성의 효과는 이 장의 다른 연소 사이클에 적용될 수 있다. 증기에서 주변의 펌프나 터빈 벽, 배관 등으로 방출되는 열과 마찰은 추가적인 손실이 된다.

5-3-3 브레이튼 가스 사이클

천연가스 같은 가스연료를 사용할 때는 가스의 열을 이용하여 물을 증기로 변환하고 수증기를 증기 터빈을 통해 팽창하는 것보다 연소 사이클에서 바로 가스를 연소시키는 것이 더 실용적이다. 이 목적을 위해 공학자들은 *브레이튼 사이클*(Brayton cycle)을 기반으로 하는 가스터빈을 개발했다. 이 사이클은 1870년대에 현재 가스터빈에 사용되는 연소 기술의 기반이 되는 연속적 연소 과정을 개발한 미국 공학자 George Brayton의 이름을 따서 지었다.

브레이튼 사이클에 사용되는 구성 요소들의 개략도가 그림 5-5에 나타나 있다. 또한 사이클에 1부터 4까지의 상태가 표시되어 있다. 다음 단계들이 상태들 사이에서 발생한다.

1. 1~2 대기 중 공기가 시스템에 들어오게 되고, 시스템의 최대 압력으로 압축된다.
2. 2~3 연료가 압축공기에 주입되고, 그 혼합물이 등압 상태에서 연소되어 시스템의 최대 온도까지 가열된다.
3. 3~4 연소 부산물이 터빈을 통해 팽창하고, 터빈 샤프트의 회전에 의해 출력을 낸다.

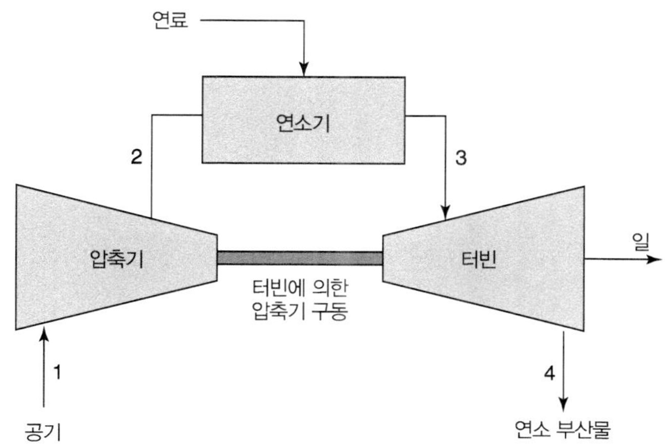

그림 5-5 브레이튼 사이클 구성 요소.

랭킨 사이클과 달리 터빈에서의 연소 부산물을 다시 압축기로 보내는 네 번째 과정이 필요 없다는 사실에 유의하라. 가스 사이클은 단계 2~3에서 유입되는 연료와 함께 연소할 신선한 공기의 지속적인 공급이 필요하다. 그리고 압축기로 다시 보내기 위해 터빈 배기가스에서 연소하지 않은 산소를 분리하는 것은 실용적이지 못하다. 그러므로 단계 3~4 이후에 연소 부산물은 대기로 바로 배출되거나 열교환기로 전달되어 연소 부산물에 남아 있는 열을 추출하여 다른 목적에 사용할 수 있게 된다. 또 다른 차이는 작동유체에 압력을 상승시키는 데 필요한 일의 양이 브레이튼 사이클의 경우 훨씬 많다는 것이다. 랭킨 사이클에서 물에 압력을 가하는 데 필요한 일의 양은 적다. 그 이유는 액체 물이 거의 완전히 비압축성 유체이기 때문이다. 반면 브레이튼 사이클로 들어가는 공기는 매우 압축성이기 때문에 연소와 팽창에 필요한 압력을 달성하기 위해 더 많은 일을 필요로 한다.

랭킨 사이클과 같이 브레이튼 사이클의 효율 계산에서도 각 단계에서 엔탈피값의 계산이 필요하다. 브레이튼 사이클의 경우 엔탈피를 계산하기 위한 다른 접근 방법이 존재한다. 그것은 엔탈피를 계산하기 위해 각 단계에서 공기 또는 연료-공기 혼합물의 *상대압력*을 사용하는 것이다. 상대압력은 온라인 부록의 공기 표에서 찾을 수 있듯이 주어진 기체에 대한 온도에 따라 값이 정해지는 변수이다. 공기의 양에 비해 연료의 양이 적기 때문에 사이클의 모든 단계에서 공기-연료 혼합물은 순수한 공기로 단순화될 수 있다.

가스 사이클에서 한 상태의 상대압력값과 압축비를 알고 있다면 다음과 같이 다른 상태의 상대압력값을 얻는 데 사용할 수 있다. 압축기로 들어가는 기체의 상대압력이 p_{r1}, 상태 1(비압축)에서 상태 2(압축)로의 압축비가 P_2/P_1이라 가정하자. 그러면 상태 2의 상대압력은 다음과 같다.

$$p_{r2} = p_{r1}\left(\frac{P_2}{P_1}\right) \tag{5-4}$$

터빈 출구의 상대압력 계산은 출구 p_r을 계산하기 위해 압축비로 나누는 것을 제외하고 유사하다. 두 가지 계산 방법은 예제 5-4(미터 단위)와 예제 5-5(표준 단위)에 나타나 있다. 미터 단위와 표준 단위 모두 사이클의 각 단계에서 온도와 엔트로피 사이의 관계는 그림 5-6을 참고하면 된다.

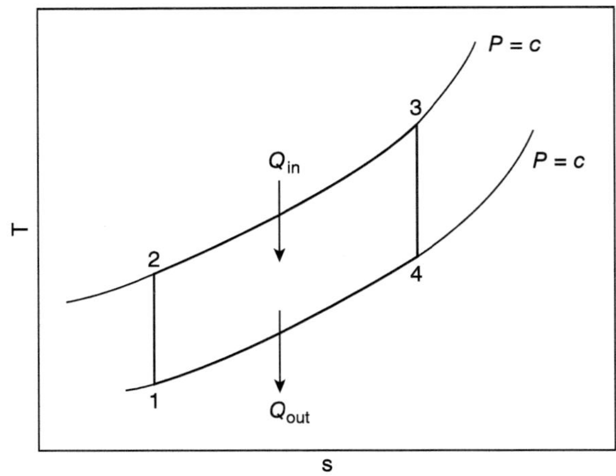

그림 5-6 이상적인 브레이튼 사이클의 온도-엔트로피 선도.

실제 브레이튼 사이클에서 팽창된 가스-공기 혼합물은 선도에 나타나 있는 것처럼 일정한 압력으로 상태 4에서 상태 1로 냉각되어 사이클로 재유입되지 않고 터빈 출구를 통해 대기로 배출됨에 유의하라.

예제 5-4

미터 단위: 브레이튼 가스 사이클은 앞의 T-s 선도에서 볼 수 있듯이 압축 및 팽창 과정이 등엔트로피 과정으로 작동한다. 공기는 압축기로 95 kPa 압력과 대기온도(295 K)로 들어간다. 압축기에서 6:1의 압축비로 압축된 공기는 1,100 K까지 가열된다. 연소 부산물은 터빈에서 팽창된다. 사이클의 열효율을 구하라.

풀이

상태 1과 3에서 엔탈피 및 상대압력값은 h_1 = 295.2 kJ/kg, p_{r1} = 1.3068, h_3 = 1,161.1 kJ/kg, p_{r3} = 167.1임을 공기 표를 통해 알 수 있다. 연소기에서 가해진 열, 터빈에서의 출력, 압축기의 소모 동력을 계산하기 위해 h_2와 h_4 값을 구해야 한다.

h_2을 먼저 계산해 보자. 압축비가 6:1이기 때문에 압축기를 떠나는 상대압력은 $p_{r2} = p_{r1}(6) = 7.841$임을 알 수 있다. 그러면 h_2 값은 공기 표에서 보간법을 이용하여 구할 수 있다. 표에서 T = 490 K일 때 공기의 상대압력은 $p_r = 7.824$이고, 이는 p_{r2}와 거의 같다. 따라서 h_2는 표에서 T = 490 K일 때 엔탈피값과 거의 같게 되고, 이는 $h_2 = 492.7$ kJ/kg과 같다.

h_4을 구하기 위해 다음과 같이 표에서 값들 사이의 보간법이 필요하다. 먼저 $p_{r4} = p_{r3}/6 = 27.85$를 계산할 수 있다. 표에서 T = 690 K일 때 공기의 상대압력은 $p_r = 27.29$이고, T = 700 K일 때 공기의 상대압력은 $p_r = 28.8$이다. 따라서 보간법 인자 f를 다음과 같이 계산할 수 있다.

$$f = \frac{27.85 - 27.29}{28.8 - 27.29} = 0.37$$

표에서 T = 690 및 700 K일 때 엔탈피값은 각각 702.5 및 713.3 kJ / kg이다. 따라서 h_4 값을 구할 수 있다.

$$h_4 = 702.5 + 0.37(713.3 - 702.5) = 706.5\ \text{kJ/kg}$$

표에서 바로 값을 구할 수 없을 때 이런 방법으로 선형 보간법이 흔히 사용된다. 이제 입력되는 열량과 터빈 출력, 압축기 동력을 계산할 수 있다.

$$q_{in} = h_3 - h_2 = 1{,}161.1 - 492.7 = 668.4 \text{ kJ/kg}$$

$$w_{turbine} = h_3 - h_4 = 1{,}161.1 - 706.5 = 454.6 \text{ kJ/kg}$$

$$w_{compressor} = h_2 - h_1 = 492.7 - 295.2 = 197.5 \text{ kJ/kg}$$

그러면 전체 사이클 효율은 다음과 같다.

$$\eta_{th} = \frac{w_{turbine} - w_{compressor}}{q_{in}} = \frac{454.6 - 197.5}{668.4} = 38.5\%$$

▶ ***논의*** 이 이상적인 사이클에서 압축기 동력은 전체 터빈 출력의 43%에 달한다. 더욱이 이상적인 압축기와 터빈은 실제 장치에서 발생할 수 있는 손실을 고려하지 않았다. 압축기에서의 손실은 목표로 하는 압축비를 달성하기 위해 더 많은 동력을 요한다. 반면 터빈에서의 손실은 출력을 감소시킨다. 이러한 이유로 실제로 필요한 압축기 동력은 터빈 동력의 43%보다 매우 높을 것이다. 이는 기술적으로나 경제적으로 성공할 수 있는 가스터빈 기술을 개발하기 위해서는 터빈 출력을 최대화하고 압축기 손실을 최소화하는 것이 중요하다는 사실을 보여준다.

예제 5-5

표준 단위: 브레이튼 가스 사이클은 앞의 T-s 선도에서 볼 수 있듯이 압축 및 팽창 과정이 등엔트로피 과정으로 작동한다. 공기는 압축기로 14.5 psi 압력과 80°F 온도로 들어간다. 압축기에서 6:1의 압축비로 압축된 공기는 1,540°F까지 가열된다. 연소 부산물은 터빈에서 팽창된다. 사이클의 열효율을 구하라.

▶ ***풀이***

상태 1과 3에서 엔탈피 및 상대압력값은 h_1 = 129.1 BTU/lb, p_{r1} = 1.386, h_3 = 504.7 BTU/lb, p_{r3} = 174임을 공기 표를 통해 알 수 있다. 연소기에서 가해진 열, 터빈에서의 출력, 압축기의 소모 동력을 계산하기 위해 h_2와 h_4 값을 구해야 한다.

h_2을 먼저 계산해 보자. 압축비가 6:1이기 때문에 압축기를 떠나는 상대압력은 $p_{r2} = p_{r1}(6) = 8.316$임을 알 수 있다. 그러면 h_2 값은 공기 표에서 보간법을 이용해 구할 수 있다. 표에서 T = 880°R일 때 공기의 상대압력은 $p_r = 7.761$이고, T = 900°R일 때 공기의 상대압력은 $p_r = 8.411$이다. 따라서 보간법 인자 f를 다음과 같이 계산할 수 있다.

$$f = \frac{8.316 - 7.761}{8.411 - 7.761} = 0.854$$

표에서 T = 880 및 900°R일 때 엔탈피값은 각각 211.4 및 216.3 BTU/lb이다. 따라서 h_2 값을 구할 수 있다.

$$h_2 = 211.4 + 0.854(216.3 - 211.4) = 215.6 \text{ BTU/lb}$$

비슷한 계산 과정으로 상태 4의 상대압력값 $p_r = 174/6 = 29$와 엔탈피값 $h_4 = 307.1$을 구할 수 있다. 이제 입력되는 열량과 터빈 출력, 압축기 동력을 계산할 수 있다.

$$q_{in} = h_3 - h_2 = 504.7 - 215.6 = 289.1 \text{ BTU/lb}$$

$$w_{turbine} = h_3 - h_4 = 504.7 - 307.1 = 197.6 \text{ BTU/lb}$$

$$w_{compressor} = h_2 - h_1 = 215.6 - 129.1 = 86.5 \text{ BTU/lb}$$

그러면 전체 사이클 효율은 다음과 같다.

$$\eta_{th} = \frac{w_{turbine} - w_{compressor}}{q_{in}} = \frac{197.6 - 86.5}{289.1} = 38.4\%$$

▶ ***논의*** 이 이상적인 사이클에서 압축기 동력은 전체 터빈 출력의 44%에 달한다. 더욱이 이 이상적인 압축기와 터빈은 실제 장치에서 발생할 수 있는 손실을 고려하지 않았다. 압축기에서의 손실은 목표로 하는 압축비를 달성하기 위해 더 많은 동력을 요한다. 반면 터빈에서의 손실은 출력을 감소시킨다. 이러한 이유로 실제로 필요한 압축기 동력은 터빈 동력의 44%보다 매우 높을 것이다. 이는 기술적으로나 경제적으로 성공할 수 있는 가스터빈 기술을 개발하기 위해서는 터빈 출력을 최대화하고 압축기 손실을 최소화하는 것이 중요하다는 사실을 보여준다.

5-4 최대 효율을 위한 고등 연소 사이클

앞의 예제에서 손실을 고려하지 않고 효율을 계산했을 때 랭킨 사이클의 경우 25%의 효율을 보였고 브레이튼 사이클의 경우 38%의 효율을 보였다. 연소 사이클 안에 중요한 손실이 있고, 랭킨 사이클의 경우 연료를 열로 변환하는 보일러 시스템에서도 손실이 있다. 게다가 터빈에 붙어 있는 발전기에서도 작지만 손실이 있다(최신 발전기는 일반적으로 98%의 효율을 갖기 때문에 이 손실의 영향은 미미하다). 전 세계적으로 전기 생산을 위해 매년 연료에 많은 비용을 지출하고 또한 오염물질 감소에 대한 요구가 많기 때문에 엔지니어들은 수십 년 동안 이 사이클들을 개선하기 위해 노력해 왔다. 소비하는 연료에서 더 많은 출력을 얻기 위해 사용하는 가능한 장치 및 기술을 이 절에서 모두 다룰 수는 없지만, 초임계 사이클, 복합 사이클, 열병합발전 시스템의 세 가지 주요 개선 방법에 대해 탐구해 볼 것이다.

5-4-1 초임계 사이클

랭킨 사이클의 효율을 증가시키는 한 가지 방법은 보일러에서 증기에 가해지는 열의 압력을 증가시키는 것이다. 예제 5-1과 같은 기존의 랭킨 사이클에서 보일러 내부의 물은 주어진 압력에서 포화온도까지 가열된다. 그리고 액체–증기 구간을 지나 포화증기가 될 때까지 일정한 온도로 가열된다. 그러나 유체가 충분히 압축되어 물의 *임계압력*을 넘어서게 되면 액체–증기 구간에 들어가지 않는다. 이러한 경우 그 과정을 *초임계 사이클*이라 부르며, 그림 5-7과 같이 보일러가 물의 초임계 구간 안의 온도를 달성하게 한다. 초임계 구간에서는 액체상과 기체상 사이에 구분이 없다.

초창기 대규모 발전에서는 터빈 입구의 높은 온도와 압력을 견딜 수 있는 재료가 부족했기 때문에 초임계 사이클의 이점을 얻기 어려웠다. 20세기 중반 소재 기술의 획기적인 발전은 초임계 사이클 사용을 가능하게 했다. 화석연료를 이용한 첫 번째 초임계 발전소는 1957년 미국 오하이오주 제인즈빌 근처에 지어졌으며, 그 이후 초임계 발전소가 많이 건설되었다.

예제 5-6은 초임계 사이클의 효율상 이점을 보여준다.

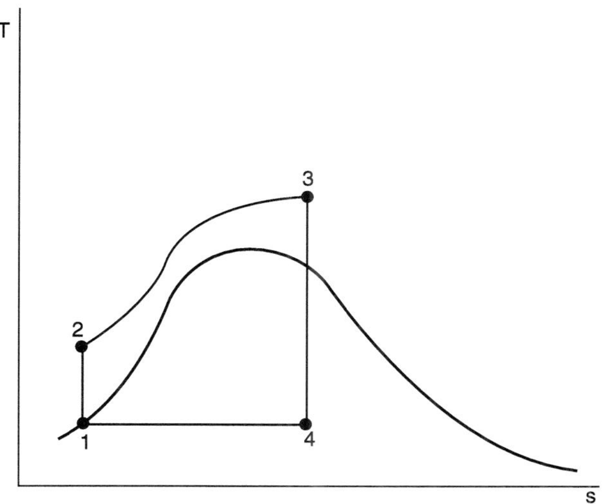

그림 5-7 초임계와 임계 미만 구간의 T-s 선도 및 초임계 랭킨 사이클.

예제 5-6

예제 5-1의 사이클이 수정되어 보일러가 초임계 압력인 35 MPa 그리고 600℃ 온도에 달한다고 가정하자. 응축기 조건은 동일하다. 펌프의 압축 과정과 터빈의 팽창 과정은 등엔트로피 과정으로 가정한다. 몇 퍼센트의 효율이 향상되는가?

풀이

터빈 입구의 상태량은 $h_3 = 3{,}399.0$ kJ/kg, $s_3 = 6.1229$ kJ/kg · K임을 표를 통해 알 수 있다. 매우 높은 최대 압력을 달성하기 위해 펌프의 동력은 상당히 증가한다.

$$w_{\text{pump}} = 0.00104\,\text{m}^3/\text{kg} \times 34.9\,\text{MPa} = 36.3\,\text{kJ/kg}$$

따라서 $h_2 = h_1 + w_{\text{pump}} = 417.5 + 36.3 = 453.8$ kJ/kg이다. 터빈 출력의 이익이 추가된 펌프 동력을 상쇄하는 것을 확인할 수 있다. $s_3 = s_4 = 6.1229$를 사용하면 증기의 건도는 $x = 79.6\%$가 된다. 그러므로 터빈 출구에서의 엔탈피값은 다음과 같다.

$$h_4 = 0.796(2{,}675.5 - 417.5) + 417.5 = 2{,}214.0\,\text{kJ/kg}$$

따라서 전체 효율은 다음과 같이 향상된다.

$$\eta_{\text{th}} = \frac{(3{,}399.0 - 2{,}214.2) - 33.2}{(3{,}399.0 - 453.8)} = 39.0\%$$

그러므로 터빈 출력은 1,184.8 kJ/kg 증가하고 효율은 13.7% 향상된다. 카르노 효율이 다음과 같이 바뀐 것을 확인하라.

$$\eta_{\text{Carnot}} = \frac{(T_H - T_L)}{T_H} = \frac{(873.1 - 372.7)}{873.1} = 57.3\%$$

이와 같이 주어진 사이클에서 계산한 효율값과 카르노 한계 사이에는 상당한 차이가 있다.

예제 5-6은 계산한 효율값과 카르노 한계 사이에 큰 차이가 있음을 보여준다. 하나의 가능한 해결책은 완전한 초임계 사이클을 사용하는 것이다. 유체가 터빈을 초임계 압력으로 떠나고 임계온도 아래에서 일정한 압력으로 초기온도까지 냉각된다. 그리고 펌프에서 다시 최대 압력으로 끌어올려지고 보일러에서 가열된다. 시스템이 작동하는 압력 범위가 좁아지면 다른 것들은 동일하게 유지되면서도 시스템 효율이 증가하는 경향이 있다.

5-4-2 복합 사이클

다시 5-3절에서 소개한 브레이튼 사이클로 돌아가 보자. 가스터빈 배기가스에 남아 있는 에너지가 전체 시스템 출력을 높이기 위해 다른 곳에 사용될 수 있다고 언급했다. 만약 배기가스 온도가 충분히 높을 경우 적용할 수 있는 효과적인 기술 중 하나는 추가로 물을 끓여 랭킨 사이클을 사용하는 것이다. 이렇게 하여 처음에 연소시킨 가스의 에너지로 두 가지 사이클을 효과적으로 구동시킬 수 있다. 이 과정을 복합 가스–증기 사이클 혹은 단순히 *복합 사이클*(combined cycle)이라 부른다. 복합 사이클 시스템의 구성 요소들이 그림 5-8에 나타나 있다. 미국의 Oklahoma Gas & Electric은 1949년 처음으로 Belle Isle Station 발전소에 복합 사이클을 설치했다. 그리고 발전소 효율 최대화의 목표가 중요해지면서 전 세계적으로 많은 나라에서 이 기술에 대한 관심이 높아졌다.

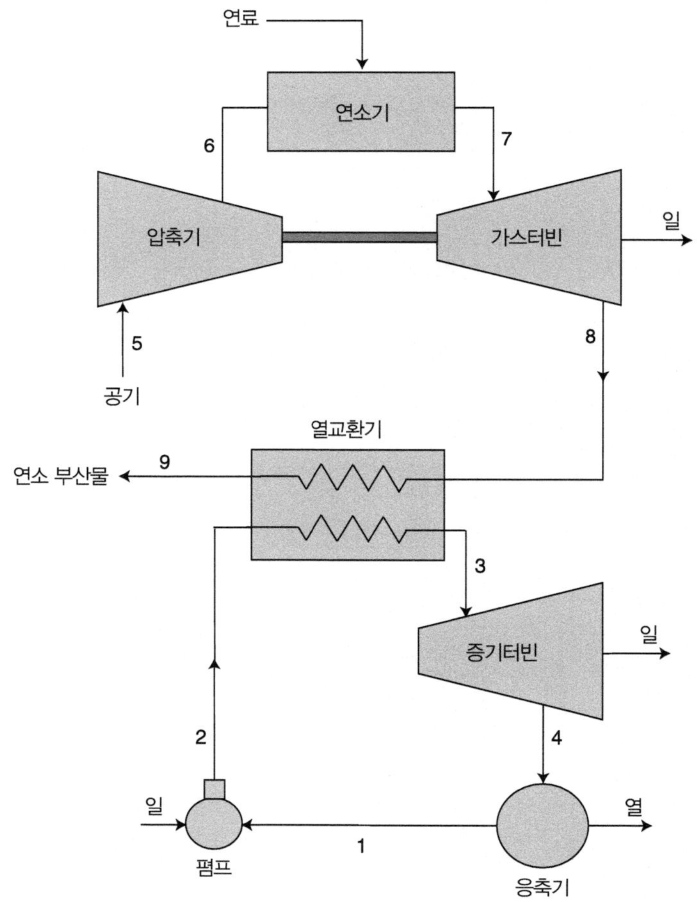

그림 5-8 복합 사이클 시스템 구성 요소.

복합 사이클은 다음 단계로 이루어져 있다.

1. 기존의 브레이튼 사이클처럼 가스-공기 혼합물이 연소되고 터빈을 통해 팽창된다.
2. 배기가스가 가압된 열교환기로 이동되고 반대쪽에서 가열되지 않은 물이 유입된다. 일정한 압력하에서 가스의 열은 물로 이동되고, 물은 증기 사이클이 필요로 하는 온도까지 상승하게 된다.
3. 증기가 열교환기에서 증기터빈으로 나가고, 가스는 열교환기에서 대기로 빠져나간다.
4. 증기가 터빈을 통해 팽창되고 응축기와 펌프로 돌아온다. 그리고 가압되어 열고환기로 돌아온다.

실제로 전형적인 복합 사이클 설비에는 가스터빈 여러 대가 병렬로 설치되고, 증기터빈은 가스터빈의 하부에 가스터빈보다는 적은 수가 병렬로 설치된다. 복합 사이클에서 증기터빈의 정격용량은 가스터빈보다 적다. 이는 증기터빈 출력이 가스터빈의 배기가스 에너지 중 사용 가능한 에너지에 의해 제한되기 때문이다.

복합 사이클의 효율을 계산하기 위해 먼저 브레이튼 사이클과 랭킨 사이클의 엔탈피값을 각각 계산한다. 그리고 열교환기를 지나는 가스와 증기의 상대유량을 결정하여 입구와 출구의 온도 조건이 만족되도록 해야 한다. 프라임 기호가 가스 사이클에서의 엔탈피값을 나타낸다고 하자. 예를 들어 h'_{in}은 그림 5-8에서 가스 사이클에서 열교환기로 입력되는 엔탈피값을 나타낸다. 반면 h_{in}은 증기 사이클에서 열교환기 입구의 값을 나타낸다. 유량은 열교환기에 들어가고 나가는 에너지의 열평형을 사용하여 계산한다.

$$E_{\text{in}} = E_{\text{out}} \tag{5-5}$$

여기서 E_{in}과 E_{out}은 열교환기에 들어가고 나가는 에너지를 각각 말하며, 손실은 무시되었다. 열교환기에 들어가는 가스와 증기의 엔탈피값은 브레이튼 사이클과 랭킨 사이클 분석을 통해 알 수 있다. 열교환기를 떠나는 증기의 엔탈피도 마찬가지로 구할 수 있다. 열교환기에서 나가는 가스의 엔탈피는 열교환기 가스 측 출구 온도로부터 결정된다. 식 (5-5)는 엔탈피값과 가스와 증기의 질량 유량 m_g, m_s을 이용하여 다시 표현할 수 있다.

$$m_g h'_{\text{in}} + m_s h_{\text{in}} = m_g h'_{\text{out}} + m_s h_{\text{out}} \tag{5-6}$$

식 (5-6)을 재배열하면 가스 유량에 대한 증기 유량의 비율인 y를 엔탈피값을 이용하여 나타낼 수 있다.

$$y = \frac{m_s}{m_g} = \frac{h'_{\text{in}} - h'_{\text{out}}}{h_{\text{out}} - h_{\text{in}}} \tag{5-7}$$

복합 사이클에 의해 생산되는 전체 순 일은 가스터빈과 증기터빈에서 각각 생성된 일의 합이라는 사실에 유의하라. 전체 순 일은 단위 연소 가스당 일로 계산된다. 따라서 증기터빈의 기여는 비례적으로 추가되어야 한다. 즉, 다음과 같다.

$$w_{\text{net}} = w_{g.net} + y \cdot w_{s.\text{net}} \tag{5-8}$$

복합 사이클의 과열증기

주어진 압력의 포화온도보다 높은 온도의 증기를 과열증기라 한다. 다음에 나오는 복합 사이클 예제에서 과열은 터빈으로 들어가는 증기의 엔탈피를 높이기 때문에 증기 사이클의 효율을 향상시키는 데 사용된다. 식 (5-2)에서 보면 과열이 q_{in}을 증가시키고 또한 터빈 출구의 엔탈피가 증가하기 때문에 w_{out}을 감소시켜 과열의 효과는 감소한다. 그러나 전체 과열 온도 범위에 걸쳐 효율의 순 변화량은 증가하게 된다. 실제로 과열증기를 만들기 위해서는 *과열기*라 불리는 보일러에서 분리된 장치를 필요로 한다. 과열기는 특별히 순수한 증기에 열을 추가하기 위해 설계되어 보일러 출구와 터빈 입구 사이에 설치된다. 예제 5-7은 과열의 효과를 별개로 보여준다. 예제 5-8은 복합 사이클의 전체 효율 계산을 보여준다.

예제 5-7

예제 5-1의 사이클이 증기를 4 MPa 압력에서 500°C까지 과열하도록 재설계되었다고 가정하자. 사이클의 새로운 효율은 얼마인가? 예제 5-6의 그림을 참고하라.

▸ ***풀이***

과열 증기 표에서 다음 값들을 구할 수 있다.

$$h_3 = 3{,}446.0 \text{ kJ/kg}$$
$$s_3 = s_4 = 7.0922 \text{ kJ/kg·K}$$

증기의 건도를 다시 계산하면 $x = 95.6\%$가 되고, 따라서 $h_4 = 2{,}575.5$ kJ/kg이 된다. 전체 효율은 다음과 같이 변한다.

$$\eta_{th} = \frac{(3{,}446.0 - 2{,}575.5) - 4.0}{(3{,}446.0 - 421.5)} = 28.6\%$$

이와 같이 기존 사이클과 비교했을 때 전체 효율이 3% 증가한다.

▸ ***논의*** 예제 5-7과 5-1을 비교해 보면, h_4가 381.0 kJ/kg만큼 증가하는 동안 h_3는 645.2 kJ/kg만큼 증가한다. q_{in} 값도 645.2 kJ/kg만큼 증가했다. 그러나 백분율로 봤을 때 이만큼의 증가가 기존 q_{in}보다 작기 때문에 새로운 사이클의 효율은 증가한다.

예제 5-8[4]

7:1의 압축비를 갖는 이상적인 복합 사이클을 고려해 보자. 공기는 압축기에 295 K의 온도로 들어가고 터빈에 1,200 K의 온도로 들어간다. 그리고 열교환기를 400 K의 온도로 나온다. 증기 사이클의 경우 증기는 8 MPa까지 압축되고 열교환기에서 400°C까지 가열된다. 그리고 10 kPa의 압력으로 응축된다. 이 사이클의 이론적인 효율을 계산하고 독립적인 두 사이클의 효율을 비교하라.

▸ ***풀이***

그림 5-9의 T-s 선도를 참고하자. 다음 표에 가스 사이클의 엔탈피값이 그림 5-8처럼 5~8 상태에 대해 나타나 있다. 먼저 두 사이클의 엔탈피값을 각각 구해 보자. 이 계산은 예제 5-3과 5-5와 비슷하게 수행된다. 가스 사이클에서 다음과 같은 값을 구할 수 있다.

---

4 이 예제는 Cengel 및 Boles (2002)의 pp. 545~546에 기초한다.

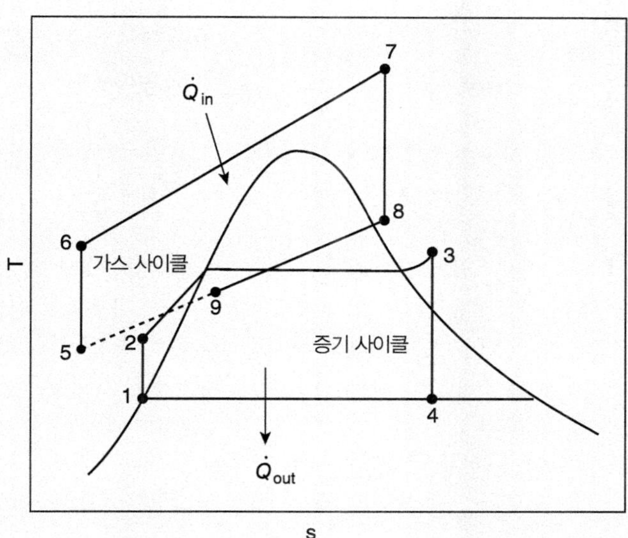

그림 5-9 복합 사이클 온도-엔트로피 선도.

과열 증기가 증기 곡선에서 3번 지점까지 올라가는 것에 유의하라.

상태	p_r	h'
5	1.3068	295.2
6	9.1476	515.1
7	238	1277.8
8	34	747.3

열교환기에서 나가는 가스의 엔탈피값을 h_9이라 하자. 공기의 물성 표에서 400 K일 때 $h_9 = 400.1$ kJ/kg임을 알 수 있다. 증기 표에서 다음과 같은 값을 구할 수 있다.

상태	h	s
1	191.8	사용 안 함
2	199.9	사용 안 함
3	3,139.4	6.3658
4	2,015.2	6.3658

이제 식 (5-7)로부터 열교환기의 y 값을 구할 수 있다.

$$y = \frac{h'_8 - h'_9}{h_3 - h_2} = \frac{(747.3 - 400.1)}{(3{,}139.4 - 199.9)} = 0.118$$

순 일과 효율을 계산하기 위해 먼저 가스 사이클과 증기 사이클의 순 일 $w_{g.\text{net}}$과 $w_{s.\text{net}}$이 각각 필요하다. 이 자료에서 $w_{g.\text{net}} = 310.6$ kJ/kg과 $w_{s.\text{net}} = 1{,}116.1$ kJ/kg을 구할 수 있고, 또한 가스 사이클에서 $q_{in} = 762.7$ kJ/kg을 구할 수 있다. 전체 순 일과 효율은 다음과 같다.

$$w_{\text{tot}} = 310.6 + (0.118)1{,}116.1 = 442.4\,\text{kJ/kg}$$

$$\eta_{\text{overall}} = \frac{w_{\text{tot}}}{q_{in}} = \frac{442.4}{762.7} = 58.0\%$$

이 값은 각각의 사이클 효율과 잘 비교된다. 증기 사이클에서 $q_{s,\text{in}} = 2{,}938.3\,\text{kJ/kg}$이다. 따라서 $\eta_s = 1{,}116.1/2{,}939.5 = 38.0\%$이고, $\eta_g = 310.6/762.7 = 40.7\%$이다.

실제적으로 예제 5-8의 사이클 총 효율은 시스템 내부에서 발생하는 다양한 손실 때문에 앞에서 계산한 58%보다 작게 된다. 그러나 다양한 기술이 적용되어 현재 실제 발전소의 효율은 60% 수준까지 향상될 수 있었다. 표 5-1은 아시아, 유럽, 북아메리카의 다양한 지역에서 운영되는 발전소 설계 효율값을 표본으로 보여주는데, 다수는 55%부터 60%까지의 효율을 가진다.

5-4-3 코제너레이션 시스템과 열병합발전

5-4-2절에서 다룬 복합발전 시스템에서는 가스와 증기라는 두 가지 다른 형태의 터빈 기술이 전기 생산이라는 한 가지 목적을 위해 사용되었다. *코제너레이션*(cogeneration) 시스템에서는 화석연료와 같은 한 가지의 에너지원이 하나 이상의 용도를 위해 사용된다. 코제너레이션 시스템 중 가장 많이 사용되는 형태는 *열병합발전*(combined heat and power: CHP)이다. 열병합발전이란 작동유체가 전기를 생산하기 위해 사용되고, 발전 과정 후 배기가스가 발전소 주변의 거주지나 상업용 빌딩의 지역난방 또는 산업 공정에 필요한 열 생산 등 다른 목적에 사용되는 것을 말한다. 역사상 열병합발전 시스템은 20세기 초반 초기 대규모 발전 시설에서는 보편적이었다. 20세기 중반 비교적 저렴한 화석연료 때문에 열병합발전에 대한 관심이 낮아졌지만, 최근 연료 가격의 변동성이 커지고 배출가스 감소에 대한 관심이 높아지면서 열병합발전에 대한 관심이 다시 높아지고 있다.

이후 코제너레이션 시스템을 열병합발전 시스템이라 표현한다. 그림 5-10은 증기 보일러와 터빈을 기반으로 한 열병합발전의 구성도를 보여준다. 앞서 보았던 펌프와 보일러, 터빈, 응축기뿐만 아니라 새로운 여러 구성 요소들을 소개한다.

- *공정 히터*: 이 구성 요소는 들어오는 증기로부터 추출한 열을 지역난방 같은 용도를 위해 외부로 전달한다. 출구의 유체는 포화수로 응축된다. 공정 히터에서 사용하기 위해 터빈에서 추출한 증기는 부분적으로 히터의 압력까지 팽창하게 된다. 히터로 추출되지 않은 증기는

표 5-1 복합 발전소 설계 작동 조건에서의 열효율

발전소	국가	효율
Baglan Bay	영국	60%
Futtsu(요코하마)	일본	60%
Scriba(뉴욕주)	미국	60%
Vilvoorde	벨기에	56%
Seoinchon	한국	55%
Ballylumford	영국	50%
Avedore 2	덴마크	50%
Skaerbaek 3	덴마크	49%

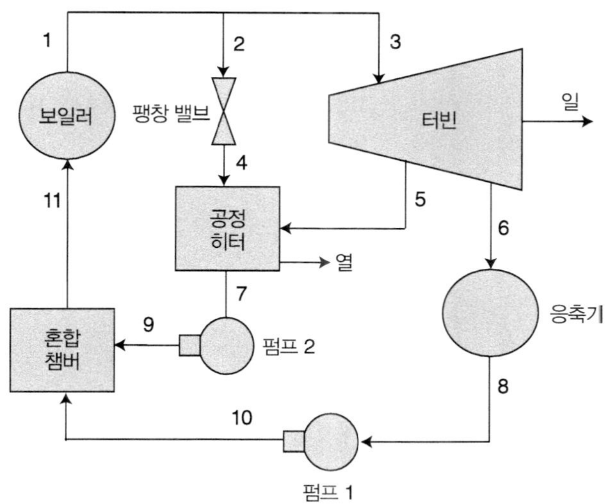

그림 5-10 열병합발전 시스템의 구성 요소.

터빈에서 응축기 압력까지 완전히 팽창한다.

- *팽창 밸브*: 이 밸브는 보일러 출구의 높은 압력의 증기를 터빈 팽창을 이용하지 않고 압력을 감소시켜 낮은 압력의 공정 히터로 지나갈 수 있게 한다. 이상적인 팽창 밸브에서 증기의 엔탈피는 변하지 않지만, 압력 감소로 증기의 건도가 바뀌기 때문에 엔트로피는 변한다.
- *혼합 챔버*: 이 장치는 보일러로 이동하기 전에 다른 두 펌프에서 나온 물을 혼합한다. 혼합 챔버 출구에서 물의 엔탈피는 혼합 챔버에 대한 질량 평형 및 에너지 평형을 사용하여 결정된다.

열병합발전은 수증기뿐만 아니라 가스를 이용할 수도 있다. 예를 들어 대규모 발전에는 가스연료를 사용한 복합발전 시스템이 포함될 수 있다. 이 발전 시스템의 하부 사이클에서 배출되는 증기는 지역난방이나 공업용 열로 사용된다. 가스를 이용한 소형 열병합발전은 전기를 생산하기 위한 마이크로터빈이나 왕복 엔진을 사용하고, 배기가스는 가정 난방이나 온수 공급에 사용된다. 이 적용에 대한 예제는 5-5절에 제시되어 있다.

단순 랭킨 사이클과 비교하여 그림 5-10의 작동유체에 새로 추가된 경로는 전기와 공정 열을 적절히 혼합하여 제공하기 위해 최대로 유연하게 작동할 수 있도록 한다. 예를 들어 많은 열을 필요로 하는 시기에는 터빈으로 유입되는 유량을 억제하고 모든 증기를 팽창 밸브를 통해 공정 히터로 보낸다. 반대로 열 수요가 없다면 모든 증기는 단순 랭킨 사이클처럼 터빈에서 완전히 팽창된다. 전기와 열 사이에 모든 조합이 가능하다.

하나의 형태 혹은 다른 형태로 사용 가능한 전체 에너지를 측정하기 위해 *이용률*(utilization factor) ε_u을 도입한다. ε_u은 다음과 같이 정의된다.

$$\varepsilon_u = \frac{W_{\text{net}} + Q_p}{Q_{\text{in}}} \quad (5\text{-}9)$$

여기서 W_{net}은 펌프 동력을 제외한 터빈에서 발생하는 순 일 출력이고, Q_p는 전달된 공정 열을 나타낸다. 이용률은 효율과 다르다. 즉, 이용률은 보일러에 유입된 에너지양과 비교하여 생산된 총 에너지가 전기 및 열에너지로 얼마나 분배되었는지를 측정하기 위해 열병합발전의 경우 특별히 사용된다. 유입된 에너지양은 단위 질량당 에너지양(kJ/kg)이 아닌 에너지 흐름(kW)으로 측정된다. 예를 들어 유입된 열에너지값은 복합 사이클의 q_{in}이 아닌 Q_{in}을 사용한다. 이는 열병합발전 사이클에서 사용되는 증기의 질량 유량이 시스템 수요에 따라 변하기 때문이다. 따라서 전체 질량 유량과 시스템 각 과정의 유량을 알아야 한다. 출력의 100%가 Q_p로 전달된 경우 펌프 동력은 음의 일을 한다고 고려되어 ε_u은 1을 넘지 않는다.

시스템의 목표는 100%에 가까운 이용률 ε_u을 달성하는 것이다. 이 정도의 이용률은 모든 증기를 열로 변환하거나, 펌프 동력을 무시한 상태에서 부분적으로 터빈에서 증기를 팽창시키고 그 증기를 공정 히터로 이동하여 얻을 수 있다. 후자의 경우 터빈에서 응축기로 증기가 전혀 이동하지 않는다. 경제적 관점에서 보면 전기와 열을 혼합하여 생산하는 것이 종종 더 바람직하다. 왜냐하면 주어진 양의 에너지에서 전력망으로 전달되는 전기가 공정 열보다 더 가치 있기 때문이다. 실제로 열병합발전의 주요 장점은 고압·고온의 증기(브레이튼 사이클의 경우 가스) 같은 고급 에너지원이 공정 열로만 사용할 수 있는 낮은 질의 에너지로 저하되기 전에 어느 정도 에너지를 생산하는 것이다.

에너지는 공정 히터를 지나며 보존되기 때문에 공정 열로 추출되지 않는 팽창 밸브나 터빈으로부터 들어오는 에너지는 시스템 압력에서 포화수를 생성하기 위해 히터에서 제거되어야 한다. $m_{v.\text{in}}$은 밸브로부터의 유량, $m_{t.\text{in}}$은 터빈으로부터의 유량, m_{out}은 히터에서 나가는 유량이라 하자. 에너지 평형을 사용하면 다음과 같다.

$$m_{v.\text{in}}h_{v.\text{in}} + m_{t.\text{in}}h_{t.\text{in}} = m_{\text{out}}h_{\text{out}} + Q_p \tag{5-10}$$

항을 재배열하면 다음과 같다.

$$Q_p = m_{v.\text{in}}h_{v.\text{in}} + m_{t.\text{in}}h_{t.\text{in}} - m_{\text{out}}h_{\text{out}} \tag{5-11}$$

혼합 챔버의 분석도 공정 열 항이 없는 것을 제외하고는 비슷하다. 펌프 1, 2에서 나오는 두 입구 유량은 $m_{1,\text{in}}$, $m_{2,\text{in}}$으로 정의되고 출구 유량은 m_{out}으로 정의된다. 따라서 h_{out}은 다음 식으로 계산할 수 있다.

$$h_{\text{out}} = \frac{m_{1.\text{in}}h_{1.\text{in}} + m_{2.\text{in}}h_{2.\text{in}}}{m_{\text{out}}} \tag{5-12}$$

공정 히터나 응축기가 꺼지고 펌프 1이나 펌프 2에 입력값이 없는 경우 식 (5-12)는 혼합 챔버의 입구와 출구의 엔탈피값이 일정한 항등식으로 줄어들게 된다.

예제 5-9[5]

그림 5-10의 형태를 갖는 열병합발전 시스템이 보일러에서 7 MPa과 500℃의 증기를 추출한다(그림의 숫자 표기를 사용하라). 공정 히터로 주입하기 위해 증기는 500 kPa까지 교축되거나 터빈에서 팽창될 수 있다. 공정 히터를 위해 500 kPa까지 부분적으로 팽창되거나, 완전히 팽창되어 5 kPa에서 응축될 수 있다. 공정 히터는 유체를 500 kPa의 포화수로 만들어 내보낸다. 분리된 펌프는 2개의 유체를 7 MPa까지

5 이 예제는 Cengel 및 Boles (2002)의 pp. 541~543에 기초한다.

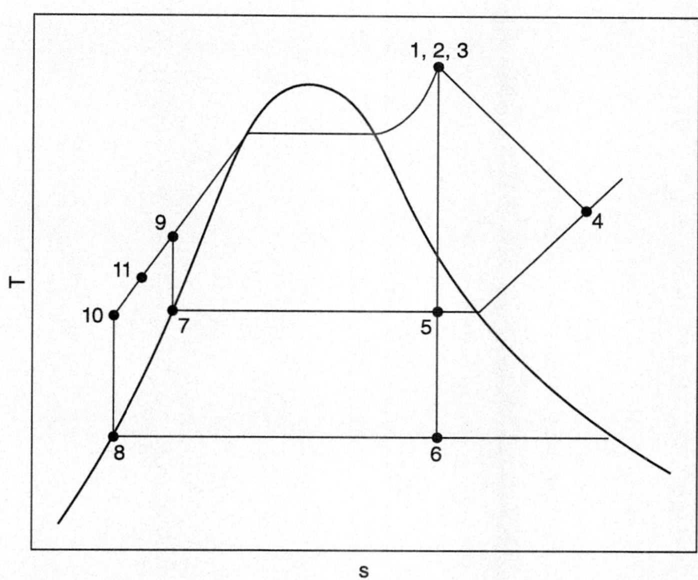

그림 5-11 팽창 밸브, 부분 터빈 팽창, 응축기와 함께 전체 터빈 팽창을 갖는 열병합발전 사이클의 온도-엔트로피 선도.

압축하고, 압축된 유체는 보일러로 돌아가기 전에 혼합 챔버에서 섞인다. 다음 두 가지 경우에 대해 공정열 생산량, 순 전기 생산량 그리고 이용률을 계산하라.

1. 모든 증기는 터빈으로 유입되고 다음에 공정 히터로 들어간다(예를 들어 $m_2 = m_6 = 0$).
2. 증기의 10%가 팽창 밸브로 유입되고 70%가 부분적으로 팽창한 후 공정 히터로 들어간다. 그리고 20%가 완전히 팽창된다.

▶ ***풀이***

먼저 그림 5-11을 참고하여 (1)과 (2)에 적용되는 모든 엔탈피값을 계산한다. 팽창 밸브를 거치며 엔탈피의 변화는 없다. 따라서 증기 표로부터 다음을 얻을 수 있다.

$$h_1 = h_2 = h_3 = h_4 = 3{,}411.4\ \text{kJ/kg}$$

등엔트로피 관계식 $s_1 = s_5 = s_6$를 사용하여 상태 5와 6에서 각각의 건도를 구한 뒤 증기의 엔탈피를 계산하면 다음과 같다.

$$h_5 = 2{,}739.3\ \text{kJ/kg}$$

$$h_6 = 2{,}073.0\ \text{kJ/kg}$$

h_7과 h_8은 각각 500 kPa과 5 kPa에서 포화액체이므로, 표를 참고하면 $h_7 = 640.1$, $h_8 = 137.8$ kJ/kg이다. h_9과 h_{10}을 구하기 위해 단위 질량당 펌프 동력을 알아야 한다. 비체적값인 $v_{@\,5\,\text{kPa}} = 1.005 \times 10^{-3}\ \text{m}^3/\text{kg}$과 $v_{@\,500\,\text{kPa}} = 1.093 \times 10^{-3}\ \text{m}^3/\text{kg}$을 사용하면 두 펌프에 대해 각각 7.0 및 7.1 kJ/kg의 펌프 동력을 구할 수 있다. 그러면 다음을 구할 수 있다.

$$h_9 = 640.1 + 7.1 = 647.2\ \text{kJ/kg}$$

$$h_{10} = 137.8 + 7.0 = 144.8\ \text{kJ/kg}$$

남은 h_{11} 값은 혼합 챔버의 특정 상황에 따라 다르게 된다.

사례 1. $m_{10}=0$, $m_{11}=m_9$, $h_{11}=h_9=647.2\ \mathrm{kJ/kg}$이기 때문에 열 투입량은 다음과 같다.

$$Q_{in}=15\ \mathrm{kg/s}\times(3{,}411.4-647.2)=41{,}463\ \mathrm{kW}$$

펌프 2의 펌프 동력은 다음과 같이 계산된다.

$$W_{P2}=(7.1\ \mathrm{kJ/kg})(15\ \mathrm{kg/s})=106.5\ \mathrm{kW}$$

부분적으로 팽창된 증기에서 주어진 엔탈피 변화량과 유량 $m_3=m_5=15\ \mathrm{kg/s}$을 통해 터빈의 출력과 순일은 각각 다음과 같다.

$$W_{out}=15(3{,}411.4-2{,}739.3)=10{,}081\ \mathrm{kW}$$

$$W_{net}=W_{out}-W_{pump}=10{,}081-106.5=9{,}975\ \mathrm{kW}$$

식 (5-10)에서 공정 열은 다음과 같다.

$$Q_p=15(2{,}739.3-640.2)=31{,}488\ \mathrm{kW}$$

이용률이 100%임을 확인할 수 있다.

$$\varepsilon_u=\frac{W_{net}+Q_p}{Q_{in}}=\frac{9{,}975+31{,}488}{41{,}463}=1.00$$

사례 2. 보일러에서 나온 증기의 분배에 따라 $m_2=1.5$, $m_5=10.5$, $m_6=3\ \mathrm{kg/s}$을 얻을 수 있다. 따라서 $m_{10}=3$, $m_9=10.5+1.5=12\ \mathrm{kg/s}$이다. 식 (5-12)를 이용하여 h_{11}을 구하면 다음과 같다.

$$h_{11}=\frac{m_9h_9+m_{10}h_{10}}{m_{11}}=\frac{12(647.2)+3(144.8)}{15}=546.8\ \mathrm{kJ/kg}$$

그리고 열 투입량은 다음과 같다.

$$Q_{in}=15\ \mathrm{kg/s}(3{,}411.4-546.8)=42{,}969\ \mathrm{kW}$$

터빈 출력은 두 단계로 이루어져 있다. 따라서 $m_3=m_1-m_2=13.5$와 $m_6=3\ \mathrm{kg/s}$에 의해 출력을 설명한다.

$$W_{out}=13.5(3{,}411.4-2{,}739.3)+3(2{,}739.3-2{,}073.0)=11{,}072\ \mathrm{kW}$$

펌프 1과 2의 소모 동력을 제외하면 순 일은 다음과 같다.

$$W_{net}=W_{out}-W_{pump1}-W_{pump2}=11{,}072-21.1-85.3=10{,}966\ \mathrm{kW}$$

공정 열 부분에서 히터로 유입된 양은 팽창 밸브와 터빈 모두에서 온다. 따라서 열 투입량은 다음과 같다.

$$Q_p=1.5(3{,}411.4)+10.5(2{,}739.3)-12(640.1)=26{,}199\ \mathrm{kW}$$

그러므로 이 경우에 이용률은 다음과 같다.

$$\varepsilon_u=\frac{10{,}966+26{,}199}{42{,}969}=0.865$$

▶ ***논의*** 사례 1은 운전자가 터빈과 공정 열 사이에서 열 수요를 맞추고 남은 에너지를 전기 생산으로 분배하기 위해 어떻게 다르게 분배할 수 있는지를 보여준다. 또한 이용률은 사례 1과 비교했을 때 사례 2에서 더 감소할지라도 전력 생산은 증가한다. 전기료가 단위 kW당 열의 2~3배이기 때문에 사례 2의 분배를 사용하여 작동하는 것이 더 나을 것이다.

공정 열을 사용하는 능력의 한계

공정 열 사용의 한 가지 한계는 수요의 변동성이다. 이는 공업용이든 공간 난방용이든 특정 시간에 사용 가능한 공정 열의 최대 사용을 막는다. 게다가 분배 거리가 늘어남에 따라 공정 열 분배 시스템을 설치하는 비용이 계속 증가하고 시스템 내부 선로에서의 손실이 증가하게 되어, 시스템이 경제성을 유지할 수 있는 거리가 제한된다. 산업적인 면에서는 공업 시설이 발전소 바로 옆에 위치한다면 선로 손실은 무시할 수 있지만, 증기를 수 마일이나 수 킬로미터 이동시킨다면 전혀 실용적이지 않다. 생활적인 측면에서는 현재 존재하는 지역난방 시스템은 일반적으로 발전소에 인접한 위치의 주거지(주택 혹은 아파트) 난방을 담당한다. 이러한 주거지는 km^2 혹은 mi^2당 주택 수로 표현할 때 충분히 높은 밀도를 가진다. 그러나 주거 지역의 밀도가 높지 않은 선진국에서의 지역난방의 새로운 도입은 효과적이지 않을 수 있다.

5-5 고정연소 시스템의 경제성 분석

연소 시스템 투자의 많은 단계에 경제성 분석이 적용될 수 있다. 가장 중요한 적용은 기존 발전소가 없는 장소를 새로운 발전소 위치로 결정하는 경우일 것이다. 이러한 경우 경제성 분석가들은 제안된 발전소 위치가 충분한 순 수익(전기 판매 수익과 비용의 차이)을 가져올 수 있는지, 만약 다른 대안이 있다면 경제적으로 가장 매력적인 대안은 무엇인지 판단한다. 또한 분석가들은 투자 기간 동안 연료나 다른 비용의 감소를 통해 절약되긴 하지만 추가적인 선불 비용을 초래하는 기존 발전소의 개선에 대한 제안을 평가한다.

특히 미래의 발전소 소유주들은 새로운 발전소를 위한 투자기간이 20년 혹은 그 이상이 될 수 있으며, 발전소가 폐기되기 전의 실제 운영 기간이 수십 년 지속될 수도 있는 매우 불확실한 환경에서 결정해야만 한다. 미래 에너지비용의 불확실성(화석연료뿐만 아니라 바이오연료 같은 재생에너지)은 하나의 예이다. 분석에서는 고정된 에너지비용을 가정하지만, 최근 기록들은 실제 연료의 비용이 심하게 변동하는 것을 보여준다. 또한 전기에 대한 수요는 확실하게 알 수 없으며, 전 세계 많은 발전소가 가격이 *규제되지 않는* 시장에서 운영되기 때문에 현재 전기의 kWh당 가격은 알려져 있지 않다. 마지막으로 훌륭한 기술과 충실한 보수를 통해 불확실성을 최소화할 수 있지만, 발전소 *가동률* 혹은 발전소의 일상적인 유지 · 보수 및 고장에 의해 가동이 중단되지 않는 시간은 알려져 있지 않다.

분석가들은 사용 가능한 분석용 데이터의 불확실성을 해결하기 위한 많은 도구를 갖고 있다. 이러한 도구 중 하나는 계산에 사용되는 사전에 정해진 입력 변수값을 특정 범위 내에서 변화시키는 *민감도 분석*(sensitivity analysis)이다. 이를 통해 최저 투자비 계산에 미치는 영향을 보거나 건설 착수 또는 포기 결정을 할 수 있다. 또 다른 도구는 *확률 분석*(probabilistic analysis) 혹은 부록 H에서 논의된 것처럼 문제의 양적 솔루션과 불확실성을 통합하기 위해 확률 분포와 몬테카를로 시뮬레이션에서 계산된 표본을 사용하는 것이다.[6] 최소한 분석가들이 고정된 값을 가정하여 제안했는데 미래의 실제값이 기대했던 것과 다르게 전개된다면, 제시된 결과들이 틀렸음이 나중에 증명될 수 있다는 것을 이해해야 한다.

경제성 분석의 또 다른 차원으로 환경, 건강, 안전 규제를 충족하는 것이 필요하다. 특히 대기

6 에너지 문제 해결에 사용되는 확률 분석의 예를 위해 Schrage (1997)의 10장 혹은 Dunn (2002)을 참고하라.

중으로 배출되는 배기가스를 제거하거나 줄이는 배기 제어장치와 같은 추가적인 기술과 발전소의 공적인 승인 이전에 이루어지는 환경영향평가 과정은 모두 무시할 수 없는 방식으로 프로젝트 비용을 추가시킨다. 이러한 비용들을 제거하면 발전소 수익성에는 도움이 되겠지만, 신흥국뿐만 아니라 선진국 사회에서도 제어되지 않는 배기가스 배출을 방지할 때의 이익이 추가적인 전기를 생산하여 얻는 비용보다 더 크다고 판단하여 이러한 요구사항들을 설정했다.

5-5-1 전기 생산의 평준화 비용 계산

연소 발전소의 경우 프로젝트 총 기간의 평준화 비용은 연간 비용과 기대되는 연간 생산량을 기초로 계산할 수 있다. 발전소 비용은 세 가지 요소로 구성되어 있다.

1. *자본비용*: 이 비용은 토지 매입, 에너지 변환을 위한 모든 기계장치와 전기장치, 오염 제어장치 그리고 필요한 모든 구조물의 비용으로 구성되어 있다. 총 비용은 최저요구수익률(MARR)이 고정된 상태에서 자본의 부채 상환을 포함한다.
2. *연료비용*: 이 비용은 연간 기대되는 전기 생산을 위해 요구되는 에너지를 얻을 수 있는 연료의 양을 토대로 계산된다. 연료가 전기로 변환될 때 발생하는 손실을 반드시 고려해야 한다.
3. *비용수지*: 이 비용은 모든 인건비, 복지비, 운전비용, 유지비용, 외부 서비스에 대한 지출(예를 들어 발전소 직원들의 기술을 넘어서는 비표준 작업에 대한 외부 전문가 비용) 등 간접 경비가 포함된 'catch-all'이다. 간단한 모델로서 이 비용은 전기 생산 수준과 독립적으로 연간 고정된 금액으로 다룰 수 있다. 하지만 실제로 연간 수 kWh 이상의 전기를 생산하는 발전소의 경우 이러한 비용을 다소 많이 지출할 것으로 예상할 수 있다.

이 세 가지 비용을 평준화 비용 계산에 추가하여 식 (2-12)를 다음과 같이 수정할 수 있다.

$$\$/\text{kWh} = \frac{\text{연간 자본비용 + 연료비용 + 비용수지 + 투자수익}}{\text{연간 생산량(kWh)}} \tag{5-13}$$

총 운전 기간 동안의 비용을 총 운전 기간 동안 예상되는 출력으로 나눈 평준화 비용 역시 계산 가능하다. 고정 달러가 사용되고 자본비를 연율로 환산하지 않고 연간 비용의 흐름(연료비용 + 비용수지)이 현재가치로 할인된다면 계산 결과는 같을 것이다.

연료비용 혹은 연료에 대한 연간 지출은 발전소의 정격용량과 전기의 연간 생산량으로부터 다음과 같이 계산된다. 연소 사이클 전체 효율 η_{overall}은 연소장치 효율 η_c(예를 들어 증기 사이클을 위한 보일러나 가스 사이클을 위한 연소기), 터빈 효율 η_t, 그리고 발전기 효율 η_g의 함수이다. 증기 사이클의 경우 다음 식을 얻을 수 있다.

$$\eta_{\text{overall}} = \eta_c \eta_t \eta_g \tag{5-14}$$

이 장의 앞부분에서 설명한 대로 터빈 효율은 사이클 특성에 따라 변한다. 보일러, 연소기, 발전기 효율은 더 균일하다. 발전기의 효율은 매우 높으며, 연소기/발전기의 효율은 다소 낮아 일반적으로 각각 98%와 85%의 효율을 가진다. 이상적인 터빈 사이클은 이론적으로 25~60%의 효율(가장 높은 효율은 복합발전 시스템에서 얻어짐)을 가지며, 터빈 사이클의 가장 큰 손실은 다른 요소들보다는 작동유체의 열에너지를 기계적 에너지로 변환하는 과정에서 발생한다.

다음으로 발전소의 연간 에너지 생산량 E_{out}과 필요한 에너지 투입량 E_{in}은 발전소의 평균 *설*

비 이용률(평균 출력과 정격출력의 무차원 비)과 MW_e 단위의 정격용량, 연간 운전시간의 함수로 계산될 수 있다.

$$E_{out} = (\text{설비 이용률})(\text{정격출력})(\text{연간 운전시간})(3.6\ GJ/MWh)$$
$$E_{in} = \frac{E_{out}}{\eta_{overall}} \tag{5-15}$$

그리고 연간 평균 연료비용은 연료 GJ당 비용을 이용하여 계산한다. 예제 5-10은 두 가지 투자 선택사항의 비교를 위한 평준화 비용 계산을 보여준다.

예제 5-10

예제 5-1의 연소 사이클을 기본으로 하는 석탄화력 발전소의 경제성 분석을 수행하라. 압축 및 팽창 과정에서 발생하는 비가역성 때문에 실제 사이클 효율은 주어진 이상적인 사이클 효율의 80%이다. 보일러와 발전기의 효율은 각각 85%와 98%이다.

발전소의 정격용량은 500 MW이며, 연간 8,760시간 동안 70%의 설비 이용률을 갖는다. 초기 비용은 2억 달러이다. 총 운영 기간은 20년이며 최저요구수익률은 8%이다. 비용수지는 연간 1,800만 달러이다. 표 4-2의 중간 범위 가격인 톤당 35달러로 석탄이 발전소로 공급되고, 이 석탄의 에너지 함량은 톤당 25 GJ이다. 투자수익(ROI)에 대한 필요성은 무시하라.

사례 1. kWh당 평준화 비용을 구하라.

사례 2. 예제 5-6을 기준으로 제안된 초임계 사이클로 대체하라. 대체 발전소는 3억 달러의 초기 비용이 필요하며, 이상적인 사이클의 80% 효율을 가진다. 다른 모든 수치가 같을 때 이 발전소의 평준화 비용은 얼마인가? 어떤 발전소가 더 바람직한가?

▸ *풀이*

사례 1. 예제 5-1로부터 이상적인 효율 25.3%를 얻을 수 있으며, 따라서 실제 터빈의 효율은 (0.8)(0.253)=20.2%이다. 구성 요소들의 효율을 곱하여 다음과 같은 결과를 얻을 수 있다.

$$\eta_{overall} = \eta_c \eta_t \eta_g = (0.85)(0.202)(0.98) = 16.9\%$$

연간 전기 생산량은 (0.7)(500 MW)(8,760 h)(1,000 kWh/MWh) = 3.07×10^9 kWh이다. 연간 연료 비용은 식 (5-15)를 사용하여 요구되는 평균 에너지 투입량을 기본으로 계산한다.

$$E_{out} = (0.7 \times 500\ MW \times 8{,}760)(3.6\ GJ/MWh) = 11.0 \times 10^6 GJ$$

$$E_{in} = \frac{E_{out}}{\eta_{overall}} = \frac{11.0 \times 10^6\ GJ}{0.169} = 65.5 \times 10^6\ GJ$$

연간 262만 톤의 석탄 혹은 연간 9,160만 달러의 연료가 에너지로 전환되는 것을 의미한다.

자본비의 상환을 할인하기 위해 우리는 (A/P, 8%, 20)=0.102를 계산했다. 따라서 연간 자본비용은 ($200 M)(0.102) = $20.4 M이다.

모든 비용 요소를 이용하여 평준화 비용을 다음과 같이 구할 수 있다.

$$\$/kwh = \frac{\$20.4\,M + \$91.6\,M + \$18\,M + \$0}{3.07 \times 10^9\ kWh} = \$0.0424/kWh$$

사례 2. 예제 5-6의 데이터를 이용하면 새로운 터빈의 실제 효율은 (0.8)(0.39)=31.2%이다. 따라서 전체 효율은 26.0%이며, 사례 1의 계산을 반복하면 연간 석탄 비용 지출은 5,960만 달러로 감소한다. 하지만

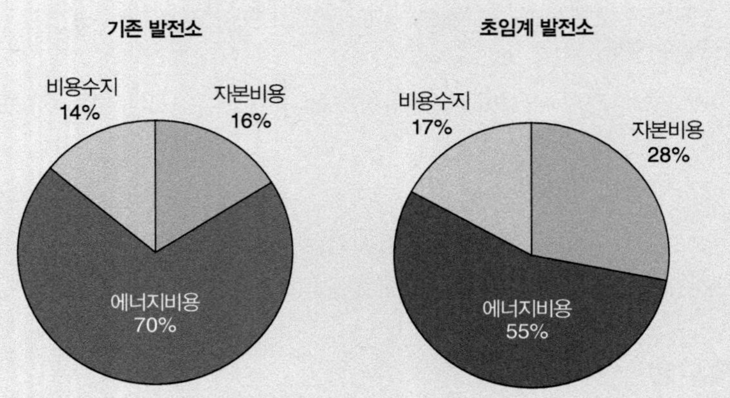

그림 5-12 기존 발전소와 초임계 발전소의 비용 구조 비교.

연간 자본비용은 (\$300 M)(0.102) = \$30.6 M으로 증가한다. 다시 평준화 비용을 계산하면 다음과 같다.

$$\$/\text{kwh} = \frac{\$30.6\,\text{M} + \$59.6\,\text{M} + \$18\,\text{M} + \$0}{3.07 \times 10^9 \text{kWh}} = \$0.0353/\text{kWh}$$

따라서 초임계 발전소는 초기 투자비용이 더 많이 필요하지만, 전체 운영 기간을 보면 더 경제적인 대안이다.

▶ ***논의*** 사례 1의 발전소는 단지 설명하기 위한 목적으로 제공되었다. 이 발전소의 효율은 매우 낮으며 21세기에는 건설되지 않을 것이다. 사례 2의 발전소는 최근 전 세계에서 운영되는 몇몇 발전소와 더 일치한다. 하지만 새로운 초임계 발전소는 사이클에 추가된 효율 향상 기술들 덕분에 현재 40% 이상의 전체 효율을 가진다. 하지만 이러한 발전소들은 더 비싸며 500 MW_e 규모의 미국 발전소들은 6억 달러 정도의 비용이 필요하다. 이러한 실제 예를 가정한 전체 효율($\eta_{overall}$)이 40%이며, 자본비가 6억 달러인 초임계 발전소의 평준화 비용은 \$0.0384/kWh이다.

두 발전소의 비용 구조 분석 결과는 두 발전소 모두에서 에너지비용이 가장 큰 비율을 차지하지만 효율 향상이 에너지비용 비율을 현저하게 감소시킨다는 사실을 보여준다(그림 5-12 참조). 즉, 사례 1의 경우 에너지비용이 70%를 차지하지만, 사례 2에서는 55%로 줄어들었다.

5-5-2 소규모 열병합발전 시스템의 사례연구[7]

예제 5-10은 전형적인 현대 발전소의 출력과 동일한 출력을 갖는 대형 시스템에서의 비용과 에너지 효율의 이익을 고려했다. 이제 우리는 아파트 단지에 전기와 가정용 온수를 공급할 수 있는 크기인 더 소형의 예, 즉 열병합발전 시스템을 고려할 것이다.

열병합발전 시스템 유형은 상업 및 기관에서 사용되는 용도로 인기가 상승하고 있다. 천연가스를 사용하는 30 kW_e 용량의 작은 단위 발전소들은 초등학교 및 중등학교나 아파트 건물 같은 곳에 실내 난방과 온수 공급을 위해 설치되고 있다. 이 용량에서는 마이크로터빈뿐만 아니라 왕복기관(예를 들어 압축 천연가스를 사용하는 디젤 사이클 엔진)도 발전기를 작동하고 온수를 만드는 데 사용된다. 중앙 발전소에서 사용되는 큰 터빈과 마찬가지로 다수의 소형 터빈들과 왕복운동 엔진들이 온수 생산 요구량에 따라 예측되는 전기 생산량을 달성하기 위해 병렬로 설치될 수 있다. 미국 뉴욕

7 이 사례연구는 이전에 Vanek 및 Vogel (2007)에 의해 제시되었다.

그림 5-13 뉴욕 웨이벌리의 Tecogen 왕복 발전기 5개 유닛을 이용한 375 kW급 열병합발전 시스템의 설치. 배관(각각의 유닛 앞에 보이는)들은 온수 시스템, 온수난방 히터 혹은 흡수식 냉방장치를 위해 부산물로 생성된 온수를 연결한다. (*출처*: Tecogen, inc.)

웨이벌리에 있는 공립학교는 전기 생산과 부산물로 얻어지는 열을 위해 75 kW 용량의 왕복운동 엔진 복합발전 장비를 5개 사용하고 있는 반면(그림 5-13 참조), 미국 캘리포니아 우드랜드 힐스에 있는 피어스대학은 같은 목적으로 60 kW급 마이크로터빈을 6개 사용하고 있다(그림 5-14 참조). 두 경우 모두 부산물로 얻어지는 열은 가정용 온수와 난방 혹은 냉방 장치에 열을 공급하는 데 사용될 수 있다.

경제성 분석은 제안된 새로운 열병합발전 시스템과 지역 온수를 위한 열을 독립적으로 생산하고 모든 전기는 전력망으로부터 구매하는 기존 시스템을 비교한다. 평준화 비용보다는 재정상의 자금 회수 기간이 제안된 투자를 평가하는 데 사용된다. 그 예는 미국 뉴욕주 시러큐스에 위치한 약 500가구가 거주하는 집합 주거 단지를 위한 타당성 조사를 근거로 한다. 이 시설에서는 평균 7,000 kWh의 전기와 하루 2만 3,250갤런의 가정용 온수를 사용할 것으로 예측된다. 열병합발전 시스템의 목표는 가정용 온수 수요를 초과하지 않으면서 가능한 한 많은 전력을 생산하는 것이다. 시스템에서 공급할 수 없는 전기는 전력망을 통해 구입하고, 이전에 모든 온수를 공급했던 기존 보일러가 열병합발전 시스템에서 공급할 수 없는 온수를 공급할 것이다. 비용을 계산하기 위해 전력망으로부터 절약되는 전기비용으로 kWh당 0.105달러가 사용되며, 천연가스 비용으로 GJ당 7.58달러가 사용될 것이다. 분석을 위해 지역의 공공 사업체가 열병합발전 시스템 설치를 원하는 기업주에게 협력하는 것으로 가정하며, 일반적으로 각 청구 기간에 최대 kW의 전기 부하에 비례하여 대형 상업 고객에게 청구되는 피크 전기요금의 영향은 없다고 가정한다.

프로젝트 비용의 상세 항목들이 표 5-2에 나타나 있다. 마이크로터빈이나 왕복기관기술이 발전 시스템에 사용될 수 있다. 2개의 60 kW급 열병합발전 유닛이 채택되어, 하루 18시간 운전(온수 수요가 최저로 예상되는 자정부터 오전 6시까지 제외)을 통해 터빈으로부터 발생한 배기열이 온수

(a)

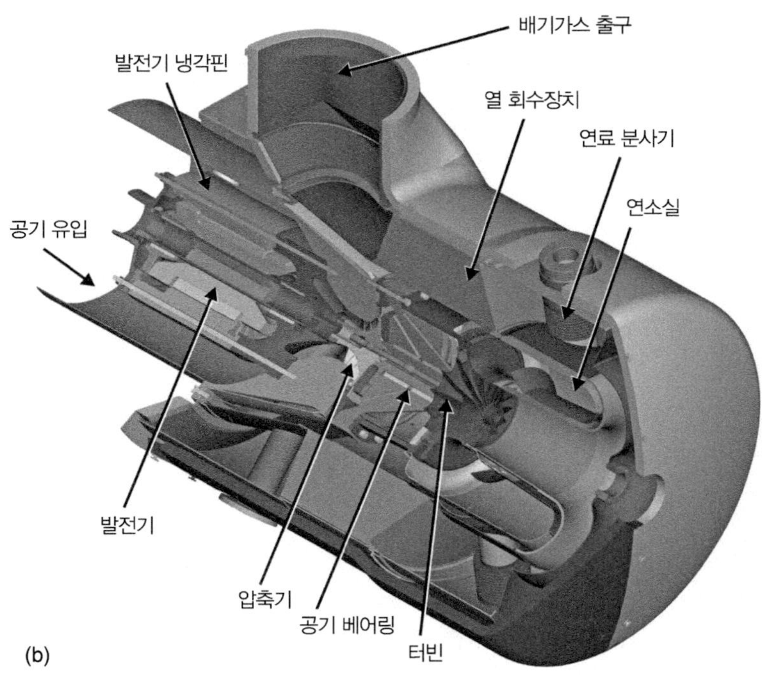

(b)

그림 5-14 (a) Capstone 30 kW급 마이크로터빈(왼쪽), 65 kW급 마이크로터빈(중앙), 온수 공급을 위한 65 kW급 열병합발전 시스템(오른쪽), (b) 65 kW급 터빈의 외부를 일부 잘라내어 내부가 드러나도록 만든 그림.

우측 유닛의 상단 모듈은 실내 난방과 온수 공급을 위한 온수를 만들기 위해 터빈으로부터 열을 회수한다. (*출처*: Capstone Turbine Crop.)

를 하루에 2만 805갤런, 즉 총 수요의 89%까지 생산할 수 있다. 가정용 온수 생산량과 이를 생산하기 위해 요구되는 공급 열량을 근거로 전기 생산은 하루에 2,160 kWh가 된다. 시러큐스처럼 추운 기후를 가진 지역에서는 발전 유닛을 계속 작동하고 그것들의 활용과 연간 출력을 향상시키면 겨울

표 5-2 열병합발전 프로젝트 예시의 비용 및 절약 비용 요약

유닛 수	2
총 비용(자재 + 노동)	$170,000
일일 전기 출력(kWh)	2,160
일일 가정용 온수 출력(갤런)	20,800
연간 전기비용 감소	$82,782
연간 연료비용 증가	$27,620
연간 추가적인 유지비용	$15,768
연간 순 절약비용	$39,394
회수 기간(년)	4.3

동안 만들어진 배기열은 온수뿐만 아니라 난방에도 사용 가능할 것이다. 하지만 이러한 추가적인 이익은 분석에 포함되지 않는다.

각각의 터빈 비용은 모든 자재 및 노동력을 포함하여 8만 5,000달러로, 터빈 두 대의 총 가격은 17만 달러이다. 게다가 이 프로젝트는 kWh당 0.02달러의 유지 · 보수 계약을 근거로 유지비용을 연간 1만 5,768달러로 예상한다. 이것은 상당히 보수적으로 계산된 값이다. 이는 기존의 가스연료 보일러가 새로운 시스템에서는 덜 사용되기 때문에 유지비용의 감소가 있지만, 이러한 잠재적인 절약은 포함되지 않았기 때문이다. 가스비용은 2만 8,000달러 증가한 반면, 현지에서 직접 발전함으로써 전기비용은 거의 8만 3,000달러로 감소하여 프로젝트의 순 절약비용은 대략 연간 3만 9,000달러이다. 이런 비용들을 기본으로 계산된 절약비용은 4년이 조금 지나면 열병합발전 시스템 구입에 투자된 비용을 상쇄하게 된다. 비슷한 시스템에서의 에너지 절약을 통한 회수 기간 계산을 위한 터빈과 기존 온수기의 에너지 분석은 이 절의 마지막 예제에서 다룰 것이다.

그 예제에서는 회수 기간을 계산하기 위해 단순투자회수가 선택된다. 할인된 투자회수가 더 정확하지만, 단순투자회수와 10% 최저요구수익률이 반영되어 계산된 투자 회수 기간의 차이가 충분히 작기 때문에 단순투자회수의 선택이 가능하다. 또한 자본설비는 대규모의 점검 없이 10년 혹은 그 이상의 수명을 갖기 때문에, 설치 또는 유지 · 보수의 예상치 못한 품질 문제가 없다면 수명 기간 동안 자본설비에 대한 투자는 회수될 것이다.

5-5-3 복합 열병합발전 시스템의 사례연구

일반적으로 발전소 운영자들은 기존 발전소가 없는 지역에 새로운 열병합발전 시스템을 건설하지만, 경우에 따라 기존의 단일 발전 시설(전기 혹은 열)에 열병합발전을 추가하여 전체 발전소 활용을 증가시키기 위해 기존 시설을 개조한다. 코넬대학교의 중앙난방 설비가 이러한 사례에 해당하는데, 시설 및 에너지 관리(Utilities & Energy Management: UEM) 부서는 전력을 제공하기 위해 지역난방 시스템을 개조했으며 최근에는 가스연소 복합발전 시스템으로 변환했다(그림 5-15 참조). 따라서 새로 만들어진 시스템은 복합연소 사이클과 열병합발전이 결합된 시스템이다.

역사적으로 이 대학교의 지역난방 시스템은 같은 위치에 있는 건물과 실험실에 증기를 보내는 기능을 통합하기 위해 1922년 처음 만들어졌으며, 1980년대까지 이러한 형태로 계속 운영되었다. 이후 시설 관리자가 교내의 전력 수요 일부를 기존 난방설비에서 만들어지는 증기로 생산하는 것이

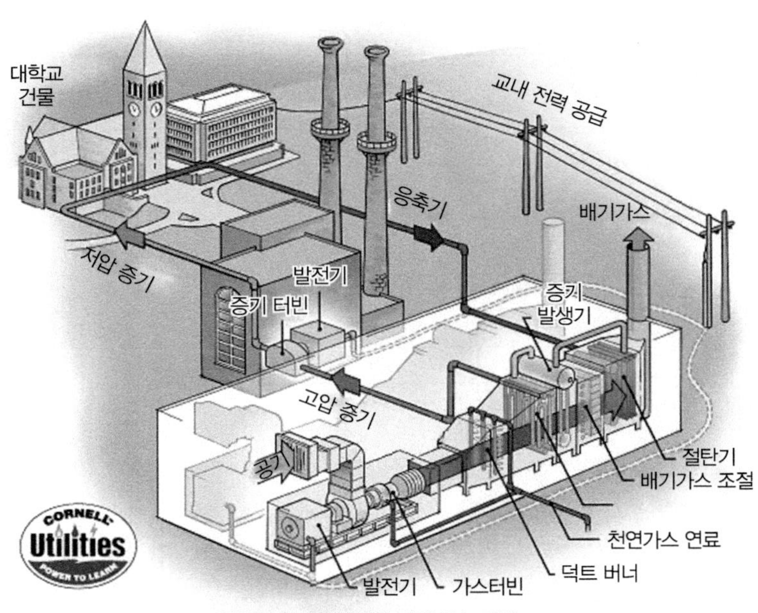

그림 5-15 대학 건물에 가스터빈, 증기터빈 그리고 지역난방 시스템을 갖춘 코넬대학교 열병합발전 프로젝트 모식도. (*출처*: 코넬대학교 시설 및 에너지 관리 부서.)

전력망으로부터의 전기 구매를 절약하여 경제적 이익이 된다는 사실을 알게 되었고, 이러한 목적을 위해 보일러 끝단에 2개의 터빈이 설치되었다. 이러한 유형의 전력 생산 기능을 가진 지역난방 시스템은 응축기가 없다는 면에서 전형적인 발전 방식과 다른 특성을 갖는다. 대신 터빈에서 팽창된 증기는 교내 지역난방 라인으로 들어가 건물에 열을 전달하고 응축되어 열병합발전 시스템으로 돌아와야 한다(실질적으로 지역난방 배관 네트워크는 터빈을 위한 응축기이다). 따라서 여름보다 겨울에 더 많아지는 대학의 증기 수요량은 전력 생산을 제한한다.

최근 온실가스 배출 위협에 대한 인식이 커지는 상황에서 코넬대학교 시설 및 에너지 관리 부서는 2009년 12월에 지역난방 시스템에 복합 사이클 시스템 라인을 가져오면서 발전소에서 사용하는 연료를 석탄에서 가스로 변화시키는 계획을 실행했고[코넬 열병합 발전소(CCHPP)], 2011년 중반까지 석탄 사용을 단계적으로 중단했다. 석탄에서 가스로의 전환은 전체 코넬 기후 행동 계획의 일부인데, 2050년까지 이산화탄소를 배출하지 않는 대학을 만들기 위한 노력의 일환으로 2009년 대학 이사회에 의해 승인되었다. 2015년에 코넬대학은 탄소 중립 대학으로의 전환을 가속화하기 위해 목표 연도를 2050년에서 2035년으로 앞당기는 것으로 계획을 개정하였다. 이러한 개선의 주요 특징은 교내로 연결된 증기배관과 증기터빈을 그대로 유지한 상태에서 가스 공급 시스템을 추가함으로써 가스터빈의 배기열을 통해 증기터빈과 증기 공급에 사용될 증기를 생산하는 것인데, 결과적으로 복합 사이클이 만들어진다.

이 절에서는 CCHPP 도입 이전과 이후의 연간 성능을 비교하여 전력망으로부터의 전기 구입보다는 열병합발전에 더 의존하고 석탄에서 가스 연소로 전환된 시스템에 대한 사례연구를 제시한다. 2010년은 CCHPP 시스템이 처음으로 1년 내내 가동된 해이기 때문에 도입 이전과 이후 비교

표 5-3 2008년과 2010년 코넬대학교 교내 발전소 전기 출처에 따른 전기량과 교내에 공급된 증기량

출처	2008		2010	
전기	GWh	%	GWh	%
증기터빈	26.7	10.7	23	9.4
가스터빈	0	0.0	99	40.4
수력발전	3.1	1.2	3	1.2
소계	29.8	11.9	125	51.0
전력망에서 구매	220.1	88.1	120	49.0
총 전기량	249.9	100	245	100
증기	조 BTU	%	조 BTU	%
건물로 공급	1.32	100	1.09	100

를 위해 특히 2008년과 2010년의 성능을 비교했다. 하지만 2011년에 석탄에서 가스로의 전환이 완료되었기 때문에 2010년에는 여전히 주요 에너지의 일부분이 석탄에서 얻어졌다는 것을 알아야 한다. 이 사례연구에서 관심 대상은 GWh 단위의 전기 생산과 난방 혹은 다른 용도로 생산된 조 BTU 단위의 열을 보유한 증기, 그리고 발전소에서 발생하거나 전력망으로부터 구매하는 전기에 의해 발생하는 이산화탄소 배출이다. 측정된 교내 최대 수요 전력 35 MW_e와 비교했을 때 CCHPP 시스템에서 2개의 터빈이 만드는 최대 출력은 30 MW_e[8]이다. 1980년대에 설치된 2개의 증기터빈은 8 MW_e의 전력을 추가로 제공한다. 교내에서 사용되는 전기와 증기의 양은 표 5-3에 나와 있다. 비록 대부분의 전기는 중앙 발전소에서 생산되거나 전력망에서 구매하지만, 일부분은 교내 근처에서 흐르는 물을 이용하는 수력발전으로 만들어진다. 또한 2010년 교내 전기는 CCHPP와 수력발전으로부터 총 125 GWh가 생산되었다. 추가로 13 GWh의 전기가 CCHPP에서 생산되어 교내에서 사용되고, 충분한 증기가 생산되었을 때 남는 전기는 전력망에 판매했다. 하지만 이 전기는 표에 나타내지 않았다. 2008년과 2010년 사이 캠퍼스의 증기 이용률은 감소했다. 그러나 이 변화는 해마다 발생하는 변동 범위에 포함되는 정도이며, 따라서 시스템에서 증기가 공급되는 방식의 변화는 반영되지 않았다.

GWh 단위로 측정되는 전기는 자체 생산과 전력망으로부터의 구매('순 매입량')를 포함하는 출처에 따라 세분화되지만, 열용량 단위(조 BTU)로 측정되는 연간 총 증기의 양은 나누어지지 않고 하나의 출처로 다루어진다는 사실을 알아야 한다.[9] 또한 수력발전의 전기 생산량은 일반적으로 사용하는 장기간 평균인 연간 5 GWh보다 낮다.

전력망으로부터의 전기 구매 방식에서 현지 중앙 발전소에서 전기를 생산하는 방식으로의 전환은 중앙 발전소에서의 이산화탄소 배출량을 증가시키지만, 전력망에서 구매한 전기로 인해 발생하는 이산화탄소 배출량은 감소한다. 따라서 전력망에서 생산된 전기를 구매할 때 발생하는 배기가스 배출량과 석탄 및 가스 연소에 따른 배기가스 배출량의 총량은 CCHPP 도입의 전체 효과를 나

8 관례상 MW_e, kW_e 등의 기호는 전기 출력을 나타내기 위해 사용된다. 이는 화력발전 출력을 나타내기 위한 MW_t, kW_t 등과 구분된다.

9 2008년과 2010년의 배기가스뿐만 아니라 전기와 증기의 생산과 판매의 원본 자료는 각각 http://energyandsustainability.fs.cornell.edu/file/FY_2010_ENERGY_Fast_Facts.pdf에서 이용 가능하다. 이 자료에 2015년 11월 16일에 접근했다.

표 5-4 코넬대학교에 대한 2008년과 2010년 전력망의 전기, 석탄, 가스의 양과 이산화탄소 배출량

에너지 종류	2008		2010	
	양	1,000 t. CO_2	양	1,000 t. CO_2
전력망의 전기 (GWh)	220.1	91.0	120.0	46.0
석탄(조 BTU)	1.64	168.2	0.19	20.0
가스(조 BTU)	0.12	8.0	1.92	114.0
합계	n/a	267.2	n/a	180.0

타낼 수 있다. 표 5-4는 2008년과 2010년 발전소 현장과 전력망에서 배출되는 배기가스를 보여준다. 또한 두 가지 연료의 연소에서 배출되는 배기가스와 평균적으로 전력망에서 배출되는 배기가스의 비율은 해마다 변하는데, 표 5-5는 이 값을 보여준다. 전력망에서 구매한 전력에 대한 배기가스 배출량은 뉴욕주의 평균 비율을 사용하여 계산한다. 이 평균 비율은 코넬대학교의 시설 및 에너지 관리 부서에 의해 해마다 기록되며, 교내 전체 배기가스 배출량 계산의 기본 자료로 사용된다.

2008년과 2010년의 석탄 및 가스 연소가 만드는 전기와 배기가스의 커다란 변화는 CCHPP 도입으로 설명된다. 새로운 시설이 도입되고 교내에서 사용되는 대부분의 전기와 증기가 가스연소로부터 생성되면서 석탄 소비는 88% 감소하고 가스연료의 사용은 16배 증가한다. 이 변화는 증기와 전기 소비에서 발생하는 이산화탄소 배기가스를 줄이려는 대학의 노력이 만든 결과이다.

표 5-4에서 볼 수 있는 사례연구의 핵심은 교내의 수요를 충족하기 위한 복합발전에서 전체 이산화탄소 배출량이 33% 감소했다는 것이다. 단순화된 결과로, 이 사례는 단지 2008년과 2010년의 전력과 증기 소비 그리고 이산화탄소 배출량을 보여준다. 그리고 대부분 전력망에서 전력을 구매하고 석탄으로부터 증기를 생성하는 2008년의 구성이 2010년의 증기와 전력 수요를 만족시키는 데 사용되었다면 배기가스가 어떻게 되었을지는 고려되지 않았다. 그렇기는 하지만 표 5-4의 맨 아래 줄에 표시된 것처럼 배기가스 감소는 충분하다. 이는 표 5-5에서 배기가스의 출처 변화나 전력과 증기 수요의 감소를 통해 설명될 수 없다. CCHPP 때문에 얻은 배기가스 감소는 실제 온실가스 배출 감소 결과를 보증한다. 이 평가는 연료 주기의 변환 단계, 즉 전력이나 증기를 만들기 위한 연료 연소로부터의 이산화탄소 배출량을 기준으로 한다는 것을 알아야 한다. 석탄과 가스 연료의 추출과 이송으로부터의 배기가스는 고려되지 않았다.

코넬대학은 탄소 중립 대학을 향한 다음 단계가 탄소 배출을 줄인 CCHPP에서 탄소 배출이 없는 열에너지 방식의 전환임을 인식하고, 2010년부터 2020년 사이에 대학의 난방 열원을 천연가스에서 지하 심층 지열에너지로 대체하기 위한 어스 소스 난방 시스템(Earth Source Heating

표 5-5 2008년과 2010년 전력망에서 구입한 전기와 중앙 발전소의 석탄 및 가스 연소에 의한 미국 톤 단위의 평균 이산화탄소 배출량

배기가스량	2008	2010
전력망(tonsCO_2/GWh)	413.0	383.0
석탄 사용(tonsCO_2/10억 BTU)	102.6	105.3
가스 사용(tonsCO_2/10억 BTU)	66.2	59.4

system: ESH) 개발 계획을 수립하였다. 이 시스템은 대학 내부 및 근처에서 생산되는 탄소 배출이 없는 전기와 전력망을 통해 구매한 재생 전기를 활용하는 것이다. 또한, 대학의 열 분배 시스템을 증기에서 열 손실이 더 적은 온수로 전환하는 것도 이 과정에 포함될 것이다.

5-5-4 다른 전력 생산원들의 전력망 통합

발전 시스템의 개별적인 유형에 대한 경제성 분석과 마찬가지로 전력망의 다양한 부하 요구사항을 만족하기 위해 다른 유형의 시스템들이 어떻게 작동하는지 이해하는 것 또한 중요하다. 연료의 유형, 발전소 중지 및 시동의 유연성, 고정 대 가변비용의 특성 모두는 다른 발전용 시스템의 역할에 영향을 미친다. 우선 우리는 오로지 화석연료를 사용하는 유형에 집중할 것이며, 이 절의 끝에서 비화석연료 유형에 대해 분석할 것이다. 전력망 통합에 대한 논의는 간단하기 때문에, 더 자세한 사항을 원하는 독자는 이 주제의 전체를 다룬 참고 자료를 확인하기 바란다.[10]

화석연료를 사용해 발전하여 전력망에 전력을 제공하는 장비는 다음과 같이 크게 세 가지 유형으로 나눌 수 있다.

1. *기저 발전소*(baseline plant): 전형적으로 이 발전소는 매우 높은 고정 자본비용을 갖지만, 저비용의 연료와 높은 효율로 인해 낮은 가변비용을 갖는다. 최근까지 주 연료는 석탄이었지만, 가스연료의 낮은 가격이 계속 유지된다면 앞으로 기저 발전소에서 가스연료도 경쟁력을 가질 것이다. 이 발전소는 연간 가장 많은 시간 운영하기 때문에 시동과 정지 혹은 다양한 출력에 빠르게 대응하는 능력은 중요하지 않다(그림 5-16의 부하 지속 곡선 참조).
2. *부하추종 발전소*(load-following plant): 전형적으로 이 발전소는 낮은 고정 자본비용을 갖지만, 기저 발전소보다 높은 가변비용을 갖는다. 하지만 효율적인 운영을 위한 추가적인 투자가 비용 측면에서 효과적이기 때문에 첨두부하 발전소보다는 높은 자본비용을 갖는다. 예를 들어 부하추종 발전소에서는 단일 사이클보다 복합 사이클이 사용될 것이다. 이름에서 암시하듯이 부하 출력을 변경하는 기능이 강조된다. 따라서 빠른 시동과 정지 능력이 필요하다. 가스연료는 화석연료 대안 중 하나이다.
3. *첨두부하 발전소*(peaking plant): 이 발전소는 연간 전력 수요가 최대가 되거나 그 근처가 되는 매우 적은 시간 동안 운영되기 때문에 가장 높은 가변비용과 최소의 고정 자본비용을 갖는다. 빠른 시동과 정지 능력은 필수적이다. 연료로 가스 혹은 석유를 사용할 수 있다.

발전소 건설 계획을 세우는 단계에서 발전소, 전력망 소유주, 전력 공급사, 독립 시스템의 운영자(혹은 다음에 역할이 설명되어 있는 계통 관리자), 그리고 정부의 공공시설 위원회를 포함하는 전력망의 모든 이해 관계자들은 수요를 충족할 수 있는 적절한 용량의 전력망이 있다는 사실을 확인하는 것에 관심을 갖고 있다. 1년 동안의 수요를 이해하기 위해 분석가들은 가장 최근 연도에 사용 가능한 시간을 GW 또는 MW로 측정한 부하가 감소되는 순서대로 배열한 *부하 지속 곡선*(load duration curve)을 만들었다. 그림 5-16은 가상의 부하 곡선을 보여준다. 이 부하 곡선에서는 11~18 GW의 첨두부하가 연간 2,000시간 발생하고, 나머지인 연간 6,760시간에서는 6~11 GW의 작은 부하가 발생한다. 이 규모의 부하 지속 곡선은 단일 시설이 전력을 공급하는 규모로 수백만

[10] Grainger 및 Stevenson (1994) 혹은 Wood 및 Wollenberg (1996)의 예제를 참조하라.

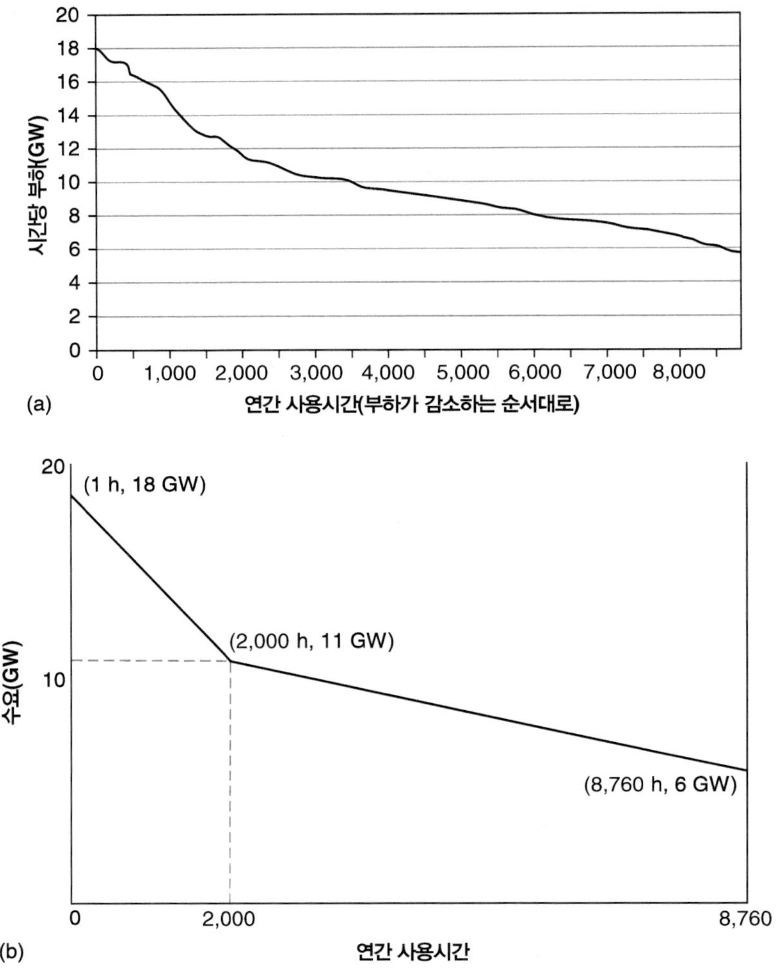

그림 5-16 1년 8,760시간 전체 동안 최소 6 GW의 전기 수요가 필요하며 한 해 동안 가장 많은 전기 수요가 필요한 시간에 최대 18 GW의 전기 수요가 필요한 가상 시장에 대한 부하 지속 곡선. (a) 원시 시간별 값(raw hourly values), (b) 시간에 따른 수요를 부분 선형 함수로 연결한 곡선.

명의 고객이 있는 단일 주 전체 혹은 몇 개의 주를 위한 전력 시장의 상황을 나타낼 수 있다. 부하의 간단한 해석을 위해 이 그림에 나타낸 곡선이 선형으로 가정된 것을 알아야 한다. 실제 부하 지속 곡선은 그 해의 가장 높은 시간에서 가장 낮은 시간으로 비선형 경로를 가지며 지속적으로 감소할 것이다. 곡선의 왼쪽에 500 또는 1,000의 최대 부하 시간에서 나타나는 'spike'는 일반적이며, 이는 전력망 운영에 중요한 고려사항이다. 이것은 전체 부하 용량에서 주목할 만한 부분이 연간 매우 짧은 시간 동안 사용된다는 것을 의미하기 때문이다. 어떠한 경우에도 이해 관계자들은 기저, 부하추종 그리고 첨두부하 발전소의 적절한 혼합으로 예상되는 수요와 만일의 사태에 필요한 추가 부하를 충족하는 것이 가능한지 확인하기 위해 부하 지속 곡선을 사용할 수 있다.

물론 미래의 부하 지속 곡선을 정확하게 예측할 수는 없다. 따라서 부하 지속 곡선이 예측되었더라도 미리 한 해 전체 동안의 전력망 운영 계획을 세우지 않는다. 대신 전력망은 이전의 시장과 발전소 소유주가 특정 비용과 최대 용량을 갖고 전력을 제공하겠다고 제시하는 일시적인(혹은 '현물') 시장의 혼합에 의존한다. 따라서 계통 운영자는 예측되는 수요를 만족하기 위한 발전 주체의 혼합을 선택한다. 계통 운영자는 사전 시장(보통 전일 시장이라 불림)의 고정된 유리한 가격 혹은 kWh당 평균 비용이 높을지라도 순간적인 차이를 메우기 위해 사용되는 현물시장 가격으로 가능한 한 많은 수요를 충족시키려 한다.

전력 시장의 기능 덕분에 일단 활용 가능한 발전 주체들이 알려지면 계통 운영자는 전력 수요를 충족시키기 위해 순간부하와 전력망에 공급되는 전력을 비교할 것이다. 지속적으로 계통 운영자는 전력망의 공급이 수요와 균형을 이루고, 전압을 적절한 범위로 유지하기 위해 부하추종 발전소에 출력을 변화시키도록 신호를 줄 것이다. 물론 발전소들의 순간입력은 모든 유형의 부하(예를 들어 산업체, 기관, 가정 등)와 전자 수준까지 정확하게 균형을 이루지 못한다. 하지만 모든 전기장치는 입력 전압의 변화를 어느 정도까지는 허용한다. 또한 전체 수요의 지속적인 상승과 감소에 대응하기 위해 계통 운영자는 양수발전 저장 시설 또는 대형 거치용 축전기 같은 전기 저장 시설에 도움을 요청할 수 있다. 이 장비들에 저장된 전기는 kWh당 가격이 비싸므로 사용을 자제해야 한다(다음 참조). 계통 운영자들이 요구를 충족시키지 못하거나 매우 더운 여름에 발전장비들이 갑자기 정지되거나 위험한 전압 강하의 조짐이 보이는 경우, 최후 수단으로 수십억 달러에 달하는 전력 생산장비의 복구 불가능한 손상으로 인한 영구적인 손실보다는 고객들이 갑자기 전력 공급을 받지 못하는 방향으로 전력망을 멈추는 것을 선택할 것이다. 대규모 전력망의 고장은 대단히 심각한 결과를 가져온다. 예를 들어 2003년 8월 14일에 있었던 미국 북동부 지역의 정전은 캐나다와 미국의 5,500만 고객에게 영향을 주었고, 60억 달러의 경제적 피해가 발생한 것으로 평가된다.

예제 5-11은 최소 비용으로 수요를 충족할 수 있는 발전장비들의 조합을 예측하기 위해 부하지속 곡선과 전력 생산비용 정보를 포함하는 계산들을 설명한다.

예제 5-11

임의의 화석연료를 이용하는 발전소들의 혼합이 그림 5-16의 부하 지속 곡선에 나타낸 수요를 충족시키기 위해 사용된다. 다음 표는 발전소의 고정비용과 가변비용 수치를 제시한다. GW 단위의 용량을 가진 기저, 부하추종, 첨두부하 발전소의 어떤 혼합이 최소 비용으로 수요를 정확하게 충족시킬 수 있는가? 만일의 상황을 대비하기 위한 여분 용량의 필요는 무시하라. 또한 가변비용 단위들은 다음과 같이 해석될 수 있다. 예를 들어 기저 발전소의 경우 '한 시간 동안 1 kW의 전기를 생산할 때 0.025달러의 비용 발생' 등등이다.

발전소 유형	고정비용 ($/kW)	가변비용 ($/kWh)
기저 발전소	$180.00	$0.025
부하추종 발전소	$120.00	$0.040
첨두부하 발전소	$90.00	$0.065

풀이

접근: 부하 지속 곡선의 정보와 상관없이 발전소 유형별로 비교하여 손익분기 시간 함수를 계산하기 위해 우리는 표에 주어진 기본 정보를 이용할 수 있다. 일단 손익분기 수치가 알려지면 문제의 특정 수요 패턴

에 그것을 적용할 수 있다.

예를 들어 기저와 부하추종 발전소를 비교하면 연간 손익분기 시간 H에서 1 kW의 전기를 만드는 데 필요한 비용은 두 발전소에서 같을 것이다. 따라서 다음 식을 사용했다.

$$\$180 + \$0.025(H) = \$120 + \$0.04(H)$$

$$H = \frac{\$180 - \$120}{\$0.04 - \$0.025} = \frac{\$60}{\$0.015} = 4{,}000 \text{ h}$$

따라서 연간 4,000시간보다 많이 운영될 경우 기저 발전소가, 연간 4,000시간보다 적게 운영될 경우 부하추종 발전소가 사용될 것이다. 부하추종 발전소와 첨두부하 발전소를 비교하기 위해 비슷한 식을 사용했다.

$$H = \frac{\$120 - \$90}{\$0.065 - \$0.04} = \frac{\$30}{\$0.025} = 1{,}200 \text{ h}$$

부하 지속 곡선을 보면 우리는 용량을 계산하기 위해 1,200번째와 4,000번째 시간의 전기 수요를 알아야 한다. 곡선의 두 부분은 다음과 같은 식을 갖는다.

$$\text{Demand}_{0\text{–}2{,}000} = (-0.0035)H + 18$$

$$\text{Demand}_{2{,}000\text{–}8{,}760} = (-0.0007396)H + 12.48$$

두 손익분기점을 위해 필요한 전기는 다음과 같이 주어진다.

$$\text{Demand}(1{,}200 \text{ h}) = (-0.0035)(1{,}200) + 18 = 13.8 \text{ GW}$$

$$\text{Demand}(4{,}000 \text{ h}) = (-0.0007396)(4{,}000) + 12.48 = 9.52 \text{ GW}$$

이로부터 우리는 연간 4,000시간 동안의 수요가 적어도 6 GW와 9.52 GW 사이가 될 것이라고 예상할 수 있고, 이 요구는 기저 발전소에 의해 가장 경제적으로 충족될 수 있다. 이는 최소 전체 비용을 유지하기 위해 충분히 많은 시간에 걸쳐 고정비용이 지출될 수 있기 때문이다. 연간 1,200시간 동안의 수요는 적어도 13.8 GW가 되거나 더 적을 것이다. 이 요구는 9.52 GW보다 크고 13.8 GW보다 작아 부하추종 발전소에 의해 가장 경제적으로 충족될 수 있다. 첨두부하 발전소는 13.8 GW에서 18 GW까지의 나머지 수요를 충족시킬 수 있다. 따라서 필요한 총 18 GW의 용량은 다음과 같이 할당된다.

기저 발전소: 9.52 GW
부하추종 발전소: 13.8 − 9.52 = 4.28 GW
첨두부하 발전소: 18 − 13.8 = 4.2 GW
합계: 9.52 + 4.28 + 4.2 = 18 GW

▶ ***논의*** 이 예제에서 두 가지 중요한 단순화가 사용됐다. 첫째, 미래 수요를 충족하기 위한 실제 용량은 18 GW보다 많을 것이다. 여기에는 두 가지 이유가 있다. 하나는 최대 수요가 변할 것이며 다음 해에는 18 GW를 초과할 수도 있기 때문이다. 다른 하나는 부하가 최대 근처가 되거나 예측할 수 없는 발전 장비의 고장으로 이를 회복하기 위한 전력망의 여분 부하가 필요하기 때문이다. 순간적인 수요가 이미 17.5 GW가 된 것을 가정하면 1 GW 용량의 유닛은 갑자기 멈출 수 있다. 전력망이 단지 500 MW 전기를 비축하고 있는 경우 계통 관리자는 빨리 총 500 MW의 부하를 포기해야 한다(종종 할인된 요금을 제공하여 큰 규모의 산업 고객들과 협의함). 아니면 정전이 발생할 수 있다.

둘째, 실제 전력망은 기저, 부하추종, 첨두부하 발전소의 용량 할당과 비슷할 수 있다. 예를 들어 각각 11.4 GW, 5.1 GW, 5.0 GW 용량은 각각에 20% 여유를 둔 계산값으로 나타날 수 있다(발전소 용량이 분리될 수 있으며 분리된 용량의 합이 기저 발전소의 경우 정확하게 11.4 GW가 되지 않을 수도 있기 때문에 실제 값은 이 값으로부터 조금 변할 수도 있다). 하지만 선험적인 계획이 아니라 전기 시장의 함수를 통해 공급의 할당이 정해질 것이다. 수요가 13.8 GW라고 가정하면 앞에서 계산된 69% 혹은 9.5 GW의 전기량은 기저 발전소에서 만들어질 것이며, 나머지 4.3 GW 혹은 31%의 전기량은 부하추종 발전소에서 만들어질 것이다. 만약 부하추종 발전소가 더 유리한 가격을 제시한다면, 부하추종 발전소의 점유율이 20%까지의 추가 용량 가정에 따라 31% 이상이 되거나 반대가 될 수도 있다.

생산된 여분 전력에 대한 단기 저장장치

전력망에서 공급하는 대부분의 전기는 실시간으로 이용되지만, 전기 저장장치에 대해 아직은 작지만 점차 커지고 있는 역할들이 있다. 전기 저장장치는 차액거래(전기 가격이 저렴한 밤에 사서 가격이 가장 높은 낮 시간 동안에 파는 것)를 하거나, 정전이 우려되거나 간헐적인 재생 가능 발전원의 완충제로서 원격 위치에서 전력망의 신뢰성을 향상시키기 위한 상황에서 사용될 수 있다.

관련 예들과 함께 저장장치의 종류가 다음에 나와 있다.

1. *양수식 수력발전 저장장치*: 수력발전의 원리는 반대로 사용될 수 있으며, 이는 전기에너지를 이용하여 저수지에 물을 올리는 방식이다. 그리고 일반적인 수력발전 터빈으로 저수지 물을 내보내 전력을 생산하여 전력망으로 다시 전기에너지를 보낼 수 있다(추가 논의는 17장 참조).
2. *압축공기 에너지 저장*: 양수식 수력 저장 개념과 비슷하게 공기를 천연 저장소 혹은 제작된 저장소에 압축시키고 나중에 전력을 생산하기 위해 공기터빈을 통해 팽창시킨다. 천연 저장소 이용이 가능한 경우 시스템 건축 비용은 크게 감소될 수 있다. 150 MW 용량의 시설이 뉴욕주 서부의 왓킨스 글렌 지하에 버려진 소금 광산에 제안되었다. 이 곳의 소금 추출로 인한 지하 공동은 압축공기를 저장하기 위한 천연의 밀폐 저장소를 제공한다.
3. *고정 배터리 저장*: 리튬–이온 배터리 기술의 비용 감소로 인해 전기의 고정 저장 및 방출 비용이 점점 더 효과적으로 줄어들고 있으며, 저장 시설의 규모도 커지고 있다. 미국 캘리포니아주는 간헐적인 재생에너지의 전력망 보급 확대에 따라 에너지 저장과 관련하여 매력적인 시장이 되고 있다. LS Power는 캘리포니아주 오타이메이사에서 리튬–이온 시스템을 사용하여 230 MW 규모의 저장 시설을 가동하였다. 미국의 전체 배터리 저장 용량은 2013년 100 MW 미만에서 2018년 1,000 MW 이상으로 증가했다.
4. *플라이휠*: 신소재와 정밀 제조 기술은 플라이휠 시스템 제작을 가능하게 했다. 이 시스템은 소형 공간에 많은 에너지를 저장할 수 있게 한다. 또한 플라이휠이 회전하면서 마찰에 의해 발생하는 손실을 감소시켰으며, 다른 물체와 충돌하는 등의 사고가 발생하는 플라이휠 조립 과정에서 환경적인 안전을 유지할 수 있게 한다. Beacon Power는 플라이휠 망에 전기를 저장하거나 추출하기 위해 20 MW_e 용량의 플라이휠 저장소를 뉴욕주의 주도인 올버니 근처 스티븐타운에 설치했다.

전력 수요 충족을 위한 전력망에서 비화석 발전장비의 역할

원자력 혹은 재생 발전장비에서 비화석연료의 역할은 해당 장비 특성에 많이 의존한다. 우선 원자력발전 시설은 대규모 석탄화력 발전과 비슷하다. 원자력발전은 매우 높은 자본비와 낮은 운영비(심지어 연료비용 대비 높은 에너지 생산량을 갖고 있어 석탄보다 낮음)를 가지며 매우 긴 시동 및 정지 시간을 갖는다. 따라서 원자력발전은 이상적인 기저 발전소이다.

대규모 수력 발전소는 충분한 양의 비와 눈이 내리거나 관개를 위한 물이 많이 필요하지 않은 상황에서 댐 상류에 저수된 충분한 물을 사용하여 출력을 변화시킬 수 있다. 따라서 수력발전 댐은 부하추종 발전소로 적절하며, 가스를 연료로 쓰는 무탄소 발전소의 대안이 된다. 대부분의 수력발전용 댐은 전력망에서 요구하는 대로 사용하는 것이 가능하고 부하추종 발전소로 이상적이다. 하지만 몇몇 수력발전용 댐은 하루에 한 번 혹은 한 주에 한 번 '제어 방출'되어 유연성이 부족하다.

대규모 수력발전과 달리 바람과 태양 같은 대규모 재생에너지원은 간헐적이다. 따라서 출력을 미리 예측할 수 없고 기저 및 부하추종 발전소 모두에 적절하지 않다. 바람 또는 태양을 이용한 전력발전이 가능하다면 그것의 가변비용을 무시할 수 있기 때문에 전력망에 충분한 수요가 있는 동안 최대 용량을 사용하는 것이 일반적으로 바람직하다. 따라서 바람 또는 태양발전을 중심으로 충분한 양의 전력을 생성할 수 있는 곳(예를 들어 가정 태양전지 시스템과 같이 전력 생산이 분산되지 않는 시스템)에서는 전통적으로 평형 방정식의 공급 측면보다는 부하 측면을 중요 사항으로 다룰 수 있다. 전력망 관계자들은 실제 부하와 바람 또는 태양발전으로 만들 수 있는 총 전력의 차이를 '조정된 부하'로 생각할 수 있다. 조정된 부하는 남아 있는 화석, 원자력, 대규모 수력발전장비의 조합에 의해 충족되어야 하는 양이다. 바이오매스를 이용하는 발전이나 증기로 운영하는 지열 발전소 같은 다른 재생발전은 간헐적인 특성보다는 조정이 가능하다는 특성을 갖고 있어 동일한 원리가 적용될 수 없다. 태양광 및 풍력발전의 시장 점유율이 증가함에 따라 대규모 저장 장치와 결합하는 재생에너지는 전력망에서 다양한 역할을 할 것이다.

8장에서 14장까지 설명된 원자력과 재생발전 시스템의 자세한 특성들은 이러한 발전 시스템들이 화석 발전기와 함께 전력망에서 어떻게 통합되는지 더 자세히 이해하는 데 사용될 수 있다.

에너지 수요 충족 및 탄력성에 대한 마이크로 그리드의 역할

지금까지 전력망 분배에 관한 논의는 대규모 중앙 집중식 발전 시설이 주도하는 '거시적 규모(Macro-scale)'의 그리드를 전제로 하였다. 이러한 시설들은 고압을 이용하여 도시 간에 전력을 전송하고, 최종적으로 분배하기 위해 전압을 낮추는 방식을 사용한다. 이 방식의 주요 단점은 그리드에 문제가 생겼을 때 많은 소비자들이 전력을 공급받을 수 없게 되며, 이런 상황에 대비해 각 소비자가 백업 시스템을 마련해야 한다는 점이다. 병원이나 정수 처리 시설 등의 중요 시설에서는 이런 시스템이 기본적으로 갖춰져 있지만, 다른 곳에서는 이러한 요건을 충족하는 것이 복잡하고 비용이 많이 들 수 있으며, 장시간 전력 공급 없이 고장 상태를 견뎌야 하므로 큰 불편을 초래할 수 있다.

마이크로 그리드(microgrid)는 이 문제에 대응하기 위한 방안으로, 커뮤니티, 비즈니스 파크, 대학교 등이 기존의 대규모 그리드에 연결된 상태로 태양광, 풍력, 열병합발전(CHP), 또는 소규모 발전소(일반 발전소의 500~1,000 MW에 비해 상대적으로 작은 규모인 10~30 MW급 발전소) 등 다양한 형태의 현지 및 분산 발전 시설을 보유한다. 또한, 마이크로 그리드는 지역적인 전력 장애가 발생했을 때 각 마이크로 그리드가 장거리 전송 시스템으로부터 격리되어 중단 기간 동안 지역 부하를 계속 지원할 수 있도록 설비를 구축하고 있다. 마이크로 그리드의 발전 능력이나 저장 용량에 따라 모든 평상시의 부하를 지원하기에 충분하지 않을 수 있는데, 이 경우에는 일반 그리드 전력이 복구될 때까지 연기 가능한 부하를 차단하는 우선순위 시스템이 적용될 수 있다.

5-6 연소 프로젝트 비용 분석에 포함된 환경적인 고려사항

환경적인 고려사항은 연소 프로젝트의 규제 순응 수준과 시장 잠재력을 결정하는 데 영향을 미친다. 앞서 설명한 바와 같이 연소 발전소는 보통 배기가스 규정을 준수해야 한다. 따라서 오염 제어 장비는 자본비와 kW당 평준화 비용에 추가된다. 배기가스 규정 준수를 위한 대체 기술이 존재하는 경우, 운영자는 비용을 줄일 수 있을 뿐만 아니라 가장 낮은 운영주기 비용을 선택해서 순 수익을 증가시킬 수 있다.

최근 환경적인 선택은 발전소 운영의 경제성 향상을 위한 기회를 제공하기도 한다. 규제 기관은 발전소 운영자가 요구되는 양 이하로 배기가스를 줄이면 그 양만큼의 배출 권리를 파는 것을 허락하거나, 요구되는 양을 초과하면 배출 권리를 사는 것을 허락하는 *배출 권리 시장*(emissions credit market)을 만들었다. 예를 들어 미국에서 1990년 대기청정법(CAA) 도입으로 만들어진 이산화황 배출 권리 거래 시스템은 발전소 운영자들이 정부가 정한 수준 이하로 법이 요구한 시간보다 빠른 시간 안에 배출량을 감소할 수 있게 만들었다. 이 시스템을 통해 발전소 운영자들은 배출 권리의 시장가격을 조사하고 배출권값보다 더 낮은 톤당 비용을 만들기 위해 배출량을 줄일 수 있었다. 탄소 배출권 판매 이익과 탄소 배출 감소를 위해 필요한 비용의 차이는 발전소 수익에 추가된다.

이러한 방법은 특히 이산화탄소 배출량을 줄이는 데 효과가 좋았다. 왜냐하면 어떤 정부도 질소산화물이나 이산화황 같은 호흡에 유해한 배기가스를 줄이기 위해 과거에 했던 것과 같이 미래에 특정 발전소에서 얼마나 많은 탄소를 줄여야 하는지 법률로 정하는 것이 불가능했기 때문이다. 대신 발전소 운영자, 정부, 기업 등은 필수 배출 요구사항을 준수하거나 자발적으로 이를 채택한다. 그리고 얼마나 많은 배기가스를 감소할지에 대한 유연성을 갖게 된다. 이런 경제적인 여건에서 이미 형성된 탄소 시장은 더 널리 퍼질 확률이 높다. 예를 들어 2009년부터 미국 북동부와 미국 동부 연안에 있는 10개 주가 지역 온실가스 법안(RGGI) 협의에 참여했다. RGGI는 지역 발전소에서 배출되는 전체 이산화탄소 배출량에 상한을 설정하였으며, 2020년까지 2005년 수준 대비 45%를 감축하여 연간 약 8,500만 톤의 비용을 절감하였다.

가능한 한 가지 시나리오는 특정 지역에 있는 연소 발전소의 배출량을 이산화탄소 배출 상한 이하로 낮추는 것, 즉 제한된 양을 절대 초과하지 않도록 하는 것이다. 해당 지역 규제 기관은 많은 발전소에 배출 목표를 할당하고, 각각의 발전소에서 그 목표를 달성하도록 현재 수준에서 배출량을 줄일 것을 요구해야 한다. 목표 달성에 경제적 어려움이 있는 발전소는 가능한 만큼 배출량을 줄이고 부족한 배출량 감소를 충당하기 위해 다른 발전소의 배출권을 구입할 수 있다. 또한 지역 전체에서 전반적인 목표를 달성하지 못한 경우에는 외부에서 배출권을 구입할 수 있다.

몇몇 선택들은 운영자가 배출 상한 이내로 이산화탄소를 줄이면서 생산된 전기에 추가적인 가치를 줄 수 있게 할 것이다. 예를 들어 연소 시스템에 화석연료의 대체 연료로 바이오연료를 이용하면 이산화탄소 세금을 피할 수 있고, '녹색' 전력원을 공급하여 소비자들이 추가적인 지불을 하게 된다.

이산화탄소 배출량을 줄여 배출권을 시장에 판매하는 것이 '당근'이라면, 탄소 배출량에 대한 세금은 '채찍'이라 할 수 있다. 소수의 국가들, 특히 스칸디나비아에서는 탄소세 제도를 시행했고 다른 몇몇 국가도 시행을 고려하고 있다. 예를 들어 스웨덴 정부는 대기 중에 가장 많은 탄소를 배출한 자에게 탄소 1톤당 150달러의 세금을 부과하지만, 기업들은 부과된 세금의 75%만 납부한다. 몇몇 에너지 집약 산업은 어떠한 세금도 요구받지 않는데, 이는 세금이 그들을 망하게 할지도 모른다는 걱정 때문이다. 탄소세에서 생기는 수익은 경제 효율성 향상을 위해 투자될 수 있고, 소득세와 같은 다른 세금을 줄이거나 기후변화에 적응하지 못한 가난한 국가를 지원하는 데 사용할 수도 있다.

탄소세가 전기 가격에 미치는 효과는 클 수도 있으며, 이는 예제 5-12에서 볼 수 있다.

예제 5-12

스웨덴의 경우와 같은 탄소세를 사용하여 예제 5-10에 나오는 두 발전소에 대한 평준화 비용을 다시 계산하라. 그 대규모 발전소는 부과된 세금의 75%를 납부하고, 사용되는 석탄의 100%가 탄소라고 가정하라(비탄소 불순물은 무시).

▶ ***풀이***

우선 기본 발전소에 대해 계산하고 톤당 150달러의 세금에 0.25의 할인을 적용하면 부과된 세금을 계산할 수 있다.

$$(2.62 \times 10^6 \text{ tonnes/year})(0.85 \text{ carbon content})(\$150/\text{tonne})(0.25) = \$83.5 \text{ million/year}$$

따라서 연간 발생하는 총 비용은 $130 M + $83.5 M = $213.5 M이다. 이 값을 3.07×10^9 kWh로 나누면 kWh당 0.0696달러의 평준화 비용이 나온다.

초임계 발전소를 위해 이 계산을 반복하면 연간 5,440만 달러의 세금과 kWh당 0.0531달러의 새로운 평준화 비용이 나온다.

▶ ***논의*** 이 경우 탄소세는 더 효율적인 발전소에서 경제적인 문제를 추가할 수 있다. 두 발전소에 대한 증가하는 비용의 비율은 기본 발전소가 대략 64%이고 초임계 발전소가 33%이다. 세금이 점진적으로 변하는 경우에도 세금이 두 발전소의 경쟁력에 미치는 영향은 심각할 것이고, 따라서 운영자는 가장 효율적인 기술로 업그레이드해야 할 것이다. 이 방식을 통해 탄소세는 목표했던 장기적 탄소 배출 감소를 달성할 것이다. 또한 운영자도 연료를 천연가스로 바꿀 것이다. 이는 생산 에너지당 더 적은 탄소를 배출하게 하여 탄소세를 감소시키기 때문이다.

5-7 이산화탄소 포집을 통한 배출량 감소

화석연료를 최대한 효율적으로 사용하기 위한 다양한 방안을 논의한 이후, 온실가스 배출량은 감소되었지만 여전히 많이 남아 있는 온실가스 배출에 대해 살펴보겠다. 우선 탄소 거래 혹은 탄소세를 통해, 운영자는 근본적인 연소 기술 변화보다는 기존의 석탄화력 발전소의 효율을 개선하려 할 것이다. 그러나 앞으로의 상황을 예측해 보면 배출량 제한이 강화되거나 탄소세가 증가할 것이기 때문에 어떠한 이산화탄소 배출도 없이 석탄을 전기에너지 혹은 다른 형태로 변환할 수 있는 기술이 매우 바람직하다. 이러한 기술은 전 세계 많은 연구 프로그램의 목표이다.

탄소 포집 및 저장(CCS)을 포함한 무탄소 석탄에너지 기술을 개발하는 프로젝트의 예로, FutureGen 산업 연합체는 2003년부터 2015년까지 활동한 공공-민간 협력체였으며, 민간 기업, 미국 에너지부(USDOE), 다양한 국가 정부 대표들이 참여했다. 이 연합체의 목표는 대기에 유해한 배출물 없이 석탄에서 전기를 생산하고 부산물인 이산화탄소를 장기 저장소에 격리하는 것의 기술적 · 경제적 타당성을 검증하기 위한 275 MW 규모의 프로토타입 시설을 개발하는 것이었다. 이 시설은 미국 일리노이주 미어도시아의 일리노이강 변에 건설될 예정이었다. 2015년에 이 프로젝트는 미국 연방 정부가 설정한 기한 내에 충분한 자금을 확보하지 못해 완공되기 전에 중단되었다. 그럼에도 불구하고, 석탄은 물론 가스와 석유를 포함하는 화석연료 기술은 탄소를 포집하고 저장하며, 또한 수소와 전기를 생산할 수 있는 잠재적 역할을 여전히 가지고 있다. 따라서, CO_2를 포집하면서 수소와 전기를 생성하는 FutureGen의 과정은 미래에 개발될 수 있는 가능성을 보여주는 사

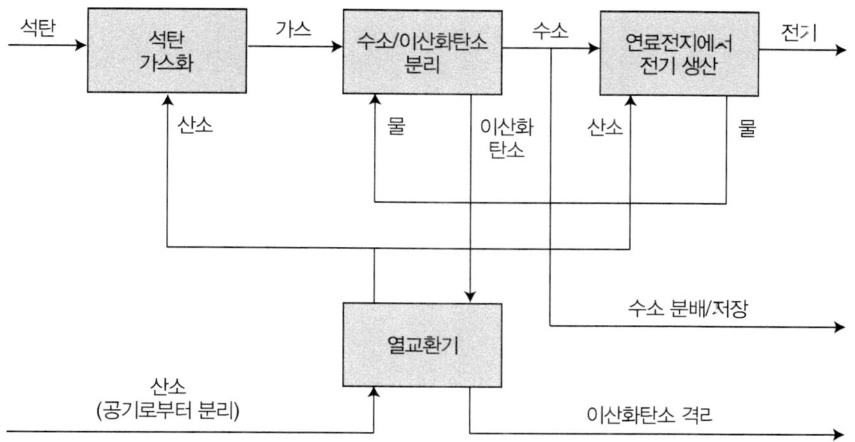

그림 5-17 수소 생성 및 탄소 격리를 위한 선진 석탄화력 발전소 개념의 모식도.

례로 제시된다.

그림 5-17에서 보는 바와 같이 변화 과정의 첫 번째 단계는 가스화된 탄소-산소 혼합물을 생성하기 위한 석탄 가스화이다. 다음 단계로 생성된 혼합물이 물 변화 반응기에서 반응하여 부산물로 고온 수소와 이산화탄소가 생성된다. 이어서 격리되기 위해 이산화탄소는 시스템에서 밖으로 이동한다. 방출된 수소 일부는 추후 연료전지 차량에 포함될 수소 소비장치에서 사용되기 위해 저장된다. 나머지는 전기를 생산하기 위해 고온의 연료전지에서 반응한다. 연료전지 내부의 수소-산소 반응 부산물이 고온 증기이기 때문에, 생산된 고온 증기는 추가 전기를 생산하기 위해 터빈에서 팽창될 수 있다. 이는 효과적으로 전기를 생산하는 연료전지와 터빈의 복합 사이클 시스템이 된다. 터빈에서 배출된 증기는 재사용을 위해 물 변화 반응기로 돌아간다. 이 에너지 변환 작업을 수행하기 위해 필요한 설비는 그림 5-18에 나타나 있다.

그림 5-18 이산화탄소를 격리된 지역 저장소에 저장하거나 격리된 장소로 이동시켜 이산화탄소 배출이 없는 'FutureGen' 화석연료 발전소의 가상 모델.

이 시설은 냉각수에 바로 접근하기 위해 수역 옆에 위치하고 있고, 수역에 배가 다닐 수 있다면 석탄 전달도 가능하다. 오늘날의 화석연료 발전소의 특징은 높은 굴뚝이 없는 것이다. [*출처*: USDOE 및 LTI (Leonardo Technologies, Inc.).]

탄소를 격리하는 석탄 연소장치 개발을 위한 첫 단계로 발전소 운영자들이 석탄 가스화 복합발전(IGCC) 발전소 기술을 고려하고 있다. 이 기술은 처음에 석탄을 가스화하고 불순물을 제거한 다음 앞에서 설명한 대로 석탄을 연소한다. 가스화 석탄화력 발전소의 구축과 운영에 필요한 비용은 기존의 석탄화력 보일러보다 더 높지만, 지금 가스화 기술을 시행하는 것은 미래에 탄소를 포집하고 격리할 수 있는 발전소로 변환하기 위한 첫 단계를 제공할 것이다.

5-8 미래의 연소 시스템 문제

이 장을 마무리하기 위해 우리는 처음에 논의된 연소 기술에 대한 시스템적 접근으로 돌아갈 것이다. 그리고 앞으로 생길 문제에 대해 살펴볼 것이다. 모든 논의는 향후 몇십 년 뒤의 변화가 점진적 개선보다는 주요한 기술의 커다란 변혁을 가져올 것이라고 예측하고 있다. 이러한 변환은 핵심 기술의 주요 변경(예를 들어 단일 사이클에서 복합 사이클로 혹은 이산화탄소 대기 배출에서 탄소 포집 및 격리로)과 연료의 변화(예를 들어 바이오연료의 사용 증가) 혹은 최종 응용 기술의 변화(예를 들어 열병합발전의 사용 증가 및 배출된 열의 새로운 응용)를 포함한다. 이러한 환경에서 시스템 엔지니어링 및 시스템적인 사고는 중요한 역할을 한다. 시스템 문제의 몇 가지 예는 다음과 같다.

- *브릿지 대 백스톱 기술*: *백스톱*(backstop) 기술은 원하는 기술적 목표를 완벽하게 달성하는 기술이다. 예를 들면 대기로 배출되는 이산화탄소를 완전히 제거하는 기술이다. 5-3절에 논의된 선진 연소 발전소는 대표적인 *브릿지*(bridge) 기술이고, 5-7절에 나와 있는 이산화탄소 배출이 없는 FutureGen 발전소는 백스톱 기술이다. 투자 결정을 내릴 때 공익사업 소유주는 브릿지와 백스톱 기술의 발전 수준을 고려하고, 경우에 따라 그 둘 사이에서 선택해야 한다. 단기적으로 백스톱 기술 사용이 가능하지 않은 경우 소유주는 이화산탄소 배출을 줄이기 위한 목표를 달성하기 위해 브릿지 기술을 선택할 수밖에 없다. 백스톱 기술의 성공이 입증된 경우 소유주는 더 효율적인 브릿지 기술을 만들 것인지 혹은 백스톱 기술로 전환할 것인지 조심스럽게 판단해야 한다.
- *열병합발전 계획 및 다양한 응용의 중요성*: 의사 결정자는 새로운 발전소를 건설하거나 기존 발전소의 개조와 동시에 가능한 열병합발전의 응용을 고려하여 열병합발전 사용 확대를 도울 수 있다. 이 기간은 공정 열 혹은 실내 난방 응용을 동시에 개발할 수 있는 기회를 제공한다. 예를 들어 발전소 지역에 공정 열을 활용할 수 있는 새로운 산업을 끌어들이는 것이다. 그렇지 않을 경우 발전소가 건설되고 나면 운영자는 *개발 증후군* 문제에 직면할 수 있다. 그들은 부산물로 만들어진 열을 위한 장치를 추가하는 것이 경제적으로 감당할 수 없거나 기술적으로 적용 불가능하다는 사실을 알게 되기 때문이다.
- *에너지원이 전환될 때 시설의 사용 유지*: 에너지 시스템은 최종 에너지 활용과 에너지원뿐만 아니라 에너지 생성물을 전환하고 분배하는 시설에 대한 많은 투자를 포함한다. 시설의 가치가 유지되도록 관련 에너지 생산이 중단되더라도 시설을 계속 사용하는 것이 매우 바람직하다. 예를 들어 많은 상업 및 주거용 지역에는 천연가스 분포망에서 가스를 가져오는 파이프 시설이 있다. 이 시설은 언젠가 변경되어 가스보다 오랫동안 사용하거나 재생할 수 있는 다른 가스 생산물을 이동시킬 수 있다. 압축된 수소 또는 바이오연료에서 만드는 합성 천연가스 대체품을 예로 들 수 있다.

- *소규모 응용을 위한 기술*: 에너지 효율 기술의 긍정적인 효과를 확대하는 한 가지 방법은 대규모 시설에 적용된 기술을 소규모 시설에 적용하여 그것의 잠재적인 시장을 넓히는 것이다. 따라서 500 MW급 발전 단계에서 시작했던 열병합발전은 100 kW급 단지에 적용되었다. 난방, 냉방, 생활용 온수(DHW), 그리고 전기가 필요한 상업 및 주거 건물들의 수를 고려할 때, 이 기술은 지속적으로 확장할 가능성이 있다.
- *다양한 목적을 결합하여 성공적인 투자 만들기*: 어떤 경우 하나의 기술이 하나 이상의 에너지 문제를 동시에 다루면 빠르게 변화하는 기술을 위한 사업 환경을 개선할 수 있다. 무배출 발전소인 FutureGen의 경우 이 기술은 커다란 에너지 변환을 다루지만, 동시에 탄소 포집 및 격리(CCS) 기술은 미래에도 큰 혜택을 보장한다. 동시에 이 기술은 물 이동 반응에 의해 부산물로 수소를 생산함으로써 수송을 위한 청정 에너지원의 기본적인 요구를 다룬다. 수소는 에너지 운반체, 산업용 원료 또는 운송 연료로 사용될 수 있다. 수소 생성 기능이 내장되어 있는 CCS 가능 발전소는 CCS와 수소 생산을 따로 하는 것보다 한 세트로서 더 매력적일 가능성이 있다.

5-9 천연가스로부터 발전된 전기의 대표적인 평준화 비용 계산

다음은 이번 장에서 논의된 내용을 바탕으로 대형 천연가스 발전 시설의 kWh당 평준화 비용을 계산하는 방법을 설명한다. 이 계산은 2017년 미국의 모든 에너지원의 평균 배출량인 kWh당 437 g과 비교하여 CO_2 배출량이 상대적으로 적은 옵션(kWh당 325 g CO_2)을 나타낸다. 한편, 무탄소 에너지원 사용이 증가함에 따라 천연가스가 전력 생산에서 유일한 화석연료가 되면, 전체 평균 배출량은 천연가스만을 사용했을 때보다 낮아질 수 있다. 이 계산 결과는 원자력(8장), 태양광(10장), 풍력(13장) 등의 다른 에너지원에 대한 유사한 계산 결과와 비교되며, 18장에서 최종적으로 다시 비교될 것이다. 모든 옵션은 20년의 투자 수명, 미국 연방 정부의 5% 할인율, 잔존 가치를 고려하지 않는 것을 기준으로 하며, 이는 보수적인 값으로 간주된다.

대표적인 천연가스 발전소의 비용 요소는 2019년 연간 에너지 전망(USEIA) 데이터를 기반으로 한다. 1 GW 규모의 발전소에 대해 kW당 1,020달러로 산정된 자본비용은 총 10억 2,000만 달러이다. 필요한 할인계수는 (A/P, 5%, 20년) = 0.0802(천연가스뿐만 아니라 다른 에너지 옵션에도 적용)로, 연간 자본비용은 대략 약 8,200만 달러가 된다. 용량계수를 65%로 가정한 연간 생산량은 5,694 GWh이며, 이를 자본비용으로 나누면 kWh당 0.0144달러의 값이 산정되며, 이는 2019년 USEIA 데이터와 일치한다. 연료비용의 경우, 에너지비용을 GJ당 3달러로 하고 연소 과정의 평균 효율을 55%로 가정하여 kWh당 0.0196달러로 산정된다. 마지막으로 비연료 운영비용은 미국 에너지부(USDOE)의 평균 kWh당 0.0153달러를 사용한다. 천연가스 가격은 변동성이 상당히 크며, kWh당 연료비용은 실시간 가격 변화에 민감하게 반응한다. 최근 몇 년 사이에 GJ당 2달러까지 가격이 낮아진 경우가 관측되었다.

최종값은 kWh당 0.0493달러이며, 다음 계산과 같이 요약된다.

$$출력 = (1\,\text{GW})(8{,}760\,\text{h/y})(0.65) = 5{,}694\,\text{GWh/y}$$

$$자본비용 = \frac{(\$1.02\text{B})(0.0802)}{5{,}694\,\text{GWh/y}} = \frac{\$82\text{M}}{5694} = \$0.0144/\text{kWh}$$

$$에너지비용 = (1\,\text{kWh})(3.6\,\text{MJ/kWh})\left(\frac{1}{0.55}\right)(\$0.003/\text{MJ})$$

$$= \$0.0196/\text{kWh}$$

$$총\ 비용 = 자본비용 + 에너지비용 + 운영비용 = \$0.0144 + \$0.0196 + \$0.0153$$

$$= \$0.0493/\text{kWh}$$

5-10 요약

연료 자원을 전기로 변환하는 연소 기술은 전 세계 전기의 대부분을 생산하기 때문에 에너지 시스템에 매우 중요하다. 많은 기술이 2개의 연소 사이클을 바탕으로 만들어졌는데, 증기를 사용한 랭킨 사이클과 가스연료를 사용한 브레이튼 사이클이다. 기본적인 랭킨 및 브레이튼 사이클은 연소 에너지가 전기로 변환하는 과정에서 발생하는 추가적인 손실 때문에 작동유체 에너지의 30~40% 정도만 기계적 에너지로 전환시킨다. 따라서 오랜 시간 동안 엔지니어들은 효율 향상과 비용 절감을 위한 기술의 획기적인 발전을 성취해 왔다. 에너지 변환 시스템의 재설계를 통한 중요한 획기적인 발전들로 (1) 복합 사이클 시스템에 랭킨 및 브레이튼 사이클 결합, (2) 열병합발전의 경우 부산물로 생성된 배기가스 에너지를 활용하기 위한 장치의 추가가 있다. 연소 기술에 대한 시스템적 접근은 비용이 상승하고 에너지원이 계속 변하는 여건에서 생태학적 연소 기술에 적용 및 확장되어 미래에 유용할 것이다.

References

Cengel, Y., and M. Boles (2002). *Thermodynamics: An Engineering Approach*, 4th ed. McGraw-Hill, Boston.

Dunn, A. (2002). "Optimizing the Energy Portfolio: An Illustration of the Relationship between Risk and Return." *Journal of Structured & Project Finance*, Vol. 8, No. 3, pp. 28~37.

Grainger, J., and W. Stevenson (1994). *Power Systems Analysis*. McGraw-Hill, New York.

Schrage, L. (1997). *Optimization Modeling with Lindo*. Duxbury Press, Pacific Grove, CA.

U.S. Department of Energy (2006). *FutureGen: A Sequestration and Hydrogen Research Initiative*. Project update. USDoE, Washington, DC. Available at http://www.fe.doe.gov/programs/powersystems/futuregen/Futuregen_ProjectUpdate_December2006.pdf. Accessed May 15, 2007.

U.S. Department of Energy (2019). Annual Energy Outlook 2019. U.S. Energy Information Administration, USDOE, Washington, D.C.

Vanek, F., and L. Vogel (2007). "Clean Energy for Green Buildings: An Overview of On- and Off-Site Alternatives." *Journal of Green Building*, Vol. 2, No. 1, pp. 22~36.

Wark, K. (1984). *Thermodynamics*, 4th ed. McGraw-Hill, New York.

Wood, A., and B. Wollenberg (1996). *Power Generation, Operation, and Control*, 2nd ed. John Wiley & Sons, New York.

Further Reading

Biello, D. (2008). "'Clean,' Coal Power Plant Canceled—Hydrogen Economy, Too." *Scientific American*, February 6, 2008 Internet version. Available at www.sciam.com. Accessed March 18, 2008.

Carnot, S. (1824). *Reflections on the Motive Power of Fire*. Self-published monograph, Paris.

Harvey, D. (2010). *Energy and the New Reality 1: Energy Efficiency and the Demand for Energy Services*. Earthscan, London.

Harvey, D. (2010). *Energy and the New Reality 2: Carbon-free Energy Supply*. Earthscan, London.

Kelly, H., and C. Weinberg (1993). "Utility Strategies for Using Renewables," Chap. 23. In: S. Johannson, ed., *Renewable Energy: Sources for Fuels and Electricity*. Island Press, Washington, DC.

Oak Ridge National Laboratory (1999). *An Assessment of the Economics of Future Electric Power Generation Options and the Implication for Fusion*. Report, U.S. Dept. of Energy, Oak Ridge National Laboratory, Oak Ridge, TN.

Progressive Management (2003). 21st Century Complete Guide to Biofuels and Bioenergy: Compilation of U.S. Government Research on CD-ROM. Progressive Management, Washington, DC.

Sorensen, B. (2002). *Renewable Energy: Its Physics, Engineering, Environmental Impacts, Economics & Planning*. Academic Press, Amsterdam.

Tester, J., E. Drake, and M. Driscoll (2005). *Sustainable Energy: Choosing Among Options*. MIT Press, Cambridge, MA.

Williams, R. H. (1998). "A Technology for Making Fossil Fuels Environment- and Climate-Friendly." *World Energy Council Journal*, pp. 59~67.

Yergin, D. (2012). *The Quest: Energy, Security, and the Remaking of the Modern World*. Penguin, London.

연습 문제

5-1. 등엔트로피 압축 및 팽창 과정으로 작동하는 브레이튼 사이클이 있다. 압축기 입구로 들어가는 공기의 온도는 27°C이다. 압축비는 8:1이며, 압축된 공기는 연소실에서 1,200 K으로 가열되어 나온다. 공기의 이상기체 물성표 값을 이용하여 이 사이클의 열효율을 계산하라.

5-2. 연습 문제 5-1의 사이클을 사용하는 발전소가 연간 7억 kWh의 전력을 생산한다고 가정하자. 압축기와 터빈에서 발생하는 손실은 무시한다. 발전기 효율이 98%, 연소기 효율이 88%, 가스연료비용이 GJ당 10달러일 경우 다음을 계산하라.

a. 연간 요구되는 가스 에너지양

b. 연간 가스연료 구입비용

c. 이 발전소에서 배출되는 연간 이산화탄소량

d. 100만 kWh 전력 생산당 배출되는 이산화탄소량

5-3. 등엔트로피 압축 및 팽창 과정을 갖는 랭킨 사이클의 열효율을 계산하라. 증기는 6 MPa의 포화 증기 상태로 보일러에서 나오며, 50 kPa의 압력에서 응축된다.

5-4. 연습 문제 5-3의 사이클을 사용하는 발전소가 연간 21억 kWh의 전력을 생산한다고 가정하자. 압축기와 터빈에서 발생하는 손실은 무시한다. 발전기 효율이 98%, 보일러 효율이 84%, 석탄연료비용

이 톤당 30달러일 경우 다음을 계산하라.

a. 연간 요구되는 석탄에너지양

b. 연간 석탄연료 구입비용

c. 이 발전소에서 배출되는 연간 이산화탄소량

d. 100만 kWh 전력 생산당 배출되는 이산화탄소량

5-5. 이론적인 초임계 랭킨 사이클의 최고 압력은 30 MPa이며, 최고 온도는 700℃이고, 응축압력은 10 kPa이다. 이 사이클의 열효율은 얼마인가? 이 사이클의 카르노 효율은 얼마인가?

5-6. 복합 사이클 발전소의 상부 사이클이 12의 압축비를 갖는다. 이 사이클에서 공기는 압축기로 300 K의 온도와 12 kg/s의 유량으로 들어가며, 연소실에서 1,300 K까지 가열된다. 하부 사이클의 증기는 열교환기에서 10 MPa의 압력으로 350℃까지 가열된다. 그리고 터빈에서 나온 증기는 10 kPa의 압력에서 응축된다. 연소 가스는 열교환기에서 380 K으로 나온다. 모든 압축 및 팽창 과정은 등엔트로피 과정으로 가정한다. 이 복합 사이클의 열효율을 구하라(그림 5-8 참조).

5-7. 실제 복합 사이클 발전소를 가정하자. 이 발전소에서 공기는 300 K의 온도와 443 kg/s의 유량으로 압축기로 들어가며 압축비는 12:1이다. 연소실에서는 1,427 K까지 가열되며, 이 사이클의 열효율은 52%이다(연소기와 발전기에서 발생하는 손실은 고려하지 않는다). 공기와 연료의 비는 50:1이다. 하부 사이클의 증기는 열교환기에서 12.5 MPa의 압력으로 온도가 400℃까지 가열된다. 그리고 터빈에서 나온 증기는 15 kPa의 압력에서 응축된다. 연소 가스는 열교환기에서 400 K으로 나온다. (a) 상부 사이클, (b) 하부 사이클, (c) 복합 사이클의 이상적인 효율과 (d) kW 단위의 상부 사이클 총 공급 열량, (e) 복합 사이클에서 발생하는 kW 단위의 총 일량, (f) 이상적인 사이클 대비 발전소의 실제 사이클에서 발생하는 손실이 열효율을 몇 퍼센트 감소시키는지 각각 구하라.

5-8. 그림 5-10의 시스템과 비슷한 열병합발전 시스템을 가정하라. 이 시스템에서 증기는 15 MPa의 압력과 500℃의 온도로 터빈으로 들어간다. 팽창 밸브는 보일러 출구로부터 급수 가열기로 증기를 바로 내보내는 역할을 한다. 증기의 일부는 급수 가열기를 위해 800 kPa의 압력으로 추출되며, 나머지는 20 kPa까지 팽창된다. 발전기의 효율은 98%이다. 시스템에서 사용되는 증기 유량은 20 kg/s이다. 등엔트로피 압축 및 팽창을 가정한다.

a. 증기의 40%가 공정 열을 위해 추출되고 나머지는 모두 팽창된다면(즉, 팽창 밸브를 통과하는 유량이 0 kg/s일 때), 공정 열로 생성되는 열량과 생성되는 전력량을 kW 단위로 계산하라.

b. 이 운전 조건에서 이용률 ε_u를 계산하라.

c. 이 운전 조건을 평균 설정으로 하여 발전소가 계속 운전된다면 연간 생성되는 kWh 단위의 전력과 공정 열은 얼마인가?

5-9. 연습 문제 5-8과 같은 열병합발전 시스템의 잠재적인 이점 하나는 분리된 시설에서 동일한 양의 공정 열과 전력을 각각 생산하는 것보다 이산화탄소 배출을 감소시킬 수 있다는 것이다. 석탄을 사용하는 열병합발전 시스템을 가정하자. 보일러의 효율은 85%이다. 열병합발전 시스템과 분리된 시설에 동일하게 사용되는 석탄의 에너지 함량은 톤당 25 GJ이며 탄소가 85% 포함되어 있다. 연습 문제 8 (a)의 시스템에서 요구되는 출력을 사용하라. 이때 모든 에너지는 석탄연소로부터 나온다. 이 열병합발전 시설을 석탄에너지에서 공정 열을 만드는 효율이 82%인 공정 열 발전소와, 터빈에서 6 MPa의 압력과 600℃ 온도를 가진 증기를 팽창하고 20 kPa에서 증기를 응축시키는 별도의 석탄화력 발전소와 비교하라. 전력 전용 발전소의 보일러 효율은 85%이며, 발전기 효율은 98%이다. 열병합발전 시설을 사용함으로써 감소되는 톤 단위의 이산화탄소량은 시간당 얼마인가?

5-10. 예제 5-2와 5-6에서 다룬 사이클을 기본으로 하는 두 발전소를 비교하여 가스터빈 단순 사이클과 복합 사이클의 경제성을 비교하라. 두 경우 모두 압축기와 터빈과 같은 장비의 비가역성 때문에 실제 사이클은 주어진 이상적인 사이클 효율 대비 80%의 효율을 갖는다. 연소기와 발전기의 효율은 각각 85%와 98%이다. 두 발전소가 500 MW의 전력을 생산하고 연간 8,700시간 운전했을 때 설비 이용률은 75%이다. 나머지 60시간은 발전소 가동이 정지된다. 단순 사이클의 초기비용은 4억 달러이며, 복합 사이클의 초기비용은 6억 달러이다. 운전기간은 20년이며 MARR은 6%이다. 두 발전소의 수지 비용은 연간 1,500만 달러이다. 표 4-2로부터 발전소에서 사용되는 가스의 비용은 중간 범위 값인 GJ당 9.75달러이다. ROI는 무시한다.

a. 평준화 비용을 기준으로 했을 때 복합 사이클 발전소가 더 매력적임을 보여라.

b. 가스화력 발전소는 연간 더 적은 시간 운영하여 복합 사이클을 위한 추가 투자 가능성이 더 적어진다. 두 사이클이 정격용량으로 운영된다고 가정하면, 단순 사이클 발전소가 더 매력적이기 위한 연간 운영시간은 얼마인가? 설비 이용률이 (a)의 경우와 다르다는 것을 참고하라.

5-11. 소규모 열병합발전의 경제성을 분석하라. 당신은 대형 아파트 복합단지의 전력과 가정용 온수를 생산하기 위해 3개의 60 kW급 마이크로터빈을 설치하는 투자를 고려하고 있다. 이 마이크로터빈은 가정용 온수 수요의 100%를 공급할 수 있도록 기존의 천연가스 보일러의 가정용 온수 출력을 대체할 예정이다. 마이크로터빈은 아침의 가정용 온수 최대 수요를 맞추기 위해 오전 5시에 운전을 시작하고, 가정용 온수의 하루 총 수요량을 충분히 공급할 수 있는 양을 생산할 때까지 계속 최대 출력으로 작동된다. 따라서 열병합발전은 가정용 온수의 필요량을 100% 공급한다. 야간에 시스템이 작동하지 않을 때 아침이 될 때까지 필요한 충분한 가정용 온수가 지속적으로 저장되어 있다고 가정한다. 가스연료와 전력 가격은 각각 GJ당 10.75달러와 kWh당 0.105달러이다. 터빈 1개의 비용은 8만 5,000달러이며, 추가적인 유지·관리 비용은 kWh당 0.02달러이다. 운전기간은 20년이며 MARR은 3%이다. 터빈들은 유입 에너지의 26%로 전력을 만들며, 55%로 가정용 온수를 만든다. 기존의 보일러 시스템은 유입 에너지의 83%로 가정용 온수로 만든다.

a. 시스템이 작동을 멈추는 시각은 대략 몇 시인가?

b. 현재가치의 총량을 구하고 투자가 경제적으로 실현 가능한지 결정하라.

c. 복합단지가 하루 8,000 kWh의 전력을 사용한다면, 터빈이 전체 수요의 몇 퍼센트를 제공하는가?

d. 1년 중 5개월(1개월을 30일로 가정) 동안 이 시스템은 추가적인 초기 투자비용 없이 난방열을 제공할 수 있고 하루에 24시간 운영할 수 있다고 가정한다면 (b)의 답은 어떻게 변하는가?

5-12. 전기 발전원에서 상충 관계(tradeoff)의 예로는 자본비용이 낮은 천연가스 발전소와 자본비용이 높은 천연가스 발전소 간의 관계가 있다. 이 문제에서 당신은 두 종류의 가스 발전소를 이용하여 전기를 시장 공급해야 한다. 이 시장의 부하 지속 곡선에 대한 설명은 다음과 같다. 곡선에는 연간 최대 수요 시간이 15 GW인 최고점이 있으며, 곡선의 형태는 $y = -0.003*x + 15$이다. 여기에서, x는 연중 시간이며, y는 GW 단위의 수요를 나타낸다. 이어서, 낮은 수요를 나타내는 곡선은 $y = -0.0004427*x + 8.628$이다. 힌트: 이 곡선을 이용하면, 연간 가장 낮은 수요 시간(또는 8,760번째 시간)에 수요는 대략 4.75 GW이다. 다음 표에는 kW 용량에 따른 고정비용과 kWh당 변동비용에 대한 값을 나타낸다.

a. 이 전기 시장의 부하 지속 곡선을 그려라. 부하 지속 곡선에서 '최고 수요'와 '낮은 수요' 곡선이 교차하는 시점은 언제인가?

b. 최소 비용으로 전기 수요를 충족시킬 수 있는 낮은 자본비용과 높은 자본비용 발전소의 조합은 무엇인가?

c. 이 용량에 대해 지불된 총 고정비용은 얼마인가? 참고: 계산을 위해 변동비용 지불은 무시하라.

d. 선정된 발전소 용량이 25년 동안 7% 할인된다면, 시스템의 전체 kWh당 평준화 비용은 얼마인가?

	높은 자본비용	낮은 자본비용
고정[$/kW]	140	120
변동[$/kWh]	0.0238	0.0336

제 6 장

에너지 절약

Energy Conservation

▶학습 목차

6-1 개요

전 세계 에너지 수요가 증가할 것으로 예상되는 상황에서 환경적으로 지속 가능한 방법을 통해 세계의 에너지를 더 많이 공급하는 것은 지구를 관리하는 데 있어 매우 중요하다. 하지만 에너지 소비를 충족하기 위한 노력은 공급뿐만 아니라 수요도 고려해야 한다. 이러한 공급과 수요의 균형은 지역, 국가, 전 세계를 위한 에너지 관리의 목표이다. 보다 지속 가능한 에너지원을 개발하고 채택하기 위해 노력하는 동시에, 공급망 전반에 걸쳐 시행되는 에너지 효율성 조치와 함께 사용 지점에서 시행되는 에너지 절약 조치를 통해 소비량을 해결해야 한다. 사용 시점에서의 에너지 절약과 공급 효율성 향상은 모두 상당한 이점을 제공하며, 에너지 추출, 변환 및 사용처로의 전송에 대한 상류 공급망의 부담을 줄인다. 흥미로운 점은 에너지 수요를 크게 줄이는 데 필요한 효율 및 절약 조치의 비용이 에너지 생산 비용에 비해 상대적으로 낮다는 점이다. 에너지 수요를 줄이기 위한 저비용의 결실은 수십 년 동안 활용되어 왔지만 노후화된 기반 시설의 향상을 포함하여 상당한 기회가 남아 있다. 이 장에서는 효율성과 절약의 개념을 검토하고, 이러한 효율성과 절약이라는 '자원'의 규모를 살펴본 다음, 이 분야의 성공 사례와 남은 기회에 대해 설명한다. 궁극적으로 에너지는 우리가 원하는 최종 재화와 서비스를 제공하는 수단이므로, 에너지를 덜 사용하여 이러한 재화와 서비스를 얻을 수 있다면 많은 이점을 얻을 수 있다.

6-2 에너지 지속 가능성에서 에너지 절약의 역할

부족한 급여는 더 높은 급여를 받는 직업을 고려하게 만들 수도 있지만, 지출을 줄이려는 결정을 야기할 수도 있다. 두 가지 접근법 중 하나 또는 두 가지를 조합하면 균형 잡힌 예산이라는 해결책으로 이어질 수 있다. 에너지 공급에도 동일한 공급과 수요 측면 접근법을 적용할 수 있다. 이 책의 대부분은 기존 에너지원, 재생에너지원, 그리고 보다 지속 가능한 미래로 나아가기 위해 우리가 만들어야 하는 전환에 초점을 맞추고 있다. 하지만 지속 가능한 에너지원으로 에너지 공급을 늘리는 것만이 전 세계의 늘어나는 에너지 및 환경 수요를 충족하는 유일한 방법은 아니다. 소비를 줄임으로써 에너지 공급과 수요의 균형을 평균 또는 연간 단위로, 그리고 전력망에 의해 본질적으로 충족되어야 하는 순간적인 전력 균형을 맞추기 위해 더 쉽고 비용 효율적인 수단을 제공하는 것이 더 효과적일 수 있다. 여기서 우리는 에너지 효율과 보존 자원의 규모, 그리고 에너지 지속 가능성에서 그 역할을 고려한다. 또한, 에너지 절약과 효율성 향상은 공급망 전반에 걸쳐 중요하며, 최종 사용자가 이를 실천할 때 가장 큰 효과를 발휘하여 추출, 정제, 변환 및 유통의 공급망 전반에 걸쳐 수요를 줄일 수 있다.

*에너지 집약도*는 원하는 목표를 달성하는 데 필요한 에너지로 정의된다. 국가 수준에서 이는 1달러의 GDP를 산출하는 데 필요한 에너지 투입량(예: MJ/$)에 해당할 수 있다. 건물의 경우 에너지 집약도는 건물 면적 1제곱피트를 운영하는 데 필요한 연간 에너지(예: kBTU/ft^2)를 나타낼 수 있다. *에너지 효율*은 자원에서 에너지를 가져와 원하는 목표를 달성하기 위해 배치하는 다양한 변환 과정들을 각각 설명하는 데 사용되는 용어이다. 일반적으로 에너지 효율은 주어진 에너지 입력에 대해 출력의 양으로 정의된다. *에너지 절약*은 에너지를 추출, 처리, 변환, 분배하는 과정에서의 에너지 효율성 향상과 최종 사용자의 에너지 정도의 감소를 모두 포괄하는 용어이다. 에너지 효율의 발전은 새로운 것이 아니다. 자연계에서는 빛이나 음식 에너지를 필요한 생물학적 기능으로 변환하는 효율성이 진화의 적자생존을 주도해 왔다. 에너지가 부족한 시기에는 적은 에너지로 생명을 유지할 수 있는 생명체가 생존하고 번성하며 다음 세대에 유전자를 전달할 수 있는 가장 좋은 조건을 갖추곤 했다. 인류는 인류가 존재하는 동안 사냥, 채집, 농사에 대한 더 나은 접근 방식, 의복과 주거에 대한 개선된 디자인, 요리와 난방에 필요한 에너지를 얻는 새로운 방법 등을 통해 효율성을 개선하는 방법을 적극적으로 실천해 왔다. 뉴커먼의 첫 번째 피스톤 증기 기관(1710년경)의 효율은 약 0.5%로 알려졌으며, 증기 기관차의 전성기에는 약 7~8%로 증가했다. 수송용 증기 기관은 효율이 약 35%에 달하는 내연 기관으로 대체되었다.

효율성의 한계에 도달한 것일까, 아니면 여전히 효율성과 에너지 절약 자원을 활용할 수 있는 기회가 있을까? 1973년과 1979년의 석유 금수 조치로 인해 미국과 다른 국가들은 '발명의 어머니'라 불리는 필요성에 따라 에너지 가용성과 환경적 상황을 충족하기 위한 노력을 배가하고 대체 에너지원에 대한 상당한 연구 노력을 시작했으며, 에너지 절약 조치를 장려하고 에너지 효율을 높여 에너지 소비를 줄였다. 1977년 미국 에너지부는 에너지 절약 대책을 장려하고 대체 에너지원을 개발한다는 새로운 목표 아래 여러 관련 기관을 통합하여 설립되었다. 미국 의회는 1975년에 통과된 법안을 통해 승용차에 대한 최초의 기업 평균 연비(CAFE) 표준을 제정하여 1978년 모델부터 시행했다. 기후 변화에 대한 미래와 현재의 고려사항에 대한 상당한 진전이 이루어졌으며, 다른 요소들은 지속 가능한 에너지원의 새로운 혁신과 전환, 유통 및 활용 시스템 전반에 걸친 효율성 및 보존 조치를 마련하는 데에 추가적인 동력을 제공하고 있다.

6-2-1 효율성 및 보존 기회

록키마운틴협회의 공동 설립자이자 수석 과학자, 명예 회장인 에이머리 러빈스는 효율성 향상을 "보이지 않는 에너지 원천"(Lovins, 2019)으로 간주하며 다음과 같이 주장한다:

> 기존의 에너지를 절약하는 방법은 사실 오늘날 세계 최대의 에너지 '공급원'이다. 지난 수십 년 동

안 단열, 내후성, 모터 및 엔진 개선, 폐열 회수, 화학 반응의 효율화 등 수백만 가지의 작은 개선이 이루어졌다. 세심한 엔지니어링의 무수한 결실은 효율성 향상으로 이어져 현재 석유나 다른 어떤 연료보다 더 많은 글로벌 에너지 서비스를 제공하고 있다.

이 극적인 주장을 뒷받침하기 위해 러빈스는 그림 6-1에 표시된 것처럼 증거를 제시한다. USEIA 데이터 분석에 따르면 1975~2018년 기간 동안 시행된 효율성 측정으로 인한 누적 에너지 절감 효과는 1975년 에너지 시스템 및 프로세스 효율을 기준으로 했을 때와 비교하여 2,600 quads의 1차 에너지 사용량을 감소시킨 것으로 나타났다. 이 2,600 quads 절감량은 43년 동안 재생에너지 기술로 생산한 에너지보다 거의 30배 더 많은 에너지를 절약한 것에 해당한다. 그는 에너지 사용 효율성이 매년 2.5~3.5%의 비율로 미국의 에너지 예산 균형을 맞추기 위해 가장 빠르게 성장하는 '공급원'이라고 주장하며, 에너지 사용 효율성이 에너지 수요를 충족하기 위한 가장 크고, 가장 저렴하며, 가장 안전하고, 가장 빠른 옵션이라고 주장한다. 그러나 에너지 절약 조치는 에너지 '공급원' 중에서 가장 눈에 잘 띄지 않고, 가장 이해도가 낮으며, 가장 소홀히 다루어지는 분야로 남아 있으며, 공급 측면의 발전보다 자금 지원 기관이나 과학 저널 출판물에서 훨씬 덜 주목받고 있는 경우가 많다.

에너지 효율의 영향을 파악하는 데 있어 한 가지 과제는 미국 경제의 변화하는 특성이다. 예를 들어, 그림 6-1에 표시된 에너지 소비 감소의 일부는 표시된 바와 같이 산업 부문 내에서 소비되는 1차 에너지가 감소했기 때문일 수도 있다. 따라서 1975년 에너지 집약도를 기준으로 한 예측에서 실제 에너지 소비 감소의 상당 부분은 시행된 보존 조치 및 효율성 개선과 관련이 있지만, 이 중 일부는 제조업의 해외 이전으로 인한 것일 수도 있다.

과거의 효율성 개선 성공으로 많은 이점은 계속 발생할 것이지만, 절약 조치와 효율 개선으로 더 많은 이득을 얻을 수 있을까, 아니면 수익이 감소하는 시점에 도달하고 있을까? 이 질문에 대한

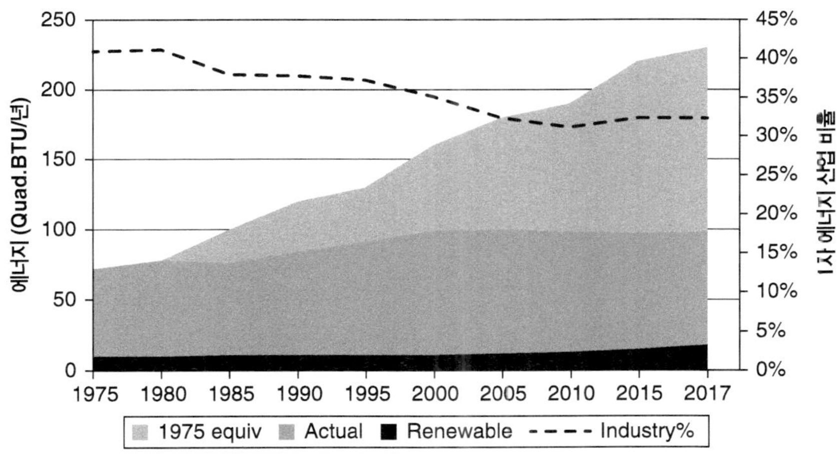

그림 6-1 미국의 1차 에너지 소비량, 1975년 구조 및 강도와 소비량, 재생에너지의 기여도(1975~2017년)를 4분위로 비교한 결과.

참고: 산업별 1차 에너지 소비 비율도 표시되어 있다. 이 에너지 사용 비율은 효율성 향상뿐만 아니라 해외 위탁 용역 추세의 영향도 받는다. [*출처*: 미국 에너지 정보 관리국(USEIA)에서 계산한 Rocky Mountain Institute (Lovins, 2019)의 1차 에너지 소비량; 저자가 USEIA (2021c) 데이터에서 계산한 산업별 비율].

답은 우리가 에너지 시스템에서 무엇을 원하는지에 대한 정의에 따라 달라질 수 있다. 다음과 같은 경우가 대형 차량의 엔진과 구동계 효율을 개선한다면 도움이 되겠지만, 열역학적 · 재료적 · 경제적 한계가 있다. 예를 들어 내연기관은 한 세기가 넘는 개선 끝에 궁극적인 효율성에 가까워졌지만, 가끔 예상치 못한 '블랙 스완' 혁신이 여전히 가능할 수 있다. 그러나 승객과 화물을 안전하고 효과적으로 이동하는 것이 목표라면 더 가벼운 소재, 더 나은 디자인, 대체 시스템(예: 자가 동력 또는 대중교통) 등을 통해 더 많은 이점을 얻을 수 있다. 이 과정에서 편의성, 편안함, 안전성도 개선될 수 있다. 이러한 인식 전환은 백열등에서 소형 형광등(CFL)으로, 그리고 발광 다이오드(LED)로의 전환에서 분명하게 드러나며, 백열등에서 필요한 에너지의 15~25%만 사용하면서 비슷한 수준의 조명을 제공한다(미국 에너지부, 2021). 또한 백열전구보다 25배 더 오래 사용할 수 있기 때문에 초기 비용이 높더라도 에너지 절약과 교체 비용으로 빠르게 회수할 수 있다.

이러한 중요하고 종종 예상치 못한 인식 전환으로 인해 일부에서는 에너지 절약과 효율성 향상이 특정 기술에 대한 수익률 감소라는 리카도 경제학 원칙의 적용을 덜 받는다고 주장하기도 한다. 실제로 에너지 집약도를 줄이는 데 상당한 진전이 있었음에도 불구하고 지속적인 기회가 남아 있다. 새로운 기술과 인식 전환은 지속적인 개선을 약속하지만, 널리 사용 가능하고 저렴한 대체물(예: 단열 및 틈마개 재료)을 기존 구조물에 적용하거나 오래된 가전제품 및 비품을 더 효율적인 모델(예: 에너지 스타)로 교체하는 것만으로도 상당한 이점을 얻을 수 있다. 수십 년 동안 적절한 방법이 존재해 왔지만, 노후화된 기반 시설에는 여전히 상당한 기회가 남아 있다. 이러한 이점에도 불구하고 비용과 운영 중단에 대한 우려는 내후성 및 비효율적인 장치 교체에 대한 관성적인 저항을 제공한다. 다행히도 비용 측면에서는 많은 부분이 매력적이다. 예를 들어, 표준 샤워헤드를 저유량 샤워헤드로 교체하는 경우 투자 회수 기간은 2개월이고 순 현재 가치는 비용의 100배에 달한다(Randolph and Masters, 2008). 보다 넓은 관점에서 보면, 그림 6-2는 에너지 효율 향상과 함께 여러

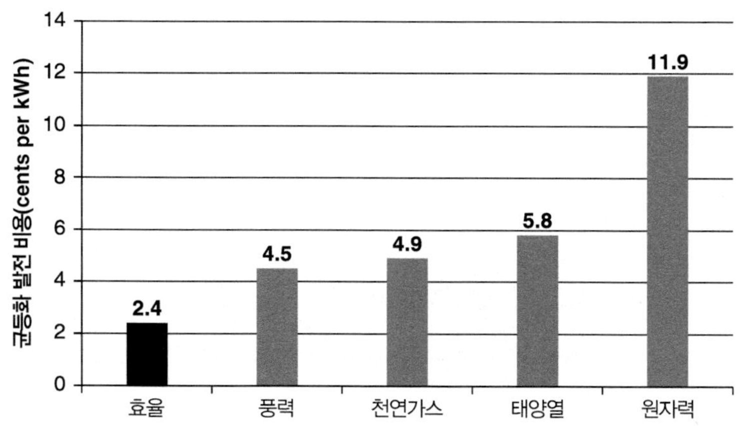

그림 6-2 천연가스, 원자력 및 재생에너지에 대한 에너지 효율의 kWh당 균등화 비용 비교.

참고: 다중 100 MW 상업용 에너지 발전소 기준 재생 가능 비용. 피킹 플랜트 기술이 아닌 높은 역률을 가진 복합 사이클 기술을 기반으로 한 천연가스.
현재 미국에서 사용 중인 1,000 MW 규모의 발전소를 대체하는 데 드는 현재 비용을 기준으로 한 원전 비용. [*출처*: 효율성의 경우 ACEEE (2016), 그 외 출처의 경우 Chaps. 5, 8, 10, 13의 자체 계산, 기타 모든 출처는 미국 에너지정보청 기준.]

공급원에 대한 예상 균등화된 전기 비용을 보여 주며, 이는 기존 또는 재생에너지 시스템 비용의 약 절반으로 이러한 목표를 달성할 수 있음을 시사한다. Lovins (2018)는 다음과 같이 말한다: "… 효율성 자원 자체와 경제적으로 확보 가능한 '매장량'은 에너지, 비즈니스, 경제, 정책 및 기후 단체에서 일반적으로 인정하는 것보다 몇 배는 더 크고 저렴하다."

다른 에너지원과 마찬가지로, 잠재적 에너지 절약의 규모, 즉 효율성 자원을 이해하는 것이 중요하다. 효율성과 절약 조치를 적용할 수 있는 영역이 다양하다는 점도 기회 창출에 기여하는 한 가지 측면이다. 비효율과 낭비는 흔히 어디에나 존재하기 때문에 이러한 문제를 비용 효율적인 방식으로 해결할 수 있는 다양한 솔루션이 현재에도 존재한다. 많은 효율성 개선 조치들은 더 지속 가능한 에너지 균형을 꾸준히 맞추기 위해 태양이 비추거나 바람이 불 필요는 없다. 따라서 효율성 개선 및 보존 조치는 에너지 공급원에 관계없이 거의 매일 지속적으로 혜택을 누릴 수 있다. 에너지 절약에 접근할 때 현재 에너지가 어디에서 사용되는지 고려하는 것이 유용하다. 미국에서 최종 사용 에너지 소비는 그림 6-3과 같이 운송, 건물(상업용 및 주거용 모두 포함), 산업 등 비슷한 규모의 세 가지 주요 부문으로 구분할 수 있다. 그러나 이는 최종 사용자에게 전달되는 정제된 연료와 전기만을 고려한 것이므로 전체를 대표하는 이야기가 아니다. 다음 단락에서 논의된 바와 같이 연료를 얻고 정제하는 데에 상류 공급망 손실이 있으며, 매우 중요하게는 에너지원을 전기로 변환하는 데에도 손실이 있다. 이 장의 예는 건물(HVAC 및 가전제품 포함)과 농업 및 상수도를 포함한 산업에 초점을 맞추고 있으며, 전기에너지 전환에 대한 논의는 5장, 10장, 그리고 13장에 나와 있다. 수송용 에너지에 대해서는 15장과 16장에서 설명한다.

그림 6-4에서 볼 수 있듯이 많은 분야에서 효율성이 크게 향상되었음에도 불구하고 상당한 기회가 남아 있을 가능성이 높다. 주요 에너지 변환 및 소비 장치의 효율을 추정하는 방법을 사용하여 미국에서 매년 소비되는 약 100 quads의 1차 에너지 중 33 quads는 서비스를 제공하고 나머지 67 quads는 손실된 것으로 확인되었다(LLNL, 2019). 이는 원하는 에너지 서비스를 제공하는 측

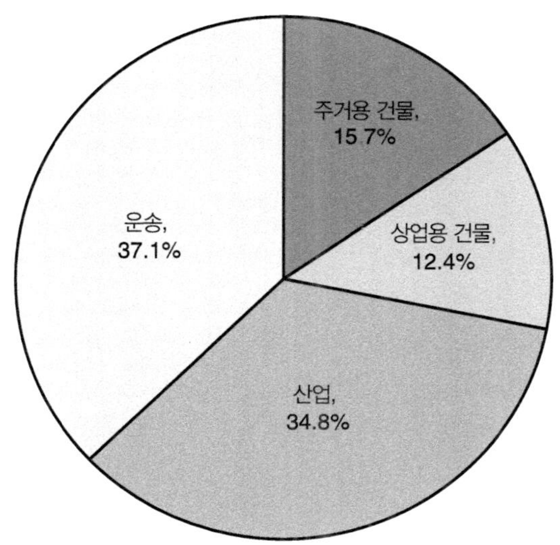

그림 6-3 2019년 미국 최종 사용 에너지의 주요 부문별 분포. 총 75.9 quad.

[*출처*: 로렌스 리버모어 국립 연구소(2019) 및 USEIA (2021c)]

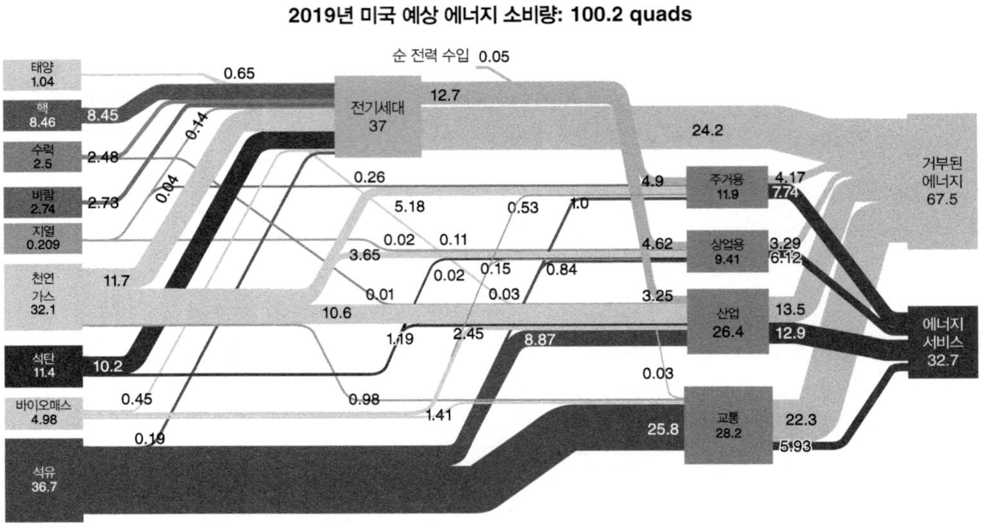

2019년 미국 예상 에너지 소비량: 100.2 quads

그림 6-4 2019년 미국 주요 1차 에너지의 공급원 및 분포(quad 단위).

부문뿐만 아니라 주로 에너지 전환으로 인해 거부되는 에너지도 있다. [*출처*: 로렌스 리버모어 국립 연구소(2019)]

면에서 전체 에너지 효율이 에너지 전환 손실로 인해 33%에 불과하다는 것을 의미한다. 그러나 원하는 서비스에는 손실도 포함되므로 이것이 전부는 아니다. 예를 들어, 공급되는 열에너지가 아니라 겨울철 따뜻한 집 자체가 원하는 서비스이다. 열에너지 투입이 지속적으로 필요한 것은 단열 부족, 침투 및 건물의 기타 기능으로 인해 발생하는 손실 때문이다. 따라서 건물 외피를 강화하여 열에너지 투입의 필요성을 줄일 수 있는 추가적인 기회가 존재하며, 이러한 절감은 전체 에너지 공급망으로 전파되어 그 과정에서 이익을 창출한다. 특히 주목해야 할 점은 에너지 수요를 줄이면 눈덩이처럼 불어나는 효과가 있다는 것이다. 최종 사용자가 소비하는 에너지를 절약하거나 줄이면 추출, 처리, 변환 및 전달 과정에서 에너지 소비와 손실을 제거할 수 있다. 결과적으로 최종 사용자 절약은 절약된 에너지와 관련된 외부효과도 완화한다. 상류 공급망의 비효율성, 오염, 환경 영향, 추가적으로 안전한 에너지원을 확보해야 하는 요구가 상당하므로 소비 주체의 에너지 절약 노력은 상당한 이점을 가질 수 있다.

상당한 에너지 소비를 위해 궁극적으로 달성할 수 있는 효율성 추정치는 하향식, 상향식 또는 이론적 모델링 방법을 사용하는지 여부에 따라 달라진다. 열역학적 한계는 항상 달성할 수 있는 최대 효율을 제한하게 되며, 비용, 타당성 및 편의성 때문에 손실이 불가피하지만, 에너지 낭비의 절반가량은 불필요하거나 열역학적 한계로 인해 발생하지 않는 것으로 간주되어 왔다. 중요한 것은 우리가 원하는 최종 서비스는 일반적으로 이러한 에너지가 아니고, 그림 6-5에서 볼 수 있듯이 에너지는 단순히 이러한 원하는 서비스를 제공하는 운반자 또는 조력자라는 점이다. 따라서 연료 손실, 변환 손실 및 배전 손실은 최종 사용자 이전에 발생하며, 여기서 추가적인 시스템 손실(예: 건물에서 발생하는 열손실, 전구의 비효율성, 이동 차량의 구름 또는 공기 저항 등)이 발생한다. 우리가 원하는 최종 상품과 서비스를 생산하기 위해 에너지를 활용하는 과정에서 환경 및 다른 기타 결과도 발생한다. 전기 효율성에 대한 중요한 최신 정보 출처는 Schwartz et al. (2017)에서 찾을 수 있으며, 에너지 효율 잠재력 연구에 대한 목록은 EERE (2020)에서 찾을 수 있다. 이들은 모두 에

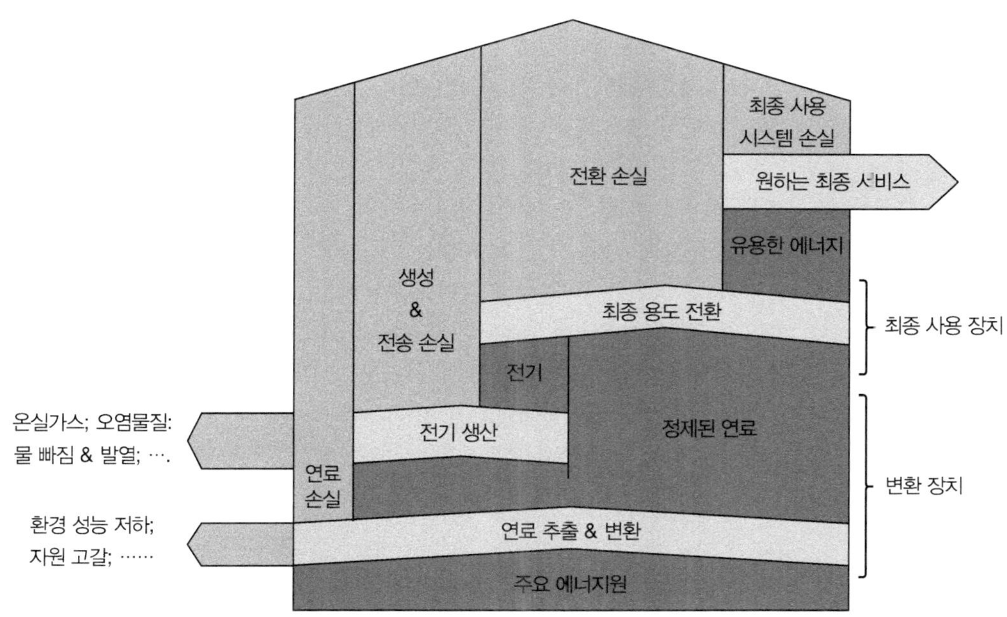

그림 6-5 에너지 시스템의 에너지 사용 및 손실. 에너지원을 원하는 서비스로 전환할 때 발생하는 손실의 단계와 그 결과를 예시로 보여준다. [*출처*: 컬렌과 올우드(2010)에서 각색.]

너지 효율 향상을 위한 최근 연구 결과를 제공한다. 다시 한 번 요약하자면, 잠재적으로 활용될 수 있는 에너지 효율 자원은 일반적으로 알려진 것보다 더 클 가능성이 높다. 또한 경제적으로 매력적인 '예비자원'은 에너지 예산의 상당 부분을 차지하며, 이전 섹션에서 논의한 바와 같이 기존 방식이든, 지속 가능한 방식이든 공급측 자원보다 접근 비용이 저렴할 수 있다. 기술 발전은 지속적인 개선을 제공하겠지만, 그림 6-6에서 볼 수 있듯이 현재의 기술로도 에너지 집약도를 현재 가치 이하로 상당히 경제적으로 낮추기 충분하며, 이러한 경제적으로 실현 가능한 기회를 이 장의 핵심 초점으로 삼고 있다.

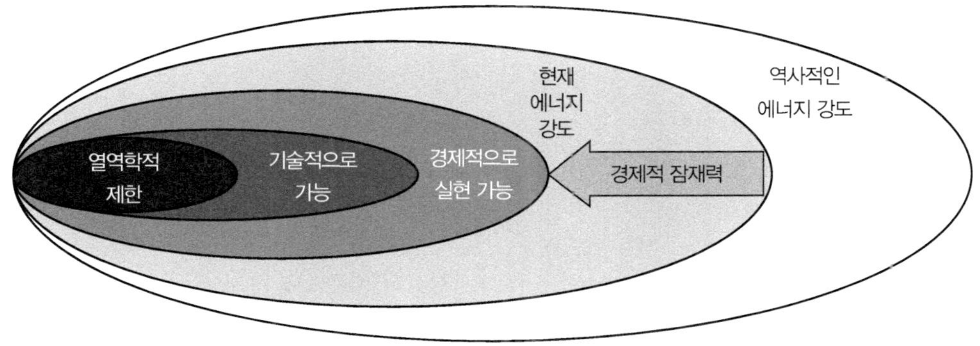

그림 6-6 과거, 현재, 잠재적 미래 에너지 집약도 비교(현재로 정규화됨).

경제적으로 달성 가능한 현재의 잠재력을 나타내며, 이 장에서 보존 기회에 초점을 맞추고 있다. [*출처*: 컬렌과 올우드(2010)에서 각색.]

6-2-2 에너지 절약을 위한 개인 및 조직의 역할

미국에서는 1970년대부터 연방, 주, 지방 정부에서 개인이 내후성을 높이고, 조명과 가전제품을 에너지 효율이 높은 제품으로 교체하며, 바이오매스 화로, 지열 히트 펌프 및 기타 대안으로 기존 에너지 수요를 줄일 수 있도록 지원하는 프로그램을 시행해오고 있다. 피크 시간대 수요를 줄이면 추가 발전 및 배전 체계의 필요성이 미뤄지거나 감소된다는 점을 인식한 전력 회사는 부록 H에 설명된 수요 측면 관리 원칙을 사용하여, 피크 수요 시간대를 포함하여 소비자 소비를 줄일 수 있는 스마트 온도 조절기를 사용하는 등 다양한 노력을 지원하는 데 동참해 왔다. 제안된 '스마트 그리드'는 에너지 수요를 평준화하여 에너지 소비의 고점과 저점을 평탄화함으로써 전기 자원을 더 잘 활용할 수 있는 수단으로 널리 알려져 있다. 또한 이러한 기술은 태양열 및 풍력 자원의 가용성에 따라 수요를 조정하여 낮 시간대에 재생에너지 발전량이 많은 일부 지역에서 문제가 되고 있는 기존 발전원에 대한 한낮의 수요 급감(흔히 '오리 곡선'이라고 함)과 같은 문제를 해결할 수 있다(Sheha et al., 2020).

비용을 절감하고 천연 자원을 보존하며 지구를 더 잘 관리하려는 많은 사람들의 일반적인 관심에 더해, 보존과 효율성에 대한 태도는 수년에 걸쳐 성쇠를 되풀이했다. 1973년과 1979년의 석유 금수 조치는 대체 에너지원에 대한 관심을 불러일으켰을 뿐만 아니라 에너지 효율과 보존 노력에 큰 영향을 미쳤다. 이 기간 동안 석유 공급이 제한되면서 주유소에는 긴 줄이 늘어섰고, 급격한 가격 상승(2020년 현재 달러 기준으로 1970년대 10년 동안 유가가 20달러/배럴에서 128달러/배럴로 상승[1])으로 인해 교통, 연료유 및 기타 용도로 사용하는 사람들의 주머니 사정이 어려워졌다. 단기적으로 석유 공급 곡선과 수요 곡선 모두 매우 경직되어 있어 상대적으로 작은 물량 변동에도 가격이 급변할 수 있다. 그림 4-1의 급격한 변화는 2008년 이후 세계 석유 시장에 나타난 상당한 가격 변동을 보여준다.

에너지 절약과 에너지 효율성 향상은 종종 연료 부족으로 인해 촉발되었지만, 이러한 옵션을 추구하는 데에는 여러 가지 이유가 있다. 많은 국가에서 에너지 절약 조치는 석유 또는 기타 화석 수입에 대한 의존도를 낮추고, 이산화탄소 배출과 환경 파괴를 줄이며, 온실가스 배출 목표를 달성하기 위한 재생에너지원의 개발 및 실행에 추가적인 시간을 확보할 수 있게 한다. 또한 이러한 조치는 기존 건물의 에너지 효율을 개선하는 등 지역 일자리를 창출하기도 한다.

우리 모두는 일생 동안 집이나 기타 건물을 내후성화할 기회가 있을 수 있으며, 이러한 노력은 여러 가지 이점을 제공한다. 그중에는 쾌적성 향상, 상당한 에너지 절약, 높은 투자 수익률 등이 있다. 예를 들어, 최근 연구에 따르면 내후성 프로젝트는 평균적으로 연간 283달러의 에너지 절약 또는 18%의 난방 소비 절감 효과를 가져와 평균 약 4,695달러의 비용을 절감하는 것으로 나타났다. 이러한 유형의 프로젝트의 경우 투자한 1달러당 1.72달러의 에너지 혜택과 함께 주택 내후화 프로그램이 지원하는 8,500개의 지역 일자리를 포함한 2.78달러의 비에너지 혜택이 제공된다(미국 에너지부, 2019). 이는 기존 구조물의 개조 및 풍화와 같은 보존 조치가 장기적인 연간 에너지 절감 및 이에 수반되는 환경적 결과와 더불어 지역 경제 및 상호작용에도 유리한 결과를 가져온다는 점을 강조한다. 또한 단열재, 창문, 문은 부피가 큰 경향이 있기 때문에 해당 제품을 사용하는 국가나 지역에서 생산되는 경우가 많으므로 지역 경제에도 도움이 된다.

---

1 명목상 당시 가격은 각각 6달러/배럴과 38달러/배럴이었다.

"준 만큼 받는다"는 말처럼, 에너지 생산과 소비가 어떻게 가격이 책정되는지 이해해야만 어떤 보상을 받고 어떤 행동을 취할 가능성이 있는지를 알 수 있다. 예를 들어, 규제 정책에 의해 가격이 책정되는 고전적인 공급 측면의 전기 생산 관점에서는 전기 공급자가 더 많은 전기를 판매하면, 즉 더 많은 메가와트의 전력을 공급하면 더 많은 보상을 받는다. 그러나 수요 측면의 투입을 통해 소비자 사용량을 줄이면 생산 및 유통 시설을 확장하기 위한 자본 투자의 필요성을 연기하거나 해소하는 데에도 도움이 될 것으로 판단된다.

에너지 절약에 대한 투자는 개별 에너지 소비자뿐만 아니라 발전 시설 소유주에게도 도움이 될 수 있다. 예를 들어, 최근 정부 연구에 따르면 주거용 전기 에너지 효율 개선과 관련된 프로그램을 관리하는 데 드는 비용은 6%의 비용 회수율을 기준으로, 효율 개선의 수명 기간 동안 평균 $0.022/kWh의 에너지가 절약되는 것으로 나타났다. 유사하게 계산된 소비자 참여자 비용은 $0.017/kWh를 추가하여 총 비용은 $0.039/kWh로, 2021년 평균 주택용 전기 요금인 $0.13/kWh에 비해 매우 유리하다. 같은 연구에 따르면 상업 및 산업 보존 조치에 드는 총 비용은 평균 $0.055/kWh로 나타났다(Goldman et al., 2020).

2021년 현재, 100년 만에 최악의 팬데믹으로 인해 팬데믹 이전과는 전혀 다른 상황이 계속되고 있으며, 봉쇄 조치와 극적인 삶의 변화를 통해 우리가 배운 것을 되돌아보게 한다. 출장과 여행 모두 큰 영향을 받아 항공 및 지상 운송과 관련된 에너지 사용량이 감소했다. 일부 사무실 건물이 거의 비어 있는 상황에서 재택근무는 미국 성인의 약 42%에게 표준이 되었다(Wong, 2020). 쇼핑몰과 상점을 자주 방문하는 대신 집에서 물건을 주문하는 것이 일반화되었다. 코로나19로 인해 수많은 사람들이 목숨을 잃었고 다른 많은 사람들의 삶도 극적인 방식으로 변화했다. 미국 에너지 정보국(USEIA, 2021c)과 로렌스 리버모어 국립 연구소 흐름도의 연례 업데이트에 따르면 2019년부터 2020년까지 미국의 1차 에너지 소비량은 7.3% 감소했는데, 이는 사무실, 공장, 상점, 쇼핑몰, 레스토랑, 호텔 등의 폐쇄로 인한 이동 감소와 더불어 사람들이 일시적 또는 영구적으로 일자리를 잃으면서 실업률이 3.8%에서 14%로 증가했기 때문이라고 한다. 반면, 에너지와 오염을 줄이는 것으로 알려진 대중교통은 낯선 사람과 밀폐된 공간에서 이동하는 것이 위험하다고 인식되면서 선호도가 떨어졌고, 일부 사람들은 개인 차량으로 돌아갔다. 야외 공간의 환기 및 난방을 강화하면서 일부 식당은 생존할 수 있었지만 에너지 사용량에도 영향을 미쳤다. 따라서 에너지 사용량이 일부 감소하고 일부는 증가하는 등 엇갈린 결과가 나타났다. 전 세계적인 팬데믹은 분명 엄청난 손실과 어려움을 초래하지만, 우리 사회가 기능할 수 있는 대안적인 방법을 제시하기도 하며, 일부는 에너지 사용에 상당한 영향을 미친다.

6-2-3 기술적 접근 방식과 심층 생태학적 접근 방식을 통한 보존 추구

1장에서 설명한 것처럼 에너지 수요는 심층 생태 프레임워크 구현, 기술 개선 또는 이 둘의 조합을 통해 줄일 수 있다. "에너지 효율의 대부"로 알려진 UC 버클리 교수이자 캘리포니아 에너지 위원인 고(故) 아서 로즌펠드는 "가장 좋은 형태의 절약은 제공되는 에너지 서비스의 품질에 거의 차이를 만들지 않아 사용자가 알아차리지 못하는 것"이며(Roberts, 2005), "절약은 스웨터를 입는 것을 의미하지 않는다"고 말한 바 있다. 이러한 의견은 기술이 에너지 절약 조치로 인해 삶의 질이 크게 떨어지거나 현재의 라이프스타일에 극적인 변화를 초래하지 않을 수 있는 기회를 제공한다는 것을 시사한다. 2001년 딕 체니 전 부통령이 "절약은 개인적 미덕의 표시일 수는 있지만 건전하고 종합적인 에너지 정책의 충분한 근거가 될 수는 없다”[2]고 말한 것처럼 절약을 통해 에너지 수요를 충족할 수 있다는 전망을 낮게 보는 사람들도 있다. 에너지를 공급과 수요 측면 모두에서 바라보는 것은 에너지 사용, 절약 조치, 에너지 수요와 공급의 균형에 대해 생각할 수 있는 유망한 접근 방식이다.

안타깝게도 최저 입찰자에게 프로젝트를 수주하는 경우가 많은 현실에서 성능 지표보다는 비용 지표를 충족하는 데 중점을 두는 것은 에너지 목표 달성에 불리할 수 있다. 가장 저렴한 자재 중 일부는 구현 에너지 함량(즉, 건축 제품 또는 소비재를 생산하고 제공하는 데 필요한 에너지)이 높을 수 있으며 수명 주기 성능(예: 단열 성능이 떨어지거나 제품 수명 동안 작동하는 데 훨씬 더 많은 에너지가 필요)도 떨어질 수 있다. 구체화된 에너지는 건설 프로젝트 또는 소비재와 관련된 에너지 및 환경 부담의 일부가 된다. 반면에 건설과 관련된 구체화된 에너지는 수년에 걸쳐 상실될 수 있으므로 지속기간이 수명 주기에 미치는 영향을 완화한다. 에너지 비효율 효과는 긴 사용 수명으로 인해 더욱 악화되는데, 이는 열등한 성능이 향후 수십 년 동안 고정될 수 있기 때문이다. 건축법규 및 표준과 다양한 지속 가능성 옹호 단체들인 LEED 또는 저에너지 건축물 프로그램 등은 건물 소유주에게 에너지 및 환경 영향을 줄이는 관행을 채택하도록 의무화하거나 장려한다. 공학자를 포함한 의사 결정권자는 우리가 추구하는 프로젝트에서 비용 효율적인 에너지 효율 조치를 구현하는 데 중요한 역할을 담당한다.

마지막으로, 소비주의와 소비, 즉 우리가 즐기는 상품과 서비스를 구매하는 것은 에너지 사용과 불가분의 관계에 있다. 1장과 부록 H에서 논의한 바와 같이, 풍요로움은 더 많은 것을 구매할 수 있는 능력을 제공할 뿐만 아니라 부를 사용하여 에너지 효율이 더 높은 첨단 기술 제품을 구매할 수 있는 능력도 제공한다. 주방을 업그레이드하는 동안 에너지 효율이 더 높은 가전제품을 구입하면 새로운 가전제품을 만드는 데 들어간 에너지를 상쇄할 만큼 에너지 사용량을 줄일 수 있다. 반면에 개인 물품을 자주 업그레이드하는 것은 당연히 더 많은 에너지 사용과 관련이 있으며 생태학적 관점에서는 상충될 수 있다. 현명한 선택을 통해 개인이 에너지 사용과 절약 환경을 적절히 탐색하여 에너지와 환경 자원을 보호하는 동시에 높은 삶의 질을 누릴 수 있을 것이다.

6-3 에너지 효율성 이해

에너지 효율은 공학 분야에서 가장 많이 사용되고 또한 가장 많이 오용되는 표현 중 하나이다. 열역학 입문 과정에서 에너지 변환 과정의 효율은 먼저 원하는 에너지 출력과 에너지 ‘투입 비용’의 비율로 정의된다. 이 경우 분자와 분모는 공통 단위를 가지며 식은 무차원 비율 ≤1을 산출한다.

$$\eta = \frac{\text{원하는 에너지 출력}}{\text{에너지 투입 비용}} \tag{6-1}$$

비교적 간단한 이 표현은 에너지가 양과 질을 모두 가지고 있다는 제2법칙이 도입되면서 더욱 복잡하다. 예를 들어, 뜨거운 물이 담긴 찻잔과 AA 건전지는 표준 온도인 25°C에서 주변과 평형을 이룰 때 동일한 양의 에너지(약 4.1 Wh)를 전달한다. 하지만 상대적으로 온도가 낮은 뜨거운 물은 차를 끓일 때만 유용하다. 반면에 배터리의 에너지는 작업에 따라 전달되어 전기 저항 히터와 함께

[2] 2001년 4월 30일, 캐나다 토론토, AP 통신 연례 컨퍼런스에서 연설.

차 한 잔을 만들거나 소형 히트 펌프로 차 2~3잔을 만들거나, 다양한 전자에 전력을 공급하는 데 사용할 수 있다. 이 간단한 예에서 알 수 있듯이 열전달은 본질적으로 일보다 가치가 낮으며 열전달의 가치는 항상 열전달을 공급하는 소스의 온도에 의해 제약을 받는다. (*참고*: 재생에너지에 적용되는 효율성에 대한 논의는 10-13절을 참조하라.)

에너지의 양과 질을 모두 고려한 에너지 투입량과 에너지 산출량을 비교하는 접근 방식은 각 스트림의 엑서지(Φ)를 평가하는 것이다. 엑서지는 환경과 평형을 이룰 때 스트림에서 이론적으로 얻을 수 있는 최대 작업량으로 정의된다. 제2법칙 효율은 장치의 엑서지 출력(Φ_e)을 장치에 대한 엑서지 입력(Φ_i)과 비교한다.

$$\eta_{II} = \frac{\Phi_e}{\Phi_i} \tag{6-2}$$

이 역시 제1법칙과 제2법칙의 결합 제약으로 인해 ≤1인 비차원적인 양이다(Moran et al., 2018).

에너지 변환 장치의 성능을 평가하는 더 일반적인 접근 방식은 방정식 (6-1)에서 제시하는 근거를 사용하되, 장치가 열전달을 일로 변환하는지 또는 열전달을 달성하기 위해 일을 사용하는지에 따라 장치에 대한 기대치를 다르게 설정하는 것이다. 그림 6-7에 표시된 세 가지 유형의 장치(전력 사이클, 히트 펌프 사이클 및 냉장 사이클)가 일반적으로 사용된다.

전력 사이클에서 장치는 고온에서 열전달을 받고 작업을 생성한 다음 더 낮은 온도에서 주변으로 열을 전달한다. 이러한 유형의 사이클의 효율은 다음과 같이 계산된다.

$$\eta = 1 - \frac{\dot{Q}_C}{\dot{Q}_H} \tag{6-3}$$

열전달을 달성하기 위해 작업을 사용하는 경우(예: 히트 펌프 또는 냉장고) 일반적으로 성능 수치를 성능 계수(COP)라고 한다. 원하는 열전달이 고온 열전달인 히트 펌프의 경우 COP는 다음과 같이 주어진다.

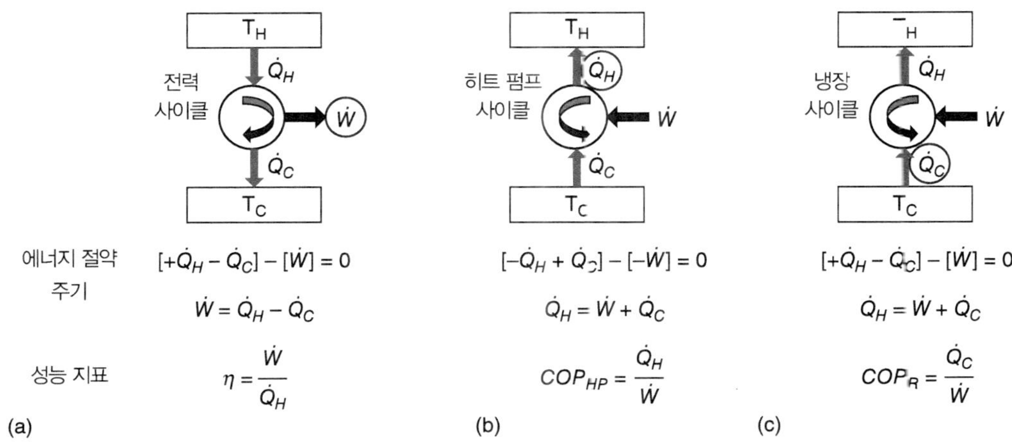

그림 6-7 에너지 변환 장치 및 관련 성능 지표.

$$\mathrm{COP}_{HP} = \frac{\dot{Q}_H}{\dot{W}} = \frac{\dot{Q}_H}{\dot{Q}_H - \dot{Q}_C} = \frac{1}{1 - \dot{Q}_C / \dot{Q}_H} \tag{6-4}$$

원하는 열전달이 저온 열전달인 냉동 사이클(또는 공조 장치)의 경우 COP는 다음과 같이 주어진다.

$$\mathrm{COP}_{R} = \frac{\dot{Q}_C}{\dot{W}} = \frac{\dot{Q}_C}{\dot{Q}_H - \dot{Q}_C} = \frac{1}{\dot{Q}_H / \dot{Q}_C - 1} \tag{6-5}$$

이러한 계산은 비교적 간단하며 시스템 성능에 대한 통찰력을 제공한다. 실제로 항상 1보다 낮은 효율값을 갖는 열 엔진과 달리, 실제 히트 펌프 및 냉장고의 COP값은 일반적으로 1보다 큰 값을 달성한다는 점에 유의해야 한다.

방정식 (6-3)~(6-5)에 설명된 전력, 히트 펌프 및 냉장 사이클 계산을 열역학 제2법칙과 함께 사용하여 장비의 성능 한계를 설정할 수도 있다. 사이클에 대한 두 번째 법칙은 사이클을 둘러싼 모든 양의 $\dot{Q}_i/\dot{T}_i$는 0보다 작거나 같은 값을 산출해야 한다.

$$\sum \frac{\dot{Q}_i}{\dot{T}_i} \le 0 \tag{6-6}$$

여기서 $\dot{Q}_i$는 열전달률이고 $\dot{T}_i$는 열이 시스템 경계를 통과할 때의 온도이다. 이 식을 그림 6-7(a)의 전력 사이클에 적용하면 다음과 같은 결과가 도출된다.

$$\left(\frac{\dot{Q}_H}{T_H}\right) + \left(\frac{-\dot{Q}_C}{T_C}\right) \le 0 \tag{6-7}$$

여기서 $\dot{Q}_C$는 열전달이 시스템 외부로 이루어지기 때문에 음의 부호를 갖는다. 두 번째 법칙에 따르면 가장 좋은 경우는 등식이 성립하는 경우이다.

$$\left(\frac{\dot{Q}_C}{\dot{Q}_H}\right)_{\text{best}} = \left(\frac{T_C}{T_H}\right) \tag{6-8}$$

이 식을 방정식 (6-3)에 대입하면 다음과 같은 결과가 나온다.

$$\eta_{\text{best}} = 1 - \frac{T_C}{T_H} \tag{6-9}$$

여기서 온도는 절대온도(K 또는 °R)로 표현해야 한다. 식 (6-8)을 COP_{HP} 및 COP_R 식에 유사하게 대입하면 이러한 사이클에 대해서도 최적의 성능식을 구할 수 있다. 시스템에서 실제로 열전달이 발생하는 온도를 신중하게 추정해야 하며 실제 성능은 일반적으로 예측된 '최고' 값의 50~75%에 불과하다. 그럼에도 불구하고 최고 효율에 대한 표현식은 유용한 참고 자료가 되며 중요한 성능 추세를 나타낼 수 있다.

전력 및 히트 펌프 사이클과 같은 에너지 변환 과정은 중요하고 널리 퍼져 있지만, 에너지는 궁극적으로 집 난방, 모터 구동, 재료 정제 등 특정 목적을 달성하는 데 사용된다. 에너지 효율이라는 용어는 이러한 과정에서 에너지가 얼마나 효율적으로 사용되는지를 설명하는 데에도 일반적으로 사용된다. 하지만 이 경우 상황은 훨씬 더 복잡하다. 예를 들어 의류 건조기는 의류의 수분을 제거하기 위해 에너지를 사용하므로 일반적인 에너지 지표는 결합 에너지 계수(CEF)로 표현된다(lb/kWh).

$$\text{CEF} = \frac{C(\text{lb})}{E_{\text{on}} + E_{\text{standby}}} \tag{6-10}$$

여기서 C는 사이클당 젖은 세탁물의 질량(표준 크기 건조기의 경우 8.45파운드), E_{on}은 건조기가 작동하는 동안 사이클당 사용되는 에너지, E_{standby}는 건조기가 대기 모드에 있을 때 사이클당 사용되는 에너지(kWh)이다(미국 환경 보호국, 2021a). 열역학적 효율과 달리 CEF는 무차원수가 아니며, 열역학 법칙을 간단히 적용하여 측정법에 대한 예상 범위를 쉽게 정의할 수 없다. 또한 이 측정법은 세탁물의 수분 함량, 세탁물의 흐름 특성, 예상 건조 시간 등과 같은 다양한 다른 특성에 따라 달라진다. 일반적인 방법은 '정격 작동 조건'을 정의하는 것인데, 건조기의 경우 관련 매개변수를 설정하는 특정 세탁물의 테스트 부하로 구성된다. 그런 다음 이 조건을 기준으로 에너지 지표를 측정할 수 있다. 여러 회사에서 제조한 다양한 제품의 결과를 비교하여 지표에 대한 예상 범위를 결정할 수 있다. 이는 결합 에너지 계수의 인증값을 취합한 다음 에너지 스타 제품으로 인정받을 수 있는 것으로 간주되는 최소값을 설정하는 에너지 스타 등급에서 사용되는 개념이다.

'에너지 효율이 높은' 장비가 에너지 절약과 지속 가능성을 달성하는 데 어느 정도 드움이 될 수 있는지 고려할 때는 에너지 효율성 지표의 적용 가능성과 완전성을 고려해야 한다. 예를 들어 의류 건조기의 경우, 건조기 결합 에너지 계수는 저온 설정 및 최대 부하를 위해 설정되었을 가능성이 높다. 건조기를 고온에서 소량의 빨래를 빠르게 건조하는 데 사용하는 경우 결합 에너지 계수 지표를 적용하지 않을 수 있으며 에너지 사용량이 더 높을 수 있다. 또한 효율성 지표는 에너지 절약 및 지속 가능성을 달성하는 데 있어 특정 장비의 역할에 대한 완벽한 평가를 제공하지 못할 수도 있다. 건조기의 예를 계속 들면, 결합 에너지 계수가 높은 새 건조기를 구입하는 것이 건조기에 도달하기 전에 습기를 제거하기 위해 더 나은 회전 주기를 사용하는 새 세탁기를 구입하는 것만큼 효과적이지 않을 수 있다. 또한 가스식 건조기와 전기식 건조기의 CEF 결과는 비슷할 수 있지만, 전기식 건조기는 발전소의 변환 효율이 낮기 때문에 에너지 비용이 더 많이 들고 1차 에너지 사용량이 훨씬 더 많아진다. 따라서 '에너지 효율이 높은' 장비의 구매는 그 자체로 목표가 아니라 에너지 절약과 지속 가능성이라는 목표를 달성하는 더 큰 시스템의 일부로 간주해야 한다.

6-4 건물의 에너지 절약

건물 부문은 그림 6-3에서 볼 수 있듯이 미국의 3대 주요 에너지 사용 부문 중 하나이다. 이 그림에서 알 수 있듯이 미국 에너지 사용량의 약 28%가 상업용 및 주거용 건물에서 발생하며, 이는 21.3 quads에 해당하는 에너지이다. 그림 6-4에서 볼 수 있듯이 이 에너지 사용의 상당 부분은 전기 형태로 이루어지며, 변환 손실로 인해 훨씬 더 높은 1차 에너지 사용을 차지한다. 이러한 변환 손실을 고려하면 2019년 상업용 및 주거용 건물은 궁극적으로 1차 에너지 사용량의 39.4 quads를 차지했다(USEIA, 2021c).

건물 내에서는 난방, 환기, 냉방, 온수 난방, 조명, 가전제품 등 다양한 용도로 에너지가 사용된다. 이러한 각 에너지 사용 범주의 상대적 중요성은 건물 용도에 따라 다르다. 주거용 건물은 일반적으로 부피 대비 외부 표면적이 넓기 때문에 난방은 더 많이 필요하지만 조명은 덜 필요하다. 상업용 사무실 빌딩은 외부에 노출되는 면적이 상대적으로 적은 내부 '코어'가 중요한 경우가 많기 때문에 일조량 부족을 보완하기 위해 연중 냉방과 더 광범위한 조명이 필요하다.

그림 6-8은 주거용 및 상업용 건물의 다양한 에너지 사용 범주의 상대적 중요도를 보여준다. 상업용 건물에 대한 데이터는 상업용 건물 전체에 대한 평균을 나타낸다. 실제로 에너지 사용량은 건물 유형에 따라 크게 달라진다. 건물 유형 간 에너지 사용량을 비교하기 위한 일반적인 측정기준은 건물바닥 단위당 사용하는 현장 에너지(예: BTU/ft^2)로 정의되는 *에너지 사용 강도*이다. 그림 6-9는 여러 유형의 건물 활동에 대한 에너지 집약도를 보여 주며, 에너지 요구 사항을 결정할 때 건물

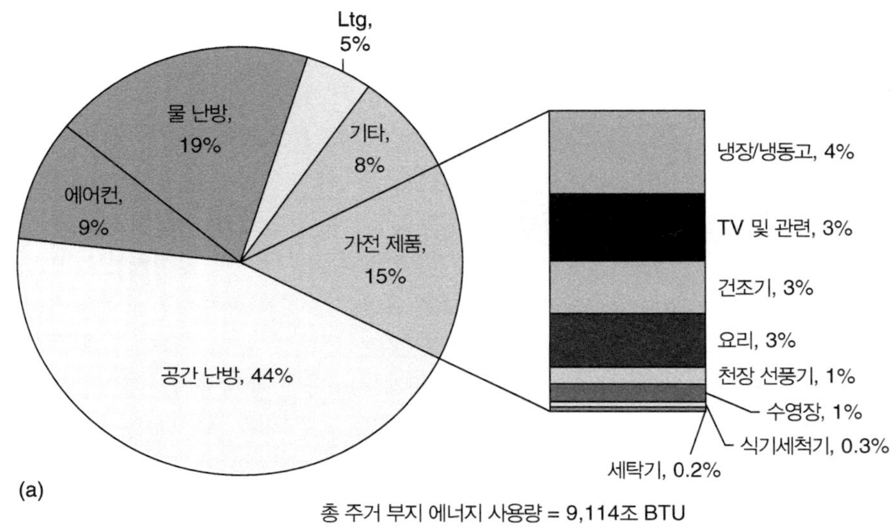

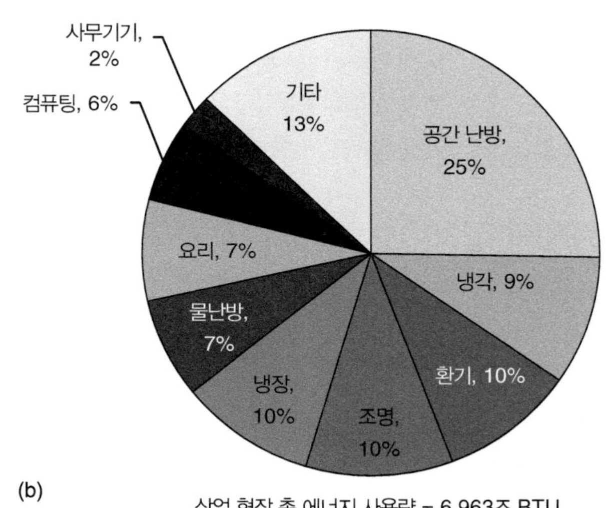

그림 6-8 (a) 주거용 및 (b) 상업용 건물에 대한 건물 부지 에너지 사용량 할당. [*출처*: 2015 주거용 에너지 소비 조사(USEIA, 2021b) 및 2012 상업용 건물 에너지 소비 조사(USEIA, 2021a)].

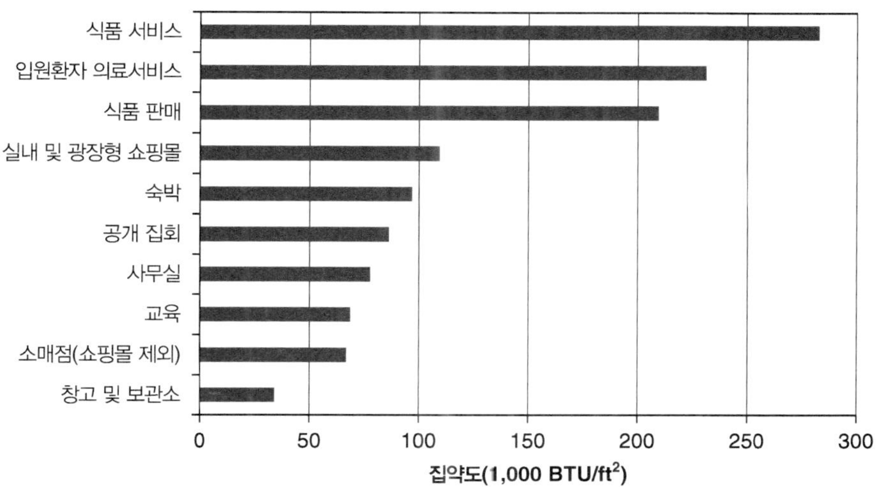

그림 6-9 주요 건물 활동별 에너지 집약도, 1,000BTU/ft^2. [*출처*: 2012 상업용 건물 에너지 소비 조사(USEIA, 2021a)]

기능과 건물 내에서 사용되는 장비의 중요성을 제시한다. 건물에서 사용되는 에너지의 양을 줄이기 위한 효과적인 전략을 개발하려면 건물과 관련된 다양한 에너지 흐름에 대한 이해가 필요하다.

그림 6-10은 일반적인 건물을 보여 주며 주요 에너지 흐름을 강조한다. 건물 외피는 건물 내부를 주변 환경과 분리하는 벽, 지붕, 바닥, 창문, 문, 채광창으로 구성된다. 건물 외피는 실외로부터의 열 증가 및 열손실을 완화하고 햇빛을 받아 일광을 제공할 수 있다. 실내 에너지 흐름은 사람, 조명,

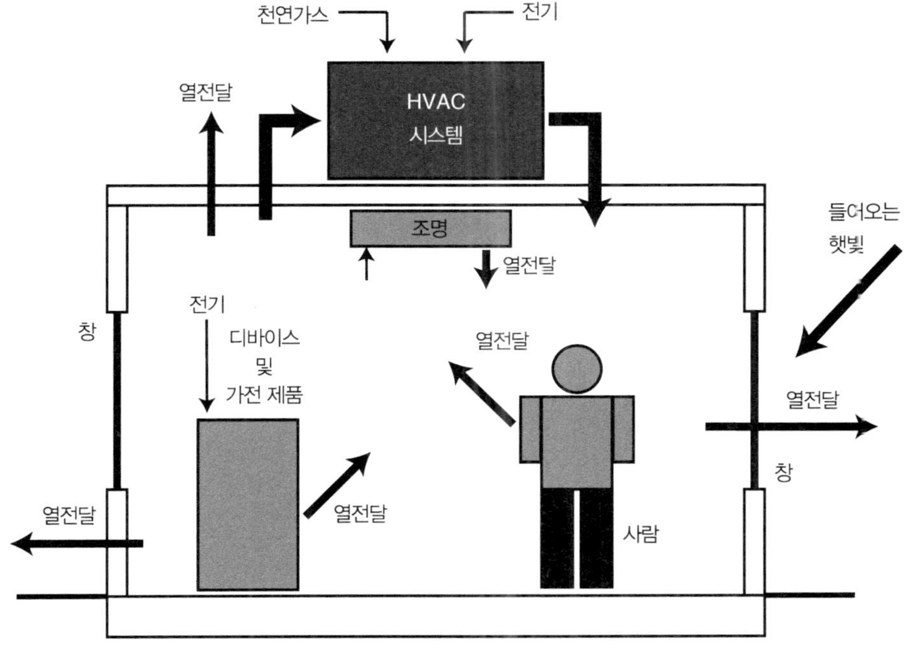

그림 6-10 일반적인 건물 에너지 흐름.

가전제품으로 인해 발생하며 연중 내내 공간에 열을 공급한다. 조명과 가전제품은 목적을 달성하기 위해 에너지를 사용하며, 냉방 시즌에는 냉방 시스템에서 제거해야 하는 열을 공간으로 방출하여 2차 에너지 사용량을 부과한다. 침투는 의도하지 않은 공기가 건물 내부로 누출되는 것으로, 냉난방 필요성에 큰 영향을 미칠 수 있다. 환기는 허용 가능한 실내 공기질을 유지하기 위해 실외 공기를 제어하여 공급하는 것이다. 침투와 달리 환기는 일반적으로 난방 및 냉방 장비를 통해 도입되므로 실외 공기가 건물 온도 및 습도에 미치는 영향을 더 잘 관리할 수 있는 기회를 제공한다. *건물의 난방, 환기 및 냉방(HVAC)* 시스템은 실내 공간과 에너지를 교환하여 열 이득과 열손실을 상쇄함으로써 공간을 원하는 온도와 습도로 유지한다. 이러한 시스템은 전기, 천연가스 또는 지속 효과를 사용하여 건물의 요구 사항을 충족할 수 있다. 마지막으로 *용수 난방 서비스 시스템*은 요리, 청소 및 개인 위생을 위한 온수를 제공하며 일반적으로 별도의 건물 시스템을 통해 구현되지만, 열 회수를 위해 급탕 및 난방을 에어컨과 연계할 수도 있다.

건물에서 에너지를 효과적으로 절약하기 위한 첫 번째 단계는 수요를 줄이는 것이다. 보다 구체적으로, 첫 번째 단계는 *하루 중 시간대별로 HVAC, 조명, 가전제품의 부하를 줄이는* 것이다. 이는 더 나은 외피, 더 나은 일광 활용, 조명, 가전제품 및 환기 스케줄링을 개선하여 이러한 서비스가 필요할 때만 사용되도록 하는 것을 의미할 수 있다. 부하가 최소화되면 다음 단계는 *최소한의 에너지 사용으로 건물 거주자의 요구를 충족하는 HVAC 시스템을 사용*하는 것이다. 여기에는 높은 효율(또는 성능 계수)을 가진 장비 사용, 효과적인 방열판 사용, 효과적인 제어 시스템 적용 등이 포함될 수 있다. 건물 설계자의 세 번째 단계는 *재생에너지원에 대한 가능성*, 즉 한 스트림에서 열에너지를 회수하여 다른 스트림의 요구를 충족하는 것을 *평가*하는 것이다. 히트 펌프는 급탕 난방과 같은 용도에 사용하기 위해 에어컨 콘덴서와 같은 저온의 에너지원에서 에너지를 전송하는 역할을 할 수 있다. 부하를 줄이고, 장비를 최적화하고, 재생에너지원을 탐색한 후 마지막 단계는 *나머지 에너지 수요를 충족하기 위해 재생에너지 사용을 평가*하는 것이다. 통합형 태양광 시스템 구축 비용은 지난 10년 동안 급격히 감소했으며, 이제 이러한 시스템은 많은 건물 분야에서 경제적으로 사용할 수 있다. 다음 장에서는 부하 최소화, 시스템 효율성 극대화, 재생 평가, 재생에너지 평가의 네 가지 단계에 대해 자세히 설명한다.

6-4-1 부하 감소

건물 외피

건물 외피(벽, 지붕, 바닥, 창문)의 성능은 일반적으로 지역 건축 법규의 적용을 받으며, 이는 다시 국가 표준, 특히 ASHRAE 표준 90.1 (ASHRAE, 2019a)을 참조한다.[3] 요구 사항은 미국의 8개 기후에 의해 달라진다. 그림 6-11에서 볼 수 있듯이 이러한 기후대는 마이애미(기후대 1)가 예시하는 매우 덥고 습한 기후부터 미네소타주 덜루스(기후대 7)와 같은 추운 기후까지 다양하다. 표 6-1은 선택한 기후대의 각 주요 건물 요소에 대해 U-인자로 표현된 열 성능에 대한 일반적인 요구 사항을 단순화된 형태로 보여준다. 전체 열전달 계수 또는 U값, W/m^2-C ($BTU/h\text{-}ft^2$-F)는 벽 면적 A, m^2 (ft^2)에 대한 열전달률 $\dot{Q}$, W (BTU/h) 그리고 실내 공기 T_{ia}와 실외 공기 T_{oa}의 온도 차이

---

3 적용 가능한 건축법규 및 표준은 각국의 현지 법률에 의해 채택되며 구체적인 요구 사항은 여러 요인에 따라 달라진다. 본 문서에서 설명하는 지침과 값은 예시를 위한 것이며, 자세한 내용은 해당 코드 및 표준의 최신 버전을 참조하기 바란다.

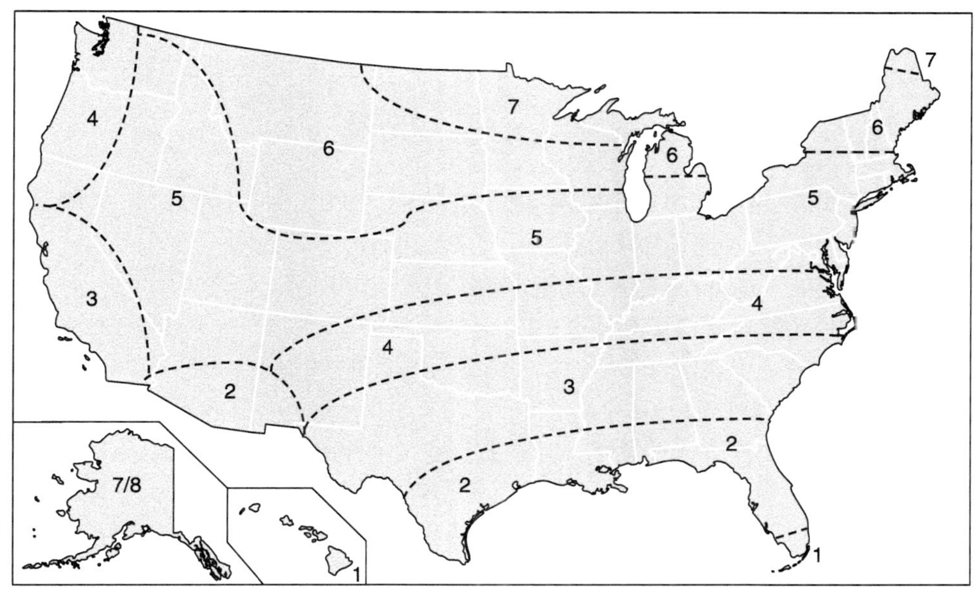

그림 6-11 미국 기후대. (*출처*: https://basc.pnnl.gov/images/iecc-climate-zone-map.)

°C (°F)와 관련이 있다.

$$\dot{Q} = UA(T_{oa} - T_{ia}) \quad (6\text{-}11)$$

U값은 전체 어셈블리에 대해 표시되며 내부 및 외부 외피, 단열재, 공기 공간, 표면 대류 계수 및 단열재를 연결할 수 있는 구조 요소를 포함한 복합 구성을 반영한다.

이러한 어셈블리에 포함된 단열재의 면적별 열 저항(*R*값)에 대한 관련 값도 표준 90.1에 정의

표 6-1 선택한 바닥, 벽, 지붕 및 창 옵션에 대한 기후대별 건물 요소의 최대 어셈블리 U-값

	지붕 (갑판 위 단열재)	벽 (금속 프레임)	바닥 (강철 장선)	창문 (금속 프레임, 작동 가능)	
영역	U값	U값	U값	U값	최대 SHGC
1	0.048	0.124	0.35	0.65	0.25
2	0.039	0.084	0.038	0.65	0.25
3	0.039	0.077	0.038	0.60	0.25
4	0.032	0.064	0.038	0.46	0.36
5	0.032	0.055	0.038	0.46	0.38
6	0.032	0.049	0.032	0.45	0.40
7	0.028	0.049	0.032	0.40	0.45
8	0.028	0.037	0.032	0.35	0.45

참고: (1) U-값은 BTU/h-ft^2-F로 표시되며 최대 SHGC는 무차원수이다. (2) 표시된 등급은 비주거용 건물에 대한 것이다. (3) 값은 선택된 어셈블리에 대한 대표적인 요구 사항이다. 추가 세부 사항 및 추가 건물 요소는 ASHRAE 표준 90.1에서 확인할 수 있다.

출처: ASHRAE 표준 90.1 (2019a).

되어 있다. R값, R''은 단열재의 특성으로, 단열재의 균일한 단면을 통과하는 열전달률과 단열 면적 및 단열층 표면 간의 온도 차이를 다음과 같이 연관시킨다.

$$\dot{Q} = \frac{A}{R''}(T_2 - T_1) \tag{6-12}$$

미국 단위 시스템에서 R값은 $ft^2 \cdot °F \cdot h/BTU$ 단위로 표시되며, SI 시스템에서는 해당 값을 일반적으로 RSI값이라고 하며 단위는 $m^2 °C/W$이다.

분명히 R값이 높을수록 열전달률이 낮아지고 따라서 어셈블리 U값이 좋아지는 경향이 있다. 그러나 건축 세부 사항의 영향으로 단열재의 효과가 크게 저하될 수 있으므로 단열재 R값의 효과를 평가할 때는 주의를 기울여야 한다. 예를 들어 절연장벽을 관통하는 강철 스터드 및 콘크리트 리브와 같이 상대적으로 높은 전도성을 가진 구조 요소는 높은 R값 단열재를 사용했음에도 불구하고 상대적으로 높은 조립 U-값을 초래할 수 있는 열교(thermal bridges)를 유발할 수 있다. 열교를 통한 열전달은 단열재를 통한 열전달과 평행하므로 단열재 R값이 증가하면 열교를 통한 열전달률이 상대적으로 더 중요해진다. 따라서 U값을 최소화해야 하는 매우 추운 기후나 열교가 심한 건축(예: 강철 스터드)에서 표준은 열교 효과를 차단하기 위해 최소 한 층 이상의 연속 단열재를 사용하도록 요구하는 경우가 많다.

천장 구조는 벽 구조보다 단열 방식이 더 단순한 경향이 있다. 천장 조립은 비교적 단절되지 않은 단열재의 단일 수평면인 경우가 많기 때문이다. 반면에 단층 건축에서는 일반적으로 지붕 면적이 벽면 면적보다 크다. 또한 상업용 건물에서 흔히 볼 수 있는 평평한 지붕은 하루 종일 햇빛이 내리쬐기 때문에 열이 더 많이 발생하고 냉방 부하가 높아진다. 따라서 지붕의 적절한 단열이 중요하다.

창문은 난방, 냉방 및 조명에 사용되는 에너지뿐만 아니라 건물 거주자의 시각적 편안함과 웰빙에 대한 인식에 영향을 미친다. 일반적으로 창문은 벽체 구조보다 U값이 훨씬 높기 때문에 많은 지역의 건축법에서는 창문이 차지하는 벽의 허용 비율을 제한하고 있다. 또한 창문은 태양 복사를 허용하므로 여름철 냉방 부하에 대한 영향이 증가한다. 반면에 이 태양 복사는 겨울철 난방 요구 사항을 부분적으로 상쇄하고 태양 복사의 가시적 구성 요소는 조명 필요성을 상쇄할 수 있다. 따라서 창문이 전체 에너지 사용량에 미치는 영향을 평가하는 것은 복잡하다.

에너지 사용에 가장 큰 영향을 미치는 창문 특성에는 U값, 공기 누출 계수, 가시 투과율, 태양열 취득 계수 등이 있다. 이러한 값은 미국의 NFRC (National Fenestration Rating Council)와 같은 독립 평가 기관에서 평가할 수 있으며 창 제조업체에서 확인할 수 있다. 창문의 U값은 벽의 U값과 정의가 유사하며 특정 온도 차이에서 단위 면적당 열전달을 나타낸다. 창문은 공기 공간으로 분리된 1~3개의 유리창이 있는 비교적 복잡한 단열 구조로, 때로는 열전달을 줄이기 위해 불활성 가스로 채워지기도 한다. 공기 공간은 단열을 제공하며, 공기 공간이 두꺼워지면 빈 공간 내에서 자연 대류 영역을 유지할 수 있을 만큼 충분히 두꺼워질 때까지 단열 효과가 향상된다. 이러한 대류 영역은 공기 공간 전체의 열전달을 향상시키고 단일 공기 공간의 단열값을 제한한다. 따라서 U값이 가장 높은 창문은 두 개의 좁은 공기 공간을 직렬로 포함하는 세 개의 유리창(삼중 유리)이 있을 수 있다. 유리는 상대적으로 열전도율이 낮거나(목재 및 유리 섬유) 상대적으로 열전도율이 높을 수 있는(알루미늄) 골조 재료 내에 포함되어 있다. 후자의 경우 프레임이 기여하는 열교 효과를 제한하기 위해 구조에 열 차단 장치가 있는 창을 구성하는 것이 중요하다.

창 구조는 또한 다양한 재료 연결부를 제공하여 건물 안팎으로 공기 누출을 촉진할 수 있다. 침투율은 전체 난방 및 냉방 부하에 대한 창문의 영향을 결정하는 데 있어 U값만큼이나 중요할 수 있다. 다행히도 창문, 특히 작동하지 않는 창문은 창문 어셈블리 자체 내에서 침투를 탁월하게 제어할 수 있도록 제조할 수 있다. 침투의 크기는 단위 면적당 공기 유량을 지정하는 공기 누출(AL) 계수에 의해 정량화된다. 공기 누출(AL) 계수는 창 전체에 걸쳐 75 Pa 압력 차이에서 일반적으로 단위 면적당 공기 흐름 속도를 cfm/ft^2 단위로 지정한다. 창 전체의 실제 압력 차이에서 실제 누출률 $\dot{V}$은 AL과 관련이 있다.

$$\dot{V} = \text{AL}\left(\frac{p}{p_0}\right)^n \tag{6-13}$$

여기서 AL은 공기 누출 계수, p_0는 AL이 측정된 기준 압력, p는 실제 압력 차이, n은 일반적으로 누출 경로의 특성에 따라 0.5~0.67로 간주되는 지수이다.

또한 창문이 건물에 설치되면 벽과 창문 구조 사이의 연결부는 창문 자체에 지정된 데이터에 의해 포착되지 않는 추가 누출 지점이 된다. 창문을 포함한 건물 외피를 통한 공기 침투의 영향은 다음에서 자세히 설명한다.

창문에 닿는 햇빛에는 자외선, 가시광선, 적외선 등 다양한 파장의 에너지가 포함되어 있다. 가시광선 파장의 에너지는 인공 조명을 대체할 수 있을 뿐만 아니라 실외와 연결되는 심리적 이점을 제공한다. 반면에 잘못된 입사각으로 햇빛을 받으면 눈부심과 시각적 불편함을 유발할 수 있다. 태양 복사의 전체 스펙트럼은 열에너지를 제공하여 냉방 시스템의 추가 부하를 구성하거나 겨울철에 유용한 난방원을 제공할 수 있다. 창문 설계자는 유리 표면에 선택적 스펙트럼 코팅을 적용하여 가시광선 투과율과 열에너지의 전체 복사 투과율을 개별적으로 제어하도록 창을 조정함으로써 (한도 내에서) *저방사성 창문*('low-E'라고도 함)을 만들 수 있다. 태양열 이득 계수(SHGC)는 유리의 따뜻한 내부 표면으로부터 복사 또는 대류를 통해 최종적으로 건물 내부로 유입되는 창 외부 표면에 입사되는 총 태양 복사량의 비율을 나타낸다. 가시 투과율(VT)은 실내로 투과되는 가시 파장 범위의 에너지 비율의 가중 평균을 나타내며, 가중치는 다양한 파장에 대한 사람의 눈의 민감도를 반영하도록 조정된다.

창문 등급 특성 외에도 창문이 건물 에너지 사용에 영향을 미치는 다른 요소로는 창문 크기, 종횡비, 방위각 및 그림자가 있다. 창문이 클수록 빛이 더 많이 들어오지만 여름철 열손실과 겨울철 투과 열손실이 더 크다. 종횡비는 창문의 채광 적합성에 영향을 미치며, 키가 큰 창문은 공간 깊숙이 빛이 들어와 일광면적을 넓혀준다. 모든 노출이 일광을 제공할 수 있으며, 남쪽 노출이 가장 적합하다(특히, 북반구). 동쪽과 서쪽 노출은 눈부심 문제를 일으킬 수 있으므로 음영 제어가 중요하다. 남쪽 노출의 창문은 태양열 이득을 제공하여 겨울철 전송 손실을 부분적으로 상쇄할 수 있지만 다른 노출은 일반적으로 순 기여도가 거의 없거나 전혀 없다. 일반적으로 처마와 같이 도출된 형태의 외부 차양은 태양이 하늘에서 낮을 때(겨울철)에는 직접 태양 복사를 허용하고 태양이 하늘에서 높을 때(여름철)에는 태양 복사를 제외하도록 설계할 수 있다.

태양열 이득, 투과 및 침투로 인한 창 구조를 통한 겨울철 순 열전달은 예제 6-1에 설명되어 있다.

예제 6-1

폭 1 m, × 높이 2 m의 창문 어셈블리가 남향 벽에 있다. 창 표면의 일사량(G)은 390 W/m²(11월 조지아주 애틀랜타의 남향 수직 창에서 오후 4시에 조사되는 일사량에 대략 해당)이고 실외 온도는 7°C이다. 실내 온도는 21°C이고 실내 기압은 실외 기압보다 15 Pa 낮다. 이 창은 다음과 같은 특성을 가지고 있다: U-값은 0.20 BUT/h·ft²·°F, SHGC는 0.30, 공기 누출 등급인 AL은 0.15. (a) 창을 통한 공기 누출률과 (b) 태양열 이득, 투과 및 침투로 인한 열 이득 또는 손실을 구하라.

▶ ***풀이***

(a) 체적 공기 누출률은 식 (6-13)에서 추정할 수 있다. 여기서는 창문 누출에 대한 산업 표준 단위를 먼저 SI 단위로 변환한다.

$$\dot{V} = A \times \text{AL}\left(\frac{p}{p_0}\right)^n$$

$$= (1\times 2)\ \text{m}^2 \times 0.15\frac{\text{ft}^3/\text{min}}{\text{ft}^2} \times \frac{1.699\ \text{m}^3/\text{h}}{1\ \text{ft}^3/\text{min}} \times \frac{10.764\ \text{ft}^2}{\text{m}^2} \times \left(\frac{15\ \text{Pa}}{75\ \text{Pa}}\right)^{0.67} = 14.0\ \frac{\text{m}^3}{\text{h}}$$

침투 체적 유량은 이상 기체 방정식에서 구한 공기 밀도를 사용하여 침투 질량 유량으로 변환할 수 있다.

$$\dot{m}_{\text{inf}} = \rho\dot{V} = \frac{p}{R_a T}\dot{V} = \frac{100\ \text{kPa}}{0.287\dfrac{\text{kPa}\cdot\text{m}^3}{\text{kg}\cdot\text{K}} \times 280\ \text{K}} \times 14.0\ \frac{\text{m}^3}{\text{h}} = 17.4\ \text{kg/h}$$

(b) 창문과 관련된 순 열 이득 및 순 열손실은 SHGC 및 U값의 정의와 침투하는 실외 공기의 엔탈피를 실내 공기와 평형 상태로 만드는 것과 관련된 엔탈피 변화로부터 계산할 수 있다.

$$\dot{Q}_{\text{net}} = A_{\text{SL}} \times G \times \text{SHGC} + \text{UA}(T_{oa} - T_{ia}) + \dot{m}_{\text{inf}}(h_{oa} - h_{ia})$$

또한 제습이 없을 때 난방과 관련된 엔탈피 변화를 결정하는 식 (6-16)을 적용하여 계산한다.

$$\dot{Q}_{\text{net}} = A_{\text{SL}} \times G \times \text{SHGC} + \text{UA}(T_{oa} - T_{ia}) + \dot{m}_{\text{inf}}c_{p,a}(T_{oa} - T_{ia})$$

햇빛이 비치는 창 면적 A_{SL}은 창 전체 면적 A에 해당하며, 이는 돌출부로 인한 외부 음영이 없다고 가정한다. 그런 다음 수치값을 대입하고 창 U값에 대한 업계 표준 단위를 SI 단위로 변환하면 다음과 같은 값이 나온다.

$$\dot{Q}_{\text{net}} = (1\times 2)\ \text{m}^2 \times 390\frac{\text{W}}{\text{m}^2} \times 0.30 + 0.2\frac{\text{BTU}}{\text{h}\cdot\text{ft}^2\cdot\text{F}} \times \frac{5.678\ \text{W/m}^2\cdot\text{K}}{1\ \text{BTU/h}\cdot\text{ft}^2\cdot\text{F}} \times (1\times 2)\text{m}^2 \times (7-21)°\text{C}$$

$$+ 17.4\ \frac{\text{kg}}{\text{h}} \times \frac{\text{h}}{3600\ \text{s}} \times 1.005\frac{\text{kJ}}{\text{kg}\cdot\text{K}}(7-21)°\text{C} \times \frac{1{,}000\ \text{W}\cdot\text{s}}{\text{kJ}}$$

$$\dot{Q}_{\text{net}} = 234\ \text{W} - 31.8\ \text{W} - 68.0\ \text{W} = 134\ \text{W}$$

따라서 이 특정 시간대에 창문의 순 효과는 134 W의 공간에 대한 열 *이득*이다. 오후 5시에는 조사량이 76 W/m² 감소하고 다른 모든 조건이 동일하므로 창문의 순 효과는 54 W의 순 열손*실*로 전환된다.

창호 적용에 대한 모든 고려 사항과 옵션을 생각할 때, 건물 설계자는 적절한 컴퓨터 모델링 도구를 사용하여 특정 용도에서 창호 시스템의 전반적인 성능을 평가하는 것이 매우 중요하다. 특정

창 디자인의 장점(예: 겨울철 난방을 위한 남향 유리)에 대한 경험 법칙과 일화적인 설명은 매우 특정한 상황에만 적용되는 경우가 많으며 날씨, 거주 패턴, 건물 방향 및 특정 창 특성을 고려하는 보다 일반적인 평가는 다른 결과를 초래할 수 있다. 또한 세부적인 분석을 통해 창호 시스템이 실제로 에너지 절약으로 이어지는지 결정하는 중요한 요소를 파악할 수 있다. 예를 들어 창문 시스템과 관련된 에너지 절감의 상당 부분은 일광에서 발생할 수 있으며, 이 경우 자연 채광이 충분한 시간대에 인공 조명을 끄는 시스템이나 행동을 채택해야만 절감 효과를 실현할 수 있다. 상세한 분석을 통해 일광 제어 시스템의 가치를 확인하고 창문 시스템의 예상되는 이점을 달성하기 위해 제어가 필수적인지 여부를 정량화할 수 있다. 건물 전체 모델링을 위한 다양한 소프트웨어 도구와 창문 및 채광과 관련된 특정 기능을 분석하기 위한 도구가 시중에 나와 있다.[4]

침투

이전 창 예시에서 설명한 것처럼 실외 공기의 침투는 건물의 난방 요구량에 큰 영향을 미칠 수 있다. 마찬가지로 덥고 습한 기후에서는 여름철 침투로 인해 상당한 냉방 요구 사항이 발생한다. 침투의 주요 원인은 벽과 창문, 벽과 지붕, 벽과 바닥 등 구조물 사이의 연결부에 있다. 따라서 침투율은 현장에서 조립되는 접합부에 따라 크게 달라지며 설계 및 자재 선택보다는 작업 현장 품질 관리의 기능에 따라 달라지는 경우가 많다. 웨더 스트리핑(weather stripping)과 틈새를 매워서 어느 정도 해결할 수 있지만, 신축 공사에서 가장 좋은 방법은 침투 제한의 중요성과 이 목표를 달성할 수 있는 기술을 이해하는 작업자와 감독자를 고용하는 것이다.

'블로어 도어 테스트'는 기존 주택에서 유용한 침투 진단 테스트이자 신축 주택의 최종 품질 관리 단계이다. 이 테스트에서는 외부 도어를 제거하고 배기 블로어와 압력계가 포함된 패널로 교체한다. 블로어는 실외보다 집 내부의 압력을 낮게 유지하기 위해 작동한다(일반적으로 실외 압력보다 50 Pa 낮음). 블로어를 통해 측정된 공기량은 실내와 실외의 측정된 압력 차이에서 실내로의 침투율을 정량적으로 측정할 수 있다. 또한 소형 연기 발생기(smoke pencil)를 사용하여 구조물 연결부 주변을 조사하여 침투 지점을 찾을 수 있다. 열화상 카메라(적외선 또는 IR 카메라라고도 함)를 사용하여 열전달이 높은 위치를 감지할 수도 있다.

도어 테스트 중에 측정된 전체 누출률을 집의 부피와 비교하여 침투와 관련된 시간당 공기 변화 횟수를 결정할 수 있다.

$$\mathrm{ACH} = \frac{\text{공기 유량}}{\text{층 면적} \times \text{천장 높이}} \tag{6-14}$$

여기서 공기 유량은 시간당 체적 유량이다.

예를 들어 천장이 8 ft인 2,500 ft^2 주택에 대해 2,000 ft^3/min 공기 유량을 산출하는 블로어 도어 테스트는 ACH 6을 산출하며, 이는 실외와의 압력 차이가 50 Pa인 중간 정도의 누출 주택에 해당한다. 일반적으로 50 Pa에서 송풍기 테스트를 수행할 때 누출률이 5 ACH 미만이면 타이트한 것으로 간주하고, 5~10 ACH는 보통, 10을 초과하면 누출이 있는 구조로 간주한다. 부력 효과 및 풍압과 같은 자연적인 과정은 블로어 도어 테스트보다 훨씬 낮은 실외와의 차압을 설정한다. 따라서 블로어 도어 테스트에서 타이트하다고 간주되는 주택은 일반적으로 자연 조건에서 0.35 ACH

---

4 건물 에너지 모델링 도구 목록은 https://www.buildingenergysoftwaretools.com/home에서 확인할 수 있다.

미만의 공기 변화율을 경험하는 반면, 누출이 있는 주택은 자연 조건에서 1 이상의 공기 변화율을 경험할 수 있다. 저층 상업용 건물에도 유사한 개념이 적용되지만, 고층 건물은 실내와 실외의 공기 밀도 차이('굴뚝 효과')로 인해 고층 건물에서 상당한 압력 차이가 발생할 수 있으므로 특별한 고려가 필요하다.

침투와 관련된 공기 유량은 정상 흐름을 가정하고 에너지 보존을 적용하여 침투하는 실외 공기를 실내 공기와 동일한 조건으로 만드는 데 필요한 열전달률을 결정함으로써 난방 또는 냉방 부하로 변환할 수 있다.

$$\dot{Q}_{\text{infil}} = \frac{\dot{V}_{oa}}{v_{oa}}(h_{oa} - h_{ia}) \tag{6-15}$$

여기서 $\dot{Q}_{\text{infil}}$ (BTU/h)은 침투로 인한 난방(+)부하 또는 냉방(–) 부하, v_{oa}는 건조 공기를 기준으로 한 실외 공기의 비체적($\text{ft}^3/\text{lb}_\text{m}$ 건조 공기), $\dot{V}_{oa}$는 실외 공기의 체적 유량(ft^3/h), 그리고 h_{ia} 및 h_{oa}는 건조 공기 기준 실내 공기 및 실외 공기의 각각 엔탈피(BTU/lb_m 건조 공기)다. 습한 공기의 특성은 부록 H에 있는 건습도 표에서 확인할 수 있다. 그러나 습도가 제어되지 않는 겨울철 난방의 경우 엔탈피 변화는 간단히 다음과 같다.

$$(h_{oa} - h_{ia}) = c_{p,a}(T_{oa} - T_{ia}) \tag{6-16}$$

여기서 $c_{p,a}$는 공기의 정압 비열(0.243 BTU/lb_mF)을 나타낸다.

침투가 일반적인 주택의 난방 요구 사항에 미치는 영향은 예제 6-2에 설명되어 있다.

예제 6-2

길이 80피트 × 너비 30피트, 높이 8피트인 주택이 있다. 벽은 R-19이고 지붕–천장 어셈블리는 R-35이며, 이 경우 *R*값에는 단열재와 열전달 경로에 있는 인접 건축 자재가 포함된다. 창문 면적은 벽 면적의 20%이고 창문 *U*값은 0.32 BTU/h·ft^2·°F다. 이 주택은 제대로 막혀 있지 않았으며 1 ACH의 자연 조건에서 다소 누출되는 침투율이 있다. 실내 온도가 70°F이고 실외 온도가 20°F일 때 난방 요구량을 구하라. 난방 요구량 중 침투로 인한 난방 요구량의 비율을 평가하라. 이 예에서는 바닥을 통한 열손실은 무시한다.

▸ 풀이

건물에서 발생하는 열손실을 분석하는 첫 번째 단계는 건물 외피의 다양한 영역을 평가하는 것이다.

$$A_{\text{wall,gross}} = (80 + 30 + 80 + 30)\ \text{ft} \times 8\ \text{ft} = 1{,}760\ \text{ft}^2$$

$$A_{\text{win}} = 0.2 \times 1{,}760\ \text{ft}^2 = 352\ \text{ft}^2$$

$$A_{\text{wall,net}} = A_{\text{wall,gross}} - A_{\text{win}} = 1{,}760\ \text{ft}^2 - 352\ \text{ft}^2 = 1{,}408\ \text{ft}^2$$

$$A_{\text{roof-ceiling}} = 80\ \text{ft} \times 30\ \text{ft} = 2{,}400\ \text{ft}^2$$

그런 다음 *U*값과 식 (6-11) 또는 *R*값(전체 어셈블리에 대한 것으로 가정)과 식 (6-12)를 사용하여 각 구성 요소에 대한 열전달률을 계산할 수 있다.

$$\dot{Q}_{\text{wall}} = \frac{A_{\text{wall}}}{R''_{\text{wall}}}(T_{oa} - T_{ia}) = \frac{1{,}408\ \text{ft}^2}{19\ \text{ft}^2 \cdot \text{h} \cdot \text{F/BTU}}(20-70)°\text{F} = -3{,}705\ \frac{\text{BTU}}{\text{h}}$$

$$\dot{Q}_{\text{roof-ceiling}} = \frac{A_{\text{roof}}}{R''_{\text{roof}}}(T_{oa} - T_{ia}) = \frac{2{,}400\ \text{ft}^2}{35\ \text{ft}^2 \cdot \text{h} \cdot °\text{F/BTU}}(20-70)°\text{F} = -3{,}429\ \frac{\text{BTU}}{\text{h}}$$

$$\dot{Q}_{\text{win}} = U_{\text{win}} A_{\text{win}}(T_{oa} - T_{ia}) = 0.32\frac{\text{BTU}}{\text{h} \cdot \text{ft}^2 \cdot °\text{F}} \times 352\ \text{ft}^2 \times (20-70)°\text{F} = -5{,}632\ \frac{\text{BTU}}{\text{h}}$$

지정된 누출률은 창문을 포함한 모든 소스에서 발생한다고 가정하므로 이전 예제와 같이 창문 누출을 별도로 고려하지 않는다. 지정된 공기 변화율에 대해 침투율은 식 (6-14)를 재배열하여 구할 수 있다.

$$\text{공기 유량} = \text{ACH} \times \text{층 면적} \times \text{천장 높이} = 1\frac{\text{공기 변화}}{\text{h}} \times 2{,}400\ \text{ft}^2 \times 8\ \text{ft}\frac{\text{h}}{60\ \text{min}}$$

$$\text{공기 유량} = 320\frac{\text{ft}^3}{\text{min}}$$

이상 기체 방정식을 사용하면 20°F 및 표준 대기압에서 건조 공기의 비체적은 12.09 ft^3/lb_m임을 알 수 있다. 마지막으로, 침투로 인한 열 요구량은 방정식 (6-15)와 방정식 (6-16)을 결합하여 실외 온도에서 실내 온도까지 이 공기의 정상 흐름 가열을 기준으로 계산할 수 있다.

$$\dot{Q}_{\text{infil}} = \frac{320 \times 60\ \text{ft}^3/\text{h}}{12.09\ \text{ft}^3/\text{lb}_m} \times 0.240\frac{\text{Btu}}{\text{lb}_m \cdot °\text{F}}(20-70)°\text{F} = -19{,}060\ \frac{\text{BTU}}{\text{h}}$$

총 난방 요구량은 벽, 지붕–천장 어셈블리, 창문 및 침투를 합한 값으로 31,800 BTU/h다. 이 특별한 경우의 침투는 난방 요구량의 60%를 차지하며 틈새와 웨더 스트리핑을 개선하기 위한 노력이 필요하다.

환기

환기란 적절한 실내 공기질을 유지하기 위해 실외 공기를 도입하는 것으로 정의되며, 환기는 명확한 목적을 위해 구현되고 일반적으로 에너지 사용을 최소화하면서 실내 공기질에 대한 요구를 충족하려는 전용 장비 및 제어를 통해 환기가 이루어지기 때문에 침투와 구별된다. 환기에는 일반적으로 실외 공기의 유입과 불결하거나 유해하거나 냄새가 나는 공기 제거라는 두 가지 작업이 포함된다. 사람과 건물 자체가 모두 실외 공기에 의해 오염 물질을 유입시키는 것은 일반적으로 인정되는 사실이다. 따라서 공간에 유입되어야 하는 실외 공기의 양은 일반적으로 공간의 인원 수와 바닥 면적은 물론 공간에서 발생하는 활동과도 관련이 있다. 예를 들어, 사무실 건물의 경우 일반적인 사양은 5 cfm/명 및 0.06 cfm/ft^2이다(ASHRAE, 2019b). 이 예에서 5명이 거주하는 1,000-ft^2 사무실에는 환기를 위해 85 cfm의 실외 공기가 필요하다. 배기 요건은 일반적으로 공간의 특성에 따라 정의된다. 욕실, 가사 공간, 상업용 주방, 용제를 사용하는 작업 공간 등은 일반적으로 공간의 부피 또는 바닥 면적에 따라 권장 환기율이 정해져 있다. 일부 작업장에서는 공기 유입 요구량이 배기 요구량을 초과하여 신선한 실외 공기가 유입될 수 있도록 여분의 공기(relief air)를 공간에서 배출해야 한다.

환기를 위해 건물에 부과되는 난방 및 냉방 에너지 요구는 종종 식 (6-15)를 사용하여 평가할 수 있다. 그러나 환기의 경우 공기 유입이 중앙 집중식으로 이루어지며 침투보다 더 효과적으로 난방 또는 냉방할 수 있는 경우가 많다. 예를 들어, 연중 내내 냉방이 필요한 대형 중앙 코어 영역이 있는 건물에서는 실외 공기를 회수된 공기와 혼합하여 겨울철 냉방에 실제로 도움이 될 수 있다. 또한 재생에 관한 절에서 설명한 것처럼 공기 대 공기 에너지 및 습도 회수 시스템을 사용하여 배기 흐름에서 유입되는 공기 흐름으로 에너지와 습도를 전달하여 환기되는 공기의 에너지 영향을 줄일 수 있다. 그러나 환기되는 공기의 에너지 부담을 최소화하는 가장 좋은 전략은 단순히 사용하지 않는 시간 동안 환기 및 배기를 줄이거나 제거하는 제어를 구현하는 것이다. 일반적인 사무실 빌딩은 일반적으로 주당 168시간 중 약 50시간, 즉 30%의 시간만 사용하므로 절약할 수 있는 기회는 상당히 많다. 강의실을 일주일에 몇 번만 사용할 수 있는 교실 건물과 같은 특정 용도의 건물에서는 절감 기회가 훨씬 더 커질 수 있다. 경우에 따라 수요 제어 환기를 사용하여 환기 유량을 사람 수에 더 밀접하게 맞출 수 있다. 이 전략에서는 CO_2와 같이 재실자가 생성하는 특정 가스의 농도를 재실자 수를 대신하여 동향을 확인하고 측정된 가스의 농도를 제어하기 위해 환기율을 조정한다. ASHRAE 표준 62.1, *허용 가능한 실내 공기질을 위한 환기*에는 실제 재실자 패턴에 맞게 환기율을 조정하고 대기 질과 에너지 절약에 대한 우려의 균형을 맞추는 환기 시스템을 구현하는 데 대한 권장 사항을 가지고 있다(ASHRAE, 2019b).

조명

조명 시스템은 전력과 자연광을 조합하여 공간의 특정 지점, 일반적으로 사람이 특정 작업을 수행하는 위치에서 원하는 수준의 조명을 얻는다. 인공 조명 프로세스의 첫 번째 단계는 전력을 가시광선으로 변환하는 것이다. 이 변환에 대한 성능 지표는 가시광선 출력(lumens)과 전력(W)의 비율로 정의되는 *효율*이다. 다양한 유형의 조명 기술에 대한 일반적인 효율값은 표 6-2에 나와 있다. 이 표에서 알 수 있듯이 LED 조명과 같은 고체 조명 기술(SSL)은 일반 조명 기술보다 훨씬 높은 효율값과 긴 수명을 자랑한다. LED 조명의 초기 비용은 역사적으로 더 높았지만, 가격 하락과 사용 수명 연장에 따른 유지보수 비용 감소로 인해 LED 조명의 이득은 점점 더 커지고 있다. 소형 형광등과 LED 조명을 포함한 고효율 기술의 채택은 이미 조명에 관련된 국가 에너지 사용량을 줄이기 위해 이미 시작했다. 미국 에너지부는 조명에 대한 2015년 1차 에너지 사용량 5.8 quads를 기준으로 향후 20년 동안 조명 요구량이 15% 증가할 것으로 예상한다. 그러나 LED와 같은 고체 조명(SSL)에 대한 공격적인 기술 및 비용 목표를 달성하면 조명 시스템에서 사용되는 에너지가 실제로 72% 감소하여 연간 4.2 quads의 1차 에너지가 절감될 것이다(Pattison, 2017).

전기가 가시광선으로 변환된 후에는 빛을 원하는 위치에 투사해야 한다. 이는 빛을 원하는 위

표 6-2 선택된 조명 기술에 대한 발광 효율 및 수명

조명 유형	효능 (Lumens/Watt)	수명 (시간)*
백열등 A19	15	1,000
CFL(조광 가능) A19	70	12,000
LED A19	100	25,000
2 × 4 형광등(밸러스트 포함)	108	25,000
2 × 4 LED 트로퍼(troffer)	129	50,000
HID(예: 밸러스트가 있는 메탈할라이드)	104~115	15,000
LED 하이 베이 고정 장치	136	60,000

*LED 조명의 70% 출력 저하 기준

출처: Pattison (2017).

표 6-3 선택한 공간 유형에 대한 조명광 강도 가이드라인 및 최대 허용 조명 전력 강도

공간 유형	작업 평면에서의 광도(Lux)	조명 전력 밀도 허용치(W/ft^2)
사무실	500	0.64
소매업	500~750	0.84
병원	1,000(수술실)	0.96
제조업	750	0.82
창고	150	0.45
실외 대낮	11,000	–

출처: 광도는 일반적인 조명 관행을 기준으로 한다. 조명 전력 밀도 허용치는 ASHRAE (2019a)에서 가져왔다.

치로 전송하거나(직접 조명), 적절한 방향으로 빛을 투사하는 천장과 같은 조명기구(간접 조명)와 같은 투입구를 통해 이루어진다. 원하는 위치의 조명 강도는 일반적으로 1 lumen/m^{2}에 해당하는 럭스(lux) 단위로 표시된다. 다양한 작업에 대한 일반적인 광도값은 표 6-3에 나와 있다. 작업 표면에서의 광도는 조명 기구에서 방출되는 빛의 강도, 조명 기구와 작업 표면을 연결하는 기하학적 구조, 작업 표면으로 가는 경로에 포함된 표면의 반사율에 따라 달라진다.

주어진 전원 입력에 대해 고효율, 근접, 직접 조명을 사용하면 최고 수준의 조명을 생성할 수 있다. 그러나 조명 품질(연색성 지수, 그림자 방지, 눈부심 제어)은 작업에 도움이 되고 재실자가 수용할 수 있는 조명을 제공하는 데 중요한 고려 사항이다. 따라서 조명 디자이너는 쾌적하고 에너지 효율적인 조명을 제공하기 위해 다양한 조명기구와 조명 구성을 사용한다. 일반적인 건물 기준은 조명 바닥 면적당 와트 단위로 조명 전력 밀도에 대한 최대 허용값을 지정하고 설계자가 이러한 수준을 달성하는 방법을 결정할 수 있는 유연성을 제공한다. 표 6-3의 허용치는 20~30년 전에 일반적으로 사용하던 값보다 50~65% 낮은 전력 밀도값을 나타낸다. 따라서 오래된 건물은 지속적인 시설 유지보수 계획의 일부로 또는 일회성 보수 프로젝트의 일환으로 조명 시스템을 보수하여 상당한 비용을 절감할 수 있다.

다른 건물 서비스와 마찬가지로 서비스 운영을 실제 수요와 일치시키는 것은 에너지 사용을 최소화하는 데 있어 핵심적인 사항이다. 조명의 경우, 스케줄링 및 재실 감지기를 사용하여 안전을 위해 필요한 경우를 제외하고는 비어 있는 공간의 조명을 끄는 것이 좋다. 또한 창문과 채광창으로 조명이 들어오는 공간에는 필요한 자연광이 충분할 때마다 인공 조명의 출력을 줄이는 조광 제어 기능을 갖춰야 한다. 이러한 유형의 조명 제어 시스템은 신축 건물에 필수이며, 기존 건물에 개조하여 에너지와 비용을 절감할 수 있는 경우가 많다.

내부 부하

건물의 내부 부하에는 조명(앞서 설명한), 사람, 기기 등이 있다. 조명은 대류와 복사를 통해 공간에 열을 전달하며, 이는 인접한 표면을 따뜻하게 하고 나중에 추가적인 대류 열전달로 이어진다. 사람은 피부와 의복 표면의 대류와 호흡을 통해 건물 내부에 열전달과 습기전달을 모두 기여한다. 가전제품은 대류와 복사를 통해 공간에 열을 전달하고 습기를 전달할 수도 있다(예: 조리 가전제품). 가전제품에는 복사기, 컴퓨터 서버 등과 같은 대형 단일 목적 가전제품뿐만 아니라 컴퓨터를 포함한 다양한 소형 데스크톱 가전제품이 포함되며, 이를 통칭하여 플러그 부하라고 한다. 저전력 밀도 조

명을 사용하는 현대식 사무실 건물에서는 이러한 플러그 부하가 건물에 공급되는 전기의 약 25%를 사용할 수 있다. 컴퓨터, 모니터, 프린터와 같은 기기를 사용하지 않는 시간 동안 절전 모드로 전환하는 소프트웨어 프로그램을 구현하는 것만으로도 전기 소비를 줄일 수 있는 경우가 많다. 반면에 단순한 장비에는 스케줄링 기능이 통합되어 있지 않을 수 있으며 입주자가 전원 관리 기능을 구성하지 않거나 이를 무력화하기 위해 적극적으로 노력하지 않는 경우가 많다. 이러한 경우 비어 있는 시간 동안 장비의 전원을 차단하는 타이머가 내장된 콘센트를 제공하는 것이 효과적일 수 있다. 이렇게 하면 사람들이 자리를 비울 때마다 전력을 줄이지는 못하지만, 밤이나 주말과 같이 오랜 시간 동안 전력 사용을 완전히 없애므로 종종 절연모드보다 더 큰 절약 효과를 얻을 수 있다. 큰 규모의 제품 또는 컴퓨터 모음을 선택하고 적용하는 전략은 6-5절에서 설명한다.

온수 난방

1인당 일일 온수 사용량은 전 세계적으로 매우 다양하다. 선진국 사이에서도 1인당 온수 사용량은 크게 차이가 난다. 미국의 경우, 단독 주택의 1인당 일일 온수 사용량은 약 95 L이며 온수 탱크 온도는 일반적으로 49°C (약 120°F)로 설정되어 있다. 이 물을 가열하는 데 필요한 에너지인 Q (kJ 단위)는 다음과 같다.

$$Q = \rho Vc(T_h - T_0) \qquad (6\text{-}17)$$

여기서 ρ은 물의 밀도(kg/m^3), V는 사용 부피(m^3), c는 물의 비열(kJ/kg·K), T_h와 T_0는 각각 온수의 온도와 수원지의 온도(°C)이다.

식 (6-17)에 표시된 난방 에너지는 사용되는 물의 양에 정비례하므로 온수 시스템에서 에너지 절약을 위한 첫 번째 단계는 사용량을 최소화하는 것이다. 이는 가능한 한 세탁 시 냉수를 사용하고 손 씻기 및 목욕 시 온수 사용량을 최소화함으로써 가장 쉽게 달성할 수 있다. 미국의 경우, 최신 샤워헤드는 연방 규정에 따라 9.5 L로 제한된다. 따라서 10분간 온수 샤워를 할 경우 온수 사용량은 세탁물을 뜨거운 물로 세탁할 경우(55~115 L) 또는 목욕을 할 경우(약 115 L)와 비슷하다. 전기 온수기와 일반적인 가정용 전기 요금이 $0.12/kWh라고 가정할 때, 이러한 작업에는 각각 약 50센트의 에너지비용이 발생한다. 마찬가지로, 같은 샤워를 할 때 구형 고유량 샤워헤드(약 20 L)를 사용하면 50센트의 에너지비용이 추가로 발생하고, 세탁에 찬물을 사용하면 50센트를 절약할 수 있다. 이러한 간단한 계산을 염두에 두고 온수 사용의 우선순위를 정하면 에너지 사용량과 비용을 크게 줄일 수 있다.

급탕 및 난방 시스템은 물을 원하는 온도로 가열하는 데 필요한 에너지 외에도 물 저장 탱크와 배관, *특히 하루 종일 뜨거운 상태로 유지되는 배관*에서 발생하는 열손실을 극복해야 한다. 후자의 점은 사용 빈도가 낮고 하루 종일 고여 있는 온수 시스템에서 중요한 차별점이다. 이러한 시스템에서는 배관 내의 물이 서서히 주변 온도로 냉각되며, 이 시점에서 시스템에서 물을 다시 끌어올 때까지 더 이상의 열손실이 발생하지 않는다. 이와는 대조적으로 일부 대형 주택과 대부분의 상업용 건물에서는 온수 재순환 라인을 사용하여 시스템의 먼 지점에서 물을 재순환함으로써 온수 라인을 뜨겁게 유지하므로 사용 지점에서 온수 대기 시간을 최소화한다. 재순환 시스템은 배관 라인에 온수를 유지함으로써 시스템을 사용하는 기간 내내 지속적인 열손실을 초래한다. 이러한 시스템에서는 작동 온도를 유지하는 주 급수관을 단열하고 온수 사용이 거의 없을 때마다(예: 주거용의 경우 야간, 일반 상업용의 경우 야간 및 주말) 타임클록 또는 특정 프로그램을 사용하여 재순환 시스템을 중지하는 것이 필수적이다.

마지막으로 온수 시스템의 에너지 절약에 대해 생각할 때는 온수를 생산하기 위해 에너지를 사용하는 과정을 고려해야 한다. 전기 온수기, 히트 펌프 온수기, 가스 온수기의 세 가지 옵션이 있다. 전기 온수기는 저항 히터를 사용하여 *현장* 변환 효율이 거의 100%에 달하는 전기를 사용하여 물을 가열한다. 저장고 손실을 고려한 후에도 '에너지 계수'는 전기 에너지 단위당 저수조를 떠나는 온수에 전달되는 에너지의 양을 나타내는 수치로, 약 90%이다. 안타깝게도 전기는 가장 높은 단계의 에너지 형태이며 일반적인 변환 효율이 약 36%인 발전소에서 생산되므로 현장 에너지 사용량의 2.80배에 달하는 1차 에너지가 사용된다. 히트 펌프 온수기는 전기가 본질적으로 쉽게 전달할 수 있는 형태의 일이라는 점을 활용하고, 그 일을 사용하여 주위에서 물로 열전달을 수행한다. 온수기 COP_{HP}값은 일반적으로 저장 손실을 포함하도록 수정되어 에너지 요소로 제시되는데, 히트 펌프가 에어컨이 설치된 공간에 설치된 경우 2~4의 범위를 가지며, 이는 전기 저항 히터에서 사용되는 전력의 25~50%만을 사용한다는 것을 의미한다. 히트 펌프 온수기의 이점을 평가할 때는 주변 환경에 미치는 영향도 고려해야 한다. 히트 펌프는 일반적으로 설치된 공간과 에너지를 교환한다. 이 공간이 건물 내부에 있는 경우 히트 펌프는 여름철 건물 냉방에 기여한다. 반면에 겨울철에는 히트 펌프가 추출한 에너지가 난방 부하가 되어 공간 난방 시스템에서 충족해야 한다. 전반적으로, 단독 주택용 전기 온수기와 비교할 때, 히트 펌프 온수기의 설치 비용은 1,500~2,000달러이고 연간 300달러 정도의 에너지를 절약하는 것으로 나타났으며, 이 중 일부는 주 및 연방 에너지 절약 프로그램을 통해 환급받을 수 있다.

전기난방의 대안은 대부분 천연가스와 같은 1차 에너지원을 사용하여 물을 데우는 것이다. 일반적으로 에너지 계수라고 하는 저장 손실을 포함한 현장 에너지 변환 효율은 67%에서 89% 사이이므로 전기 온수기보다 낮다. 그러나 발전소 변환 효율을 피하고 유일한 손실은 천연가스 분배 손실이며 이는 5% 정도다. 따라서 전기 온수기 대신 가스 온수기를 사용하면 전반적으로 원 에너지 사용량, CO_2 배출량 및 에너지 비용이 절감된다. 가스 온수기와 관련된 숨겨진 비용은 주위에서 온수기로 유입되는 연소 공기이다. 히터가 에어컨 공간 내부에 있는 경우 이 연소 공기는 침투로 대체되어야 한다. 일부 '직배기' 온수기는 실외에서 직접 연소 공기를 흡입하여 침투 손실을 제거한다.

6-4-2 에너지 효율적인 HVAC 장비 선택 및 운영 전략

건물을 원하는 공간 온도로 유지하려면 외피로 인한 순 냉난방 부하와 내부 부하가 HVAC 시스템에 의해 상쇄되어야 한다. 또한 HVAC 시스템은 허용 가능한 실내 공기질을 유지하기 위해 충분한 환기 공기를 도입해야 한다. 이러한 목표를 달성하는 장비는 일반적으로 건물 현장 에너지 사용량의 약 34%를 담당한다. 장비 선택 및 제어를 통해 구현할 수 있는 HVAC 시스템에 대한 다양한 에너지 절약 조치가 있지만, 이러한 조치를 취하려면 시스템 구성 및 운영 방식에 대한 기본적인 이해가 필요하다.

냉난방 분배 시스템 설계 및 운영

그림 6-12는 몇 가지 일반적인 HVAC 구성을 보여준다. 그림 6-12(a)에는 *전체 공기 시스템*이 표시되어 있다. 이 시스템에서는 각 공간에 냉기 또는 온기가 공급되어 온도조절기 설정값을 유지한다. 가변 풍량 시스템(VAV)에서는 온도 조절기 요구 사항을 충족하도록 공간으로 공급되는 공기의 유량을 제어할 수 있다. 공간에 일정한 체적 유량의 공기가 필요한 경우 온도 조절기는 정량 재가열

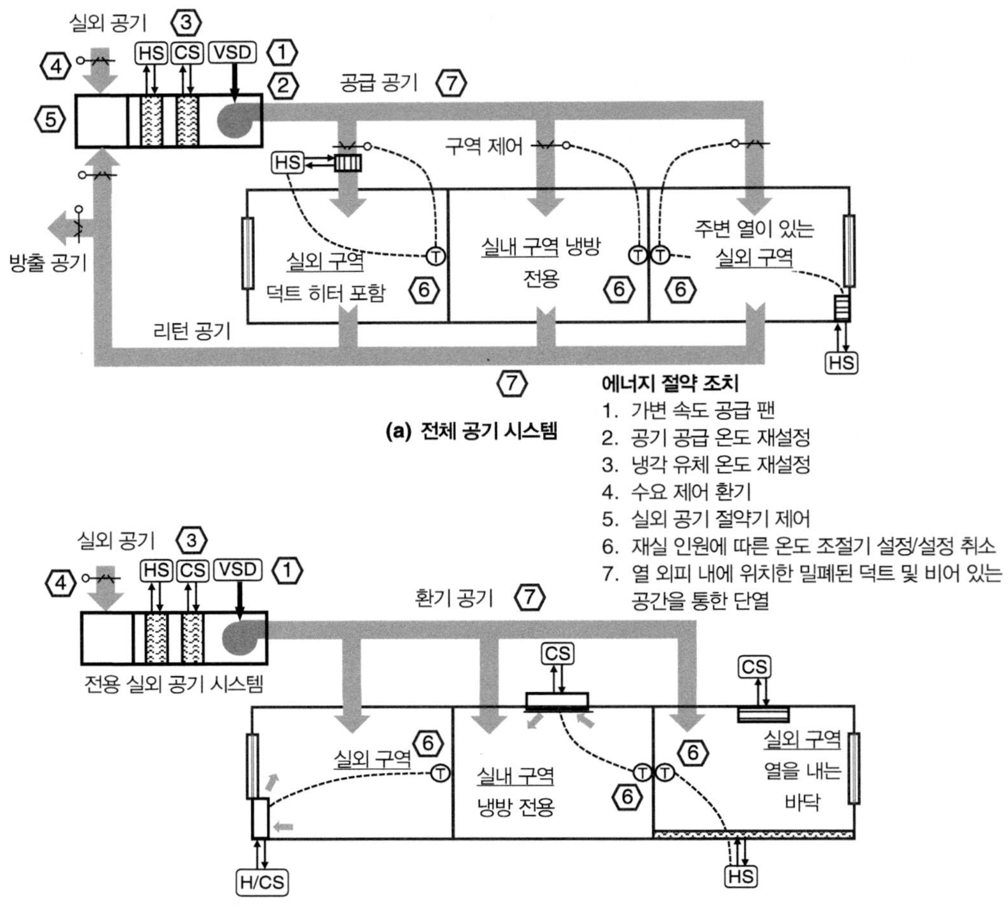

그림 6-12 적용 가능한 에너지 절약 조치와 일반적인 HVAC 구성.

참고: 육각형으로 표시된 에너지 절약 조치, HS = 가열원, CS = 냉각원, VSD = 가변 속도 드라이브.

시스템(CVRH)에서 공기 흐름에 재가열(RH) 코일을 사용하여 열을 추가하여 공기를 공급한다. 그림 6-12(a)에 표시된 시스템은 실외 조건에 따라 난방 부하 또는 냉방 부하가 달라지는 외부 공간과 연중 내내 냉방이 필요한 내부 코어에 모두 서비스를 제공한다. 실내 및 실외 구역의 서로 다른 요구 사항을 해결하기 위한 전략을 개발하는 것은 HVAC 시스템을 구성할 때 가장 먼저 수행해야 할 작업들 중 하나이다. 대형 건물에서는 주변 난방 부하를 해결하기 위한 전용 난방 시스템과 연중 내내 실내의 냉방 요구 사항을 해결하고 필요할 때 외부의 냉방 요구 사항을 해결하기 위한 전체 공기 시스템을 갖추는 것이 유리한 경우가 많다. 도표의 오른쪽 외부 구역에 표시된 이 접근 방식은 공기를 냉각한 다음 외부 구역을 위해 공기를 재가열하는 낭비적인 상황을 피할 수 있다.

전수(全水) *시스템*은 일부 응용 분야에서 중요한 이점을 제공할 수 있는 또 다른 중요한 HVAC 시스템 클래스이다. 그림 6-12(b)는 이러한 유형의 시스템을 구현할 수 있는 한 가지 예를 보여준다. 물 시스템에서 난방 및 냉방 효과는 주로 순환하는 물을 통해 분배된다. 공간에 대한 난

방 및 냉방의 최종 전달은 왼쪽 및 중앙 공간에 표시된 것처럼 공조 공간에 위치한 소형 팬 코일 유닛(FCU)에 의해 수행될 수 있다. 또는 오른쪽 공간에 표시된 것처럼 복사 난방 및 냉방 시스템을 통해 최종적으로 냉난방을 공급할 수 있다. 물을 운반 유체로 사용하여 난방 및 냉방 효과를 분배하는 것과 관련된 에너지비용은 일반적으로 공기를 사용하는 것보다 적다. 그러나 수많은 개별 팬 코일 유닛과 관련된 유지보수 비용은 공기 시스템보다 높은 경우가 많다. 복사 냉난방 시스템은 간단하고 일반적으로 상온에 가까운 온도(냉각수 온도는 높고 난방수 온도는 낮음)에서 작동하므로 중앙 발전 효율을 개선할 수 있다.

전수 시스템의 가장 큰 문제점은 공간에 환기가 부족하다는 것이다. 실외 공기 혼합 장치를 팬 코일 유닛과 함께 설치할 수 있지만, 이 경우 상당한 비용과 복잡성이 추가된다. 일반적인 대안은 전용 실외 공기 시스템을 사용하는 것인데, 이 시스템은 단일 장비에서 환기 공기를 도입하고 상대적으로 작은 배기구를 사용하여 건물 전체에 환기 공기를 분배하는 방식이다.

기본 시스템 구성이 설정되면 설계자는 시스템 작동 중 에너지 절약을 위한 시스템 기능 및 전략을 고려할 수 있다. 가장 유망한 몇 가지 에너지 절약 조치(ECM)는 다음 단락에 설명되어 있다.

시스템 및 설정값 스케줄링

일반적으로 에너지를 절약하는 가장 효과적인 방법은 필요하지 않을 때 시스템 작동을 중지하는 것이다. 비어 있는 시간 동안 시스템을 종료하도록 예약하는 것은 간단해 보인다. 그러나 실제로는 비어 있는 기간을 과소평가하는 경우가 많으며, 새로운 사용 기간이 시작되기 전에 건물이 회복되었는지 확인하기 위해 시스템을 필요 이상으로 일찍 재시작하는 경우가 많다. 점유 양상과 장애 복구 시간에 대한 과거 정보를 수집하는 고급 제어 시스템은 건물 일정을 미세 조정하고 일정을 변경하는 것만으로도 상당한 비용 절감을 실현할 수 있다.

부분 부하 시 팬 전력 감소

그림 6-12(a)에 표시된 전체 공기 시스템의 경우 공기 흐름은 필요한 냉각량에 따라 달라진다. 일반적으로 건물에서 사용되는 팬 및 배기구 시스템의 경우 풍량은 팬 속도에 따라 직접적으로 변하는 반면, 필요한 전력은 팬 속도의 세제곱에 따라 변한다. 따라서 풍력 터빈을 통과하는 풍속을 두 배로 늘리면 전력이 8배 증가하는 것과 마찬가지로 필요한 풍속이 절반으로 줄어들면 팬 속도도 절반으로 줄어들고 팬 전력은 8배 감소한다(13장 참조). 따라서 팬 모터에 가변 속도 드라이브를 사용하면 부분 부하 조건에서 건물을 통해 공기를 순환시키는 데 필요한 전력을 크게 줄일 수 있다.

급기 온도 재설정

냉방을 위한 HVAC 시스템 전력을 줄이기 위한 또 다른 접근 방식은 급기 온도를 재설정하는 것이다. 그림 6-12(a)에 표시된 바와 같이 팬을 통해 흐르는 공기는 코일이라고 하는 냉매 대 공기 또는 물 대 공기 열교환기를 통해 가열 및 냉각된다. 이 코일은 필요한 냉매 또는 물을 공급하는 냉난방 플랜트 장비에 연결된다. 플랜트 장비의 작동은 다음 섹션에서 설명한다. 공급 공기 온도 재설정은 냉방 수요가 감소함에 따라 공기조화 시스템을 떠나는 공기의 온도를 높이는 것을 말한다.

예를 들어, 4°C (277 K)의 온도로 냉각 유체를 공급하여 공기 흐름에 냉각을 제공하고, 공간 냉각 부하가 피크인 시간대에 공기를 13°C (286 K)로 냉각하는 데 사용되는 이론적 카르노 냉동 사이클을 생각해 보자. 실외 공기 온도가 32°C인 경우, 냉동 사이클은 응축기 열교환기의 온도 차이를 고려한 후 약 47°C (320 K)의 온도에서 열을 제거한다. 이 이상적인 사이클의 COP_R은 다음과 같이 계산된다.

$$\mathrm{COP}_{R,\,\mathrm{best}} = \frac{1}{T_H/T_C - 1} = \frac{1}{320/277 - 1} = 6.44 \tag{6-18}$$

반대로 공기 온도를 15°C (288 K)로 재설정하고 냉각 유체를 차례로 6°C (279 K)로 설정하면 이상적인 COP_R은 다음과 같다.

$$\mathrm{COP}_{R,\,\mathrm{best}} = \frac{1}{T_H/T_C - 1} = \frac{1}{320/279 - 1} = 6.80 \tag{6-19}$$

따라서 부하가 감소함에 따라 단순히 공기 및 냉각 유체 온도를 재설정함으로써 이 간단한 분석을 통해 냉각 에너지의 약 5.6%를 절약할 수 있다. 실제 장비는 두 가지 작동 조건(즉, 3.22 및 3.40)에서 이러한 이상적인 값의 절반 정도에 불과한 COP값을 나타내지만, 공기 재설정에 따른 절감 비율은 비슷할 것이다. 전체 급수 시스템에서는 작은 부하에서 수온을 더 높은 값으로 재설정하는 것만으로도 비슷한 절감 효과를 얻을 수 있다.

급기 재설정 에너지 절약 방법은 에너지 절약을 위해 시스템 및 제어를 설계할 때 고려해야 할 몇 가지 중요한 사항을 보여준다. 첫째, 특정 전략의 에너지 절약 잠재력은 다른 전략의 적절한 구현에 따라 달라지는 경우가 많다. 공급 공기의 재설정은 냉각 시스템 제어가 냉각 유체 온도도 높이는 경우에만 냉각 전력을 감소시킨다. 둘째, 일부 전략은 상호 배타적이다. 공급 공기 온도를 더 높은 값으로 재설정하면 냉각에 더 많은 공기 흐름이 필요하므로 팬 전력 절감 효과가 감소한다. 반면에 팬 전력은 일반적으로 냉각 시스템 전력에 비해 작으므로 공급 공기 재설정이 일반적으로 효과적이다. 마지막으로, 에너지 절약 전략은 때때로 긍정적이거나 부정적인 간접 결과를 가져올 수 있다. 공급 공기 온도 재설정의 경우, 작은 부하에서 공급 공기 온도가 높으면 공기 흐름이 더 높게 유지되고 공간이 더 잘 환기된다는 점에서 긍정적인 간접 결과를 가져올 수 있다. 반면에 공급 공기 온도가 높으면 일반적으로 공간에 공급되는 공기의 이슬점 온도가 높아져 공간 습도가 높아지므로 간접적으로 부정적인 결과를 초래할 수 있다.

환기 공기 제어

그림 6-12(a)로 돌아가서 난방 및 냉방 코일의 다음 상류 구성 요소는 실외 공기가 공간에서 환기되는 공기와 혼합되는 혼합 장치이다. 실외 공기는 재실자가 배출하는 이산화탄소를 포함한 실내 공기 오염 물질을 희석하고 화장실, 더러운 공간, 조리 공간 및 실험실 후드에서 배출되는 공기를 보완하기 위해 도입된다. 이 환기 공기는 침투와 마찬가지로 시스템의 난방 및 냉방 부하를 나타내지만 혼합 장치의 댐퍼를 통해 직접 제어할 수 있다. 따라서 스케줄링 프로그램은 건물이 비어 있을 때 환기 댐퍼를 닫아 실외 공기를 가열하거나 냉각할 필요가 없도록 할 수 있다. 수요 제어 환기라는 보다 정교한 접근 방식은 재실 인원 수를 기반으로 환기의 필요성을 파악하고, 이산화탄소 수준 모니터링 또는 공간 점유 감지 기능을 사용하여 필요한 수요를 충족하도록 실외 공기 흐름을 조정한다. 이 접근 방식을 사용하면 실외 공기 유량의 동향을 확인하고 환기 필요성과 측정된 공기 유량에 따라 댐퍼 위치를 조정하는 제어 장치를 도입해야 할 수도 있다.

에어 이코노마이저 제어는 공기 조절 장치 속 혼합 장치에서도 구현된다. 앞서 언급했듯이 실내 공간은 일 년 내내 냉방이 필요하다. 실외 온도가 충분히 낮으면 공기 처리 시스템은 간단히 실외 공기를 끌어와 각 공간에 공급할 수 있다. 에어 이코노마이저 제어는 실외 공기 및 환기 공기 댐퍼를 조절하여 공간에 공급되는 공기의 온도를 원하는 온도로 유지한다. 유입된 실외 공기의 양에 따라 공간에서 빠져나가는 공기는 재순환되거나 방출 댐퍼 또는 방출 팬을 통해 실외로 배출된다. 이 접근 방식을 사용하면 일반적으로 온도가 약 58°F 이하일 때 냉방을 위해 냉방기구를 작동할 필요가 없다. 보다 정교한 조절(엔탈피 이코노마이저)은 각 공기 흐름의 온도와 습도에 따라 공간에서 공기를 재순환하거나 실외 공기를 도입할지 여부를 결정하며, 더 큰 절감 효과를 얻을 수 있다. 에어 이코노마이저 제어를 올바르게 작동하기 위한 핵심 요건은 냉방을 위해 도입된 실외 공기의 균형을 맞추기 위해 건물에서 공기를 배출할 수 있는 기능이다. 환기 경로가 제대로 설계되지 않으면 건물에 압력이 가해져 실외 공기를 추가로 유입할 수 없으므로 에너지 절감 효과가 떨어지고 외부로 통하는 문이 닫히지 않는 등의 문제가 발생한다.

배기 시스템 밀봉 및 단열

전체 공기 시스템에서 공기는 배기 시스템을 통해 점유 공간과 점유 공간 사이로 전달된다. 배기 시스템의 적절한 단열과 밀폐는 난방 및 냉방 시스템에서 사용되는 에너지를 줄이는 데 매우 중요하다. 배기 시스템은 비어 있는 공간(예: 상업용 건물의 천장 위 공간, 주거용 건물의 다락방 및 천장 밑 또는 바닥 밑의 점검용 통로)을 자주 통과한다. 제대로 밀폐되지 않으면 배기 시스템에서 공기가 누출되어 난방 또는 냉방에 투자된 에너지가 낭비된다. 부적절하게 밀폐된 배기 시스템은 공급하는 공기의 10~20%가 누출될 수 있으며, 이 중 최대 절반이 단열재 외부 공간으로 누출되어 완전히 낭비된다. 또한 배기 시스템이 매우 덥거나 추운 다락 공간을 통과하는 경우 배기구와 다락 사이의 열전달로 인해 추가 에너지가 낭비된다. 배기구를 완전히 밀폐하거나 단열하는 것은 불가능하므로 가장 좋은 방법은 배기구가 항상 건물의 단열재 내에 설치되어 누출과 열전달로 인해 다락방과 점검용 통로의 난방 및 냉방에 에너지가 낭비되지 않도록 하는 것이다.

독립 구역 제어

건물을 각각 자체 온도 조절 제어 기능을 갖춘 소규모 열 구역으로 세분화하면 입주자가 제어 기능을 강화할 수 있으며 인접한 구역이나 전체 시스템 작동을 방해하지 않고 비어 있는 구역 내에서 난방 및 냉방을 비활성화하거나 중단할 수 있다. 전열식 시스템에서 이러한 소규모 구역 설정은 구역 제어 박스(예: VAV 박스, 정량 재가열 박스 또는 일부 조합)를 사용하여 수행된다. 전수 시스템에서 소규모 구역은 여러 대의 소용량 팬 코일 유닛을 사용하여 수행된다. 또한 필요한 곳에만 공간 냉방을 제공한다는 목표를 달성하기 위해 이 접근 방식은 중앙 집중식 시스템 제어에 비해 세 가지 추가적인 이점을 제공한다. 첫째, 실내 환경 제어가 제대로 이루어지지 않는 것은 임차인이 사무공간을 떠나 다른 건물로 이사하는 가장 큰 이유 중 하나다. 둘째, 연구 결과에 따르면 불편한 실내 환경으로 인해 특히 열악한 실내 공기질로 고통받는 근로자는 생산성이 떨어지는 경향이 있다. 마지막으로, 연간 2,000시간 이상을 업무공간에서 보내는 근로자는 스스로 편안함을 느낄 수 있는 방법을 고안해낸다. 이러한 접근 방식은 종종 전반적인 에너지 절약 노력을 보완한다. 독립 제어가 부족한 주변 난방 시스템을 보완하기 위해 창문을 열거나 소형 전기 히터를 가동하는 것이 대표적인 예이다. 지능적으로 설계된 구역 설정 계획과 소규모 열 제어 구역은 입주자의 만족도를 높이고 에너지를 절약하는 데 도움이 될 수 있다.

그림 6-13은 상업용 건물 부문에서 주로 건물 제어와 관련된 몇 가지 유망한 에너지 절약 조치의 에너지 절감 잠재력을 보여준다. 이러한 절감량은 미국 상업용 건물 전체에 대한 추정치이며 개

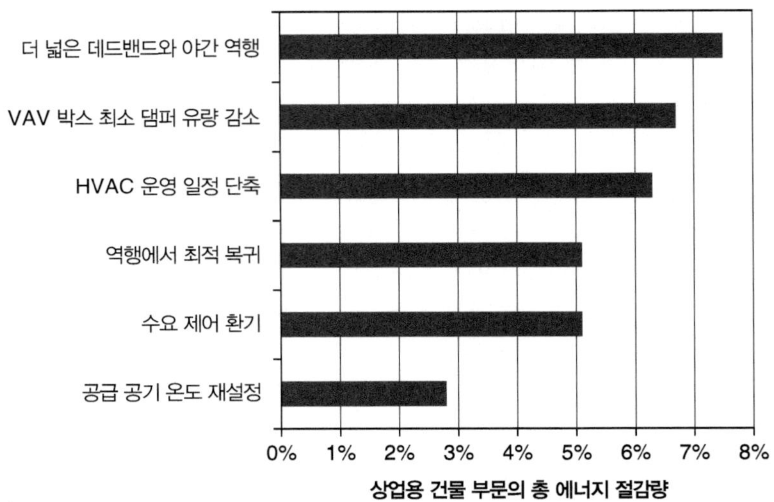

그림 6-13 일부 에너지 절약 조치를 통한 상업용 건물 부문의 에너지 절감 잠재력. (*출처*: Fernandez et al., 2018.)

별 건물에 대한 결과는 현재 구현된 시스템의 특성에 따라 다를 수 있다. 그러나 이 수치는 절감 기회와 잠재적 규모를 강조한다.

중앙 플랜트 구성 및 장비 선택

중앙 플랜트 기능은 난방을 위한 열원 또는 냉방을 위한 냉각 싱크를 제공한다. 열원은 천연가스(또는 석유)의 연소, 전기 저항 가열 또는 전기 구동식 히트 펌프를 통해 제공될 수 있다. 열에너지는 공기 시스템에 직접 공급되거나 증기 또는 온수로 전달되어 지역 공기 시스템으로 분배될 수 있다. 냉각 싱크는 공기 시스템에서 직접 열에너지를 제거하거나 물을 식힌 다음 지역 공기 시스템으로 분배하는 전기 구동식 냉장 시스템에서 가장 일반적으로 제공된다. 그런 다음 열에너지는 냉장 시스템에서 외부 공기 또는 증발 냉각된 순환수 시스템인 최종 방열판으로 전달된다.

가스 연소 기기의 경우, 연료 효율은 기기에 공급되는 연료 에너지의 양당 공기 시스템(또는 분배 시스템)에 전달되는 에너지의 양으로 정의된다.

$$\eta_f = \frac{\dot{Q}_{\text{sys}}}{\dot{Q}_{\text{fuel}}} \tag{6-20}$$

여기서 $\dot{Q}_{\text{fuel}}$는 화학 에너지가 연료에 공급되는 속도이다. 약 120°C의 온도에서 증기로 열을 전달하는 증기 보일러의 효율값은 일반적으로 80~85%이다. 공기를 직접 가열하거나 60~84°C의 온도에서 물을 가열하는 기기의 경우, 연소 가스의 온도를 환기 흐름에서 응축이 발생할 정도로 낮추는 기기로 90% 중반대의 효율을 달성할 수 있으며, 비응축 기기의 경우 80% 중반대의 효율을 달성할 수 있다.

전기를 연료로 사용하는 전기 저항 난방의 경우 식 (6-20)에 정의된 효율은 100%에 가까워진다. 그러나 물 난방에 대해 설명한 것처럼 전기 저항 열을 사용하는 것은 고품질 전기에너지를 생성하기 위해 많은 양의 원천 에너지가 투자되기 때문에 매우 낭비적인 전략이다. 이 고품질 에너지를 저급(~45°C) 난방에 사용하는 것은 일반적으로 좋지 않은 선택이다. 대신 전기를 난방원으로 사용하는 경우, 환경의 추가 에너지를 활용하여 난방을 수행하는 히트 펌프를 통해 적용해야 한다. 이 경우 히트 펌프는 공기 시스템(또는 물 분배 시스템)에 열($\dot{Q}_{sys}$)을 공급하고, 히트 펌프 COP에 따라 달라지는 전력량이 필요하다.

히트 펌프 COP:

$$COP_{HP} = \frac{\dot{Q}_{sys}}{\dot{W}} \tag{6-21}$$

6-3절에서 설명한 것처럼 히트 펌프의 COP는 열원과 방열판의 온도에 따라 달라진다. 난방 시스템에서 공급하는 공기 온도는 일반적으로 일 년 내내 38~43°C이다. 그러나 히트 펌프가 열에너지를 공급받는 실외의 온도는 날씨에 따라 달라진다. 따라서 히트 펌프는 실외 온도가 온화한 봄과 가을에 가장 잘 작동하고 실외 온도가 가장 추운 겨울에 가장 성능이 떨어진다. 온도가 충분히 낮아지면 히트 펌프를 보완하기 위해 전기 저항 열이 필요할 정도로 히트 펌프 성능이 저하되어 에너지 사용량이 더욱 증가한다. 히트 펌프 성능을 더 잘 반영하기 위해 제조업체는 계절별 평균값인 *난방 계절 성능 계수*(HSPF)를 발표하며, 이는 혼합 단위로 표시된다.

$$HSPF = \frac{\overline{Q}_{sys}[BTU/h]}{\overline{W}[W]} = 3.412 \times \overline{COP}_{HP} \tag{6-22}$$

값 위의 막대는 계절별 평균값을 나타낸다.

히트 펌프 성능을 개선하기 위한 한 가지 전략은 연중 온도가 비교적 안정적인 열원을 사용하는 것이다. 대부분의 지역에서 3~4 m 이상의 깊이에서 지구의 온도는 열 펌프 성능을 크게 개선할 수 있을 만큼 안정적으로 유지된다. 따라서 긴 길이의 지하 파이프를 사용하여 지구와 열을 교환하는 지구 결합형 히트 펌프(지열 히트 펌프라고도 함)가 사용된다. 이는 계절별 난방 성능을 크게 개선할 수 있다. 또한 여름철에는 에어컨 모드로 작동하는 히트 펌프가 비교적 시원한 지그 온도로 열을 방출하여 계절별 냉방 성능을 개선할 수 있다. 이러한 시스템에 대한 경제성 분석은 히트 펌프 시스템의 수명 기간 동안 감소된 에너지 비용으로 지하 배관 비용이 정당화되는지 여부를 판단하는 데 필요하다.

냉각 시스템의 경우, 공기(또는 냉수 분배 시스템)에서 제거된 에너지($\dot{Q}_{sys}$)는 일반적으로 냉장 시스템을 통해 더 높은 온도의 실외 공기로 전달된다. 냉장 시스템에 필요한 전력량 $\dot{W}$는 냉장 시스템 COP에 따라 달라진다.

$$COP_R = \frac{\dot{Q}_{sys}}{\dot{W}} \tag{6-23}$$

에어컨 업계에서는 일반적으로 COP 대신 에너지 효율 등급인 EER을 사용하며, 이는 혼합 단위로 표시된다.

$$EER = \frac{\dot{Q}_{sys}[BTU/h]}{\dot{W}[W]} = 3.412 \times COP_R \tag{6-24}$$

6-3절에서 설명한 바와 같이 냉동 시스템의 COP는 열원 및 방열판의 온도에 따라 달라진다. 냉동 시스템의 경우 열원은 일년 내내 비교적 일정하게 유지되는 시스템 공기이고 방열판은 날씨에 따라 변하는 실외 공기이다. 따라서 COP(및 EER)는 서늘한 계절에 가장 높고 더운 여름철에 가장 낮다. 방정식 (6-16)은 설계(또는 여름철 최대 냉각) 조건을 기반으로 하지만, 여러 유형의 장비에 대해 계절별 가중 평균이 보고되며 이는 계절별 에너지 효율 등급(SEER)으로 알려져 있다.

$$\text{SEER} = \frac{\overline{\dot{Q}}_{sys}[\text{BTU/h}]}{\overline{\dot{W}}[W]} = 3.412 \times \overline{\text{COP}}_R \tag{6-25}$$

경부하에서는 증발기와 응축기 열교환기의 온도 차이가 더 적기 때문에 에어컨 COP는 유사한 열원 및 싱크 온도에서도 시스템 부하에 따라 달라질 수 있다. 장비는 최대 부하보다 부분 부하에서 훨씬 더 많은 작동 시간을 소비하기 때문에 제조업체는 종종 냉각 성능 수치를 위한 통합 부분 부하값(IPLV)을 게시한다. 이러한 통합 부분 부하값은 실제 장비 작동 조건을 더 잘 대표하도록 설계된 부분 부하 성능 데이터의 가중 평균값을 나타낸다.

$$\text{IPLV} = \sum_i C_i \frac{f_i \dot{Q}_{max}[\text{BTU/h}]}{\dot{W}(f_i)[W]} \tag{6-26}$$

여기서 $\dot{W}(f_i)$는 특정 부하 분율 f_i에서의 전력이다. 부하 분율과 가중치 계수 C_i는 업계에서 승인한 등급 절차에 따라 규정된다.

표 6-4는 광범위한 난방 및 냉방 장비에 대한 성능 지표에 대해 허용 가능한 최소값을 나타낸다. 표에 표시된 바와 같이, 건축법 및 표준에서 요구하는 장비에서 허용 가능한 최소 에너지 사용량보다 30~40% 적은 에너지를 사용하는 냉방 장비를 지정할 수 있는 경우가 많다. 이 표에서 몇 가지 다른 점도 알 수 있다. 첫째, 공랭식 분할 시스템과 히트 펌프 $\text{COP}_{R,\text{IV}}$값이 산업용 규모의 공랭식 수냉식 칠러를 능가하는 것에서 알 수 있듯이 상대적으로 작은 장비에서도 고성능을 달성할 수 있다는 점이다. 둘째, 설계 조건에서의 성능(COP_R)을 개선하기는 어렵지만 계절별 또는 통합 부분 부하값($\text{COP}_{R,\text{SV}}$ 및 $\text{COP}_{R,\text{IV}}$)을 크게 개선하여 시스템 성능을 더 잘 특성화할 수 있다. 이러한 계절별 및 통합값에는 다중 속도 또는 가변 속도 압축기, 실외 팬 및 실내 팬, 열교환기 표면적 증가 및 운영 전략 개선 등의 공학적 개선 사항이 반영된다. 마지막으로, 이 표는 지상 열원 히트 펌프가 10~15°C의 상대적으로 더 안정적인 지반 온도 열원/싱크 온도에 접근할 수 있기 때문에 COP_R와 COP_{HP} 중 가장 좋은 값을 제공하는 열원/싱크 온도의 영향력을 제시한다. 마찬가지로 수냉식 냉각기는 29.5°C의 증발 냉각된 응축기 물을 방열판으로 사용하기 때문에 COP_R이 가장 우수하다.

6-4-3 재생 자원의 활용

건물 내 한 부분에서 에너지를 회수하고 회수한 에너지를 다른 부분의 요구 사항을 충족하는 데 사용할 수 있는 다양한 기회가 있다. 일반적인 접근 방식에는 공기 대 공기 에너지 회수, 폐루프 히트 펌프, 히트 펌프 온수 난방 및 과열 제거 등이 있다. 유용하게 사용하려면 회수된 에너지를 충분한 양, 적절한 온도, 적절한 시간에 사용할 수 있어야 하며, 사용하는 목적의 요구 사항을 충족할 수 있어야 한다.

표 6-4 장비 성능의 대표값—최소 허용 표준 및 프리미엄 상용 장비

장비 유형	크기 범위	최소 허용 성능*	프리미엄 장비 성능†
공냉식 에어컨–분할 시스템	<65,000 BTU/h	$COP_{R,SV}$ = 3.8	$COP_{R,SV}$ = 6.4
공냉식 에어컨 단일/ 난방 없음	65,000~135,000 BTU/h clg	COP_R = 3.3 | $COP_{R,IV}$ = 3.8	COP_R = 3.3 | $COP_{R,IV}$ = 5.9
공기 대 공기 히트 펌프 분할 시스템	<65,000 BTU/h clg	$COP_{R,SV}$ = 4.1 $COP_{HP,SV}$ = 2.4	$COP_{R,SV}$ = 6.1 $COP_{HP,SV}$ = 2.9
물 대 공기 히트 펌프 지하수	<135,000 BTU/h clg	COP_R = 5.3(15°C 물 기준) COP_{HP} = 3.7(10°C 물 기준)	
공냉식 냉각기	<150톤	COP_R = 2.9	COP_R = 3.2 | $COP_{R,IV}$ = 4.9
수냉식 냉각기	≥600톤	COP_R = 6.3(29.5°C 물 기준)	COP_R = 6.3 | $COP_{R,IV}$ = 11
온수 보일러 가스 연소	≥300,000 BTU/h <2,500,000 BTU/h	80%	95%
증기 보일러 가스 연소	≥300,000 BTU/h <2,500,000 BTU/h	79%	85%

참고:

*최소 요구 사항은 에너지 표준, 연방 규정 또는 현지 법규에 따라 결정될 수 있다. 표시된 값은 2020년경의 대표값이다. 최소 요건은 일반적으로 업계 표준 지표인 EER, SEER, IEER, IPLV, HSPF를 사용하여 지정된다. 이 표에서는 비교를 용이하게 하기 위해 모든 지표를 COP값으로 변환했다. 계절별 평균값은 SV로 표시하고 통합 부품 부하값은 IV로 표시한다. SV 또는 IV로 표시되지 않은 값은 관련 산업 표준 등급 절차에 명시된 설계 조건에서의 성능에 대한 값이다.

†프리미엄 장비 성능은 각 장비 유형의 대표 제조업체가 발표한 최대 성능값을 검토한 결과를 기반으로 한다.

배기에서 환기 공기로의 공기 대 공기 에너지 회수는 수량, 온도 및 일치에 대한 모든 기준을 충족하는 경우가 많으며 상당한 절감 효과를 제공할 수 있다. 이러한 유형의 시스템에서는 건물 전체의 여러 위치에서 배출된 공기가 단일 시스템으로 모인 다음 팬을 통해 실외로 배출되기 전에 공기 대 공기 열교환기를 통과한다. 들어오는 환기 공기는 열교환기의 반대쪽을 통과하여 배기가스에서 전달된 에너지를 받는다. 공기 대 공기 열교환기는 고정식 금속 열교환기, 투습성 중합체 열교환기, 한 흐름에서 다른 흐름으로 회전하는 열 및 수분 정전용량을 가진 재료로 구성된 회전식 '히트 휠' 등 여러 가지 구성으로 구현할 수 있다. 열전달만 필요한 응용 분야에서 이러한 장치는 환기 공기를 가열하거나 냉각하는 데 필요한 에너지를 상당량 줄일 수 있다. 여름철 환기 공기에서 습기를 제거하거나 겨울철 가습하는 데 시스템을 사용하는 경우 절감 효과는 훨씬 더 커질 수 있다. 오염 물질이 환기 공기로 유입되지 않도록 시스템이 배기 흐름과 환기 흐름 사이에 충분한 격리를 제공하도록 주의를 기울여야 하지만 일반적으로 적절한 배기 위치 선택과 열교환기 설계를 통해 이를 달성할 수 있다. 이러한 공기 대 공기 열교환기는 주택에 적합한 크기를 포함하여 다양한 크기로 제공된다. 엄격한 침투 제어와 공기 대 공기 열교환기 사용의 조합은 현대 가정에서 에너지를 절약하고 실내 공기질을 유지하는 효과적인 방법이다.

히트 펌프는 또한 재생을 위한 많은 기회를 제공한다. 상업용 건물에는 일 년 내내 냉방이 필요한 중앙 코어가 있는 경우가 많다. 건물 코어를 냉각하는 공조 장비는 실외 공기 또는 냉각수로 열을 방출한다. 이 장비를 조정하여 이 거부된 열의 일부를 난방 온수로 전달하도록 할 수 있다. 이는

냉방 압축기에서 배출되는 고온 가스의 열을 급탕 온수로 전달하는 과냉각기라고 하는 열교환기를 사용하여 수행할 수 있다. 이 방법은 상대적으로 저렴하지만 냉매의 에너지 대부분이 급탕 온수 온도보다 낮은 온도에서 사용 가능하기 때문에 사용 가능한 열량이 제한된다. 또는 냉각 장비를 히트 펌프와 결합하여 버려지는 에너지의 온도를 높여 급탕수 또는 건물 주변 지역의 온수 난방 시스템으로 전달할 수 있다. $COP_{HP} \sim 5$와 함께 작동하는 이러한 시스템은 전기 난방 시스템에 필요한 전력을 80%까지 줄일 수 있다. 대안으로 가스로 전환하여 에너지 및 CO_2 배출량을 절감할 수 있으며, 운영 시간이 길고 난방 부하가 높은 병원과 같은 곳에서 경제적으로 매력적일 수 있다.

6-4-4 재생 가능한 자원의 활용

부하를 줄이고, 고성능 냉난방 시스템을 사용하고, 재생 자원을 고려한 후 에너지 효율적인 신축 또는 건축물 개보수 시 건물 설계의 마지막 단계는 재생에너지 시스템의 적용을 평가하는 것이다. 건물의 경우 재생에너지 옵션에는 태양광, 태양열, 풍력에너지 시스템이 포함될 수 있다. 이러한 시스템은 9-13절에서 더 자세히 설명한다. 태양광발전 비용의 급격한 하락(그림 10-1 참조)으로 인해 건물 통합형 태양광발전 시스템이 널리 채택되고 있다. 태양광발전을 매력적으로 만드는 다른 특징으로는 건물의 막대한 전기 수요와 기술 발전(예: 그리드 상호 연결)으로 인해 태양광 시스템을 비교적 간단하게 소유하고 유지할 수 있게 된 점 등이 있다. 태양열에너지 시스템은 공간 난방, 급탕 난방, 수영장 난방에 사용할 수 있는 에너지를 생산한다. 특히 온수 난방에 대한 수요가 많은 고밀도 주거용 공간(아파트, 기숙사 등)과 같은 응용 분야에서 매력적이다. 저렴한 태양광발전 시스템이 등장하기 전에는 태양열이 가장 유망한 건물용 재생에너지 시스템이었다. 그러나 태양열 시스템의 가격과 복잡성이 감소함에 따라 태양열 시스템은 태양광에 추월당했다. 풍력에너지는 건물에 필요한 소규모로 적용하기 어렵다. 또한 도시에서 풍력에너지 시스템은 높이 제한과 인접한 건물과 관련된 장애물로 인해 제한을 받는다. 이러한 한계를 극복하기 위해 여러 가지 접근 방식이 개발 중이지만 아직 상업적으로 큰 성공을 거둔 사례는 없다.

에너지 효율적인 건물 설계와 재생에너지 시스템의 결합, 특히 태양광발전 시스템은 현장에서 소비하는 에너지만큼 또는 그 이상의 에너지를 생산하는 건물로 정의되는 넷 제로 건물의 가능성을 열어준다. 2020년 현재 북미에는 제3자 분석을 통해 이 야심 찬 목표를 달성한 것으로 확인된 건물이 140개에 달한다. 그 수는 적지만 플로리다에서 미네소타에 이르는 다양한 기후에서 이 목표를 달성했다는 사실은 이 목표가 달성 가능하다는 것을 보여준다. 사례 연구 및 설계 권장 사항과 함께 이러한 건물에 대한 데이터베이스는 New Buildings Institute (2021)에서 관리한다.

6-4-5 건물 시운전 및 '새로 고침'

이전 절에서는 에너지를 절약하는 신축 건물의 설계 요소에 중점을 두었다. 그러나 잘 설계된 건물도 프로젝트의 시공 및 납품 단계에서 문제가 발생하여 예상한 에너지 절감 효과를 달성하지 못하는 경우가 많다. 또한 미국 건물 재고의 상당 부분이 20년 이상 전에 지어졌기 때문에 최신 설계의 에너지 절약 기능이 많이 적용되지 않았다. 따라서 신축 건물 및 에너지 시스템 설계에 엄격하게 초점을 맞추면 건물 부문의 에너지 절약 잠재력을 완전히 포착하지 못할 수 있다.

넓은 의미에서 건물 시운전 과정은 에너지 절약을 포함한 모든 측면에서 설계 의도와 소유주의 요구 사항을 충족하는 건물을 제공하기 위해 프로젝트의 설계, 입찰, 시공 및 납품 단계 전반에 걸쳐 작업하는 것을 수반한다. 기존 건물의 경우, 재시운전은 건물의 장비와 운영을 평가하여 유망한 개조 또는 변경 사항을 파악하는 작업이 포함된다. 2011년 한 연구에서 643개의 신축 및 기존 건물을 대상으로 조사한 결과, 효과적인 시운전(또는 기존 건물의 경우 재시운전) 프로그램을 통해 1만 개 이상의 결함을 식별할 수 있었으며, 이를 수정하면 "기존 건물에서는 건물 전체 평균 에너지 절감률 16%, 신축 건물에서는 13%, 투자 회수 기간은 각각 1.1년과 4.2년"으로 나타났다(Mills, 2011).

에너지 절약의 관점에서 건물 시운전은 설계 팀이 소유주와 만나 프로젝트의 목표와 우선순위를 설정하는 콘셉트 단계에서 시작된다. 이 단계에서 설계자는 에너지 시스템을 구현하고 운영할 팀을 식별하고 에너지 사용에 대한 명확하고 검증 가능한 목표를 설정해야 하며, 이는 설계 의도의 초기 요소가 된다. 설계 단계가 진행됨에 따라 설계자는 에너지 목표를 달성할 수 있는 시스템 구성 요소, 장비 및 제어 절차를 식별한다. 건물 시스템 모델링을 통해 에너지 사용을 예측하고 장비 및 전략 선택지 간의 장단점을 평가할 수 있다. 프로젝트가 시공 단계로 넘어가면 설계자가 프로젝트 납품에 점점 더 적게 관여하게 되면서 설계 의도를 잃어버리는 경우가 많다. 성공적인 프로젝트를 위해서는 설계 의도와 에너지 목표를 문서화하여 건설 팀의 적절한 구성원에게 전달하고 채택하는 것이 필수적이다. 프로젝트가 최종 납품에 가까워지면 장비와 제어 장치가 의도한 대로 작동하는지 확인하기 위해 적절한 검사 및 검증 활동이 필요하다. 또한 프로젝트를 운영할 담당자가 시스템의 설계 의도, 장비 특성, 운영 전략 및 유지보수 요구 사항을 완전히 이해하는 것이 필수적이다. 이 목표를 달성하려면 일반적으로 단순히 운영 및 유지보수 지침서를 제공하는 일반적인 요구 사항을 훨씬 뛰어넘는 프로젝트 제공 과정을 신중하게 구체화해야 한다. 마지막으로, 에너지 사용을 모니터링하고 예측 및 설계 의도와 비교하기 위해 프로젝트의 첫해까지 효과적인 시운전 노력을 계속해야 한다. 프로젝트가 의도한 목표를 달성할 수 있도록 불일치를 조사하고 수정해야 한다. 이러한 전체 건물 시운전 접근 방식은 지난 10여 년 동안 특히 정부 자산 관리자들 사이에서 점점 인기를 얻고 있다. 예를 들어 연방 에너지 관리 프로그램(FEMP), 에너지스타, ASHRAE 등 다양한 기관에서 효과적인 프로그램을 위한 세부 지침을 개발했다(FEMP, 2014).

신축 건물에서 에너지 절약 목표를 달성하는 것 외에도 기존 시설에서 절약 기회를 찾는 것이 중요하다. 그림 6-14에서 볼 수 있듯이 미국 건물 재고의 대부분은 20년 이상 된 건물이다. 건물이 노후화됨에 따라 장비와 운영 전략이 구식이 되고, 제어 기능이 저하되며(센서 보정 손실, 운영 고장 등), 단절된 건축물 개보수에 누적되어 사용 가능한 최상의 기술에서 점진적으로 벗어나게 된다. 재시운전이라고도 하는 건물의 에너지 시스템에 대한 주기적 평가를 통해 개선 및 에너지 절감 기회를 파악할 수 있다. 유틸리티 사용에 대한 지속적인 모니터링을 포함하여 과거 데이터를 축적하는 에너지 모니터링 및 제어 시스템은 장비 및 제어 시스템의 결함을 나타낼 수 있는 추세를 식별하여 이러한 노력에 도움이 될 수 있다. 간단한 예로, 야간 시간대에 에너지 사용량이 갑자기 증가하면 스케줄링 제어가 실패했거나 가동되지 않는 시간대에 닫히도록 설계된 환기 에어 댐퍼의 오작동을 나타낼 수 있다. 재가동 프로그램의 핵심 요소는 FEMP (2014)에 의해 확인되었다.

건물 성능 개선에 대한 투자의 경제성은 공학적 경제 도구를 사용하여 평가할 수 있다(2장 참조). 예제 6-3은 온실가스 감축 편익을 고려하면서 연간 에너지 지출 감소에 대한 초기 비용을 비교하여 투자의 순 투자 가치를 계산하는 방법을 보여준다.

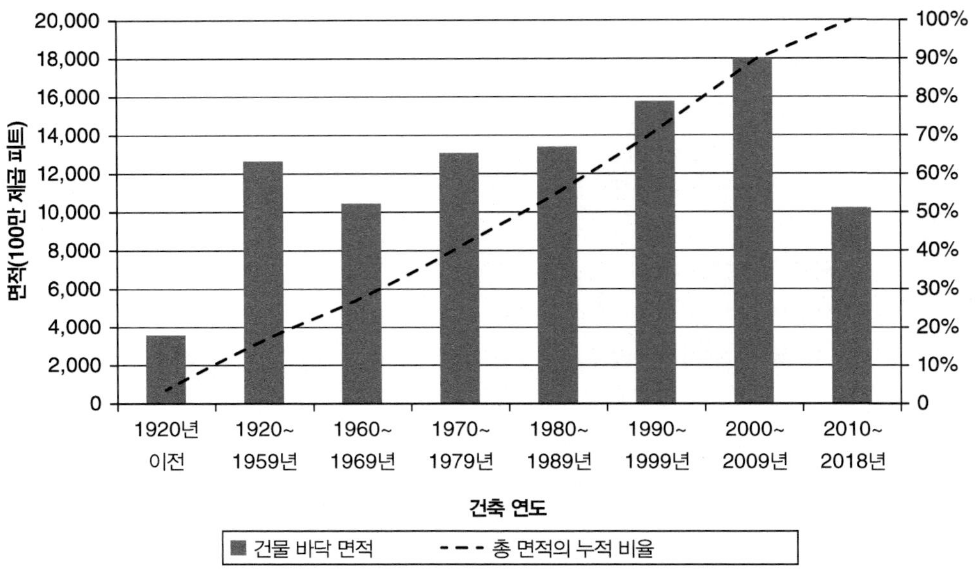

그림 6-14 미국 건축 재고의 연도. (*출처*: 상업용 건물 에너지 소비량 설문조사, CBECS, 2018.)

예제 6-3

어느 상업용 건물이 28만 8,000 ft^2의 공간을 가지고 있으며, USEIA의 상업용 건물 에너지 소비량 조사(CBECS)에 따르면 기후대에 따라 열에너지 요구량이 110 kBTU/ft^2/년 정도인 기후 지역에 위치해 있다. 또한 USEIA는 천연가스가 에너지 함량 MMBTU당 약 117파운드의 CO_2를 배출하는 것으로 추정한다. 이 상업용 고객의 경우 가스 비용은 $7/MMBTU이다. 타사 에너지 성능 전문업체가 건물 외피 개선, 난방 시스템 효율 개선 등을 통해 천연가스 소비를 20% 절감하고 60만 달러의 비용이 드는 종합적인 에너지 개조를 제안한다. 투자 기간은 20년, 할인율은 5%, 모든 비용값은 2020년 달러로 고정되어 있고 천연가스 가격은 실질적으로 일정하게 유지된다고 가정한다. (a) 에너지 개조로 인한 연간 CO_2 절감량을 계산하라. (b) NPV를 계산하고 투자가 비용 효율적인지 여부를 서술하라. (c) 건물 소유주가 개조 견적 가격에 30%의 선불 인센티브를 받고, 인센티브가 초기 비용에 즉시 적용되어 소유주는 인센티브를 적용한 후 순 비용만 지불한다고 가정하라. NPV 계산을 반복하고 투자가 비용 효율적인지 여부를 설명하라.

풀이

(a) 주어진 면적과 에너지 소비율에 따라 총 사용량은 31,680 MMBTU/년이다. 그러면 연간 배출량과 연간 절감액은 다음과 같다.

$$\frac{31{,}680\ \text{MMBTU}}{\text{year}}\left(\frac{117\ \text{lb}}{\text{MMBTU}}\right)\left(\frac{1\ \text{ton}}{2{,}000\ \text{lb}}\right) = \sim 1{,}853\ \text{short tons}$$

$$(1{,}853\text{톤})(0.2) = \sim 371\text{톤/년 절약}$$

배출량 절감 효과를 설명하기 위해 평균적인 자동차가 연간 1만 마일을 주행하고 연비 25마일을 달성할 경우, 휘발유 1갤런당 20파운드의 이산화탄소가 배출된다고 가정하면 연간 371톤의 이산화탄소(CO_2)를 절감하는 것은 93대의 자동차를 도로에서 퇴출시키는 것과 같다.

(b) 연료비 $7/MMBTU를 기준으로 할 때 기본 사례의 연간 에너지 비용은 연간 22만 1,760달러이다. 투자로 20%를 절약할 수 있으므로 연간 절감액은 연간 4만 4,352달러에 달한다. 표준 할인율 P/A

를 계산하고 NPV를 계산한다.

$$(P/A, 5\%, 20\ years) = 12.462$$

$$NPV = -\$600K + (12.462)(\$44,352) = -\$47,276$$

따라서 투자가 정당화되지 않는다. 또한 24년 차에 투자가 손익분기점을 넘는다는 것을 알 수 있다. 천연가스 가격은 변동성이 있을 수 있으며 프로젝트 기간 동안 비용이 증가하면 투자 회수가 빨라질 수 있지만, 실질 비용이 일정하다는 가정에 따르면 NPV는 음수이다.

(c) 30% 인센티브를 적용하면 프로젝트의 초기 비용이 18만 달러 감소하므로 순 초기 비용은 42만 달러가 된다. NPV 계산을 반복한다.

$$NPV = -\$420K + (12.462)(\$44,352) = +\$132,724$$

14년 차에 투자가 손익분기점을 넘긴다는 것을 알 수 있다. 이 경우 인센티브 프로그램은 20년에 걸쳐 마이너스 NPV와 플러스 NPV의 차이를 제공했지만, 일부 건물주에게는 14년이라는 투자 회수 기간이 너무 길 수 있다.

6-4-6 구축 표준, 설계 가이드 및 벤치마킹

코드, 표준 및 디자인 가이드라인

대부분의 주 및 지방 자치 단체에서 채택한 최신 버전의 건축법에는 다양한 에너지 절약 조치가 법으로 통합되어 있다. 이러한 건물 규정은 ASHRAE 표준 90.1 (ASHRAE, 2019a)과 같은 최신 에너지 절약 표준을 반영하기 위해 주기적으로 갱신된다. 연방법에 따라 새로운 건물 규정은 이전 버전의 규정보다 현장 에너지 사용량을 낮출 수 있도록 검토해야 한다. 현장 에너지 절감은 시뮬레이션 모델에서 이전 표준 및 제안된 새 표준에 따라 '건축'된 대표적인 표준 건물 세트의 시뮬레이션을 통해 검증된다. 이 분석에 따르면, 표준 90.1 (2016)은 표준 90.1 (2013)과 비교했을 때 6.8%의 현장 에너지 절감 효과를 가져왔다. 마찬가지로 2013년 표준은 2010년에 발표된 이전 표준에 비해 7.6%의 현장 에너지 절감 효과를 제공했다. 일부에서는 건물의 에너지 사용량을 줄이기 위한 진전이 꾸준히 이루어지고 있지만 너무 느리다고 주장하며, 현재의 속도라면 10번의 코드 주기, 즉 30년이 지나야 현장 에너지 사용량을 절반으로 줄일 수 있다고 지적한다.

건물 소유주와 설계자에게 규정에서 요구하는 것보다 더 많은 에너지를 절감할 수 있는 지침을 제공하기 위해 ASHRAE는 사무실, 소매용 건물, 병원, 슈퍼마켓 등 특정 용도의 부지 에너지 사용량을 30% 절감할 수 있는 조언을 제공하는 고급 에너지 설계 가이드(AEDG) 세트를 개발했다. 또 다른 고급 에너지 설계 가이드 시리즈는 현장 에너지 사용량을 50% 절감하기 위한 조언을 제공한다. 각 경우에 상용 기술 및 운영 절차를 통해 감축을 달성할 수 있다(ASHRAE, 2021).

벤치마킹

벤치마킹은 특정 건물의 성능을 다른 유사한 건물의 데이터 또는 특정 건물의 과거 데이터와 비교하는 체계적인 과정이다. 다른 유사한 건물에 대한 벤치마킹은 개선, 건물 포트폴리오 관리 또는 에너지 스타 프로그램과 같은 인증 프로그램을 통해 인증을 받기 위한 사례를 만드는 기회를 식별하는 데 사용할 수 있다. 일반적인 벤치마킹 지표는 $kBTU/ft^2$로 표시되는 원천 에너지 사용 강도(EUI)이다. 이 지표는 일반적으로 기후 및 입주 패턴에 대한 보정을 통해 유사한 유형의 건물에 대해 비교된다. 건물 관리자는 특정 건물이 유사한 건물의 집합과 어떻게 비교되는지 평가하고 에너지 사용을 최소화할 수 있는 방법을 확인할 수 있다. 학교 시스템과 같은 건물 포트폴리오 관리자는 벤치마킹을 통해 성과가 우수한 건물에 보상을 제공하고, 성과가 저조한 건물을 개선하기 위해 교육 또는 건축물 개보수에 필요한 자본을 지능적으로 할당할 수 있다. 에너지 스타 프로그램은 18개 카테고리의 20만 개 이상의 건물 데이터베이스를 유지 관리하며, 동급 그룹에 속한 건물의 75%보다 낮은 소스 EUI를 가진 건물을 인정한다(미국 환경 보호국, 2021b).

벤치마킹은 비슷한 건물과 비교하는 것 외에도 향후 성과를 비교할 수 있는 특정 건물의 과거 기록을 구축하는 데 사용할 수 있다. 이러한 비교를 통해 장비 성능 저하, 운영 절차 변경 또는 에너지 사용량 증가로 이어질 수 있는 새로운 입주 패턴을 나타내는 변화를 식별하는 데 도움이 될 수 있다. 또한 과거 기준선은 부대설비 비용에 대한 예산 책정, 부대설비 비용과 임대료의 배분, 에너지 절약 조치의 계획 및 평가를 지원할 수 있다.

체계적인 벤치마킹 절차는 일반적으로 점유 유형과 관련 건물 및 부지 특성을 파악하는 것으로 시작되며, 여기에는 실외 온도, 건물 크기, 점유자 수 및 운영 시간에 대한 기록이 포함될 수 있다. 특정 점유 유형의 대규모 건물 샘플에 대해 축적된 이 데이터를 사용하여 해당 점유 유형에 대한 벤치마킹 회귀 모델을 설정할 수 있다. 그런 다음 특정 건물과 부지의 특성을 회귀 모델에 대입하여 예측된 에너지 사용량을 결정할 수 있다. 특정 건물의 실제 에너지 사용량과 예측치를 비교하여 건물 설계 및 운영이 에너지 절약에 성공했는지 또는 개선이 필요한지 여부를 판단할 수 있다.

또한 날씨에 따라 보정된 연도별 성능을 비교하여 건물을 모니터링할 수도 있다. 특정 연도에 대한 건물의 측정된 성능은 현재 연도의 날씨 데이터를 벤치마킹 회귀 모델에 대입하고 모델의 현장 에너지 사용량 예측에 미치는 영향을 평가하여 날씨 보정을 수행할 수 있다. 예를 들어, 현재 연도의 날씨 데이터를 회귀 모델에 대입한 결과 예측된 부지 에너지 사용량이 과거 기준보다 10% 낮을 것으로 예상되는 경우, 이상 기후 영향을 보정하기 위해 측정된 부지 에너지 사용량을 약 10% 상향 조정할 수 있다. 날씨에 따라 조정된 현장 에너지 사용량이 여전히 과거 기준보다 낮으면 건물 에너지 성능이 개선된 것으로 간주한다. 날씨에 따라 조정된 현장 에너지 사용량이 과거 기준치를 초과하면 건물 성능이 저하되었거나 입주 패턴이 변경된 것으로 간주할 수 있다.

6-5 가전제품 선택 및 운영을 통한 에너지 절약

앞서 그림 6-8에서 설명한 바와 같이 가전제품은 주거용 에너지 사용량의 최소 15%, 상업용 에너지 사용량의 최소 25%를 차지한다. 데이터 센터 및 식품 서비스 시설과 같은 일부 특정 상업용 건물에서는 가전제품이 시설의 에너지 사용을 결정하는 데 있어 지배적인 역할을 한다. 주택의 경우, 주요 에너지 사용 가전제품은 냉장고, 텔레비전, 건조기, 세탁기, 식기 세척기이다. 이러한 각 가전제품은 적절한 기술과 운영 관행을 통해 에너지 소비를 크게 줄일 수 있다. 마찬가지로 대부분의 상업용 건물에서 에너지 사용량은 대부분 냉장 장비, 조리 장비, 컴퓨터, 사무기기 등 소규모 가전제품에 기인한다. 주거용 건물과 마찬가지로 상업용 건물 관리자는 이러한 가전제품을 신중하게 선택하고 운영함으로써 에너지 사용량을 크게 줄일 수 있다.

표 6-5는 주거용 및 상업용 건물의 주요 에너지 사용 가전제품 몇 가지를 식별하고 소유주가 에너지 사용을 최소화하는 것을 목표로 가전제품을 선택할 경우 기대할 수 있는 잠재적인 에너지

표 6-5 주거 및 상업용 가전제품 에너지 사용 및 절약 기회

제품	기준선	상업적으로 이용 가능한 최고의 성능	연간 사이트 에너지 사용량	연간 소스 에너지 사용량[a] (kBTU/y)	연간 에너지 비용[b]	연간 에너지 및 비용 절감 가능성
주거용						
냉장고—냉동고(20 ft^3)	395 kWh/y[c]	344 kWh/y[d]	395 kWh	3,770	$51	13%
텔레비전—55인치 대각선(2,160p)	159 kWh/y[c]	118 kWh/y[d]	159 kWh	445	$21	26%
의류 건조기—환기식 전기식(>7 ft^3)	CEF = 3.93[c,e]	CEF = 4.3[d]	603 kWh	5,810	$79	8%
의류 건조기—히트 펌프(≥4.6 ft^3)	CEF = 4.5[c,e]	CEF = 9.75[d]	531 kWh	5,072	$69	54% (60%)[f]
의류 건조기—환기 가스(>7 ft^3)	CEF = 3.43[c,e]	CEF = 3.49[d]	697 kWh	2,500	$25	2%
상업용						
수직형 솔리드 도어 냉장고(64 ft^3)	3.22 kWh/d[c]	2.33 kWh/d[d]	1,175kWh	11,230	$129	28%
수직형 솔리드 도어 냉동고(66 ft^3)	13.4 kWh/d[c]	10.2 kWh/d[d]	3,723 kWh	10,424	$1,150	24%
튀김기—가스 연소	244 kBTU/d[g]	244 kBTU/d[g]	158,000 kBTU	166,000	$1,200	30%
컨벡션 오븐—풀 사이즈, 전기	33.0 kWh/d[g]	27.7 kWh/d[g]	12,000kWh	33,700	$1320	19%
PC(데스크톱 0.72대/노트북 0.28대)	230 kWh/y[h]	130 kWh/y[h]	230 kWh	2,200	$25	43%
모니터	130 kWh/y[h]	43 kWh/y[h]	130 kWh	1,240	$14	67%
서버 컴퓨터	2,274 kWh/y[h]	1,230 kWh/y[h]	2,274 kWh	21,700	$250	46%
프린터	284 kWh/y[h]	187 kWh/y[8h]	284 kWh	2,710	$31	34%
복사기/프린터/팩스	432 kWh/y[h]	233 kWh/y[h]	432 kWh	1,210	$48	46%

참고:

a. 전기는 2.8, 천연가스는 1.05의 사이트 대 소스 전환 계수를 기준으로 한 소스 에너지 사용량이다.

b. 연간 에너지 비용은 전기 요금(가정용 0.13달러/kWh, 상업용 0.11달러/kWh)과 천연가스 요금(가정용 10.56달러/100만 BTU, 상업용 7.61달러/100만 BTU)을 기준으로 한다.

c. 기준은 에너지 스타 인증 제품 중 최하위 성능을 기준으로 한다.

d. 최고 상용 성능은 에너지 스타 인증 제품 중 최고 성능을 기준으로 한다.

e. 건조기는 복합 에너지 계수 지표에 따라 등급이 매겨진다(CEF = 건조된 세탁물량/사용된 에너지).

f. 기준 히트 펌프 건조기(및 최고급 전기식 건조기)와 비교한 최고급 히트 펌프 건조기의 절감액.

g. 기준 에너지 사용량은 기존 장비를 기준으로 하고, 최고 상업용 성능은 에너지 스타 인증 장비를 기준으로 하며, 두 값 모두 에너지 스타 상업용 주방 장비 계산기에 보고된 대로다.

h. 기준 에너지 사용량은 서비스 중인 디바이스의 평균을 기준으로 한다. 연간 에너지 및 비용 절감 잠재력은 비슷한 성능의 더 효율적인 장비 사용을 기준으로 한다. 기준 에너지 사용량과 연간 예상 절감액은 모두 Goetzler (2016)의 자료다.

및 비용 절감 효과를 강조한다. 주거용 및 상업용 용도별로 정리된 다음 절에서는 이러한 가전제품에 대해 자세히 설명하고 에너지 절약으로 이어질 수 있는 운영 관행에 대해서도 설명한다.

6-5-1 주거용 가전 제품

*냉장고*는 일 년 내내 지속적으로 작동하기 때문에 가장 중요한 주거용 가전제품이다. 냉장고와 관련된 평생 에너지 사용량은 주로 가전 제품 선택에 따라 결정된다. 표 6-5는 냉장고 선택을 통해 에너지를 절약할 수 있는 기회를 강조한다. 부피가 약 0.57 m^3 (20 ft^3)인 풀사이즈 냉장고–냉동고(제빙기 제외)의 경우, 이 표는 에너지 스타 표준을 충족하는 최악의 성능과 에너지 스타에서 인증한

최고의 성능을 나타낸다. 냉장고의 경우 기준 장비의 연간 현장 에너지 사용량은 395 kWh/y, 연간 공급원 에너지 사용량은 3,770 kBTU/y, 연간 비용은 47달러이다. 최고 성능의 냉장고를 선택하면 연간 에너지 비용을 13% 절감할 수 있으며, 이는 현장 에너지 사용량과 공급원 에너지 사용량은 물론 연간 에너지 비용에도 동일하게 적용된다.

냉장고 구매의 경우, 기준값에 비해 최고 성능의 제품을 선택하면 절약되는 금액은 상대적으로 적다. 그러나 냉장고 구매 시 고려해야 할 주요 사항은 교체 대상 기기의 연식이다. 그림 6-15에서 볼 수 있듯이 단열 개선, 냉장 시스템 개선, 제어 기능 강화로 인해 냉장고 에너지 사용량은 수년에 걸쳐 감소했다. 예를 들어, 2010년 냉장고의 평균 소비 전력은 약 550 kWh/y인 데 비해 현재 최고치는 344 kWh/y이다. 따라서 10년 된 냉장고를 교체하면 에너지 사용량을 38% 줄이고 연간 25달러의 비용을 절감할 수 있다.

텔레비전 및 관련 가전제품(케이블 박스, DVR, 게임 콘솔 등)은 그다음으로 중요한 가전제품 에너지 항목을 구성한다. 여기에는 선택과 운영 관행이 모두 중요한 영향을 미칠 수 있다. 표 6-5에 표시된 바와 같이, 기준 에너지 사용 성능 표준과 최고 성능 간의 차이는 상당하다. 그러나 사용하지 않거나 유휴 상태인 장비의 전원을 차단하는 것만으로도 절약할 수 있는 에너지는 훨씬 더 많을 수 있다.

여기서 특별히 고려한 최종 주거용 가전제품은 *의류 건조기*로, 연간 주거용 에너지 사용량의 평균 3%를 차지한다. 이 경우 장비 선택, 연료 선택, 작동 절차가 모두 에너지 사용량을 결정하는 데 중요한 역할을 한다. 의류 건조기는 기본적으로 물을 뜨거운 공기로 증발시킨다. 의류에 순환되는 뜨거운 공기를 포화시키는 건조기의 효과와 건조 상태를 감지하고 건조기를 정지시키는 제어의 정확성은 건조기 에너지 사용량의 주요 결정 요인이며, 기본형 건조기와 고효율 모델 간의 성능 차이를 유발한다.

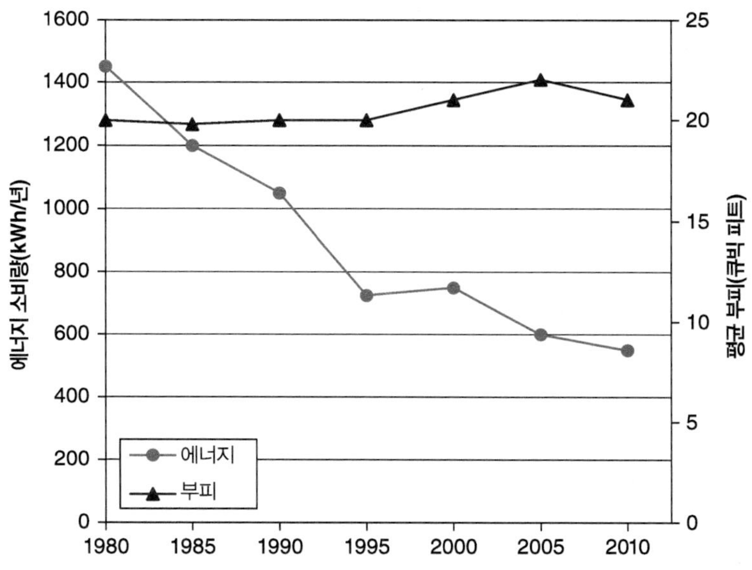

그림 6-15 1980~2010년 미국 냉장고의 연간 평균 에너지 소비량(kWh/년) 및 평균 부피(ft^3). [*출처*: 가전 표준 인식 프로젝트(2014)].

장비 설계를 통해 건조기의 실제 에너지 사용량을 어느 정도 줄일 수 있지만, 연료 선택은 건조기와 관련된 원천 에너지 사용량을 결정하는 데 가장 중요한 역할을 한다. 전기식 건조기는 발전소 변환 효율의 역수에 해당하는 약 2.8배만큼 더 많은 원천 에너지를 사용해야 하며 그 결과 배출량도 증가한다. 더 나은 접근 방식은 전기를 사용하여 히트 펌프에 전력을 공급하여 옷을 건조하는 것이다. 현재 히트 펌프 의류 건조기는 비교적 작은 크기로 제공되며 건조 주기가 길어 소규모 가정에 적합하다. 그러나 최고급 히트 펌프 건조기는 저항 히터를 사용하는 최고급 전기 건조기보다 전기 사용량이 60% 적고 일반적으로 환기구가 없어 실외로 환기 경로가 좋지 않은 아파트 건물에서 사용하기에 좋다. 가스식 건조기는 전기식 건조기와 관련된 발전소 변환 손실을 피할 수 있으며 최고의 히트 펌프 건조기와 비슷한 원 에너지 사용량을 자랑한다. 표 6-5의 데이터를 요약하면 각 연료 범주에서 가장 우수한 전기식 건조기의 사용량은 560 kWh/y (5,345 kBTU/y 원천 에너지)이고, 최고의 히트 펌프 건조기는 244 kWh/y (2,330 kBTU/y 원천 에너지), 최고의 가스 건조기는 683 kWh/y (2,500 kBTU/y 원천 에너지)를 사용한다.

6-5-2 상업용 기기

그림 6-8(b)에서 볼 수 있듯이 4가지 주요 상업용 가전제품 범주에는 냉장, 조리, 컴퓨터, 사무기기가 포함된다. 또한 '기타' 범주에는 수영장 히터, 상업용 세탁 장비 등 가전제품으로 분류할 수 있는 다양한 기기가 포함될 수 있다. 다음 섹션에서는 냉장, 조리, 컴퓨터, 사무기기 등 크게 네 가지로 정의된 항목에 초점을 맞춘다. 이러한 장비에서 에너지를 절약할 수 있는 방법으로는 저에너지 기기 선택, 데이터 처리 장비의 에너지 절약형 로딩, 유휴 장비 종료, 저에너지 조리 전략 실행 등이 있다.

냉장 보관

그림 6-8(b)에서 볼 수 있듯이 냉동 카테고리는 다른 어떤 기기 카테고리보다 상업용 건물 에너지 사용량을 많이 차지한다. 식품 산업에서 냉장실과 냉동고는 재료 보관, 완제품 보관, 판매용 냉장 제품 진열에 사용된다. 냉장 장비는 일부 소매점에서 열 수 있는 단열 상자와 상자를 차갑게 유지하기 위해 상자에서 주변으로 에너지를 전달하는 냉장 시스템으로 구성된다. 장비와 장비의 응용 분야에는 개선할 수 있는 기회가 있다. 장비를 개선하면 공기를 초저온으로 액화시키는 콜드 박스(cold box)의 단열성이 향상되고 향상된 제상 메커니즘을 활용할 수 있다. 소매 진열 박스는 박스 내부에 더 효율적인 조명을 사용할 수 있으며 유리문 및 기타 접근 방식을 사용하여 냉장 시스템에 대한 수요를 줄일 수 있다. 냉장 시스템 자체는 에너지 사용을 줄이기 위해 더 효과적인 열교환기, 더 나은 압축기, 개선된 제어 장치를 사용할 수 있다. 표 6-5에는 대형 상업용 냉장고 및 냉동고에 대한 기준 데이터가 포함되어 있어 이러한 기기의 일반적인 특징과 동급 최고의 성능을 갖춘 장비를 사용함으로써 달성할 수 있는 개선 유형을 보여준다.

장비 선택 외에도 냉장 장비를 다른 건물 시스템과 통합하는 것이 중요하다. 콜드 박스는 설치된 공간을 냉각시킨다. 그러나 냉장 시스템은 열에너지(그림 6-7의 Q_H)를 주변 외기에 방출한다. 에너지가 건물 내부로 배출되면 순 효과는 겨울철에 도움이 될 수 있지만 여름철에 에어컨으로 제거해야 하는 열 부하가 된다. 대형 공간(예: 슈퍼마켓)의 경우 가장 효율적인 접근 방식은 기본적으로 열에너지(Q_H)를 실외로 배출하지만 난방에 필요할 때 에너지를 실내로 전달할 수 있는 열 회수 옵션이 장착된 냉장 장비를 설치하는 것이다. 슈퍼마켓용 고급 에너지 설계 가이드(AEDG)에는 냉장고 및 냉동고를 사용하는 응용 분야에서 에너지 절약을 위한 다양한 추가 권장 사항이 있다.

요리

*조리 기기*는 모든 식품 서비스 시설에서 에너지 사용의 대부분을 차지한다. 이러한 기기에는 음식을 조리하기 위한 오븐, 튀김기, 철판, 찜기 등이 포함된다. 이러한 가전제품의 직접적인 에너지 사용량 외에도 환기 요구량이 높으며, 환기로 인한 난방 및 냉방 에너지 요구량은 앞서 설명한 바 있다. 현대의 조리 기기는 에너지를 절약하기 위해 다양한 접근 방식을 사용하며, 대부분 열전달 개선에 중점을 둔다. 예를 들어, 대류 가열 전자레인지는 효율적인 마이크로파 가열과 가열 조리 효과(브라우닝 및 바삭함)를 위한 대류 가열을 결합하여 기존 오븐과 유사한 저에너지 요리 결과를 달성한다. 다른 새로운 기술로는 조리 표면을 가열하지 않고 조리 기구만 가열하는 인덕션 쿡탑이 있다. 표 6-5에는 몇 가지 조리 기기의 예가 나와 있어 그 가능성을 보여준다.

컴퓨팅 장비

개인용 컴퓨터

휴대용 기기(예: 노트북 및 태블릿)의 전력을 낮추고 배터리 수명을 연장하도록 설계된 기술을 통해 개인용 컴퓨터의 에너지 사용량이 감소했지만, 대형 데스크톱 기기의 전력 사용량 감소에도 기여할 수 있다. 컴퓨터의 에너지 사용은 장비의 기능 외에도 사용 방법에 따라 크게 영향을 받는다. 특히 컴퓨터와 모니터가 유휴 상태일 때 필요한 전력을 줄이는 하드웨어 또는 소프트웨어 기능을 사용하면 상당한 절약을 할 수 있다. 표 6-5에 표시된 바와 같이, 최근 연구에 따르면 현재 데스크톱과 노트북 컴퓨터의 혼합 평균 연간 에너지 소비량은 대당 230 kWh/y이며 41~44%의 절감 기회가 있는 것으로 추정된다(Goetzler, 2016).

서버

연결된 사용자를 위해 공유 기능을 수행하는 컴퓨터, 즉 서버는 개인용 컴퓨터보다 숫자는 적지만 대당 에너지 소비량은 더 많으며 미국의 연간 총 에너지 사용량 측면에서 컴퓨터와 경쟁한다. 여기서 저전력 장비를 선택하고 운영 방식을 개선하면 46%로 추정되는 에너지를 절감할 수 있다(Goetzler, 2016). 대부분의 장비와 마찬가지로 서버에는 프로세서 부하에 관계없이 최소 전력 요구 사항이 있으며 프로세서 부하에 따라 달라지는 가변 전력 구성 요소가 있다. 따라서 제한된 수의 서버를 집중적으로 로드하고 유휴 기기를 종료하면 가장 에너지 효율적인 운영을 달성할 수 있다. 물론 보안 및 정보 기술(IT) 아키텍처로 인해 서버에 작업을 할당하는 유연성이 제한될 수 있지만, 에너지 사용을 줄이는 데 필요한 유연성을 달성하면서 IT 요구 사항을 충족하는 데 사용할 수 있는 다양한 프로그램이 있다.

무정전 전원 공급 장치(UPS)

이는 많은 상업용 IT 시스템에서 필수적이지만 에너지 낭비가 심한 구성 요소이다. 건물 서비스에서 생산된 전기는 배터리에 저장된 저전압 직류 전력으로 변환 및 정류된 다음, 필요에 따라 다시 교류 전력으로 변환되어 IT 장비로 분배되는 경우가 많다. 각 변환 단계와 저장 단계에는 에너지 손실이 수반되며, 그 결과 일반적인 UPS 시스템과 관련하여 상당한 손실이 발생할 수 있다. 최고의 장비는 성능이 떨어지는 장비에 비해 손실을 줄일 수 있으므로 초기 장비 선택이 중요하다. 요구 사항에 맞게 장비를 신중하게 매칭하면 상당한 비용을 절감할 수 있다. 예를 들어 표준 전원, 비상 전원(무정전 전원 제외), UPS 전원이 필요한 장비를 명확하게 식별하고 분리하면 UPS 시스템의 부하를 줄여 손실을 줄일 수 있다.

사무기기

사무용 장비에는 영상 장비, 금전 등록기, 비디오 디스플레이(컴퓨터 모니터 제외)가 포함된다. *이미징 장비*는 이 범주에서 에너지를 가장 많이 사용하는 제품군으로 프린터, 복사기, 스캐너 및 이러한 기능을 결합한 장치를 포함한다. 일반적으로 가열 롤러를 사용하여 용지 표면에 파우더를 융합하는 프린터는 이 범주에 속하는 장비가 사용하는 에너지의 약 75%를 차지한다. 프린터와 관련된 에너지 사용을 줄이는 가장 좋은 방법은 문서를 인쇄하지 않고 전적으로 전자 문서로 처리하는 것이다. 그다음으로 중요한 방법은 프린터의 전력 절감 기능을 활용하는 것으로, 일반적으로 프린터를 제어하는 전자 장치를 유휴 상태로 만들고 퓨징 롤러의 온도를 낮추는 것이다. 표 6-5에는 일반적인 프린터에 대한 데이터와 함께 달성할 수 있는 절감량 추정치가 나와 있다.

6-6 산업 분야의 에너지 절약

2019년 미국 1차 에너지 사용량의 32.4%를 차지한 산업 부문은 2040년까지 에너지 소비의 38%까지 성장할 것으로 예상된다(NAS, 2015). 1차 에너지 사용 내역은 그림 6-16(a)에 나와 있으며, 대량 화학 생산과 소재 정제가 산업별 1차 에너지 소비의 거의 절반을 차지하며 이 중 대부분은 화석 연료에서 나온다. 그림 6-16(b)에서 볼 수 있듯이, 산업용 전기 에너지 사용의 약 50%는 기계 부품과 관련이 있다. 이러한 기계 부품들은 기계를 돌리는 모터, 펌프, 압축기 및 이와 관련된 부품을 포함한다. 산업 에너지 사용의 약 30%는 다른 프로세스 투입과 관련이 있으며, 나머지 대부분은 비공정 투입이다. 산업 관행이 다양하기 때문에 한 분야의 효율성 향상 기술이 다른 분야에도 도움이 될 수 있는지 궁금할 수 있다. 그러나 다양한 산업 목표와 관행에도 불구하고 많은 산업에서 발견되는 몇 가지 일반적인 적용 사례가 있다. 다음은 산업 분야와 자주 연관되는 일반적인 예시이다.

- *공정 가열*: 제조 공정 구성 요소의 온도를 높이는 작업이다.
- *분리 공정*: 입자 크기에 따른 간단한 선별 작업부터 에너지 집약적인 가스 분리 방식에 이르기까지 다양하다.
- *가스 압축*: 내부 압축 공기 공급을 위해 공기를 압축하든 운송 또는 저장을 위해 가스를 압축하든, 일반적으로 압축 가스를 사용할 때 회수되지 않는 상당한 에너지가 필요하다.
- *증류, 증발 및 건조*: 이러한 열 구동 작업은 기화 잠열을 제공하기 때문에 에너지 집약적일 수 있다.
- *재료 성형 작업*: 감산 및 적층 공정은 구조물과 기계 부품을 제작하는 데 사용된다.

화학 및 석유화학 부문의 분리 공정은 산업 에너지 사용과 관련된 미국 에너지 소비의 약 3분의 1을 차지한다. 화학 플랜트 운영 비용의 최대 70%를 차지하는 이러한 공정은 일반적으로 분리에 필요한 최소 에너지양의 열역학적 한계에 훨씬 못 미친다. 그 이유로는 경제성을 위해 필요한 높은 처리율, 장비 및 환기 시스템의 열손실, 기타 비효율성 등이 있다. 일상적인 에너지 절약 노력부터 분리 공정의 재구상에 이르기까지 이러한 공정의 열역학적 효율성을 개선하기 위해서는 창의적인 솔루션이 필요하다. 예를 들어, 일부에서는 분리 공정에 증류 대신 막 분리를 사용하던 상당한

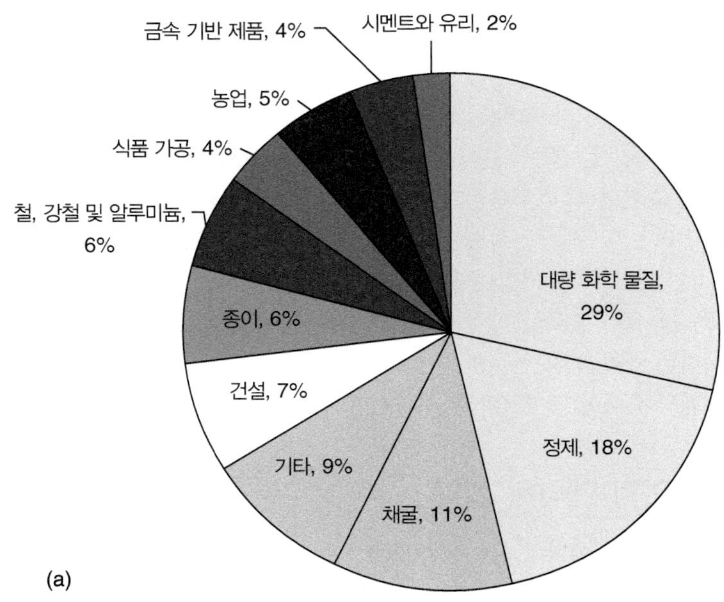

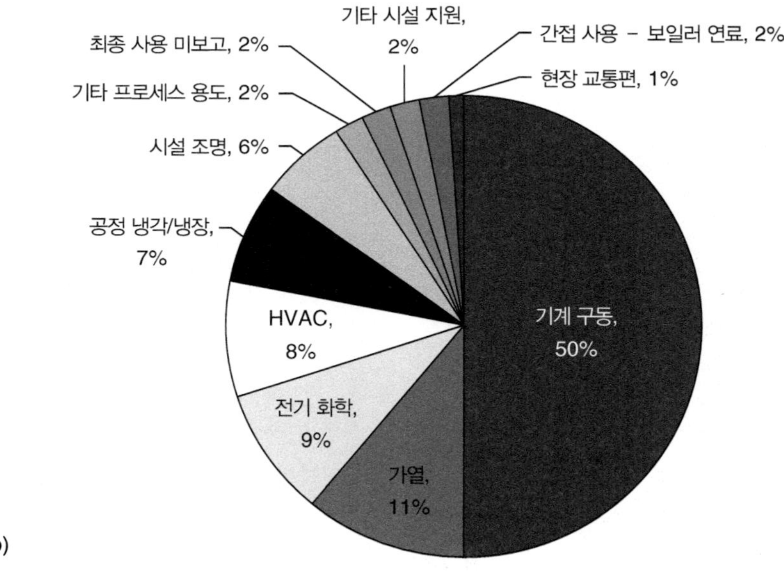

그림 6-16 미국 산업 에너지 소비: (a) 2019년 에너지 유형별 1차 에너지 사용량, (b) 2014년 최종 사용 전력 소비량. [*출처*: (a) 미국 에너지 정보국(2020), 연간 에너지 전망 2020; (b) Schwartz 외(2017), 전기 최종 용도, 에너지 효율성 및 분산 에너지 자원 기준선, LBNL-1006983, 로렌스 버클리 국립 연구소].

에너지 절감이 가능하다고 제안한다.

적층 및 감산 생산 방식은 인류 역사 전반에 걸쳐 사용되어 왔으며, 많은 도구와 엔지니어링 구조물이 이 두 가지 방식을 결합하여 만들어졌다. 예를 들어, 섬유 강화 플라스틱의 적층 제조 공정에는 설계에 필요한 강성과 강도를 얻기 위해 다양한 방향으로 개별 시트를 배치하는 작업이 포함된다. 이러한 항공기 부품을 제작하면 훨씬 더 가볍고 연료 효율이 높은 항공기를 만들 수 있다. 또한 이러한 제조 공정은 감산 제조 공정을 통해 대형 알루미늄 슬라브에서 스파, 리브 및 기타 구성품을 가공하는 데 필요한 상당한 노력을 줄여준다. 이 두 가지 방법에는 장단점이 있지만, 최근 공학 분야에서 큰 관심을 받고 있는 적층 가공의 발전은 제조 시간, 부품 수, 에너지 소비를 줄일 수 있는 기회를 제공할 뿐만 아니라 설계 및 개발 단계를 향상시킬 수 있다(Watson and Taminger, 2018).

에너지 소비와 온실가스 배출이 많은 일부 에너지 집약적인 소재 정제 산업이 있다. 탄산칼슘이 풍부한 포틀랜드 시멘트의 생산은 주목할 만한데, 석회암 제품은 일반적으로 산화칼슘을 얻기 위해 1,450℃에 근접한 온도로 가열해야 한다. 가마에 불을 붙이기 위해 석탄이나 석유 코크스를 태울 때 배출되는 이산화탄소 외에도 탄산칼슘 1몰이 산화칼슘으로 전환될 때마다 1몰의 이산화탄소(CO_2)가 배출된다. 화석 연료 연소와 소성은 시멘트 생산에서 배출되는 CO_2 배출량과 거의 비슷한 양을 차지하며, 전 세계 CO_2 배출량의 8%를 차지한다. 전 세계적으로 연간 시멘트 생산량은 40억 톤으로 추정되며, 중국이 이 중 거의 절반을 담당하고 있다. 실제로 시멘트 생산 자체를 하나의 국가로 간주하면 미국과 중국을 제외한 모든 국가보다 더 많은 CO_2를 배출할 것이다. 알루미늄 생산은 또 다른 에너지 집약적인 공정이다. 보크사이트 광석을 채굴하고 알루미나(알루미늄 산화물)로 가공하는 데 필요한 에너지 외에도 알루미늄 제련은 알루미나에서 알루미늄 금속을 방출하기 위해 열이 아닌 전기에 의존한다. 반대로 철광석을 제련할 때는 열을 사용하여 철강을 생산한다. 알루미늄 제련을 위해 전기를 생산해야 하기 때문에 이 장의 앞부분에서 설명한 것처럼 열을 전기로 변환하는 데 비효율적인 문제가 발생한다. 그럼에도 불구하고 알루미늄은 항공우주 분야에서 오랫동안 사용되어 왔으며 자동차 및 기타 운송 시스템 부문에서 사용량이 급격히 증가하고 있는 경량화에 매우 중요한 소재이다. 알루미늄 제련은 에너지 집약적이기 때문에 알루미늄 재활용은 환경적으로 가장 유익한 재활용 프로그램 중 하나이다.

많은 산업 공정은 에너지 집약적이며, 다음과 같은 기회가 존재한다. 에너지 사용과 그에 따른 온실가스 배출을 줄이는 것이다. 일부 산업과 기업에서는 상당한 진전이 이루어지고 있다. 생산 공정의 에너지 효율 향상은 점진적이든 인식 전환을 통해서든 에너지를 절약하고 지속 가능한 에너지 예산의 균형을 맞추는 데 중요한 기여를 할 것이다. 개별 연료 가격과 정책의 (때로는 극적인) 변화는 시장의 불확실성을 가중시켜 필요한 개선에 대한 투자를 늦출 수 있다. 마지막으로, 상당한 개선이 이루어졌고 앞으로도 이루어질 것이지만, 산업의 에너지 소비는 궁극적으로 제품의 소비자인 우리에게 달려 있다. 산업 에너지 사용을 줄이는 효과적인 방법은 최종 사용자의 상품 소비를 조절하는 것이며, 산업 부문과는 거리가 먼 일반 소비자도 에너지 공급과 수요의 균형을 맞추는 데 중요한 역할을 한다는 사실을 상기시켜 준다.

6-7 농업, 수자원 및 식품 생산 분야의 에너지 절약

1차 에너지 사용의 3대 주요 부문 중 하나로 산업에 속하는 농업, 물, 식량 생산은 우리 모두가 공감할 수 있고 일상적인 결정이 에너지 활용과 보존에 직접적인 영향을 미칠 수 있는 삶의 필수 요소로서 우리 모두에게 특별한 중요성을 지니고 있다. 식량-에너지-물 연계는 이 중요한 상호 작용이 우리의 미래에 미칠 필수적인 역할로 인해 점점 더 많은 관심을 받고 있다(Simpson and Jewitt, 2019). 현재 및 향후 물 부족은 특히 미국 서부 지역에서 물 권리 소송의 근거가 되는 경우가 많으며, 세계 여러 지역에서 폭력 위험 증가의 원인이 되기도 한다. 인구 증가와 식습관 개선으로 인해 2050년까지 필요한 식량이 크게 증가할 것으로 예상된다. 또한 물과 식량 가용성 모두 기후 변화의 영향을 받을 것으로 예상되며, 이에 대한 일부 징후가 이미 보고되고 있다. 소비할 물을 확보하고, 정화하고, 운반하고, 폐수를 처리하는 데에도 에너지가 필요하기 때문에 에너지는 이 두 가지와 밀접한 관련이 있다. 현재 우리와 우리의 반려동물 및 가축이 섭취하는 사료를 생산하기 위해 널리 사용되고 있는 농업 관행은 비료 및 농약을 생산하고, 사료를 생산하기 위해 사용되는 농기구 및 관개 시스템에 동력을 공급하고, 사료 및 사료를 건조, 가공 및 소비자에게 운반하기 위해 상당한 양의 에너지를 필요로 하고 있다.

반대로 에너지를 생산하려면 물이 필요하다. 예를 들어, 기존 화력 발전 사이클 플랜트에서 생산되는 전기 1 kWh당 20~60갤런의 응축기 냉각수가 배출되는 것으로 알려져 있다. 이 물의 대부분은 인출된 원천으로 되돌아가지만, 추가 열로 인해 증발량이 증가하는데, 화력발전소의 경우 2갤런/kWh에서 수력발전 저수지의 넓은 표면적은 18갤런/kWh에 이르는 것으로 추정된다(Macknick et al., 2012). 또 다른 예로, 미국의 상당 부분은 관개되지 않은 땅에서 에탄올용 옥수수와 바이오 디젤용 대두를 생산하지만, 바이오연료 생산에 사용되는 (대체 가능한) 작물의 일부는 관개가 필요한 땅에서 재배된다. 때때로 제한된 수자원으로 인해 에너지 집약적일 수 있다.

마찬가지로 에너지는 소비자가 사용할 물을 얻고, 정화하고, 공급하고, 난방 또는 냉방하는 데 사용되며, 다시 폐수 처리 및 처리에 사용된다. 보고서에 따르면 미국 전력 생산량의 13%가 물 관련 용도로 사용된다. 물을 데우는 데 사용되는 모든 연료원의 에너지는 연간 미국 연간 소비량의 10%인 3억 MWh를 초과한다. 그리고 물이 부족한 지역에서는 펌프로 물을 끌어올리거나 운송에 필요한 에너지가 크게 증가할 수 있다. 인구 증가와 수자원 감소로 인해 물을 정화하거나 식염수에서 식수를 추출하기 위한 추가 공정이 필요하기 때문에 전 세계 많은 지역에서 그 필요성이 증가하고 있는 담수화에는 물 1,000갤런당 15 kWh가 필요할 수 있다. 저유량 샤워헤드, 저유량 변기, 물을 거의 또는 전혀 주지 않는 조경(xeriscaping)과 같은 물 절약 관행을 활용하는 것은 개인의 물 소비량을 줄여 상수도 및 폐수 처리에 필요한 에너지를 절약할 수 있는 검증된 방법이다. 물과 에너지는 상호 연결된 물-에너지 생키 다이어그램에서 볼 수 있듯이 불가분의 관계에 있다(예: Bauer et al., 2014 참조).

지열, 원자력, 조력에너지를 제외한 다른 모든 에너지원은 궁극적으로 태양에서 나오는데, 이에 대해서는 9장에서 자세히 설명한다. 수백만 년 전 플랑크톤, 식물, 그리고 이를 먹이로 삼은 동물들이 오늘날 우리가 사용하는 화석연료로 변모했다. 나무를 태우면 수십 년에 걸쳐 축적된 태양 에너지가 방출되는 반면, 수력, 풍력, 태양광에너지는 수개월 전부터 거의 즉각적인 태양 일사량으로 인해 발생한다. 그러나 이러한 에너지원 중 어느 것도 대부분의 생명체를 유지하는 데 필요한 칼로리를 직접 공급할 수는 없다. 기본적으로 우리가 섭취하는 모든 음식 칼로리는 햇빛, 물, 이산화탄소(CO_2)를 당분, 전분, 셀룰로오스로 전환하는 과정을 통해 태양으로부터 공급된다. 태양열과 그 결과인 광합성은 생명체에 필수적이지만, 이는 우리가 궁극적으로 소비하는 음식에 필요한 에너지 중 하나에 불과하다.

현대의 농업 관행은 토지 및 노동 생산성 향상으로 유명하지만, 세계 일부 지역에서 계속 사용되는 전통적인 농업 관행(예: 자급자족 농업)보다 에너지 집약적일 수 있다. 1840년에는 농업이 미국 노동력의 70%를 차지했지만, 생산성 향상으로 현재 고용 인구의 1.3%만이 미국을 위한 식량, 섬유, 사료 원료를 생산하고 상당한 수출을 할 수 있게 되었다(Lepley, 2019). 이러한 생산성 향상은 육종, 식물 및 동물 유전학, 식물 및 동물의 영양소 요구량에 대한 과학적 이해, 장비, 화학물질, 저장 및 에너지의 혁신을 통해 달성되었다. 노먼 볼로그의 선구적인 노력과 관련된 이른바 *녹색 혁명*은 1961년 이후 인구가 2.5배 급증하고 1인당 곡물 생산량이 30% 이상 증가하면서 곡물 생산량을 3.3배 이상 증가시킨 것으로 알려져 있다. 볼로그는 생산적인 농지의 수확량 증가가 한계 지역에 대한 삼림 벌채 압력을 줄였다고 주장했다. 그러나 이러한 발전에는 대가가 따랐다. 가공 질소 사용량이 9배, 인과 칼륨 비료가 거의 5배 증가했고(Roser and Ritchie, 2013), 관개 면적이 2.4배 증가했으며 농약 사용량도 크게 증가했다. 현대 작물 생산에 필요한 석유 화학 물질은 필수 식물 영양소인 질소, 인, 칼륨을 공급하는 비료에서 시작된다. 질소는 생명체가 형성되는 단백질의 구성 요소인 20가지 아미노산 각각에 존재한다. 현재 상업적 생산 방법의 경우, 콩과 식물 뿌리의 박테리아에 의해 고정되는 비교적 적은 양의 질소를 제외하고는 이 질소는 일반적으로 천연가스에서 암모니아를 생산하는 100년 된 하버-보슈 질소 고정 공정을 통해 화석연료에서 추출된다. 인산염 생산에도 상당한 양의 천연가스가 사용된다. 살충제 또한 화석연료 파생물로 제조되는 경우가 많다. 농업 자원 관리 조사에 따르면 2013년 옥수수, 대두, 면화를 포함한 미국의 주요 작물의 일반적인 운영 비용은 귀리의 경우 에이커당 110달러에서 쌀의 경우 에이커당 560달러에 달하며, 연료, 윤활유, 전기, 비료가 포함된 대부분의 작물에서 비용의 절반 정도를 차지한다(USEIA, 2014). 이러한 에너지 사용은 수반되는 배출량의 대부분을 차지하는데, 식품 공급망은 인위적인 온실가스 배출량의 26%를 기여하는 것으로 알려져 있으며 비식량 농업, 삼림 벌채 및 기타 요인으로 인해 온실가스 배출량의 5%가 추가된다(Poore and Nemecek, 2018). 보다 지속 가능한 농업 관행이 관심을 끌고 있지만, 노동력과 관리 노력이 더 많이 필요하고 생산성이 떨어지거나 에너지 수요가 증가할 수 있다. 예를 들어, 제초제를 사용하지 않으면 토양 보존 관행(예: 무경운 작물)이 복잡해지고 토양을 경작하고 잡초 경쟁을 관리하는 데 더 많은 연료와 노동력이 투입되어야 할 수 있다.

식품과 섬유질 생산은 본질적으로 물과 관련이 있다. 우리의 농업 생산은 관개 또는 보충 물이 필요하지 않은 지역에서 이루어지지만, 많은 작물에서 가장 높은 생산량은 관개되는 미국 농작물 및 목초지의 약 8%에서 발생한다. 농업 관개는 물 인출의 38%, 미국 소비용수 사용량의 80~90%를 차지하는 것으로 알려져 있다(USDA, 2019). 지하수 고갈은 세계 여러 지역에서 우려의 대상이 되고 있으며, 지하수 취수량이 보충량을 초과하는 곳도 많다. 예를 들어, 오갈랄라 대수층은 미국 중부의 3분의 1에 걸쳐 있는 거대한 지하 저수지로, 다른 고갈성 자원과 마찬가지로 현재 '채굴'이 이루어지고 있다. 대수층에서 끌어오는 물의 약 90%가 농작물 관개에 사용되며, 연간 200억 달러의 식량 및 섬유 생산이 오갈랄라 대수층에 의존하고 있어 일부 지역에서는 수위가 100피트 이상 떨어지기도 한다(Little, 2009). 미국 서부와 남서부의 일부 건조한 지역의 기온과 재배 조건은 특정 작물에 유리하지만, 광범위한 관개가 필요한 경우가 많다. 미국 여러 지역의 최소 관개 또는 비관개 토지에서 잘 자라는 많은 농산물 품목이 현재 심각한 수자원 고갈과 지반 침하가 자주 발생하는 관개 서부 농지에서 재배되고 있다. 따라서 우리가 먹는 식량을 조달하는 것은 지표면과 지하수 사용은 물론 농작물을 생산하고 운송하는 데 필요한 에너지에도 영향을 미친다. 따뜻하지만 먼 지역에서의 생산은 화석연료로 겨울철에 지역 내 온실을 난방하는 것보다 에너지 효율이 더 높을 수 있지만, 축열 등 온실 설계를 개선하면 물이 더 풍부한 지역의 서늘한 계절에 작물을 더 효율적으로 재배할 수 있는 잠재력을 가질 수 있다.

역사적으로, 나뭇잎이 땅에 떨어지고 방목하는 동물이 배설물을 쌓아두면서 토양 영양분이 재활용되는 자연 순환이 이루어졌다. 예를 들어, 경제적 효율성을 추구하는 농업의 전문화로 인해 생산성이 높은 중서부 농지에서 곡물을 재배한 후 더 건조한 서부 지역의 상업용 사료 공장으로 운송하는 경우가 많아졌다. 경제적 이점에도 불구하고 곡물 생산에 에너지 집약적인 비료가 필요하고, 집중식 동물 사료 공급 작업(CAFO)에서 활용도가 낮은 동물 폐기물 자원과 오염을 유발할 수 있다. 웬델 베리(1977)는 『소농, 문명의 뿌리(*The Unsettling of America*)』에서 "미국 농장 전문가들의 천재성은 여기서 잘 드러난다"며 "그들은 하나의 해결책을 가지고 그것을 두 가지 문제로 깔끔하게 나눌 수 있다"고 말한다. 마이클 폴란(2006)은 그의 저서 『잡식동물의 딜레마(*The Omnivore's Dilemma*)』에서 농업에 대한 산업적, 목축적(유기농 및 지역적 변형), 수렵/채집적 접근 방식을 고려하여 이러한 문제를 검토하는 흥미로운 관점을 제시한다.

유기농 농산물과 인도적으로 사육된 동물 및 동물성 제품에 대한 소비자 선호도가 높아짐에 따라 많은 국가에서 대체 농업 방식이 다시 인기를 얻고 있다. 현지에서 생산된 식품에 대한 관심도 높아지고 있으며, 이러한 추세는 농산물 직거래 시장과 관련 기회의 부활을 촉진하고 있다. 이러한 대체 농업 관행의 추가적인 장점으로는 토양에 잔류하는 유기물 증가를 통한 생물 다양성, 지속 가능성, 토양 건강 및 탄소 격리 개선 등이 있다. 그러나 에너지 효율성과 관련된 이러한 관행의 역할에 대해서는 논란의 여지가 있다. 기존 관행에 따른 대규모 농업 운영과 관련된 규모의 효율성은 분명 존재하지만, 연료, 비료, 살충제 등 상당한 에너지 투입이 필요하다. 경우에 따라서는 이러한 관행을 포기하고 현지에서 더 많이 생산할 경우, 특히 소비자가 현지에서 생산된 상품을 얻기 위해 여러 곳을 여러 번 방문하는 경우 더 많은 에너지 소비로 이어질 수 있다고 한다. 최근의 한 연구(Smith et al., 2014)에서는 유기 농업 관행이 환경적 이점과 함께 기존 방식보다 에너지 효율이 약간 더 높을 수 있다고 보고했지만, 다른 연구에서는 그 반대의 효과가 있는 것으로 나타났다(Searchinger et al., 2018). 이러한 대체 농업 관행은 종종 단위 면적당 수확량 감소를 수반하는데, 이는 식량 수요가 증가하고 교외 지역이 생산적인 농지를 잠식함에 따라 증가하는 문제이며, 더 많은 농작물 면적을 늘리기 위해 삼림 벌채를 증가시킬 수도 있다. 지속 가능한 미래로 나아가기 위해 재래식 농업과 산업 농업, 그리고 대체 농업 모두에 에너지 절약 기회가 존재할 가능성이 높다.

채식주의자 및 비건 식단에 대한 추세는 온실가스 배출량을 줄이는 것뿐만 아니라 전 세계에 더 효율적으로 식량을 공급할 수 있는 이점이 있다고 주장되는 식품 선택을 주도하고 있다(Heller and Keoleian, 2014). 데이비드 맥케이는 『*Sustainable Energy without the Hot Air*(온난화 없는 지속 가능한 에너지)』(2009)에서 식단 선택이 에너지 사용에 미치는 영향을 다음과 같이 간결하게 요약했다.

> 햇빛과 양고기 사이의 에너지 손실은 상당하지만 웨일즈 산맥에서 태양열을 모으는 더 좋은 방법

은 없을 것이다. … 반면에 동물을 우리에 가두고 인간이 먹을 수 있는 곡물을 먹이는 경우, 중간 과정인 동물을 건너뛰고 곡물을 인간에게 직접 먹이는 것이 더 에너지 효율적일 것이라는 데 의문의 여지가 없다.

국제 농업과 지역 농업의 운송 측면은 예제 6.4에 설명되어 있다.

예제 6-4

블루베리 구매 옵션을 위한 운송 에너지

전통적으로 과일, 채소 및 기타 부패하기 쉬운 소모품은 현지에서 구할 수 있을 때 계절적으로 섭취(또는 보존)했으나, 냉장 도로, 철도 및 항공 운송은 다른 재배 지역(해외 포함)에서 운송함으로써 이들 작물에 대한 1년 내내 접근을 가능하게 했다. 항공 운송은 가장 에너지(및 탄소) 집약적인 상품 운송 수단 중 하나이므로, 부패하기 쉬운 과일인 '신선한' 블루베리를 구매하기 위한 운송과 관련된 에너지 발자국에 어떤 영향을 미치는지 살펴보자. 화물 운송 및 개인 차량 이동에 대한 에너지 집약도 추정치(예: Granta, 2020)를 사용하여 세 가지 옵션을 통해 구매한 1 kg의 블루베리에 대한 에너지 집약도를 비교한다.

	에너지 강도(MJ/톤/km)	에너지 강도(MJ/km)
장거리 항공 화물	6.5	
단거리 항공 화물	13	
트럭 화물	1	
승용차(마지막 구간)		5

옵션 1: 칠레에서 재배, 항공 터미널까지 150 km 트럭 운송, 뉴욕 라과디아까지 장거리 항공 화물 운송(8,330 km), 로어노크까지 단거리 항공 화물 운송(750 km), 블랙스버그까지 트럭 운송(65 km), 개인 승용차로 보관 및 왕복(10 km).

$$[(150 + 65) \times 1 + 8{,}330 \times 6.5 + 750 \times 13] / 1{,}000 + 10 \times 5 = 114 \text{ MJ}$$

옵션 2: 현지에서 재배한 블루베리, 승용차로 현지 농장까지 왕복(30 km)

$$30 \times 5 = 150 \text{ MJ}$$

옵션 3: 현지에서 재배한 블루베리, 1톤 트럭으로 현지 농산물 직판장까지 이동(30 km), 승용차로 농산물 직판장까지 이동 후 돌아오기(10 km)

$$[30 \times 1] / 1{,}000 + 10 \times 5 = 100 \text{ MJ}$$

답은 1 kg의 블루베리에 대한 에너지 MJ를 기준으로 제공되었다. 더 많이 또는 더 적게 구매할 경우 이 수치가 어떻게 변할지 고려하는 것은 독자의 몫이다. 또한 블루베리 구매가 마지막 구간 여행의 다른 이유(예: 다른 식료품 구매 또는 친구 방문)와 결합될 수 있다면 이 수치는 크게 달라질 수 있다. 멀리 떨어진 지역 농장으로의 특별한 외출은 에너지 집약적인 여행이 될 수 있다.

각색, 제공: 션 맥기니스.

생존을 위해서는 음식 칼로리가 필요한데, 에너지를 절약할 수 있는 방법에는 어떤 것이 있을까? 한 가지 가능성은 음식물 쓰레기를 최소화하여 에너지를 절약하는 것이다. 농산물만으로는 현재 미국 GDP의 0.6%에 불과하지만, 가공 및 관련 부가가치 활동을 고려하면 식품, 농업 및 관련 산업의 GDP는 5.2%에 달한다(USDA, 2020). 농업 생산성으로 유명한 미국의 경제 생산량에서 식품이 차지하는 비중이 상대적으로 적다는 사실에 놀랄 수도 있지만, 이는 다른 나라에 비해 상대적으로 낮은 식품 비용과 일치한다. 하지만 이렇게 저렴한 식량이 풍부하다 보니 과식, 비만 및 당뇨병 증가, 낭비 등 부정적인 영향도 발생할 수 있다. 전 세계적으로 손실되거나 낭비되는 음식의 비율은 질량 기준으로 1/3, 칼로리 기준으로 약 25%에 달한다(Lipinski et al., 2013). 수확 비효율성, 노동력 부족, 부적절한 저장 시설, 해충 등의 원인으로 인해 생산에서 소매까지 손실되는 양은 전 세계적으로 다소 차이가 있다. 부유한 국가일수록 소비자가 사용하지 않아 냉장고에서 버려지는 식품이나 완성되지 않은 식사의 음식물 찌꺼기 등 소비자 수준에서 낭비되는 양이 훨씬 더 많은 경향이 있다. 전 세계 음식물 쓰레기를 절반으로 줄일 수 있다면 인구 증가와 식생활 개선으로 인해 2050년까지 예상되는 식량 격차의 22%를 해소하는 데 도움이 될 것으로 추산된다. 또한, 식단 선택은 음식물 손실과 온실가스 또는 탄소 발자국(Heller and Keoleian, 2014)에도 영향을 미친다. 분명하게 구매하고, 먹고, 낭비를 줄이는 것은 모든 절약의 효과적인 수단이며 건강, 식량, 에너지, 물, 환경적 이점을 가져올 수 있다. 그림 6-17은 미국 식품 시스템의 에너지 흐름을 보여주며, 에너지 투입량이 우리가 실제로 소비하는 음식의 칼로리의 약 13배에 달한다는 것을 보여준다. 세계자원연구소(2019)는 100억 인구를 먹여 살리고 지구 기온 상승을 2°C로 제한하기 위해 2050년까지 달성해야 할 식량 및 배출 완화 격차와 이러한 목표를 달성하기 위한 제안 전략을 제시한다.

마지막으로, 식량–에너지–수자원의 연계성을 고려할 때 우리는 지리적 위치, 식생활 및 문화적 관행, 기후 조건의 변화, 해수면 상승, 수위 저하가 글로벌 사회의 일부에 큰 영향을 미친다는 점을 인식하고 있다. 식량, 에너지, 수자원은 서로 밀접하게 연결되어 있기 때문에, 그림 6-18에 제시된 바와 같이, 이 세 가지 자원의 풍요로움은 일부에게, 부족함은 다른 사회 부문에서도 경험할 수 있으며, 이는 전 세계 인구의 15~20%가 이러한 자원 중 하나 이상에 대한 접근성이 부족하다는 사

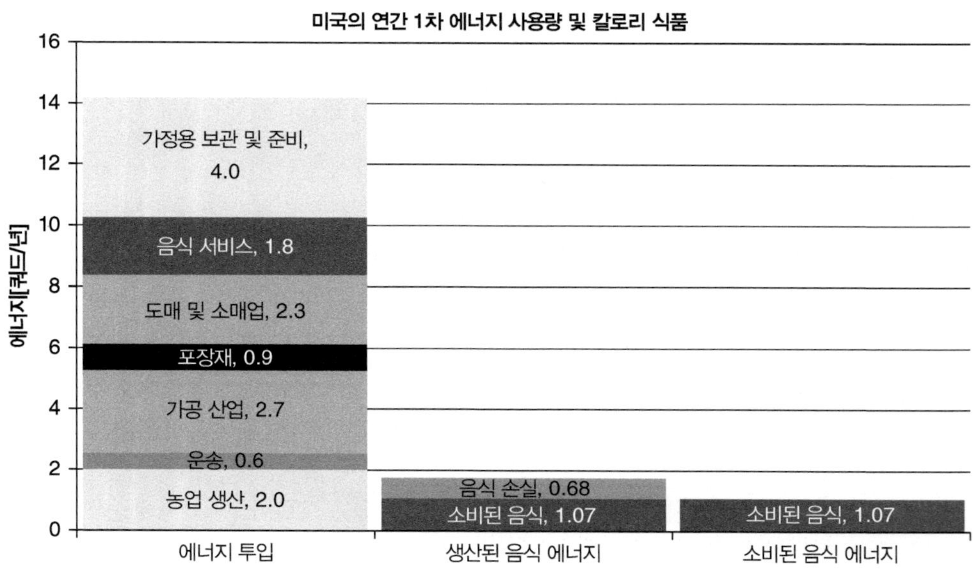

그림 6-17 미국 식품 시스템에 투입, 소비 및 낭비되는 식품의 칼로리값과 총 1차 에너지 및 다양한 기여 성분. [*출처*: 지속 가능한 시스템 센터(2020)].

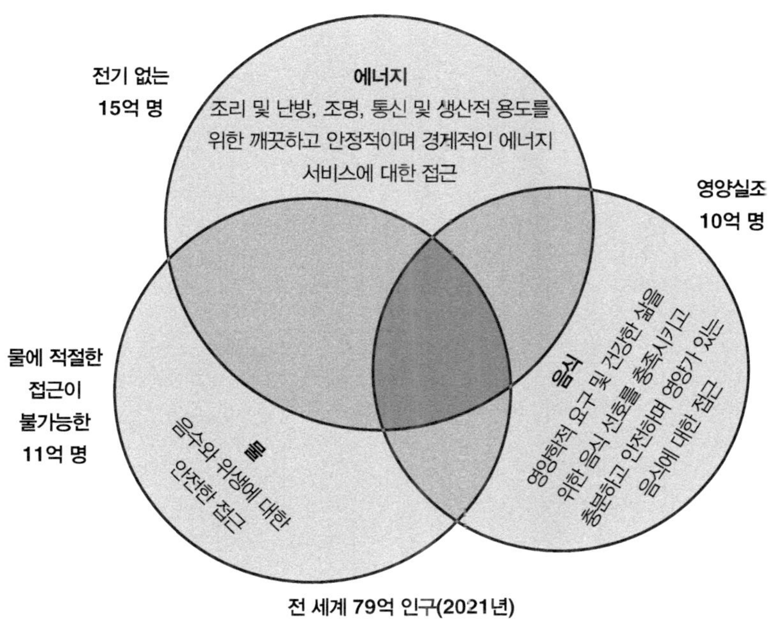

그림 6-18 물, 에너지, 식량 안보의 연결고리로 대표되는 하나 이상의 필요에 의해 영향을 받는 인구.

참고: 두 가지 이상의 욕구에 영향을 받는 개인의 중복 여부는 알 수 없으나 설명 목적으로 표시되었다. [*출처*: Hoff (2011).]

실을 상기시켜 준다. 1장에서 설명한 부와 에너지의 관계와 농업 생산이 오랫동안 생산적인 지역의 사람들에게 중요한 수입원이었다는 사실에 비추어 볼 때 분명한 연관성을 알 수 있다. 즉, 유리한 기후대의 생산적인 토지와 적절한 물은 때로는 에너지 집약적이지만 더 생산적인 농업 관행을 채택할 수 있는 부를 가져다 주었다. 이 중 어느 하나라도 부족하면 종종 생계형 농업 관행과 관련이 있을 수 있다. 현재의 글로벌 이주 추세와 이에 수반되는 불안은 종종 식량-에너지-물 연계에 뿌리를 두고 있는 것으로 알려져 있다. 따라서 이 장의 초점인 농업, 식량, 물 분야의 에너지 효율성을 개선하려는 노력은 기후와 환경을 보호하는 동시에 증가하는 인구의 수요를 충족하는 데 도움이 될 수 있다.

6-8 결론

에너지 절약과 에너지 효율성 향상은 에너지 공급망 전반에서 낭비를 줄일 수 있다는 점에서 에너지 공급과 수요의 균형을 맞추고 사회 에너지 소비의 지속 가능성을 개선하는 데 매력적인 전략이다. 또한 에너지 절약과 효율성에 초점을 맞추면 대기 중 온실가스 축적을 완화하는 데 필요한 지속 가능한 에너지 기반시설의 규모를 줄일 수 있다. 주거용 및 상업용 건물의 에너지 절약 기회에는 건물 외피 개선을 통한 부하 감소, 조명 및 HVAC에 대한 장비 및 운영 전략 개선, 재생 및 재생에너지 사용 증가 등이 있다. 최종 사용자도 가정과 직장에서 가전제품 선택을 통해 효율성 향상에 기여할 수 있다. 마지막으로, 산업 및 농업 공정에서 주요 에너지 투입량을 인식하면 공정 개선 또는 제품 수요 감소를 통해 에너지 사용을 완화하는 전략으로 이어질 수 있다.

References

American Council for an Energy Efficiency Economy (ACEEE). (2016). "How Much Does Energy Efficiency Cost?" Fact sheet. Washington, DC.

American Society of Heating, Refrigeration, and Air-Conditioning Engineers (ASHRAE). (2019a), *Standard 90.1—Energy Standard for Buildings Except Low-Rise Residential Buildings*. ASHRAE, Peachtree Corners, GA.

American Society of Heating, Refrigeration, and Air-Conditioning Engineers (ASHRAE). (2019b). *Standard 62.1—Ventilation for Acceptable Indoor Air Quality*. ASHRAE, Peachtree Corners, GA.

American Society of Heating, Refrigeration, and Air-Conditioning Engineers (ASHRAE). (2021). "Advanced Energy Design Guides." https://www.ashrae.org/technical-resources/aedgs (accessed April 2021).

Appliance Standards Awareness Project. (2014). "How Your Refrigerator Has Kept Its Cool over 40 Years of Efficiency Improvements." Appliance Standards Awareness Project, electronic resource, www.appliance-standards.org. Posted September 11, 2014.

Bauer, D., M. Philbrick, and B. Vallario. (2014). "The Water-Energy Nexus: Challenges and Opportunities." U.S. Department of Energy.

Berry, W. (1977). *The Unsettling of America: Culture and Agriculture*. Catapult Press, New York.

Center for Sustainable Systems. (2020). University of Michigan. U.S. Food System Factsheet. Pub. No. CSS01-06.

Cullen, J., and J. Allwood. (2010). "Theoretical Efficiency Limits for Energy Conversion Devices." *Energy*, Vol. 35, pp. 2059 – 2069.

Energy Efficiency and Renewable Energy (EERE). (2020). "Energy Efficiency Potential Studies Catalog." https://www.energy.gov/eere/slsc/energy-efficiency-potentials-tudiescatalog#:~:text=Energy%20efficiency%20programs%20can%20lower,a%20given%20set%20of%20parameters.

Federal Energy Management Program (FEMP). (2014). "Commissioning for FederalFacilities."https://www.energy.gov/sites/default/files/2014/07/f17/commissioning_fed_facilities.pdf.

Fernandez, N., S. Katipamula, W. Wang, Y. Xie, and M. Zhao. (2018). "Energy Savings Potential from Improved Building Controls for the US Commercial Building Sector." *Energy Efficiency*, Vol. 11, pp. 393 – 413.

Goetzler, W., M. Guernsey, K. Foley, J. Young, and G. Chung. (2016) Energy Savings Potential and RD&D Opportunities for Commercial Building Appliances (2015 Update). USDOE Office of Energy Efficiency and Renewable Energy (EERE). https://doi.org/10.2172/1420229.

Goldman, C., I. Hoffman, and S. Murphy. (2020). "The Cost of Saving Electricity: A Multiprogram Cost Curve for Programs Funded by U.S. Utility Customers." *Energies*, Vol. 13, pp. 2369 – 2688.

Granta EduPack software, Granta Design Limited, Cambridge, UK, 2020.

Heller, M., and G. Keoleian. (2014). "GHG Emissions of U.S. Dietary Choices and Food Loss." *Journal of Industrial Ecology*, Vol. 19, pp. 391 – 401.

Hoff, H. (2011). "Understanding the Nexus." Background Paper for the Bonn2011 Conference: The Water, Energy and Food Security Nexus. Stockholm Environment Institute, Stockholm.

Lawrence Livermore National Laboratory (LLNL). (2019). "Energy Flowcharts." https://flowcharts.llnl.gov/commodities/energy.

Lepley, S. (2019). "Nine Mind-Blowing Facts about the US Farming Industry." *Business Insider*, May 30, 2019.

Lipinski, B., C. Hanson, J. Lomax, L. Kitinoja, R. Waite, and T. Searchinger. (2013). "Reducing Food Loss & Waste." UN World Resources Institute.

Little, J. (2009). "Saving the Ogallala Aquifer." *Scientific American Special Editions*, Vol. 19. No. 1, pp. 32-39.

Lovins, A. (2018). "How Big Is the Energy Efficiency Resource?" *Environmental Research Letters*, Vol. 13, p. 090401.

Lovins, A. (2019). The Invisible Energy Bonanza." *Solutions Journal*, Vol. 12, No. 1, May 24, 2019.

MacKay, D. (2009). *Sustainable Energy without the Hot Air*. Cambridge University Press, Cambridge.

Macknick, J., R. Newmark, G. Heath, and K. C. Hallett. (2012). "*Operational Water Consumption and Withdrawal Factors for Electricity Generating Technologies: A Review of Existing Literature." Environmental Research Letters*, Vol. 7, p. 045802.

Mills, E. (2011). "Capturing the Potential." *ASHRAE Journal*, Vol. 53, pp. 86 – 88.

Moran, M., H. Shapiro, D. Boettner, and M. Bailey. (2018). *Fundamentals of Engineering Thermodynamics*, 9th ed. Wiley, New York.

National Academy of Science (NAS), Engineering, and Medicine. (2015). "How We Use Energy." Online resource. NAS, Washington, DC.

New Buildings Institute. (2021). Home page, https://newbuildings.org/ (accessed April 2021).

Pattison, P., M. Hansen, J. Tsao. (2017). "LED lighting efficacy: Status and directions." *Comptes Rendus. Physique*, Vol. 19, No. 3, pp. 134 – 145.

Pollan, M. (2006). *The Omnivore's Dilemma: A natural History of Four Meals*. Penguin Random House.

Poore, J., and T. Nemecek. (2018). "Reducing Food's Environmental Impact through Producers and Consumers." *Science*, Vol. 360, No. 6392, pp. 987 – 992.

Randolph, J., and G. Masters. (2008). *Energy for Sustainability*. Island Press, Washington, DC.

Roberts, P. (2005). *The End of Oil: On the Edge of a Perilous New World*. Houghton Mifflin Harcourt.

Roser, M. and Ritchie H. (2013). "Fertilizers". Published online at OurWorldInData.org. Retrieved from: 'https://ourworldindata.org/fertilizers' [Online Resource]

Schwartz, L., M. Wei, W. Morrow, J. Deason, S. Schiller, G. Leventis, S. Smith, and W. Leow. (2017). "Electricity End Uses, Energy Efficiency, and Distributed Energy Resources Baseline." LBNL- 1006983, Lawrence Berkeley National Laboratory.

Searchinger, T. D., S. Wirsenius, T. Beringer, and P. Dumas. (2018). "Assessing the Efficiency of Changes in Land Use for Mitigating Climate Change." *Nature*, Vol. 564, pp. 249 – 253.

Sheha, M., K. Mohammadi, and K. Powell. (2020). "Solving the Duck Curve in a Smart Grid Environment Using a Non-Cooperative Game Theory and Dynamic Pricing Profiles." *Energy Conversion and Management*, Vol. 220, p. 113102.

Simpson, G., and G. Jewitt. (2019). The Development of the Water-Energy-Food Nexus as a Framework for Achieving Resource Security: A Review. *Frontiers in Environmental Science*, Vol. 7, No. 8, pp. 1 – 9.

Smith, L. G., A. G. Williams, and B. D. Pearce. (2014). "The Energy Efficiency of Organic Agriculture: A Review." *Renewable Agriculture and Food Systems*, Vol. 30, No. 3, pp. 280 – 301.

U.S. Department of Agriculture (USDA). (2019). "Irrigation & Water Use." Electronic resource, available at https://www.ers.usda.gov/topics/farm-practices-management/irrigation-water-use/

U.S. Department of Agriculture (USDA). (2020). "What Is Agriculture's Share of the-Overall U.S. Economy?" Electronic resource, available at https://www.ers.usda.gov/dataproducts/chartgallery/gallery/chartdetail/?chartId=58270.

U.S. Department of Energy. (2019). "Weatherization Works." Fact sheet 1561. USDOE, Office of Energy Efficiency and Renewable Energy, Washington, DC.

U.S. Department of Energy. (2021). "How Energy-Efficient Light Bulbs Compare with Traditional Incandescents." Online resource. USDOE, Washington, DC.

U.S. Energy Information Administration (USEIA). (2014). "Energy for Growing and Harvesting Crops Is a Large Component of Farm Operating Costs." News update, released October 17, 2014. USEIA, Washington, DC.

U.S. Energy Information Administration (USEIA). (2021a). 2012 Commercial Buildings Energy Consumption Survey (CBECS). https://www.eia.gov/consumption/ commercial/data/2012/ (accessed March 2021).

U.S. Energy Information Administration (USEIA). (2021b). 2015 Residential Energy Consumption Survey (RECS). https://www.eia.gov/consumption/residential/data/2015/ (accessed March 2021).

U.S. Energy Information Administration (USEIA). (2021c). Total Energy. https://www.eia.gov/totalenergy/ (accessed July 2021).

U.S. Environmental Protection Agency. (2021a). Clothes Dryers Key Product Criteria. https://www.energystar.gov/products/appliances/clothes_dryers/key_product-criteria (accessed July 2021).

U.S. Environmental Protection Agency. (2021b). Benchmark Your Building Using ENERGY STAR® Portfolio Manager®. https://www.energystar.gov/buildings/benchmark (accessed July 2021).

Watson, J., and Taminger, K. (2018). A decision-support model for selecting additive manufacturing versus subtractive manufacturing based on energy consumption. *Journal of Cleaner Production*, Vol. 176, pp. 1316–1322.

Wong, M. (2020). "Stanford Research Provides a Snapshot of a New Working-from-Home Economy." *Stanford News*, published June 29, 2020. Electronic resource, www.news.stanford.edu.

World Resources Institute. (2019). "Creating a Sustainable Food Future a Menu of Solutions to Feed Nearly 10 Billion People By 2050." Final Report. WRI, Washington, DC.

Further Reading

Lawrence Berkeley Laboratory. (2021). "Publications on Energy Efficiency." Electronic resources, available at https://emp.lbl.gov/publication-research/7.

연습 문제

6-1. 탱크식 및 탱크가 없는(주문형) 천연가스 연소 온수기를 생각해 보자. 천연가스 연소 열량을 열에너지로 변환하여 수온을 높이는 데 80%와 70%의 효율이 있다고 가정한다. 탱크 시스템은 40갤런 탱크에서 30 BTU/h의 손실을 입게 된다. 라인 손실을 무시하고 하루에 63갤런의 온수를 소비하는 일반적인 4인 가족의 경우 이 두 가지 옵션의 일일 에너지 사용량을 비교하라. 유입되는 수온은 해당 지역의 1

년 평균 기온이며, 공급되는 온수는 120°F라고 가정한다.

6-2. 다음 문장을 보고 이러한 입장을 지지하거나 의문을 제기할 수 있는 논거를 제시하라.

a. 태양광발전으로 에너지 사용량을 상쇄하고 있기 때문에 집에 더 효율적인 가전제품과 히트 펌프를 구입할 생각은 없다.

b. 최소 히트 펌프 및 냉방 성능 의무를 설정하는 정책은 부담이 될 수 있으며, 여름 별장이나 해변 주택과 같이 가끔 사용하는 건물에는 효율이 낮은 장치가 적합하고 비용도 저렴할 수 있다.

c. 나는 새로운 기술을 좋아하기 때문에 개인 용품을 추가 기능이 있는 에너지 효율이 높은 모델로 자주 업그레이드하고 있다.

d. 나는 금욕주의자에 가까우며, 다른 사람들도 그래야 하듯이 지구를 구하기 위해 개인 소유를 최소화하는 것을 선호한다.

e. 소비는 견고한 경제를 뒷받침하므로 개인 소유물을 정기적으로 교체하는 것은 국가 건강에 도움이 된다.

6-3. EERE (2020)에 제공된 다양한 연방, 주 및 비정부 기관에서 수행한 에너지 효율성 연구 카탈로그를 검토하라. 이 중 관심 있는 연구 하나를 선택하고 중요한 연구 결과와 권장 사항을 찾아보라. 선택한 연구에 대한 이해를 요약하고 자신의 경험이나 이해에 근거하여 연구 결과에 대한 정당성을 제시하라.

6-4. 110,000 ft^2 상업용 건물은 천연가스 형태의 난방 및 온수에 대해 115 kBTU/ft^2/년의 에너지 요구량이 있다. 가스 가격은 $8.50/MMBTU이며 MMBTU당 117파운드의 CO_2를 배출한다. 소유주는 연간 천연가스 소비량을 20% 줄이고 30만 달러의 비용이 드는 에너지 절약 개보수를 고려하고 있다. 이 프로젝트의 투자 수명은 20년이고 할인율은 5%이다. (a) 이 투자로 연간 몇 톤의 CO_2를 절감할 수 있는가? (b) 투자의 NPV는 얼마인가? (c) 소유주가 프로젝트의 순 초기 비용을 25% 절감하는 인센티브를 받는다고 가정한다. 인센티브를 고려한 후 NPV는 얼마인가?

6-5. 미국 에너지부의 로렌스 리버모어 국립연구소 웹사이트(https://flowcharts.llnl.gov/commodities/energy)에서 해당 주 또는 미국 전역의 가장 최근 연도 에너지 흐름도를 다운로드하라. 주거, 상업, 산업 및 운송 부문에 대한 거부된 에너지 비율을 검토하고 이러한 차이에 대한 이유를 제시하라. 순서도를 검토하면서 얻은 다른 주목할 만한 통찰력을 찾아 토론하라.

6-6. 내부 부피가 2,000 m^3이고 벽면 면적이 120 m^2인 계획된 주택을 가정해 보자. 집을 짓는 이 '절호의 기회' 동안 이 주택에 몇 가지 절약 조치를 적용하려고 한다. 외기 온도가 0°C이고 실내 온도가 20°C인 일반적인 겨울날을 가정하여 다음 시나리오 각각에 대한 주택의 난방 요구량 감소를 kW 단위로 계산하라. **시나리오 a**: 일반적인 건축의 침투율은 시간당 0.45 ACH(공기 변화)이지만, 침투율을 0.20 ACH로 줄이는 옵션을 고려하고 있다. (*참고*: 1 ACH는 1시간마다 집 안의 모든 공기가 외부 공기로 교체되는 것과 같다.) 이 계산을 위해 공기의 비열을 1.07 kJ/(kg K)로 가정하고 밀도를 1.22 kg/m^3로 가정할 수 있다. **시나리오 b**: 일반적인 벽 단열재의 등급은 R-13이지만 대신 R-15 벽 단열재를 고려하고 있다. 또한 나열된 *R*값은 5.678 (m^2·K/W)에 해당하는 (ft^2·°F·h/BTU) 단위라는 점에 유의하라.

제 7 장

탄소 격리

Carbon Sequestration

▶학습 목차

7-1 개요

장기적으로 지속 가능한 화석연료 이용을 위하여 탄소 격리는 반드시 필요하다. 탄소 격리를 통하여 대기 중 이산화탄소 농도의 안정화와 화석연료의 이용이 동시에 가능하다. 단기적으로는 산림 육성과 같은 기존의 자연적인 방법을 통해 현재 대기로 방출되는 탄소를 격리시킬 수 있다. 장기적으로 이산화탄소가 대기로 방출되기 전에 적극적으로 수집하고 격리시키는 기술이 현재 개발 중에 있다. 이 장에서는 단기적인 방안과 장기적인 방안을 모두 설명하고자 한다.

7-2 서론

화석연료의 연소로 인한 전 세계 이산화탄소 배출량은 1994년 220억 톤이었으며, 2017년에는 연간 360억 톤을 넘어섰다. 많은 국가에서 연간 이산화탄소 배출량의 증가율이 감소하고 있다. 일부 국가에서는 증가율을 역전시켜 이산화탄소 연간 배출량을 감소시키고 있다. 하지만 에너지 및 기타 자원의 사용으로 인해 연간 배출되는 탄소의 양은 가까운 미래에도 상당한 수준으로 유지될 것이라는 점은 분명하다. 따라서 화석연료의 연소로 인한 이산화탄소의 대기 배출을 방지하는 방법에 대하여 매우 큰 관심이 집중되고 있다. 이러한 목적을 달성하기 위한 모든 기술 또는 대기로부터 분리된 저장소에 지질학적으로 상당한 기간(수천, 수십만, 또는 수백만 년) 동안 탄소를 보관하는 방법을 *탄소 격리*(carbon sequestration)라고 한다.

탄소 격리는 두 가지 일반적인 범주로 분류된다. 간접 (또는 적극적인) 격리는 연소 부산물로부터 사람에 의해 의도적으로 제어된 이산화탄소 격리와, 영구적 또는 반영구적인 저장을 위해 대기와 분리된 저장소로 이동시키는 것으로 구성된다. 반면, 간접 격리에서는 사람에 의해 제어되는 이산화탄소의 격리 과정이 없는 대신 생물체의 이산화탄소 흡수 등과 같은 자연적인 과정이 그렇지 않았을 때보다 더 높은 속도로 이산화탄소를 축적하도록 촉진된다.

이 장은 탄소 격리를 위한 세 가지 주된 방법을 다음의 순서로 제시하였다.

1. *간접 격리*(indirect sequestration): 현재 이용되는 간접 격리의 주된 방법은 산림을 육성시키는 것이다.[1] 탄소를 격리하는 방법을 찾는 많은 개인 및 기관 소비자에게 이는 현재 이용할 수 있는 가장 저렴한 방법이다. 하지만 이는 산림 조림을 위한 가용 토지 면적에 의해 제한되기도 한다.
2. *이산화탄소의 지중저장*(geological storage of CO_2): 이 방법을 이용해 저장할 수 있는 잠재적인 이산화탄소 부피는 간접 격리를 통한 양보다 훨씬 더 많고, 또한 지구상에서 사용 가능한 모든 화석 자원을 연소할 때 발생하는 이산화탄소량을 초과할 수도 있다. 유일한 단점은 이산화탄소가 지하에 오랜 시간 동안 저장되어 있다가 나중에 대기로 떠올라, 먼 미래 세대에 기후변화를 일으킬 가능성이다. 탄소가 자연적으로 다른 비활성 물질로 전환되지 않기 때문에, 이러한 위험은 이따금 미래 세대를 위한 '탄소 유산'이라 불린다(지중저장 중에 자연재해로 인해 발생할 수도 있다). 현재 지중저장은 전 세계적으로 특정 지역에서 소규모로 진행 중에 있다. 지중저장을 통해 연간 수 기가톤의 이산화탄소를 안정적이고 비용 효율이 높은 방법으로 격리시키기 위해서는 공학적인 연구 개발이 필요한 실정이다.
3. *이산화탄소의 비활성 물질로의 전환*(conversion of CO_2 into inert materials): 이산화탄소를 부산물로부터 분리할 뿐만 아니라 지질학적으로 안정적인 다른 물질로 전환할 수 있기 때문에 이 방법은 가장 영구적인 방법이다. 생성물에서 얻은 부가가치로 비용을 상쇄하더라도, 이 방법은 탄소 전환 단계가 추가되기 때문에 가장 비싼 방법이다. 현재 이산화탄소 전환 기술은 지중저장에 비해 상대적으로 발전이 미흡하다.

두 가지 추가적으로 언급할 사항이 있다. 첫 번째로, 현재 전 세계 연구실에서 탄소 분리나 탄소 저장과 관련된 수많은 대안들이 연구 중에 있다. 각각의 차이를 기술하거나, 각 기술의 장래성에 대해 이야기하는 것은 이 책의 범위를 넘는 내용이다.[2] 이 장의 목적은 가까운 시간 내로 적용 가능한 탄소 격리 기술의 범위에 대해 독자들에게 알려주는 것이다. 두 번째로, 여기서 제시된 방법들은 대규모의 이산화탄소 배출이 특정 지역에서 집중적으로 발생되는 화석연료 연소에만 적용 가능하다. 이 기술들은 수송 분야와 같이 분산되어 발생하는 연소에는 적합하지 않다. 앞으로 미래에는 고정된 장소에서 대규모로 화석연료 전환(전기, 수소)과 이산화탄소 격리를 수행하고, 그 결과물은 개별 차량에 배포시키는 방법이 기술적으로, 그리고 경제적으로 실현 가능할 것이다.

7-3 간접 격리

현재 간접적인 흡수는 행성의 열대 및 온대 지역의 숲을 이용하여 수행되고 있다. 탄소 격리를 위해 광합성을 수행하는 작은 생물들을 이용하는 실험적인 연구도 진행 중이다. 과거에는 바다의 화학 평형을 변화시켜(예를 들면 철 또는 질소를 비료로 주어) 이산화탄소 흡수를 촉진하는 방법도 고려된 적이 있다. 하지만 이러한 방법은 의도치 않은 부작용으로 인해 더 이상 고려되지 않고 있다.

산림 기반의 격리는 *조림*, (근래 역사에) 산림이 없는 빈 지형에 산림 개척, *재산림화*, 그리고

---

1 잔디와 비산림지 식물 또한 탄소 격리에 이용될 수 있다.

2 탄소 분리와 저장의 최신 개발 동향에 대해 자세히 보기 원하는 독자는 White 등(2003)을 참조하기 바란다.

최근에 손실된 산림 복구 등을 통하여 수행된다. 앞으로는 이를 모두 산림이라고 칭하겠다. 나무 심기와 산림 유지에 필요한 장비 및 운송 과정에서 화석연료가 이용되고, 그로 인해 이산화탄소가 추가로 방출되기 때문에, 산림 프로젝트에서는 그 값을 포함한 순 이산화탄소 흡수량을 계산해야 한다. 산림의 성장과 함께 나무가 자라고, 나무의 몸통과 가지에 많은 양의 목질 조직이 축적되면서 탄소 격리가 이루어진다. 산림이 성숙한 상태에 도달하면 산림이 격리할 수 있는 이산화탄소 총량은 최대가 된다. 그 후, 오래된 나무가 죽어 분해되는 과정에서 방출되는 이산화탄소는 그 자리에 성장하는 젊은 나무에 의해 상쇄되면서, 산림에서 전체 나무가 함유하는 탄소량은 일정한 값으로 유지된다. 따라서 탄소를 잘 격리하기 위해서는 성숙한 산림을 거의 최대 크기로 유지시키는 동시에, 나무들이 생물학적으로 건강한 상태로 유지되는 것이 중요하다. 또한 일부 산림 경영자는 전체 나무가 포함하는 탄소의 양이 크게 변하지 않는 선에서 다른 목적을 위해 산림에서 일부 목재를 수확 및 판매할 수 있다.

현재 전 세계적으로 산림 면적은 감소 추세에 있다. 그림 7-1에서 보듯이 UN 식량농업기구에 의하면 2010년에서 2020년까지 총 산림 면적이 매년 47만 헥타르만큼 감소하여, 10년 동안 약 470만 헥타르가 손실되었다. 나무의 감소로 함유되어 있던 탄소가 방출됨에 따라 산림 손실은 대기로의 총 이산화탄소 배출의 약 20%에 기여하는 것으로 추정된다. 긍정적인 면은, UN 식량농업기구에 의하면 자연적인 산림 확장과 인간의 적극적인 노력으로 1990~2010년보다 현재 산림 손실률이 감소하고 있다는 것이다. 또한, 산림 손실률은 지역에 따라 크게 다르게 나타난다. 아시아, 유럽, 오세아니아는 실제 이 기간 동안 산림 면적이 증가하고 있고, 미국과 중국 같은 개별 국가들 역시 총 산림 면적이 증가하는 경향을 나타내고 있다. 현재 산림 손실은 아프리카와 라틴아메리카에서 가장 빠른 속도로 일어나고 있다. 산림을 이용한 격리는 기후 변화를 막을 뿐만 아니라, 다른 생물학적 이익 또한 가져올 수 있다.

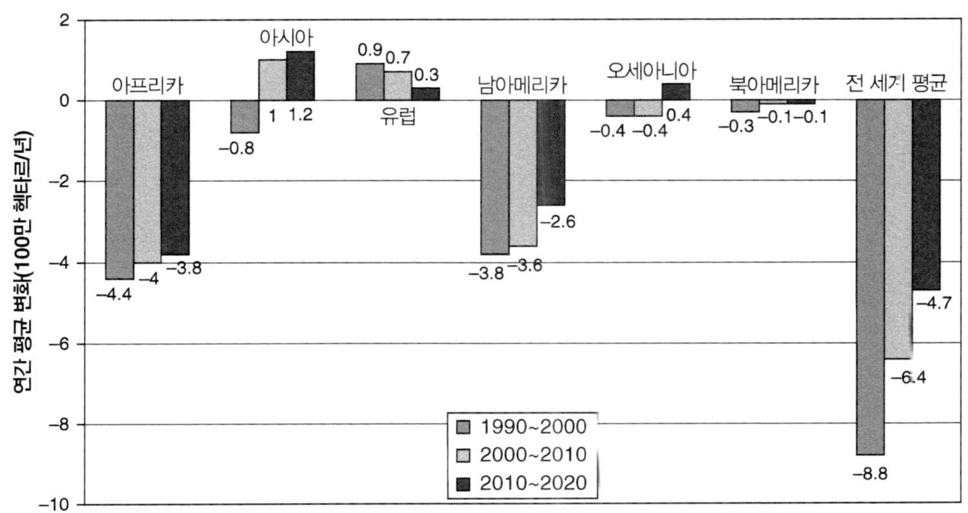

그림 7-1 1990~2020년도 사이 연간 평균 산림 면적 변화. (*출처*: UN 식량농업기구, 2020.)

7-3-1 광합성 반응: 간접 격리의 핵심 공정

식물을 포함한 모든 간접 격리는 공기 중의 CO_2와 물을 에너지로 변환하고, 이를 포도당($C_6H_{12}O_6$) 또는 다른 화합물로 저장하여 나중에 사용하는 *광합성 반응*(photosynthesis reaction)에 의존한다. 광합성의 상세한 과정은 식물 내부에서 연쇄적으로 발생하는 복잡한 반응들로 이루어지지만, 순 반응은 다음과 같이 간단히 표현할 수 있다.

$$6\,CO_2 + 6\,H_2O + \text{energy} \rightarrow C_6H_{12}O_6 + 6\,O_2 \tag{7-1}$$

에너지는 태양광선으로부터 유기체에 공급된다. 이산화탄소 1몰당 광합성에 필요한 에너지는 9.42×10^{-19} J이다. 광합성 반응에 필요한 에너지를 지구 표면에 입사되는 태양광선의 총 에너지와 비교해보자. 언뜻 보기에 탄소 격리는 전 세계 화석연료의 연소로 인해 배출되는 이산화탄소 배출량에 상응할 정도로 매우 빠른 속도로 일어날 것 같다. 하지만 전 세계적으로 많은 요인들로 의해 전 세계 산림에 의해 탄소가 흡수되고 유지되는 정도가 감소하고 있다. 첫째로, 3장에서 설명하였듯이 태양광선은 서로 다른 에너지값을 갖고 있는 다양한 파장으로 지구에 도달한다. 식물과 나뭇잎은 가시광선 영역(약 400~700 nm)의 광파만을 흡수하기 때문에, 이 파장 외부의 에너지는 유기체를 사용할 수 없다. 둘째로, 광합성 반응의 양자 특성으로 인해 나뭇잎에 도달하는 광자는 최대 에너지까지만 제한적으로 이용되므로, 에너지가 더 높은 짧은 파장의 에너지는 손실되고 만다. 셋째로, 실제 식물이나 나뭇잎이 지역의 표면 전체에 걸쳐 균일하게 자라지는 않으므로 도달하는 빛에너지의 대부분은 지구 표면에 흡수되거나 반사된다. 마지막으로, 광합성으로 인해 포도당으로 전환된 탄소 중에서 많은 양은 이후 다양한 세포 기능(세포 성장 및 복구 등)으로 인해 소비되고, 유기체에 영구적으로 보존되지 않는다. 태양광선이 탄소로 전환되는 과정에서 이러한 요인들이 미치는 영향을 예제 7-1에서 설명하였다.

▶ 예제 7-1

어떤 특정한 나무의 이산화탄소 격리 용량은 밤과 낮, 계절의 주기, 날씨 변동성 등을 고려하였을 때 평균 태양에너지가 100 W/m^{2}인 곳에서 연간 2 kg/m^{2}이다. (a) 광합성을 통해 이산화탄소를 탄소로 전환하는 데 필요한 에너지의 양은 얼마인가? (b) 연간 사용 가능한 에너지의 몇 퍼센트가 탄소 전환에 이용되는가?

▶ ***풀이***

(a) 먼저 *아보가드로 수*, 6.022×10^{23}을 이용하여 이산화탄소 2 kg의 분자 수를 계산한다.

$$\frac{6.022\times10^{23}\text{ molecules/g·mol}}{44\text{ g/g·mol CO}_2}\left(1{,}000\frac{\text{g}}{\text{kg}}\right)(2\text{ kg}) = 2.74\times10^{25}$$

따라서 필요한 에너지양은 $(2.74 \times 10^{25})(9.47 \times 10^{-19}) = 2.59 \times 10^{7}$ J, 또는 25.9 MJ이다.

(b) 태양으로부터의 열전달률, 100 W/m^{2}은 매초 100 J의 에너지가 도달하는 것과 같다. 그러므로 연간 에너지양을 계산하면 다음과 같다.

$$100\text{ J/s}\times\left(3600\frac{\text{s}}{\text{h}}\right)\left(8760\frac{\text{h}}{\text{year}}\right) = 3.15\times10^{9}\text{ J}$$

탄소 전환에 이용된 에너지가 25.9 MJ이므로, 총 에너지의 0.822%가 탄소 전환에 이용되었다.

▶ ***논의*** 나무를 추후에 이용하기 위하여, 광합성 과정에서 일부 에너지가 추가로 이산화탄소를 포도당으로 전환하는 데 사용되는 점에 유의해야 한다. 자연 서식지에서 실시간으로 정확한 광합성 속도 측정이 어렵기 때문에, 태양에너지의 몇 퍼센트가 광합성 과정을 통하여 포도당으로 전환되었는지 정확히 알기 어렵다. 일부 추정치는 10~11%이다. 또한 상대적으로 적은 에너지가 격리에 이용되기 때문에, 이산화탄소를 보다 빠르게 전환시키고, 전환된 탄소를 더 많이 보유할 수 있는 나무, 식물, 그리고 미생물을 개발하는 것이 중요한 연구 분야이다.

7-3-2 실제 간접 격리

간접 격리는 탄소 배출 감소 목표의 달성을 위해 각국 정부에 의해, 그리고 기관과 개인을 대신하여 산림 사업을 관리하는 비정부기구에 의해 수행된다. 이산화탄소 격리 속도는 산림의 성장 기간 동안 연간 1~3 kg/m^2으로, 열대 산림에서 격리 속도가 가장 빠르다.

나무를 이용한 탄소 격리는 상대적으로 저렴한 방안이다. 이산화탄소 제거 비용은 톤당 1달러만큼 낮은 것으로 보고되었지만, 톤당 20~30달러 범위의 비용이 더 일반적이다. 또한, 나무를 이용한 격리는 자연 생태계와 사회의 가치를 높이는 부수적인 장점을 갖고 있다. 산림 지역은 맨땅에 비해 더 많은 빗물을 보유하기 때문에 홍수를 방지하고, 표토의 유출을 줄일 수 있다. 또한, 숲 근처 지역 기후의 극한 상황을 완화할 수 있다. 탄소 격리 능력을 감소시키지 않으면서도, 산림으로부터 전문 목재, 식용 제품, 수지, 그리고 다른 추출물 등 임산물의 지속적인 수확을 통하여 수익을 창출할 수 있다. 지역 주민에게 산림의 재배와 관리에 필요한 일자리를 창출할 수 있으며, 이는 일자리가 부족한 신흥 국가에서 특히 유용하게 작용한다.

단기적으로 이와 같은 장점이 있는 데 반하여, 격리에 이용되는 총 토지 면적과 앞으로 10년간 예상되는 총 이산화탄소 배출량을 비교하면, 장기적으로 산림을 이용한 격리가 탄소 배출 문제 해결에서 중요한 역할을 하기에는 한계가 있다. 현재 산림 지역은 지구 육지 표면의 약 30%인 40억 헥타르(4×10^{13} m^2)이다. 산림이 성숙하고 이산화탄소의 흡입과 방출이 정상상태에 도달하기 전인 약 20~30년 동안, 산림을 이용한 간접 격리는 연간 평방미터당 1~2 kg의 이산화탄소를 격리할 수 있다. 전 세계 국가에서 신석기 혁명 이후 벌채된 것으로 추정된 27억 헥타르를 복원한다고 해도 총 이산화탄소 격리량은 약 500~1,600 Gt 정도 될 것이다. 2017년도의 연간 이산화탄소 배출량은 36 Gt(탄소 배출량 9.8 Gt 수준)으로 이 값은 약 14~44년 동안 전 세계 이산화탄소 배출량과 같다. 따라서 화석연료의 광범위한 이용이 오랜 기간 지속된다면, 탄소 격리를 위한 또 다른 기술이 필요하다.

격리 시장에 새로 나타난 흥미로운 현상은, 전기와 수송을 포함한 이산화탄소를 배출하는 사업자에게 이산화탄소 배출에 대한 대응으로 산림의 상쇄를 판매하는 것이다. 이 시장의 판매자는 일반적으로 비영리 기관으로, 자신들의 작업량에 해당하는 이산화탄소 격리량을 비행이나 운전 거리 또는 전기 사용량 등으로 추정한다. 그러면 소비자는 일정 기간 동안(예를 들어, 휴가 기간 또는 1년 내내) 자신들의 사용량을 추정하고, 그에 해당하는 나무를 심는 데 필요한 적당량의 금액을 판매자에게 지불한다. 또한 판매자는 보다 효율적으로 탄소 배출을 상쇄하기 위하여, 신재생에너지 시스템이나 시스템 개선 등에 투자한다. 이러한 방법에 대한 예를 예제 7-2에 나타내었다.

예제 7-2

매달 400 kWh의 전기를 소비하는 가정이 있다. 이 가정은 아프리카에 나무를 심는 기관으로부터 격리 상쇄를 구입하려고 한다. 기관이 제시하는 가격은 나무 한 그루당 19달러이고, 한 그루의 나무는 평생 동안 평균 730 kg의 이산화탄소를 흡수할 것으로 추정된다. 전기 사용에 의해 배출되는 이산화탄소량은 NYSERDA(뉴욕주에너지연구개발국)에서 출판한, 다음 에너지 혼합표의 2008년 뉴욕주 평균 이산화탄소 배출량을 참조하라. 나무를 심는 기관은 소비자에게 나무를 분할하여 구매하는 것을 허용한다. (a) 이산화탄소 배출을 상쇄하기 위하여 이 가정은 1년에 얼마를 지불해야 하는가? (b) 각각의 나무는 직경이 6 m인 단면적을 가진 임분에 심어져 있고, 성숙한 상태에 도달하는 데 20년이 걸린다고 가정하자. 매년 이산화탄소 격리 속도는 단위 면적당 몇 kg인가?

에너지원에 따른 이산화탄소 배출량:

에너지원	연간 생산량 (Bil.kWh)	점유율(%)	배출량 (gCO_2/kWh)
천연가스	1,586.0	38.4	390
석탄	965.0	23.4	1,008
석유	18.4	0.4	870
원자력	809.0	19.6	0
수력	287.9	7.0	0
풍력	294.9	7.1	0
태양	71.9	1.7	0
기타 신재생에너지*	93.9	2.3	0

**주의*: 기타 신재생에너지에는 바이오매스, 지열, 폐기물 에너지 변환 등이 포함된다.

▶ ***풀이***

(a) 전기 MWh당 평균 이산화탄소 배출량은 각 에너지원의 배출량과 점유율을 곱한 후 모두 더한 값이다. 배출량이 0이 아닌 에너지원만 고려하면 된다. 따라서 평균 이산화탄소 배출량은 (38.4%)(390) + (23.4%)(1,008) + (0.4%)(18.4) = 390 gCO_2/kWh, 또는 MWh당 0.39톤이다. 이 가정의 연간 전기 사용량은 4,800 kWh, 또는 4.8 MWh이다. 이 정도는 (4.8)(0.390) = 1.87톤의 이산화탄소를 방출한다. 이는 나무 2.6그루에 해당하는 양이고, 값으로는 약 49달러이다.

(b) 나무가 덮고 있는 총 면적은 $\pi(3)^2 = 28.3\ m^2$이다. 단위 면적당 이산화탄소 격리 속도는 연간 1.3 kg/m^2이다.

$$730\,\text{kg} \times \left(\frac{1}{28.3\,\text{m}^2}\right) \times \left(\frac{1}{20\,\text{years}}\right) = 1.3$$

▶ ***논의*** 이 경우 이산화탄소 톤당 격리 비용은 26.03달러로, 산림을 이용한 격리 방법 중에서 꽤 고가이다. 기관 투자자는 많은 양의 나무를 구입하여 격리 비용을 상당 부분 절감할 수 있을 것이다.

7-3-3 간접 격리의 미래 전망

간접 격리는 직접적이고 경제적으로 수행 가능한 방법으로, 정부, 기관, 그리고 개인이 탄소 배출을 상쇄하기 위해 지금 당장 이용할 수 있다. 간접 격리의 성공을 위해서는 발생 가능한 위험을 미리 방지해야 한다. 따라서 높은 기준의 산림 재배와 산림 보호에 대한 지속적인 노력이 핵심이다. 관련 내용은 다음과 같다.

- *재배 조직의 역량과 정직성*: 산림에서 격리되는 탄소량 추정은 임분을 잘 심그 잘 관리하고 있다는 것을 전제로 하고 있다. 조사 결과 몇몇 격리 프로젝트에서 나무가 손실되거나 순 탄소 함량이 예상보다 높지 않다는 것이 밝혀졌다. 산림의 탄소 배출권에 대한 제3자 인증을 통하여 나무를 높은 수준으로 유지할 수 있다.
- *장기간 평형 상태로 산림 유지*: 산림의 탄소 격리는 산림 성장 초기에 일회성으로 이익을 보는 구조이다. 그 후, 산림이 건강하게 유지되고 나무 안에 탄소량이 대략 일정하게 유지되면서 격리가 일어난다. 어떤 정치적 또는 경제적인 일로 미래가 흔들림에도 불구하고, 이러한 매우 장기적인 노력을 유지하는 것은 확실히 쉬운 일은 아니다. 하지만 산사태와 눈사태로부터 지역 사회를 보호하기 위해 수 세기 동안 보존되고 있는 유럽 알프스의 *보호림*(bannward), 그리고 *금지된 숲*(forbidden forests)과 같은 역사적 선례가 있다. 먼 미래에 비화석에너지원과 다른 탄소 격리 기술(다음 절에서 설명)이 활성화된다면, 격리에 이용된 산림은 점차 다른 용도로 이용될 수 있다. 현재 산림이 현지 생태계 보호, 침식, 산사태, 눈사태 방지 등 여러 가지 목적으로 이용될 수 있다면, 격리를 위한 산림 유지는 이익이 된다.
- *시간에 따른 격리 비용 상승*: 나무의 성장을 통한 탄소 격리는 지구상의 어디에서나 수행할 수 있다. 따라서 서비스를 제공하는 조직은 지출 비용에 따른 이산화탄소 격리량을 최대화하기 위하여, 비용이 상대적으로 적게 드는 장소를 선택하는 경향이 있다. 격리를 위한 산림 투자가 앞으로 수십 년간 계속 성장하면, 주요 위치들은 모두 고갈될 것이다. 그러면 산림은 불모지로 이동할 수밖에 없고, 이는 격리 비용을 상승시킬 것이다.
- *산림이 탄소를 보유하는 능력에 대한 미래 기후변화의 불확실성*: 기후가 따뜻해지면서 산림 격리를 통해 보유할 수 있는 이산화탄소량이 변경될 수 있다. 현재로서는 그 방향이 확실하지 않다. 일부 연구는 따뜻한 토양으로 인해 산림에서 더 많은 이산화탄소가 방출될 것이라고 주장한다. 또 다른 연구는 산림 덤불이 더 빠른 속도로 확장되어 이산화탄소 흡수를 가속할 것이라고 주장하고 있다. 어떤 경우라도, 실제 격리되는 이산화탄소량은 현재의 예측량과 다를 것이고, 현재의 예상치에 미치지 못할 우려가 있다. 생물학자의 추가 연구를 통해 보다 정확한 이해가 필요하고, 그를 통해 미래에 나무 한 그루가 평생 동안 격리하는 이산화탄소량에 대한 정확한 평가가 가능해야 한다.

7-4 이산화탄소의 지중저장

이산화탄소의 *지중저장*은 격리의 한 방법으로 (1) 연소 부산물로부터 이산화탄소 제거, (2) 대기가 아닌 다른 안정된 공간에 이산화탄소 축적 등을 수반한다. 지중저장소에서 이산화탄소가 다른 미네랄과 상호작용하여 보다 안정된 화합물로 전환될 가능성을 제외하고는, 지중저장에서 사람에 의해 제어되어 이산화탄소가 다른 탄소 계열의 물질로 전환되는 일은 없다. 지중 격리된 이산화탄소가 다시 대기로 '누출'될 가능성도 있지만, 누출 속도를 최소로 유지한다면 이산화탄소 격리 저장소의 용량을 매우 크게 할 수 있다.

7-4-1 폐기물 흐름에서 이산화탄소 제거

모든 지중저장 방식은 연소 부산물 흐름에서 이산화탄소를 분리하는 것에서 시작한다. 연도가스를 다루거나 변형시키는 데 사용되는 에너지 손실을 최소화하기 위하여, 이산화탄소 분리 기술은 가능하면 현재 연도가스 조건과 비슷한 환경에서 이루어져야 한다. 이산화탄소가 많이 포함되어 있는 가스 흐름은 이산화탄소의 회수를 용이하게 한다. 일반적인 석탄화력 발전소 연소 부산물 흐름에서 이산화탄소의 비율은 부피 기준으로 10~15% 정도이며, 불연소 질소 가스가 주된 구성물이다. 따라서 이산화탄소 농도가 높은 다른 대안을 이용하는 것이 바람직하다. FutureGen 개념(5장 참조)과 같은 신흥 연소 기술은 연소 공정의 상류까지 에너지 벌금을 부과하고 있으며, 그 예로, *산소취입 석탄 가스화 작업*(oxygen-blown coal gasification)에서는 이산화탄소 분리를 쉽게 하기 위해 이산화탄소가 많이 포함된 연소 부산물 흐름을 만들고 있다.

이산화탄소 분리 공정은 *흡수* 또는 *흡착*을 통해 이루어진다. 흡수 공정은 이산화탄소 제거가 필요한 물질을 대용량의 흡수제에 담근다. 흡착 공정은 고체 또는 액체로 된 약품 표면에 이산화탄소 제거 물질을 부착한다.

그림 7-2는 일반적인 이산화탄소 흡수–분리 공정으로, 흡수 챔버 내부에서 연도가스 흐름과 흡수제가 반응한다. 그 후에 흡수제는 재생 챔버로 이동하여 이산화탄소와 흡수제가 분리된다. 이산화탄소와 분리된 흡수제는 다시 흡수 챔버로 이동하여 이산화탄소 격리에 이용된다. 이 사이클은 재생 챔버에서 흡수제와 이산화탄소가 분리되는 데 상당히 많은 양의 에너지가 소비된다. 이 사이클에 기반을 둔 탄소 격리 공정은 현재 유럽과 북미에서 시범적으로 실시되고 있으며, 또한 탄산음료와 같은 산업 고객에게 판매하기 위한 상업적인 이산화탄소 분리에도 이용되고 있다. 미국 메릴랜드주 컴벌랜드에 있는 화력 발전소는 *모노에탄올아민*(monoethanolamine: MEA)을 흡수제로 흡수–재생 사이클을 작동 중에 있으며, 또한 제거한 이산화탄소는 지역 탄산음료 제조업자에게 판

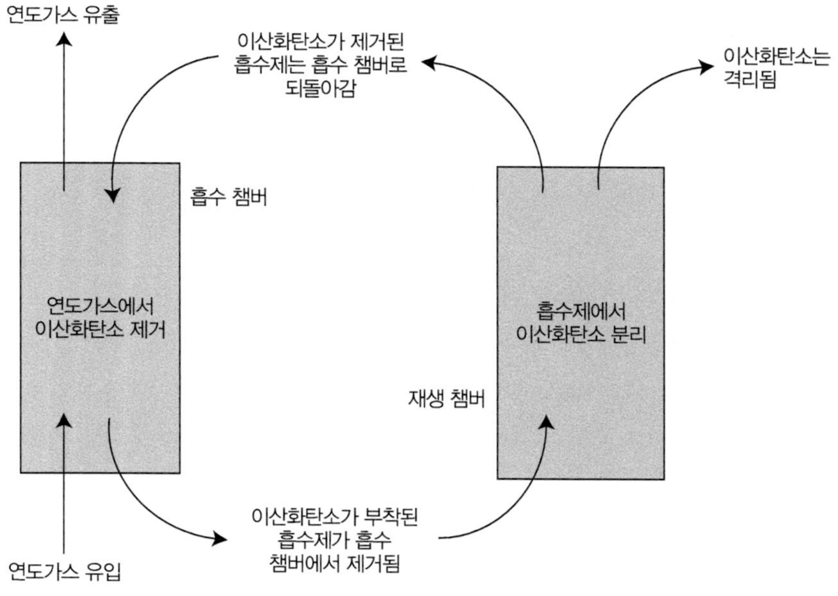

그림 7-2 연도가스 흐름으로부터 이산화탄소를 제거하는 흡수–재생 사이클.

매하고 있다.

컴벌랜드 발전소의 사이클은 (고정된 화석연료의 연소를 통해 전 세계에서 배출되는 총량과 비교하여) 상대적으로 작은 부피의 이산화탄소를 제거하고, 시장에 상품성 있는 제품을 판매하는 성숙된 기술이다. 하지만, 이 사이클이 전 세계 발전소의 전체 인벤토리에 대하여 경제성을 가지며 구현하기에는 현재 작동 중인 사이클의 에너지 손실량이 너무 크다. 효과적으로 이산화탄소를 제거하는 동시에 에너지 손실을 줄이는 방향으로 사이클을 변화시키기 위하여, 흡수 또는 흡착을 이용한 실험이 진행 중에 있다. 또 다른 접근 방법은 이산화탄소 분리에 이용되는 멤브레인을 개발하는 것이 있다. 이 방법은 흡수-재생 사이클에 비하여 적은 에너지를 사용하고 유지 보수에 적은 노력이 들 것으로 예상된다. 자연계에서 사이클을 사용하는 방법 또한 연구진들에 의해 모색 중이다. 이산화탄소 흡수체로서 모든 식물과 동물에 존재하는 *천연 탄산 탈수 효소*(natural enzyme carbonic anhydrase)는 이산화탄소 흡수용 설계 설비에 통합되어 사용될 수 있다. 광합성 또한 대안으로 이용될 수 있다. *조류*(algae)와 같은 단순한 유기체를 통제된 조건하에 이산화탄소 부산물 흐름에 놓으면, 부산물이 지나갈 때 유기체가 이산화탄소를 흡수할 수 있다.

7-4-2 지질학적으로 안정된 저장소에 직접 격리 적용

이산화탄소의 지중저장은 어떠한 종류의 *저장소*에 이산화탄소를 축적하는 것을 의미한다. '저장소'란 단어는, 지하 또는 해저 공간을 포함한 모든 지질학적 형태를 의미하며, 이산화탄소는 한번 저장소에 저장되면 상당히 긴 시간 동안 머무르게 된다. 해저 바닥에 축적된 탄소층 또한 저장소에 포함된다. 이산화탄소가 암석층 안에 있지는 않지만, 깊은 바닷물의 높은 압력으로 인해 이산화탄소는 대기로 빠져나갈 수 없다.

지하 화석연료 매장층에 이산화탄소 저장(메탄회수 또는 메탄회수 없이)

많은 저장소 옵션 중에서, 부분적으로 고갈된 석유 또는 가스 매장층에 이산화탄소를 저장할 수 있다. 석유나 가스를 추출하면 이산화탄소를 주입할 수 있는 공간이 생긴다(그림 7-3). 이산화탄소를 유전에 펌핑하여 매장층에 주입시킴으로써 원유 생산량을 늘리는 *석유회수 증진법*(enhanced oil recovery: EOR)이 얼마 전부터 석유 산업에서 실행되고 있다. 이 기술을 천연가스 매장지에도 적용할 수 있다. 이것은 탄소 격리가 각광받기 이전에 발명된 방법이지만, 탄소 격리 필요성의 증가와 함께 앞으로 이 기술의 적용이 확장될 것이다. 이 방법이 대기 중 이산화탄소 감소에 유용하게 기여하기 위해서는 주의가 필요하다. 이산화탄소 주입 공정을 통해 추가로 얻은 석유 및 가스의 연소로 인해 방출되는 이산화탄소의 양이, 격리를 통해 줄일 수 있는 이산화탄소량을 넘지 않아야 한다는 것이다.

석탄층 메탄회수 증진법(enhanced coal bed methane extraction: ECBM)은 채굴이 불가능한 석탄층에 이산화탄소를 주입시킴으로써 석탄에 흡착하고 있는 메탄을 추출하는 기술이다. 그림 7-4에 석탄층 메탄회수 증진법 공정을 나타내었다. 이산화탄소 주입과 메탄회수는 지리적으로 분리된 공간에서 이루어진다. 회수된 메탄은 물을 제거한 후, 분배망을 통하여 먼 거리로 이동된다. 에너지 시장에서 메탄가스의 상업적 가치로 인하여 이산화탄소 격리 공정이 재정적인 도움을 받게 된다.

전 세계에서 석탄층 메탄회수 증진법의 잠재력이 가장 높은 주요 탄전들을 선별하여, 이산화탄소 격리 잠재량과 메탄가스 회수량을 표 7-1에 나타내었다. 총 격리 잠재량인 약 4.4 Gt은 필요

그림 7-3 미국 노스다코타주 뷸라에 있는 대평원의 합성 연료 공장.

석탄을 메탄으로 전환하여 천연가스망으로 분배하는 발전소에서, 부산물인 이산화탄소는 격리 후 수송관을 통해 캐나다로 이동되어 석유회수 증진에 사용된다. (*출처*: Basin Electric Power cooperative. 허가 후 출판함.)

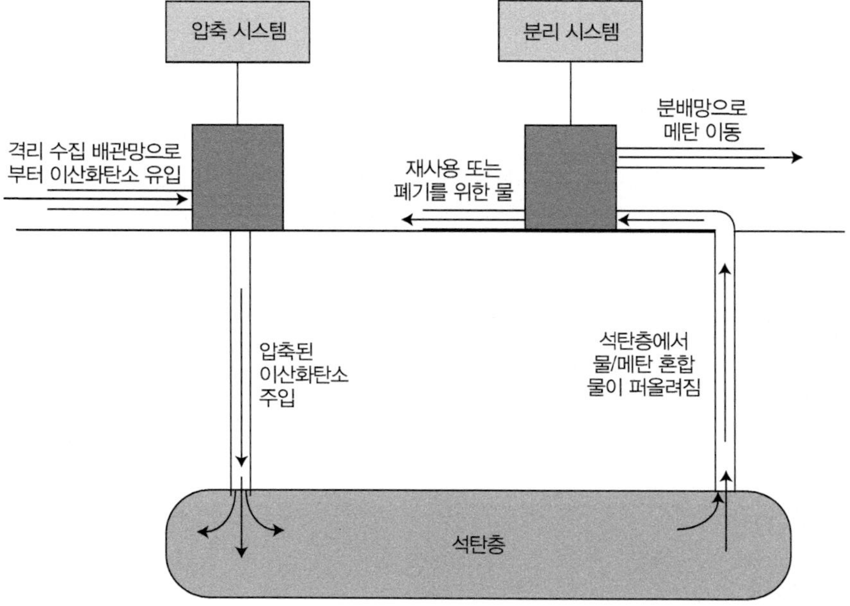

그림 7-4 석탄층에 이산화탄소를 주입하여 메탄을 생산하는 시스템.

표 7-1 석탄층 메탄회수 증진법의 잠재력이 높은 전 세계 대표적인 탄전들

지역	국가	이산화탄소 격리 잠재량(Gt)	메탄 회수량(10억 m^3)	비율(m^3/tonne CO_2)
산후안	미국	1.4	368	263.0
쿠즈네츠크	러시아	1	283	283.2
보언	호주	0.87	235	270.2
오르도스	중국	0.66	181	274.6
수마트라	인도네시아	0.37	99	267.9
캄베이	인도	0.07	20	283.2

주: 표에 나타난 메탄회수 예측량은 석탄층 메탄회수 증진법이 완료되지 않은 상태에서 회수된 메탄양이다.
출처: White 등(2003).

한 이산화탄소 격리량의 최종 예측치에 비해 작다는 것에 주의하라. 규모가 작은 탄전으로부터 약 5~10 Gt의 이산화탄소를 추가적으로 격리할 수 있다. 하지만 다른 방법들과 비교해 석탄층 메탄회수 증진법을 이용한 전체 이산화탄소 격리량은 상대적으로 작을 것으로 예측된다. 그렇지만 석탄층 메탄회수 증진법은 경제적 측면에서 매력적인 방법이다. 따라서 석탄층 메탄회수 증진법은 다른 방법으로 바꾸기 이전인 지질학적 격리 초기에 활용하기 좋은 격리 방법이다.

예제 7-3에 석탄층 메탄회수 증진법을 통한 이산화탄소 격리 잠재량과 메탄가스 생산량을 나타내었다.

예제 7-3

예제 5-9의 인도네시아 수마트라 탄전(표 7-1)과 파이프로 연결된 발전소가 있다. 이 발전소에서 생산된 이산화탄소는 격리와 메탄 생산을 위해 탄전으로 100% 주입된다고 가정하자. 천연가스 고갈로 인하여 이산화탄소 주입 없이는 생산이 불가능하다고 가정하자. 메탄의 가격은 10.50달러/GJ이다. (a) 탄전에서 이산화탄소 격리가 가능한 기간은 얼마인가? (b) 메탄 생산으로 인한 연간 수입은 얼마인가?

풀이

(a) 예제 5-9로부터, 연간 석탄 사용량은 226만 톤이고, 그중 탄소의 비율은 85%이다. 따라서 이산화탄소의 양은 다음과 같다.

$$(2.26\times10^6)(0.85)(44/120)=7.04\times10^6 \text{ tonnes } CO_2$$

탄전의 이산화탄소 총 용량은 3억 7,000만 톤이다. 따라서 52.5년 동안 이산화탄소를 격리하는 것이 가능하다. 이 기간은 현재 짓는 석탄화력 발전소의 일반적인 수명과 비슷하다.

(b) 탄전의 메탄 전환율은 이산화탄소 1톤당 메탄 267.9 m^3이고, 4장에서 메탄가스의 에너지 함량은 36.4 MJ/m^3이다. 메탄가스의 생산량은 다음과 같다.

$$(7.04\times10^6)(267.9)(36.4)\left(\frac{1\text{ GJ}}{1{,}000\text{ MJ}}\right)=6.87\times10^7\text{ GJ}$$

메탄 가격 10.50달러/GJ을 적용하면, 메탄 생산으로 인한 연간 수입은 약 7억 2,100만 달러이다.

염류 대수층 저장

지질학적 격리 방법 중에서 이 방법은 현재 지구상에 존재하는 대규모의 염수를 이용한다. 염류 대

수층 저장에 이용되는 물은 염도로 인하여 관개수나 식수로 이용할 수 없다. 현존하는 많은 발전소들은 염류 대수층 주변에 위치해 있다. 예를 들어 미국의 많은 발전소들은 염류 대수층 위에 있고, 그로 인해 육로를 통한 이산화탄소의 장거리 이동을 최소화할 수 있다.

염류 대수층을 이용해 격리 가능한 이산화탄소 용량은 석탄층 메탄회수 증진법에 비해 훨씬 더 많다. 그 용량은 약 1만 Gt 또는 그 이상으로, 현존하는 모든 화석 자원 연소로 인해 생산되는 총 이산화탄소 배출량과 비슷한 양이다. 이 기술은 현재 상대적으로 작은 규모로 이용 중에 있다. 노르웨이의 회사 Statoil은 1996년부터 매년 110만 톤의 이산화탄소를 격리하고 있다. 북해의 Sleipner 유전(그림 7-5)에서 추출한 천연가스에서 분리된 이산화탄소는 Sleipner 유전 해저 바닥면 밑에 있는 염류 대수층에 격리된다. 가스 시장에서 요구하는 최대 이산화탄소량을 만족시키기 위하여, 천연가스 안의 이산화탄소는 반드시 제거되어야 한다. 또한 이산화탄소를 격리시킴으로써 Statoil사는 노르웨이의 탄소 세금을 피할 수 있다. Statoil사가 이용하는 이산화탄소 제거 기술은 그림 7-2의 흡수−재생 사이클을 약간 변형한 것이다. 2005년부터 *탄소 포집과 격리*(carbon capture and sequestration: CCS) 기술은 Statoil사의 예와 같이, 석탄화력 발전소 에너지 추출 플랫폼으로 이동하고 있다. 표 7-2에 여러 국가의 대표적인 예를 나타내었다. 일반적인 개발 전략은 소규모 시범 프로젝트로 먼저 시작하고, 시범 레벨에서 기술이 검증되면 대규모 CCS로 확장하는 것이다. 참여 국가로는 캐나다, 중국, 독일, 이탈리아, 폴란드가 포함된다. 단기에서 중기적으로 캐나다의 Boundary Dam을 제외하고는, 현재 사용 중인 기술들이 석탄 연소로 발생하는 전체 CO_2의 일부만 포집하는 것을 목표로 하고 있으며, 아직 100% 포집을 목표로 하지는 않는다. (Boundary Dam 발전소는 여러 개의 발전 유닛으로 구성되어 있는데, 그중 한 유닛은 모든 CO_2를 격리하기 위해 전량 포집 처리한다.) 이러한 선택은 유럽 연합 등 많은 국가에서 탄소 저감 목표가 증가하고 있는 특성을 반영한다. CCS 비율을 100%나 그에 가깝게 만드는 것은 기술적으로 어렵고 비용이 많이 든다. 그 대신 과도기적으로 부분적인 CCS를 달성하고, 장기적으로 100% CCS 기술 개발을 목표로 하는 것이 간단한 해법이다.

그림 7-5 Sleipner 가스 플랫폼의 격리 공정. (*출처*: StatoilHydro. 허가하에 출판함.)

표 7-2 몇몇 국가의 탄소 포집과 격리 프로젝트 초기 사례

발전소 이름	국가	격리 속도 (1,000톤/년)	목표 연도
Brindisi Pilot Project	이탈리아	8	2011
Porto Tolle	이탈리아	<1,000	2015
Belchatow	폴란드	100	2015
Vattenfall	독일	<600	2014
Luzhou*	중국	60	2011
Boundary Dam, Sask	캐나다	1,000	2014

*Luzhou 발전소는 탄소 포집 후 격리하는 대신 산업 공정에 이용하였다. 작동이 시작된 연도는 알려지지 않았다.

그림 7-6에서 볼 수 있듯이 이산화탄소는 대수층에 격리된 이후, 갇혀진 기체 주머니 상태로 유지되거나 또는 염류 용액에 용해된다. 이산화탄소가 장기간 구속되는지 여부는 두 경우 모두 비투과성 모암층이 이산화탄소를 표면으로 돌아가지 못하도록 방지하는 능력에 달려 있다. 수력학적 구배로 인해 움직이는 염류 대수층 유동의 속도는 매우 느리다(1~10 cm/year). 유체에 용해되어 있는 이산화탄소 역시 유동과 함께 이동하여 유입 근원지를 떠난다. 모암층에 따라 다르지만, 이산화탄소가 표면으로 돌아오는 데 1만 년에서 100만 년의 시간이 걸린다. 일부 이산화탄소는 염류에 있는 미네랄과 반응할 수도 있다. 그로 인해 방해석($CaCO_3$), 능철석($FeCO_3$), 마그네사이트($MgCO_3$) 등의 탄산염 분자가 용액에 침강되기도 한다. 이 물질들이 매우 안정적이기 때문에, 이런 종류의 침강 반응은 격리 작업의 전반적인 신뢰성을 향상시킨다.

임계압력 이하(약 7.4 MPa 이하)에서 저장소의 이산화탄소 격리 용량은 다음과 같이 공극률 ϕ

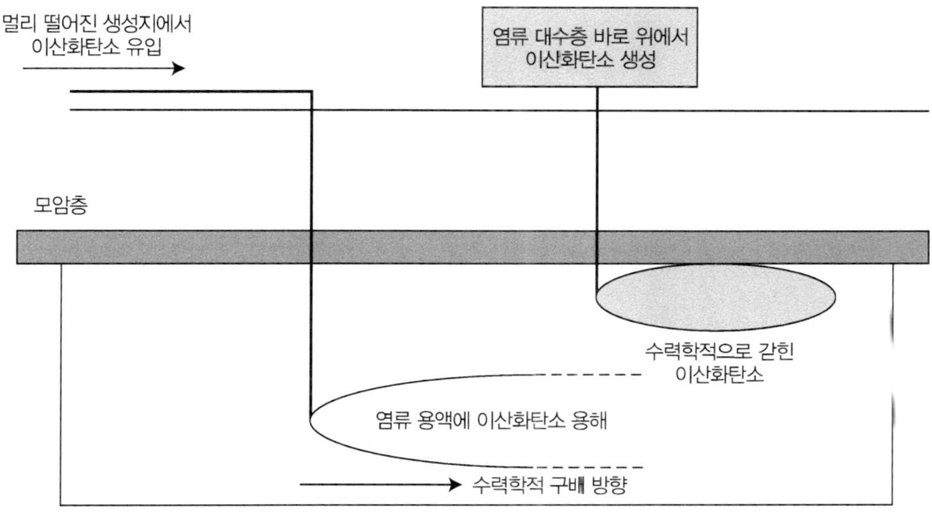

그림 7-6 이산화탄소를 염류 대수층에 저장하는 2가지 방법.

그림 왼쪽에서 이산화탄소는 먼 거리로 이동되어 염류 용액에 용해된다. 그림 오른쪽에서 이산화탄소는 대수층의 바로 위에서 생성된 후에, 갇혀진 별도의 기체 주머니 상태로 유지되고 있다. 기체 주머니는 비투과성 모암과 대수층의 압력에 의해 형태가 유지된다. 대수층의 수력학적 구배로 인해 이산화탄소는 점진적으로 근원지와 연결된 수직 통로에서 멀어져간다.

와 수면 포화 s_w 또는 저장소 내부의 물 비율 중 하나의 함수로 1차원 근사 표시될 수 있다. V_r은 저장소의 전체 부피, V_g은 격리된 가스가 들어 있는 부피이고, 단위는 세제곱미터이다. 저장소에 격리된 가스의 부피는 다음과 같다.

$$V_g = \phi V_r(1-s_w) \tag{7-2}$$

이상기체법칙에 의하면 부피 V_g 안에 있는 가스의 몰수 n은 다음과 같다: $n = (V_g P)/(RT)$. 여기서 P는 압력으로 단위는 Pa이고, T는 켈빈온도이며, R = 8.3145 J/mol · K이다. 이상기체법칙을 식 (7-2)에 대입하면 다음과 같다.

$$n = \frac{\phi V_r(1-s_w)P}{RT} \tag{7-3}$$

수면 포화로 인하여 저장소 부피의 일부는 격리에 이용될 수 없다는 것을 식 (7-3)으로부터 알 수 있다. 수면 포화의 영향을 제외한 부피에서 공극률을 고려한 값이 주입된 가스를 격리하는 데 이용될 수 있다. 이 식에서 V_r은 정확하게 알려진 값인 데 반하여, 대수층의 부피는 지하 탐사 기술로 추정되기 때문에 부정확할 수 있다는 것을 독자들이 인지하고 있어야 한다. 이와 같은 접근 방식은 이산화탄소를 약 800미터 깊이 이하로 주입할 때는 적절하지 않다. 약 800미터 이하로 주입하면 이산화탄소가 초임계 유체가 되어 격리할 수 있는 부피의 최대값이 크게 증가하기 때문이다. 마지막으로, 이 방법은 탄산염 침강이 총 격리량에 미치는 효과를 고려하지 않고 있다.

이산화탄소를 추출하고 염류 대수층에 주입하는 데 필요한 총 비용은 현재까지 알려져 있지 않다. 따라서 그 비용이 화석연료를 통한 전기 생산의 생애 주기 비용에 미치는 영향 또한 아직 확실치 않다. 격리 시스템의 규모와 복잡성을 생각하면, 그 비용은 무시할 수 없을 것이다. 그렇지만 화석연료를 이용한 전기 생산이 다른 대안들과 비교해 경쟁력을 유지할 수 있다는 측면에서, 그 비용은 충분히 저렴하다고 볼 수 있다. 관련 문헌들은 kWh당 0.01달러가 추가되는 것을 실현 가능한 목표로 제안하고 있다.

예제 7-4는 발전소 수명 기간 동안 염류 대수층을 이용해 격리하는 것이 적합한지 시험하고 있다. 또한 격리 기술 비용이 전기의 생애 주기 비용에 미치는 영향을 설명하고 있다.

▶ 예제 7-4

예제 5-8과 같은 초임계 발전소 15기에서 방출되는 이산화탄소가 파이프로 연결되어 염류 대수층으로 주입된다고 가정하자. 대수층의 크기는 길이 1,000 km, 폭 500 km, 깊이 1,000 m이다. 대수층의 모든 부피가 이산화탄소 분리에 이용 가능하고, 공극률은 10%이다. 대수층의 압력은 평균 500 kPa이고, 온도는 325 K이다. (a) 발전소가 75년 동안 작동한다고 할 때, 대수층의 용량은 발생되는 모든 이산화탄소를 격리하기에 충분한가? (b) 자본 상환과 작동 비용을 포함한 이산화탄소 격리에 필요한 총 비용이 톤당 25달러라면, 전기 비용은 몇 퍼센트 상승하겠는가?

▶ ***풀이***

(a) 저장소의 모든 부피가 사용 가능하다고 했으므로 수면 포화 s_w = 0이다. 저장소의 부피는 5×10^{14} m^3이다. 주어진 압력과 온도를 대입하면, 최대 몰수는 다음과 같다.

$$n = \frac{(5\times 10^5\ \text{N/m}^2)(0.10)(5\times 10^{14}\ \text{m}^3)}{8.314(325)} = 9.25\times 10^{15}\ \text{mol}$$

이산화탄소의 분자량인 44 g/g · mol을 대입하면, 4.07×10^{11}톤이다. 예제 5-8에서 연간 발전소 1기에서 발생되는 이산화탄소는 1.47×10^{6}톤이고, 따라서 발전소 15기에서 75년 동안 발생하는 이산화탄소량은 총 1.66×10^{9}톤이다. 대수층의 용량은 이산화탄소를 격리하기에 충분하다.

(b) 이산화탄소 격리에 필요한 비용이 톤당 25달러로, 매년 격리에 필요한 비용은 3,690만 달러이다. 매년 생산되는 전기량인 30억 7,000만 kWh로 이 금액을 나누면 kWh당 0.0120달러이다. 본래의 전기 비용은 kWh당 0.0353달러로, 격리로 인해 증가하는 비용은 (0.01200)/(0.0353) = 34%이다.

다른 지질학적 옵션들

화석연료의 연소로 인한 이산화탄소 생산자 또한 해저에 이산화탄소를 격리할 수 있다. 이와 같은 방법으로 이산화탄소는 표면으로 돌아가지 않고, 대양의 화학적 균형에도 큰 영향을 미치지 않는다. 현재 개발 중인 시나리오 중 하나는 이산화탄소를 파이프라인을 통해 해수면 1,000~2,000 m 밑으로 이동시키고, 주변 수압에 맞게 주입시키는 것이다. 해저 바닥에는 '탄소 호수'라 불리는, 탄소가 3만~4만 Gt 정도 함유된 탄소질 물질로 이루어진 층이 있는데, 이산화탄소는 그 층에 닿을 때까지 떨어진다. 이산화탄소를 해저 바닥으로 수송하기 위한 다른 방법들 또한 현재 고려 중에 있다.

지하 격리 저장소로 적합한 장소 찾기

격리 저장소로 적합한 장소를 찾는 것은 먼저 지질학적 지층과 관련된 정보를 이용하는 것에서 시작된다. 지질학적 연구의 일환으로 염류 대수층과 화석연료 매장층 모두 광범위하게 연구 중에 있으며, 특히 화석연료 매장층은 추출 가능한 화석연료 자원 평가를 위해 광범위한 탐사가 이루어지고 있다. 이런 정보를 이용해 분석가는 이산화탄소 격리 저장소의 용량을 평가하고, 이 용량에 기반을 두어 저장소가 매력적인 장소인지, 그리고 만약 그렇다면 이산화탄소 공급지(예를 들어, 화석연료를 이용하는 발전소)와 연결될 수 있는지 판단한다. 저장소의 위치를 결정할 때 누출 가능성에 대한 징후가 있는지 여부를 주의 깊게 관찰해야 한다. 만약 누출이 있는 곳에 저장소를 짓게 된다면, 이산화탄소가 새어나가거나 또는 이전 화석연료 추출로 인한 통로가 남겨질 것이다.

7-4-3 지질학적 격리의 전망

현재까지 연구에 의하면, 우리는 앞으로 화석연료 생산으로 인해 배출될 것이라 예상되는 모든 이산화탄소 격리에 충분한 용량을 지하와 해저 시설에 투자하고 있다. 격리와 관련된 위험 요소로는 일반적인 상황 또는 지진에 의한 누출이 있다. 이산화탄소 누출은 상당히 복잡한 문제로 이 절에서 상세히 설명하겠다.

누출로 인한 위험은 크게 급성 누출과 만성 누출로 나눌 수 있다. 급성 누출은 위험한 양의 이산화탄소가 갑작스럽게 방출되는 것이고, 만성 누출은 적은 양의 이산화탄소가 지속적으로 누출되어 시간이 흐르면서 해로운 영향을 미치는 것이다. 만성 누출의 부정적인 면으로는 대기 중 이산화탄소 농도를 증가시키는 것과 사람의 건강에 해로운 영향을 미치는 것이 있다. 일부 지역에서 탄소 격리는 부정적인 인상을 받고 있다. 1986년 8월 카메룬의 니오스호에서 지하에 있던 이산화탄소가 표면으로 갑작스럽게 분출되어 1,700명의 사망자가 발생하는 참사가 발생하였다. 이 참사는 참으로 특이하게 발생한 것으로, 지하 지질 형성으로 인하여 많은 양의 이산화탄소가 고압으로 축적되었다가 한꺼번에 표면으로 분출되었다(이 사고 이후 이 호수에는 치사 농도의 이산화탄소 축적을 불가능하게 하는 시스템이 설치되었다). 이산화탄소의 지질학적 저장에서, 엔지니어들은 대수층이든 저장소든 보다 유리한 구조물을 선택하여 지하에 이산화탄소를 저장하고, 저장소 내부 이산화탄소 최대 농도 또한 제한할 수 있다. 그 결과, 급성 누출 사고가 발생할 만한 조건을 피할 수 있다.

만성 누출로 인한 위험은 보다 더 심각하다. 이산화탄소 누출은 지하수를 오염시키고, 심지어 집으로 새어 들어갈 수도 있다. 또한 대기 중 CO_2 농도를 안정화하려는 목적을 약화시킬 만큼 높은 속도로 대기 중으로 다시 누출될 수도 있다. 지하 저장소에 격리된 이산화탄소가 주변 물질과 함께 모암과 반응하여 모암의 투과성을 증가시키면 이산화탄소는 예상보다 빠른 속도로 누출될 수 있다. 기후변화 목표를 위태롭게 하지 않는 선에서 단위 시간당 소량의 이산화탄소가 격리 저장소에서 누출될 것이다. 하지만 일부 연구는 매년 유출되는 이산화탄소의 최대치를 저장되는 양의 0.01%로 제한해야 한다고 주장하고 있다.

다른 위험 요소 또한 고려해야 한다. 유해 쓰레기를 저장했던 지하 공간의 지진 발생 빈도가 증가했던 이전 경험이 있는데, 이것은 이산화탄소에도 그대로 적용될 수 있다. 건조 환경의 부정적인 영향들 가운데, 이산화탄소 누출은 특히 지진 활동에 의해 가속될 것이다. 연소가 발생하는 곳에서 이산화탄소를 멀리 수송해야 하는 위험 요소 또한 내재하고 있다. 많은 부피의 가스가 수반되기 때문에, 이산화탄소 임시 저장을 위한 중간 저장소를 건설하는 것은 현실적이지 않다. 가스는 최종 저장 지점까지 한 번에 보내져야 한다. 수송 시스템이 중단된 경우를 고려하여 여분의 저장소를 짓거나, 또는 임시로 이산화탄소를 대기로 배출할 수 있는 허가를 받아야 한다.

이제까지 Sleipner와 같은 초기 격리 프로젝트 결과는 긍정적이다. 앞서 정리한 위험 요소들은 성공적인 지질학적 격리 시스템을 창출하는 방향으로 관리될 수 있다는 일부 징후들이 나타나고 있다. 하지만 지질학적 격리는 아직 널리 보급되어 이용되고 있지 않다. 이산화탄소는 전 세계 다른 저장소에 저장될 때 예상치 못한 반응을 보일 수 있다. 새로운 격리 방법에 대한 주의 깊은 관찰뿐만 아니라, 이산화탄소를 다양한 곳에 저장할 때 나타날 수 있는 부정적인 현상을 확인하는 방법에 대한 지속적인 연구 역시 필요하다. 역사적으로 과학자들은 이산화탄소 저장과 관련해 제한된 경험만을 축적하였고, 실험적으로 또는 컴퓨터 해석을 이용하여 저장소 조건을 재현하기란 어려운 일이었다. 이 문제를 해결하기 위해 미국 뉴멕시코주와 콜로라도주에 있는 이산화탄소 저장소에서는 이산화탄소가 저장되는 지하 구조를 컴퓨터 모델을 이용해 측정하고 있다. 이 모델들이 실제 세계의 저장소를 성공적으로 재현할 수 있다면, 그들은 격리 과정의 영향을 모델링하는 시험대로 이용될 것이다.

7-5 이산화탄소를 비활성 물질로 전환하여 격리

이 방법을 이용한 격리는, 포집한 이산화탄소를 공학적 설비를 이용해 칼슘, 마그네슘 등의 미네랄과 반응시켜 탄산염 분자를 형성시키는 것이다. 장기간 동안 안정성을 유지하는 탄산염 분자의 특성으로 인해 탄소는 격리될 수 있다. 탄산염 형성 반응은 자연적으로 발생한다. 또한 인류가 매년 대기로 방출하는 대규모 순 탄소량에 비해 상대적으로 적은 양이지만, 형성된 탄산염은 바다 및 지하 저장소에서 끊임없이 일정량의 탄소를 침전시킨다. 이들 화합물은 앞서 언급한 염류 대수층 지질학적 격리의 부산물로, 필요한 미네랄이 존재하면 발생하게 된다. 이 절에서 우리는 에너지 생산으로 인해 발생하는 이산화탄소 생성과 보조를 맞추기에 충분한 속도로, 산업 공정을 이용해 탄소를 적극적으로 탄산염 물질로 변형시키는 방법에 대해 고찰할 것이다.

이 공정의 한 가지 유리한 특성은 반응이 발열반응이라는 것이다. 따라서 이산화탄소를 탄산염 물질로 바꾸는 동안에 추가적인 에너지 투입이 필요하지 않다. 산화마그네슘과 산화칼슘을 예로 들면 다음과 같다.

$$CaO + CO_2 \rightarrow CaCO_3 + 179\,kJ/mol \tag{7-4}$$

$$MgO + CO_2 \rightarrow MgCO_3 + 118\,kJ/mol \tag{7-5}$$

그렇지만 대기 조건에서는 반응이 너무 느린 속도로 발생하기 때문에 현실적이지 않다. 따라서 이산화탄소의 변형을 가속시키기 위해서는 온도 또는 압력 상승이 필요하고, 이는 어너지 손실을 유발한다. 화석연료 연소 시 발생되는 에너지를 고려하면, 탄산염 제조 가속을 위한 어너지 이용의 전체 수지는 양호한 편이다. 석탄을 예로 들면 반응은 다음과 같다.

$$C + O_2 \rightarrow CO_2 + 394\,kJ/mol \tag{7-6}$$

따라서 석탄이 연소하고, 생성된 이산화탄소(CO_2)와 산화칼슘(CaO)이 반응해 탄산칼슘($CaCO_3$)을 형성하는, 석탄 기반 에너지 수명 사이클의 순 이득은 573 kJ/mol이다. 격리에 소요되는 에너지는 이산화탄소 변형과 탄산염 물질로의 열 공급을 포함하고 있고, 나머지 에너지는 최종 용도로 이용된다.

자연에서는 산화칼슘이나 산화마그네슘보다 마그네슘과 칼슘을 함유한 규산염 물질이 훨씬 더 흔하다. 또한 산화칼슘이나 산화마그네슘을 이용한 격리는 과도한 에너지 손실을 발생시킨다. 따라서 반응하는 단위 이산화탄소에서 얻는 에너지는 감소하지만, 보다 쉽게 얻을 수 있는 디네랄이 많이 이용된다. 515 K에서 고토감람석(Mg_2SiO_4)을 예로 들면 다음과 같다.

$$\frac{1}{2}Mg_2SiO_4 + CO_2 \rightarrow MgCO_3 + \frac{1}{2}SiO_2 + 88\,kJ/mol \tag{7-7}$$

또한, 고토감람석을 대기 온도에서 반응에 요구되는 온도로 가열하기 위해서는 24 kJ/mol의 열에너지가 필요하다.[3] 유사하게, 보다 빠른 반응을 위하여 고온에서 산화칼슘(CaO)과 산화마그네슘(MgO)에서 방출되는 에너지는 다음과 같다.

$$(1{,}161\text{ K에서})\ CaO + CO_2 \rightarrow CaCO_3 + 167\,kJ/mol \tag{7-8}$$

$$(680\text{ K에서})\ MgO + CO_2 \rightarrow MgCO_3 + 115\,kJ/mol \tag{7-9}$$

대기 조건으로부터 산화칼슘(CaO)과 산화마그네슘(MgO)을 가열하는 데 필요한 에너지는 각각 87 kJ/mol, 34 kJ/mol이다.

예제 7-5에 산화마그네슘을 이용한 격리 공정에서 물질 요구 조건과 이용 가능한 에너지를 나타내었다.

▶ 예제 7-5

이산화탄소 격리를 위해, 예제 7-4의 발전소 한 기에서 방출되는 이산화탄소가 산화마그네슘(MgO)과 반응해 탄산마그네슘($MgCO_3$)을 형성한다고 가정하자. 이산화탄소를 충분히 빠른 속도로 격리시키기 위

---

[3] 관례에 따르면 24 kJ/mol의 에너지가 투입되었더라도, 이 값을 식 (7-7)의 좌항에 표시하지 않는다. 반응식에 나타난 순 방출량 88 kJ/mol을 얻기 위한 요구사항이기 때문이다.

하여 반응물은 680 K까지 가열시켜야 하고, 그 과정에서 이산화탄소 1몰당 34 kJ이 소모된다. 반응을 통해 이산화탄소 1몰당 115 kJ이 방출된다. (a) 매년 이산화탄소 흐름을 격리하는 데 필요한 산화마그네슘(MgO)의 질량은 얼마인가? (b) 매년 생성되는 탄산마그네슘($MgCO_3$) 질량은 얼마인가? (c) 공정 동안의 모든 손실을 무시한다면, 탄산마그네슘($MgCO_3$) 형성 과정에서 매년 방출되는 순 에너지는 어떻게 되는가? MW 단위로 표현하라.

▶ ***풀이***

(a) 가장 가까운 정수로 반올림하여 원자 질량을 계산하면 마그네슘, 산소, 탄소는 각각 24, 16, 12이다. 따라서 산화마그네슘(MgO)의 질량은 40이다. 매년 격리되는 이산화탄소의 양이 1.47×10^6 톤이기 때문에, 산화마그네슘(MgO)의 양은 $(40/44)(1.47 \times 10^6$ tonnes/year$) = 1.34 \times 10^6$ tonnes/year이다.

(b) 탄산마그네슘($MgCO_3$)의 질량은 84이고, 따라서 탄산마그네슘($MgCO_3$)의 양은 $(84/44)(1.47 \times 10^6$ tonnes/year$) = 2.81 \times 10^6$ tonnes/year이다.

(c) 1몰당 방출되는 순 에너지는 $115 - 34 = 81$ kJ/mol이다. 매년 배출되는 이산화탄소의 총 몰수는 다음과 같다.

$$\frac{1.47 \times 10^6 \text{ tonne}}{44 \text{ g/mol}}\left(\frac{10^6 \text{ g}}{\text{tonne}}\right) = 3.34 \times 10^{10}$$

따라서 매년 순 에너지 방출은 $(3.34 \times 10^{10})(81) = 2.71 \times 10^{12}$ kJ이다. 1년, 또는 3.1536×10^7 s로 나누면, 8.58×10^4 kW 또는 85.8 MW이다.

이산화탄소를 비활성 탄산염으로 전환시키는 설계 시스템은 이산화탄소 전송 네트워크, 추출 작업에 필요한 원료의 채굴, 그리고 현장에 탄산염 물질을 축적하는 시스템 또는 원자재를 시장에 공급하는 공급망으로 구성된다. 반응에서 생성되는 물질이 그 자리에 저장된다고 가정할 때, 미네랄을 이산화탄소가 있는 곳으로 이동시키기보다는 필요한 미네랄이 매장된 지역에 격리 시설을 설치하고 파이프를 통해 이산화탄소를 수송시킴으로써 제조업자는 비용을 최소화할 수 있다. 추출 과정에 있어 지구상 미네랄의 대규모 제거는 자연 경관에 흉터를 남기는 문제가 있다. 그렇지만 이산화탄소 전환에 이용 가능한 미네랄 자원의 총량은 현재 매장된 전체 화석연료 격리에 필요한 양보다 몇 배 더 많다. 따라서 전환 공정 자체가 경제적으로 실용적이라면, 자연 서식지의 붕괴 또는 다른 사람의 노력에 대한 악영향을 미치지 않는 곳에 관련 시설을 설치할 수 있다.

7-6 대기 중 이산화탄소 직접 제거를 통한 격리

현재 이산화탄소 격리와 관련된 대부분의 R&D 활동들은 이산화탄소가 대기 중에 들어가는 것을 가능하면 방지해야 된다는 것을 전제로 이루어지고 있다. 그 이유는 이산화탄소가 일단 대기에 축적되기 시작하면 제거하기란 거의 불가능하기 때문이다. (7-3절에서 논의된 것처럼, 산림을 통해 일부 이산화탄소는 간접 제거될 수 있다. 하지만 산림을 이용한 격리의 총 잠재력은 향후 50~100년간 대기 중에 축적되는 이산화탄소량에 비해 상대적으로 작을 것으로 예상된다.) 공기로부터 이산화탄소를 포집하여 저장소나 탄산염 물질에 격리할 수 있는 경제적이고 믿을 수 있는 기술이 개발된다면, 현재 배출되는 탄소의 상쇄뿐만 아니라 과거에 축적된 이산화탄소 또한 제거할 수 있는 새로운 가능성이 열릴 것이다. 이 기술은 물론 기후변화 완화를 위한 다른 방법들과 비교해 비용 효율이 높아야 한다. 또한 이 기술이 개발된다면 이산화탄소 배출 벌금은 이전보다 제한될 것이다. 각각의 생활 사이클 에너지에서 생성된 이산화탄소를 포집 공정에 이용하면, 많은 양의 이산화탄소를 포집할 수 있다.

이러한 장치를 디자인하는 방법 중 하나는 평균 풍속이 높은 지형에 장치를 설치하는 것이다. 공기가 장치를 통과하면서 별도의 기계적 흡입 없이 이산화탄소가 추출될 수 있고, 그로 인해 장치의 에너지 소비를 줄일 수 있다. 또한, 장기적인 관점에서 이산화탄소 수송 비용을 최소화하기 위하여 격리 장소는 가능하면 근접한 곳에 위치해야 한다. 이산화탄소 포집 장치와 관련된 또 다른 가능성은 내벽에 흡착 물질을 포함한 터널을 개발하는 것이다. 공기가 터널을 통과하면서 내벽에 이산화탄소가 흡착되고, 일련의 2차 과정을 통해 제거된 이산화탄소는 격리 장소로 이동된다. 이런 터널들이 모여서 이산화탄소 포집 설비가 구성되고, 같은 장소에 배치된 풍력발전용 터빈들로부터 작동에 필요한 무탄소에너지를 공급받는다. 이러한 설비들은 풍속이 높은 곳에 설치된다. 만약 배전망으로부터 에너지를 공급받는다면, 그 에너지를 발전할 때 배출된 이산화탄소는 다른 곳에 격리하여야 한다.

포집 기술이 성공적으로 개발된다고 가정하면, 아마도 전체적인 시스템은 그림 7-7에서 보듯이 격리 또는 회수된 이산화탄소의 재활용을 중심으로 구축될 수 있다. 이 경우 탄소 포집의 에너지원으로 가정된 화석연료 발전소로부터 에너지와 이산화탄소가 격리 장소로 전달되고 있다. 그런 다음 이산화탄소는 격리 시설에서 지하 저장소로 주입된다. 만약 에너지 발전 설비에서 이산화탄소가 대기로 방출되면, 포집 장치에서 격리된 이산화탄소와 상쇄될 것이다. 또한 격리 시설에서 일부 이

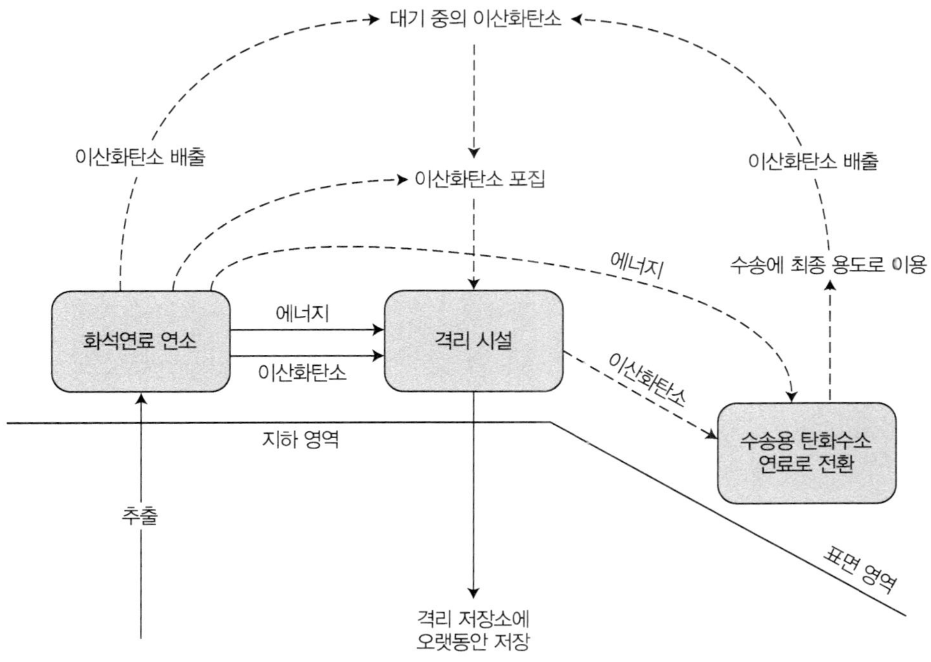

그림 7-7 연소, 포집, 격리로 이루어진 이산화탄소 사이클.

실선은 사이클에서 필수적인 부분으로 화석연료 에너지를 이용한 이산화탄소의 포집과 격리를 나타내고 있다. 연소에서 배출되는 이산화탄소는 대기로 배출되지 않고 바로 격리 시설로 보내진다. 점선은 추가적인 요소들로, 대기로의 이산화탄소 방출과 대기로부터의 이산화탄소 재포집, 그리고 포집된 이산화탄소가 수송용 탄화수소 연료로 전환되는 것 등을 나타내고 있다.

산화탄소는 수송에너지 전환 플랜트로 전달되어 이산화탄소를 합성 수송 연료 H_xC_y로 변환시키고(즉, 탄화수소 연소의 역반응), 수송의 최종 용도로 대기로 배출된 탄소는 포집 장치를 통해 격리 시설로 되돌아오게 된다.

7-7 격리 방법의 종합적인 비교

이 장에서는 그 복잡성이 증가할 뿐만 아니라, 무한한 양의 탄소를 확실하고 영구적으로 격리할 잠재력이 높은 순서로 격리 방법을 소개하였다. 지질학적 격리는 높은 잠재적 격리량과 관리 가능한 수명주기 비용 간의 최적의 균형을 제공할 수 있으며, 현재 가장 많이 연구 노력을 기울이는 옵션이기도 하다. 다음 여러 단락들에서 이루어지는 모든 논의들은 우리의 R&D 노력을 통하여 요구되는 이산화탄소 톤당 비용 목표를 만족시키면서 확실하게 작동하는 성숙한 격리 기술을 달성할 수 있다는 가정하에 작성된 것이다.

간접 격리는 나무를 심을 지구의 총 표면적이나 광합성을 수행하는 작은 유기체의 개발 가능성에 의해 제한된다. 유전공학 또는 식물이나 나무의 전환 활동을 돕는 일련의 공정 개발을 통하여 단위 면적당 이산화탄소 격리량을 증가시키는 것이 가능할 수도 있지만, 그 잠재력은 제한되어 있다. 그럼에도 불구하고, 낮은 비용과 산림에서 얻는 부수적인 혜택으로 인하여 간접 격리는 단기적으로 활발하게 이용될 것이다.

지질학적 이산화탄소 격리의 영구성에 대해서는 여전히 일련의 질문들이 남아 있다. 대규모로 실행 시 저장소의 누수 가능성, 식수의 오염, 그리고 지진 활동 증가 등의 문제가 있을 수 있다. 만약 이러한 문제들이 순조롭게 해결된다면, 이산화탄소 전환은 고려할 필요가 없다. 반면, 수천 또는 심지어 수만 년간 지속될 '*탄소 유산*(carbon legacy)' 문제를 확실히 배제시키기란 어려운 일이다. 오랜 시간이 흐를 때까지, 인류 사회가 후대에 범하고 있는 일을 정확하게 알아차리기란 불가능할 것이다. 이산화탄소 전환이 가격적으로 충분히 경쟁력이 생긴다면, 지질학적 격리의 부정적인 우려를 완전히 제거하기 위해 이산화탄소 전환에 우선순위를 두는 것이 바람직하다.

에너지 손실은 모든 격리 방법에서 중요하다. 격리 수명 사이클 동안 발생하는 상당한 양의 에너지 손실은 화석연료의 단위 탄소 연소당 높은 에너지 함량으로 인해 유지 가능하다. 또한 최종적인 대기 이산화탄소 방출 없이 kWh당 경쟁적인 가격으로 소비자들에게 전기를 제공하는 에너지 시스템을 만들 수 있다. 하지만 에너지 손실이 과도하다면, 화석연료에서 이용 가능한 에너지 중에서 너무 많은 양이 격리 공정에 이용되어 버리고, 그로 인해 화석연료는 원자력 또는 신재생에너지와 비교해 경쟁력을 잃어버릴 것이다.

탄소 격리에서 비화석 자원의 이용은 흥미로운 가능성을 제시한다. 경우에 따라서, 격리 공정의 구성 요소에 동력을 공급하기 위해 비화석에너지원을 사용하는 것이 가능하다(공기 포집, 분리, 변환 또는 이산화탄소 주입, 수송용 탄화수소 연료로 이산화탄소 재활용 등). 한편 공정의 효율과 비용에 따라, 비화석 자원이 화석연료의 탄소 배출 감소를 위해 사용되는 것보다 비화석 자원을 최종 용도로 바로 이용하는 것이 선호될 수도 있다. 또한 앞서 내용과 관련해, 신재생에너지의 간헐적인 작동으로 인해 발생하는 이산화탄소는 그 즉시 격리되어야 한다. 탄소 격리에 있어서 비화석 자원의 간헐적인 이용은 다른 실행 가능한 자원의 백업을 필요로 한다. 우리는 여기서 화석에너지와 비화석에너지 자원을 구분하여 문제들을 제기하고 있을 뿐으로, 질문에 대한 정량적인 답변은 이 책의 범위를 벗어난다.

모든 방법들을 고려함에 있어서, 탄소 격리의 '최종 단계'를 반드시 명심해야 한다. 미래 기후 변화의 범위와 그 영향은 지구상의 모든 화석연료가 남은 수명 동안 방출하는 이산화탄소의 절대 부피가 아닌 대기 이산화탄소 농도의 최대값과 그 최대값이 지속되는 시간에 따라 결정된다. 따라서 앞으로 수십 년과 몇 세기에 걸쳐서 이산화탄소의 최대값을 낮추는 데 도움이 된다면, 불완전한 또는 '구멍 난' 격리 방법이라 하더라도 여전히 유용하다.

마지막으로 탄소 격리, 특히 지질학적 격리는 급증하는 수요에 보조를 맞추기 위하여 빠른 속도로 새로운 발전 설비를 추가하는 신흥 경제국에서 첫 번째로 채택할 수 있는 방법이다. 특히 선진 공업국에서 새로운 발전소를 건설하는 것은 현재 작동 중인 발전소 설비 개선의 필요 없이 비용을 들여 그들의 생활 주기에 맞는 이산화탄소 분리 및 격리를 시작할 수 있는 기회를 의미한다. 이러한 격리 프로젝트들은 향후 파리 협정 시대에서 UNFCCC 협정하의 청정 개발 메커니즘(CDM)에 매우 좋은 기회를 제공할 것이다. 이 메커니즘에서는 산업화된 국가들이 새로운 발전소의 격리 요소에 대한 재정을 지원함으로써 자국의 탄소 감축 의무를 이행하게 된다. 현 상태의 발전소들이 더 많이 보급되기 전에, 지질학적 격리가 청정 개발 체제에서 이용 가능하도록 R&D 노력을 통해 완벽한 기술을 개발하고 상업적으로 유용하게 만들어야 한다. 이 시점에서 탄소 격리는 발전소 개선을 필요로 할 것이고, 그로 인해 톤당 이산화탄소 격리 비용은 급격하게 증가할 것이다.

7-8 요약

이 장에서 살펴본 탄소 격리 방법은 장기적으로 지속 가능한 화석연료의 사용을 위한 핵심 기술이다. 이산화탄소 대기 배출을 방지하는 특별한 방법 없이 계속해서 현재 속도로 화석연료를 사용한다면, 이산화탄소 농도 증가는 피할 수 없다. 탄소 격리 방법은 서서히 발전하고 있으며 시간에 따라 변할 것이다. 단기적으로 실행 가능한 대안으로는 산림 재배가 있고, 시범 케이스로 지하 저장소에 소량의 이산화탄도를 격리시키며 이 방법의 장기적 적용을 위한 경험을 축적할 수 있다. 석유회수 증진법(EOR) 또는 석탄층 메탄회수 증진법(ECBM) 등과 같은 증진법을 이용하면 이산화탄소를 격리하는 동시에 회수된 석유 또는 가스로부터 추가적인 수입을 얻을 수 있다. 서서히 산림이나 증진법의 기회는 고갈되고 있으며, 이산화탄소 격리 부피 증가를 위하여 염류 대수층이나 해저 바닥에 있는 탄소 호수를 이용한 지질학적 격리가 확대될 것이다. 누출을 최소화하고 부작용을 방지하는 측면에서 지질학적 격리의 초기 결과들은 만족할 만하다. 최종적으로, 지질학적 격리를 이용하면 남아 있는 화석연료의 연소로 인해 발생하는 모든 이산화탄소를 격리할 수 있다. 아직은 실험 단계에 있지만, 장차 미래에는 이산화탄소를 비활성 물질로 전환시키거나 또는 공기 중의 이산화탄소를 포집하여 대기 중의 농도를 낮출 수 있을 것이다. 각각의 격리 방법을 통하여 얼마만큼의 이산화탄소가 격리될 것인지, 또한 시작된 이후의 장기적인 운명을 평가하기에는 우리의 능력이 부족하다. 따라서 어떤 격리법이 안전하고 효과적으로 기후 변화를 방지할 수 있는지 그 범위를 명확하게 하기 위하여 보다 더 많은 연구가 필요하다.

References

United Nations Food and Agriculture Organization (2020). State of the World's Forests. Report, UNFAO, Rome.

White, C., B. Strazisar, E. Granite, et al. (2003). "Separation and Capture of CO2 from Large Stationary Sources and Sequestration in Geological Formations—Coalbeds and Deep Saline Aquifers." *Journal of the Air & Waste Management Association*, Vol. 53, pp. 645 – 713.

Further Reading

Bruant, R., A. Guswa, M. Celia, et al. (2002). "Safe Storage of CO2 in Deep Saline Aquifers." *Environmental Science and Technology*, Vol. 36, No. 11, pp. 240 – 245.

Fanchi, J. (2004). *Energy: Technology and Directions for the Future*. Elsevier, Amsterdam.

Herzog, H., B. Eliasson, and O. Kaarstad (2000). "Capturing Greenhouse Gases." *Scientific American*. Feb. 2000 issue, pp. 72 – 79.

Holloway, S. (1997). "An Overview of the Underground Disposal of Carbon Dioxide." *Energy Conversion and Management*, Vol. 38, No. 2, pp. 193 – 198.

Lackner, K., C. Wendt, D. Butt, et al. (1995). "Carbon Dioxide Disposal in Carbonate Materials." *Energy*, Vol. 20, No. 11, pp. 1153 – 1170.

Lackner, K., and H. Ziock (2001). "The US Zero Emission Coal Alliance Technology." *VGB PowerTech*, Vol. 12, pp. 57 – 61.

Lackner, K. (2002). "Can Fossil Carbon Fuel the 21st century?" *International Geology Review*, Vol. 44, No. 12, pp. 1122 – 1133.

Lawrence Berkeley National Laboratory, Lawrence Livermore National Laboratory, Oak Ridge National Laboratory, Stanford University, University of Texas Bureau of Economic Geology, Alberta Research Council (2004). *GEO-SEQ Best Practices Manual—Geologic Carbon Dioxide Sequestration: Site Evaluation to Implementation*. Technical report LBNL-56623 Earth Sciences Division, Ernest Orlando Lawrence Berkeley National Laboratory. Web resource, available at http://www.osti.gov/bridge/servlets/purl/842996-Bodt8y/native/842996.PDF. Accessed Nov. 5, 2007.

New York State Energy Research and Development Authority (NYSERDA) (2003). *Patterns and Trends: New York State Energy Profiles 1989–2003*. Annual report, available on website at http://www.nyserda.org/publications/trends.pdf. Accessed Aug. 10, 2005.

Parsons, E., and D. Keith (1998). "Fossil Fuels without CO_2 Emissions." *Science*, Vol. 282, No. 5391, pp. 1053 – 1054.

U.S. Energy Information Administration (2020). *Annual Energy Outlook 2020 with Projections to 2050*. USEIA, Washington, DC.

Wigley, T., R. Richels, and J. Edmonds (1996). "Economic and Environmental Choices in Stabilization of Atmospheric CO_2 Concentrations." *Nature*, Vol. 379, No. 6562, pp. 240 – 243.

Winters, J. (2003). "Carbon Underground." *Mechanical Engineering*, Feb. 2003 issue, pp. 46 – 48.

연습 문제

7-1. 당신이 원하는 국가를 선택하여 화석연료 발전소로부터 배출되는 이산화탄소 격리를 위한 기초 프로그램을 만들어라. 지질학적 격리 기술은 널리 사용할 만큼 충분히 성숙되었고, 산림을 이용한 격리

또한 이용 가능하다고 가정하라. 매년 화석연료의 연소로 인해 배출되는 이산화탄소의 총량은 얼마인가? 생산된 이산화탄소는 이용 가능한 격리 방법들 중 어떤 방법에 할당될 것인가? 문헌 또는 인터넷 정보를 이용해 선택된 탄소 제거법의 유효성을 증명하라. 그 나라 안에서 모든 탄소를 격리할 수 있는가? 그렇지 않으면 일부 격리 시설을 다른 나라에 설치해야 하는가?

7-2. 중국의 면적은 960만 km^2이다. 정부가 광범위한 격리 프로그램에 착수한다고 가정하자. 나무 묘목 수송, 나무를 심기 위한 장비 등의 격리 프로젝트를 실행하여 20년 동안 매년 탄소 배출량 1.4 kg/m^2을 흡수할 수 있는 나무로 전 국토면적 5%의 재산림화를 목표로 하고 있다고 가정하자. 균등한 재산림 면적 개발을 위해 프로젝트는 2단계로 구분된다. 1단계로 2010년에 먼저 작은 규모로 재산림화 프로젝트를 시작하고, 향후 10년간 연간 식목 능력이 100%에 도달하도록 삼각형 형태의 곡선을 따른다. 2단계에서는 매년 5만 km^2의 일정한 속도로 모든 면적이 재산림화될 때까지 나무 심기를 지속한다. 프로젝트 기간 동안, 중국 경제의 탄소 배출량은 2010년 연간 7 Gt에서 매년 0.27 Gt씩 증가할 것으로 예상된다. 실제로 각각의 나무가 격리 할당량을 채우는 데 20년이 걸리지만, 문제 풀이의 단순화를 위하여 나무의 평생 격리는 나무가 심어진 연도에 모두 일어난다고 가정하라.

a. 모든 면적에 나무를 심는 데 몇 년이 걸리는가? 정수로 답하라.
b. 프로젝트 수명 동안, 중국 경제의 총 탄소 배출량 대비 격리량은 몇 퍼센트인가?
c. (b)에 대한 당신의 의견을 진술하라.

7-3. 메탄 용량이 170억 m^3이고 이산화탄소 격리량이 280 m^3/tonne인 석탄 탄광에 메탄회수, 발전, 그리고 탄소 격리를 위한 석탄층 메탄회수 증진법(ECBM) 시스템을 디자인하라. 메탄(불순물을 무시하고 순수한 메탄으로 가정한다)은 첨단 기술 발전소로 배달되어 순수한 산소 흐름과 섞여 배전망에 전기를 공급하고, 이산화탄소는 격리되며, 부산물로 물이 생성된다. 메탄에서 사용 가능한 에너지의 40%가 전기의 형태로 배전망에 공급된다. 나머지 에너지는 각종 설비 작동에 필요한 에너지로 공급(메탄, 이산화탄소, 물 등의 펌핑, 이산화탄소 주입 등)되거나 또는 발전소에서 손실된다. 발전소에서 생성되는 모든 이산화탄소가 석탄 탄광에 주입되기 때문에, 이산화탄소의 대기 배출은 없다. 발전소에서 떨어진 다른 곳에서 생성된 이산화탄소 또한 파이프라인을 통해 발전소로 수송된다. 발전소는 모든 메탄을 다 회수할 때까지 40년간 일정한 생산량으로 작동할 계획이다.

a. 발전소의 매년 전기 생산량은 얼마인가?
b. 지하에 원래 존재했던 탄소까지 고려하면, 격리되는 순 이산화탄소량은 얼마인가?

7-4. 첨단 석탄화력 발전소는 매년 134만 톤의 석탄을 이용해 30억 kWh의 전기를 생산한다. 발전소에서 생산되는 모든 이산화탄소는 분리되어 염수 대수층에 격리된다. 대수층의 부피는 1.76×10^{12} m^3이고, 평균 압력은 300 kPa, 평균 온도는 350 K, 수면 포화는 0.22, 그리고 공극률은 14%이다. 발전소에서 주입되는 이산화탄소로 인해 대수층이 가득 차는 데 몇 년이나 걸리겠는가? 정수로 답하라.

7-5. 연습 문제 4번의 발전소에서 주입되는 장소로 이산화탄소를 이동시키는 데 총 1,000 km의 파이프라인이 필요하다. 이 프로젝트의 금융 수명은 25년이고, 최저요구수익률(MARR)은 6%이다. 발전소에서 이산화탄소를 수송하고 대수층에 주입하는 데 필요한 설비의 고정 자본비용은 1억 달러이고, 이산화탄소 수송비용으로 톤당 5달러가 추가로 소요된다. kWh당 전기 평준화 비용에서 이산화탄소 격리로 인한 추가 비용은 얼마인가?

a. 파이프라인의 비용이 km당 50만 달러일 경우
b. 파이프라인의 비용이 km당 500만 달러일 경우

7-6. 탄산염 물질을 이용한 격리 문제이다. 이 장에 나와 있는 탄산염 형성 과정에서 방출되는 에너지

와 반응물을 가열하는 데 필요한 에너지 데이터를 이용하여, 고토감람석을 사용한 격리 공정을 구축하려 한다. 전기 사용 GJ당 0.12톤의 이산화탄소가 방출된다고 이 문제에서 가정할 수 있다. 다음의 질문들에 답하라.

a. 이산화탄소 1톤을 격리하는 데 몇 톤의 고토감람석이 필요한가? 또한 몇 톤의 탄산마그네슘($MgCO_3$)이 생성되는가?
b. 이산화탄소 1톤당 방출되는 순 에너지는 얼마인가?
c. 격리 시설은 암석층 위에 자리 잡고 있다. 격리 공정 중에 채굴되는 암석층은 고토감람석을 무게비 40% 함유하고 있다. 채굴 가능한 부피는 5억 톤이다. 격리 공정은 20년간 지속된다. 매년 몇 톤의 이산화탄소가 격리될 수 있는가?
d. 암석을 추출하기 위해 채굴하고, 고토감람석을 준비하고, 공장을 작동하는 데 소모되는 총 에너지는 고토감람석 1톤당 1.0 GJ이다. 격리 반응 중에 방출되는 에너지의 4분의 3을 전기나 가열 등의 형태로 공장에서 이용할 수 있다고 가정하자. 이산화탄소 1톤을 격리하는 데 외부로부터 필요한 순 에너지는 얼마인가?
e. (d)에서 요구되는 에너지는 화석연료를 연소하는 발전소에서 전기의 형태로 공급된다고 가정하자. 화력발전소에 의한 이산화탄소 발생을 고려하면, 고토감람석 1톤 가공을 통해 격리할 수 있는 순 이산화탄소량은 얼마인가?
f. 공기 포집 장치를 이용해 이산화탄소가 격리된다고 가정하자. 이 장치의 면적은 20 m × 20 m이고, 이 장치는 통과하는 이산화탄소 대비 50%의 효율로 작동 가능하다(여기에서 장치 작동으로 인한 이산화탄소 배출을 무시하자). 평균 공기 속력은 3.6 m/s이다. (c)에서 격리하는 이산화탄소와 같은 양을 격리하려면 이 장치 몇 대가 필요한가?
g. 이산화탄소가 공기에서 포집되지 않고 발전소로부터 공급된다고 가정하자. 또한 격리 공정에서 얻은 이산화탄소는 현장에 축적되지 않고, 자갈과 같은 건축 자재로 톤당 8달러에 판매된다. 이산화탄소 배송, 탄산염 채굴, 그리고 탄소 변형을 포함한 설비의 가격은 30억 달러이다. (d)에서 계산된 필요한 에너지는 전기의 형태로 공급되며 비용은 kWh당 0.10달러이다. 이들을 제외한 다른 모든 작동 비용은 매년 500만 달러이다. 프로젝트의 수명이 25년이고 최저요구수익률(MARR)이 5%라면, 이 설비를 이용한 이산화탄소 배출 상쇄에 해당하는 전기 kWh당 순 추가 비용은 얼마인가?

원자력에너지 시스템

Nuclear Energy Systems

▶학습 목차

8-1 개요

이 책에서는 온실가스 배출 없이 그리고 유한한 화석연료의 소비 없이 막대한 양의 에너지 사용이 가능하도록 할 수 있는 몇 가지의 에너지원을 다루고 있다. 이 장에서는 그중 첫 번째로 원자력에너지에 대하여 논의하고자 한다. 현재, 원자력에너지의 장래는 불분명하다. 한편으로는 온실가스와 대기오염물질을 배출하지 않으면서 안정적으로 의존할 수 있는(태양이나 풍력과 달리 연속적으로) 전력원으로, 국가사회가 기후변화나 현재의 대기오염 문제에 대응하는 데 도움이 된다. 다른 한편, 원자력 발전소의 사고 발생 가능성과 그 결과로 사람의 건강과 자연환경뿐만 아니라 투자자의 자본과 전력망의 안정성에 미칠 수 있는 영향에 대한 우려가 남아 있다. 더욱이, 미국과 같은 일부 국가에서는 최근 몇 년 동안 새로운 원자력 발전소를 건설한 경험이 거의 없었기 때문에, 건설 중인 발전소는 생소하고 메가와트당 값이 비싸다. 원자력에 관한 논쟁이 최종적으로 어떻게 해결되든 중국 등의 국가에서는 신규 발전소를 건설하고 프랑스, 한국, 러시아 등의 국가에서는 기존 발전소의 전력 생산이 중단기적으로 계속 중요한 역할을 하게 될 것이다. 그리고 미국은 전력 수요가 지속적으로 증가하는 시기에 공급의 상당 부분을 계속해서 원자력에 의존하고 있다. 그러나 원자력에너지의 사용이 확대되거나 더 오랜 기간 동안 사용되기 위해서는 발전소가 안전하게 설계되어 어떠한 오작동도 수용할 수 있는 능력을 가지고 있다는 견고한 합의가 전 세계적으로 필요하다. 더욱이, 원자력에너지의 주 연료인 우라늄-235의 총 가용량이 다른 자원에 비하여 상대적으로 작다. 따라서 원자력에너지가 장기적으로 성장하기 위해서는 새로운 우라늄 자원의 개발, 고속 핵분열을 이용할 수 있는 새로운 원자로의 설계, 핵융합기술 개발, 그리고 방사성 폐기물에 대한 항구적인 해법 등이 필요하다. 이 장에서는 이러한 내용들을 다룬다.

8-2 서론

‘원자력에너지(nuclear energy)’라는 용어는 분야에 따라서 다른 의미를 가진다. 핵물리학자에게 원자력에너지란 원자핵을 구성하는 소립자 사이의 결합에너지(nuclear binding energy)를 의미한다. 에너지 시스템 설계자에게 원자력에너지는 사람의 목적을 위해 사용되는 제어된 에너지 방출을 의미하는데, 전력망을 통해 공급되는 전기 생산이 가장 일반적이다.[1]

원자력에너지는 무거운 원자의 원자핵이 두 개 이상의 작은 원자핵으로 나누어지는 핵분열이나 두 개의 가벼운 원자핵이 결합하여 하나의 큰 원자핵이 되는 핵융합을 통해서 얻을 수 있다. 이러한 원자핵 반응 동안에 방출된 에너지는 고압의 물 혹은 증기와 같은 작동유체로 전달되고, 5장에서 화석연료를 위해 설명한 장치와 같은 변환장치에서 열에너지가 전기에너지로 변환된다. 원자핵의 결합은 극히 강하기 때문에, 원자핵 반응에 의해 방출되는 에너지의 양은 화학 반응에 비해 매우 크고, 따라서 원자력 발전소는 소비된 연료의 단위 질량당 매우 큰 동력을 발생시킨다.

기후변화와 기타 환경문제에 대한 세계적인 우려가 있는 시대에, 원자력에너지는 고유의 긍정적 속성을 가지고 있으며 또한 고유의 우려도 가지고 있다. 원자력에너지는 생애주기 중 최종 사용단계에서 CO_2를 배출하지 않는다. 또한 건설된 시설들은 생산할 수 있는 에너지의 용량에 대비하여 작은 면적을 사용하기 때문에 원자력에너지는 기반시설의 건설 단계에서도 상대적으로 적은 양의 CO_2를 배출한다. 발전소에서 원전연료가 사용되는 동안에도 대기오염 물질이 배출되지 않는다. 그러나 연료의 추출 및 소비 단계와 원자로의 폐기 처분 단계에서 방사성 부산물이 생성된다. 방사성 물질 관리에는 원자로의 차폐, 수송 네트워크 안에서 부산물의 신중한 이송, 그리고 수천 년 동안 방사능을 유지하는 동위원소들을 포함한 고준위 폐기물의 관리 등 원자력에너지 고유의 기술이 필요하다.

원자력에너지가 현재에 가장 논란이 많은 에너지원이 된 것은 아마도 핵무기의 발명과 20세기 중반 첫 번째 원자력 발전소가 건설되기 전 일반 대중에게 알려지지 않았던 고농도 방사성 물질의 존재 때문일 것이다. 물론, 대규모 발전 및 에너지원의 분산은 발전소의 오염물질 배출을 어느 정도까지 규제해야 하는지에 대한 논란부터 수력발전용 댐에 가두어진 물로 침수된 토지의 영향, 풍력발전기의 시각적 및 청각적 영향에 이르기까지 많은 형태의 논란을 야기했다. 아직도 이렇게까지 정반대의 관점을 가진 에너지원을 생각할 수 없다. 한 저술가는 이렇게 말했다, “… 한쪽은 에너지 수요를 만족시키기 위해서 21세기에 원자력에너지는 확대되어야만 한다고 확신하고, 다른 한쪽은 원자력에너지가 장기간 사용하기에 위험하고 비경제적이라고 똑같이 확신하고 있다.”[2] 분명한 점은 단기적으로 원자력에너지가 전 세계 전력의 상당 부분을 공급하고, 국가사회의 의지가 있다고 하더라도 이 부분은 쉽게 대체될 수 없기 때문에 원자력에너지는 분명히 적어도 20년 혹은 30년, 어쩌면 몇십 년 이상 우리와 함께할 것이다. 전력원으로 항구적으로 선택되어 핵분열을 이용한 발전이 장기간 유지될 것인지, 혹은 다른 선택으로 핵분열 발전이 점차 사라질 것인지는 확실하지 않다.

8-2-1 원자력에너지의 역사

원자력의 기원은 핵연료의 *제어되지 않은 핵분열*(uncontrolled fission)을 사용함으로써 폭발을

---

[1] 원자력에너지의 원리와 원자로 설계에 대한 상세한 내용은 Glasstone and Sesonske (1994), Volume 1, 2 참고.

[2] Beck (1999).

일으킬 수 있는 핵무기의 개발과 함께 시작한다. 핵무기의 연료가 연쇄반응을 한 번 시작하면, 1초도 안 되는 시간 안에 핵무기 연료의 상당 부분이 소비되어 극도로 강력하고 파괴적인 에너지 방출을 일으킨다는 의미에서 핵무기의 핵분열은 제어되지 않은 것이다.

핵무기 개발에 관여했던 많은 과학자들은 원자력에너지를 전기 생산과 같은 비군사적인 용도로 사용할 것을 주장했다. 몇 개 국가들은 원자력에너지의 평화 시 개발에 있어서 초기 마일스톤을 공유했다. 1951년, 미국의 아이다호주에 있는 National Reactor Testing Station, 현재의 Idaho National Laboratory의 과학자들은 처음으로 전기를 생산하여 건물 내부에서 사용하였다. 1954년, 구 소련의 오브닌스크에 있는 5 MW 용량의 원자로에서 역사상 처음으로 주변의 전력망에 전력을 공급하였다. 세계에서 첫 상업용 원자력 발전소는 영국의 셀라필드에 있는 50 MW 용량의 Calder Hall 원전으로, 1956년에 운전을 시작하였다. 미국에서의 첫 상업용 원자력 발전소는 펜실베이니아주의 Shippingport에 있는 60 MW급 원전으로, 1958년에 전력망에 전기 공급을 시작했다.

1950년대 후반부터 1960년대 초까지 북아메리카, 일본, 유럽 국가들, 그리고 구 소련에서 원자로의 크기와 함께 원자력 발전소의 수가 급격히 증가했다. 1974년 1,000 MW 용량의 첫 번째 원전인 Zion 1이 미국 일리노이주 워런빌 근처에서 가동을 시작했다. 그때부터 발전사들이 한 부지에 다수의 발전소를 지어 총 원자력발전 용량을 집중시키기는 했지만, 가장 큰 발전소 한 기의 크기는 대략 1~1.5 GW로 유지되었다. 예를 들어 미국의 뉴욕주에서는 총 용량 약 3 GW의 세 기의 원자력 발전소, Nine Mile Point 1, Nine Mile Point 2, 그리고 James Fitzpatrick 원자로들이 오스위고 근처의 온타리오 호수를 따라 같은 곳에 건설되었다.

발전과 무기 이외에 원자력에너지의 주 사용처는 해군 함정의 추진용에 있다. 원자로는 전함에 이상적인 동력원인데, 선상에 설치된 원자로는 상대적으로 적은 질량의 연료만으로도 항공모함, 잠수함, 그리고 다른 함정들이 연료 공급 없이 한 번에 수개월 혹은 수년 동안 작전을 수행하는 것이 가능하기 때문이다. 민간용으로, 1960년대와 1970년대에 일본 정부와 미국 정부는 일본의 Mutsu Maru, 미국의 N.S. Savannah라는 이름의 화물 운반용 원자로 추진 상선 개발을 지원했었다. 이러한 선박들은 디젤엔진으로 추진되는 일반적인 상선에 비하여 가격 경쟁력이 낮은 것으로 판정되어 더 이상 이용되지 않았다. 현재 원자력 추진 상선은 이용되고 있지 않다.

1970년대 이후 언론에 잘 알려진 세 건의 원자력에너지 관련 사고는 전 세계에서 원자력에너지의 성장을 지연시켰다. 첫 번째 사고는 1978년 미국 펜실베이니아주 해리스버그 근처에 있는 Three Mile Island (TMI)에 있는 원자로 중 하나에서 노심이 부분적으로 녹아내리는 사고였다. 이 사고로 원자로는 영구적으로 사용이 중지되었고 같은 부지에 있던 나머지 원자로는 피해를 입지 않아 현재까지 계속 사용되고 있다.[3] TMI 사고 이후, 많은 원자력 발전소 건설 계약이 취소되었고, 그 이후로 2007년 앨러배마주 벨폰트 부지의 새 원자력 발전소 건설 협약과 1988년에 중지되었던 테네시주 Watts Bar 2 원전의 건설 재개가 발표되기 전까지 미국에서는 새로운 원자력 발전소 건설 주문이 없었다. Watts Bar 2는 완공되어 2016년 10월 상업 운영을 시작했지만, 벨폰트에서의 작업은 이후 중단되었다.

3 대통령 위원회에서 "Kemeny Commission Report" (United States, 1979)로 알려진 이 사고에 대한 총괄 보고서를 발간하였다. 체르노빌 사고의 경과는 Cohen (1987)을 보면 된다. 후쿠시마 사고의 경과는 미국 NRC Fukushima Accident Task Force Report (Nuclear Regulartory Commission, 2011)로 보고되었다.

두 번째 사고는 1986년에 우크라이나의 체르노빌에서 있었다. 엉성하게 계획되고 시행된 실험 때문에 발생한 원자로의 고장과 화재로 원자로와 주변의 구조물이 완전히 파괴되었으며, 28명의 소방관이 목숨을 잃고 발전소 주변 넓은 면적에서 주민이 피난하였다. 발전소 운전원이 몇 가지 중요한 안전규정을 위반하지 않았다면 이 사고가 발생하지 않았겠지만, 이 사고는 화재와 원자로 노심의 용융이 발생하는 경우 이 원자력 발전소의 설계가 방사성 물질의 누출에 취약함을 드러내었다(8-4절의 원자로 설계 참고). 체르노빌 사고가 났을 때, 이 사고로 새로운 원자력 발전소 건설에 대하여 실망하고 화석연료의 가격이 저렴하였기 때문에 많은 유럽 국가들은 화석연료에 기반한 전력 생산 쪽으로 방향을 바꾸었다. 예를 들어 이탈리아는 1987년에 국민투표를 통하여 원자력발전을 단계적으로 탈피하기로 결정하고, 1990년에 마지막 원자력 발전소를 가동 중지했다. 마찬가지로 독일은 2006년부터 2018년까지 원자력 생산량을 연간 1,590억 kWh에서 720억 kWh로 줄였다. 다른 국가에서는 원자력 용량을 계속 확대했다. 예를 들어, 프랑스는 1996년부터 2003년 사이에 1,450 MW_e 발전소 4기를 전력망에 병입했다.

세 번째 중요한 사건은 2011년 3월 일본 후쿠시마현에 있는 원자력 발전소인 Fukushima Dai-ichi 혹은 Fukushima 1 발전소에서 발생한 사고이다. 이 사고에서는 진도 9.0의 2011년 동일본대지진으로 발생한 쓰나미가 발전소 옆의 쓰나미 방지벽을 넘어, 발전소와 전력망 그리고 보조 발전계통과의 연결선을 모두 파괴하였다. 그 결과로 발전소 정전(station blackout: SBO)이 발생하고, 원자로 노심으로의 냉각수 공급이 상실되어 원자로 노심이 일부 녹고 폭발이 발생하여 그 부지에 있던 원전 4기의 격납용기 구조물과 건물이 손상되었다. 직접적인 급성 방사선 피폭으로 사망한 작업자는 없었으나, 정부는 방사선 관련 위험으로부터 주민을 보호하기 위해 발전소 주위에 직경 30 km의 피난지역을 설치해야만 했다. 사고 결과, 일본 정부는 검사 및 업그레이드를 위해 모든 국내 원전을 정지시켰고, 2015년 처음으로 원전 재개를 허용했다.

8-2-2 원자력에너지의 현 상태

각 나라들은 21세기를 위해 지속 가능한 에너지를 공급해야 하는 문제와 고군분투하고 있기 때문에 앞서 언급한 세 사고에 대한 기억은 전 세계의 원자력 정책에 계속 영향을 주고 있다. 동시에, 기존 원자력 발전소의 운영자는 발전소의 효율과 가동률을 향상시킴으로써 원자력 발전소가 다른 어떤 에너지 기술보다 연간 운전시간 비율이 가장 높게 운전되고, 다른 어떠한 기술보다 kWh당 가장 낮은 전기 생산단가로 전력망에 전기를 공급한다. 전기 시장의 규제가 없는 나라에서는 원자력 발전소의 운영자들이 낮은 비용으로 전기를 생산하여 시장가격으로 판매함으로써 매력적인 이윤을 얻고 있다.

산업화된 국가들 중 현재 몇 나라는 원자력에너지의 사용을 확대하고 있고, 몇 나라는 현 상태를 유지하고 있으며, 몇 나라는 원자력 발전소를 단계적으로 완전히 폐쇄하려고 하고 있다. 표 8-1에 보인 것처럼, 총 kWh 생산량 대비 원자력 의존도가 높은 국가는 2014년 기준으로 프랑스가 77%, 벨기에가 48%, 스위스가 38%이다. 일본은 2006년 30%의 점유율을 기록했으나 후쿠시마 사태로 인해 2018년에는 6.2%를 기록했다. (2014년 국가 폐쇄로 인해 점유율은 0%였지만, 이 값은 표에 나와 있지 않다.) 앞서 언급한 것처럼, 사업자가 기존 원전의 성능을 향상시켜 원자력발전에 의한 총 전력 생산량을 지속적으로 증가시켜 왔음에도 영국 및 다수의 유럽 국가들과 함께 미국은 최근 새로운 원자력 발전소를 추가하지 않았다. 미국에서는 현재 기존 원전에 신규 원전을 추가

표 8-1 원자력발전으로 생산된 발전량, 발전량 중 원자력에너지의 비율이 15% 이상인 국가에서 총 전기 생산의 원자력 분담비율

나라	2006		2018	
	발전량 (10억 kWh)	분담비율(%)	발전량 (10억 kWh)	분담비율(%)
아르메니아	2.4	42.0	1.9	25.6
벨기에	44.3	54.4	27.3	39.0
불가리아	18.1	43.6	15.4	34.7
캐나다	92.4	15.8	94.5	14.9
중국	n/a*	n/a*	277.1	4.2
체코	24.5	31.5	28.3	34.5
핀란드	22.0	28.0	21.9	32.4
프랑스	428.7	78.1	395.9	71.7
독일	158.7	31.8	71.9	11.7
헝가리	12.5	37.7	14.9	50.6
일본	291.5	30.0	49.3	6.2
한국	141.2	38.6	127.1	23.7
러시아	144.3	15.9	191.3	17.9
슬로바키아	16.6	57.2	13.8	55.0
슬로베니아	5.3	40.3	5.5	35.9
스페인	57.4	19.8	53.4	20.4
스웨덴	65.1	48.0	65.9	40.3
스위스	26.4	37.4	24.5	37.7
우크라이나	84.8	47.5	79.5	53.0
영국	69.2	19.9	59.1	17.7
미국	787.2	19.4	805.3	19.3
소계	2,492.6	26.7	2,423.6	14.9
기타	168.4	n/a	136.4	n/a
총계	2661	16.0	2560	9.3

주의: "분담비율"은 원자력 발전소에서 생산된 총 kWh/year의 비율이다. "소계"는 표에 나타낸 나라들의 출력의 합을 나타내고, "총계"는 전 세계 모든 국가의 총 전력 생산량이다. 소계에 포함된 모든 나라와 포함되지 않은 나라의 조합에 대한 소계 수치는 없다.

*2006년 중국의 수치는 해당 연도의 대규모 생산국에 포함되지 않았기 때문에 보고되지 않았다.

출처: International Atomic Energy Agency (2020).

하는 형태의 신규 발전소 건설이 진행 중이다. 앞에서 언급한 Watts Bar 2 발전소(테네시주 채터누가 근처)는 2016년에 가동되었다. 활발히 건설 중인 다른 발전소로는 Alvin Vogtle 3 및 4(조지아주 웨인즈버러)가 있다. Virgil Summer 2 및 3(사우스캐롤라이나주 젠킨스빌)은 Westinghouse Nuclear Power의 파산으로 인해 2019년에 중단되었다. 원자력 발전소의 폐쇄의사를 밝힌 나라에는 벨기에와 스웨덴이 있다. 스웨덴을 예로 보면, 정부는 TMI 사고에 대응하여 2010년까지 원자력에너지를 탈피하기로 1980년대 초에 선언했다. 2018년 실제 값은 전체 소비의 40%로 2006년 48%에 비해 감소했지만, 완전한 단계적 폐지는 아직 멀었다(표 8-1 참고).

또 하나의 중요한 노력은 구 소련과 동유럽권에 있는 원자력 발전소의 구형 러시아형 설계를 최신 기술로 성능 개선하는 것이다. 예를 들어, 체코 남부의 테멜린에 있는 발전소는 1990년에 구 체코슬로바키아에서 국가가 변하는 시기에 소련 기술로 부분 완성되었다. 그 후 체코의 발전소 운영자들은 서방의 안전기준에 부합하는 기술을 이용하여 발전소를 완공하는 것으로 미국 회사인 Westinghouse와 협약을 맺었다. 국경으로부터 약 100 km 떨어진 곳에 의심스러운 기술로 건설된 원자력 발전소가 운전되는 것에 깊은 우려를 표명했던 오스트리아 정부는 이 프로젝트가 완성되는 과정에 큰 관심을 가지고 있었다. 이 발전소는 2002년부터 전력망에 전기를 공급하기 시작했다.

원자력에너지의 사용은 산업화된 국가에 집중되어 있고 신흥국가에서는 상대적으로 적다—세계 신흥국에서는 1차 에너지 소비의 2%만이 원자력에너지로 충족되는 반면, 선진국에서는 10%가 충당된다. 몇몇 신흥국가에서는 원자력 발전소의 크기에 타당한 큰 전력시장의 필요, 발전소의 큰 자본비용, 그리고 기술의 난이도 수준에 이르지 못한다(미래에 소형 모듈형 원자로가 개발되면 달라질 수 있겠지만). 다른 한편, 아르헨티나, 멕시코, 파키스탄, 그리고 남아프리카 등 세계 여러 곳의 신흥국가에서는 전력 수요를 맞추기 위하여 원자력에너지를 사용하고 있기 때문에 원자력에너지가 부유한 국가만의 배타적 영역이라고 말할 수는 없다. 현재, 인도와 중국처럼 경제가 빠르게 성장하고 과도한 석탄 의존에 의한 오염에 대하여 우려하는 나라들은 원자력에너지 사용을 확대하고 있다. 특히 중국은 2002년부터 2015년 사이에 총 용량 20.9 GW의 23개 원자력 발전소를 전력망에 연결했다.

8-3 핵반응과 원자력 자원

원자력에너지의 연료와 반응에 대하여 알아보기 위한 시작점으로, 어떠한 원소의 *원자번호* Z가 그 원자의 원자핵에 있는 양성자의 수이고, 또한 그 원자가 전기적으로 중성일 때 원자핵의 주위를 돌고 있는 전자의 수임을 상기하자. *원자질량*(atomic mass) A는 원자핵에 있는 양성자와 중성자 수의 합으로 양성자와 중성자 각각이 1원자질량단위(atomic mass unit: AMU)의 질량을 가진다. 구체적으로 말하면, 중성자의 질량은 1.675×10^{-27} kg이고 양성자의 질량은 1.673×10^{-27} kg이다. 1 AMU의 값은 가장 흔한 원소인 탄소의 원자핵, 6개의 양성자와 6개의 중성자를 가지고 있으며, 질량의 1/12이다. 특정 원소의 원자핵은 그 원자핵이 갖고 있는 양성자 수로 규정된다. 동일한 수의 양성자를 가지고 있으나 중성자의 수가 다른 원자핵들을 그 원자의 *동위원소*(isotopes)라고 한다. 예를 들어, 우라늄 233(U-233)은 92개의 양성자와 141개의 중성자를 가진 우라늄의 동위원소이고 U-238은 92개의 양성자와 146개의 중성자를 가진 우라늄의 동위원소이다.

원자핵의 결합에너지는 다양한 원소들이 가지는 서로 다른 A 값에 대한 Z/A 비율의 함수이다. 이 값은 어느 원자의 어느 동위원소가 원자력에너지에 가장 유용한지 제시해준다. 아인슈타인의 에너지와 질량 사이의 관계를 이용하면

$$E = mc^2 \tag{8-1}$$

(N, Z)의 중성자와 양성자를 가진 원자핵의 질량과 결합에너지 $B(N, Z)$를 계산할 수 있다.

$$M(N,Z) = Nm_n + Zm_p - \frac{B(N,Z)}{c^2} \tag{8-2}$$

달리 말하면, 원자핵의 질량은 원자핵에 들어 있는 각 입자들의 질량에서 원자핵으로 묶어주는

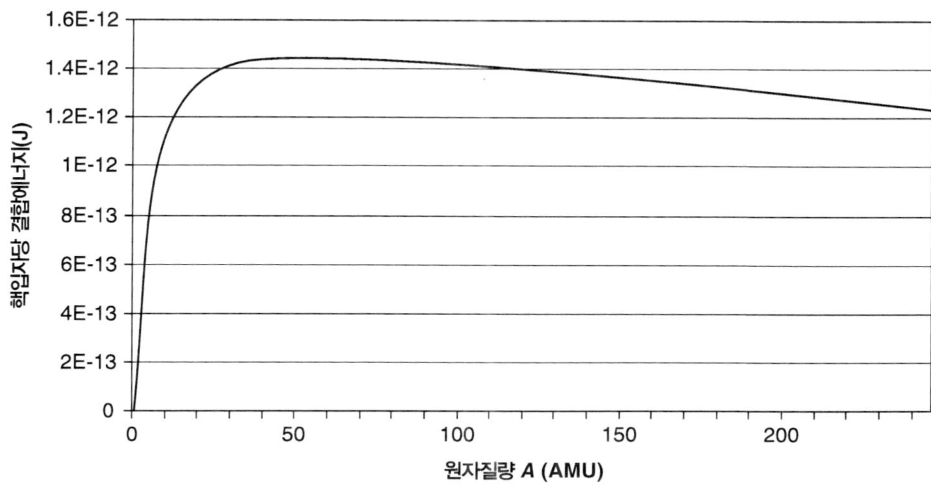

그림 8-1 식 (8-3)을 이용하여 AMU 수의 함수로 나타낸 핵입자당 결합에너지.

주: 하나의 핵입자는 한 개의 양성자 혹은 중성자를 의미한다.

결합에너지에 상당하는 질량을 뺀 값이다. 이 결합에너지가 방출되어 유용한 목적의 원자력에너지로 활용되는 것이다.

실험적 관찰로부터 원자핵의 결합에너지 B를 A와 Z의 함수로 나타낸 다음 준실험식이 유도되었다.

$$B(A,Z) = C_1 A + C_2 A^{0.667} + C_3 \frac{Z(Z-1)}{A^{0.333}} + C_4 \frac{(A-2Z)^2}{A} \tag{8-3}$$

실험 결과로부터, 다음의 계수들이 원자핵의 결합에너지를 나타내는 데 적합한 것으로 알려져 있다: $C_1 = 2.5 \times 10^{-12}$ J, $C_2 = -2.6 \times 10^{-12}$ J, $C_3 = -0.114 \times 10^{-12}$ J, $C_4 = -3.8 \times 10^{-12}$ J.

그림 8-1은 AMU=1에서 244(수소에서 플루토늄까지의 범위에 해당) 값에 해당하는 원자질량 값에 대하여 식 (8-3)으로 계산된 단위 원자질량당 결합에너지를 보여주고 있다. 각 A 값에서, 그 크기 원소의 전형적인 값을 Z의 대표값으로 선택하였다. 따라서 B/A 결과값은 주어진 A 값에 해당하는 어떤 원소에 대하여 분석한 값과 약간 다르다. 그러나 예측된 결합에너지값은 특정 원소에 대하여 분석한 값과 매우 가깝다. 표 8-2는 Al부터 U 사이에서 선택한 5개의 원소에 대하여 예측된 결합에너지값과 실제 값을 전자볼트 혹은 eV (1 eV = 1.602×10^{-19} J) 값으로 보여주고 있다.

표 8-2 원소들에 대하여 식 (8-3)을 이용하여 예측한 핵입자당 결합에너지값과 관측값

	A	*Z/A*	예측(MeV)	관측(MeV)	오차(%)
Al	27	0.481	8.74	8.33	5
Cu	64	0.453	9.03	8.75	3
Mo	96	0.438	8.85	8.63	3
Pt	195	0.400	8.08	7.92	2
U	238	0.387	7.73	7.58	2

주의: 1 MeV= 100만 eV, 혹은 1.602×10^{-13} J.

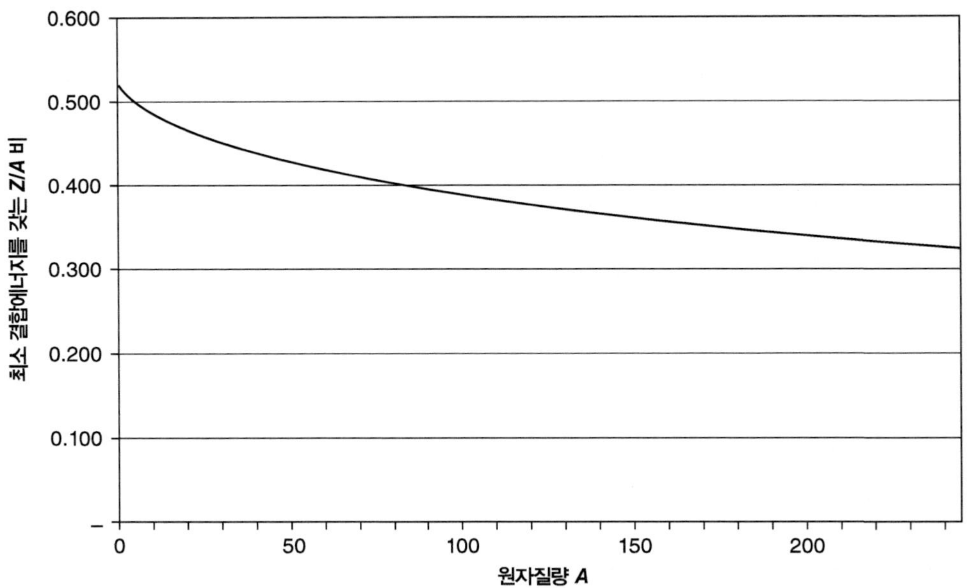

그림 8-2 식 (8-4)에 따라 예측한 결합에너지를 최소화하는 Z/A 비.

오차는 2%에서 5%까지 범위로 매우 작다.

원자핵의 결합에너지가 가장 낮은 에너지 상태로 되는 Z/A 비, 그래서 주어진 A에 대하여 가능성이 가장 높을 것으로 예측되는 Z/A는 실험적으로 유도된 다음 식으로 대략 계산할 수 있다.

$$Z/A = \frac{1}{2C_3A^{0.667} + 4C_4}\left[-(m_n - m_p)c^2 + \frac{C_3}{A^{0.333}} + 2C_4\right] \tag{8-4}$$

Z/A 예측값을 A의 함수로 그림 8-2에 나타내었다. 그림에서 볼 수 있듯이, A가 증가함에 따라 Z/A는 감소한다. 이는 표 8-2의 대표적인 원소들에 대한 값들의 변화와 일치한다. 그러나 무거운 원소들에 대해서는 식 (8-4)가 측정값보다 낮은 값을 예측한다. 우라늄의 경우를 보면, 자연적으로 일어나는 동위원소와 인공적으로 만들어지는 주요 동위원소들의 원자질량 범위는 U-230에서 U-238에 이른다. 이에 해당하는 실제 Z/A 값은 0.400과 0.387이지만 식 (8-4)는 각각 0.330과 0.327을 예측한다.[4]

정리하면, 원자핵의 결합에너지는 첫째, 가벼운 원자의 원자핵에 있는 중성자 수와 양성자 수는 대략 비슷하지만 무거운 원자의 원자핵에 있는 중성자 수는 양성자 수보다 많다는 것을 말해준다. 둘째, 핵입자당 원자핵 결합에너지가 가장 강한 원자는 원소주기율표의 중간에 위치하고, 가장 약한 결합에너지를 가지는 원소는 원소 스펙트럼의 가벼운 원소 끝부분 혹은 무거운 원소 끝부분에서 나타난다. 핵입자당 가장 낮은 결합에너지를 가지는 원자핵들은 가장 쉽게 융합되거나 분열될 수 있다. 그러므로 원자력에너지로 이용하기에 가장 적합한 원소들은 매우 무겁거나 매우 가벼운 원소들이다.

---

4 원자 번호가 낮게는 218 그리고 높게는 242를 가지는 우라늄 동위원소가 있을 수 있다. 그러나 이러한 인공적 동위원소의 상당수는 반감기가 매우 짧다.

8-3-1 원자력에너지와 관련된 반응

오늘날 전기 생산을 위한 원자력에너지 방출에 사용되는 가장 일반적인 반응은 우라늄 원자의 핵분열이다. 이는 U-235의 핵분열이 작동유체에 에너지를 넘겨주고 동시에 원자로 안에서 연쇄반응을 지속하는 데 이상적인 부산물을 생성하기 때문이다. U-235는 또한 충분히 흔해서 원자력 발전소의 수명기간 동안 막대한 양의 에너지를 발생시키는 데 사용될 수 있다. U-235를 분열시키는 연쇄반응은 '열' 중성자를 사용한다. 중성자는 무거운 원자핵의 분열로 방출된 후, 반응이 일어난 자리 주변에 있는 물질과의 충돌에 의하여 속도가 느려지고 에너지가 저감된다. 열중성자의 최대 확률 에너지 E_p는 켈빈 단위로 나타낸 온도 T의 함수이고, 대략 다음과 같이 나타난다.

$$E_p = 0.5\,kT \tag{8-5}$$

여기에서 k는 Boltzmann 상수, $k = 8.617 \times 10^{-5}$ eV/K이다. 예를 들어 반응 위치 주위의 온도가 573 K (300°C)이면, 열중성자의 최대 확률 에너지는 0.0247 eV이다.

하나의 U-235 원자핵이 열중성자와 충돌하면 중성자가 흡수되고, 그러고 나서 식 (8-6)부터 식 (8-8)에 나타낸 둘 중 한 가지 반응이 뒤따른다.

$$U_{235} + n \rightarrow U_{236} \tag{8-6}$$

$$U_{236} \rightarrow Kr_{36} + Ba_{56} + 2.4n + 200 \text{ MeV (전형적 반응)} \tag{8-7}$$

$$U_{236} \rightarrow U_{236} + \gamma \tag{8-8}$$

여기에서 γ는 *고에너지 광자*, 혹은 고에너지 전자기 입자를 나타낸다. 원자핵에서 나오는 대부분의 에너지는 감마선 형태로 나오는데 이 감마선의 최소 에너지는 2×10^{-15} J이고 최대 파장은 1×10^{-10} m 정도이다. 식 (8-7)에서, U-236이 크립톤과 베릴륨으로 분리되는 것은 대표적인 핵분열 반응이다. 이것이 유일한 반응이 아니고 다른 핵분열 생성물로도 가능하다. 또한, 방출된 중성자의 정확한 수도 핵분열 생성물에 따라 변한다. 2.4개의 중성자가 생성된다는 것은 방출된 중성자의 평균 수를 나타내며, 낮게는 0부터 높게는 8까지 가능하다. 식 (8-8)에서, 보통은 U-236의 핵분열을 일으키는 과잉 원자핵 결합에너지는 방사성 붕괴와 γ-선 방출로 제거되고 U-236 원자로 남는다. U-236의 원자핵이 작은 원자핵들로 나누어지는 것은[식 (8-7)] 전체 경우의 85% 정도이고, 나머지 15%는 U-236 원자로 남는다.

핵분열 반응당 두 개 이상의 중성자가 나오는 것은 원자력에너지에 유용하다. 반응의 15%가 중성자를 방출하는 데 실패하고 다른 원인들로 인해 중성자가 손실되는 것을 보상하여 연쇄반응이 지속될 수 있도록 하기 때문이다. 평균적으로 각각의 핵분열이 1개의 중성자를 생산하고 결과적으로 식 (8-5)와 (8-6)에 따라 또 하나의 U-235 원자를 핵분열시키는 과정을 *임계*(critical)라고 부른다. 이러한 상태에서는 반응하지 않은 연료가 공급되는 한 단위시간당 반응 수가 일정하게 유지되므로, 원자핵의 연쇄반응이 무한히 지속된다. 연쇄반응의 다음 세대에서 중성자를 생산하는 핵분열의 평균 수가 1보다 작은 과정은 *미임계*(subcritical)이고 연쇄반응은 결국 종료된다. *초임계*(supercritical) 과정에서는, 다음 세대에서 중성자를 생산하는 평균 핵분열 수가 1보다 크고 핵분열 반응률은 기하급수적으로 증가한다. 원자력 발전소의 제어계통은 핵분열 반응을 조절하도록 설계되어 있는데, 정상상태 운전 동안 과정이 미임계 혹은 초임계로 되는 것을 방지한다.

자연에서 발견되는 우라늄은 U-238이 99% 이상이고 U-235는 약 0.7%이다. 어떤 원자로 설계에서는, 임계 반응에 이르기 위해서 2~3%의 U-235가 필요하다. 따라서 우라늄을 농축해야만 한다. 농축이란 혼합물 내 U-235의 퍼센트 농도를 자연에서 일어나는 0.7% 이상으로 높이는 것을 의미하며, 남아 있는 생성물의 U-235 농도가 요구되는 2~3%가 되도록 충분한 양의 U-238을 제거하는 과정이다. 현재 가장 널리 사용되는 농축 공정은 가스 원심분리 기술을 이용한 방법이다. 선박 추진과 같은 군사용 목적으로 사용되는 원자력 연료는 U-235를 3%보다 훨씬 높은 농도로 농축하여 사용함으로써 운송되어야 하는 연료의 양을 줄이고 연료 재장전을 위한 정지 사이의 가동 기간을 확장하였다.

원자력 연료에 들어 있는 U-238 역시 중성자와의 충돌을 시작으로 몇 단계를 거쳐서 핵분열 반응을 일으키는 토대를 제공한다. 반응은 다음과 같다.

$$U_{238} + n \rightarrow U_{239} \tag{8-9}$$

$$U_{239} \rightarrow Np_{239} + \beta \tag{8-10}$$

$$Np_{239} \rightarrow Pu_{239} + \beta \tag{8-11}$$

여기에서 β항은 베타 붕괴를 나타내는데, 원자핵에 들어 있는 중성자 한 개가 광자로 전환되면서 *베타 입자*를 방출한다. 베타 입자란 식 (8-10)과 (8-11)에서 유리된 전자로 원자핵에서 방출된다. (양전자를 내는 β+ 붕괴도 있는데, 양전자는 전자와 질량이 같고 양전하를 가진 입자이다.) 이 경우 베타 붕괴에서는 원자핵 내부에 남아 있는 전하가 중성에서 양성으로 변하므로 음전하를 가진 베타 입자가 방출된다.

이러한 일련의 반응으로 생성된 플루토늄 원자는 핵분열이 가능해서 중성자와 충돌하면 핵분열을 하면서 에너지를 방출한다. U-235의 핵분열에 집중한 통상적인 원자핵 반응에서는 어느 정도의 U-238이 중성자를 흡수한 후 Pu-239로 변환된다. 그리고 Pu-239는 결국 다른 중성자와 충돌한 후 핵분열을 하게 된다. 이러한 반응은 원자로에서 나오는 에너지 출력에 기여하지만, 원자력 연료에 존재하는 대부분의 U-238은 변하지 않고 남아 있다. 다른 방법으로, 중성자들의 평균 에너지를 훨씬 높은 10^5~10^6 eV 수준으로 유지함으로써 원자핵 반응이 특별히 U-238을 소비하도록 설계할 수 있다. 이러한 공정은 현재 전기 생산에 사용되는 원자로와 다른 원자로 설계가 요구된다(8-4절 참고).

가벼운 원자핵의 핵융합을 통한 에너지 방출

우라늄과 플루토늄같이 매우 무거운 원자의 원자핵 분열이 에너지 방출로 이어지지만, 스펙트럼의 반대쪽 끝에서는 매우 가벼운 원자핵들의 핵융합 또한 에너지를 방출한다. 우리의 태양과 다른 별들의 경우 4개의 *프로튬*(protium: 원자핵이 중성자 없이 1개의 양성자만 가지고 있는 수소의 동위원소) 원자들이 한 개의 헬륨 원자로 바뀌면서 에너지를 방출한다. 이 변환은 별의 질량에 따라 두 개의 다른 주된 경로를 따라 일어난다. 이 반응을 인류가 사용할 만큼 실용적인 규모로 지상에서도 일으킬 수 있지는 않을 것으로 생각된다. 하지만 수소의 다른 동위원소, 즉 D로 표시하는 *중수소*(deuterium: 양성자 1개, 중성자 1개)와 T로 표시하는 *삼중수소*(tritium: 양성자 1개, 중성자 2개)를 필요로 하는 두 개의 다른 반응들은 보다 가능성이 큰 것으로 생각된다. 이 반응들은 다음과 같다.

$$D + T \rightarrow \mathrm{He}_4 + n + 17.6\,\mathrm{MeV} \quad (8\text{-}12)$$

$$D + D \rightarrow \mathrm{He}_3 + n + 3.0\,\mathrm{MeV} \quad (8\text{-}13)$$

$$\text{또는} \quad \rightarrow T + p + 4.1\,\mathrm{MeV}$$

이러한 반응들이 식 (8-6)에 나타낸 우라늄의 핵분열만큼 반응한 원자당 큰 양의 에너지를 내지는 않지만, 전통적인 에너지원의 기준으로 볼 때 핵융합의 에너지 산출은 여전히 매우 크다. 핵융합의 에너지 산출은 또한 연료의 질량당 기준으로 보아 핵분열과 같거나 크다.

중수소는 자연적으로 적은 양이 발생하고(전체 수소의 약 0.02%), 연료로 사용하고자 농축하기 위해서는 프로튬과 분리되어야 한다. 삼중수소는 자연적으로 생기지 않고, 연료로 사용하고자 한다면 인공적으로 만들어져야 한다.

원자력과 전통적 에너지의 단위 연료당 에너지 생산 비교

원자력에너지가 집중된 형태로 동력을 전달하는 정도를 평가하기 위하여, 우라늄과 대표적 화석연료인 석탄을 예제 8-1에서 비교해보자.

▶ 예제 8-1

U-235 1 kg에서 가용한 에너지양과 석탄 1 kg에서 가용한 에너지양을 비교하라.

▶ ***풀이***

식 (8-6)으로부터 U-235 1개의 원자는 약 200 MeV의 에너지를 방출한다. 순수 U-235 1 kg이 반응하고 중성자 충돌 중 15%가 핵분열을 일으키지 않는다고 가정하면, 가용한 에너지양은 다음과 같다.

$$(1\,\mathrm{kg})(4.25\,\mathrm{mol/kg})(6.022 \times 10^{26}\ \text{원자}/\mathrm{kg{\cdot}mol})(200\,\mathrm{MeV}/\text{원자})(0.85) = 4.36 \times 10^{32}\,\mathrm{eV}$$

이 양은 69.8 TJ에 해당한다. 식 (7-6)에서 탄소 1몰이 산화되면 394 kJ을 방출한다는 것을 상기하면, 탄소 1 kg(수분이나 불순물이 없는 순수 탄소)은 32.8 MJ/kg을 방출한다. 그래서 kg당 방출하는 에너지의 비율은 약 200만 대 1이다.

원자로의 연료는 U-235가 겨우 2~3% 있다는 사실을 고려하고, 원자력에너지가 작동유체에서 열에너지로 변환하는 과정에서의 손실을 고려하더라도 전통적 에너지에서 원자력으로 감에 따라 집중도의 증가는 매우 크다. 1950년대 상업용 원자력의 여명의 시기에 원자력에너지가 전기시장을 주도하게 되면 원자력에너지는 "너무 싸서 계량할 수 없는" 것으로 전망된 것은 전혀 이상하지 않다. 원자력 역사 초기의 원자력에너지 지지자들은 석탄 혹은 석유 같은 화석연료 구입비용 대비 우라늄 구입비용에 의한 운전비용 절감만을 보았고, 높은 자본비용이 원자력에너지의 kWh당 최종 균등화된 발전 원가에 주는 영향은 과소평가하였다. 오늘날 운영되고 있는 기존 원자력 발전소들이 높은 가격 경쟁력을 가지고(예제 8-2 참고) 전기를 생산하고 있지만, 원래 예상되었던 것처럼 가장 효율이 높은 화석연료 발전소보다 자릿수가 다를 만큼 값싼 것은 아니다.

8-3-2 원자력에너지 자원의 가용성

원자력에너지에 사용되는 연료의 가용성은 연간 소비율과 비교하여 사용된 핵반응과 경제적으로 가능한 자원의 최대 허용 비용에 크게 의존한다. 현재 원자력에너지의 연료로 가장 일반적으로 사

표 8-3 2007년 모든 추출 기술로 가용한 전 세계와 주요 자원 국가의 우라늄 자원(톤)

호주	2,232,510
브라질	190,400
캐나다	824,430
카자흐스탄	910,975
니제르	259,382
러시아 연방	737,985
미국	1,642,430
기타	2,312,348
합계	9,110,460

출처: IAEA (2007).

용되는 우라늄에 우선 집중하여 보면, 표 8-3은 국제원자력기구(IAEA)에서 출판한 총 가용한 우라늄 추정치와 국가별 우라늄 가용량을 보여주고 있다. 이 표는 다양한 출처에서 우라늄을 추출하는 비용에 대한 경제적 타당성은 고려하지 않았다. 따라서 우라늄이 팔리는 값에 따라서 궁극적으로 채굴되는 양은 이보다 적을 수 있다. 미국을 예로 들면, 값이 $65/kg ($30/lb)일 때에 채굴 가능한 양은 22만 7,000톤으로 추정되며, $110/kg ($50/lb)에는 그 양이 75만 9,000톤으로 증가한다. 채굴비용이 가장 비싼 경우를 포함하여, 어떤 경우의 채굴량도 총량(표에서 보듯이 164만 톤)보다는 적다.

표에 보인 양을 기초로 하여 미래에 자원이 추가로 발견될 수도 있음을 고려하면, 자원이 21세기에도 혹은 아마도 수 세기 동안 현재의 비율로 존속할 것이라고 전망하는 것이 합리적이다. 예를 들어, 만약 세계가 미래를 위해 '강건한' 원자력을 선택해야 하고 대부분의 화석연료발전 전기가 원자력발전 전기로 대체된다면, 우라늄 공급의 수명이 짧아질 것이다. 원자력 전기의 전체적인 생산비용에서 우라늄의 값은 상대적으로 작은 부분이기 때문에, 현재 예상으로 우라늄 추출비용이 최대 $260/kg ($118/lb)까지 증가하여도 비용 때문에 우라늄 추출을 단념하지는 않을 것으로 보인다.

이러한 전망들은 세계가 원자력 전기 생산을 U-235 동위원소에 주로 의존한다는 가정하에 이루어진 것이다. 새로운 원자력 기술들이 충분히 신뢰성 있고 비용 효과적으로 만들어질 수 있다면, 원자력에너지 연료자원의 수명은 100배까지도 연장될 수 있다. 현재의 우라늄 사이클에서 핵반응 후에도 98~99%의 우라늄이 U-238 형태로 변하지 않고 남아 있다는 점을 상기하자. 이러한 자원이 플루토늄으로 전환되어서 연료로 사용된다면, 식 (8-9)~(8-11)에서처럼, 우라늄 공급의 수명은 수천 년 연장된다. 핵융합이 성공하면 더 긴 수명이 기대된다. 바다에 있는 물의 양과 약 6,500개의 수소 원자 중 1개가 중수소라는 사실을 생각하면, 수소의 양으로 보았을 때 $D + D$ 반응은 수십억 년 동안 지속될 수 있다. 삼중수소는 제한적으로 공급되는 원자력 물질로부터 만들어져야 하므로, $D + T$ 반응은 보다 제한적이다. 삼중수소는 리튬-6 혹은 리튬-7 원자가 중성자와 충돌하여 생성되고, 한 개의 삼중수소와 한 개의 헬륨-4 원자(리튬-7의 경우, 중성자가 한 개 더 생긴다)가 나온다. $D + T$ 반응에 기초한 원자로들은 가용한 리튬-6 자원이 고갈되기 전까지 전 세계 전기를 수천 년 동안 공급할 수 있다.

8-4 원자로 설계: 성숙한 기술과 새로운 대안

오늘날 세계에서 운전되는 400기 이상의 원자로는 대부분 작동유체로 물을 사용하는데, 원자핵에너지를 직접 수증기 생산에 이용하거나(비등경수로, BWR), 고압의 물을 고온의 물로 가열하고 독립된 회로에서 수증기로 변환한다(가압경수로, PWR). 1950년대 이후 수십 년 동안 여러 나라에서 추진된 국가 원자력에너지 개발 프로그램은 다른 경로를 따라 개발되었고, 어느 경우에는 다른 기술을 개발하여 BWR이나 PWR 설계만큼의 수는 아니지만 현재도 사용하고 있다.

현재 새로운 원자로 설계 진화의 구동력으로 작용하는 두 가지 요인이 있다. (1) 생애주기와 새로운 원자로의 자본 투자비 축소에 대한 필요성이다. 그래서 새로운 원자로에서 나오는 전기가 시장에서 보다 큰 원가 경쟁력이 있어야 한다. (2) U-238, 플루토늄, 토륨을 포함한 U-235 이외의 새로운 연료 사용에 대한 욕구 등이다.

8-4-1 확립된 원자로 설계

PWR과 BWR은 모든 경우에 '경수(light water)'를 사용한다. 경수는 두 개의 프로튬 원자가 하나의 산소 원자와 결합한 H_2O이며, 중수소를 대신 사용하여 D_2O 분자가 되는 '중수(heavy water)'와 대응된다. 원자력 산업에서는 이들 둘을 구별하기 위하여 *경수로*(light-water reactor: LWR)와 *중수로*(heavy-water reactor: HWR)라는 표현을 사용한다. 이 절에서는 BWR 설계에 초점을 맞춘다. PWR 설계는 가압냉각수루프에서 원자로와 증기터빈을 연결해주는 증기루프로 열전달을 해주는 열교환기가 추가된다는 점을 제외하면 BWR 설계와 유사하다.

원자로 노심(reactor core)은 연속적으로 원자핵 반응이 일어나는 곳으로, 임계영역에 유지되도록 감시되고 제어된다(그림 8-3 참고). 원자로 노심 안에서는 원자로가 안정적으로 운전되도록 세 개의 주요 구성요소가 상호작용한다.

1. *연료봉*: 원자로가 기능을 할 때에는 원자로 안에 수천 개의 연료봉(그림 8-3에 "핵연료 집합체"로 표시)이 있다. 농축 시설에서 사전에 농축된 우라늄을 이용하여 UO_2 형태로 만든 연료는 연료봉 안에 담겨 있다. 연료봉들은 지르코늄 합금 용기 안에 넣어진다. 전형적인 연료봉의 직경은 1.2 cm (1/2인치)이다. 길이는 원자로 설계에 따라 변하지만 대략 4 m (12.5피트) 정도이다.

2. *감속재*: U-235의 핵분열로 나오는 중성자들은 너무 높은 에너지를 가지고 방출되어 원자로 노심 안에서 손실되기 전에 다른 U-235 원자를 분열시키는 확률이 높지 않기 때문에, 중성자의 에너지를 섭씨 수백 도의 온도에 해당하는 열에너지까지 감소시키기 위하여 감속재가 필요하다. 원자로 노심을 통과하여 순환하는 물은 이러한 목적의 기능을 한다. 다른 설계에서는 흑연과 물이 함께 사용되기도 한다. 모든 중성자가 균일하게 열에너지 수준까지 감소되지는 않는다. 일부는 U-235 이외의 물질들과 충돌하여 손실되고 일부는 원자로 노심을 벗어난다. 이러한 손실들 때문에 연쇄반응을 연속시키는 데 1개의 중성자만 필요한데도 핵분열당 2개 이상의 중성자가 방출되어야 한다.

3. *제어봉*: 전형적인 원자로 설계는 200여 개의 제어봉을 가지고 있다. 이들은 원자로가 운전되는 동안 그림 8-3에 보인 것처럼 제어봉 구동축을 통해 원자로 내부로 들어가거나 빠져나오면서 핵분열률을 정확히 유지한다. 제어봉은 은-인듐-카드뮴 합금, 붕소강, 혹은 탄화붕소

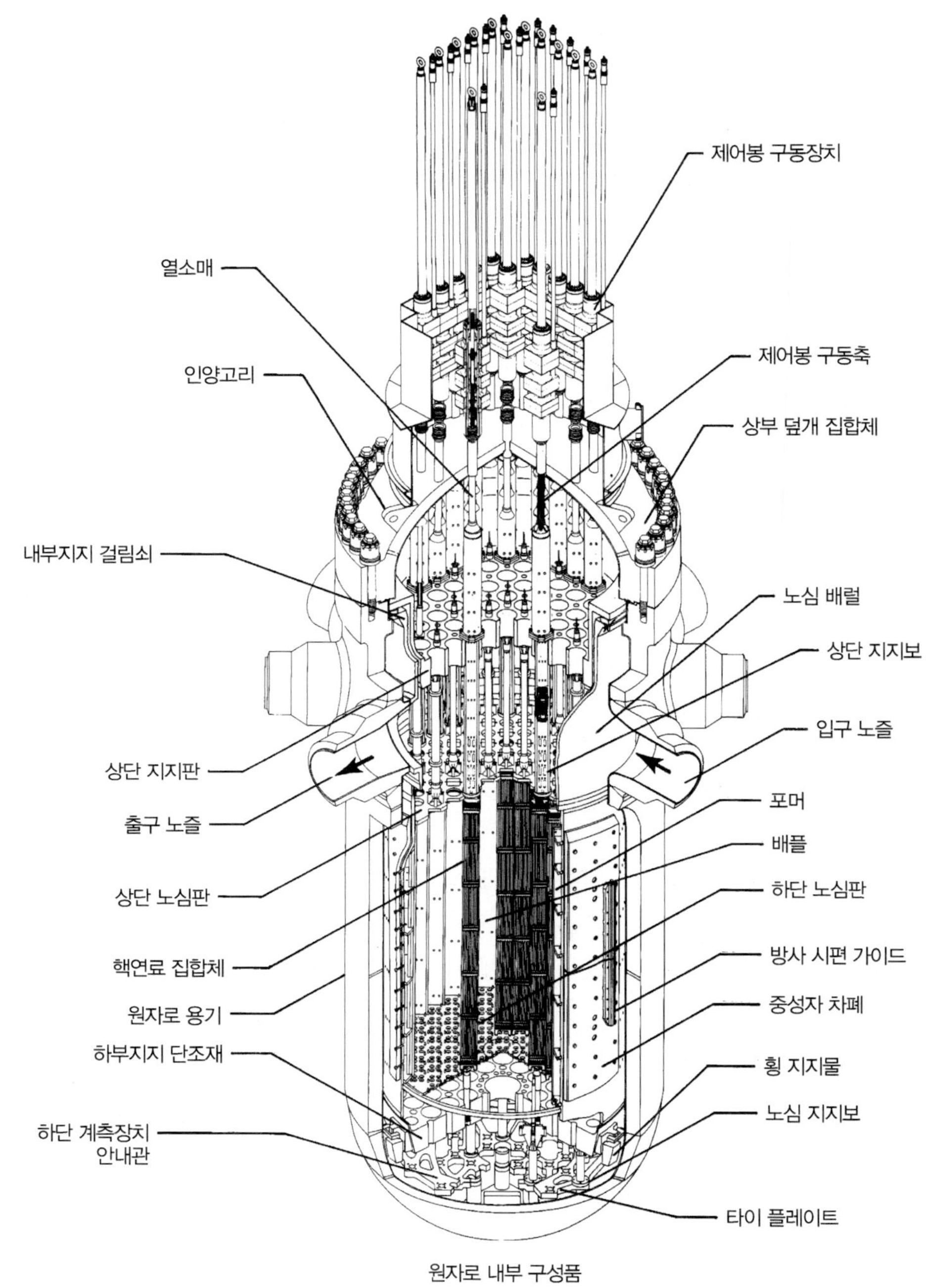

그림 8-3 Westinghouse MB-3592 원자로. (*출처*: Westinghouse Electric Company.)

등 핵분열을 하지 않으면서 중성자를 흡수할 수 있는 넓은 범위의 물질로 만들어진다. 중성자에 감속 효과를 제공하는 데 더하여, 제어봉은 유지보수를 위하여 혹은 사고 시 핵반응을 정지시킬 수 있는 수단을 제공한다. 제어봉이 완전히 삽입되면 연쇄반응은 미임계로 변하고 즉시 정지한다.

원자로 노심 외부의 주요 부품은 *압력용기*, *격납용기 계통*, 그리고 발전설비 등이 있다. 압력용기는 고강도 금속 용기로 노심, 그리고 용기 하부에 물과 상부에 수증기를 함께 담고 있다. 원자로들은 또한 비상시 압력용기 내부 물질을 냉각하고 방사성 물질이 주변 환경으로 새 나가는 것을 방지하도록 설계된 종합적인 격납용기 계통을 가지고 있다. 격납용기는 격납용기 계통의 중요 부분으로 원자로 압력용기를 둘러싼 돔형 강화 콘크리트 구조물이다. 격납용기는 대형 냉각탑과 함께 익숙한 랜드마크가 되어 사람들이 먼 거리에서도 원자력 발전소를 알아볼 수 있다. 원자로들은 또한 일반적으로 격납용기 살수주입 계통(containment spray injection system: CSIS)을 가지고 있다. 비상시, 이 계통은 보론이 섞인 물을 격납용기 구조물 내부에 살수하여 내용물을 냉각하고 중성자를 흡수할 수 있다. 발전설비는 첫째로 터빈과 발전기를 포함하는데, 이들은 화석연료 발전소의 것들과 같고 외부 콘크리트 구조물 바깥쪽에 위치한다.

원자로의 열적 · 기계적 기능

현재 세계에서 운전되는 가장 큰 원자로들에서는 정격출력 운전 동안 약 4 GW 출력으로 에너지를 방출한다. 주어진 원자의 분열당 에너지 방출률에서, 이 에너지 전달률은 초당 1.25×10^{20} 반응에 해당한다. 핵분열 반응에서 나오는 에너지는 주로 핵분열 파편들에 전달되고, 핵분열 반응으로 나오는 감마선 광자와 중성자에 조금 전달된다. 분열된 파편들은 핵분열 위치에서 짧은 거리 내의 다른 많은 입자들과 충돌하고, 파편들의 운동에너지는 열에너지로 변환되어, 결국 열전달을 통해 작동유체에 도달한다. 반응으로 생성된 열은 수증기를 만들고, 격납용기 구조물 밖으로 이송되어 터빈에 들어간다. PWR 원자로의 경우, 격납용기 구조물 안에 있는 증기 발생기가 가압된 물에 있는 열을 증기 발생을 위해 비등이 허용되는 물로 열을 전달한다.

오늘날까지 원자력 발전소는 안전에 관한 우려 때문에 임계압력(22.4 MPa) 이하의 증기압력에서 운전하도록 제한되어 있다. 초임계압 발전에서 나올 수 있는 추가적인 효율의 손실은 화석연료를 사용하는 발전소에서만큼 크지 않다. 이는 연료비가 지배적인 관심사가 아니고, 원자력 발전소에서는 규제받는 대기 오염물질이나 온실가스 배출이 없기 때문이다. 환경으로의 방사성 물질 누출을 피하기 위하여 원자로의 냉각재와 작동유체로 사용되는 물의 누출은 엄격히 제한된다.

연료봉의 교체

정상 운전조건하에서 연료봉들은 원자로 노심 내부에 정지되어 놓여 있으면서 가용한 U-235를 점차 소비한다. 3년에서 6년 사이의 기간이 지난 후 U-235가 충분히 소비되어서 가용 핵분열 물질의 감소가 출력에 영향을 주기 시작하면, 연료봉은 교체되어야 한다. 그러면 발전소 운영자는 연료봉 교체를 위해 발전소를 정지시켜야 한다. 연료봉 교체는 보통 12개월에서 24개월 주기로 일어나며, 매 재장전 시기에 전체 연료봉의 1/3 내지 1/4이 교체되고, 연료봉들을 순환시킴으로써 결국 모든 연료봉들이 교체된다.

발전소 운영자들은 정지 시간의 영향을 최소화하기 위해 몇 단계를 취할 수 있다. 한 부지에 한 기 이상의 원자로가 있는 곳에서는 다른 원자로들이 가동되고 있을 때 하나의 원자로만 정지시키고 연료봉을 교체하도록 계획한다. 비슷하게, 한 개 이상의 원자력 발전소를 소유한 운영자는 연료봉 교체 작업을 다수의 발전소 사이에서 돌아가며 함으로써 전체 자산에서 나오는 총 전력 생산에 미치는 영향이 최소화되도록 한다. 마지막으로, 연료봉 교체에 필요한 시간을 최소화하는 것은 발전소가 가능한 최고의 생산성을 이루도록 하는 수단이 된다. 예를 들어 미국에서는, 연료봉 교체에 소요되는 산업체 평균 시간이 1990년의 85일로부터 2014년의 37일로 감소하였고, 최근에는 그 기간을 15일까지 단축했다.

발전소 운전비용

원자력 발전소 운전에 드는 총 비용으로는 연료비, 연료외 유지비가 있으며, 자본 투자가 상환되어야 하는 발전소 수명의 초기 기간 동안에는 자본비용이 포함된다. 총 발전비용을 결정하는 데 들어가는 이러한 요소들의 역할은 예제 8-2에 보인 것 같은 사례 분석에서 잘 나타낼 수 있다.

▶ 예제 8-2

자본 투자비가 완전히 상환된 원자력 발전소가 원자로 노심에 U-235 농축도 2.8%의 우라늄 15만 5,000 kg (UO_2 17만 5,800 kg)을 가지고 운전하고 있다. 일 년마다 4,000만 달러의 비용으로 연료의 1/3을 교체하며, 이로 인해 원자력 폐기물 관리를 위한 기금으로 $0.001/kWh를 지불해야 한다. 이 시설은 또한 연료외 유지보수 비용으로 연간 1억 1,800만 달러의 비용이 든다.

이 발전소의 정격용량은 1.2 GW_e이다. 작동유체는 10 MPa까지 가압되고, 그다음에 325°C까지 가열된다. 작동유체는 터빈에서 10 kPa로 팽창한 후 응축되고, 원자로 노심으로 돌아가기 위해 펌프로 돌아간다. 발전기 효율은 98%이다. 원자핵 분열에서 발생된 모든 에너지는 작동유체로 전달되었고, 여러 가지 손실로 인해 사용된 실제 랭킨 사이클은 이상적인 효율의 90%에 이르렀다고 가정하자. 연료에 있는 U-238 중 일부가 변환되어 생성된 Pu-239가 핵분열에 기여한 것은 무시한다.

(a) 발전소 전력 생산의 kWh당 비용을 계산하라.

(b) 이 발전소를 대신하여 kW당 8,000달러의 비용으로 새 발전소를 건설하여 5% 할인율로 20년 동안 상환한다고 가정하자. kWh당 발전비용은 얼마인가?

▶ ***풀이***

(a) 우선 사이클의 열효율과 연료 소비율을 계산하고, 그 후 연간 전기 출력과 총 비용의 구성요소를 계산하여 이 문제를 풀도록 한다.

증기표에서 10 kPa의 물성치는 다음과 같다: h_f = 191.8 kJ/kg, h_g = 2,584.7 kJ/kg, s_f = 0.6493 kJ/kgK, 그리고 s_g = 8.1502 kJ/kgK. 6장의 이상 랭킨 사이클 해석을 위한 표준기법을 이용하면, w_{pump} = 10.1 kJ/kg이고 상태 1에서 4까지의 온도, 엔탈피, 그리고 엔트로피값은 다음 표와 같다.

상태	온도(°C)	엔탈피(h) (kJ/kg)	엔트로피(s) (kJ/kgK)
1	45.8	191.8	0.6493
2	*	201.9	*
3	320	2809.1	5.7568
4	*	1821.1	5.7568

* 값이 계산에 이용되지 않아서 표시하지 않았음.

엔탈피값 $h_1 - h_4$로부터, q_{in} = 2607.2 kJ/kg, w_t = 988.0 kJ/kg을 구한다. 따라서 사이클의 실제 효율은 이상 효율에 사이클 손실과 발전기 손실을 곱한 값이다.

$$\eta = \frac{988.0 - 10.1}{2607.2}(0.9)(0.98) = 33.1\%$$

다음으로 연료를 고려하면, 해마다 연료의 1/3이 교체되므로 연간 연료 소비는 총 연료(5만 1,700 kg)의 1/3이다. 연료인 U-235의 비율을 고려하면, 소비율 m은 다음과 같다.

$$m = \frac{(51.7 \times 10^6 \text{ g})(0.028)}{3.154 \times 10^6 \text{ s}} = 0.0459 \text{ g/s}$$

U-235가 분열할 때 방출하는 에너지가 69.8 TJ/kg 혹은 69.8 GJ/g이므로, 연료 소비는 다음과 같이 전기 출력으로 변환된다.

$$(\text{입력}) \times (\text{효율}) \times (\text{h/year}) = \text{출력}$$

$$(0.0459 \text{ g/s})\left(69.8\frac{\text{GJ}}{\text{g}}\right)(0.331)\left(1\frac{\text{GW}}{\text{GJ/s}}\right)\left(8{,}760\frac{\text{h}}{\text{year}}\right) = 9{,}279 \text{ GWh/year}$$

발전소의 평균 출력은 1.059 GW_e이다. 발전소의 정지 시간과 수요 변동에 따른 출력 변동을 고려하면, 평균 출력은 1.2 GW_e의 최대 출력보다 작다.

kWh당 총 비용은 연료와 유지보수 비용으로부터 계산할 수 있다. 연료비용은 ($4,000만)/(9.255 × 10^9 kWh) = $0.00431/kWh이다. 유지보수 비용은 ($1억 1,800만)/(9.255 × 10^9 kWh) = $0.0127/kWh이다. 그래서 총 비용은 $0.0170/kWh이다.

(b) kW당 8,000달러의 자본비용에서, 발전소 총 건설비는 96억 달러이다. 기간이 20년이고 MARR = 5%이므로, 자본의 연간 비용을 계산하기 위한 환산계수로 적절한 값은 (A/P, 5%, 20) = 0.08024이다. 그래서 20년 투자 기간에 걸쳐서 새로운 균등화된 비용값은

$$\text{균등화된 비용} = \frac{\$9.6 \times 10^9(0.08024)}{9.255 \times 10^9 \text{kWh}} + \$0.0170 = \$0.0831 + \$0.0170 = \$0.1001/\text{kWh}$$

그래서 균등화된 비용은 약 $0.10/kWh이다.

▶ ***논의*** (a) 계산 결과는 투자비가 완전히 상환된 원자력 발전소의 가격 경쟁력을 보여준다. 연료비와 유지보수 비용은 미국의 Nuclear Energy Institute가 발간한 미국 평균값인 $0.0045/kWh 및 $0.0127/kWh와 같거나 유사하다. $65/kg의 우라늄 원가는 총 연료 공급비용의 아주 작은 부분이어서, 우라늄값이 상당히 증가하여도 총 발전비용을 감지할 수 있을 만큼 바꾸지는 않을 것이다. 실제 발전소는 주어진 값과 어느 정도 다를 수 있다. 예를 들어 최대 압력이 다르거나 Pu-239 핵분열의 기여도를 고려하면, 특히 연료봉이 원자로 안에서의 사용 시간이 증가하면서 Pu-239 농도가 최대로 되어 갈 때, 실제 발전소는 주어진 값과 어느 정도 다를 수 있다. 또한 이 단순화된 문제에서는 모든 효율 손실을 자세하게 다루지 않아서, 소비된 단위 연료당 전기 출력은 약간 과대평가되었다. 그러나 계산에서 이러한 점들을 수정하여도 결과를 감지할 수 있을 만큼 변화시키지는 않을 것이다. 즉 발전 단가는 약 $0.02/kWh이다.

발전단가에 대한 보다 큰 영향은 이 문제의 (b)에서 다룬 자본 투자비의 회수에서 나온다. 상대적으로 높은 단위 용량당 투자비용은 5장에서 다룬 석탄과 가스 같은 대체품과 비교하여 어떻게 균등화된 비용이 새로운 원자력 발전소의 경쟁력을 낮추는지 보여주고 있다. 이 예제의 생산된 전기는 CO_2를 발생하지 않지만, 균등화된 비용의 83%는 투자 자본의 회수를 위해 사용된다. 보다 효율적인 설계와 제작 과정에서의 규모의 경제로 가능한 저자본비용 계산은 이 장의 끝부분에서 예제로 나온다. 2005년경에 시작된 화석연료값 상승기까지 연료에 사용된 달러당 생산된 에너지양이 매우 컸음에도 불구하고, 원자력 발전소의 투자비용을 정당화하기는 어려웠다. 미국 등 대규모 화석연료 자원을 보유하고 있는 여러 국가에서 투자자들은 이러한 이유로 최근 몇 년 동안 신규 발전소에 대한 투자를 꺼려왔다. 중국과 같은 국가도 석탄 형태의 대규모 화석 자원을 보유하고 있지만 석탄 연소로 인한 심각한 대기질 문제로 인해 2015년 현재 원자력에너지(총 생산량 24 GW에 달하는 24개 발전소 건설 중)에 상당한 투자를 해왔다. 프랑스, 일본 등 국내 에너지 자원이 부족한 일부 국가들은 수입 화석연료에 완전히 의존하는 국가의 에너지 안보 혜택이 화석연료에 비해 원자력에 대한 추가 비용보다 크다고 판단하여, 2011년 후쿠시마 사고가 있었을 때까지 원자력 발전소를 계속 건설해 왔다.

원자력 발전소 해체비용

원자력 발전소 운영자와 이들을 규제하는 정부기관들은 원자력 발전소의 수명이 끝났을 때 원자력 발전소와 그 부지를 해체하는 데 드는 추가 비용을 예상하고 있다. 해체 과정은 사용 후 연료봉, 원자로 노심, 그리고 냉각수를 적절한 폐기물 저장 시설로 이동시키는 것과, 주변 지역의 오염을 방지하기 위하여 시설을 밀봉(예: 콘크리트를 사용하여)하는 것을 포함하여 몇 단계로 이루어진다.

운영자는 해체비용을 충당하기 위한 기금을 적립하기 위하여 kWh당 비용을 부과할 필요가 있다. 궁극적인 해체비용과 적립되고 있는 기금의 적절성은 논란이 되고 있다. 예를 들어, 미국 정부 담당자는 해체비용을 한 기당 평균 3~5억 달러, 현재 사용 중인 모든 발전소에 대하여 300~500억 달러로 예상하고 있다. 하지만 산업이 아직 초기여서 실제로 해체된 발전소도 없고, 그래서 정확한 비용에 대한 실제 자료도 거의 없다. 비평가들은 실제 비용이 초기 예상보다 높을 수 있다는 우려를 표명하고 있다. 만약 이러한 우려가 현실화된다면, 원자력에너지의 생애주기 비용은 발전소의 수명 기간 동안 시장에서 팔린 가격보다 높은 것으로 판명될 것이다. 북아메리카, 유럽, 그리고 일본의 구세대 발전소가 향후 10~20년 사이에 퇴역될 것이므로, 산업이 해체 공정에 대한 실적을 쌓아감에 따라 실제 비용은 보다 투명해질 것이다. 해체비용 추정치는 12년에 걸쳐 약 10억 달러의 비용이 든 TMI의 파괴된 원자로 정화비용과 비교할 수 있다. 1978년 사고에서 살아남은 Three Mile Island 1호기를 포함하여 미국의 원자력 발전소 폐쇄 및 해체 사례가 표 8-4에 나와 있다.

8-4-2 핵분열 원자로의 대체 설계

앞 절에서 논의한 BWR/PWR 원자로에 더하여, 현재 다수의 다른 원자로 설계가 사용되고 있거나 개발 중이다. 몇 가지는 원자력에너지의 진화기인 초기 실험적 시기의 부산물이고, 나머지는 저 투자비용 혹은 다양한 연료의 필요성에 대응하여 최근에 새로이 나타난 것들이다.

원자로 디자인의 진화에 대한 이해를 개선하기 위해 World Nuclear Association은 세대별 명명법을 만들어 구분하였다. I세대와 II세대는 각각 초기 실험적 원자로들과 시장을 석권한 PWR과 BWR 같은 상업용 대형 원자로가 처음으로 성숙한 세대였다. III세대와 III+세대는 현재 배치된 새로운 원자로인데, 주로 U-235를 연료로, 경수를 감속재로 사용하지만 설계 개선을 통해 가격과 안전이 상향되었다.

현재 상용으로 사용 중인 대체 설계

오늘날 사용되는 원자로의 일부는 핵반응에서 나오는 열을 제거하기 위해 물 대신 헬륨이나 이산화탄소와 같은 가스를 사용한다. 초기 가스냉각 원자로의 개발은 영국과 프랑스에서 이루어졌다. 영국에서는 *개량형 가스냉각로*(advanced gas-cooled reactors: AGRs)라고 알려진 가스냉각 원

표 8-4 2014~2021년 미국의 최근 원자력 발전소 폐쇄 사례

이름	주	폐쇄 연도
Indian Point Unit 2	뉴욕	2020
Indian Point Unit 3	뉴욕	2021
Oyster Creek	뉴저지	2018
Three Mile Island Unit 1	펜실베이니아	2019
Vermont Yankee	버몬트	2014

자로들이 아직 사용되고 있다. 공학자들은 보다 높은 온도와 그에 따른 수냉각 원자로보다 높은 효율을 위해 가스냉각 원자로를 개발했으나, 결국 수냉각 원자로인 BWR과 PWR이 이들을 밀어내고 원자력을 사용하는 국가들에서 지배적인 노형이 되었다. 현재의 설계에서, 기체의 열은 증기로 전달되어 증기터빈에서 팽창된다. 하지만 미래의 설계에서는 수냉각 원자로와 경쟁할 수 있을 만큼 더 높은 효율을 제공하기 위해, 기체가 직접 터빈을 돌리는 데 사용될 수도 있다.

다른 변형에서는 경수(H_2O) 대신 중수(D_2O)를 냉각수로 사용한다. 이러한 방식은 캐나다의 모든 원자력 발전소와 아르헨티나, 중국, 인도와 같은 국가들의 일부 원자력 발전소에서 사용하는 CANDU (CANadian Deuterium Uranium) 원자로에 구현되어 있다. 중수는 경수보다 중성자를 적게 흡수하기 때문에 자연 우라늄(약 0.7% U-235)으로 연쇄반응을 유지시키는 것이 가능하므로 우라늄 농축이 필요 없다. 하지만 이러한 발전소들은 자연의 물에서 중수를 생산하는 것을 필요로 한다. 예를 들어, 지금은 해체된 캐나다 온타리오주 브루스 베이에 있는 발전소는 중수 1톤당 34만 톤의 담수를 사용하여 연간 700톤의 중수를 생산하였다. CANDU 발전소는 또한 핵분열 공정을 한 개의 대형 철제 원자로용기 대신 다수의 격납용기 튜브 네트워크 안에 수용하여 고정밀 금속가공 능력에 필요한 투자를 줄인다.

아마도, 소련 설계의 RBMK (Reaktor Bolshoy Mashchnosti Kanalniy, '고출력 채널형 원자로'라는 의미) 원자로는 가장 성공하지 못한 대체 설계인 것으로 증명되었다. RBMK 디자인은 농축우라늄이나 중수를 필요로 하지 않지만, 흑연반응 감속과 수냉각의 조합이 저출력 수준에서 양의 피드백을 가진다는 것이 입증됐다. 즉 저출력에서의 냉각재 유량 손실은 실제로 반응률을 가속시켜, 체르노빌 사건을 일으킨 것과 같은 심각한 안전재해를 일으킬 수 있다. 구소련에 건설된 RBMK 원자로는 다른 설계에서는 일반화된 철 및 강화 콘크리트 격납용기 시스템 또한 가지고 있지 않아, 더 심한 안전위험에 빠지게 한다. 8-2-2절에서 말했듯이, 체코공화국 테멜린 발전소의 경우 러시아 설계를 안전한 대체 설계로 바꾸려는 노력이 진행 중이다.

CANDU와 RBMK 원자로 설계는 모두 시스템의 운전 중 연료 재장전(즉, 원자로의 전원을 끄지 않고 새로운 연료를 보급하는 것)이 가능한데, 이는 PWR/BWR보다 유리한 면이다. 이론적으로는 현존하는 가스냉각 설계에서도 운전 중 연료 재장전이 가능하지만, 일찍이 이러한 시도는 원자로 기능의 문제를 가져왔으며, 현재 이 발전소들에는 이를 사용하지 않고 있다.

자본 투자비를 줄이는 새로운 설계(III세대와 III+세대)

차세대 원자력 발전소의 목표 중 하나는 발전소 설계를 단순화하여 자본 경비를 줄이는 것이다. 예를 들면, 미국의 Westinghouse가 개발한 *개량형 가압경수로*(advanced pressurized water reactor: APWR) 설계는 원자로를 둘러싼 격납용기 시스템의 필요성을 간소화하기 위해 *피동형 안전* 개념을 사용한다. 피동형 안전 접근법에서는 핵반응의 정상가동 상태에서 벗어나면 핵반응이 정지되고, 따라서 현재의 PWR/BWR 세대에서 가능한 부류의 사고들은 더 이상 일어나지 않는다. 이 설계는 1,000 MW와 600 MW 버전으로 개발되었다. Westinghouse는 더 간단한 격납용기 시스템 덕분에 이 설계의 kWh당 비용이 현세대 발전소보다 낮을 것으로 예상하고 있다.

다른 접근으로 공장에서 대량 생산하여 MW 용량당 비용을 줄일 수 있는 작고 많은 원자로를 짓는 것이 있다. 이 기술의 예로는 *페블베드모듈형 원자로*(pebble bed modular reactor: PBMR)가 있다. 각 상업용 규모의 PBMR은 120~250 MW의 용량을 가지고, 원자로의 연료는 연료봉 대신 작은 구체인데, 각 구체 또는 '페블(pebble)'은 흑연 껍질로 덮여 있다. PBMR은 증기터빈에 사용하기 위한 수증기로 열을 전달하는 대신 고온의 가스를 사용하여 Brayton 사이클을 구동시킴으로써 계통 설계를 단순화하였다. 이 시스템은 설계하기 더 쉽고, 더 높은 온도를 이룰 수 있어서 현재의 PWR/BWR 기술보다 높은 효율을 가져, 비용을 더욱 줄일 수 있다고 생각된다. 2020년 현재 PBMR 원자로 개발은 중국에서만 활발히 진행되고 있으며, 중국 칭화대학교에서 10 MW 실증 시스템을 운용하고 있다. 이 기술을 바탕으로 한 개의 컨소시엄이 시다오완 해안지역에 상업용 규모의 원자로를 건설하고 있다. 남아프리카 또한 최근에 PBMR을 활발하게 연구했었지만, 재정적 어려움 때문에 2010년에 노력을 그만두게 되었다.

우라늄 연료 공급을 연장하는 새로운 설계(IV세대)

앞 절의 APWR과 PBMR 원자로는 비순환(once-through) 핵연료 주기이든 순환(reprocessed) 핵연료 주기이든, 연료로 U-235를 계속 사용한다. 부상하는 *증식로*(breeder reactor) 설계는 '증식' 혹은 U-235를 플루토늄으로 바꾸고 플루토늄을 분열시키는 능력이 있어서, 우라늄 자원에서 뽑을 수 있는 에너지양을 크게 확대시킨다. 증식이 효과적으로 일어나기 위해서, 중성자들은 우라늄 핵에 흡수될 때 양성자당 10^5~10^6 eV 정도로 현 원자로보다 매우 높은 에너지를 가져야 한다. 따라서 원자로의 감속재는 우라늄이나 플루토늄이 분열할 때 나오는 중성자를 상대적으로 덜 감속시켜야 한다. 증식로는 시간에 따라 대량의 플루토늄을 생산하는 능력을 지녔기 때문에 미래의 증식로들은 생애주기의 초기에 충분한 양의 플루토늄을 생산하므로 다음의 증식로는 더 이상 연료로 우라늄을 필요로 하지 않고, 대신 수십 년 동안 비축된 플루토늄을 소비할 것이다.

선도적 증식로 설계 중 하나인 *액체금속 고속증식로*(liquid metal fast breeder reactor: LMFBR)는 고온의 액체 나트륨이 물보다 적은 감속 효과를 내기 때문에, 이를 증식로의 냉각재로 사용한다. 액체 나트륨은 열교환기에서 물로 열을 전달하며, 생성된 증기는 터빈을 가동시킨다. 이런 부류의 실험 규모 증식로는 일본, 프랑스, 그리고 러시아에서 사용되고 있다. 증식로 계통에서 액체 나트륨을 누출 없이 계속적으로 사용하는 것은 어렵다고 입증되어 있다. 더욱이, 현재 상대적으로 싸고 넓은 지역에서 구할 수 있는 우라늄 자원이 있는 상황에서 다른 원자로에 비해 증식로의 높은 자본투자비는 받아들이기 힘들다. 하지만 U-235가 더 귀해졌을 때에는 이것이 결국 필요해질 것이라고 예상하여, 일부 정부는 계속해서 이 기술을 개발하고 있다. 미국이 주도하는 11개국의 컨소시엄인 The Generation IV International Forum은 이 영역에서 개발할 여섯 가지 기술을 지명했는데, 액체 나트륨이나 고온가스를 사용하는 증식로가 포함되어 있다.

종류별 원자로의 세계적 분포를 요약하여 표 8-5에 나타내었다. PWR/BWR 기술이 현재에는 지배적이지만, 현세대의 원자로가 수명이 끝나 은퇴하면 APWR, 페블베드, 중수, 그리고 아마 증식로 등의 다른 종류의 원자로가 미래에 더 많은 시장점유율을 얻을 것이다. 또한 새로운 설계는 자본경비를 줄이려는 목적을 가지고 있으므로, 다른 대체 설계들보다 더 경쟁력을 가지게 될 것이다. 앞으로 얼마나 경비가 줄어들 것인가, 경쟁하는 자원이 어떻게 될 것인가, 그리고 결국 세계에서 새로운 원자로 설계의 수요가 얼마나 커질 것인가는 두고 볼 일이다.

8-5 핵융합

가장 풍부한 핵연료, 즉 중수소(그리고 리튬으로 만든 삼중수소 또한)를 이용하기 위해, 과학자들과 공학자들은 1,000 MW나 그 이상의 전력을 생산하기에 충분히 높은 출력에서도 융합반응을 계

표 8-5 2004년과 2020년, 전 세계 원자로의 종류별 분포

원자로 종류	주요 국가	수	
		2004	2020
PWR	CN, FR, JP, KR, US	252	237
BWR	JP, KR, US	93	68
중수	AR, CD, CN, KR	33	51
가스냉각	UK	34	14
고속증식로*	CN, FR, JP, RU	3	3
그 외*	다양	14	70
총계		429	443

**주의*: IAEA는 2004년에 FR, JP, RU에서, 그리고 2020년에 CN, RU에서 FBR을 보고했다. "그 외" 원자르 숫자의 변화는 일부 원자로의 종류를 재구분하였기 때문이다.

기호: AR = 아르헨티나, CD = 캐나다, FR = 프랑스, JP = 일본, KR = 대한민국, RU = 러시아, PWR = 가압경수로, BWR = 비등경수로.

출처: International Atomic Energy Agency.

속 유지할 수 있는 원자로를 개발할 필요가 있다. 이 문제를 해결하기 위한 선도적 설계인 *토카막*(tokamak: toroidal magnetic chamber를 의미하는 러시아어의 약어)이다. 이 설계는 신중하게 설계된 자기장 배치와 고진공 챔버를 사용하여 중수소와 삼중수소를 핵융합이 일어나는 고온의 플라즈마 상태로 유지시킨다. 이 자기장은 플라즈마를 토로이드의 벽으로부터 떨어뜨리고 플라즈마를 떠나는 핵융합 부산물들(중성자와 알파 입자)이 챔버의 벽과 열증식 블랭킷과 충돌하게 둬서, 터빈 사이클을 구동하는 작동유체로 열을 전달하게 한다.

방사성 부산물과 관련해서 핵융합은 두 가지 이점이 있다. 첫째, 융합 과정의 주요 생산물은 헬륨이므로, 핵분열과 같이 고준위 방사성 폐기물의 우려는 더 이상 없다. 둘째, 재료 개발이 성공적이라면 원자로의 구조로 사용되는 재료와 지속적인 고에너지 중성자에 노출되어 방사화된 재료는 짧은 반감기를 가질 것이므로, 핵융합원자로의 수명이 끝난 후 이들을 처분하는 것은 오래 지속될 걱정거리가 되지는 않는다.

현재와 최근의 핵융합 기술 개발에 관한 연구는 세계적으로 몇 곳에서 진행된다. 프린스턴대학교의 토카막형 핵융합 실험로(The Tokamak Fusion Test Reactor: TFTR)는 1983년에서 1997년까지 가동되었고, 10 MW 규모로 설계되었다. 영국 오스퍼드셔의 The Joint European Toroid (JET)는 1983년부터 1999년까지 유럽 국가들이 공동으로 운영하였고, 그 이후에는 영국 Atomic Energy Agency가 운영하였다. JET는 30 MW 출력이 가능하도록 설계되어 있는데, 이는 현재 세계에서 가장 큰 토카막이다. Japanese Atomic Energy Agency는 JET와 비슷한 크기의 JT-60 시설을 이용하여 핵융합 연구를 수행한다. 그 외의 국가에도 토카막 연구 시설들이 있다.

2006년, EU의 대표와 중국, 인도, 일본, 러시아, 대한민국, 그리고 미국 정부는 차세대 *국제핵융합실험로*(International Thermonuclear Experimental Reactor: ITER)를 프랑스에 건설한다는 협정에 조인했다. 이 프로젝트의 목표는 핵융합로의 모든 과학적 측면과 일부 공학적 측면을 성공적으로 입증하는 것이다. 이 단계는 ITER의 경험을 사용하는 상업로의 시연이 필연적으로 뒤따라서, 핵융합을 전력 생산에 필요한 공학으로 바꾸고, 프로젝트가 완료되면 전력망에 전기를 공급해야 할 것이다. 2020년 현재 중간 단계 목표를 달성하기 위한 목표에는 2025년 최초의 플라즈

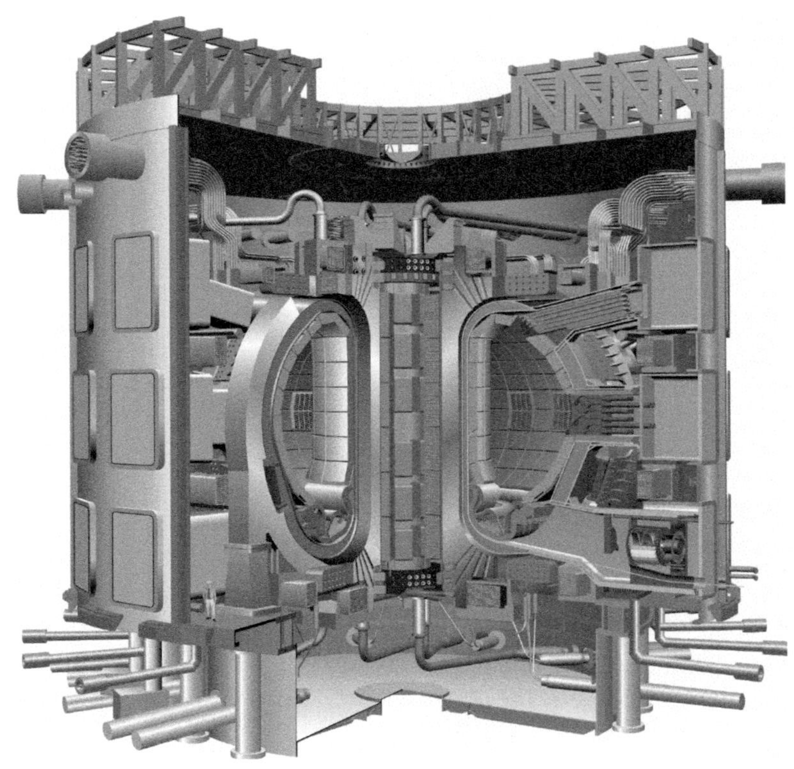

그림 8-4 ITER에서 개발 중인 토카막. (*출처*: ITER Organization.)

마 생성이 포함된다. 이 최초로 배전망에 연결된 핵융합로는 그때의 대체 기술들 대비 가격 경쟁력을 가지지는 않겠지만, 기술이 보다 발전되고 반복됨에 따라 남은 21세기의 후반 언젠가는 비용이 경쟁력을 가질 정도로 내려갈 것이다.

현재 핵융합 연구에 관한 대부분의 투자는 ITER가 수행하듯이(그림 8-4 참고) 토카막 개발에 사용되고 있지만, 다음과 같이 다른 설계 또한 연구되고 있다.

- *스텔러레이터*: 토카막과 같이, 스텔러레이터(stellarator)는 자기장으로 형태가 제어되는 토로이드(toroid)형 플라즈마 안에서 지속적인 핵융합 반응을 일으키려고 한다. 토카막에서 사용되는 대칭의 토러스(torus) 대신, 스텔러레이터는 비대칭 토러스 모양을 정밀하게 가두는 형태의 꼬인 코일을 사용하므로 토카막에서처럼 전류가 토로이드를 통과하여 흐르게 할 필요가 없다. 이론상으로 이런 방식은 물리학자들이 핵융합에 최적의 플라즈마 필드의 형태를 구하고, 그러한 모양을 만들 코일 형상을 설계하도록 한다.
- *역자장 핀치*: 역자장 핀치(reverse-field pinch: RFP)는 토카막과 유사하지만, 자기장을 변형하여 같은 파워밀도에서 토카막보다 낮은 자기장으로도 플라즈마 형태를 유지시킬 수 있다. 플라즈마가 토로이드의 중심에서 반지름 방향으로 밖을 향하여 감에 따라 토로이드 방향에서 자기장 방향이 역전되는데, 이런 형태에서 이름이 연유되었다.
- *자장반전배위*: 자장반전배위(field-reverse configuration)는 자기적으로 갇힌 플라즈마

로, 토카막처럼 토로이드 형태의 진공챔버 없이도 소형 토로이드가 가능하다. 따라서 이 형태의 구조는 바깥쪽 벽만을 가져서 토카막보다 비용을 줄일 수 있는 잠재력을 가진다.

- *관성밀폐 핵융합*: 관성밀폐 핵융합(inertial-confinement fusion)은 자기장으로 가둔 플라즈마를 사용하지 않는 방법이다. 대신 통제된 공간에서 중수소와 삼중수소 연료가 납의 100배의 밀도로 압축되어 융합이 일어날 위치를 가리킨다. 현재의 실험은 레이저와 '표적' 위치에 달린 수 밀리미터 직경의 연료를 이용하여 핵융합을 일으키고 결과적으로 순 에너지 생산이 가능한지 시험하는 것을 목표로 하고 있다.

토카막 연구와 함께, 몇 나라의 실험 장치들은 핵융합을 위해 세 방법 중 하나를 수행하고 있다. 가장 큰 노력 중 하나는 관성밀폐 핵융합 연구를 위해 2009년에 완공된 캘리포니아의 Lawrence Livermore National Laboratory에 있는 National Ignition Facility (NIF)이다. 완공 이후 NIF는 실험들을 할 수 있는 능력을 키워 왔고, 2011년 6월에는 20나노초(ns)간 지속된 레이저로 약 200조 개의 중성자를 생성해 기록을 세웠다. 결론적으로, 이 핵융합 기술들 중 하나가 토카막과 ITER 컨소시엄의 노력을 뛰어넘어 미래 핵융합의 선도적 후보가 될 수도 있다. 설령 그렇게 된다고 하더라도 뜻밖의 돌파구 없이는 핵융합에서 나오는 상업용 전력이 가격 경쟁력을 가지는 시점이 ITER가 제시한 계획보다 빠르게 도달하진 못할 것으로 보인다.

소규모 핵융합의 개념

몇몇 상업 회사와 투자자들은 작은 크기가 더 비용 효율적인 대량 생산 이점을 제공하고 회사가 ITER보다 더 빠르게 테스트 반복을 거쳐 더 빠르게 설계를 개선할 수 있다는 이유로 소규모 핵융합 개념을 장려했다. 예를 들어, 2014년 미국 엔지니어링 회사인 록히드 마틴(Lockheed Martin)은 더 많은 수를 생산할 수 있고 kWh당 균등화된 비용을 낮출 수 있는 소규모(100 MW) 핵융합 장치를 개발하고 판매하겠다는 계획을 발표했다. 이 프로젝트의 목표는 가장 긴 치수가 7 m인 장치를 제작하며 중앙에서 생산하여 설치 위치로 배송할 수 있도록 하는 것이다. 보다 최근인 2020년에는 MIT의 핵융합 연구에서 분사한 Commonwealth Fusion Systems가 USDOE의 핵융합에너지 혁신 네트워크(Innovation Network for Fusion Energy: INFUSE) 프로그램으로부터 자금을 지원받아 소규모 핵융합 개발을 지원하기 위한 필수 연구를 수행했다. INFUSE 프로그램의 목표는 핵융합에너지에 대한 공공-민간 파트너십을 지원하는 것이다.

8-6 원자력에너지와 사회: 환경, 정치, 안보 문제

원자력에너지는 연료자원과 부산물 면에서 독특한 에너지원이다. 그에 따라 원자력에너지는 사회가 지난 50년간 씨름해온 많은 흥미롭고 도전적인 질문을 제기했다. 원자력은 또한 화석연료가 지배적이던 20세기 초반 이후, 전력 수요를 충족시키기 위하여 화석연료 이외의 자원을 사용하려는 대규모 시도의 선구자이기도 하다. (다른 세 가지 주요 비화석 전력원 중에서 수력은 전력망이 시작된 이래 전력 생산의 일부였으며, 풍력과 태양광은 원자력발전 이후 수십 년 만에 등장했다.) 따라서, 화석연료에서 벗어나기 위해 원자력을 이용하려하는 시도에서 오는 대다수의 질문들은 현재, 혹은 미래에 떠오를 화석연료의 다른 대체 방법들과 연관이 있다.

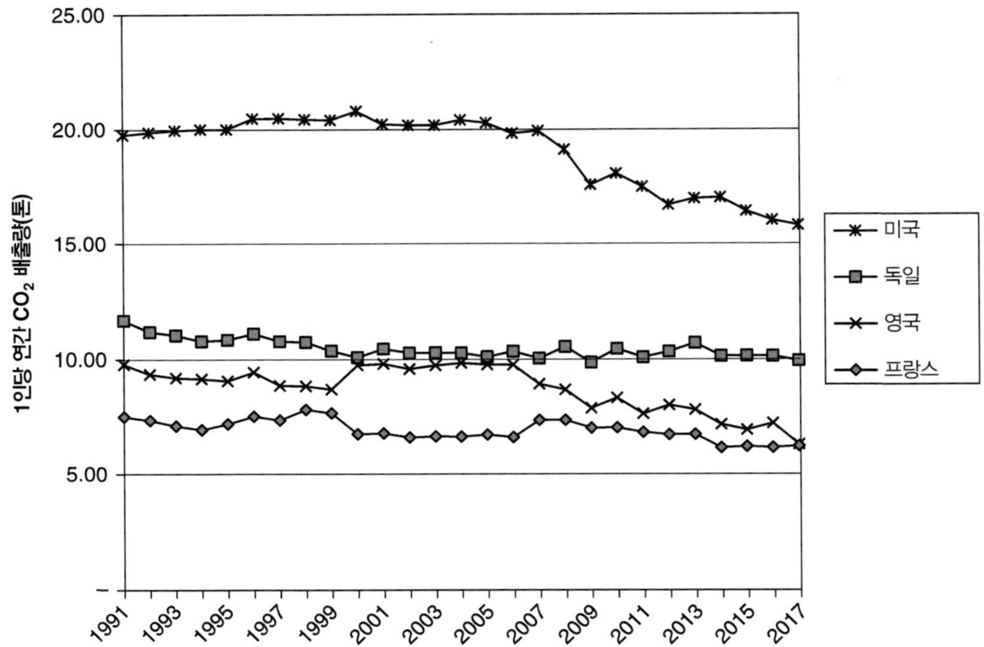

그림 8-5 프랑스 및 주변 국가들(독일, 영국), 그리고 미국의 1990~2017년 1인당 배출량 비교. (*출처*: U.S. Energy Information Administration.)

8-6-1 원자력에너지의 CO_2 배출량 감소 기여도

최근, 원자력은 세상에서 가장 큰 비화석연료 전력원으로 수력발전을 넘어섰다. 그에 따라, 원자력의 사용은 세계적 기후변화를 느리게 하는 데 분명한 기여를 했다. 그렇지 않았다면 화석연료의 연소로 전력을 생산하여 CO_2 배출량이 증가하였을 것이다.

원자력의 사용은 원자력발전의 비율이 높은 국가들의 1인당 탄소 배출량을 줄이는 것 또한 도울 수 있다. 표 8-1에 의하면, 2018년 프랑스의 경우 프랑스의 총 전력 수요의 약 72%인 5,520억 kWh는 원자력 발전소에서 나온다. 프랑스의 1인당 CO_2 배출량은 2017년 1년에 1인당 6.2톤으로 다른 나라들보다 상대적으로 낮다.[5] 만약 원자력으로 생산된 전력이 미국 평균인 CO_2 0.61톤/MWh의 화력발전으로 대체된다면, 프랑스의 1인당 연간 배출량이 9.8톤으로 증가할 것이다. 그림 8-5는 1990~2017년 프랑스의 1인당 배출량이 주변 유럽 국가들과 미국에 비해 시종일관 얼마나 낮았는지 보여준다. 2004년에서 2017년 동안 세 비교 국가의 1인당 CO_2 배출량이 5~35% 감소한 반면, 프랑스는 7% 감소했다. 독일과 미국의 1인당 CO_2 배출량이 훨씬 높지만 2017년 영국은 사실상 프랑스와 동일하다. 토지 사용 방식, 운송 방법의 분포, 국가 경제에 기여하는 산업의 조합 등이 모두 역할을 갖기 때문에, CO_2 배출률이 낮은 이유가 오로지 원자력발전의 높은 점유율 때문만은 아니다. 그럼에도 불구하고, 화석연료 대신 원자력으로 발전한 것이 프랑스가 탄소 배출량을 낮추는 데 도움이 된 것은 분명하다.

---

5 배경을 제공하기 위한 수단으로, 2011년 프랑스, 독일, 네덜란드, 미국, 그리고 영국의 1인당 에너지 소비량은 각각 175, 174, 258, 330, 그리고 141이었다.

8-6-2 원자력에너지 수명주기 동안의 방사성 물질 관리

원자력에너지 공정으로부터 나오는 부산물은 핵연료 주기에서 나온 물질들과 원자력에너지의 변환에 사용되는 동안 방사성 연료, 불순물, 그리고 냉각재에 지속적으로 노출되어 오염된 장비들을 모두 포함한다. 이런 폐기물들, 특히 고준위 방사성 폐기물들은 보통 혹은 매우 위험하지만, 이들은 사회에서 관리하는 다른 종류의 폐기물(예를 들면, 도시 고형 폐기물, 폐수 처리 공장의 하수 등)보다 부피가 매우 작다. 따라서, 기술자들이 장기적으로 영구적 해결법을 고안할 때까지 폐기물들을 임시 보관소에 보관하는 것은 다른 폐기물과 같은 양으로 생성될 때에 비하여 쉽다.

추출 작업에서 나오는 방사능

원자력 발전소에서 사용하기 위한 우라늄의 추출 과정은 우라늄을 뒤덮는 물질, 즉 '표토'의 제거, 우라늄 광석의 제거, 우라늄을 떼어내기 위한 광석의 분쇄, 그리고 원자로에 사용하기 적합한 정도까지의 농축을 수반한다.

광산 표토의 제거는 다른 채광 작업과 같으며, 방사성 물질에 대한 노출을 수반하지 않는다. 표토의 제거와 우라늄 채광이 끝난 후 우라늄 광산의 복구를 본다면, 우라늄 광석의 원자력에너지 밀도가 높아서 주어진 에너지 소비에 필요한 총 채굴량이 적기 때문에, 우라늄 추출은 노천채굴식의 석탄 광산에 비하여 장점을 가진다.

표토가 제거되고 나면, 우라늄 광석의 채굴은 약간의 방사선 노출 위험을 가진다. 우라늄 광석의 방사선은 고준위 핵폐기물과 같이 집중되어 있지 않지만, 광석에 장기간 노출되면 건강 문제를 증가시킬 수 있다. 분쇄 과정 역시 위험할 수 있다. 우라늄 분쇄 찌꺼기들은 방사성을 가진 화합물들을 포함하고 있어서 조심히 다루어야 한다. 이 두 과정 모두에서 작업자의 건강을 위해 보호장비가 필요하다.

우라늄이 원석에서 분리된 다음에는, 필요하다면 농축되고 원자로에 사용하기 위해 작은 펠릿이나 막대 모양으로 만들어진다. 우라늄 농축 과정은 U-235가 추출되고 남은 대량의 '열화' 우라늄, 즉 더욱 고농도의 U-238을 남긴다. 열화우라늄은 배의 용골이나 포탄과 같은 고밀도 물질이 필요한 곳에 유용하다. 전쟁에 사용되는 포탄에 열화우라늄을 사용하는 것은 군인들과 시민들(전쟁 이후에 우라늄과 접촉한 사람들)을 과도한 건강 문제에 노출시킬 우려가 있어 논쟁의 여지가 있다.

일상적인 발전소 가동에서 오는 방사선 위험

일상적인 발전소 가동에서 나오는 방사선의 위험은 직원들에 대한 위험과 발전소 바로 근처나 멀리 떨어진 곳 모두의 일반 대중에 대한 위험을 포함한다. 직원들의 위험은 보호장비와 의복, 그리고 방사능 배지의 사용을 통하여 관리된다. 원자력 발전소에서의 업무는 직원들이 최대 방사능 노출 허용 값보다 충분히 아래에 있도록 설계되어야 하며, 방사능 배지를 계속 착용함으로써 발전소 직원의 건강에 위험이 없다는 것을 확인해야 한다.

현대의 최첨단 안전 시스템을 갖춘 원자력 발전소에서 일반인들에게 가해지는 방사능 위험은 매우 적다. 위험한 양의 방사성 물질이 누출되기 위해서는 원자로에 대형 파손(원자로는 정상 가동 중 방사능 유출이 엄격하게 금지되어 있다.)이 일어날 뿐만 아니라 방사능 누출을 막기 위해 고안된 격납용기 계통 역시 고장 나야 하기 때문에 이는 분명한 사실이다. 미국이나 프랑스와 같이 높은 안전기준을 가진 국가들에서는 이 둘이 동시에 일어날 기회가 매우 적다. 다른 발전소에서 일어난 사고를 비교하면 이 점이 분명해진다. TMI의 경우 원자로의 고장은 확률이 매우 낮은 사건이었지만,

그럼에도 불구하고 발전사와 고객들에게 원자로의 손실과 정화 작업이라는 거액의 비용이 들게 했다. 원자력에너지 시장에서 모든 운영자들은 발전소를 계획하고 가동시키려는 강한 동기를 가지므로 이러한 사고는 반복되지 않을 것이다. 하지만 격납용기 계통은 오염된 연료와 냉각수의 유출을 막았고, 이후의 시간 동안 일반인들에게서 감지될 만한 건강상의 영향은 없었다. 원전원이 사고 며칠 뒤에 오염된 증기와 수소를 대기로 방출했지만, 이들이 건강에 위협을 주지 않는다는 판단이 내려진 이후였다. 더욱이, TMI 이후 발전소 운영자들은 이런 종류의 사고가 다시 반복될 위험을 줄이기 위해 제어장비를 개선하였다.

체르노빌 사고는 모든 나라에서 많은 사람들에게 원자력은 태생적으로 위험하다는 확신을 가지게 하는 불행한 영향을 끼쳤다. 하지만 체르노빌 설계의 핵심적인 실패는 바로 TMI에서 대량의 방사성 물질 유출을 막는 데 성공한 격납용기 계통이 없다는 점이었다. 체르노빌형인 RBMK 설계는 점차 사라지고 있거나 국제 안전기준에 맞게 개량되고 있으며, 이 작업이 완수되면 체르노빌 사고를 근거로 원자력의 안전성을 평가하는 것은 정확하지 않을 것이다.

보다 최근인 2011년 일본 후쿠시마 발전소에서 일어난 사고는 격납용기 구조는 물론 의무적 피난을 시행하는 능력이 적절히 작동하여 직접적이고 즉각적인 위험으로부터 작업자들과 발전소 주변 지역의 주민들을 보호하긴 하였지만, 지진이 활발한 지역에서는 혼란에 의한 위험과 경제적 손실은 원자력에너지의 주요한 약점이라는 것을 보여주었다. 확률은 낮지만 결과의 중대성이 높은 사건들을 전부 예측하기는 어렵다. 실제로, 후쿠시마 원자력 발전소의 설계자들은 쓰나미의 위험을 예상했었고 발전소 주변에 방파제를 건조했다. 하지만 일어났던 지진은 1,000년에 한 번 일어날지도 모르는 진도였고, 이에 비해 방파제는 충분히 높지 않았던 것으로 나타났다. 풍력 발전기나 태양열 발전기 등 에너지 변환 자산들이 흩어져 있는 신재생에너지와 같은 다른 에너지원은 이런 사건에서 회복되거나 버틸 수 있다는 점에서 장점이 있다. 요약하자면, 후쿠시마 근무자, 발전소 주변 지역의 주민들, 동경전력(Tokyo Electric Power Company: TEPCO, 원자력 발전소의 소유자), 일본 전력망의 기능, 그리고 전반적인 일본 경제에 혼란을 주었고, 이에 대해 위로를 주지는 않겠지만 후쿠시마 사고는 극도로 위협적인 자연재해에 직면해서도 원자력 발전소의 가동에서 오는 방사능 위험은 최소화될 수 있다는 것을 보여주었다.

방사성 폐기물의 관리

원자력발전에서 나오는 방사능 폐기물은 두 종류가 있는데, 주로 원자로에서 사용된 연료로 이루어진 *고준위 폐기물*, 그리고 수명이 끝난 원자로의 압력용기, 원자로의 냉각수, 원자력 발전소 직원이 입던 의류 등 다른 가공품을 포함하는 *저준위 폐기물*의 두 종류이다. 저준위 폐기물 관리의 주된 목적은 약한 방사성을 가진 물질들을 일반 폐기물 처리 과정에서 분리하는 것이다. 따라서 저준위 폐기물을 보관하기 위한 시설은 널리 분포되어 있다. 고준위 폐기물의 관리는 더욱 복잡하다.

원자로에서 사용 가능한 수명이 끝나면, 연료봉은 원격 조종(강한 방사성 때문에)으로 원자로에서 제거되어 우선 원자로 건물의 격납용기 안에 있는 인접한 수조에 넣어둔다. 몇 달 뒤, 연료봉은 충분히 냉각되어서 원자로 밖의 장기 저장고로 옮겨질 수 있게 된다. 연료가 원자로 외부로 나온 이후 방사능 위험을 방지하고 출하 중에 폐기물을 보호하기 위해 사용후핵연료는 납과 철로 만들어진 저장 컨테이너에 보관된다. 폐기물 컨테이너를 보관하기 위한 저장 시설은 원자력 발전소가 있는 곳이나 발전소 부지 밖에 있을 수 있다.

다른 종류의 폐기물들과 달리, 고준위 폐기물은 다음 두 가지 이유 때문에 계속 감시되어야 한다.

1. *강한 방사성*: 일반인의 건강을 보호하기 위하여 시설들은 주의 깊게 감시되어야 한다.
2. *불법적 용도를 위한 폐기물의 사용*: 고준위 폐기물은 불법무기의 재료로 사용될 수 있다(8-6절 참고).

따라서 인구 집중 지역에서 멀리 떨어진 곳의 상대적으로 적은 시설에 고준위 폐기물을 집중시키는 것이 유용하다. 많은 정부들이 이러한 필요성을 다룰 수 있는 영구적 저장 시설을 위해 노력하고 있지만 현재 가동되는 것은 없으며, 모든 고준위 저장소는 임시적인 것으로 기술의 발전을 기다리고 있다.

고준위 폐기물을 원자력 발전소에서 멀리 떨어져 있는 저장소로 이동하기 위해서는 당연히 폐기물을 최소한의 위험으로 옮길 수 있는 시스템이 고안되어야 한다. 세계의 원자력 산업은 매우 안전한 폐기물 운반 컨테이너, 대중에 대한 위험을 최소화하는 운반 네트워크상의 경로, 그리고 긴급 상황에서 지원해주기 위한 주요 장소에서의 복구 시설을 포함하는 안전한 폐기물 운반 시스템을 발달시켜 왔다. 현재까지 출하 중 핵폐기물의 대량 누출이 일어나는 대형 사고는 없었으며, 미래에 이런 일이 발생할 수도 있더라도 그 확률은 매우 낮다.

사용후핵연료 장기 저장 대안의 하나로, 사용된 연료에서 유용한 부분만 추출해서 우라늄과 플루토늄을 모두 포함한 *혼합산화물핵연료*로써 원자로로 돌려보내는 *재처리*가 있다. 재처리의 수준은 국가마다 다르다. 영국은 셀라필드, 프랑스는 라아그, 일본은 도카이무라에 주요 재처리 센터를 두고 상당한 양의 재처리를 수행한다. 미국 정부는 확산에 대한 예방책으로 1977년에 핵연료 재처리를 금지했다. 금지령은 1981년에 해제되었지만 높은 초기 비용으로 인해 그 이후에는 재처리가 개발되지 않았다. 미국의 원자력 발전소 운영자들은 핵연료를 추출하고, 원자로에서 한 번 사용하고, 그리고 고준위 폐기물로써 연료봉 장기 저장소로 가는 *비순환 핵연료 주기*로 우라늄을 사용한다. 업계에서 증가하는 폐기물 양을 수용하기 위한 방법으로 연료 재처리를 시작하려는 노력이 진행 중이다. 2020년 현재 그 노력은 성공하지 못했다.

핵폐기물을 관리하는 또 다른 개념은 폐기물 처리 과정에서 수명이 긴 동위원소들을 특별히 설계된 원자로에 넣어서 수명이 짧은 동위원소로 '변화'시키는 것이다. 수명이 긴 동위원소들은 폐기물 처리 과정에서 분리되어 원자로에 넣어져 중성자들과 충돌하여 핵분열하거나 그렇지 않으면 더 짧은 반감기의 동위원소로 변하게 된다.

유카산: 고준위 폐기물에 대한 최선의 전략에 관한 논쟁

오늘날 고준위 핵폐기물의 영구적 저장 시설 개발을 위한 선도적 프로젝트 중 하나는 미국 네바다주 라스베이거스 북서로 약 150 km 거리에 있는 유카(Yucca)산 지하시설이다. 이 시설에 대한 제안에 따르면 지표면 아래 깊숙이 있는 화성암 속에 터널을 파야 한다. 폐기물 컨테이너들을 터널 안에 넣고 터널이 채워지면 밀봉한다. 이 장소는 지진활동이나 폐기물로 물이 침투하는 것을 최소화하기 위해 선택되었다. 터널은 2020년 현재 부분적으로 완성되었으며, 그 시점에 현장에서 작업은 진행되지 않고 있다. 2007년 이후 건설이 무기한 중단되었지만, 최종 시설이 완공될 경우 최종 시설의 예상 비용은 600억 달러가 될 것으로 예상된다.

유카산을 놓고, 주요 투자자인 미국 연방정부와 이 시설에 반대하는 네바다주는 오랫동안 법적 투쟁을 해오고 있다. 2004년 연방법원은 연방정부의 손을 들어주었고, 이 프로젝트의 완성으로 가는 문이 열리는 듯이 보였다. 당시에는 2017년에 이 시설이 핵폐기물을 수용하도록 계획이 세워져 있었다. 하지만 2007년 미국 상원의 주도 세력이 바뀌면서 입법부의 정치지도자들이 이 프로젝트에 대한 투자를 크게 줄여, 계속되는 개발을 영구히 효과적으로 정지시킬 수 있었다. 작업이 재개될 경우 프로젝트를 완료하는 데 얼마나 오랜 시간이 걸릴지, 아니면 프로젝트가 영구히 중단되고 미국 최초의 영구 처분 시설 부지가 다른 곳으로 이전될지는 확실하지 않다.

유카산을 계획대로 열고 가동한다고 가정하면, 영구 저장이라는 목표를 달성할 것이다. 즉 고준위 폐기물이 사람들에게 해를 끼칠 가능성은 제거될 것이고, 불법적 용도로의 폐기물이 도난당하는 것은 사실상 불가능하다. 그러면 유카산에서 배운 경험이 톤당 처분비용을 줄일 수 있다는 기대를 가지고, 세계의 다른 지질학적으로 안정된 장소에서 이 시설의 설계가 재현될 수도 있었다.

시설의 건축이 멈추거나 시작해도, 그 가치에 대한 논쟁은 계속되고 있다. 지지자들은 유카산이 원자력 발전소 운영자들로 하여금 현재와 미래의 세대를 대신하여 폐기물 처분 문제를 해결할 책임을 지도록 한다고 주장한다. 그들은 시설의 비용이 절대적으로는 크지만, 시설이 결국 저장하게 될 폐기물로 나타나는 전력의 값보다 작다는 점을 지적한다. 프로젝트가 완전히 끝날 때까지 알 수 없기는 하지만, 폐기물 처분을 위해 원자력으로 생산된 전력에 부과하는 추가 요금으로 모은 기금의 총액에 따라, 프로젝트 비용을 전부 내는 것이 가능할 수도 있다.

반대자들은 다른 값싼 대안(때가 될 때까지 폐기물들을 움직이지 않는 것을 포함하여)이 가능함에도 핵폐기물을 손이 미치지 않는 지하시설에 두는 것은 너무 비싸고 시기상조라고 주장한다. 예를 들어, 잘 감시되고 외진 곳에 있으며 대량의 폐기물을 저장하는 데 충분한 용량을 가진 지상 시설은 같은 목적을 훨씬 적은 비용으로 달성할 수 있다. 이러한 장소는 인구가 드문드문 살고 있는 광활한 토지를 가진 미국의 서부 주들에서 볼 수 있다. (예를 들면, 뉴저지주의 평균 인구밀도가 평방마일당 1,196인 데 반해, 네바다주 라스베이거스 대도시 지역 외부의 평균 인구밀도는 평방마일당 7이다.) 대신, 정부는 고준위 폐기물이 미국 전역에 걸쳐 분산된 원자력 발전소의 임시 저장소에 있는 현 상황을 유지하려 할 수 있다. 현재의 원자력 발전소 부지에 있거나 혹은 미래의 중앙화된 시설에 있는 지상 저장 시설은 연구자들이 필요한 기술을 개발하여 언젠가는 고준위 폐기물을 영구적으로 '중화시킬' 수 있도록 할 것이다. 다른 잠재적 선택으로는 앞서 말한 것처럼 짧은 반감기를 가진 동위원소로 바꾸는 것이나, 아직은 모르는 다른 용도로 폐기물을 재활용하는 것 등이 있다.

유카산과 같은 매우 안정된 장소라고 해도 지하저장소가 계획된 시간 동안 안전성이 정말로 '보장될 수' 있는지, 폐기물들이 대량으로 지하에 묻히고 나면 미래의 언젠가 의도하지 않은 결과로 완화시키기 어려운 결과가 발생할 수도 있다는 회의론 또한 제기되어 왔다. 마지막으로, 프로젝트가 시작된 이후로 비용이 매우 크게 올랐기 때문에 폐기물 처리 기금이 전체 시설에 필요한 비용에 부족한 것으로 판명이 날 수 있는데, 이 경우에는 미국의 납세자들이 부족분을 메꾸게 될 것이다.

이러한 이의에 대응하여, 지지자들은 이러한 용도나 보다 나은 고준위 폐기물 처리 방법의 개발이 있을 확률은 매우 낮으며, 따라서 이를 미루는 것보다 폐기물들을 영구적인 지하저장소에 넣어 당장 책임을 지는 것이 낫다고 반박할 수 있다. 또한 지상 시설은 저장된 폐기물 근처에 인간 직원이 있어야 하며(경비와 감시를 위하여), 이 직원은 불필요하게 방사선에 노출될 위험에 놓이게 된다고 주장할 수도 있다.

유카산에 대한 논쟁은 고준위 폐기물에 대한 영구 저장 솔루션 설계의 복잡성을 보여준다. 이러한 복잡성 중 많은 부분은 위험의 지속적인 특성에 관련되어 있다. 중국, 독일, 스웨덴, 스위스를 포함한 많은 나라에서, 땅속에 깊이 묻는 방식과 관련하여 영구적 해결책을 개발하기 위한 노력이 서서히 진행되고 있다. 만일 미국이나 이 중 어떤 국가가 지중 저장 시설을 완성하고 가동할 수 있으면, 이 성과는 다른 나라에서의 개발도 가속시킬 것이다. 하지만 미국에서와 같이, 이들 국가들에서도 지하에 영구적으로 처분하는 것의 실현 가능성과 장기적인 안전에 관한 우려가 제기되어, 만약 완성되더라도 이런 시설들이 완공되려면 얼마간의 시간이 지나야 할 것이다.

생성된 핵폐기물의 총 부피

고준위 폐기물의 처분 문제는 궁극적 해결책이 필요하지만, 동시에 원자력 산업이 철야로 대응해야 할 정도로 임박한 위협은 아니다. 이는 고준위 폐기물의 총량이 매우 느리게 증가하기 때문이다. 예제 8-3이 이 점을 보여준다.

예제 8-3

일반적인 핵연료인 이산화우라늄의 밀도는 10.5 g/cm^{3}이다. 연료가 순수한 이산화우라늄이라고 가정하고, 원자로에서 소비되는 동안 연료의 구성을 변화시키는 영향은 무시하고 세계의 원자로에서 매년 생성되는 폐기물의 총 부피를 추정하라.

풀이

표 8-1에서, 2018년 세계의 총 원자력발전 출력은 2조 5,600억 kWh였다. 원자로에서 평균 UO_2 소비율의 근사치로 예제 8-2에서 나온 값들을 사용하면, 매년 92억 6,000만 kWh를 생산하는 원자력 발전소는 5만 8,600 kg의 사용후핵연료를 내놓는다. 이를 근거로 하면, 전 세계의 원자력 발전소들은 (58,600 kg) × (2,560)/(9.26) = 1.62 × 10^7 kg의 폐기물을 생산할 것이다. 이 양은 1.54 × 10^9 cm^3, 혹은 약 1,540 m^{3}의 부피와 같다. 이 양을 표준 테니스장 면적(32 m × 16 m) 위에 놓으면, 그 높이가 약 3 m가 된다. 이 계산은 연료의 재처리를 고려하지 않았다.

저장용기의 부피가 포함되지 않았고, 출입과 방열을 위한 공간이 각 저장용기 사이에 필요하기 때문에, 지상에서 고준위 폐기물을 저장하기 위해 필요한 실제 면적은 예제에서 주어진 것보다 넓다. 그럼에도 불구하고, 필요한 총 면적은 다른 종류의 폐기물에 비해 여전히 작다. 재처리를 하면 폐기물의 80~90%가 새로운 연료 펠릿으로 변용되기 때문에, 재처리는 폐기물 저장으로 차지되는 총 면적을 더욱 줄일 수 있다.

결론적으로, 폐기물 저장에 관한 영구적 해결책을 찾는 것을 걱정해야 하는가? 최근에 기후변화나 물 공급의 보호와 같은 다른 환경문제들에 대한 우려가 커지는 가운데, 유카산 인근 지역과 같이 처분 계획의 직접적 영향을 받는 지역을 제외하면 세계적 쟁점으로 핵폐기물이 언론의 주목에서 벗어났다는 것은 놀라운 일이 아니다.

하지만 사회가 제때에 해결책을 내도록 계속해서 노력해야 하는 이유가 적어도 두 가지 있다. 첫째, 원자력에너지에 대한 총 수요는 미래에 크게 증가할 것이다. '강건한' 원자력의 미래 시나리오 하에서 총 전력 수요와 원자력으로 발전된 전력의 총 점유율은 빠르게 성장하여 고준위 폐기물의 생성량을 크게 가속시킬 것이다. 이러한 시나리오에서, 특히 재처리되는 양 또한 증가하지 않는다면, 매년 더해지는 폐기물의 증가량이 작을 것이라는 논리는 더 이상 유효하지 않을 것이다. 둘째, 미래의 사회가 자신들이 만들지 않은 문제를 해결해야 되거나, 그렇게 할 수 없는 경우에는 부정적인 결과로 고통받을 것이기 때문에, 오랫동안 해결책 없이 폐기물을 생성하는 것은 지속 가능 발전의 '세대 간 형평성' 원칙을 위반하게 된다.

8-6-3 원자력에너지와 확산 방지

전력 생산을 위한 원자력에너지의 상업적 용도와 무기를 개발하기 위한 원자력 기술의 군사적 용도 사이의 관계는 원자력 산업의 국제적 상태를 복잡하게 한다. 상업용 원자로에서 사용되는 U-235의 농도를 높이기 위한 우라늄 농축 기술은 무기로 사용할 수 있는 정도까지 우라늄을 농축할 수 있다. 상업용 에너지 생산과 핵무기 제조는 같은 시설에서 행해질 수 있다. 이 둘을 분리하는 것은 어려운 일이다.

핵확산, 혹은 핵무기 보유 능력이 아직 그렇지 못한 국가에 확산되는 것을 방지하기 위하여 국제사회는 핵확산금지조약(Nuclear Non-Proliferation Treaty: NPT)을 비준하고 시행하였다. NPT는 핵보유국과 핵비보유국을 구별한다. 주요 조항에는 다음과 같은 것들이 있다.

1. 핵보유국은 핵비보유국에게 핵무기 기술을 이전하는 것이 금지된다.
2. 핵보유국은 공격적인(즉, 방어적이지 않은) 군사 행동에 핵무기를 사용하거나 핵무기 사용을 협박하는 것이 금지된다.
3. 핵비보유국은 핵무기를 개발하지 않는 것과 이 요구를 충족시키는지를 확인하기 위하여, 보유한 원자력 시설들이 국제원자력기구(International Atomic Energy Agency: IAEA)의 사찰을 받는 것에 동의한다.

조약에 가맹한 핵보유국은 중국, 프랑스, 러시아(원래 구 소련이 조약에 참여했었다), 영국, 그리고 미국 등이 있다. 대부분의 나머지 국가들은 NPT의 핵비보유 가맹국이지만 일부 예외도 있다. 예를 들어, 인도와 파키스탄은 NPT의 가맹국이 아니지만 과거에 핵무기 실험을 했었다.

NPT가 핵확산 방지에 꽤 효과적이었지만, 완전히 없애기가 불가능하거나 적어도 어려운 내재적 허점과 약점을 가진다. 첫째, NPT에는 핵무기를 개발하기 위해 조약에서 탈퇴하는 것을 막을 방법이 없다. 둘째, NPT는 구체적으로 핵비보유국가 단체들이 우라늄 농축과 같은 민군 겸용 기술을 개발할 능력을 제한하지는 않는다. 만약 다른 가맹국들이 어느 NPT 가맹국가가 무기 제조를 목적으로 우라늄 농축 기술을 개발한다고 의심하더라도, 조약은 상황을 효과적으로 다룰 방법을 제공하지 않는다. NPT 가맹국과 전 가맹국의 두 가지 사례가 이런 약점들을 보여 준다.

- *북한*: 2003년, 북한 정부가 핵무기를 개발하려는 의사를 내비치면서 NPT에서 공식적으로 탈퇴했다. 2006년 후반, 북한군은 소형 핵장치의 실험을 성공적으로 해냈다. 국제사회가 그 사이의 3년간 외교적 압력으로 그 개발을 막으려 했으나 실패했다.
- *이란*: 현재 이란의 우라늄 농축 노력의 본질에 대해, 이란(NPT 가맹국)과 다른 UN 회원국들 사이에 갈등이 진행되고 있다. 이란 정부는 우라늄 농축 계획이 평화적 의도만을 위한 것이며, 화석연료에 의한 전력 생산의 대안을 개발하는 것이 필요하다고 주장한다. 우라늄 농축 능력이 이란이 핵무기 보유 능력을 갖게 할 것이라는 두려움에 UN은 우라늄 농축 계획을 멈출 것을 요구했고, 이란의 거절에 대응하여 일련의 제한적 제재를 통과시켰다. 여기에는 2010년 6월에 시행된 무기 매매, 금융 거래, 그리고 외교관 여행에 대한 제한이 포함된다. 2015년 7월 이란 정부는 미국 등 국제 정부 컨소시엄과 포괄적 공동행동계획(Joint Comprehensive Plan of Action: JCPOA)을 체결하고 제재 대가로 핵개발을 축소하기로 합의했다. 2018년 5월 미국은 일방적으로 협정을 탈퇴했다. 2021년 현재 JCPOA는 나

머지 당사국들 사이에서 여전히 서류상으로 유효하지만 사실상 이란은 협정의 특정 조항을 준수하지 않고 있다.

근본적인 문제는 앞선 무장분쟁의 역사(예를 들면, 한반도에서나 중동에서의)에서 비롯된 국제적 불신의 시대에 이 마찰들에 대한 자세한 분석 없이 핵확산을 100% 확실하게 방지할 수 있는 조약을 만드는 것은 불가능하다는 것이다. 예측 가능한 미래에, 다른 국가들이 자기 방어의 필요를 주장하면서 NPT를 탈퇴하고 핵무기를 개발하지 않을 수 없다고 느낄 가능성이 있다. 수십 년 후에, 주변 국가들이 핵비보유국이 상업용 핵 프로그램을 개발해도 핵무기를 개발할 것이라고 우려하지 않을 정도로 국제적 긴장이 사라지거나, 핵보유국이 그 두기를 완전히 해체해서 핵보유국과 핵비보유국의 차이를 없애기를 바랄 수도 있다. George Schultz와 Henry Kissinger 같은 원로 외교관들은 정부들에게 이러한 방향으로 나아가라고 권해 왔다(Schultz et al., 2011 참고). 하지만 중·단기적으로 외교와 지속적인 감시를 통하여 핵확산 방지를 시행하는 것은 원자력의 평화적 사용에 필수 불가결한 부분이다. 따라서 이는 원자력발전의 비용으로 생각되어야 한다. 더욱이, 미래에 원자력발전의 양이 증가하고 국제관계의 상태가 개선되지 않으면 감시의 필요성은 커질 것이고, 핵비보유국이 몰래 핵무기를 개발할 위험도 커질 것이다.

8-6-4 대중의 인식이 원자력에너지에 미치는 영향

원자력을 포함한 다양한 에너지 기술들은 대중의 이해와 신뢰의 부족으로 방해받아 실제 적용과 사용이 늦어진다. 관련 기술 분야의 기술자나 전문가들은 인식의 문제를 '진짜' 문제가 아니라서 자기 일이 아니라고 무시할 수도 있는데, 이 문제의 힘은 과소평가되어선 안 된다. 만일 충분한 사람들이 어떤 기술이 치명적 결함을 가지고 있다는 잘못된 정보를 믿고, 이 정보를 바탕으로 자신의 주장을 펼치고 결정을 내리게 된다면 '있다고 생각하는' 결함은 실지 결함인 것처럼 큰 문제가 된다.

원자력과 화석연료 에너지의 비교가 이 점을 보여준다. 원자력이 상업용으로 사용된 50년 동안 체르노빌의 소방관들과 1999년 일본 도카이무라의 재처리 시설에서 발생한 근로자 사고의 두 경우를 제외하면, 원자력 관련 시설에서 방사선의 급성 피폭으로 사망한 사람은 거의 없었다. 체르노빌에서는 근로자와 소방관 31명이 급성 부상으로 사망했고, 도카이무라에서는 근로자 2명이 부상으로 사망했다. 작업장과 광산에서의 피폭 그리고 체르노빌 사고로 인한 피폭을 포함하면, 원자력에너지가 일으킨 방사선의 장기 피폭으로 수많은 조기사망(즉, 긴급 상황에 의하지 않은)이 있었을 가능성이 있다. 암의 자연 발생률 그리고 만성적으로 목숨을 위협하는 질병들로부터 방사선 장기 피폭의 영향을 구분하기가 어렵기 때문에 이 문제에 대해서는 논란이 있다. 가장 보수적으로 잡은 추정으로, 원자력에너지는 연간 수백이나 수천 명의 조기사망을 유발할 수 있다고 하지만, 이보다 많지 않고 오히려 적을 것이다. 원자력에너지 공급망에서의 산업재해 또한 많은 생명을 앗아갈 수 있지만, 이러한 위험은 원자력에너지에서만 특별히 일어나는 것이 아니라 어떠한 에너지원에서도 나타난다. 예를 들어 우라늄 광산이나 석탄 광산에서, 대규모 에너지 변환 시설에서, 혹은 풍력 발전기의 설치 및 유지에서, 중장비의 사용은 어느 정도의 위험을 수반하지만, 이러한 위험은 적절한 안전설비와 숙련으로 최소화될 수 있으며, 원자력 산업이 다른 것들보다 열악하다는 증거는 없다.

비교하자면, 화석연료의 연소가 인간의 건강에 주는 영향은 수백 수천 배 더 나쁘다. 부적절한 배출 제어로 매년 수십만 조기사망의 원인이 되는 심각한 공기 오염 문제를 낳는 신흥국에서 특히 그렇다. 배출 제어는 선진국에서 더 뛰어나며, 화력 발전소의 최첨단 오염물질 제거 기술은 해로운 배출물을 아주 적은 양을 제외하고 전부 없앨 수 있다. 그러나 선진국에서도 공기 오염에 취약한 사람들(예를 들면, 천식이나 다른 호흡기질환을 앓고 있는 사람들) 중에서 조기사망이 아직 일어나는데, 이는 스모그를 발생시키는 구식 발전소와 차량이 여전히 많이 남아 있기 때문이다. 이 외에도 건강 악화로 인한 삶의 질 저하, 직장의 잦은 결근으로 인한 생산성 손실, 공기 오염으로 고통받는 인간 외 생물들에게 주는 영향도 있다. 이러한 고통과 죽음에도 불구하고, 화석연료의 사용 방법을 극적으로 바꿀 부르짖음이 아직 널리 퍼져 있지 않다.

이렇게 원자력은 '대중 견해의 법정'에서 벌어진 에너지 선택에 관한 토론에서 '불리한' 것으로 나타나, 세계의 에너지원 우선순위는 사망자 수와 건강에 대한 통계로 결정되지 않았다. 여기에 영향을 주는 몇몇 요소에는 다음과 같은 것들이 있다.

1. *만성적 위험과 고영향력 저위험 사건에 대한 다른 기준*: 사회 과학자들은 많은 사람들이 개인에게 일어난 사건에 의한 사망보다 대규모 재앙에 의한 사망의 위험을 더 중요하게 여긴다고 오랫동안 언급해 왔다. 그래서 통계적으로 단위 여행거리당 비행이 운전보다 더 안전함에도 불구하고, 고속도로에서 운전하는 것보다 비행기를 타는 것이 일부 사람들에게 더 큰 공포를 유발한다. 화석연료 연소로부터 유해성 물질이 대기로 꾸준히 그리고 지속적으로 배출되는 것과 가상의 원자력 발전소 사고에서 독성이 강한 핵반응 부산물이 대기로 배출되는 것 사이에서도 유사성을 찾을 수 있다. 후자의 시나리오에서 일반인들이 알고 있는 바에 의하면, 노심용해는 위험한 방사성 원소를 가진 구름을 방출하고, 지구에 떨어지면 사람과 접촉해서 수천 명을 독살할 수도 있다. 이 시나리오는 방사성 부산물의 누출을 막을 구조물이 없는 RBMK 원자로를 제외한 현대의 원자로 설계에서는 불가능에 가깝다. 현대의 원자로는 전체가 완전히 녹아도 격납용기 계통 안쪽에 가두어지게 된다. 그럼에도 불구하고, 이런 공포는 소비자들로 하여금 원자력에너지가 화석연료에너지보다 더 위험하다고 생각하게 하여, 원자력에너지로부터 있을 것이라고 생각하는 큰 '위험'을 피하기 위해 차라리 더러워진 공기 질을 참아내기를 택한다.
2. *원자력발전에서의 제어된 핵분열과 핵무기에서의 제어되지 않는 핵분열의 연상*: 일반인들 중에는 만약 제어 시스템이 실패한다면 원자력 발전소의 제어된 반응이 악화되어 제어되지 않는 연쇄반응을 가속시키고 핵폭발을 일으킨다는 오해가 있다. 이 논리에 따르면, 원자력 발전소에서의 테러는 폭발을 촉진시킬 수 있다. 예를 들어, 미사일이나 비행기의 충격은 열원이나 충격을 제공하여 핵반응을 가속시키면서 일반적으로 작동하는 제어 시스템을 망가뜨려 폭발을 일으킬 수 있다. 또는 원자로 노심이 녹아내려서 격납용기 구조 전체를 뚫고 나가 주변 지역을 제어 불능의 핵반응으로 휩쓸 수도 있다. 이론적 계산과 실험 결과들은 모두 어느 시나리오라도 사실상 혹은 완전히 불가능하다는 것을 보여준다. 예를 들어 TMI에서 부분적으로 용해된 노심은 원자로 압력용기의 13 cm (5 in) 두께 철판을 뚫지 못했고, 원자로 격납용기 시스템을 복제한 구조물에 고속으로 항공기를 충돌시킨 실험은 구조물이 손상되지 않은 채 항공기가 파괴된다는 것을 보여주었다. 더욱이, 물리 법칙에 의해 핵반응은 원자로 밖에서 비핵분열 물질을 소비할 수 없다. 그럼에도 불구하고, 일부 사람들은 심각한 고장이나 테러리스트의 공격에 원자력 발전소가 핵폭발을 일으킬 위험을 가지고 있다고 계속 믿고 있다.
3. *핵무기보유국의 원자력 산업과 비밀 핵무기 개발 프로그램의 연상*: 핵보유국에서 핵무기의

개발과 유지는 필연적으로 극비 사항이다. 그 이유 중 하나는 이런 국가의 정부들이 핵비보유국의 정보요원이나 테러리스트 조직에 의해 핵무기 개발 계획이나 재료가 도난당하는 것을 포함하여 핵확산을 방지하는 데 전념하기 때문이다. 이런 국가들 중 많은 나라의 민간 원자력 산업은 핵무기 개발 프로그램에서 파생되어 시작되었고, 따라서 초기 원자력 사업체는 군의 전임자들로부터 '비밀의 문화'를 물려받았다. 이윽고 여론은 원자력에너지의 군사적 응용과 민간 응용을 모두 의심하게 되었고, 이러한 불신의 역사를 극복하기는 어려운 것으로 입증되었다. 특히 일부 국가에서 원자력 산업은 고준위 폐기물의 영구적 폐기(예를 들어, 유카산 프로젝트처럼)의 비용과 걸리는 시간을 경시했고, 시간과 비용의 초기 예상이 지나치게 낙관적이었다고 밝혀졌을 때 원자력 산업은 비난받았다.

이와 같은 대중 인식 요소는 과거에 원자력 산업의 성장을 저해했다. 최근에는 많은 나라들의 원자력에너지 산업은 이러한 장애를 다루는 데 진일보하여 더 공개적으로 원자력의 기능을 설명하고, 자원 소비량과 폐기물 생성량, 원자력발전의 비용을 포함한 운영 자료를 공유하고 있다. 원자력에너지 산업 대표자들은 또한 원자력의 안전과 기후변화 방지에 대한 기여도를 설명해 왔다. 이러한 노력들의 전체적인 유효성을 판단하기는 어렵다. 2011년 후쿠시마 사고 이전까지 미국과 일부 유럽 국가들에서는, 원자력에 대한 비판은 보다 조용했으며 인구의 일부는 CO_2 배출을 제한하면서 증가하는 전력 수요를 충족시키기 위해 새로운 원자력 발전소의 건설을 더 지지하였다. 후쿠시마 사고 이후, 여론의 방향은 반대로 갔고 새로운 발전소에 대한 열정은 꺾였다. 어쨌든 실수들을 포함하여 새로운 대규모 에너지 산업을 도입하려 한 경험에서 얻은 교훈은 일부 지역에서 반대에 직면한 대규모 풍력발전과 같은, 다른 신에너지 자원에 유용할 것이다.

8-6-5 원자력에너지의 미래 전망

원자력에너지의 미래는 두 단계로 나뉠 수 있다. 중 · 단기 단계인 약 21세기 중반까지, 그리고 장기 단계인 그 이후이다.

중 · 단기적으로 최소 20~30년간, 표 8-1에 나오듯이 원자력발전으로 전 세계에서 연간 약 수 조 kWh를 생산할 것으로 예상된다. 독일이나 스웨덴 같은 일부 국가들은 앞으로 발전량을 줄여나갈 수도 있지만, 중국이나 인도 등의 국가들은 최근에 발전소를 추가로 지어 왔으며, IAEA는 2019년에 세계적으로 다양한 건설 단계에 있는 54개의 발전소를 열거했다. 미국에서는 상황이 뒤섞여 있는데, Bellefonte 프로젝트가 2009년에 보류되었으나 Watts Bar 2 프로젝트는 2016년에 완성될 것으로 예상하며 계속 진행 중이다. 세계의 연간 CO_2 배출량 감축이라는 지속되는 도전은 현존하는 발전소의 지속 가동, 그리고 최소한 개발 중인 것들 중 일부를 완성하는 데 도움을 줄 것이다. 핵심 변수는 후쿠시마 사고의 해결이다. 만약 후쿠시마 문제가 운전 방법의 변화나 향후의 설계 개선으로 해결될 수 있다고 국제사회가 결론을 내린다면, 새로운 발전소 건설이 시작될 것이다. 만약 아니라면 새로운 발전소 건설에 대한 열정이 식을 것이다. U-235 핵분열에 기반을 둔 발전소 개발에 대한 어떠한 시나리오든 2050년까지 연료 공급량이 충분해서 가격 상승이나 자원의 희소성 문제는 없을 것이다.

21세기 중반 이후, 원자력이 장기적으로 사용되기 위해서는 두 가지 문제의 해결을 필요로 한다. 첫째, 새로운 핵융합 또는/그리고 핵분열 기술이 중수소, 삼중수소, U-238, 또는 다른 핵연료로 생산할 수 있는 총 전력량을 크게 증가시킬 정도의 기술적 및 경제적 성능 수준까지 진화해야 한다.

(바다에서 추출하는 것과 같은 U-235를 구할 다른 방법의 개발로 현재의 원자로 기술의 지평선이 크게 확장될지도 모른다.) 둘째, 안전하고 비용 효율이 좋을 뿐 아니라 미래의 세대들이 지속 가능한 발전의 이상과 부합하지 않는 방식으로 부정적인 영향을 받지 않는다는 확신을 줄 수 있는 고준위 폐기물 저장에 대한 만족스러운 해결책이 발견되어야 한다. 원자력에너지가 계속 사용될 수 있도록 유도할 수 있는 새로운 역할은, 활용 가능한 재생자원과 탄소 포집 및 저장 기술이 적용된 화석연료를 포함한 '확고한 저탄소 자원'으로서의 잠재력이다(Sepulvida et al., 2018). 만약 세계 에너지 공급이 태양광, 풍력 등 재생에너지가 지배적이며 1차 에너지 공급의 80% 이상을 생산하는 시스템으로 이동한다면, 간헐성으로 인해 이러한 재생에너지로부터 최종 증량분을 생산하는 것은 엄청나게 비용이 많이 드는 경우가 있을 수 있다. 그렇다면 원자력은 필요에 따라 공급 격차를 메울 수 있는 설치 가능한 자원으로서 중요한 지원 역할을 계속할 수 있다.

8-7 핵분열로 나오는 전기의 대표적인 균등화 비용 계산

kWh당 균등화 비용에 대한 다음 계산은 이 장 전체의 가치와 논의를 기반으로 한다. 이는 미국에서 새로 건설된 원자로의 건설을 나타내며, 그러한 원자로는 1970년대 이후 건설된 소수의 원자로 중 하나이기 때문에 규모의 경제로 인한 비용 절감을 가정하지 않았다. 따라서 자본비용에 대해 선택된 값은 보수적이며 그 의미는 18장 요약 논의의 일부에서 추가로 논의된다.

이 장의 앞부분에서 보수적인 사례를 논의한 것처럼 1 GW 발전소에 대해 $8,000/kW의 자본비용을 가정하여 80억 달러의 자본비용이 발생한다. 필요한 할인 요소는 $(A/P, 20\text{년}, 7\%) = 0.0944$이다(5-8절 참고). 이 요소로 인해 연간 자본비용은 7억 5,500만 달러가 된다. 용량계수를 88%(Nuclear Energy Institute의 일반적인 값)로 가정하면 연간 7,709 GWh의 생산량이 된다. 자본비용을 출력으로 나누면 $0.098/kWh의 값이 나온다. 연료 및 비연료 운영비용의 경우 앞서 언급한 $0.0043/kWh 및 $0.017/kWh의 일반적인 값을 사용한다.

다음 계산에 요약된 것처럼 최종 값은 $0.1193/kWh이다.

$$\text{출력} = (1\ \text{GW})(8{,}760\ \text{h/y})(0.88) = 7{,}709\ \text{GWh/y}$$

$$\text{자본비용} = \frac{(\$8B)(0.0944)}{7{,}709\ \text{GWh/y}} = \frac{\$755M}{7{,}709} = \$0.098/\text{kWh}$$

$$\begin{aligned}\text{총 비용} &= \text{자본비용} + \text{에너지비용} + \text{운영비용} = \$0.098 + \$0.0043 + \$0.017 \\ &= \$0.1193/\text{kWh}\end{aligned}$$

8-8 요약

원자력에너지는 원자핵의 결합이 가지고 있는 에너지를 주로 전력과 같은 사람이 사용하는 데 유용한 형태의 에너지로 변환한 것이다. 원자핵의 결합에너지 혹은 결합에너지가 최소화되는 질량 대비 원자 번호의 비를 정량화하는 공식들은 핵융합에 사용하기에 가장 좋은 물질들이 원자 스펙트럼의 가벼운 쪽 끝이나 무거운 쪽 끝에 있음을 보여준다. 따라서 과학자들과 기술자들은 핵분열 반응에는 우라늄 등의 무거운 원소, 핵융합 반응에는 중수소나 삼중수소를 사용하여 원자력에너지를 이용하려 했다. 전형적인 효율값을 가진 오늘날 원자로의 성능을 분석하면, 현재의 핵연료 비용에 근거하였을 때 현존하는 발전소들은 kWh당 매우 낮은 가격으로 전력을 생산하는 것이 가능하다는 것을 보여준다. 새로운 원자력 발전소의 자본비는 높다. 하지만 현재의 노력은 설계를 표준화하여 시설 용량당 원자력에너지의 비용을 감소시킬 수 있는 새로운 설계에 초점이 맞춰져 있다. 증식로나 융합로는 언젠가 원자력에너지 생산에 사용이 가능한 연료를 크게 확대할 것이다.

원자력 발전소는 CO_2를 배출하지 않고 전력을 생산하기 때문에 기존 발전소를 계속 운영하고 경제적으로 새로운 발전소를 건설할 가능성이 있다. 동시에, 사고에 의한 발전소의 조기 상실과 핵폐기물의 장기 처분에서 오는 재정적 위험, 그리고 핵무기 확산의 가능성을 둘러싼 문제들은 원자력 산업에 지속적인 우려를 제기한다. 원자력에너지가 장기적으로 이용되기 위해서는 폐기물 문제, 민간 목적으로 사용되는 원자로의 수에 무관하게 효과적인 핵확산 방지 시스템, 그리고 광산에서 채굴하여 현재 대부분의 원자로에 공급되는 U-235를 넘어서는 연료 공급의 확대에 대한 영구적인 해결책을 필요로 한다.

References

Beck, P. (1999). "Nuclear Energy in the Twenty-First Century: Examination of a Contentious Subject." *Annual Review of Energy & Environment*, Vol. 24, pp. 113–137.

Cohen, B. (1987). "The Nuclear Reactor Accident at Chernobyl, USSR." *American Journal of Physics*, Vol. 55, No. 12, pp. 1076–1083. Available online at http://adsabs.harvard.edu/. Accessed Dec. 1, 2007.

Glasstone, S., and A. Sesonske (1994). *Nuclear Reactor Engineering: Reactor Design Basics, Volume 1*. Springer, New York.

Glasstone, S., and A. Sesonske (1994). *Nuclear Reactor Engineering: Reactor Systems Engineering, Volume 2*. Springer, New York.

Nuclear Regulatory Commission (2011). *Recommendations for Enhancing Reactor Safety in the 21st Century: The Near-term Task Force Review of Insights from the Fukushima Daiichi Accident*. Technical report, available at www.nrc.gov. Accessed Aug. 5, 2011.

Schultz, G., W. Perry, H. Kissinger, et al. (2007). "A World Free of Nuclear Weapons." Guest editorial, *Wall Street Journal*, pp. A15, Jan. 4, 2007.

Sepulvida, N., J. Jenkins, and F. de Sisternes (2018). "The Role of Firm Low-Carbon Electricity Sources in Deep Decarbonization of Power Generation." *Joule*. Vol. 2, pp. 2403–2420.

United States (1979). *President's Commission on the Accident at Three Mile Island*. The need for change, the legacy of TMI: report of the President's Commission on the Accident at Three Mile Island (also known as the "Kemeny Commission report"). President's Commission, Washington, DC. Available online at www.threemileisland.org. Accessed Dec. 1, 2007.

Further Reading

Chapin, D., K. Cohen, and E. Zebroski (2002). "Nuclear Power Plants and Their Fuel as Terrorist Targets." *Science*, Vol. 297, No. 5589, pp. 1997–1999.

Fanchi, J. (2004). *Energy: Technology and Directions for the Future*. Elsevier, Amsterdam.

Feiveson, H. (2003). "Nuclear Power, Nuclear Proliferation, and Global Warming." *Physics & Society*, Vol. 32, No. 1, pp. 11–14.

Fewell, M. P. (1995). "The Nuclide with the Highest Mean Binding Energy." *American Journal of Physics*, Vol. 63, No. 7, pp. 653–659.

Greenpeace (1997). *Nuclear Energy: No Solution to Climate Change—a Background Paper.* Greenpeace, Washington, DC. Report available online at http://archive.greenpeace.org/comms/no.nukes/nenstcc.html#6. Accessed Dec. 1, 2007.

International Atomic Energy Agency (2007). *INFCIS—Integrated Nuclear Fuel Cycle Information System.* Website, available at www.iaea.org. Accessed Jun. 25, 2007.

International Atomic Energy Agency (2020). *Annual Report on the Power Reactor Information System.* IAEA, Vienna.

Lamarsh, J. (1983). *Introduction to Nuclear Engineering*, 2nd ed. Addison-Wesley, Reading, MA.

List, G. F., B. Wood, M. A. Turnquist, et al. (2006). "Logistics Planning under Uncertainty for Disposition of Radioactive Wastes." *Computers & Operations Research*, Vol. 33, No. 3, pp. 701–723.

Nuclear Energy Institute (2015). *Nuclear Statistics*. Website, available at www.nei.org. Accessed Jul. 14, 2015.

Rhodes, R., and D. Beller (2000). "The Need for Nuclear Power." *Foreign Affairs*. Vol. 79, No. 1, pp. 30–44.

Ristinen, R., and J. Kraushaar (2006). *Energy and the Environment*, 2nd ed. John Wiley & Sons, New York.

Turnquist, M. A., and L. K. Nozick (1996). "Hazardous Waste Management," Chap. 6. In: Revelle, C. and A. E. McGarity, eds., *Design and Operation of Civil & Environmental Engineering Systems*, pp. 233–276. Wiley-Interscience, New York.

U.S. Energy Information Agency (2006). *Current Nuclear Reactor Designs*. Website, available at http://www.eia.doe.gov/cneaf/nuclear/page/analysis/nucenviss2.html. Accessed Aug. 18, 2007.

Wald, M. L. (2004). "A New Vision for Nuclear Waste." *MIT Technology Review*, Dec. issue, pp. 1–5.

World Nuclear Association (2010). *International Standardization of Nuclear Reactor Designs*. Technical report, WNA, London. Electronic resource, available at http://www.world-nuclear.org. Accessed Aug. 6, 2011.

연습 문제

8-1. 토륨-234(원자 번호 90)에서, Z/A 실제 비율과 이 원자 번호에서 가장 낮은 에너지 준위를 가지는 Z/A 비율의 차이를 퍼센트로 구하라.

8-2. 예제 8-2를 다시 보라. (a) 자연우라늄의 값이 $65/kg이라면, 자연우라늄 비용은 4,000만 달러어치 연료봉의 몇 퍼센트를 차지하는가? (b) 만약 값이 $260/kg으로 증가하고, 연료 재장전의 다른 비용 요소들은 그대로 남는다면, 매년 연료 재장전의 비용은 얼마인가?

8-3. $2,200/kWh의 총 자본 투자비, 1,000 MW_e의 출력, 20년의 투자 회수 기간, 그리고 5%의 MARR을 가진 새로운 원자력 발전소에 예제 8-2를 적용하여 kWh 전력당 균등화된 비용을 다시 계산하라. 이 값은 미국 뉴햄프셔의 시브룩에 최근 완공된 원자력 발전소 중 하나의 비용을 추정한 예이다. 계산에 연료, O&M, 그리고 자본 투자비를 포함시켜라.

8-4. 100 MW를 내는 소형 모듈형 원자로의 기본 설계를 하라. 이 원자로는 증기가 12.5 MPa, 350°C로 터빈에 들어가 팽창하고 5 kPa에서 물로 응축되는 랭킨 사이클을 이용한다. 발전기 효율이 98%이고, 실제 사이클의 열효율이 이상적 사이클 효율의 90%에 이르고, 원자핵 반응에서 방출된 열에너지의 90%가 작동유체에 전달된다고 가정하라. (a) 원자로가 3%의 U-235로 농축된 우라늄을 연료로

사용한다면, 1년에 몇 kg의 연료가 소비되는가? (b) 원자로가 정격출력으로 운전되는 데 필요한 수증기의 유량은 몇 kg/s인가?

8-5. 문제 8-4에서 원자로는 자본 투자비 $1,500/kW_e$, 연료 재장전 비용 $500만/년, 연료외 유지비용 $600만/년이 든다. 프로젝트 기간이 25년이고 MARR = 6%라면, 전기의 kWh당 균등화된 비용은 얼마인가?

8-6. 정격용량이 1 GW_e이고 79억 kWh/year 전력을 생산하는 원자로가 있다. 질량비율 2.5% U-235를 함유한 연료봉을 연료로 이용한다. 발전기 효율이 98%이고, 발전소의 열효율이 33%이며, 원자핵 반응에서 방출된 열에너지의 90%가 작동유체에 전달된다. (a) 발전소의 이용률(capacity factor)은 얼마인가? (b) 평균 출력을 내기 위한 U-235의 소비율은 몇 g/s인가? (c) 1년에 소비되는 연료봉의 총 질량은 얼마인가? (d) 핵분열 반응에서 방출되는 에너지의 양에 기초하였을 때, 1년간 줄어든 연료의 질량은 얼마인가?

8-7. 문제 8-6에서 연료 재장전 비용이 $3,500만/년이고, 기타 유지비용은 $9,000만/년이다. 균등화된 전력 생산비용은 얼마인가? (a) 발전소가 완전히 투자비 상환된 경우, (b) 발전소의 자본 투자비가 20억 달러이고, 30년에 걸쳐 MARR = 6%로 상환해야 하는 경우

8-8. 이 장에서 논의한 유카산 시설이 600억 달러 비용으로 완공되고 핵폐기물 7만 톤을 저장한다고 가정하자. 폐기물 운반비용과 돈의 시간 가치를 무시하고, 이 부피의 폐기물이 발생되게 하는 전력 생산량을 기초로 하였을 때, 시설비용을 정확히 지불하는 데 필요한 kWh당 추가부담금은 얼마인가?

8-9. 인터넷이나 다른 자료로부터 몇몇 원자로의 정격용량(MW)과 발전 개시 연도 정보를 수집하라. 정격용량을 연도의 함수로 그래프를 그려라. 당신의 그래프는 1970년대 이후 원자로 크기에 큰 변화가 없다고 이 장에서 주장한 내용과 일치하는가? 논의하라.

8-10. 한 나라를 선택하고, 원자로에서 나온 총 출력과 화석연료에서 나오는 평균 CO_2 배출량을 기초로 하여, 전기 생산에 원자력을 사용함으로써 회피한 연간 CO_2 배출량을 계산하라.

8-11. 8-5절에서 제안한 소규모 핵융합로를 다음과 같이 분석하라. 대량 생산으로 인해 자본비용이 $4,000/kW라고 가정하고 잔존 가치가 없는 7%에서 투자 수명을 20년으로 가정한다. 연료값이 예제 8-2의 우라늄 연료봉값과 유사하다고 가정한다(즉, $800/kg). 또한 단순화를 위해 모든 중수소가 반응하여 헬륨으로 전환된다고 가정한다. 그 후 핵융합 반응에 의해 방출된 에너지의 85%는 이를 둘러싼 증기사이클로 전달되고, 전달된 에너지의 50%는 전기의 형태로 장치를 떠난다. 비연료 운영비용은 $0.01/kWh이다. 장치의 용량계수는 90%이다. kWh당 균등화 비용은 얼마인가?

ENERGY SYSTEMS ENGINEERING EVALUATION AND IMPLEMENTATION

제 9 장

태양 자원

The Solar Resource

▶학습 목차

9-1 개요

이 장에서는 태양광이 어떻게 지구에서 유용하게 사용되며, 어떻게 전기 및 열에너지로 전환되는지를 설명한다. 또한 태양으로부터의 유용한 에너지양의 측정과 태양광 전달에서 대기의 영향 및 태양, 지구 그리고 태양기구 표면 간 각도의 영향, 순간값, 복합값, 평균값과 실제 자료의 변동에 대해서도 다룬다.

9-1-1 이 장에서 사용되는 기호들

이 장에서 사용되는 기호의 정의를 표 9-1에 정리했다. 각고 단위는 계산기 또는 컴퓨터 소프트웨어에서 사용되는 요건과 사용된 공식에 따라 도(degree) 또는 라디안(radian)으로 표시했다.

9-2 서론

지구에 들어오는 태양력(solar power) 및 태양에너지 자원은 엄청나며, 오염이 없고 실질적으로 무한하다. 더욱이 태양에너지는 풍력, 수력, 바이오매스 그리고 축력(animal power) 같은 재생에너지의 구동 메커니즘이다. 석탄, 석유, 천연가스가 개발되기 전인 18세기 이전 문명 발달은 거의 대부분 태양에너지에 기반했다.

지구 대기층 밖 태양에너지 강도(solar intensity)는 지속적으로 1 kW/m^{2}보다 크게 유지되는 반면, 일평균 지표면 일사량은 4 kWh/m^2 정도이다. 한 달보다 짧은 기간에 지구에 도달하는 태양에너지는 석탄, 석유, 천연가스와 같은 일상적 에너지원으로 저장된 것과 맞먹는다. 이 장은 10~12장에서 설명하는 도구들을 이해하기 위한 배경으로, 태양에너지 자원의 유용성을 이해하고 측정하는 기술을 소개한다.

표 9-1 9장에서 사용되는 기호들

기호	SI 단위로 나타낸 정의[기호 위의 바(—) 표시는 평균을 의미]
a_0, a_1, k	경험 매개변수, 식 (9-21) 참조
a_i, b_i: $i = 1 \cdots 4$	경험계수, 식 (9-3) 참조
AB, CB	그림 9-7 참조
AM	공기 질량, 대기층 정점에서 해면까지의 거리를 1로 했을 때 지구의 대기를 통과하는 광학상의 거리, 식 (9-17) 참조
csc	cosecant 각도, sin의 역수
ET	방정식 시간, 분 단위, 식 (9-3) 참조
F	누적분포함수, 식 (9-23) 참조
H_A	대기의 두께, 그림 9-8 참조
H_{day}	같은 위도와 같은 경도에서 지구 대기층 밖의 지표면과 평행한 면에 대한 일일 일사량 (평방미터당 에너지) 합계
$\overline{H}$	총 일일 일사량 합계, 평방미터당 열에너지
$\overline{H_d}$	일일 일사량 합계의 확산 성분, 평방미터당 열에너지
$\overline{H_\beta}$	경사진 면에서의 전 일사량, 평방미터당 열에너지
$\overline{H_\tau}$	경사진 면에서의 월평균 총 일일 일사량, 평방미터당 열에너지
$I_{\beta, b}$	경사진 면에서의 태양광 일사량, W/m^{-2}
$\overline{K_\tau}$	월평균 청명지수, 표면 직상 대기층 밖 수평면의 태양 조사량에 대한 수평 표면의 태양 조사량 비
L	국부 위도, 적도의 남과 북의 각도, 북쪽이면 양수
Long	국부 경도, 자외선의 동과 서의 각도, 서쪽이면 양수
m	공기 질량 수, 태양이 바로 머리 위에 있을 때 태양광선이 이동한 거리에 대한 태양광선이 지구에 도달하는 데 이동한 거리의 비, 식 (9-19) 참조
N	그 해의 일 수, 1월 1일 = 1, 12월 31일 = 365
$\overline{R}$	등가 수평면의 총 일사량에 대한 경사면의 총 일사량 비
$\overline{R_b}$	등가 수평면 태양광 일사량에 대한 경사면 태양광 일사량의 비
R_E	지구의 반경, 그림 9-8 참조
α_s	수평으로부터 측정한 태양 고도각
α_{max}	태양 정오에서 태양의 위도(그 날 최대일 때), 식 (9-5) 참조
β	배면으로부터 측정한 표면 경사각
γ	정남에 상대적인 표면 방위각
γ_s	정남에 대한 태양 방위각, 아침이면 음수
γ	청명지수 형상 매개변수, 식 (9-24)와 예제 9-4 참조
δ	적도를 기준으로 한 태양 경사각, 식 (9-4) 참조
θ_i	직달 태양광 일사량과 표면 수직 벡터 사이의 입사각
θ_z	직상으로부터 아래로 측정한 태양 천정각
ρ	표면의 일사 반사계수
τ	1년의 척도시간 = $2\pi N/365$
$\overline{\tau_{atm}}$	전 태양 스펙트럼에 대한 대기 투과율, 식 (9-20) 참조
γ_b	직달 태양광 태양복사에 대한 대기 투과율, 식 (9-21) 참조
Ψ	태양 고도각 + $\pi/2$ 라디안(혹은 90°), 식 (9-19) 참조
ω	태양시간 각도, $(\pi/6)$*(태양시간 – 12), 아침이면 음수
ω_s	일몰 시 태양시간 각도

9-2-1 태양에너지의 유용성과 지리학적 유용성

지구 대기 바로 밖 공간에 태양으로부터 도달하는 에너지 강도는 대략 1,368 W/m^2이며 *태양상수*(solar constant)라 부른다. '상수'라 불리지만 시간에 따라 달라지는데, 태양의 화염과 태양점들에 의해 그 값들은 약간 변한다. 태양으로부터 지구까지의 거리는 하나의 큰 인자이며 연중 변화한다. 일 태양상수 I_0는 다음 방정식으로 계산된다. 여기서 N은 그 해의 날 수이다(예를 들어 1월 1일은 일 1이고, 12월 31일은 일 365이다). 또한 N은 율리우스력으로부터 '율리우스 일'이라 한다. 율리우스 일력은 편의를 위해 이 책의 부록에 제공되어 있다.

$$I_0 = 1{,}368\,\{1 + 0.034\cos[2\pi(N-3)/365]\} \tag{9-1}$$

식 (9-1)에서 $(N-3)$의 인자는 1월 3일이 태양 일점(solar perihelion, 지구가 태양에 가장 가까워짐)인 데서 비롯된 것이다.

평균 *일사량*(insolation) 혹은 지구의 어떤 주어진 위치에 도달하는 태양 복사량은 대기에서 태양광의 흡수, 회절, 날씨 변화, 밤에 태양광 손실 등으로 인해 대기 밖의 값보다 작을 것이다. 표 9-2는 세계 몇몇 대표적 도시의 일사량 평균값을 보여주며, 스코틀랜드 글래스고의 100 W/m^2와 이집트 카이로의 280 W/m^2 사이에 분포되어 있다.

그림 9-1과 9-2는 대표적인 국가에 대한 평균값을 나타낸다. 미국이나 호주 같은 건조하고 넓은 면적을 가진 나라는 상대적으로 평균 에너지 이득값과 일일 일조시간값이 크다는 사실을 알 수 있다. 미국에 대해서는 조심스럽게 해석해야 한다. 왜냐하면 어떤 지역(예를 들면 태평양 북서 지방과 동북부)들은 이보다 훨씬 낮은 값을 갖기 때문이다. 일반적으로 겨울값은 여름값보다 낮다. 특히 고위도 국가인 영국(북위 46°~54° 사이)에서는 짧은 낮 시간과 직달 태양광이 수평면에 부딪히는 경사각도가 크기 때문에 더욱 그러하다. 반대로 적도에 가까운 인도의 경우 높은 습도와 장맛비 때문에 여름철 많은 에너지 이득이 직달 태양에너지보다 분산 태양에너지 형태로 되어, 온대 국가의 도시들에 비해 평균 일일 일사와 에너지 이득의 계절적 변화가 적다.

21세기 지구의 기후변화는 표에 주어진 지역값들을 변화시킬 것이다. 그러한 변화는 여러 해를 지나면서 확실해지고 있다.

일사량은 하루 동안 그리고 1년 동안 위도의 함수로 변한다. 표 9-3(a)와 (b)는 2개의 위도를 보여준다. 자료는 청명한 날 국부 태양시간과 북반구에서 각 달 21일에 직달 수직 복사량에 대한 것이다. 하늘이 얼마나 맑은지는 '청명 지수'로 측정할 수 있다. 이 지수가 1.0이면 완전히 맑은 하늘을 나타내고, 1.0보다 낮은 값이면 하늘이 조금 흐리거나 가려져 있음을 뜻한다(청명한 날 수 = 1.0).

표 9-2 선택된 도시에 대한 연평균 일일 일사량(W/m^2)

도시	일사량	도시	일사량
시애틀	125	나폴리	200
엘패소	240	카이로	280
리우데자네이루	200	요하네스버그	230
글래스고	100	뭄바이	240
도쿄	125	시드니	210

출처: Trewatrha & Horn (1980).

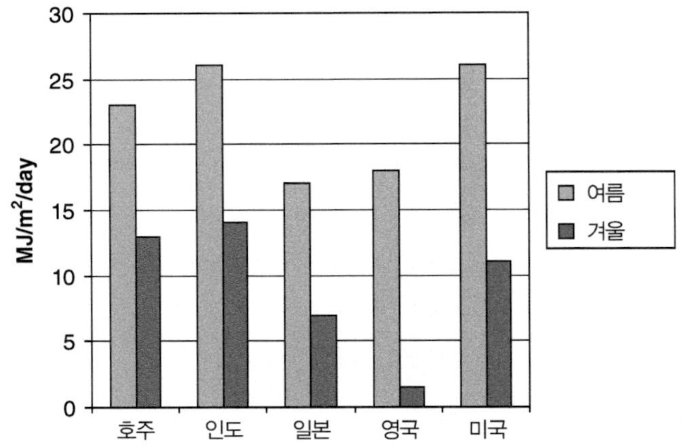

그림 9-1 선택된 국가에 대한 평방미터당 계절 평균 태양에너지 이득. [*출처*: Norton (1992).]

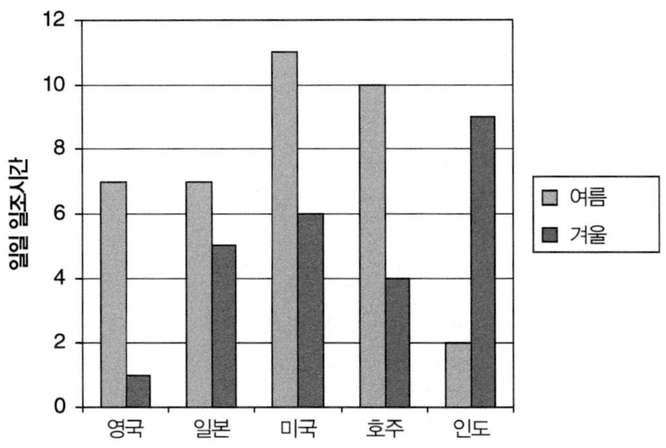

그림 9-2 여러 국가에 대한 계절별 평균 일조시간. [*출처*: Norton (1992).]

9-3 태양 기하학 용어 정의와 시간에 따른 태양 위치 계산

앞 절에서는 태양 위치가 가용 에너지에 미치는 영향을 고려하지 않은 채 대기를 통해 이동하는 태양광을 고려했다. 이 절에서는 태양 기하학 토의에 사용되는 몇 가지 용어와 하늘에서의 태양 위치를 다양한 매개변수의 함수로 도표화하여 소개한다. 이 절에서 사용된 계측들은 태양에 상대적인 지구 경사의 변화 효과를 나타내었고, 태양으로부터 변화하는 거리를 연중 시간과 일 중 시간의 함수로 나타내었으며, 각 거리의 변화도값도 함수로 나타내었다.

태양 각도는 태양이 관측자 정남에 위치했을 때를 태양 정오로 정의하는 태양시간으로 계산한다. 태양시간은 국부 표준시간과 같으나 다음 두 요소에 의해 빨라지거나 늦어진다. 첫째 요소는 국부 경도와 국부 시간 구역을 정의하는 표준 경도값과의 차이이다. 1°의 경도 차이는 태양시간 4분의 차이에 상응한다. 둘째 요소는 방정식 시간 ET이다. 이는 태양 주위를 도는 지구의 경도가 원이 아니고 타원인 반면, 지구의 축을 중심으로 한 회전이 연중 변하지 않기 때문에 생기는 것이다. 지

표 9-3 태양시간 함수로 청명한 날의 직달 수직/수평 표면 일사량[W/m^2, (a) 북위 32°, (b) 북위 48°]

월	오전 6시 오후 6시	오전 7시 오후 5시	오전 8시 오후 4시	오전 9시 오후 3시	오전 10시 오후 2시	오전 11시 오후 1시	정오
1월	0	4/0	640/102	848/278	931/430	966/524	977/556
2월	0	352/30	771/200	905/401	963/556	990/651	998/684
3월	0	582/100	820/314	914/515	958/666	980/762	986/795
4월	210/23	648/191	804/408	876/593	913/735	931/824	937/854
5월	374/67	665/256	787/460	848/632	881/766	898/846	903/872
6월	412/89	662/279	773/476	831/642	863/770	879/847	884/871
7월	357/70	640/257	761/457	823/626	856/757	873/836	878/861
8월	187/25	599/192	756/403	830/583	869/721	888/808	894/837
9월	0	514/97	758/303	857/498	905/644	927/737	934/769
10월	0	312/30	723/198	862/394	923/546	951/639	959/671
11월	0	5/0	619/102	828/277	912/427	948/521	959/552
12월	0	0	556/69	811/228	907/375	948/468	960/499

(a)

월	오전 6시 오후 6시	오전 7시 오후 5시	오전 8시 오후 4시	오전 9시 오후 3시	오전 10시 오후 2시	오전 11시 오후 1시	정오
1월	0	0	116/7	584/79	754/174	823/244	842/269
2월	0	11/1	568/78	780/210	869/330	908/408	919/435
3월	0	481/64	743/214	852/371	905/493	931/568	939/593
4월	340/46	646/189	778/359	846/506	883/618	902/688	908/712
5월	510/125	689/287	781/448	833/584	863/689	879/755	883/785
6월	544/162	693/324	774/479	822/610	849/711	864/744	868/796
7월	492/130	666/290	757/448	809/581	839/684	854/749	859/771
8월	311/51	599/193	732/358	801/501	839/610	858/678	864/702
9월	0	414/62	678/206	792/358	848/476	875/549	883/573
10월	0	12/1	521/79	734/208	825/326	866/403	878/428
11월	0	0	115/7	565/80	734/175	803/244	822/269
12월	0	0	0	442/42	675/119	765/181	789/204

(b)

주: 표시한 시간은 일사량이 오전과 오후에 같아지는 시간인데, 일사량은 정오를 기준으로 대칭이다.
출처: Handbook of Fundamentals, ASHRAE, 2001.

구가 태양으로부터 가장 멀리 떨어져 있을 때 지구 경도에 의해 24시간 주기당 지나간 각도는 작고, 나머지 6개월에는 반대로 된다.

태양시간과 표준시간은 다음 방정식으로 관계되어 있다. 여기서 시간은 시간 : 분으로 되어 있으며, $Long_{std}$와 $Long_{loc}$는 각각 표준 경도와 국부 경도이다.

$$태양시간 = 표준시간 + 0{:}04(Long_{std} - Long_{loc}) + ET \tag{9-2}$$

표준시간 구역은 영국 그리니치를 통과하는 경도를 0°로 하여 15° 경도 단계로 정의된다. 예를 들면 북아메리카 대륙에서 Atlantic, Eastern, Central, Mountain, Pacific의 표준 경도(시간 구역들)는 60°, 75°, 90°, 105°, 120°로 정의되고 모두 0° 자오선의 서쪽이다. 이들은 표준 경도이다. 그러나 실제 시간 구역은 다양한 지리적 영역과 도시들을 반영하도록 경계선을 설정했고, 세계의 어떤 시간 구역은 1/2시간 혹은 1/4시간 표준시간으로부터 어긋나 있다.

방정식 시간은 확정 방정식으로부터 계산하고 푸리에(Fourier) 급수 형태로 나타낸다. 하나의 표현은 다음과 같은데, 여기서 $\tau = 360N/365°$ 혹은 $\tau = 2\pi N/365$라디안이다. 그리고 삼각함수 주기를 통해 1년을 계량한다. 식 (9-3)은 소수점 분으로 ET를 나타내는데, 식 (9-2)로 사용될 때는 제 2의 형식인 시간:분 형식으로 전환해야 한다.

$$\begin{aligned}\mathrm{ET} = {} & a_1 \sin(\tau) + b_1 \cos(\tau) + a_2 \sin(2\tau) + b_2 \cos(2\tau) + a_3 \sin(3\tau) + b_3 \cos(3\tau) \\ & + a_4 \sin(4\tau) + b_4 \cos(4\tau)\end{aligned} \tag{9-3}$$

$a_1 = -7.3412$	$b_1 = -7.3412$
$a_2 = -9.3795$	$b_2 = -3.2568$
$a_3 = -0.3179$	$b_3 = -0.0774$
$a_4 = -0.1739$	$b_4 = -0.1283$

ET 값은 연중 태양이 '빠른' 부분과 '느린' 부분을 나타낸다. 그 영향은 크지 않으나(적어도 1시간의 ±1/4) 다음과 같은 기대치 않은 현상을 보여준다. 북반구에서 1년 중 가장 짧은 날은 보통 12월 21일인 동지이다. 그러나 가장 일찍 해가 지는 때는 12월 첫 주이고, 가장 늦게 해가 뜨는 때는 1월 첫 주이다.

태양의 위치를 계산하기 위해 몇 개의 용어를 정의한다. 먼저 *천정각*(zenith angle) θ_z와 *태양 고도*(solar altitude) α_s를 생각해 보자. 천정각은 태양으로부터 형성된 각도와 직상선 사이에 형성된 각도이다. 태양 고도는 태양으로부터의 각도와 수평선 사이의 각도이다. 따라서 $\theta_z + \alpha_s = 90°$이고, 2개 각의 어떤 값도 최대값은 90°이다.

다음으로 어떤 태양기기의 표면을 생각해 보자. 예를 들면 태양광 패널은 지구 표면에 견고하게 고정되어 있다. 따라서 이 기기는 나침판 방향과 일정한 방향을 유지하고 있다. 이로써 우리는 그림 9-3에 보이는 바와 같이 표면 방향과 정남 사이의 각인 *표면 방위각*(surface azimuth angle) γ와 태양 방향과 정남 사이의 각인 *태양 방위*(solar azimuth) γ_s를 도입한다.

정남 서쪽으로의 γ와 γ_s 각도는 양의 값을 갖고 동쪽은 음의 값을 가진다(예를 들면 그림 9-3에서 $\gamma_s > 0$, $\gamma < 0$). 그리고 정오(태양이 하늘 가장 높이 있을 때)에는 $\gamma_s = 0$이다. 정남으로 설치된 태양광 패널에 대해 $\gamma = 0$이다. 어떤 자료들은 정북향을 0°로 정하기도 하는데, 이 경우 태양 위치나 장치 방향이 정남쪽이면 $\gamma_s = 180°$, $\gamma = 180°$가 된다. 그러나 이 장에서는 전자를 사용한다.

그림 9-3의 평면도에서 우리는 태양광 패널이 지면에 평평하게 누워 있다고 생각할 수 있다. 그러나 그 표면이 수평면으로부터 면이 기울어진 각도인 *경사각*(tilt angle) β로 기울어졌다고 생각할 수도 있다. 이 경사는 고위도 북반구에서 표면에 도달하는 에너지 유속을 증가시키기 위해 보통 남쪽 방향을 향하게 하는 반면, 고위도 남반구에서는 북쪽 방향을 향하게 한다.

우리는 또한 연중 시간에 근거해서 *편각*(declination) δ를 고려해야 한다. 적도 위 한 점의 경

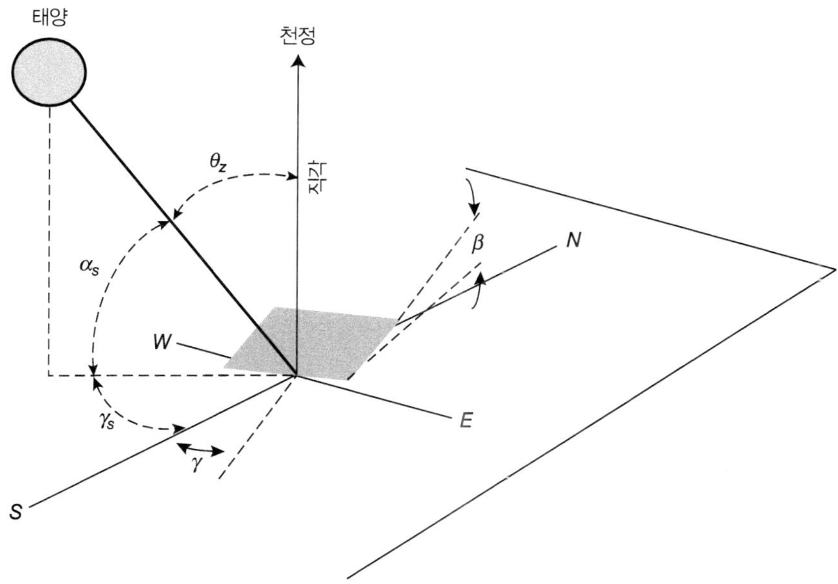

기호 설명	
그리스 부호	정의
α_s	태양 고도
β	기기 경사각
γ	표면 방위각
γ_s	태양 방위각
θ	절정각

그림 9-3 태양광이 경사지게 기기에 내리쬘 때의 태양 위치와 태양기기 방향과 나침판 사이의 기하학적 관계도(기기는 β 각도로 올려져 있고 정남에서 동쪽으로 γ만큼 편향되어 있음. 태양은 수평면에서 α_s 각도 위에 있고 정남에서 서쪽으로 γ_s 각도 편향된 위치에 있음).

주: 그림은 북반구에 대한 것이며, 남반구에 대해서는 방향이 반대가 되어야 한다. 태양은 동서 선의 북쪽에 위치해야 한다.

우에 대해 그림 9-4에 나타낸 바와 같이 편각은 태양을 향하는 선과 적도면 사이의 각도이다. 분점에서 태양을 향한 선은 적도면에 있고 편각은 0°이다. 지점(동지, 하지)에서 북극은 태양 쪽으로 기울어져 있거나 태양 반대로 기울어져 있으며, 따라서 편각은 +23.45°이거나 −23.45°(가능한 최대 각도)이다.

1월 1일을 $N = 1$로 하고 12월 31일을 $N = 365$로 할 때 연중 주어진 날 N의 편각은 다음 식으

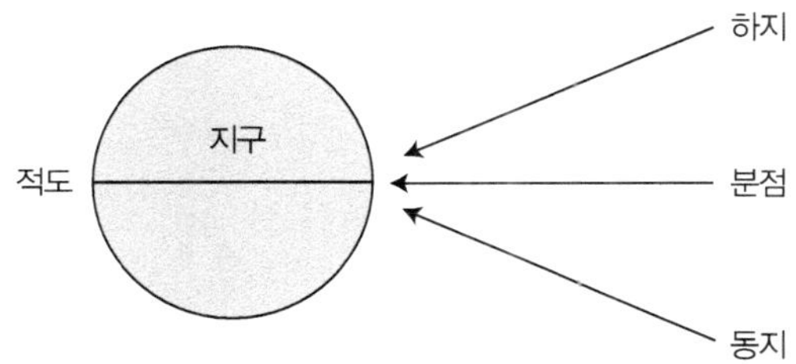

그림 9-4 하지, 분점, 동지의 편각.

로 계산할 수 있다.

$$\delta = 23.45 \sin\left[\frac{360(284+N)}{365}\right] \tag{9-4}$$

정오에 태양 고도 α_{max}(°)는 다음 식으로 계산할 수 있다.

$$\alpha_{max} = 90 - L + \delta \tag{9-5}$$

예를 들면 북위 40°에서 태양은 동지 정오에 $\alpha = 26.55°$(= 90 − 40 − 23.45)까지 될 수 있고, 하지 정오에 $\alpha_s = 73.45°$(= 90 − 40 + 23.45)까지 될 수 있다. 예제 9-1은 연중 주어진 날에 대한 편각값 계산을 보여준다.

▶ 예제 9-1

동지에 편각이 최저값에 도달함을 증명하라.

▶ ***풀이***

동지는 12월 21일이고, 당해 355번째 날이다. 방정식에 $N = 355$를 대입하면 다음과 같다.

$$\begin{aligned}\delta &= 23.45\sin\left[\frac{360(284+355)}{365}\right]\\ &= 23.45\sin(630°)\\ &= 23.45\sin(3.5\pi \text{ radians})\\ &= 23.45(-1) = -23.45\end{aligned}$$

따라서 δ 작은 값인 −23.45°이다.

일단 편각이 알려지면 천정각과 태양 고도는 위도와 편각 그리고 *시간각*(hour angle) ω의 함수로 나타낼 수 있다.

$$\cos\theta_z = \sin\alpha_s = \sin\delta\sin L + \cos\delta\cos L\cos\omega \tag{9-6}$$

여기서 ω는 정오 전후 각각의 시간에 대해 15°를 더하거나 빼서 계산할 수 있다(예를 들면 ω = 시간 × 15 − 180, 여기서 24시간으로 했을 때 오전 10시에는 $\alpha = -30°$, 오후 2시에는 $\alpha = +30°$, 오전 10:30에는 $\alpha = -22.5°$ 등이다). 태양시간 각도는 주어진 경도에서 정오 전후 지구 회전각을 나타낸다. (태양시간 각도는 어떤 위도에서든 같은 경도상에서는 같다는 사실에 유의하라.)

ω 값은 *태양 고도* γ_s와 다르다. 처음에는 혼동하기 쉬우나 γ_s는 다음 식으로 계산된다.

$$\sin\gamma_s = \cos\delta\sin\omega/\cos\alpha_s \tag{9-7}$$

ω와 γ_s를 북위 42° 하지에 대해서 오전 10시부터 오후 2시까지 계산하면 표 9-4와 같다.

연중 다른 시간에서 다른 편각값에 대한 일 중 시간에 대한 α_s의 계산은 북위 52°의 경우에 대해 그림 9-5에 나타내었다. 예를 들어 공식이 동지 오전 8시 전의 태양 고도에 대해 음의 값을 줄 때 그 값은 0인데, 태양이 이 점에서 수평 아래로 내려가기 때문이다. 그림 9-6에 나타낸 바와 같이 북위 5° 열대 지역에서 이와 같은 연습을 계속하면 정오 부근에서 태양 고도가 최고값(50°~75°)을

표 9-4 시간각과 태양 고도의 비교

시간	시간각(°)	태양 고도(°)
오전 10:00	−30	−62.8
오전 11:00	−15	−38.6
오후 12:00	0	0.0
오후 1:00	15	38.6
오후 2:00	30	62.8

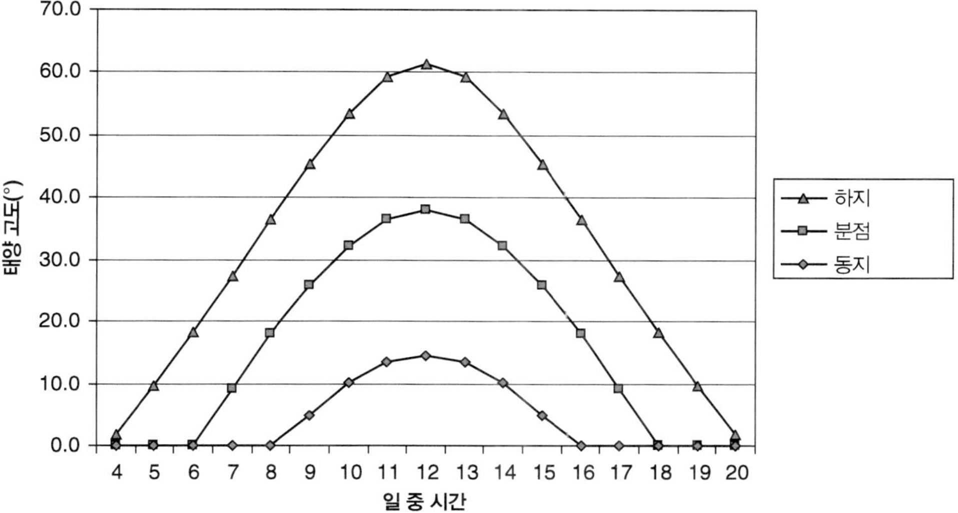

그림 9-5 네덜란드 헤이그의 위도인 북위 52°에서 일 중 시간의 함수로 나타낸 태양 고도.

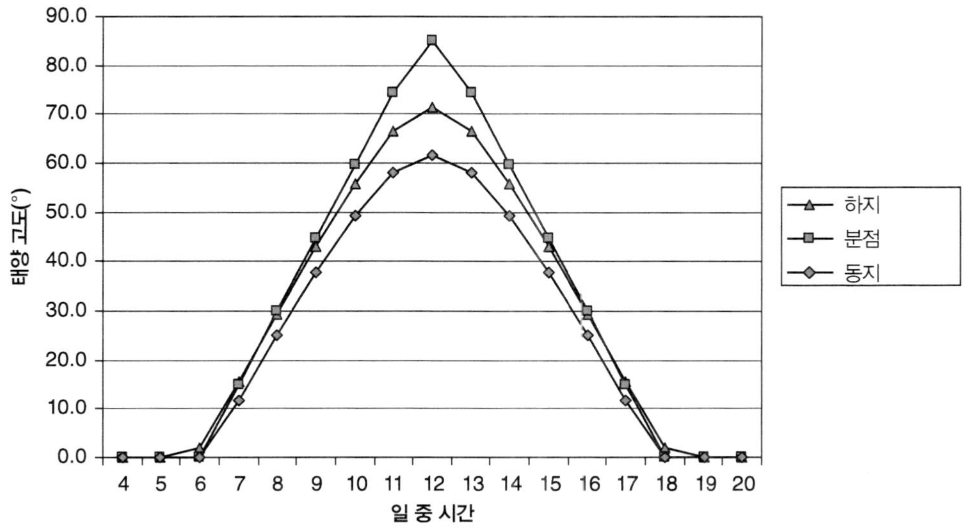

그림 9-6 아이보리코스트의 아비장 위도에 해당하는 북위 5°에서 일 중 시간의 함수로 나타낸 태양 고도.

갖는다. 그러나 연중 날의 길이 변화는 없다(52° 위도에서 하지 오전 4시에 일출). 세계에서 태양이 가장 많이 내리쪼이는 지역(뭄바이, 카이로 등)이 9-2-1절에 보이는 바와 같이 적도 부근인 이유를 설명해 준다.

9-3-1 태양 위치와 태양기기 표면 입사각 사이의 관계

이상적으로 태양기기 표면은 항상 태양을 향해야 한다(다시 말하면 표면이 태양광에 수직). 이는 하루 동안 움직이는 태양을 향하도록 기기를 조절하는 *추적 메커니즘*(tracking mechanism)을 통해 달성할 수 있다. 실제로 모든 기기들이 태양을 향하게 할 수는 없다. 예를 들면 국부적 조건들이 그 기기들을 정남 혹은 정북(북반구 혹은 남반구에서 각각 이상적인)으로부터 어떤 표면 방위각 γ와 수평면으로부터 각도 β만큼 기울어진 방향으로 고정된 표면에 부착하도록 하는 경우가 있다. 태양광과 표면 방향의 사이각인 *입사각*(angle of incidence) θ_i는 태양 고도와 경사각, 시간각, 표면 방위각의 함수로 다음과 같은 방법으로 계산한다.

2개의 단위 벡터가 있다고 가정하자. 하나는 입사하는 태양광선에 평행한 벡터이고 다른 하나는 기기 표면에 수직한 벡터이다. 그럴 경우 θ_i는 다음 관계식으로 이루어진다.

$$\cos\theta_i = S \bullet N \tag{9-8}$$

여기서 S와 N은 각각 평형과 수직 벡터이다. 그리고 '•'는 벡터 계산법으로부터의 덧곱(dot product) 연산자이다. 직교 좌표계를 사용하면 θ_i 값이 다음과 같이 주어짐을 알 수 있다.

$$\cos\theta_i = \sin\alpha_s \cos\beta + \cos\alpha_s \sin\beta \cos(\gamma - \gamma_s) \tag{9-9}$$

어떤 경우에는 이 식을 단순화할 수 있다. $\beta = 0°$ 평면인 경우

$$\cos\theta_i = \sin\alpha_s \tag{9-10}$$

$\beta = 90°$ 수직면인 경우

$$\cos\theta_i = \cos\alpha_s \cos(\gamma - \gamma_s) \tag{9-11}$$

마지막으로 $\gamma = 0°$인 남쪽을 향하는 면에 대해

$$\cos\theta_i = \sin\alpha_s \cos\beta + \cos\alpha \sin\beta \cos\gamma_s \tag{9-12}$$

입사하는 태양광과 기기 표면 위치 사이의 관계를 알면 그 기기에 입사하는 유용한 에너지 비율을 알 수 있다. 시간당 태양에 수직한 광복사 $I_{n,b}$(산란에 의해 도달하는 것이 아닌 지표면에 직달하는 태양복사 성분)을 안다고 가정하면, 수평면에 수직인 성분인 I_b는 다음과 같이 풀 수 있다.

$$I_b = I_{n,b} \cos\theta_z \tag{9-13}$$

$I_{\beta,b}$ 값에 대해서도 다음 관계식으로 풀 수 있다.

$$I_{\beta,b} = I_{n,b} \cos\theta_i \tag{9-14}$$

등가 수평면이 받는 복사에 대한 경사면이 받는 광복사의 비 R_b는 태양기기 설치에서 흥미로운 것이고 다음과 같이 풀 수 있다.

$$\overline{R_b} = \frac{I_{\beta,b}}{I_b} = \frac{I_{n,b}\cos\theta_i}{I_{n,b}\cos\theta_z} \tag{9-15}$$

9-3-2 태양기기에 도달하는 일일 에너지를 근사 예측하는 방법

이 절에서는 앞 두 절에 나온 식들을 활용하여 태양기기 표면에 도달하는 총 에너지양을 직달 태양광 에너지의 양과 표면 방위와 그 날의 시간(the time of day)과 그 해의 시간(the time of year)의 함수로 어림 계산한다. 이 에너지값들은 해가 뜰 때부터 해가 질 때까지 에너지 유속을 계속적으로 계산하여 예측할 수 있다. 그러나 간략화를 위해 시간당 1회 측정값을 그 시간의 평균 대표값으로 근사화했다.

기기 표면에 도달하는 에너지양은 태양광선과 표면 수직 방향 사이 입사각의 함수이다. 입사각을 계산하는 과정은 다음 단계를 포함한다.

1. 태양시간의 일시간(hour of day)에 근거한 시간각 계산
2. 위도, 편각, 시간각의 함수로 태양 고도 계산
3. 적위, 시간각, 태양 고도로부터 태양 방위 계산
4. 태양 고도, 태양 방위, 표면각 β, 표면 방위로부터 입사각 계산

이 과정의 각 단계에서 정확한 값들을 사용하도록 주의해야 한다. 첫째, 해석하는 사람은 태양광선이 그 날 그 시간에 수평면 위에 있음을 증명해야 한다. α_s에 대한 음수값은 태양이 수평면 밑에 있음을 의미하고, 그 시간에서의 태양광 유속(flux)을 에너지 산정에 포함시켜서는 안 된다. 둘째, 태양광선은 태양기기 앞면에 입사해야지 뒷면에 입사해서는 안 된다. 태양 고도가 낮고 태양 방위가 커서 4단계의 성과가 90°보다 큰 θ_i 값을 주는 경우 태양광이 기기 뒤에 입사될 수 있다(특히 고위도에서 춘분과 추분 사이에). 따라서 이러한 값들을 유용한 에너지로 계산하지 않도록 해야 한다. 마지막으로 태양 방위는 3단계에서 arcsin 값으로부터 정확하게 해석되어야 한다. 특히 고위도에서 하루의 이른 시간과 늦은 시간에 그러하다. 예를 들어 그림 9-5를 참고하면 북위 52°에서 하지에 태양이 대략 오전 4시에 뜰 때 보이는 현상이다. 이 시간에 태양의 방위는 −127°이고, 태양은 정동의 북쪽에서 올라온다. 이때 3단계에서 arcsin 값은 0.794이며, 그에 대해 $\gamma_s = 53°$ 역시 해(solution)가 된다. 조심하지 않으면 γ_s가 일출 시 90°보다 작은 값에서 시작해서 9시 혹은 10시에 90°로 증가한다. 그리고 정오에 0°로 감소한다. 이러한 문제는 계산기나 컴퓨터 프로그램 언어가 디폴트에 의해 1, 4분면에서 단지 역삼각함수값으로 돌아가도록 하여 발생한다.

사분면 문제를 피하는 한 가지 방법은 계산을 위한 날짜를 고려하는 것이다. 날짜가 가을 첫째 날과 봄 첫째 날 사이면 주어진 역삼각값을 채택하고, 날짜가 봄 첫째 날과 가을 첫째 날 사이면 이른 아침 시간과 늦은 오후 시간에 역삼각값을 180°(혹은 π 라디안) 조정할 필요가 있다. 일반적으로 사용하는 계산기와 컴퓨터가 어떻게 역삼각함수를 다루는지 확인해야 한다.

예제 9-2

수직 복사량 $I_{n,b}$가 350 W/m^{2}의 유속을 갖고 있다. 북위 42° 하지 오전 11시에 정남 방향으로 25° 경사진 면에 도달하는 수직 일사량 유속은 얼마인가?

▸ 풀이

표면은 남쪽을 향하고 있다. 따라서 표면 방위의 값은 $\gamma = 0$이다. 하지에 편각은 $\delta = 23.45°$이고, 오전 11시에 시간각은 $-15°$이다. 태양 고도에 대한 해는 다음과 같다.

$$\sin\alpha_s = \sin\delta\sin L + \cos\delta\cos L\cos\omega$$

$$\sin\alpha_s = \sin(23.45)\sin(42) + \cos(23.45)\cos(42)\cos(-15) = 0.9903$$

$$\alpha_s = 67.6$$

태양 방위를 ω, δ 그리고 α에 대해서 풀면 다음과 같다.

$$\sin\gamma_s = \frac{\cos\delta\sin\omega}{\cos\alpha_s} = \frac{\cos(23.45)\sin(-15)}{\cos(67.6)} = -0.7387$$

$$\gamma_s = -38.6$$

다음으로, α, β, γ, and γ_s의 함수로 입사각은 다음과 같다.

$$\cos\theta_i = \sin\alpha_s\cos\beta + \cos\alpha_s\sin\beta\cos(\gamma - \gamma_s)$$

$$\cos\theta_i = \sin(67.6)\cos(25) + \cos(67.6)\sin(25)\cos(0 + 38.6) = 0.2705$$

$$\theta_i = 15.5$$

따라서, 에너지유속은

$$(350\ \mathrm{W/m^2})\cos(15.5) = 337\ \mathrm{W/m^2}$$

이다.

예제 9-1의 계산을 기초로 하고 표 9-6(a)에 나타낸 일사량을 사용하여, 표 9-5에 보인 바와 같이 북위 32°에 대한 시간의 전일(entire day)에 대해 계산한 결과를 표로 만들 수 있다. 전일에 대해 청명한 하늘 조건이 가정되었다. 수직 일사량값은 그 날의 시간 함수에 따라, 즉 일출과 일몰 근처에서 412 W/m^{2}의 낮은 값으로부터 정오에는 884 W/m^2 값으로 변함에 주의하라.

표 9-5의 시간값들은 특정 시간(8, 9, 10시 등)의 30분 전부터 30분 후까지 평균 유속을 측정한 것으로 해석될 수 있다. 예를 들면 오전 8시의 값은 오전 7:30부터 오전 8:30 사이 단위 면적당 에너지를 나타낸다. 산정을 위한 단위가 1시간이므로 그 시간에 유입된 에너지는 W/m^2 유속으로부터 Wh/m^{2}의 시간에너지로 바로 전환될 수 있다. 앞의 예시를 이용하면 오전 7:30에서 오전 8:30 사이의 유속은 389 W/m^{2}이고, 따라서 그 시간에 유입된 에너지는 389 Wh/m^2 이다. '실제 유속'으로 나타낸 열(column)의 값을 합하면 6.27 kWh/m^{2}이 된다. 이 값을 9.72 kWh/m^{2}의 '유용 유속' 값과 비교하면, 태양의 위치 변화에 따라 표면으로의 태양광 입사가 수직이 아니기 때문에 36%의 유용 유속 손실이 발생함을 알 수 있다.

마지막으로, 새벽 6시와 오후 6시일 때 입사각은 87.2°이며, 이 위치에서는 입사되는 태양광이 장치 앞면에 거의 도달하지 않는다. 따라서, 9-4-3절에서는 식 (9-26a)와 (9-26b)를 이용하여 태양광이 장치 앞면에 입사되기 위한 태양 경로상의 위치 설정을 고찰한다.

표 9-5 태양기기 표면에 입사되는 평방미터당 에너지 산정(L = 32° N, δ = 23.45, β = 25°, γ = 0°)

시간	유용 유속* (W/m^2)	시간각 (°)	태양 고도 (°)	태양 방위 (°)	입사각 (°)	실제 유속 (W/m^2)	비율
6	412	−90	12.2	−110.2	87.2	20	0.05
7	662	−75	24.3	−103.4	73.5	188	0.28
8	773	−60	36.9	−96.8	59.7	389	0.50
9	831	−45	49.6	−89.4	46.2	575	0.69
10	863	−30	62.2	−79.4	33.2	722	0.84
11	879	−15	74.2	−60.9	21.9	816	0.93
12	884	0	81.5	0.0	16.5	848	0.96
13	879	15	74.2	60.9	21.9	816	0.93
14	863	30	62.2	79.7	33.2	722	0.84
15	831	45	49.6	89.4	46.2	575	0.69
16	773	60	36.9	96.8	59.7	389	0.50
17	662	75	24.3	103.4	73.5	188	0.28
18	412	90	12.2	110.2	87.2	20	0.05

*6월 21일에 대한 표 9-6(a)의 값.

사분법을 이용한 태양 방위각 계산

앞에서 언급한 역삼각함수의 문제는 태양 방위각 γ_s의 위치를 현시적으로 고려하는 '사분법'을 통해 해결할 수 있다(Jain, 1997). γ_s의 정의를 생각해보면 정남쪽의 경우 γ_s = 0°이고, 동쪽 및 서쪽 값은 각각 음수와 양수를 갖는다.

사분면에서 태양의 위치를 현시적으로 정량화하는 방법은 다음과 같다. 동서 방향으로 태양의 상대적인 위치를 x로, 남북 방향으로의 위치는 y로 정의하고 다음과 같이 계산한다.

$$x = -\sin \omega \cos\delta \tag{9-16a}$$

$$y = -\cos \omega \cos \delta \sin L + \cos L \sin \delta \tag{9-16b}$$

다음은 γ_s를 x와 y을 통해 다음과 같이 구한다. 태양 정오 이전의 시간에 대한 다음 식을 이용하여 계산한다.

$$\gamma_s = -\arctan\left(\frac{y}{x}\right) - 90 \tag{9-16c}$$

태양 정오 이후 시간대에 대해서 다음과 같이 다시 쓸 수 있다.

$$\gamma_s = 90 - \arctan\left(\frac{y}{x}\right) \tag{9-16d}$$

태양 정오에서 ω = 0일 때 sin (ω) = 0이 되고 x = 0이므로, 식 (9-16c) 및 (9-16d)에 의해 γ_s은 실제로 모든 경우에 대해 0°이 된다.

예제 9-3은 사분법의 적용 사례이다.

예제 9-3

사분법을 이용하여 북위 42°에서 하지 새벽 5시에 태양 방위각을 계산하라.

▶ ***풀이***

우선, 이 시간에 실제로 태양은 지평선에 있고 태양 고도는 약 5°이다. 하지 편각은 23.45°이며 새벽 5시에서의 시간각은 −105°이다. 이 값을 대입하면 다음과 같다.

$$x = -\sin\omega\cos\delta = -\sin(-105)\cos(23.45)$$
$$= 0.886$$
$$y = -\cos\omega\cos\delta\sin L = -\cos(-105)\cos(23.45)\sin(42)$$
$$= 0.159$$
$$\gamma_s = -90 - \arctan\left(\frac{y}{x}\right) = -90 - \arctan\left(\frac{0.159}{0.886}\right) = -90 - 10.$$
$$=\sim -100.2$$

따라서 태양 방위각 γ_s는 −100.2°이다.

9-4 태양기기 성능에서 확산의 영향

태양광선이 대기 가장자리에서 지표면으로 이동하는 동안 대기 입자에 의한 흡수, 다른 방향으로의 확산 등 태양광에너지 손실의 여러 가능성이 존재한다. 확산량에 영향을 주는 하나의 요소는 광선이 대기를 통과하여 이동하는 거리이고, 그 값은 태양광이 지구에 도달하는 위치에서 수직 방향에 상대적인 각도의 함수이다. 다른 요소는 대기의 습도, 오염물질 또는 기타 입자의 양이다.

9-4-1 직달, 확산 그리고 전 일사량

태양으로부터 이동해 온 빛은 직달 혹은 확산 전송을 통해 지표면에 도달한다. 직달의 경우 대기를 통해 간섭 없이 전송된다. 확산의 경우 빛은 대기 중의 굴절과 에어로졸에 의해 확산된다. 그리고 확산된 빛의 일부는 지구를 향해 이동하여 표면에 부딪힌다. 이 확산광은 어떻게 확산되었느냐에 따라 일정 범위의 각도로 지표면에 부딪힌다. 확산광과 직달광은 함께 지표면에 도달한 전체 광의 양을 이루는데, 이를 '전(global)' 일사량이라 한다. 빛으로 구현된 에너지 유속은 W/m^2 단위로 측정되며, 따라서 전 일사량에서 에너지 유속은 직달 성분과 확산 성분의 합이다.

태양이 하늘 가장 높이 떠 있는 정오 가까운 시간 혹은 청명한 날 가용한 에너지 유속을 고려해 보자. 이러한 경우라 하더라도 일정 부분이 대기에 의해 반사 및 흡수되기 때문에 지구에 부딪히는 태양복사의 전체 에너지 유속이 유용하지 않다. 따라서 유용한 태양에너지를 예측하기 위해 전문가들은 가능한 최대값으로 900 혹은 1,000 W/m^2 값을 사용한다[표 9-3의 (a)와 (b) 참조].

지구는 태양 주위를 타원형의 경로로 이동하는데, 이 경우 연간 태양의 강도는 약간 변할 수 있다. 이 표에 있는 계산값들은 이러한 강도 변화를 고려하지 않았고, 이 교재는 이 부분을 다루지 않는다. 지구는 1월 초에 태양과 가장 가깝고, 7월 초에 가장 먼 거리에 있다. 이 효과는 식 (9-7)을 통해 알 수 있고, 태양상수는 +/−3.4% (cosine 항의 계수)로 변한다. 동지 혹은 하지에 대해서는 대칭성으로 보이지만 태양상수 변화로 인해 몇 달 동안은 비대칭성을 보인다.

일사량 강도를 계산하는 간단한 모형은 대기를 통과하는 동안 에어로졸과 공기 입자에 의한 태양광 감축을 정량적인 함수로 나타낸 공기 질량 수(air mass number)에 근거한다. 공기 질량 수는 직달 태양광 경로 길이를 태양광이 통과한 길이로 나눈 비로 해석된다. 간단한 형태에 있어서(그림 9-7 참조), 공기 질량 수 AM은 식 (9-17)로 계산된다. 여기서 θ_z는 천정각으로 직상으로부터의 각도이며, 이 절의 뒷부분에서 설명한다. 빛의 굴절 때문에 휘어진 경로는 이 모형에서는 무시된다(수직에 대략 75°까지는 무시).

$$\mathrm{AM} = \frac{CB}{AB} = \frac{1}{\cos(\theta_z)} = \sec(\theta_z) \tag{9-17}$$

식 (9-17)은 큰 천정각에 대해서는 부정확하다. 왜냐하면 태양이 수평 위치에 있을 때 그리고 천정각이 90°일 때 무한히 큰 공기 질량 수를 예측하기 때문이다. 지구의 곡률을 고려하기 위해 다음과 같은 복잡한 식이 태양이 수평에 가까울 때 사용된다.

$$\mathrm{AM} = \frac{1}{\cos(\theta_z) + 0.50572(96.07995° - \theta_z)^{-1.6364}} \tag{9-18}$$

공기 질량을 계산하는 다음 방법은 빛이 대기로 들어가는 길이와 그림 9-8에 나타낸 지구 반경 R_E, 그리고 정의된 2개 선 사이의 기하학을 사용한 방법이다. 대기의 두께는 H_A로 표기된다. 이 그림에서 보는 바와 같이 태양광은 태양으로부터 이동하여 외동심원의 점 C를 통과하며 내동심원의 점 B로 표시되는 지표면에 도달한다. 따라서 점 C에서 지구 중심까지의 거리는 $H_A + R_E$이다. 태양광선이 대기를 통과하는 길이는 점 B에서 외동심원으로 표시되는 점 C까지의 거리이다. 각도 Ψ는 태양광선과 점 B에서의 반경으로 이루어진다. 따라서 $\Psi = \alpha_s + 90$이다. 여기서 α_s는 *태양 고도* 혹은 수평면 위의 태양 각도라 한다.

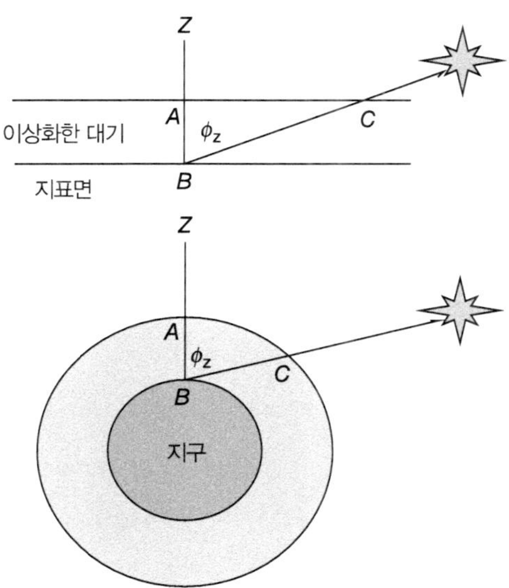

그림 9-7 공기 질량의 정의. 공기 질량 = CB/AB. 위쪽 그림은 일정 두께의 층으로 이상화한 대기이다. 아래쪽 그림은 대기의 두께를 크게 과장한 것이다.

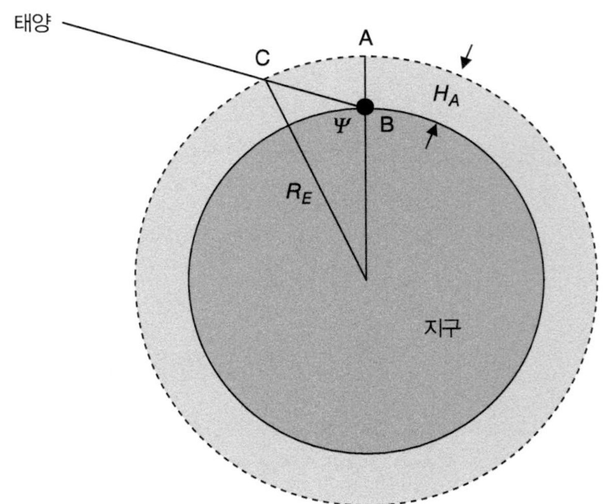

그림 9-8 Ψ 각과 지구 반경 그리고 입사하는 태양광선과 대기를 통한 경로 CB의 길이 사이의 관계.

다음은 태양광선이 이동한 거리와 태양이 완전히 직상에 있을 때 이동한 거리의 비 m을 계산한다. 주어진 $\boldsymbol{\Psi}$에 대해 m은 다음의 코사인 법칙을 사용하여 계산된다.

$$m = \sqrt{1 + 2R_E/H_A + (R_E\cos\Psi)^2/H_A^2} + R_E\cos\Psi/H_A \tag{9-19}$$

이 값의 유도는 이 장 말미에 과제로 주어져 있다. m에 대한 대표값을 계산하기 위해 우리는 표준값으로 R_E = 6,372 km, H_A = 152.4 km를 사용할 수 있다. 극에서 지구의 평탄화 효과는 m 값에 있어서 적기 때문에 무시한다. $\boldsymbol{\Psi}$ 값이 90°(수평), 135°(수평과 수직의 중간), 180°(직상)일 때 m 값은 각각 9.2, 1.4, 1.0이다. 그 날의 시간에 따라 이 비율을 9에서 1까지 주면 이른 아침과 늦은 저녁 시간에 일사량이 사라지는 것을 알 수 있고, 표 9-3의 (a)와 (b)는 일치한다.

청명한 하늘(공해가 없는)에 대해 대략적인 대기 투과율로 식 (9-20a)가 5%의 정확도 이내에서 사용될 수 있다.

$$\overline{\tau}_{\text{atm}} = 0.5(e^{-0.65\text{AM}} + e^{-0.095\text{AM}}) \tag{9-20a}$$

기상학과 태양에너지 문헌에는 대기 조건과 다른 요소들의 함수로 직달, 확산, 총 태양복사 계산에 대한 복잡하고 다양한 모형들이 주어져 있다. 청명한 날의 태양광 복사를 예측하는 상대적으로 간단한 모델은 Hottel (1979)에 의해 태양 고도, 해수면 위 국부 고도, 대기 매개변수에 근거해 제안되었다. 대기 투과율(τ_b, 태양광 복사 투과율)은 식 (9-20b)로 계산된다.

$$\tau_b = a_0 + a_1 \exp[-k\, csc(\alpha)] \tag{9-20b}$$

매개변수 a_0, a_1과 k는 해수면 위 국부 고도와 대기 조건에 달려 있다. 이 변수들은 표 9-6에서와 같이 다양한 조건에서 유용하게 사용된다. 예를 들면 23 km 연무 모델은 23 km까지 충분히 분명하게 볼 수 있는 대기 조건에 적용하는 반면, 5 km 연무 모델은 청명한 하늘 조건이지만 식별 거리가 단지 5 km로 제한된 연무 조건일 때 적용한다. 표 9-6의 자료는 표 9-7의 예시 자료 계산에 사용된다. 이는 5 km 연무 모델과 해수 표면 0.5 km 고도에서 10°~90°까지의 태양 고도 투과율

표 9-6 Hottel의 청명한 날 태양 투과 모델에 대한 계수

	해수면 위 고도(km)					
	0	0.5	1.0	1.5	2.0	2.5
	23 km 연무 모델					
a_0	0.1283	0.1742	0.2195	0.2582	0.2915	0.320
a_1	0.7559	0.7214	0.6848	0.6532	0.6265	0.602
k	0.3878	0.3436	0.3139	0.2910	0.2745	0.268
	5 km 연무 모델					
a_0	0.0270	*0.063*	0.0964	*0.126*	0.153	*0.177*
a_1	0.8101	*0.804*	0.7978	*0.793*	0.788	*0.784*
k	0.7552	*0.573*	0.4313	*0.330*	0.269	*0.249*

이탤릭으로 표시된 숫자는 원래 작업으로부터 내삽 혹은 외삽된 것이다.

표 9-7 예시 결과, 5 km 연무 모델, 해수면 위 0.5 km, 대기 밖 1,368 W/m^2 가정

태양 고도(°)	대기 투과율	태양광 복사, 수직 직달	태양광 복사, 수평면
10	0.0927	126.7	22.0
20	0.2135	291.9	99.8
30	0.3186	435.5	217.8
40	0.3927	536.8	345.1
50	0.4435	606.3	464.5
60	0.4779	653.2	565.7
70	0.5000	683.4	642.2
80	0.5123	700.4	689.7
90	0.5163	705.8	705.8

계산을 포함한다. 직달 수직 일사량은 대기 투과율과 태양상수의 곱이다. 수평면 일사량값은 수직이 아닌 조사의 확산 정도를 고려하는 코사인 법칙에 근거하며, $I_{\text{horizontal}} = I_{\text{normal}} \cos(\theta_z)$이다.

날씨는 날마다 변하고 지구 위치에 따라 변한다. 이상적인 대기 투과율은 드물며, 그림 9-9는 근본적인 변화의 예를 보여준다. 이 그림은 미국 뉴욕주 이타카(위도 42° 24′ N와 76° 30′ W)의 수평면에 14년간(1983~1996년) 누적된 일일(daily) kWh/m^{2}을 나타낸다. 그림에서 위의 선은 이타카 직상 지표면에 수평한 면의 대기 바로 밖에서 계산한 일사량을 나타낸다. 대기층 밖의 일일 누적 H_{day}는 다음 방정식으로 계산할 수 있다. 여기서 L은 국부 위도, δ는 태양 편각, γ_s는 일몰 시 태양 시간각이다[1].

1 식 (9-21)은 보통 실제 근일점에 도달하는 약 2일 후가 아닌 1월 1일경으로 맞춤으로써 식을 약간 단순화한 것임을 주목하자. 그리고 분점, 지점, 근일점 및 원일점 등과 같은 태양의 데이터들은 태양년이 365일보다 조금 긴 약 365.25일이기 때문에 연도별로 날짜가 달라질 수 있다. 또한, 발생하는 시점에서 지역 시간대에 따라 차이가 날 수 있다. 지구와 태양 사이의 거리 변화에 따라 공전 각속도가 변하기 때문에, 춘분과 추분을 기준으로 측정하면 북반부의 겨울이 여름보다 5일 정도 짧아진다.

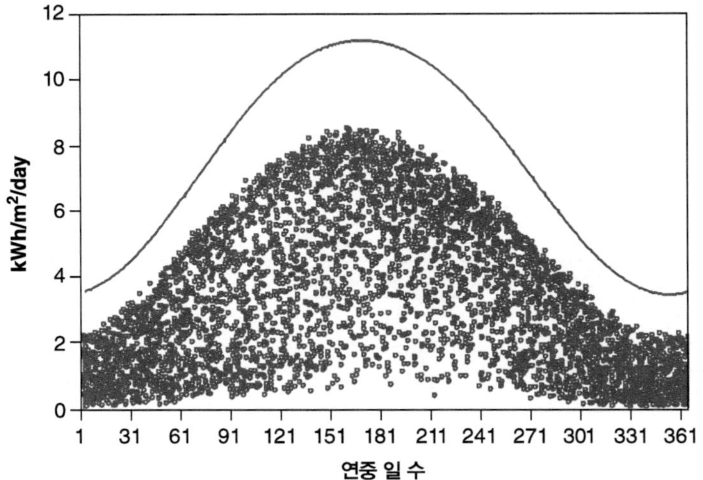

그림 9-9 미국 뉴욕주 이타카에 대한 14년간의 누적 kWh/m^2 값.

$$H_{\text{day}} = I_0 \cos(L)\cos(\delta)\sin(\gamma_s)$$

$$= 1,368\left(\frac{24}{\pi}\right)\left[1+0.034\cos\left(\frac{2\pi N}{365}\right)\right]\cos(L)\cos(\delta)\sin(\gamma_s) \tag{9-21}$$

그림 9-10은 청명한 날의 *대기 투과율*(atmospheric transmittance) 경향을 보여준다. 이는 대기층 밖의 일사량이 지표면에 투과된 비율을 나타낸다. 이 그림에서 대기 투과율값은 14년간의 자료에서 각각의 날 중 최적인 날 하루에 받은 총 일사량을 대기층 밖의 일사량 기대치로 나눈 것이다. 최대 대기 투과도가 크지 않지만 분산된 것은 14년 중 어떤 날도 완전히 청명하지는 않았기

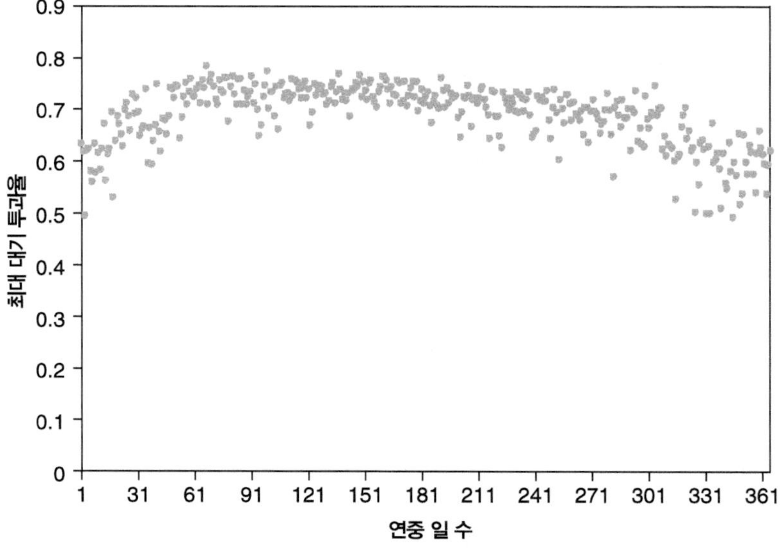

그림 9-10 그림 9-9 자료에 대한 일일 평균 최대 대기 투과율.

때문이다. 투과율은 태양 고도가 낮은 겨울에 낮고, 대기가 습해지고 먼지가 많아지는 여름에 감소한다.

그림 9-9에서 실제 자료의 연평균은 3.29 kWh/m^2 · day (11.8 MJ/m^2 · day)이다. 그러나 최고값은 그 해의 시간에 관계없이 최저값 대비 1차수 내지 2차수 크다. 이러한 크기의 변화는 태양에너지 시스템과 관련된 열에너지 또는 전기에너지 저장을 설계하고 해석하는 데 있어 중요한 고려사항이 되며, 설치 장소는 그림 9-9에서와 같은 가변성으르 특정지어진다.

9-4-2 기후와 계절의 영향

태양광의 대기 확산량은 다른 기후적 · 계절적 조건 아래 경험적 관찰을 이용하여 정량화할 수 있다. 먼저 이전 절에서 시간당 일사량을 나타내는 I와 대조해서 변수 H를 적분된 일사량을 나타내도록 도입한다. 총 일사량 $\overline{H}$와 일사량의 확산 성분 $\overline{H}_d$를 구분한다. 공기가 청명할수록 $\overline{H}_d/\overline{H}$가 작아진다. 확산의 부가적 지표로 *청명지수*(clearness index) K가 있는데, 수평면과 같은 위치에서 대기권 밖의 수평면 일사량에 대한 수평면 일사량의 비를 나타낸다. 관찰을 통해 등방성 하늘 조건에서 $\overline{H}_d/\overline{H}$ 비에 대한 다음 관계식이 주어진다.

$$\overline{H}_d/\overline{H} = 1.39 - 4.03\overline{K_T} + 5.53\overline{K}_T^2 - 3.11\overline{K}_T^3 \tag{9-22}$$

여기서 $\overline{K}_T$는 K의 월평균값 혹은 월 청명지수이다. $\overline{H}_d/\overline{H}$를 계산하는 수많은 비슷한 식들을 공학문헌에서 찾아볼 수 있다.

연평균 청명지수 $\overline{K}$를 알면 일일 청명지수 K의 투영값을 알 수 있다. 그림 9-11은 주어진 $\overline{K}$ 값에 대한 K의 분포를 나타낸다. 여기서 $\overline{K} = 0.7$은 맑은 구역이고 $\overline{K} = 0.3$은 흐린 구역이며 $\overline{K} = 0.5$는 중간 구역이다. 이 곡선은 예를 들어 $\overline{K} = 0.7$의 경우 연중 20%에 대해서는 $K \leq 0.63$을 기대할 수 있고, 연중 80%에 대해서는 $K \leq 0.78$을 기대할 수 있다고 읽는다.

$\overline{K}_T$가 각 월의 평균 청명지수를 나타낸다고 하자. $\overline{K}_T$가 알려지면 $\overline{K}_T$ 값은 주어진 $K_{T,i}$와 같거나 작은 값의 분포를 가질 것이라고 개략할 수 있다. $K_{T,\min}$과 $K_{T,\max}$을 각각 청명지수의 최소값과 최대값으로 취하면 K_T에 대한 축적 분포함수는 다음과 같다.

$$F(K_T) = \frac{\exp(\gamma K_{T,\min}) - \exp(\gamma K_T)}{\exp(\gamma K_{T,\min}) - \exp(\gamma K_{T,\max})} \tag{9-23}$$

γ 값은 연평균 청명지수 K_{avge}를 취함으로써 알 수 있고(예를 들면 12개월 평균치), γ를 알면 식 (9-24)를 얻을 수 있다.

$$\overline{K} = \frac{(K_{T,\min} - 1/\gamma)\exp(\gamma K_{T,\min}) - (K_{T,\max} - 1/\gamma)\exp(\gamma K_{T,\max})}{\exp(\gamma K_{T,\min}) - \exp(\gamma K_{T,\max})} \tag{9-24}$$

이 식들의 사용은 예제 9-4에 나와 있다.

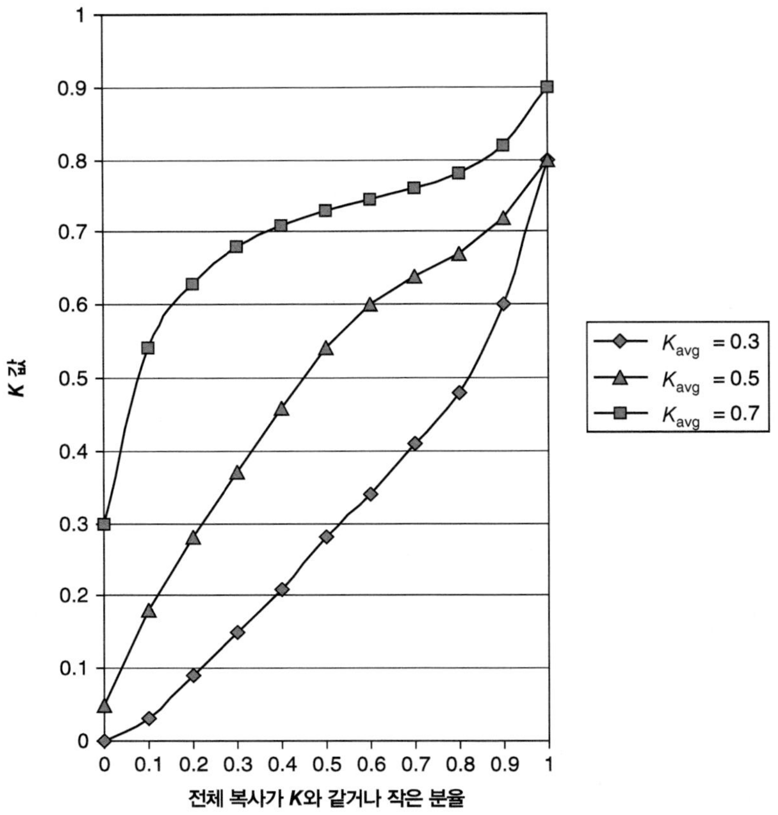

그림 9-11 연평균 청명지수 K_{avg} 값에 대한 일일 청명지수 K의 비율 분포.

예제 9-4

미국 중서부의 어느 지역에 대해 다음의 K_T 값이 주어졌다고 가정하자.

1월	0.41	7월	0.68
2월	0.45	8월	0.67
3월	0.51	9월	0.66
4월	0.55	10월	0.59
5월	0.61	11월	0.44
6월	0.67	12월	0.38

γ와 $F(K_T)$를 K_T의 함수로 계산하라.

풀이

$K_{T,\text{min}}$, $K_{T,\text{max}}$과 K는 각각 0.38, 0.68, 0.55이다. γ에 대한 최적의 맞춤값은 MS Excel의 Solver 함수를 사용하여 두 자릿수까지 반복 계산법으로 풀 수 있다. 결과는 $\gamma = -1.12 \times 10^{-7}$ 혹은 $\gamma = 3$이 된다. 관찰된 조건들에 근거하여 적합한 값들을 선택해야 한다. $\gamma = -1.12 \times 10^{-7}$의 경우 청명도가 0.53보다 작거나 같을 확률은 50%이다. 이는 상대적으로 흐린 조건이다. $\gamma = 3$의 경우 그 값은 단지 39%이며 상대적으로

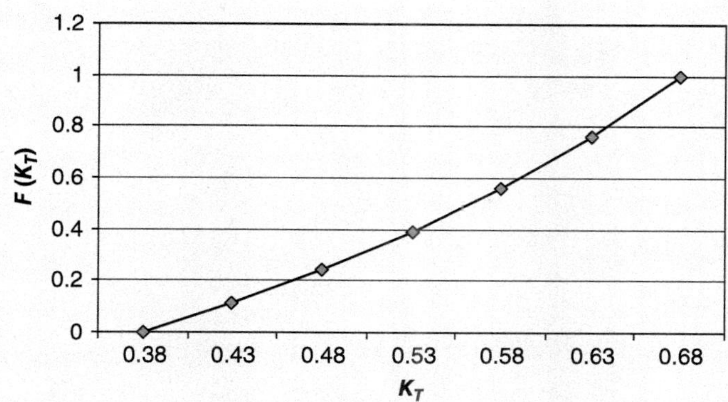

그림 9-12 $F(K_T)$에 대한 그림.

맑은 조건이다. 주어진 자료로부터 열두 달 중 여덟 달에서 K_T 값이 0.5~0.68 범위에 있으므로 $\gamma = 3$이 정확한 값임을 알 수 있다. $F(K_T)$를 그리면 그림 9-12의 곡선을 얻는다.

9-4-3 확산 일사량에 대한 표면 경사의 영향

앞의 공식들은 단지 평평한 수평 표면에 대한 것이다. 다음은 많은 태양열 집열기 배열(array)과 태양광 패널의 일반적인 경사 표면에 대한 계산식이다. 각도 β로 기울어진 표면에서 총 일사량은

$$H_\beta = (H - H_d)R_{b,\beta} + H_d\left(\frac{1+\cos\beta}{2}\right) + H\left(\frac{1-\cos\beta}{2}\right)\rho_g \tag{9-25}$$

여기서 $R_{b,\beta}$는 수평면 일사량에 대한 경사면 일사량의 비이고, ρ_g는 지면의 반사도이다. 대기를 통해 빛이 완전히 투과된 경우 $H_d = 0$이고 $H_\beta = HR_{b,\beta} + H[(1-\cos\beta)/2]\,\rho_g$이다. 또한, 식 (9-25)는 남향을 가정한다.

남쪽을 향한 경사면에 대한 일일 누적 일사량의 계산 과정은 식 (9-22)에서 시작한다. 다음 단계는 표면에 대한 일몰 시간각을 계산하는 것이다. 추분에서 춘분까지 경사 표면에서의 일몰각은 수평 표면과 같다(태양은 동남방에서 뜬다). 춘분에서 추분 사이에는 태양이 북동 방향에서 떠서 북서 방향으로 지기 때문에 계산 시 조정해야 한다. 식 (9-26a)와 (9-26b)는 각각 추분에서 춘분까지와 춘분에서 추분까지에 적용된다.

$$\omega_s = \cos^{-1}[-\tan(L)\tan(\delta)] \tag{9-26a}$$

$$\omega'_s = \min\{\omega_s, \cos^{-1}[-\tan(L-\beta)\tan(\delta)]\} \tag{9-26b}$$

예제 9-5는 표 9-5의 입사각과 조건들을 가지고 식 (9-26a) 및 (9-26b)를 이용하는 사례를 다룬다.

예제 9-5

표 9-5와 같이, 태양이 지평선에 근접한 오전 6시 혹은 오후 6시의 상황을 생각하자. 위도는 32°N이고 날짜는 하지이며 장치의 방위각과 기울기 각도는 각각 $\gamma = 0°$, $\beta = 25°$임을 상기할 때, 일출과 일몰 시 일몰 시간각과 이에 따른 태양 방위각을 구하여 태양광이 장치에 도달함을 보여라.

▶ **풀이**

우선 오후 6시 및 일몰 시간각에 중점을 두기로 한다. 태양의 위치는 태양 정오를 중심으로 대칭이기 때문에 오후 6시의 조건은 오전 6시에도 적용된다. 장치가 기울어진 경우와 기울어지지 않은 경우 일몰 시간각을 계산하면 다음과 같다.

$$\omega_s = \cos^{-1}[-\tan(L)\tan(\delta)] = \cos^{-1}[-\tan(32)\tan(23.45)] = \sim 105.7°$$

β를 포함하면: $\cos^{-1}[-\tan(L-\beta)\tan(\delta)] = \cos^{-1}\left[-\tan(32-25)\tan(23.45)\right] = \sim 93.1°$

$$\omega_s' = \min(105.7°, 93.1°) = 93.1°$$

시각각 93.1°일 때, 식 (9-6)과 (9-7)로부터 태양 방위각을 계산한다.

$$\begin{aligned}\alpha_s &= \sin^{-1}[\sin\delta\sin L + \cos\delta\cos L\cos\omega] \\ &= \sin^{-1}[\sin(23.45)\sin(32) + \cos(23.45)\cos(32)\cos(93.1)] = \sim 9.76°\end{aligned}$$

$$\gamma_s = \sin^{-1}\left[\frac{\cos\delta\sin\omega}{\cos\alpha_s}\right] = \sin^{-1}\left[\frac{\cos(23.45)\sin(93.1)}{\cos(9.76)}\right] = 68.4° \text{ 또는 } 111.6°$$

식 (9-7)에서 $\sin^{-1}$에 대한 두 개의 해가 존재한다. 태양은 정서(due west) 방향 90°를 이미 지났기 때문에 해는 $\gamma_s = 111.6°$이다.

이 계산 결과는 $\gamma_s = 9.76°$와 $\gamma_s = 111.6°$에서 태양광이 장치 전면과 후면에 모두 도달하였다는 것을 의미한다. 시간각을 통해 해당 일일 시간을 계산하면 다음과 같다.

$$\text{시간} = 6:00 \text{ p.m.} + \left(\frac{93.1-90}{105-90}\right)(1:00) = 6:00 \text{ p.m.} + (0.204)(1:00) = \sim 6:12 \text{ p.m.}$$

표 9-5에서 $\alpha_s = 12.2°$, $\gamma_s = 110.2°$일 때의 값은 오후 6시이므로 태양광이 여전히 장치 앞면에 머물러 있다는 것을 확인할 수 있다.

다음 단계는 수평 표면에서의 평균 직달광 일사량에 대한 경사 표면에서의 평균 직달광 일사량의 비인 $\overline{R}_b$를 계산하는 것이다. 식 (9-27)에서 일몰 시간각을 라디안으로 표시했다. 만약 도(degree)로 표시한다면 분자와 분모의 제2항에 각각 $\pi/180$을 곱해야 한다.

$$\overline{R}_{b,\beta} = \frac{\cos(L-\beta)\cos(\delta)\sin(\omega_s') + \omega_s'\sin(L-\beta)\sin(\delta)}{\cos(L)\cos(\delta)\sin(\omega_s') + \omega_s'\sin(L)\sin(\delta)} \tag{9-27}$$

그다음 수평 표면에서의 평균 총 일사량에 대한 경사 표면에서의 평균 총 일사량의 비를 계산한다.

$$\overline{R} = \left(1 - \frac{\overline{H}_d}{\overline{H}}\right)\overline{R}_{b,\beta} + \left(\frac{\overline{H}_d}{\overline{H}}\right)\left(\frac{1+\cos(\beta)}{2}\right) + \frac{\rho[1-\cos(\beta)]}{2} \tag{9-28}$$

여기서 ρ는 일사량에 대한 지면의 반사도이다. 식 (9-28)의 오른편 세 항은 경사 표면에 대한 직달, 확산, 반사 일사량 성분이다.

마지막 단계는 예제 9-5에 나타난 바와 같이 경사 표면에 일일 평균 총 일사량 $\overline{HT}$을 계산하는 것이다.

$$\overline{H}_T = \overline{H}\overline{R} \tag{9-29}$$

예제 9-6

미국 뉴욕주 이타카의 2월을 고려하자. 경사각 45°인 남쪽 면을 향한 태양열 집열기 패널에 내리쬐는 일일 일사량을 계산하라. 지면의 반사도는 0.7(1인치보다 깊은 눈)이고, 이타카 2월의 태양 자료는 $\overline{H}$ = 8.61 MJ/m², $\overline{K}_T$ = 0.435이다. 이 매개변수는 오랜 기간 동안의 국부 일사량 분석을 통해 얻은 것이다.[2] 첫 번째 근사로 등방성 하늘 조건을 가정하라.

풀이

지리학적 자료에 의하면, 이타카의 위도는 북위 42.3°이다. 2월 중순까지가 45일이므로 계산 순서는 태양 편각, 일몰 시간각을 먼저 계산하고, 그다음으로 식 (9-4), (9-22), (9-26), (9-27), (9-28) 및 (9-29)에 의해 정의된 항들을 계산한다.

$$\text{편각 } \delta = 23.45\ \sin\left[\frac{360(284+45)}{365}\right] = \sim -13.6° = \sim -0.238\ \text{rad}$$

$$\text{비율 } \overline{H}_d/\overline{H} = 1.39 - 4.03(0.435) + 5.53(0.435)^2 - 3.11(0.435)^3 = 0.427$$

$$\text{일몰 시간각: } \omega_s' = \omega_s = \cos^{-1}[-\tan(42.3)\tan(-13.6)] = \sim 77.3° = \sim 1.349\ \text{rad}$$

ω_s = 77.3°은 태양 정오 이후, 77.3/15 = 5시간 9분에 해당한다.

$$\overline{R}_{b,\beta} = \frac{\cos(42.3-45)\cos(-13.6)\sin(77.3) + 1.349\sin(42.3-45)\sin(-13.6)}{\cos(42.3)\cos(-13.6)\sin(77.3) + 1.349\sin(42.3)\sin(-13.6)} = 1.973$$

그러므로 $\overline{R}_{b,\beta}$ 값은 수평 표면 일사량보다 97.3% 큰 태양광 일사량으로 다음과 같다.

$$\overline{R} = (1-0.427)1.973 + 0.427\left(\frac{1+\cos(45)}{2}\right) + \frac{0.7(1-\cos(45))}{2} = 1.598$$

그러므로 $\overline{R}$ 값은 수평 표면 일사량보다 59.8% 큰 총 일사량으로 다음과 같다.

$$\overline{H}_T = 8.61 \times 1.598 = \sim 13.8\ \text{MJ/m}^2$$

따라서, 평균 일사량은 13.8 MJ/m²이고, 각 성분은 다음과 같다.

$$\text{직달: } (1-0.427)1.973 \times 8.61 = 1.131 \times 8.61 = \sim 9.73\ \text{MJ/m}^2$$

$$\text{확산: } 0.427\left(\frac{1+\cos(45)}{2}\right) \times 8.61 = 0.364 \times 8.61 = \sim 3.14\ \text{MJ/m}^2$$

$$\text{반사: } \frac{0.7(1-\cos(45))}{2} \times 8.61 = 0.103 \times 8.61 = \sim 0.88\ \text{MJ/m}^2$$

---

2 하나의 방법은 http://rredc.nrel.gov/solar/old_data/nsrdb/bludbook/state.html과 같은 국가 기상 자료를 찾아 국부 일사량 자료를 근사화하는 것이고, 또 다른 방법은 근접 도시를 이용해서 국부값을 예측하는 것이다. 이 경우 뉴욕주의 시러큐스와 역시 뉴욕주의 빙엄턴 같은 인접 도시들을 적용할 수 있다.

9-5 요약

태양에너지는 지구 대기층 외각에 거의 일정한 강도로 도달하는데, 주어진 지역에서의 유용한 에너지는 그 지역의 지리적 위치와 일기, 연중 시간 등에 영향을 받는다. 지역에서의 총 에너지 혹은 전일사량(global isolation)은 태양으로부터 직달 일사량과 대기층을 통과하면서 산란된 확산 일사량의 합이다.

하루 중 주어진 시간에서의 태양의 위치와 태양기기에 유용한 에너지양은 위도와 연중 시간에 근거해서 얻을 수 있다. 정남에 대한 기기의 방향과 경사각은 에너지양 산정에 영향을 미친다. 날마다 변하는 일사량은 태양에너지 포집 시스템의 시간 역학을 이해하는 데 중요하다.

청명지수 혹은 창공과 지표면에서의 유용한 에너지의 비는 일, 월, 연 기반으로 측정될 수 있다. 관찰은 한 지역의 평균 청명지수가 알려지면 주어진 확산량에 대해 월 혹은 일 분포가 근사화될 수 있다는 것을 보여주며, 이러한 근사화는 지구의 여러 지역에 적용될 수 있다.

References

ASHRAE (2001). *Handbook of Fundamentals*. American Society of Heating, Refrigerating, and Air-conditioning Engineers, Atlanta, GA.

Hottel, H. C. (1976). "A Simple Model of Transmittance of Direct Solar Radiation through Clear Atmospheres." *Solar Energy*, Vol. 18, pp. 129 – 134.

Jain, A. (1997). Solar Concepts. Electronic resource, available at www.usc.edu. Accessed November 29, 2015.

Norton, B. (1992). *Solar Energy Thermal Technology*. Springer-Verlag, London.

Reddy, T. (1987). *The Design and Sizing of Active Solar Thermal Systems*. Clarendon Press, Oxford.

Trewartha, G., and L. Horn (1980). *An Introduction to Climate*, 5th ed. McGraw-Hill, New York.

Further Reading

Duffie, J. A., and W. A. Beckman (2006). *Solar Engineering of Thermal Processes*. John Wiley & Sons, New Jersey.

Fanchi, J. (2004). *Energy: Technology and Directions for the Future*. Elsevier, Amsterdam.

Goswami, D. Y., F. Kreith, and J. F. Kreider (2000). *Principles of Solar Engineering*, 2nd ed. Taylor & Francis, New York.

Johannson, J. (1993). *Renewable Energy: Sources for Fuels and Electricity*. Island Press, Washington, DC.

Kasten, F. and A. T. Young (1989). "Revised Optical Air Mass Tables and Approximation Formula." *Applied Optics*, Vol. 28, No. 22, pp. 4735 – 4738.

Kreith, F., and J. F. Kreider (1978). *Principles of Solar Engineering*. McGraw-Hill, New York.

Leckie, J., G. Masters, H. Whitehouse, and L. Young. (1981). *More Other Homes and Garbage*. Sierra Club Books, San Francisco.

Liu, B., and R. Jordan (1960). "The Interrelationship and Characteristic Distribution of Direct, Diffuse and Total Solar Radiation." *Solar Energy*, Vol. 4, pp. 1 – 19.

McQuiston, F., J. Parker, and J. Spitler. (2004). *Heating, Ventilation, and Air Conditioning: Analysis and Design*. Wiley, New York.

National Renewable Energy Laboratories (2005). *National Solar Radiation Data Base: 1991-2005 Update, Typical Meteorological Year 3*. Electronic Resources, available at http://rredc.nrel.gov/solar/old_data/nsrdb/1991-2005/tmy3/. Accessed Jun. 22, 2015.

Sorensen, B. (2000). *Renewable Energy: Its Physics, Engineering, Environmental Impacts, Economics and Planning*, 2nd ed. Academic Press, London.

연습 문제

9-1. 태양광 패널이 북위 48° 위치에 30° 경사로 정남을 향해 설치되어 있다. 청명한 분점일(day on the equinox)에 (a) 하루 동안 평방미터당 패널에 입사하는 총 에너지를 kWh로 계산하라. (b) 오후 2:30부터 장애물이 패널에 도달하는 태양광선을 막는다면 장어물로 인한 에너지 손실은 몇 퍼센트인가?

9-2. 북위 42°에 있는 집의 지붕이 정남을 향하고 있고 경사각은 23°이다. 태양광 패널이 지붕에 있다면 5월 5일 오전 10시에 태양과 패널 사이의 입사각은 얼마인가?

9-3. 아침이면 태양기기 일부가 옆 건물에 가려지는 위치에 있다(그림 참조). 건물 벽은 정서 방향을 향하고 있고, 태양기기 위치점의 동쪽 10 m에 위치하고 있다. 건물의 남쪽 벽은 위치점으로부터 8 m 남쪽까지 뻗어 있다. 건물은 북위 56° 스코틀랜드 에든버러에 위치해 있다. 하지 오전 9시에 건물은 태양광선이 기기에 비치는 것을 막는가? 건물이 충분히 높아 태양광선이 건물 꼭대기에 비쳐서 기기에 도달하는 것은 불가능하고, 따라서 태양광선이 건물의 남서 모퉁이를 향해 비쳐야 한다고 가정할 수 있다.

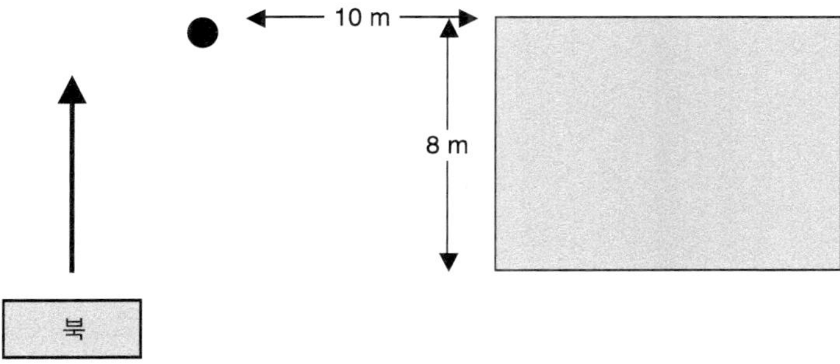

9-4. 이 장에 있는 식 (9-19)를 유도하기 위해 코사인 법칙[$c^2 = a^2 + b^2 - 2ab\cos(c)$]을 이용하라.

9-5. 지구의 어떤 위치 어떤 날 태양 방위각이 태양 시간각에 다라 하루 종일 같은 값을 갖는가? 이 균등성을 계산으로 증명하라.

9-6. 당신은 북위 37° 경도 76°에 있고, 태양이 현지 시간 05:10:20에 뜨는 것을 관찰했다. 당신 친구는 북위 49° 경도 87°에 있다. 그가 해 뜨는 것을 본 것은 당신 시계로 몇 시인가?

9-7. 당신은 미국의 마운틴 타임 존(Mountain time zone)에서 서경도(west longitude) 94°에 있다. 날짜는 7월 14일이고 일광절약시간이 유효하다. 당신 시계가 13:55:23을 가리키고 있다면 그에 해당하는 현지 태양시간은 얼마인가?

9-8. 7월 17일에(일광절약시간이 유효) 시간 방정식값은 얼마이며, 태양은 빠른가 혹은 느린가? 태양이 정남에 있을 때 현지 시간은 몇 시인가? 11월 17일(일광절약시간이 효력 없음)에 대한 답은 무엇인가? 두 경우 모두 지역 및 표준 경도는 90°이다.

9-9. 식 (9-3)을 이용해서 시간 방정식을 그 해 그 날의 함수로 도식화하라. 또한 태양이 '빠른' 기간과 '느린' 기간을 확정하라.

9-10. 북위 10°에 위치한 열대지역 연구소에서 근무하는 과학자는 2월 15일에 태양 고도와 태양 방위를 매시간 측정한다. 그들은 기본적인 장비(나침반, 수평기, 목공자, 측정 테이프 및 포스터 보드)를 사용하여 관측을 수행하며, 측정의 정확도는 어느 정도 제한되어 있다. 예를 들어, 포스터 보드가 하루 종일 동일한 위치에 있다면 도착하는 태양의 선을 포스터 보드에 표시한 후 삼각법을 사용하여 남쪽을 기준으로 태양 방위를 계산한다. 마찬가지로, 태양 고도는 태양광선의 수평 이동 및 수직 상승을 사용하여 삼각법으로 계산한다. 태양 방위 각도는 나침반 사용으로 인해 북쪽이 아닌 자기 북쪽을 기준으로 하며, 시간은 조정되지 않은 시계 시간으로 표시된다. 오전 8시부터 오후 4시까지 (방위각, 고도) 형식으로 측정된 값은 다음과 같다: −70, 26.2; −64, 41.2; −56, 54.9; −38, 65.4; 8, 67.8; 40, 61.4; 56, 49.9; 68, 40; 73, 20.2. 장비의 제한 내에서 경험값이 태양 기하학적 공식과 일치하는지 계산을 통해 확인하라.

제10장

태양광 기술

Solar Photovoltaic Technologies

▶학습 목차

10-1 개요

이 장에서는 태양광발전 기술의 내부 기능과 응용에 대해 논의한다. 첫 번째 부분은 태양전지가 태양광을 전기로 변환하는 방법과 효율값에 대한 목표 대비 성능을 정량화하는 방법을 논의한다. 두 번째로, 태양광 패널의 배열과 관련된 설계 시 고려 사항, 지역별 출력, 경제적 회수와 환경적 고려사항 등과 같은 실질적인 이슈들에 대해 논의한다.

10-1-1 이 장에서 사용되는 기호들

이 장에서 사용되는 많은 기호와 정의들은 표 10-1에 요약되어 있다. 각도는 계산기 또는 컴퓨터 소프트웨어에서 사용되는 요건들과 그것들이 내장되거나 정의되는 방정식에 따라 도(degree) 혹은 라디안(radian)으로 사용될 수 있다.

표 10-1 10장에서 사용되는 기호들

기호	SI 단위로 나타낸 정의[기호 위의 바(—) 표시는 평균을 의미]
a, b	경험계수, 식 (10-8)과 (10-9) 참조
A	태양광 패널의 면적, m^2
c	빛의 속도, 2억 9,979만 2,458 m/s
C	태양광 패널 시스템의 용량 평가, kW
C_f	최적 패널 경사각도 보정계수, 식 (10-24) 참조
E	전자당 전하, 1.602E−19 J/V
E	월평균 태양전지 시스템 출력, kWh/month/kW(단순 접근법, 10-4-2절 참조), 그리고 kWh/month[연장 접근법, 10-4-3절과 식 (10-16) 참조]

(계속)

표 10-1 10장에서 사용되는 기호들 (계속)

기호	SI 단위로 나타낸 정의[기호 위의 바(—) 표시는 평균을 의미]
E_G	태양광 패널에 사용된 재료의 전자 밴드갭 에너지, J
F	와이블(Weibull) 식의 누적분포함수
FF	충전계수, 예제 10-2 참조
h	플랑크 상수, quanta 단계를 반영, 6.626E−34 J · s
$\overline{H_d}$	태양광 패널의 월평균 조사량
I	태양전지에서의 순 전류, 식 (10-4) 참조
I_D	태양전지에서의 포화전류, 식 (10-3) 참조
I_i	시간당 총 일사량, kWh/m^2
I_{NOCT}	작동 셀 온도(NOCT)에서의 효율 테스트 표준 일사량, 일반적으로 800~1,000 W/m^2
I_0	태양전지의 포화전류
I_L	태양전지에서의 빛 전류, 식 (10-2) 참조
I_M	최대 전력 출력에서의 전류
I_{SC}	단력 전류, 그림 10-6 참조
$\overline{K_T}$	대기 청명지수, 식 (9-22) 참조
k	볼츠만 상수, 1.38E−23 J/K
m	태양전지의 작동 전압에 따른 계수, 식 (10-3) 참조
N	일 수
NOCT	일반적인 작동 셀 온도, 식 (10-25) 참조
P	전력, 전압 × 전류
RF	지역계수, 식 (10-12) 참조
S	태양광 유속, 포톤 수, m^{-2} s^{-1}
S	한 달 실제 태양광 패널 경사(수평)
S_M	한 달 최적 태양광 패널 경사(수평)
T	온도, K
T_a	월평균 공기 온도
T_{ai}	수집 기간 동안의 평균 대기 온도(일반적으로 1시간 기준)
T_c	월평균 셀 온도
T_{ci}	수집 기간 동안의 셀 평균 온도(일반적으로 1시간 기준)
T_m	월간 분석 기간에서 평균 대기(공기) 온도
T_r	평가 조건에 따른 셀 온도
U_L	패널 면적에 따른 열손실 계수, 일반적으로 20 W/m^{-2} K^{-1}
V	전압
V_M	최대 출력 전력 전압
V_{OC}	열린 회로 전압, 식 (10-5) 참조
W	셀 가로 길이
α	흡수계수, 식 (10-1) 참조
β	태양광 성능에 따른 셀 온도계수(C^{-1})
Γ	태양광 성능에 따른 셀 조사계수, 식 (10-15) 참조
η	효율
η_{col}	수집 효율
η_i	특정 시간에서의 셀 효율, 식 (10-15) 참조
η_r	평가 조건에 따른 셀 효율
λ	빛의 파장
ρ	반사계수, 식 (10-1) 참조
τ	전달계수, 식 (10-1) 참조

10-2 서론

태양전지(photovoltaic cell: PV cell)는 컴퓨터 및 다른 유형의 정보 기술에 사용되는 전기반도체 기술을 이용하여 태양에너지를 전기에너지로 변환시키는 기술이다. 태양전지를 설계할 때는, 패널을 통과하는 개별 포톤에너지를 전기 부하를 공급하기 위해 만들어진 외부 회로 내의 전자로 전달할 수 있도록 한다. 이 기능은 미시적 관점에서 분자 구조 배치에 따라 달라지고, 거시적 관점에서는 태양전지 주변에서의 전도체 배열에 의존한다.

태양광 패널(PV panel)은 단일 지점에서 외부 회로에 연결될 수 있는 단일 전기회로 내에 연결된 여러 개(약 50~120개)의 태양전지들로 구성된다. 각 패널은 전형적인 주거용 혹은 상업용 부하(패널당 최대 출력은 80~400 W)와 비교할 때 제한된 출력을 갖기 때문에, 일반적으로 태양광 시스템은 많은 패널을 *배열* 형식으로 연결하거나 통합된 패널 시스템과 함께 결합함으로써 단일 연결 지점에서 원하는 전압으로 생산된 전기를 공급한다.

5장에서 언급한 것처럼 증기터빈 시스템과 같이 태양광을 전기에너지로 변환하는 다른 시스템들이 있지만, 현재 태양광 시스템은 태양에너지를 사용하여 직접 전기를 생산하는 시스템 중에서 연간 kWh 기준으로 가장 많은 생산량을 갖는다.[1]

태양광 패널은 1839년 Edmond Becquerel에 의해 발견된 *광전 효과*(photovoltaic effect), 즉 태양광이 특정 물질과 충돌하여 측정이 가능한 양의 전류를 생산하는 원리를 이용한다. 1954년 이후에서야 과학자들은 실험실 환경에서 전기 부하에 부합하는 광전 효과를 이용해 전류를 생산할 수 있었다. 그 이후, 1950년대 말까지 원격통신 중계소와 미국 위성 뱅가드 I에서 상업적으로 처음 사용되면서 태양광 패널은 비교적 빠르게 적용되었다. 기존 태양광 패널의 정격출력비용(kW당)이 높음에도 불구하고 태양전지가 이러한 응용 분야에서 처음 사용된 이유는 독립적인 원격 에너지원으로써 고부가가치를 가지고 있었기 때문이었다. 통신 시스템의 경우, 몇몇 설비들이 원격 설치되는 중계국 시스템의 높은 경제적 부가 가치로 인해 태양광 패널을 설치하는 것을 선호하게 되었다. 궤도 위성의 경우 태양광 패널은 이상적인 에너지 기술임이 입증되었는데, 이는 우주에서는 더 강한 일사량이 존재하고, 운량(cloud cover) 혹은 날씨에 의한 성능 저하가 없으며, 출력 변화가 거의 없이 수명을 장시간 지속할 수 있고, 지구 그늘에 있을 때를 제외하면 상시 작동이 가능하기 때문이었다. 그 이후로 태양광 패널은 앞서 언급한 두 응용 분야에서 모두 사용되고 있다.

핵심 기술의 비용이 항상 총 시스템 비용보다 우세하게 되는 통신이나 우주 응용 분야에서는 단위 출력당 비용이 상대적으로 큰 문제가 되지 않지만, 상업 및 주거 부문에서의 경우, 주류의 전력 소비자가 이 기술을 사용할 수 있어야 한다는 것은 확실하다. 1970년대 이후의 연구 개발로 인해 설치 와트당 비용을 줄였고, 태양광 패널에 대한 세계 시장의 성장 잠재력을 보여준 자료가 있다. 그림 10-1은 1990년부터 2018년까지 태양광 패널의 비용 감소를 나타낸다. 비용은 1975년에 $30/W까지 높았지만(그림에 나타나 있지 않음), 그 후 1990년 약 $18/W에서 2018년 평균 $1.59/W로 하락했다. 멀티-메가와트 규모로 설치하는 경우, 전체 시스템 비용은 $1.00/W 수준이었다.

태양에너지 산업에서 사용되는 와트당 비용은 사용되는 단일 패널의 총비용을 이상적인 조건

---

1 풍력에너지가 발생하는 것은 태양이 지표면을 불규칙적으로 가열하기 때문이다. 따라서 전 세계적으로 태양광 패널보다 연간 생산량이 많은 풍력에너지는 태양에너지의 간접적 이용 방식이라고 할 수 있다. 13장을 참고하라.

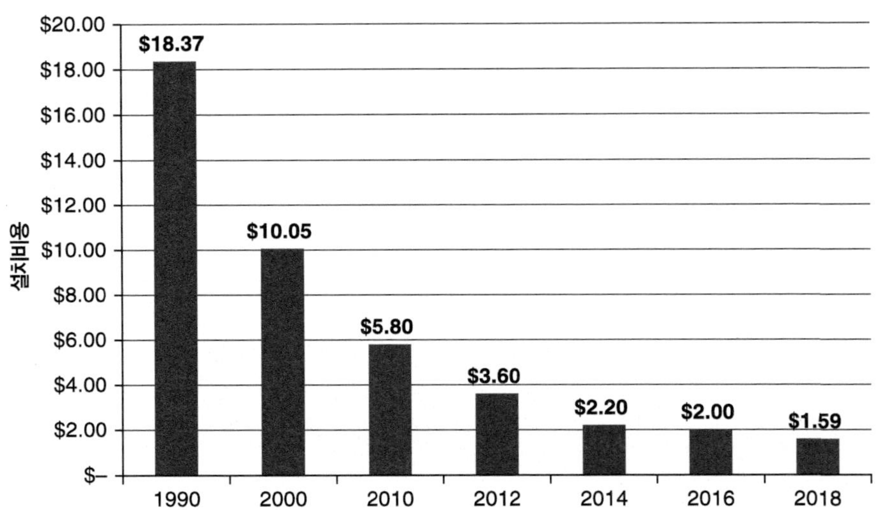

그림 10-1 태양광 패널 설치 와트당 비용(1975~2018). (*출처*: US Energy Information Adminstration.)

(완전히 태양에 노출된 상태, 태양광선에 수직으로 작동하는 상태 등)에서의 출력으로 나눈 값이다. 패널은 최적화된 조건이 아닌 실제 조건(예: 구름 일부가 가려지거나 태양에 비스듬한 각도로 작동)에서 대부분의 시간 동안 작동하거나 밤에는 전혀 작동하지 않기 때문에 이 장의 후반부에서 논의되는 것처럼 패널 시스템의 경제적 분석은 이상적인 작동 조건이 아닌 실제적인 작동 조건에 대해서 이루어져야 한다.

미국 태양광 PV 시장은 2000년경 상업적으로 적용이 가능한 태양광 PV 패널의 등장에 발맞춰 그해 79 MW에서 2010년 2,400 MW로 누적 규모 면에서 크게 성장하였다(그림 10-2). 이는 2010년부터 2019년까지 가격이 $6/W에서 $2/W 미만으로 추가 인하된 후 훨씬 빠르게 성장하여 2019년 말 약 77 GW, 즉 2010년 말에는 약 33배의 용량까지 가능하게 되었다. 2010년부터 2019년까지 분산형 주거용과 상업용 PV 배열의 성장뿐만 아니라 그리드에 직접 전력을 공급하는 메가

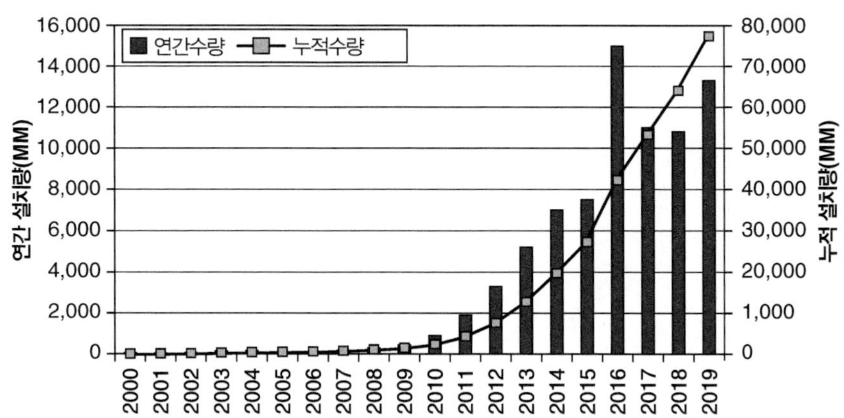

그림 10-2 미국의 연간 누적 태양광 설치 현황(2000~2019). (*출처*: Solar Energy Industries Association.)

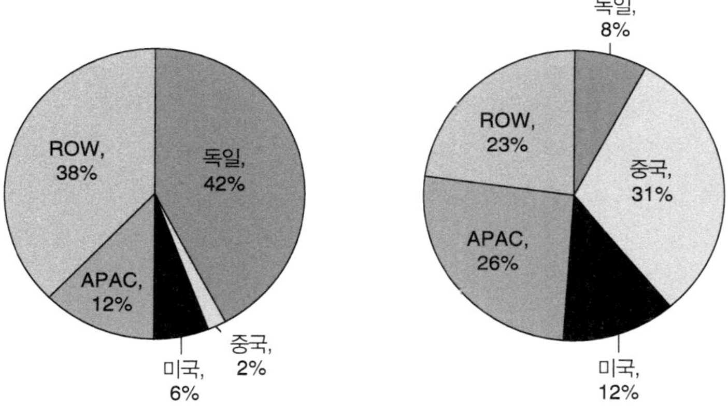

그림 10-3 세계 태양광 발전 누적 설치 현황(2010년 및 2019년).

참고: 2010년과 2019년 세계 총 용량은 각각 40.3 그리고 633.7 GW이었음. APAC = 아시아–태평양(중국 제외, 즉 일본, 인도, 호주 등), ROW = 그 외 국가.
(*출처*: European Photovoltaic Industry Association.)

와트 태양광 발전소가 세워졌다. 그림 10-3에서 보는 바와 같이 2019년 전 세계 누적 설치량은 634 GW에 달하며 세계적 선두 국가인 중국은 물론 미국, 독일 등이 대용량의 발전소를 보유하고 있다. 몇몇 선도 국가들에 설치된 발전 용량은 급격히 증가하였는데 2001년까지만 해도 독일은 전 세계 총 1,900 MW 중 75 MW의 PV 패널을 그리드 연결 시스템에 설치했다. 2019년 독일의 설치 용량은 50 GW였고, 마찬가지로 2010년 중국은 설치 용량이 1 GW에 불과했으나 2019년에는 196 GW로 증가했다. 2010년부터 2019년까지의 성장 역시 괄목할 만한 수준으로, 2010년 말에는 현재 설치된 누적 용량 대비 15배 증가한 593 GW를 달성했다. 중국은 2010년 말, 전 세계 설치 PV 용량의 2%를 차지했지만, 전반적으로 지속적인 재생에너지에 대한 대규모 투자와 PV에 대한 국가의 전략적인 투자로 인해 2013년에는 전 세계 용량의 31%로 성장했다. 생산 측면에서 태양광 PV 제조는 세계 선두 국가인 중국뿐만 아니라 독일, 일본, 미국, 노르웨이 등 여러 국가에 분산되어 이루어지고 있다.

그림 10-3의 23% (145 GW) “ROW” 범주에는 중앙아메리카 또는 사하라 사막 이남의 아프리카 지역과 같은 비교적 가난한 열대 국가의 시골 지역에 설치된 수백 메가와트의 소형 PV 시스템이 포함되어 있다. 보통 이러한 시스템은 오프그리드(off-the-grid) 상황에서 설치되는데, 배터리 저장이 가능한 독립형 PV 시스템의 비용이 가장 근접한 전력그리드 장소로부터 전력선을 가져오는 비용에 비해 유리한 경우 설치한다. 미국의 주택 소유자들은 사용하는 전력 부하의 상당량을 충족시키기 위해 2,000~5,000 W 정도의 시스템을 기대하는 반면, 열대 지역에서는 충전 제어기와 딥사이클(deep cycle) 배터리 그리고 50~100 W 용량의 패널 등으로 구성된 단순 시스템으로도 충분히 야간에 전기를 사용하고 라디오와 인터넷에 접속하는 등 농촌 가족의 삶의 질을 향상시킬 수 있을 것이다.

10-2-1 태양광 패널 제작에 대한 대안

태양광 패널 제작법은 크게 *결정형*(crystalline)과 *박막형*(thin-film) 방식으로 나뉜다. 전자는 광전 효과를 가진 실리콘 웨이퍼를 제작하는 것을 포함하며, 각각의 태양전지가 단결정체 또는 다결정체로 제조되었는지에 따라 *단결정*(monocrystalline)과 *다결정*(multicrystalline) 태양전지로 나뉜다. 두 경우 모두 결정을 성장시켜 제작한 얇은 실리콘 조각을 절단한 후 태양광 패널에 배치한다. 단결정 태양전지는 다결정에 비해 태양광을 전기 출력으로 변화하는 과정에서 더 효율적이지만, 제조가 어렵다는 단점이 있고 표면을 덮는 단위 표면적당 비용이 훨씬 비싸다.

박막 패널의 경우 근본적으로 다른 제조 과정을 수반하는데, 광전자 효과를 지닌 물질의 얇은 층, *비정질 실리콘*(amorphous silicon) 또는 물질의 비실리콘 합성물을 후면 물질 위에 입힌다. 박막 셀은 대량 생산이 가능하므로 결정을 성장시키고 절단하는 방법보다 더 쉽게 생산량을 증가시킬 수 있다. 따라서 원가 절감의 효과는 있으나 단위 표면 면적당 효율은 가장 낮다. 최근 단위 면적당 제조 비용과 평균 효율이 개선되고 있으며, 박막 패널은 2013년 세계 PV 시장의 약 10%를 차지했다.

대부분의 응용 분야에서 패널 정격출력의 단위 면적당 비용은 최대 효율보다는 가격 측면이 더 중요하기 때문에 평방미터당 더 낮은 출력을 가진 PV 물질들이 시장 경쟁력을 가질 수 있다. 이것이 와트당 비용이 벤치마크로 사용되는 이유이다(그림 10-1 참조). 시스템 소유자는 일반적으로 낮은 효율을 보충하기 위해 더 많은 패널 면적을 사용할 수 있다. 그러나 이러한 규칙에도 예외는 있다. 한정된 표면적(예: 우주선)을 가진 응용 분야에서 사용되는 시스템은 비용과 상관없이 표면적당 가능한 한 최대 에너지를 생산해야 하므로 이 규칙을 적용할 수 없다. 또한 주택 옥상에 설치하는 경우, 박막 태양전지로 덮은 지붕의 면적당 출력은 시스템 사용자의 연간 kWh 출력 목표를 충족시킬 정도로 충분하지 않으므로 이 경우 결정질 패널이 경쟁력이 있다.

박막 패널 제조에서는 비정질 실리콘 또는 비실리콘 물질의 얇은 층을 광전 효과를 발생시키기 위해 사용한다. 대표적인 비실리콘 제제로는 구리 인듐 디셀레나이드(CIGS)와 카드뮴 텔루라이드(CdTe)가 있다. 실리콘에 의존하지 않는 이러한 공정을 사용하는 제조업체는 그림 10-1와 같이 실리콘 수급이 부족했던 가격 '급등' 기간(2006~2008년) 동안 유리한 상황에 있었다. 카드뮴과 같은 중금속의 사용은 향후 수명주기 내 제조 및 폐기 단계에서 위험한 폐기물을 배출하는 문제를 야기할 수 있으므로 산업계는 신중하게 진행할 필요가 있다.

태양전지 제조업체들은 효율 증대와 제조 비용 감소를 위해 몇 가지 방안을 추구하고 있다.

1. *집광형*(concentrating) *태양전지*: 집광형 태양전지는 태양전지의 표면 면적당 출력을 높이기 위해서 기존 태양전지 패널에 집광 시스템을 추가한 것이다. 집광 시스템 구축을 위해 추가 비용이 필요하지만, 단위 정격출력당 태양전지에 투입되는 비용을 줄일 수 있다. 집광형 태양전지는 태양광을 집광하기 때문에, 패널 시스템은 하루 동안 태양의 움직임을 추적하는 기능을 가져야 한다. 이 시스템의 초기 설치 사례로는 2009년 스페인 타라고나 근처에 설치된 330 kW급 집광형 태양전지 시스템이 있다.

2. *다중접합*(multi-junction) *태양전지*: *단일접합*(single-junction) 태양광 패널의 경우, 광전 효과는 태양전지 내의 단일 층에서 발생한다. 사용되는 재료에 따라서 태양전지는 입사되는 포톤의 특정 에너지에서 최적화된다. 결정 실리콘 태양전지는 낮은 포톤에너지에서 최적화

되고, 비실리콘 태양전지는 상대적으로 높은 에너지에서 최적화된다(10-3-1절 참조). *다중접합* 태양전지는 서로 아래에 있는 접합층을 사용하며, 처음에는 더 높은 에너지(단파장)를 가진 포톤을 변환한 후, 더 낮은 포톤에너지를 이용하여 최대 전위 효율을 증가시킨다. 물론 더 복잡한 제조 공정에는 추가되는 비용이 있으므로, 다중 접합 패널 제조업체의 목표는 추가되는 출력이 제곱미터당 추가되는 공정비용을 보상하도록 제작비용을 절감하는 것이다. 단기적으로, 다중접합 태양전지는 출력 극대화를 최우선 순위에 두는 우주 비행과 같은 응용 분야에 이상적이다.

3. *나노 기술*: 미국, 일본, 중국 그리고 독일의 많은 박막 태양전지 제조업체들은 효율을 극대화하고 정격 와트당 비용을 절감하기 위해 나노 기술[태양전지를 1나노미터(nm), 즉 1×10^{-9} m 크기에서 조작하는 기술]을 사용한다. 나노스케일의 태양전지를 통해 엔지니어는 원하는 태양전지의 구조적 품질을 더 정확하게 설계하여 입사되는 포톤으로부터 가능한 한 많은 에너지를 생산하고 열로 빠져나가는 에너지를 최소화할 수 있다.

10-3 태양전지 성능에 대한 기초

태양전지의 목적은 유입되는 포톤에너지에서 가능한 한 많은 에너지를 전기로 변환하는 것이다. 이 절에서는 상황에 따라 개별 포톤에서 전하로 변환되거나 혹은 변환되지 않을 때 발생하는 현상을 기술한다. 또한 태양전지의 전체 효율에 미치는 변환율과 손실률의 영향을 정량화한다.

광전 효과를 이용하여 포톤이 전자로 변환되는 양을 증가시키기 위해서, 실리콘 기반 태양전지를 구성하는 두 개의 실리콘 층은 가능한 한 (1) 이탈된 전자(loose electron) 혹은 분자 구조 내에서 전자들과 재결합하는 정공(hole)을 생성하도록 만들어진다. 실리콘 원자의 경우 4개의 최외각 전자가 존재한다. 태양전지를 설계하는 경우, 5개의 최외곽 전자를 갖는 화학원소 인(phosphorus)을 상부 혹은 n형 층에 도핑하고, 하부 혹은 p형 층에는 3개의 가전자들을 갖는 붕소를 도핑한다(그림 10-4 참조). 이러한 p-n *접합*(p-n junction) 분자 구조는 대부분의 태양전지를 설계하는 일반적인 방법이다. 셀(cell) 전체에서 나타나는 전자[일부 자유전자(free electron)들이 열린 정공으로 이동함으로써]들의 비평형으로 인해 영구적인 전기장이 형성되며, 이 전기장은 전자들이 태양전지가 부착된 외부 회로와 부하 사이로 쉽게 이동할 수 있게 한다.

그림 10-4에서 상부층은 인이 도핑된 n형 실리콘으로 잉여전자(excess of electron)를 갖는 반면, 하부층은 붕소가 도핑된 p형 실리콘으로 전자를 흡수하기 위한 추가적인 정공이 있다. 오른쪽에서 들어오는 포톤에 의해 셀 구조 내에서 이탈된 전자는 콜렉터(collector)를 향해 이동하는 반면, 전자-정공(electron hole)은 전도성 장치로 이동하게 되어 태양전지 외부 부하(load)로 전류가 흐르게 된다.

밴드갭 에너지(bandgap energy) E_G와 같거나 큰 에너지를 지닌 포톤은 태양전지 구조로부터 전자를 탈출시킬 수 있다. 밴드갭의 값은 사용되는 패널의 형태에 따라 달라진다. 에너지는 파장에 반비례한다는 사실을 상기하자. 즉 $E = hc/\lambda$이고, 이때 h는 플랑크 상수, c는 광속이다. 따라서, 밴드갭 파장 λ_G보다 긴 파장을 갖는 포톤은 전자로 변환될 수 있을 만큼 충분한 에너지를 갖고 있지 않다. 또한 전자가 이동하여 정공을 채울 때 이전 전자 위치에 정공을 만든다는 점에서, 전자 정공은 셀 구조를 통해 전자와 반대 방향으로 이동할 수 있다.

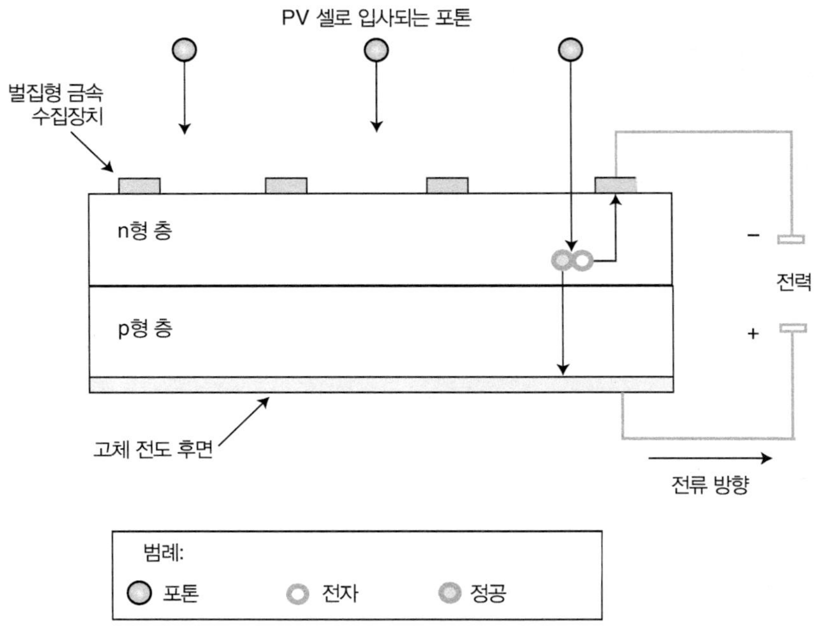

그림 10-4 태양전지 단면도.

전자는 PV 셀의 구조를 벗어나 셀 표면에 있는 전도성 금속 콜렉터를 통해 외부 회로로 들어간다. 전형적인 콜렉터는 '빗(comb)' 형태의 구조를 가지며 이러한 형태는 많은 태양전지 표면에서 쉽게 볼 수 있다. 콜렉터가 상호 연결되어 있는 부분은 입사되는 태양광이 태양전지로 들어오는 것을 방해하기 때문에 콜렉터 설계 시, 가능한 한 많은 전자를 쉽게 모을 수 있는 충분한 면적을 갖는 것과 태양에너지가 셀로 들어가는 능력이 크게 저하되지 않을 만큼 적당한 면적을 만드는 것 사이에서 트레이드오프(trade-off) 설계가 필요하다.

10-3-1 태양전지 내의 손실과 입사된 빛에 의해 생산된 총 전류

입사하는 빛의 모든 에너지를 전류로 변환시키는 것이 가능하다면, 전류 크기는 단위 표면적당 빛의 사용 가능한 에너지와 같을 것이다. 지구 대기권 밖의 응용 분야의 경우, 이러한 평균 에너지 유속은 1.37 kW/m^{2}이지만, 맑은 날 지구 표면에서는 대기권에서의 반사나 흡수로 인하여 평균 에너지 유속이 약 1 kW/m^{2}로 감소한다. 그러나 태양전지 내에는 다음에 나타난 바와 같이, 손실에 대한 많은 원인들이 실제로 가용할 수 있는 에너지양을 감소시킨다.

- *양자손실*(quantum losses): 앞에서 언급한 것과 같이 밴드갭 에너지보다 작은($E < E_G$) 에너지를 갖는 포톤은 광전 효과를 발생시킬 수 없으며, 이러한 포톤에너지는 시스템에서 실제로 사용될 수 없으므로 에너지 손실의 형태 중 하나로 생각될 수 있다. 또한 각 포톤에너지에 상관없이 오직 한 개의 전자를 생산할 수 있으므로 '잉여(excess)' 에너지 또한 전류를 생산하는 데에 사용될 수 없다.
- *반사손실*(reflection losses): 태양전지의 표면에 도달하는 포톤은 $0 < \rho < 1$ 사이의 부분 반사손실 $\rho(E)$의 영향을 받는데, 이때 $0 < \rho < 1$이고, 반사량은 포톤에너지에 따라 다르다.

보통 태양전지는 $\rho(E)$를 줄이기 위해 반사방지 코팅을 한다.

- *투과손실*(transmission losses): 태양전지는 유한한 크기의 폭(즉, 포톤의 이동 방향으로의 셀의 두께)을 갖기 때문에, 하나의 포톤이 구조 내부의 원자와 충돌 없이 셀을 통과하는 것이 가능하다. 이러한 상황에서 포톤은 셀을 통과하여 투과되며 투과손실이 발생한다. 이러한 손실량은 셀의 폭과 포톤에너지의 함수는 $0 < \tau < 1$ 범위 내에 τ (E, W)와 같이 표현된다. 모든 가용 에너지를 보다 잘 활용하는 한 가지 가능한 방법은 태양전지 패널의 셀들 아랫부분에 수가열기(water heater)와 같은 태양열 시스템을 사용하는 것이다. 이 경우, 셀을 통과하는 포톤은 열에너지를 축적하는 데에 사용될 수 있다.
- *수집손실*(collection losses): 실제 태양전지의 경우 방출된 일부 전자들은 셀에서 벗어나기 전에 영구적으로 구조 내부에 재흡수되는데, 수집 효율 $\eta_{\text{col}}(E)$은 100% 미만이 된다. 광자에너지가 $E_G< E < E^*$ 범위(여기서 E^*는 해당 셀의 설계에 대한 근사된 어떤 상한을 의미함)에 있을 때, 많은 형태의 셀에 대한 수집 효율은 거의 1에 가깝다. 그러나 포톤에너지가 매우 높은 경우, 방출된 전자들이 재흡수될 가능성이 매우 높게 되어 수집 효율은 거의 0에 근접하는 것을 경험적으로 알 수 있다. 따라서 수집손실은 셀 내부의 또 다른 중요한 손실 유형이다.

태양전지 셀에 의해 생성된 총 전류는 셀이 빛을 발할 때만 발생하기 때문에 광전류(light current) I_L라고 하며, 모든 손실 범위를 고려하여 계산될 수 있다. 표기를 단순화하기 위해서 다음과 같이 반사와 투과손실을 고려한 *흡수계수*(absorption coefficient) $\alpha(E, W)$를 정의한다.

$$\alpha(E,W) = 1 - \rho(E) - \tau(E,W) \tag{10-1}$$

또한 셀에 도달하는 포톤의 주파수 함수 $S(E)$는 광자어너지의 함수로 정의한다. 실제로 셀에 도달하는 포톤의 파장은 와이블 혹은 감마 분포와 같이 음(negative)의 값의 단일 피크(peak)와 0의 확률(probability)을 갖는 적절한 통계함수에 의해서 근사화된 형상을 갖는다. I_L은 E_G로부터 E_G보다 높은 포톤에너지의 범위에 대해 적분함으로써 계산된다.

$$I_L = e\int_{E_G}^{\infty} \eta_{\text{col}}(E)S(E)\alpha(E,W)\,dE \tag{10-2}$$

여기서 I_L은 단위 면적당 전류이고, e는 전자 1개당 단위 전하량을 나타낸다.

전형적인 손실값은 태양전지 설계에 따라 매우 다양하지만, 모든 경우에 있어서 전체적인 효과가 중요하다. 설계에 따라 밴드갭 에너지 손실은 최대 23%에 이를 수 있으며 전자에너지보다 큰 포톤에너지의 양자손실은 수집손실과 합산될 때 최대 33%에 달할 수 있다. 흡수손실은 일반적으로 20% 정도이다. 따라서 전체 효율(overall efficiency)이 15~25% 정도 되면 상대적으로 효율적인 장치라고 판단할 수 있다. 상업적으로 가능한 일부 장치들이 이 범위보다 낮은 효율을 갖고 있어도 만약 단위 면적당 비용이 만족스럽다면 시장에서 경쟁할 수 있다. 또한, 손실들이 제거될 수 있는 범위에 대해서는 본질적인 한계가 있다. 가능한 한 흡수손실을 줄이는 데에 대한 이론적 하한선은 없지만, 광전 효과의 필수적인 부분인 양자손실은 없앨 수 없다.

예제 10-1은 다양한 형태의 손실이 전체 전류 생산과 장치 효율에 미치는 영향에 대해 다루고 있다.

예제 10-1

단순화된 태양전지 모델은 다음과 같은 특성을 갖는다. 셀은 1.89×10^{-19} J과 5.68×10^{-19} J의 에너지 범위에서 95%의 일정한 수집 효율을 가지며, 이 외의 범위에서는 0%의 효율을 갖는다. 주어진 태양전지의 폭에서 모든 에너지에 대한 흡수계수는 80%이다. 그리고 2.5×10^{21} 입자 수/s · m^{2}의 광자가 패널 표면에 도달한다. 포톤에너지값 E는 10^{-19} J의 단위로 측정되며, 와이블 ($\alpha = 3$, $\beta = 3$) 분포를 갖는다. 이때 I_L을 계산하라.

▶ **풀이**

주어진 데이터로부터, 장치 작동 범위 내에서 이 장치의 수집 효율은 $\eta_{\text{col}}(E) = 0.95$이고, 흡수율은 $\alpha(E,W) = 0.8$이다. 따라서 식 (10-2)를 1.89와 5.68×10^{-19} J 사이에서 적분할 수 있고 이 값은 모두 상수이므로 적분 구간 밖으로 수집 효율과 흡수율을 이동하여 다음과 같이 계산할 수 있다.

$$I_L = e\int_{1.89}^{5.68} \eta_{\text{col}}(E)\alpha(E,W)S \cdot f(E)$$

$$= e\eta_{\text{col}}(E)\alpha(E,W)S\int_{1.89}^{5.68} f(E)$$

일반적으로 와이블 확률밀도함수 혹은 pdf는 α와 β의 함수로 다음과 같이 나타난다.

$$f(x) = \frac{\alpha}{\beta^{\alpha}}x^{\alpha-1}\exp[-(x/\beta)^{\alpha}]$$

문제에서 주어진 $\alpha = 3$와 $\beta = 3$에 대해서 와이블 확률밀도함수는 $E = 1 \times 10^{-19}$ J에서 6×10^{-19} J 범위에서 그림 10-5와 같은 형태를 갖는데, 현 문제에서의 설계 범위 $1.89 \times 10^{-19}\ \text{J} \le E \le 5.68 \times 10^{-19}$ J를 포함한다. 그림에서 최고 주파수는 $E = 2.5 \times 10^{-19}$ J 부근에서 발생하며, 입사되는 포톤들의 99% 이상이 상한값($E = 5.68 \times 10^{-19}$ J)보다 낮은 에너지를 갖는다. 와이블 함수의 누적분포함수(cumulative

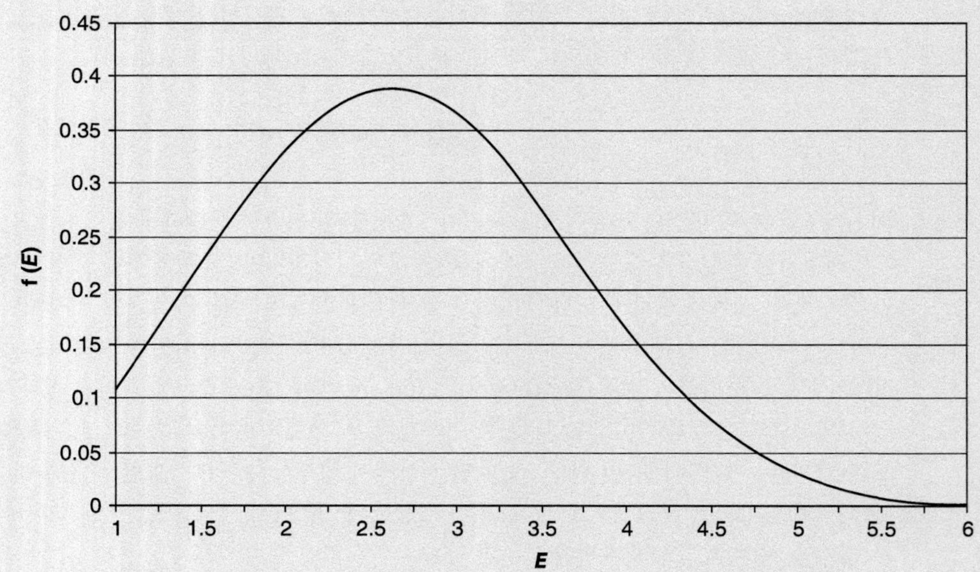

그림 10-5 포톤 주파수 분포(에너지 단위 10^{-19} J).

distribution function: cdf)는 확률밀도함수의 적분을 통해 얻는다.

$$F(x) = \int \frac{\alpha}{\beta^\alpha} x^{\alpha-1} \exp[-(x/\beta)^\alpha] dx = 1 - \exp[-(x/\beta)^\alpha]$$

식에서 $f(E)$를 I_L에 대해서 적분하면 다음과 같다.

$$I_L = e\eta_{\text{col}}(E)\alpha(E,W)S \times F(E)$$

$$F(E) = \left[1 - \exp\left(-\left(\frac{x}{\beta}\right)^\alpha\right)\right]_{1.89}^{5.68}$$

$$F(E) = \left[1 - \exp\left(-\left(\frac{5.68}{3}\right)^3\right)\right] - \left[1 - \exp\left(-\left(\frac{1.89}{3}\right)^3\right)\right] = 0.999 - 0.221 = 0.778$$

$$I_L = e \times 0.95 \times 0.8 \times (2.5 \times 10^{21}\ \text{s}^{-1}\ \text{m}^{-2}) \times 0.778 = 1.476 \times 10^{21}\ e\ \text{s}^{-1}\ \text{m}^{-2}$$

1암페어(A)의 전류는 초당 6.241×10^{18}개의 전자로 정의되므로 단위면적당 I_L은 다음과 같이 계산할 수 있다.

$$I_L = \frac{1.476 \times 10^{21}\ e\ \text{s}^{-1}\ \text{m}^{-2}}{6.241 \times 10^{18}\ e\ \text{s}^{-1}\ \text{A}^{-1}} = 236.4\ \text{A m}^{-2}$$

따라서 전류는 236.4 A/m^2이다. 이러한 계산은 단순한 것임을 주지하라. 왜냐하면 실제 수집 효율과 흡수계수는 E와 W에 따라 변하고, 문제에서 사용한 분포함수는 실제 파장에 따른 분포를 근사한 함수이기 때문이다.

10-3-2 장치 파라미터의 함수로 나타낸 생성 순전류

태양전지의 추가적인 에너지 손실은 n형 층의 잉여전자들과 p형 층에 존재하는 잉여정공들의 차이에 의해 발생한다. 이 전위차는 모든 반도체에서 일어나는 현상이며, 태양전지가 태양광에 노출되는 것에 무관하게 전류를 발생시키는데, 이 전류를 *암류*(dark current: ID)라고 하고 다음과 같은 함수식으로 표현된다.

$$I_D = I_0\left[\exp\left(\frac{eV}{mkT}\right) - 1\right] \tag{10-3}$$

여기서 I_0는 *포화전류*(saturation current)이며, 맑은 날 태양에 노출되어 있을 때 I_L에 비해 작은 값을 가진다. e는 전자당 전하량을 나타내며, 1.602×10^{-19} J/V이다. V는 장치 전압, m은 장치 운전 조건에 따라 다른 값을 갖는다. k는 볼츠만 상수($k = 1.38 \times 10^{-23}$ J/K), T는 절대온도로 나타낸 작동 온도이다. m 값은 작동하는 전압에 따라 변하며, 완전히 맑은 날 또는 충분한 태양광이 있는 경우 $m = 1$이 되고, 부분 전압의 경우 $1 < m < 2$가 된다. 간결한 논의를 위해서, 가능한 한 최대 전압을 가진 이상적인 조건에서 장치가 작동한다는 데에 초점을 맞추어 이 장에서는 $m = 1$을 사용한다.

I_D는 I_L과 반대 방향으로 흐르기 때문에 태양전지로부터 발생되는 순전류(net current)는 두 값의 차이이다. 즉, 다음과 같다.

$$I = I_L - I_D$$

$$= I_L - I_0\left[\exp\left(\frac{eV}{mkT}\right) - 1\right] \tag{10-4}$$

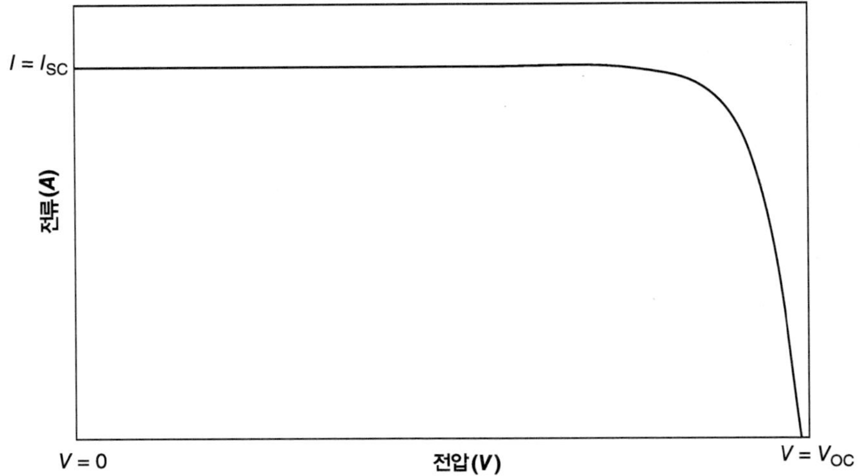

그림 10-6 $V = 0$, $V = V_{OC}$ 사이에 대한 이상적인 태양전지 전압에 대한 전류 그래프.

그림 10-6은 태양전지에서 대표 매개변수 중 전압에 대한 함수로 전류 I를 나타낸 것이다. $V = 0$일 때 생산되는 전류량은 *단락전류*(short-circuit current) I_{SC}로 나타내며, 이 값은 $\exp(eV) = 1$이기 때문에 광전류의 값과 같다. 암전류 I_D는 회로에 아무 기여도 하지 않으므로 $I_{SC} = I_L$이 된다. I_D의 지수형 분포 특성으로 인해 I는 특정 값 이상으로 급격히 증가하고, *개방회로 전압*(open-circuit voltage) V_{OC}에서 소자는 양(positive)의 전류 생산을 중단한다.

정의에 의하면 개방회로에서는 전류가 흐르지 않으므로 식 (10-4)의 전류 $I = 0$일 때 V_{OC}를 계산할 수 있다.

$$I_L - I_0\left[\exp\left(\frac{eV_{OC}}{mkT}\right) - 1\right] = 0$$
$$V_{OC} = \frac{mkT}{e}\ln\left[\frac{I_L}{I_0} + 1\right] \tag{10-5}$$

셀이 작동하는 전압 범위 $0 \le V \le V_{OC}$를 알 수 있으므로 셀 기능을 특성화할 수 있으며 고정 장치 변수 I_0, 운전 조건에서의 m 값, 온도 T 및 임의의 V 값에 대해 전류를 계산할 수 있다.

최대 전력 계산

전류 I는 고정된 장치 변수 I_{SC}와 V_{OC} 그리고 독립변수인 V로 나타낼 수 있으므로 장치로부터의 출력을 최대로 만드는 I_M과 V_M 값을 구하고자 한다. 출력 P는 전류와 전압의 곱, $P = I \times V$인 것을 상기하자. 그림 10-6에 따르면 초기 단계에서 출력 P는 V에 따라 증가하지만, 특정 전압 V_{OC}에서 P는 최대값에 도달하고 이후로는 전류값의 감소로 인해 출력이 감소한다는 것을 명확히 알 수 있다. 1차 도함수를 영(zero)으로 설정함으로써 최대 출력을 얻는 I_M과 V_M을 구할 수 있다.

$$P = IV$$
$$dP/dV = IdV + VdI = 0 \tag{10-6}$$
$$dI/dV = -I_M/V_M$$

또한 I_M과 V_M 값은 식 (10-4)를 만족해야 한다.

$$I_M = I_L - I_0\left[\exp\left(\frac{eV_M}{mkT}\right) - 1\right] \tag{10-7}$$

2개의 미지수, I_M과 V_M에 대한 2개의 방정식으로 구성된 이 시스템 방정식들에 대해서 해석해는 존재하지 않지만 만족할 만한 근사해는 구할 수 있다. 대개변수 a와 b를 각각 $a = 1 + \ln(I_L/I_0)$와 $b = a/(a + 1)$로 정의하면 I_M과 V_M은 다음과 같이 a와 b로 표현할 수 있다.

$$I_M = I_L\,(1 - a^{-b}) \tag{10-8}$$

$$V_M = V_{OC}\left(1 - \frac{\ln a}{a}\right) \tag{10-9}$$

I_M과 V_M을 계산하면, 가능한 최대 출력값과 비교할 때 계산된 이 값들이 얼마나 정확한지 알고 싶을 것이다. 그림 10-6을 다시 살펴보면, $I_M = I_{SC}$와 $V_M = V_{OC}$인 경우 가능한 최대 출력을 얻을 수 있다. 그러나 실제 태양전지의 경우 이러한 결과를 얻을 수 없으므로, *충전율*(fill factor: FF)을 사용하여 상한값 대비 실제 최대 출력 P를 계산한다.

$$\mathrm{FF} = \frac{I_M V_M}{I_L V_{OC}} \tag{10-10}$$

식 (10-8)과 식 (10-9)를 대입하면, 충전율 FF는 a과 b의 항으로 나타낼 수 있다.

$$\mathrm{FF} = (1 - a^{-b})\left(1 - \frac{\ln a}{a}\right) \tag{10-11}$$

실제 장치에서는 충전율 FF ≥ 0.7이면 만족할 만한 결과라고 간주한다. 다음 예제 10-2는 대표적인 장치에 대한 성능 평가를 설명하고 있다.

예제 10-2

0.025 A/cm^{2}의 광전류와 1.0×10^{-11} A/cm^{2}의 포화전류를 갖는 태양전지가 온도 20°C에서 작동한다. 단순 계산을 위해 $m = 1$이고 작동 범위 내에 일정한 포화전류를 갖는다고 가정하자. 이 장치의 출력을 최대화하는 전압과 전류 그리고 충전율을 계산하라.

▸ 풀이

문제에 따르면 $I_L = 0.025$ A/cm^2, $I_0 = 1.0 \times 10^{-11}$ A/cm^{2}이다. 최적의 전류와 전압을 계산하기 위해서 우선 V_{OC}이 필요하다. 온도를 293 K로 변환하고, 식 (10-5)에 주어진 값들을 대입하면

$$V_{OC} = \frac{mkT}{e}\ln\left[\frac{I_L}{I_O} + 1\right] = \frac{(1)(1.38 \times 10^{-23})(293)}{1.6 \times 10^{-19}}\ln\left[\frac{2.5 \times 10^{-2}}{1.0 \times 10^{-11}} + 1\right] = \sim 0.547\ \mathrm{V}$$

다음은 I_M과 V_M을 계산한다.

$$a = 1 + \ln(0.025/1 \times 10^{-11}) = 22.64$$

$$b = a/(a + 1) = 0.958$$

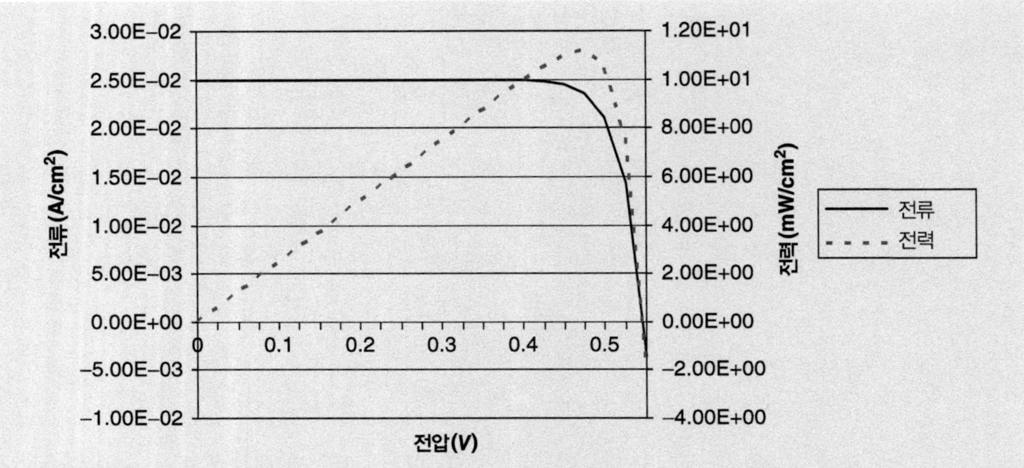

그림 10-7 태양전지에서 전압의 함수로 표현된 전류와 전력.

$$I_M = 0.025(1 - 22.64^{-0.958}) = 0.0237$$

$$V_M = 0.547\left(1 - \frac{\ln 22.64}{22.64}\right) = 0.471$$

셀의 작동 범위에 대해 I를 V의 함수로 그래프를 그려보면, 식 (10-8)과 식 (10-9)로부터 계산된 I_M과 V_M 값이 그림 10-7에 표시된 최대값과 잘 일치하고 있음을 확인할 수 있다.

다음은 충전율 FF를 계산한다.

$$\mathrm{FF} = \frac{I_M V_M}{I_L V_{\mathrm{OC}}} = \frac{(0.0237)(0.471)}{(0.025)(0.547)} = 0.82$$

그러므로 이 장치는 만족스러운 출력을 내고 있다고 보인다.

10-3-3 성능에 영향을 미치는 기타 요인

실제 성능에 영향을 미치는 다른 많은 요인들로 인하여 태양전지는 이론값과 다른 성능을 보일 수 있다. 그중 주목할 만한 요인은 다음과 같다.

- 온도: 온도는 전지의 출력에 영향을 미친다. 온도가 0 K에 가까운 극저온으로부터 점차 온도가 증가할수록 출력도 같이 증가하여 50~100°C의 범위에서 최대값을 갖고 그 이후 점차 감소한다. 전류 I는 온도가 상승함에 따라 증가하지만 V_{SC}는 감소한다: 최고 출력값까지 전류 I의 증가는 출력 변화에 영향을 미치지만 그 이후부터는 주로 전압이 감소한다.
- *집광도*: 주변 일사량에 비해 셀에 부딪히는 빛의 양을 *집광*시킴으로써 태양전지의 출력을 증가시킬 수 있다. 집광은 평면 혹은 곡면 거울을 사용하여 추가적으로 빛을 셀에 집중한다. 최대 15배에서 20배의 집광도(concentration)는 셀의 출력을 증가시키지만 이 값 범위 이상에서는 저항 손실이 지배적이므로 출력이 증가함에 따라 오히려 감소하게 된다.

성능에 영향을 미치는 기타 요인들로는 태양전지의 직렬 배열과 병렬 배열에서 나타나는 저항과 시간에 따른 성능 저하로 인한 장치 수명 등이 있다.

10-3-4 태양광 패널의 단위 비용 계산

셀의 단위 면적당 비용을 알고 있다면, 태양전지의 단위 면적당 최대 출력을 계산하여 완벽한 태양광 패널을 구축하기 위한 비용을 산출할 수 있다. 개별 전지들 이외에 패널은 셀을 지지하기 위한 하부면, 상부로부터 셀을 보호하기 위해 적층된 투명 패널, 패널을 장착하기 위한 구조, 그리고 회로에 셀을 연결하기 위한 배선들로 구성된다. 예제 10-3에 나타낸 것과 같이 태양광 패널의 대부분 비용은 전지들의 비용으로 구성된다.

예제 10-3

예제 10-2에서 언급한 태양전지를 피크 조건에서 정격출력이 120 W인 패널에 설치한다고 하자. 인건비를 포함한 셀 재료의 제조를 위한 총 제조비용은 $0.004/cm^{2}이다. 여기에서 셀들은 대략 각 면이 15 cm인 정사각형 형태를 갖는다고 하자. 총 제조비용의 30%를 추가함으로써 모든 재료와 조립인건비를 포함한 총 제작비용을 계산한다. (a) 이 패널의 와트당 비용은 얼마인가? (b) 원하는 출력을 얻기 위해 패널에는 대략 몇 개의 셀이 필요한가?

▸ ***풀이***

(a) 패널 가격을 계산하기 위해, 우선 피크 조건에서의 단위 면적당 출력을 계산하고 목표 출력값을 만족하기 위한 면적을 계산한다. 예제 10-2에서 계산된 I_M과 V_M을 통해, 출력은 (23.7 mA/cm^2)(0.471 V) = 11.2 mW/cm^{2}이고, 따라서 요구되는 면적은 다음과 같다.

$$\frac{120\,\text{W}}{11.2\,\text{mW/cm}^2}(1{,}000\,\text{mW/W}) = 10{,}700\,\text{cm}^2 = 1.07\,\text{m}^2$$

이 면적에 대한 셀 재료의 비용은 (10,700 m^2)($0.004/cm^2) = $43이다. 셀 재료비용의 30%, 즉 약 13달러를 추가하면 패널의 총 제작비용은 56달러이다. 따라서 단위 와트당 비용은 ($56)/(120 W) = $0.47/W이다. 이 값은 2018~2020년 사이 일반적인 도매시장의 현재 시세인 와트당 0.5달러와 일치한다.

(b) 각 셀의 한 면이 15 cm인 각 셀의 총면적은 225 cm^{2}이고 정격 조건에서 2.52 W를 생산한다. 그러므로, 필요한 셀의 수는 (120)/(2.52) = 47.6으로 약 48개이다. 패널은 일반적으로 정사각형의 형태를 가지지 않기 때문에, 셀을 배열하는 데 적합한 패턴은 길이 방향 및 폭 방향으로 8셀 × 6셀이며 총 48개의 셀이 요구된다. 셀이 차지하는 면적만을 고려한 패널 치수는 길이 120 cm × 폭 90 cm (표준 단위로 48″ L × 36″ W)이다. 실제 패널은 프레임과 내부 전선들이 차지하는 면적 등을 고려할 때 약간 더 크게 제작된다. (각 패널이 8 × 6 패턴으로 셀을 배치한 배열의 예시는 그림 10-9를 참조하라.) 패널당 정격출력이 더 큰 패널도 가능하며, 일부 제조업체는 길이 200 cm × 폭 90 cm 정도의 큰 패널을 판매한다.

10-4 실제 태양광 시스템의 설계 및 운영

태양전지 시스템을 설계하기 위해서는 시스템에 포함될 수 있는 구성 요소에 대한 이해와 더불어 지역에서 가용할 수 있는 태양광 자원과 태양전지 패널의 변환효율을 모두 고려한 시스템의 연간 미래 생산량을 예측하는 기법이 필요하다. 기존 알려진 자본의 비용과 예측된 미래 생산량을 사용하여 투자의 경제성을 예측할 수 있다. 태양광 시스템은 거주하는 단일 가구 규모에서 메가와트급

(a)

(b)

그림 10-8 태양광발전 시스템: (a) 10 MW급, 독일 뮐하우젠, (b) 80 MW급, 캐나다 온타리오주 사니아.
[*출처*: (a) SunPower.]

산업 시스템에 이르기까지 광범위한 수요를 만족할 수 있다(그림 10-8, 10-9, 10-10 참조). 시스템의 크기는 설계 및 구성 요소를 선택하는 데에 영향을 준다.

10-4-1 다양한 형태의 설계를 위해 사용이 가능한 시스템 구성 요소

모든 태양광 시스템은 패널(가장 비싼 단일 부품)들과 패널 설치를 위한 일종의 구조물이 필요하다. 교류 변환기가 패널 내에 탑재된 새로운 패널들은 별도의 분리된 인버터가 필요 없지만, 대부분의 시스템들은 직류전력을 생산하기 때문에, 교류 변환을 위한 *인버터*(inverter)가 필요하다. 또한 최근 새롭게 주목받는 지붕형 시스템은 적층된 셀들로 구성되어 있으며 태양전지 설치를 위한 구조적 선반(rack)이 필요 없고 건물의 지붕과 조화를 이룰 수 있는 기술이다. 이 기술은 미적인 부분이 주

그림 10-9 지면형 태양광 시스템 배열. 지상 설치로 배열 각도의 계절 간 조정 가능(겨울: 높은 각도, 여름: 낮은 각도). (*출처*: Philip Glaser, 2007, philglaserphotography.com.)

그림 10-10 매사추세츠주 보스턴 근처의 다세대 주택단지에 있는 지붕형 태양광 시스템 배열. (*출처*: Paul Lyons, Zapotec Energy.)

요 관심사이거나 소유주가 심미적인 이유로 선반에 태양광 패널을 설치하지 않으려는 상황에서 태양광발전을 구현할 수 있다.

태양전지 시스템이 배전망에 연결되어 있는지, 그리고 어떤 방식으로 연결되어 있는지에 따라서 추가적인 다른 장비들이 필요하게 된다. 배전망과 분리된 오프그리드(off-the-grid) 시스템의 경우, 낮에는 잉여전력을 저장하고 야간 혹은 흐린 상황에서 잉여전력을 사용할 수 있도록 배터리 저장장치가 필요하다. 배터리가 없다면 안전을 위해서 잉여전력을 송출하는 장치가 꼭 필요하며, 송출 장치가 없는 경우 위험을 초래할 수 있다. 배전망에 연결된 시스템의 경우 배전망은 과잉 생산된 잉여전력을 배출하는 역할을 하며, 이 경우 시스템 소유자는 그리드에 전력을 공급할 수 있는 권리를 제공하고 배전망과의 *상호 연결*을 위한 계약을 체결해야 한다. 또한, 시스템 소유자가 순 *계량*

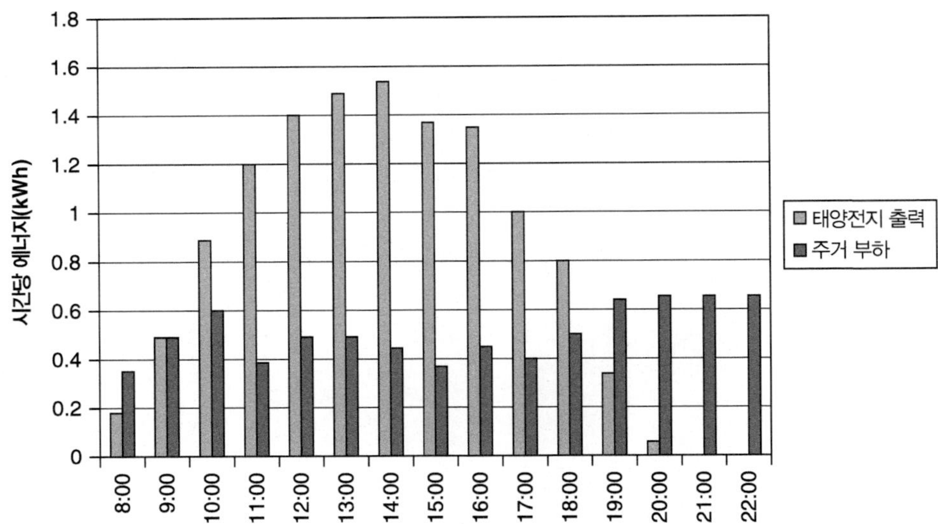

그림 10-11 2011년 6월 15일 뉴욕주 이타카의 배전망 연계형 배열 2.24 kW 태양광 시스템 출력과 주거 부하의 일일 비교.

주: 이 값들은 배열 생산 혹은 가게 소비 전력량을 의미한다(예를 들면 오전 7~8시 사이에 0.18 kWh의 전력을 생산하고 0.35 kWh의 전력을 소비했다). 오전 7~8시 범위 이전에는 전력을 생산하지 않는다. 태양광의 출력 데이터는 인버터에 표시되는 근사값이며 와트–시간 값으로 정확하지만, 주거 소비량 데이터의 정확도는 주택가 외부의 계량기 정확도의 한계로 인해 제한적이다. 책의 내용을 참조하라.

(net metering)에 대한 계약을 체결하는 것은 매우 바람직하다. 소유자는 이 계약을 통해 잉여전력 생산량만큼 기존 배전망에서 구매한 전기료를 감액할 수 있으므로 경제적으로 이득이 된다.

그림 10-11은 순 계량의 효과를 설명하기 위해서 태양전지 시스템의 일일 출력 샘플 데이터를 전형적인 소비 패턴과 비교하고 있다. 맑은 하늘과 약간의 안개 및 습한 날씨를 가진 2011년 6월 15일, 시스템의 예상 최고 출력 근처에서 수집된 측정 데이터를 나타낸다.[2] 거주지에서 소비되는 시간당 전기('주거 부하')는 계량기를 통해 측정된 배열로부터의 전류량에 따라 계산된다. 비록 정확도의 한계는 있지만, 한 명 이상이 하루 종일 건물에 거주하는 경우 낮에는 어느 정도의 전력을 소비하는 반면, 늦은 오후와 저녁에는 최대 전력을 소비한다는 것을 보여준다. 시스템이 설치된 거주지는 시스템이 생산하는 것보다 연간 더 많은 전기를 사용하기 때문에, 순 계량값을 이용하면 하루 초과 생산량을 연중 다른 시간에 배전망을 통해 구매한 전력 사용량을 상쇄시키기 위해 사용할 수 있다. 생산량은 오전 9시부터 오후 6시까지의 부하량을 초과하며, 오전 7시부터 오후 10시까지 배열 시스템은 12.1 kWh를 생산하고 거주지는 7.3 kWh를 소비하였으므로 순 잉여량은 4.8 kWh이다. 배열 출력은 부하 소비전력 5.2 kWh와 배전망으로 전달되는 잉여전력 6.9 kWh로 나눌 수 있다.

순 계량값과 배전망에서 구매한 전기료와 비교하여 잉여금을 계산한다. kWh당 0.13달러의 경우 0.90달러의 잉여가치가 있다. 순 계량값을 사용하지 않는 경우, 소유자는 이 생산량에 대한 이윤

2 태양열 응용 분야의 상호 비교에 관해 관심 있는 독자들은 태양열 조리 기술과 온수 시스템에 대해서 같은 날, 동일 조건에서 측정된 데이터를 기술하고 있는 11장 "능동식 태양열 활용"을 참조하라.

을 얻을 수 없고 부하가 배열 출력과 같거나 클 때 그 값은 5.2 kWh 또는 $0.67에 불과하다. 비록 하루 손실은 크지 않지만, 손실 비율은 높다. 1년 내내 이러한 유형의 손실은 투자 가치를 현저히 감소시킬 수 있다. 한 가지 유의할 점은 건물의 총 전력 부하가 크고 태양광 시스템이 작을 때, 연중 몇 시간 동안만 태양광 시스템 출력량이 전력 소비를 초과하게 되므로, 이 경우 순 계량 상태를 고려하는 것은 별로 중요하지 않을 수 있다. 예제 10-4는 연간 기준 순 계량의 이점을 보여준다.

예제 10-4

배전망과 연결된 주거용 태양광 시스템에는 2개의 분리된 채널을 통해 양방향 계량기(배전망으로부터 집으로 들어오는 전력을 측정하는 계량기와 태양광 배열로부터 배전망으로 전송되는 양을 측정하는 계량기)가 탑재되어 있다. 하지에서 다음 하지까지 12개월 동안의 계량기의 측정값은 다음 표와 같다. 계량기 1번과 2번의 값은 양방향 측정기의 두 방향을 나타낸다. 3번 계량기는 인버터 부하량을 기록한 것이다. 다시 말해, 태양전지 배열을 통해 생산된 전류는 부하 요구량을 충족시키기 위해 주택 전선망(network)으로 유입되거나, 혹은 배열 시스템이 주택의 총수요보다 많은 양을 생산할 경우 배전망으로 전송된다. (a) 주택의 순 전력 소비량은 얼마인가? (b) 태양전지 배열에 의한 생산량은 총에너지의 몇 퍼센트인가?

계량기	2009년 6월 21일(수명, kWh)	2010년 6월 21일(수명, kWh)
1. 배전망에서 들어오는 양	6,757	8,258
2. 배전망으로 나가는 양	4,387	5,460
3. 태양광 생산 계량기	10,954	12,846

풀이

(a) 첫 번째 단계는 계량기에서 전기 사용량의 연간 변화를 측정하는 것이다.

$$\text{계량기 \#1: } 8{,}258 - 6{,}757 = 1{,}501 \text{ kWh}$$

$$\text{계량기 \#2: } 5{,}460 - 4{,}387 = 1{,}073 \text{ kWh}$$

$$\text{계량기 \#3: } 12{,}846 - 10{,}954 = 1{,}892 \text{ kWh}$$

배전망 연결 시스템의 기본 논리 구조는 다음과 같다. 배열에서 생성된 전류 중 배전망으로 흐르지 않는 부분(계량기 #2)은 거주지의 전기 부하에 의해 소비되어야 한다. 따라서 12개월 동안의 순 전기 소비량은 다음과 같다.

$$\begin{aligned}\text{순 소비량} &= \text{배열 출력} + \text{배전망으로부터의 유입량} - \text{배전망으로의 유출량} \\ &= 1{,}892 + 1{,}501 - 1{,}073 = 2{,}320 \text{ kWh}\end{aligned}$$

(b) 배열로부터 나오는 순 소비량의 백분율은 다음과 같다.

$$\frac{\text{배열 출력}}{\text{순 출력}} = \frac{1{,}892}{2{,}320} = 82\%$$

이 결과를 통해서 이 주택은 전기를 매우 효율적으로 사용하고 있다고 말할 수 있다. 연간 2,320 kWh의 소비량은 전형적인 미국의 평균치인 연간 5~6 MWh보다 훨씬 낮으므로, 태양전지 패널이 대부분의 순 전기 소비를 충당할 수 있다.

아파트 단지와 같은 대규모 주택 단위 소유자들에게는, *중앙 계량기*와 *개별 계량*을 도입하는 것이 유리할 수 있다. 이를 통해 소유자는 중앙에서 구입한 전기에 대해 전기 회사에 대금을 지불하고, 이후 각 입주자에게는 개별 계량기에서의 소비에 대해 청구할 수 있다. 소유자는 전체 단지에 대해 여러 개의 작은 시스템이 아니라 더 큰 단일 태양광 시스템을 구입함으로써 경제적인 이익을 얻을 수 있다.

이러한 옵션들은 주택이나 상업 건물 소유자가 태양광 시스템을 소유하는 경우를 가정하고 있지만, 전기 회사가 시스템을 소유하고 건물 소유자를 대신하여 설치할 수도 있다. 그런 다음 소유자는 시스템에서 생성된 전기를 이용할 수 있으며, 전기 회사는 시스템에서 발생한 초과 전력을 관리한다. 전기 회사는 배전망을 위해 전기를 생산하는 독립형 태양광 발전소를 소유하고 운영할 수 있다.

배전망에 안전하게 연결하려면, 배전망 연계형[또는 '상호연결(intertied)된' 혹은 '동기'] 인버터는 배전망으로부터 전달되는 교류 진동을 감지하고 해당 진동과 인버터의 교류 출력을 동기화할 수 있어야 한다. 이 기능은 인버터의 설계를 더 복잡하게 만든다. 예를 들어 자동차나 다른 차량의 배터리에서 가정용 가전제품을 구동하는 것과 같이 교류 전력을 생산하는 인버터 설계 외에도 더 복잡한 인버터 설계가 필요하다. 표준 배전망 연계형 인버터를 작동시키기 위해서는 배전망으로부터 펄스 신호가 필요하다. 배전망의 '운영 중단' 혹은 '블랙아웃' 상태에서 시스템은 전력을 생산할 수 없으므로 시스템 소유자는 다른 배전망 내에 수요자들처럼 전력을 잃게 된다. 대안으로, 소유주는 수정 인버터와 함께 배터리 백업 시스템을 설치하여 블랙아웃 시에도 배전망을 분리함으로써 시스템에서 계속 전기를 생산하고 사용할 수 있다. 정전 상태 중에 배전망에 연결된 상태를 유지하는 것은 배전망의 생산 라인에서 일하는 작업자들을 위험에 빠뜨릴 수 있다.

태양광 패널 설치 옵션

주거 또는 상업 건물(태양광 발전소 제외)과 연결된 모든 태양광 시스템들을 설치하는 두 가지 옵션이 있는데, 하나는 건물과 접하고 있는 바닥에 설치하는 것이고 다른 하나는 건물 지붕에 설치하는 것이다. 지붕형 태양광 시스템은 추가적인 공간(특히 50~200 kW급의 상업적인 시스템 규모는 매우 많은 표면적이 필요함)이 필요하지 않고 갑작스런 손상에 덜 취약하며, 여름에는 건물을 통과하는 열에너지를 반사하거나 변환함으로써 건물의 열부하를 감소시킬 수 있으므로 대부분 지붕형 시스템을 선호한다. 그러나 지면형 태양광 시스템은 2~5 kW급의 주거 시스템 소유주들에게 유리할 수 있다. 지면에 설치하는 경우 그늘이 없는 위치를 찾는 데 더 많은 유연성을 제공할 뿐만 아니라 패널 청소와 눈 제거가 간단해지며, 태양의 위치 변화에 따라 패널 기울기를 계절에 맞게 조절할 수 있다(그림 10-12 참조).

인버터 크기 결정 시 고려할 사항

태양광 패널은 직렬로 연결된 스트링 형태로 인버터에 입력되며, 각 패널이 스트링을 통과할 때 예상 전압이 증가하기 때문에 인버터의 허용 전압 범위에 맞도록 태양광 스트링의 크기를 정확하게 조정해야 한다. 이것이 불가능하다면, 스트링 크기와 호환되면서 더 크거나 혹은 더 작은 인버터를 선택해야 한다. 한편, 스트링은 태양광 배열에 햇빛이 처음으로 비추기 시작할 때 인버터 작동에 충분한 소위 '기상(wake-up)' 전압을 생성할 수 있어야 한다. 한편으로 최대로 얻을 수 있는 스트링 전압은 인버터의 최대 허용 전압을 초과해서는 안 되며, 내부 회로를 영구적으로 손상시키지 않도록 해야 한다. 예를 들어, 그림 10-11에서와 같이 각각 24 V의 직류 출력을 가진 16개의 패널로 구성된 배열의 경우, 이 전압에서 시스템 인버터는 스트링당 7~10개의 패널에서 입력을 받을 수 있

그림 10-12 2007년 1월 뉴욕 메클렌부르크 근방의 지면형 2.8 kW급 태양전지 배열.

지면 설치는 눈을 제거할 수 있도록 해야 한다. 촬영 사진은 패널 위의 눈을 치운 상태를 보이고 있다. 흐린 날씨 때문에 눈 제거 효과는 상대적으로 크지 않았다. 얇은 눈에 덮여 있는 경우 60 W의 전력이 생산된 반면, 사진에서 보이는 환경에서는 120 W를 생산했다.

으므로 배열은 8개의 패널이 포함된 두 개의 스트링이 인버터로 공급되도록 구성되어 있다. 중앙 인버터의 제약을 피하기 위한 더 인기 있는 방법은 교류 전류를 생성한 후, 전송할 수 있는 '마이크로인버터'가 내장된 패널을 사용하는 것이다.

가치를 높이는 부수적 요소들

배열 구성을 변화시킴으로써, 비록 비용은 증가하지만 출력은 향상될 수 있다. 태양광 시스템에 장착된 '추적' 프레임은 하늘에서 움직이는 태양을 따라 이동할 수 있다. 지역적인 요소에 따라 배열의 추가 출력이 추적 시스템의 설치 비용을 상쇄시킬 수 있다. 마찬가지로, 반사 거울을 이용한 집중형 시스템을 추가하여 태양광을 패널에 집중시켜 출력을 증가시킬 수 있다. 지붕에 설치된 태양광 시스템의 경우 보통 지붕의 경사 각도를 따르도록 평평하게 설치되지만, 패널의 경사 각도를 지붕 각도 이상으로 증가시킬 수 있는 구조로 설치할 수 있다(그림 10-13 참조). 이러한 추가 투자는 시스템의 추가 비용과 예상되는 출력 증가를 고려하여 평가해야 한다.

태양광 시스템 설계에 대한 운영 및 유지 · 보수 고려사항

태양광 패널은 보통 고정되어 있고 긴 기대수명을 가지고 있어서 유지 · 보수 및 운영에 관한 고려사항이 상대적으로 적다. 태양광 패널은 어느 순간 갑자기 작동이 멈추는 것이 아니라, 일반적으로 주어진 태양의 일사량에 대해서 예측된 전력 생산 능력이 점진적으로 줄어들면서 고장이 나는 경향이 있다. 대개 패널의 보증기간은 25년이지만 교체해야 할 만큼 출력이 감소되기 전까지 약 35~40년간 사용할 수 있다. 현재 출시된 인버터의 경우 약 10~12년으로 짧은 기대수명을 갖고 있다. 따라서 시스템 소유주는 시스템의 수명 기간 내에 한 번 이상 인버터를 교체해야 한다.

그림 10-13 2007년 1월 뉴욕주 이타카에 있는 지붕형 태양전지 배열. 완만한 경사에 받침대를 설치한 지붕형 태양광 시스템과의 비교(그림 10-10 참조). 소유주는 생산성 증가를 위해 패널 각도를 조정했고 추가 비용을 지불했다.

패널 출력을 증가시키기 위해 제설 혹은 세척 등이 유용하지만 비와 바람 같은 기상 현상은 태양광이 패널로 통과하지 못하게 하는 역할을 하는 먼지나 눈, 혹은 다른 오염물질을 제거할 수 있다. 따라서 평평하게 설치된 패널은 바람 혹은 비에 의해 오염물질을 효과적으로 제거할 수 없으므로, 일정 기울기로 설치된 패널과 비교하면 상대적으로 불리하다. 기상 현상이 패널을 충분히 청소할 수 있다면, 세척을 위한 패널 설계가 유용하지만 필수적인 것은 아니다. 태양광 시스템은 주변 패널에 영향을 주지 않으면서 손상 혹은 고장난 패널을 개별적으로 쉽게 교체할 수 있어야 한다.

10-4-2 태양광 시스템의 출력 예측: PV 와트를 사용한 기본 접근

첫 번째 근사치로, 제시된 태양광 시스템의 출력은 시스템의 정격용량, 시스템 방위각 γ 및 수평선 대비 시스템의 고도 β, 그리고 National Renewable Energy Laboratory의 PV 와트 데이터베이스(NREL, 2015)에서 추정된 변환계수를 사용하여 예측될 수 있다. PV 와트 데이터베이스는 근처 기상 관측소의 기후 데이터와 시스템을 떠나는 패널에서 교류 전류로의 추정 변환 효율을 사용하여 월간 및 연간 출력을 예측한다. 다른 자료로는 Sunny Portal (www.sunnyportal.com)이 있으며, 이는 다양한 참여 태양광 배열에 대한 보관된 생산 데이터를 보고한다.

기본법은 투자 리스크가 제한된 소형 시스템(예: 단독 주택)에 가장 적합하다. 더 많은 투자를 요구하는 대형 시스템의 경우 다음 절에 소개되는 포괄적인 접근 방식이 적절하다. 태양광을 수집할 때, 나무 혹은 높은 빌딩에 의해서 방해받지 않는다는 가정을 토대로 지역 변환계수를 설정하며, 만약 이러한 가정이 성립되지 않으며 출력을 과대 예측할 수 있다.

제안된 시스템의 정격용량(kW)을 C라고 할 때, 지역 인자(regional factor: RF)는 평균 연간 기준으로 kWh/kW/year의 단위를 사용한다. PV 와트에서 얻은 RF에 대한 대표값은 표 10-2에 여러 도시에 대해 정리하였다. 이 경우, PV 배열은 장애물이 없고 정상적으로 잘 구동하는 위치에

표 10-2 선택된 지역에 대한 단위 설치 용량당 지역 생산량의 대표적 수치(kWh/kW/년, PV 와트 단위)

샘플 지역	지역계수	15% 손실 포함
뉴욕주 시러큐스	1,445	1,228
일리노이주 시카고	1,508	1,282
조지아주 애틀랜타	1,751	1,488
캘리포니아주 샌디에이고	1,948	1,656

주: 표의 값은 위도각으로 조정된 남향 배열을 기준으로 한다(예: 시카고 42°; 시러큐스 43°).

서 남향(south-facing)으로 설치되었다고 가정한다. 패널과 부하 사이의 교류 변환 손실과 시스템 내의 기타 손실을 고려하기 위해 배열의 변환효율 η_{array}을 포함해야 한다. 따라서 표 10-2는 η_{array} = 85% 효율을 가질 때 각 위치에 대해 조정된 값을 나타낸다. 이 값은 15%의 손실을 나타내며, 이 값은 PV 와트에서 사용되는 기본값과 거의 일치한다. 기대되는 연간 출력 E (kWh)는 다음과 같다.

$$E = C \times \text{RF} \times \eta_{\text{array}} \tag{10-12}$$

예를 들면, 소유주가 연간 평균 전력 소비량과 거의 동일한 전력을 생산하고자 하는 경우, 식 (10-12)는 원하는 연간 출력을 얻기 위해 필요한 용량을 계산하기 위해 다음과 같이 재작성될 수 있다.

$$C = \frac{E}{\text{RF} \times \eta_{\text{array}}} \tag{10-13}$$

이러한 방법은 여름이나 겨울처럼 연중 특정한 기간의 출력을 산출할 수는 없다는 점에 주목하라. 그러나 대부분의 경우 향후 수년간 시스템 출력을 예상하기 위해 연간 출력을 구하기 때문에 이러한 한계는 큰 문제가 되지 않는다.

예를 들어, 15° 남서쪽 위치에서 고도각 25°로 설치된 2.24 kW 배열(패널당 140 W의 정격 출력을 가진 16개 패널)의 예측된 전력 생산량과 측정값을 비교하자. 뉴욕의 시러큐스 지역 주변에서 이상적인 배열의 기대 평균 전력 생산량은 손실이 발생하기 전에 1,445 kWh/kW/년이다. 그러나 배열의 방위각과 고도각이 최적값과 다르므로 예상 생산량은 1,416 kWh/kW/년으로 감소한다. 뉴욕주 이타카의 이 지역에서 2011년 1월부터 2015년 12월까지 설치된 2.24 kW 시스템의 실제 생산량은 그림 10-14(a)에 나타나 있고, 5년 동안 매월 평균도 함께 표시되어 있다. 매월 평균 전력 생산량은 1월 50.9 kWh에서 7월 277.6 kWh까지 크게 변동한다. 5년 동안 시스템의 측정된 총 전력 생산량은 2,062 kWh이다. 그림 10-14(a)와 같이, 이 위치에서 월간 전력 생산량이 여름과 겨울 사이에 크게 변동함을 보여주는데, 여름의 경우 겨울에 비해 5배 정도의 크기로 증가한다. 또한 특정 월의 전력 생산량은 매해 일관되게 유지되는 것을 보여준다. 예를 들어, 모든 1월 값은 35 kWh에서 75 kWh 사이에 있으며, 모든 7월 값은 250 kWh에서 300 kWh 범위에 있다. 유일한 예외적 상황은 2015년 2월에 발생하였는데, 이 경우 배열이 계속해서 눈으로 덮여 있었던 기간으로 생산량은 0 kWh이었다. 이 사례는 추운 겨울이 있는 지역에서의 태양광발전의 잠재적 리스크를 보여준다. 현재 태양광발전은 뉴욕주의 총 전력 중 소량만을 제공하고 있어 눈에 덮여 한 달

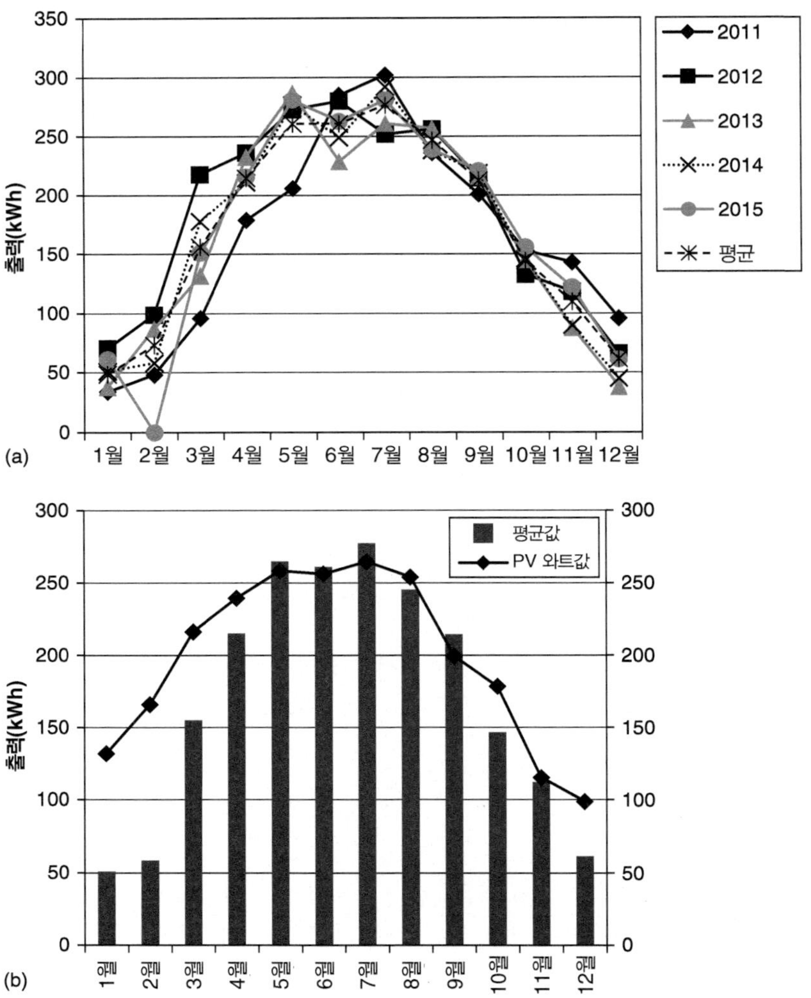

그림 10-14 2011년 1월부터 2015년 12월까지 뉴욕주 이타카의 월별 2.24 kW 배열의 출력(PV 와트 추정치).

주: 그림 10-14(a)의 평균값은 연간 2,062 kWh의 값을 합산한 것이다. 그림 10-14(b)에서도 동일한 평균 곡선을 보이는데 PV 와트 연간 값은 2,379 kWh이다.

동안 손실이 발생해도 심각한 문제가 되지 않는다. 그러나 만약 태양광발전이 궁극적으로 발전믹스(generation mix)에 깊이 통합된다면, 신뢰성 있는 공급을 유지하기 위해서 눈(snow)으로부터 자유롭게 배열을 유지하는 방법들이 필요할 수 있다.

이 배열의 손실은 표 10-2에 사용된 15% 수치보다 높다는 것이 알려져 있으므로 75%의 배열 효율값이 대신 사용된다. 식 (10-12)에 따르면 시스템의 예측 출력은 다음과 같다.

$$E = 2.24\ \text{kW} \times 1{,}416 \frac{\text{kWh}}{\text{kW} \cdot \text{month}} \times 0.75 = 2{,}379\ \text{kWh}$$

따라서 PV 와트는 연간 평균 생산량 2,065 kWh/년에 비해 15% 과대 예측한다. 그림 10-14(b)는 매달 예측값과 관측값을 비교하고 있으며, 높은 일사량을 보이는 4월부터 9월까지는 다른 기간보다 정확하게 예측함을 보여준다. 예상보다 부족하게 나타나는 부분은 완화 요인에 기인하기 때문으로 볼 수 있는데, 예를 들어 겨울 동안 패널 표면의 눈(snow)으로 인해 일부 기간 전력 생산을 차단하는 완화 요인의 경우 PV 와트가 포착하지 못하기 때문이다. 또한 이 방법은 시스템 출력을 대략적으로 예측하기 위해 사용될 수 있으며, 초기 단계에서 근사적 예측 기법으로 사용할 수 있다. 이 경우 시스템이 소형이므로, 생산량의 실제값과 예측값 간의 차이는 지역 전기요금이 $0.13/kWh인 경우 연간 41달러 정도이다.

동일한 맥락에서 이러한 예시는 대형 상업 시설 또는 정부 시설에 사용되는 대형 시스템의 출력을 대략적으로 추정하는 것은 위험하다는 것을 보여줄 수 있다. 만약 2.2 MW의 시스템에 대한 생산량을 추정할 때 비슷한 크기의 오차가 발생했다고 가정해 보자. 이것은 해당 응용 분야에서 적절한 정도의 사이즈이다. 생산량과 전기 요금에 대해 동일한 가정을 하면, 오차 비용은 연간 4만 1,000달러로 증가하며, 이는 투자 비용 회수 측면에서 심각한 재정적 영향을 가져올 수 있다. 이러한 위험은 출력을 포괄적으로 추정하기 위한 동기를 제공하는데, 다음 절에서 소개하고자 한다.

10-4-3 태양광발전 시스템의 출력 예측: 확장된 접근

시스템 설계에 대한 더 포괄적인 접근은 태양전지 셀의 출력이 온도, 일사량 유속 밀도, 부적절한 패널 각도 및 연중 변화하는 지역의 태양 기후 특성에 의해 어떤 영향을 받는지를 고려해야 한다. 이 절에서는 PV 와트보다 더 구체적인 프로그램 패키지를 사용하여 출력을 상세하게 추정하기 위한 매개변수와 예제를 다룬다. 한 달 동안 (아마도 시간당) 합산된 일사량에 기반하여 패널의 평균 일일 출력인 E를 다음과 같이 근사화할 수 있다.

$$E = \frac{A\Sigma \eta_i I_i}{N} \tag{10-14}$$

여기에서 한 달간 측정한 E 값은 해당 기간 동안 얻어진 평균 일일 에너지 출력량(kWh)이다. 패널 면적은 A (m^2)이며, η_i는 평균 시간당 패널 효율, I_i는 시간당 통합 일사량(kWh/m^2)이다. N은 전체 기간 동안의 일수(number of days)이고 총합은 한 달 동안의 시간당(주간 시간에 대한) 값이다.

비록 날씨는 날마다 변할 수 있지만(그리고 많은 장소에서는 더 자주 변함), 다음에 제시된 방법은 한 달 동안의 날씨가 해당 달 평균과 유사할 것으로 가정한다. 그러나 월별 변동이 충분히 크기 때문에 월평균(심지어 두 달 동안의 평균)을 내지 못할 수 있다.

시간당 셀 효율(η_i)은 셀 및 배열 설계, 셀 온도 및 일사량 강도의 함수이다. 이는 다음과 같은 방정식으로 특성화될 수 있다. 여기서 η는 정격효율, β는 효율의 온도계수(C^{-1}), T_{ci}는 해당 시간의 셀 평균 온도, T_r은 셀 효율이 평가된 온도이며, λ는 셀 효율의 일사량 유속 밀도계수이다. 모든 온도는 섭씨 또는 켈빈으로 표시된다(다음 방정식에서 온도 차이가 사용될 때 종종 온도는 임의로 선택될 수 있지만, 절대온도를 사용하는 경우 정확한 단위를 선택해야 한다).

$$\eta_i = \eta_r[1 - \beta(T_{c,i} - T_r) + \gamma \log_{10}(I_i)] \tag{10-15}$$

이 두 식을 합해 대수적으로 재배열하면 T_{ai}는 시간당 평균 대기 온도, T_M은 월평균 공기 온도로 정의된다. 이때 E는 다음과 같다.

$$E = \left(\frac{\eta_r A}{N}\right)[\Sigma I_i - \beta\Sigma(T_{ci} - T_{ai})I_i - \beta\Sigma(T_{ai} - T_M)I_i - \beta\Sigma(T_M - T_r)I_i + \gamma\,\Sigma I_i \log_{10}(I_i)] \quad (10\text{-}16)$$

다른 간단한 관점에서, 다음 방정식을 사용하여 E를 계산하는 것이 좋다. 여기서, 시간당 값 대신 월평균 효율인 η를 사용한다.

$$E = \frac{\eta A}{n}\Sigma(I_i) \quad (10\text{-}17)$$

적절히 정의된 $(T_c - T_a)$, $(T_a - T_M)$, $(T_M - T_r)$과 $\gamma\log(I_i)$에 대해서, E에 대한 두 방정식들을 비교하여 평균 효율에 대한 식을 다음과 같이 얻을 수 있다.

$$\eta = \eta_r[1 - \beta(T_c - T_a) - \beta(T_a - T_M) - \beta(T_M - T_r) + \gamma\log_{10}(I_i)] \quad (10\text{-}18)$$

이 방정식의 우변 항들이 결정되면, 월평균 셀 효율 η를 계산할 수 있다. 두 개의 방정식을 비교하기 위해서는 다음과 같은 식이 성립하여야 한다.

$$(T_c - T_a)\Sigma I_i = \Sigma(T_{ci} - T_{ai})I_i \quad (10\text{-}19a)$$

$$(T_a - T_M)\Sigma I_i = \Sigma(T_{ai} - T_M)I_i \quad (10\text{-}19b)$$

$$\log(I\Sigma I_i) = \Sigma I_i \log(I_i) \quad (10\text{-}19c)$$

직관적으로, 식 (10-19a)의 $(T_c - T_a)$는 낮 시간 동안 셀 온도와 주변 온도 간의 월 '평균 차이'를 나타낸다고 볼 수 있다. 또한, 직관적으로는 $(T_{ci} - T_{ai})$은 셀에 대한 일사량과 배열에서 환경으로 손실되는 열량에 따라 크게 달라져야 한다. 이러한 개념들은 이후 보다 구체적으로 설명할 것이다.

전기 생산량과 열손실의 합을 태양전지 배열에서 얻은 에너지 생성량과 같게 설정하면 다음과 같은 식을 도출할 수 있다. 여기서 U_L은 단위 면적당 열손실계수(혹은 패널 면적에 따른 열전도도, $kW/m^2 \cdot K$)이며, α와 τ는 각각 태양전지의 표면 흡수율과 태양광 조사를 위해 사용되는 배열 보호덮개의 투과율이다.

$$\alpha\tau I_i = \alpha\tau\eta_i I_i + U_L(T_{ci} - T_{ai}) \quad (10\text{-}20)$$

전기 생산량이 생성되는 열에너지에 비해 적다고 가정하자. 물론 이러한 가정은 오늘날 상업용 태양전지에 대해서는 적용할 수 있지만 미래에 태양전지 효율이 증가하면 달라질 수도 있다. 이 가정에 기초하여 다음과 같은 식을 얻을 수 있다.

$$(T_{ci} - T_{ai}) \approx \frac{\alpha\tau I_i}{\Sigma I_i} \quad (10\text{-}21)$$

식 (10-21)을 식 (10-19a)에 대입하여 식 (10-22)를 얻을 수 있다. 미국 내 많은 기상 관측 지점에서 시간당 일사량 데이터를 손쉽게 얻을 수 있으므로 각 지역 위치에 대해서 식 (10-22)의 우변 항을 정량화할 수 있다.

$$\frac{U_L(T_c - T_a)}{\alpha\tau} = \frac{\Sigma I_i^2}{\Sigma I_i} \quad (10\text{-}22)$$

매달 측정된 식 (10-22)의 우변 값들은 이에 대응하는 월별 $\bar{K}_T$ 값과 연관이 있다. Evans

(1981)는 미국 7개 도시에 대한 시간당 태양광 데이터를 분석하여 2개의 변수들이 낮은 산포도를 가지며 선형적 상관관계가 있음을 보였다. 또한 분석한 데이터의 회귀분석을 통해 다음과 같은 식을 제시했다.

$$\frac{\Sigma I_i^2}{\Sigma I_i} = 0.219 + 0.832\bar{K}_T \tag{10-23}$$

식 (10-23)은 태양광 패널이 매달 변화하는 최적 기울기를 따른다고 가정한다. $(T_c - T_a)$에 대한 기울기 보정계수는 식 (10-24)를 이용하고 컴퓨터 시뮬레이션을 통해 근사화할 수 있다. S는 실제 패널의 기울기이며, S_M은 해당 월에 대한 최적 기울기이다.

$$C_f = 1.0 - 0.000117(S_M - S)^2 \tag{10-24}$$

식 (10-22)부터 (10-24)를 하나의 방정식으로 만들면 $(T_c - T_a)$는 $\bar{K}_T$와 C_f의 항으로 다음과 같이 나타낼 수 있다.

$$(T_c - T_a) = \frac{C_f(0.219 + 0.832\bar{K}_T)\alpha\tau}{U_L} \tag{10-24a}$$

물론 최적 기울기는 해당 월, 지역 위도 등과 같은 주요 요인과 지상에서의 반사율(패널이 지붕 위에 수평으로 설치되지 않은 경우) 같은 부가적인 요인에 따라 달라진다. 컴퓨터 시뮬레이션을 이용하여 계산한 월별 최적 기울기는 다음 표와 같다. L은 지역 위도이며, 기울기는 도(degree) 단위를 사용한다. 기울기계수 C_f는 월별 기준 $(T_c - T_a)$을 가지고 계산되며 이 절의 나중에 이 부분을 예제를 통해 다룬다.

월	1월	2월	3월	4월	5월	6월	7월	8월	9월	10월	11월	12월
최적 각도	L+29	L+18	L+3	L−10	L−22	L−25	L−24	L−10	L−2	L+10	L+23	L+30

다음 단계는 표준시험 프로토콜의 제조자 데이터에 기초하여 U_L 값을 추정하는 것이다. NOCT는 전지의 일반적인 구동 온도(약 20°C)를 나타내며, I_{NOCT}는 NOCT (I_{NOCT}는 일반적으로 800 또는 1,000 W/m^{2}임) 환경에서 기계적 냉각으로 유지한 상태에서 측정한 전지의 일사량이다. 시험 중 발생하는 열 생성이 아닌, 전력 출력에 의한 셀 온도의 감소는 무시한다고 할 때 다음과 같은 식을 얻는다.

$$\frac{U_L}{\alpha} = \frac{I_{\text{NOCT}}}{\text{NOCT} - T_{\text{air,NOCT}}} \tag{10-25}$$

여기서 $T_{\text{air, NOCT}}$는 보정시험 시 주변 대기 온도를 나타내며, 이 온도는 셀이 NOCT 상태를 유지하도록 허용한 온도이다. 식 (10-25)는 실제로 셀에서의 열평형을 나타낸다. 일반적으로 주위 풍속 1.0 m · s^{-1} 상태가 보정시험 조건이다. 식 (10-25)는 태양광 시스템의 출력 해석에 사용되지만, 제작의 일관성을 고려할 때 U_L = 20 W · m^{-2} · K^{-1}이 일반적인 경우에 적용되는 합리적인 값으로 제안되고 있다.

다음 단계는 $(T_a - T_M)$을 얻는 것이다. 식 (10-19b)를 재정리하면 다음과 같다.

$$(T_a - T_M) = \frac{\Sigma T_{a,i} I_i}{\Sigma I_i} - T_M \tag{10-26}$$

식 (10-26)은 본질적으로 해당 월의 주간 평균 공기 온도와 월평균(24시간) 온도 간의 차이를 측정한 것이다. 실제로 많은 도시에 대한 표준 기상 연도(Typical Meteorological Year: TMY) 데이터가 있다(예: NREL 2005). 식 (10-23)을 얻기 위해 사용한 7개 도시의 데이터를 고려하면, $(T_a - T_M)$ 값은 일반적으로 3 ± 2 K 범위 내에 있었다. 이는 실제값에 비해 상대적으로 큰 범위이지만, 범위 내의 온도 차이가 $(T_c - T_a)$에 비해 작기 때문에 정확성에 대해서 크게 우려하지 않아도 된다. 그러나 인터넷에서 날씨 데이터를 점점 더 쉽게 얻을 수 있어 대부분의 대도시에 대해 $(T_a - T_M)$ 값을 쉽게 계산할 수 있다.

$T_M - T_r$은 날씨 데이터와 제조업체로부터 얻을 수 있는 평가 테스트 셀 온도 T_r을 이용하여 얻을 수 쉽게 얻을 수 있다.

마지막으로 식 (10-19c)는 다음과 같이 재정리될 수 있다.

$$\log(I) = \frac{\Sigma I_i \log(I_i)}{\Sigma I_i} \tag{10-27}$$

7개 도시의 일사량 데이터를 사용하여 $\bar{K}_T$와 선형 상관관계를 보이는 식 (10-27)의 우변 값들을 계산한다.

$$\log(I) = 0.640 - 0.732\bar{K}_T \tag{10-28}$$

식 (10-19c)의 계수 γ의 크기는 충분히 작다고 가정할 수 있어서 근사적으로 전체 항이 제거될 수 있다. 정상 범위 내의 일사량 강도는 태양전지 효율에 큰 영향을 미치지 않는다.

실제적으로 고려해야 할 사항은 실제 적용에 있어서 이상적인 태양광 패널 시스템 출력을 감소시킬 수 있는 요인들이다. 다음은 11개의 요인과 각 요인의 가정된 기본값이다.

1. 태양광 모듈 명판의 DC 평가, 0.950
2. 인버터와 변압기의 손실, 0.920
3. 패널과 인버터의 불일치, 0.980
4. 다이오드와 연결부에서의 손실, 0.995
5. DC 배선에서 저항손실, 0.980
6. AC 배선에서 저항손실, 0.990
7. 패널 표면의 오염, 0.925
8. 시스템 가용성, 0.980
9. 차광, 0.950
10. 태양 위치 추적, 1.000
11. 노화, 1.000

11가지 요인들에 대해서, 통합 태양광 시스템(패널 및 관련 하드웨어 포함)의 예상 출력을 감소시키는 보정계수들을 제공한다. 기본값들을 곱하면 0.71의 값이 되고, 이상적인 상태보다 29% 감소한 실제 기대 출력을 나타낸다.

상기 언급한 모든 내용을 토대로, 태양광 시스템의 월별 예상 전력 생산량을 추정할 수 있는 일련의 방정식을 도출했다. 이러한 과정은 특정된 한 달에 대해서 가장 잘 예시될 수 있다. 또한, 1년 열두 달에 대해 확장하여 명확하게 예측할 수 있다.[3]

예제 10-5

위도가 북위 42°인 위치에서 남쪽으로 45° 기울어진 PV 배열을 가정할 때, 다음 변수값과 표준 손실값을 기반으로 배열에서 5월의 총 생산량(kWh)을 결정하라.

$$U_L = 0.02\ \mathrm{kW \cdot m^{-2} \cdot K^{-1}}\ (\text{표준 가정})$$
$$\alpha = 0.88$$
$$\tau = 0.95$$
$$\eta_r = 0.15$$
$$T_r = 20°C$$
$$\beta = 0.0045°C^{-1}$$
$$K_T = 0.502$$
$$\overline{H}_d = 4.97\ \mathrm{kWh\ m^{-2}\ day^{-1}}\ (\text{기울어진 PV 배열로 입사되는 양})$$
$$T_M = 15.3°C$$

▶ ***풀이***

식 (10-22)와 (10-23)으로부터 얻어지는 해는

$$\frac{U_L(T_c - T_a)}{\alpha\tau} = 0.219 + 0.832(0.502) = 0.637\ \mathrm{kW \cdot m^{-2}}$$

식 (10-24)로부터 5월에 대해서 $S_M = 42 - 22 = 20°$이고,

$$C_f = 1.0 - 0.000117(S_M - S)^2 = 1.0 - 0.000117(20 - 45)^2 = 0.927$$

식 (10-24a)로부터

$$(T_c - T_a) = \frac{(0.927)(0.637)(0.88)(0.95)}{(0.02)} = 24.7\ \mathrm{K}$$

다음과 같이 가정하면

$$(T_a - T_M) = 3\ \mathrm{K}$$

주어진 데이터로부터

$$(T_M - T_r) = 15.3 - 20 = -4.7\ \mathrm{K}$$

전지의 평균 효율을 해당 월에 대해서 식 (10-18)을 통해 다음과 같이 계산한다.

$$\eta = 0.15[1 - 0.0045(24.7 + 3 - 4.7)] = 0.134(13.4\%)$$

일 평균 총 일사량은 4.97 kWh · m^{-2}이고 5월은 총 31일이므로

$$E_{\mathrm{May}} = 0.134(31)(4.97) = 20.6\ \mathrm{kWh \cdot m^{-2}}$$

---

3 표준 기상 연도(Typical Meteorological Year: TMY) 데이터는 국립재생에너지연구소(National Renewable Energy Laboratories)의 2005년 데이터를 통해 얻을 수 있다.

마지막으로 앞에서 설명한 바와 같이 0.71의 기본값을 갖는 11개의 모든 손실 요인을 포함하면 다음과 같다.

$$E_{\text{May}} = 0.71(20.6) = 14.6\ \text{kWh} \cdot \text{m}^{-2}$$

이 해를 전체 연도로 확장하려면 1년 동안의 기상 데이터가 필요하고 빠른 계산을 위해서 Matlab과 같은 스프레드시트 또는 컴퓨터 프로그램의 사용을 권장한다.

이 예제는 태양광 패널 샘플이 한 달 동안 생산할 수 있는 전기에너지의 예측값을 계산한 것이다. 실제로 최종 소비자에게 도달하는 전기에너지는 전체 시스템의 다른 구성 요소들에 따라 달라진다. 태양광 전력을 직접 사용할 때는 주로 교류전원으로 사용되기 쉽다. 이 경우 직류전원을 교류전원으로 변환하는 인버터에 야기되는 비효율성을 고려하여야 한다. 예를 들어 인버터 효율이 0.92인 경우, 예제에서 다루는 한 달 동안 수송된 에너지는 0.92 (20.6 kWh · m^{-2}) 또는 19.0 kWh · m^{-2}이 될 것이다. 이와는 달리 초기 단계에서 전기가 배터리 저장장치에 수송된 후 향후 사용을 위해 인버터로 전달된다면, 수송된 에너지는 배터리 구성 요소의 비효율성에 의해 감소하게 될 것이다. 예를 들어 배터리 저장장치로부터 전력을 저장하고 이후 회수하는 효율이 75%이면, 예제에서 해당 월에 대한 전력량은 0.75 (19.0 kWh · m^{-2}) 혹은 14.2 kWh · m^{-2}이 된다. 태양광 시스템이 태양광 수집 시간 동안 전력을 생산하고 밤 시간대에 사용하기 위해 여분의 전력을 저장한다면, 태양광 시스템의 총효율을 결정하기 위해 두 가지 요소를 별도로 고찰해야 한다. 마지막으로 전선의 크기도 전력 수송 효율 측면에서 또 하나의 중요한 이슈이다. 전선의 길이가 길고 직경이 작은 경우 전력 변환에 의해 열이 발생할 수 있으며, 이는 효율 저감의 또 하나의 원인이 된다. 이와 같은 요인들은 시스템 해석 접근에 있어서 매우 중요하며, 에너지 수요를 만족시키기 위해 시스템 크기를 결정할 때 반드시 고려되어야 한다. 이 부분은 예제 10-6과 10-7에서 자세히 다룬다.

▶ 예제 10-6

확장 사례 연구. 뉴욕주 이타카 근교에 위치한 시골 마을(42.4° N)에서 그들의 새로운 마을회관에 태양광 시스템을 설치하려 한다. 패널은 경사진 지붕 표면에 설치될 것이다. 지붕 면적에 따른 시스템의 정격용량은 10.8 kW이다. 관련 데이터는 다음과 같다. 시스템을 통해 얻을 수 있는 연간 전력량(kWh)을 구하라.

기본 데이터, PV 패널		기본 데이터, 위치	
정격효율(decimal)	0.181	위도(도)	42.4
평가 온도(°C)	25°C	위도(라디안)	0.740
온도계수(K^{-1})	0.0038	고정 상쇄 기울기(위도로부터)	−19.8°
U_L, kW · m^{-2} K^{-1}	0.02	고정 기울기 각도(도)	22.6
$\tau\alpha$	0.85	고정 기울기 각도(라디안)	0.395
γ	0(가정)	패널당 면적(m^2)	1.244
$T_a - T_M$, K	3	패널 수	48
		지붕 높이(ft)	5
		지붕 길이(ft)	12

주: 지붕의 각도는 길이 분 높이 값의 아크 탄젠트이며, 이는 패널의 경사각이다(남향 지붕에 평면으로 장착). 11개의 손실 요인은 기본값을 갖는다고 가정하라.

▶ ***풀이***

먼저 1년 동안의 지붕 위의 월별 일사량을 구한다. 지상 반사율은 1월과 2월에는 0.5, 3월에서 11월까지는 0.2, 12월에는 0.3으로 가정한다. 지상 반사율값이 0.2이던 두꺼운 잔디가 있는 경우를 나타내고, 0.7이면 1인치(25 mm) 이상의 깊이로 눈이 쌓였다는 것으로 의미한다.

일사량을 계산한 후, 예제 10-5에 대해서 형성된 전력 생산량을 월별로 계산한다. 결과는 다음 표와 같다. 표에서, 손실-이득 비율 $R = [U_L\ (T_c - T_a)]/(\tau\alpha)$이다. 연간 합산값 1만 925 kWh는 시스템 설치자가 상업용 태양광 차트 프로그램과 다소 다른 기상 데이터를 사용하여 예측한 값과 매우 유사하다.

월	K_T	$\bar{H}$ MJ m^{-2}	T_m, C	Opt. tilt, deg.	Tilt factor	Solar, kWh m^{-2}d^{-1}	Loss-Gain Ratio	$T_c - T_a$, K	Effic.	Daysmo^{-1}	kWh m^{-2} mo^{-1}	Derated kWh mo^{-1}
J	0.351	4.95	–2.67	71.4	0.72	1.98	0.37	15.67	0.187	31	11.47	488
F	0.435	8.61	–3.06	60.4	0.83	3.23	0.48	20.57	0.184	28	16.62	707
M	0.450	12.26	2.22	45.4	0.94	4.02	0.56	23.69	0.178	31	22.23	945
A	0.428	15.08	9.11	32.4	0.99	4.41	0.57	24.17	0.173	30	22.93	975
M	0.502	20.28	15.33	20.4	1.00	5.56	0.64	27.04	0.167	31	28.76	1,223
J	0.538	23.10	20.50	17.4	1.00	6.11	0.66	28.24	0.163	30	29.83	1,268
J	0.554	23.15	23.28	18.4	1.00	6.21	0.68	28.84	0.160	31	30.88	1,313
A	0.530	19.80	22.17	32.4	0.99	5.65	0.65	27.73	0.162	31	28.35	1,206
S	0.497	15.05	17.89	40.4	0.96	4.75	0.61	25.89	0.166	30	23.63	1,005
O	0.465	10.47	12.00	52.4	0.90	3.73	0.54	23.08	0.172	31	19.90	846
N	0.324	5.31	5.28	65.4	0.79	1.99	0.38	16.32	0.181	30	10.80	459
D	0.337	4.90	–1.33	72.4	0.71	1.99	0.35	15.07	0.187	31	11.54	491
						연간 합						10,925

예제 10-7

예제 10-6을 매우 다양한 기후를 가진 미국 내 다른 5개 도시에 적용해 보자. 적용할 도시들은 다음과 같다.

1. 미국 플로리다주 마이애미: 반열대 기후, 맑음, 위도 25.78° N
2. 미국 콜로라도주 그랜드정션: 적당히 춥고 맑음, 위도 39.12° N
3. 미국 애리조나주 피닉스: 사막 기후, 위도 33.43° N
4. 미국 워싱턴주 시애틀: 온화한 기후, 이타카보다 흐림, 위도 47.45° N
5. 캐나다 매니토바주 위니펙: 추운 겨울 날씨, 맑음, 위도 49.90° N

▶ *풀이*

관련 날씨 정보[4]는 적절한 단위로 변환되었으며 다음 표와 같다.

도시	데이터	1월	2월	3월	4월	5월	6월	7월	8월	9월	10월	11월	12월
1	K_T	0.604	0.616	0.612	0.600	0.578	0.545	0.552	0.549	0.525	0.534	0.559	0.588
	T_a,C	22.0	22.2	23.2	25.0	26.6	28.3	28.9	29.2	28.5	26.8	24.4	22.6
	$\bar{H}$	14.43	17.72	20.85	23.03	23.58	22.70	22.72	21.56	18.77	16.38	15.06	13.49
2	K_T	0.597	0.633	0.643	0.632	0.643	0.704	0.690	0.650	0.705	0.654	0.590	0.621
	T_a,C	–2.8	1.7	7.0	13.2	19.1	24.3	28.1	26.4	21.9	14.6	5.6	–0.3
	$\bar{H}$	8.38	12.94	18.00	21.38	22.51	27.01	23.98	19.48	19.56	13.82	8.84	7.42
3	K_T	0.650	0.691	0.716	0.728	0.753	0.745	0.667	0.677	0.722	0.708	0.657	0.652
	T_a,C	12.3	14.9	18.2	22.3	27.1	31.8	34.8	33.6	30.8	24.3	17.6	13.7
	$\bar{H}$	12.84	17.27	22.42	27.23	30.89	31.71	27.94	26.22	24.30	19.25	14.71	11.87
4	K_T	0.266	0.324	0.423	0.468	0.477	0.459	0.498	0.511	0.459	0.372	0.284	0.269
	T_a,C	3.8	6.1	8.3	11.1	14.5	17.1	19.6	19.3	16.4	12.2	7.6	5.3
	$\bar{H}$	2.87	5.38	10.46	15.68	18.98	19.65	20.58	18.43	12.87	7.27	3.71	2.49
5	K_T	0.601	0.636	0.661	0.574	0.550	0.524	0.587	0.567	0.504	0.482	0.436	0.503
	T_a,C	–16.0	–13.8	–5.9	4.9	13.3	18.5	22.2	20.8	14.8	7.6	–3.8	–12.2
	$\bar{H}$	5.57	9.52	15.44	18.71	21.71	22.37	24.21	20.08	13.57	8.75	5.07	3.93

각주 참조에 언급된 $\bar{H}$는 BTU의 ft^{-2}에서 MJ m^{-2} d^{-1}로 변환되었다(BTU ft^{-2} * 0.0113565 ⇒ MJ m^{-2}).

분석 결과: 월별 및 도시별 총 전력 생산량(kWh)

도시	1월	2월	3월	4월	5월	6월	7월	8월	9월	10월	11월	12월	합계
이타카	488	707	945	975	1,223	1,268	1,313	1,206	1,005	846	459	491	10,925
마이애미	1,157	1,145	1,332	1,277	1,259	1,136	1,184	1,181	1,091	1,096	1,094	1,082	14,033
그랜드정션	1,009	1,123	1,391	1,418	1,509	1,564	1,540	1,431	1,440	1,269	1,024	979	15,696
피닉스	1,163	1,248	1,544	1,566	1,645	1,539	1,427	1,431	1,448	1,400	1,215	1,107	16,732
시애틀	271	422	812	1,250	1,168	1,121	1,212	1,161	889	597	327	245	9475
위니펙	790	977	1,362	1,281	1,351	1,271	1,410	1,273	970	793	565	563	12,603

[4] Leckie et al. (1981) 참조.

계산값들을 비교할 때, 이 계산 결과는 놀랄 만한 것은 아니지만 다음과 같은 몇 가지 지적사항이 있다.

1. 가장 낮은 생산량(시애틀)은 가장 높은 생산량(피닉스)의 약 57%이다. 이는 예상치보다 약간 더 높은 값이다.
2. 데이터를 보면 피닉스를 더 선호하지만, 연간 출력은 그랜드정션과 몇 퍼센트밖에 차이가 나지 않는다. 이는 피닉스의 높은 기온으로 태양전지 효율이 많이 낮아지기 때문이다. 마이애미 결과도 비슷한 상황이다.
3. 지상 반사율은 반드시 고려해야 하는 또 하나의 변수이다. 이 사례 연구에서는 이타카의 값이 그랜드정션과 위니펙에도 적용될 수 있다고 가정했다. 상수 0.2는 다른 도시에도 매월 적용된다. 이 값은 땅에 잔디가 있는 경우에 해당하므로 피닉스와 같은 사막 기후를 가진 도시에는 적합하지 않을 수 있다. 그 값을 각 달에 대해 0.5로 변경하면(밝고 맨땅에 적용됨) 연간 계산된 생산량이 1만 6,904 kWh로 증가하며, 이는 1% 정도의 변화로 다른 변수들이 주어져 있을 때 정확도 수준 내에 있다. 건물 지붕에 태양전지 패널이 있는 경우, 지면 반사의 영향은 본질적으로 무시할 수 있다.
4. 민감도 분석은 각 입력변수를 개별적으로 변화시키면서 그 영향을 이해하는 데 종종 유용하다. 앞에서 사용한 뉴욕주 이타카의 데이터를 기반으로 한 계산에 따르면 다음과 같은 효과가 나타난다.
   a. 셀 온도변수(β)를 0.0038에서 0.005로 증가시키면 연간 출력은 1만 701 kWh로 감소한다.
   b. $T_a - T_M$을 3 K에서 10 K으로 증가시키면 연간 출력은 1만 615 kWh로 변한다.
   c. 위도가 북쪽으로 10° 높아지면 연간 출력은 1만 1,933 kWh로 증가한다(여름 동안의 날짜가 더 많기 때문이다).
   d. 위도가 남쪽으로 10° 낮아지면 연간 출력은 1만 281 kWh로 감소한다.
   e. 매월 온도가 10°C 증가하면 연간 출력은 1만 483 kWh로 감소한다.
   f. 매월 온도가 10°C 감소하면 연간 출력은 1만 1,357 kWh로 증가한다.
   g. 매월 지상 반사율이 1.0으로 증가하면 연간 출력은 1만 1,217 kWh로 증가한다.
   h. 매월 지상 반사율이 0.0으로 감소하면 연간 출력은 1만 838 kWh로 감소한다.

10-4-4 태양광 시스템 출력의 연간 변동성

그림 10-14(a)에서 이미 제안된 것처럼, 태양광 시스템은 특정 월에 대해 상대적으로 낮은 출력 변동성을 가지며, 또한 상대적인 월간 출력의 최대값과 최소값은 시간에 따라 균형을 이루는 경향이 있다. 따라서 연간 출력 변동성은 월간 출력과 달리 매년 특히 낮게 나타난다. 예시에서 다룬 배열의 연간 생산량은 2006년부터 2020년까지 15년 동안 연간 평균 2,017 kWh였고 변동계수는 4.5%였다(그림 10-15). 2012년을 제외하고 모든 개별 연도는 평균값의 10% 내에서 있었으며, 이것은 여름에 거의 비가 내리지 않은 가뭄이 있던 해로 연간 값이 평균보다 10% 높게 나타났기 때문이다. 운영자가 모든 고장에 대해 주의를 기울이고 배열을 적절한 작동 상태로 유지하는 한, 크고 작은 배열에 대해서 연간 출력은 흔히 낮은 변동성을 보인다.

10-4-5 태양광 시스템의 경제학

다음에 언급하는 태양광 시스템의 경제성 분석은 시스템 구매를 위한 초기 자본금을 전제로 하고, 그 후 배전망으로부터의 전력 구매를 시스템에서 생산된 전력으로 대체한 가치에 기반하여 얻은 연간 수익 흐름을 고려한다. 따라서 분석은 시스템 소유자가 순 계량을 이용할 수 있다고 가정하며, 이로써 모든 생산량이 소매 요금으로 수익 흐름에 기여할 것으로 예상된다. 순 계량은 생산량의 최

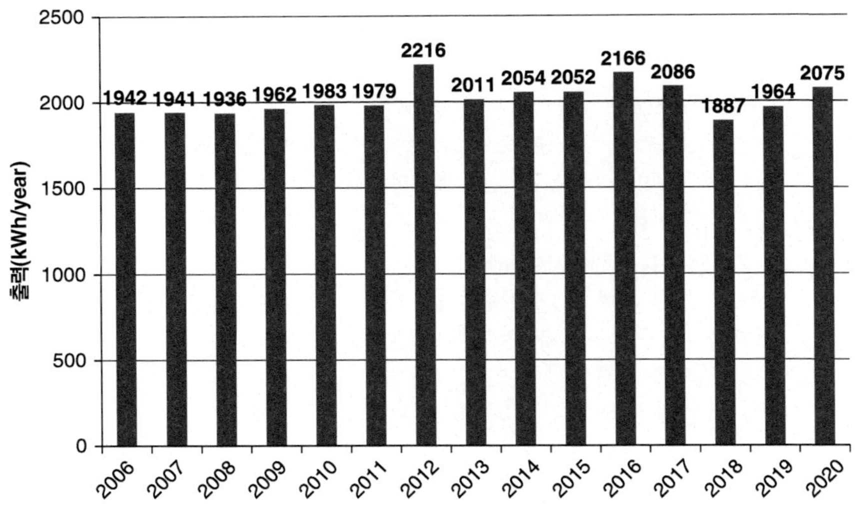

그림 10-15 2006~2020년 뉴욕주 이타카 지역 2.24 kW PV 배열의 연간 출력.

참고: 9년 평균 출력 2,017 kWh, 표준 편차 = 91.0 kWh, 변동계수 CV = σ/μ = (91.0)/(2017) = 4.5%.

대 가치를 받기 위해 매우 중요하며, 그렇지 않으면 kWh당 0.10~0.15달러의 소매가로 공급되는 전력이 kWh당 0.03~0.05달러의 도매가 또는 심지어 kWh당 0.00달러에 공급될 수도 있기 때문이다.

우선, 경제 분석을 위한 케이스로 표 10-2에서의 중간 값인 RF = 1,588 kWh/kW/year 및 효율 85%를 가진 5 kW 시스템을 선택한다. 이로 인해 손실 후 순수 출력은 1,350 kWh/kW/year이 되고 연간 생산량은 6,750 kWh이다. 이 시스템의 총 비용 구성 요소와 적용된 세금 공제, 그리고 리베이트는 표 10-3과 같다. 이 비용은 2018년에서 2020년까지 미국 주거용 태양광 시스템에 대한 전형적인 가격을 반영하고 있다. 표에서 분리된 비용 중 가장 큰 요소는 패널 비용이며, 인버터, 시스템 균형 및 노동에 대한 추가 비용이 있다.

노동 구성 요소에는 시스템 설치를 위한 모든 직접 노동이 포함되어 있으며, 설계 및 허가에 관한 구성 요소에는 현장에서 벗어난 설계, 공학 및 허가 처리 활동이 포함되어 있다. 일반적 범주 "공급망 및 오버헤드"는 전체 비용에 가장 큰 기여를 하는데, 이는 제조업체에서 구성 요소들을 최종

표 10-3 대표적 주거용 태양광 시스템에 대한 가격 구성(2020년 달러 기준)

항목	비용/와트	총합($)
패널	0.50	2,500
인버터	0.20	1,000
시스템 밸런스	0.30	1,500
노동력	0.25	1,250
디자인 및 허가	0.15	750
공급망 + 오버헤드	1.40	7,000
총합	2.80	14,000

설치를 위해 이동하는 과정에서 발생하는 공급망 비용, 관련 기업의 오버헤드, 그리고 해당 기업의 이윤 마진 등을 포함한다.

시스템이 장기간에 걸쳐 인버터로부터 연간 6,750 kWh를 유지한다고 가정하자. 2020년 달러 기준 $0.15/kWh로 계산하면(미국의 고가 주거 지역 요금에 대한 전형적인 가격), 이 출력은 연간 약 1,013달러의 가치를 갖는다. 따라서 시스템의 단순 회수 기간은 ($11,000)/($1,013/year) = 약 13.8년이다. 예제 10-8은 회수 기간과 생산에 대해 평준화 비용(levelized cost)에 5% 할인율을 적용한 효과를 보여준다.

예제 10-8

표 10-3과 같이 5 kW 시스템의 연간 출력이 6,750 kWh, 비용이 1만 4,000달러이고 적용 가능한 할인율이 5%라고 하자. (a) $0.15/kWh의 전기 비용이 제외된 경우, 회수 기간을 계산하라. (b) 투자 수명이 20년이고 유지 보수 비용을 무시하는 경우 전기의 평준화된 비용을 계산하라.

▶ *풀이*

(a) 앞에서 보듯이 1만 4,000달러의 초기 비용은 5% 할인율에서 연간 전기 회피 비용(avoided cost)을 할인한 것만큼 상쇄되어야 한다. 소수점 첫째 자리까지의 연도 수는 N = 약 24.1년임을 보여준다. 이것은 다음과 같이 확인할 수 있다.

$$PV = -\$14,000 + \$1,013 \times (P/A, 5\%, N) - \$14,000 + \$1,013 \times \frac{(1+0.05)^{24.1} - 1}{0.05(1+0.05)^{24.1}}$$
$$-\$14,000 + \$1,013 \times 13.83 = \sim\$0$$

(b) LCOE를 계산하기 위해서는 먼저 초기 비용을 20년에 걸쳐 5%를 기준으로 연간 비용으로 산정한 후, 연간 생산량으로 나눈다.

$$\text{ACC} = \$14,000 \times \frac{0.05(1+0.05)^{20}}{(1+0.05)^{20} - 1} = \sim \$1,123/\text{year}$$

$$\text{LCOE} = \frac{\$1,123}{6,750 \text{ kWh}} = \sim\$0.166/\text{kWh}$$

참고로 투자 수명이 (a)의 회수 기간보다 짧기 때문에 LCOE 값은 약간 더 높다. $0.166/kWh 대 $0.15/kWh이다.

일사량, 전기요금, MARR에 대한 원금 회수의 민감도 분석

앞서 논의된 내용에서 제시된 것처럼, 표 10-3과 같이 전체 설치비용이 $2.80/W인 기본 PV 시스템에 대한 민감도 분석을 통해 일사량과 같은 요소를 변경하는 효과를 분석할 수 있다. 표 10-4에서 회수 기간은 인버터 손실을 고려한 후 설치 용량당 출력으로 측정되며, 전기에 대한 소요비용을 고려한다. 단순 회수 기간과 할인율 = 5%의 두 경우 모두 제시되어 있는데, 이는 미국 연방 정부의 표준 할인율에서의 할인 효과를 보여준다. 최근 몇 년간 이 정부 금리는 경제의 지속적으로 낮은 이자율 덕분에 7%에서 5%로 하향 조정되었다. 출력 범위는 비교적 흐린 곳인 영국 제도를 대표하는 연간 900 kWh/kW부터, 비교적 맑은 곳인 애리조나나 캘리포니아 같은 위치를 대표하는 연간 1,700 kWh/kW까지이다(9장 참조). 전기요금의 범위는 $0.12~$0.18/kWh까지이며, 이는 미국이나 유럽 지역과 같이 대체 에너지를 추구하는 것을 선호하는 지역에서 흔히 볼 수 있는 전기요금

표 10-4 태양광 시스템의 연간 자금 회수 기간, 생산성 함수(kWh/kW/year), 그리고 할인율(사례 a: 단순 회수, 사례 b: 할인율 5%)

kWh/kW/년*	900	1,300	1,700
(a) 단순 자금 회수			
$0.12	26	18	14
$0.15	21	14	11
$0.18	17	12	9
(b) 할인율 = 5%			
$0.12	>50	47	24
$0.15	>50	26	16
$0.18	41	19	13

주: 왼쪽 행에 있는 kWh당 비용은 태양광 시스템이 대체할 수 있는 전력망 전력의 소매 가격(retail cost)이다.

의 구간이다.

표 10-4를 통해 다양한 입력 요인에 대한 경제적 회수 민감도에 관해서 여러 교훈을 얻을 수 있다. 첫째로, 회수 기간은 가장 유리한 위치에서부터 가장 불리한 위치까지 아주 다양하며, 이 표에는 9년에서 26년까지의 단순 회수값이 표시되어 있다. 이 표에서 1,700 kWh/kW/year와 $0.18/kWh의 조합으로 나타나는 것과 같이, 캘리포니아나 하와이처럼 햇빛이 많고 소매 전기 비용이 높은 지역에서는 이러한 시스템이 상대적으로 매력적이다. 반면에 이러한 조건 중 하나라도 해당되지 않는 경우, 단순 회수 기간이 20년 이상으로 늘어날 수 있다. 또한 전기 가격이 표시된 $0.12/kWh의 하한 요금보다 낮은 여러 지역이 있다. 예를 들어 미국에서는 2020년 기준으로 50개 주 중 35개 주가 이 임계값보다 낮은 주거용 전기요금을 가지고 있었고 가격은 일반적으로 상승하였다.

둘째, 5% 할인율을 도입하면 경제적 상황이 크게 변한다. 가장 매력적인 지역에서는 회수 기간이 9년에서 13년으로 증가한다. 가장 불리한 네 가지 조합의 경우, 회수 기간은 41년 이상이다. 시스템 수명이 가장 낙관적인 상황에서도 해당 시간보다 짧기 때문에 실제로 시스템 자체를 상환할 수 없게 된다.

전기 소매 가격이 일정하다는 가정(일정한 달러로)은 투자의 타당성을 지지하거나 또는 저해할 수 있다. PV 시스템이 지속하는 동안, 탄소세나 에너지 공급 중단으로 전기 소매 가격이 상승하면 회수 기간이 줄어들 수 있다. 반면, PV 시스템이 지속하는 동안 친환경적이며 자원이 풍부한 대규모 에너지원(예: 대규모 풍력 또는 태양 발전소)이 더 많이 등장한다면 소매 가격은 오히려 하락할 수 있어 회수 기간이 더 길어질 것이다.

마지막으로, 지금까지의 비용 계산에는 주거용 태양광 설치를 지원하기 위한 연방 또는 주 정부의 경제적 인센티브가 포함되지 않았다. 이전 몇 년 동안에는 이러한 지원이 소비자가 감당할 수 있는 비용 범위 내로 가도록 하는 것이 중요했을 것이다. 그러나 예제 10-8과 표 10-4에서 평준화된 비용이 이미 많은 소비자가 지불하는 비용과 거의 비슷하다는 것을 보여준다. 연방 정부와 주 정부는 여전히 인센티브를 제공하고 있다. 비용 측면에서 주거용 태양광이 더 많은 경쟁력을 갖게 될수록 이러한 인센티브 규모는 줄어들었다. 많은 다양한 종류의 인센티브를 보여주는 것은 이 예제의 범위를 벗어난다. 그러나 비용이 근접한 경우, 인센티브가 일부 주택 소유자에게 시스템에 투자할 동기를 부여할 수 있다는 것을 추론할 수 있다. 예를 들어, 예제 10-8에서와 같이 고객이 그리드 전기에 대해 1 kWh당 0.15달러를 지불하고 LCOE가 1 kWh당 0.166달러인 경우를 가정해 보자. 주택 소유자는 전력망 전기에 대한 비용을 10% 낮추는 인센티브만 필요로 하여, 손익분기점을 달성할 수 있다.

대규모 태양광 발전소 설치 예시

주거용 태양광 시스템과 함께 대규모 '태양광 발전소' 운영은 최근 몇 년간 설치된 태양광 용량의 총괄 성장에서 또 다른 주요 자원이었으며, 전체 태양광 출력 중 그 점유율은 계속 증가하고 있다. 북미에서 초기 선두 주자 중 하나는 캐나다 온타리오주의 사니아에 위치한 사니아 태양전지 발전소였다. 이 발전소는 박막 필름 패널의 정격 용량이 80 MW로, 2010년 10월 완공 당시 북미에서 가장 큰 용량을 가진 발전소였다. 사니아 발전소는 태양에너지 자원이 가장 큰 것은 아니지만, 고정 연비 정책 덕분에 선두가 될 수 있었다. 2010년 이후에는 2015년 캘리포니아의 리버사이드 근처에서 개장한 550 MW 규모의 Desert Sunlight 발전소와 같은 더 큰 발전소들에 의해 규모 면에서 추월당한 상태이다. 이 절에서는 Desert Sunlight 발전소를 기반으로 한 대표적인 태양광 발전소 사례 연구를 살펴본다.

대량 구매와 설치 과정의 간소화를 통해 태양광 발전소는 주거용 태양광과 비교하여 설치 와트당 비용을 절반 이상으로 줄일 수 있으며, 표 10-5에 나와 있는 것처럼 $1/W로 나타낼 수 있다. 비용 구성에 대한 설명은 표 10-3과 동일하다. 또 다른 요인은 패널이 고정된 각도로 균일한 지면에 설치되는 것이다(이 경우, 리버사이드의 위도에 따라 남쪽으로 34° 기울어짐). 이것은 지붕에 설치하는 비용을 줄이는 역할을 한다. 또한 개발자는 출력 증가를 위해 패널 추적 방식을 선택할 수 있지만 초기 비용은 더 높게 된다. 여기에서는 이러한 대체 방식을 언급하지 않는다. 선택한 설정 각도와 15% 손실 요인이 있는 경우에 대한 PV 와트 예측에 따르면, 리버사이드 지역의 태양광 농장은 적절한 유지 보수와 양호한 운영 상태를 전제로 용량당 약 1,300 kWh를 발전하며, 용량 인자는 19.4%이다. 따라서 80 MW 규모의 발전소는 연간 약 935 GWh를 생산한다.

현재 가격을 기준으로 캘리포니아주 리버사이드 근처에 550 MW의 태양광 농장을 건설한다고 가정하자. 수명은 20년이며, 할인율은 5%로 하여 생산의 평준화 비용을 계산하고, 모든 운영비용(수리 및 유지보수, 보험 등)을 포함하기 위해 1 kWh당 0.004달러의 금액을 적용한다. 필요한 할인율은 (A/P, 5%, 20) = 0.0802이다. 평준화된 생산비용(LCOE)을 계산하는 단계는 10-6절에서 제시된 것과 동일하다. LCOE의 자본금 구성 요소는 1 kWh당 0.0472달러이며, 따라서 총 LCOE

표 10-5 와트당 구성 요소의 비용 및 550 MW급 태양광 농장에 대한 총 비용(2020년 미국 달러 기준)

항목	비용/와트($)	총 비용(100만 달러)
패널	0.35	193
인버터	0.05	28
시스템 밸런스	0.15	83
노동력	0.15	83
디자인, 허가 등	0.05	28
공급망	0.25	138
총합	1.00	550

출처: Solar Energy Industries Association.

는 1 kWh당 0.0512달러이다.

태양광 시스템에 대한 정부와 개별 지원의 역할

표 10-5에 나타난 값에 기반한 캘리포니아와 같이 일조량이 높은 지역에서의 태양광 발전소 LCOE는 이러한 프로젝트가 이산화탄소를 배출하지 않고 전력을 생성하는 데 대한 인센티브나 금융 크레딧 없이도 도매 생산비용이 이미 기존 전기 전력과 유사한 범위에 있다는 것을 보여준다. 이러한 프로젝트들은 추가로 생산 세액 공제나 고정 연비 정책과 같은 인센티브를 받을 수 있다. 이 혜택은 유럽, 일본, 미국의 여러 주 및 기타 지역 및 국가에서 제공된다. 정부는 이러한 인센티브를 무탄소 전기로의 전환을 가속화하는 촉진제로, 숙련 노동력을 창출하고 경제를 성장시키는 수단으로 정당화한다. 이 인센티브의 영향은 예제 10-9에서 설명되어 있으며, 예제 10-8의 주거용 태양광 시스템을 재검토하고 인센티브 프로그램을 통합함으로써 보여진다.

▶ 예제 10-9

예제 10-8의 계산을 다시 검토하되, 모든 요인을 동일하게 유지하고 초기 비용에 소득세 공제 혹은 다른 방법을 통해 30%의 세액 공제가 있다고 가정한다. LCOE를 다시 계산하라.

▸ ***풀이***

상기에서 언급한 대로, 초기 비용 1만 4,000달러가 30% 감소하여 9,800달러가 된다.

$$\text{LCOE} = \$9{,}800 \times (P/A, 5\%, 20y) \div 6{,}750\ \text{kWh}$$

$$\$9{,}800 \times \frac{(1+0.05)^{20}-1}{0.05(1+0.05)^{20}} \div 6{,}750\ \text{kWh}$$

$$= \sim\$0.117/\text{kWh}$$

만약 주택 소유주의 전기 사용에 대한 기준이 그리드 전기의 1 kWh당 \$0.15였다면, 비용만을 고려할 때 세제 혜택은 투자 유치가 유리하도록 하는 역할을 한다.

이 절에서 지금까지 보여준 경제 분석에 따르면, 태양 PV 패널로부터 생산된 전기는 비용이 떨어지는 덕분에 몇몇 상황에서 기존 전력과 비슷한 가격 경쟁력을 가지며, 다른 경우 일단 경제적 인센티브가 포함되면 경쟁력을 가질 수 있다. 태양광 투자를 촉진할 수 있는 다른 요소들도 있다. 경우에 따라 시스템 소유자는 직접 거주하거나 근무하는 건물에 시스템을 직접 부착함으로써 전기 그리드의 신뢰성 보호와 같은 간접적인 경제적 이익을 얻을 수 있다. 다른 수요자들은 태양광 투자를 선택하여 CO_2 감축 목표나 LEED 인증(에너지 및 환경 디자인에서의 리더십)과 같은 녹색 건물 프로그램의 목표를 충족시키기 위해 투자할 수 있다. 그럼에도 불구하고 저렴한 비용으로 전력이 생산되는 전통적 전력시장도 있으며, 태양광발전은 kWh당 비용이 더 높을 수 있다. 심지어 예제 10-9와 같은 인센티브를 고려한 후에도 마찬가지이다. 이 시장의 고객들은 수지 비용이나 회수 기간을 '유연하게' 보고 PV 시스템에 투자를 결정할 수 있다.

그림 10-16은 소위 '유연성'을 가지고 경제적 결정을 내리는 개념을 설명한다. 사례 1의 경우, 블랙존에 대한 투자(즉, 순 비용 0달러 이상)가 손익분기점을 넘지 않는다는 이유로 거절되는 등 엄격한 경제적 이유로 결정이 내려진다. 사례 2에는 환경 편익과 순 비용이 일정 부분 긍정적인 금액을 초과하지 않아 순 비용이 긍정적인 투자가 여전히 받아들여지는 '회색 지역'이 있는데, 그 가치는

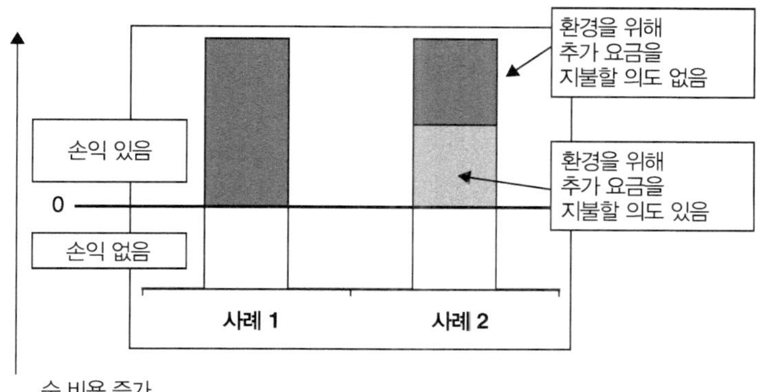

그림 10-16 경제적 손익분기점 분석을 위한 두 가지 접근 방식. 사례 1은 단순한 비용에 기반하나 사례 2는 환경적 이익 및 비용을 고려한다.

의사 결정자의 주관적 판단에 달려 있다. 일단 투자가 사례 1과 2 모두에 대해 블랙존에 있는 순 비용을 갖게 되면 두 경우 모두에 대해서 거부된다.

에너지 효율이 높은 가전제품의 중요성

태양광 산업에서는 "소비자가 태양광 시스템에서 가장 우선적으로 선택해야 하는 것은 에너지 효율이 높은 가전제품이다"라는 말이 있다. 가격 효율성 관점에서 이 말은 사실이다. 그 이유는 효율이 낮은 가전제품을 사용하기 위해 별도의 패널을 추가하는 것보다 효율이 높은 가전제품으로 바꾸는 것이 저렴하기 때문이다.

예를 들어 평균 출력 대비 용량 비율이 연간 1,200 kWh/kW인 지역 내 2,000평방피트의 새 주택에 2.5 kW급의 시스템을 설치했다고 가정하자. 따라서 출력은 연간 3,000 kWh가 될 것이다. 대형 주택이 아니므로 4인 가족을 기준으로 전기 건조기 대신 가스 건조기를 사용하고 평균 에너지 효율을 갖는 다른 가전제품(냉장고, 식기세척기, 세탁기 등)을 사용하면 연간 5,000 kWh가 필요할 것이다. 그러나 이 세 가지 가전제품만 고효율 Energy Star 모델로 업그레이드하고 몇 개의 소형 형광등을 추가로 사용한다면 연간 전기 소비를 1,000 kWh에서 4,000 kWh까지 줄일 수 있다. 이 모든 것에 드는 비용은 1,000달러에서 1,500달러로, 이는 노동비와 자재를 포함하여 연간 1,000 kWh를 생성하기 위해 추가로 필요한 약 2,300달러보다 적다. 다시 말해, PV 어레이와 집 안의 전등, 가전제품 및 기타 기기를 건물에 대한 다른 결정에서 독립적으로 결정하는 것이 아니라 '완전한 시스템'으로 볼 때 도움이 된다.

10-5 수명주기 에너지와 환경적 고려사항

경제적 투자 수익뿐만 아니라, 태양광(PV) 기술은 진정한 친환경 기술로 자격을 얻기 위해 충분한 에너지 투자 수익을 달성해야 한다. 태양광 패널은 다양한 공정과 조건에서 제작되기 때문에 패널당 필요한 에너지 투입을 측정하기 위한 표준이 하나가 아니다. 또한 패널에 포함된 에너지 투자 회수는 설치 위치에 따라 다를 것이며, 맑은 지역이 흐린 지역보다 더 유리할 것이다. 따라서 현재 PV 에너지 투자 수익이나 에너지 회수 가치에 대해 아직 합의가 이루어지지 않았다. 일반 실리콘 기술의 경우 추정치는 3년에서 8년까지 다양하며, 건물 통합 태양광(BIPV) 기술에 대한 연구에서 이 기술을 사용하는 미국 도시 샘플들에 대한 에너지 회수의 차이가 거의 2년인 것으로 나타났다. 피닉스의 경우 3.4년, 디트로이트의 경우 5.1년까지의 범위로 나타났다(Keoleian 및 Lewis, 2003). 제조 과정에서 적은 에너지를 소비하는 것은 박막 PV 기술에 있어서 장점이 될 수 있고, 이 기술이 성숙되면 예상 회수 기간은 최소 2년까지 줄일 수 있다.

또 다른 문제는 태양광 패널을 생산하는 과정에서 배출되는 유해물질과 수명이 끝난 후 발생하는 폐기물로부터 나오는 물질이 장치 설치와 사용 중에 이산화탄소 저감과 같은 환경적 이점을 약화시키는지에 대한 것이다. 중국에서의 PV 생산은 비록 산업의 세계적 선두 주자가 되었지만 이로 인한 오염을 방치하는 증거가 나타난 것이 특히 우려된다(Smith, 2015). EROI와 마찬가지로, 태양광 패널 생산에는 일관된 표준이 없고 제조 과정에서 발생하는 배출 데이터는 패널 생산량과 직접적으로 연결되어 있어 쉽게 구하기 어렵다. 따라서 PV 용량당 배출량에 대해 명확히 언급하는 것은 어렵다. 또한 현재 전 세계적으로 생산되는 PV 패널의 생산 능력은 총 세계 전기 소비에 비해 작다. 예를 들어, 패널당 평균 300 W로 계산하면 2010년부터 2013년까지 평균적으로 설치된 3만 3,000 MW의 용량은 전 세계적으로 약 1억 1,000만 개의 패널을 제조하는 것과 동등하다. 이는 노트북 컴퓨터나 휴대전화와 같은 대량 생산된 소비자 전자제품의 연간 생산량에 비해 가격 가치 혹은 단위가 작다.

따라서 주목해야 할 것은 현재 배출량보다는 PV 기술이 주요 플레이어로 성장할 경우의 미래 배출량이다. 그러나 미래의 배출물은 예측하기 어렵다. 기술이 빠르게 변하고 있기 때문에, 현재 기술을 기반으로 한 미래 총 배출물이나 물질 요구 사항에 대한 예측은 정확하지 않을 것으로 예상된다. 미래의 강력한 글로벌 PV 산업에서 발생할 수 있는 유해 배출물이나 고체 폐기물을 예측하는 대신, 예제 10-10에서와 같이 주어진 어떤 시나리오 내에서 매년 처리되는 패널의 규모량을 대략적으로 추정한다.

예제 10-10

지금으로부터 수십 년 후의 미래에는 태양광 패널이 전 세계 전력 생산을 위한 주요 기술이 된다고 가정하자. 이는 2000년 모든 자원이 생산한 연간 17조 kWh의 생산량과 같은 값으로, 70억 명의 인구가 각각 2,400 kWh를 사용한 셈이다. 이 계산은 최종 사용의 효율 향상 덕분에 미래 1인당 전력 소비가 더 효율적이라고 가정한다. 1인당 평균 부와 인구 증가에 따라 전력에 대한 총 수요가 증가한다고 가정하면, 간헐적인 태양광발전의 특성으로 인해 미래에는 잉여전력을 기타 다른 전력 자원에 의해 생산하고 수요에 따른 전력 생산이 가능할 것이다. 각 패널이 교체 전 평균 50년의 수명을 가지며 태양광 기술이 용량 kW당 연평균 1,200 kWh의 전력을 생산한다고 가정하자. 태양광 패널에서 필요한 전력을 계속해서 생산하기 위해 매년 교체되는 패널의 수는 얼마인가?

풀이

생산량 대 비용의 비율을 기반으로 하면 1년에 17조 kWh에 필요한 총용량은 140억 kW이다. 패널당 평균 300 W로 계산하면, 이 양은 460억 개의 패널에 해당한다. 수명이 50년이라면 매년 50분의 1의 패널이 교체되며, 즉 매년 약 10억 개의 패널이 교체된다. 이 양은 2013년에 생산된 패널의 약 6배에 해당한다.

예제 10-10의 결과는 비록 간단하지만, 강력한 태양광의 미래가 어떠할지 알게 해준다. 이 정도 규모의 대규모 PV 패널을 제조하면 환경 유해 물질이 유출되는 것을 방지하는 데에 어려움이 있을 수 있다. 또한 대량의 패널은 안전한 처분 또는 해체 및 재활용이 필요할 것이며, 이는 쉬운 작업이 아닐 것이다. 이 문제를 통해 얻는 의미는 10억 개의 새로운 패널이 설치될 때마다 10억 개의 폐기된 패널을 최대한 분해하고 재활용해야 한다는 것이다. 현재까지 2020년에 설치된 대부분의 패널은 아직 수명을 다하지 않았으므로, 이러한 재활용 시스템은 아직 시작조차 되지 않았다.

미래에 태양광 산업이 미치는 영향은 가정에 의존한 것이다. 예를 들어 50년의 수명주기보다 더 내구성이 있는 새로운 기술이 개발될 수 있고 연간 총 교체량이 감소할 수도 있다. 또한, PV 산업이 크게 성장하지 않을 수도 있다. 현재 사용 중인 크기의 패널이 필요하지 않으면서 광전 효과를 활용하는 새로운 기술이 나타날 수 있으며, 이를 통해 소재 투입량을 줄일 수 있을지 모른다. 결론적으로, PV 기술의 생산, 사용 및 폐기와 관련된 미래 성장 잠재력, 환경적 이점 및 환경 부담에 대한 많은 불확실성이 존재한다. 현재 확실하게 말할 수 있는 것 중 하나는 에너지 및 소재 요구 사항을 줄이기 위한 연구 개발이 PV 발전 용량당 에너지 및 소재 요구 사항(특히 중금속과 같은 유해 물질)을 감소시킬 수 있으며, 따라서 이 기술은 다가올 미래에서도 환경 친화적인 기술로 인식될 것이다.

10-6 태양광 PV의 대표적인 평준화 발전 원가 계산

이 장 전반에 대한 논의와 값을 이용해서 다음과 같은 kWh당 평준화된 발전 원가를 계산할 수 있다. 이는 미국에서 최근 설정된 비용을 기반으로 건설된 신규 멀티메가와트 태양광 PV 발전소의 구축과 관련이 있다. 보통 17%의 수용률을 가정하는데, 이 값은 애틀랜타의 경우와 유사하며(표 10-2 참조) 미국 전역을 대표하는 중간값이다. 캘리포니아만큼은 아니지만 뉴욕보다는 더 생산적이라고 할 수 있다.

100 MW 발전소 건설에 대한 자본금은 1 kW당 1,000달러를 예상한다. 따라서 총 자본금은 1억 달러로, 이는 최근 미국의 여러 다중 메가와트 발전시설과 유사한 수준이다. 요구되는 할인 계수는 (A/P, 5%, 20년) = 0.0802이다. 이 값은 연간 자본금이 1,890만 달러임을 나타낸다. 비자본(noncapital) 운영비용은 유지보수, 경상, 보험 및 기타 비자본금을 포함하며 $0.004/kWh로 매우 적다. 연간 출력, kWh당 자본 및 전체적인 LCOE는 다음과 같이 계산된다.

$$\text{출력} = (100\ \text{MW})(8{,}760\ \text{h/년})(0.17) = \sim 149\ \text{GWh/년}$$

$$\text{자본비용} = \frac{(\$200\text{M})(0.0802)}{149\ \text{GWh}} = \$0.0539/\text{kWh}$$

$$\begin{aligned}\text{총 비용} &= \text{자본비용} + \text{에너지비용} + \text{운영비용}\\ &= \$0.0539 + \$0 + \$0.004 = \$0.0579/\text{kWh}\end{aligned}$$

10-7 요약

태양광 기술은 열적 작동유체나 터빈과 같은 기계적 변환장치를 사용하지 않고 광전 효과를 이용하는 다양한 기기를 사용하여 태양에너지를 전기에너지로 전환한다. 태양광 패널은 정격출력을 생산하는 다수의 태양전지로 이루어져 있고 완전한 햇볕에서 정격출력을 생산한다. 그리고 여러 개의 패널을 배열함으로써 시스템 소유주의 수요를 충족시키기 위한 연간 또는 월간 전력을 생산할 수 있다.

태양전지는 전압 0 V에서 개방회로 전압 V_{OC}의 직류를 생성한다. 왜냐하면 $V = V_{OC}$일 경우 전지는 직류를 생산할 수 없기 때문이다. $V_M < V_{OC}$이고 최대 직류 I_M과 최대 전압 V_M을 가질 때 전지는 최대 출력을 생산할 수 있다. V_{OC}에서 전지가 단락전류 I_{SC}을 생산할 때 이론적으로 가능한 최대 출력 대비 실제 출력 또는 충전율이 1에 가깝도록 설계한다.

화석연료를 사용할 때 발생하는 이산화탄소와 오염물질 배출에 대응하여 정부는 인센티브를 통해 태양광 시스템을 장려하고 있으며, 시스템 판매도 최근 전 세계적으로 빠르게 성장하고 있다. kWh당 비교적 높은 평준화 비용과 중요한 재료의 수급 불확실성이 태양광 시스템의 향후 성장을 저해할 수 있다. 따라서 용량의 와트당 비용을 낮추고 셀을 생산하기 위해 필요한 요소를 감소시키기 위한 연구 · 개발에 초점을 맞추고 있다.

지역별 기후와 전력 수요 수치 등을 기반으로 태양광 패널의 월간/연간 전력 생산량을 정확하게 예측하기 위한 해석 기법들이 있다. 이 방법은 위스콘신대학교의 연구 성과에 기반하며 활성 태양열 패널의 배열을 분석하기 위한 f-차트 방법과 매우 유사하다(11장 참조). 태양광 분석법은 스프레드시트를 도구로 사용할 만큼 충분히 단순하고 상용화된 프로그램 내에서 PV 차트 혹은 PV f-차트 등과 같은 방식으로 편리하게 사용할 수 있다.

References

Keoleian, G., and G. Lewis (2003). "Modeling the Life Cycle Energy and Environmental Performance of Amorphous Silicon BIPV Roofing in the US." *Renewable Energy*, Vol. 28, No. 2, pp. 271–293.

Leckie, J., G. Masters, H. Whitehouse, et al. (1981). *More Other Homes and Garbage*. Sierra Club Books, San Francisco. Available on line through Cornell University at http:// hdl.handle.net/1813/1006. Accessed July 20, 2021.

National Renewable Energy Laboratories (2005). *National Solar Radiation Database: 1991-2005 Update Typical Meteorological Year 3.* Electronic resource, available at rredc.nrel.gov. Accessed July 29, 2015.

National Renewable Energy Laboratories (2015). *PV Watts Calculator*. Electronic resource, available online at pvwatts.nrel.gov. Accessed July 28, 2015.

Smith, R. (2015) China's Communist-Capitalist Ecological Apocalypse. Real-world economics review, Vol. 71.

Solar Power Europe (2020). Global Market Outlook for Solar Power 2020–2024. Solar Power Europe, Brussels.

Further Reading

Beckman, W. A., S. A. Klein, and J. A. Duffie (1977). *Solar Heating Design by the f-chart Method.* John Wiley & Sons, New York.

Bullis, K. (2007). "Solar Power at Half the Cost." *MIT Technology Review*, May 11, 2007.

European Photovoltaic Industry Association (2013). Global Market Outlook for Photovoltaics, 2014-2018. Annual report, EPIA, Brussels.

Evans, D. L. (1981). "Simplified Method for Predicting Photovoltaic Array Output."

Solar Energy, Vol. 27, No. 6, pp. 555–560.
Fanchi, J. (2004). *Energy: Technology and Directions for the Future*. Elsevier, Amsterdam.
Fraunhofer Institute (2014). Photovoltaics report. Fraunhofer Institute for solar energy systems, Freiburg, Germany.
German Solar Energy Society (2013). *Planning and Installing Photovoltaic Systems: A Guide for Installers, Architects, and Engineers*. Earthscan, London.
Lorenzo, E. (1994). *Solar Electricity: Engineering of Photovoltaic Systems*. Progensa, Sevilla.
Stecky, N. (2004). "Renewable Energy for High-Performance Buildings in New Jersey: Discussion of PV, Wind Power, and Biogas and New Jersey's Incentive Program." *ASHRAE Transactions*, 2004, pp. 602–610.
Stone, J. (1993). "Photovoltaics: Unlimited Energy from the Sun." *Physics Today*, Sep. Issue, pp. 22–29.
Vanek, F., and Vogel, L. (2007). "Clean Energy for Green Buildings: An Overview of On- and Off-site Alternatives." *Journal of Green Building*, Vol. 2, No. 1, pp. 22–36.

연습 문제

10-1. 예제 10-1의 태양전지가 향상되었다고 가정하자. 1.5×10^{-19} J에서 6.00×10^{-19} J 사이의 에너지값을 갖는 광자의 집진 효율은 97%이며, 흡수계수도 82%로 향상되었다. 에너지의 함수로 광자의 주파수와 동일한 분포를 사용하여 이 장치의 I_L을 계산하라.

10-2. 태양전지의 광전류 0.035 A/cm^{2}와 포화전류 1.5×10^{-10} A/cm^{2}가 주어지고 주위 온도가 32°C일 때 최대 전압, 전류, 충전율을 계산하라. 매개변수 m은 1이다. $V = 0$에서 $V = V_{OC}$까지 전압의 함수로 전류 및 전력의 그래프를 그리고, 최대 전류와 전압의 근사법이 그래프와 일치하는지 확인하라.

10-3. 이 문제는 북위 39.4°에 설치된 건물의 1 m^2 태양전지 패널이 제공하는 연간 kWh를 추정하는 것이다. 패널 사양은 다음과 같다.

- 셀 효율에 대한 온도계수: 0.0055°C^{-1}
- 고정 기울기 각도: 40° 남쪽
- 정격(1,000 W · m^{-2}, 20°C) 조건에서의 효율: 0.16
- $\alpha\tau = 0.85$
- 인버터를 통한 직접 사용, 효율 93%

필요한 다른 변수의 값은 가정하라. 기후 데이터는 다음과 같다.

월	1월	2월	3월	4월	5월	6월
$\bar{H}$, MJ·m^{-2}	6.15	8.95	13.05	16.43	20.53	22.87
$\bar{K}_T$	0.40	0.43	0.48	0.48	0.52	0.55
$\bar{t}_{air}$, C	–1.0	0.0	4.0	11.0	17.0	22.0
월	**7월**	**8월**	**9월**	**10월**	**11월**	**12월**
$\bar{H}$, MJ·m^{-2}	22.67	20.32	16.94	12.25	7.36	5.44
$\bar{K}_T$	0.56	0.56	0.57	0.54	0.44	0.39
$\bar{t}_{air}$, C	24.0	23.0	19.0	13.0	5.0	0.0

또한 매월 최적 경사각으로 패널을 작동했을 때 얻을 수 있는 이득을 정량적으로 계산하라.

10-4. 이 문제는 셀 효율에 대해서 태양광 패널 온도계수가 한 달 동안 패널로부터 생산되는 kWh에 미치는 영향을 조사하는 것이다. $\overline{H} = 12\ \mathrm{MJ \cdot m^{-2}}$, $\overline{K}_T$와 $\overline{t}_{air} = 18°C$일 때 한 달 동안의 출력을 그래프로 그려라. 여기에서 계수 범위는 0.001에서 0.01까지이며, 간격은 0.001이다. 필요한 다른 계수의 값은 가정하라.

- 영구 기울기 각도: 38°, 패널은 북위 43°에 위치
- $\alpha\tau = 0.85$
- 셀 효율에 대한 온도계수: $0.0055°C^{-1}$
- 정격 조건(1,000 $\mathrm{W \cdot m^{-2}}$, 20°C)에서의 효율: 0.16

10-5. 식 (10-16)이 식 (10-14) 및 (10-15)와 같음을 증명하라.

10-6. 화창한 지역에서 태양광전지 투자를 평가하려고 한다. 여기에서 1 kW의 용량으로 연 기준, 월평균 115 kWh를 생산하고 있다고 하자. 시스템 용량은 5 kW이며, 이 지역의 전기 요금은 1 kWh당 0.14달러이다. 이자율 할인으로 표준 5% 비율 대신 4% 할인율을 적용할 수 있으며 시스템비용은 모든 비용을 고려하여 1 W당 3달러이다. 투자 수명은 20년으로 가정하며, 운영비용은 무시하고 전기요금은 일정한 달러로 유지되는 것으로 가정한다. (a) 시스템의 연간 출력의 경제적 가치는 회피된 전기비용의 연간 달러로 얼마인가? (b) 시스템이 수명 동안 정확히 손익분기점을 맞추기 위해 필요한 1 W당 할인액은 얼마인가?

10-7. 캘리포니아 칼렉시코 근처에 제안된 920 MW 태양광전지 발전소를 평가해야 한다. 패널은 현지 위도와 동일한 기울기 각도로 고정되며, 표 10-5에 제시된 1 W당 설치 비용이 있다. 5% 할인율, 20년 투자 수명 및 1 kWh당 0.004달러의 운영비용을 사용하라. PV 와트에서 수용능력계수를 구하라. 그리고 이 프로젝트의 총 자본금과 1 kWh당 평준화된 비용은 얼마인가?

10-8. 현재 살고 있는 지역에 대한 태양광 투자의 타당성을 평가하라. kW당 예상 출력 데이터를 구하거나 인터넷에서 찾은 지역 평균 일사량 데이터를 사용하라. 시스템이 이 값의 10%를 전력으로 회수할 수 있다고 가정하라. 시스템에 대한 지역의 비용을 추정하고, 현재 전기요금을 구하라. 투자 수명이 25년일 때, (a) 일정한 달러 가격의 전기가 그대로 유지되는 경우, (b) 화석연료 비용 상승, 전력 공급 제약 등으로 연간 평균 3%씩 증가하는 경우 시스템의 NPV는 얼마인가?

10-9. 패널이 매월 최적 경사각으로 작동한다고 가정하여 예제 10-6의 연간 예상 생산량(kWh)을 구하라.

제 11 장

능동식 태양열 활용

Active Solar Thermal Applications

▶학습 목차

11-1 개요

표면으로부터 흡수된 태양열은 열이나 전력, 또는 두 가지 모두로 변환될 수 있다. 이 장의 요점은 주로 '물이나 공간 가열을 위한 화력(혹은 열에너지)의 변환'이다. 태양열 집열기는 설계, 시험, 성능과 연계되어 설명되는데, 평판형 태양열 집열기의 예상 생산력에 대한 특성이 *f*-chart 방법으로 연결된다. *f*-chart 방법이란 하나의 분석 도구인데, 애드혹(ad hoc) 접근법 증명을 위한 시스템 설계 방법으로도 활용할 수 있다. *f*-chart 방법을 포함하여 집열기의 전체 시스템에서 집열기의 상호 작용과 열 저장이 집열기 효율에 미치는 영향에 관한 내용도 포함하고 있다.

11-2 이 장에서 사용되는 기호들

이 장에서 많은 기호들이 사용되는데, 그 기호들의 정의를 다시 서술하는 것은 꽤나 성가신 일이다. 표 11-1을 참조하면 도움이 될 것이다.

11-3 일반적 논평

9장에서 언급한 것처럼 하루 혹은 1년 동안 태양으로부터 지구에 전달되는 에너지의 양은 매우 많으며, 이는 같은 시간 동안 인간이 사용하는 에너지보다 월등히 많다. 하지만 태양에너지 자원이 풍부하더라도 지구 대부분의 지역에서 대용량의 태양에너지를 즉시 사용할 수는 없다. 태양열 자원을 사용하기 위해서는 적정 온도로 만들어 수송하고 추후 사용에 대비하여 저장해 두어야 한다. 태양열 자원이 풍부한 곳에 태양에너지 설비를 설치하는 것이 가장 바람직하겠지만, 잘 설계된 시스템은 연중 날씨가 흐리거나 추운 곳에서도 유용하게 사용할 수 있다.

태양에너지의 가장 명확한 사용은 직접 난방이다. 태양열 난방은 농업에서의 작물 건조, 사업

표 11-1 11장에서 사용되는 기호들

기호	정의, SI 단위계[오버헤드바(기호 위의 줄)는 평균을 의미]
A_{ap}	태양열 집열기 흡수판의 면적, m^2
A_c	구조가 포함된 태양열 집열기의 전체 면적, m^2
c_p	비열, $J\ kg^{-1}\ K^{-1}$
C	유체 질량 흐름 열 정전 용량, mc_p, $J\ s^{-1}\ K^{-1}$, 또는 $W\ K^{-1}$
CF	용량계수, 이상적인 최대 생산과 실제 생산의 비
C_{min}	열교환에서 두 개의 정전 용량값(따듯하거나 추운 면들) 중 작은 값, $W\ K^{-1}$
C_c	태양열 집열기의 단위 면적 추가당 한계비용
C_{UA}	열교환기 컨덕턴스의 UA의 한 단위 추가당 한계비용
f	태양열 집열기 시스템을 만족시키는 필요 열 분수, 식 (11-15) 및 (11-16) 참조
F_R	무차원의 열 획득 제거 인자, 식 (11-4) 참조
F_R'	수정된 열저장 효과의 열 획득 제거 인자, 식 (11-12) 참조
$\overline{H_T}$	한달 동안 일사량의 적분, $J\ m^{-2}$
G	태양열 집열기 유동에서 단위 집열기 면적당 질량 유동률, $kg/s^{-1}\ m^{-2}$
I	직접적인 일반 일사량, $W\ m^{-2}$
L	한 달 동안 열(가열) 부하, J
M	질량 유동률, $kg\ s^{-1}$
N	한 달 동안 시간(초)
q_u	열 획득의 유용률, W
SR	해가 뜸
SS	해가 짐
t_a	주위 온도, ℃
t_{ap}	집열기 흡수판의 평균 온도, ℃
t_i	집열기 내부에서 수송 유동 온도, ℃
t_o	집열기 외부로부터 수송 유동 온도, ℃
t_{ref}	100℃로 가정된 집열기 열손실의 참조 온도
T	절대온도, K
U_L	집열기 열 컨덕턴스에서 일반화된 태양열 집열판 면적, $W\ m^{-2}\ K^{-1}$
X	'집열기 열손실/필요 열' 비율의 중간값, 식 (11-10) 참조
Y	'집열기에서 열 흡수/필요 열' 비율의 중간값, 식 (11-11) 참조
α	태양광 조사를 위한 태양열 집열기 흡수율
$\beta_0, \beta_1, \beta_2$	회귀계수, 식 (11-6) 및 (11-7) 참조
ε	열교환기 유효율, 식 (11-8) 및 (11-9) 참조
η	태양열 열효율
μm	마이크로미터 또는 미크론, 1E-6m
τ	태양에너지의 태양열 집열기 덮개판의 투과율
Φ	중간 변수, 식 (11-12) 참조

장과 집에서의 공간 가열, 물 가열, 온실에서의 식품이나 작물 재배, 바닷물 증발을 통한 소금 생산, 요리 그리고 동력 사이클의 열 엔진 구동 등에 적용되어 왔다. 확산적이고 시간적으로 가변적인 태

양에너지를 수집하고 열로 변환하기 위해서는 적절한 저장 수단, 잘 단열된 분배 방법, 그리고 에너지 손실 방지를 위한 효율적인 제어가 필요하다.

태양에너지를 포집하고 사용하기 위한 일부 방법들은 시스템의 세부적인 사항뿐만 아니라 날씨의 확률적 특징에도 영향을 받는다. 예를 들어, 물의 가열과 같은 용도의 평판형 태양열 집열기 시스템은 실제 온수 시스템의 에너지 저장 용량과 호환이 가능하도록 기존의 백업 시스템을 기초하여 설계된다.

태양에너지는 분산되는 특성이 있으며, 어떤 지역은 다른 지역보다 사용이 용이하지만 계속해서 사용할 수 있거나 예측 가능한 지역은 존재하지 않는다. 수명주기 분석 및 평가는 재생에너지 시스템의 작동 동안 포집된 에너지와 구현된 에너지의 균형을 맞추는 다양한 측정 기준을 제공할 수 있지만, 이러한 분석은 이 책의 범위와 수준을 넘어선다.

11-4 평판형 태양열 집열기

11-4-1 평판형 태양열 집열기의 일반적인 특성

평판형 태양열 집열기는 대부분의 태양열에너지 기반 생활공간과 가정 내 온수 시스템의 핵심을 맡고 있다. 집열기의 구조는 간단한데, 태양열에너지를 수집하기 위한 검은 표면부와 큰 손실이 없도록 설계되고 사용을 위해 저장되는 에너지 수송부로 구성되어 있다.

태양열 집열기에 포함되어 있는 세부 및 전체의 부품은 다음과 같다.

1. 거의 모든 순간적인 태양에너지(일사량)를 흡수하기 위한 검은 표면(금속 면)
2. 대류와 열복사 동안 열손실을 차단하거나 줄이면서 흡수판에 일사량을 전달하는 하나 혹은 그 이상의 유리 면
3. 태양열을 축열하고 그 열을 집열기 밖으로 전송하는 유체를 이송시키기 위한 관 혹은 덕트
4. 날씨에 상관없이 구성품을 유지하거나 보호하기 위한 구조물(기본적으로 상자)
5. 사소한 열손실을 줄이기 위해 흡수판의 뒤나 옆에 부착된 단열재

그림 11-1은 일반적인 평판형 집열기의 단면도인데, 첫 번째는 물을 이용해 매개물로 전송(보통 부동액이 첨가된 물)하고, 두 번째는 공기를 매개물로 사용하여 전송하며, 세 번째는 유리 없는 집열기로 물을 매개물로 사용하여 전송하는 방식인데 일반적으로 수영장 물을 가열할 때 사용하는 것이 대표적인 형태이다. 그림 11-2는 주거용 가정용 온수(domestic hot water: DHW) 난방을 위해 옥상에 설치된 평판형 집열기를 나타낸 것이다.

유리는 태양열 집열기 유화(glazing)를 위한 일반적인 선택이긴 하지만 플라스틱도 사용될 수 있다. 유리는 날씨에 대한 저항력이 플라스틱보다 좋고 노화로 인해 투과율을 잃지 않는다. 철 함량이 적은 유리(예: 0.02~0.10%의 Fe_2O_3)는 대략 3 μm 정도 되는 태양열 적외선 부분을 잘 흡수할 수 있으며, 이는 몇 퍼센트 정도의 집열기 효율을 상승시킬 수 있다. 신중한 경제성 분석은 집열기 시스템의 수명 기간 동안 부가적 에너지 가치로 보상되는 철 함유량이 적은 유리의 사용 여부를 결정하기 위해 필요하다. 대형 시스템에서는 효율이 높을수록 적은 수의 패널을 설치할 수 있으며, 특히 충분한 태양에너지를 수집하기 위해 수많은 집열기를 필요로 하는 추운 날씨의 경우 저철분 유

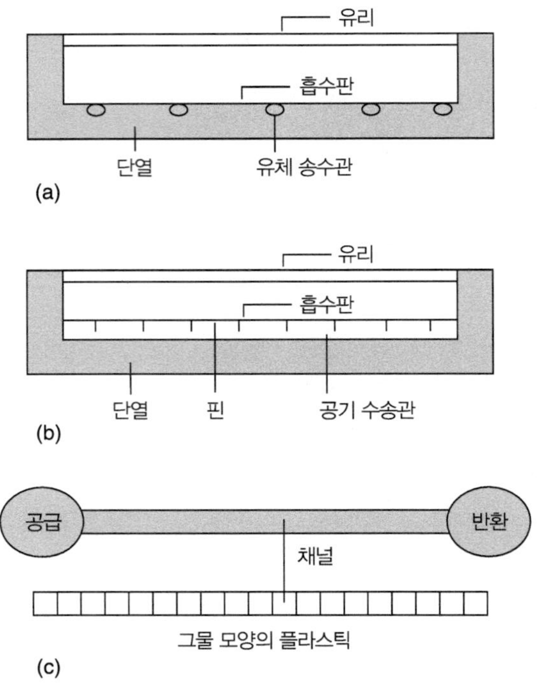

그림 11-1 평판형 태양열 집열기의 형태별 단면도: (a) 물 형태, (b) 공기 형태, 그리고 (c) 유리를 사용하지 않는 물(수영장) 형태.

그림 11-2 평판형 태양열 온수 집열기(뉴욕주 이타카, 2015).

리의 추가 비용을 절약할 수 있다.

11-4-2 전송 유체로 액체를 사용하는 태양열 집열기

열 전송 유체로서의 물은 몇 가지의 장점이 있다. 첫째, 높은 체적 열용량과 비열(25°C에서 4,186 $kJ/m^{-3}K^{-1}$, 4.186 $J/kg^{-1}K^{-1}$)이다. 둘째, 비압축성이다. 셋째, 전송 시 펌프, 관, 그리고 배관을 작게 할 수 있는 상대적으로 큰 질량 밀도이다.

그러나 물은 추운 기후의 겨울 온도에서 잘 얼고, 빙결된 물은 태양열 집열기와 집열기의 배관 시스템에 손상을 줄 수 있다. 빙결에 의한 손상을 줄이기 위한 하나의 방법으로 낙수방식(drain-down) 집열기가 있는데, 태양열의 공급량이 일정 임계량 이하로 떨어지자마자 집열기를 비우는 시스템이다. 이 시스템은 다음 맑은 날 아침까지 비어 있게 된다. 낙수방식 시스템은 관이나 에어스틱의 경사가 충분하지 않거나(2%보다 작은 경우) 공기 밸크가 고장 나서 특정 부분에 물이 남아 있고 다른 부분은 진공상태일 경우 물이 얼고 손상을 초래한다. 낙수방식 센서는 배수 필요성 신호 전송에 실패할 수 있다. 또한 물이 다시 주입된 태양열 집열기는 처음에 완전하게 작동하지 못할 수 있다. 왜냐하면 잔류 공기가 물의 흐름을 막아 시스템 효율이 감소하기 때문이다. 이러한 잠재적인 문제는 추운 기후에서 낙수방식 집열기가 사용되지 않는 주된 이유이다.

이러한 문제점을 해결하기 위해 선호하는 대안으로 물에 부동액을 첨가하는 방법이 있다. 일반적인 부동액은 에틸렌글리콜(밀폐된 집중계에서 이중벽을 필요로 하는 유독물질)과 프로필렌글리콜 등을 물에 섞어 사용한다. 두 유체 모두 빙결 보호를 위해 적절한 농도로 조절된다. 부동력은 시간이 지나면 저하될 수 있다. 제조 설명서에는 최소 5년마다 부동액을 교체할 것을 권장하고 있으며, 이와 동시에 폐기 문제도 함께 해결해야 한다.

11-4-3 전송 유체로 공기를 사용하는 태양열 집열기

전송 유체로 공기를 사용하는 태양열 집열기는 보통 물 가열보다는 공간 가열(또는 환기)이나 작물 건조 등에 더 적합하다. 대부분의 응용 사례가 공기를 이동시키기 위한 팬을 필요로 함에도 불구하고 잘 설계된 집열기는 건물의 통합 시스템에서 따뜻한 공기(열 부력에 의한)를 제공하며, 때로는 조절된 트롬월(12장 참조)을 이용한 하이브리드 형식의 태양열 공간 가열 등에 적용될 수 있다. 대류를 통한 고체로부터 공기로의 열전달은 고체로부터 유체르의 열전달보다 상당히 작다. 공기 기반 집열기의 핀은 표면적을 확대시켜 대류 열전달을 증가시키게 되는데 이는 그림 11-1의 두 번째 그림에서 볼 수 있다.

11-4-4 유리 없는 태양열 집열기

분명 일부 태양열 가열 시스템은 낮은 온도만을 필요로 하며, 이 온도는 더운 기후에서의 오후에 공기 온도보다 낮을 수 있다. 예로 들면, 수영장 가열, 예열된 물, 양식 시설에서의 따뜻한 물, 캠핑 시설에서의 샤워를 위한 물 가열 등이 포함된다. 수영장의 물 가열은 야외 수영장의 경우 여름 동안만 필요하며, 실내 수영장의 경우 1년 동안 사용할 수 있을 것이다. 유리가 없는 태양열 집열기는 이러한 분야에 광범위하게 적용될 수 있으며, 유사한 응용에도 적용된다.

유리 없는 집열기는 보통 검은색의 플라스틱을 이용한 채널 형태의 패널로 제작되며, 이는 그림 11-1의 세 번째 그림에서 볼 수 있다. 유리 없는 집열기의 경우 유리를 통한 태양에너지의 손실이 없기 때문에 매우 높은 효율을 보일 수 있으며, 외부 공기가 태양열 집열기의 온도보다 높을 때는 보조 열원으로 사용이 가능하다. 태양에서 수집되는 것 이외에 공기에서 열을 얻을 수 있다면, 1보다 큰 태양열 집열 효율을 얻을 수 있다. 유리 없는 집열기는 일반적인 집열기보다 저렴하며, 미국 전체의 태양열 집열기 설치 면적에서 가장 큰 부분을 차지하고 있다.

11-4-5 평판형 태양열 집열기에 적용되는 다른 열전달 유체들

냉매와 다른 상변화 액체는 낮은 끓는점과 상변화 과정을 통한 높은 에너지 밀도에 이점이 있고, 이 물질들은 물리적 제한이 있는 작은 체적에서 많은 양의 열교환이 필요한 곳에 유용하게 사용할 수 있다. 상변화 유체는 집열기 온도 변화에 빠르게 대응하며, 넓은 운전 범위에서 얼지 않게 신속히 반응한다. 탄화수소 오일과 실리콘은 집열기에서 열전달 유체로 기능을 할 수 있다. 하지만 물보다 비열이 낮고 점도가 높은 유체라 펌핑 시 체적, 에너지, 그리고 비용이 증가한다.

11-4-6 선택적 표면

흡수판은 높은 열전도율을 가진 얇은 금속판이어야 한다(예로 구리, 알루미늄). 상단 표면은 태양열 흡수율을 최대화하기 위해 검게 제작된다. 각 집열기의 태양열 흡수율값은 보통 0.95 이상이다. 불행하게도 열복사 방사율은 각 표면에 대하여 약 0.95이며, 열손실은 열복사와 전송 유체의 온도가 떨어짐에 따라 증가한다. 표면은 태양복사에 대해 높은 흡수율값을 가져야 하며, 천연물질에서 존재하지 않는 장파의 열복사에 대해서는 낮은 흡수율을 가져야 한다.

이러한 특성을 가진 특수 제작 기술로 생산된 표면을 '선택적 표면'이라 한다. 선택적 표면은 복사에 포함되어 있는 다양한 파장들만의 깊이에 대한 표면 물성치로 정의되는 표면에서의 열복사 특성을 이용하는 것이다. 태양복사는 대략 0.6 μm에서 최대를 가진다. 장파(지구 온도)의 열복사는 9~10 μm에서 최대값을 가진다. 방사된 열복사의 최고 강도 파장은 빈(Wien) 법칙을 사용하여 정의할 수 있는데, 이 식은 방사 표면의 절대온도 T와 관련되어 있으며 켈빈온도를 쓰고 파장이 마이크로 단위일 때 사용된다.

$$\text{파장, μm} = 2{,}898/T \tag{11-1}$$

흡수층은 단지 수 마이크로미터의 두께로 0.6 μm에서 최대 파장을 갖는 태양복사를 거의 완전하게 흡수할 수 있지만, 거의 보이지 않는 파장인 장파 열복사의 최대 파장은 10 μm에 가깝다. 열역학 제2법칙을 이용한 *동일한 전자기적 복사강도에서의* 흡수값, 즉 어떤 물질의 열복사 방사값은 산술적으로 같다(얇은 평면을 가진 재료는 일시적인 장파의 열에너지를 적게 흡수하고, 이와 동일하게 최대 장파의 열복사는 적게 방출함을 의미한다). 따라서 2~3 μm 두께의 표면 코팅은 손쉽게 태양복사를 흡수하지만 적은 열에너지만이 재방사된다(참조: 태양의 온도가 아니기 때문에 단파 열복사를 방출하지 못함에 주의하라!).

표면은 얇고 잘 닦인 금속판(구리 혹은 알루미늄)으로 만들어진 지지대를 필요로 한다. 잘 닦인 금속은 작은 흡수율값을 가지며, 따라서 장파의 열복사에서도 작은 방사율값을 보인다. 얇고 잘 닦인 검은색 표면층(예를 들어 산화크롬, 산화니켈, 니켈이 포함된 산화알루미늄)의 금속판에서 합성물은 균일하게 증착될 수 있고(보통 전기적으로 적용됨) 태양에너지를 흡수하는 표면을 만들 수 있지만 열복사의 상당량을 방출하지 못한다(그림 11-3 참조). 태양에너지 흡수는 최대값을 갖게 되나 재복사에 의한 기생 손실은 최소값을 갖게 된다.

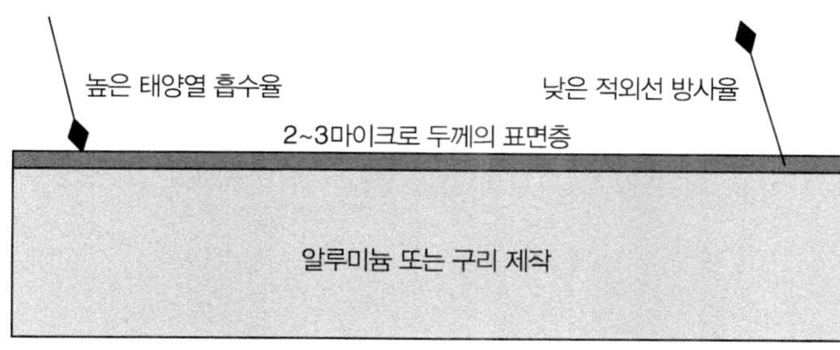

그림 11-3 선택적 표면을 가진 흡수판의 단면도.

11-4-7 역반환 관

평판형 태양열 집열기는 보통 평행하게 작동된다. 평행한 집열기 연결의 중요한 목적은 각각의 집열기를 통해 흐르는 열 전송 유체의 열적 평형, 흐름 특성, 집열기 효율이 같은 비율이 되는 것이다. 유사한 유동에서의 달성 방법은 각각 같은 경로의 길이로 집열기에 연결하는 것이다. 이것은 '역반환(reverse-return)' 관으로, 그림 11-4에 보인 것과 같다. 이때 평형은 확실시되는데, 첫 번째 집열기가 공급관까지 연결되고 마지막 집열기가 반환관까지 연결되기 때문이다. 유동 경로의 길이와 각 경로의 집열기 배열을 통한 연결관의 개수가 같은 경우 각 경로에서의 전송 유체 흐름률과 흐름 저항은 같게 된다. 만약 반환 유체가 그림에서 보인 왼쪽의 방향으로 향한다면, 유동 경로는 같지 않으며 평형 유동이 형성되지 않을 것이다.

11-4-8 하이브리드 태양광/태양열 시스템

오늘날의 상업적 태양광 패널은 과거보다 효율적이지만 여전히 일사량에서 전기로 변환되는 양은 상대적으로 적다. 나머지는 열에너지의 형태로 흡수되어 수집기를 따뜻하게 하고 전지 효율성을 감소시킨다. 하이브리드 태양광/태양열 패널은 일시적인 태양발전으로부터 전기를 생산하고 수반하는 열에너지의 대부분(폐열)을 축열조로 전달하는데, 이는 오늘날의 시장에서 사용 가능하다. 집열기의 열흡수 부분은 일반적인 태양열 패널과 마찬가지로 전송 유체 유동(일반적으로 추운 기후에서의 부동액을 포함한 물)을 통해 태양광 패널 뒷면에 부착된 금속관을 사용한다.

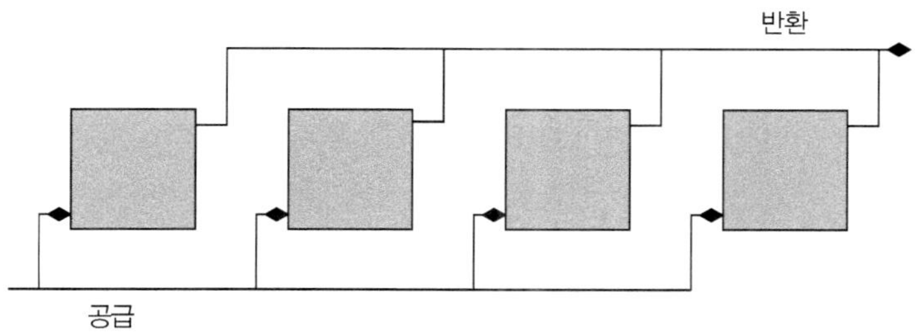

그림 11-4 태양열 집열기 배열에서 역반환 배관.

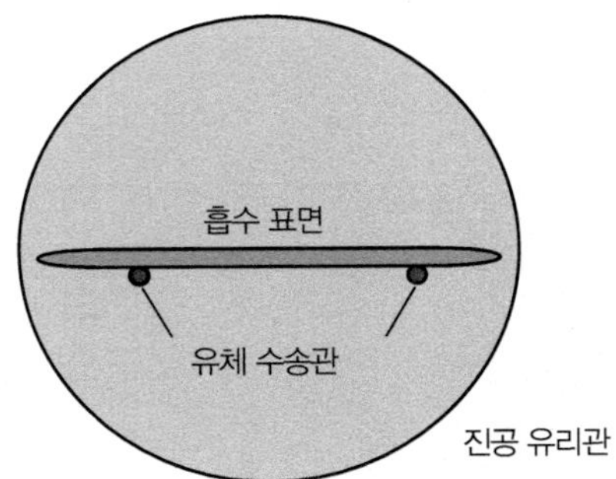

그림 11-5 유리/금속 진공관형 태양열 집열기의 단면도.

11-4-9 진공관형 태양열 집열기

진공관형 태양열 집열기는 1개 또는 2개의 동심 유리관의 병렬 배열로 제작되며 이는 물리적인 보호나 단열된 형태를 가진다. 관은 일반 형광등과 크기와 모양이 유사하다. 진공관은 흡수부에서 변환되는 열손실을 막는다. 효율은 일반적인 평판형 태양열 집열기에 비해 높고, 집열 온도도 높다(예를 들어 50°C부터 물의 끓는점까지). 높은 집열 온도는 상업적인 적용에서 유용한 열로 사용이 가능하고, 앞의 예처럼 충분히 높은 온도에서 작동되는 태양열 공기조화장치인 흡수식 냉동시스템에도 적용될 수 있다.

또한 진공관형 집열기는 가정용 온수 공급에 적합하고, 겨울이 몹시 추운 북쪽 기후에서 높은 열손실로 인해 효율이 낮아지는 평판형 태양열 집열기를 대체할 수 있다. 열전달로 인한 흡수기에서의 열손실을 줄일 수 있으며, 흐린 날에 평판형 집열기를 사용하는 경우와 같이 적정 온도를 확보하지 못할 때도 유용하다. 반면 진공관형 태양열 집열기의 높은 단열값은 집열기 패널에서 눈이 녹는 비율을 줄이므로 눈 내리는 날에 집열기 효율은 떨어진다.

가장 간단한 진공관 설계에서는 일체형의 평면이거나 굴곡진 금속판(일반적으로 알루미늄, 그림 11-5와 11-6 참조)을 사용한다. 판은 보통 집열기 효율을 강화하기 위해 선택적 표면을 가진다. 비록 그런 집열기가 효율적이고 비교적 간단할지라도 유리와 금속 간의 열팽창 때문에 문제가 발생할 수 있다. 따라서 재료의 선택과 제작 기술은 중요한 문제이다.

11-4-10 진공관 시스템의 성능 사례연구

뉴욕주 이타카에서의 실제 진공관 시스템의 성능 데이터(16개의 관, 전체 집열기 면적 3.8 m^2)가 그림 11-7에 나와 있다. 물 가열에서 얻을 수 있는 연간 열에너지는 kWh 단위로 제시되어 있으며, 대표적인 날의 시간당 출력값도 표시되어 있다. 실험은 2011년 6월 15일에 시작되어 매일 진행되었으며, 맑은 하늘(기본적으로 구름층이 없는)과 공기 중 습도 때문에 안개가 약간 있는 여름과 가까운 시점에서 진행되었다. 시스템은 집열기의 열을 주택 지하에 있는 축열조로 전송하는 밀폐 유체 회로(겨울의 어는 온도 때문에 물과 글리콜의 혼합물 사용)와 함께 옥상에 설치된다. 에너지 전송률은 펌프와 전체 시스템을 위한 보조 제어기의 센서에 의해 측정되며, 유입되는 차가운 물과 뜨거운 물이 집열기를 떠날 때의 온도와 분당 흐르는 물의 체적의 곱으로 계산된다. kW 단위의 열 전송률은 지속적으로 모니터링되고, 이는 누적된 에너지 전송을 평가하는 데 사용한다. 일일 단위로

(a)

(b)

그림 11-6 진공관형 집열기 시스템. (a) 땅에 설치된 시스템의 앞면, (b) 옥상에 설치된 시스템의 뒷면. 집열기로/집열기로부터 연결된 단열관이 보인다. (*출처*: 필립 글레이서, 2007, philglaserphotography.com.)

측정된 성능표에서 우리는 그림 11-7(b)와 같이 최대 성능점이 오후 시간대에 나타나는 것을 확인할 수 있으며, 최대 생산량은 오후 1시에 2.1 kW이고 오후 5시까지 이 생산량이 유지된다. 오후 6시에는 1.8 kW까지 생산량이 감소하는 것을 관찰할 수 있다.

이상 상황이 발생하지 않고 생산량이 유지된다면 4년 평균 연간 생산량은 2,039 kWh[그림 11-7(a)에서 열두 달의 합계]이며, 이를 통해 대략의 용량계수(CF)를 계산할 수 있다. 온수 시스템 제조업자에 따르면, 시스템은 이상적 조건인 20°C와 맑은 하늘일 때 하루에 37 MJ/m^{2}를 생산할 수 있어야 한다. 이는 428 W/m^{2}와 같다. 집열기 크기에 연간 8,760시간을 곱해 계산하면, 2,039 kWh/y의 평균 용량계수는 이상적인 상태가 지속되는 조건에서 생산되는 용량계수의 14.3%인 것을 알 수 있다. 이 용량계수는 우리가 10장에서 논한 같은 위치의 태양광 시스템 용량계수와 유사하다. 2개의 시스템이 같은 날씨와 기후에서 얻어진 것을 고려할 때 이 수치는 납득할 수 있다. 참고로 시스템의 월별 생산량은 낮게는 1월의 15 kWh부터 높게는 6월 368 kWh까지 다양하고 넓게 분포되어 있다. 또한 생산성은 태양 PV 배열에 사용되는 전기 계량기와 달리 온도차와 유체 흐름을 통해 추론되는 측정값이므로 부정확성이 더 커질 수 있으며, 이는 그림 11-7의 연도별 월별 수치 변동성을 통해 설명할 수 있다.

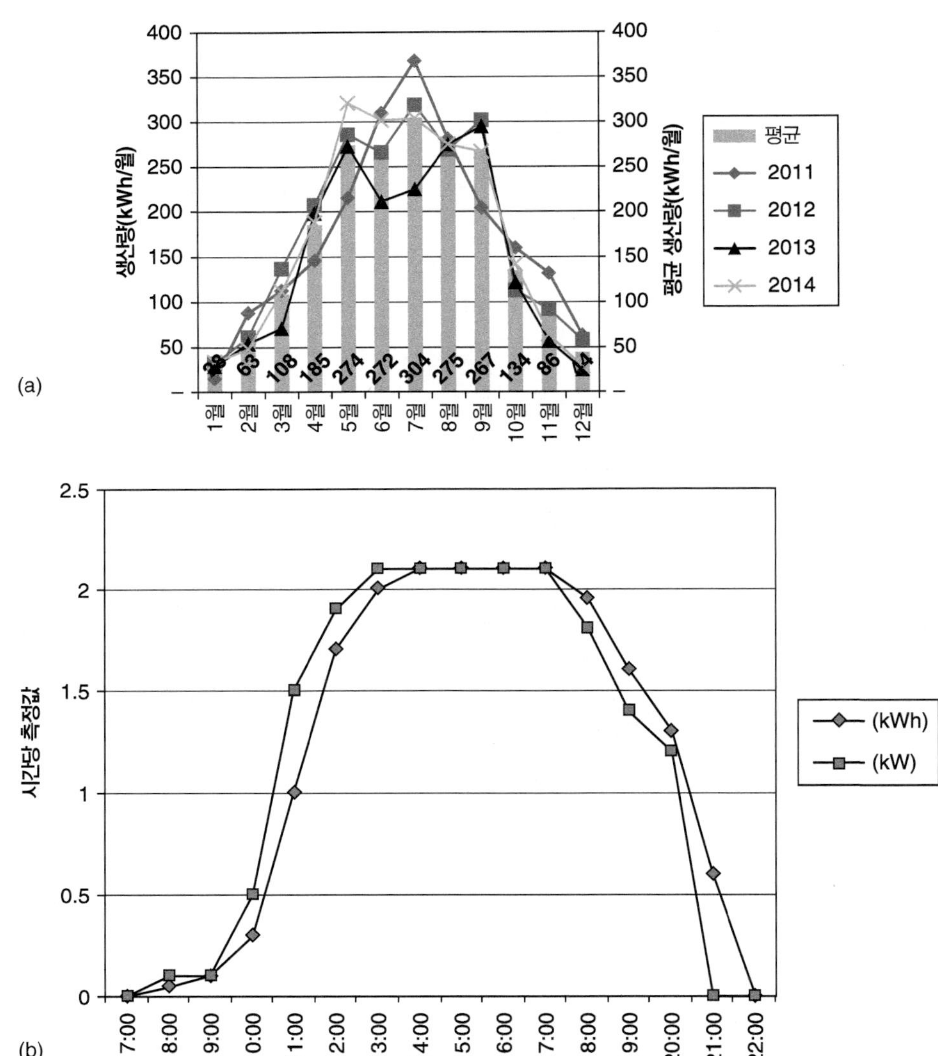

그림 11-7 뉴욕주 이타카에 설치된 3.8 m^2의 유용 면적을 가진 태양열 온수 시스템의 2011~2014년 동안 연간 생산량(a)과 대표적인 날의 성능(b).

참조: 순간 출력(kW)은 시간당 작동 펌프 조절 장치에서 가지고 왔다. 시간당 생산량 kWh는 시간당 제시된 값과 시간당 예측된 값의 평균값, 즉 평균 출력 kW X 1 h = 측정된 kWh이다. 2011~2014년의 연간 생산량은 각각 2,095, 2,142, 1,835, 2,085 kWh이다. (a)의 숫자 = 월간 평균.

우리는 또한 온수에 대한 상대적인 시스템의 예상 기대 요구량을 평가할 수 있다. 보편적인 추정으로 미국 가정에서는 1인당 하루 100 L를, 그리고 온수 조건에서의 기본 공급과 생산은 1인당 하루 16.7 MJ을 필요로 한다(예제 11-3 참조). 따라서 4인 가구에 대한 요구량은 하루에 66.8 MJH 또는 연간 24.4 GJ이다. 장치에서의 연간 생산량 단위를 kWh에서 MJ로 변환하면 연간 7.34 GJ (696만 BTU) 또는 총 예상 수요의 30%가 된다. 각각의 설명은 다음 순서대로 되어 있다.

1. 겨울 동안의 낮은 생산량(D/J/F에 대한 월평균 45 kWh 대비 M/J/J에 대한 월평균 283 kWh)은 시스템 전체 생산량을 감소시킨다. 미국 남서부와 같이 겨울철 일사량이 풍부한 지역에서의 연간 생산량은 균형 잡힌 상태가 된다.
2. 옥상의 수집 시스템에 공간 제약이 있을 경우 시스템 소유주는 연중 계속되는 온수 수요를 상쇄하는 집열기 단위를 적절하게 추가해야 한다. 이러한 변화는 진공관형 집열기를 사용하는 경우 조금 더 경제적인데, 이는 저장조, 펌프, 제어 그리고 펌핑에 대한 투자 없이 진행될 수 있기 때문이다.
3. 생산량을 더욱 정확하게 예측하기 위해서는 변환 계측이 필요하다. 잘 단열된 온수관과 열저장조, 네이비 샤워(Navy shower), 알뜰한 세척, 물 가열부에서 주요 사용처까지의 짧은 거리 등과 같은 예들은 고려할 가치가 있다.

11-5 집광형 집열기

11-5-1 집광형 집열기의 일반적 특성

선택적 표면을 가진 경우에도 평판형 집열기는 일반적으로 물의 끓는점 이하의 집열 온도를 가진다. 따라서 집열된 열 활용에 제한이 있다. 집광형 집열기는 이러한 문제를 해결하여 식품 가공, 산업 공정, 흡수 냉각, 태양광 냉방장치, 심지어 랭킨, 브레이튼 또는 스털링 사이클 발전소의 전기 생성에 열을 제공할 수 있다. 집광형 태양열 집열기의 세 가지 주요 설계 요소는 포물선형 홈통 및 포물면, 비영상(nonimaging) 태양열 집중장치, 그리고 중앙 수신기(또는 전원 타워)가 있다.

11-5-2 집광형 집열기의 포물선형 반사판

포물선형 집열기의 원리적인 기능은 그림 11-8에 보이는 것과 같이 단독 초점 포인트나 선을 반사하는 포물선형 축에 광선을 일치시키는 것이다. 열 전송 유체가 흐르는 관에서의 초점선은 2차원 홈통에 자리 잡고 있다. 일반적으로는 집광형 집열기는 300°C 정도의 온도로 가열한다. 포물선 홈통의 특징은 열복사가 집열기의 홈통 방향 축에 비스듬하다면 초점선이 변하지 않는다는 것이다. 이것은 하나의 이점이 되는데, 태양열 추적기의 자유도가 한쪽 축에만 필요하기 때문이다(남쪽을 향한 홈통은 일정한 초점선을 유지하기 위해 회전할 수 있다). 물론 기울기 각도가 증가하면 수직으로부터 멀어진 각의 코사인값과 비례하여 수집된 태양에너지는 감소할 것이다.

그림 11-8의 두 번째 그림은 비영상 태양열 집열기에서의 포물선 모양을 사용하는 집중 일사량의 다른 구성을 보여준다. 여기서 태양에너지는 흡수판이 있는 바닥으로 반사되는 집열기 틈으로 들어온다(아마도 다중반사 형태로). 태양열 집중도의 강도는 낮지만 집중의 정확도는 낮은 임계

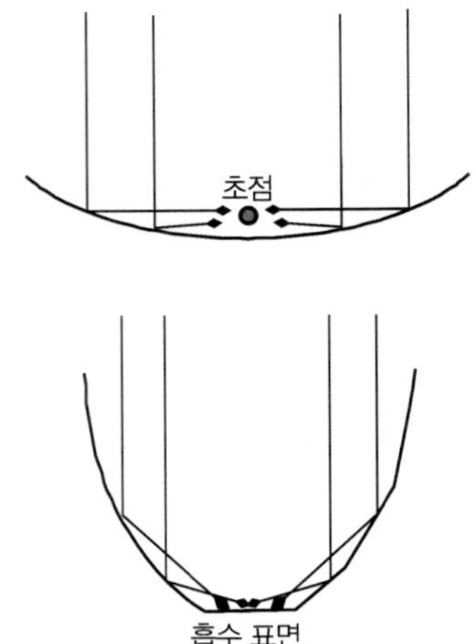

그림 11-8 두 가지 형태의 태양열 집열기 횡단면 개략도.

값을 가지며, 따라서 집열기는 정확하게 태양을 추적하지 않아도 되고, 높은 비용 없이 집열 온도를 증가시킬 수 있다. 더 단순화된 형태로 옆면은 굴곡이 없는데, 이는 곧지만 밝은 면이(정반사로) 더 많은 양의 일사량을 흡수판으로 반사하기 때문이다. 기울기 각도 조절은 달이나 계절에 상관없이 한낮의 태양에너지를 집열기에 집중시킬 수 있게 한다. 이러한 집중기는 선 또는 점에 태양에너지 초점을 맞추는 포물선형 집중 집열기보다 최근에 개발된 것이다. 이들은 비록 발전 시스템 제어 정밀도는 떨어지지만, 저렴한 비용으로 사용 목적에 필요한 유체를 가열하거나 심지어 발전이 가능한 충분한 에너지 집중도를 가진다. 흡수기는 상대적으로 작게 제작할 수 있고, 흡수판 비용과 에너지 모두 절감된다.

11-5-3 포물선 접시 집광형 집열기

포물선형 접시 집열기는 집중장치를 제외하고 포물선형 홈통 집열기와 유사한데, 그릇 모양이며 선이 아닌 점에 태양에너지가 초점을 맞추고 있다. 훨씬 높은 온도와 더 강력한 집중 강도를 얻을 수 있다. 그릇 모양의 초점에 관한 이론을 바탕으로 완벽하게 제조된 집중형 집열기는 태양의 유효 표면 온도까지 도달할 수 있다. 보통 최대 온도는 2,000℃ 정도이다. 태양을 따라 추적하기 위해 두 가지 자유도가 있는 집열기를 갖고 있어야 한다. 그리고 수집 영역은 하루 동안 태양의 움직임을 추적하기 위한 실용적 시스템의 제작 및 이동을 위해 최대 집중기의 직경으로 제한된다. 이와 같은 한계가 있는 여러 어려움을 극복하기 위하여 현재까지 포물선형 집열기에 대한 연구와 시험이 진행되고 있다.

11-5-4 전력 타워 집광형 집열기

전력 생산 열기관에 사용되는 랭킨, 브레이튼 또는 다른 열역학적 사이클은 더 높은 온도의 열원을 사용할 때 효율이 높다. 집중식 태양열 집열기는 높은 온도를 얻을 수 있으나, 경쟁력 있는 전력발전을 위한 충분한 에너지 습득에 필요한 포물면을 만드는 것뿐만 아니라 홈통을 충분히 크게 만드는 것이 모두 현재로서는 비현실적이다. 대신 개별적으로 움직일 수 있는 넓은 면적의 평판 거울들

그림 11-9 미국 캘리포니아 바스토에 위치한 샌디아 국립 연구소가 개발한 태양로 프로젝트. (*출처*: NREL PIX No 00036 허가 재판.)

에서 반사된 태양에너지를 높은 타워 꼭대기에 고정된 흡수기에서 흡수한다. 그리고 이를 이용하여 증기 보일러의 열(밀폐 사이클) 또는 개방 브레이큰 사이클의 공기를 가열하여 터빈을 돌릴 수 있게 한다(그림 11-9 참조). 거울 필드를 '헬리오스탯(Heliostat)'이라 부른다. 거울은 2차 자유도를 갖고 태양을 따라 추적하며, 컴퓨터로 제어하여 1,000°C 이상의 초점 온도를 만들 수 있다. 설치비용이 많이 들지만 기술력 향상으로 비용이 줄어들고 있다. 몇 개의 전력 타워가 세계 각지에서 작동되고 있다. 초기 모델은 남부 캘리포니아에서 오랫동안 운영되었다. 최근 큰 단위의 새로운 장치 운영을 위한 계획이 스페인 남부 세비야 근처 산루카르 라 마요르(Sanlucar la Mayor) 지역뿐만 아니라 미국의 남서부에서 진행되고 있다. 2020년 현재 세계 최대 규모의 전력 타워 시설은 미국 네바다주 라스베이거스와 인접한 캘리포니아주에 위치한 아이번파(Ivanpah) 발전소다. 아이번파는 2014년에 개장했으며 명판 용량은 392 MW이다. 이 발전소는 천연가스를 백업 에너지원으로 사용하여 출력을 원활하게 만들고, 태양광 및 가스 백업을 모두 포함하여 목표 출력은 940 GWh/y으로, 이 장치의 용량계수 27.4%에 해당한다. 그러나 2019년 말 기준 연간 최대 생산량은 796 GWh/y였다. 단순하고 작은 중앙 흡수기 태양 집중장치가 거울을 이용하여 태양에너지를 반사하고, 이는 원격 지역의 물을 펌핑하여 작동하는 스털링 엔진 작동에 쓰인다.

발전 사이클에 직접 열을 전달할 수도 있지만, 하루 동안의 태양 고도가 변수가 되고 건조한 사막 지역에 위치한 경우 먼지나 간헐적인 구름양은 수집된 태양에너지에 큰 영향을 미친다. 이러한 변화에 대한 완충을 위해 반사된 태양열을 이용해 용융염(molten salt)을 직접 생산하는 방법이 제안되거나, 태양에너지의 출력이 줄지만 전원이 계속 필요할 경우(심지어 밤에도)를 위해 높은 단열의 저장조로 전송하는 방법이 고려된다. 유용한 용융염은 40% 질산칼륨과 60% 질산나트륨의 혼합물이고, 약 700°C에서 녹기 시작해 1,000°C에서 용융한다. 상변화 과정은 높은 에너지 밀도를 가지므로 현열 저장 방법에 비해 저장고 체적을 감소시킬 수 있다.

11-5-5 태양열 조리기

세계의 많은 지역에서 매일 음식 조리를 위해 필요한 에너지가 제대로 공급되지 않는다. 전통적인 조리 에너지원인 목재는 재생이 가능하지만, 인구밀도가 높은 경우 숲의 재성장 속도가 수요를 따라가지 못한다. 이 경우 매일의 조리에 필요한 나무를 구하기 위해 많은 시간(혹은 긴 작업 거리)이 요구된다. 이러한 부담은 주로 여성이나 어린아이에게 전가된다. 또한 목재를 연소할 때, 특히 날씨가 추울 때 실내에서 연소하면 일산화탄소 및 기타 유독가스 농도가 건강에 해로운 정도로 높아질 수 있고, 공기를 오염시키는 물질에 노출되기 때문에 만성 폐쇄성 폐질환(COPD)과 만성 기관지염 또는 천식에 걸릴 수 있다. 중국 서부와 같은 일부 지역에서는 목재를 이용한 실내에서의 요리와 난방이 일반적이기 때문에 나이가 많은 주민들은 심한 눈질환을 가진다. 태양열 조리기는 요리를 위한 낮은 기술력과 적은 비용의 대체 열원으로 제공될 수 있다. 집열기는 집광형 태양열 집열기의 한 형태이다.

가장 간단한 형태의 태양열 조리기는 꼭대기에 하나 이상의 면이 유리로 된 잘 절연된 상자이다(그림 11-10과 11-11 참조). 반사경(거울) 또는 렌즈를 사용하여 얻은 태양에너지를 오븐에 집중 전달하는 구조로 되어 있으며, 매일 따뜻한 요리를 하기에 충분한 시간 동안 유용한 온도를 만들어 낸다. 조리기 바닥은 흡수판이므로 요리는 조리 용기 아래에서 이루어지는데, 이는 기존 난로에서의 작동과 같다. 유리 덮개와 조리기의 절연은 흡수면이 수집한 열을 유지하는 데 도움이 된다. 요리를 위한 충분한 가열이란 최소한 100℃로 30분 이상 음식을 가열하는 것을 의미한다.

태양에너지는 한낮에 가장 유용성이 높고, 대부분의 경우 가장 많은 양의 식사는 저녁에 이루어진다. 태양열 조리기의 단열과 열 그리고 슬로우 쿠킹(slow cooking) 사용은 요리를 늦게까지 지연시켜 필요에 맞게 제공할 수 있게 한다. 또한 하루 동안 조리기(혹은 반사기)를 재배치하면 유용한 열 수집을 위해 오후 대부분을 태양에 직면하도록 만들 수 있다. 많은 설계가 제안되고 실험되었으며, 전 세계의 태양열 조리기에 대한 많은 정보를 인터넷 검색으로 찾을 수 있다. 그림 11-10은 이러한 장치 중 하나의 개략도를 나타낸다. 실제 적용에서 조리기는 하나, 둘, 셋, 또는 네 면이 반사판을 가질 수 있다. 더 복잡한 구조에서는 포물선형 거울이나 프레넬(Fresnel) 렌즈를 태양에너지 집중장치로 사용한다.

2011년 6월 15일과 2020년 7월 2일 태양열 온실 시험을 위해 앞서 설명한 것과 동일한 조건

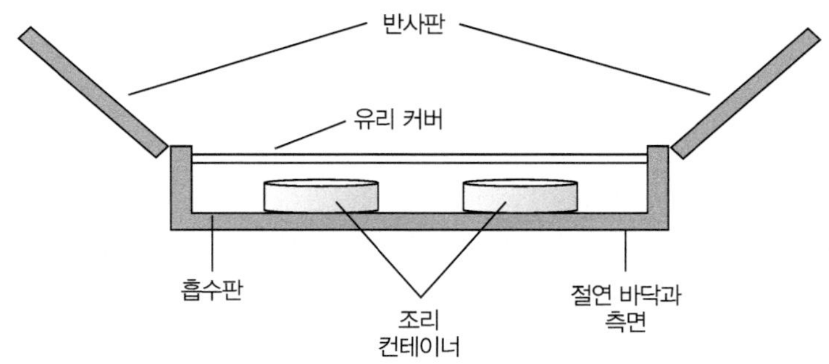

그림 11-10 옆면 반사경에 따른 태양 조리기구의 개략도.

그림 11-11 2004년 5월 코넬대학에서 실험을 진행한 네 개의 반사 측면을 가지는 태양열 가열기.

에서(11-4-10절 참조)의 태양열 조리기 시험에 대한 시간별 온도 측정값이 그림 11-12에 나타나 있다. 더 단순한 태양광 기술인 태양열 조리기는 디지털 에너지 유량 측정기가 없기 때문에 오븐의 시간당 온도를 보다 정확한 성능 측정을 위해 사용하였다.

1차 시험에 사용된 조리기는 그림 11-11과 유사한 형상이었고, 최대 조리개는 태양을 향해 38″L × 34″W 또는 1,292 in^2 (0.83 m^2)를 가진다. 햇빛은 직접 들어오거나 20″L × 15″W, 또는 300 in^2 (0.19 m^2)의 유리면에 집중된다. 조리기는 벽 치수 24″L × 19″W에 대해 2″ 두께를 갖는다. 오븐의 수직 깊이는 12″이다. 베이스의 외부 면적과 4개의 벽을 결합한 결과는 1,488 in^2이고 잘 단열되었다. 고온의 유리섬유를 사용하고, 유리 덮개를 통해 태양열을 얻고 유지했다. 실험이 진행되는 동안 오븐의 경사각은 β = 30°로 고정하여 기울기를 조절했고, 시간에 따라 태양과 직면시키면서 온도를 측정했다. 다시 말해 추적은 단지 1차원적, 즉 경사각도가 아닌 표면 방위각 γ로 조정되었다.

오븐은 오전 11시부터 오후 4시까지 150°F 이상의 온도를 유지했다. 오전 10시 30분에 캐서롤(순 중량은 식품의 무게 10파운드 + 외부가 평평하고 검은 냄비 2파운드)을 조리기에 넣었다. 오전 11시부터 오후 1시까지 온도는 170°F에서 250°F로 상승하여 캐서롤을 가열시켰다. 오븐의 온도가 물의 비등점인 212°F나 그보다 높을 때인 정오와 오후 2시 사이에 주로 요리를 했으며, 태양에서 얻은 열은 요리 온도를 유지하고 화학반응을 촉진시켰다. 늦은 오후 오븐은 가벼운 요리를 할 정도의 열기를 유지했고, 오후 5시에 완성된 요리를 꺼냈다. 맛에 대한 평가는 주관적이지만, 몇몇 미식가들은 180~250°F에서 태양열 오븐에 의해 천천히 조리된 요리가 맛이 더 뛰어났다고 평했다.

그림 11-12의 두 번째 시험에 사용된 오븐은 미국 일리노이주 엘번 소재 Sun Ovens International에서 제작한 오븐이다. 실험 배치 시 오븐에는 32″L × 32″W의 반사판 개구부가 있으며, 이는 15″L × 15″W 정사각형 개구부로 좁아진다. 내부의 깊이는 약 10″이며 모든 면이 단열되었다. 기울기 각도는 고정되지 않았지만 변화하는 태양 방위각 γ에 따라 오븐의 방향을 재배치하면서 하루 동안 태양이 뜨고 지는 것을 따라 각도를 조정했다. 2011년 시험과 비교를 위해 두 번째 시험은 하늘이 맑고 태양이 강한 하지와 가까운 날(2020년 7월 2일)에 실시되었으며 물과 재료의 무게

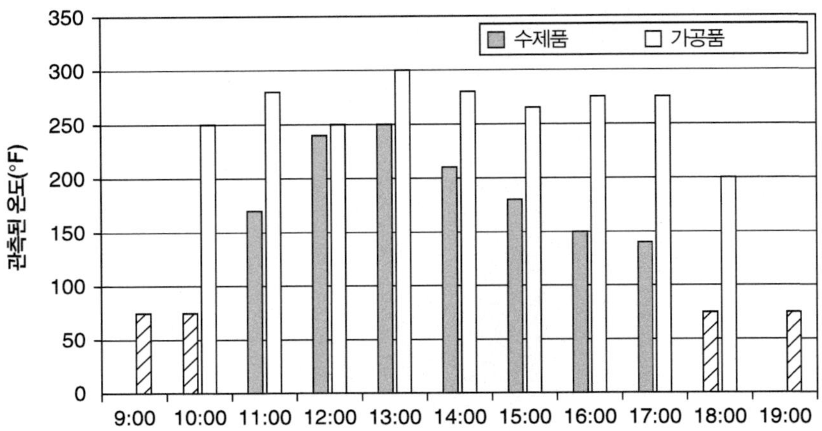

그림 11-12 태양열 요리 시험 중 공기 온도 측정. 2011년 6월 15일 총 중량 12파운드의 캐서롤과 2020년 7월 2일 총 무게 12파운드의 음식 냄비 비교(뉴욕주 이타카).

참고: 빗금 표시 막대는 오븐을 사용하지 않고 온도가 원래 온도로 돌아왔음을 나타낸다(주변 온도, 75°F).

는 동일했다. 오븐 내부 크기에 대한 일사량 비율이 높고 단열 및 밀봉이 우수하여 대량 생산 오븐의 온도가 더 높아지고 음식이 더 빨리 조리되었다. (그러나 두 오븐의 열 성능에 대한 정량적 모델은 시험 범위를 벗어났다.)

두 번째 시험의 수행 시간은 첫 번째 시험보다 길어서 오전 9시에 요리가 시작되어 오후 7시에 끝났다. 오전 9시에 주변 온도 75°F에서 시작하여 온도는 오전 10시에 250°F까지 올라갔고 오후 5시까지 250~300°F 범위를 유지했으며, 해가 지는 늦은 오후인 오후 6~7시에는 온도가 200°F로 떨어졌다. 시험이 종료되고 냄비는 제거되었으며 따라서 오븐의 온도는 주변 온도와 같아졌다. 두 가지 시험을 비교하면 직접 만든 태양열 조리기가 요리에 적절하더라도 정밀하게 제조된 요리 장치를 이용하면 더 높은 온도에서 더 긴 요리 가능 시간을 제공할 수 있어 오븐 소유자가 전체적으로 더 많은 음식을 요리하거나 며칠에 걸쳐 요리를 완료할 수 있음을 알 수 있다. 그러나 일사량이 거의 없을 경우 조리가 불가할 수도 있다.

태양열 요리의 연간 생산성

가정의 전체 식단에 상당한 양의 조리된 음식을 제공하는 태양열 조리기의 능력을 평가하는 수단으로 태양열 조리 생산성을 측정하기 위해 2개의 태양열 조리 오븐을 사용할 수 있는 가구를 대상으로 2012년 봄부터 2014년 가을까지 추적 조사되었으며, 두 개의 오븐은 그림 11-12에 결과가 표시된 시험에 사용된 것과 동일하다. 이 시험은 4월 초부터 10월 중순까지 태양열 요리가 실용적인 온대 기후인 북위 42°의 뉴욕주 이타카에서 수행되었다. 이 시간 외에도 일부 개인은 태양열 조리 장치를 계속 사용하지만 일반적으로 악천후와 충분한 일광 시간 부족으로 인해 태양열 조리가 어려웠다.

시험 기간 동안 단일 요리에 대해 오븐을 사용할 때마다 태양열 요리 이벤트 또는 "실행"으로 기록되었다. 따라서 일광 시간이 충분한 동지 무렵에는 오븐당 2회 실행이 가능하며 하루에 최대 4회 실행이 가능하지만 일반적으로 두 오븐 모두 하루에 0회 또는 1회 실행을 수행했다. 또한 요리 시간에 따라 변환된 에너지의 양을 해석하려는 시도는 없었으며, 요리하는 데 20분이 걸리는 오믈렛이나 하루가 걸리는 캐서롤이나 모두 한 번의 실행으로 계산되었다. 월별 실행 횟수와 월 평균값

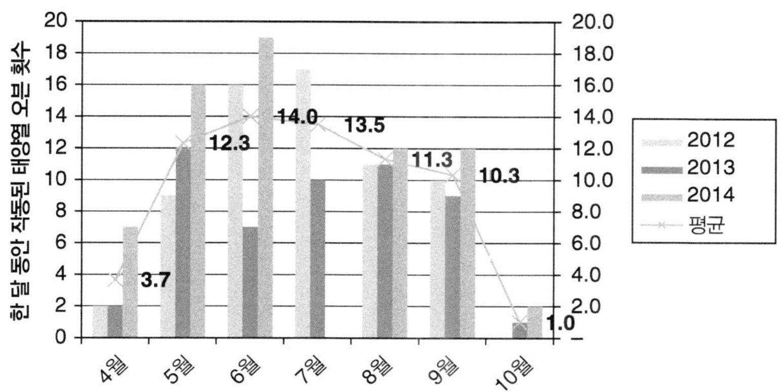

그림 11-13 2012~2014년 뉴욕주 이타카의 오븐 요리 시험기지 2곳에 대한 요리 기간(4~10월) 동안 매달 실행되는 요리 횟수.

참고: "평균" 곡선은 2012년과 2013년만 포함된 7월을 제외하고 월평균 3년 평균 주행.

은 그림 11-13에 표시되었다. 2014년 7월 동안 장치를 사용할 수 없었으므로 그림 11-13에 생산이 표시되지 않았으며 7월 평균 수치는 2012년 7월과 2013년 7월에만 해당된다. 또한 대부분의 날에는 요리하기에 햇빛이 부족했지만, 또 다른 상당 부분의 날에는 햇빛이 충분함에도 불구하고 추가 요리 음식에 대한 수요가 없었기 때문에 오븐을 사용하지 않았다. 이러한 제한에도 불구하고 태양열 조리 생산성은 태양광 PV 패널(그림 10-14) 또는 태양열 온수 시스템(그림 11-7)과 유사한 형태를 따르며, 생산량은 봄에 비교적 적게 시작하여 하지 무렵에 정점을 찍고 가을에 다시 감소한다. 여름철 동안 이 지역의 식단과 다른 지역의 식단은 조리되지 않은 신선한 음식(예: 신선한 샐러드)의 증가로 전환되기 때문에 남은 조리 요구량은 감소하고, 그림 11-13에서 7개월에 걸친 평균 월 생산량의 합이 조리된 65~70개의 요리와 같으므로, 실제로 상당한 기여를 할 수 있다.

11-6 평판형 태양열 집열기의 열전달

11-6-1 태양열 집열기의 에너지 평형

태양열 집열기에서 집열된 사용할 수 있는 열에너지는 태양복사 에너지에서 집열기 유리와 흡수판을 통해 변환된 열량과 대기 중으로 빠져나가는 열량의 차이이다. 이 차이는 작동유체에 전달된 열로 나타낼 수 있다. 정상상태에서 그리고 일반적인 집열판에서의 지배방정식은 다음과 같다.

$$q_u = \tau\alpha I A_{ap} - U_L A_{ap}(t_{ap} - t_a) = mc_p(t_o - t_i) \quad (11\text{-}2)$$

여기서 사용된 기호들은 표 11-1에 나타나 있다.

효율(η)의 정의는 총 태양복사에너지(IA_{ap})를 사용할 수 있는 열로 나눈 값이다.

$$\eta = \tau\alpha - U_L(t_{ap} - t_a)/I \quad (11\text{-}3)$$

실제 설치된 집열판의 부정확한 온도로 인하여 이 수식을 사용하는 데 어려움이 있다. 또한, 집열판의 온도는 균일하지 않으므로 집열판 전체의 평균 온도를 반드시 찾아야 한다는 것을 의미한다.

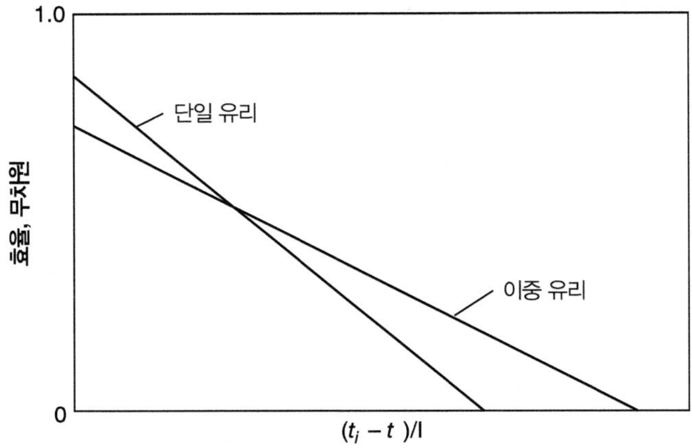

그림 11-14 단일 및 이중 유리, 평판형 태양열 집열기의 효율 그래프.

미국냉동공조협회(ASHRAE)[1]는 집열판 온도를 대체할 수 있는 입구 전송 유체의 온도(이미 계측된 값 또는 축열조 온도로 명시됨)를 사용하도록 허가하여 열 제거 요소(F_R)라고 불리는 실험적인 보정 요소를 적용하는 것을 제안하였다.

$$q_u = F_R(\tau\alpha)IA_{ap} - F_R U_L A_{ap}(t_i - t_a) \tag{11-4}$$

$$\eta = F_R(\tau\alpha) - F_R U_L(t_i - t_a)/I \tag{11-5}$$

집열기 효율 시험에서 실험적으로 수치화된 이 보정계수는 전송 유체 유입 온도 t_i로 표시할 수 있는 집열기 흡수판에서 집열될 수 있는 순열에 대한 실제로 집열된 순열의 비로 나타낼 수 있다. F_R의 값은 저절로 얻을 수 없고 필요하지도 않다. 효율은 $(t_i - t_a)/I$ 범위에서 수집되고 이 장의 뒷부분에 나오는 시스템 분석과 설계에서 사용되는 차단값($F_R\tau\alpha$)과 경사값($F_R U_L$)을 이용하여 구할 수 있다.

일반적인 형식의 효율곡선을 그림 11-14에 나타내었다. 단일 유리 집열기는 더 많은 태양복사에너지를 집열판에 전송하지만, 단열이 잘 되지 않아 주변으로의 열손실이 있다. 그러므로 이러한 것들의 유용 효율곡선은 높은 교차점을 갖지만 기울기가 가파르다. 이와 반대인 경우 이중 유리 집열기이다.

효율곡선을 설명하기 위한 성능 모델은 다음 형식을 따른다. 적합한 규격을 결정하기 위한 최소-제곱 회귀분석으로 결정된 값 β_n을 구하고, 2차식 형태가 통계적으로 중요한지 그리고 큰 접합계수[식 (11-7)]를 제공하는지를 결정해야 한다. 그렇지 않을 경우 식 (11-6)이 사용된다. 선형성은 일반적으로 적절한 가정이다.

$$\eta = \beta_0 + \frac{\beta_1(t_i - t_a)}{I} \tag{11-6}$$

$$\eta = \beta_0 + \frac{\beta_1(t_i - t_a)}{I} + \beta_2\left[\frac{(t_i - t_a)}{I}\right]^2 \tag{11-7}$$

1 ASHRAE = American Society of Heating, Refrigerating, and Air-Conditioning Engineers

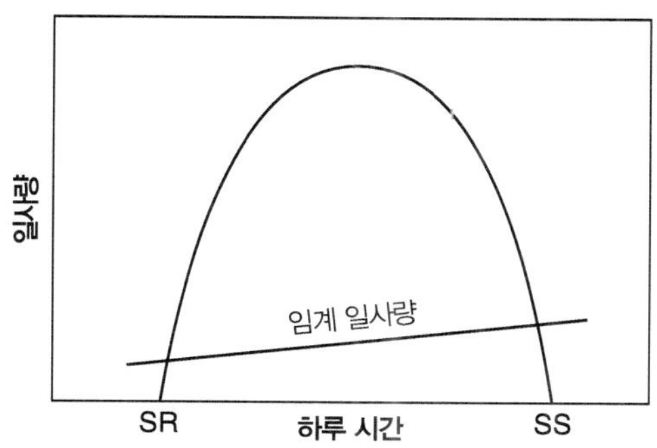

그림 11-15 이상적인 맑은 날 동안 임계 일사량.

주위 공기가 차갑거나 태양 일사량이 적을 경우 효율은 감소한다(x축 절편 아래 작동). 집열기에서 집열 중일 때 열이 더 많이 손실되며, 이는 축열조어서의 손실을 의미한다. 이러한 현상은 태양 고도가 낮은 아침, 낮은 외기 온도, 늦은 오후에 해가 기울었을 때 그리고 낮 동안의 집열 이후에 축열조 온도가 높을 때 발생한다. 이 개념은 '임계 일사량'으로 적용된다. 임계 일사량은 열손실과 열취득이 평형할 때의 일사량값이다.

그림 11-15는 하루 동안 임계 일사량이 어떻게 변화하는지는 보여준다. 임계 일사량 그림을 물리적으로 해석하면 일사량 곡선의 아래 면적은 하루 동안 집열기에서 집열할 수 있는 전체 에너지를 의미한다. 임계 일사량 선 위의 면적은 집열 시간 동안 집열기에서 집열한 순 열량이고, 임계 일사량 선 아래의 면적은 사용 불가능한 열량을 의미한다(주변으로의 손실).

실제로, 임계 일사량 선은 직선이 아니다. 임계 일사량 선은 주변의 공기 온도와 다른 요소들에 의해 결정되며, 일사량은 오후 중간에 가장 높아지고 임계 일사량값은 이 시간 동안에 줄어든다. 전형적인 날의 경우 임계 일사량 선은 중간에서 활처럼 감소한다. 임계 일사량은 보통 하루의 시작과 끝 부분에서 관찰된다. 관찰에 따르면 집열량의 효율이 증가하고 임계 일사량 선이 낮으면 두 가지 이점이 있다. 하루 동안의 에너지 손실이 적어 순 수집 열량이 증가하며, 집열을 빨리 시작하고 늦게 마칠 수 있다.

11-6-2 평판형 및 유리형 태양열 집열기에 대한 시험과 평가 절차

표준시험 절차는 주변 공기의 범위에서 순간적인 효율 계측(일반적으로 정상상태 혹은 거의 정상상태)에 기초한다. 획득 가능한 에너지는 일사량의 총 에너지이다. 유체의 질량 유량, 비열 그리고 온도 변화는 집열기 입구에서 출구로의 정량화된 에너지 집열에 의해 발생한다. 효율은 집열된 열량을 실험장치에서 방사된 열량을 포함한 값으로 나누어 계산한다.

생산 현장에서 임의로 선택된 집열기를 이용하여 열충격 저항 반사, 정적 압력 특성, 집열기를 통한 유체 압력 강하, 집열기의 열시간(thermal time) 상수 등이 추가적으로 측정 및 계산된다. 물을 작동유체로 쓰는 집열기는 보통 ISO 기준에 따라 시험된다. 공기를 작동유체로 쓰는 집열기는 미국냉동공조협회(ASHRAE) 기준에 따라 시험된다. 평가 기관은 수집 및 평가 데이터를 게시할 수 있고, 대부분의 집열기 제조업자는 장치들의 효율곡선을 제시한다.

11-6-3 열교환기 및 축열조

물은 전형적인 액체 기반 집열기 시스템의 열저장 매체로 사용되며, 페블베드(pebble bed)는 공기 기반 시스템의 열저장 매체로 자주 사용된다. 전형적인 유체 축열 시스템은 한편(집열기)에는 유체 흐름이 있으며 반대편(축열조)에는 흐름이 없다. 그림 11-16은 유체 시스템의 열교환기를 보여준다. UA 값은 열교환기의 총 열전달계수이다(A는 열교환 면적, U는 평균 단위 면적당 열전도도). 일반적인 교환기의 표면은 구리관으로 만들어지며, 충분한 열교환 면적을 제공하기 위한 핀을 부착한다. 제조업자들은 작동유체의 유량에 관한 함수를 제시하기 위해 UA 값을 설명서에 표기한다.

집열기에서 나온 물은 따뜻하거나 뜨겁게 저장되고 열교환기를 지나면서 차가워진다. 이상적인 상태에서 순환되는 유체는 가장 낮은 축열 온도로 축열조에서 배출된다. 즉, 가능한 모든 열이 제거된다. 실제 상황에서 이상적인 작동은 큰 열전달 면적 또는 긴 열교환 시간 없이는 불가능하다.

유용도(ε)는 열교환기에서 열교환율이 이상적인 상태에서 얼마나 접근했는지를 나타내는 값이다. 축열조 온도를 t_s, 그리고 순환하는 유체가 들어가는 온도를 t_i, 토출되는 온도를 t_o라고 표현하면 유용도는 다음과 같이 계산할 수 있다.

$$\varepsilon = \frac{t_i - t_o}{t_i - t_s} \tag{11-8}$$

열교환기에서의 흐름이 한 면에서만 이루어진다면 유용도는 식 (11-9)로 표현할 수 있다.

$$\varepsilon = 1 - \exp\left(\frac{-\mathrm{UA}}{mc_p}\right) \tag{11-9}$$

이 방정식은 다른 형태 열교환기의 유용도값을 결정하는 데 사용할 수 있으며, 열전달 책에서 찾아볼 수 있다. 예제 11-1은 유용도가 열교환기의 UA 값에 얼마나 영향을 주는지 보여준다.

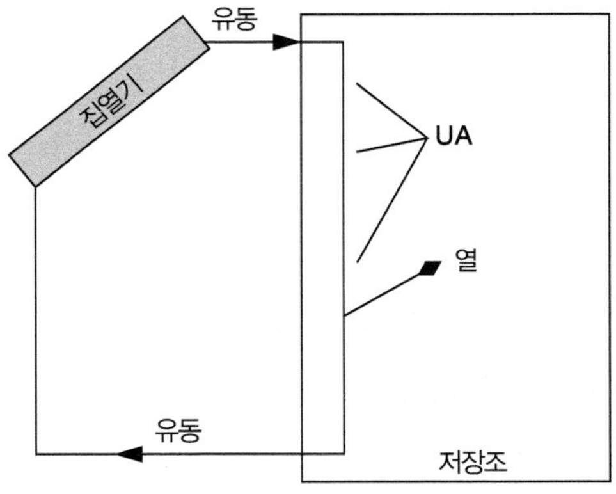

그림 11-16 유체 시스템의 열교환기 개요도.

예제 11-1

그림 11-16과 같이 단방향 열전달 유체를 적용한 열교환기의 유용도를 그래프로 나타내라. 열교환을 통해 흐르는 작동유체의 질량 유량은 0.15 kg/s^{-1}, 열전달 유체의 열용량은 3,500 J/kg^{-1}K^{-1}으로 설정했다. 500~2,500 W/K^{-1} 범위에서 UA를 구하라.

▶ ***풀이***

이 문제를 해결하기 위해 다음과 같이 매트랩(Matlab) 스크립트로 문제에서 제공된 부분을 나열한다.

```
m = 0.15;  % fluid mass flow rate, kg/s
cp = 3500; % capacitance, J/kg-K
UA = 500:100:2500;    % thermal conductance range, W/K
e = 1 - exp(-UA/[m*cp)]; % exchanger effectiveness
plot(UA, e, 'k')
xlabel('UA of exchanger, W/K')
ylabel('Exchanger effectiveness, dimensionless')
```

그림 11-17에는 스크립트 파일의 곡선을 보여준다. 또는 독자는 값을 표시하는 내장된 함수를 사용하여 스프레드시트에서 500~2,500 W/K^{-1} 사이의 유효한 값을 표를 만들고 그래프를 그릴 수 있다. 원근법적인 관점에서 0.15 kg/s의 질량 유량은 보통 10 m^{2}의 태양열 집열기 면적을 필요로 하고, 부동액과 물에서의 유체 열용량은 3,500 W/K으로 제시된다.

11-6-4 시스템 분석에 대한 *f*-차트

대부분의 기후대에서 태양 각도, 일사량, 평균 날씨는 1년 내내 그리고 매일 변한다. 시간 의존적이고 장기적인 태양열 난방 시스템은 이러한 변화에 민감하게 반응해야 하지만 과민하게 반응해서는 안 된다. 한 해 전체를 나타내는 하나의 계산식이 정확하기는 어렵다. 대조적으로, 분 단위의 분석은 시간 혹은 일 단위와 같은 좀 더 긴 시간 기반을 사용하는 분석보다 더 정확할 가능성이 높다.

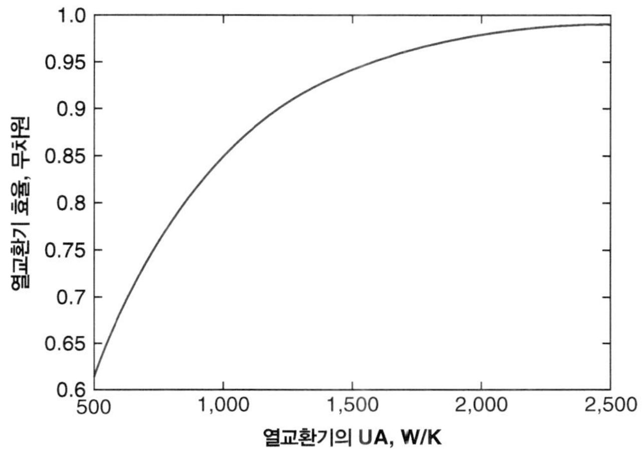

그림 11-17 UA 값에 따른 단방향 열교환기의 효율. 질량 유량은 0.15 kg/s, 유체 비열은 3,500 J/kg^{-1} · K^{-1}이다.

시스템의 컴퓨터 해석은 월 단위로 계산을 적용하여 과도한 계산 시간을 들이지 않고 정확하게 계산할 수 있다. 즉, 일사량과 외기 온도의 과거 평균은 월 단위로 적절하게 일치하지만 더 짧은 기간(예: 매주)에는 일치할 수 없다. 예시된 시스템의 구체적인 해석을 기반으로 한 이러한 관찰은 *f*-차트라 불리는 실용적인 태양열 난방 시스템을 이끌어 낼 수 있다. 매개변수 *f*는 주어진 달의 태양열 시스템에 의해 제공되는 *난방 부하의 예측된 비율*을 나타낸다. 이 방법은 유체 기반 시스템과 공기 기반 시스템 모두에 적용된다.

*f*를 구하기 위해서는 두 개의 매개변수가 필요하다. 하나의 매개변수는 한 달 동안 수집된 태양에너지이다. 다른 하나의 매개변수는 한 달 동안 집열기에서 손실되는 열이다(비록 그대로 사용되지는 않지만 개념적으로 저장된 에너지의 차이를 나타낸다). 각 달에 대한 난방 부하의 값을 표준화하기 위해 각각을 해당 달의 난방 부하로 나누면 값이 표준화되며, 이는 열 요구량에 대한 중요한 관점을 제공한다. 사용되는 매개변수는 일관된 단위와 무차원으로 나타낸다.

$$X = \frac{F_R{}' U_L A_C \Delta t (t_{ref} - \overline{t_a})}{L} \tag{11-10}$$

$$Y = \frac{F_R{}' \overline{\tau\alpha} A_c \overline{H_T}}{L} \tag{11-11}$$

여기서 Δt는 시간 변화이고 다른 기호는 표 11-1에 정의되어 있다.

집열기 시스템을 위한 $F_R{}'U_L$과 $F_R{}'\tau\alpha$의 데이터는 일반적으로 집열기 생산업체에 의해 제공되거나, 독립적인 평가기관에 의해 제시되는 태양열 집열기의 효율 자체($F_R{}'\tau\alpha$, $F_R{}'U_L$)를 통해 얻을 수 있다. $F_R{}'$은 F_R의 값에서 시작하여 집열기와 연결되거나 열저장에 관련된 열교환기 특성에 따라 값이 변경된 후 산출된다. 열교환기는 집열기와 연결된 열교환기, 그리고 축열조와 연결된 열교환기로 나누어지지만 $F_R{}'$는 동일하게 사용된다.

$$F_R{}' = F_R\varphi = F_R\left[1 + \frac{F_R U_L}{Gc_p}\left(\frac{A_c G c_p}{\varepsilon C_{\min}} - 1\right)\right]^{-1} \tag{11-12}$$

여기서, 기호는 표 11-1에 정의되어 있다.

축열조 내에 열교환기가 위치하고 축열조 안에 있는 (핀이 있는) 관을 통해서 집열기와 연결되어 유체가 흐른다고 가정하면(다음 장에서 자세히 설명) $F_R{}'$의 계산은 단순해진다.

$$F_R{}' = F_R\varphi = F_R\left[1 + \frac{F_R U_L}{Gc_p}\left(\frac{1-\varepsilon}{\varepsilon}\right)\right]^{-1} \tag{11-13}$$

'φ' 값은 기본값으로 0.95로 가정한다. 하지만 이는 불필요한 근사치인데, 축열조 사용에 대한 정보 없이 평가하지 않기 때문이다.

$\tau\alpha$ 값은 반드시 보정되어야 한다. 태양열 집열기의 효율곡선은 일반적으로 직접적인 수직조사를 기반으로 한다. 집열기가 2차 자유도 추적 장치에 탑재되어 있지 않으면 흡수판에 수직으로 조사되지 않을 것이다. 조사가 기울기 각도에 도달했을 때 투과율과 흡수판의 흡수계수는 다소 작아진다. 간단하지만 비교적 정확한 근사는 하루 평균을 나타내는 값을 얻기 위해 집열기 효율 곡선의 y 절편에 0.93을 곱할 것이다.

$$F_R{}'\,\overline{\tau\alpha} = 0.93F_R{}'\tau\alpha \tag{11-14}$$

컴퓨터 프로그램 TRNSYS (Tansient System Simulation)를 이용하여 대규모 컴퓨터 시뮬레이션은 Y축은 0~3, X축은 0~18의 범위에서 f값을 제공한다. X와 Y의 함수로 f에 대한 회귀분석(단, X와 Y의 회귀 범위 내에서 유효)은 액체 및 공기 기반 시스템을 위한 별도의 식을 도출한다.

$$\text{액체:} \quad f = 1.029Y - 0.065X - 0.245Y^2 + 0.0018X^2 + 0.0215Y^3 \tag{11-15}$$

$$\text{공기:} \quad f = 1.040Y - 0.065X - 0.159Y^2 + 0.00187X^2 - 0.0095Y^3 \tag{11-16}$$

유체의 유량 및 축열조의 크기가 집열기의 성능에 영향을 미친다. 이론적으로 이송 유체의 높은 유속은 집열기 효율을 높여준다. 그러나 집열판의 단위 면적에 기초한 액체 기반 시스템에서 유량이 대략 0.015 L $s^{\approx 1}m^{\approx 2}$를 초과하면 높은 유량의 이점은 점점 감소한다. 공기 기반 집열기의 최적 유동은 일반적으로 약 10 L $s^{\approx 1}m^{\approx 2}$에서 최고값을 가진다. 집열기 평가표는 집열기 효율곡선에 적용되는 실제 유량을 포함하고 있다.

최적의 축열조 크기는 물을 기준으로 50~100 L 범위 또는 공기 기반 시스템에 대한 페블 기준 0.25 m^3 범위에서 거의 변화가 없는 평평한 곡선을 나타낸다.

그림 11-18은 각각이 다양한 매개변수(F_R, $G\ c_p$ 등)의 값을 동일하게 하여 액체 및 공기 기반 집열기에서의 높은 f값과 낮은 f값을 가지는 두 개의 식을 비교했다. 액체 및 공기 기반 집열기는 동일한 작동 조건에서 동일한 매개변수값을 가질 가능성이 낮으므로 그래프는 집열기의 두 가지 유형의 집열기 효과 비교에 적합하지 않다. 거기다 그래프의 역할은 2개의 f값 수식을 비교하여 결과를 보여주는 것이다. 모든 조건이 동일한 조건에서, 공기를 운송 유체로 사용한 집열기의 성능은 액체를 사용한 집열기 성능보다 낮게 나타났다.

f값에 대한 식은 직접 스프레드시트 또는 컴퓨터 프로그램을 사용하여 분석하는 데 유용하다. 그림 11-19와 그림 11-20으로 나타낸 식은 X와 Y의 별도 계산을 필요로 하고, f의 대응값은 X 및 Y 값의 교차점에 있는 그래프로부터 직접 해석할 수 있다.

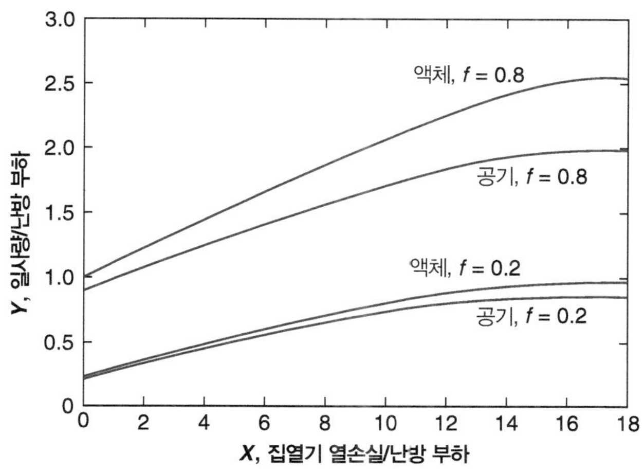

그림 11-18 액체 및 공기 태양열 집열기의 f값 비교.

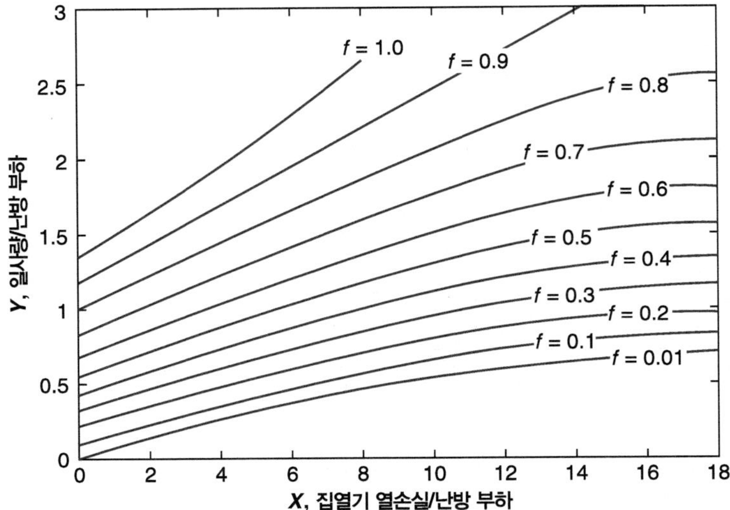

그림 11-19 액체 시스템의 f-차트.

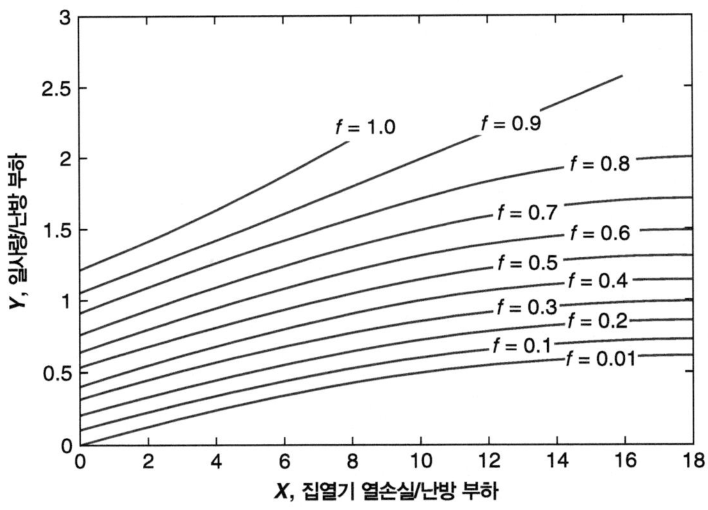

그림 11-20 공기 시스템의 f-차트.

예제 11-2

수평에서 45°로 기울어진 남쪽 방향, 액체 기반 태양열 집열기에서 기후에 관한 변수값이 주어질 때 3월 동안의 열에너지를 계산하라. $\overline{t_a} = 6°C$, $\overline{H}$ =12 MJ m^{-2}, $\overline{K_t} = 0.62$, 지면 반사율 = 0.2, 지역의 위도는 북위 38°이다. 열교환기/태양열 집열기의 매개변수는 다음과 같다. 열교환기 효율 = 0.7, 유체 비열 c_p = 3,500 J/kg$^{-1} \cdot$ K^{-1}, 이송되는 유체 유량 G = 0.014 kg/s^{-1} m^{-2}, F_RU_L = 3.5 W/m$^{-2} \cdot k^{-1}$, $F_R\tau\alpha = 0.88$, 집열기 면적 = 10 m^{2}이다.

월별 난방 부하(가정용 온수)는 2,500 MJ로 계산하고, 일수는 3월 16일부터 75일(윤년일 경우 3월 15일부터), 그리고 월평균으로 나타낼 수 있다.

▶ **풀이**

첫 번째 단계는 9장에 나와 있는 계산 방법의 단계별 순서에 따라 기울어진 집열기에서 하루 동안의 평균값을 산출하는 것이다. 이 예에서 각도가 '도(°)' 단위로 표시된다. 태양 편각 δ는 식 (9-4)를 통해 구할 수 있다.

$$\text{태양 편각 } \delta = 23.45° \sin\left[\frac{360}{365}(284+75)\right] = -2.4°$$

다음으로 δ와 위도 L을 식 (9-26)에 사용하여 일몰 시간 ω_s을 계산한다. 날짜가 추분과 춘분 사이에 속하므로 경사 β를 고려하지 않는 간단한 버전을 사용하였다.

$$\omega_s = \cos^{-1}[-\tan(38)\tan(-2.4)] =\sim 88°$$

다음으로 식 (9-27)은 두 개의 중간 변수인 분자와 분모를 사용하였다.

$$\text{분자} = \cos(38-45)\cos(-2.4)\sin(88) + \left(\frac{\pi}{180}\right)(88)\sin(38-45)\sin(-2.4) = 0.9990$$

$$\text{분모} = \cos(38)\cos(-2.4)\sin(88) + \left(\frac{\pi}{180}\right)(88)\sin(38)\sin(-2.4) = 0.7469$$

$$\bar{R}_b = \frac{\text{분자}}{\text{분모}} = \frac{0.9990}{0.7469} = 1.3375$$

식 (9-22)는 전체 일사량에 대한 확산율을 제공한다.

$$\frac{\bar{H}_d}{\bar{H}} = 1.39 - 4.03(0.62) + 5.53(0.62)^2 - 3.11(0.62)^3 = 0.2759$$

다음으로, 식 (9-28)에 값을 대입한다.

$$\bar{R} = (1-0.2759)1.3375 + \frac{0.2759[1+\cos(45)]}{2} + \frac{0.2[1-\cos(45)]}{2} = 1.2332$$

식 (9-29)를 사용하여 일일 총 일사량을 구할 수 있다.

$$\bar{H}_t = \bar{H} \cdot \bar{R} = (12)(1.2332) =\sim 14.8 \text{ MJ m}^{-2}$$

추가로, $\bar{H}_t$의 세 가지 구성 요소(직접, 확산, 반사 일사량)는 11.6, 2.8, 0.4 MJ m^{-2}이며 각각 $\bar{R}$에 대한 기여에 해당한다.

다음으로, F_R을 F'_R로 수정한 다음 식 (11-13)과 식 (11-14)를 사용하여 $F'_R U_L$과 $F'_R \overline{\tau\alpha}$를 구할 수 있다.

$$F'_R = F_R\left[1 + \frac{F_R U_L}{G c_p}\left(\frac{1-\varepsilon}{\varepsilon}\right)\right]^{-1} = F_R\left[1 + \frac{3.5}{0.014(3500)}\left(\frac{1-0.7}{0.7}\right)\right]^{-1} = 0.97 F_R$$

$$F'_R / F_R = 0.97$$

$$F'_R U_L = F_R U_L \left(\frac{F'_R}{F_R}\right) = 3.5 \times 0.97 =\sim 3.4$$

$$F'_R \overline{\tau\alpha} = 0.93 F_R \tau\alpha \left(\frac{F'_R}{F_R}\right) = 0.93 \times 0.88 \times 0.97 =\sim 0.79$$

X와 Y는 각각의 분모에 2.5×10^9 J을 사용하여 구할 수 있다.

$$X = \frac{(3.4)(10)(86{,}400)(31)(100° - 6°)}{2.5E9} = 3.42$$

$$Y = \frac{(0.79)(10)(14.8E6)(31)}{2.5E9} = 1.46$$

주어진 f는 다음의 식으로 계산된 값이다.

$$f = (1.029)(1.46) - (0.065)(3.42) - (0.245)(1.46^2) + (0.0018)(3.42^2) + 0.0215)(1.46^3) = 0.84$$

이 예에서는 매일 수집된 평균 열에너지는 (0.84)(2,500 MJ) = 2,100 MJ로 동일하다.

이 예제는 시스템을 분석하고 에너지의 상승을 예측하고 있다. 에너지에 이익성을 계산하기 위해 1년간 각 달의 이익을 모든 달에 대해 분석하면 연간 이익과 태양열 시스템의 1년간 소유 비용을 서로 비교할 수 있다. 이러한 단계는 스냅사진과 같은 시스템 설계의 프로세스를 보인다. 예제 11-3은 분석 시스템 설계의 예이다.

순현재가치(net present value: NPV) 분석은 투자 기간 동안 들어간 비용, 이익, 돈의 시간가치에 대한 경제적 평가 방법으로 제안되고 있다. 비록 정확하거나 미묘하지는 않지만, 연간 할부 상환으로 기초해 계산된 소유 비용은 또 다른 방법으로 접근할 수 있다. 그리고 예제 11-3을 통하여 간단하게 사용할 수 있다. 좀 더 상세한 결제 분석은 독자들의 몫이다.

11-6-5 시스템 설계를 위한 *f*-차트

필요한 열량을 얻기 위하여 최적의 태양열 집열기 시스템의 크기를 결정하는 수많은 규칙이 제시되고 있다. 기후, 필요한 열, 비용 및 시스템 구성 요소 특성의 차이로 인해 어느 것도 광범위한 특성을 모두 적용할 수 없다. *f*-차트 접근을 사용한 분석 방법의 확대는 구체적이고, 지역적 조건에 따라 최적의 시스템을 제시한다. 그러한 방법은 확장된 예제를 통해 제시된다. 순환식 열 시스템을 통한 공간 열전달 또는 열교환기를 사용하는 강제 가열 공기는 포함될 수 있지만, 이번 예제에서는 난방을 위한 가정의 급탕 부하만을 고려한다.

▶ 예제 11-3

캘리포니아주 새크라멘토 지역의 최적의 태양열 집열기 시스템의 크기를 설계하라. 그리고 연평균 제공되는 유용한 에너지양과 그것의 금전적 가치를 계산하라. 태양열 가열 시스템은 가정용 온수만 제공할 것이다. 다음과 같은 평가 데이터를 통하여 태양열 집열기를 고려할 수 있다: $F_R U_R = 4.57\ \mathrm{W/m^{-2} \cdot K^{-1}}$, $FR\tau\alpha = 0.737$. 집열기는 경사 각도는 위도보다 +5°이고, 종종 연간 최적의 성능을 위해 선택되며, 새크라멘토 기준 수평에서 43°이다. 각각의 집열기의 면적은 2 m^2이다.

사용을 위해 계획하는 축열조 내부의 열교환기의 유용성은 0.75로 예측한다. $G = 0.014\ \mathrm{kg/s^{-1} \cdot m^{-2}}$, $c_p = 3{,}500\ \mathrm{J/kg^{-1} \cdot K^{-1}}$로 열전달 유체를 나타낼 수 있다. 축열조는 50 $\mathrm{L/m^{-2}}$이고 집열기 면적에 기초한다. 이는 제안된 범위 50~100 $\mathrm{L/m^{-2}}$보다 작으나 새크라멘토의 태양 기후는 거의 매일 일정하기 때문에 많이 선호하지 않는 큰 축열조를 설계할 수도 있다.

비용의 예상 견적은 집열기 모듈당 750달러이고, 펌프, 배관, 제어장치 등에 2,500달러이다. 그리고 열교환기가 포함된 축열조는 리터당 2달러이며, 전기를 통한 물 가열은 kWh당 0.16달러이다.

4명의 가족을 위해 설계되었고, 6월부터 9일까지는 한 명의 성인이 추가된다. 매일 가정에서 사용하는 물을 합리적으로 예측하라. 물의 비열은 4,180 $\mathrm{J/kg^{-1} \cdot K^{-1}}$이다. 북위 38.5°에 집이 위치되어 있다. 새크라멘토의 기상 데이터는 표 11-2에 있다. 새크라멘토는 눈이 거의 내리지 않으며, 거의 얼지 않는다. 모든 달 동안 지상의 반사율은 0.2로 가정하라.

NPV 분석은 이 예제의 범위를 벗어난다. 해석 방법을 단순화하기 위해, 설치비용은 연간 설치비용의

표 11-2 미국 캘리포니아주 새크라멘토 지역의 기상 데이터

월	1월	2월	3월	4월	5월	6월
$\bar{H}$, MJ m^{-2}	6.92	10.7	15.6	21.2	25.9	28.3
$\bar{K}_t$	0.42	0.49	0.54	0.60	0.65	0.67
$\bar{t}_a$,°C	7.3	10.4	12.0	14.6	18.5	22.0
월	**7월**	**8월**	**9월**	**10월**	**11월**	**12월**
$\bar{H}$, MJ m^{-2}	28.6	25.3	20.5	14.5	8.63	6.24
$\bar{K}_t$	0.70	0.68	0.66	0.60	0.48	0.42
$\bar{t}_a$,°C	24.3	23.9	21.9	17.9	11.8	7.4

출처: WBAN 데이터, 국립 재생에너지연구소(NREL).
URL: http://rredc.nrel.gov/solar/old_data/nsrdb/bluebook/data/23232.SBF. 2011년 8월 접속.

12%씩 분할 상환된다. 즉, 대출 상환이나 재산세, 유지 · 보수 및 운영비용 등의 합을 고려한 값이 설치비용의 12%에 해당한다. 또한 단순화를 위해 세금공제/공제 및 다른 할인 등은 12% 값에 이미 포함되었다고 가정한다.

▶ ***풀이***

두 가지 예비 계산값을 통해 각 달에서의 난방 부하 및 집열된 에너지의 금전적 가치를 결정한다. 가열 부하는 1인당 매일 15~55℃로 가열되는 온수 100 L를 사용한다고 가정한다. 급수 본관(water main)에서의 물의 평균 온도는 보통의 이 지역의 연평균 온도와 같으며, 새크라멘토에서는 약 15℃이다. 물 가열을 위한 설정 온도는 종종 60℃이지만, 이는 인간에게 있어 고통을 주는 온도이다. 온도를 낮추면(예를 들면 50℃), 열손실이 적고 집열기 전체의 효율이 약간 증가할 것이다. 타협책으로 55℃를 가정하기로 한다. 1인당 매일 필요로 하는 온수는 다음과 같다.

$$(100\ \mathrm{L})(1\ \mathrm{kg\ L^{-1}})(4180\ \mathrm{J\ kg^{-1}\ K^{-1}})(55°\mathrm{C} - 15°\mathrm{C}) = 16.7\ \mathrm{MJ}$$

축열조 손실로 집열된 에너지의 일부를 잃는다. 회수한 열 중 25%가 관이나 축열조에서 손실된다고 가정한다. 이처럼 1인당 요구되는 온수에 16.7 MJ/0.75 = 22.3 MJ/day^{-1}의 총 집열 열량이 필요하다. 이러한 가정에 기초하여 달마다 필요한 열량은 표 11-3에 제시되어 있다.

기존의 에너지비용: 구입한 에너지(전기적 에너지로 가정)의 kWh당 비용은 0.16달러이며, 3,6 MJ를 제공한다. 전기 난방은 100% 효율(저항 가열)이라고 가정한다. 따라서 열(기존 또는 태양)의 각 GJ 값은 $(10^9/(3.6\times10^6))$(0.16달러) = 44.44달러이다.

집열기 면적을 알고 있다면 앞에서 제공된 데이터로 f-값과 그 해의 매달 절약되는 에너지를 충분히 계산할 수 있지만, 최적의 면적은 알려지지 않았다. 이를 찾기 위해 순차적으로 면적을 분석하고 최적의 면적을 선택해야 한다. 폐쇄적인 형태의 방식은 이용할 수 없다. 과정은 매트랩과 같은 컴퓨터 언어 또는 스프레드시트를 사용하여 계산할 수 있지만, 여기서는 스프리드시트에서 응용할 수 있는 표 종류를 이용

표 11-3 예제 11-3의 온수 공급을 위한 매달 열손실(GJ)

월	1월	2월	3월	4월	5월	6월
GJ	2.76	2.50	2.76	2.68	2.76	3.34
월	**7월**	**8월**	**9월**	**10월**	**11월**	**12월**
GJ	3.46	3.46	3.34	2.76	2.68	2.76

하였다.

첫 번째 단계는 해당 연도의 각 집열기에 대한 평균 일일 일사량을 결정하는 것이다. 9장에서 상세하게 설명한 절차를 사용하고 표 11-2의 데이터를 기초로 하여 남쪽 방향으로 기울기가 43°로 설치된 태양열 집열기에서 일사량을 계산하여 표 11-4의 데이터를 구할 수 있다.

X와 Y의 값은 집열기 면적에 따라 차이가 난다. 간략하게 표시하기 위해서, X/A와 Y/A는 각각 계산되어 표 11-5에 제시되었다. 각각의 집열기 면적에서 X와 Y의 값을 선택하기 위해, 표 11-5에 별도로 면적(m^2)을 곱하여 매달 f-값을 사용하여 계산했다. 예를 들어, 시스템은 4개의 집열기를 사용하였으며 전체 면적은 8 m^2이고, 각각의 X ,Y 그리고 f 데이터는 표 11-6에 제시되어 있다.

표 11-6은 하나의 집열기 배열에 대한 데이터가 포함되어 있다(4개의 집열기 전체 면적은 8 m^2이다). 매년 집열기에서 제공되는 에너지는 매달 절약된 에너지의 합인 23.66 GJ이고, 이는 GJ당 44.44달러의 가치와 같으며 전체 금액은 1,050달러와 동일하다. 다른 면적에 대해서도 계산하여 비교해야 한다. 이를 위해 2~8개의 집열기를 고려한 4~16 m^2의 면적을 갖는 데이터를 표 11-7에 제시했다.

마지막 계산은 표 11-7에 제시된 비교된 이윤을 적용하여 집열기 배열의 연간 비용을 계산한다. 표 11-8에 제시된 비용 데이터에서 매년 12% 감가상각될 때 문제에서 설명된 예상 비용을 고려해야 한다.

표 11-8의 마지막 열에는 가장 중요한 데이터인 연간 순수익을 보여준다. 데이터는 그림 11-21과 같이

표 11-4 캘리포니아주 새크라멘토 지역에 설치된 남향 43° 집열기에서의 하루 평균 일사량(MJ/m^2)

월	1월	2월	3월	4월	5월	6월
$GJ/m^2 \cdot day$	11.49	15.63	19.08	21.34	22.53	22.88
월	**7월**	**8월**	**9월**	**10월**	**11월**	**12월**
$GJ/m^2 \cdot day$	23.74	23.88	23.61	20.63	14.25	10.91

표 11-5 예제 11-3에 대한 X/A와 Y/A의 평균 계산값

월	1월	2월	3월	4월	5월	6월
X/A	0.398	0.385	0.378	0.367	0.350	0.268
Y/A	0.086	0.116	0.142	0.159	0.168	0.136
월	**7월**	**8월**	**9월**	**10월**	**11월**	**12월**
X/A	0.260	0.261	0.268	0.353	0.379	0.398
Y/A	0.142	0.142	0.141	0.154	0.106	0.081

표 11-6 예제 11-3에 대한 매달 X, Y, f-값과 8 m^2 집열기에서 제공되는 GJ

월	1월	2월	3월	4월	5월	6월
X	3.19	3.08	3.02	2.93	2.80	2.14
Y	0.685	0.932	1.14	1.27	1.34	1.09
f	0.408	0.581	0.705	0.782	0.824	0.728
절약된 GJ	1.13	1.45	1.95	2.09	2.28	2.43
월	**7월**	**8월**	**9월**	**10월**	**11월**	**12월**
X	2.08	2.09	2.15	2.82	3.03	3.18
Y	1.13	1.14	1.13	1.23	0.850	0.651
f	0.755	0.758	0.748	0.766	0.530	0.383
절약된 GJ	2.61	2.62	2.50	2.12	1.42	1.06

표 11-7 예제 11-3에서의 태양열 집열기 배열에 따라 절약되는 에너지 및 이에 상응하는 수익

면적(m^2)	연간 GJ	연간 수익
4	13.84	U.S. $615
6	19.21	U.S. $854
8	23.66	U.S. $1,050
10	27.29	U.S. $1,210
12	30.15	U.S. $1,340
14	31.83	U.S. $1,410
16	32.52	U.S. $1,450

그래프화할 수 있다. 여기서 집열기 면적의 증가에 따른 설치비용의 꾸준한 증가로 인해 최적의 집열기 배열 크기는 12 m^2 또는 집열기 6개로 나타났다.

최종 결과: 태양에너지 주택의 설계에 대한 예제는 상대적으로 간단하게 제시되었지만, 실제에서는 극히 드물며, 다음과 같은 중요한 고려사항을 포함하고 있다.

1. 매년 바뀌는 날씨와 예제에서 사용된 매개변수는 과거 데이터에서 가지고 왔다. 이러한 데이터가 미래에도 동일하게 적용된다는 보장은 없다. 지역화된 기후변화는 이윤을 증가 또는 감소시킬 수 있다. 지역발전은 환경오염과 일사량 변화를 유발시킬 수 있다(또는 낙관적으로 공기오염에 대한 엄격한 제어로 공기오염을 감소시키고 일사량을 증가시킬 수 있다). 주변의 큰 나무는 하루 중 몇 시간 동안 집열기를 가릴 수 있으며, 주변에 높은 건물이 들어서도 동일하게 집열기를 가릴 수 있다.
2. 1인당 하루 온수 사용량은 현재 미국 평균 사용량의 절반으로 가정한다. 간단한 절수 방법으로 물 사용량을 더욱 줄일 수 있다. 에너지 보존의 예상치 못한 결과는 현재 상황의 경제적 반환에 기반한 태양열 집열기 배열을 매력적이지 않도록 만들 수 있다. 이는 보존을 매우 엄격하게 시행하는 것에 기반한 신재생에너지에 대한 시나리오에 관한 사례가 될 수 있다. 수요가 적다면 절약도 적을 것이고, 신재생에너지 시스템으로 얻는 금전적 이익도 사라질 것이다. 이는 손실의 부정적 측면이 아닌 다른 방법으로 에너지를 절약할 수 있다. 에너지 보존은 최소한 에너지 수요에 의한 신재생에너지 자원 사용으로 표현할 수 있다.
3. 가정된 비용들은 오직 예제에서만 사용되며 현재 또는 미래에 반드시 적용된다고 가정할 수 없다.

표 11-8 예제 11-3에서의 태양열 집열기 배열에 따른 시스템 설치비용과 12%의 연간 이익 그리고 순이익

면적 (m^2)	집열기	축열조	기타	총액	연간 이익	순이익
4	U.S. $1,500	U.S. $400	U.S. $2,500	U.S. $4,400	U.S. $528	U.S. $87
6	U.S. $2,250	U.S. $600	U.S. $2,500	U.S. $5,350	U.S. $642	U.S. $212
8	U.S. $3,000	U.S. $800	U.S. $2,500	U.S. $6,300	U.S. $756	U.S. $295
10	U.S. $3,750	U.S. $1,000	U.S. $2,500	U.S. $7,250	U.S. $870	U.S. $343
12	U.S. $4,500	U.S. $1,200	U.S. $2,500	U.S. $8,200	U.S. $984	U.S. $356
14	U.S. $5,250	U.S. $1,400	U.S. $2,500	U.S. $9,150	U.S. $1,098	U.S. $317
16	U.S. $6,000	U.S. $1,600	U.S. $2,500	U.S. $10,100	U.S. $1,212	U.S. $233

기술 발전, 생산에서의 원가 절감, 세금 공제, 신용상환, 공제 프로그램, 그리고 변화하는 세계 경제는 장비 비용과 인건비에 큰 차이를 가져올 수 있다. 그러나 예제에서 분석 과정은 여전히 적용될 것이다.

4. 예제에서는 한 가구만 가정하여 진행하였다. 보다 명확한 분석은 가정된 범위 안에서 무작위로 변화할 수 있고 재계산이 가능한 변수를 활용하는 몬테카를로 시뮬레이션을 사용할 수 있다. 많은 수에 대한 시뮬레이션 결과(예를 들어, 최소 100이고 500이면 더 좋다)는 발생 확률과 관련하여 최적의 이익과 실현 가능 이익의 범위를 보여주기 위한 누적 확률 그래프를 사용할 수 있다. 명백하게 컴퓨터 프로그램을 사용하여 이 작업을 수행하는 것이 스프레드시트를 사용한 것보다 더 좋다.

5. 열교환기의 예상 비용은 크기에 따라 단조롭고 지속적으로 증가한다. 이러한 경향은 변하지 않는다. 사용 가능한 각각의 축열조/열교환기 단위는 일부 배열 크기에 적합할 수 있으며 설치비용은 좀 더 나중의 문제가 된다. 설치비용은 일정하게 유지되지 않으며 집열기 설치 개수가 증가함에 따라 할인되는 가격도 증가할 것이다.

6. 전기 산업이 시간대별 요금 구조로 전환됨에 따라 가정에서 사용하는 전기 온수의 비용을 결정하는 것은 더욱 힘들어진다. 고용량 온수 저장탱크의 선호는 태양열 시스템의 성능을 향상시키는 것보다 최저 가격 시간대에 기존의 에너지를 사용해 물을 가열하는 것이 가격대가 높은 시간을 위해 저장하는 것이 매력적인 방법으로 여겨지기 때문이다.

7. 설계된 예제는 설치된 태양열 집열기 시스템의 경제적 가치에 중점을 두었다. 대부분의 사람들은 이러한 지표와 연관되어 있다. 하나의 대안은 에너지 난방시스템에 연간 유입 에너지(펌프 작동, 시스템 유지 · 보수 등)와 절약된 에너지를 포함하는 것이다. 그리고 연간 순절약보다 순에너지 수명주기에 기반을 두어서 설계한다. 물론 이러한 방법은 좀 더 복잡한 분석법이지만, 수명주기 분석은 적용 가능한 지식 분야이다.

8. 공간 난방을 위한 공기 기반 태양열 집열기 시스템과 액체 기반 태양열 시스템은 동일한 절차로 이 예제에서 설계되었다. 공간 난방 분석을 위해 매일 지역난방 데이터를 기반으로 매달 열손실값을 계산해야 한다.

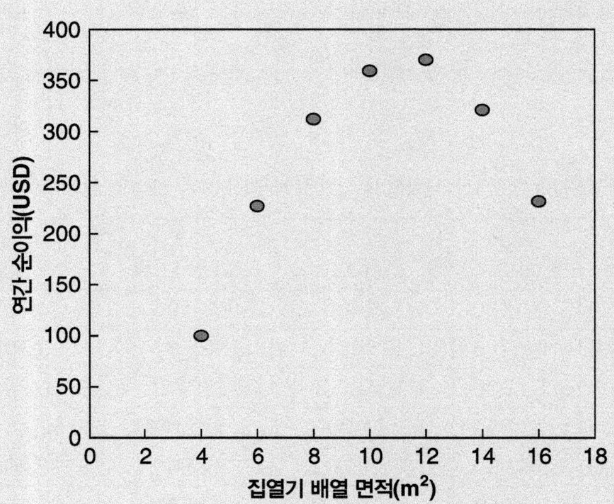

그림 11-21 예제 11-3의 태양열 집열기 시스템 설계에 따른 연간 순이익.

11-6-6 태양열 집열기 배열과 열교환기 조합의 최적화

축열조와 연결된 태양열 집열기 배열을 액체 기반 시스템의 열교환기에 결합시키는 것은 상대적 비용에 의해 결정된다. 집열기가 축열조에 대해 상대적으로 비싸다면 최적의 조합은 높은 UA 값을 가지는 열교환기를 선택하는 것이며, 반대 또한 가능하다. 집열기와 열교환기의 한계비용을 근거로 최적의 조합을 찾을 수 있다. 만약 C_c가 집열기 면적을 더하는 한계비용이라면, C_{UA}는 열교환기 용량을 더하는 한계비용이고, 열교환기 면적과 집열기 면적의 UA 값을 적용하여 최적의 비율을 결정하는 것이 필요하다. 열교환을 위한 UA와 수집기 면적 간의 최적 비율을 추정하기 위해 다음 사례가 제시되었다. 여기에 사용된 기호들은 이전에 사용된 것과 같다.

$$\frac{UA}{A_c} = \sqrt{\frac{F_R{}'U_L C_C}{C_{UA}}} \tag{11-17}$$

이는 태양열 설계 예제(예제 11-3)에 적용될 수 있으며, 다음과 같은 방법으로 제시된다. 제시된 집열기의 비용은 각 모듈당 750달러이고 각각의 면적은 2 m^2이다. 따라서 C_c = \$375/m^{-2}이다. $F_R{}'U_L$의 값은 4.57 W m^{-2} K^{-1}이다. 일반적인 축열조는 1,500 W/K^{-1}의 UA 값을 갖고 600달러 정도에 생산업체들에 의해 판매된다. C_{UA} = \$600/1,50C = \$0.4/W K^{-1}이며, 이 결과를 UA/A_c 비율에 넣으면 다음과 같다.

$$\frac{UA}{A_c} = \sqrt{\frac{(4.57)(375)}{\$0.40}} = 65\ W\ K^{-1} \tag{11-18}$$

12 m^2의 집열기 배열을 가지며 최적화된 열교환기 용량일 경우, UA = (12)(65) = 780 W/K^{-1}이다.

같은 설계의 다른 크기의 열교환기에서 U 값은 상대적으로 일정하다. 따라서 열교환기 면적은 집열기 배열 크기가 증가함에 따라 반드시 증가한다. 축열조 크기 또한 증가한다. 그러나 생산라인은 사용 가능한 단위에 따라 종종 생산이 제한되는데, 이는 집열기 배열 면적을 예측할 수 없어 정확한 매칭을 할 수 없기 때문이다.

11-6-7 공기 집열기용 페블베드 축열조

공기 집열기는 보통 공간 난방에 사용되지만 태양열 가용 시간은 필요한 시간대와 일치하지 않을 수 있다. 특히 가을과 봄의 경우 열은 오로지 밤 시간에만 필요하다. 따라서 사용의 가용성과 필요성의 비동기성을 가지기 위해서는 축열조를 필요로 한다.

공기는 낮은 열저장 매개체이다. 반면 물은 저장 매개체로 좋지만, 열교환기 표면을 통해 공기에서 물로의 열전환은 공기 측면에서 비효율적이고, 큰 교환기 면적을 필요로 한다. 널리 사용되는 방법은 균일한 크기의 돌이 들어 있는 잘 단열된 박스에 태양열을 보관하는 것이다(그림 11-22). 상자는 나무틀, 콘크리트, 철, 콘크리트 블록 또는 다른 튼튼한 재질로 만들 수 있다. 태양열로 따뜻해진 공기는 팬을 통해 아래 방향(수직 공기 흐름)으로 암반을 통과하게 된다. 상자의 윗부분과 돌의 윗부분 사이에 플레넘(plenum)이 포함되어 있다. 공기의 흐름이 돌들을 통과할 때 공기의 열을 돌에 제공하고 저장조의 하단망에 있는 두 번째 플레넘을 통과한다. 밤에는 공기의 흐름이 바뀌고, 방 안의 차가운 공기가 돌에 의해 끌어올려지므로, 저장된 열을 제공할 수 있다.

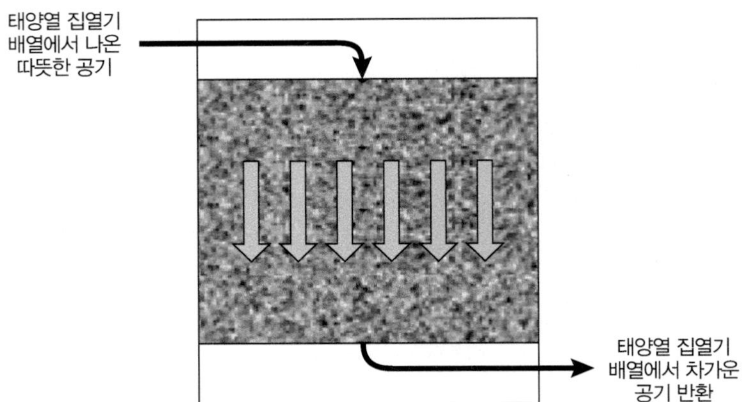

그림 11-22 페블 축열조에서 수직으로 통과하는 공기의 흐름을 나타낸 단면도.

돌의 체적 열용량은 대략적으로 물의 절반 정도이지만 돌이 충분히 작을 경우 돌의 면적은 넓은 열교환기와 같은 면적을 제공할 수 있다(열교환기는 UA 값으로 특성 지어짐을 상기하라). 과거에는 열저장을 위하여 '주먹 크기'의 돌이 자주 사용되었다. 그러나 작은 돌일수록 같은 열 질량 용량에 비하여 현저하게 큰 열교환 면적을 제공하며 짧고 급격한 냉/난방을 제공한다. 작은 돌일수록 넓은 표면적을 갖는다. 돌들이 균일한 크기일 때 작은 돌에 의해 거의 30%의 다공성을 제공한다. 예를 들어, 돌 크기는 다음과 같은 표준을 따르고 있다. (1) 돌들은 일반적으로 6~12 mm이며 25 mm보다 크지 않다. (2) 돌들은 일반적으로 12~ 25 mm이며 50 mm보다 크지 않다. 등급이 매겨진 돌들은 반드시 공기의 유동이 페블베드 저장장치를 지나갈 만큼 충분한 다공성이 보장되어야 한다. 매끄러운 강가의 돌들은 다음과 같은 이유로 깨진 돌보다 더 선호된다. 강가의 돌들은 충분한 다공성을 보장한다. 돌에 먼지나 모래가 있을 경우 물로 씻거나 체로 작은 입자들을 제거해야 한다.

열저장을 위한 일반적인 페블베드의 높이는 1.2~2.4 m이며, 돌들은 플레넘을 만들기 위해 바닥의 금속 격자 위에 놓인다. 상단에서의 두 번째 플레넘의 경우 각 사이즈의 베드 깊이는 바닥 깊이의 대략 10%에 해당한다. 추천되는 베드의 체적은 집열되는 태양열을 약 2/3 저장할 수 있는 크기이며, 난방 기간의 중심 기간 동안 좋은 집열의 전달이 될 수 있어야 한다(집열된 나머지 1/3은 공간 난방에 직접 사용된다고 가정). 베드를 통과하는 공기 속도를 충분히 느리게 유지하기 위해서는 공기 표면 속도를 0.1 m/s 이하로 제한하여야 한다.

페블베드를 통해 공기를 밀어내는 데 필요한 압력은 공급 및 환기 덕트 및 부속품의 압력 강하보다 낮다. 예를 들어, 일정한 크기의 조약돌을 통과할 때 압력 강하는 베드 상단의 공기면 속도 함수로 권장되는 두 가지 돌의 크기(ASHRAE, 1988)는 표 11-9에 제시되어 있다.

표 11-9 공기 면 속도의 함수로서 페블 베드의 압력손실

공기 면 속도(m/s)	19 mm 페블에서 압력손실(Pa/m)	38 mm 페블에서 압력손실(Pa/m)
0.05	7	2
0.08	14	7
0.10	23	12
0.13	38	19

작은 돌을 사용함으로써, 따뜻한 공기를 위에서 아래로 이동시켜 급격하고 안정적인 난방을 유지하게 된다. 급격한 난방에는 몇 가지 장점이 있다. 사실상 모든 태양열이 제거된다. 공기는 가장 낮은 베드 온도로 바닥을 통과하게 된다. 태양열은 작은 체적의 페블베드(상단부터 시작)에 저장된다. 열이 전체 베드 깊이로 확산되지 않으며 모든 윗부분의 조약돌이 따뜻해지기 때문에 조약돌의 상단 체적 온도는 극대화된다. 저장된 열은 맑은 날에 수집된 열을 제거하기 위해 반대 방향으로 유동하면서 다시 수집되었고 그 공기가 급격한 전면 가열과 가장 큰 범위로 가열된 상단부 조약돌과 접촉할 수 있다면, 적절한 온기로 쾌적함을 제공할 것이다.

예제 11-4

단위면적 m^2당 10 MJ/day의 열량을 집열할 수 있는 공기 집열기 시스템을 고려하자. 페블베드 저장조에서 20℃의 온도를 상승시키도록 설계하였다. 조약돌의 다공성은 약 30%로 측정되었으며 조약돌의 밀도는 1,800 kg/m^3이다. 조약돌의 비열용량은 0.9 kJ /$kg^{-1} \cdot K^{-1}$이다. 열저장 상자에 조약돌이 들어 있을 경우, 보통의 태양열 집열기 면적을 가지는 축열조의 용량은 얼마나 커야 하는가? (참조: 이러한 데이터는 예시이며 지역적으로 사용 가능한 재료를 표시하지 않았다.)

풀이

집열하기 좋은 날 집열된 열에너지의 2/3가 저장된다고 가정하자. 집열기의 면적은 다음과 같이 계산할 수 있다.

$$\text{페블 질량} = \frac{\left(\frac{2}{3}\right)\left(10,000\frac{\text{kJ}}{\text{m}^2}\right)}{(0.9\ \text{kJ kg}^{-1}\text{K}^{-1})(20\ \text{K})} = 370\ \text{kg m}^{-2}$$

일반적으로 실제 상황에서는 저장조 바닥 부분에 저장 체적의 10%가 추가되는데, 이는 열이 저장조를 완전히 채우는 것을 예방하는 안전 요소이고 그래야 열이 집열기로 직접적으로 돌아온다. 따라서 전체 페블 질량은 총 집열기 배열 면적의 약 410 kg/m^2이 되어야 한다. 30%의 다공성과 1,800 kg/m^3의 밀도와 상단과 바닥의 플레넘이 각 베드 체적의 10%와 같아야 하고, 전체 저장조 체적은 다음과 같이 계산된다.

$$\text{페블 체적} = \left(\frac{410\ \text{kg m}^{-2}}{0.7}\right)\left(\frac{1}{0.8}\right)\left(\frac{1}{1800\ \text{kg m}^{-3}}\right) = 0.4\ \text{m}^3/\text{m}^2$$

일반적으로 공기 유동은 집열기 배열 조건을 통해 결정된다. 0.1 m/s의 공기 속도는 베드 상단 표면의 최적 면적에 의해 제한되고, 계산된 저장조 용량은 0.4 m^3/m^2로 베드의 최소 깊이를 나타낸다.

11-7 요약

일사량이 가장 약한 한겨울에도 태양에너지는 유용하게 활용될 수 있다. 직접적인 태양광이 있을 때 공간 난방 또는 가정용 온수를 제공하기 위해 집열된다. 수집된 열은 부분 집열기를 통해 열이 필요한 장소로 이동된다. 설계 과정으로 확장할 수 있는 분석 절차가 이미 개발되었다. *f*-차트 방법은 태양열 집열기 시스템의 크기를 결정하는 데 사용된다. 하지만 이러한 절차는 전체 시스템의 맥락에서 열이 집열 · 분사되는 과정을 나타낼 때 더욱 가치가 있다. 시스템의 관점은 수집된 태양에너지의 과도한 사용을 방지하고 태양열 시스템의 비용과 크기를 최소화하기 위해 정확한 에너지 보존으로부터 시작되어야 한다. 허용 가능한 보존의 정도가 제시된 후에, 다른 시스템의 부품들이 평가되어야 한다. 이는 축열조가 있는 활성화된 태양 가열 시스템과 전체 시스템 작동에 영향을 줄 수 있는 열교환기가 연계되어 있을 때 특히 중요하다.

다행스럽게도 소프트웨어는 분석 및 설계 프로세스를 기계화하여 시스템 구성 요소의 상호작용을 정량화할 수 있는 반복적인 솔루션 절차를 포함할 수 있다. 이 장에서 설명된 방법은 스프레드시트나 매트랩(MATLAB) 같은 프로그래밍 도구를 사용하여 쉽게 구현할 수 있고, "만약에"라는 질문을 묻는 것부터 시작함으로써 흥미로운 혁신을 이끌어낼 수 있다.

References

ASHRAE (1988). *Active Solar Heating Systems Design Manual*. American Society of Heating, Refrigerating, and Air Conditioning Engineers. Atlanta, GA.

ASHRAE (2011). *HVAC Applications*. American Society of Heating, Ventilating, and Air-Conditioning Engineers, Atlanta, Georgia.

Beckman, W. A., S. A. Klein, and J. A. Duffie (1977). *Solar Heating Design by the f-chart Method*. John Wiley & Sons, New York.

Leckie, J., G. Masters, H. Whitehouse, et al. (1981). *More Other Homes and Garbage: Designs for Self-sufficient Living*. Sierra Club Books, San Francisco.

Lund, P. (1983). *Storage Heat Exchanger: Simplified Design*. *Solar Age*, April, pp. 49-50.

Further Reading

Butti, K. and J. Perlin (1980). *A Golden Thread: 2500 Years of Solar Architecture and Technology*. Cheshire/Van Nostrand Reinhold Books, New York.

Duffie, J. A., and W. A. Beckman (2006). *Solar Engineering of Thermal Processes*. Wiley ┌Interscience, New York.

Kreith, F., and J. F. Kreith (1978). *Principles of Solar Engineering*, 3rd ed. Hemisphere Publishing Corporation, New York.

Gordon, J. (2001). *Solar Energy: The State of the Art*. James & James, London.

연습 문제

11-1. 이것은 실험을 통한 것이다. F_R의 정의에 기초를 두고, 이것의 값이 보통의 단일 값보다 큰가? 작은가? 어떤 물리적인 이유가 당신의 대답을 이끌어냈는가?

11-2. 다음 조건에서 2개의 태양열 집열기를 비교하라. 하나는 액체 기반이고 하나는 공기 기반이며 다음의 상태를 따른다. 어느 집열기가 한 달에 가장 많은 양의 순에너지를 생산하겠는가?

a. 각각에 대해 $F_R'U_L$ = 1 BTU h^{-1} ft^{-2} $°F^{-1}$ (또는 5.7 W m^{-2} K^{-1}), 각각에 대해 $F_R'(\overline{\tau\alpha})$ = 0.75이다.

b. 당신이 원하는 물과 공기의 가열은 140°F(또는 60°C)이다.

c. 그 달의 외부 평균 공기 온도는 65°F(또는 18°C)로 고려한다.

d. 그 달의 일사량은 5만 Btu/ft^{-2}(또는 570 MJ/m^{-2})이다.

e. 각 집열기 시스템의 가열 부하는 2E6 BTU(또는 2E3 MJ)이다.

f. 그 달은 6월이다.

g. 각 집열기 형태당 집열기 면적은 50 ft^2(또는 5 m^2)이다.

11-3. 실제로 당신은 액체 기반 태양열 온수 시스템 설치를 고려하고 있다. 4개의 후보 집열기 시스템이 있다. 당신의 계산(*f*-차트)에 6월의 데이터를 사용할 수 있다. 4개의 집열기 시스템 중 어느 것이 한 달에 가장 많은 에너지를 수집하는가?

X	*Y*
2.870	0.960
3.466	0.998
3.229	1.080
5.525	1.094

11-4. 한 면으로만 흐르는 전송 유체를 가진 열교환기의 유효성을 그래프로 나타내라(그림 11-14와 같이). mc_p의 전송 유체 가열 용량 인자를 쓴다. 열교환기의 UA 값은 1,000 W/K^{-1}이다. mc_p의 범위는 100~1,500 J/kg^{-1} · K^{-1}이다.

11-5. 주택에 온수를 제공하기 위한 액체 기반 태양열 집열기를 비교하라. 시스템 A는 0.70의 기울기 절편을 갖고 있고, 6.8 W/m^{-2} · K^{-1}의 효율 그래프를 가진다. 시스템 B는 0.75의 기울기 절편을 갖고 있고, 7.9 W/m^{-2} · K^{-1}의 효율 그래프를 가진다. 어느 집열기 시스템이 그 달에 가장 많은 에너지를 제공하는가?

가정:

- **a.** 물은 60°C로 가열된다.
- **b.** 6월의 평균 외부 기온은 18°C이다
- **c.** 6월의 집열기에서의 월 일사량은 450 MJ/m^{-2}이다.
- **d.** 그 달에 필요한 열량은 2 GJ로 예상된다.
- **e.** 집열기 면적은 5 m^{2}이다.

11-6. 가장 기초적인 태양열 전기 발전소(SEGS) 시스템은 10 m^{2}당 2,500헬리오스탯(heliostats)을 구성하고 중앙 타워에 초점을 맞춘다. 타워 헬리오스탯 시스템은 들어오는 태양에너지의 50%를 물을 가열하는 데 쓰며, 물이 끓으면 터빈으로 이송된다. 헬리오스탯과 터빈의 팽창 사이에서의 다른 손실은 무시하라. 발전소는 연중 하루 평균 10시간 작동하며, 작동 시간 동안 들어오는 평균 태양에너지는 400 W/m^{2}이다. 타워로 들어가기 전의 물은 20 MPa로 압축되고, 타워에서 700°C로 가열된다. 과다 가열된 증기는 기본 랭킨 사이클을 쓰는 터빈을 통해 팽창되고 33°C에서 응축된다. 사이클의 실제 효율은 이상 효율의 85%라 가정하라. 발전기 효율은 98%이다. 연간 전기 생산량(kWh/year)은 얼마인가?

11-7. 연습문제 6에서의 시설비용은 1,500만 달러이고(각 실험 시설의 현재 비용으로부터 비용 절감된 양산품이라 가정하라), 기대되는 예상수명은 잔존가치 없이 25년이다. MARR이 5%일 때 시스템에서의 균등화 비용은 kWh당 몇 달러인가? (기생 부하라고도 하는) 현장에서 사용되는 일부 전기와 유지비 및 다른 비용은 무시하라.

11-8. 동일한 월별 부하 및 장치 매개변수를 사용하여 예제 11-2를 반복하되 11월에 대해 위도 42°에 위치하며 다음 특성을 갖는다고 하자. 집열기 패널은 남쪽을 향하고 42°로 기울어져 있다. 반사율 $\rho = 0.2$, $\overline{K}_T = \rho = 0.2$, $\overline{K}_T = 0.324$, 일사량 $\overline{H} = 5.31$ MJ m^{-2} day^{-1}, $\overline{t}_a = 5.3$°C이다.

11-9. 표 11-8에 제시된 경제 계산을 반복하되 경제 매개변수를 다음과 같이 변경한다. 할인율을 5%로 가정하고 전기 비용과 태양열 온수기 비용을 해당 지역의 비용에 맞게 조정한다. 새로운 최대 순이익과 해당 수집 면적(m^2)은 얼마인가?

피동식 태양열 활용

Passive Solar Thermal Applications

▶학습 목차

12-1 개요

피동식 태양열 난방(passive solar heating)은 열이 피동적인 방법(팬이나 펌프 등의 에너지가 투입되는 기계적인 장치를 이용하지 않는 방법)에 의해 이동하는 태양열에너지 수집장치를 의미한다. 피동적 움직임은 열복사, 자연(부력에 의한) 대류 공기 순환 또는 고체를 통한 현열 전도에 의해 이루어질 수 있다. 피동 태양열 난방은 미국에서 주로 실내 공기의 열적 쾌적성을 조절하기 위해 사용되는 반면, 전 세계적으로는 물을 가열하기 위한 가정용 온수 시스템으로 널리 사용되고 있다.

12-2 사용된 기호

이 장에서 사용된 기호에 대한 설명은 표 12-1을 참고하기 바란다.

12-3 일반적인 설명

피동식 태양열 건물 설계는 새로운 기술이 아니다. 고대 그리스의 마을에서는 겨울철 태양열을 잘 받기 위해서 집을 남향으로 설계하고, 여름에는 과도한 태양열을 잘 배출하도록 설계하였다. 고대의 사막 문화에서는 한낮의 최고 온도와 밤의 낮은 온도를 견디기 위해 건물의 열용량이 중요하다는 것을 알고 있었다. 피동식 태양열 설계는 유지관리가 거의 필요 없으며, 건물에서 수집된 열(냉열)을 이동시키는 데 별도의 에너지를 사용하지 않는다.

피동식 태양열에너지 방법은 개념적으로 단순하지만, 이를 분석하는 것은 복잡하다. 전도, 대류 및 복사 열전달이 일부는 병렬로, 일부는 직렬로 연결되어 동시에 발생하기 쉽다(가끔은 상변화 열

저장 물질과 연결되기도 한다). 피동식 태양열 구성 요소의 물성은 장소에 따라 매우 광범위하게 변한다. 열용량은 열적 시간상수를 하루의 온도 변화 주기만큼 길거나 또는 더 길게 하기 때문에 컴퓨터를 이용한 계산이 복잡해진다. 컴퓨터의 성능이 좋아지면서 유한차분, 유한요소 알고리즘과 같은 수치해석 방법을 피동식 태양열 시스템에 적용할 수 있게 되었고, 분석방법론이 체계화되었다. 이 장은 그러한 방법들을 나타내고, 그 방법을 건물에 사용되는 피동식 태양열 난방 시스템을 최적화하는 데 어떻게 사용할 수 있는지 보여주며, 유체역학에서 '굴뚝 효과'로 잘 알려져 있는 현상에 기초한 자연환기를 포함하여 피동적인 건물 환경 변경의 다른 측면을 간단하게 설명하고자 한다.

표 12-1 12장에 사용된 기호들

기호	정의, 단위(기호 위의 줄은 평균을 나타냄)
A_p	피동식 집열창의 투영 면적
base	난방도일 계산을 위한 기초온도, 통상적으로 65°F (18.3°C) 사용
BLC	빌딩 부하계수(building load coefficient), 식 (12-9) 참조
c	비열, BTU lb^{-1} F^{-1}
c_d	개구부를 통한 공기 유출계수
CF	보존 인자(conservation factor), 식 (12-11) 참조
D	부하 집열비율의 역수에 대한 태양 절감률의 도함수
F_{HL}	건물 열손실계수, BTU h^{-1} °F^{-1} 또는 W K^{-1}
factor	다른 기초온도에 대한 조정계수, 식 (12-4), (12-7) 참조
G	집열창의 높이, 그림 12-11 참조
g, g_c	IP 단위계에서 사용되는 질량변환계수, 식 (12-18) 참조
HDD	난방도일(heating degree day)
h	고도차, m, 그림 12-11 참조
h	집열창의 상단과 차양의 수직방향 간격, 식 (12-21) 참조
k	열전도율, BTU h^{-1} ft^{-1} °F^{-1}
LCR	부하 집열비율(load:collector ratio)
NRL	순참조부하, 식 (12-10) 참조
O	벽에서부터 차양 끝까지 길이, 식 (12-20) 참조
P	압력, lb ft^{-3} 또는 Pa
Q	열, BTU 또는 J 또는 kWh
R	열저항, h ft^2 F^2 BTU^{-1} 또는 m^2 kW^{-1}
S	여름철 정오의 태양고도각
SLR	태양 부하율(solar load ratio)
SSF	태양 절감률(solar savings fraction), 패시브 태양열 설비가 공급하는 난방 부하 비율
T	절대온도
$\bar{t}_o$	외기 평균 건구 온도
UA	건물의 벽에서 A의 면적을 가지는 부위의 총합 열전달계수(BTU h^{-1} °F^{-1} 또는 W K^{-1})
V	공기 속도, ft min^{-1} 또는 m s^{-1}
W	겨울철 정오의 태양고도각
α	지평선상(上)의 태양고도
ρ	공기밀도, lb ft^{-3} 또는 kg m^{-3}

12-4 열적 쾌적성 고려사항

피동적 태양열 난방은 일반적으로(전부는 아니지만) 열적 쾌적성을 추구하기 위해 공간 난방에 사용된다. 열적 쾌적성은 수치적으로 표현될 수 있는 주관적인 상태 지수이다. 스트레스(열 또는 다른 종류)는 자체적으로 정확하게 정의하기 어렵지만 열적 쾌적성은 "열적 환경에 대해 만족을 표시하는 마음의 상태"[1]로 정의되어 사용된다. 열적 쾌적성의 단계는 열적 복사, 공기 온도, 상대습도, 나이, 활동, 성별, 식습관, 대사율, 기후 적응, 의류 등의 많은 요소에 의해 영향을 받는다. 이러한 많은 요소들에 대한 효과는 수치화되어 왔고, *ASHRAE Handbook: Fundamentals* (2017)에 상세하게 설명되어 있다.

체온 조절은 중요한 두 개의 방법(혈관 수축과 혈관 확장)을 통하여 이루어진다. 혈관 수축은 피부 근처의 혈관(주로 모세혈관)을 좁혀 몸의 열손실을 줄인다. 혈관 확장은 피부 근처의 모세혈관이 확장되어 피부 근처의 혈액의 양을 늘려서 체온이 주위 환경 온도 이하가 될 때까지 열손실을 증가시키며, 혈관 수축은 이와 반대의 현상이다. 이러한 방법은 다양한 환경 조건에서 몸이 일정한 중심 온도를 유지할 수 있게 한다.

혈관이 최대의 상태까지 수축하게 될 때, 이 상태의 환경 유효온도를 '하한 임계온도'라고 한다. 혈관이 최대의 상태까지 확장하게 될 때는 '상한 임계온도'에 이른 것이다. 하한 임계온도와 상한 임계온도의 사이에 있는 온도 영역을 '열중성 영역'이라고 한다. 하한 임계온도와 상한 임계온도가 열중성 영역을 넘어서 체온이 일정하게 유지되는 환경을 나타내고 있다는 것은 중요하다. 열중성 영역은 의류 및 앞서 말한 다른 요소들에 의해 변화한다. 또한, 주위 환경에 대한 노출 기간도 열적 쾌적성 인지에 영향을 미친다. 예를 들어, 시원한 방은 한 시간 동안은 쾌적할 수 있지만 몇 시간 동안 상대적으로 활동이 없으면 불쾌감을 느끼게 된다.

난방을 위한 피동적 태양열 방법과 같은 몇몇 신재생에너지 시스템들은 열적 쾌적성에 대한 사람들의 기본적인 욕구를 무시한다고 비판받아 왔다. 어떤 사람들은 태양열이 충분하지 않고 기온이 낮은 기간 동안 스웨터를 껴입을 것이고, 나머지 다른 사람들은 그렇지 않을 것이다. 이러한 고려사항은 재실자에 대한 태양열 난방 시스템의 설계, 제어 및 복구의 핵심 요소이다. 또한, 쾌적성에 영향을 미치는 환경 변수는 공기 온도 이외의 여러 변수를 포함하고 있다. 환경 유효온도는 공기 중의 수증기 분압, 공기 유동 속도, 열적 환경의 평균 복사온도(크기, 대칭성)들에 의해 결정된다. 겨울철에 내부 공기의 가습을 통하여 낮아진 실내 온도의 평형을 얻을 수 있다. 자료에 의하면 상대습도가 15% 증가하면 0.56°C의 기온 감소를 보상한다. 하지만 난방 에너지 절약 여부는 건물 외기침입률과 높은 외기침입률 조건에서의 가습량에 따라 달라진다.

12-5 건물 외피 고려사항

피동적 태양열 난방을 적절하게 설계하기 위해서는 건물의 세 가지 측면이 중요하다. 이는 (1) (충분하지만 과도하지 않은) 남향 창문 면적, (2) 적절한 열용량, (3) 취득한 태양열을 최대한 사용할 수 있게 하는 고성능 단열이다. 네 번째 측면은 적절한 피동적 냉방을 위해서는 열적 부력에 의해 발생하는 자연환기가 필요하며, 이를 위해 낮은 쪽과 높은 쪽 환기구의 충분한 높이 차이를 확보해

[1] ASHRAE 1992. Thermal environmental conditions for human occupancy. Standard 55-1992.

야 한다. 태양열 벽의 방위각은 정확하게 남쪽일 필요는 없다. 정남향에서 수용 각도는 30° 이내일 때 적절한 태양열 취득을 제공해준다(이 장에서 '남향'은 남반구에서는 '북향'으로 해석되어야 한다). 위도가 북회귀선과 남회귀선 사이에 있는 지역(±23.45°, 태양 적위의 극값으로 정의된 값)에서 태양 기하학적 구조는 일 년의 일부 기간 동안에는 태양 정오에서 태양이 북천(北天)에 있고, 나머지 기간 동안에는 태양 정오에서 태양이 남천(南天)에 있기 때문에 더 복잡하다. 그러나 피동적 태양열 난방은 적도 근처에서는 높은 고도의 지역을 제외한다면 적절하지 않다.

그늘을 위한 차양과 고정된 수평차양은 여름철 태양 입사는 배제하고 겨울철 태양광은 전체적으로 수용 가능하도록 하는 범위 내에서 창문의 측면이나 위쪽에 설치될 수 있다. 태양각에 대한 지식은 여름철 태양광의 입사를 제한하는 차양과 그늘의 설치에 대한 기준 작성에 도움을 준다. 낙엽수와 격자구조물 위의 덩굴식물은 여름에 그늘을 만드는 데 도움이 된다. 그러나 겨울에 잎이 없는 나무의 그늘은 잎이 무성할 때의 50% 정도로 줄어든다. 만약, 심지어 정오에도 태양의 고도가 낮고 피동식 태양열 주택의 남쪽에 집열창에 그늘을 만들기에 충분히 가까운 나무가 있다면, 피동식 태양열 난방의 효과는 크게 감소할 것이다.

12-6 난방도일과 계절별 열수요

'*난방도일*(heating degree days: HDD)'의 개념은 20세기 초반 미국에서 석탄으로부터 난방 오일이나 액화 천연가스로 전환이 일반화되었을 때, 난방 연료를 배달하는 회사들의 경험으로부터 생겨났다. 회사들은 너무 빈번하게 배달하여 수송트럭과 시간을 비효율적으로 사용하는 것을 원하지 않았고, 너무 드물게 배달하여 고객들의 불만을 사고 싶지 않았다.

자료는 가정과 다른 건물의 난방에서 연료의 사용률이 18.3°C와 일평균 외기 온도($\overline{t}_a$)의 차이(양의 값만 고려)에 비례하였다는 것을 보여주었다.

$$\mathrm{HDD}_{65} = (65 - \overline{t}_a)^{+} \tag{12-1}$$

각각의 집에 대한 부분은 다수의 연료 배달 경험에 기초하여 계산되었고, 난방도일의 합이 추가 연료가 필요하다고 판단되는 값에 이르면 연료 배달이 계획되었다.

시간에 따라 합산된 난방도일에 해당하는 총 필요열량, Q는 W K^{-1}의 단위를 가진 계수 F_{HL}을 사용하는 다음 식에 의해 계산할 수 있다. 다음 수식에서 상수 '24'는 시간 단위를 일 단위로 변환시키고, 상수 '3.6'은 BTU 단위를 kJ로 변환시켜 준다.

$$Q = 24F_{\mathrm{HL}}\,\mathrm{HDD} \tag{12-2}$$

난방도일의 자료는 전 세계 많은 도시들에서 축적되어 왔고, 65°F 기준으로 만들어졌던 식은 18.3°C 기준으로 바뀌었다(°F 단위에서 난방도일을 1.8로 나누면 °C 단위에서 난방도일을 구할 수 있다).

20세기 초반 미국에서, 최소 단열 상태에서 실내 온도가 24°C일 때 주택 기준으로 기본 기초 온도를 18.3°C로 설정하였다. 5.6°C의 차이는 창문을 통한 태양열 취득과 내부 발생열(조리, 조명, 기타)의 결과이다. 오늘날 주택은 일반적으로 고단열 조건에 난방 시 24°C보다 낮은 온도로 제어되고 있고, 가전기기와 연관된 소비전력이 눈에 띄게 증가하였다. 따라서 5.6°C의 차이는 더 이상 적절하지 않고 새로운 값을 찾기 위해서 직관적인 계산 방법도 적합하지 않다. 시도할 수 있는 하나의 방법은 다음과 같다. 먼저 벽의 단열이 없고, 최소 단열의 지붕, 단일창 조건의 주택에 대한 F_{HL} 계수를 계산한 후, 현대의 단열 조건을 가진 주택에 대한 F_{HL} 계수를 계산하고, 두 F_{HL} 계수의 비율에 5.6°C를 곱해서 새로운 온도 차를 구하는 것이다. 예를 들어 한 건물의 저단열 조건에서 F_{HL} 계수는 500 W K^{-1}, 고단열 조건에서 F_{HL} 계수는 250 W K^{-1}일 때, 온도 차이는 11°C가 된다. 개념에 따르면 온도 차가 커질수록 난방도일은 감소한다. 이 변환 과정은 오늘날의 증가된 전력 사용량은 고려하지 않은 것이고, 증가된 전력 사용량은 온도 차이를 더 증가시킬 수 있다. 건물에 대한 더 정확한 에너지 평형을 위해서는 증가된 전력 사용량을 포함해야 한다.

또한, 단열재의 복합적인 이점에 주목해야 한다. 단열재가 많은 건물은 F_{HL} 값과 유효 난방도일 값이 더 낮다. 난방 부하는 두 값의 곱에 비례하며 이점은 복합적으로 나타난다. 이는 모든 난방 건물, 특히 패시브 태양열 주택 설계에 중요한 요인이다. 태양광 유리 및 관련 열용량의 최적 면적은 건물의 나머지 부분이 잘 단열되고 난방이 잘 될 때 훨씬 더 적은 비용이 들고, 난방 부하가 조절된다.

12-6-1 다른 기초온도에 대한 수정 난방도일

일평균 외기 온도가 난방도일 기초온도 이하인 추운 기간 동안, 한 달간의 난방도일 합계는 기본 기초온도와 수정 기초온도의 차이와 해당일수를 곱한 값만큼 감소한다. 예를 들면, 추운 기후에서 1월의 난방도일 기초온도가 18.3°C 대신 15.3°C일 때, 난방도일은 31(18.3 − 15.3) = 93°C · days만큼 감소한다. 난방도일의 계산은 봄, 가을에 더욱 복잡하다. 기본 기초온도에서 난방도일에 포함되는 날짜들의 일부는 수정 기초온도에서는 제외된다. 예를 들면, 평균 외기 온도가 16.3°C인 하루는 기본 기초온도가 18.3°C인 경우에는 2 난방도일에 해당하며 수정 기초온도 15.3°C에서는 난방도일에 영향을 주지 않는다. 이러한 비선형성은 다음 식들에 의해서 간략화될 수 있다. $base_{new}$는 계산을 위한 수정 기초온도이다. 예를 들어, 잘 단열되고 실내 온도가 약 22°C로 제어되는 건물에서 새로운 기초온도는 12°C가 된다(또는 동일한 주택에서 65°F 대신 55°F의 새로운 기초온도).

월별 데이터, I-P 단위계 사용

만약 $HDD_{65} < 50(65 - base_{new})$일 때,

$$HDD_F = HDD_{65} - days_{month}\,(65 - base_{new})\,(1 - factor) \tag{12-3}$$

$$factor = \left[1.05 - 0.01\,(65 - base_{new}) - \frac{HDD_{65}}{60\,(65 - base_{new})}\right]^{1.9} \tag{12-4}$$

아니면,

$$HDD_F = HDD_{65} - days_{month}\,(65 - base_{new}) \tag{12-5}$$

만약 $HDD_{18.3} < 50(18.3 - base_{new})$일 때,

$$HDD_C = HDD_{18.3} - days_{month}\,(18.35 - base_{new})\,(1 - factor) \tag{12-6}$$

$$factor = \left[1.05 - 0.01\,(18.3 - base_{new}) - \frac{HDD_{18.3}}{60\,(18.35 - base_{new})}\right]^{1.9} \tag{12-7}$$

아니면,

$$HDD_C = HDD_{18.3} - days_{month}\,(18.3 - base_{new}) \tag{12-8}$$

이러한 변환 계산들은 난방도일(HDD) 자료의 월별 계산 시에만 사용할 수 있다. 한 달 내에서 조건이 다소 유사한 날들은 함께 고려할 수 있다. 한겨울은 봄과 조건이 많이 다르기 때문에 같은 그룹으로 만들거나 평균으로 사용할 수 없다. 화씨와 섭씨로 나타낸 두 가지 변환 과정은 그림 12-1, 12-2와 같이 그래프로 나타낼 수 있다.

수정 난방도일(adjusting HDD)법에 대한 검증을 위하여 그 방법에 기초한 예측값과 실측 자료를 비교하였다. 2006년 뉴욕주 이타카의 일평균 기온을 적용하여 그림 12-3을 작성하였다. 그림 12-3에는 6.3, 9.3, 12.3, 15.3 및 18.3°C의 기초온도가 사용되었다. 각각의 기초온도에서 (HDD의 개념으로) 각각의 일평균 온도의 온도 차이를 구하고, 이를 월별로 더하여 각각 5개의 기초온도에 대한 난방도일의 합을 계산하였다. 기본 기초온도에서의 월별 HDD를 앞의 수식에 적용하여 수정된 HDD_C을 계산하였다. 그림 12-3은 예측 및 실측된 HDD 값을 비교하여 나타내고 있고, 매우 낮은 산포를 가지면서 1:1에 가까운 비율로 서로 일치하고 있다.

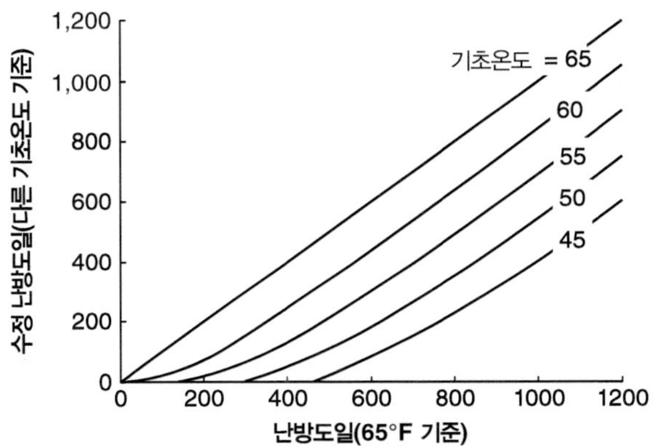

그림 12-1 여러 기초온도와 실내 온도에 대한 수정 난방도일(화씨온도 기준).

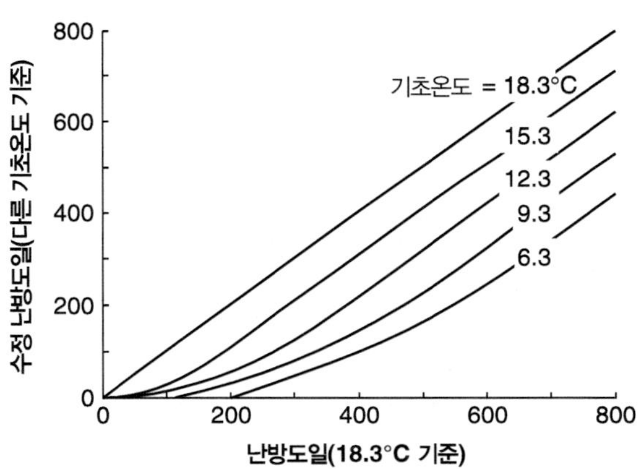

그림 12-2 여러 기초온도와 실내 온도에 대한 수정 난방도일(섭씨온도 기준).

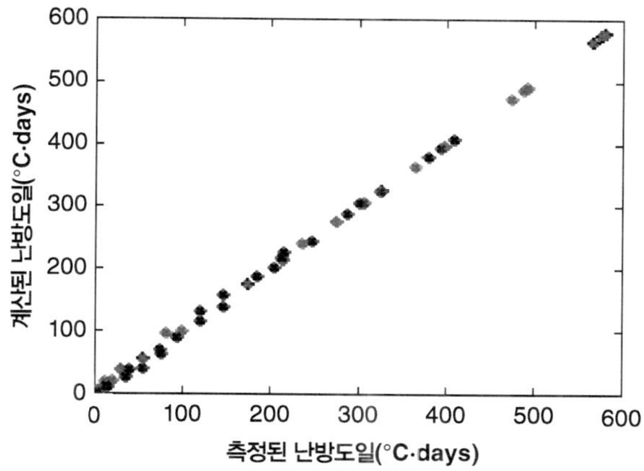

그림 12-3 미국 뉴욕주 이타카의 수정된 월 난방도일과 측정값의 상관 정도.

12-7 피동적 태양열 난방 시스템의 형태

피동적 태양열 공간 난방 시스템은 *직접 열취득형*(direct gain), *간접 열취득형*(indirect gain) 및 *분리 열취득형*(isolated gain)으로 구분할 수 있다. 직접 열취득형은 난방되는 공간에 흡수된 태양 복사에 기초한다. 간접 열취득형은 별도의 열용량 매체에 흡수된 태양열에너지가 시간 지연을 가지고 방출되도록 하는 형태이다. 분리 열취득형은 분리된 공간에 흡수된 태양열에너지를 시간 지연을 가지고 주거 공간에 배출할 수 있도록 하는 형태이다. 열용량 매체는 크고 빠른 온도 변화를 완화시키고 열을 저장하는 역할을 하며, 높은 열전도도와 높은 용적비열을 가진 물, 콘크리트, 돌, 아도브 벽돌 등의 재료들이 사용될 수 있다.

12-7-1 직접 열취득형

열취득형 피동식 태양열 건물(그림 12-4)에서 남향의 유리는 일사량을 직접 주거 공간으로 통과시킨다. 흡수된 열의 일부는 대류 열전달을 통하여 가열된 표면으로부터 실내 공기로 즉시 전달된다. 나머지는 시간 지연을 가지고 주간이나 야간에 전도에 의해서 열용량으로 배출하게 된다. 직접 열

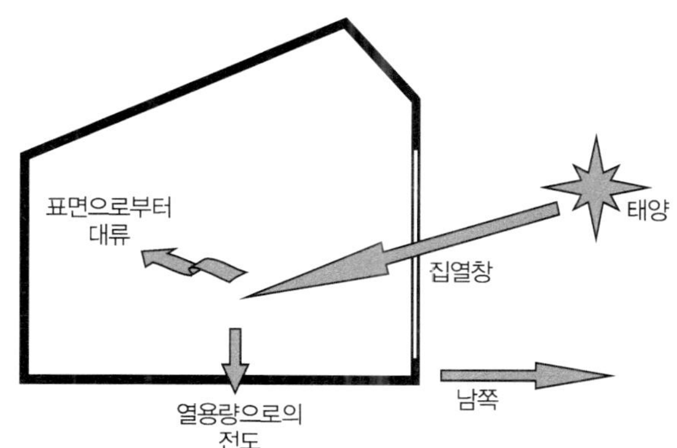

그림 12-4 북반구에서 겨울 난방용 열취득형 태양열 주택의 단면개략도(남반구에서 화살표는 북쪽을 향함).

취득형 피동식 시스템의 장점은 공사비용이 상대적으로 낮고, 아침에 빠른 속도로 공기를 난방할 수 있다는 것이다. 단점은 한낮에 과열되는 것, 주거 공간의 과도한 눈부심, 집열창 근처 물질(나무, 직물 등)의 빠른 노후화이다. 추가적으로, 카펫과 가구는 태양열 취득이 열용량에 직접 전달되는 것을 지연시켜서 과열 현상을 완화시키고 열용량 효과를 감소시키는 경향이 있다.

직접 열취득형 태양열 주택 설계를 위한 실제적인 가이드는 다음과 같다.

- 바닥과 같은 열용량 요소는 두께가 15 cm (6 in)를 넘어서는 안 된다.
- 집열창과 접한 바닥과 주거 공간은 미학적이고 기능적으로 합리적인 단계까지 카펫과 가구를 제거하라.
- 열용량은 (바닥에만 사용하는 것처럼) 한 요소에 집중시키지 말고 주거 공간에 균등하게 배분하라.
- 열용량을 위해서 벽 등에 콘크리트 블록을 사용한다면, 중심을 콘크리트로 채워라.
- 일사와 직접적으로 접하는 바닥과 벽들은 일사를 잘 흡수하고 눈부심을 줄이기 위해서 짙은 색깔을 사용하라.

12-7-2 간접 열취득형

간접 열취득형 피동식 태양열 시스템의 가장 흔한 형태는 트롬월(그림 12-5 참고)이다. 일사는 열용량 벽의 외측 면에서 흡수된다. 트롬월에서 창과 벽의 거리는 15 cm 정도로 좁다. 벽의 외측 면이 열을 받으면, 공간 안에 따뜻한 공기가 생성된다. 바닥과 천장 근처에 환기구가 있다면, 따뜻해진 공기는 열적 부력에 의해 이동할 수 있다. 물론 야간에는 거주 공간으로 찬 공기가 공급되는 역사이펀 현상을 막기 위해서 환기구를 닫아야 한다.

벽의 외측 면이 따뜻해졌을 때, 열은 벽 질량을 통해 열파동의 형태로 거주 공간으로 보통 2~3 cm h^{-1}의 속도로 전도된다. 벽은 보통 30~40 cm의 두께를 가지기 때문에, 열파동과 벽의 거주 공간 측면 온도는 벽의 외측 면이 최고치(일반적으로 이른 오후)를 나타내는 시간에서 약 12시간 후에 최고치를 나타낸다. 효과가 나타나는 시기가 중요한데, 외기 온도가 최저인 야간에 많은 열이 주거 공간으로 전달된다. 열은 트롬월에서 실내 공기로는 대류, 거주 공간의 다른 표면으로는 열복사

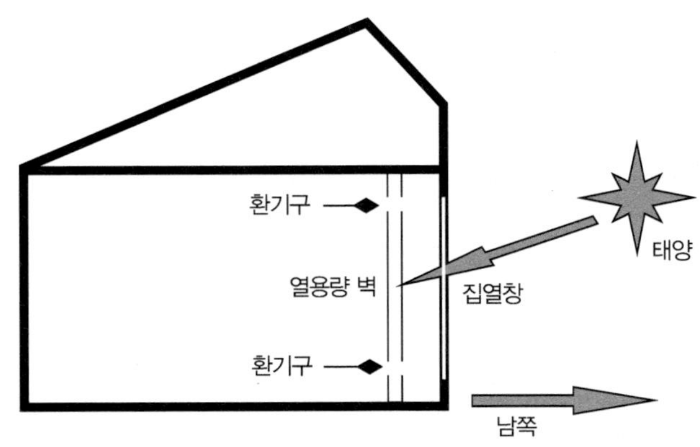

그림 12-5 북반구에서 겨울 난방용 트롬월 태양열 주택의 단면개략도(남반구에서 화살표는 북쪽을 향함).

에 의해 전달된다. 사람들에게 열을 방사하는 따뜻한 벽으로 인하여 쾌적성을 위해서 필요한 온도보다 몇 도 아래의 공기도 쾌적하게 느끼게 만든다.

이동 단열은 야간에 외부로의 열손실을 제한하고 열용량을 가진 벽체가 급히 냉각되는 것을 막기 위해서 벽과 창 사이에(혹은 창의 외측 면에) 설치할 수 있다. 이동 단열은 자동제어를 통하여 개폐가 가능한 시스템이 가장 효과적일 것이다.

트롬월 대신 사용할 수 있는 열용량 벽은 약 15 cm의 직경을 가진 수직 튜브에 물을 채워서 사용한다. 여기서 튜브가 투명하고 물이 불투명한 염료로 착색되어 있다면 간접 열취득형으로 사용할 수 있으며, 일사의 상당한 비율(50% 정도)이 전달된다면 직접(예를 들면, 주광조명)과 간접의 조합된 시스템으로 사용할 수도 있다.

직접과 간접 열취득의 하이브리드 피동식 태양열 시스템은 각 방식의 절충안을 제공하여 직접열취득 시스템의 단점을 보완하고, 자연조명(주광)을 제공할 뿐만 아니라 간접 열취득 방식보다 아침에 주거 공간을 빨리 따뜻하게 할 수 있다. 자연조명은 대개 시각 쾌적성 측면에서 매우 적합하고, 에너지를 사용하지 않는다. 하이브리드 시스템은 시야나 조명에 적절하도록 트롬월에 배치된 창을 포함하고 있다. 방은 낮 동안 적절한 조명을 위해서는 적어도 바닥 면적의 5% 이상의 창이 필요하다. 직접/간접 열취득의 하이브리드 시스템은 오전 동안 충분히 빠른 난방을 제공하기 위해서 바닥면적의 5%보다 다소 넓은 면적의 창이 필요하지만 과열이나 눈부심을 야기하지 않을 정도로 사용한다.

12-7-3 분리 열취득형

태양에너지를 받는 *공간*(sunspace) [*선룸*(sunroom) 혹은 태양열 온실, 그림 12-6 참조]은 인접한 주택과 대류 순환 루프를 결합하여, 열이 필요하지 않을 때는 태양열을 차단하면서도, 추운 날과 밤에는 태양열을 사용할 수 있게 해준다. 태양 공간과 거주 공간 사이의 벽은 트롬월처럼 사용되도록 큰 열용량을 가질 수 있다. 열용량이 큰 벽은 태양 공간으로부터 열을 완충하는 역할을 할 수도 있지만, 벽이 트롬월과 같은 두께와 체적 열용량으로 시공되지 않는다면 트롬월보다 열파동이 더 빨리 도달하게 된다. 이러할 경우 열파동이 오후에 거주 공간에 도달하여 과열과 에너지 낭비가 발생할 수 있다.

태양 공간은 뜨겁고 태양이 강한 날에는 과열될 수 있다. 그리고 태양 공간은 태양열을 제공하는 수단뿐만 아니라 재배용 *온실*(greenhouse)로 이용될 때에는 환기가 되어야만 한다. 식물은 일

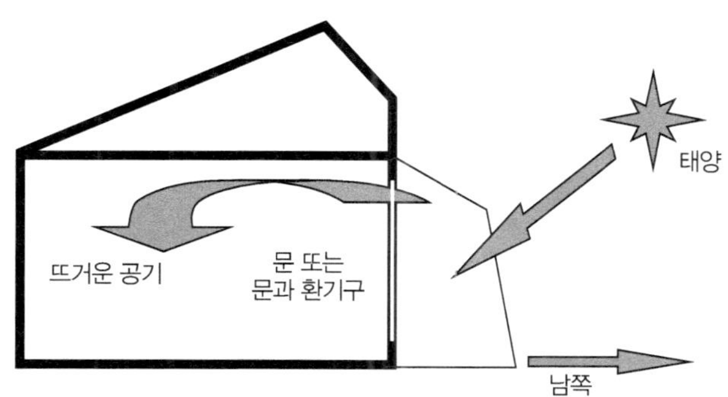

그림 12-6 북반구 겨울 난방을 위한 태양열 건물의 태양 공간에 대한 간략한 그림.

반적으로 35°C 이상의 온도에서 스트레스를 받는다. 태양열 이용 온실에서 겨울에도 식물이 생존하기 위해서는 난방이 필요하다. 또한, 태양 공간은 거주 공간에서 살아가는 곤충, 해충, 흰곰팡이 포자의 서식지일 수도 있다. 큰 잎으로 우거진 식물들은 공기 중으로 상당한 양의 수분을 공급하는데, 이는 장점이 될 수도 있고, 단점이 될 수도 있다. 한 예로, 식물로부터 발생되는 수분의 증발은 태양 현열의 양을 줄이는 단점이 있지만, 휴식과 오락을 위한 환경을 제공하는 장점이 있다.

지붕 연못(roof ponds)은 또 다른 분리 열취득 방식의 피동식 태양열 난방 시스템이다. 이는 물을 평평한 지붕 위에 위치한 플라스틱 또는 유리섬유 용기나 유리창이 있는 용기에 15~30 cm 깊이로 채워 놓은 것을 말한다. 용기 안의 물은 낮 동안 데워지고, 저장된 열은 밤에 지붕을 통해 거주 공간으로 이동한다. 이때 주요한 열전달 방식은 열복사이다. 용기 위의 이동 단열은 밤에 열을 유지하도록 해준다. 밤에는 방향을 반대로 하여 물을 차갑게 함으로써, 다음 날 피동식 냉방으로 활용할 수도 있다. 지붕 연못은 배수 장치와 물의 무게를 지지하기 위한 구조적 설계가 필요하다. 오늘날 지붕 연못은 거의 활용되지 않고 있다. 집 천장에 있는 지붕 연못은 간접 열취득 방식으로 분류된다. 그러나 만약 주변 지역이나 차고 위 지붕에 설치된다면 분리 열취득 방식이다. 물론 정밀한 분류는 그렇게 중요하지는 않다.

12-8 창문을 통한 태양열 전달

피동식 태양열 주택에서는 창문, 태양열 등에 대한 상당한 주의가 요구된다. 창문은 두 가지 기능을 한다. 첫 번째는 외부 경관을 보게 해주는 것이고, 두 번째는 외부로의 과도한 열손실 없이 태양열이 집 안으로 들어오게 해주는 것이다. 이러한 기능들은 동일한 창문에 대해서 필요하거나, 건물의 전체 유리 면적을 집열창과 집열창이 아닌 다른 창으로 구분시켜 준다(창문은 통풍, 일광과 같은 다른 기능도 한다).

건물 내부의 모든 창문을 같은 유형으로 할 필요는 없다. 또한, 모든 창을 개폐식으로 할 필요도 없다. 개폐식 창문은 일반적으로 고가일 뿐만 아니라 불필요한 공기 침입을 발생시킨다. 북향 창은 열손실을 최소화하기 위하여 선택된다. 여름에는 오전과 오후 중반의 강렬한 태양이 과열을 가중시키고 공조 부하를 증가시킨다. 따라서 여름에는 과도한 태양열 공급을 제한하기 위해 동향, 서향 창을 선택할 수 있으며, 창문 크기에 제한을 둘 수 있다. 남향 창은 이동 야간 단열이 설치되어 있더라도 열손실에 대한 열저항보다는 열취득을 강화하기 위해 선택될 수 있다.

오늘날 대부분의 창은 이중창이다. 유리는 자체 결합만으로 열저항을 크게 증가시키지 않는다. 오히려 공기층과 이와 관련된 대류와 복사 열전달계수가 대부분의 저항을 만든다(그림 12-7).

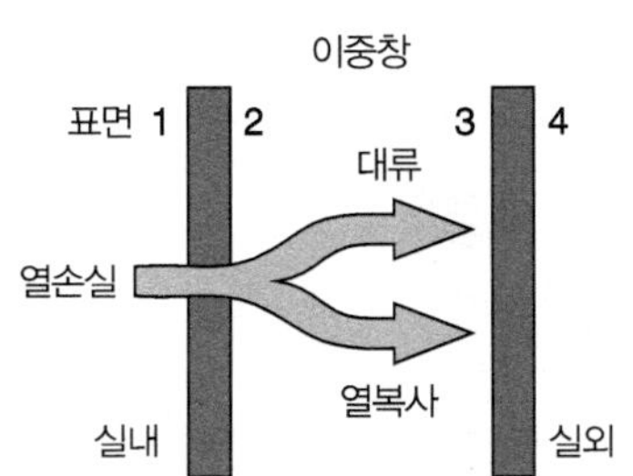

그림 12-7 이중창을 통한 열손실 경로.

표면 1에서의 표면 열전달계수는 대류와 열복사의 결합이다. 표면 2와 3에서 대류와 열복사는 존재하지만 두 표면의 온도가 동일하지 않기 때문에 열복사가 상대적으로 더 중요한 요소이다. 열복사 유속은 두 표면 절대온도를 네제곱한 값의 차이 및 공간 사이의 방사도에 의존한다(열전달 열복사 부분 참조). 표면 4에서 바람은 일반적으로 열복사보다 대류 열전달에 더 중요한 영향을 끼친다.

두 유리층 사이의 아르곤과 같은 불활성 기체는 열저항을 증가시킨다. 왜냐하면 불활성 기체는 공기보다 열을 적게 전달하기 때문이다. 만약 설치 과정에 물리적인 결함이 없다면, 10년 동안 단지 몇 퍼센트의 열전달이 감소할 정도로 영향은 미미할 것이다. 그러나 창문 유닛이 낮은 고도에서 생산되고 높은 고도에 위치한 빌딩에 설치된다면, 가스 압력 차이로 인해 봉인 실패 및 불활성 기체 손실이 발생하여 효율이 현저히 감소할 수 있다.

열복사는 창문을 통과하는 열손실의 중요한 방식이다. 유리는 그 자체적으로 1에 가까운 열복사 방사도를 가진다. 유리 위의 얇은 표면 코팅이 표면 방사도를 0.95에서 0.1 또는 0.2와 같은 낮은 값으로 감소시킬 수 있다. 이는 일사량의 흡수가 이 과정의 일부분이 아니라는 점만 제외한다면 11장에서 설명한 것과 같이 태양열 집열기 흡열판 위의 선택적 표면에서의 활동과 유사한 것이다. 표면 코팅된 순수한 은도금 또는 산화주석층은 가시광선은 통과시키면서 열복사 방출 특성은 감소시킨다. 하지만 이러한 표면 코팅은 많은 물리적 마모를 견뎌낼 수 없기 때문에, 대개 표면 2 또는 3에 코팅함으로써 이를 극복한다. 추운 기후에서는 표면 2가 표면 3에 대한 열복사 열손실을 감소시키기 위해 코팅 면으로 선호된다. 반면, 따뜻한 기후에서는 표면 3이 외부로부터의 열취득을 제한하기 위한 코팅 면으로 선호된다.

미국에서 창문 유닛은 미국 국립창호인증위원회(NFRC)에 기준하여 에너지 효율을 평가한다(창문은 창 또는 문처럼 건물의 벽에 낸 개구부로 정의된다). 기준에 의해 평가된 창문은 창문 에너지 성능과 관련된 몇 개의 요소를 포함하는 NFRC 인증을 준다. *U* 값(열전도도)이 제공되고, 이는 일반적으로 0.2와 1.20 BTU h^{-1} ft^{-2} $°F^{-1}$ 사이를 나타낸다. 두 번째 요소는 전체 대비 창문을 통해 전달된 일사량의 비율을 나타내는 태양열 취득률(SHGF)이다. 태양열 취득률은 0과 1 사이에 있으며, 이 값이 클수록 태양열 취득에 유리하고(예: 남향 창에서), 이 값이 낮을수록 여름에 냉방 부하를 감소시키는 데 유리하다(예: 동향, 서향 창에서). 일반적으로, SHGF < 0.4의 조건은 공조 부하를 줄이는데, SHGF > 0.6의 조건은 태양열 취득/난방을 위해 선호된다. 낮은 *U* 값은(예: 0.32 BTU h^{-1} ft^{-2} $°F^{-1}$보다 낮은) 일반적으로 높은 SHGF를 얻을 수 없음을 의미하기 때문에 *U* 값과 SHGF는 서로 연관성이 있다. 특수 유리 코팅은 일사투과율을 감소시킨다. 일부 창문 유닛에는 유리층 사이에 얇은 플라스틱 필름층인 세 번째 층이 있으며, 적외선 방출을 위한 저방출 표면 코팅이 있어 열손실에 대한 저항력이 훨씬 뛰어나지만 일사량 투과율도 낮다.

가시광선 투과도는 제공되는 세 번째 요소이며 창문 유닛에 의해 전달된 가시광선의 비율이다. 네 번째 요소는 원하지 않는 공기 침입에 대한 저항값인 공기 누출이다. 다섯 번째 요소는 창문 유닛 내부 표면에 결로가 형성되는 것에 대해 저항하는 능력을 측정하기 위한 결로 저항이다. 그 값은 0부터 100(가장 높은 저항) 사이의 값을 나타내고 결로 저항에 대한 상대적인 수치를 제공한다. 그러나 건물의 기밀성, 지역 기후 및 날씨, 그리고 건물 안의 습기 생산과 같은 다른 요소들 또한 결로에 영향을 준다.

12-9 분석을 위한 부하 집열 비율 방법

피동식 태양열 난방 시스템을 분석하기 위해 널리 사용되는 도구는 *부하 집열 비율 방법*(load:collector ratio: LCR)이다[한 달 단위로 적용될 때는 태양부하율(SLR) 방법으로 불린다]. LCR 방법은 간단하여 수계산으로도 충분하지만 이 방법에 필요한 데이터베이스가 포함된 컴퓨터 프로그램이 선호된다. 이 방법은 실험보다는 광범위한 컴퓨터 시뮬레이션을 토대로 결과를 입증하며, 세 가지의 일반적인 피동식 태양열 난방 방식인 직접 취득, 간접 취득(트롬월과 물벽) 및 부설 태양 공간 방식에 적용된다.

이 방법은 *건물부하계수*(building load coefficient: BLC)라고 불리는 건물 열적 특성 계산을 가지고 시작한다. BLC는 집열창을 제외한 모든 것에 대한 난방도일당 건물 열손실을 의미한다. 집열창은 LCR에 기초한 컴퓨터 시뮬레이션 결과가 집열창 전체의 이득이 아닌 집열창 순이득을 제공하기 때문에 생략된다. 집열창을 통한 외부 열손실은 시뮬레이션 결과에 포함되어 있기 때문에 두 번 계산하지 않도록 주의가 필요하다.

LCR 방법이 기초를 둔 원래의 컴퓨터 시뮬레이션은 여기에서 이용될 I-P 단위의 수치를 사용하여 수행된다. 건물의 열손실 인자(F_{HL})를 계산할 때(BTU h^{-1} ft^{-2} °F^{-1}) BLC는 다음 식으로부터 계산하는데, 식에 포함되어 있는 24는 도 · 시간당 열손실을 도 · 일당 열손실로 바꾸어 주는 상수이다.

$$\text{BLC} = 24(\text{태양 벽을 제외한 모든 것에 대한 } F_{HL}) \tag{12-9}$$

건물의 순참조부하(net reference load: NRL)는 다음 식으로부터 집열창을 제외한 모든 것들에 대하여 일 년 동안 계산된 열수요량이다.

$$\text{NRL} = (\text{BLC})(\Sigma\text{HDD}) \tag{12-10}$$

HDD는 가장 가까운 도시나 기상 관측소에 대해 계산하여야 하고, 이 장 이전에 설명한 것처럼 한 달마다 적절한 새로운 온도로 조정하여야 한다.

마지막 단계는 계산된 LCR 값을 *태양 절감률*(solar-savings fraction: SSF)과 연관시키는 것이다. 이는 1980년대 초반에 광범위한 컴퓨터 시뮬레이션에 의해 개발된 데이터 표를 사용하여 수행할 수 있다. 이 시뮬레이션은 표 12-2에 나열된 표준화된 재료와 다른 물성치에 기초를 두고 있다. 50개 이상의 피동식 시스템이 시뮬레이션되었으며 다음에 제시된 몬태나주 빌링스에 대한 부분과 비교할 수 있는 광범위한 데이터가 Balcomb et al. (1984) 및 Jones et al. (1982)에서 제시되었다. 그들의 데이터 일부분이 다음과 이 책 끝에 있는 부록 B와 C에 있다.

네 가지 유형의 피동식 시스템이 분석되었고, *물벽*(water wall)은 WW, *트롬월*(Trombe wall)은 TW, *직접 취득*(direct gain)은 DG, *온실*(sunspace)은 SS로 축약되었다. 이 유형들 내에서 추가 정의는 이동식 야간 단열재의 가용성, 집열창에 이중 또는 삼중 유리 사용, 열용량 두께, 흡열 표면(트롬월)에서의 일반적인 또는 선택적 표면의 적용 및 기타 유형별 매개변수 등과 같은 특성을 설명한다. 예를 들어 나중에 예제와 연습 문제에 사용할 수 있도록 표 12-3에는 통기식 트롬월에 대한 설계 기준 특성이 포함되어 있다.

미국과 캐나다의 200개 이상의 도시들이 표 12-3에 나열되어 있는 통기식 트롬월에 대한 디자인 명칭과 같은 네 가지 유형의 시스템 각각에 대해서 분석되었다. 시뮬레이션의 결과가 10번째로

표 12-2 LCR 표에 나열되어 있는 시스템의 레퍼런스 디자인 특징

석조 물성치	
열전도도, 온실 바닥	0.5 BTU h^{-1} ft^{-1} $°F^{-1}$
열전도도, 다른 석조 부분	1.0 BTU h^{-1} ft^{-1} $°F^{-1}$
밀도	150 lb ft^{-3}
비열	0.2 BTU h^{-1} ft^{-1} $°F^{-1}$
태양열 흡수율	
물벽	0.95
석조 트롬월	0.95
직접 취득과 온실	0.8
온실, 가벼운 일반 벽	0.7
온실, 다른 가벼운 표면	0.3
적외선 방사도	
일반 표면	0.9
선택적 표면	0.1
집열창 물성치	
전달	확산
방향	남쪽으로
굴절률	1.526
흡광계수	0.5 in^{-1}
각 유리의 두께	1/8 in
유리 사이 공기층 두께	0.5 in
통제 조건	
실온	65~75°F
온실 온도	45~95°F
내부 열 발생	없음
열순환 환기(사용될 때)	
환기 면적(위쪽과 아래쪽)	6% 투영된 면적
위쪽과 아래쪽 환기구 사이의 높이	8 ft
역류	방지됨
가동식 야간 단열(사용될 때)	
열 저항	R9(I-P 단위)
태양시간	1730~0730
태양열 복사 가정	
그늘	없음
열확산 반사율	0.3

0.1에서 0.9까지의 태양 절감률에 대해 나타나 있다. 표 12-4는 춥지만(7,265 base 65°F) 좋은 겨울 태양 기후를 가진 대표적인 도시인 몬태나주 빌링스에 대한 LCR과 SSF 데이터의 결과 조합을 나타낸다.

표 12-3 피동식 태양열 난방 시스템 분석의 LCR 방법에서 사용되는 환기된 트롬월에 대한 레퍼런스 디자인의 정의

설계	열저장 용량 (BTU ft^{-2} °F^{-1})	벽 두께 (in)	ρck^2,[2] (BTU^2 h^{-1} ft^{-4} °F^{-2})	집열창의 수	벽 표면	야간 단열
TWA1	15	6	30	2	일반	없음
TWA2	22.5	9	30	2	일반	없음
TWA3	30	12	30	2	일반	없음
TWA4	45	18	30	2	일반	없음
TWB1	15	6	15	2	일반	없음
TWB2	22.5	9	15	2	일반	없음
TWB3	30	12	15	2	일반	없음
TWB4	45	18	15	2	일반	없음
TWC1	15	6	7.5	2	일반	없음
TWC2	22.5	9	7.5	2	일반	없음
TWC3	30	12	7.5	2	일반	없음
TWC4	45	18	7.5	2	일반	없음
TWD1	30	12	30	1	일반	없음
TWD2	30	12	30	3	일반	없음
TWD3	30	12	30	1	일반	있음
TWD4	30	12	30	2	일반	있음
TWD5	30	12	30	3	일반	있음
TWE1	30	12	30	1	선택적	없음
TWE2	30	12	30	2	선택적	없음
TWE3	30	12	30	1	선택적	있음
TWE4	30	12	30	2	선택적	있음

예제 12-1

표 12-4의 데이터를 가지고 구체적인 설치가 분석될 수 있다. 225 BTU h^{-1} °F^{-1}의 열손실 인자(만약 집이 태양벽 없이 지어졌다면)를 가진 집을 고려하라. 집열창이 대체할 단열된 벽은 I-P 단위에서 R-25와 같은 단열 성능을 가졌다. 건축적인 측면에서 200 ft^2의 집열창이 제안되었다. 트롬월 유형 C3가 몬태나주 빌링스의 집 설계에 포함되었을 때 기대되는 에너지 절감을 계산하라. 빌링스의 난방도일값은 내부 공기 온도를 70°F로 유지하기 때문에 5,000°F일로 조정되고 집은 최저 단열 기준 이상으로 잘 단열되고 있다고 가정하라.

▸ 풀이

첫 번째 단계로, F_{HL}을 조정한다. 이는 집에 대해서는 작은 변화이지만 정확한 계산을 위해서 행해진다. 집열창에 의해 대체될 벽의 UA 값은 A/R이다. 여기에서 R은 U의 역수이자 열저항이며, A는 창의 면적이다.

$$\Delta F_{HL} = \Delta \mathrm{UA} = \frac{\Delta A}{R} = \frac{200}{25} = 8$$

조정 이후의 F_{HL} 값은 225 − 8 = 217 BTU h^{-1} °F^{-1}이고, 이로부터 BLC와 NRL을 다음과 같이 계산한다.

$$\mathrm{BLC} = 24F_{HL} = (24)(217) = 5{,}208 \text{ BTU HDD}^{-1}$$

$$\mathrm{NRL} = (\mathrm{BLC})(\mathrm{HDD}) = (5{,}208)(5{,}000) = 26.0\text{E6 BTU} = 7{,}600 \text{ kWh} = 27.5 \text{ GJ}$$

집에 대한 LCR은 다음과 같이 계산되며, 여기에서 A_p는 집열창에(수직 면에) 투영된 면적이다.

$$\mathrm{LCR} = \frac{\mathrm{BLC}}{A_p} = \frac{5{,}208}{200} = 26.0 = 26.04 = \sim 26.0$$

---

[2] ρ는 밀도, c는 비열, k는 열전도도.

표 12-4 몬태나주 빌링스에 대한 LCR 표와 표 12-3에 나열된 21개의 피동식 난방 시스템 설계

설계	SSF=0.1	0.2	0.3	0.4	0.5	0.6	0.7	0.8	0.9
TWA1	460	46	19	5	2	–	–	–	–
TWA2	161	52	27	16	10	6	4	2	1
TWA3	130	56	29	18	12	8	5	3	2
TWA4	113	52	30	19	13	9	6	4	2
TWB1	225	46	21	11	6	4	2	–	–
TWB2	132	49	26	16	10	7	4	3	1
TWB3	117	48	27	17	11	7	5	3	2
TWB4	109	45	25	16	10		5	3	2
TWC1	152	44	22	13	8	5	3	2	1
TWC2	119	43	23	14	9	6	4	3	1
TWC3	115	41	22	13	9	6	4	3	1
TWC4	123	38	19	12	8	5	3	2	1
TWD1	74	23	8	–	–	–	–	–	–
TWD2	138	63	37	24	16	11	8	5	3
TWD3	141	69	42	27	19	13	9	6	4
TWD4	145	79	50	34	25	18	13	9	6
TWD5	140	79	51	36	26	19	14	10	6
TWE1	168	83	51	34	23	16	12	8	5
TWE2	157	82	51	35	24	18	13	9	6
TWE3	172	101	67	47	34	25	19	13	9
TWE4	156	93	62	44	32	24	18	13	8

주: "–"로 표시된 부분은 추천되지 않는다.

표 12-4로부터 LCR과 각각의 SSF 값은 26.0의 LCR 값과 상응하는 바람직한 벽 유형에 대한 SSF 값을 찾기 위하여 보간될 수 있다. 이 관계는 선형적이지는 않으나, 선형 보간을 통하여 구한 값이 표에 있는 값들 사이의 근사값으로 충분하다. 그림 12-8의 그래프가 SSF:LCR 데이터 혼합을 나타내고 있으며, 보간을 위해 사용될 수 있다. 테이블의 인접 포인트가 (22, 0.3) 및 (41, 0.2)임을 고려하여 SSF를 계산한다.

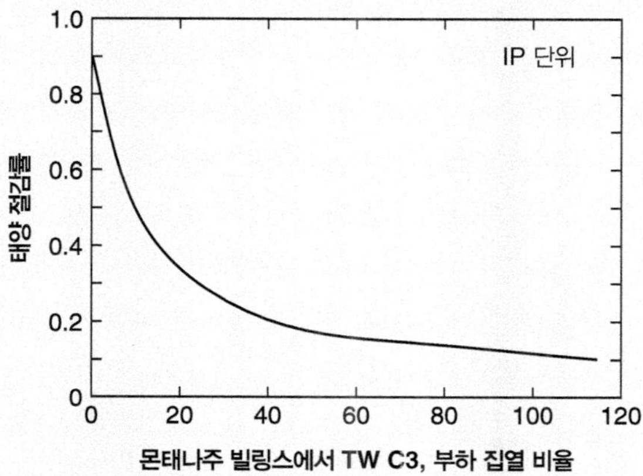

그림 12-8 예제 12-1을 위해 사용된 몬태나주 빌링스에서의 피동식 태양열 벽 유형 TW C3에 대한 LCR 함수로서 태양 절감률.

$$SSF(LCR = 26) = 0.3 - \frac{(26-22)}{(41-22)}(0.3-0.2)$$

$$= 0.3 - 0.211 \times 0.1 = 0.279 = \sim 0.28$$

26.5의 LCR 값은 약 0.28의 SSF와 상응한다. 이는 1년 동안 집에 대해서 28%의 열절감 효과와 같은 것이다. 28%의 열절감은 1년에 0.28×NRL 또는 7.4E6 BTU의 에너지 절감 효과를 나타낸다. 빌링스가 추운 지방의 도시이고 예제의 트롬월은 야간 단열막을 가지지 않았다는 것에 주목해야 한다. 만약 유사한 디자인이지만 야간 단열막을 가진 D4로 유형을 바꾸었다면 SSF는 거의 0.50까지 상승한다. 주택에서 사용되는 열원에 따라 가동 야간 단열막이 설치비용 측면에서 합리적일 수도 있다. 표 12-4에서 몇몇 설계안들은 26.5의 LCR 값에 상응하는 SSF의 값을 거의 0.5까지 나타내지만 이 도시에 대해서 26.5의 LCR 값에 대응하는 훨씬 더 큰 SSF 값은 표에서 발견되지 않는다는 것에 주목하라. 크게 보면, 이는 피동식 집열창의 합리적인 크기와 비교했을 때 높은 난방 부하(큰 HDD 값) 때문이다.

12-10 LCR 방법 보존 인자 부록

피동식 태양열 난방 시스템 최적화는 에너지 보존과 태양열 난방을 위한 추가 비용 사이의 균형을 요구한다. 만약 단열이 비싸다면, 피동식 시스템에 중점을 두어야 한다. 만약 단열이 비싸지 않다면, 단열을 철저하게 해서 피동식 시스템이 더 작게 설치되도록 해야 한다.

태양에너지의 기본적인 격언은 "먼저 단열한 다음 태양열을 추가하라"이다. 이 격언은 사실이나 여기서 "어떤 구성이 최적인가?" 하는 질문이 생길 수 있다. 부분적으로 단열을 추가함으로써 줄어드는 측면을 이해하면 이 질문에 답할 수 있다. 예를 들어, 만약에 벽이 R-10(I-P 단위)의 낮은 열저항값에서 시작해서 R-20으로 다시 설계된다면 열손실은 반으로 감소하게 되는데, 이는 50%의 증가된 열취득을 의미한다. 열저항을 R-30으로 증가시키면, 기존 R-20의 열손실 및 열취득 대비 1/3 감소 및 17% 증가한다. 다시 R-30에서 R-40으로 설계하면, 열손실 및 열취득은 R-30 대비 1/4 감소 및 8% 증가한다. 단열의 한계비용은 증가하는 R과 함께 거의 선형적으로 증가한다. 그러나 증가하는 이점은 각각 추가의 단열 단계와 함께 감소한다. 게다가 단열 두께가 증가함에 따라 규모 설정과 다른 시공의 세부사항을 짜는 데 있어 단계별로 변화가 필요하게 될 것이고, 이는 비용 증가로 이어진다. 이처럼 건설비용과 에너지비용 사이의 균형에 중점을 두는 것을 경제적 관점에서의 최적화라 할 수 있다.

한계비용 변화와 유사한 분석이 피동식 태양열 난방 시스템의 가치를 평가하는 데 이용될 수 있다. 집열창의 첫 번째 증설은 전체 난방 계절 동안 집을 난방하는 데 도움이 된다. 다음 증설은 첫 번째 증설보다 더 적은 한계편익을 가지면서도 계절 일부에서는 과도할 수도 있다. 그러나 선형적으로(또는 더 큰) 건설비용 증가를 가져오게 된다. 그리고 세 번째 증설은 훨씬 더 적은 이익을 난방 계절 동안 가지게 되고 추가의 증설 역시 이와 같은 일이 발생하게 된다.

이러한 관점에서 보면 균형 지점은 다소 다를 수 있지만, 만약 누군가가 내재된 에너지와 수집된 에너지 사이의 균형을 고려한다면 동일한 상태를 유지할 것이다.

LCR 방법은 단열 비용과 피동식 태양열 면적 비용 사이의 균형을 맞추기 위해 사용되는 '*보존 인자*(conservation factor: CF)'를 포함하도록 발전되어 왔다. CF는 보존과 피동식 태양열 사이 균형의 결과이다. 또한 CF는 피동식 시스템의 증가 비용, 단열의 증가 비용, 개별 도시(그리고 기후)의 계산된 특수한 CF 값을 토대로 일련의 단순한 식으로 축소되어 왔다. 표 12-5는 표 12-4 데

표 12-5 몬태나주 빌링스에 대한 보존 인자와 표 12-4에 나열된 21개의 피동식 태양열 난방 시스템 설계(Balcomb el al. 1984)

설계	SSF = 0.1	0.5	0.8
TWA1	1.8	4.7	–
TWA2	1.6	2.9	4.9
TWA3	1.5	2.5	4.0
TWA4	1.5	2.4	3.6
TWB1	1.8	3.7	8.6
TWB2	1.6	2.7	4.3
TWB3	1.6	2.6	3.9
TWB4	1.6	2.6	3.9
TWC1	1.8	3.2	5.2
TWC2	1.7	2.8	4.3
TWC3	1.8	2.9	4.3
TWC4	1.9	3.1	4.6
TWD1	2.2	–	–
TWD2	1.3	2.0	2.9
TWD3	1.2	1.9	2.7
TWD4	1.1	1.6	2.2
TWD5	1.1	1.5	2.1
TWE1	1.1	1.7	2.3
TWE2	1.1	1.6	2.2
TWE3	1.0	1.3	1.8
TWE4	1.0	1.4	1.8

주: "–"로 표시된 부분은 추천되지 않는다.

이터와 유사한 예로, 미국 몬태나주 빌링스에 대한 CF 값을 포함한다. LCR:SSF 데이터에 기초하여 CF를 계산하기 위한 일반적인 식으로 다음 식을 사용할 수 있다. 여기에서 사용되는 기호들은 이전에 정의된 것과 같고, $D = \mathrm{d}\ (\mathrm{SSF})/\mathrm{d}\ (1/\mathrm{LCR})$으로 표현된다.

$$\mathrm{CF} = \sqrt{24\left[\frac{1}{\mathrm{LCR}} + (1-\mathrm{SSF})\right]/D} \tag{12-11}$$

CF 과정의 세 가지 적용을 최적 벽과 천정 *R*-값, 최적 평판 바닥 주변 *R*-값, 그리고 최적 난방된 기본 벽 *R*-값을 계산하기 위해 여기에 나타내었다.

벽:

$$R_{\mathrm{opt}} = \mathrm{CF}\sqrt{\frac{\text{피동식 시스템비용, 단위 면적당 \$}}{\text{단열비용, 단위 면적 } R \text{ 단위당 \$}}} \tag{12-12}$$

평판 바닥 주변:

$$R_{\mathrm{opt}} = 2.04\mathrm{CF}\sqrt{\frac{\text{피동식 시스템비용, 단위 길이당 \$}}{\text{단열비용, 단위 길이 } R \text{ 단위당 \$}}} - 5 \tag{12-13}$$

난방 중인 지하실:

$$R_{opt} = 3.26\text{CF}\sqrt{\frac{\text{피동식 시스템비용, 단위 면적마다 \$}}{\text{단열비용, } R \text{ 단위당 둘레길이마다 \$}}} - 8 \quad (12\text{-}14)$$

예제 12-2

대체될 단열벽보다 \$10 ft^{-2} 비용이 더 나가는 TW, C3 유형의 피동식 태양열 난방 시스템의 가능한 설치를 고려해보자. 벽 단열은 \$0.025 R^{-1} ft^{-2} 비용이 소요될 것이다. 예상된 태양 절감률이 0.50일 때, 몬태나주 빌링스에 위치한 집에 대한 최적화된 R-값을 계산하라.

풀이

표 12-5에 있는 SSF = 0.5, 유형 TW, C3에 대응하는 데이터는 CF = 2.9이다.

$$R_{opt} = 1.6\sqrt{\frac{10}{0.025}} = 32$$

앞에서 설명한 벽에 관한 식을 사용하면, 이 R-값(I-P 단위)은 내/외측 가장자리에 10 in (25 cm) 두께의 유리섬유 단열층을 포함하는 벽을 나타낸다. 이렇게 잘 단열된 벽은 '초단열'로 분류되지만 가능한 영역 안에 있다. 벽의 단열 성능은 빌링스의 추운 겨울과 필요한 난방의 절반은 태양으로부터 나온다는 가정을 만족시키기 위해서 위와 같이 매우 높아져야 한다. 태양열 취득은 이런 많은 단열로 인해 크지 않다. 그러나 열손실은 남아 있는 난방 부하의 절반이 피동식 태양열 시스템에 의해 충족될 수 있는 지점까지 줄어든다.

이 단계로의 단열은 수정된 난방도일의 재계산을 요구할 수도 있고 이는 아마도 더 작은 HDD 값을 만들어 이 설계에 대한 계산을 다시 검토하도록 할 것이라는 것을 기억하라. 반복적인 계산은 종종 최적화 설계의 일부이다. 앞의 예제에서 가정된 SSF는 가장 적합한 값이 아닐 수도 있다. 만약 건물 설계가 가정된다면, LCR 방법은 SSF의 첫 번째 추정치를 얻어내는 데 사용될 수 있다. 이 값은 개선된 SSF 값을 얻기 위해 재계산된 CF 식과 LCR 계산을 사용하여 더 좋은 벽 설계를 추정하는 데 사용될 수 있다. 몇 번의 반복을 통해 그 값은 일관된 집합에 수렴하게 되어 계산된 최고의 설계가 될 것이다.

12-11 설계를 위한 부하 집열 비율 방법

앞 예제의 분석 절차는 피동식 태양열 이용을 위한 면적과 건축물 단열 최적 조합을 구하는 데까지 확장할 수 있다. 한 가지 가능한 방법은 이 기법을 피동식 태양열 이용을 위한 면적을 고려하는 데까지 확장하는 것이며, 이 면적은 건물의 남쪽 벽에 건축학적이고 합리적으로 적합해야 한다. 각각의 건물 시스템이 분석되어 순 태양열 이익을 계산한다. 최대의 순 태양열 이익을 갖는 피동식 태양열 이용을 위한 면적이 최적의 설계가 된다.

예제 12-3

이 연구는 세 부분으로 구성된다.

a. 수직, 유리창이 있는, 남향의 통기식 트롬월에 대한 최적의 면적을 결정한다. 메릴랜드주 볼티모어 근처에 건축될 태양열 주택을 위한 시스템을 고려하는 것이다. 검토 중인 트롬월 후보는 다음과 같

은 특징을 갖는다.

- 12 in의 벽 두께 및 30 BTU ft^2 °F의 축열용량
- 선택적인 흡수면
- 이중 유리창
- 이동 야간 단열
- $\rho ck = 30$

트롬월이 잘 단열된 벽보다 $5/$ft^2$의 유리창 면적만큼 더 비쌀 것으로 예상한다. 또한 설치비가 주택담보대출의 일부이고, 시스템이 수년간 유지될 것이며, 주택담보대출 이자가 연방 및 주 소득신고에서 세금이 공제되고, 당신이 최고 한계 과세 구간에 있다는 가정에 따라 트롬월의 연간 비용이 설치비의 5%가 될 것으로 결론을 내렸다.

주택이 태양열 벽 없이 건축된다면 열손실계수(HLF)는 265 BTU h^{-1} °F^{-1}일 것이다. 태양열 벽은 R-25(I-P 단위계)일 것이다. 단열에 의한 이익을 계산했으며 난방도일을 50°F의 기준 온도로 줄여야 함을 발견했다. 일반적인 열원은 천연가스이며, 이것은 92%의 연간 연료 활용 효율(AFUE)을 나타내며 $2.15/therm (1 therm은 10만 BTU)의 가격을 가진다.

b. 설계의 CF는 얼마인가? 설계에서, 설치되는 단열에는 *R*-값의 단위 증가당 $0.04/$ft^2$와, $5/$ft^2$의 태양열 벽 설치비용이 소요된다. 단열되는 벽과 주택 천장의 최적의 *R*-값은 얼마인가? (단, 계산된 값을 사용해 트롬월 최적화를 반복하지 않는다.)

c. 트롬월이 야간에 단열 없이 일반 벽면으로 삼중유리로 구성될 경우 설계는 얼마나 변경될 것인가? 단, 차양 면적 ft^2당 9달러가 소요되며, 다른 조건과 특성은 동일한 것으로 가정한다.

▶ ***풀이***

(a) 첫 단계로, HDD 값의 기준 온도를 65°F[3]에서 더 낮은 온도로 변환한다. 이 주택은 초단열된다. 효과적인 HDD의 기준 온도를 50°F라고 가정한다. 월별 HDD 값은 다음 표에 제시된다. 기준온도를 15°F 감소시킬 때 큰 변화가 있음에 주목한다.

월	HDD base 65	HDD base 50	월	HDD base 65	HDD base 50	월	HDD base 65	HDD base 50
1월	936	471	5월	90	0	9월	48	0
2월	820	400	6월	0	0	10월	264	0
3월	679	226	7월	0	0	11월	585	167
4월	327	15	8월	0	0	12월	905	440
HDD_{65}의 합	4,654							
HDD_{50}의 합	1,719							

단위 에너지비용은 AFUE, 연료 난방값 및 연료 단위 비용으로부터 구한다.

$$\frac{\$}{\text{MBTU}} = \frac{\left(1{,}000{,}000\dfrac{\text{BTU}}{\text{MBTU}}\right)\left(\text{unit cost}\dfrac{\$}{\text{therm}}\right)}{\left(100{,}000\dfrac{\text{BTU}}{\text{therm}}\right)(\text{AFUE})} = \frac{(1{,}000{,}000)(\$2.15)}{(1{,}000{,}000)(0.92)} = \frac{\$23.37}{\text{MBTU}}$$

트롬월의 설명은 표 12-3의 타입 TW E4에 해당한다. 최적의 면적은 반복된 계산을 통해 구할 수

---

[3] HDD 데이터 출처: Leckie et al. (1981).

있으며, 이때 유리창의 면적은 50~500 ft^2로 설정된다. 예제 12-1과 같이 SSF를 결정하기 위한 순차 계산이 필요하나, 여기서 자세한 설명은 생략한다. 다른 계산들은 다음과 같다.

- 벽체 비용 = (벽 면적)(단위 벽 면적당 비용)(5% 연간 감가상각)
- BLC, 피동식 벽체 없음 = (24)(265) = 6,360
- 연간 에너지, MBTU=(BLC)(HDD)(1E-6)
- 연간 난방비(피동식 벽체 없음) = (BLC = 6,360을 사용한 연간 에너지)($/MBTU 연료비)
- 연간 난방비(피동식 벽체 있음) = (연간 난방비, 벽체 없음)(1 − SSF)
- 총 비용 = 벽체 비용 + 연간 난방비
- 절감액 = 연간 난방비(피동식 벽체 없음) − (연간 난방비)(피동식 벽체 있음)
- 순 절감액 = 연간 절감액 − 연간 벽체 비용
- 순 절감액의 피크값은 최적의 태양열 벽 면적을 의미한다.

총 연간 비용의 최소값도 동일한 내용을 의미한다.
(완성된) 결과는 다음 표에 제시되어 있다.

벽체 면적	HLF	BLC	LCR	SSF	연간 벽체 가격	연간 Htg 가격	연간 총가격	연간 Htg 가격 절감	순 연간 가격 절감
0	265	6,360	–	0	$0	$256	$256	$0	$0
50	263	6,312	126.2	0.154	$13	$217	$229	$39	$27
100	261	6,264	62.6	0.313	$25	$176	$201	$80	$55
200	257	6,168	30.8	0.547	$50	$116	$166	$140	$90
300	253	6,072	20.2	0.683	$75	$81	$156	$175	$100
400	249	5,976	14.9	0.782	$100	$56	$156	$200	$100
500	245	5,880	11.8	0.855	$125	$37	$162	$219	$94

데이터를 검토해보면 기준이 순 절감액을 극대화하는 것일 경우 최적의 면적은 약 350 ft^2인 것으로 나타난다. TW-E4 벽체의 경우, 최적의 SSF는 0.7보다 약간 높다. 볼티모어의 비교적 온화한 동절기 날씨, 이동식 야간 커튼, 태양열 흡수체의 선택적 표면 및 초단열되는 주택 덕분에 넓은 집열창 면적이 최적이 됨에 주목한다. 그러나 350 ft^2은 주택에 건축학적으로 어울리지 않을 수 있다. 예를 들어 높이 6.5 ft, 길이 54 ft의 유리 벽이 필요할 것이다. 건축학적 설계, 초단열의 정도 및 설치될 트롬월의 타입 사이에 절충이 필요하다.

(b) 이 책의 끝에 있는 부록 C 표에 있는 볼티모어에 대한 CF 값을 사용하면, SSF = 약 0.74, 그리고 보간하여 계산하면 CF = 1.7(완성된 값)이다. 식 (12-12)를 사용하면 다음과 같다.

$$R_{opt} = 1.7(5.00/0.04)^{0.5} = 19 \text{ (I-P 단위)}$$

이는 시작했던 값 25에 근접하며, 추가 계산 없이 수용할 수 있다. 물론, 확실한 계산을 위해서 이 새 값으로 문제를 재검토해야 한다. 보통 정도의 HDD 값과 적당한 동절기 태양열값은 태양열 벽을 보다 효과적으로 만들며 더 많은 벽체에 대한 단열은 필요하지 않다.

(c) 수정된 트롬월의 설명은 표 12-3의 타입 TW D2에 해당한다. 위와 같이 순차 계산을 반복하면, (완성된) 결과는 다음과 같다.

벽체 면적	HLF	BLC	LCR	SSF	연간 벽체 가격	연간 Htg 가격	연간 총가격	연간 Htg 가격 절감	순 연간 가격 절감
0	265	6,360	–	0	$0	$256	$256	$0	$0
50.00	263	6,312	126.2	0.122	$23	$225	$248	$31	$8
100.00	261	6,264	62.6	0.213	$45	$201	$246	$55	$10
150.00	259	6,216	41.4	0.295	$68	$180	$248	$76	$8
200.00	257	6,168	30.8	0.366	$90	$162	$252	$94	$4
250.00	255	6,120	24.5	0.419	$113	$149	$262	$107	−$6
300.00	253	6,072	20.2	0.456	$135	$139	$274	$117	−$18

TW-D2 벽체의 경우 최적의 피동식 벽체 면적은 훨씬 더 작고, 단위 면적당 더 비싸며, 최적의 SSF는 약 0.213으로 감소한다. 관련된 CF 표에서 CF = 1.5(완성된 값)와 R_{opt} = 1.5(9.00/0.04)$^{0.5}$ = 23에 해당하며, 이는 처음의 설계 가정에 근접한다. 여기서, 피동식 난방 시스템이 보통 정도의 HDD 값과 적당한 태양열 환경에도 불구하고 단열 증가를 고려하는 것을 중요하게 만들면서, 얼마나 덜 효과적인지에 주목해야 한다. 선택적 표면을 갖는 야간 단열을 사용하는 타입 TW-E4 벽체 설치의 이점은 집열창을 통해 야간 열손실을 감소시키며, 보다 큰 트롬월[파트 (a)]이 최적의 크기가 되게 한다. 하지만 이 예제에 포함된 비용에 관한 가정들은 이 기법을 설명하기 위한 값일 뿐이며 반드시 오늘날의 실제 비용을 나타내지는 않는다는 점이 강조되어야 한다. 그러나 실제 추정 비용이 존재할 경우, 이 예를 활용하고 다른 피동식 태양열 벽 유형들을 탐색하면 '최고의' 타입을 선택할 수 있다.

12-12 열부력에 의한 피동식 환기

열부력에 의한 피동식 환기는 건물의 외벽에 적당한 크기의 둘 이상의 개구부가 있고 입구에서 출구까지 공기 이동에 대한 내부 장애물이 없을 때 활발해진다. 그림 12-9에 예시가 제시되어 있다. 실내외 공기 온도, 환기구 개구부 면적 및 환기구 사이의 높이 차를 알 수 있다면 환기량을 계산할 수 있다.

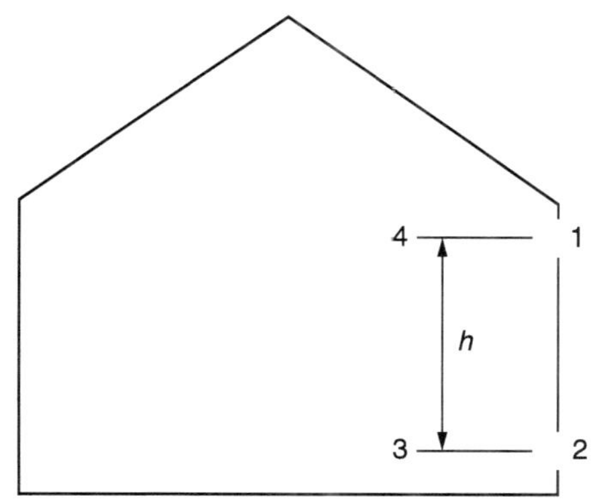

그림 12-9 열부력에 의해 피동식 환기가 되는 건물의 단면도.

계산을 위한 가장 간단한 상황은 실내외 공기 온도가 일정하다고 가정하고, 두 개의 환기구가 존재하며, 환기구 수직 크기가 환기구 사이의 높이 차에 비해 상대적으로 작다고 가정하는 것이다. 실내와 실외 공기의 절대온도는 일정하고 각각 T_4와 T_2로 표시되며, 해당되는 밀도는 ρ_4와 ρ_2로 표시된다. 위쪽(출구) 환기구를 통과하는 공기 속도는 V_4, 아래쪽(입구) 환기구를 통과하는 공기 속도는 V_2이다.

그림 12-9는 개념 설명을 위한 것이다. 건물의 순풍 방향에 출구 환기구를 만들고 역풍 방향에 입구 환기구를 만들면 환기 효과가 강화된다. 반대의 경우는 공기 흐름을 억제하여 약간의 미풍도 열사이펀 효과를 차단할 수 있다. 이런 이유로 인해, 저녁 산들바람의 방향을 활용하기 위한 조작형 환기구가 장점을 가질 수 있다.

점 1에서 시작해, 점 2, 3 및 4를 통과해 점 1로 돌아가는 루프의 압력 변화를 측정하기 위해 유체 정역학 및 동역학의 원칙이 적용될 수 있다. 점 1과 4는 동일한 높이에 있으며, 2와 3도 그렇다. 점 1에서 2로 그리고 3에서 4로 이동하는 것은 유체 밀도 및 높이 차와 관련된 유체 정역학 문제다. 점 2에서 3으로 그리고 4에서 1로 이동하는 것은 베르누이 방정식을 이용해 분석할 수 있는 유체 동역학 문제다.

$$\begin{aligned} P_1 - P_2 &= -\frac{\rho_2 g h}{g_c} \\ P_2 - P_3 &= \frac{\rho_2 V_2^2}{2g_c} \\ P_3 - P_4 &= \frac{\rho_4 g h}{g_c} \\ P_4 - P_1 &= \frac{\rho_4 V_4^2}{2g_c} \end{aligned} \tag{12-15}$$

계수 g_c는 힘－질량 단위 변환계수이며, 질량이 파운드 단위일 때는 I-P 단위계에서 32.2와 같고, 질량이 킬로그램 단위일 때는 SI 단위계에서 1.0과 동일하다. 압력 변화 루프는 네 압력 변화를 합산하여 완성되고, 이 값을 합하면 0이 된다.

$$2gh(\rho_2 - \rho_4)/g_c = \rho_2 V_2^2 + \rho_4 V_4^2 \tag{12-16}$$

연속방정식이 적용되면, 여기서 C_d는 방출계수이며, 창문과 같은 개구부에 대해서는 보통 0.65가 된다.

$$\rho_2 C_{d2} A_2 V_2 = \rho_4 C_{d4} A_4 V_4 \tag{12-17}$$

연속방정식과 압력루프 방정식이 결합될 때, 이상기체 방정식을 통해 관련된 공기 온도와 밀도를 결정하고, 공기 흐름 속도 중 하나가 결정되고 연속방정식은 다른 하나를 계산하며, 필요시 연속방정식의 어느 한쪽을 사용해 환기량을 계산하는 데 사용된다.

$$V_4 = \left[\frac{2gh(T_4 - T_2)/g_c}{T_2 + \left(\frac{T_2^2}{T_4}\right)\left(\frac{C_{d4}A_4}{C_{d2}A_2}\right)^2} \right]^{0.5} \tag{12-18}$$

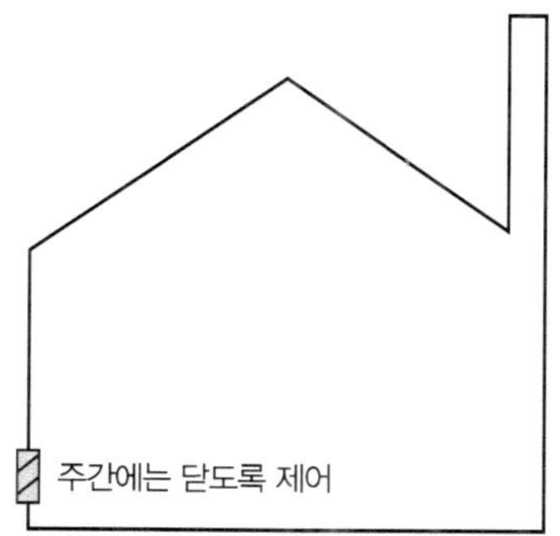

그림 12-10 열사이펀 굴뚝에 의해 피동식 환기가 되는 건물의 단면도.

풀이 방정식의 형태는 두 가지 중요한 물리적 통찰을 제공한다. 첫째, 자연환기 과정의 강도는 실내와 실외의 공기 온도 차의 제곱근에 비례한다. 따라서 야간에 더 추운 경향이 있는 지역이 피동식 환기를 더 잘 이용한다. 그러나 피동식 환기는 보통의 온도 차에서도 효과적일 수 있다(예를 들면, 10°C의 차이는 5°C 차보다 $\sqrt{2}$ (41%) 더 큰 이익을 제공하나, 이익이 두 배가 되지는 않는다). 두 번째, 환기 과정의 강도는 두 환기구 사이의 높이 차의 제곱근에 비례한다는 것으로, 높이 차가 두 배가 되면 2의 제곱근만큼 환기량이 증가한다.

적당한 환기를 제공하기에 높이 차가 불충분한 상황이 발생할 경우, 그림 12-10에 개념적으로 나타낸 그림과 같이 열사이펀 굴뚝이 추가될 수 있다. 굴뚝의 단면적이 공기 흐름을 방해하지 않을 만큼 충분히 클 경우, 앞의 방정식들이 적용된다. 굴뚝이 이동하는 공기에 상당한 항력을 가할 경우, 항력으로 인한 압력 강하는 흐름 속도의 함수로 표현되어 압력 루프 방정식에 추가된다. 솔루션은 여전히 유체역학의 직접적인 적용으로 구하며, 다시 한 방정식을 사용해 하나의 미지 속도를 구하는 문제로 귀결된다(힌트: 연속방정식은 굴뚝 내 속도가 어느 한쪽 환기구를 통과하는 속도와 직접 관련되도록 해준다).

셋 이상의 환기구가 있거나, 환기구가 서로 간의 높이 차에 비해 크거나, 바람에 의한 환기가 제공되거나, 실내 온도가 환기량에 따라 변할 경우 열부력 계산은 더 복잡해진다. 이러한 복잡성은 Albright (1990)에 제시되어 있으며, 자세한 내용은 참고하기 바란다. 환기를 위한 태양열 굴뚝은 빈번한 관심의 대상이며, 이는 환기량과 공기 온도 차가 역의 관계로 긴밀한 관계를 갖는 상황에서 일어난다. 이 경우 식 (12-18)의 온도값 T_4는 태양열 난방 및 환기량의 함수이며, 이는 세부 내용을 복잡하게 하나 적용 가능한 방정식들은 여전히 유사하며 솔루션은 반복된다. 예제 12-4에서는 열사이펀의 경우 공기 흐름 계산을 보여준다.

예제 12-4

수직 거리가 6 m인 건물의 두 창문 사이에서 열사이펀이 발생한다. 상단 및 하단 창의 면적은 각각 0.558 m^2 및 0.372 m^2이다. 열사이펀은 실내 온도가 26°C인 밤에 발생하지만, 실외 기온은 12°C까지 떨어진다. 두 창 모두 방출계수를 0.65로 가정하면, 각 창문을 통과하는 공기 속도(m/s)와 체적유량(m^3/s)은 얼마인가?

▶ **풀이**

먼저 온도를 절대값, 즉 각각 299 K와 285 K로 변환한다. 그런 다음, 식 (12-18)에 대입하여 상단 창을 통한 공기의 유속을 계산하면:

$$V_4 = \left[\frac{2 \times 9.8 \times 6(299 - 285)/1}{285 + \left(\frac{285^2}{299}\right)\left(\frac{0.65 \times 0.558}{0.65 \times 0.372}\right)^2} \right]^{0.5} = 1.36 \text{ m/s}$$

V_2를 계산하기 위해 공기밀도의 차이가 무시할 수 있을 만큼 작다고 가정하고, 방출계수가 일정하다는 점을 고려하여 식 (12-17)을 재정리하면:

$$V_2 = V_4 \frac{A_4}{A_2} = 1.36 \times \frac{0.558}{0.372} = 2.03 \text{ m/s}$$

마지막으로 체적유량은 유속과 면적 및 배출계수를 곱한 값이다.

$$Q_4 = Q_2 = 1.36 \times 0.558 \times 0.65 = 0.492 \text{ m}^3/\text{s}$$

12-13 피동식 태양열 시스템을 위한 차양 돌출부의 설계

피동식 태양열 난방 시스템의 이상적 설계는 동절기에 완전한 태양열 노출과 하절기에 완전한 그늘을 제공한다. 다행히, 각각을 위한 하루 중 가장 중요한 시간은 정오이다. 태양은 동절기 중 정오에 고도가 가장 높으며 하루 중 나머지 동안에는 고도가 더 낮다. 태양은 봄부터 추분점(북회귀선의 북쪽)까지 정오에 남중한다. 정오의 하절기(S) 및 동절기(W) 태양 고도와 관련된 태양열 차양의 설치에 대한 치수가 그림 12-11에 제시되어 있다. 차양(또는 지붕)이 태양열 벽 바깥으로 튀어나온 거리는 O, 돌출부에서 창문 꼭대기까지의 거리는 h, 창문의 높이는 G로 표시된다. 태양 정오에서는,

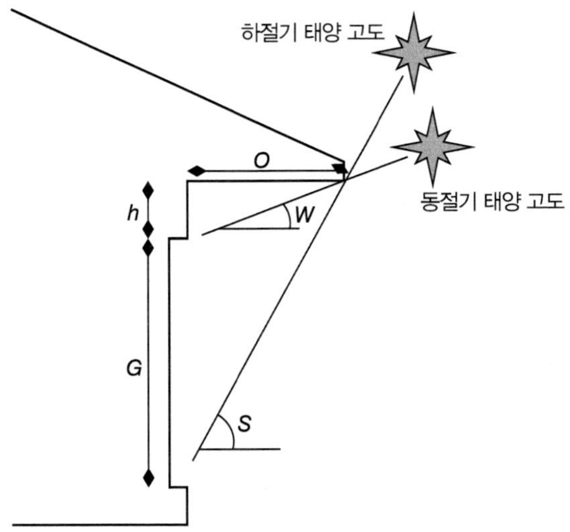

그림 12-11 하절기의 그늘과 동절기 태양 고도에 따른 차양의 그림.

태양 고도 α를 계산하기 위한 간단한 방정식을 사용할 수 있다.

$$\alpha = 90 - \text{위도} + \text{태양 적위} \quad (12\text{-}19)$$

불행히도, 피동식 태양열 난방의 필요성은 하지점을 중심으로 대칭이 되지 않는다. 일반적으로, 피동식 난방은 늦여름 또는 가을의 대칭적인 날짜에서 허용할 수 있는 것보다 봄의 더 늦은 시기에 유용할 수 있다. 4월 21일은 8월 21일과 동일하지 않다. 따라서 유리창에 대해 고정된 차양을 설계할 때, 완전한 그늘이 필요한 날짜와 완전한 일광이 필요한 날짜를 지정하는 데 절충이 필요하다. 설계에서 과도한 난방을 방지하기 위해 추분점까지 완전한 하절기 그늘이 필요한가? 그럴 경우, 완전한 그늘은 반드시 날씨가 아직 서늘하여 피동식 난방이 유용할 수 있는 춘분점에서부터 시작되어야 한다. 완전한 일광노출 날짜를 결정할 때도 동일한 문제가 발생한다. 늦겨울에는 완전한 일광노출이 선호될 수 있지만, 이는 초가을에 완전한 일광노출이 시작되는 문제를 수반한다. 절충이 만족스럽지 않을 경우, 이동식 시스템(또는 차양)이 필요할 것이다.

완전한 그늘과 완전한 일광노출을 위한 적절한 날짜가 결정되고, 각각의 태양 적위와 정오 태양 고도(S와 W)가 계산되면, G 또는 h를 알고 있을 경우 거리 O를 구할 수 있다. 일반적으로 이용 가능한 창문 부품의 치수에 따라 G 값이 제공된다. 다른 두 치수는 다음 방정식에서 결정할 수 있다.

$$O = \frac{G}{[\tan(S) - \tan(W)]} \quad (12\text{-}20)$$

$$h = O\tan(W) \quad (12\text{-}21)$$

차양이 창문의 두 가장자리 바깥으로 충분히 돌출되지 않고 정오 전후로 일광이 들어올 경우 집열창의 동쪽과 서쪽에 추가적인 그늘이 생길 수 있다. 이러한 그늘의 크기를 결정하기 위한 설계 과정에 삼각법 계산과 태양각 방정식이 활용될 수 있다.

▶ 예제 12-5

남향 6 ft 높이 창문의 태양열 돌출부는 위도 42°N에 있는 건물을 위해 설계되었다. 돌출부는 11월 15일부터 추분점 이후 태양을 완전히 허용해야 하며, 5월 10일 춘분점 이후 태양 정오에 태양을 차단해야 한다. 돌출부의 수평 및 수직 치수를 가장 가까운 0.1 ft까지 계산하라.

▶ ***풀이***

먼저 두 날짜의 편각을 계산한다. 식 (9-4)와 9장의 방법을 적용하면 다음과 같다. 윤년을 무시하면 두 날짜는 $N = 130$과 $N = 319$이고 적위값은 각각 17.52°와 −19.15°임을 알 수 있다. 태양 정오의 고도를 구하면 다음과 같다.

$$\alpha = 90 - 42 + 17.52 = {\sim}65.5°$$

$$\alpha = 90 - 42 - 19.15 = {\sim}28.9°$$

각도 28.9°와 65.5°를 대입하면 돌출부 수평 치수를 구할 수 있다.

$$O = \frac{G}{\tan S - \tan W} = \frac{6}{\tan 65.5 - \tan 28.9} = {\sim}3.6 \text{ ft}$$

그런 다음 $O = 3.6$ ft 값을 대체하여 수직 치수를 계산한다.

$$h = O \times \tan W = 3.6 \times \tan 28.9 = {\sim}2.0 \text{ ft}$$

12-14 요약

태양열에너지는 단열 강도가 가장 약한 한겨울에도 활용될 수 있다. 약간의 직사일광이 존재할 때마다, 피동식 수단을 통해 포집하여 공간 난방 또는 가정용 온수 제공에 활용할 수 있다. 태양열을 모으는 것은 피동식 태양열 공간 난방을 제공하기 위한 구조적 특징에 의존할 수 있다. 최대의 효과를 위해, 단열 및 기타 수단을 활용한 에너지 절약은 성공적인 피동식 태양열에너지 시스템 설치를 위한 중요한 문제가 된다.

30년 전에 로스앨러모스 국립연구소에서 수행된 광범위한 컴퓨터 분석과 실험적인 테스트는 설계자가 건물에 대한 광범위한 피동식 태양열 설계 목록 중에서 하나를 선택하고 건축과 피동식 태양열 난방 기법의 조합을 최적화하는 데 사용할 수 있는 부하 집열 비율(LCR) 방법이라는 기법을 제공했다. 단일한 주택에 설치되는 여러 가지 피동식 태양열 공간 난방 기법의 조합은 병행하여 작동하며 동일한 방법을 사용해 평가할 수 있다. 분석 기법들을 바탕으로 하여, 설계 프로세스를 만드는 데 적용될 수 있는 컴퓨터 기반의 분석 절차들이 개발되었다.

LCR 방법은 다양한 유형의 건축물을 위한 피동식 태양열 난방 시스템의 설계 과정에 적용될 수 있다. 시스템적 관점은 수집된 태양열에너지의 낭비를 방지하기 위해 강화된 에너지 절약으로 시작해야 하며, 성공적인 피동식 태양열 난방 시스템을 구축하는 데 필요한 구조 변경 정도를 최소화해야 한다. 건물의 단열 강화는 두 가지 이점을 제공한다. 첫째, 건물의 열손실계수가 작아진다. 둘째, 해당하는 월별 · 계절별 난방도일 합계가 작아진다. 편안함을 위해 요구되는 공간 난방은 이 두 계수의 곱이다. 따라서 단열 추가는 각 계수가 더 작아지기 때문에 이중의 혜택을 제공한다. 합리적인 절약 수준이 부과된 후, 시스템의 다른 구성 요소들이 반드시 평가되어야 한다. 시스템적 관점은 반복적인 설계 접근법을 통해 절약과 태양열 난방의 최적 조합을 제공할 수 있다.

References

Albright, L. D. (1990). *Environment Control for Animals and Plants*. Am. Soc. Agr. and Bio. Engrs, St. Joseph, MI.

ASHRAE (2020). *ASHRAE Handbook: HVAC Systems and Equipment*. Am. Soc. Htg., Refrig. and Air Cond. Engrs. Atlanta, Georgia.

ASHRAE (2017). *ASHRAE Handbook: Fundamentals*. Am. Soc. Htg., Refrig. and Air Cond. Engrs. Atlanta, Georgia.

Athienitis, A. K., and M. Santamouris (2002). *Thermal Analysis and Design of Passive Solar Buildings*. James & James, London.

Balcomb, J. D., R. W. Jones, R. D. McFarland, et al. (1984). *Passive Solar Heating Analysis: A Design Manual*. Am. Soc. Htg., Refrig. and Air Cond. Engrs. Atlanta, Georgia.

Duffie, J. A., and W.A. Beckman (2006). *Solar Engineering of Thermal Processes*, 3rd ed. Wiley-Interscience, New York.

Goswami, D. Y., F. Kreith, and J. F. Kreider (2000). *Principles of Solar Engineering*, 2nd ed. Taylor and Francis, New York.

Jones, R. W., J. D. Balcomb, C. E. Kosiewicz, et al. (1982). *Passive Solar Design Handbook, Volume Three: Passive Solar Design Analysis*. NTIS, U.S. Dept. of Commerce, Washington, D.C.

Leckie, J., G. Master, H. Whitehouse, and L. Young (1981). *More Other Homes and Gar-*

bage: Designs for Self-sufficient Living. Sierra Club Books. Available online at http://hdl. handle. net/1813/1006 for no charge. Accessed Aug. 2011.

연습 문제

12-1. 당신은 1주간 공기 온도를 기록했으며 해당 주에 대하여 다음과 같은 평균 공기 온도를 계산했다.

1일	2일	3일	4일	5일	6일	7일
8	12	10	16	18	21	4

기준온도 18 및 12를 위한 연간 합계에 기여하는 해당 주의 난방도일 수를 계산하라.

12-2. 주택이 더 많이 단열(초단열)될수록, 동일한 실내 공기 온도에 대해 난방도일 계산을 위한 기준 온도가 낮아지는 이유를 설명하라.

12-3. 한 해수면 부근 주택의 열부력 환기에 사용되는 두 차양에 대한 창문망 추가의 효과를 결정하라. 각 창문은 1 m^2이며 창문 간의 높이 차는 4 m이다. 실외 공기 온도는 15°C, 실내 공기 온도는 24°C이다. 창문망이 창문을 통한 유효 흐름 면적을 50% 감소시킨다고 가정한다. 각각의 경우에 체적유량은 얼마이며, 창문망은 얼마나 유량을 감소시키는가?

12-4. 당신의 주택에 트롬월 태양열 차양 추가를 고려하고 있다. 건축학적 고려사항에 따르면 80, 150, 200 ft^2의 세 창문 면적이 현재의 남향 벽체에 적합할 것으로 나타났다. 세 면적의 건축비용 증가는 각각 850, 1,200, 1,500달러이다. 주택의 열손실계수(F_{HL}, I-P 단위계)는 275 BTU h^{-1} $°F^{-1}$로 계산되었으며, 집열창이 설치되는 벽체는 20(I-P 단위계)의 *R*-값을 갖는다. 당신의 지역(조정된) 난방도일값은 5,000이며 기존 난방 에너지는 \$42 $MBTU^{-1}$로 예상된다. 설치비가 매년 10% 상각된다면, 고려 중인 트롬월 시스템이 다음과 같은 SSF:LCR 데이터로 대표될 경우, 경제적으로 가장 유리한 창문의 면적은 어느 것인가?

SSF	0.1	0.2	0.3	0.4	0.5	0.6	0.7	0.8	0.9
LCR	135	64	32	20	13	9	5	2	–

12-5. 부록에 나열된 도시들 중 하나에 대해 LCR/CF 데이터를 선택하고 문제 12-4에 설명된 주택에 해당되는 데이터와 예제 12-1에 설명된 기타의 데이터를 사용하라. 타입 D2 트롬월에 대해, 벽체와 천장에 대해 권고되는 *R*-값을 계산하라.

12-6. 세 가지의 피동식 태양열 벽 유형과 부록에 나열된 해당하는 LCR 데이터를 선택하라. 문제 12-4의 주택이 4,292의 연간 난방도일값을 갖는 콜로라도주 덴버에 건축될 경우, 0.1, 0.3, 0.5의 SSF에 대해 피동식 태양열 벽 면적을 계산하고 비교하라.

12-7. 10,645의 연간 난방도일값을 갖는 캐나다 앨버타주 에드먼턴에 대해 문제 12-6을 반복하라.

12-8. 문제 12-6과 12-7을 완료하고 확인되는 차이점에 대한 설명을 기술하라.

12-9. 오하이오주 클리블랜드(또는 다른 도시)에 대한 월간 난방도일값을 구하여 연습을 시작하라. HDD 기준온도가 50°F일 경우 연간 난방 필요가 몇 퍼센트 감소하는가?

12-10. 그리스 아테네시는 북위 약 38°에 위치해 있다. 이 위치에서 높이가 120 cm인 남향 창에 대한

태양 돌출부를 설계해야 한다. 돌출부가 태양을 완전히 가려야 하는 춘분 다음 첫날은 4월 20일이고, 태양 정오에 태양을 완전히 받아들이는 추분 다음 첫날은 10월 21일이다. 태양 돌출부는 수평으로 얼마나 멀리 도달해야 하며(거리 *O*), 돌출부는 창 상단 위로 수직으로 얼마나 높이 있어야 하는가(거리 *h*; 센티미터)?

12-11. 북위 42°에 있는 집의 남향 창문은 높이가 54 in이며, 태양 돌출부가 창문 상단에서 수직으로 12 in 위에 있고 바깥쪽으로 28 in 확장되어 있다. 돌출부가 태양 정오에 창문에 비치는 태양을 차단하기 시작하는 봄의 첫날은 언제이며, 태양 정오에 돌출부가 창문에 햇빛을 비추게 하는 가을의 첫날은 언제인가?

제 13 장

풍력에너지 시스템

Wind Energy Systems

▶학습 목차

13-1 개요

이 장에서는 풍력터빈 기술과 풍력에너지원 이해의 기본에 대해 소개한다. 사용 가능한 풍력에너지의 추정은 다른 바람 속도의 빈도와 기간에 대한 이해에 달려 있으며, 이것들은 실험적으로 측정되거나 통계학적인 함수를 사용하여 모델링될 수 있다. 사용 가능한 바람 속도에 대한 지식은 '출력곡선'을 사용하여 특정 터빈으로부터 연간 평균 출력을 예상하는 것으로 전환될 수 있다. 터빈의 기능은 '엑추에이터 디스크'로 알려진 간단한 이론적 모델 또는 터빈 블레이드 모양을 고려하여 더욱 정교한 '스트립 이론'으로 모델링될 수 있다. 블레이드 설계에 따른 분석적인 해법과 블레이드를 따라 유한한 수의 점들에서의 성능을 분석하는 근사적인 해법 두 가지가 존재한다. 마지막으로 전기나 배전망으로부터의 전기 구매 유도를 통해 투자금을 상환하는 풍력 시스템의 능력 관점에서 소규모와 대규모 두 풍력 시스템의 자본 환경이 고려된다.

13-2 서론

인간의 목적을 위한 풍력에너지의 사용은 바람에 간헐적으로 존재하는 운동에너지를 축의 회전 방식인 기계적 에너지로 변환하는 것을 수반한다. 그를 통해 에너지는 기계적인 일에 적용되거나 발전기를 이용하여 전기로 변환될 수 있다. 9장에서 태양 자원에 대해 언급했던 것처럼, 언제 어느 순간에나 행성 주위의 바람에서 사용 가능한 에너지의 양은 방대하다. 그러나 현재의 가용한 기술을 이용하여 지구 표면으로부터 풍력 자원에 접근하기에는 너무 멀고, 접근 가능한 에너지는 풍차나 풍력터빈 같은 변환장치에의 투자를 요한다. 더 나아가 어떠한 지역도 바람이 연속적이지 않으며, 바람의 출력(즉, 에너지의 흐름 속도) 변동이 심하다. 또한 바람이 거의 없을 때는 대체 에너지 공급원을 필요로 하고, 바람이 극도로 강할 때는 풍력에너지 변환장치를 보호할 수단이 필요하다.

곡물을 가는 것과 같이 기계적으로 응용된 풍력에너지의 사용은 수 세기 전으로 거슬러 올라가지만, 이 장의 초점인 전기 생산을 위한 풍력 사용(특히 주택 규모를 뛰어넘는 중 · 대형급 규모)은 19세기 말로 거슬러 올라간다. 초기 기계들은 물을 퍼올리기 위한 풍차 설계에 기반하여 제한된 출력으로 생산되었다. 20세기 내내 소규모 풍력터빈 설계는 더 적은 수의 블레이드, 더 가벼운 무게, 그리고 더 빠른 회전 속도를 향해 진화했다. 20세기 중반 중 · 대형급 규모에서의 약간의 시도가 있었음에도 불구하고 이러한 노력들은 결실을 맺지 못했고, 그리하여 1930년대와 1940년대를 지나며 풍력터빈은 국가의 전력화 노력에 앞서 특히 농촌 지역에서 수십 kW급으로 발전했다. 1941년 미국 버몬트주 캐슬턴에 세워진 세계 최초의 메가와트급 풍력터빈인 1.25 MW급 장치는 해당 규모의 내구성을 갖춘 장치를 만들기에 충분한 첨단 재료가 부족하여 조기에 실패했다. 1960년대에 들어서, 전기를 생산할 수 있으면서 유일하게 상업적으로 이용 가능한 장치는 전력망에 쉽게 접근할 수 없는 가정 또는 농장, 특히 외딴 지역에서의 사용을 위해 크기가 바뀌었다.

현대식 중 · 대형급 터빈의 진화는 1970년대 많은 설계 변수를 시험했던 실험적인 장치들과 함께 시작되었고, 그 예로 수평 또는 수직축, 1개나 2개 혹은 3개의 블레이드, 또는 탑으로부터 역풍 방향 또는 순풍 방향의 블레이드가 있다. 1980년대 초기 터빈은 전력망을 위해 미국 시장, 특히 캘리포니아에 유입되기 시작했으며, 미국 내 이러한 장치들의 총 설치 용량은 1980년의 무시해도 될 정도의 양에서 2000년에 대략 2,500 MW로 성장했다(그림 13-1 참조). 그 후에 미국 시장은 가속된 성장 상태에 돌입했으며 2010년 말에 약 4만 MW, 2019년 말에 10만 5,000 MW에 도달했다. 2019년 수치를 가시적인 수치로 환산하고, 터빈당 용량이 평균 2 MW라면 이는 전국적으로 5만 2,000개 이상의 터빈에 해당하는 양이다. 추가 용량은 세금 정책 및 기타 요인으로 인해 해마다 크게 달라지는 경우가 많다. 따라서 5년의 '평활화된' 가동 평균도 이 수치에 포함된다(2018년 및 2019년 데이터 포인트는 각각 4년 및 3년 평균을 사용함). 평활화된 곡선을 보면 최근 몇 년간 연간 6~8 GW가 추가되는 것이 일반적이었음을 알 수 있다.

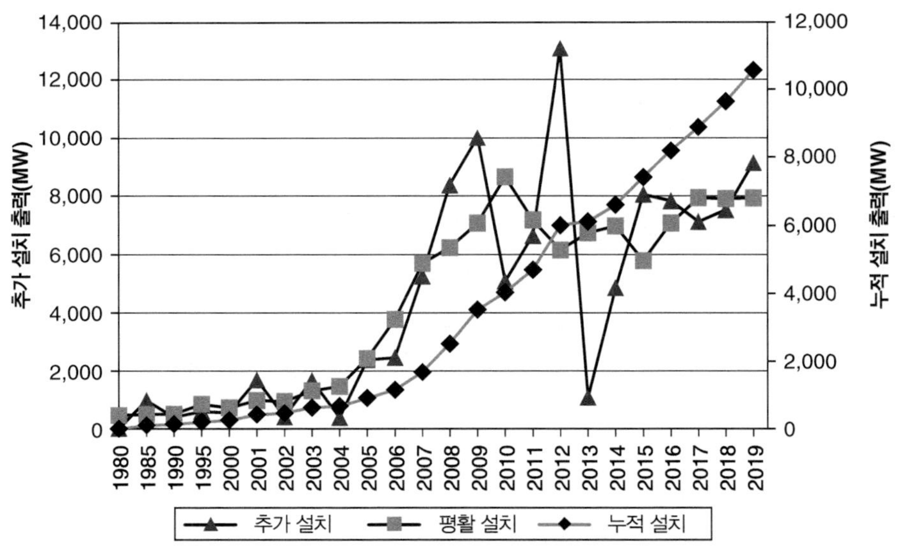

그림 13-1 미국 중 · 대형급 풍력발전설비 증감 추이(연간 및 누적 설치 출력 기준, 1980~2019). (*출처*: 미국 풍력에너지협회.)

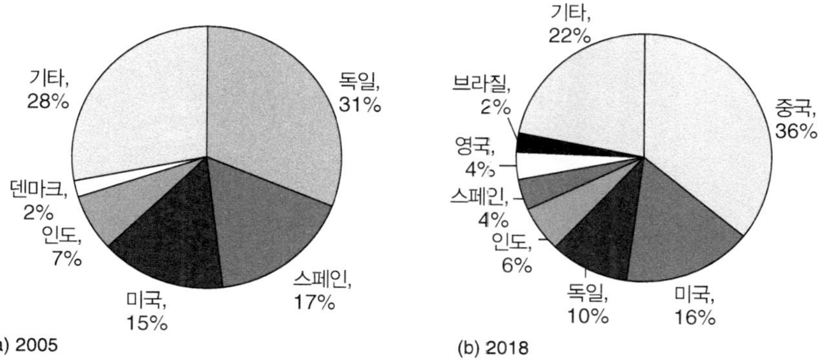

그림 13-2 세계 풍력 발전기 총 설치 용량: 59.1 GW (2005), 591.6 GW (2018). 소규모 풍력 발전기는 포함되지 않았으나, 전체 백분율에 미치는 영향은 미미할 것으로 예상한다. (*출처*: 글로벌 풍력에너지 컨소시엄.)

세계의 풍력에너지 사용은 최근 급격하게 증가하고 있다. 2002년에는 3만 2,400 MW의 대규모 풍력발전이 중 · 대형으로 사용되었다. 2005년에는 5만 9,100 MW에 도달했으며, 2010년에는 19만 5,000 MW, 2018년에는 59만 2,000 MW에 도달했다. 2018년에 설치된 총 용량 측면에서 세계적인 선두는 중국(36%), 미국(16%), 독일(10%), 인도(6%), 스페인(4%), 영국(4%) 그리고 브라질(2%)이다(그림 13-2 참조). 설치된 총 용량에 대한 통계는 책의 내용을 참고하라. 2019년 한 해 동안 미국에서만 화석연료 발전소의 설치 용량은 총 73만 8,000 MW에 달했다.

대규모 풍력터빈의 성공은 몇몇 공학 법칙을 포함하는 발전에서 비롯되었다. 먼저 장치를 지나는 바람의 움직임에 관한 유체역학의 향상된 이해는 터빈 블레이드의 향상된 설계를 가능하게 한다. 다음으로 향상된 물질은 가볍고 강해서 억세고 효율적으로 돌아가는 대형 터빈의 제작과 장치의 kWh당 비용 절감에 도움을 주는 최대 *회전 넓이*(즉, 돌아가는 터빈 블레이드의 폭에 의해 형성되는 원형 넓이) 증가를 가능하게 한다. 더 큰 터빈은 더 천천히 회전하는데, 초기의 몇몇 중 · 대형급 규모 장치들의 이미지를 손상시켰던 새들에 대한 위험을 줄여준다. 마지막으로 그림 13-3의 매디슨 풍력발전 지역으로 인해 전형적인 예가 된 것처럼, 파워 일렉트로닉스(power electronics)의 향상은 간헐적으로 작동하는 많은 수의 터빈들이 생산하는 전체 풍력발전 지역의 총 출력을 최적으로 통제할 뿐만 아니라 전기적인 출력을 배전망으로 순조롭고 확실하게 전송한다. 이 장에서 우리는 풍력에너지원에서 이용 가능한 에너지와 처음 관점과 일치하는 터빈 블레이드에 초점을 맞출 것이다. 그러나 다른 관점도 중요하며, 추후 연구를 위해 풍력에너지 공학에 대한 축약본이 아닌 도서를 언급한다.[1] 대형급 풍력에너지의 향상은 소규모 터빈에도 도움이 된다(그림 13-4 참조). 기술이 향상됨에 따라 전기비용이 같다고 가정할 때 터빈 비용은 감소하고 전기 생산은 증가하며 연간 수입이 늘어나므로, 풍력에너지는 바람이 많이 부는 지역뿐만 아니라 덜 강한 바람이 부는 지역에서도 비용 효율이 높다.

---

1 풍력에너지 시스템에 대한 단축본이 아닌 도서로 Manwell et al. (2010)을 참고하라. 또한 발전기 디자인과 그리드 교류 진동 주파수와 함께 풍력터빈의 전기적인 출력의 통합을 포함하는 풍력에너지의 전기적 출력 통제 범위는 이 장의 내용을 벗어난다. 예를 들어 Manwell et al.의 "Electrical Aspects" 장뿐만 아니라 Grainger and Stevenson (1994) 또는 Wood and Wollenberg (1996)를 참고하라.

그림 13-3 미국 뉴욕주 유티카 인근에 있는 7개의 1.5 MW급 터빈을 갖춘 매디슨(Madison) 중 · 대형급 풍력발전단지. (*출처*: Chris Milian/photosfromonhigh.com.)

(a)

(b)

그림 13-4 (a) 미국 콜로라도주 오로라(Aurora)의 상가 건물에 설치된 Bergey사 50 kW급 소형 풍력 발전기. (b) 타워에 설치된 10 kW Weaver Wind Energy Model 5 소형 풍력 발전기. [*출처*: (a) Bergey Windpower Co., (b) Weaver Wind Energy. 허가를 받아 재인쇄됨.]

13-2-1 터빈의 요소들

수평축형 풍력터빈(horizontal axis wind turbine: HAWT) 시스템은 바람에 의해 힘이 가해질 때 회전하게 되는 로터를 형성하는 중앙 허브에 부착된 블레이드로 구성된다. 허브는 타워 꼭대기에 있고 '편향장치(yawing mechanism)'에 의해 수직축에서 어떠한 방향에서도 바람을 향하도록 회전되는 나셀(nacelle) 내부로 회전에너지를 전도하는 구동축에 부착되어 있다. 여기서 '편향'은 수직축 주위의 나셀과 회전자의 각 방향으로 정의된다. 나셀은 구동축, 변속기, 발전기, 기계식 브레이크, 그리고 기어와 나셀의 방향과 터빈 블레이드의 높이를 바꾸기 위한 구동장치를 포함한다. 나셀에 접근하는 것은 어렵기 때문에, 가능하면 조종장치와 감시장치가 탑의 아랫부분에 설치되어 있다. 터빈 시스템의 주요 부품들은 그림 13-5에 나타나 있고, 그림 13-6과 13-7은 이러한 장치들의 크기에 대한 이해를 돕는다. 엔진실 내부의 기계적 · 전기적 제어는 로터 브레이크, 기계식 변속기, 발전기, 전자제어를 포함한다. 편향장치는 엔진실의 모터와 변속 시스템을 이용하여 타워의 수직축

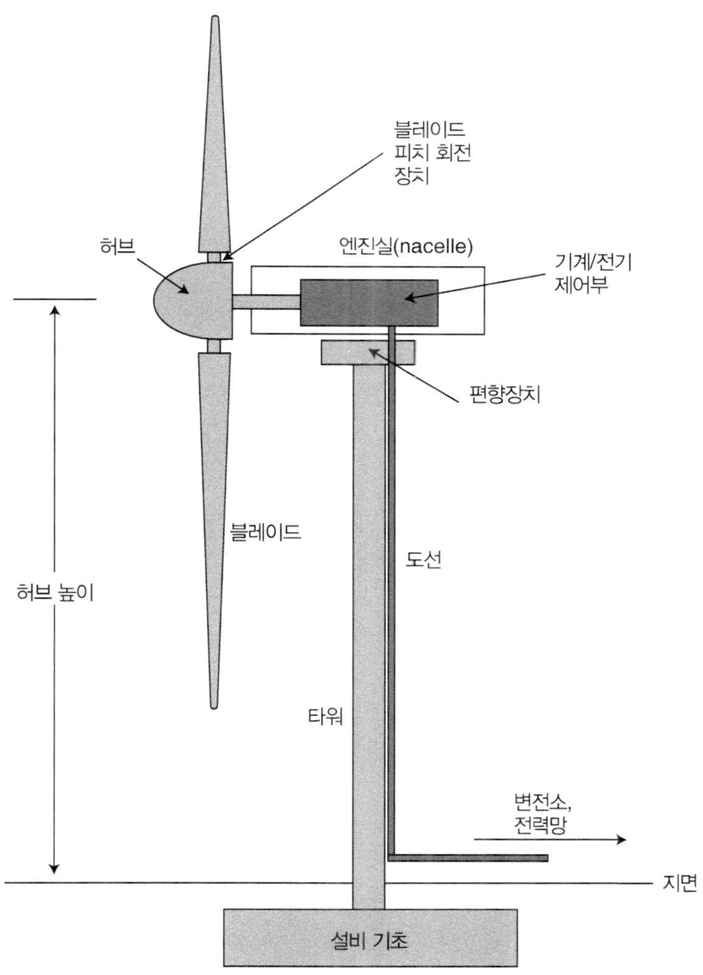

그림 13-5 중 · 대형급 풍력터빈의 주요 구성 요소.

그림 13-6 Ellie Weyer가 풍력기 허브와 블레이드 위에 서 있는 사진. 이를 통해 풍력기 크기를 가늠할 수 있다. (*출처*: Ellie Weyer, 2007.)

그림 13-7 출입구와 터빈 타워 내부에 있는 계단을 통해 터빈 나셀에 들어갈 수 있다. 나셀은 오직 등산장비와 타워 내부 사다리를 통해 접근할 수 있어 시간이 많이 소요되므로 부가 제어장비는 지면에 있는 타워 내부 하단에 위치하게 된다. (*출처*: Ellie Weyer, 2007.)

에 대해 상대적으로 회전하므로 터빈은 바람과 마주할 수 있다.

대부분의 중 · 대형급 크기의 설계에서는 현재 블레이드 수로 최적의 수인 3개를 채택하고 있다(충분한 수의 블레이드는 풍력의 충분한 출력을 가져오고 풍력 변화에도 안정적으로 작동할 수 있지만, 너무 많을 경우 터빈이 지나치게 무거워지거나 가격이 비싸진다). 기능적 측면에서 블레이드와 터빈의 허브는 비행기의 프로펠러나 헬리콥터의 로터가 반대로 작동되는 것과 매우 유사하다. 즉, 장치는 이와 같은 항공기에 연료를 주입하는 대신 공기로부터 에너지를 가져온다. 이러한 이유로 터빈 블레이드 형상 설계 과정은 프로펠러 설계와 매우 유사하다.

배전망에 공급하는 복수의 중 · 대형급 규모 *풍력단지*의 경우, 전력은 엔진실 내부에서 기계에너지에서 전력에너지로 변형된 후 터빈의 타워 아래로 연결되는 케이블을 통해 변전실로 전송되며, 이때 배전망으로의 장거리 전송을 위해 전압 강화가 이루어진다. 성공적인 풍력단지 프로젝트는 전력을 공급받을 수 있어야 하므로 송전선에 인접하여 설치해야 한다. 또한 가깝게 사용할 수 있는 전선에 고전압을 확장하기 위해 개발업자는 지방정부 등과 계약을 확실히 체결해야 한다.

13-2-2 육상 풍력발전과 해양 풍력발전의 비교

*육상 풍력발전*으로 구성되는 모든 풍력장치는 인접 수역에 설치되는 *해상 풍력발전*과 달리 육지에 설치된다. 해상 풍력발전은 타워와 터빈을 위한 수중 기반을 제공하는 복합성으로 인하여 설비 용량 MW당 가격은 비싸지만 몇 가지 장점이 있다. 바다를 통해 해상 풍력발전을 위한 건설현장에 접근하고 선박으로 구성 요소를 들여오기 때문에, 각 터빈의 최대 크기는 도로 폭과 다른 요인에 의해 크기를 제한받는 내륙 현장에 비해 크다. 2021년 현재, 업계는 10~14 MW 범위에서 지금까지 가장 큰 터빈을 테스트하고 배포하는 작업을 진행 중이다. 사방이 해상으로 개방된 해상 풍력발전 지역은 높은 평균 풍속을 제공하므로 설치비용의 단점을 상쇄할 수 있다. 예를 들어 미국 버지니아에서 뉴잉글랜드에 걸친 대서양 연안은 해안 인근의 지역 또는 내륙 지역보다 높은 연평균 풍력에너지 밀도를 제공한다. 마지막으로 인구밀집 지역에 가까운 해상 풍력발전 지역은 낮은 송전비용을 통해 kWh당 1센트 수준으로 높은 전기 생산비용을 상쇄할 수 있다.

2021년 상업적 해상 풍력 발전소 지역은 대부분 유럽과 아시아에 있으며, 북미에서는 2016년에 블록 아일랜드 앞바다에 30 MW 규모의 풍력 발전소가 최초로 가동되었다. 낸터킷 사운드의 또 다른 프로젝트인 케이프 윈드 프로젝트는 반대 여론으로 인해 2017년 착공도 하지 못한 채 중단되었다. 그러나 개발자들은 델라웨어에서 매사추세츠에 이르는 미국 동부 해안을 따라 다른 해상 풍력 프로젝트를 진행하고 있다. 2020년 말 현재 전 세계 개발업체의 해상 풍력발전 용량은 총 30 GW를 넘어섰다.

현재 요구되는 해상 풍력발전 장치의 수심은 30 m보다 낮은데, 타워가 직접 해저면에 매몰될 수 있다. 터빈 제조사들은 물에 뜨는 터빈을 개발하고 있으며, 이러한 터빈의 타워 부분은 물에 떠 있지만 나머지 부분은 닻 시스템을 이용하여 해저면에 묶여 있는 부력 플랫폼을 이용한다(뜨는 터빈보다 가격이 비쌈에도 불구하고). 이 설계법은 이용 가능한 해상 풍력 자원의 범위를 크게 확장했는데, 특히 수심이 30 m 이하로 얕은 지역의 풍력 자원을 갖고 있는 북아메리카 지역에서 그렇다. 노르웨이 기업인 Statoil Hydro는 2009년에 뜨는 플랫폼을 이용한 2.3 MW급 터빈 시험을 노르웨이 해안에서 수행했다. 이후 다른 물에 뜨는 터빈이 유럽의 포르투갈 해안과 미국의 메인 주와 오리건주에 프로토타입 규모로 배치되었다. 미국 국립재생에너지연구소는 2024년부터 업계에서 물에 뜨는 터빈을 상업적 규모로 배치하기 시작할 것으로 예측하고 있다(NREL, 2020).

13-2-3 대체 터빈 설계: 수평축 대 수직축

현재 사용되는 가장 잘 알려진 크고 작은 터빈 설계에서 블레이드는 수평축을 중심으로 수직 평면에 대해 회전하기 때문에 HAWT(수평축 풍력터빈)라 불린다. 하지만 유일하게 사용할 수 있는 설계 옵션은 아니다. 풍력 엔지니어들은 VAWT(수직축 풍력터빈)로 알려진 수직축으로 작동하는 터빈의 발전 가능성에 대해 지속적인 관심을 보이고 있다.

VAWT에 대한 가장 두드러진 에어포일 설계는 *다리우스 VAWT* (Darrieus VAWT)이며, 1931년 프랑스에서 Georges Darrieus에게 특허권이 주어졌다. VAWT는 많은 장점을 가질 수 있는데, 예를 들어 전 방향에서 동등하게 바람을 받을 수 있기 때문에 풍향 변화에 따라 방향을 조절할 수 있는 메커니즘이 필요하지 않다. 또한 VAWT는 HAWT와 같이 타워 꼭대기에 있는 엔진실의 에너지 변환장치가 필요 없기 때문에 유지 · 보수가 더욱 편리하다. 현재 VAWT는 12 kW 이하급 풍력발전에서 경쟁할 수 있는 소수 제조사만이 판매하고 있으며(그림 13-8 참조), 대부분의 시장은 대형 HAWT로 형성되어 있기 때문에 이 장에서 VAWT는 더 이상 고려하지 않는다. 그렇지만 VAWT 기술은 아직도 활발한 연구 분야인데, 몇몇 시제품 및 개념 설계 제품이 새롭게 나오고 있으며 앞으로 이 기술에 대한 kWh당 비용을 낮출 수 있을 것이다. 따라서 새로운 설계가 성공적으로 발전한다면 다가오는 수십 년 동안 풍력에너지 산업에서 HAWT와 더불어 상당한 시장 점유율을 점하게 될 것이다.

그림 13-8 소형 VAWT: 1 kW급 GUS VAWT 수직축 풍력 발전기. (*출처*: Tangarie Alternative Power.)

13-3 적합한 위치 평가를 위한 풍력 데이터 사용

특정 지역에서 풍력에너지의 가능성은 터빈을 설치하려는 높이에서 충분한 풍속을 받을 수 있는지에 따라 결정된다. 다년간 많은 지역에서 장기적으로 수집한 풍속 데이터는 풍속의 평균과 변화를 보여줄 수 있다. 이러한 값들은 매년 대부분의 지역에서 특정 방향으로 10% 이상 벗어나지 않고 일치한다.

풍속을 측정하는 두 가지 방법이 있다. 한 가지는 자료 일부분의 평균 풍속을 측정하거나, 근처 위치와 지형에서 추정한 풍속값을 이용하는 *통계적 바람지도*(statistical wind map)에서 측정값을 구하는 것이다. 다른 방법은 특정 시간의 평균 속도를 기준으로 1년 내내 그 지역의 바람을 지속적으로 측정하는 것이다. 물론 후자의 방법이 기록에 더 오랜 시간이 걸리지만, 터빈 운영 예측을 보다 정확하게 분석할 수 있다. 이 절에서 우리는 자세하게 측정된 값에 기반한 데이터를 같은 지역에서의 평균 풍속에 기반한 다른 결과와 비교할 것이다.

가설 지역의 자세한 풍속 데이터(표 13-1 참조)는 1년 동안 지속적으로 수집한 데이터이다. 풍력발전 산업에서 구간은 흔히 0.5 m/s 단위로 세분화되며, 절반 또는 전체 m/s 평균 속도, 예를 들어 구간은 1 m/s의 평균 속도로 0.75와 1.25 m/s 사이에서 생성될 수 있다. 이 지역의 경우 이 값을 초과한 연간 2시간을 제외하면 풍속 범위는 0에서 14 m/s 사이이다. 풍속 분포는 터빈 근처의 장애물이 없는 평평한 지역에서 측정되며, 풍력 개발 가능성 측면에서 공정하게 기록된다(표 13-2 참조). 다시 말해 가정 또는 소규모 기업과 같은 민간 기업은 전력을 가져오기 위한 배전망 요금 지불이 면제되면 자원을 개발할 수 있다. 하지만 평균 풍속은 좋은 지역의 풍력발전단지[즉, 여러 대형 터빈 시설, 때로는 윈드 파크(wind park)라 함]와 비교하여 높지 않다. 미국 뉴욕주에 있

표 13-1 가설지역의 분산된 풍속 데이터(평균 풍속 5.57 m/s, 또는 12.2 mph)

구간	풍속		시간/년	빈도	구간 평균 속도 (m/s)
	최소(m/s)	최대(m/s)			
1	0	0	80	0.9 %	0
2	0	1	204	2.3 %	0.5
3	1	2	496	5.7 %	1.5
4	2	3	806	9.2 %	2.5
5	3	4	1,211	13.8 %	3.5
6	4	5	1,254	14.3 %	4.5
7	5	6	1,246	14.2 %	5.5
8	6	7	1,027	11.7 %	6.5
9	7	8	709	8.1 %	7.5
10	8	9	549	6.3 %	8.5
11	9	10	443	5.1 %	9.5
12	10	11	328	3.7 %	10.5
13	11	12	221	2.5 %	11.5
14	12	13	124	1.4 %	12.5
15	13	14	60	0.7 %	13.5
16	14	상한 없음	2	0.02 %	–

표 13-2 터빈 허브 높이에서의 풍속 범위(m/s, mph)에 따른 유틸리티 규모 개발을 위한 풍력 자원 분류표

분류	연간 평균 풍속	
	m/s	mph
미미함(marginal)	5.3~6.4	12.0~14.3
잔잔함(fair)	6.4~7.0	14.3~15.7
좋음(good)	7.0~7.5	15.7~16.8
훌륭함(excellent)	7.5~8.0	16.8~18.0
뛰어남(outstanding)	8.0+	18.0+

출처: 국립 신재생에너지 연구실(National Renewable Energy Laboratories.)

는 페너, 뉴욕, 시러큐스의 유틸리티를 사용하는 지역의 경우 65 m의 터빈 허브 높이에서 연평균 7.7 m/s이다. 데이터는 구간으로 분할되며, 구간에 포함된 풍속이 있던 연간 시간이 표에 나타나 있다(예를 들어 구간 1에서 바람이 불지 않는 시간은 연간 80시간으로 나타나 있다). 연간 시간은 연간 총 8,760시간에 의해 구간으로 시간을 나눔으로써 백분율로 변환될 수 있다. 마지막 열은 구간의 평균 풍속을 제공한다. 구간 평균 풍속의 가중 평균을 취하는 것은 다음을 제공한다.

$$U_{\text{average}} = \sum_{i=1}^{n} p_i \cdot U_{i,\text{average}} \tag{13-1}$$

여기서 U_{average}는 그 지역의 평균 풍속이며, P_i는 구간 i에서 그 해의 풍속 비율이고, $U_{i,\text{average}}$는 구간 i의 평균 풍속이다. 계산은 도시된 바와 같이 연평균 풍속 5.57 m/s이다. 여기서 주의할 점은 구간 평균 속도 i를 모르기 때문에 구간 16의 2시간은 평균 속도 계산에 포함되지 않았다는 것이다.

13-3-1 통계분포를 통한 가용 에너지 계산

표 13-1의 풍속 분포는 이 지역에서의 가용 에너지 계산의 기초자료가 된다. 그러나 U_{average}가 5.57 m/s라는 것만 알고 있고 연간 시간별 구간 데이터를 갖고 있지 않다고 가정해 보자. 이미 수행된 많은 연구와 관찰을 통해 여러 지역에서 그 지역의 평균 풍속을 알고 있을 때 주어진 범위 내에서 풍속의 확률을 통계와 확률 이론으로 고안된 *와이블*(Weibull) 또는 *레일리*(Rayleigh) 분포를 이용하여 예측할 수 있음을 확인했다. 여기서 레일리 분포는 와이블 분포에 속하는 하나의 경우이다.[2]

와이블 분포를 위한 확률밀도함수(PDF) 계산은 다음과 같다.

$$f(x) = \frac{k}{\sigma}\left(\frac{x}{\sigma}\right)^{k-1} \exp[-(x/\sigma)^k],\ (x \ge 0\text{일 경우})$$
$$f(x) = 0,\ (x < 0\text{일 경우}) \tag{13-2}$$

여기서 k와 σ는 각각 형상과 규모의 매개변수이며, x는 PDF의 독립변수이다. 다음과 같이 0에서 x까지의 적분은 누적분포함수(CDF)를 나타낸다.

2 통계분포의 전체적인 리뷰는 이 책의 범위를 벗어난다. 자세한 내용을 알고 싶은 독자는 Devore (2009) 또는 Mendenhall 등(1990)을 참고하기 바란다.

구간 6은 4~5 m/s 사이이다. 식 (13-8)에서

$$P(\text{풍속} \le 4) = 1 - \exp[(-\pi/4)(4/5.57)^2] = 0.333 = 33.3\%$$

$$P(\text{풍속} \le 5) = 1 - \exp[(-\pi/4)(5/5.57)^2] = 0.469 = 46.9\%$$

따라서 구간 확률은 46.9% − 33.3% = 13.6%이다. 이는 레일리 분포를 사용하여 얻었으며, 관측치는 1,254 h/8,760 h/year = 14.3%이다.

레일리 분포를 이용한 추정이 이러한 데이터와 잘 맞는지 확인하기 위해 그림 13-9와 같이 그려볼 수 있다. 시각적 검사에서 레일리 추정곡선은 데이터와 상당히 일치하는 것을 볼 수 있다. 추정기법은 사용에 주의가 필요하다는 사실을 명심하라. 비록 이번 데이터에서는 잘 맞을지라도, 다른 위치에서도 그러리라는 보장은 없다. 예를 들어 관찰된 분포가 하나 이상의 최대치를 갖는 경우에는 잘 맞지 않을 수 있다.

풍속의 추정 및 실측 분포 사용 영향을 이해하기 위해 우리는 두 가지 방법을 통해 바람의 가용 에너지를 계산해야 한다. 터빈의 풍속 U 및 소해 면적 A가 주어지면, 바람에서 사용할 수 있는 파워 P는 와트로 다음과 같이 계산된다.

$$P = 0.5\rho U^3 A \tag{13-9}$$

여기서 ρ는 종종 1 kg/m^3 단위를 갖는 kg/m^3 단위의 공기 밀도이며, 해수면과 현재 날씨에 의존한다. 식 (13-9)에서 사용 가능한 에너지양은 풍속의 세제곱에 비례하므로 고풍속에서 보다 많은 에너지를 이용할 수 있다. 예를 들어 $U_{average}$ 그리고 ρ = 1.15 kg/m^{3}에서 회전 면적 단위당 전력 밀도는 99 W/m^{2}지만, 14 m/s라는 구간의 상한 범위에서 전력 밀도는 1,578 W/m^{2}이다. 공기 밀도의 변화는 중요한 역할을 한다. 지역에 따라 최저 0.9 kg/m^3 그리고 최고 1.3 kg/m^{3}이 관측된다. 이 범위의 최저 공기 밀도를 갖는다면 전력 밀도는 해수면 등이 같을 때의 높은 공기 밀도와 비교하면 31% 감소한다.

실제 구간 데이터에 기초하여, 구간 평균 속도에 기반한 각 구간에서의 사용 가능한 전력을

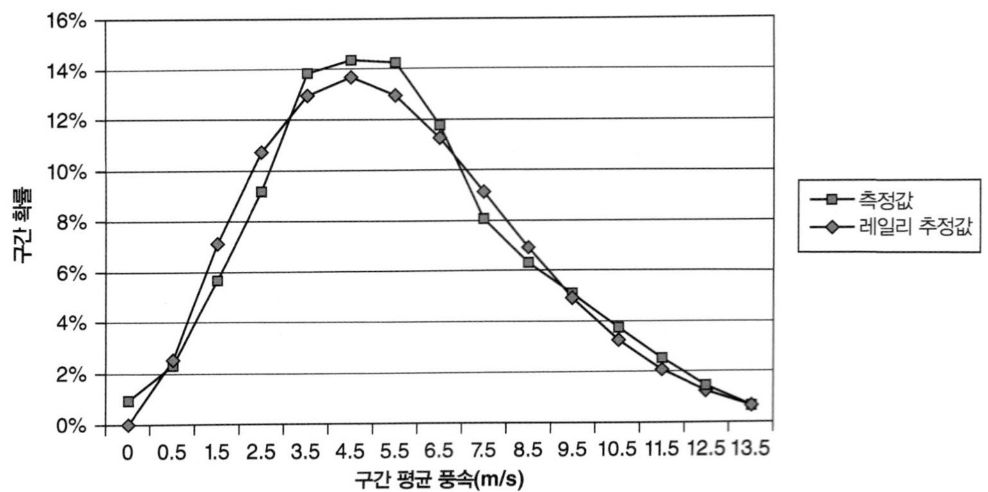

그림 13-9 실측 풍속과 레일리 확률 함수를 추정한 풍속 분포 비교(0~14 m/s; meters/second × 2.25 = miles/hour).

kW로 계산하고, kWh로 에너지를 얻기 위해 연간 시간의 숫자로 곱함으로써 그 지역에서 연간 사용 가능한 에너지를 구할 수 있다. 예제 13-2는 레일리 함수와 관측된 데이터의 정확성을 비교한다.

예제 13-2

풍력 분석가가 표 13-1에 주어진 지역의 사용 가능한 에너지를 계산한다고 가정하자. 그 지역의 $U_{average}$만 알고 있고, 주어진 바람 구간에서의 확률 계산을 위해 레일리 함수를 사용한다. 예상 에너지와 구간 데이터가 알려져 있는 경우에 얻은 값과 몇 퍼센트 차이 나는가? 공기 밀도는 $\rho = 1.15 \text{ kg/m}^3$이다.

▸ 풀이

각 구간에서의 사용 가능한 에너지와 각 구간에서의 시간 수를 계산하기 위한 연 비율을 구하기 위해 식 (13-9)를 사용하면, 구간에 의한 관측값과 예상 에너지값의 표를 만들 수 있다. 예제 13-1에서 계산했던 통계적 확률을 위해 구간 6을 사용한다. 예제에서 이 구간의 평균 속도는 4.5 m/s이기 때문에 사용 가능한 평균 전력은 다음과 같다.

$$P = (0.5)(1.15)(4.5)^3 = 52.4 \text{ W/m}^2$$

레일리 추정에 따르면 구간에서의 바람은 (0.136)(8,760 h/year) = 1,191 h/year이다. 따라서 구간 영역에서의 관측값과 예상 출력값은 각각 다음과 같다.

$$E_{observed} = \left(1{,}254\frac{\text{h}}{\text{year}}\right)\left(52.4\frac{\text{W}}{\text{m}^2}\right) = 65.7 \text{ kWh/m}^2$$

$$E_{estimated} = \left(1{,}191\frac{\text{h}}{\text{year}}\right)\left(52.4\frac{\text{W}}{\text{m}^2}\right) = 62.4 \text{ kWh/m}^2$$

각 구간에 대해 이 과정을 반복하면 다음과 같은 결과를 얻을 수 있다.

구간	전력 밀도(W/m²)	연간 출력	
		관측값(kWh/m²)	추정값(kWh/m²)
1	0.00	0.0	0.0
2	0.07	0.0	0.0
3	1.94	1.0	1.2
4	8.98	7.2	8.5
5	24.65	29.9	27.9
6	52.40	65.7	62.4
7	95.67	119.2	108.2
8	157.91	162.2	155.9
9	242.58	172.0	194.2
10	353.12	193.9	214.1
11	492.99	218.4	212.2
12	665.63	218.3	191.2
13	874.50	193.3	158.0
14	1,123.05	139.3	120.5
15	1,414.72	84.9	85.1
합계		1,605.1	1,539.3

$$F(x) = 1 - \exp[-(x/\sigma)^k], \ (x \geq 0\text{일 경우}) \tag{13-3}$$

형상계수를 $k = 2$로 둔다면, 다음과 같은 PDF가 레일리 함수라 불리는 와이블의 특별한 경우에 도달한다.

$$\begin{aligned} f(x) &= 0, \ (x < 0\text{일 경우}) \\ f(x) &= 2x \cdot \frac{\exp[-(x/\sigma)^2]}{\sigma^2}, \ (x \geq 0\text{일 경우}) \end{aligned} \tag{13-4}$$

레일리의 CDF는 다음과 같다.

$$\begin{aligned} F(x) &= 0, \ (x < 0\text{일 경우}) \\ F(x) &= 1 - \exp[-(x/\sigma)^2], \ (x \geq 0\text{일 경우}) \end{aligned} \tag{13-5}$$

풍속 분포 분석을 위해 CDF를 주어진 풍속 U와 평균 풍속 $U_{average}$에 대해 다시 정리하는 것이 편리하다. 확률 및 통계로부터 레일리 함수의 기대값이 $\bar{x} = \sigma.(\pi/4)^{1/2}$이라는 것을 알 수 있다. 환산계수를 찾기 위해 $\bar{x}$에 대해 $U_{average}$를 대체하고 정리하면 다음과 같다.

$$\sigma = U_{average} \cdot (4/\pi)^{1/2} \tag{13-6}$$

식 (13-6)을 식 (13-5)에 대입한 후 간단히 하면 다음과 같다.

$$\begin{aligned} F(U) &= 1 - \exp\left[-\left(\frac{U}{U_{average}(4/\pi)^{1/2}}\right)^2\right] \\ &= 1 - \exp\left[-\left(\frac{1}{(4/\pi)}\right)\left(\frac{U}{U_{average}}\right)^2\right] \\ &= 1 - \exp\left[(-\pi/4)\left(\frac{U}{U_{average}}\right)^2\right] \end{aligned} \tag{13-7}$$

CDF는 풍속이 주어진 값 U가 될 것인지 또는 그 이하가 될 것인지에 대한 확률 계산에 사용된다.

$$p(\text{풍속} \leq U) = 1 - \exp[(-\pi/4)(U/U_{average})^2] \tag{13-8}$$

따라서 식 (13-4)에 $U = 4$ m/s를 대입하면 평균 풍속이 $U_{average} = 5.57$ m/s보다 작거나 같을 확률은 32%이다. 레일리 분포를 풍속 구간에 적용한 사례가 예제 13-1에 제시되어 있다.

▶ 예제 13-1

레일리 분포 및 $U_{average} = 5.57$ m/s를 사용하여 구간 6의 풍속 확률을 계산하라.

▶ ***풀이***

구간에서의 풍속 확률은 구간 최대값에서의 풍속 확률과 구간 최소값에서의 풍속 확률 사이의 차이이다.

관측된 구간 데이터로부터의 값은 구간 15 이상의 값을 제외한 레일리 추정값이 1,539 kWh/m^2일 때 1,605 kWh/m^2이다. 따라서 레일리는 이 지역에서 사용 가능한 에너지를 4.1% 낮게 추정했다.

예제 13-2는 레일리 근사가 실제 관측 데이터에 가깝게 추정된 에너지값을 제공함을 보여준다. 예를 들어 이번 경우에는 연간 분산값이 ±10% 이하인 것을 알 수 있다. 그렇지 않으면 전력 방정식에서의 풍속을 세제곱한 효과를 설명하는 적절한 평균 풍속값을 이용하여 가용한 전력을 대략이나마 추정하는 것이 가능하다. N개의 그룹에서 세제곱의 평균과 평균의 세제곱 간의 관계는 다음과 같다.

$$\lim_{N \to \infty} \left[\sum_{i=1}^{N} (x_i^3)/N \right] \Bigg/ \left[\left(\sum_{i=1}^{N} x_i/N \right)^3 \right] = 6/\pi \tag{13-10}$$

식 (13-10)에 기초하여 가용한 전력값을 구하기 위해 $(6/\pi)^{1/3}$을 곱하고 전력 방정식에서의 결과값을 이용함으로써 평균 풍속값을 조정하는 것이 가능하다. 예를 들어 표 13-1의 데이터로부터 조정된 풍속값은 6.91 m/s이며, 이 풍속으로부터 가용한 에너지는 1년 내내 지속적으로 바람이 공급될 경우 약 1,662 kWh/m^2이고 관측값보다 3.6% 큰 값이다. 1년 8,760시간 동안 조정된 값이 아닌 5.57 m/s를 사용할 경우 추정된 에너지값은 오로지 870 kWh/m^2이다. 이 비교는 전반적인 풍력에너지 출력에 대해 평균 풍속보다 높은 풍속을 가질 경우가 얼마나 중요한지 보여준다.

13-3-2 풍속의 높이, 계절, 시간 그리고 방향에 따른 효과

바람에서 사용할 수 있는 에너지에 대해 논하기 위해 우리는 지상에서의 높이와 함께 몇 가지 요인을 고려해야 한다. 지상에서의 높이에 따른 효과는 다음 식을 통해 근사될 수 있다.

$$U(z) = U(z_r)\left(\frac{z}{z_r}\right)^{\alpha} \tag{13-11}$$

여기서 z는 지상에서의 높이이며, z_r은 높이에 따라 알고 있는 풍속에 관한 참조값이다. $U(z)$는 높이의 함수로 표현되는 풍속을 뜻하며 α는 바람 전단계수이다. 평평한 지역에서 일반적인 바람 전단값은 $\alpha = 0.2$이다. 지상 높이에 따라 풍속은 빠른 속도로 증가하고, 일정 높이 이상에서는 덜 빠르게 증가한다. 예제 13-3은 높이의 영향에 따른 풍속을 보여준다.

▶ 예제 13-3

표 13-1의 풍력 데이터는 30 m 고도에서 얻은 걸로 가정하자. 풍력 분석가는 데이터를 분석한 후 터빈 높이가 증가하면 좀 더 상업화된 풍력단지가 될 수 있다고 추정한다. 분석가는 평균 풍속이 7.5 m/s일 때 그 지역이 상업화될 수 있다고 본다. 바람 전단값이 $\alpha = 0.2$라면, 어떤 높이에서 이러한 풍속을 얻는가?

▶ ***풀이***

주어진 높이로부터 얻은 평균 풍속은 5.57 m/s이다. 7.5 m/s에 대응하는 필요한 높이를 얻기 위해 식 (13-11)을 다시 풀면 다음과 같다.

$$z = z_r \left[\frac{U(z)}{U(z_r)} \right]^{1/\alpha}$$

모든 적절한 값을 대입하고 z에 대해 풀면 z = 133 m로 근사된다. 따라서 해당하는 풍속을 얻기 위해서는 엄청난 높이 증가가 필요하다.

그림 13-10은 식 (13-11)에 기초한 높이 증가에 따른 출력과 풍속 증가량의 상대적인 값을 보여준다. 높이가 0에서 10 m로 증가할 때 풍속이 급증하는 것을 볼 수 있다. 그 이후의 높이에서는 천천히 증가하는데, 출력은 10~70 m 사이에서 급증하며 출력은 풍속의 세제곱 형태로 나타나기 때문이다.

타워 높이 결정은 풍력단지 프로젝트의 비용 효율에서 중요한 부분을 차지한다. 풍력발전에서 '너무 낮은 높이의 타워에 터빈을 설치하는 것'은 태양광발전에서 '그늘진 장소에 태양광 패널을 설치하는 것'과 비슷한 의미라고 보면 된다. 보통 타워의 높이 증가는 프로젝트의 경제성을 반환 체감점까지 상승시키며, 그 이후의 타워 높이 추가에 따른 비용은 그에 따른 출력 이익보다 크다. 그림 13-10을 통해 높이 증가 함수로서의 출력은 점점 줄어드는 반면, 타워를 세우는 데 있어 구조공학과 설치의 복잡함 때문에 타워 설치비용은 지수적으로 증가함을 알 수 있다.

계절 및 시간

풍속에 미치는 계절 효과는 지역마다 다르다. 모두 그렇지는 않지만 많은 지역에서 풍속은 겨울에 증가하고 여름에 감소한다. 그림 13-11은 뉴욕주 엔필드(Enfield)의 마을에 있는 풍력발전 지역의 매달 평균 풍속을 시간으로 나타낸 것이다. 매달 평균값은 8월의 5 m/s와 12월의 7.5 m/s 사이에서 변화한다. 측정값은 지상 58 m 높이의 기상 타워에 있는 풍속계를 사용하여 측정했다. 비록 80 m 높이의 전형적인 터빈 엔진실만큼 높지 않고 80 m에서 평균 풍속은 더 높겠지만 변화 양상은 비슷하다. 마찬가지로 캐나다 토론토 근처에서도 12월 평균 5 m/s, 6월 평균 3.5 m/s의 풍속을 보

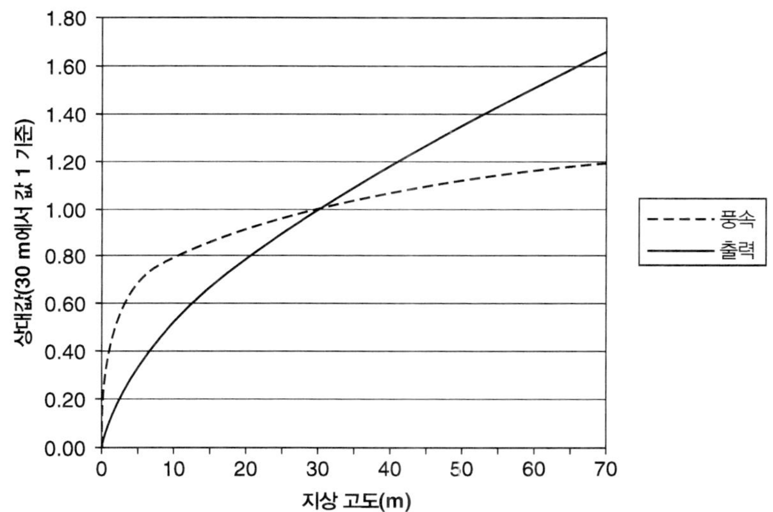

그림 13-10 지상 고도에 따른 풍속 및 출력 상대값(지상 30 m에서의 값 1 기준). 예를 들어 30 m에서 풍속은 8.86 m/s, 풍력은 396 W/m^{2}이다.

여준다.[3] 시간의 효과는 계절보다 모호한데, 몇몇 지역에서 야간 평균 시속이 높아짐이 관측되기도 하고, 태양광에 의한 공기의 국소 가열로 한낮의 풍속이 상승하므로 주간 평균 시속이 높아짐이 관측되기도 한다. 다시 뉴욕주 엔필드를 예로 들면, 그림 13-12에 보이는 것과 같이 365일 동안 매일

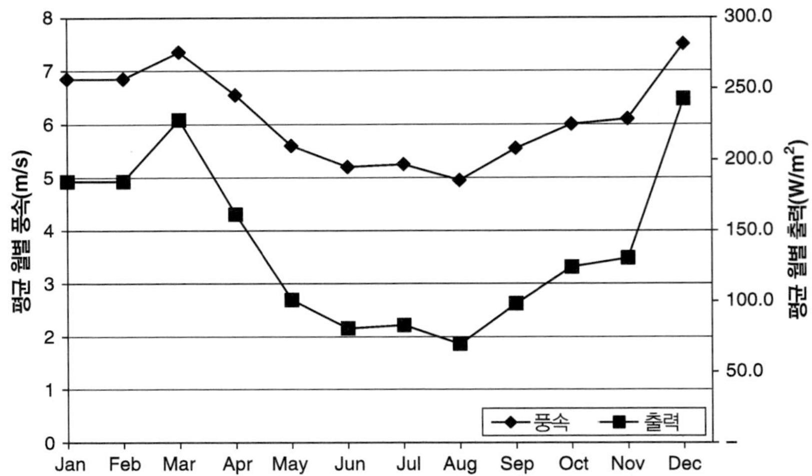

그림 13-11 뉴욕주 엔필드에 있는 풍력단지(고도 58 m, U_{avge} = 6.15 m/s, P_{avge} = 140.8 W/m^2)에서의 연간 월별 풍속(m/s)과 연간 월별 출력(W/m^2).[4]

참고: 출력 계산은 공기 밀도를 1.15kg/m^{3}로 가정한다.

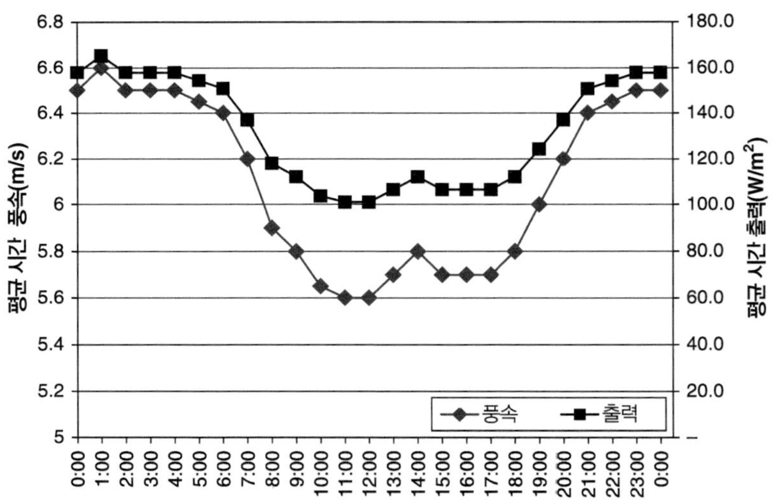

그림 13-12 뉴욕주 엔필드에 있는 풍력단지(고도 58 m, U_{avge} = 6.15 m/s, P_{avge} = 132.3 W/m^2)에서 측정된 1년 365일 시간별 풍속 분포.

참고: 더 자세한 비교를 위해 y축이 0 m/s에서 시작되지 않았음에 주의하라. 출력 계산은 공기 밀도를 1.15kg/m^{3}로 가정한다.

3 Sorensen (2000)에 있는 데이터를 기반으로 한다.

4 엔필드 풍력 자원 통계를 위해 힘써준 Jun Wan, Kim Campbell, Nicole Gumbs, Sandeep George, Tim Komsa, Tyler Coatney, Christina Hoerig, Karl Smolenski 그리고 Happiness Munedzimwe에게 감사의 말을 전한다.

평균 시속을 사용한 결과 정오에는 평균 5.6 m/s, 오전 1시에는 평균 6.6 m/s 정도의 변화가 있었다. 이러한 지역은 풍력 자원이 매우 적은 경우 여름과 한낮에 최대 출력을 내는 태양에너지 투자 지역으로서 보충 역할을 할 수 있다.

바람의 방향 효과

높이와 계절 그리고 시간과 함께 바람의 방향은 이용 가능한 풍력 자원의 양에 영향을 미친다. 바람의 방향은 터빈이 작동할 때의 터빈 방향에 영향을 주며, 또한 터빈을 지나친 바람은 다른 터빈에 영향을 주기 때문에 풍력발전단지의 각각의 터빈 배치에도 영향을 준다. 풍향 자료는 *윈드 로즈*(wind rose)를 사용하여 도표로 나타내는데, 뉴욕주 이타카 소재의 이타카대학에 전기를 공급하기 위해 제안된 1.5 MW급 풍력터빈을 실제 연구의 예로 사용했다(그림 13-13 참조). 윈드 로즈의 다양한 쐐기는 나침반 방향을 나타낸다(예를 들어 위 방향은 북쪽을, 아래 방향은 남쪽을 나타낸다). 그리고 쐐기의 방향은 주어진 방향의 보편적인 방향과 일치한다. 이 경우 윈드 로즈는 12개의 쐐기로 나뉘거나 16개의 다른 종류로 나뉜다(북, 북북동, 북동 등등). 그러므로 이타카대학의 예를 보면 일반적으로 관측된 대부분의 방향은 남쪽과 대략 북북동이고, 각각은 한 해의 시간 중 15%를 나타낸다. 또한 그림 13-13에서 이렇게 행하지는 않았지만, 각각의 쐐기를 주어진 방향에서 시간의 비율과 평균 풍속 범위(예를 들어 0~5 m/s, 5~10 m/s 등등)에 상응하는 부분으로 나누는 것도 가능하다.

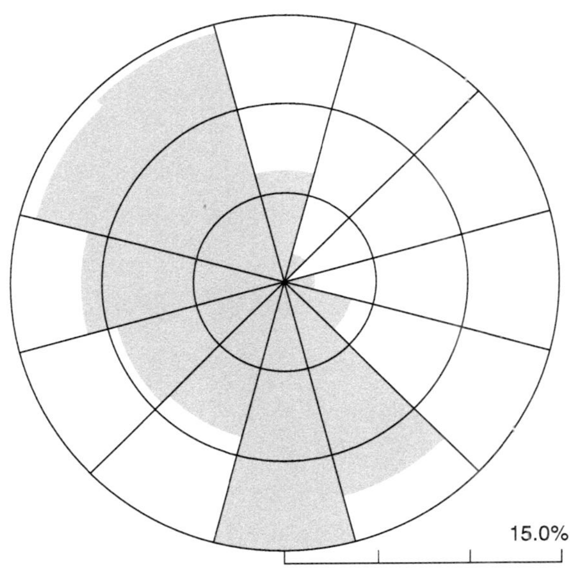

그림 13-13 뉴욕주 이타카대학 풍력단지로부터 얻은 1년간의 풍배도. (이타카대학의 풍력 프로젝트 자료를 제공해 준 Beth Clary 교수에서 감사의 말을 전한다.)

연간 평균값에 적용할 지역의 장기간 풍속 데이터 사용

그림 13-11과 13-12에 나와 있는 것과 같이 풍력 분석가가 엔필드 지역에 대해 1년 동안 데이터를 수집한 경우, 분석에 적용된 해가 그 지역의 장기간 평균을 나타낼 수 있는지에 대한 질문이 제기된다. 분석가는 풍속 데이터가 연속해서 얻어지는 곳, 공항에 있는 하나 이상의 기상학적 장소, 근처의 다른 지역과 비교하면서 1년 값을 비교 · 적용할 수 있다. 예를 들어 엔필드의 경우 공항 근처의 기상학적 장소로 이타카, 빙엄턴, 엘마이라, 뉴욕 등이 있다. 매해 평균 풍속의 변화는 크게 보면 이러한 기상학적 장소 사이에서는 일관적이다. 즉, 주어진 해에 기상학적 장소에서 평균 풍속이 장기간 평균보다 몇 퍼센트 이상이거나 이하이면 수치는 대략 다른 2개의 기상학적 장소와 비슷해진다. 이런 논리에서 관측을 통해 얻은 풍속 데이터는 균일성이 있어야 하며, 공항과 같은 기상학적 장소에서 동일하게 증명된 적용 요소를 평균 풍속에 적용할 수 있어야 한다. 예제 13-4는 장기간 적응 기술에 대해 설명하고 있다.

▶ 예제 13-4

엔필드 지역의 연간 평균값이 6.1 m/s라 가정하자. 같은 12개월 기간 동안 근처 이타카–톰킨스 지역 공항의 평균값은 5.12 m/s이다. 공항의 30년 평균값과 선택된 12개월 동안은 5.26 m/s이다. 엔필드 지역에서 장기간 적응 평균 풍속은 얼마인가?

▶ ***풀이***

장기간 적응 요소는 5.26/5.12 = 1.027이다. 그러므로 장기간 적응 엔필드 평균값은 6.1 × 1.027 = 6.27 m/s이다.

우리는 지금까지 이용 가능한 풍력에너지의 풍속 변화 효과를 고려했다. 그리고 이용 가능한 에너지를 계산하는 것은 평균 풍속에서 동력과 연간 시간당 숫자를 곱하는 것처럼 간단하지 않다는 것을 보여주었다. 이러한 정보를 터빈으로부터 에너지 출력으로 변환하기 위해서는 다음 절에 나오는 다른 풍속에서의 터빈의 동작을 알아야 한다.

13-4 제안된 장소의 특정 터빈으로부터의 출력값 측정

풍속의 기능으로서 풍력발전용 터빈으로부터의 출력은 장치의 *출력곡선*에 의해 나타낸다. 그림 13-14는 공기 밀도가 1.15 kg/m^3일 때 두 가상 터빈의 출력곡선을 보여준다. 터빈 하나는 34.5 m 반지름과 최대 출력 1.5 MW이고, 다른 하나는 50 m 반지름과 최대 출력 1.7 MW이며, 주어진 풍속으로부터 구해 작동계수 C_P와 관련된 에너지 분율을 갖는 가상 터빈들에 대한 출력곡선을 보여준다. 터빈에 보이는 것과 같이 효율은 처음에는 풍속에 따라 증가한다. 그러나 터빈이 출력 최대값을 향해 가까워지는 출력곡선의 '굴곡부'에 도달하면, 터빈이 바람에서 사용 가능한 동력을 적게 포집하기 때문에 효율이 떨어지기 시작한다. 터빈이 최대 출력에 다다른 후에, 풍력에서 이용 가능한 에너지 증가에 대응하는 출력 증가가 불가능하기 때문에 그 값은 떨어진다. 21 m/s 이상에서는 컷–아웃 메커니즘을 활성시키는 과도한 풍력 때문에 장치는 출력을 멈춘다.

각각의 장치가 생산하는 출력곡선을 측정하고 풍속 분포가 알려진 장소의 터빈으로부터 출력을 계산하기 위한 기본 자료로 이러한 정보를 제공하는 것은 터빈 제조업자의 책임이다. 터빈 성능

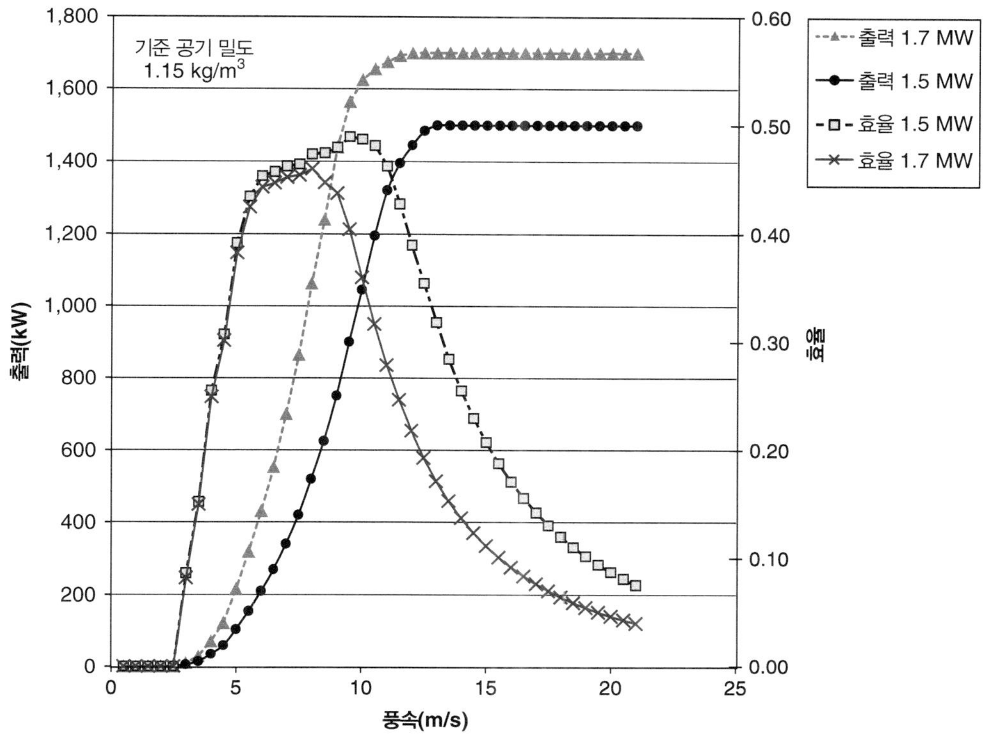

그림 13-14 풍속 0~21 m/s에서의 1.5 MW, 1.7 MW급 풍력 발전기 출력곡선과 효율(효율은 출력을 시스템에서 가능한 최대 출력으로 나눈 값).

은 추정된 풍속의 함수로 출력의 수많은 즉각적인 수치에 근거하여 실험적으로 그리고 이론적으로 컴퓨터 모델에서 바람 조건에 대한 터빈 반응을 시뮬레이션함으로써 측정된다. 그러나 어느 순간 터빈의 전체 소해 영역을 통과하는 평균 풍속을 정확히 측정하는 것은 불가능하다. 따라서 제조업자들은 동일한 공기 밀도값에서 각각의 풍속 출력을 예측하는 최적의 출력곡선을 만들기 위해 설계 매개변수에 근거하여 모델화된 터빈 출력과 혼합된 출력 수치 모음을 사용한다. 그러므로 이 과정 동안 어느 정도의 불확실성은 존재한다. 중 · 대형급 풍력 시설을 위해 대형 터빈을 구입하는 경우 터빈 제조업자와 시설 소유주는 그 지점에서 얻을 수 있는 연간 평균 출력값의 범위에 동의하고, 시설 소유주는 출력곡선을 사용하여 얻은 예측값보다 다소 낮은 실제 출력값을 얻을 수 있다는 사실을 이해한다. 대신에, 제조업체는 생산량이 합의된 최소 임계값 아래로 떨어지지 않을 것을 보장한다.

터빈 제조업자는 다양한 크기의 터빈과 그에 맞는 출력곡선을 제공한다. 따라서 제조업자들은 다양한 형태의 풍속 분포에 대응하는 제품을 판매할 수 있다. 예를 들어 평균 풍속이 느린 지점의 경우 타워 높이 제한 때문에 중 · 대형 터빈이 아닌 소형 터빈이 주로 설치되며, 느린 풍속 범위(4~10 m/s)에서는 가파른 출력곡선을 갖는 소형 터빈을 사용하는 것이 이득이다.

다양한 터빈 설계에서 출력곡선의 차이는 경쟁 터빈 사이에서의 성능 비교를 복잡하게 한다. 비용–효과 측면에서 엔지니어는 단순히 kW당 또는 MW당 비용 계산을 위해 kW 또는 MW 단위의 최대 출력에 의한 터빈 비용을 나눌 수 없고, 최저 단위 비용을 갖는 장치를 선택한다. 대신 이용 가능한 연간 풍력에너지 범위가 풍속처럼 지역마다 다르기 때문에, 그림 13-14에 나타낸 것처럼 출력곡선이나 특정 장소의 이용 가능한 풍향 데이터로 경쟁 장치를 평가하는 것이 필요하다. 두 터빈에 대한 곡선이 주어져 있지만, 우리는 1.5 MW 전력 곡선을 사용한다.

장치가 연간 생성하는 에너지 출력값 AEO (kW 단위)는 풍속 구간 i에 따른 동력 출력 P_i와 풍속 구간에 적용되는 시간 t_i의 곱의 총합으로 나타낼 수 있다.

$$\text{AEO} = \sum_i P_i \cdot t_i \tag{13-12}$$

시간당 출력을 계산하기 위해 평균 풍속값을 사용했지만, 실제 순간 풍속은 평균 풍속의 ± 0.25~0.5 m/s 범위 안에서 변하므로 이 접근법은 근사적이다. 표 13-3에 나타낸 것처럼 그림 13-14에서 출력곡선을 적용해 보자. 여기서 풍속의 증가는 단위 구간당 1 m/s이다. 그러나 이전에 논의했던 것처럼 0.5 m/s 증가가 기계 출력을 더 정확하게 예측하기 위해 선호된다. 표에 주어진 풍속 분포는 표 13-1의 그것보다 높은 연간 평균값을 가지며, 연간 2,700시간 이상 1 MW 이상의 출력을 내왔기 때문에 1.5 MW 장치로 평가된 것에 아주 잘 맞는다. 연간 2시간의 경우, 바람이 충분히 강해 장치는 풍력 변환 시스템의 일부가 파손되는 것을 막기 위해 전기 생산을 멈춘다. 연간 780시간은 풍속이 너무 낮아 터빈이 회전하지 않는다. 구간 12의 시간값이 큰 이유는 이 구간의 출력이 1.5 MW로 일정하고, 풍속 범위가 13~21 m/s로 넓기 때문이다. 평가는 지역에 대해 1.15 kg/m^3 평균 공기 밀도를 가정한다. 즉, 지역에 따라 공기 밀도가 높거나 낮다. 출력곡선은 각각의 풍속 설정에 높고 낮은 동력값을 반영할 수 있도록 적용해야 한다. AEO는 하류 손실에 우선하고 풍력 시설 작동에 필요한 과류 부하를 내기 전 출력값이라는 점에 주목하라.

예측된 지역의 1.5 MW급 용량 장치와 5.8 GWh 값을 갖는 AEO에 기반한 터빈은 그 지역에

표 13-3 그림 13-14의 출력곡선을 갖는 터빈에 대한 연간 출력 계산과 평균 풍속 U_{average} = 8.4 m/s인 가상 지역에서 실험적으로 측정된 분포 자료

구간	최소(m/s)	최대(m/s)	구간 평균(m/s)	빈도(시간)	출력(kW)	에너지 (1,000 kWh)
1	0	3	해당 없음	780	0	0
2	3	4	3.5	537	14	8
3	4	5	4.5	672	60	40
4	5	6	5.5	807	155	125
5	6	7	6.5	836	269	225
6	7	8	7.5	833	420	350
7	8	9	8.5	831	625	519
8	9	10	9.5	685	900	616
9	10	11	10.5	579	1,195	692
10	11	12	11.5	473	1,395	659
11	12	13	12.5	366	1,485	544
12	13	21	17	1,359	1,500	2,039
13	21	21 이상	해당 없음	2	0	0
			총합	8,760		5,816

아주 적절하게 고려된 것 같다. 출력곡선과 실험적 풍속 분포 혹은 추정된 풍속 분포가 알려져 있고 꽤 정확하다면, 크고 작은 풍력 프로젝트의 실행 가능성 평가를 위한 다른 터빈과 지역 간 조합에 이러한 절차를 반복할 수 있다.

그림 13-14의 1.7 MW 터빈에 대한 출력곡선은 평균 풍속이 상대적으로 낮은 지점에서 상대적으로 넓은 터빈이 회전하는 면적과 상대적으로 낮은 명판 용량을 갖춘 터빈 설계의 가능한 기능을 나타낸다. 1.7 MW는 명판 용량이 13% 증가하고 회전하는 면적이 111% 증가한다. 소형 터빈은 회전하는 면적 1,000 m^2당 402 kW의 용량을 가지는 반면, 1.7-MW 터빈은 회전하는 면적 1,000 m^2당 216 kW의 용량을 가진다. 풍속이 증가함에 따라 두 터빈이 회전하기 시작하면 1.7 MW 터빈의 출력이 정격 출력을 향해 더 빠르게 상승한다. 반면에, 이 장치는 더 긴 터빈 블레이드와 더 높은 타워에 대한 추가 비용을 발생시킨다. 따라서, 터빈을 선택할 때 프로젝트 관리자는 1.7 MW 터빈의 경우 용량계수가 더 높지만 풍속 범위의 대부분이 개별 효율값이 더 낮기 때문에 평균 효율은 더 낮을 것임을 고려해야 한다.

그림 13-15는 서로 다른 구간에서 일 년간의 시간 분포에 따라 kWh/년 단위로 해당 구간에서 발생하는 에너지 기여도의 차이를 보여준다. 주파수 및 에너지값은 표 13-3에서 가져온 것으로, 모터 엔진이 작동하기 시작하는 속도 이하의 모든 시간에 대해서는 단일 구간을 사용하고 모터 엔진이 갑자기 멈추는 속도 이상의 시간에 대해서는 다른 구간을 사용한다. 따라서, "낮음" 구간과 "높음" 구간 모두 에너지 기여가 없으며, 높은 구간에서의 시간 비율은 그림에서 보이지 않을 정도로 작다. 에너지 기여도가 시간 기여도 오른쪽으로 최대치에 도달하는 전반적인 추세를 가진다. 시간은 레일리 분포로부터 하나의 세부 분포 형태와 6~7 m/s 구간에서 최대치를 가지고 있는 반면, 에너지 곡선은 삼각형 형태와 11~12 m/s 구간에서 최대치를 가지고 있다.

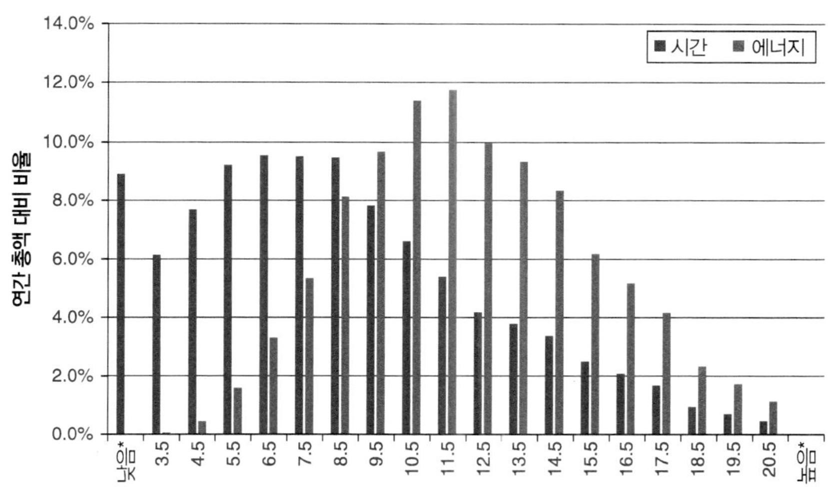

그림 13-15 풍속 구간에 따른 연간 시간 분포 및 에너지 기여도.

참고: 표 13-3 풍속 분포를 사용하는 1.5 MW 터빈의 구간 평균 풍속(m/s)별 분포. "낮음*"은 컷인 속도보다 낮은 모든 시간을 나타낸다. "높음*"은 컷아웃 속도보다 높은 모든 시간을 나타낸다. 본문을 참조하라.

13-4-1 정격용량과 용량 요소

도입부에서 밝혔듯이 설치된 풍력에너지의 전 세계적 용량은 2018년 말에 대략 592 GW에 달했다. 이 수치는 설치되어 있는 터빈의 최대 출력을 사용하여 계산한 것이고, *정격용량*(rated capacity) 또는 *공칭용량*(nameplate capacity)으로 알려져 있다. 바람이 항상 정격풍속 이상으로 부는 지역은 없고 실제 설치된 곳의 풍속 출력은 정격풍속에서 계속 발전되는 것보다 상당히 낮다. 예를 들어, 2018년 말 미국 용량인 96.7 GW는 (96.7 GW) × (8,760 h/year) = 84.7 × 10^5 GWh/year 또는 대략 총 전기 생산량의 연간 847 TWh를 생산할 수 있었다(비교를 위해, 미국의 연간 풍력발전량은 2018년 275 TWh이다).

풍력터빈의 *용량 요소*(capacity factor)는 장치가 정격용량에서 한 해 동안 작동할 때 얻게 되는 연간 출력으로 나눈 실제 연간 출력이다. 표 13-3에 나타낸 장소에 설치된 장치에 따르면, 한 해의 출력인 1.5 MW에서 생산된 전체 에너지는 13.1 GWh이고 용량 요소는 다음과 같다.

$$\text{용량 요소} = \frac{5.8\,\text{GWh}}{13.1\,\text{GWh}} = 0.444 = 44.4\%$$

세계 풍력에너지 예를 보면, 용량 요소가 평균 25%였다면(세계 평균이 44%보다 약간 높았을 때) 전 세계 모든 풍력터빈은 연간 1,295 TWh를 생산했을 것이다.

풍력터빈의 용량 요소는 초기에는 일반적으로 20~35% 범위였다. 새로운 저풍력터빈이 혼합에 추가되고 신뢰성과 효율성이 모두 향상되면서 업계 평균이 증가하고 있으며 일부 지역에서는 풍력발전단지 용량 요소가 50% 이상이 되었다. 그러나 풍력 용량 요소를 다른 대안과 비교하려면 장치 작동이 제어되는 방식을 고려해야 한다. 미국 화석연료 용량 738 GW의 예로 돌아가면, 이러한 화석발전 자산에는 수요가 최고조에 달할 때 생산량을 늘릴 수 있는 예비 용량이 내장되어 있다. 대조적으로, 풍력 산업은 풍력이 가능할 때마다 가능한 한 많이 작동하여 용량 요소값을 달성하므로 사실상 내장된 예비 용량이 거의 없다.

용량 요소 계산은 풍력에너지 분석을 위한 세 가지 다른 목적에 적용될 수 있다. 첫 번째는 서로 다른 풍력 발전소 위치와 연중 여러 달에 걸쳐 출력을 비교하는 것이다. 그림 13-16은 뉴욕주 엔필드 현장(그림 13-11 참조)에서 사용 가능한 월간 전력을 가져와 해당 현장의 예상 월별 출력을 콜로라도, 오리건, 와이오밍에 있는 미국 서부 풍력 발전소 3곳의 출력과 비교한 것이다. 평균 연간 수용력 비율은 28.9%(오리건)에서 48.2%(와이오밍) 사이이다. 다만, 해당 연도에 따라 상당한 차이가 있으며, 콜로라도, 엔필드, 와이오밍은 겨울철에 최고조에 달하고 여름철에 감소하는 반면, 오리건의 경우 그 반대이다. 이 예는 겨울철에 풍력발전이 항상 최고조에 달한다고 가정할 수는 없음을 보여준다.

두 번째 목적은 미네소타주 벤턴 호수의 풍력발전단지에서 볼 수 있듯이(그림 13-17) 매년 용량 요소를 비교하는 것이다. 이 현장의 경우 국립 재생에너지 연구소(National Renewable Energy Laboratory)는 10년간의 정규화된 연간 생산량을 발표했는데, 그 값의 범위는 10년 평균의 82~114%이다. 장기 평균 용량 요소는 데이터 자원에서 얻을 수 없었기 때문에 중서부 북부의 일반적인 조건을 기반으로 한 평균 용량 요소 33%를 상대 생산 비율에 적용하여 시계열을 표시했으며, 11년 중 3년은 장기 평균에서 벗어나 변동이 10%보다 컸다(2001년, 2002년, 2004년). 그럼에도 불구하고, 이 예는 9장과 10장의 태양에너지와 마찬가지로 생산성이 높은 날과 낮은 날이 시간이 지남에 따라 균형을 이루는 경향이 있어 생산량이 해마다 상당히 일정하다는 것을 보여준다.

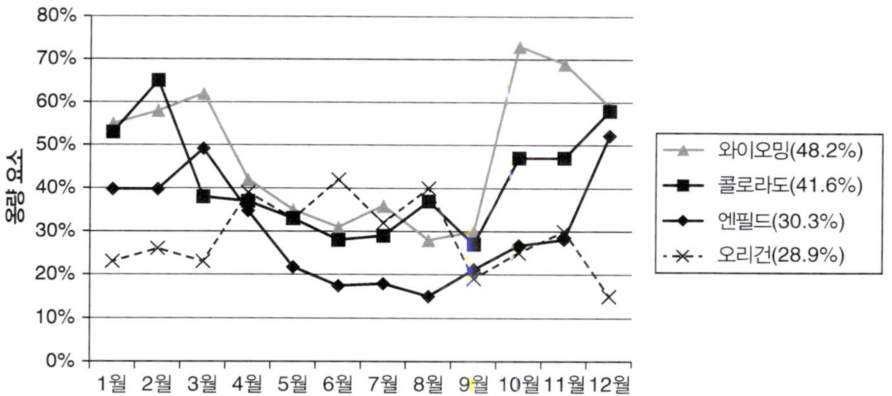

그림 13-16 미국 풍력 발전소 4곳의 월별 용량 요소 변화.

참고: 범례에서 괄호 안의 백분율은 해당 사이트의 전체 연간 평균 용량계수이다.
(*출처*: 콜로라도 및 와이오밍 데이터의 경우 국립 재생에너지 연구소, 오리건 데이터의 경우 몬태나 상무부.)

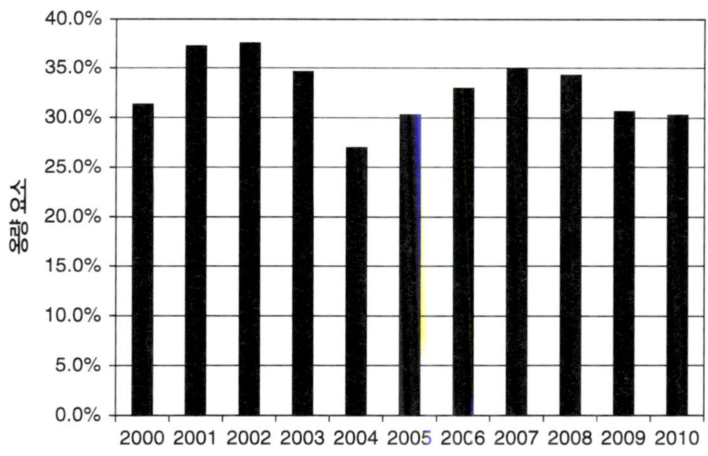

그림 13-17 2000년부터 2010년까지 미네소타주 벤턴 호수에 있는 풍력발전단지의 연도별 용량 요소 변화의 예.

참고: 11년 데이터 세트의 경우 $\mu = 0.330$, $\sigma = 0.0326$; 설명은 본문을 참조하라. [*출처*: Wan (2012).]

세 번째 목적은 풍력 산업 전체의 생산성을 전체적으로 평가하는 것인데, 이 경우에는 미국 상황에 초점을 맞췄다. 미국풍력에너지협회(AWEA)가 설치용량에 대한 시계열 데이터를 발표하고, 미국 에너지부가 연간 생산량을 제공하므로 국가 평균 용량 요소 생성이 가능하다(그림 13-18). 각 연도에 대해 중간 연도 평균 용량 또는 연속된 두 연말값의 연말값 평균을 사용하여 100% 용량 요소에서 관찰되었을 출력을 계산한다. 그리고, 실제 용량 요소는 USDOE에서 발표한 특정 연도의 연간 생산량을 기준으로 계산된다. 표시된 바와 같이, 평균 용량 요소는 2004년 25%에서 2019년 34%로 증가했으며, 이는 저풍속 조건에서 더 높은 용량 요소를 갖는 '저풍속' 터빈 도입과 터빈 관리 개선으로 가동 중단 시간 감소에 영향을 받았다.

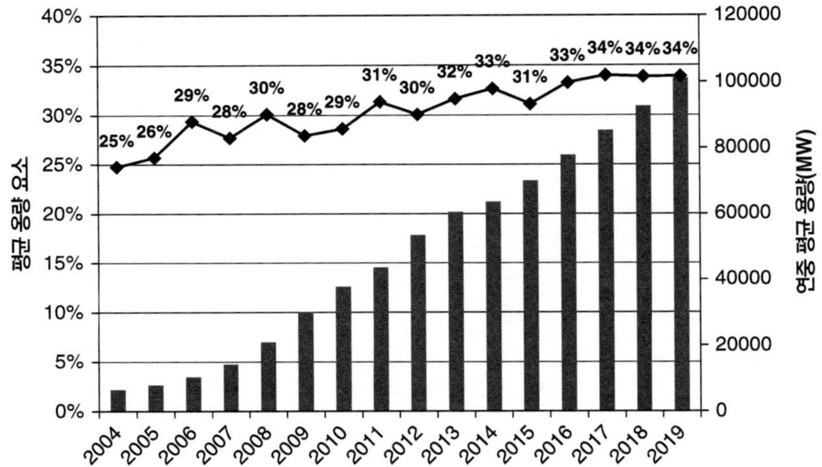

그림 13-18 2004년에서 2019년 사이에서의 미국 평균 풍력에너지 용량 요소.

참고: 연도 평균 용량은 주변 두 연말값의 평균이다. 예: 2003년 12월 31일의 용량은 6,327 MW이고 2004년 12월 31일의 용량은 6,719 MW이다. 따라서 그림과 같이 2004년 평균은 6,523 MW이다. (*출처*: American Wind Energy Association, 용량, USDOE, 풍력 출력.)

13-5 터빈 설계

터빈 설계의 주된 기능적 목표는 터빈의 풍속 작동 범위에서 가능한 한 많은 풍력에너지를 구동축을 회전시키는 기계적 에너지로 변환시키는 것이다. 축의 회전 속도는 풍속 변화에 따라 변하므로 발전기의 전력 전자 장치는 터빈에서 나가는 전류를 전기 그리드에서 요구하는 올바른 주파수, 위상 및 전압과 일치시키는 데 사용된다. 작동 범위는 몇몇 영역으로 구성된다(그림 13-14의 출력 곡선에 의해 그림으로 나타나 있다).

- 모터 엔진이 *작동하기 시작하는* 속도 이하에서(예를 들어 3 m/s) 바람이 터빈 블레이드를 회전시키기에 불충분한 동력일 때 장치는 작동하지 않는다.
- 모터 엔진이 작동하기 시작하는 속도 이상에서 터빈 출력은 급격하게 최대 풍속까지 증가한다.
- 모터 엔진이 작동하기 시작하는 속도 이상에서(예를 들어, 1.5-MW 터빈에서 9.5 m/s) 풍속의 용적과 함께 동력이 증가하면서 터빈 블레이드에 걸리는 큰 힘 때문에 이용 가능한 최대 출력을 얻기가 쉽지 않다. 여기서 더 상승하면 풍속은 계속 증가하다가 터빈에 의해 가해진 이용 가능한 에너지 부분이 감소하기 시작한다. 풍속이 증가하면서 출력은 계속 증가하지만 증가율은 점점 감소한다. 이런 출력 제한은 풍력을 구동축의 회전에너지로 전환할 만큼 충분히 튼튼해야 하기 때문에 터빈 제작비용이 너무 비싸지므로 공학적인 근거에 의해 정해진다. 또한 많은 지역에서 풍속이 좀처럼 최대 수치에 도달하지 않으므로 이용 가능한 에너지의 큰 비중을 차지하기에는 경제적이지 못한 측면이 있다. 다음 두 가지 방법 중 하나에 의해 고속에서 터빈 블레이드에 걸리는 부하를 줄일 수 있다.

- *고정형 피치* 장치의 경우 중심에서 터빈 블레이드 위치는 어느 한 점에 고정되어 있고 터빈 블레이드를 통과하는 바람이 *실속* 영역을 지날 때, 터빈 블레이드의 실속은 회전 속도를 줄이고 기류로부터 추출되는 출력을 감소시킨다(블레이드의 *피치*는 축을 중심으로 블레이드 각의 방향을 의미하고, 전체 터빈의 회전면에 상대적이다. 더 자세한 설명은 13-5-3절을 참조하라). 이러한 장치는 '실속-규제'로 알려져 있다.
- *가변형 피치* 장치의 경우 터빈 블레이드는 중심에서 회전할 수 있으므로 바람이 통과하는 것보다 적은 출력을 얻게 된다. 현재 시장에서 사용되는 작은 장치에는 고정형 및 가변형 피치 장치가 모두 있지만, 중 · 대형 장치에는 가변형 피치 장치가 설치되어 있다.

- 풍속이 최대 이용 효율 이상일 때 장치는 *정격풍속*에 도달하거나 우선 최대 출력을 풍속(예를 들어, 1.5-MW 터빈에서 13 m/s)에 맞춘다. 정격풍속 이상일 때 출력은 대략 일정하거나 풍속이 증가하면서 감소하기도 한다. 피치가 규제된 터빈의 경우 앞서 말한 것과 같이 수치에 도달하거나 실속-규제된 터빈은 후자의 경우에 도달한다.
- 매우 빠른 풍속으로 인한 손상으로부터 보호하기 위해 많은 장치가 풍속(예를 들어 21 m/s)을 갑자기 *멈추*는 시스템을 갖추고 있고, 또한 터빈의 구동축 회전은 요(yaw) 또는 피치를 변화시키는 조합에 의해 멈춘다. 그러므로 터빈 블레이드는 더 이상 풍속을 따라가지 못하거나 발전기를 동적으로 멈추게 한다. 그 후 기계적인 브레이크가 장치의 회전을 막는다.

장치는 전기 시설의 오류, 긴급 상황 또는 예정된 유지 · 보수와 같은 일상적인 문제에 대비해서도 작동을 멈출 수 있는 능력을 갖고 있어야 한다. 바람을 받는 수직축 주변의 엔진실 회전은 중 · 대형 장치의 경우 능동적인 기계적 회전에 의해 발생하고, 소형 장치의 경우 풍력 자체에 의해 발생한다.

13-5-1 터빈 작동의 이론적 제한

바람의 운동에너지에 대한 하나의 중요한 관측은 바람으로부터 모든 에너지를 추출하는 기계를 물리적으로 설계하는 것은 불가능하다는 사실이다. 만약 누군가 설계한다면 바람에 의해 움직일 수 있는 공기의 물리적 질량이 기계에 닿거나 기계를 움직이게 하는 위로 향하는 공기를 막음으로써 장치에서 아래로 향해 있는 집수 지역에서 멈출 것이다. (이러한 관측은 배기가스는 0 K 온도에서 차가운 저장소로 항상 배출되기 때문에 실제 열기관에서 100% 효율을 달성하는 것은 불가능한 카르노 한계와 유사하다). 최적화된 풍력장치의 이론적 모델에서 공기가 추출되는 것과 같은 에너지 제한을 수치화하는 것은 흥미로운 일이고, 실제 장치에서 실험적으로 측정한 터빈 작동과 비교하기 위한 기준으로 사용되기도 한다.

전달장치의 이론적 평가

이 개념은 바람 방향과 같은 방향으로 움직이는 간단한 전달 바람 수집장치를 고려하면서 처음으로 발견할 수 있었다. 이런 장치의 예로는 바람으로 '운항하는' 항해 중인 배(뒤에서 밀고 있는 바람) 또는 수직으로 낟알을 가는 고대의 장치 등이 있다. 요트 또는 쇄빙선의 경우 마찰을 극복하기 위해 사용되는 힘은 전달하는 표면에 대항하는 장치의 항력계수로 기능하고, 풍속과 장치가 이동하는 속도, 예를 들어 바람에 의해 부딪히는 표면의 단위 면적당 속도 사이에서 차이로 기능한다.

$$F = [0.5\rho(U - v)^2]C_D \tag{13-13}$$

여기서 F의 단위는 N/m^2, v는 장치가 항해하는 속도로 m/s 단위이고, C_D는 면을 지지하는 장치의 무차원 항력계수이다.

출력 P는 단위 면적당 풍력에서 얻었고 단위는 W/m^2이며 다음과 같이 표기한다.

$$P = Fv = [0.5\rho(U - v)^2]C_D v \tag{13-14}$$

바람에서 이용 가능한 출력은 0.5 ρU^3이기 때문에, 우리는 *출력계수* C_P를 장치에서 얻은 출력과 이용 가능한 바람의 출력 사이의 비로 나타낼 수 있다.

$$C_P = \frac{[0.5\rho(U - v)^2]C_D v}{0.5\rho U^3} = \frac{[(U - v)^2 C_D v]}{U^3} \tag{13-15}$$

미분을 사용하여 최대 C_P 값을 구할 수 있는데, 그러한 장치를 이용하면 4/27 C_D 또는 0.148 C_D이다(풀이는 이 장 말미의 연습 문제 참조).

두 지점을 이동할 때 승객은 고려되고 바람에서 얻을 수 있는 장치의 출력이 얼마인지는 고려되지 않기 때문에, 전달에 쓰이는 항해장치의 최소값은 타당한 값이 아니다. 풍차나 터빈과 같이 정지된 일을 하기 위해 의도된 장치의 경우, 전달장치는 바람의 운동에너지를 기계적 · 전기적 에너지로 전달하는 데 효과적이지 않다는 것은 명확하다. 그러므로 회전장치로 우리의 관심을 돌린다.

회전장치와 베츠 한계

이 절에서 우리는 가능한 최대 출력을 뽑아내기 위해, 속도 U인 순풍에서 이용 가능한 출력에 상대적인 바람 방향에 수직인 평면에서 회전하는 장치의 시간을 해결할 것이다. 터빈의 '엑추에이터 디스크' 모델은 이론 모델의 목적으로 사용된다. 엑추에이터 디스크는 바람에서 공기의 전달이 디스크의 회전으로 전환되는 터빈 블레이드 수를 무한대로 갖는 회전 디스크로 간주될 수 있다. 그러므로 엑추에이터 디스크는 카르노 열기관처럼 실제로는 설치될 수 없지만, 효율의 상한선을 정할 때는 유용하게 쓰일 수 있다.

그림 13-19에 나타낸 것처럼 엑추에이터 디스크를 통과하는 공기의 초기 상류 풍속은 대기의 풍속과 동일하며($U_1 = U$), 디스크에서 바람의 운동에너지가 감소하기 때문에 디스크 상류와 후류에서의 공기 유속은 같아진다($U_2 = U_3$). 최종적으로는 'far wake', 즉 후류 속도인 U_4로 감소한다. 엑추에이터 디스크에 다음과 같은 가정을 도입할 수 있다.

1. 비압축성 유동
2. 마찰항력 비적용
3. 전 디스크 면적에 대해 균일한 추력
4. 비회전 후류
5. 정상상태(디스크를 따라 일정한 풍속 및 일정한 디스크 회전 속도)

터빈에서의 기류 속도가 순풍으로 감소하는 비율인 $(U_1 - U_2)/U_1$은 축 간섭계수 a라 부른다. 풍속이 순풍 U_1에서 후류 속도 U_4로 감소하는 것은 엑추에이터 디스크에 바람이 추력을 가하기 때

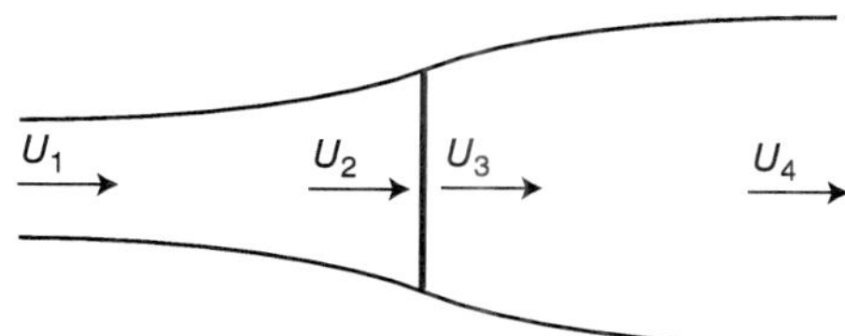

그림 13-19 엑추에이터 디스크를 통과하는 공기 유동.

문이다. 이를 표현하면 다음과 같고,

$$T = M_{\text{air}}(U_1 - U_4) = \rho A U_2 (U_1 - U_4) \tag{13-16}$$

여기서 M_{air}는 디스크 면적 A를 통과하는 공기의 질량 유량이며 단위는 kg/s이다.

엑추에이터 디스크에서의 분석에 필요한 다른 기본적인 개념은 베르누이(Bernoulli) 법칙이며, 이는 유체 흐름에서 임의 두 지점에서의 압력, 속도, 높이의 항으로 표현되는 에너지가 보존됨을 의미한다.

$$p_1 + \frac{\rho V_1^2}{2} + \rho g z_1 = p_2 + \frac{\rho V_2^2}{2} + \rho g z_2 \tag{13-17}$$

이 식에서 p는 압력, V는 공기 유속, g는 중력상수, z는 높이이다.

추력과 공기 유속의 관계 및 속도와 압력의 관계(베르누이 법칙)를 이용하면, 후류에서의 속도 U에 대한 풍속의 상대적인 감소량은 디스크 평면에서의 감소량보다 2배 많다는 것을 보일 수 있다(이 장 말미의 연습 문제 참조). 따라서 관계식을 다시 정리하면 다음과 같다.

$$\begin{aligned} \frac{U_1 - U_4}{U_1} &= 2\left(\frac{U_1 - U_2}{U_1}\right) \\ a &= 1 - U_2/U_1 \\ U_2 &= U_1(1-a) \\ U_4 &= U_1(1-2a) \end{aligned} \tag{13-18}$$

이 절의 나머지 부분에서는 바람에서 발생하는 최대 출력을 얻을 수 있는 a 값을 계산하기 위해 베르누이 법칙과 엑추에이터 디스크의 함수를 사용할 것이다. 높이의 변화는 무시하는 것으로 가정하면 디스크 윗면과 아랫면 기류에 대한 방정식은 다음과 같다.

$$\begin{aligned} p_1 + ½\,\rho U_1^2 &= p_2 + ½\,\rho U_2^2 \\ p_3 + ½\,\rho U_3^2 &= p_4 + ½\,\rho U_4^2 \end{aligned} \tag{13-19}$$

디스크를 따라 발생하는 압력 차는 다음과 같이 다시 쓸 수 있다.

$$\begin{aligned} p_2 - p_3 &= p_1 + ½\,\rho U_1^2 - ½\,\rho U_2^2 + ½\,\rho U_3^2 - p_4 - ½\,\rho U_4^2 \\ &= p_1 - p_4 + ½\,\rho(U_1^2 - U_4^2) \\ &= ½\,\rho(U_1^2 - U_4^2) \end{aligned} \tag{13-20}$$

$U_2 = U_3$이기 때문에 후류에서의 압력과 순풍에서의 압력은 대기압과 같다. 식 (13-20)의 결과는 추력 T를 다음과 같이 U_1과 U_4로 표현하는 데 사용될 수 있다.

$$\begin{aligned} T &= A_2(p_2 - p_3) \\ &= 0.5\rho A_2(U_1^2 - U_4^2) \end{aligned} \tag{13-21}$$

여기서 A_2는 디스크 넓이이다. 다음으로 출력 P는 디스크에서의 추력과 풍속의 곱이기 때문에 출력을 다음과 같이 다시 표현할 수 있다.

$$P = (T)\, U_2 = ½\, \rho A_2\, (U_1{}^2 - U_4{}^2)\, U_2 = ½\, \rho A_2\, U_2\, (U_1 + U_4)\, (U_1 - U_4) \tag{13-22}$$

U_2와 U_4를 U_1과 a로 대체하고 U_1을 순풍 U로 바꾸면 출력을 다음과 같이 다시 쓸 수 있다.

$$P = ½\, \rho A_2\, U(1-a)[U + U(1-2a)][U - U(1-2a)] = ½\, \rho A_2\, U^3\, 4a\, (1-a)^2 \tag{13-23}$$

디스크에서의 출력계수 C_P는 다음과 같이 표현된다.

$$C_P = \frac{0.5\rho A_2 U^3 4a(1-a)^2}{0.5\rho A_2 U^3} = 4a(1-a)^2 = 4a^3 - 8a^2 + 4a \tag{13-24}$$

식 (13-24)의 최대값을 찾기 위해서, 식을 a에 대해 미분하고 값을 0으로 설정한다.

$$\frac{dC_p}{da} = 12a^2 - 16a + 4$$

$$12a^2 - 16a + 4 = 0$$

이 식은 다음과 같이 단순화된다.

$$3a^2 - 4a + 1 = 0$$

그러면, 방정식의 근은 $a = 1/3$과 1이 나온다. $a = 1/3$일 때 최대 C_P 값 0.593을 얻을 수 있다. 따라서, 풍속이 디스크에서 감소하고 후류에서 감소할 때 최대 이론 출력 59.3%를 얻을 수 있다. 이 결과는 1919년 Albert Betz에 의해 처음 유도되었으며, *베츠 한계*(Betz limit)라 부른다.

다른 디스크 모델은 현실적으로 앞에서 유도된 59.3% 이하로 낮추는 효과를 얻을 수 있다. 예를 들어 터빈 회전에서의 현실적 모델에서는 터빈 회전으로부터 발생한 후류가 터빈의 회전 방향과 반대로 회전한다. 회전하는 후류로 전달된 에너지는 터빈으로는 전달될 수 없기 때문에 후류 회전은 결국 C_P의 최대값을 감소시킨다.

최대 추력 및 최대 효율

축 방향 유도 함수로서의 추력 최대값은 앞에서 설명한 것과 비슷한 방식으로 유도할 수 있다. 추력 값은 다음과 같이 a항으로 다시 쓸 수 있다.

$$T = 2\rho A_2 a U^2(1-a) \tag{13-25}$$

$a = 0.5$일 때 최대값을 얻을 수 있고, 따라서 후류에서의 풍속은 0으로 감소한다. 엑추에이터 디스크의 *효율* η_{disk}는 추출된 출력을 터빈에서 움직이는 기류에서 얻을 수 있는 출력으로 나눈 값이다. 따라서 터빈에서 얻을 수 있는 출력은 순풍 질량 유량인 $\rho A_2 U$보다는 질량 유량 $\rho A_2 U_2$의 함수로 표현된다. 효율의 값은 다음과 같다.

$$\eta_{\text{disk}} = [½\,\rho A_2\,(U_1^2 - U_4^2)\,U_2]\;/\;½\,\rho A_2\,U_1^2\,U_2 = 4a\,(1-a) \quad (13\text{-}26)$$

따라서 η_{disk}의 값은 추력과 마찬가지로 후류 풍속이 0일 때 $a = 0.5$에서 최대값을 가진다. η_{disk}의 최대값은 1이다. $a = 0.5$, $C_p = 0.5$일 때, 또는 $a = ⅓$일 때 T/T_{max} 및 η_{disk}의 값은 둘 다 0.888이다.

13-5-2 주속비, 주입 방사형 풍속, 그리고 최적 터빈 회전 속도

이 절에서는 무한한 숫자의 블레이드를 가진 엑추에이터 디스크에서 제한된 숫자의 익형 블레이드(보통 2개 또는 3개)를 가진 실제 풍력터빈으로 토론의 주제를 옮겨보자. 터빈은 rad/s로 표현되는 각속도 Ω로 회전하면서 바람에 반응하는데, 각속도는 익형 설계, 터빈 발전기에 걸리는 부하와 다른 요인들에 의해 결정된다.[5]

주속비, 전진비, 그리고 주속비 변화가 블레이드에 의해 추출된 출력에 미치는 영향

터빈 블레이드 팁의 병진 속도와 풍속의 비율을 *주속비*(tip speed ratio: TSR)라 하며 다음과 같이 계산한다.

$$\lambda = \Omega R/U \quad (13\text{-}27)$$

여기서 λ는 TSR, R은 터빈이 회전하면서 차지하는 영역의 반경, 그리고 U는 순풍 속도를 의미한다. λ와 연관된 변수는 J로 표기되는 *전진비*(advance ratio)이며, 이는 주속비의 역수($1/\lambda$)이다. 터빈 블레이드의 단면적에 가해지는 풍력 효과는 λ에 따라 다양하게 변한다. 이 효과는 그림 13-20에 설명되어 있다.

로터 축에 대한 회전은 회전 방향의 반대 방향으로 풍속 v를 유도한다. 따라서 블레이드는 U와 v의 벡터 합으로 표현되는 상대풍속 V_r의 바람을 맞게 된다. 받음각(angle of attact) α는 V_r과 날개 단면 중심축 사이의 각으로 정의된다.

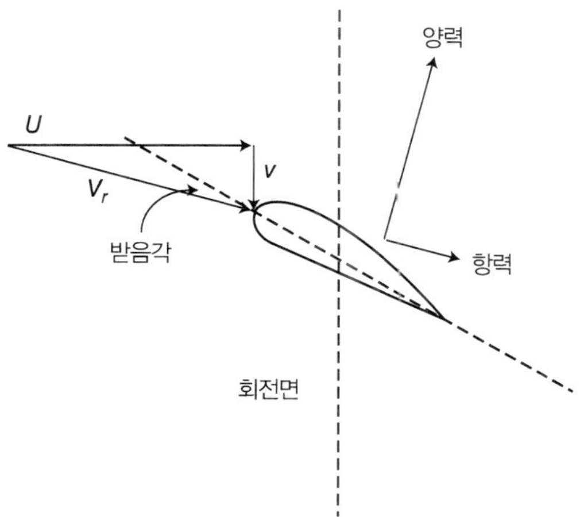

그림 13-20 터빈 블레이드 단면에 작용하는 바람과 힘 그래프. 단면의 중심선과 상대풍속 V_r 사이의 받음각 α. 이 예에서는 블레이드가 페이지 위로 회전하고 있다.

---

5 변환: 2π 라디안 = 1회전 = 360°

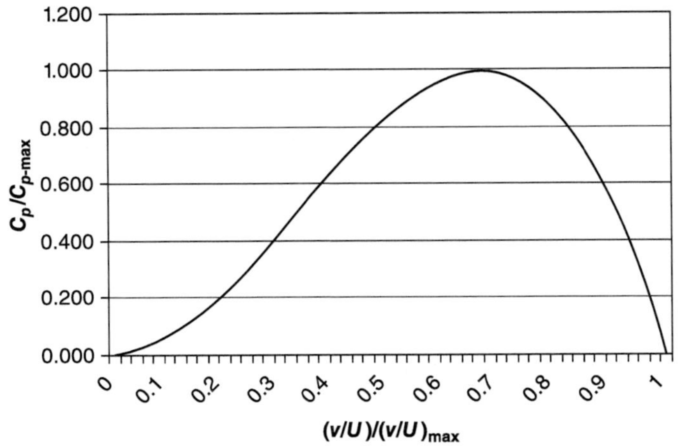

그림 13-21 식 (13-29)를 이용하여 유도된 $(v/U)_{max}$에 대한 v/U 비율의 함수로 나타낸 출력계수 $C_P/C_{P\text{-max}}$의 상대적인 값.

실제 블레이드는 양력계수 C_L과 항력계수 C_D의 값을 가지며, C_L과 C_D의 비율을 *양항비*라 한다. (몇몇 계산에서는 양항비의 역수인 C_D/C_L이 쓰인다.) 높은 양항비는 순풍으로부터의 에너지를 블레이드 움직임으로 변화시키는 데 이상적이다. 양력, 항력 그리고 블레이드 움직임 방향 사이의 기하학적 관계를 이용하면, 블레이드로부터의 출력은 C_L, C_D, v/U로 다음과 같이 표현될 수 있다.

$$P = 0.5\rho U^3 A\,(v/U)[C_L - C_D(v/U)][1 + (v/U)^2]^{1/2} \tag{13-28}$$

여기서 A는 바람 방향을 마주하는 블레이드 단면적을 나타낸다. 블레이드의 출력계수 C_P는 블레이드 단면의 회전으로 전달된 힘을 단면을 지나가는 순풍의 출력으로 나눈 비율이다.[6] C_P에 대해 풀면 이 비율은 다음과 같이 단순화된다.

$$C_P = (v/U)[C_L - C_D(v/U)][1 + (v/U)^2]^{1/2} \tag{13-29}$$

그림 13-21에서 $C_P/C_{P\text{-max}}$는 v/U와 $(v/U)_{max}$ 비율의 함수로 나타낼 수 있으며, 이때 $(v/U)_{max}$는 식 (13-29)에 의해 표현되는 항력 효과로 인해 C_P가 0으로 감소될 때의 값이다. v/U가 0에서 증가함에 따라 C_P를 증가시키기 위해 처음에 C_L은 식 (13-29)의 값을 지배한다. 하지만 C_P가 최대값을 갖는 $v/U = 2/3(v/U)_{max}$ 이후부터는 항력 효과가 지배적이며 C_P는 v/U 이상의 값에서 감소한다.

식 (13-29)에서 계산된 출력계수는 블레이드 단면에 부분적으로 작용하는 힘에 비교될 수 있으며, 터빈이 회전하는 면적에 작용하는 힘과는 비교 불가능하다. 따라서 1보다 큰 값이 계산될 수 있는데, U보다 큰 v 값이 유도되는 것이 가능하기 때문이다. 그러나 모든 장치가 베츠 한계를 위반하지 않을 것이며, C_D 값이 0이 아닌 전체 장치에 대한 C_P의 전반적인 값은 0.593보다 언제나 작을 것이다.

6 식 (13-29)에서의 C_P는 식 (13-24)에서 도입된 출력계수와 다름에 유의하라.

표 13-4 λ 함수로서의 터빈 성능(블레이드 반경 10 m, 고정 풍속 U = 7.0 m/s)

점	각속도(rad/s)	TSR	출력(kW)	$C_{P,r}$
1	2.8	4.0	4.0	0.064
2	4.2	6.0	11.5	0.185
3	5.6	8.0	20.0	0.323
4	7.0	10.0	26.4	0.426
5*	7.9	11.3	27.9	0.450
6	8.4	12.0	27.4	0.442
7	9.8	14.0	19.6	0.317

주: *Ω = 7.9 rad/s, TSR = 11.3에서 달성되는 최대 로터 출력계수는 0.450이다.

로터 출력계수

*로터 출력계수*는 제한된 숫자의 블레이드를 가진 물리적인 로터의 출력계수를 의미하며, 식 (13-24)에서 엑추에이터 디스크를 위해 정의된 C_P가 아닌 $C_{P,r}$로 표기된다. 이 절에서 로터 출력계수는 10 m의 반경과 $C_L = 1.0$, $C_D = 0.1$의 가상 터빈을 이용하여 표현된다. $C_{P,r}$은 바람에서의 출력과 터빈으로부터의 출력의 비율이며 λ 함수로 표현된다.

$$C_{P,r}(\lambda) = \frac{P(\lambda)}{0.5\rho U^3 A_{\text{turbine}}} \tag{13-30}$$

여기서 A_{turbine}은 터빈이 회전하는 영역의 넓이이다. 일정한 풍속으로 가정하며, 터빈 회전 속도와 λ는 변수로 가정한다. U = 7 m/s의 풍속에서 성능 자료를 표 13-4에 나타냈다. $C_{P,r}$대 λ의 그래프를 표현하기 위해 4개의 점이 이용될 수 있으며, 그림 13-22에 표현되어 있다.

λ는 v에 비례하기 때문에 U가 고정된 상태에서가 증가하면 v/U의 비율 또한 증가한다. 따라서 식 (13-29)와 맞추면 회전 속도가 점 1에서 최소값인 2.8 rad/s에서 증가하기 시작함에 따라

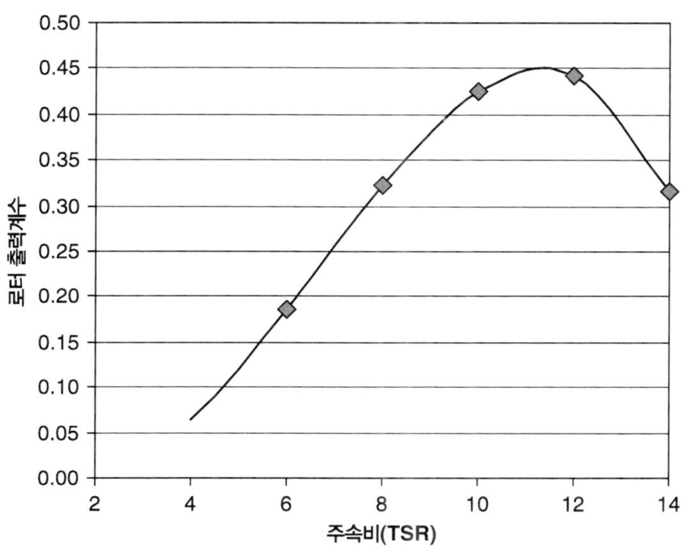

그림 13-22 주속비 λ함수로서의 로터 출력계수 $C_{P,r}$.

$C_{P,r}$ 값은 처음에는 바람의 양력이 증가함에 따라 증가하며, 점 3 (7.9 rad/s)에서 최대값에 도달한 뒤 항력이 지배적이게 될 때 감소한다.

이상적인 터빈 운용과 주속비 간의 관계

앞에서 언급한 것처럼 고정된 풍속에서 출력을 최대화시키는 TSR 값과 이상적인 범위에서 TSR이 멀어짐에 따라 출력이 감소하는 TSR 값이 존재한다. 따라서, 그림 13-14의 풍속과 출력의 각 조합에 대해, 출력곡선상의 그 지점과 연관된 단일 터빈 회전 속도가 존재하기 때문에 대응하는 단일 TSR 값이 존재한다. 터빈이 노출되는 풍속의 전체 범위는 풍속과 TSR 간의 관계에 기반해서 보면 다음과 같이 두 가지로 나뉠 수 있다.

1. *최대 효율 범위*: 풍속이 최저 발전 풍속에서 점점 증가함에 따라 이상적인 터빈 운용은 최대 효율을 내기 위해 TSR을 이상적인 범위 내에 있게 하는 것이다. 중 · 대형급 터빈의 경우 TSR 값은 일반적으로 $\lambda = 6$과 $\lambda = 8$ 사이의 값이다. 정확한 풍속 및 풍향의 지속적인 변화에 의해 TSR 값을 정확하게 유지한다는 것은 불가능하다는 사실에 주의하라. 하지만 TSR 값이 좁은 범위에서 유지되면 될수록 변환 효율의 효과는 수용할 만하다.
2. *최대 출력 범위*: 풍속이 증가함에 따라 장치가 정격풍속에 도달하기 전의 어떤 시점에서, 이상적인 터빈 운용을 위한 목표는 최대 효율일 때 다양한 부품에서의 물리적 과도 응력 없이 TSR 값을 낮추면서 정격출력을 유지하는 것으로 변화한다. 따라서 풍속은 계속 증가하지만 주속(터빈이 차지하는 영역의 반경과 각속도의 벡터곱)은 최대 효율 범위에서 달성할 수 있는 최대값에 비해 약간만 증가하며 점근적인 값에 다다른다.

두 가지 개념을 설명하기 위해 그림 13-14에 표현된 반경이 34.5 m인 터빈을 고려할 수 있다. 최대 효율 범위는 풍속이 대략 4~10 m/s 사이일 때 발생하는데, 6 또는 8의 이상적인 λ 값은 24/32 및 60/80 m/s 주속비를 유도한다. 그 후 최대 출력 범위가 중요해지는데, 이는 1.5 MW로 안정적으로 유지되며 효율은 최종적으로는 10% 이하로 감소한다. 정격풍속 이상의 선단 속도가 그림 13-14로부터 유도되지는 않더라도 80~100 m/s 범위 내로 유지되며, TSR은 이에 부응하여 감소한다. 예를 들어 21 m/s의 최고 발전 풍속에서 λ가 8로 유지된다면 선단 속도는 176 m/s 또는 400 mph에 다다를 것이다. 터빈 블레이드 회전 속도가 그렇게 높은 것은 엔지니어에게 실용적인 것은 아니기 때문에 더 낮은 TSR이 유지된다. 100 m/s의 선단 속도와 21 m/s의 풍속에서 각각 $\lambda = 4.8$ 및 $\Omega = 2.9\ s^{-1}$(28 RPM)이다.

13-5-3 터빈 블레이드 설계 분석

지금까지 우리는 풍력을 추출하는 시스템의 기초적인 설계만을 고려하여 최적 성능 범위를 결정했다. 터빈의 실제 블레이드를 설계하기 위해 명쾌하게 모델링하는 것이 필요하며, 그들의 형상이 바람으로부터 에너지를 추출하는 데 어떤 영향을 미치는지 고려할 필요가 있다. 이 목적을 위해 우리는 *스트립 이론*(strip theory), 즉 블레이드를 스트립이라 불리는 미소 요소로 나누어 생각하는 방법을 도입할 것이며 블레이드의 전체적인 성능은 스트립 성능의 합으로 계산한다. 그 후 우리는 동등한 크기로 이루어진 요소들의 유한한 숫자로 나누어진 블레이드의 설계 문제에 대한 대략적인 해답을 고려할 것이다.

스트립 이론의 응용은 다음 가정을 따른다.

1. 공기 유관(공기가 균일하게 통과하는 고리 모양의 링)에서의 개별적인 스트립 성능은 다른 유관에 대해 독립적으로 분석 가능하다.
2. 터빈 블레이드 길이 쪽 방향의 유동은 무시할 수 있으며, 스트립에 나타나는 블레이드의 2차원 단면은 분석의 기초로 사용될 수 있다.
3. 공기 유관 둘레의 유동조건 균일성 및 스트립이나 요소 내의 블레이드 형상은 균일하다.

독자들은 이러한 가정의 한계에 대해 이해해야 한다. 예를 들어 실제에서는 특히 회전 면적 직경이 50 m 또는 그 이상인 대형 터빈의 경우 땅에서의 높이에 따라 변하는 유동조건 때문에 터빈이 회전하면서 발생하는 면적의 아래와 위의 유동조건이 달라진다. 또한 스트립 이론의 사용은 예전에는 무시되던 터빈 거동의 두 가지 새로운 관점을 도입한다. 첫째, 베츠 한계 유도 과정에서는 무시하던 *후류 회전* 가능성을 *접선 속도* 형태로 고려한다. 둘째, 블레이드는 터빈 허브로부터 길게 뽑힌 캔틸레버(cantilever)로 생각하며, 따라서 풍력 작용 시 블레이드는 회전 평면으로부터 바람이 부는 방향으로 방향을 바꾸게 된다.

터빈 블레이드 설계를 평가하기 위해 우리는 블레이드의 양력 및 항력계수를 알아야 한다. 이 계수들은 경험적으로 얻을 수 있으며 표준 익형에 대해 출판되어 있다. 예를 들어 1930년대 미국 항공자문위원회(National Advisory Council on Aeronatics: NACA)에서는 NACA 뒤에 숫자를 붙여 익형에 대한 '계통'을 개발하는 작업에 착수했다(NACA 0012, NACA 63(2)-215 등등). NACA뿐만 아니라 다른 조직들 또한 표준 익형을 개발해 왔다. 어떤 조직의 자료이든 표준 익형을 선택하는 것은 엔지니어로 하여금 시간을 절약하게 하는데, 익형에 대한 양력과 항력계수를 얻기 위해 경험적 또는 이론적 작업을 할 필요가 없기 때문이다.

스트립 이론을 이용한 블레이드 요소 설계 문제에 대한 연속 해

이 절의 목적은 기류와 터빈 블레이드 모양에 기초하여 얻을 수 있는 출력을 계산하는 방법을 개발하는 것이다. 그림 13-23에서는 이 방법에 필요한 몇몇 새로운 변수를 도입한다. 그림은 순풍 U에

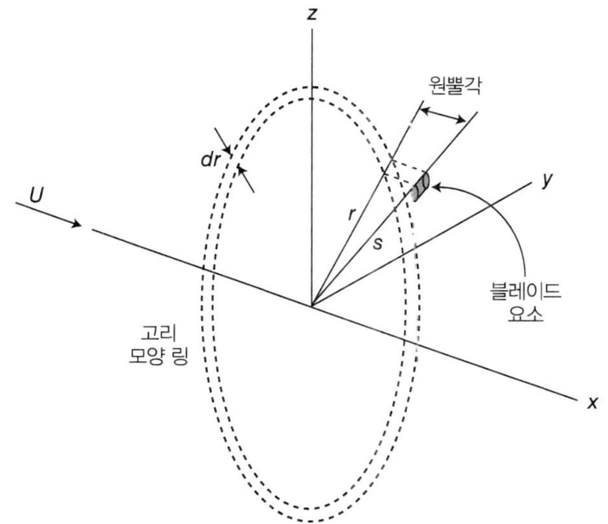

그림 13-23 고리 모양 링 형태로 블레이드 요소를 분석할 때 사용하는 변수들.

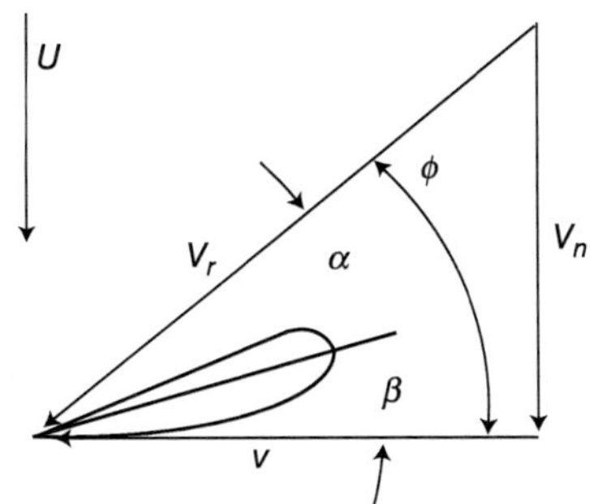

그림 13-24 받음각 α와 피치 β 그리고 바람각 ϕ의 관계.

반응하는 *원뿔각* θ에 의해 방향이 바뀌는 0에서 R 사이의 블레이드 길이에 따른 위치 r에서의 스트립 폭 dr을 보여준다. 이 예에서 바람은 블레이드의 회전 평면에 수직 방향으로, 즉 시스템의 x축 방향으로 분다. 그림 13-23에는 표시되지 않았지만 실제에서는 *편향 오차* $\Delta\Psi$가 존재하며, 이는 바람이 항상 완벽하게 터빈을 따라 나란하게 불지 않기 때문에 도입되는 개념이다. 원뿔각을 설명하기 위해 스트립으로부터 회전축까지의 블레이드 축 길이가 주어지는데, 이는 값 s이며 $r = s \cos \theta$이다.

그림 13-24는 축 방향과 방사 방향 풍속 V_n과 v의 관계를 보여준다. 블레이드로부터의 상대속도 V_r은 V_n과 v의 벡터 합이다. V_r과 블레이드 단면적의 중심축 사이 각도는 *받음각* α (angle of attack)로 불린다. 회전 평면과 중심축 사이의 각도는 *블레이드 피치* β (blade pitch)라 불린다. α와 β의 합은 *바람각* ϕ(wind angle)로 불린다.

$$\phi = \alpha + \beta \tag{13-31}$$

블레이드를 따라 r인 지점에서의 각속도를 초과하는 속도 v, 즉 $r\Omega$의 양을 나타내는 *레이디얼 인덕션 계수*(radial induction factor) a'를 도입해 보자. 축 방향과 방사 방향의 바람은 다음 식과 같이 순풍 U와 회전 속도 Ω, r 그리고 a'로 나타낼 수 있다.

$$V_n = U(1-a)\cos\theta \tag{13-32}$$

$$v = r\Omega\,(1+a') = s\cos\theta\,\Omega\,(1+a') \tag{13-33}$$

스트립 이론에 필요한 모든 변수를 도입했으므로 이제 고려할 스트립을 위한 국소 추력계수 C_t를 추산하는 방법을 알아보도록 하자. 이 분석은 국소 축 인덕션 계수 a를 알고 있거나 미리 고정된 값으로 정한다고 가정한다. a를 알 수 없는 경우에 대해서는 나중에 설명한다.

먼저 추력계수는 추력 dT를 유관에서의 힘으로 나눈 값으로 다음과 같다.

$$C_t = \frac{dT}{0.5(\rho)(U^2)(2\pi r dr)} \tag{13-34}$$

여기서 $2\pi r dr$은 유관의 단면적이다.

dT의 크기는 익형 현의 폭 면적에 작용하는 힘, 양력과 항력 방향에 작용하는 힘을 블레이드 개수로 곱한 값이다.

$$dT = 0.5\,\rho V_r^2\, Bc\,(C_L \cos\phi + C_D \sin\phi)\, dr \tag{13-35}$$

C_t는 다음과 같이 간소화될 수 있다.

$$C_t = (B/2\pi)(c/r)(V_r/U)^2(C_L \cos\phi + C_D \sin\phi) \tag{13-36}$$

상대속도 정의로부터 V_r은 다음과 같이 다시 쓸 수 있다.

$$V_r = V_n/\sin\phi = U(1-a)\cos\theta/\sin\phi \tag{13-37}$$

식 (13-36)에서 V_r을 위 식으로 대체하면 다음과 같이 쓸 수 있다.

$$C_t = (B2\pi)(c/r)(1-a)^2(\cos^2\theta/\sin^2\phi)(C_L \cos\phi + C_D \sin\phi) \tag{13-38}$$

ϕ 값을 알기 위해 먼저 주입 방사 속도 a'를 구할 필요가 있다. 축 방향과 횡 방향 바람 각도 간의 관계로부터 ϕ에 대한 두 가지 식을 a와 a'로 나타낼 수 있다.

$$\tan\phi = U(1-a)\cos\theta/[r\,\Omega\,(1+a')] \tag{13-39a}$$

$$\tan\phi = a'\,r\,\Omega/(a\cos\theta\,U) \tag{13-39b}$$

x를 *국소 속도비*(local speed ratio)라 정의할 수 있고, $x = r\,\Omega/U$이다. 앞서 도입된 주속비는 사실 국소 속도비의 특정한 경우, 즉 $r = R$일 때이다. x를 $r\,\Omega/U$로 대체하고 식 (13-39a)와 (13-39b)가 서로 같다고 하면 다음과 같이 쓸 수 있다.

$$a(1-a)\cos^2\theta = a'(1+a')x^2 \tag{13-40}$$

이제 a'를 a로, ϕ는 a와 a'로 나타낼 수 있다. 따라서 이제 국소적인 C_t를 알기 위한 충분한 정보가 마련되었다. 터빈에 대한 전반적인 추력계수는 블레이드 총 길이에 대해 적분하면 얻을 수 있는데, 이는 다음과 같이 표현된다.

$$T = \int_0^R dT \tag{13-41}$$

실제로 C_t는 블레이드 바깥쪽일수록 *팁 손실계수*(tip-loss factor)로 조정될 수 있다. 팁 손실계수는 블레이드가 회전하면서 차지하는 면적 바깥의 공기와 블레이드의 팁 근처 기류의 상호작용에 의해 일어나는 손실을 설명한다. 이 요인은 팁으로부터 블레이드 길이 3% 이내의 반경 위치에서 강하게 작용한다. 팁 손실에 대한 양적 평가는 이 장에서는 다루지 않으므로 원하는 독자는 참고문헌에 주어진 풍력에너지 공학의 다른 문헌을 참고하기 바란다.

예제 13-5는 C_t 계산을 위해 식 (13-39)~(13-41)을 적용한 사례이다.

예제 13-5

터빈이 길이 10 m의 블레이드를 3개 갖고 있고, 7 m/s 풍속에 대해 6 rad/s 각속도로 돌고 있다. 회전축의 7.5 m에서 $a = 0.333$, $C_L = 1$, $C_D = 0.1$이고, 현의 비율은 0.125이다. 원뿔각은 무시한다. 이 지점에서 C_t를 구하라.

▶ 풀이

국소 속도비를 먼저 계산하면 $x = r\,\Omega/U = 7.5(6)/7 = 6.43$이다. 원뿔각은 고려하지 않으므로 $\theta = 0$이다. 식 (13-40)을 사용하여 a'에 대해 풀면 다음과 같다.

$$(0.333)(1-0.333)\cos^2(0) = a'(1+a')(6.43)^2$$

알고 있는 값으로 치환하면 이 식은 $a'^2 + a' - 0.00537$이 되며, 가능한 해는 $a' = 0.00535$이다. 식 (13-39a)에 대입하면

$$\tan\phi = a'r\Omega/a\cos\theta = (0.00535)(7.5)(6)/(0.333\cdot 7) = 0.1032$$

따라서 $\phi = 5.89°$가 산출된다. 값을 식 (13-37)에 대입하면 C_t 값을 구할 수 있다.

$$C_t = (B2\pi)(c/r)(1-a)^2(\cos^2\theta/\sin^2\phi)(C_L\cos\phi + C_D\sin\phi)$$

$$= (3\times 2\pi)(0.125/7.5)(1-0.333)^2[1/\sin^2(5.89)][(1)\cos(5.89) + 0.1\sin(5.89)] = 0.338$$

궁극적으로는 블레이드 전체의 전력계수 C_P를 계산하는 것이 목적이다. 0부터 λ까지의 가능한 범위의 x 값들을 통합해 다음 식을 사용하여 C_P 값을 계산할 수 있다.

$$C_P = (8/\lambda^2)\int_0^\lambda x^3 a'(1-a)[1-(C_D/C_L)\cot\phi]\,dx \tag{13-42}$$

몇몇 예에서 C_L과 C_D는 선택된 프로펠러에 기반한 α에 관한 함수로 알려져 있지만, a와 a'는 미지수이다. 이러한 경우 다음 식을 기반으로 한 반복계산 과정이 이용될 수 있다.

$$C_L = 4\sin\phi(\cos\phi - x\sin\phi)/[\sigma'(\sin\phi + x\cos\phi)] \tag{13-43}$$

여기서 σ'는 $\sigma' = Bc/2\pi r$로 정의된 블레이드 위치에 따른 *고형성*(solidity)이다. 먼저 a와 a'를 추측한 후 식 (13-39a) 또는 (13-39b)로부터 ϕ를 구한다. 그런 다음 $\alpha = \phi - \beta$ 식을 이용하여 받음각을 구한다. 구한 받음각을 이용해 차례로 C_L, C_D를 구한 후 그것을 바탕으로 새로운 a와 a'를 얻는다. 일련의 과정은 a와 a'의 증분 변화가 미리 정해진 허용오차 범위 이내가 될 때까지 반복된다.

최대 전력계수의 근사값

터빈 설계의 초기 평가를 수행할 경우 예제 13-6에서처럼 간단하게 $C_{P,\max}$ 값을 구하는 것이 바람직하다. 다음 실험식은 이러한 목적으로 도출되었다.

$$C_{P,\max} = 0.593\left[\frac{\lambda B^{0.67}}{1.48+(B^{0.67}-0.04)\lambda + 0.0025\lambda^2} - \frac{1.92\lambda^2 B}{1+2\lambda B}C_D/C_L\right] \tag{13-44}$$

여기서 C_D/C_L 값은 터빈의 받음각 α에서의 양항비를 나타낸다.

예제 13-6

그림 13-14의 가상 터빈을 참조하라. $C_D/C_L = 0.01$로 가정하고, 터빈은 3개의 블레이드를 갖는다. (a) 터빈이 6 m/s 풍속에서 1 rad/s으로 회전할 때 예상되는 $C_{P,\max}$ 값은 얼마인가? (b) 주속비 λ가 λ=15까지 증가할 때 $C_D/C_L = 0.01$, $C_D/C_L = 0$인 경우에서 $C_{P,\max}$ 값에 대한 각각의 그래프를 그리고 그래프에서 최대값을 구하라. (c) (b)에서 구한 최대값과 그림 13-14에서의 값을 비교하라.

▸ 풀이

(a) 터빈 반경이 34.5 m일 때 주속비는 다음과 같다.

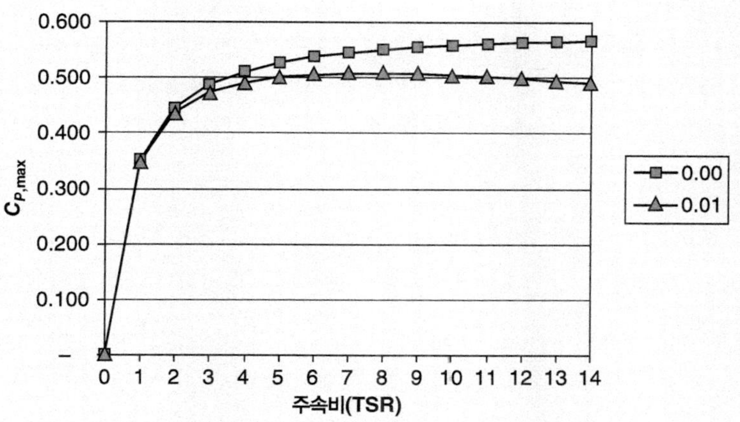

그림 13-25 $C_D/C_L = 0.00$, $C_D/C_L = 0.01$일 때, 주속비(TSR)에 대한 $C_{P,\max}$ 값의 함수.

$$\lambda = \frac{\Omega r}{U} = \frac{1(34.5)}{6} = 5.75$$

$C_{P,\max}$ 값을 구하기 위해 주어진 값들을 식 (13-43)에 대입하면 다음과 같다.

$$C_{P,\max} = 0.593\left[\frac{\lambda B^{0.67}}{1.48+(B^{0.67}-0.04)\lambda+0.0025\lambda^2} - \frac{1.92\lambda^2 B}{1+2\lambda B}C_D/C_L\right]$$

$$= 0.593\left[\frac{5.75(3)^{0.67}}{1.48+(3^{0.67}-0.04)5.75+0.0025(5.75)^2} - \frac{1.92(5.75)^2 3}{1+2(5.75)3}(0.01)\right] = 0.5019$$

(b) (a)의 계산을 반복하면 그림 13-25와 같은 그래프를 얻을 수 있다. $C_D/C_L = 0.01$인 경우 곡선은 $\lambda = 8$(가장 가까운 정수값)에서 $C_{P,\max} = 0.5050$의 최대값을 갖고 λ가 증가함에 따라 감소한다. $C_D/C_L = 0$인 경우에는 항력계수가 없기 때문에, λ가 증가함에 따라 $C_{P,\max}$는 베츠 한계에 가까워지며 고정된 최대값은 없다.

(c) 그림 13-14의 터빈은 $U = 9.5$ m/s일 때 최대값 $C_P = 0.4893$을 가진다. 그러므로 $C_D/C_L = 0.01$인 곡선은 C_P의 상한값을 합리적으로 예측한다. 식 (13-41)의 계산이 실제 터빈의 작동을 완벽하게 나타내지 못하기 때문에 실제 터빈의 효율은 약간 낮다.

블레이드 요소 모델 분석에 의한 블레이드 설계 문제의 근사 해법

식 (13-41)에 제안된 것처럼 터빈 블레이드 길이에 걸친 추진력을 통합하는 대신 이산 근사를 수행하는 것이 가능하다. 주어진 풍속과 조건하에서 터빈에 의해 추출된 추력 또는 출력을 제한된 수의 구간으로 나눈 후 각 구간의 중간점에서 성능을 분석한다. 이러한 접근 방식은 블레이드 요소 모델(blade element model: BEM) 분석으로 알려져 있다. 전산유체역학(CFD)으로 알려진 분석 방식은 중 · 대형급 규모 터빈의 상세한 모델링에 사용된다. 터빈의 높은 가격은 모델 구축의 추가적인 시간 및 비용을 필요로 한다. CFD 모델은 이 장의 범위를 벗어나지만, BEM은 CFD 모델의 복잡한 전개를 이해하도록 돕는 주춧돌 역할을 한다.

첫 번째 단계는 식 (13-45)를 사용하여 풍력 각도, 속도비, 고형성 등의 함수로 양력계수를 평가하는 것이다. 그런 다음 익형 형상에 따른 상수 α에 대한 함수로 나타낸 양력에 관한 특성방정식을 평가한다. 익형에 관한 양력계수 방정식은 보편적으로 α에 대한 함수이다. 예를 들어 대표적인 익형에 대한 선형 함수값은 $C_L = 0.46352 + 0.11628\alpha$이다. 정확한 값은 다음 두 식을 만족시킨다. 즉, 익형 설계에 의해 예측된 양력계수는 주변 기류에 의해 예측된 양력과 일치한다.

블레이드의 각 구획에 대해 고형성 σ', 국소 속도비 x, 피치각 β에 대한 값이 필요하다. 몇몇 경우 블레이드 내 위치 r에서 비틀림각 θ_T은 다음과 같이 정의된다.

$$\theta_T = \beta - \beta_0 \tag{13-45}$$

여기서 β_0는 블레이드 끝단의 피치각이다. β_0의 부호가 양수이건 음수이건 절대값 자체는 대체적으로 작은 값을 갖는다($|\beta_0| < 3°$). 또한 x는 블레이드 길이 R과 측정 위치 r의 비율로 계산할 수 있다.

$$x = (r/R)\lambda \tag{13-46}$$

β, σ' 그리고 x의 값을 구함으로써 그 구간에 대한 α를 계산할 수 있다. α, ϕ, C_L, C_D를 구하면 다음 식을 통해 전력계수 $C_{P,i}$를 구할 수 있다.

$$C_{P,i} = \left(\frac{8\Delta\lambda}{\lambda^2}\right)\sin^2\phi_i(\cos\phi_i - x\sin\phi_i)(\sin\phi_i + x\cos\phi_i)[1-(C_d/C_l)\cot\phi_i]x^2 \tag{13-47}$$

여기서 $\Delta\lambda$는 한 구간에서 다음 구간까지의 x의 변화량을 나타낸다. 즉, $\Delta\lambda = x_i - x_{i-1}$이며 구간 폭이 일정하므로 상수값을 가진다. 블레이드의 전체 전력계수는 각 구간 i에서의 전력계수 $C_{P,i}$를 모두 더한 값이다. 여기서 구간 $i = 1, 2, \cdots, N$이므로 블레이드에 의해 생산되는 총 전력은 바람에 의한 동력과 전체 전력계수의 곱으로 나타낸다. 즉, $P_{prod} = C_P \times P_{available}$이다. 예제 13-7에 구간 전력계수 C_P를 구하는 방법이 설명되어 있다. 블레이드 전체 구간에 대한 계산은 이 장 말미의 연습문제로 남겨두었다.

예제 13-7

2개의 블레이드를 갖는 풍력터빈이 다음과 같은 조건으로 설계되었다. 블레이드 길이는 13 m이고, 날개 끝에서의 피치는 –1.970°이다. 터빈은 $\lambda = 8$의 주속비를 갖는다. 양력계수는 α에 대한 함수로 $\alpha < 21°$인 경우 $C_L = 0.42625 + 0.11628\alpha - 0.00063973\alpha^2 - 8.712 \times 10^{-5}\alpha^3 - 4.2576 \times 10^{-6}\alpha^{4}$이고, $\alpha > 21°$인 경우 $C_L = 0.95$이다. 블레이드 전체에 걸쳐 양력계수는 $C_D = 0.011954 + 0.00019972\alpha + 0.00010332\alpha^2$이다. 6구간($r/R = 0.55$) 중점에서 주속비 8을 갖고 작동할 때 (a) 받음각 α, (b) 상대풍의 각도 θ, (c) C_L 및 C_D, (d) 전력계수 C_p를 구하라. 날개 끝에서의 손실은 무시하라. 현의 길이는 0.72 m이고, 비틀림각은 3.400°이다.

▸ ***풀이***

먼저 α를 계산한다. α: $r = 0.55(13) = 7.15$ m, $\sigma' = Bc/2\pi r = 2(0.72)/2\pi\,(7.15) = 0.0321$, $x = r\lambda/R = 0.55(8) = 4.4$, $\beta = \theta_T + \beta_0 = 3.400 - 1.970 = 1.430$. 양력계수 방정식과 식 (13-43)을 이용하여 α 값을 구할 수 있다. 컴퓨터 프로그램을 사용하여 $\alpha = 7.844°$, $C_L = 1.241$을 도출한다. 주어진 r, σ', x, β를 대입하면 $\phi = \alpha + \beta = 7.844 + 1.430 = 9.274°$이다.

$$C_L = 4\sin\phi(\cos\phi - x\sin\phi)/[\sigma'(\sin\phi + x\cos\phi)] = 1.241$$

$$C_L = 0.42625 + 0.11628\alpha - 0.00063973\alpha^2 - 8.712\times10^{-5}\alpha^3 - 4.2576\times10^{-6}\alpha^4 = 1.241$$

표 13-5는 α의 함수로 C_L 값을 나타낸다.

표 13-5 받음각 α에 따른 양력계수 C_L 계산값 비교

받음각 α(°)	양력계수 C_L	
	식 (13-43)으로부터	익형 설계로부터
7.70	1.2716	1.2289
7.75	1.2610	1.2331
7.80	1.2503	1.2372
7.85	1.2394	1.2413
7.90	1.2283	1.2454
7.95	1.2170	1.2495
8.00	1.2055	1.2535

따라서 (a)의 답은 $\alpha = 7.844°$이고, (b)의 답은 $\phi = \alpha + \beta = 7.844 + 1.43 = 9.274$이며, (c)의 답은 $C_L = 1.241$, $C_D = 0.011954 + 0.00019972\alpha + 0.00010332\alpha^2 = 0.01988$이다. (d)의 경우 $C_{P,i}$를 구하기 위해 우선 $\Delta\lambda = x_i - x_{i-1} = 4.4 - 3.6 = 0.8$을 구하고 $\Delta\lambda$, λ, ϕ, x, C_L, C_D를 식 (13-47)에 대입하면 $C_{P,i} = 0.0567$을 구할 수 있다.

13-5-4 터빈 설계 프로세스의 단계

앞 절에서 우리는 주어진 블레이드 설계에 따른 성능 분석을 조사했다. 원하는 성능을 만족시키는 터빈과 블레이드 설계를 시작하기 위해 필요한 과정이다.

블레이드 설계 선택은 터빈 시스템을 설계하는 큰 맥락으로 볼 수 있다. 설계 과정은 다음과 같이 요약될 수 있다.

1. 일반적인 풍속에서 요구되는 전력에 근거하여 회전체의 반경을 결정한다.
2. 함수에 기초하여 원하는 주속비(TSR)를 선택한다. 즉 전력 생산에는 보편적으로 $\lambda > 4$이고, 워터 펌프와 같은 기계적 응용장치에는 더 낮은 값의 λ를 선택한다.
3. 블레이드 수를 선택한다.
4. 익형을 선택하고 그에 관한 자료를 얻는다(C_L 및 C_D에 관한 자료).
5. 이상적인 블레이드 형태를 고안한다. 주어진 익형을 10~20개의 요소로 분할한다. 적합한 익형 모양은 일반적으로 정확하게 제작하기 힘들다. 그러므로 약간의 수정이 필요할 것이다.
6. 성능 저하 없이도 제작을 용이하게 할 수 있는 이상적인 모양의 근사치를 구현한다.
7. 블레이드 성능을 스트립 이론에 입각하여 정량적으로 평가한다.
8. 블레이드 형상이 요구되는 성능을 낼 수 있도록 7단계의 결과에 기초하여 블레이드 형태를 수정한다.
9. 만족스러운 설계를 얻을 수 있을 때까지 7단계와 8단계를 반복하여 블레이드 성능과 생산 용이성 사이의 타협점을 찾아나간다.

이 과정을 모두 다룬 완벽한 예제는 이 장의 범위를 넘어선다. 그러므로 부분적인 예제를 이 장의 끝부분에 남겨두었다. 설계 과정 1~9단계의 시작점으로서 표 13-6은 두 가지 대표적인 블레이드 형상에 관한 지표를 제공한다. 표에 있는 자료들은 설계 과정의 2, 3, 5 및 6단계에서 필요한 정

표 13-6 상대적 차원에서 대표적인 삼중 블레이드와 이중 블레이드 설계

	로터 1 $\lambda = 6$, B = 3		로터 2 $\lambda = 10$, B = 2	
r/R	ϕ	c/R	ϕ	c/R
0.15	32.0	0.191	22.5	0.143
0.25	22.5	0.159	14.5	0.100
0.35	17.0	0.128	10.6	0.075
0.45	13.5	0.105	8.4	0.060
0.55	11.2	0.088	6.9	0.050
0.65	9.6	0.076	5.8	0.042
0.75	8.4	0.067	5.1	0.037
0.85	7.4	0.059	4.5	0.033
0.95	6.6	0.053	4.0	0.029
전체적 고형성		0.088		0.036

출처: After Manwell et al. (2002), p. 124. John Wiley & Sons Limited. 허가를 받아 재게시함.

보들을 제공한다. 표에서 이상적인 블레이드는 $C_L = 1.00$, $C_D = 0$의 값을 갖는다.

표 13-6의 값들은 터빈의 정확한 반경과는 별도로 주어지고, 전체적인 고형성은 블레이드가 휩쓸고 지나가는 면적의 비율임에 주의해야 한다. 예를 들어 로터 1은 10 m의 블레이드를 갖고 있고, 그때의 단면적은 314 m^2까지 된다. 이 면적에서 블레이드가 휩쓸고 지나가는 면적의 크기는 27.6 m^2 또는 8.8%이다. 로터 1은 일반적으로 중 · 대형 터빈에 적용되고(10 kW에서 2.5 MW), 로터 2는 일반적으로 정격용량 2 kW 또는 그 이하의 용량을 갖는 소형 터빈에 적용된다. 앞에 기술된 터빈은 블레이드에 걸리는 저항력을 고려하지 않은 이상적인 모형이며($C_D = 0$), 또한 $C_L = 1.0$의 일정한 양력계수를 갖는 것으로 가정했다.

13-6 경제적 · 사회적 차원에서의 풍력에너지 실현 가능성

대규모이건 소규모이건 풍력발전 계획의 경제적 분석은 전력 생산에서부터 운영비용과 유지 · 보수비용까지 고려한 수익 창출 능력에 초점을 맞춘다. 풍력발전 개발업자는 풍력단지를 거주지역과 자연지역 근처에 건설하는 경우 그에 대한 사회적 수용을 반드시 고려해야 한다.

경제적 관점에서 유지 · 보수는 터빈과 보조시설, 보험, 터빈이 세워질 부지의 주인에게 납부해야 할 로열티(royalty) 등에 관한 일반적인 관리를 포함한다. 중 · 대형급 풍력발전단지의 경우 발전단지가 위치할 농장 또는 목장들과 장기 계약을 체결하는 것이 일반적이다. 지급되는 로열티와 별도로 농장과 목장 주인들은 발전단지의 직접적인 근방을 제외한 지역의 경우 원래의 목적대로 계속 사용할 수 있도록 보장받는다. 유지 · 보수 비용은 풍력발전의 경우 자본 상환 비용에 비하면 비교적 작은 값에 속한다(자본비용의 2~3%에 해당). 유지비는 일정한 비용으로 취급하지만 마모 부품에 관련해서는 산발적으로 비용이 발생할 수 있다. 예를 들어 변속기 같은 경우에는 거친 자연환경에서 작동되기 때문에 5~7년의 수명을 가진다.

육지에 세워지는 풍력단지는 지역 지형 조건, 풍력 발전소 위치에 도달하기 위한 공급망 비용, 지역 건설비용 및 기타 요인에 따라 건설비용이 크게 차이난다. USDOE의 2020년 연간 에너지 전

망에 따르면 평균 비용은 모두 포함하여 약 $1,300/kW이므로 설치자는 $1,200~$1,500/kW 범위의 비용을 예상할 수 있다. 이 수치는 USDOE의 2009년 kW당 1,500~2,000달러 수치보다 감소했다(USDOE, 2009). 미국의 해상풍력 비용은 약 4,400달러/kW로 상당히 높지만, 이와 같은 높은 비용은 현재까지 미국에서 해상풍력에 대한 경험이 매우 부족하기 때문이다. 설치가 가속화됨에 따라 이 수치는 감소할 가능성이 높다. 육상 풍력발전의 운영 및 유지비용에 대해 USDOE는 연간 용량 kW당 26달러를 추정한다. 이 비율로 1 MW 용량의 터빈비용은 연간 2만 6,000달러이므로, 풍력터빈이 전국 평균 34% 용량계수로 작동하는 경우 비용은 $0.0087/kWh이다.

개별 설치 구역 내에서 총 비용(재료비와 노동비 포함)은 일반적으로 다음과 같이 나누어진다. 엔진실, 허브, 블레이드를 포함한 터빈에 40%, 타워를 포함한 지지 기반 시설: 40%, 진입도로, 지하 케이블, 전기 변전소, 기존 전력망으로의 고전압 연결 등을 포함한 보조비용에 20%.

13-6-1 대규모 풍력사업의 경제성

이 절에서는 앞서 설명한 USDOE의 비용 데이터를 사용하여 유틸리티 규모 풍력발전단지 프로젝트의 총 비용과 경제 수명에 따른 투자 경로를 개발한다. 그림 13-18에 따라 미국 풍력 발전소의 최근 평균 수치인 34% 용량계수를 가진 위치에 20개의 1.5 MW 터빈이 설치되었다고 가정한다. (그림 13-14의 전력 곡선을 사용하여 이 CF 값을 달성하는 데 필요한 평균 풍속 계산은 이 장의 연습문제로 남겨둔다.) 터빈, 타워, 시스템 비용 잔액을 포함하여 장치당 195만 달러에 달하는 평균 비용을 사용하면 총 프로젝트 비용은 3,900만 달러에 이른다. 단순화를 위해 제시한 평균 운영비를 $0.0087에서 $0.01/kWh로 반올림하여 생산하고 있으며, 용량 기준으로 연간 평균 8,940만 kWh를 생산하고 있다. 따라서 연간 유지보수 비용은 재료, 인건비, 유지보수, 로열티 및 기타 비자본비용을 포함하여 89만 4,000달러이다. 전력에 대해 지불되는 평균 도매 가격은 $0.05/kWh로 추정되며, 따라서 풍력 발전소의 연간 총 수익은 모든 비용을 지불하기 전에 447만 달러이다.

연간 자본비용과 그에 따른 투자 회수 기간은 최소 매력 수익률 또는 MARR에 따라 달라진다. 투자 수명이 20년이라고 가정한다. 3%에서 5% 사이의 MARR 값 범위에 대한 프로젝트 수명 기간 동안의 순 가치는 그림 13-26에 나타나 있다. 5% 시나리오에 대한 단계별 평준화 비용 계산의 전체 세부 사항은 13-7절에 제시되어 있다. 이와 같이 세 경로 모두 투자 수명 기간 중에도 깨지며, 각각 3%와 5% MARR 값의 손익분기점은 13.4년에서 16.2년이다. 이러한 계산은 자본 투자나 전력 생산에 대한 재정적 인센티브를 포함하지 않으며 탄소 없는 전기에 대해 지불하는 프리미엄 가격도 포함하지 않는다는 점에서 보수적이다.

그림 13-26에서는 현재 전 세계 전력 시장의 흐름을 투자 경제학 관점에서 보여주고 있다. 전기에 대한 수요가 증가하는 것에 더불어, 전체 전력 시장의 비교적 작은 부분을 차지하는 풍력발전은 전력망 사업자가 구매할 수 있는 충분히 매력적인 에너지이다. 또한 풍력터빈이 건설될 수 있는 충분한 공간들이 여러 나라에 존재하고 있다. 그러나 다른 전망 또한 존재한다. 수력발전과 같은 경쟁 전력이 생산하는 잉여 전력과 복잡한 전력망으로 인해 풍력발전이 가능한 환경에서도 소비자가 풍력발전을 때때로 이용할 수 없다는 예측도 이어지고 있다.

13-6-2 소규모 풍력 사업의 경제성

주거용 및 상업용 고객 모두 지속 가능한 목표를 달성하기 위한 방법으로 멀리 떨어진 풍력 발전소

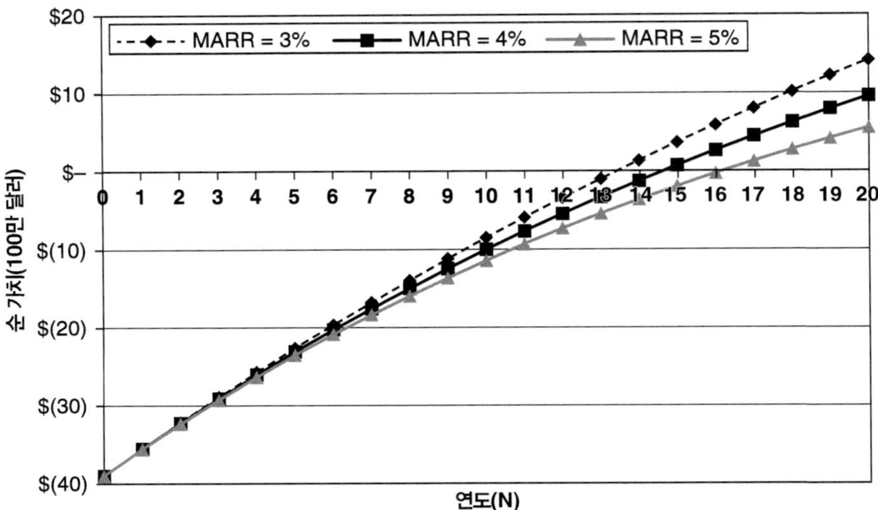

그림 13-26 최저요구수익률(MARR) 3~5% 범위 내 풍력발전단지의 순 가치 그래프. 분석은 유지비용 kW당 1,300달러, kW당 0.01달러 O&M 비용, 전력 도매가 $0.05/kWh를 바탕으로 수행되었다(책의 내용을 참고하라).

에서 생산되어 전력망으로 운반되는 풍력발전 전기를 구입할 수 있다. 일부 장소에는 현장에서 직접 전력을 생산하고 소비할 수 있도록 소규모 시스템을 구축하기에 충분한 바람과 적절한 장소가 있을 수 있다.

10 kW 터빈을 자신의 사이트에 설치하는 주택 소유자나 소규모 사업자를 생각해 보자. 거주 구역 또는 소규모 단지가 전력망에 연결되어 있고 요금상계제도를 사용할 때 풍력터빈으로부터 실시간으로 생성되는 전력은 소비되는 양을 넘게 되고 전력망으로 전송되며 발전 사업자는 전력망에서 전기를 소비한 영수증 대신 전송한 전력에 대한 신용을 받게 된다고 가정하자. 따라서 풍력발전으로 생성되는 전기는 전력망으로부터의 전기 소비를 대체하며 그것은 대략 $0.13/kWh로 추정된다. 전체 시스템 구축비용은 5만~6만 달러의 비용이나 인센티브 적용과 세금 감면 후에는 2만 5,000달러의 비용이 든다. 소규모 시스템에서는 인센티브 적용 전에 kW당 5,000~6,000달러의 비용이 들며 상업적 규모의 풍력발전단지에 비해 비교적 높은 kW당 비용이 책정된다. 일반적으로 사람들은 바람이 심하게 부는 지역에서는 주거 또는 작업하기를 꺼려하므로 빌딩 바로 근처의 이용할 수 있는 풍력 자원은 상업용 풍력발전단지에서보다 작은 풍속, 즉 4.3 m/s (9.4 mph)를 가진다. (허브 높이는 비용과 터빈 타워의 높이에 대한 공간적인 제약으로 상업용 터빈의 높이보다 낮다.)

조건이 좋은 위치에서 이러한 소규모 시스템은 연간 1만 2,000 kW 규모의 전기를 생산하며, 그때의 설비 이용률은 14% 정도가 된다. 이렇게 생산된 전기는 연간 1,560달러의 가치가 있고, 약 16년 후에는 투자한 금액을 모두 회수할 수 있다. MARR이 5%가 되면, 투자회수기간은 35년으로 증가하고 이는 곧 장치의 기대수명과 거의 같은 기간이다.

따라서 소형 풍력발전의 비싼 가격은 연간 생산되는 총 정격 kW에 대비하여 상대적으로 작은 소형 터빈 제조시장과 터빈당 더 작은 소해 면적의 풍력에너지 전환을 고려할 때의 비경제성에서 비롯된다. 이 예는 중대형 및 소형 풍력발전을 위한 장려 프로그램의 중요성을 또한 보여준다. 인센티브 프로그램으로 인한 순 초기 비용의 상당한 감소가 없다면, 소형 터빈은 그리드 전기와 경쟁할 때 비용 효율적이지 못할 것이다. 그럼에도 불구하고 작은 규모의 바람이 가져다주는 현지의 풍력에너지는 아마도 이를 정당화할 각자의 이점들이 있을 것이다.

1. *더 큰 신뢰를 위한 잠재력*: 계통연계 시스템은 배터리와 제어장치들을 추가하여 만약 전력망에서 전력이 끊겼을 때 독립실행 모드로 변환될 수 있고 지속적인 운행이 가능하도록 설치될 수 있다. 구체적인 예로, 상품 또는 판매 기회의 손실이 치명적인 대신 확장된 정전들에 취약하지 않은 사업들은 현실적인 경제적 가치를 갖는다.
2. *마케팅 또는 홍보, 도덕적 개선 가치*: 특정 지역에 소형 풍력 발전기를 설치함으로써 건물 소유주의 신재생에너지에 대한 관심을 나타내고, 이 지역 방문자들의 반응을 긍정적으로 만들 것이다. 예를 들어 미국 텍사스주 매키니의 월마트(댈러스 북쪽 30마일)는 친환경 매장으로서의 이미지를 홍보하기 위해 최근 다른 편의시설과 더불어 50 kW급 풍력 발전기를 설치했다. 텍사스주는 미국 전역을 통틀어 최적의 풍력 자원을 갖고 있다. 따라서 텍사스 전기 시장에서 단지 가격에 기초하여 소규모 터빈이 전력망에서 판매되는 풍력발전과 경쟁할 가능성은 거의 없다. 그러나 이는 친환경 기술에 대한 대규모 프로그램의 일부로, 고객들을 끌어들이고 판매를 증가시키고 투자자들을 이해시키는 것을 돕는다. 많은 터빈 제조사들은 충분한 단위로의 판매가 가능할 때 소규모 풍력터빈 가격이 하락할 가능성이 있다고 전망한다.
3. *친환경, 지역, 그리고 적정가격의 바른 결합*: 청정에너지를 선택할 때 건물 소유주는 가능한 옵션들을 살펴보고 그 비용이 다른 옵션들에 비해 비싸더라도 현장에 신재생에너지 시스템에 대한 투자를 선택할 것이다. 이 경우 소유주는 좀 더 사적이고 지속 가능한 에너지 생산을 위한 지역적 공헌의 길을 모색할 것이며, 그 가격이 허용 가능한 예산 내에 있다면 현장에서 풍력에너지를 생산하기 위해 kWh당 추가되는 비용을 지불할 것이다.
4. *재생 불가능한 연료에 대한 가격 절감*: 지역 전력망으로 전기를 공급하는 디젤 발전기에 의존하는 몇몇 외딴 지역의 경우, 소규모 풍력발전 시스템을 설치하는 것과 예비 전원으로 디젤 발전기를 함께 사용하는 것은 비용 효율을 높일 수 있다. 예를 들어, 그리드에 연결하기에는 너무 멀리 떨어져 있는 작은 섬에서는 이 배열이 잘 작동할 수 있다.

13-6-3 풍력과 기타 간헐적 파견 가능 자원의 통합

풍력에너지에 관해 이 장에 제시된 정보를 통해 이제 풍력에 대한 배경을 태양열(10장 및 11장)과 화석이나 바이오매스 같은 파견 가능한 자원(5장)과 결합하여 수요를 충족하는 에너지원의 통합 시스템을 고려할 수 있다. 단기적으로는 전력망과 시장이 새로운 풍력 또는 태양광 발전소를 지원할 수 있는지 확인한 후 농장을 허용함으로써 풍력이나 태양광 같은 새로운 자원이 점진적으로 추가된다. 이 절에서는 대신 장기적 · 전략적 관점을 취하고 미래 특정 시점에서 최소한의 총 비용으로 예상 총 수요를 충족하기 위해 다양한 자원에 대한 최적의 선택을 고려한다. 문제의 수요는 전체 시장에 대한 것일 수도 있고 재생 가능 에너지원에 할당될 시장의 일부에 대한 것일 수도 있다.

뉴욕주 이타카 주변 지역의 경우처럼 많은 지역에서 이 두 자원이 계절에 따라 보완적이기 때문에 풍력 및 태양열과 같은 자원을 통합하는 것이 중요하다(그림 13-27). 이 그림에서는 뉴욕주 엔필드에 있는 풍력 발전소 부지의 용량계수를 사용하여 풍력에너지 잠재력을 나타내고, NREL의 PV 와트 데이터베이스에서 가져온 뉴욕주 빙엄턴의 태양광 생산성 데이터를 사용하여 태양에너지 출력

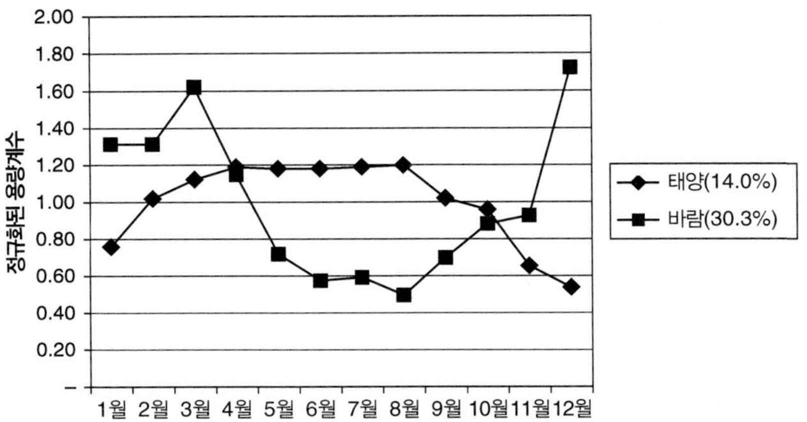

그림 13-27 뉴욕주 이타카 주변 지역의 풍력 및 태양광에 대한 정규화된 용량 요소 비교.

참고: 괄호 안의 수치는 연평균 용량 요소이며, 정규화 용량 요소는 연평균 대비 월별 값으로, 예를 들어 1월 풍력 실제 용량계수는 39.8%이므로 정규화값은 1.31이다. (*출처*: 국립 재생에너지 연구소, 태양열 데이터.)

을 예측했다. 그런 다음 원시 월간 용량계수 곡선을 정규화하여 풍력의 경우 연간 평균 30.3%, 태양광 PV의 경우 14.0%에 대한 용량계수 백분율을 그림의 점으로 나타낸다. 이 그림은 이 위치에서 바람은 추운 달에 최고조에 달하고 여름에 감소하기 때문에 상호보완적인 반면, 태양은 반대 특성을 가지고 있음을 보여준다. 이 수치는 연도별 에너지 수요의 변동성을 고려하지 않았으나, 계절 변화에 따라 수요가 크게 변하지 않는 정도에서는 태양광과 풍력을 복합적으로 설치하는 것이 유리하다.

결합된 자본 및 운영비용 최적화 모델

월별 수요 및 용량 요소의 변화를 고려하여 연중 수요를 충족하기 위한 에너지원의 최소 비용 조합을 찾는 문제를 해결하는 데 최적화 모델을 적용할 수 있다. 이 모델은 전기 생산을 다양한 소스에 할당하는 동시에 필요한 에너지를 생성하는 데 필요한 용량을 사용할 수 있도록 각 자원 유형에 충분한 양을 투자한다.

이 모델에서, i는 자원 유형(예를 들어 풍력, 태양, 조정 가능한 자원)에 대한 아래첨자이고, t는 기간(예를 들어, month of the year)에 대한 아래첨자이며, NH_t는 기간 t 내의 시간 수(예를 들어, 1월의 경우 744시간)이다. 나아가, $CCAP_i$는 kW당 연간 자본비용, COP_i는 kWh당 작동비용, $\eta_{\min}$은 각 공급원에 할당된 수요의 최소 분율, D_i는 기간 i에서 수요, $CF_{i,t}$는 기간 t의 자원 i에 대한 용량계수이다. 결정 변수는 kWh당 기간 t의 자원 i에 할당된 출력에 대한 $X_{i,t}$이고, 유형 i의 설치 용량은 Y_i이다. 모델은 다음과 같이 공식화된다.

$$Min\ Z = \sum_{i,t} COP_i \cdot X_{i,t} + \sum_i CCAP_i \cdot Y_i \tag{13-48}$$

$$\overset{s.t.}{\sum_i} X_{i,t} = D_t, \forall t \tag{13-49}$$

$$X_{i,t} \geq \eta_{\min} \cdot D_t, \forall i,t \tag{13-50}$$

$$X_{i,t} \le CF_{i,t} \cdot Y_i \cdot NH_t, \forall i,t \quad (13\text{-}51)$$

$$\sum_{i,t} \mu_t X_{i,t} \le E_{\max} \quad (13\text{-}52)$$

$$X_{i,t} \ge 0, Y_i \ge 0, \forall i,t \quad (13\text{-}53)$$

목적 함수는 결합된 운영비용과 자본비용(달러)을 최소화한다. 제약 조건은 다음과 같다. 식 (13-49)는 기간 t의 생산 조합이 수요를 충족하기에 충분할 것을 요구하는 반면, 식 (13-50)은 사용 가능한 각 소스로 이동하려면 최소 금액이 필요하다. 이 요구 사항은 간헐성을 해결하는 데 도움이 되는 공급의 다양성(예: 한 간헐적인 자원이 일정 기간 등안 생산량이 부족한 경우 다른 자원이 보상할 수 있음)과 각 자원에 대해 실행 가능한 비즈니스가 있는지 확인하는 다양성을 모두 제공한다. 식 (13-51)은 모델이 지정한 용량, 해당 기간의 시간 수, 해당 기간의 자원 용량 요소를 기준으로 생산이 가용 공급을 초과할 수 없음을 나타낸다. 마지막으로 식 (13-52)는 전체 모델링 기간 동안의 총 배출량이 현재 있을 수 있는 배출량 한도를 초과해서는 안 된다고 명시한다.

모델의 범위는 단순화된 1차 근사이므로 이를 조작하려면 다음과 같이 몇 가지 단순화가 필요하다.

- 모델은 모든 시스템이 동시에 동일한 투자 수명 동안 구축된다고 가정한다. 보다 완벽한 모델은 기존 자원에서 시작하여 새로운 자원의 배치 시기를 추적한다.
- 이 모델은 지정될 수 있는 모든 용량을 설치할 수 있는 잠재력이 자연에 존재한다고 가정한다. 예를 들어, 실행 가능한 풍력에너지 부지의 수가 제한된 지역에서는 이 가정이 항상 성립하지 않을 수 있다.
- 모델은 간헐성의 영향을 무시하고 고정된 가용 공급이 주어진 기간 동안 결정론적 수요를 충족시킬 수 있다고 가정한다. 보다 현실적인 모델은 간헐적 자원의 두 순간 출력이 모두 부족할 수 있고 주어진 기간 동안의 실제 용량 요소가 모델에 주어진 고정된 값보다 작을 수 있기 때문에 스토리지 또는 스마트 그리드 기술에 대한 추가 투자가 필요할 것이다. 그러나 다른 자원은 부족한 양을 보충할 수 있는 여분의 용량을 가질 수 있기 때문에 이 제한은 다양한 에너지 공급을 가짐으로써 부분적으로 해결된다.
- 모델은 비용의 최소화만을 고려하고 상업적 기업의 실제 재무적 목적인 이윤의 최대화를 고려하지 않는다.
- 이 모델은 대기 요금이나 그리드 규제 서비스를 고려하지 않은 반면, 실제 그리드에서는 전력 생산자가 두 서비스 모두에 대해 지불되며, 수요를 충족하는 데 필요한 총 비용을 더한다.

기법의 투명성을 높이기 위해 단일 기간에 대해 예제 13-8을 시연한다. 전체적으로 첨자를 억제하여 단일 기간에 모델을 적용할 수 있다. (다기간 12개월 모델은 장 말미에 연습 문제로 남겨 두었다.)

예제 13-8

어느 지역은 태양광, 풍력, 천연가스 자원의 혼합물로부터 1년(8,760시간) 동안 2,500 GWh의 전력 수요를 충족해야 한다. GW당 연간 자본비용, GWh당 연료 및 운영비용, kWh당 CO_2 배출량은 다음 표에 나와 있다. 세 자원의 용량계수는 14%, 30%, 90%이고, 각 자원은 총 수요의 20% 이상을 기여해야 하며, 배출량은 연간 25만 톤으로 제한된다. 이 예에서 상대적인 비용값은 13-6절에서 제시한 평균값과 다르며, 태양과 풍력에 경제적으로 덜 유리한 상황을 나타낸다. 세 가지 자원에 대한 생산의 최소 비용 할당, 용량 설치, CO_2 배출량 및 총 비용은 얼마인가?

자원	연간 자본비용 (mil.$/GW)	운영비용 (mil.$/GW)	연료비용 (mil.$/GW)0	CO_2 배출량 (gCO_2/kWh)
태양	94	0.004	0.000	0
풍력	123	0.010	0.000	0
천연가스	96	0.017	0.02	325

▶ ***풀이***

문제는 6개의 의사결정 변수, 3개의 용량 변수 Y 및 3개의 생산 변수 X로 비용 최소화 최적화로 공식화할 수 있다. 검사를 통해서도 해결할 수 있다. 천연가스는 가장 비용이 적게 드는 옵션이기 때문에 연간 25만 톤까지 배출할 수 있다. 배출 속도는 GWh당 325톤에 해당하므로 모델은 최대 생산량 769 GWh를 선택하여 0.098 GWh의 용량(즉, 98 MW)을 필요로 한다. 다음으로 태양광이 가장 비싸기 때문에 모델은 정확히 출력의 20%인 500 GWh를 할당하여 0.408 GW (408 MW)의 용량이 필요하다. 마지막으로 미충족된 나머지 요구량은 바람으로 충족시켜야 하는 2,500 − 769 − 500 = 1,231 GWh이다. 해당 용량 요구량은 0.468 GW 또는 468 MW이다. 이 풀이는 용량에 시간 및 용량계수를 곱하여 출력을 계산함으로써 확인할 수 있다.

$$X_{gas} = (98\ \text{MW})(8{,}760\ \text{h})(0.9) = 769{,}000\ \text{MWh} = 769\ \text{GWh}$$

$$X_{solar} = (408\ \text{MW})(8{,}760\ \text{h})(0.14) = 500{,}000\ \text{MWh} = 500\ \text{GWh}$$

$$X_{wind} = (468\ \text{MW})(8{,}760\ \text{h})(0.3) = 1{,}231{,}000\ \text{MWh} = 1{,}231\ \text{GWh}$$

연간 1억 3,310만 달러의 총 비용 계산은 다음 표에 100만 달러 단위로 나와 있다.

자원	자본비용($)	운영비용($)	총 비용($)
태양	32.7	2.0	34.7
풍력	48.8	12.3	61.1
천연가스	9.	28.5	37.9
총합	91.0	42.8	133.8

총 비용은 $0.0535/kWh의 전체 평균 비용을 나타내며, 이는 100% 천연가스를 사용하여 전력을 생산하는 경우 $0.0493/kWh의 비용과 총 비용 1억 2,310만 달러에 비교될 수 있지만, 배출량도 연간 81만 2,500톤까지 증가한다.

13-6-4 풍력에너지와 사회적 실현 가능성에 대한 여론 인식

중 · 대형급 규모의 풍력에너지 발전은 높은 대중적 관심의 대상이 되므로, 그것의 성공을 위해서는 공동체와 지역사회의 여론 인식과 성공적 병합이 매우 중요하다. 대규모 풍력발전 장치들은 규모가 크고 지면이 높은 곳에 위치하며, 일반적으로 깊은 골짜기가 아닌 먼 거리에서도 볼 수 있는 산꼭대기에 건설되므로 낮은 가격대에서도 효율적인 에너지 전환이 가능하다. 일례로 뉴욕주 페너의 30 MW급 풍력발전단지에서 직선거리로 약 16마일 떨어진 뉴욕주 매디슨의 10 MW급 풍력발전단지를 보는 것이 가능하다. 반경 수마일 내에 설치된 경우 수평선상에서 터빈들을 볼 수 있음은 거의 확실하다.

더 나아가 인구가 밀집해 있고 전기에 대한 수요가 많은 뉴욕주에서 육상 풍력발전이 풍력 자원으로부터 총 전기 수요의 많은(중요한) 부분을 생산할 수 있다면, 주 내에서 커다란 관심을 끌 것이다. 풍력발전 설비의 규모가 커짐에 따라 발전량도 증가하는데, 뉴욕주 배리스버그에 있는 112 MW급 High Sheldon 풍력단지는 연간 2억 6,000만 kWh 생산을 목표로 하고 있다. 심지어 배리스버그 주변의 넓은 지역에 75개의 터빈들이 분산되어 있고, 발전량은 주의 총 수요인 연간 1,500억 kWh의 0.2%에 지나지 않는다. 시장 수요의 5~10%까지 달성하기 위해서는 더 많은 발전단지가 요구된다.

대규모의 풍력에너지 도래에 직면하여, 주 내의 지역사회는 한편으로는 지지의 반응을 다른 한편으로는 우려의 반응을 보여왔다. 2009년 뉴욕주 북부 및 서부에서의 언론 및 인터넷을 통한 대중 인식 조사에서, 터빈 가까이 살 경우 실제로 건강에 미치는 영향은 미미하지만 터빈 블레이드 회전으로 발생하는 낮은 진동수의 진동으로 인한 성가신 소음에 관해 수많은 우려가 제기되었다.[7] 또한 2007년 대표적인 풍력에너지 설계 및 설치 서비스 회사가 뉴욕주에 계획 또는 공사 중인 대규모 풍력발전 60곳 이상을 연구한 결과, 모든 지역사회에서 어느 정도의 반대 의견이 있음을 파악했다.[8]

현지에서의 부정적 영향에 관한 우려는 현실이며 심각하게 받아들여야 한다. 예를 들어 현지에서의 소음이 문제라면 풍력발전단지는 특정 시간대 또는 바람이 특정 방향에서 불어올 때 소음을 줄일 수 있는 운영 제도를 개발해야 할 것이다. 동시에 밤 또는 겨울에 강한 바람의 특성 때문에 태양에너지와 같은 다른 자원들과 상호 보완적인 역할을 할 수 있고, 전반적으로 풍력 자원은 광대하며 다른 신재생에너지 옵션들과 비교할 때 비용이 저렴하므로 풍력에너지 개발을 빠르게 진행할 필요가 있다. 새로운 지역이 풍력발전단지 개발에 뛰어들 경우 다음 절차들을 따른다면 성공 기회를 최대화할 수 있을 것이다.

- *지역사회와 좋은 관계를 형성하라*: 국회의원과 지역사회에 최대한 접근하라. 이용 가능한 소통 통로를 만들어 주민들이 질문을 던지고 우려를 표할 수 있도록 하라. 친절하고 적절하게 반응하라.
- *가르칠 준비를 하라*: 풍력발전이 어떻게 작동하고 환경과 사회에 어떠한 이익을 가져오는지 설명하라. 흔히 듣게 되는 한 가지 오해는 지역사회 내에서 발생하는 에너지가 지역 내에 이익을 주지 못하고 타 지역으로 전달된다는 것이다. 산업계는 풍력발전단지에 의해 많은 양의 전기가 생산되는 동시에(예를 들어 High Sheldon에서의 발전량은 5만 가구의 수요와 맞먹는다) 바로 소비되어야 하기 때문에 지역 내 에너지 사용 용도로만 풍력발전단지를 고립시키는 것은 유용하지 않다는 사실을 설명해야 한다. 하지만 지역사회는 풍력발전단지의

7 2009년 봄학기에 미디어와 인터넷에 대한 검토를 코넬대학교의 Megan Giles가 수행해 주었다. Megan Giles의 기여에 감사의 뜻을 표한다.

8 2007년 11월 이타카대학에서 개최된 신재생에너지 컨퍼런스에서 Loren Pruskowski가 "대체 가능한 에너지 개발(Sustainable Energy Development)"에 관한 주제로 발표했다.

건설과 운영에서 발생하는 경제적 활동을 통해 수익을 올릴 수 있다.

- *임차인과 주민들 모두에게 최대한의 경제적 이득을 제공하라*: 풍력발전단지의 직접적인 수혜자는 풍력발전단지로부터 로열티 수익을 얻는 농장주들과 같은 지주들이다. 이는 로열티를 받을 정도로 풍력발전단지 가까이 거주하지 않는 지주들에게 '소외된' 느낌을 줄 수 있고, 많은 경우 갈등을 초래해 왔다. 따라서 모든 주민들의 세금 부담을 경감시켜 주는 지역 정부의 연간 지급액은 풍력발전단지에 대한 신뢰를 회복시키고, 전체 지역사회가 풍력발전단지 설치의 이점을 누리도록 지원할 수 있다.
- *오프셋(offset) 요구사항을 주의 깊게 다루어라*: '오프셋'은 풍력터빈과 근방의 거주건물 사이에 요구되는 최소한의 거리이다. 앞에서 언급한 바와 같이 풍력터빈이 규정대로 기준 오프셋을 만족시킨다 하더라도, 시설이 주거지에 너무 근접하여 시설 가동 이후 주민들의 항의와 반발을 초래할 수 있다는 우려로 건설회사가 터빈 설치를 포기할 수도 있다.
- *지역사회의 풍력 개발을 고려하라*: '지역사회의 풍력'에 대한 개발은 지역사회가 풍력발전 프로젝트의 일부 또는 모든 재정 및 금융 혜택을 받을 수 있는 금융 모델이다. USDOE 내에서 EERE (Energy Efficiency and Renewable Energy) 사무국은 풍력 교환 노력의 일환으로 지역사회 풍력 개발을 장려한다.

장기적 관점에서 장거리 직류 송전이 매우 효율적으로 연결된 미국 대초원 지대(또는 중국 서부의 스텝 지대나 시베리아의 외딴 지역과 유사한)에 있는 풍속이 빠르고 외딴 지역의 개발은 인구밀집 지역으로부터 멀리 떨어진 곳에 풍력 발전기를 설치함으로써 이러한 문제들을 미연에 방지할 수 있을 것이다. 또한, 부유식 해상 풍력발전 개발은 메사추세츠주 낸터컷 사운드의 Cape Wind의 취소로 이어진 외관에 대한 우려 없이 풍력발전을 통해 전기를 제공할 수 있을 것이다. 장거리 송전의 확장이 수용 가능한 해결책이 되기 위해서는 지역사회와 함께 일하는 것이 필요하며, 지역 주민들의 관심을 공유해야 한다. 그러나 이러한 기술이 개발되더라도 중국과 인도 같은 신흥 시장뿐만 아니라 북아메리카와 유럽의 인구밀집 지역 가까이에 대규모 풍력발전단지에 대한 수요가 전망되므로, 사회적 지속 가능성에 대한 요구를 만족시키기 위해 지역사회와 함께 일할 필요가 있다.

13-7 유틸리티 규모 풍력발전에 대한 대표적인 균등화 비용 계산

kWh당 균등화 비용에 대한 다음 계산은 이 장 전체의 가치와 논의를 기반으로 한다. 이는 최근 비용으로 미국에 건설된 풍력 발전소를 새로 건설하는 것을 나타낸다. 그림 13-18에 따라 용량계수를 34%로 가정한다.

프로젝트 자본비용 가치에 대한 최근 조사를 바탕으로 100 MW 발전소의 자본비용을 kW당 1,300달러로 가정하여 1억 3,000만 달러의 자본비용이 발생한다. 필수 할인 요소는 (A/P, 20년, 5%) = 0.0802이다(5장 5-9절 참조). 비자본 운영비용은 앞서 설명한 대로 $0.01/kWh로 설정한다.

다음 계산에 요약된 것처럼 최종 값은 $0.0450/kWh이다.

$$\text{출력} = (100\text{ MW})(8760\text{ h/y})(0.34) = \sim 298\text{ GWh/y}$$

$$\text{자본비용} = \frac{(\$130\text{ M})(0.0802)}{298\text{ GWh/y}} = \frac{\$10.4\text{ M}}{298} = \$0.0350/\text{kWh}$$

$$\text{총 비용} = \text{에너지비용} + \text{자본비용} + \text{운영비용} = \$0.0350 + \$0 + \$0.01 = \$0.045/\text{kWh}$$

13-8 요약

풍력에너지 기술의 성공적인 적용은 지역의 풍력 자원에 대한 지식과 적합한 터빈 설계를 필요로 한다. 풍력 자원은 최소한 1년 동안의 그 지역 풍속 데이터를 지속적으로 얻는 것과 시간별 평균 풍속에 기초하여 연간 각각의 시간에 풍속 데이터 '구간(bin)'을 할당함으로써 정확하게 평가할 수 있다. 많은 지역에서 와이블(Weibull) 또는 레일리(Rayleigh)의 통계적 패턴은 연간 평균 풍속은 알려졌으나 구간 데이터는 사용할 수 없을 경우 풍속 분포를 추정하거나 함수 형태의 풍속으로 나타내는 편리한 방식을 제공한다. 터빈 설계 시 풍력 설비에 의해 이용 가능한 풍력에너지 추출의 이론적 상한선은 59.3%이며, 베츠 한계로부터 유도된 '액추에이터 디스크' 모델을 이용한 예비 방법으로 분석될 수 있다. 제조 한계, 스트립 이론, 블레이드 성분 모델링, 또는 컴퓨터를 사용한 유체역학 모델링과 같은 기술이 요구되는 동력 변환을 최대화하기 위해 좀 더 심화된 터빈 블레이드의 분석과 설계가 필요하다. 터빈의 크기가 다른 가운데, 일반적으로 상업적 용도의 터빈만이 전력망 내에서 이용 가능한 다른 자원들과 가격 경쟁력을 가질 수 있다. 그럼에도 불구하고 소규모 풍력발전은 에너지 자립도나 그린(green) 이미지 촉진 등의 이유로, 또는 전력망을 사용하지 않는 지역에서 몇몇 소유주들에게 매력적일 수 있다.

References

American Wind Energy Association (2020). *U.S. Wind Industry Market Report 2020*. AWEA, Washington, DC.

Brown, C., and D. Warne (1975). *Wind Power Report*. Ontario Research Foundation, Report P.2062/G. ORF, Toronto.

Devore, J. (2009). *Probability and Statistics for Engineering and the Sciences*, 7th ed. Brooks/Cole, Belmont, California.

Manwell, J. F., J. G. McGowan, and A. L. Rogers (2010). *Wind Energy Explained: Theory, Design, and Application*, 2nd ed. Wiley, Chichester, West Sussex.

Mendenhall, W., D. Wackerly, and R. Scheaffer (1990). *Mathematical Statistics with Applications*, 4th ed. Duxbury, Belmont, California.

Montana Department of Commerce (2013). *Montana Energy Currents*: January 30, 2013, release. Montana DOC, Helena, MT.

National Renewable Energy Laboratories (NREL) (2020). *Floating Wind Turbines on the Rise*. News release, April 2, 2020, NREL, U.S. Department of Energy, Golden, CO.

Sorensen, Bent (2000). Renewable Energy: *Its Physics, Engineering, Environmental Impacts, Economics and Planning*, 2nd ed. Academic Press, London.

U.S. Department of Energy (2009). *Reaching 20% Wind Energy by 2030: Increasing Wind Energy's Contribution to U.S. Electricity Supply*. Report, SDOE, National Renewable

Energy Laboratories, Golden, CO. U.S. *Energy Information Administration (2020). Cost and Performance Characteristics of New Generating Technologies*. Table 8.2 in 2020 Annual Energy Outlook. USEIA, Washington, DC.

Wan, Y. (2012). *Long-term wind power variability*. Report, National Renewable Energy Laboratories, Golden, CO

Further Reading

American Wind Energy Association (2011). *AWEA Turbine Installation Data Set*. Online

resource, available at www.awea.org. Accessed Jun. 15, 2011.
Burton, T., D. Sharpe, and N. Jenkins (2001). *Wind Energy Handbook*. Wiley, Chichester, W Sussex.
Danish Wind Industry Association (2007). *Informational Website*. Web resource, available at http://www.windpower.org/en/core.htm. Accessed Nov. 9, 2007.
Gipe, P. (2004). *Wind Power: Renewable Energy for Home, Farm, and Business*, revised edition. Chelsea Green Publishing Company, White River Junction, Vermont.
Global Wind Energy Council (2011). *Annual Wind Energy Data*. Online resource, available at www.gwec.net. Accessed July 5, 2011.
Spera, D., Editor (1994). *Wind Turbine Technology: Fundamental Concepts of Wind Turbine Engineering*. ASME Press, New York.
Stecky, N. (2004). "Renewable Energy for High-Performance Buildings in New Jersey: Discussion of PV, Wind Power, and Biogas and New Jersey's Incentive Program." *ASHRAE Transactions*, pp. 602~610.
Vanek, F., and L. Vogel (2007). "Clean Energy for Green Buildings: An Overview of Onand Off-Site Alternatives." *Journal of Green Building*, Vol. 2, No. 1, pp. 22~36

연습 문제

13-1. 다음 각 구간에서의 풍속은 제안된 풍력 발전기의 위치에서 주어진 것이다. 공기의 밀도는 1.15 kg/m^{3}으로 가정하라.

구간	풍속(m/s)		연간 시간
	최소	최대	
1	0.0	0.0	80
2	0.0	1.0	200
3	1.0	2.0	501
4	2.0	3.1	850
5	3.1	4.1	1,300
6	4.1	5.2	1,407
7	5.2	6.2	1,351
8	6.2	7.2	990
9	7.2	8.2	641
10	8.2	9.3	480
11	9.3	10.3	375
12	10.3	11.3	291
13	11.3	12.3	180
14	12.3	13.4	78
15	13.4	14.4	32
16	14.4	그 이상	4

a. 구간 데이터를 통한 풍속으로 이용 가능한 총 추정 에너지를 kWh/m^2 단위로 계산하라. 구간 16에서의 평균 풍속을 16 m/s로 가정하라.

b. 평균 풍속과 레일리 함수를 이용하여 풍속으로부터 이용 가능한 추정 에너지를 계산하라. 구간 16에서의 평균 풍속을 16 m/s로 가정하라.

c. 이번 장의 식 (13-10)의 방법을 적용하여 추정 에너지를 계산하라.
d. (a)에서 구한 실제값과 (b)와 (c)에서 구한 추정값의 오차를 계산하라.
e. 추정값과 실제값을 구간 수의 함수로 연간 시간과 함께 하나의 그래프에 나타내라.

13-2. 터빈으로부터의 산출량을 추정하라. 풍속이 높은 지역에 설계된 대형 터빈들의 데이터가 다음 표에 제공되었다. 터빈의 소해 면적은 직경 80 m이고 공기 밀도는 1.15 kg/m^{2}으로 가정하라. 다음 데이터에서 구간 1의 0 m/s로부터 터빈 작동 속도인 6.25 m/s까지이고, 그 이후 구간은 0.5 m/s씩 증가한다. 예를 들어 구간 2는 6.25 m/s부터 6.75 m/s까지이다. 구간 18은 14.25 m/s부터 22.25 m/s까지이며, 22.4 m/s 이상에서 기계는 작동을 멈춘다(이를 터빈멈춤 속도라 한다). 장치는 평균 풍속이 9.6 m/s인 지역에서 사용되는 것으로 고려된다. 구간 18은 대략적인 평균 풍속이 17.25 m/s이며, 이 구간에서는 풍속이 높기보다는 낮을 것임을 반영한 것이다. (*출처*: ASME 표 5-1, "Wind Turbine Technology: Fundamental Concepts of Wind Turbine Engineering", David Spera, p. 22.)

구간	평균 풍속(m/s)	출력(kW)
1	–	0
2	6.5	175
3	7	318
4	7.5	460
5	8	603
6	8.5	745
7	9	949
8	9.5	1,153
9	10	1,316
10	10.5	1,479
11	11	1,642
12	11.5	1,805
13	12	1,968
14	12.5	2,120
15	13	2,263
16	13.5	2,385
17	14	2,500
18	17.25	2,500

a. 풍속으로부터 계산한 출력을 기초로 각 구간에서의 V_{average}를 이용하여 구간 수의 함수로 터빈의 C_p를 그려라.
b. 평균 풍속과 레일리 분포를 따르는 풍속 가정을 이용하여 선택한 위치에서 설비의 설비 이용률과 연간 총 산출량을 예측하라.
c. (b)에 기초할 때 이 설비는 지역에 적합한가?

13-3. 구간 속도를 레일리 분포로 추정한 평균 풍속이 $U = 7.7$ m/s인 지역에 그림 13-14의 출력곡선을 적용하라. 0.5 m/s의 구간 크기 증가를 이용하여 이 지역의 설비로부터의 총 산출량과 설비 이용률을 추정하라.

13-4. 10 kW급의 소형 터빈이 다음의 출력곡선을 대략적으로 따른다고 추정하라. $U \leq 4$ m/s에

서 $P_i = 0$ kW, 4 m/s≤ U ≤10 m/s에서 $P_i = (10/6)(U - 4)$ kW, 10 m/s≤ U ≤20 m/s, $P_i = 10$ kW, 20 m/s 이상에서 산출량은 없다. 이 출력곡선을 표 13-1의 풍속 분포에 적용하라. kWh 단위로 예측된 연간 산출량은 얼마인가?

구간	r/R	반경(m)	익현(m)	비틀림각(°)
1	0.05	0.248	허브	허브
2	0.15	0.743	0.428	35.3
3	0.25	1.238	0.415	20.65
4	0.35	1.734	0.347	13.05
5	0.45	2.229	0.285	8.9
6	0.55	2.724	0.241	5.95
7	0.65	3.219	0.207	3.6
8	0.75	3.715	0.18	2.05
9	0.85	4.210	0.152	0.9
10	0.95	4.705	0.122	0.2
Tip	1.00	4.953	0.107	0

13-5. 주어진 각 구간의 중간점을 10개의 구간으로 나누어 터빈 블레이드 형상을 부여하라.

블레이드 끝에서의 피치는 –2°이다. 터빈은 3개의 블레이드를 갖고 이상적인 주속비는 7이며, 정격풍속은 11.62 m/s이다. 각도의 단위로 $\alpha < 12$일 때, $C_L = 0.368 + 0.0942\alpha$, $C_D = 0.00994 + 0.000259\alpha + 0.0001055\alpha^2$를 만족한다. 허브는 가장 내측 구간을 차지하므로 터빈 성능에 영향을 미치지 않는다.

a. 각 구간에 대해 (i) 받음각, (ii) 상대바람의 각도, (iii) 양력 및 항력계수, (iv) C_p에 대한 국소 기여를 구하라. 팁의 손실 효과는 무시하라.

b. 전체 출력계수를 구하라.

c. 11.62 m/s에서 블레이드가 어느 정도의 출력을 낼 수 있는가?

13-6. 10 m/s의 설계 속도에서 250 kW의 출력을 전달하는 터빈에 대한 예비 설계를 수행하라. 설계를 수행하기 위해 표 13-6의 이상적인 로터 1 데이터를 사용하라. 상수 $C_L = 1.00$이고 항력계수는 무시하며, 균일한 공기역학 특성에 따라 블레이드를 10°씩 증분하여 각각의 블레이드를 설계한다고 가정하라.

13-7. 식 (13-15)를 시작점으로 사용하여 전달 설비에 의해 추출될 수 있는 최대 출력이 0.148 C_D임을 보여라.

13-8. 식 (13-16)과 베르누이 법칙을 이용하여 대기의 풍속과 후류 속도 사이의 축 방향 유도값이 작동 디스크에서의 풍속과 대기 풍속 사이 감소량의 2배가 됨을 보여라.

13-9. 250 kW급 풍력터빈은 45만 달러이며, 1,200 m^2의 소해 면적을 지니고 있다. 터빈은 이용 가능한 연중 평균 출력 밀도가 320 W/m^2인 풍속을 지닌 지역에 설치되며, 평균 25%의 에너지를 전기로 변환한다. 전기는 전력망에 kWh당 0.039달러로 판매되며, 터빈이 있는 지역에 지불한다(송전비용은 없다). 이 프로젝트는 2만 달러의 잔존가치와 20년의 시간 범위를 가지며, MARR은 8%이다. 이 투자의 순 현재가치(NPV)를 계산하라.

13-10. 그림 13-14의 두 터빈 중 하나를 설치할 수 있는 장소가 있다. 허브 높이 80 m에서 평균 풍속은 6.74 m/s이다. 1.5 MW 터빈을 선택할 경우 출력은 레일리 분포로 모델링할 수 있다. 또는 1.7 MW 터빈을 선택할 경우, 95 m 타워는 평균 풍속을 상응하는 증가와 함께 식 (13-11) 및 $\alpha = 0.2$의 wind shear 계수를 사용하여 다시 레일리 분포를 사용한다. (a) 그림 13-14의 동력곡선과 레일리 분포를 이용하여 각 옵션에 대한 capacity factor를 계산하고, 더 큰 터빈을 선택하여 백분율 포인트 증가를 계산하라. (b) 대형 터빈이 더 생산적일 뿐만 아니라 비용도 증가시키므로, 비용 증가에 기여하는 요소 중 일부에 대해 정성적으로 논의하라.

13-11. 지역의 12개월간의 수요를 충족시키기 위해 풍력, 태양광, 바이오매스의 최적 조합을 선택해야 한다. 연간 자본비용 및 운영비용은 바이오매스가 천연가스를 대체한다는 점을 제외하고는 예제 13-8과 동일하며, 자본비용은 $250/kW/year, 연료와 비연료를 합한 운영비용은 $0.123/kWh이다. 월별 수요량 및 풍력/태양열 capacity factor 값은 다음 표에 나와 있다. 바이오매스의 최대 capacity factor는 매월 80%이다. 각 공급원은 매월 최소 20%를 생산해야 한다. 최종 사용 CO_2 배출량이 없기 때문에 이 경우 배출량 상한은 없다. 최적화 모델을 만들어 설치된 용량, 자원 및 월별 발전량, 연간 총 비용을 해결하라.

월	수요(mil.kWh)	풍력 CF(pct)	태양광 CF(pct)
1월	698	40%	7%
2월	653	40%	8%
3월	608	49%	13%
4월	563	35%	15%
5월	550	22%	17%
6월	589	17%	16%
7월	602	18%	18%
8월	640	15%	18%
9월	563	21%	16%
10월	570	27%	13%
11월	576	28%	7%
12월	589	52%	6%
합계	7,201	n/a	n/a
평균	600	30.3%	13.5%

13-12. 풍력단지에 대한 투자를 기초로 사용하여 연습 문제 13-3으로부터의 터빈과 지역을 가정하라. 각각의 터빈은 모든 지역과 전력망 연결 비용 20%를 더해 총 비용이 kW당 1,000달러이다. 프로젝트 수명은 25년이고 MARR이 5%인 경우, 다른 송전비용들을 고려하기 전 이 설비에서 생산하는 전기의 kWh당 비용은 얼마인가?

13-13. 연습문제 13-4의 10 kW급 터빈이 독립망 전력 시스템에 전력을 제공하기 위해 외딴 지역에 설치되었다고 가정하자. 배터리와 축열 시스템을 포함한 비용은 7만 달러이다. 시스템이 25년 동안 지속되고 MARR이 6%인 경우 kWh당 균등비용은 얼마인가? 전기적 적용에 소비되든 배터리 또는 축열기에 저장되든, 당신은 생산된 모든 전기가 동일한 가치를 지닌다고 추정할 수 있다,

13-14. 오리건주 컬럼비아강 협곡에 있는 풍력 발전소의 터빈 허브 높이에서의 평균 풍속은 7.47 m/s이다. 이 장에서 제시한 1.5 MW 터빈 출력곡선, 평균 풍속을 기반으로 한 레일리 분포, 그리고 0.5 m/s 증가의 풍속 빈을 이용하여 연간 출력과 평균 용량 인자를 추정하라.

13-15. 13-6-1절에서는 그림 13-14의 1.5 MW 터빈이 34% 용량 인자를 달성한 풍력 발전소를 제시

하였으며, 레일리 분포를 가정할 때 이 용량 인자에 해당하는 평균 풍속값을 계산하라.

13-16. 풍력 발전소는 평균 풍속이 16.5 mph인 위치에 7개의 1.7 MW 터빈을 설치하는 것을 제안한다. 초기 자본비용은 터빈 수에 관계없이 100만 달러의 고정비용을 수반하고, 그 후 1,650/kW의 용량이 추가된다. 자본비용은 20년 동안 4%로 할인되어야 하며, 회수 가치는 미미하다. 프로젝트의 다른 모든 비자본 운영비용 요소는 모든 출력에 대해 $0.02/kWh의 요금에 포함된다. 풍속 분포는 평균 풍속을 중심으로 한 레일리 분포를 사용하여 모델링할 수 있다. 터빈 기술의 동력곡선값은 10, 72, 216, 432, 700, 1,063, 1,440, 1,625, 1,675 및 1,700 kW이다. 12~21 m/s 사이의 터빈은 1,700 kW를 생산한다. 이 터빈의 컷인 속도는 2.5 m/s이고 컷아웃 속도는 21.5 m/s이다. 평균 풍속과 주어진 동력곡선을 기준으로 $/kWh 단위로 이 풍력 발전소의 레벨화된 전기 비용(LCOE)은 얼마인가?

13-17. 해상 풍력터빈의 최대 크기는 최근 몇 년간 크게 증가하고 있으며, 그림 13-14의 1.5 MW 터빈의 효율 곡선, 직경 193 m, 컷아웃 풍속 21 m/s, 공기 밀도 1.15 kg/m^{3}를 기준으로 10 MW 해상풍력터빈의 동력곡선을 작성하고, 풍속에 따른 출력값의 표를 작성하라.

13-18. 이 장에서 논의한 바와 같이, 전국 평균 capacity factor는 2004년 25%에서 2014년 33%로 증가했으며(이후 33~34% 부근의 고원에 있음), 2007년에는 28%의 값이 관측되었다. 0.1%에 가장 가까운 값은 각각 24.8%, 27.7% 및 32.7%이다. Capacity factor 증가의 두 가지 가능한 이유는 평균 풍속이 더 높은 새로운 부지의 선택 가능성과 명판 용량에 비해 스위프 면적이 넓은 풍력터빈의 설치 증가이다. (a) 그림 13-14의 동력곡선을 이용하여 2007년부터 2014년까지 관측된 capacity factor 증가를 달성하기 위해 필요한 평균 풍속의 증가를 계산하라. (b) 대안으로, 평균 풍속을 일정하게 유지하되 capacity factor 증가를 달성하기 위해 필요한 새로운 터빈 조합을 계산하라.

바이오에너지 자원과 시스템

Bioenergy Resources and Systems

▶학습 목차

14-1 개요

이 장에서는 바이오매스(biomass, 주로 식물 재료)로 만드는 바이오에너지 생산(generation) 또는 이스트, 조류(algae), 박테리아 등을 사용하는 바이오프로세싱 과정을 통해 유기물이나 무기물을 에너지 매체(energy carrier)로 바꾸는 바이오에너지 생산에 대해 다룬다. 이 장에서는 이미 산업화되어 있거나 산업화와 밀접한 관련이 있는 기술을 주로 다룰 예정이지만, 바이오에너지를 생산하는 기술은 너무 다양하기 때문에 너무 넓은 범위를 다루지는 않을 것이다. 예를 들어 나무토막을 이용한 연소 같은 것은 다루지 않을 예정이다. 하지만 혐기성(anaerobic, 산소가 필요 없는) 가스화(gasification) 같은 주제는 포함하는데, 가스화를 통해 에너지 매체가 될 수 있는 액체 바이오연료(biofuel)를 생산할 수 있기 때문이다. 바이오연료 생산과 연관된 이스트, 박테리아 등을 이용한 바이오프로세싱 방법에 대해 설명하며, 대부분의 바이오연료가 운송(transportation) 수단에 활용되는 점을 고려하여 이 장과 15-4-3절에서는 운송용 연료에 대해 보다 자세하게 논의할 것이다. 또한 메탄과 수소 등 가스에너지 매체의 생산에 대해서도 설명하며, 이러한 가스들이 운송용 연료로 사용될 뿐만 아니라 발전소 등 보다 실용적인 분야에도 활용될 수 있음을 보여줄 것이다.

14-2 서론

운송용 바이오연료는 풀이나 나무를 포함한 식용 작물에서브터 조류 등과 같은 미생물까지 액체 연료를 대신할 수 있는 모든 것을 포함한다. 이러한 바이오연료는 현대 운송수단의 초기부터 사용되었는데, 디젤 엔진 발명자 중 한 명인 Rudolf Diesel은 자신의 초기 디젤 엔진 모델의 연료로 땅콩기름을 사용했다. 디젤은 다양한 연료를 사용하여 기계적인 동력을 얻어, 당시 소형 산업들은 동력 공급을 석탄에 의존하지 않기를 원했다. 최근 브라질, 독일, 미국 등이 국가적 차원에서 석유 수입을 줄이기 위한 방책으로 이러한 바이오연료에 관심을 갖고 있으며, 많은 국가에서 고갈되는 석유를 대체할 수 있는 재생에너지의 대안으로 바이오연료를 고려하고 있다. 바이오연료에 대한 더 많은 정보를 원하는 독자는 Drapcho 등(2008), Nag (2008), Olsson (2007), Sorensen (2002)의 4장과 Tester 등(2005)의 10장을 참조하라.

이러한 바이오연료 에너지가 확실한 이점을 갖기 위해서는 최소한 다음과 같은 두 가지 요건을 만족해야 한다.

1. 에너지의 수명주기(life-cycle)에서 입력과 배출을 고려할 때 이산화탄소 등의 오염물질이 석유에 비해 현저히 줄어들어야 한다. 입력에는 에너지와 작물을 키우고 수확하며 연료로 만드는 모든 과정의 배출물을 포함하며, 원자재와 만들어진 연료의 수송에 관련된 배출물 역시 포함해야 한다.
2. 석유가 에너지원으로 사용되는 분야를 대체할 수 있는 충분한 양이 확보되어야 하며, 이 양을 확보할 때 식량으로 사용되는 영역에 영향을 주어서는 안 된다. 이 점은 식량 생산량이 부족한 지역에 살면서 수입을 통해 식량을 공급받아야 하는 가난한 지역 사람들에게 최소한의 안전장치가 필요하기 때문에 매우 중요하다. 따라서 생산된 많은 양의 작물을 수출하지 않고 바이오연료로 바꾸는 정책은 미국과 같이 경제적으로 이점이 많은 나라에서도 윤리적인 이유로 환영받지 못하고 있다.

대사 에너지로부터 열량 증가를 뺀 나머지 부분을 의미하는 순 에너지수지(net energy balance: NEB) 비율은 바이오연료의 유용성을 평가하는 하나의 지표로 사용되는데, 이는 바이오연료가 생산될 때 필요한 에너지 대비 바이오연료로 생산할 수 있는 에너지를 의미한다. 순 에너지수지는 환경적 영향과 이익 분석에 유용하지만, 에너지원의 상대적 이산화탄소 배출량(예를 들어 석탄이나 천연가스를 이용해서 열을 생산하는 것과 비교하여)을 고려하지 못하므로 완벽하다고 말할 수는 없다. 이는 또한 바이오연료 생산을 위해 토지의 용도를 바꿀 때 발생하는 영향을 고려하지 않는다. 일례로 바이오연료를 생산하기 위해 숲을 없애고, 그 결과 많은 양의 이산화탄소가 발생하는 것을 어떻게 고려할 것인가. 따라서 바이오연료의 유용성을 판단하기 위해서는 관련된 환경적 요소(이산화탄소, 대기오염, 물 사용량, 공해 등)에 미치는 영향을 고려할 수 있는 측정법이 필요하다. 또한 순 에너지수지 비율은 기술 및 농업/산업 발전에 의해 시간에 따라 변하므로 바이오연료의 유용성 평가에는 사용 가능한 가장 최신의 수치를 적용해야 한다. 예를 들어 미국 내 옥수수 에탄올 생산 산업의 경우, 순 에너지수지 비율 변화를 보면, 에탄올 생산에서 에너지를 가장 많이 필요로 하는 증류 과정에서 필요한 에너지를 절감하는 등의 공정 기술 발전으로 인해 10년 전에 비해 훨씬 매력적인 산업으로 받아들여지기 시작했음을 알 수 있다(Shapouri 등, 2010).

14-2-1 정책

바이오에너지 산업 육성은 지역사회, 국가 그리고 국가 간 정책과 분리하여 생각할 수 없다. 지역이나 사회 조직 그리고 정부 조직이 에너지 매체로 화석연료보다 바이오에너지를 선택하는 데는 (1) 환경적 측면: 화석연료 사용으로 인한 대기오염(온실가스를 포함한)이나 석유 탐사로 인한 영향 절감, (2) 사회 · 경제적 측면: 다국적 기업에 의한 중앙 집중식 화석연료 탐사보다는 분산된 재생에너지 시스템을 이용하여 빈부 차이 균등화, (3) 지정학적 측면: 석유수출국기구(OPEC)와 같은 다른 국가 혹은 국가 간 조직에 대한 의존 방지 등 많은 이유가 있다. 또한 화석연료나 재생에너지 활용 여부에 있어서 시장의 결정을 따르는 자유방임 정책을 선택할 수도 있다.

바이오에너지의 연구, 개발, 생산이 복잡하고 역동적인 정책 환경에서 이루어진다는 사실을 인지하는 것은 중요하다. 바이오에너지 산업을 구성하는 정책들은 정부의 지원과 재생에너지 관련 지침(mandates) 등으로 이루어진다. 미국의 Department of Energy Biomass Program과 같은 정부 프로그램은 바이오에너지 분야에 대한 연방정부 차원의 투자금을 바이오연료 회사에 직접 제공하기도 하며, 다른 바이오에너지 투자들은 재생에너지 생산자들을 위한 정부의 장기 지원을 위해 비용에 근거한 보상을 포함하는 발전차액지원제도(feed-in tariffs) 형태로 만들어지기도 한다(예를 들어 특정 기간 동안 바이오연료 가격을 고정하는 식으로). 이는 직접적으로 기업 간 경쟁의 압력을 감소시킬 수 있으며, 이를 통해 재생에너지 기업들의 성장과 발전을 이끈다. 또한 발전차액지원제도는 에너지 확보에 필요한 비용을 예측 가능하게 하고 점진적으로 감소하게 하여 관련 분야의 기술 발전과 비용 절감을 이끈다. 발전차액지원제도는 특히 독일에서 재생에너지 생산을 성공적으로 증가시키는 결과를 가져왔다(Mitchell 등, 2006).

반면 정부의 지침은 개인적인 투자나 다른 정부의 프로그램을 활성화하지만 바이오에너지 발전에 직접적인 영향을 미치지는 않는다. 예를 들어 유럽 연합은 각 회원국들이 2020년까지 재생에너지 비율을 전체 에너지 소비량의 10%까지 끌어올리는 지침을 통과시켰으며, 덴마크와 같은 일부 회원국은 2020년까지 재생에너지 비율을 최소 30% 이상 올린다는 야심찬 계획을 발표했다. 이러한 지침은 투자자들에게 재생에너지 회사들이 매력적으로 보이게 만들어 재생에너지 회사들의 시장 경쟁력을 높이는 효과를 가져왔지만, 모든 지침이 바이오에너지 발전에 긍정적이었던 것은 아니다. 넓은 범위에서 보면 화석연료 기업에 대한 보조금과 세제혜택은 바이오연료의 경쟁력을 약화시켰다. 실제로 경제협력개발기구(OECD)는 특정 국가의 화석연료 보조금을 없애면 에너지 관리 통합과 재생에너지 사용 증가 등으로 온실가스 배출이 10%까지 감소될 것이라 예측했다(Burniaux 및 Chateau, 2011). 또한 바이오에너지 산업은 다른 산업과 마찬가지로 지역적인 규정하에 있다. 이는 바이오에너지 산업 착수에 있어서 현재의 정책 상황을 고려하여 기술이나 지역을 선택하는 것이 과학적으로나 산업적으로나 정책적으로 매우 중요하다는 것을 보여준다.

14-2-2 순 에너지수지 비율 및 수명주기 분석

순 *에너지수지 비율*(NEB ratio)은 바이오에너지 시스템 평가에 활용되는 지수로, 생산된 에너지 매체(예를 들어 에탄올)의 소비로 만들어지는 에너지와 이를 생산하는(작물을 재배하고 수확하며 처리하는) 과정에 소비되는 에너지(예를 들어 디젤 연료나 천연가스)를 비교한 것이다. 재생에너지 시스템의 경우 만들어진 에너지는 재생 가능하지만 소비된 에너지는 재생 불가능하다. 1보다 큰 순 에너지수지 비율은 생산한 바이오연료 에너지가 생산에 소비된 에너지보다 크다는 것이고, 1보다 작은 순 에너지수지 비율은 그 반대를 의미하며 재생에너지가 유용하지 않다는 것을 보여준다. 이 지수는 바이오연료 평가에 널리 사용되고 있으나, 우리가 앞에서 언급했듯이 완전한 지표는 아니다. 수명주기 평가(life-cycle assessment: LCA)는 제품 수명주기의 모든 측면을 분석하는 제품 평가 방법으로, 요람에서 무덤까지 분석(cradle-to-grave analysis)법이라고도 하며 원재료 추출부터 처리와 재활용에 이르기까지 전체 과정을 평가할 수 있는 방법이다. LCA는 제품의 생산과 사용, 처분의 환경적 영향 분석과 같은 기존의 경제성 분석 방법에서 놓칠 수 있는 추가적 요소를 고려하기 위해 개발되었다. 예를 들어 버지니아에 있는 식품점을 생각해 보자. 이

곳은 오렌지를 플로리다나 캘리포니아 농장 중 어디에서 구입할지를 결정해야 한다. 기존 경제성 분석 방법에서는 오렌지의 가격적 측면(운송비용 포함)만 평가하지만, LCA는 오렌지를 원거리(플로리다와 캘리포니아 비교)로 운송하는 과정에서 발생하는 온실가스 배출까지 포함하여 고려한다. 사회가 환경적 요인을 중요하게 고려하게 되면서, LCA는 여러 대안을 총체적으로 비교하는 방법을 제공한다. 예제 14-1을 통해 LCA에 대해 배워보자.

예제 14-1

옥수수 에탄올 생산 공장은 A 농장으로부터 40.2 km (25 miles), B 농장으로부터 160.9 km (100 miles) 떨어진 거리에 위치해 있다. A 농장은 옥수수를 공장에 \$289.36/metric ton (\$6.30/bushel)에 파는 반면, B 농장은 \$248.02/metric ton (\$5.40/bushel)에 판매한다. 한 대의 트럭은 10.9 metric tons (500 bushels)을 운송할 수 있으며, 212.3 g CO_2eq/metric ton-km (310 g CO_2eq/ton-mile)의 이산화탄소를 배출한다. 공장은 연간 130.6 metric tons (6,000 bushels)의 옥수수가 필요하며, 한 대의 빈 트럭 무게는 9.1 metric tons이다. 경제적 측면과 온실가스 배출을 고려하여 두 농장을 비교했을 때, 어떤 농장에서 옥수수를 사는 것이 이익인가?

▸ *풀이*

옥수수 에탄올 생산 공장에서 필요한 연간 옥수수는

$$130.6 \text{ metric tons/year @ } 10.9 \text{ metric tons} = 12 \text{ truckloads/year}$$

A 농장을 통한 경제적 이득은

$$130.6 \text{ metric tons/year} \times \$289.36\text{/metric ton} = \$37{,}800\text{/year}$$

A 농장과 공장 사이의 옥수수 운송을 위한 편도 거리는

40.2 km/trip (편도) × 12 trips/year = 482.4 km/year full (빈 트럭으로 돌아올 때도 동일한 경로)

A 농장과 공장 사이에서 발생하는 온실가스는

빈 트럭의 경우:

$$482.4 \text{ km/year} \times 9.1 \text{ metric tons} \times 212.3\ CO_2\text{eq/metric ton-km} = 0.93 \text{ Mg } CO_2\text{eq}$$

짐을 가득 실은 트럭의 경우:

$$482.4 \text{ km/year} \times 20 \text{ metric tons} \times 212.3\ CO_2\text{eq/metric ton-km} = 2.05 \text{ Mg } CO_2\text{eq}$$

B 농장을 통한 경제적 이득은

$$130.6 \text{ metric tons/year} \times \$248.02\text{/metric ton} = \$32{,}400\text{/year}$$

B 농장과 공장 사이의 옥수수 운송을 위한 편도 거리는

160.9 km/trip (편도) × 12 trips/year = 1930.8 km/year full (빈 트럭으로 돌아올 때도 동일한 경로)

B 농장과 공장 사이에서 발생하는 온실가스는

빈 트럭의 경우:

$$1{,}930.8 \text{ km/year} \times 9.1 \text{ metric tons} \times 212.3\ CO_2\text{eq/metric ton-km} = 3.72 \text{ Mg } CO_2\text{eq}$$

짐을 가득 실은 트럭의 경우:

$$1{,}930.8 \text{ km/year} \times 20 \text{ metric tons} \times 212.3\ CO_2\text{eq/metric ton-km} = 8.18 \text{ Mg } CO_2\text{eq}$$

▶ ***논의*** A 농장과 B 농장 간의 옥수수 가격 차이만을 비교했을 때, B 농장을 선택할 경우 매년 14% (5,400달러)의 경제적 절약 효과가 발행하지만 300% (9 Mg)의 많은 온실가스가 배출된다. 명백하게 원거리 배송에는 많은 비용이 든다. 하지만 이 비용보다 온실가스 배출 비용이 훨씬 중요하다. 이러한 간단한 평가에서 옥수수 에탄올 공장은 옥수수가 자라는 지역에 위치하는 것이 합당하다는 결론을 내릴 수 있다.

14-2-3 농경지에서의 연간 연료 생산 능력

바이오연료 생산을 위한 지역 작물을 선정하기 전에 농경지의 연간 연료 생산 능력을 이해하는 것이 중요하다. 이 분석에서는 그 지역의 토양과 기후 조건에 따른 작물의 수확량뿐만 아니라, 작물을 수확하고 연료로 변환하는 데 사용되는 기술의 효율을 고려해야 한다. 이는 바이오연료로 변환될 식물이나 나무의 태양에너지 보유율이 낮기 때문에 중요하다. 식물이 받아들이는 에너지는 지역의 기후와 위도 변동을 고려할 때 연평균 100~250 W/m^2 정도지만, 이 가운데 1% 미만의 에너지만 연료 변환이 가능한 전분이나 오일 같은 원료가 된다. 이러한 한계로 인해 전 세계의 수송에너지 필요에 부합하는 충분한 원료를 제공하는 데 농장이나 숲으로는 부족할 수 있으며, 세계 식량 공급에 영향을 미치지 않아야 하는 문제가 있다. 또한 바이오연료를 만들기 위한 작물에 저장되는 에너지는 농도가 낮기 때문에 원료 수확에 큰 에너지 비용이 요구되며, 이로 인해 생산된 에너지와 공급된 에너지 간의 균형이 깨진다(즉, 순 에너지수지가 악화된다). 그러므로 작물에서 더 많은 바이오매스(예를 들어 목질섬유소)를 확보하고, 작물 내 태양에너지 저장량을 늘리기 위한 방법을 찾기 위한 많은 연구가 진행 중이다. 사실상 바이오연료가 주요 수송 연료가 되려면 이러한 연구를 통해 결정적인 돌파구를 찾아야 한다. 현재까지는 지금의 작물과 기술을 이용하여 어느 정도까지 석유 활용을 대체하고 이산화탄소 배출을 줄이는 단계이다.

단순히 면적당 작물 수확량과 원재료에서 연료로의 변환 효율을 높이는 것만으로는 충분하지 않다. 의사결정 과정에서 토지 용도 변화에 대한 데이터를 포함하여 판단하는 것이 대규모 바이오연료 프로그램을 유지하는 데 중요하다. 브라질, 동남아시아와 미국의 우림, 사바나, 초원 등 경작지가 아닌 땅의 변경을 통해 생성된 이산화탄소 발생량이 바이오연료가 화석연료를 대체하면서 이루어진 이산화탄소 감소량보다 많다는 2008년의 연구는 주목할 만하다.[1] 토지 활용 변화를 통해 생성되는 이러한 광대한 양의 이산화탄소 배출은 바이오매스를 태우는 과정에서 발생하며, 미생물이 뿌리를 포함한 바이오매스와 땅에 저장되어 있는 유기탄소를 느린 속도로 분해하는 과정에서도 발생한다. 이러한 이산화탄소 배출은 노후되거나 버려진 경작지에서 바이오매스를 재배할 때는 발생하지 않는다. 또한 바이오연료 생산을 위해 유기 폐기물을 사용하면 탄소 부채(carbon debt)가 발생하지 않으며 온실가스 배출에 즉각적 이득이 된다. 토지 활용 변화를 위한 탄소 부채뿐만 아니라 바이오에너지 작물 재배 과정에서 필요한 물이나 영양소, 재생 불가능한 에너지 투입량이 고려되어야 하는 것이다. 이렇게 두 가지 요소를 모두 고려하면, 바이오매스 생산을 위해서는 버려진 농경지에 옥수수를 빽빽하게 키우는 등의 단일 작물 경작보다는 초원 상태를 유지하면서 작물을 경작하는 것

---

1 Fargione 등(2008)은 토지 선정 과정에서 탄소 부채(carbon debt)를 측정했다.

이 온실가스 감축 관점에서는 훨씬 낫다는 것이 알려져 있다.[2] 따라서 이러한 바이오에너지 시스템 개발에 관해 비판적이면서도 열린 마음을 갖는 것이 필요하다. 수율 및 효율을 향상시키고 기술을 혁신하는 것은 기술의 미래를 바꾸어 나갈 것이며, 이 과정에서 바이오에너지 시스템의 다양한 대안에 대한 주기적인 평가는 반드시 필요하다.

14-3 바이오매스

바이오매스는 추출된 당분, 전분, 오일을 포함한 식물 재료(plant materials)와 목질섬유소(lignocellulosic) 줄기나 나무, 조류 그리고 농업 폐기물, 음식물 쓰레기, 목재 폐기물을 포함하는 유기 폐기물 등 그 형태가 다양하다. 최근 들어 많은 에탄올이 사탕수수나 옥수수 전분 등에서 나오는 당분으로 생산되기 때문에, 사탕수수와 옥수수 작물이 에탄올 생산용으로 재배되고 있다. 아열대 기후에서 사탕수수는 성장 속도가 빠르고 특별한 과정 없이 당분을 쉽게 추출할 수 있기 때문에 매우 매력적인 작물이다(그림 14-1 참조). 사탕수수는 최대 20%까지 자당[sucrose; 글루코스(glucose)의 다이머(dimer)로 6개의 탄소 원자를 가진 과당(fructose) 분자] 형태의 당분으로 구성되는데, 이 탄소 원자를 가진 당분을 에탄올로 바꿀 수 있는 이스트균(yeast)은 자당을 물질대사에 이용하기 때문에 이스트균 배양에 필요한 물질 변환 과정이 필요 없다. 그러나 사탕수수 탄소의 많은 양을 포함하는 목질섬유소 줄기 잔유물(lignocellulostic stalks, bagasse)은 효율적으로 이용되지 못한다. 대부분의 기후에서 바이오에너지 시스템 원료는 옥수수 여물(옥수수 곡물 제거 후 남은 옥수수 식물 재료), 포플러(poplar)와 같은 부드러운 목재, 스위치글래스(switchgrass)나 억새 같은 다

그림 14-1 브라질 북동부(파라이바주)에 위치한 에탄올 공장을 둘러싸고 있는 사탕수수 농장. (*출처*: Lars Angenent.)

---

[2] Fargione 등(2008)은 초원 바이오매스와 단일 작물 경작 사이의 온실가스 감축에 대해 비교했다.

년생 작물과 초원의 풀과 같은 이러한 목질섬유소 형태의 바이오매스들이다. 앞으로 우리는 바이오에너지 시스템을 위한 세 가지 원료(목질섬유소 재료, 유기 폐기물, 조류)에 대해 깊이 다룰 예정이며, 이 절에서는 목질섬유소 재료를 가수분해되게 만드는 물리적/화학적/열적 전처리 과정에 대한 기본적인 정보를 제공한다(즉, 폴리머를 저중합체에서 단량체로 분해하는 과정).

14-3-1 바이오매스 공급

목질섬유소 공급 원료

목질섬유소의 공급 원료(feedstock)는 나무를 포함한 식물에서 나오는 물질로, 육지에서 가장 많은 비율을 차지하는 바이오매스 공급처이다. 미국에서는 운송용 화석연료의 30%에 이르는 13억 톤 정도의 바이오매스(나무, 옥수수 줄기, 잔디 등과 같은 목질섬유소가 대다수를 이루는)가 매년 경작되고 있으며,[3] 이 수치는 2011년에 다시 확인되었다.[4] 일반적으로 목질섬유소는 셀룰로스(cellulose), 헤미셀룰로스(hemicellulose), 리그닌(lignin)이라는 세 가지 물질로 구성되어 있다(그림 14-2 참조). 셀룰로스는 글루코스 중합체(polymer)로, 이는 바이오연료 생산에 목질섬유소가 주목받는 중요한 이유이다. 셀룰로스는 크리스탈린(crystalline)과 비결정질(amorphous) 셀룰로스로 구성되어 셀룰로스 섬유조직을 이룬다. 반면 헤미셀룰로스는 5개의 탄소 원자로 이루어진 당분[자일란(xylan)을 포함하는]과 6개의 탄소 원자로 이루어진 당분으로 구성된 복잡한 물질이다. 이러한 특성으로 인해 헤미셀룰로스는 셀룰로스보다 분해되기 쉽고, 셀룰로스 섬유조직과 리그닌의 네트워크 구조를 형성하는 데 중요한 역할을 한다. 마지막으로 리그닌은 외부 자극으로부터 식물을 보호하고 식물의 구조를 유지하는 데 필요한 불용성(nonsoluble) 방향족(aromatic) 화합물이다. 분해되기 매우 어려우며 높은 농도에서는 미생물에 독성을 지닌다. 이와 같은 세 가지 구성 물질의 상대적 구성 비율은 목질섬유소의 공급 원료에 따라 달라지며, 최적의 변환 공정 선택에 핵심적인 역할을 한다. 목질섬유소 중합체의 가수분해는 공급 원료의 속도를 제한하는 과정인데, 이는 진화론적 관점에서 의미가 있다. 목질섬유소는 식물의 대사작용을 위한 지지체 역할을 하며, 미생물의 공격을 견뎌야 하기 때문이다.

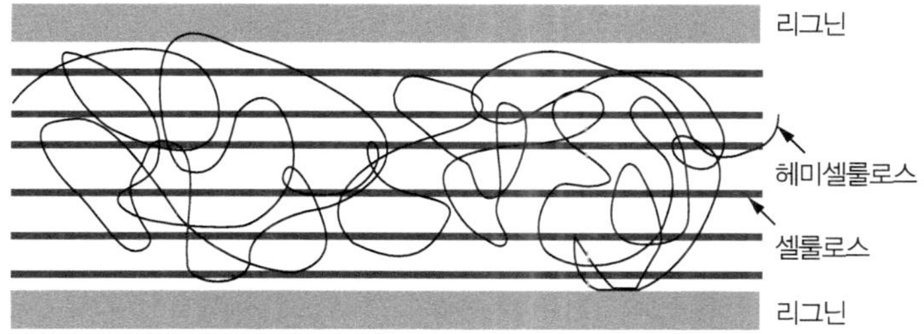

그림 14-2 목질섬유소의 구조. 리그닌은 셀룰로스 섬유조직과 리그닌의 결합망을 형성하는 헤미셀룰로스와 함께 보호막을 만든다.

---

3 Perlack 등(2005)은 운송용 화석연료 사용을 대체할 정도의 바이오연료 산업을 유지하기에 충분한 바이오매스가 미국에 존재하는지 조사했다.

4 Perlack 등(2011)의 보고서는 Perlack 등(2005)의 보고서를 업데이트했다.

유기 폐기물

유기 폐기물은 다양한 물질로 구성되어 있으며 양 또한 매우 많은데, 종종 다량의 목질섬유소를 포함하기도 한다. 유기 폐기물에는 낙농 폐기물 같은 동물 폐기물, 옥수수 여물 같은 농업 폐기물과 도시의 음식 및 목재 폐기물 등이 속한다. *음식 폐기물*은 상대적으로 분해가 쉽기 때문에 바이오에너지 시스템의 바이오매스 공급처로 주목받고 있으며, 특히 유럽에서는 재생 메탄 생산에 활용되고 있다. 음식이나 마당, 도시의 목재 폐기물 활용에 대한 EPA 보고서[5]에 의하면 미국에서 생성된 2,600만 톤 정도의 건조 도시 폐기물로 87억 리터 정도의 에탄올에 해당하는 연료를 매년 생산할 수 있으며, 이는 미국 정부가 셀룰로스 공급 원료로 생산하도록 규정하고 있는 연간 610억 리터의 연료 필요량의 상당 부분을 차지한다. 그간 잘 이용되지 않았지만 최근 대두되고 있는 재생에너지원은 나무, 마당, 소도시 그리고 건설/철거 등으로 인해 발생하는 *도시의 목재* 바이오매스 폐기물이다. 이는 미국 전체에서는 다섯 번째로 규모가 큰 바이오매스 공급 원천이며, 미국 북동부 지역을 포함하는 특정 지역(뉴욕주 등)에서는 전체 바이오매스의 32%에 해당하는 연간 총 200만 톤이 생산되고 있다.[6]

조류

미세조류는 단세포 유기체로, 일정한 이산화탄소 농도에서 광합성을 통해 에너지를 얻으며 무기물로 구성된 배양액에서 자란다. 미세조류는 광합성 효율이 매우 높으며(육지 작물보다 최소한 10배 이상), 일반적인 육지 식물과 비교하여 생장 속도가 매우 빠르다. 바이오매스에서 조류(algae)가 중요한 이유는 전 세계 순환 대기 중 30% 정도의 탄소를 고정하고 있기 때문이다. 육지의 바이오매스와 다르게 많은 조류 계통의 생물은 소금물이나 폐수에서도 자랄 수 있기 때문에 신선한 물의 공급 과정에서 생기는 많은 어려움이 해결된다. 성장이 빠르고 영양소에 대한 필요성이 낮으므로 조류는 지속성 있는 바이오연료의 가장 중요한 바이오매스 공급원이다.

현재 조류 바이오매스의 세 가지 주요 구성 요소[지질(cellular lipid), 탄수화물(carbohydrate), 단백질(protein)] 중 조류 지질에서 추출하는 바이오디젤은 조류 바이오연료의 가장 인기 있는 연구 주제이다. 이러한 바이오디젤 생산 과정의 부산물은 글리세롤(glycerol, 트라이글리세리드에서 유래), 조류 탄수화물과 단백질 등이며, 혐기성 분해는 에너지 생산 과정에서 조류 바이오매스의 모든 구성물을 활용하기 때문에 지질 제거 후 남은 성분으로 추가적으로 재생 메탄(바이오에너지)을 생산할 수 있다. 다만 수명주기 분석(LCA)에서는 미세조류를 이용한 바이오디젤 생산의 순 에너지수지 비율이 1보다 많이 작다는 것이 확인되었으며, 조류 바이오에너지 시스템이 매력적이지 않은 이유가 된다. 하지만 LCA는 다른 가능성도 제시하고 있는데, (1) 단순한 조류 배양기가 아닌 특별한 광생물반응기(photobioreactor) 사용(그림 14-3 참조), (2) 지질 추출 과정에서 현대적 분리 기술 사용, (3) 바이오매스 잔여물을 메탄가스로 바꾸기 위한 혐기성 분해 이용 등을 통해 순 에너지수지 비율을 1에 가깝게 만들 수 있다는 것이다(여전히 1보다 작기는 하지만).[7] 여기에 변환 기술의 발전이 더해지면 훨씬 더 중요한 진전이 이루어질 것이다.

---

5 EPA (2010a) 보고서에 의하면 유기 폐기물은 바이오매스의 충분한 공급원이 될 수 있다.

6 Milbrandt (2005)는 미국 각 지역에서의 바이오매스 공급 정도를 조사했다.

7 Brentner 등(2011)은 최적화된 조류–바이오디젤 변환 공정을 비교하여, 현재 상태로는 조류 바이오매스가 바이오에너지 시스템에 매력적이지 않다는 것을 발견했다.

그림 14-3 평면형 광생물반응기(50 cm × 50 cm).

14-3-2 전처리 기술

바이오매스 변환 과정에서 수확량과 효율은 목질섬유소의 가수분해나 발효 전의 전처리 과정을 통해 향상시킬 수 있다. 바이오매스 전처리는 물리적 · 화학적 · 열적 조건하에 셀룰로스 중합체에서 실란(xylan)과 리그닌을 제거하고, 셀룰로스 구조를 부드럽게 비경질화시킨다. 이를 통해 셀룰라아제(셀룰로스 분해 효소)가 셀룰로스 중합체를 빠르고 완전하게 가수분해한다. 이러한 다양한 전처리 과정 중 가장 많은 관심을 끌고 있는 네 가지 전처리 과정에 대해 알아보자(Hendriks 및 Zeeman, 2009).

1. *제분*: 바이오매스 공급 원료의 표면적을 증가시키고, 중합체 구조의 복잡성을 줄이며, 바이오매스를 자르는 과정이다. 제분(milling)은 가수분해와 생산 속도를 증가시킨다.
2. *묽은 황산*: 묽은 황산(dilute-sulfuric acid)을 이용한 전처리는 녹말과 자일란 당류를 단량체로 바꾸고(중합체로 이루어진 헤미셀룰로스 당류를 분해), 분해 가능한 셀룰로스로 변화시키는 것에 대해 매우 효율적이다. 다만 이 전처리 방법은 푸르푸랄(furfural)과 같은 당분을 변질시키는 독성 부산물을 만들어 이스트균의 활동을 저해한다. 하지만 고온처리와 결합될 경우 독성 부산물이 변질되기 때문에, 혐기성 미생물의 혼합된 조성을 활용하는 바이오에너지 시스템이 영향을 덜 받게 된다.
3. *고온수*: 고온수(hot water)를 이용한 전처리는 녹말과 자일란 중합체를 녹여 분해 가능한 셀룰로스를 생산하기 위해 개발되었다. 이 전처리 방법은 물만 사용하고 화학물질을 사용하지 않아 유리하지만, 헤미셀룰로스 중합체를 완벽하게 분해하지 못하는 한계가 있다.

4. *알칼리*: 알칼리(alkaline) 전처리는 여러 종류의 화합물을 이용하는데, 팽창 암모니아 섬유(ammonia fiber expansion: AFEX)나 석회질과 같은 예가 있다. 이 전처리의 기본은 자일란을 pH 10 혹은 그 이상에서 처리하는 것으로, 분해 가능한 셀룰로스를 생산하는 데 매우 효율적인 방법이다. 다만 고온수 전처리와 유사하게 헤미셀룰로스 당류 중합체는 완벽하게 분해하지 못한다.

14-4 플랫폼

바이오리파이너리(biorefinery)는 바이오매스 전환 공정에 바이오에너지나 바이오화학물 생산을 위한 장비를 결합하는 개념이며, 다양한 플랫폼(paltform)이 있다. 그 가운데 당류 플랫폼(sugar platform), 합성가스 플랫폼(syngas platform), 바이오오일 플랫폼(bio-oil platform), 카르복실레이트 플랫폼(carboxylate platform) 등 네 가지 플랫폼에 대해 다룬다. 이 네 가지 플랫폼은 바이오매스의 목질섬유소 매트릭스를 풀기 위한 가수분해 방법에 따라 구분되는데, 이 과정이 바이오매스 변환에서 가장 어려운 과정이다. 각각의 가수분해 방법은 그 플랫폼의 이름처럼 서로 다른 화학물을 사용한다(즉 당류, 합성가스, 바이오오일, 카르복실레이트). 이어지는 전환 공정은 플랫폼 간에 공유될 수 있는데, 예를 들어 혐기성 발효(anaerobic fermentation)는 당류 플랫폼에서 당류를, 합성가스 플랫폼에서 합성가스를 에탄올로 바꿀 수 있다. 즉, 바이오리파이너리를 통한 제품 생산과 경제적 이득을 극대화하기 위해 플랫폼을 호환하고 조합하여 사용할 수 있는 것이다. 바이오리파이너리는 정제 공장과 같이 기본 재료를 정제된 제품으로 전환시켜 발생하는 수익을 최대화하는 것이 목적이다.

14-4-1 당류 플랫폼

가장 잘 알려진 바이오리파이너리 플랫폼이다. 특별한 효소(enzyme, 셀룰로스 분해 효소)를 이용한 가수분해를 통해 당류 중합체(셀룰로스와 헤미셀룰로스)를 6개의 탄소와 5개의 탄소 구조 당분으로 변환하며, 당류는 박테리아 또는 이스트균의 발효로 알코올로 변환시킨다. 효소 추가 전 공급 원료를 부드럽게 하고 효소 작동을 원활하게 하기 위해 전처리 과정이 필요하다. 미국의 몇몇 회사는 포플러 나무 같은 목재를 지속적으로 알코올로 변환하기 위해 이 기술을 확대 적용하고 있다. 효소의 느린 작동 과정과 효소 추출 과정의 높은 비용, 전처리 과정 부산물에 의한 영향 등 기술적 · 경제적 문제로 인해 개발 속도가 느리지만, 지속적인 개선을 통해 계속 매력적인 플랫폼으로 자리매김하고 있다.

14-4-2 합성가스 플랫폼

특정한 목질섬유소 바이오매스는 높은 리그닌 함유량과 강한 셀룰로스 구조로 인해 효소를 이용한 분해가 어렵거나 느린데(그림 14-2 참조), 이런 경우 다른 대안이 필요하다. 최근 각광받는 전략은 우선 바이오매스 공급 원료를 가스화(gasification)를 통해 *합성가스*(syngas, 수소와 일산화탄소 및 이산화탄소 등으로 구성)로 전환한 뒤(그림 14-4 참조), 이 합성가스를 연료 합성의 구성 요소로 활용하는 것이다. 이 공정은 합성가스뿐 아니라 바이오숯(biochar, 숯 같은 고체 물질)이나 바이오오일(점성 혼합물) 등도 만들 수 있다. 가스화 공정은 다양한 조성과 작동 조건에서 이루어지는데,

그림 14-4 미국 웨스트버지니아주 동부 양계장의 가스화 시스템. (*출처*: Johannes Lehmann, 코넬대학교.)

이 과정에서 여러 생산물의 비율과 농도가 달라진다. 또한 합성가스는 생물학적 또는 비생물학적 공정을 통해 연료 생산에 활용되는데, 생물학적 방법으로는 클로스트리디움 속(Clostridia class)의 박테리아로 합성가스 내의 일산화탄소와 수소를 알코올로 변환하는 것이다. 미국 기업들은 바이오리액터의 규모를 크게 만들어 가스를 용액에 잘 전달되게 하고 박테리아 변환 효율을 향상시키고 있다. 과거에는 석탄에서 나온 합성가스를 금속 촉매(비생물학적 과정)를 이용하여 변환시키는 연구가 활발했으며, 비슷한 기술을 바이오매스와 합성가스 변환에 활용하기 위한 연구가 계속 진행되고 있다. 연료 생산에 더하여 합성가스는 열과 동력 발생에 사용되는 동력 엔진과 연료전지에도 적용될 수 있으며, 농업 폐기물이나 도시 폐기물 같은 유기 폐기물을 합성가스 플랫폼을 이용하여 합성가스로 변환시킬 수도 있다.

14-4-3 바이오오일 플랫폼

이 플랫폼 역시 무산소 가스화 기술을 이용하고 있다. 바이오매스 공급 원료로부터 합성가스나 바이오숯이 아닌 *바이오오일* 생산을 최대화하는 가스화 과정은 500°C의 온도와 2초에 이르는 상대적으로 짧은 바이오매스 잔류시간이 필요하다. 이처럼 시간이 짧기 때문에 이 공정을 빠른 열분해라고 부르기도 한다. 바이오오일로 언급되는 점성이 높은 액체가 주로 생산되기 때문에, 바이오오일을 원유와 비교하여 고도화된 바이오리파이너리라 생각하는 사람도 있다. 그러나 바이오오일은 20%에 이르는 수분을 함유하므로 부식을 잘 유도하며, 구성 물질이 복잡하다는 단점이 있다. 많은 열분해 과정이 바이오매스를 바이오오일로 바꾸기 위해 개발되고 있으며, 이 분야에 대한 연구가 활발히 이루어지고 있다.

14-4-4 카르복실레이트 플랫폼

카르복실레이트 플랫폼은 혼합된 미생물 군집체를 이용하여 바이오매스를 가수분해한다. 이 미생물은 가수분해에 필요한 효소를 자체적으로 생산하기 때문에 특별한 효소를 따로 구매할 필요가 없다. 카르복실레이트 플랫폼을 동물 내장으로 대체하여 활용하기도 하는데, 복잡한 바이오매스를 숙주에 의해 사용되는 휘발성의 지방산으로 변환시킬 수 있다. 바이오에너지 시스템에서 미생물을 이용한 공정은 대용량의 탱크가 필요하며, 가수분해를 가속화하기 위해 바이오매스의 전처리 과정이 요구된다. 이 플랫폼의 최종 산물은 휘발성 지방산(acetic acid, propionic acid, lactic acid 혹은 *n*-butyric acid 등)이나 이러한 지방산으로 만들어진 제품이다. 또한 메탄, 수소, 중쇄 카르복실산(medium-chan carboxylic acid) 등이 포함된다. 다음 절에서는 휘발성 지방산에서 메탄을 생산하는 것에 대해 다룬다(혐기성 분해). 미생물 혼합 컨소시엄(consortium)의 사용은 복잡하고 다양한 공급 원료를 다루기 위한 유전학적 접근에 기반하며, 원료 소독이 필요 없는 자유로운 배양을 통해 이루어지므로 많은 장점이 있다.

14-5 알코올

가장 잘 알려져 있고 가끔 알코올과 동의어로 쓰이는 에탄올은 2개의 탄소 원자 구조를 가진 에탄(C_2H_6)과 비슷하지만 수소 이온이 수산화 이온으로 바뀐 화학물질(C_2H_5OH)이다. 다른 알코올은 에탄올과 비교했을 때 짧거나(하나의 탄소를 가진 메탄올의 경우) 긴[4개의 탄소 원자를 가진 *n*-부탄올(*n*-butanol)이나 6개의 탄소 원자를 가진 *n*-헥산올(*n*-hexanol)의 경우] 탄소 구조를 갖고 있다. 대부분의 에탄올은 당류 작물(브라질의 사탕수수나 미국의 옥수수 전분)의 발효로 만들어진다. 에탄올은 물과 15% (150 g/L) 정도의 고농도 에탄올 혼합물 형태로 생산되며, 이 이상의 농도에서는 이스트균이 살 수 없기 때문에 불가능하다. 99% 또는 그 이상의 농도를 가진 운송용 에탄올 연료를 생산하기 위해 용액에서 물을 제거하는 증류 공정이 필요하며, 이 공정은 상당히 많은 에너지를 소모한다. 현대 공장에서는 증류를 통해 95% 수준의 에탄올을 생산한 뒤, 수분 흡수 시스템(분자 채집기)을 이용한 수분 제거를 통해 99% 에탄올을 생산한다. 에탄올은 물의 농도에 상관없이 일정한 균일 혼합물이다. 에탄올 공장에서 소비되는 에너지 총량은 증류 공정으로 인해 매우 높은데, 20% 정도의 에너지가 에탄올을 반응 용액에서 분리하기 위해 사용된다(Shapouri 등, 2013). 증류 시스템 가동을 위해 천연가스를 사용할 경우, 가스보다는 액체 연료 상태로 바꾸는 것이 보관하기 쉽다. 다행히도 농업 폐기물 등을 포함한 바이오매스양이 증가했기 때문에 증기 보일러 가동을 위해 공장에서 사용되는 재생 불가능 연료의 사용을 줄일 수 있고, 순 에너지수지 비율 또한 바뀌고 있다.

에탄올에 대한 단위 부피당 에너지 함유량은 가솔린보다 낮기 때문에(21.3 MJ/L 또는 7만 5,700 BTU/gal 순 에너지 함유량 대 32.5 MJ/L 또는 11만 5,400 BTU/gal), 에탄올과 가솔린의 비교는 등가 에너지 함량을 바탕으로 수행되어야 한다. 순수한 에탄올은 적절하게 변형된 스파크 점화(spark-ignition) 엔진에서 연소 가능하며, 휘발유와 섞어서 'EXX'로 표기하여 판매하는 것도 가능하다(이 경우 에탄올 함유량은 XX로 표시된다). 스파크 점화 엔진은 특별한 개조 없이도 10%의 에탄올 혼합물 연소가 가능하며, 이보다 높은 에탄올 비율에서는 약간의 변경이 필요하다. 플렉스 퓨얼(flex-fuel) 에탄올 차량에서는 엔진이 에탄올의 구성 비율을 감지하여 연소를 조절한다. 다른 나라에서는 다른 방식을 취하기도 하는데, 브라질에서 승용차는 100% 에탄올로 가는 자동차와 특정 가솔린/에탄올 비율에서 움직이는 차량 그리고 플렉스 퓨얼 에탄올 차량 등으로 다양하게 구성되어 있으며, 이 경우 플렉스 퓨얼 차량은 다양한 혼합비에 적용 가능하다(그림 14-5 참

그림 14-5 브라질에서는 자동차 운전자가 플렉스 퓨얼 차량을 이용하기 때문에 에탄올 연료와 가솔린을 계절 변동 가격에 따라 선택할 수 있다. (*출처*: Lars Angenent.)

조). 미국에서는 E10이 넘는 연료를 이용할 수 있는 차량을 플렉스 퓨얼 차량이라 부르며, 이 경우 E85까지 연소 가능하다.

전 세계 에탄올 생산량은 전체 가솔린 추출량에 비하면 매우 적지만 최근 크게 성장하고 있다. 미국의 에탄올 생산은 2001년 76억 리터에서 2010년 530억 리터로 증가했다. 브라질은 세계 두 번째 에탄올 생산국으로 2010년 260억 리터를 생산했다. 사탕수수와 옥수수 작물의 전체 생산량 한계가 남아 있기 때문에 성장 가능성은 여전히 있다. 하지만 미국의 향후 에탄올 생산량은 2007년 제정된 에너지독립보안법(Energy Independence and Security Act: EISA) 지침에 따라 옥수수 전분이 아닌 다른 바이오매스를 이용하여 만들어질 것이다. 이 법안은 2020년까지 1,360억 리터의 에탄올 등가 연료가 재생 원료로 만들어져야 하며, 790억 리터는 옥수수 전분이 아닌 작물로 만들도록 규정하고 있다. 그 가운데 총 610억 리터가 셀룰로스 공급 원료로부터 만들어질 것이다. 현재 미국은 옥수수 전분에서 생산 가능한 에탄올을 최대한 생산하고 있으며(560억 리터), 2010년 최대치에 달해 미국 내 30% 정도의 옥수수를 에탄올 생산에 활용하게 되었다.[8]

14-5-1 사탕수수에서 에탄올로 변환

사탕수수는 당류(sucrose)가 풍부한 섬유 줄기를 갖고 있는 다년생의 긴 풀이며 5미터까지 자랄 수 있다(그림 14-1 참조). 열대성 기후를 가진 브라질 북동부 지역에서 사탕수수는 1년에 한 번씩 재배된다. 지역에 따라 작물 생산량 증가를 위해 관개수로와 영양분 첨가가 필요하며, 재배 후 사탕수수 줄기는 에탄올 공장(보통 사탕수수 농장은 공장 근처에 위치한다)으로 옮겨져 당류를 얻기 위해 제

[8] 미국 EPA (2010a) Renewable Fuel Standard Program (RFS2) Regulatory Impact Analysis는 옥수수 전분에서 생산할 수 있는 재생연료 최대값을 측정했다.

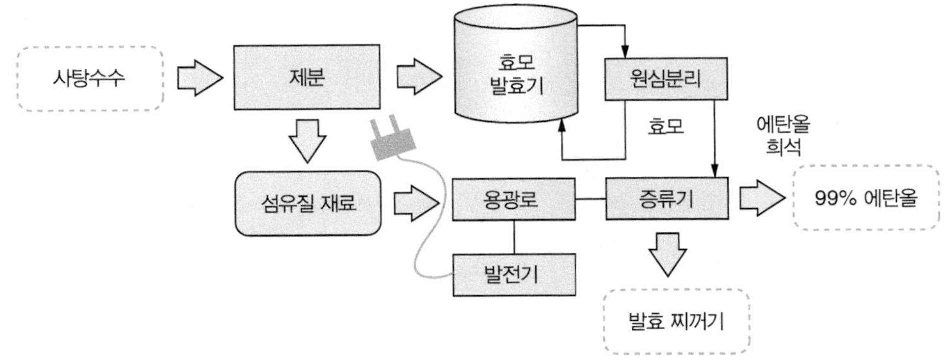

그림 14-6 사탕수수에서 에탄올을 만드는 과정.

분을 통해 분쇄된다(그림 14-6 참조). 높은 당 성분(즙) 용액은 이스트균과 함께 발효 탱크로 옮겨져 8% 농도의 에탄올이 생산되고, 이스트균 발효 탱크를 통해 생산된 가스는 에탄올 생산을 위해 수거된다.

발효 과정은 반나절 정도 걸리며 이스트균은 다음 발효를 위해 재활용될 수 있다(그림 14-6 참조). 발효 탱크를 통해 얻은 균일 혼합물인 에탄올은 정제를 위해 증류 타워로 옮겨진다. 에탄올을 정제하기 위한 증류는 에너지가 많이 소모되는 작업으로, 이 에너지는 소각로에서 사탕수수 분쇄 후 남은 섬유질 재료(한 예로, baggase)를 태워 얻는다(그림 14-6 참조). 에탄올이 제거된 용액은 발효 찌꺼기(vinasse)라 부르며, 관개에 활용되거나 판매되고 혐기성 분해를 통한 메탄 생산을 위해 부분적으로 재사용되기도 한다. 과거에 소각로는 주변 경작지 관개를 위한 펌프를 포함한 에탄올 공장 가동에 필요한 에너지를 생산했는데(그림 14-7 참조), 최근 보다 효율적인 에너지 회

그림 14-7 브라질 북동부 지역에 있는 에탄올 공장의 발효 탱크(앞)와 섬유질 재료 소각로(왼쪽 뒤). (*출처*: Lars Angenent.)

수 시스템을 통해 브라질 에탄올 산업이 전기를 수출하는 것도 가능하게 되었다. 하지만 목질섬유소 잔유물을 액체 연료로 변환하는 것과 같은 사탕수수에서 에너지를 얻는 연구는 계속 이루어져야 한다.

14-5-2 옥수수 작물을 이용한 에탄올 생산

미국에서 에탄올은 주로 옥수수 작물을 통해 만들어진다. 건식과 습식의 두 가지 다른 제분 공정이 에탄올 생산을 위해 사용되는데, 이 중 건식 제분은 자본집약적이지 않고 작동이 쉬워 최근 5~10년 동안 미국에 건설된 중소형 에탄올 공장에서 주로 사용되고 있다(그림 14-8 참조). 습식 제분은 매우 자본집약적이지만 다양하고 높은 가치를 지닌 제품을 만들 수 있다. 습식 제분에는 옥수수 작물의 다양한 구성 요소를 완벽하게 분리하기 위한 추가적인 분별 작업과 분리 기술이 필요하며, 순수하게 정제된 옥수수 전분만 에탄올 생산에 활용한다. 건식 제분은 에탄올 생산량을 증가시키기 위해 옥수수 전분 이외에도 다양한 옥수수 성분을 활용한다.

건식 제분

전체 옥수수 작물을 제분한 후 옥수수 전분을 글루코스 중합체인 덱스트린(dextrin)으로 전환시키는 효소와 함께 가열한다(그림 14-9 참조). 덱스트린 액체는 증기로 가열한 뒤 체온 정도의 온도로 냉각시킨다. 발효기에서 이스트균, 항생제(박테리아 감염을 조절하기 위한), 효소(글루코아밀라아제) 등을 당화(글루코스 형성)와 발효를 위해 혼합한다. 2~3일 뒤 15% 농도의 에탄올이 발효 생성물에서 생성되며 모든 과정이 끝난다. 발효기를 통해 생성된 배출가스는 에탄올을 생성하거나 음료 산업에서 사용되는 이산화탄소 추출에 쓰인다. 발효기의 마지막 용액은 맥주(beer)라 불리는데, 약 95% 농도의 에탄올을 얻기 위해 증류 타워로 이송되고 분자 채집기는 에탄올 농도를 99%까지 끌어올린다.

증류 타워 외부에서 얻을 수 있는 에탄올이 제거된 용액은 전 증류폐액(whole stillage)이라

그림 14-8 미국 북동부 지역의 건식 제분 발전소에 있는 4개의 발효 탱크(뉴욕주). 이 발전소는 천연가스와 전기(수력발전)를 동력으로 이용한다. (*출처*: Lars Angenent.)

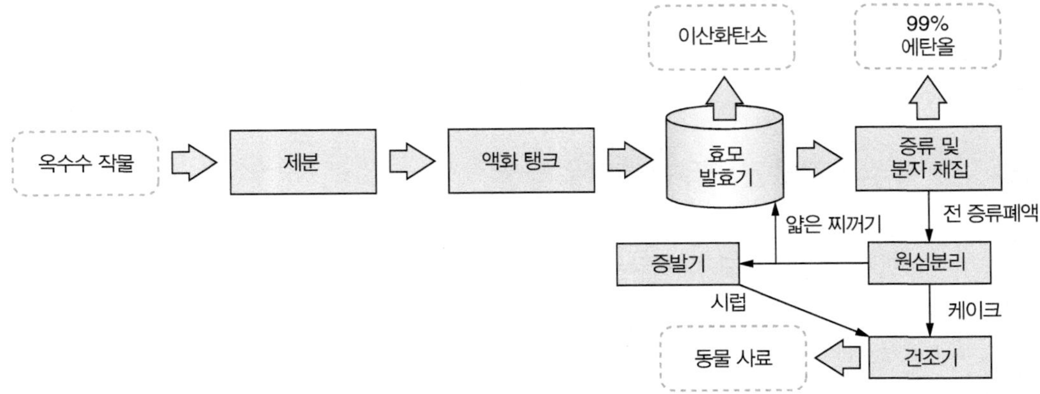

그림 14-9 건식 제분에서 옥수수 작물이 에탄올로 변환되는 과정.

불리며, 혼합되어 있는 옥수수 성분과 이스트균을 재활용하기 위해 원심분리된다. 젖은 케이크(wet cake)는 큰 회전 건조기를 이용하여 건조한다(그림 14-9 참조). 원심분리기에서 제거된 용액은 농도가 줄어들었음에도 불구하고 여전히 많은 양의 고체 성분을 포함하므로, 에탄올 공장에서 나온 폐열로 작동되는 증발기(evaporator)로 옮긴다. 증발기는 증류수와 시럽(syrup) 두 가지 제품을 만들어낸다. 증류수는 다시 수집되어 재활용되며, 시럽은 건조 과정을 통해 생산된 젖은 케이크와 합한다. 혼합된 이 물질은 동물 사료로 쓰이기 위해 재건조되며 주정박(dried distillers grain with solubles: DGS)이라 불린다. 주정박의 양은 무척 많으며, 에탄올 산업의 자립은 이러한 제품들에 의해 좌우된다. 에탄올 공장에서는 전처리된 많은 양의 동물 사료를 생산할 수 있으므로, 식량 대비 연료에 대한 논의를 처음에 언급한 것처럼 흑백논리로 구분할 수 없음을 알 수 있다. 이는 수명주기 분석(LCA)에서 동물 사료 생산은 에너지 가치에 영향을 주기 때문이다(순 에너지수지 비율을 증가시킨다).

수명주기 분석

다양한 수명주기 분석(LCA) 작업이 미국의 옥수수 에탄올 산업에 대해 진행되었다. 몇 년 전 이 분석은 옥수수 에탄올 산업의 평균 순 에너지수지 비율을 1.25 정도로 발표했고, 이로 인해 전체 에탄올 산업이 많은 비판을 받았다. 이 수명주기 분석은 광범위하게 이루어졌으며, 여러 가지 다른 요소들 중 공장의 암모니아 생산, 농장의 장비 생산, 농장과 가정의 에너지 사용과 동물 사료 생산에 대한 부분도 함께 고려되었다. 가장 최근에 이루어진 평가에서는 효율적인 에탄올 분리 기술[증류와 분자체(molecular sieve) 등]을 포함하는 현대화된 에탄올 공장의 등장으로 순 에너지수지 비율이 1.9~2.3 정도로 증가했다.[9] 어떤 공장은 이미 천연가스와 석탄 대신 농업 폐기물 바이오매스를 에너지 생산에 사용하기 시작했으며, 이러한 경우 순 에너지수지 비율은 2.8에 이른다.[10] 효율을 더 높이기 위한 새로운 시도가 계속되고 있다. 예를 들어 원심분리 후 나온 얇은 찌꺼기(thin stillage)는 혐기성 분해를 통해 재생 가능한 바이오가스로 변환될 수 있고,[11] 수용성 에탄올은 용액에

---

9 Shapiro 등(2010)은 2008년에 수집된 자료를 근거로 몇몇 건식 제분 공장을 비교했다.

10 이 자료는 Shapiro 등(2010)에 바이오매스 에너지 투입량을 추가한 것이다.

11 Agler 등(2008)은 재생 메탄 형성을 위해 혐기성 분해를 건식 제분 공정에 결합하여 순 에너지수지 비율을 1.3에서 1.7로 증가시키는 연구를 연구소 수준에서 수행했다.

서 분리하기 쉬운 다른 화학물질로 변환될 수 있다.

비록 순 에너지수지 비율이 지속 가능성 측면에서 낮은 값을 갖더라도, 미국에서의 에탄올 생산이 갖는 매력은 석유 승수(multiplier) 효과를 보인다는 점에 있다. 왜냐하면 에탄올 생산은 수명주기 부분(예를 들어 옥수수 작물 경작이나 트럭 및 기차 운행을 위한)에서 활용되는 상대적으로 적은 액체 연료(석유)를 이용하여 많은 양의 액체 연료(에탄올)를 만들 수 있기 때문이다. 특히 미국은 자국 내에 매장된 천연가스와 석탄을 주로 사용하기 때문에, 결과적으로 에탄올 생산은 미국의 무역수지를 향상시킨다. 또한 휘발유에 10% 정도의 에탄올을 첨가하면 자동차 엔진의 효율이 높아진다. 이러한 점들을 모두 고려하면 문제가 훨씬 복잡해진다. 다음은 미국 에탄올 산업에 대한 고민 과정에서 중요한 몇 가지 추가 요소이다.

- 순 에너지수지 비율은 다른 에탄올 공장들을 평가한 후 평균 숫자로 계산한다. 에탄올 생산 공정은 무척 다양하며, '평균적인 공정'을 고려하는 것은 무척 어렵다. 이러한 경우 어설프게 일반화를 시도하는 것보다 가장 좋은 실질적인 예를 명확하게 분석하는 것이 오히려 도움이 된다.
- 현재의 에탄올 순 에너지수지 비율이 낮더라도, 에탄올 생산은 미래에 좀 더 효율적인 바이오연료를 생산하기 위한 징검다리 역할을 할 수 있다. 따라서 연구뿐만 아니라 실제 산업에 적용하려는 노력이 필요하다. 그리고 이 과정에서 요구되는 바이오연료 생산에 필요한 시설을 설계하고 건설할 수 있는 인프라와 숙련된 노동력을 키워야 한다.
- 에너지의 투입과 생산에 대한 논쟁은 매우 복잡한 문제이다. 많은 양의 옥수수를 에탄올로 변환하여 환경적 효과를 얻는 것도 중요하지만, 결국에는 미국 내 기초적 식량 공급에 나쁜 영향을 미칠 수 있기 때문이다.

전체적으로 더운 지역에서의 에탄올 생산은 환경적 영향을 고려할 때 긍정적 효과를 지니고 있음이 명확하다. 에탄올 생산 공정은 투입 에너지를 줄이고 비화석 연료를 사용하는 방향으로 계속 개선할 필요가 있다.

14-5-3 셀룰로스 에탄올

향후에는 미국 정부의 지침에 따라 재생 가능한 연료 혼합물의 많은 부분이 셀룰로스 공급 원료로부터 나올 것이다. 현재 셀룰로스 바이오매스를 에탄올로 변환하는 기술은 당류 플랫폼에서 5개와 6개 탄소 원자를 가진 당류를 이용하거나, 합성가스 플랫폼에서 합성가스를 이용하는 방식 등이 적용되고 있다. 박테리아와 이스트균은 당류를 에탄올로 변환할 수 있다. 박테리아 에탄올 생산 과정에서 박테리아가 만들 수 있는 최대 에탄올 농도는 대략 4~5%이다. 순수한 이스트균은 15%에 이르는 농도의 에탄올을 얻을 수 있지만, 헤미셀룰로스(5개 탄소 원자 당류)의 많은 당류를 활용할 수 없어 목질섬유소의 에탄올 변환 효율이 낮은 문제가 있다. 합성가스 발효의 경우 박테리아만 사용할 수 있으며, 4% 정도의 에탄올 농도를 얻는다. 따라서 전반적인 셀룰로스 에탄올은 옥수수 에탄올 산업에서 얻을 수 있는 15%보다 낮은 4~5% 정도의 저농도 에탄올로 얻는다. 이러한 낮은 농도의 에탄올을 증류하기 위해서는 더 많은 에너지가 필요하며, 결국 공장에서 에탄올 증류를 위한 높은 에너지를 필요로 하게 된다. 셀룰로스 에탄올을 95%로 증류하는 데는 에탄올 전체 에너지 함량의 24% 정도가 활용되며(Galbe 및 Zacchi, 2002), 이는 옥수수 에탄올 증류에 필요한 20%보다 높다. 하지만 순 에너지수지 비율은 셀룰로스 에탄올이 옥수수 에탄올보다 상당히 높을 것으로 추정된다. 다만 정확한 순 에너지수지 비율을 알기 위해서는 셀룰로스 에탄올 산업이 성숙하기를 기다려야 할 필요가 있다.

14-5-4 *n*-부탄올

n-부탄올은 4개의 원자가 직선의 탄소 구조를 가진 알코올의 한 종류이다. 에탄올과 비교했을 때 *n*-부탄올의 화학적 특성은 가솔린과 비슷하며, 에탄올보다 스파크 점화 엔진(SI engines)에 더 적합하다. *n*-부탄올은 클로스트리디아(Clostridia) 계열의 박테리아에 의한 당류 발효에 의해 생성되며, 아세톤과 에탄올이 부산물로 만들어진다. *n*-부탄올을 만들기 위한 이 과정은 아세톤–부탄올–에탄올(ABE) 발효로 불리며, 저온살균법(pasteurization) 창시자인 미생물학자 Louis Pasteur에 의해 1861년 처음으로 알려졌다. 산업화 규모의 발효 과정은 1차 세계대전 동안 영국군이 사용하는 화학 원료인 아세톤 생산을 위해 발전되었으며, 이때 부산물인 *n*-부탄올은 자동차 산업에서 광택제를 녹이는 용매로 사용되었다. 이후 ABE 발효 공정은 연료로 사용하기 위한 *n*-부탄올을 생산하는 데 사용되었다. 2차 세계대전 이후 석유 산업 발전과 함께 *n*-부탄올과 아세톤 발효를 통한 공업 생산량은 가격 경쟁력으로 인하여 1982년 남아프리카의 마지막 ABE 발효 공장이 문을 닫을 때까지 점차 줄어들었다. 하지만 오늘날 ABE 발효 공정은 화석연료의 높은 가격과 미래 가용성에 대한 불안감으로 인하여 다시 사용될 조짐을 보이고 있다. 하지만 *n*-부탄올이 엔진에 더 좋은 연료일지라도, 바이오연료의 한 종류로 차량에 사용될 정도의 *n*-부탄올을 대량으로 생산하는 것은 에탄올을 생산하는 것보다 더 큰 어려움이 있다. *n*-부탄올의 박테리아에 대한 독성은 이스트균에 대한 에탄올의 독성보다 심각할 정도로 크며, 이는 ABE 발효 과정을 통해 만들어지는 *n*-부탄올의 최대 농도를 떨어뜨리고 많은 에너지가 요구되는 증류 과정으로 인해 높은 비용을 발생시킨다. 또 다른 문제는 발효를 위한 당류가 녹말(미국 정부에 의해 관리되는)이 아닌 목질섬유소 공급 원료로부터 나온다는 것이다. 비록 목질섬유소 공급 원료로부터 생산된 *n*-부탄올이 계속 연구되고 있지만, *n*-부탄올의 광범위한 산업화는 여전히 요원하다.

14-6 바이오디젤

바이오디젤과 석유디젤은 평균 화학 조성이 $C_{12}H_{26}$인 복잡한 탄화수소를 갖고 있으며, 탄소 원자 조성은 10~15개 사이에서 변한다. 바이오디젤의 화학 조성은 석유디젤의 화학 조성과 상당히 다르며, 단위 부피당 에너지 함유량이 석유디젤보다 낮다(바이오디젤 에너지의 경우 33.0 MJ/L 또는 11만 7,000 BTU/gal, 석유디젤 에너지의 경우 36.2 MJ/L 또는 12만 8,700 BTU/gal). 동식물 원료를 사용하여 만든 화학적으로 석유디젤과 유사한 합성 디젤 연구 · 개발이 계속 진행되고 있지만, 오늘날 사용되는 대부분의 바이오디젤은 앞서 설명한 내용과 일치한다. 미국 바이오디젤 총 판매량은 1990년대 후반부터 빠르게 증가하기 시작하여 1999년 190만 리터(50만 갤런)에서 2011년 30억 리터로 증가했다(8억 갤런의 바이오디젤 판매는 12억 갤런의 에탄올 판매와 동일하다). 독일은 2010년에 57억 리터(15억 갤런) 정도로 추산되는 바이오디젤을 생산했으며, 대부분 유채 기름(rapeseed oil)을 원료로 만들어졌다. 독일과 미국의 바이오디젤 생산에 쓰이는 원료는 주로 농경작물을 통해 공급된다. 그와 동시에 바이오디젤은 예열로 점성을 감소시킬 경우 압축 점화 엔진(CI engine)에 사용할 수 있는 스트레이트 식물유(SVO)나 식물 지방(지금까지 언급된 과정으로는 디젤 연료로 변환되지 않음)을 생산하는 지역 폐유를 이용한 개인 및 소규모 회사에서도 만들어진다.

바이오디젤의 가장 일반적인 형태는 'B20'으로 알려져 있는 20% 바이오디젤과 80% 석유디젤의 혼합물이며, B20을 현재 차량에 사용하기 위해서는 연료 공급 시스템을 포함한 차량의 간단한 개조가 필요하다. 이러한 개조를 통해 B100(100% 바이오디젤) 또한 사용될 수 있다. 일반적으로 디젤 엔진(CI)은 가솔린 엔진(SI)보다 추운 날씨에 민감한데, 바이오디젤을 사용하면 이러한 온도에 대한 민감도가 증가한다. 따라서 바이오디젤 이용자는 연료 공급라인에서 연료가 교화(gelation)되는 것을 막기 위한 주의가 필요하며, 특히 높은 농도의 바이오디젤(B20 이상)을 사용할 때는 더욱 세심한 주의를 요한다. 그 외에는 바이오디젤을 사용하기 위해 압축 점화 엔진을 추가적으로 개조할 필요는 없다. 다른 측면에서 바이오디젤을 사용할 경우 엔진과 연료 공급 시스템에 이로울 수 있는데, 2% 정도의 바이오디젤을 연료로 첨가하면 엔진 내부의 윤활 작용이 증가한다.

석유디젤과 바이오디젤의 가격 차를 줄이기 위해 미국 연방정부는 2005년에 #2 디젤과 바이오디젤 원액을 섞어 만든 B20에 대해 갤런당 0.20달러의 세금을 감면하고, #2 디젤과 재사용 동식물성 기름을 섞어 만든 B20에 대해서는 갤런당 0.10달러의 세금을 감면하는 정책을 실시했다. 여기서 재사용 바이오디젤은 요리 기름 같은 폐유의 정제 과정을 통해 만들어진 반면, 바이오디젤 원액은 대두 같은 작물 혹은 육류 산업에서 나온 동물성 지방을 이용하여 만들어졌다. 바이오디젤 산업의 효율성 향상과 2005년부터 시작된 세계 시장의 원유값 상승으로 인해 바이오디젤이 경쟁력을 갖게 되었는데, 그럼에도 불구하고 바이오디젤 산업은 여전히 정부의 지원에 의해 좌우되는 상황이다. 미국에서는 2010~2011년 사이 정부의 세금감면 정책이 중단되자 바이오디젤 생산량 역시 현저히 감소했으며, 2011년 세금감면 정책 재실시를 통해 바이오디젤 생산이 재개되었다.

14-6-1 생산 공정

바이오디젤은 팜유, 대두유, 유채 기름 같은 농업적으로 생산되고 산업적으로 폐기된 식물성 기름, 조류에서 추출한 트라이글리세리드(triglyceride), 수지(tallow) 및 라드(lard) 같은 동물 지방에서 얻어 재사용된다. 바이오디젤 생산을 위한 생물학적 원료는 트라이글리세리드인데, 이는 3개의 지방족이 하이드록실 그룹의 에스테르 결합을 통해 글리세린 주 사슬에 결합된 구조로 이루어진 유기물이다(그림 14-10 참조). 가장 잘 알려진 바이오디젤 생산 공정에서 트라이글리세리드 분자는 에스테르 교환으로 알려진 열화학적 반응을 통해 지방산 분자와 글리세롤 분자로 나뉜다. 이 반응에는 메탄올과 에탄올 같은 알코올 치환을 포함하는 지방산의 글리세린 결합 치환을 촉진하기 위한 촉매(일반적으로 수산화나트륨, 수산화칼륨 같은 강한 염기성)를 첨가해야 하고, 그 결과로 바이오디젤과 글리세롤이 형성된다.

바이오디젤과 글리세롤 혼합물은 원심분리법을 통해 무거운 글리세롤이 낮아지면서 분리되는데, 질량비에 근거하여 바이오디젤 10개당 하나의 글리세롤이 생성된다. 이러한 바이오디젤 공정은 상대적으로 용이하며, 디젤 엔진의 수용력이 광범위한 이유로 많은 수의 작고 분산화된 발전소가 개인주택 소유자의 차고에서 생겨나기도 했다. 바이오디젤 생산 과정에서 만들어져 폐기물로 간주되었던 글리세롤은 혐기성 발효를 통한 재생 가능 메탄 생산을 위한 이상적인 물질이다(다음에서 다룬다).

실제 크기의 생산 공장은 에스테르 교환 공정같이 같은 원료를 다른 생산 공정으로 처리하지

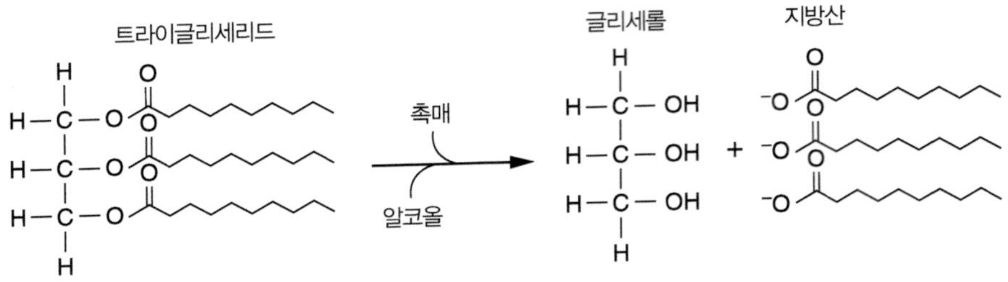

그림 14-10 가장 잘 알려진 바이오디젤 생산 공정 반응. 이 열화학적 반응은 에스테르 교환으로 알려져 있으며, 트라이글리세리드를 글리세롤(부산물)과 지방산(바이오디젤)으로 분해한다. 트라이글리세리드의 탄소 꼬리(오른쪽 분자)와 지방산은 다양한 길이를 가질 수 있다.

만, 탈수소 반응으로 알려진 열화학적 방법에 기초한다. 이러한 공정은 부산물로 글리세롤을 생성하는 것이 아니라 대량의 바이오프로판(biopropane)을 생성한다(트라이글리세리드의 글리세린 결합은 프로판을 만들면서 탈수소화된다). 바이오프로판은 3개의 탄소(C_3H_8)로 이루어진 작은 분자이며, 운송수단을 위한 액화석유가스(LPG)로 바로 사용될 수 있다. 액화석유가스는 상온에서 압축에 의해 기체에서 액체로 상을 바꾸는 탄화수소 혼합물[일반적으로 프로판과 부탄(C_4H_{10})이 있다]의 총칭이다. 액화석유가스는 천연가스나 전기가 연결되지 않은 지방 도시에 매우 중요한 대체 연료로 가정의 난방과 요리에 사용되며, 개발도상국과 선진국 모두에서 활발하게 활용되고 있다.

14-6-2 수명주기 분석

바이오디젤 생산으로 인한 에너지 입 · 출력 수명주기에 관한 대부분의 최근 연구는 바이오디젤 생산이 옥수수 에탄올 생산보다 높은 순 에너지수지 비율을 가진다고 보고하고 있다. 옥수수 에탄올과 대두 바이오디젤을 대조하는 평가를 수행한 하나의 연구를 고려해 보자. 이 연구에서는 부산물(co-product)을 포함하여 평가할 경우 바이오디젤이 1.9의 순 에너지수지 비율(에탄올은 1.25)을 갖는 것을 보여주는데(Hill 등, 2006), 이러한 순 에너지수지의 현저한 증가는 생산 공정의 에너지 절감에 기인한다. 그 이유는 재사용 식물성 기름은 화학 구조 측면에서 바이오디젤과 가깝기 때문에 화학 촉매만 필요할 뿐 증류를 필요로 하지 않기 때문이다. 이산화탄소가 아닌 다른 종류의 온실가스 문제가 더 중요하게 다루어지는 경우가 많은데(예를 들어 농업에서 나오는 이산화질소는 이산화탄소보다 더 큰 온실 효과를 가진다), 수명주기 분석을 통한 자동차 온실가스 발생량을 비교해 보면 바이오디젤 사용으로 인한 자동차 온실가스 발생량은 석유디젤 사용으로 인한 발생량의 60% 정도 수준이다. 이처럼 수명주기 분석에서는 바이오연료의 전체 수명주기 동안의 모든 온실가스를 포함하는 것이 무척 중요하다.

비록 대두로 만들어진 바이오디젤이 옥수수 에탄올과 비교하여 매우 높은 순 에너지수지 비율을 갖더라도, 대두와 같은 작물은 옥수수와 비교하여 생산량이 적기 때문에 문제가 된다. 즉, 전 세계에서 생산될 수 있는 대두 바이오디젤 최대 생산량은 에너지 총량이라는 측면에서 제한되는 것이다. 예를 들어 미국에서는 대두의 생산량 증가나 수출량 감소가 없다면 대두를 이용한 바이오디젤의 최대 생산량은 현재 사용되는 석유디젤 소비량의 5~6% 정도일 것이라고 예측된다. 반면 옥수수 에탄올은 이미 미국에서 소비되는 휘발유의 10% 가까이 생산되고 있다. 따라서 정책 결정권자는 순 에너지수지 비율 같은 요소뿐만 아니라 다른 많은 요소들을 함께 고려해야 한다.

14-7 메탄과 수소(바이오가스)

기체 연료인 메탄(methane)과 수소(hydrogen)는 스파크 점화 엔진(SI engine)과 연료전지 같은 고정식 파워 생산 시스템의 연료로만 생각되어 왔다. 하지만 메탄은 자동차, 버스, 기차를 가동하는 데 사용할 수 있고, 수소 역시 자동차와 버스를 가동하는 데 사용할 수 있다. 재생 가능한 메탄은 유기물(종종 폐기물의 일부)의 혐기성 발효를 통해 생산된다. 수소는 연료전지에서 전기와 열을 생산하기 위한 연료로 사용될 수도 있지만, 금속 촉매가 고가이고 필요한 다른 물질의 독성이 높고 민감하기 때문에 수소 가스는 연료전지의 긴 수명을 보장하기 위해 매우 청결할 필요가 있다.

14-7-1 혐기성 소화

혐기성 소화(anaerobic digestion)는 유기물을 분해하여 바이오가스를 생성하는 다양한 미생물 군집체가 외부 환경과 분리되어 들어 있는 탱크를 이용한다. 이 기술의 장점은 다른 동력원이 필요 없다는 것인데, 이는 미생물이 혐기성 조건에서 유기물을 분해할 때는 통기(aeration)가 필요 없기 때문이다. 이 공정은 청결한 배양 조건에서 작동하는 에탄올 발효와는 매우 다르다. 혐기성 소화는 다양한 종류의 미생물이 유입부를 통해 살균이 불필요한 폐기물과 함께 들어오는 개방 시스템이며, 이는 수천 가지의 미생물이 상대적으로 안정된 미생물 군집체를 이룰 수 있게 한다. 혐기성 소화에서는 하나의 미생물 생산물이 다른 미생물의 먹이가 되는 미생물 먹이그물이 형성된다. 이렇게 생산된 바이오가스는 60~70%의 메탄으로 구성되어 있으며, 보일러와 열전기 복합 동력 시스템에서 열과 전기를 생산하기 위해 사용될 수 있다.

혐기성 소화는 성숙한 기술이며, 안정화된 조건에서 가동된다면 최종 산물인 메탄과 이산화탄소가 용액에서 생물학적 반응을 위한 열역학적 반응성을 증가시키는 가스 생성(기포 생성) 과정을 통해 자동적이고 일정하게 용액으로부터 추출되기 때문에 매우 효율이 높은 에너지 회수 시스템이다. 즉, 에탄올 생산과 달리 최종 산물 분리를 위해 에너지가 소모되지 않는다. 이 공정이 효율적인 다른 이유는 혐기성 미생물 성장이 매우 느리고 발효 과정 가운데 생기는 생성물이 매우 낮은 농도로 유지되기 때문이다(즉, 다른 물질이 거의 생성되지 않는다). 미국에서 혐기성 소화 기술은 현재 바이오고형물(biosolid)을 처리하기 위해 지자체 폐수 처리 공장을 보유한 농장에서 사용되고 있으며, 산업 폐수 처리용으로도 사용되고 있다. 브라질과 인도 같은 나라에서도 자국 폐수를 혐기성 소화 기술을 통해 처리한다.

2010년 미국 환경보호청(EPA)은 상업적 규모의 가축 시설에서 작동할 수 있는 혐기성 소화조(digester)를 157개 정도로 추산하였으며, 미국 내 8,000개 정도의 농장에 바이오가스 시설을 설치하면 총 1,670 MW 용량이 확보 가능하다고 하였다.[12] 다른 추정에서는 메탄 배출권(methane reduction credit, 현재 처리되지 않은 거름 더미가 메탄을 생산하고 있으며 이는 농업 분야에서 발생되는 온실가스의 상당량에 해당한다)과 전기 가격 상승으로 인해 2025년에는 혐기성 소화가 경쟁력 있는 경제 모델이 될 것으로 예상하고 있다. 이러한 조건하에 농장에 있는 혐기성 소화조는 미국 전기 소비량의 5.5% 정도를 생산할 수 있었다.[13] 이것조차도 전체 가용량을 적게 잡은 수치인데, 세제혜택 정책으로 인하여 5,000개가 넘는 혐기성 소화조를 갖고 있는 농장이 10년 전에 이미

[12] EPA (2010b)를 통해 AgStar는 상업화된 가축 시설(농장)에서의 혐기성 소화조 사용 가능성을 추산했다.
[13] Zaks 등(2011)은 소화조가 있는 농장이 갖고 있는 경제적 기회에 대해 다루었다.

그림 14-11 미국 북동부 지역(뉴욕주)에 있는 지하 혐기성 소화조를 이용하는 농장으로, 동물 거름과 음식 폐기물을 사용한 복합 소화 과정에서 발생한 바이오가스는 2개의 스파크 점화 엔진을 이용하여 330 kW 이상의 전기를 생산한다. (*출처*: Lars Angenent.)

독일에 건설되었으며, 여기에 더해 독일 소화조의 전기 가용량을 2,000 MW 이상으로 증가시킬 수 있도록 동물 거름과 신선하게 보관된 옥수수 작물 같은 에너지 작물이 동시에 투입되고 있다. 그림 14-11은 미국에서 운영되는 소화조를 갖고 있는 157개 농장 중 하나를 보여준다.

혐기성 소화는 현장에서 에너지원으로 사용되는 등 농부에게 많은 이점을 제공한다. 몇 가지 예로 냄새 제거와 농경지에 사용할 수 있는 안정화된 비료 생산을 들 수 있다. 그렇다면 왜 미국에 더 많은 혐기성 소화조 시설을 만들지 않는가? 전기 대비 천연가스의 낮은 가격과 혐기성 소화조 시설을 위한 높은 비용으로 인해 투자비용 회수에 오랜 기간이 걸리기 때문이다. 이를 해결하기 위해 농부들은 식품 산업 등에서 나온 유기 폐기물을 거름(복합 폐기물)에 넣는 등 다른 유기 폐기물의 처리를 통해 폐기물 처리 위탁 수수료를 매김으로써 혐기성 소화조의 수익성을 향상시킬 수 있으며, 이를 통해 투자비용 회수 기간을 줄일 수 있다. 또한 미국 내 폐수 처리 공장에서의 혐기성 소화의 경우 바이오고형물만 처리하기 위해 설계되었던 소화조에 바이오고형물과 지역사회에서 나온 음식 폐기물이 함께 혼합 소화(co-digestion)되면서 더 많은 메탄을 생성할 수 있었으며, 이로 인해 관련 분야에 대한 관심이 높아지고 있다(그리고 열에너지 발전 시스템을 보유하고 있는 경우 더 많은 전기를 생산한다). 이렇게 유기 폐기물을 추가할 경우 폐수에서의 이산화탄소 배출을 없애기 위해 폐수 처리 공장에서 사용하는 모든 에너지를 충당할 수 있는 충분한 전기를 생산할 수 있다.

혐기성 소화조는 일반적으로 작동 능력 측면에서 단점과 장점이 있는 온도 범위인 중온성(25~37°C)과 호열성(55~65°C)에서 모두 작동한다. 혐기성 소화 과정에 근거한 먹이그물은 가수분해(hydrolysis), 산생성(acidogenesis), 아세트산생성(acetogenesis), 메탄생성(methanogenesis)이라는 네 가지 단계로 나눌 수 있다. 첫 번째 가수분해 과정에서 박테리아의 가수분해는 단백질, 탄수화물, 지질 같은 크고 복잡한 유기물을 아미노산, 당류, 지방산 같은 작고 간단한 분자로 분해하는 것을 촉진한다. 산생성 과정에서 이러한 구성 성분은 박테리아에 의해 휘발성 지방산

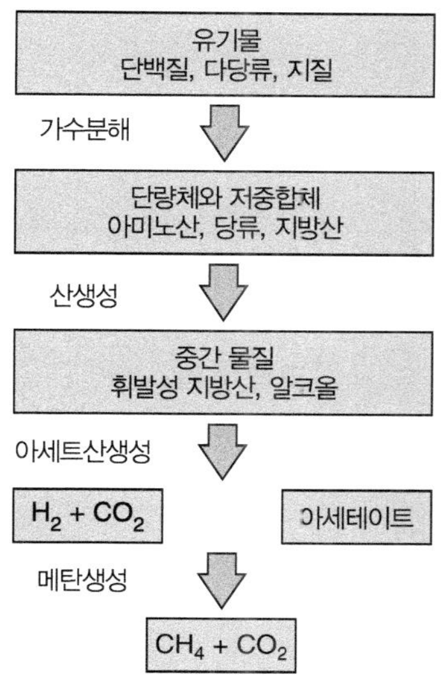

그림 14-12 혐기성 먹이그물. 메탄생성 미생물이 메탄과 이산화탄소를 생성하는 변환을 완료할 때까지 한 미생물 집단의 생성물이 다른 미생물 집단의 먹이가 된다.

과 다른 중간 물질로 분해된다. 아세트산생성 과정은 다음 분해 과정을 구성하는데, 즉 대부분의 중간 물질(휘발성 지방산)이 박테리아에 의해 아세트산, 수소, 이산화탄소로 변환된다. 마지막으로 메탄생성 과정에는 두 가지 반응 경로가 존재한다[아세트산이 메탄(CH_4)과 이산화탄소(CO_2)로 분해되는 반응과 메탄을 생성하기 위한 수소(H_2)와 이산화탄소의 결합 반응] (그림 14-12 참조). 이와 같은 반응 과정을 수행하는 미생물 집단을 메탄생성 미생물이라 부르며, 이러한 미생물은 박테리아가 아닌 고세균류이다. 고세균류는 생물의 세 번째 영역에 속하며 미생물의 한 종류이다. 예제 14-2는 고세균류 소화 기능에 관한 것이다.

예제 14-2

연속 교반 혐기성 소화조(continuously-stirred anaerobic digester: CSAD), 플러그 흐름 소화조, 혐기성 순서 정렬 배치 반응기, 혐기성 슬러지를 상부로 유동시키는 포괄적 리액터 등을 포함하는 혐기성 소화를 위한 몇 가지 소화조 장치들로 구성된 혐기성 소화조 시스템이 있다. 동물 폐기물 처리에 일반적으로 사용되는 혐기성 소화조 시스템은 CSAD이다. 정상상태의 이상적인 CSAD 시스템에서 소화조 구성 물질은 균일하게 섞이고, 반응조 유출수에서 나오는 구성 물질 농도는 반응기 안에 있는 구성 물질 농도와 같다. 종종 질량 측정을 이용하여 반응기에 남아 있는 최종 산물 농도를 측정하는 것은 CSAD 시스템에서 중요하다. 'Sticks & Stones 농장'은 생성되는 거름을 처리하기 위한 새로운 혐기성 소화조를 설치했다. 그들은 25일간 유압 체류 시간 θ를 갖도록 부피(V)와 유량(Q)을 설계했다. 그러나 그들은 거름을 처리하기 위해 농도(C_0) 6 mg/L의 항생제(우유 생산량을 늘리기 위해 미국에서 사용되는)를 소화조에 넣어야 하는 것을 알았다. 농부는 반응조에 잔류하는 폐수의 항생제 농도(C)가 0.5 mg/L이거나 더 낮기를 원한다. 항생제는 반응조 안에서 3.5×10^{-4} min^{-1}이라는 쇠퇴율 상수(k)를 가지면서 1차 감쇠한다고 가정하자. 정상상태의 반응조 안에 잔류하는 최종 항생제 농도가 목표하는 농도인 0.5 mg/L 이하가 되는지 계산하라(이상적인 CSAD 시스템이라 가정하라).

▶ *풀이*

먼저 시스템의 질량 평형식을 수립한다.

소화조 안에서의 항생제 농도 변화율(mg/d)	=	소화조로 들어가는 항생제 비율(mg/d)	−	반응조에서 나가는 항생제 비율(mg/d)	−	소화조에서 분해되는 항생제 비율(mg/d)

그러므로

$$V\frac{dC}{dt} = Qc_0 - QC - kCV \tag{14-1}$$

소화조는 정상상태이므로

$$V\frac{dC}{dt} = 0 \tag{14-2}$$

우리가 알고 있듯이 유압 체류시간은

$$\theta = \frac{v}{Q} \tag{14-3}$$

식 (14-2)와 (14-3)을 식 (14-1)에 대입하여 정리하면

$$C = C_0\left(\frac{1}{1+k\theta}\right) \tag{14-4}$$

마지막으로 주어진 값들을 식 (14-4)에 대입하면 다음과 같은 값을 얻을 수 있다.

$$C = 6\ \text{mg/L}\left(\frac{1}{1+(3.5\times10^{-4}\ \text{min}^{-1})\left(\dfrac{1{,}440\ \text{min}}{\text{days}}\right)(25\ \text{days})}\right) = 0.4\ \text{mg/L}$$

이 값은 'Sticks & Stones 농장'이 허용하는 농도 바로 아래에 있다.

14-7-2 혐기성 수소 생성 시스템

연구자들은 수소 가스를 생성하기 위해 설계된 시스템 안에서 혼합 미생물 군집체를 이용하는 방법을 모색했다. 혼합 군집체 안에서 메탄생성 미생물이 억제되었을 때 수소와 아세트산, 낙산, 프로피온 에스테르 같은 휘발성 지방산이 유기물 변환을 통해 발효 최종 산물로 생성된다. 대부분의 화학에너지는 휘발성 지방산에 축적되고 공교롭게도 수소 가스는 생성되지 않는다. 예를 들어 12개의 수소 원자가 있는 글루코스($C_6H_{12}O_6$) 중 최대 수소 원자 4개(최대값의 1/3 정도)만 박테리아를 통해 생성될 수 있으나, 실제로는 대략 2개(1/6 정도)의 수소 원자만 생성된다. 그러므로 혼합 미생물 군집체를 통해 수소 생산에만 집중하는 것은 재생에너지 관점에서 큰 장래성이 없다. 그러나 에너지가 풍부한 유기 폐기물을 변환하기 위해 병렬로 놓인(첫 번째 소화조를 통과한 흐름이 두 번째 소화조의 영양소로 공급된다) 두 가지 혐기성 소화조 중 첫 번째 소화조의 배출 가스에서 소량의 수소를 생성할 수 있다. 두 번째 소화조에서는 수용성의 휘발성 지방산이 메탄으로 바뀐다. 2개의 소화조에서 나온 혼합 배출 가스에 의해 수소 가스를 소량 함유한 바이오가스가 생성되고, 이는 스파크 점화 엔진 또는 보일러에서 연소될 때 수소가 없는 바이오가스에 비해 높은 에너지값을 가진다. 그러나 수소를 생산하기 위해 항상 고려해야 하는 한 가지 문제는 수소 원자는 매우 작기 때문에 확산이 쉽게 일어나 저장 탱크, 튜브, 연결부 같은 곳과 대부분의 플라스틱을 통해 새어 나간다는 것

이다(특수 금속 물질이 수소가 새어 나가는 것을 방지하지만 비용이 발생한다). 이러한 수소의 확산성은 태양광으로부터 수소를 생성하기 위해 광생물반응기에서 조류를 사용하는 것과 같은 지금까지 제안되었던 다른 재생에너지 시스템에서도 문제가 된다.

14-8 요약

이 장에서 우리는 에너지 운반체를 생산할 수 있는 여러 가지 종류의 바이오에너지 시스템에 대해 논했다. 우리는 액체 바이오연료뿐만 아니라 고정식 동력 플랫폼도 다루었으며, 사탕수수나 옥수수로부터 에탄올을 생산하는 공정을 포함하는 산업적 규모의 현장에서 사용되고 있는 시스템과 가까운 시일 내에 실현 가능성이 있는 시스템에 대해 언급하는 데 대부분의 지면을 할애했다. 우리는 혼합 미생물 군집체를 이용하여 사슬 구조 카르복실산 합성 같은 합성 생물학(세포 수준의 물질대사를 바꾸는)에 의해 개발된 새로운 바이오연료와, 현재의 화석연료를 이용하는 연료 시스템의 변형 없이 사용될 수 있는 차세대 바이오연료 등에 대해서는 언급하지 않았다. 많은 종류의 새로운 연구가 진행되고 있으며, 20년 후의 바이오연료 산업은 매우 달라질 것이다. 유지 가능한 바이오에너지 시스템이 되기 위해서는 순 에너지수지 비율이 10~20 정도가 되어야 하는데, 지금까지 언급된 대부분의 바이오에너지 시스템의 순 에너지수지 비율은 1을 조금 넘기 때문에 이러한 연구는 필수적이다. 물론 우리는 순 에너지수지 비율만 보는 것이 아니라 이를 위한 땅과 물의 사용에 대해서도 평가해야 하며, 인류의 충분한 식량 생산에 관한 고려를 절대 잊어서는 안 된다.

References

Brentner, L. B., M. J. Eckelman, and J. B. Zimmerman (2011). "Combinatorial Life Cycle Assessment to Inform Process Design of Industrial Production of Algal Biodiesel." *Environmental Science & Technology,* Vol. 45, pp. 7060~7067.

Burniaux, J., and J. Chateau (2011). "Mitigation Potential of Removing Fossil Fuel Subsidies: a General Equilibrium Assessment." OECD Economics Department Working Papers, No. 853. OECD Publishing. DOI:10.1787/5kgdx1jr2plp-en.

Drapcho, C., J. Nghiem, and T. Walker (2008). *Biofuels Engineering Process Technology.* McGraw-Hill, New York.

EPA (2010a). Renewable Fuel Standard Program (RFS2) Regulatory Impact Analysis, EPA-420-R-10-006. U.S. Environmental Protection Agency, Washington, DC.

EPA (2010b). US Anaerobic Digester Status Report, AgSTAR, October 2010. U.S. Environmental Protection Agency, Washington, DC.

Fargione, J., J. Hill, D. Tilman, et al. (2008). "Land Clearing and the Biofuel Carbon Debt." *Science*, Vol. 319, pp. 1235.

Galbe, M., and G. Zacchi (2002). "A Review of the Production of Ethanol from Softwood." *Applied Microbiology and Biotechnology,* Vol. 59, pp. 618.

Hendriks, A.T.W.M., and G. Zeeman (2009). "Pretreatments to Enhance the Digestibility of Lignocellulosic Biomass." *Bioresource Technology.* Vol. 100, pp. 10.

Hill, J., E. Nelson, D. Tilman, et al. (2006). "Environmental, Economic, and Energetic Costs and Benefits of Biodiesel and Ethanol Biofuels." *Proceedings of the National Academy of Sciences.* Vol. 103, pp. 11206.

Milbrandt, A. (2005). *A Geographic Perspective on the Current Biomass Resource Availability in the United States.* National Renewable Energy Laboratory, Golden, CO.

Mitchell, C., D. Bauknecht, and P. M. Connor (2006). "Effectiveness through Risk Reduction: a Comparison of the Renewable Obligation in England and Wales and the Feed-in Tariff System in Germany." *Energy Policy*. Vol. 34, pp. 297.

Nag, A. (2008). *Biofuels Refining and Performance*. McGraw-Hill, New York.

Olsson, L., ed. (2007). *Biofuels (Advances in Biochemical Engineering/Biotechnology)*. Springer-Verlag, Berlin.

Perlack, R., L. Wright, A. Turhollow, et al. (2005). *Biomass as Feedstock for a Bioenergy and Bioproducts Industry: the Technical Feasibility of a Billion-Ton Annual Supply*. Sponsored by the U.S. DOE and USDA.

Perlack, R. D., and B. J. Stokes (2011). *U.S. Billion-Ton Update: Biomass Supply for a Bioenergy and Bioproducts Industry*. Rep. ORNL/TM-2011/224, Oak Ridge National Laboratory, Oak Ridge, TN.

Sorensen, B. (2002). *Renewable Energy: Its Physics, Engineering, Use, Environmental Impacts, Economy and Planning Aspects*, 2nd ed. Academic Press, London.

Shapouri, H., P. W. Gallagher, W. Nefstead, et al. (2010). *2008 Energy Balance for the Corn- Ethanol Industry*. USDA: 16, Washington, DC.

Tester, J., E. Drake, M. Driscoll, et al. (2012). *Sustainable Energy: Choosing among Options*. MIT Press, Cambridge, Massachusetts.

Zaks, D. P. M., N. Winchester, C. J. Kucharik, et al. (2011). "Contribution of Anaerobic Digesters to Emissions Mitigation and Electricity Generation under U.S. Climate Policy." *Environmental Science & Technology*, Vol. 45, pp. 6735~6742.

Further Reading

Kwon, E., H. Yi, and H. Kwon (2013). Urban energy mining from sewage sludge. Chemosphere 90, pp. 1508 – 1513.

연습 문제

14-1. 이 장에서 언급한 바와 같이 에탄올 생산에 있어 과도한 에너지 투입이 순 에너지수지 비율에 어떠한 영향을 미치는지 확인하기 위해 다음 과정을 고려하라. 단위 리터의 에탄올을 생산하기 위해서는 원료로 2.69 kg의 옥수수가 필요하다. 처음에 옥수수는 경작지에서 자라고, 옥수수를 자라게 하기 위한 단위 헥타르(100 m × 100 m)당 필요한 에너지 요구량은 다음과 같다.

항목	에너지(GJ)
기계	4.97
에너지원(디젤, 휘발유, 전기)	6.04
질소	10.25
입력 밸런스	12.72

단위 헥타르에서는 9,000 kg 정도의 옥수수가 생산된다. 옥수수는 에탄올 공장에서 거의 순수한 에탄올(99.5%)로 만들어진다. 에탄올 생산 공정을 통해 에탄올을 생산하기 위해서는 1,000리터 에탄올당 다음 표와 같은 에너지를 추가적으로 투입해야 한다. 단위 리터의 에탄올이 21.3 MJ의 에너지를 갖고 있다고 가정하자. 단순화를 위해 옥수수 에탄올 생성으로부터 나오는 부산물의 에너지 효과는 무시한다. 투입한 에너지 총량과 생산된 에탄올이 갖고 있는 에너지 비율을 계산하라. 에탄올이 에탄올을 생산하기 위해 소모된 에너지보다 더 많은 에너지를 제공하는가?

항목	에너지(GJ)
운송수단	1.35
증류	10.66
전기	4.87
입력 밸런스	0.59

14-2. 연습 문제 1을 반복하되, 이번에는 미국 통용 단위를 사용하여 대두로부터의 바이오디젤 생산에 대해 다루어보자. 대두를 생산하기 위해 단위 에이커당 필요한 에너지 요구량은 다음과 같다.

항목	에너지(1,000 BTU)
연료	1,025
퇴비	615
구체화된 에너지	205
기타	205

단위 에이커당 452파운드의 대두를 생산하고, 대두 바이오디젤은 단위 갤런당 7.7파운드의 대두를 필요로 한다. 1갤런의 바이오디젤은 11만 7,000 BTU의 에너지 총량을 갖고 있다. 대두 1,000파운드를 처리하기 위해 필요한 에너지는 다음 표와 같다. 부산물 효과는 무시하고 에너지 투입 대비 생산 비율을 구하라.

항목	에너지(1,000 BTU)
공정 열과 전기	1,784
구체화된 에너지	595
수송	297
기타	297

14-3. 연습 문제 1을 반복하되, 이번에는 대두로부터의 바이오디젤 생산에 대해 다루어보자. 대두를 생산하기 위해 단위 헥타르당 필요한 에너지 요구량은 다음과 같다.

항목	에너지(GJ)
연료	2.67
퇴비	1.60
구체화된 에너지	0.53
기타	0.53

단위 헥타르당 508 kg의 대두를 생산하고, 대두 바이오디젤은 단위 리터당 0.925 kg의 대두를 필요로 한다. 1리터의 바이오디젤은 32.6 MJ의 에너지 총량을 갖고 있다. 대두 1,000 kg을 처리하기 위해 필요한 에너지는 다음 표와 같다. 부산물 효과는 무시하고 에너지 투입 대비 생산 비율을 구하라.

항목	에너지(GJ)
공정 열과 전기	4.14
구체화된 에너지	1.38
수송	0.69
기타	0.69

14-4. 연습 문제 1을 반복하되, 이번에는 옥수수에서 에탄올을 생산하는 과정에서 보다 높은 효율을 가진 진보된 기술에 대해 다루어 보자. 옥수수를 생산하기 위해 단위 헥타르당 필요한 에너지 요구량이 기술 발전으로 인해 50% 절감되며, 에너지 소모에 대한 또한 '수송'과 '입력 밸런스'는 일정하게 유지된다고 가정하자. 이 장에서 논의된 보고된 현재 값의 평균인 2:1의 순 에너지수지 비율을 달성하기 위해, 증류물과 전기 생산에 대한 1,000 L당 결합 에너지수지는 얼마가 되어야 하는가?

14-5. 미국 통용 단위를 사용하여 옥수수 에탄올 생산을 위한 순 에너지수지값을 구해보자. 에탄올 1갤런을 만들기 위해 22.4 lb의 옥수수가 필요하다. 옥수수는 평평한 땅에서 자라야 하며, 에이커당 옥수수밭은 다음과 같은 에너지 요구량(MMBTU, 100만 BTU 단위)을 가지고 있다.

입력	에너지(MMBTU)
기계(체화된)	1.906
에너지 산물(디젤, 가솔린, 전기)	2.317
질소	3.932
입력 밸런스	4.879

1에이커에서는 대략 8,013파운드의 옥수수가 생산된다. 옥수수는 이후 에탄올 공장에서 처리되어 순수한 에탄올(99.5%)이 된다. 에탄올 1,000갤런당, 옥수수 이외에도 다음 표에서 제시된 에너지 입력값이 필요하다. 1갤런의 에탄올이 75.7 MBTU (1 MBTU = 1,000 BTU)를 갖고 있다고 가정하자. 단순화를 위해 옥수수 에탄올 생산 과정에서 부산물의 에너지는 무시한다.

입력	에너지(MMBTU)
수송	4.84
증류용 증기	38.24
전기	17.47
입력 밸런스	2.12

총 에너지 입력값에 대한 생산된 에탄올의 에너지의 비를 구하라. 에탄올은 필요한 양보다 많은 에너지를 생성할 수 있는가?

14-6. 옥수수 에탄올 생산에 대한 연습 문제 5를 반복하되, 이번에는 이 장에서 제시된 고효율의 진보된 기술에 대해 다루어보자. 옥수수를 생산하기 위해 단위 에이커당 필요한 에너지 요구량이 기술 발전으로 인해 50% 절감되며, 에너지 소모에 대한 또한 '수송'과 '입력 밸런스'는 일정하게 유지된다고 가정하자. 이 장에서 논의된 보고된 현재 값의 평균인 2.1의 순 에너지수지 비율을 달성하기 위해, 증류물과 전기 생산에 대한 1,000갤런당 결합 에너지수지는 얼마가 되어야 하는가?

14-7. 도시 폐수 처리 시스템은 폐수를 처리하고 에너지를 회수하기 위해 혐기성 소화를 수행한다. 당신의 회사는 그린시 의회에 고용되었고, 그린시 폐수 처리 시설을 위해 CSAD 시스템을 설계해야 한다. CSAD 시스템은 폐수 1 MGD (100만 갤런/일)의 유량 Q를 처리할 수 있어야 한다. 도시는 폐수 내 병원체의 지표유기체인 *E. coli*의 농도(초기 농도 C_0, 2×10^7 CFU/g TS의 농도, C_0(지구 식민지 형성 단위/총 고체 그램)가 특정 수준(농도, C) 아래로 감소하여, 시스템에 유출된 침전물이 EPA의 병원체 감소 기준을 생체고형물 클래스 B를 만족시키도록 낮추고자 한다. *E. coli*가 CSAD 시스템에서 0.13 d^{-1}의 분해율상수(k)에 따라 1차 비활성화가 된다고 가정하자. 시의회는 하나의 소화 시스템(부피, V, 7,000만 갤런)으로 원하는 *E. coli* 감소를 만족시키고자 한다. *두 개*의 동등한 크기의 소화 시스템을 직렬로 연

결할 경우, CSAD 시스템에 필요한 탱크 부피를 줄이면서도 동일한 처리 수준을 달성할 수 있다는 것을 증명하라. 직렬 연결된 두 탱크에서 *E. coli*를 원하는 수준으로 줄이기 위한 탱크의 총 부피는 얼마인가? 이상적인 CSAD 시스템을 가정하라. (이 문제를 만드는 데 기여한 Catherine Spririto에게 감사한다.)

14-8. 옥수수 주식회사는 미로마을(Mazeville)에 옥수수–에탄올 공장을 건설하고자 한다. 옥수수 주식회사는 일년에 100톤의 옥수수를 필요로 하고, 옥수수 구입에 연 3만 2,000달러의 예산을 가지고 있다. 그들은 이전에 벨몬트 농장과 계약을 체결하여, 매년 20톤의 옥수수를 톤당 350달러에 구입하였다. 하지만 얼마 전 애슈빌 농장의 옥수수가 톤당 300달러로 더 저렴하다는 것을 발견하였다. 애슈빌 농장과 벨몬트 농장은 마을을 통과하는 직선 고속도로를 따라 정확히 300 km 떨어져 있으며, 옥수수 주식회사는 이 두 농장 사이 고속도로를 따라 어디든 자신의 공장을 지을 수 있다. 하지만 지역 정부가 최근 탄소 가격(배출 이산화탄소 1톤당 100달러)을 정했기 때문에, 예산에 온실가스 배출 비용을 고려해야 한다. 옥수수 주식회사의 트럭은 1번에 10톤의 옥수수를 운반할 스 있으며, 비어 있을 때 10톤의 무게를 갖는다. 트럭은 km당 2×10^{-4}톤의 이산화탄소를 배출한다. 고속도로를 따라 어느 위치에(예를 들어, 애슈빌 농장과 벨몬트 농장 사이의 거리로 표현) 공장을 지어야 할까? 옥수수 주식회사의 전체 예산은 연당 3만 2,000달러이다. (이 문제를 만드는 데 기여한 Catherine Spririto에게 감사한다.)

14-9. 바이오디젤용 콩을 재배하는 땅은 평균 175 W/m^2의 일조량을 갖는다. 콩은 1년에 1번 1헥타르당 548.8리터가 수확된다. 순수한 바이오디젤의 에너지 함량은 32.6 MJ/L이라 가정하자.

a. 매년 도착하는 태양에너지의 몇 %를 바이오디젤의 에너지 함량으로 바꿀 수 있는가?

b. 한두 문장으로 이 계산의 의미를 논하라.

제 15 장

수송에너지 기술

Transportation Energy Technologies

▶학습 목차

15-1 개요

이 장에서는 자동차나 다른 기계화된 운송장치에 에너지를 지속적으로 전달하는 기술적 방법들에 대해 중점적으로 다룬다. 각각의 추진 기술들은 일반적인 '엔드포인트 기술(endpoint technology)' 범위 내에서 몇 가지 기술로 구분할 것이며, 각 기술의 장단점을 설명하겠다. 지속 가능성 목표는 사회가 수송에너지의 미래 기대를 충족시키는 엔드포인트 기술을 채택하도록 추진하고 있지만, 오늘날 소비자 시장에서 자동차의 기본 설계는 성능, 크기 및 소비자의 편의성과 에너지 소비 사이에서 균형을 유지하는 방향으로 이루어지고 있다. 따라서 몇 가지 설계 요소들이 기술 대안의 논의 대상으로 분석되고 소개될 것이다. 다음으로 우리는 네 가지 주요 대체 추진 플랫폼과 연료인 연료전지, 하이브리드, 바이오연료, 수소연료 자동차에 대해 자세히 살펴볼 것이다. 이 장은 운송 차량의 에너지 자원 채굴에서 소비까지의 효율 분석에 관한 논의로 마무리된다. 이 장의 내용은 16장에서 다룰 수송에너지와 관련된 장치 문제에 관한 기초적인 정보를 포함하고 있다.

15-2 서론

현대의 동력화된 도시에서 고속도로나 항공을 통해 장거리 여행 또는 생산된 상품이나 물자를 국제적으로 거래하는 것을 생각해 보면 수송업 부문이 막대한 에너지를 소비하는 것은 결코 놀라운 일이 아니다. 수송업 부문은 현재 전 세계에서 단일 부문으로는 가장 많은 석유 자원을 소비하고 있으며, 재생 가능한 화석연료 분야에서는 전력화에 이어 두 번째로 큰 소비 부문이다. 2019년에는 전 세계적으로 수송업 부문에서 전체 최종 용도 에너지 소비량의 1/4에 해당하는 637 EJ (603 quads)의 에너지를 사용했다. 그해에 미국에서만 수송업 부문에 29.8 EJ (28.3 quads)의 에너지를 사용했는데, 이는 미국 전체 최종 이용 에너지양인 106 EJ (100 quads)의 28.2%를 차지하며, 세계 전체의 4.7%에 해당하는 양이다. 비유하자면 미국 수송업 부문에서의 에너지 소비량은 100억

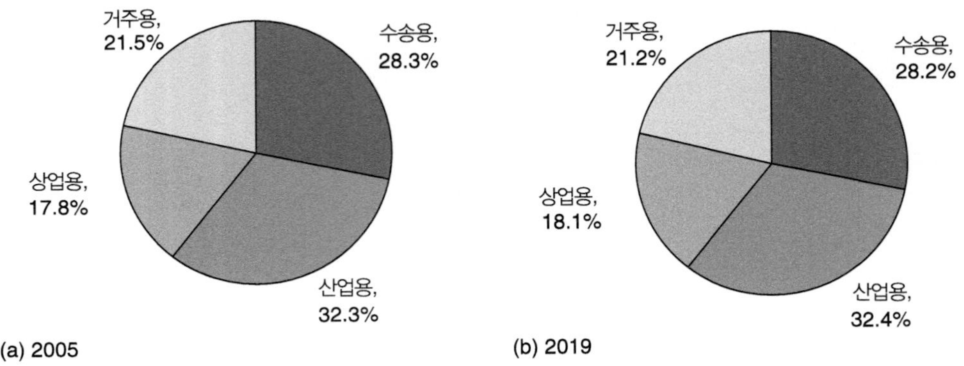

그림 15-1 2005년과 2019년, 미국 에너지의 최종소비군과 비교한 수송에너지의 비율. 에너지의 총량은 2005년과 2019년 모두 106 EJ (100 quads)이다. (*출처*: 미국 에너지정보청.)

개의 100 W 백열전구를 하루 24시간 1년 내내 켜는 데 사용되는 에너지양과 같으며, 미국 인구를 약 3억 2,800만 명이라 할 때 한 사람당 29개의 백열전구를 사용하는 것과 같다.[1] 마찬가지로 세계 전체 수송업 부문에서 소비되는 에너지는 500억 개의 백열전구, 즉 전 세계 모든 사람이 7개의 전구를 사용하는 양과 같다.

미국 경제에 대한 역할로, 수송용은 2005년과 2019년 모두 산업용에 이어 두 번째로 큰 에너지 소비 분야였다(그림 15-1). 지난 14년간 전체 에너지 소비량과 여기서 수송용의 비율 모두 거의 동일하게 유지되었다. 에너지원으로 석유 제품에 주로 의존하기 때문에, 수송용 에너지는 2019년 미국 CO_2 배출량의 37% 및 전체 에너지 소비의 28%를 차지하는 등 과다한 비율을 차지하고 있다(그림 15-2).

파리에 위치한 국제에너지기구(IEA)는 2009년 수송에서 발생하는 전기 소비의 상대적인 중요성을 강조한 바 있다(표 15-1). IEA 에너지 보고서에 의하면 전 세계 에너지 소비량은 2009년 총 480 quads (506 EJ)였다. 전 세계 일부 국가에서 수송용 및 수송용 이외 부문의 최종 에너지 소비를 공개하고 있지만, 많은 국가에서는 그렇지 않기 때문에 에너지 사용을 포괄적으로 비교할 수는 없다. 하지만 표 15-1에서는 특정 국가에 대해 수송 부문의 최종 에너지 소비 비율을 보여주고 있는데, 이는 운송수단의 역할을 명확히 보여주고 있다. 해당 국가들의 총 에너지 사용량은 184 quads (194 EJ)로 2009년 세계 전체의 38%를 차지하고 있는데, 이 중 중국과 인도는 11%, 미국은 40%를 소비한다. 표의 8개국은 수송용으로 총 44 quads를 소비하고 있으며, 이는 총 에너지의 24%를 소비하는 것이다. 국가 간 비교를 통해 평균적으로 부유한 국가는 수송에 소비되는 에너지의 비율이 더 높다는 것을 알 수 있는데, 이는 브라질을 제외하면, 주민들이 에너지 밀도가 높은 운송수단(자동차나 비행기)으로 이동할 수 있는 정도의 수입을 가지고 있기 때문이다.

수송업에 사용되는 다양한 에너지원의 지속적인 이용에 있어 직면한 도전 과제는 운송수단 내부에 집약된 형태로 에너지를 저장하는 방법의 필요성에 관한 것이다. 운송수단 설계에 있어서 하

---

1 15장과 16장에서 우리는 수송에너지 소비의 예시로 미국 사례를 들고 있다. 비록 1인당 에너지 소비가 다른 나라보다 많지만(예를 들면 수송에너지의 비율, 고속도로 차량이나 기차와 같은 다른 방식에 사용하는 수송에너지의 비율), 상대적인 수송으로의 에너지 할당은 다른 선진국과 비슷하다. 유럽이나 아시아의 선진국들과 미국 사이에 차이점이 발생하고 있고, 이러한 점은 16장에서 시스템 이슈로 다룬다.

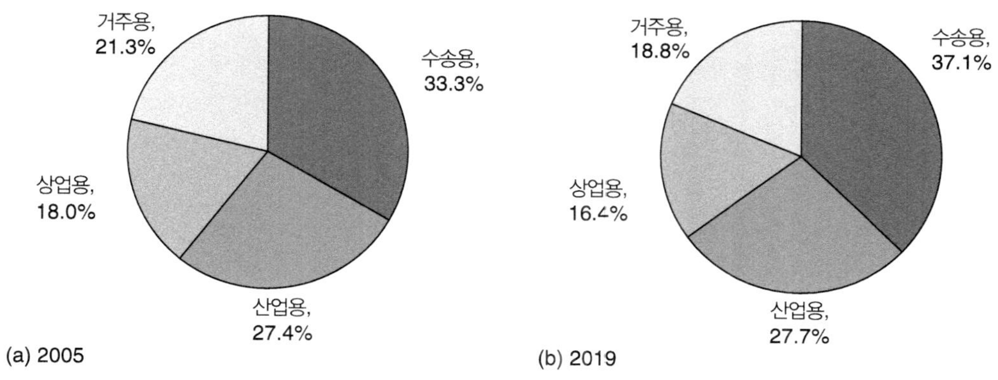

그림 15-2 2005년과 2019년, 미국 에너지의 최종소비군별 화석연료에서 발생하는 이산화탄소의 양 비율. 이산화탄소의 총량은 2005년에는 5,697 MMT, 2019년에는 5,130 MMT이다. (*출처*: 미국 에너지정보청.)

나의 목표는 단위 부피나 무게에 대해 많은 양의 에너지를 저장하는 것이며, 연료의 무게나 부피가 승객이나 짐의 수용력을 제한하지 않도록 하는 것이다. 일부 운송수단은 이러한 문제를 배전망을 통해 에너지를 공급하여 피해 가는데, 전기 송전망(예를 들어 오버헤드 전선에 연결된 전차, 송전 레일을 이용한 지하철, 트롤리버스 등) 혹은 비동력 운송수단(자전거, 인력거 등)을 이용하는 경우를 말한다. 그러나 매년 차량 주행거리(vehicle-miles traveled)를 고려하면 극히 일부만 이러한 두 범주에 속하며, 대부분의 차량 주행거리는 (a) 기계화하여 인력을 필요로 하지 않는 경우와 (b) 직접 동력 공급장치를 포함하는 ('연결되지 않은') 운송수단에 의해 발생된다.

연결되지 않은 운송수단에 사용되는 대부분의 에너지는 석유에서 생산된 가솔린, 디젤 또는 항공 연료 형태이다. 육상 운송수단에 중점을 두면 가솔린 또는 디젤 연료가 자동차에 사용하기에 적합한 요소들을 많이 갖고 있는데, 가압이 필요 없고 액체 상태이기 때문에 상대적으로 운송수단의

표 15-1 2009년 수송용으로 사용된 몇몇 국가의 에너지(단위: quads)

국가	수송용	총량	비율
브라질	2.48	7.57	33
중국	6.38	56.87	11
독일	2.14	8.89	24
인도	2.04	17.83	11
일본	3.02	12.44	24
러시아	3.56	16.78	21
영국	1.66	5.24	32
미국	22.93	58.04	40
8개국 총합	44.21	183.66	24
전 세계	n/a	480.0	n/a

출처: 국제에너지기구(2012). 수송용과 전체 에너지 모두 변환과 분배에 사용되는 에너지를 제외하였다. 예를 들어 2009년 USEIA는 미국 에너지 사용으로 94.5 quads를 보고했는데, 이는 IEA에서 보고한 약 58 quads에 비해 꽤 많은 양이다. 이는 에너지 소비량의 39%가 전환 중에 손실되며, 나머지 61%만 최종 소비자에게 전해지기 때문이다.

연료 저장탱크에 주입하기 쉬우며, 내연기관에서 잘 연소되기 때문이다. 또한 높은 비중량과 비체적을 갖는데, 이는 운송수단의 적재량과 공간 측면에서 많은 양의 에너지 저장 공간을 제공할 수 있음을 의미한다. 이상적으로 대체 연료는 이러한 특성들을 갖추어야 한다. 그렇지 않으면 사회는 연료가 덜 필요하거나 짧은 주행거리를 제공하는 것이 표준이 되도록 사용될 수 있는 운송체제 방법에 대해 근본적으로 다시 생각할 필요가 있을 것이다.

3장과 4장에서 언급한 것처럼 최고조에 달한 이산화탄소 배출로 인한 기후변화와 석유 생산량에 대한 논쟁은 대체 기술이나 연료에 대한 연구를 요구하고 있다. 천연가스 자동차, 석탄연료, 오일 셰일(oil shale) 등과 같은 비전통적 원유, 재생 가능한 에너지 자원을 자동차에 적합한 형태로 전환시키는 것 등의 대체 기술들은 지금은 소규모나 개념적으로 존재한다. 이를 성공시키기 위해서는 기술적으로 탄탄해야 하며 경제적으로도 이점이 있어야 한다. 감소하는 석유 공급의 압박하에 사회는 현재 가솔린에 하는 것보다 많은 투자를 대체 연료 자원에 하게 되겠지만, 가격이 과도하거나 지원할 여유가 없다면 그만두게 될 것이다. 뿐만 아니라 에너지 자원은 자동차처럼 그것을 이용하는 수단뿐 아니라 이를 유통하기 위한 사회 기반시설을 병행 개발해야 하며, 이러한 것들이 짧은 시간 안에 잘 맞아떨어지거나 적어도 시장에서 디젤이나 가솔린의 유용성 감소에 맞추어 나가는 방식으로 이루어져야 한다. 하이브리드 구동부와 같이 석유를 효율적으로 사용할 수 있는 기술들은 이미 시장에서 확장되고 있지만, 석유로부터 에너지 자원을 얻는 이상 영구적인 대안이 될 수 없다. 비록 운송연료 시장의 가치가 높으며[세금을 포함하여 갤런당 평균 3달러, 2019년 미국에서 가솔린, 디젤, 제트 연료유를 포함한 약 2,100억 갤런(즉, 6,300억 달러)의 소매가치], 지속적인 판매를 통해 수송에너지 상품을 유통하는 회사가 새로운 기반시설에 투자한 막대한 비용을 회수할 수 있음이 명백하지만 유통을 위한 사회 기반시설에 드는 비용도 역시 고려해야 한다.

정리해보면, 수송 부문은 모든 종류의 수송 시스템으로 쉽게 유통될 수 있으며, 이산화탄소를 배출하지 않는 에너지원이 필요하다. 예를 들면 원자력과 대규모의 풍력발전용 터빈, 태양광 등은 이산화탄소 배출 없이 전기를 생산하는 기술로 입증되었다. 또한 차량에 에너지를 공급하는 기반시설이 필요하며 이를 편리한 방법으로 배치할 수 있어야 한다. 차량 내의 에너지 시스템은 서비스 요구사항을 충족하기 위해 충분한 양의 에너지원을 운반할 수 있도록 설계되어야 한다. 이러한 다양한 목표들을 만족시키기 위해서는 에너지 시스템 부품, 새로운 차량, 배터리 시스템, 연료전지 등 모든 종류의 구성 부품들을 만드는 데 필요한 제조 능력이 필요하다. 2020년대 초, 배터리 전기 기술은 정부와 주요 차량 제조업체 모두 가장 역동적인 성장을 경험하고 있다. 그럼에도 불구하고, 바이오연료나 수소전지 등은 가벼운 승용차 시장에서 멀리 떨어진 잠재적인 틈새시장이 있으며, 이들은 수송용 에너지 공급의 변화를 직면하는 데에 요구되는 도전들이다.

15-2-1 용어의 정의

수송에 관한 문헌에서는 가솔린이나 디젤 외의 연료를 이용하여 달리는 운송수단을 *대체 연료 차량*(alternative fuel vehicle: AFV)이라 언급하고 있지만, 다소 특이한 경우로 미국과 같은 시장에서는 승용차에서의 디젤 사용을 대체 연료로 간주하기도 한다. 수송에너지의 대안으로 하이브리드 차량은 대체 연료를 사용하지 않는 대신 가솔린 소비량을 줄일 수 있는 대체 가능한 추진 '플랫폼'을 사용한다. 이와 같은 하이브리드 시스템은 '진보된' 추진 시스템이라 할 수 있다. 또한 이것은 대체 연료를 이용하여 하이브리드 차량을 작동시키는 것과 같이 두 가지 대안을 결합할 수도 있다. 이 장에서 우리는 대안의 전 범위를 서술하기 위해 '대체 추진장치와 연료'라는 포괄적인 용어를 사용하고 있다. 또한 비록 전력이 연소성과 같은 연료와 관련된 특성을 갖고 있지 않지만, 전력과 관련된 내용을 포함하기 위해 연료의 해석 범위를 넓혀 사용한다.

가솔린을 사용하는 엔진은 발화장치를 이용하여 연료를 점화시키는데, 이를 스파크 점화(spark-ignition: SI) 엔진이라 한다. 디젤 점화 엔진은 발화장치를 사용하지 않고 연료의 압축을 이용하여 연료를 점화시키는데, 이를 압축 점화(compression-ignition: CI) 엔진이라 한다. 비록 예외가 가끔 발생하지만 보편적으로 통상의 연료 차량에 적용할 때 SI 엔진이라는 용어는 가솔린 연소를, CI 엔진은 디젤 연소를 가리킨다.[2]

15-2-2 석유와 탄소로부터 자유로운 수송 시스템을 위한 엔드포인트 기술들

수송에 있어서 석유 사용을 대체할 현재의 수송에너지 기술들은 (1) 보다 풍부한 에너지 공급과 (2) 기후변화를 방지하기 위해 대기 중 탄소 농도를 영구적으로 높이지 않도록 하는 데 입각해서 개발되어야 한다. 두 번째 요건이 탄소 기반 에너지원을 아예 배제하지는 않는다는 사실에 유의하자. 또한 수송수단의 배기에서 이산화탄소가 배출될 경우에도, 배출된 탄소가 나중에 제거되어 전체 공기 중 농도가 증가하지 않는다면 배제하지 않는다.

넓은 범위의 기술들이 이러한 역할을 수행하기 위해 경쟁하고 있지만, 각 기술들은 충분한 공급을 보장하며, 기후를 보호하는 요건을 만족하는 다섯 가지 '엔드포인트 기술들(endpoint technologies)' 중 하나로 축약될 수 있다.[3] 다섯 가지 엔드포인트 기술을 표 15-2에 제시하였다. 현시

표 15-2 석유와 이산화탄소로부터 자유로운 수송을 위한 대체 엔드포인트 기술들

	명칭	설명
엔드포인트 1	배터리—전기	재충전까지 전력으로 달리는 차량에 공급되는 무탄소 전력*
엔드포인트 2	수소	재충전까지 수소로 달리는 차량에 공급되는 무탄소 수소†
엔드포인트 3	지속 가능한 탄화수소	생물학적 과정을 사용하여 만든 석유 제품과 비슷한 탄화수소 연료‡, 또는 독립된 과정에 의해 제거되는 공기 중으로 방출되는 이산화탄소
엔드포인트 4	대체 가능한 차량 내 에너지 저장소	재충전까지 차량에 동력을 공급하는 데 사용되는 플라이휠이나 압축된 공기와 같은 대체 가능한 시스템들
엔드포인트 5	연결되지 않은 기계 차량의 감소	모든 기계차량은 망에 연결하며, 연결되지 않은 수송기구는 인력으로 작동§

* '무탄소 전력'은 대기 중 이산화탄소 농도의 증가 없이 차량에 전달되고 발전되는 전력을 의미한다. 그러므로 바이오연료로부터 발전되는 전력은 엔드포인트 기술에 사용될 수 있다.

† 비록 엔드포인트 기술이 높은 효율을 달성하기 위해 수소를 이용한 연료전지 기술 사용과 결합하지만, 다른 변환 기술들(예를 들면 피스톤 엔진에서의 점화) 또한 가능하다.

‡ 생물학적 과정은 농작물, 식물 또는 미생물을 포함한다. 지속성을 위해 에너지 입력은 화석연료 자원에서보다는 재생 가능한 것이어야 한다. 대신 화석연료 기반 에너지원은 초래되는 이산화탄소 배출이 격리되고 억제된다면 사용할 수 있다.

§ 축력(animal power)은 인력을 대체할 수 있을 것이다.

---

2 스파크 점화 엔진과 압축 점화 엔진의 성능은 5장에서 고정연소 시스템으로 소개된 유형의 온도–엔트로피 도표를 이용하여 이론적으로 만들 수 있다. 이 도표는 이 장에서는 나오지 않지만, 예를 들어 Wark (1983) 또는 Cengel 및 Boles (2006)와 같은 열역학 문헌에서 자주 사용된다.

3 이 장에서 사용되는 *엔드포인트 기술*은 *백스톱 기술*(backstop technology)이란 용어와 비슷하다. 후자의 경우 이 장에서 한정된 수의 대안들에 대해 특별한 의미를 가지고 있으며, 문헌적으로 잘 정의되어 있지 않아 여러 독자에게 다른 것을 의미할 수도 있기 때문에 채택하지 않았다.

점에서 일부 기술들은 다른 것들보다 더 유망해 보인다. 예를 들어, 수소나 바이오연료를 에너지원으로 개발하거나 이를 차량에 사용하기 위한 배터리 기술의 개발, 화석연료로부터 발생하는 탄소의 분리 기술 같은 분야들인데, 현재에도 많은 연구가 진행되고 있다. 하지만 아직 이러한 변화의 초기 단계에 있으며 완성되기에 많은 시간이 남았기 때문에, 표에는 덜 유망한 기술들도 포함되어 있다.

다섯 가지 엔드포인트 기술은 몇 가지 공통된 특성을 갖고 있다.

- 상당한 규모의 기술적 · 조직적 · 재정적인 지원이 요구된다.
- 엔드포인트 기술이 새로운 운송수단 기술 도입을 요구하든 기존의 것들을 사용하든 에너지를 생성하고 전달할 대규모의 새로운 기반시설 체계가 필요하다. 어떤 것은 운송수단에 저장할 수 있는 형태로 기존 에너지원을 변환시키는 기반시설을, 또 다른 것은 이미 대기 중에 존재하는 이산화탄소를 처리하거나 운송수단 내에서 통용되는 에너지로 전환할 때 발생하는 부산물인 이산화탄소를 격리하기 위한 시설 같은 것을 필요로 한다.
- 엔드포인트 기술들은 서로 배타적이지 않다. 특정한 하나가 결국 지배적인 것이 될 수도 있으며, 또는 다양한 것들이 각각 수송에너지 요구를 만족시키면서 틈새시장을 차지할 수도 있다. 이는 대부분의 육상(도로, 철도, 수상) 운송수단이 석유연료의 내연기관으로 나아가지만, 외부로부터 전력을 공급받는 소수의 기차가 사용되는 현재 상황으로부터 유추해 볼 수 있다.

먼저 엔드포인트 기술 중 4와 5를 생각해 보자. 엔드포인트 4는 전류의 흐름이나 연소를 포함하지 않는 에너지 저장 및 방출 방식을 통해 연료나 통화의 필요성을 전적으로 피해 가는 것이다. 현재 사용 가능한 실험적인 두 가지 유형으로는 압축공기를 차량으로 주입하고 엔진으로 방출하여 구동축을 회전시키는 것과, 차량 내의 플라이휠이 운용에 앞서 외력에 의해 회전하도록 설정되어 있어 이것이 회전할 때 차량 구동부를 작동시키는 것이 있다. 예를 들어 압축공기를 사용한 운송수단은 프랑스의 Motor Development International에 의해 2009년 유럽 시장에 출시되었고, 가득 찬 압축공기를 사용하여 80 km 이상으로 달리는 550 kg의 무공해 마이크로 자동차(emissions-free micro-car)로 틈새시장을 차지하고 있다. 이는 우리가 현재 예측할 수 없는 미래에는 다른 비전통적 차량 내 저장 기술이 개발될 수 있으므로 '상위(umbrella)' 범주에 속한다. 독자 입장에서는 이러한 개발들에 대해 알고 있어야 하지만, 대부분의 주요 연구 · 개발은 현재 엔드포인트 1이나 3을 목표로 하고 있으므로 이 장에서는 더 이상 엔드포인트 4에 대해서는 고려하지 않는다.

엔드포인트 5에서는 외력에 의존하는 차량들에 대해, 기존 전차선을 이용하여 작동하는 수송 시스템을 확대하거나 향상시키는 것이 중요한 목표이다. 케이블 네트워크 외의 운송수단은 인력이나 축력(animal power)을 필요로 하며, 모든 기계화된 무궤도 차량은 중단되어야 한다. *무인자동궤도차량*(personal rapid transit: PRT) 개발을 진행하는 연구에서는, 현재 차량들이 다닐 수 있는 모든 길에 전기동력 궤도를 설치하려면 막대한 비용이 필요하다고 말한다. 그러므로 그물형 네트워크는 기존 차량이 사용하는 지금의 네트워크보다 드물게 사용될 수밖에 없다. 기계화된 차량은 도심의 주 간선도로나 진입로에서 운행될 수 있지만, 골목길과 같은 곳에서는 운행이 힘들 것이다. 다만 전부 그런 것은 아니지만 시골길에서 기계화된 차량이 운행되는 경우도 있다.

사회적 관점에서 보면 기계화된 무궤도 차량을 완전히 없애는 것은 틀림없이 모든 엔드포인트 기술 중 가장 엄격한 조치일 것이다. 왜냐하면 이는 토지 이용이나 사업 관행 등을 포함하여 사회경제적 양상에 큰 변화를 수반할 것이기 때문이다. 결국 이로 인해 초래되는 도시의 풍경은 자동차가 출현하기 전 전차의 궤도, 마차 또는 자전거를 타거나 걷는 사람들이 길을 차지했던 19세기 말 유럽이나 북아메리카의 도시와 비슷할 것이다. 그러나 케이블 사용을 확장하는 것은 수송을 위한 지속가능한 에너지 분야에 크게 공헌할 수 있다. 현재 세계 곳곳에서는 전기 케이블 사용을 확장하려는 움직임이 나타나고 있으며, 그 예로 최근 미국에서 계획한 보스턴과 뉴헤이븐 사이의 전철화와 영국의 East Coast Main Line에서의 전력화 사업이 있다. 이 외에도 여러 도시에서 전기 트롤리 또는 시내 전차의 수송라인을 추가하거나 전환하고 있다. 이런 시스템이 보다 확장되려면 무탄소 에너지를 사용하여 수송에서 발생하는 이산화탄소량을 줄이는 데 도움이 되어야 할 것이다. 하지만 이 장에서는 엔드포인트 5와 관련된 기술에 대해서는 더 이상 다루지 않을 것이다(수송에너지 요구에 대한 전반적인 시스템 대안으로서의 역할에 관한 논의는 16장을 참조하라).

이제 이 장에서 다룰 나머지 내용, 즉 엔드포인트 1~3에 관해 알아보자. 이 기술들은 공통적으로 차량 내에 전력, 수소 또는 다른 형태의 탄화수소 저장소를 사용한다. 실제로 이 세 가지 기술들은 다른 에너지원을 찾는 데 실패할 경우 지구상에서 이용 가능한 유일한 수송에너지원으로 고려된다. 다음 내용을 보면 알 수 있듯이 세 가지 모두 기술적인 어려움을 내재하고 있지만, 장기적으로 보면 잠재력을 충분히 갖고 있으므로 좀 더 깊이 다루고자 한다.

엔드포인트 기술 1과 2는 에너지 발전 구성 요소가 상대적으로 충분히 발달되어 있는 반면, 분배, 배급 및 온보드 기술은 개발이 부족하다는 공통점이 있다. 대규모 풍력, 태양광, 원자력발전 기술은 이미 이산화탄소를 배출하지 않고도 대량으로 전기를 생산할 수 있다(더 나아가 전기분해를 통해 수소를 생산할 수 있다). 특정 상황에서는 이 방식으로 만들어진 전력 생산비용이 화석연료를 이용한 전력 생산비용보다 많이 들 수 있지만, 이를 중심으로 교통에너지 시스템을 구축하기 위해 공동으로 노력한다면 비용 절감으로 이어질 가능성이 높다. 따라서 현재 시스템에 비해 차량에 공급되는 에너지 단위당 비용 증가분은 소비자들이 전환의 일환으로 흡수할 수 있을 것이다. 또는 광범위하고 효율이 높은 탄소 포집을 통해, 이러한 기술에 필요한 전기나 수소는 또 다른 전통적 기술 방식인 화석연료 연소를 통해 만들 수 있다. 엔드포인트 1의 경우, 발전소나 전력망 사용량이 낮은 밤에 전기 차량을 충전할 수 있기 때문에, 이를 통해 발전이나 전송 인프라의 대규모 확장 없이 전력망에 충전 기능을 포함시킬 수 있다.

에너지원에서 차량의 추진력까지 연관되는 이외의 다른 기술들은 아직 개발 경과가 부족하다. 이러한 기술로는 다음과 같은 것들이 있다.

1. *전력망 조정*: 앞에서 설명한 것처럼 밤에 충전하는 방법도 있지만, 낮시간 동안 차량을 충전하기 위해서는 새로운 충전 장소를 만들어야 할 뿐만 아니라 대규모로 차량에 전력을 전달할 전력망 확장이 필요하다.

2. *단기 저장을 위한 저장소*: 엔드포인트 1에 관련된 경우로, 특히 태양열이나 풍력과 같은 간헐적인 에너지원들에 있어 차량을 운행할 만큼의 전력이 전달되지 않는다면 이를 보조하여 에너지를 유지할 수 있는 단기 저장소가 필요하다. 예를 들어 전력은 수소 형태로 전환되어 단기 저장될 수 있다.

3. *장거리 수소 인프라*: 엔드포인트 2와 관련된 경우로, 수소가 규모의 경제로부터 이익을 얻기 위해 대규모 중앙 시설에서 생산될 수 있다. 이런 시설은 최종 소비자에게 생산물을 전달하기 위한 새로운 분배망을 필요로 한다.

4. *연료전지 또는 오래 지속되고 효율이 높은 배터리를 위한 인프라*: 이러한 기술은 제대로 사용될 수 있도록 완벽하게 만들어져야 하며 생산, 분배 또는 재활용할 새로운 생산 시설이 필수적이다.
5. *탑재(내장) 수소 저장장치 기술*: 엔드포인트 2에 있어 수소연료전지는 비용이나 안전에 대한 요건은 만족하면서 수소에너지가 다양하게 이용될 수 있도록 차량 내부에 수소를 저장할 수단과 함께 사용되어야 한다.

결국 어떤 기술 대안이 구체화되기 위해서는 앞에서 설명한 기술들 모두가 필요하지는 않겠지만 일부는 필요할 수 있으며, 각 기술이 완벽해지려면 상당한 연구 · 개발이 필요하다.

이에 반해 엔드포인트 3은 수송에너지원의 차량 내 전환이나 분배에 있어 기존 방식을 사용할 수 있다는 점과, 현재 사용되는 가솔린 및 디젤과 화학적으로 같거나 비슷한 연료를 만들 새로운 에너지원 개발이 필요 없다는 이점이 있다. 이런 방식의 사용 예로는 농업 분야에서 태양광선 전환을 이용하여 물 기반 자원인 '농장(farm)'을 만들거나 액체 연료의 원료가 되는 미생물을 이용하는 시설이 있는데, 이러한 에너지의 근원은 태양이다. 태양열 대신 석탄이 사용될 수 있으며, 연소에 사용될 합성 액화 연료로 만들 석탄의 탄소 함유량을 바꿈으로써 대기로 배출되는 이산화탄소를 어느 정도 억제할 수 있다.[4] 석탄에서 합성연료로 전환하는 것은 이미 과거 전쟁 기간이나 정치적 고립 기간에 독일이나 남아프리카에서 많이 이루어졌다. 엔드포인트 3의 이점은 일단 연료를 만드는 난관을 극복하면 연료를 정제하거나 분배하는 회사는 그 기술을 계속해서 사용할 수 있다는 것이다.

엔드포인트 3의 변화 양상으로 석탄으로 만든 합성연료가 연소되면서 이산화탄소가 배출될 수 있는데, 화석연료를 사용하지 않는 장치의 개별 시스템을 통해 이산화탄소가 쉽게 포집될 수 있는 장소에서 배출량을 억제할 수 있다(7장 참조). 어떤 시스템에 있어서 인프라 시설비용은 전 세계적인 '포집 센터'와 석탄을 이용하여 차량 연료를 합성하는 시설의 건설비용을 수반한다. 예를 들면 후자의 기술은 가스화된 석탄을 이용하여 만드는 피셔 트롭쉬(Fischer-Tropsch) 디젤 같은 형태로 이미 존재한다.

끝으로 엔드포인트 1과 3의 결합 또한 가능하다. 예를 들면 플러그인 하이브리드 차량은 전력망으로부터 얻은 재생 가능한 전력으로 재충전되고(엔드포인트 1), 바이오연료를 이용하여 재급유한다(엔드포인트 3).

15-2-3 떠오르는 기술과 현재 기술 사이의 경쟁

대체 수송 기술의 변환을 고려할 때 우리는 현재와 기존의 세계 곳곳에 존재하고 있는 석유 수송에너지를 사용하는 비행기, 차량 등의 영향을 인식해야 하며, 에너지를 공급하는 인프라 시설에 대해서도 알아야 한다. 길게 보면 바람직한 대안들이 있지만, 현재 상황에서는 '현존하는' 기술인 기존의 석유 기반 시스템에 도입되는 것이 우선이다. 또한 가격이나 신뢰성, 성능 등과 같은 측면에서 이런 시스템은 소비자에게 인상적이어야 한다. 이러한 상황은 20세기 초 자동차 도입 초기와는 다르다. 그 당시에는 거리 오염 문제 때문에 도시교통으로서 말은 이미 눈 밖에 나고 있었다. 따라서 내연기관이나 전력 및 증기 등의 추진장치를 사용하는 자동차가 설계되었을 때 새로운 기술들은 기존 시

4 석유나 천연가스가 이 과정에서 에너지원으로 사용될 수도 있지만, 우리는 이 사례에서 오직 석탄만을 고려한다. 왜냐하면 석탄이 오랜 기간 동안 새로운 인프라 시설에의 투자를 정당화할 만큼 충분히 남아 있는 유일한 화석연료 자원이기 때문이다.

장의 다른 방식과의 경쟁에서 이겼고, 더 이상 마력을 이용한 교통수단이 자동차의 비교 대상이 될 수 없었다. 내연기관이 전력이나 증기와의 경쟁에서 이긴 후부터 자동차나 가솔린 시장은 차량의 성공과 같은 속도로 성장할 수 있었다.

성능은 떨어지지만 환경에 좋은 영향을 미치는 긍정적인 대안을 제시하는 대체 수송에너지가 있다면 소비자들은 기꺼이 받아들일 것이다. 역사적으로 시민들 스스로 다른 목표를 달성하기 위해 개인 수송 방식을 근본적으로 변화시킨 경우도 있었다. 예를 들어 2차 세계대전 당시 많은 국가에서 큰 변화가 있었는데, 미국에서 1942~1944년 사이의 승용차 생산 중단이나 세계 곳곳에서 대중교통 사용량의 엄청난 증가 등을 생각해 볼 수 있다. 정부는 시민들로 하여금 법이나 배급제 등에 참여하길 요구했지만, 결국 이런 프로그램은 양쪽의 갈등을 겪은 나라에서 성공적이었다. 왜냐하면 대체로 개인은 원료나 에너지를 절약하는 행위가 전쟁에 전력을 가하도록 한다고 인식했기 때문이다. 같은 맥락으로 시민들이 집단으로 지상통신 전화에서 휴대전화로 이동한 것처럼, 그것이 기후변화의 위기를 초래하지 않거나 급진적으로 변하는 수송 기술의 기대 효과가 확실하다면 현재 기술에서 다른 기술로 이동하는 것은 충분히 가능한 일이다. 게다가 개인적 수준에서 인구의 소수는 이미 환경에 대한 이유로 변화를 시도하고 있다. 예를 들면 자동차가 아닌 자전거로 출퇴근하는 사람들이 있다.

빠르고 근본적인 기술 전환은 무엇인가를 발생시킬 가능성을 지니고 있다. 그러나 사회적으로 적응하기에 많은 어려움이 있고 성능의 큰 손실 없이 지속 가능한 에너지를 사용하는 차량이 물망에 오르고 있으므로, 우리는 이 장의 남은 부분에서 '현존하는' 기술(석유 기반 내연기관 차량 혹은 일반적인 내연기관 차량)을 대체할 같은 성능을 가지면서 이산화탄소 배출을 줄이는 대안에 대해 중점적으로 다룰 것이다.

대체 연료 인프라 시설 측면에서 공급 에너지의 성장과 비례하여 증가하는 차량 판매에 대한 지원이 있어야 하는데, 이를 위해서는 지방이나 중앙 정부의 선구적 역할이 요구된다. 하지만 대체 연료 차량을 지원함에 있어서 불충분하거나 구상이 잘못된 경우 그릇된 결과를 얻을 수 있으므로 이를 경계해야 한다. 1980년대 미국에서 플렉스 차량(즉, 가솔린과 바이오연료, 디젤, 압축 천연가스를 다른 비율 조합으로 사용할 수 있는)을 알리기 위한 노력을 생각해 보라. 재정적인 지원금과 권한 체계를 통해 수십만 대의 플렉스 자동차가 팔렸고, 바이오연료를 사용함으로써 가솔린 소비를 줄일 수 있다는 잠재력이 있었다.

비록 개발한 자동차들은 기술적으로 문제가 없었지만, 기업들이 대체 연료를 공급할 인프라를 구축할 만큼의 확신이 없었기 때문에 이 기술은 실패했다. 많은 차량들이 가솔린-바이오연료 혼합물을 쉽게 구할 수 없는 환경에서 운행되었고, 운행 과정에서 사람들은 플렉스 자동차의 이점을 느낄 수 없었다. 대중들은 플렉스 자동차가 쓸모없다고 느꼈고 재정지원과 의무가 없어지자마자 시장성을 잃었다. 플렉스 자동차 소유자들은 새 차를 구매하면서 지불했던 이 기능에 대한 프리미엄이 중고차 시장에서 전혀 전가될 수 없다는 것을 알게 되었다. 대부분의 구매자들이 이 기능에 대해 쓸모없다고 생각했기 때문이다.

대기의 질적 측면에서 가솔린 기술의 성능을 바꾸는 것 또한 하나의 역할을 했다. 초창기 대체 연료 자동차의 주요 전략은 가솔린 차량보다 공기오염 발생이 적고, 나아가 도심 대기의 질적 개선을 돕는 것이었다. 그러나 대체 연료 자동차의 추진 계획이 시행되는 동안 자동차 제조업자들은 오염물질 배출을 크게 줄이는 데 성공했고, 더 이상 대체 연료 자동차의 대기정화 전략은 매력적이지 않게 되었다.

마지막으로 1980년대 대체 연료 자동차의 추진은 가솔린 엔진에 있어서 배출가스 제어 기술 개선을 가져왔으며, 2000년 이후 확장되기 시작한 바이오연료의 기술적 배경을 제공했다는 이점이 있다. 그럼에도 불구하고 대체 연료 분배 네트워크를 이용하여 플렉스 자동차를 지속적으로 사용하기 위한 시도로 이 추진 전략은 실패했다. 이러한 사례는 사탕수수를 이용한 에탄올 생산을 기반으로 하는 대체 연료 산업이 자동차 연료 소비에서 지속적으로 일정 부분을 차지하는 브라질에서와는 상반된 결과를 보여준다(14장 또는 15-4-3절 참조).

15-3 차량 설계 고려사항과 대체 추진 설계

앞에서 언급한 대체 연료 자동차의 예는 대체 연료 및 추진 시스템을 도입할 때 대체 기술과 기존 기술 간의 상호작용을 고려하는 것이 중요함을 보여준다. 15-4절에서는 전기자동차, 하이브리드 자동차, 바이오연료 자동차 그리고 수소연료전지 기술을 다룰 것이다. 각 기술은 그것이 대체하려는 석유 기반 기술의 맥락에서 바라보아야 한다. 차량 디자인에 대한 이해는 이 절의 주안점이며, 글의 맥락을 이해하는 데 도움이 될 것이다.

에너지원이나 추진 기술에 상관없이, 자동차 설계는 에너지 절약(나아가 이산화탄소 배출 감소)과 같은 성능적인 요구치를 만족하는 것을 기본으로 한다. 차량의 출력이나 무게, 공기역학적 특성을 기초로 자동차의 성능을 측정하는 다양한 성능지표들이 있다. 이러한 성능지표들은 성능이 좋은 차량을 원하는 소비자의 바람을 만족시키는 성공적인 엔지니어링의 기준을 제공하는데, 예를 들어 정지나 가속, 언덕을 오르는 능력 등과 같은 것들이 있다. 물론 대부분의 소비자는 성능과 연비와 같은 연료의 경제성 사이의 상충관계를 알고 있으며, 자동차 성능은 차량 구매 시 고려할 수많은 요소들 중 하나일 뿐이다. 또한 주행 속도, 제동 및 가속 속도와 같은 주행 스타일이 연비에 영향을 미치므로, 소비자가 일정 수준의 연비를 기대하더라도 그러한 주행 방식들에 의해 실제 연료 소비량이 결정된다. 마지막으로 소비자의 기호는 외부 정보에 따라 변하므로, 자동차가 환경 문제나 기후변화에 미치는 영향에 대한 지식이 늘어날수록 환경적 요소들이 자동차 구매의 주요 요인이 될 수도 있다.

이러한 점에 있어 자동차 제조업체들은 자동차의 에너지 효율을 증진시키는 기술 개발을 통해 연료 부문 지출 감소에 대한 소비자와 정부의 요구에 대응하고 있다. 예를 들면 표 15-3은 항력계수가 자동차 디자인의 발전에 따라 어떻게 개선되었는지를 보여준다. 항력계수는 공기저항을 극복하기 위해 필요한 차량의 속도와 관련 있는데, 다른 조건이 동일할 경우 항력계수가 적을 때 차량은 더 효율적이 된다.

표 15-3 1970년대부터 현재까지 항력계수값의 진보

차량	항력계수(C_D)
1970년대 또는 1980년대의 표준 승용차	0.5~0.6
1970년대 또는 1980년대의 스포츠카	0.4~0.5
2000년 이후 높은 연비의 승용차	0.25~0.3
고도의 공기역학적 개념 자동차	0.15~0.18
이론적인 최소 항력(눈물방울 모양)	0.03

15-3-1 자동차 성능 측정의 기준

자동차 설계에 있어서 대표적인 성능 측정은 운행 속도, 최고 속도, 최고 등반 능력, 최대 가속도 등에 필요한 동력의 정도 등을 포함한다. 각각에 대해서는 차차 설명하도록 하겠다. 성능 평가는 내연기관, 전기모터 또는 하이브리드와 같이 둘 이상이 복합된 것들에 적용될 수 있다.

운행 속도에서 필요 동력: 차량이 평탄한 도로를 일정한 운행 속도를 유지하면서 달리기 위해 필요한 동력은 차량의 공기저항이나 구름저항에 맞아 가속이나 감속이 없는 상황이다. P_{TR}을 필요한 견인력, ρ를 공기 밀도(일반적으로 1.15 kg/m^3), A_F를 차량 정면에서의 단면적, C_D를 공기저항계수(표 15-3 참조), V를 차량 속도, m을 차량의 무게, g는 중력가속도(9.8 m/s^2), θ는 각도로 표현된 비탈의 기울기, C_o를 구름저항계수, a를 중력가속도라 하자. P_{TR}과 V의 관계는 다음과 같다(Albertus et al., 2008; Venkatram and Schulte, 2018 참조).

$$P_{TR} = 0.5\rho A_f C_d V^3 + mgV\left(\sin\theta + C_o\cos\theta + \frac{a}{g}\right) \tag{15-1}$$

비탈이 아닌 곳을 달리는 자동차의 경우 식 (15-1)은 $\sin\theta = a = 0$이며, $\cos\theta = 1$이므로, 다음과 같이 단순화된다.

$$P_{TR} = 0.5\rho A_f C_d V^3 + mgVC_o \tag{15-1a}$$

최대 속도: 식 (15-1)을 확장하면, 차량의 최대 속도는 내연기관 차량의 경우 최대 기어인 상태 V이거나 또는 전기 차량에 있어서는 모터 출력이 최대인 상태에서의 속도와 같다. 또한 P_{TR}이 공기저항이나 구름저항과 같은 상황에서는 엔진이나 모터의 회전속도(rpm)가 증가하면 P_{TR}이 감소하므로, 차량은 더 빠른 속도로 가속되지 못한다. 식 (15-1)은 주어진 최대 속도 V_{max}에 도달하기 위해서는 구동부로부터 제공해야 하는 필요한 견인력을 구할 수 있다. 또한 주어진 견인력으로 차량의 V_{max}를 예상할 수 있다.

최대 등반 능력: 최대 등반 능력(maximum gradability)은 위로 작용하는 모터나 엔진의 최대 견인력 F_{TR}에 의해 차량 아래로 작용하는 중력과 균형을 이루면서 극미한 속도로 위로 움직일 수 있는 경사의 정도로 측정된다. 이러한 경사는 위로 올라간 거리와 나아간 거리의 비로 표현되며 백분율로 나타내는데, 10 m의 수직거리와 100 m의 수평거리를 이동할 경우 10% 경사로 표현된다. 최대 등반 능력 GR_{max}는 F_{TR}과 m의 함수로 표현된다.

$$GR_{max} = 100 \times \left[\frac{F_{TR}}{\sqrt{(mg)^2 - F_{TR}^2}}\right] \tag{15-2}$$

최대 가속도: 경사면을 오를 때 차량의 최대 가속도 A_{max}는 최대 견인력과 총 질량에 기초하여 정해진다. 간단한 항으로 항력의 영향을 무시하고 일정한 힘이 차량의 속도에 상관없이 작용한다고 가정하면, 이 관계식은 다음과 같이 뉴턴 역학으로부터 구할 수 있다.

$$A_{max} = \frac{F_{TR}}{m} \tag{15-3}$$

이와 같이 가속도를 최대로 하기 위해 엔지니어들은 힘을 최대화하는 동시에 질량도 감소시키려 노력한다. 실제로 힘을 증가시키는 것은 엔진 크기를 증가시키는 경향이 있는데, 이 때문에 질

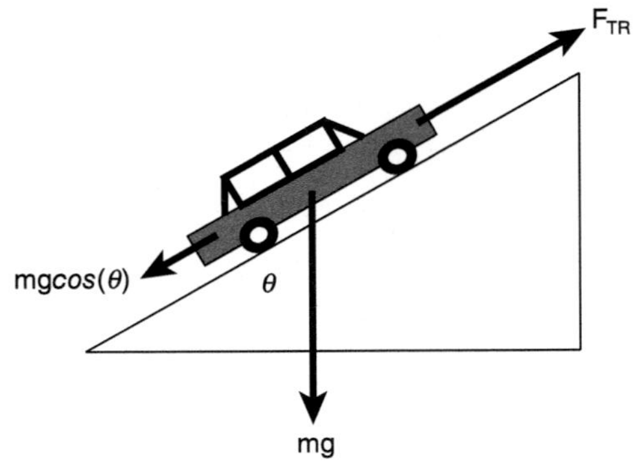

그림 15-3 경사로에서 차량에 작용하는 중력과 견인력의 균형.

량이 증가하고 A_{max}는 감소한다. 따라서 이 두 가지 요소 사이에서 균형을 잘 맞추어야 한다. 예제 15-1과 15-2는 기초적인 수준에서 차량 설계를 평가하는 이러한 성능 측정 사용을 보여준다.

예제 15-1

연비를 향상하기 위해 설계된 대표적인 승용차의 앞면 면적이 2.6 m^2이고 항력계수는 0.3, 구름저항계수는 0.01, 전비 중량은 1,200 kg, 저속에서의 최대 견인력은 3,000 N, 최대 속도에서의 견인 출력은 30 kW이다. 승용차는 5인승이며, 뒷좌석 후미에는 저장 공간이 있다. 96 km/h의 속도, 최대 속도, 최대 등반 능력일 때 요구되는 순항 출력을 구하라(표준 단위로 차량 단면적은 28.1 ft^2, 질량은 2,640 lb, 이상적인 운행 속도는 60 mph이다).

▶ ***풀이***

공기 밀도를 1 kg/m^3이라 가정하자. 순항 속도는 26.7 m/s와 같다. 그러므로 식 (15-1)로부터 필요한 동력은 다음과 같다.

$$P_{TR} = 0.5(1)(2.6)(0.3)(26.7)^3 + (1,200)(9.8)(26.7)(0.01) = 10.5\ \text{kW}$$

다음으로 최대 속도일 때의 견인 출력 30 kW는 최대 속도 V_{max}를 결정한다. 주어진 값을 대입하면 다음과 같다.

$$30\ \text{kW} = 0.5(1)(2.6)(0.3)V_{max}^3 + (1,200)(9.8)V_{max}(0.01)$$

이를 수치해석적 방법으로 풀면 V_{max} = 40.2 m/s 또는 145 km/h (90.4 mph)이다.

최대 등반 능력은 저속에서의 최대 견인력과 차량의 질량을 사용하여 구할 수 있다.

$$GR_{max} = 100 \times \left[\frac{3,000}{\sqrt{(1,200 \cdot 9.8)^2 - (3,000)^2}}\right] = 0.264 = 26.4\%$$

예제 15-2

이제 5인승 SUV (sport-utility vehicle)에 대해 생각해 보자. SUV는 지면에서 좀 더 높으며, 이로 인해 단면적이 3.1 m^2로 더 넓고 항력계수가 0.4로 더 크다. 울퉁불퉁한 바퀴 때문에 구름저항계수 역시 0.015로 증가한다. 전체 질량은 1,500 kg으로 역시 더 무겁지만, 구동부가 더 강해 저속에서 최대 견인력을 4,500 N까지 낼 수 있고 최대 속도에서 견인 출력은 50 kW나 된다(표준 단위로 단면적은 33.4 ft^2이고 무게는 3,300 lb이다). (a) 96 km/h의 속도, 최대 속도, 최대 등반 능력일 때 요구되는 순항 출력을 구하라. (b) 예제 15-1의 승용차와 SUV 둘 다 정지상태에서 저항이 없는 진공에서 최대 힘으로 가속되고 모든 속도 범위에서 저속에서 낼 수 있는 견인력의 최대치를 유지한다고 가정하면, 각각의 운행 속도는 얼마나 빨리 96 km/h 또는 60 mph에 도달하는가?

▶ ***풀이***

(a) 예제 15-1의 계산을 SUV 값들을 이용해 반복하면 답은 P_{TR} = 17.6 kW, V_{max} = 146 km/h (91.0 mph), GR_{max} = 32.2%이다.

(b) 저항이 없고 견인력이 일정하므로 두 차량 모두 식 (15-3)을 이용하여 답을 구할 수 있다.

$$A_{max} = \frac{F_{TR}}{m} = \frac{3,000}{1,200} = 2.5\ \text{m/s}^2$$

순항 속도 26.7 m/s에 도달하기 위해 차량을 10.7초 동안 가속해야 한다[t = (26.7)/(2.5) = 10.7 s]. 비슷한 계산으로 SUV는 8.9초 동안 A_{max} = 3 m/s^2로 가속해야 한다. 차량들의 사양은 간단하게 가정한 것이므로, 이러한 비교가 비슷한 수치를 갖는 실제 차량에 적용되기에는 적합하지 않다.

▶ ***논의*** 두 차량의 비교는 다음 표에 나타나 있다. 차이 항목은 승용차와 비교한 SUV 값들의 증감을 나타낸다.

	단위	소형차	SUV	차이
운행 출력	kW	10.5	17.6	67%
최대 속도	km/h	144.6	145.7	1%
	mph	90.4	91.0	1%
등반 능력	%	26.4%	32.2%	22%
가속도	초	10.7	8.9	−17%

이 표를 통해 SUV 설계 특성은 소비자가 추구하는 항목들에 대해 보다 탁월한 성능을 보여주지만 연비에 있어서는 아쉬운 것을 알 수 있다. 실질적인 측면에서 최대 수용 인원은 두 차량 모두 동일하지만, SUV가 저장 공간이 더 크고 탑승 위치가 지면에서 더 높으며 무게가 더 나가므로 구조적으로 튼튼하고 보다 안전한 차량이라는 인상을 준다. 그러나 운행 시 연료가 67%나 더 소요되며, 나타나 있지는 않지만 무거운 무게는 가속 시 더 많은 연료 소비를 필요르 한다. 질량뿐만 아니라 항력이나 구름저항계수의 증가 역시 같은 속도에 있어 더 많은 연료 소비를 가져온다. 단위 질량에 기초해서 SUV는 가속 시 더 강한 견인력과 최대 속도에서 견인 출력을 더 많이 낸다. 따라서 가속도, 최대 등반 능력, 최대 속도와 같은 소비자들이 바라는 요소들이 탁월하다고 할 수 있다.

앞 표에 나온 두 차량의 성능 결과는 실제 차량에 있어 성능을 예상하는 방법으로 공학적 수식 사용의 유효성을 비교하는 데 이용될 수 있다. 예를 들면 2005 Toyota Corolla와 Toyota RAV-4 소형 SUV는 시험 차량과 비교될 수 있는데, 차량의 총 질량과 항력계수를 각각 1,150 kg/0.3과 1,448 kg/0.4로 두었다. 미국 환경보호청에서 얻은 고속도로 연비의 현재 수치를 이용하면, RAV-4 운행에 예상되는 연료 소비량이 Corolla보다 37% 높다. 비록 표의 67%만큼은 아니지만 두 차량의 차이는 꽤 크다. 또한 우리가 예제의 SUV 타이어를 승용차와 같은 것이라 가정하면(C_o = 0.1) 연료 소비량의 차이는 49%가 되고, 이는 실제 차량의 비교치와 더 가까운 결과이다. 주어진 식 (15-1)이 특정 속도에서의 출력을 계산하는 것이며 전체 연비에 영향을 미치는 다른 변수(고속도로 운전 주기, 가솔린을 출력으로 변환할 때의 구동부 효율, 가속할 때와 감속할 때의 효과 등)들을 고려하지 않았으므로, 예제에서처럼 식 (15-1)과 (15-2)를 이용하여 성능이나 에너지 효율의 차이를 일차적으로 예상하는 것은 꽤 합리적인 방법이라 할 수 있다.

차량 설계에 있어 복잡한 요소들

식 (15-1)~(15-3)을 이용하여 소형차 그룹을 SUV나 미니밴과 비교하거나 하이브리드 차량을 내연기관 차량과 폭넓게 비교하여 기초적인 수준에서 계산하는 것이 가능하다. 실제로 경쟁적인 차량을 정확하게 비교하거나 실험을 통한 주행 결과 분석에 있어 복잡한 요소들이 복합적인 산업에서 중요한 역할을 한다.

하나의 예로 가속도에 대한 질문에 초점을 맞추어 보자. 먼저 실제 운행에 있어 차량을 가속하는 데 작용하는 힘은 구동부로부터 전달되는 견인력과 차량에 작용하는 저항력의 차이이다. 저항은 속도 V의 함수이므로, 전체 힘에 있어서 이 요소는 차량 가속에 따라 달라질 수 있다. 게다가 F_{TR}은 속도의 변화와 함께 바뀐다. 내연기관의 경우를 예로 들면 엔진의 F_{TR}은 플라이휠 회전력 T_{FW}와 관련 있으며, 회전력은 N · m로 나타내고 다음과 같이 rpm의 함수로 변한다.

$$T_{AX} = T_{FW} \times G_{TR} \times G_{FD} - L_{DR} \tag{15-4}$$

$$F_{TR} = T_{AX} \times r_{tire} \tag{15-5}$$

여기서 T_{AX}는 N · m로 나타내는 차축 토크, G_{TR}은 전달 기어비(어떤 기어가 전달에 사용되느냐에 따라 결정되는), G_{FD}는 최종 감속장치비(즉, 구동부와 트랜스액슬 사이의), L_{DR}은 다양한 구동부의 손실, 그리고 r_{tire}는 타이어의 반경이다. 이 계산은 수동 변속의 경우라 가정하며, 자동 변속의 불이행 때문에 추가적인 손실이 발생한다.

엔진은 T_{FW}가 최대값에 도달할 때 rpm 범위가 정해지고 그 범위 상하로 T_{FW}가 떨어지기 때문에, 식 (15-4)와 (15-5)로부터 얻은 결과는 일단 rpm이 그 범위를 넘어서면 F_{TR}에 관여하는 능력이 줄어든다는 것이다. 다중 속도 기어박스는 엔진이 이상적인 rpm 범위에서 다시 작동하도록 운전자가 더 높은 기어로 변속할 수 있도록 하는 장치이다. 하지만 높은 기어에서는 G_{TR}이 감소하고, 따라서 F_{TR}과 최대 가속도가 떨어지게 된다. 속도에 대한 F_{TR} 값의 변화로 인한 양상은 그림 15-4에 최대 기어비일 때의 F_{TR}과 저항력, 최대 속도 사이의 관계로 나타나 있다. $V_{max'}$ 값에서 F_{TR}과 저항력은 균형을 유지하고 있는데, V가 $V_{max'}$에 근접할수록 F_{TR}이 rpm 증가로 감소하는 반면 저항은 V의 세제곱으로 증가하여 차량이 점차적으로 V_{max}에 도달하게 된다. 이러한 현상은 매우 빠른 속도로 차량을 운행할 때 나타난다. 차량에 따라 다르지만 시운전자는 보통 정지 상태에서 대략 100~140 km/h에 달하는 고속 상태까지 가속할 수 있는데, 결국 평지에서 차량의 정격 최대 속도까지의 가속이 더 천천히 일어난다는 것을 알게 된다.

설계 요소와 성능의 복잡한 관계로부터 알 수 있는 것은 제조업자들이 이론적인 모델링이나 실증 분석을 혼합하여 성능 평가를 수행한다는 것이다. 예제 15-1과 15-2에 언급된 것처럼 이론적인 평가는 운행 중 연료 소비량, 최대 등반 능력 등과 같은 기준으로 차량의 성능 등급에 대한 일반적인 예측을 하는 데 사용할 수 있다. 반면 안목 있는 소비자는 명확한 기준을 갖고 특정 제품이나 모델을 선택하려고 할 것인데, 이론적 모델을 통한 차량 비교 결과를 기준으로 제시하기에는 너무 복잡하기 때문에 제조사들은 대신 실증 분석을 이용하고 있다. 예를 들면 차량의 가속 능력에 대해 이

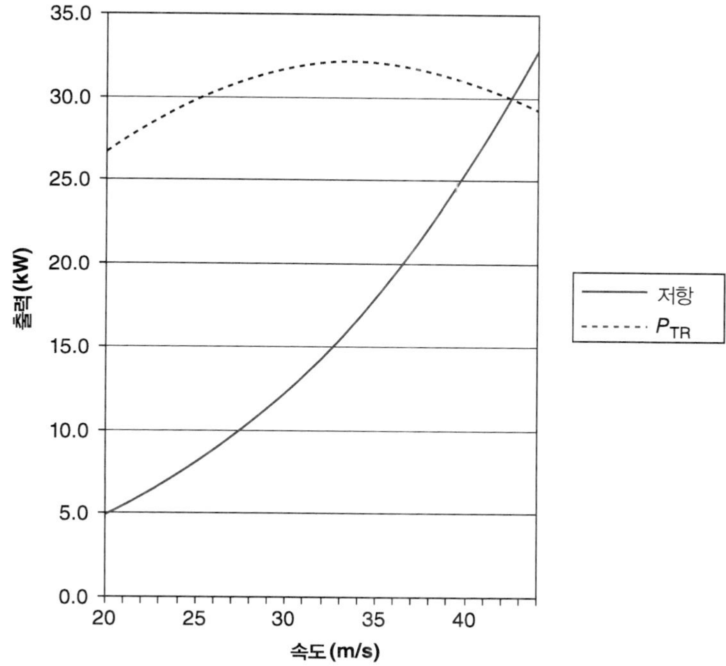

그림 15-4 속도 V의 함수로서의 견인 출력 P_{TR}과 저항력(*변환*: 10 m/s = 22.5 mph).

론 분석을 하기보다는, 운전 전문가를 통해 '0에서 30 mph까지의 시간' 또는 '0에서 60 mph까지의 시간'과 같은 말로 평가하고 홍보 용도로 사용하고 있다.

15-3-2 기존 차량의 효율을 증진시키는 대안들

앞 절에서 논의한 것처럼 차량의 무게, 최대 출력, 공기저항 그리고 다른 변수들이 내연기관 차량에서 가솔린이나 디젤 소비에 직접적인 영향을 준다. 차량 설계를 개선하여 전비 중량, 공기저항, 구름저항 같은 변수들을 수정 · 보완하는 것은 연비를 높이는 수단이 될 수 있다. 그리고 몇몇 변수들은 이미 이러한 방향으로 발전되고 있다. 표 15-3에 나타낸 것처럼 항력계수는 점차 감소하여 2015년 발표된 몇몇 승용차 모델에서는 0.25까지 낮아졌다. 또한 제조사들은 더 효율적으로 공간을 사용하고 재료를 개발하며, 1960년대 혹은 그 이전에는 일반적이었던 하부 차대를 제거함으로써 차량 내부의 단위 부피당 무게를 줄여왔다. 반면 미국과 같은 시장에서는 SUV 같은 큰 차량들이 대중적인데, 이는 빠른 속도로 경량 차량의 평균 무게를 증가시켰다. 그럼에도 불구하고 높은 연료비 때문에 소비자들이 큰 차량의 구매를 망설인다면 내연기관 차량의 무게 개선이 가능해야 한다. 이와 같은 변화들을 통해 성능 저하나 차량의 안전성과는 상관없이 연비에 관한 몇 가지 개선을 할 수 있다. 또한 제조업자가 적은 선행 투자비용으로 점증적인 개선을 할 수 있어 차량 전체를 대체 플랫폼으로 바꾸지 않아도 되므로 재정적인 위험성도 줄게 된다.

그러나 이러한 유형의 점증적인 변화는 한계를 갖고 있다. 첫째, 시간이 지날수록 이미 충분히 발달된 내연기관 플랫폼을 통해 추가적인 절약을 하기 어렵다. 둘째, 가솔린이나 디젤 연료를 사용하는 차량의 제조업체나 자동차 구매자는 이러한 선택을 하는 한 이 장의 앞부분에서 언급했던 기후나 자원에 대한 개선 방안을 완전히 성취할 수 없다. 그러므로 다음 절에서는 더 완전한 해결 방안으로 대체 연료와 추진 플랫폼에 대해 소개한다.

15-3-3 비도로 상황에서의 동력 요구사항

유사한 원칙을 철도, 해양, 항공을 포함한 여러 가지 상황에서의 순항 속도와 최대 속도에서의 동력 요구량 추정, 그리고 경사를 오르거나 가속 시 최대 용량 추정에 적용할 수 있다. 단순화를 위해, 해양의 경우 바람이나 해류가 영향을 미치지 않는 상황에서 일정한 속도로 항해하는 상황을 고려해보자. 또한, 파이프라인 모드도 논의에서 제외한다.

철도(여객 및 화물 수송)

철도에서 기차의 동력 요구량은 구름저항과 공기저항의 함수이며, 저속에서는 구름저항이 우세하고 고속에서는 공기저항이 우세하다. 레일 위 철제 레일 바퀴의 구름저항에 대한 매개변수값은 아스팔트 도로 위 고무 타이어에 비해 유리하며, 다른 모든 요인이 동일할 때 주어진 속도에서 더 낮은 구름저항을 갖는다. 반면 기차는 차량에 비해 경사로를 오르는 능력이 훨씬 낮다. 이러한 이유로 일부 도시의 지하철은 콘크리트 선로 위에 고무 타이어를 갖춘 기차를 채택하기도 한다. 또한 기차는 차량에 비해 더 넓은 회전 반경이 필요하다. 마지막으로, 기차의 동력 요구치를 계산하는 방정식은 단면적, 속도, 다양한 계수들뿐만 아니라 기차의 길이도 고려해야 한다. 기차의 길이가 길어질수록 공기저항과 구름저항이 증가하기 때문이다.

도시간 철도 이동으로 제한하여 동력 요구 사항을 계산할 경우에는, 고속철에 대부분 초점을 맞춘다. 이는 산업 국가와 신흥 국가 모두에서 자동차와 비행기의 대안으로 고속철이 많은 관심을 받고 있기 때문이다. 기차의 디자인, 내부 구성 요소, 길이 및 고속철 시스템의 운영 조건 등이 국가 내부에서, 또한 국가 간에 서로 다르기 때문에 모든 고속철을 평가하는 단일 이론적 방정식은 없다. 대신, 개별 고속철도(HSR) 열차 세트 클래스에 대한 경험적 방정식이 사용된다(여기서 "열차 세트"는 하나 이상의 기관차와 여러 객차로 구성된 단일 유닛을 의미한다). 프랑스 TGV ("Train a Grande Vitesse")를 예로 알아보자(Hopkins et al., 1999 참조).

D는 TGV 열차의 항력(킬로뉴턴, kN), V는 속도(m/s)로 놓자. 이 경우 속도의 함수로서의 항력은 다음과 같다.

$$D(V) = a + bV + cV^2 \tag{15-6}$$

여기서 a, b, c는 속도의 함수로 관측된 항력값에 맞추기 위한 매개변수이며, $a = 3.82$, $b = 0.1404$, $c = 0.006532$의 값을 갖는다. 또는, V가 km/h로 주어지면 매개변수는 $a = 3.82$, $b = 0.039$, $c = 0.000504$이며, 마일당 시간과 D가 킬로파운드 힘으로 주어지면 값은 $a = 0.9587$, $b = 0.01403$, $c = 0.00029$이다.

단위에 관계없이, 열차 세트에 작용하는 항력은 세 가지 구성 요소로 이루어져 있는데 (1) 정적, (2) 선형, (3) 비선형이다. 항력을 동력으로 변환하는 데 편리하기 때문에 V를 m/s 단위로 사용하였다. 주어진 속도 V를 유지하기 위한 동력 요구량 P (kW 단위)는 다음과 같다.

$$\begin{aligned} P &= D \cdot V \\ &= aV + bV^2 + cV^3 \end{aligned} \tag{15-7}$$

앞의 항력값 a, b, c와 선택한 속도값을 사용하여 정적, 선형, 비선형 구성 요소의 기여도를 포함한 다양한 속도에 대한 총 동력 요구량을 계산할 수 있다. 예를 들어, 일반적인 정상 상태 또는 '순항' 속도를 시속 200마일 또는 시속 320킬로미터로 놓을 경우, 이 값은 88.9 m/s에 해당하므로, 식 (15-7)에 대입하여 풀면 P = 6,037 kW의 동력 요구량이 나온다. 비교를 위해, 현재 고속철도 열차의 최대 속도는 약 100 m/s로, 이는 360 km/h 또는 225 mph에 해당하며, P = 8,318 kW이다. 속도가 40 m/s (144 km/h 또는 90 mph)에 도달하면, 이는 고속철도 순항 속도보다 훨씬 느리지만, 동력 계산식에서 비선형 구성 요소가 지배적이 되며 공기저항이 많은 영향을 미치게 된다. 전 세계적으로 고속철도의 최고 속도를 높이고 있는데, 이 상황이 에너지에 미치는 영향을 살펴보자. 한 예로 1960년대의 초기 고속철도 열차와 오늘날의 고속철도 열차를 비교하면, 최초의 기차들의 최고 속도는 약 56 m/s 또는 125 mph였으므로, 동력 요구량이 1.8 MW에서 8.3 MW로 거의 다섯 배 증가했음을 확인할 수 있다.

화물 철도의 경우, 총 저항과 동력 요구량은 동력 차량과 화물차의 수에 기반하므로, 기관차의 저항과 화물차의 저항을 각각 합산하면 된다. 이 경우, 기관차와 화물차의 저항은 차량 중량과 구름/공기저항의 함수이다. 고속철도 열차 세트와 마찬가지로 단일 이론적 공식은 없으므로, 이 경우에는 경험식을 활용한다. 미국의 단위로 R = 저항(파운드), T = 중량(톤), V = 속도(시속), N = 기관차의 축 수(화물차에는 적용되지 않는다)이다. 화물차가 일정한 속도로 평탄한 표면을 주행할 때의 저항은 다음과 같다.

$$R_{\text{CAR}} = aT + b + cTV + dV^2 \tag{15-8}$$

일반적으로 값 a = 1.5, b = 72.5, c = 0.015, d = 0.055가 사용된다. 다음으로, 기관차에 대해서는 다음 방정식이 적용된다.

$$R_{\text{LOCOMOTIVE}} = aT + bN + cTV + dV^2 \tag{15-9}$$

일반적인 기관차의 경우, 대표적인 값은 a = 1.3, b = 29, c = 0.03, d = 0.312이다. 참고로, 식 (15-9)에서는 화물차의 경우와 달리 축의 수가 저항에 기여한다는 점에 유의하라. 마지막으로, 기관차의 최대 견인력 TE는 파운드 단위로 측정되며, 이는 기관차의 최대 마력 P와 속도 V의 함수이다. 최대 견인력은 V가 증가함에 따라 감소한다.

$$TE = aP/V \tag{15-10}$$

여기서 대표적으로 매개변수값 a는 308로 놓는다. 참고로, 식 (15-10)은 V 값이 매우 낮을 때에는 적용이 불가능한데, V가 0에 가까워질수록 TE는 무한대에 가까워지기 때문이다. 그러나 이 예에서는 선형 운송 속도에서의 정상 상태 에너지 소비에 관심이 있으므로 이 제한은 문제가 되지 않는다.

철도 운영 관점에서는, 식 (15-8) 및 (15-9)를 사용하여 총 저항을 계산한 후, 원하는 속도 V에서 충분한 TE를 제공할 수 있는 기관차 동력값을 얻는다(Armstrong, 1993 참조). 이 과정에서 총값 TE가 필요한 힘의 양(파운드)을 초과할 때까지 기관차를 추가할 수도 있다. TE를 너무 많이 초과하는 것은 절대 문제가 되지 않는데, 경사를 오르거나 가속할 때 동력 요구량이 증가하기 때문이다. 실제로, 식 (15-8)과 (15-9)는 순간적인 경사도(상승 또는 하강)와 가속도의 영향을 포함하여 확장될 수 있다.

총 저항을 알 경우, 우선 속도를 유지하는 데 필요한 동력을 표준 단위에서 미터법 단위로 변환하라. 이후 고속철도 대신 화물 철도에 적용된 식 (15-7)의 관계를 사용하여 계산할 수 있다. 필요한 변환계수는 파운드당 4.448뉴턴이다. 예제 15-3은 화물열차에 대한 계산 과정을 다루고 있다.

예제 15-3

화물열차는 50개의 화물차로 구성되어 있으며, 각 화물차는 빈 상태에서 30톤의 무게를 가지고 있고, 90톤의 화물을 실을 수 있다. 이 열차는 평지에서 시속 50마일로 달린다. 기관차는 4축이며, 최대 출력 2,500마력, 중량 120톤이다.

(a) 기관차를 제외한 화물차의 견인 하중만의 총 저항은 얼마인가(파운드 단위로)?

(b) 원하는 속도로 화물을 끌기 위해 필요한 최소한의 기관차 수와 기차의 총 저항력은 얼마인가(파운드 단위로)? 주어진 대로 식 (15-8)에서 (15-10)까지의 모든 매개변수값을 가정하라.

(c) 원하는 속도를 유지하는 데 필요한 동력은 얼마인가?

▸ *풀이*

다음에 매개변수값이 대입된 방정식이 표시되어 있다. (a) 차량당 저항은 $V = 50$ mph 및 $T = 120$톤의 총 중량을 기준으로 식 (15-8)을 사용하여 계산된다.

$$R_{\text{CAR}} = 1.5T + 72.5 + 0.015TV + 0.055V^2$$
$$= 1.5(120) + 72.5 + 0.015(120 \cdot 50) + 0.055(50)^2 = 480 \text{ lb}$$

따라서, 화물차 50대의 저항은 (50)(480) = 24,000파운드이다.

(b) 기관차당 저항은 식 (15-9)를 사용하여 계산된다.

$$R_{\text{LOCOMOTIVE}} = 1.3T + 29N + 0.03TV + 0.312V^2$$
$$= 1.3(120) + 29(4) + 0.03(120)(50) + 0.312(50)^2 = 1{,}232 \text{ lb}$$

$V = 50$ mph에서 각 기관차의 견인력은 다음과 같이 계산된다.

$$TE = 308(2{,}500)/50 = 15{,}400 \text{ lb}$$

추가 계산에 따르면, 기관차가 하나 있는 기차는 저항이 24,000 lb + 1,232 lb = 25,232 lb이고 최대 견인력이 15,400 lb이므로 저항이 사용 가능한 견인력을 초과하기 때문에 시속 50마일로 주행할 수 없다. 두 대의 기관차가 있는 기차는 26,464 lb의 저항과 30,800 lb의 TE를 가지고 있어 필요한 속도를 달성할 수 있다. 따라서 필요한 기관차의 수는 2대이며, $R_{\text{TOT}} = 26{,}464$파운드이다.

(c) 시속 50마일의 속도는 초속 22.2미터에 해당한다. 미터법으로 변환하고 P를 계산하면 다음과 같다.

$$F = 26{,}464 \text{ lb}(4.448 \text{ N/lb}) = 117.7 \text{ kN}$$
$$P = FV = (117.7)(22.2) = 2{,}620 \text{ kW}$$

최대 출력과 총 견인 중량의 비율을 *견인 톤당 마력*이라고 하며, 이는 열차가 본선으로 발차된 후 최대 속도나 급속 가속 능력을 나타내는 척도로 사용된다. 예를 들어, 예제 12-3에서 기차는 총 5,000마력의 출력을 가지고 있으며 6,000톤을 끌고 있으므로 톤당 0.833마력의 출력을 가지고 있다.

해양 선박

해양 선박의 경우, 선체와 주변 물 사이의 마찰로 인해 발생하는 항력이 물리적 항력의 생성에서 가장 지배적이다. 공기저항도 포함될 수 있지만 저속으로 이동하기 때문에 상대적으로 작으며, 이후에는 무시할 계획이다. 속도는 '노트'로 측정되며, 1노트 = 1.15 mph = 1.86 km/h이다. 선체 설계는 특정한 '선체 속도'를 고려해야 하며 선체의 길이에 따라 달라지는데, 선체가 길어질수록 선체 속도도 비례하여 증가한다. 속도의 함수로서의 항력 방정식에서 선체 속도에서 큰 불연속성이 발생하며, 이 임계값을 초과하면 항력이 크게 증가한다. 선박 운영 속도가 선체 속도를 초과하는 경우는 대서양 횡단 컨테이너 운송과 같은 상업적 해운 운용에 너무 많은 비용이 들기 때문에, 군사 작전이나 요트 경주 등에만 해당한다.

가장 간단한 형태로, 선체 속도 이하의 속도에서 동력 요구량은 속도 V(노트 단위)와 BTU h^{-1} kn^{-3} 단위의 경험적 저항 매개변수 K의 함수이다. 여기서 kn은 노트를 의미한다.

$$P = KV^3 \tag{15-11}$$

여기서 K의 값은 선박의 길이, 선체 설계, 엔진에서 드라이브 샤프트를 거쳐 프로펠러까지 연결되는 구동계의 효율성을 포함한 다양한 요인에 따라 달라진다. 예를 들어, 40피트 길이의 컨테이너를 4,000개 운반할 수 있는 컨테이너선의 K 값은 18,850 BTU h^{-1} kn^{-3}로 계산되며, 이때 선체 속도는 25노트이다. 이 배가 선체 속도보다 낮은 21노트의 속도로 항해하면, 식 (15-11)을 적용하여 P = 174.6 MMBTU/h의 전력 요구량이 나오며, 이는 184.2 GJ/h 또는 51.2 MW에 해당한다. 이 값들은 예제 15-3의 화물열차의 동력 요구량보다 훨씬 크지만, 배의 하중 역시 두 배 정도 크다.

항공기

항공기의 동력 방정식은 두 가지 측면에서 다른 교통 수단과 다르다. 첫째, 항공기는 이륙 이후에는 구름저항이 없으며, 항공기의 표면이 공기를 통과할 때 발생하는 공기저항인 마찰저항만 고려한다. 항공기의 동력 계산에서 다른 부분은 비행체를 공중에 유지하는 항력이다. 항력은 속도에 따라 증가하는데, 이때 양력을 유지하기 위한 동력 필요량은 적어지기 때문에, 필요 동력이 최소화되는 최적 순항 속도가 존재한다. 둘째, 순항 속도로 가속하는 데 필요한 동력 요구량은 일반적으로 무시하지만, 활주로에서 정지 상태에서 이륙하여 순항 고도로 상승하는 데 필요한 동력 요구량과 에너지 소비는 전체 비행의 에너지 요구량의 상당한 부분을 차지한다[식 (15-1)]. 따라서, 소비된 에너지를 이동거리에 대한 선형 모델로 표현하는 것은 철도나 해양 선박에서는 문제가 되지만, 항공에서는 가능하다. 대신, 비행 과정에서 에너지 소비를 포괄적으로 추정하기 위해서는 상승 고도까지의 거리와 순항거리의 상대적인 비율을 고려해야 한다. 다만, 이 점은 이 교재에서는 다루지 않을 예정이다.

상업용 제트 항공기의 성능은 비행기의 크기, 중량, 최대 순항거리 및 기타 요소를 기준으로 평가할 수 있다. 표 15-4는 유럽에 본사를 둔 에어버스와 미국에 본사를 둔 보잉이라는 세계 최대 항공기 공급업체 두 곳의 몇몇 항공기 모델의 사양을 보여준다. 표에 나와 있는 것처럼, 각 제조업체는 다양한 항공시장에서 경쟁하기 위해 다양한 모델을 제공하고 있다. 예를 들어, 에어버스 A319와 보잉 737은 단거리 시장에서 경쟁하고 있으며, A330과 787은 250~300명의 좌석 요구 사항을 가진 장거리 시장에서 주로 경쟁한다. A380과 747은 가장 많은 좌석이 필요한 장거리 시장에서의 주요 경쟁 모델들이다.

필요한 총 동력 P_{total}은 항력과 양력의 조합 방정식 형태로 주어지며, 각각은 순항 속도와 다양한 다른 매개변수를 기반으로 계산될 수 있다.

$$\begin{aligned} P_{\text{total}} &= P_{\text{drag}} + P_{\text{lift}} \\ &= 0.5\rho C_d A_p V^3 + 0.5\frac{(mg)^2}{\rho V A_s} \end{aligned} \tag{15-12}$$

여기서 ρ는 공기의 밀도, C_d는 특정 항공기에 대한 공기역학적 항력계수, A_p는 항공기의 정면 면적,

표 15-4 2013년 에어버스와 보잉사의 일부 상업용 항공기 기본 사양

제조사	모델	길이(m)	폭(m)	좌석 수*	최대 중량(톤)	순항거리(km)
에어버스	A319	33.84	34.1	124	64.4	6,850
	A330	63.69	60.3	295	230.9	11,900
	A380	72.72	79.75	525	562	15,700
보잉	737	33.6	35.8	126	70.1	6,370
	747	64.4	70.6	416	363	13,450
	787	57	60	250	227.9	15,200

*참고: 표는 해당 모델의 대표적인 수치 중 하나를 보여주고 있다. 각 모델은 실제로는 다른 사양(예: 좌석, 최대 중량, 주행거리 등)을 가진 다양한 변형 형태를 갖는다. 좌석 수 역시 일반적인 구성에 따라 제시한 것이다(2열 혹은 3열). 이코노미 클래스만 있을 경우 총 좌석 수가 더 많다. 최대 중량은 이륙 전 연료 탱크가 가득 찬 상태의 중량이며, 착륙 시 또는 연료가 없는 상태의 중량은 비행 중 연료가 소비되므로 표시된 값보다 적다.

출처: 에어버스와 보잉사.

V는 속도, m은 항공기의 질량, g는 중력 상수, 그리고 A_s는 공기역학적 양력에 의해 지지되는 항공기의 유효 면적(날개 폭의 제곱)이다. V가 증가하면 P_{drag}은 증가하지만 P_{lift}는 감소하므로, 항공기의 설계 순항 속도를 선택하는 과정에서 서로 상충된다. 순항 고도에서는 공기 밀도가 낮아지므로 항력은 감소하는 점에 유의하라. 이는 해수면 근처에서 도로 또는 철도 차량이 경험하는 약 1.0 kg/m^{3}에 비해 약 0.4 kg/m^3 정도 차이가 난다. 예제 15-4는 특정 항공기인 보잉 747의 동력 및 에너지 요구량을 고속철도와 비교하여 계산하는 과정을 보여준다.

예제 15-4

보잉 747의 크기는 표 15-4에 나와 있으며, 이 항공기는 공기역학적 항력계수가 0.03, 정면 단면 면적이 180 m^2, 제트 엔진의 효율이 33%이다(Mackay, 2009). 순항 고도에서 공기 밀도가 0.4 kg/m^{3}일 때, 시속 254 m/s (914 km/h)의 속도로 비행한다.

(a) 주어진 속도와 고도를 유지하기 위해 필요한 747의 순간적인 동력 요구량은 얼마인가?

(b) 만약 747이 이러한 조건에서 승객을 가득 태우고 1,000 km를 이동한다면, 이륙 및 착륙 에너지를 무시할 경우 필요한 항공 연료의 에너지 함량은 얼마인가?

(c) TGV 기차가 384명의 승객을 가득 태운 상태로 320 km/h의 속도로 1,000 km를 이동한다고 가정하고, 전선에서 바퀴에 전달되는 전력의 전달 효율이 75%라고 가정할 때, 승객당 에너지 소비량은 얼마인가?

풀이

(a) 면적 A_s는 표에 있는 747의 폭으로 계산한다.

$$A_s = W^2 = (64.4)^2 = 4{,}147.36\ \mathrm{m}^2$$

다른 값들이 주어졌으므로, P_{total}은 식 (10-4)로 계산된다.

$$P_{total} = 0.5\rho C_d A_p V^3 + 0.5\frac{(mg)^2}{\rho V A_s}$$

$$= 0.5(0.4)(0.3)(180)(254)^3 + 0.5\frac{(363{,}000\ \mathrm{kg}\cdot 9.8\ \mathrm{m/s^2})^2}{(0.4)(254)(4147)}$$

$$= 1.76\times10^7 W + 1.37\times10^7 W = 3.26\times10^7 W = 32.6\ \mathrm{MW}$$

(b) 이동 거리가 1,000 km이고, 속도가 914 km/h이므로 소요시간은 다음과 같다.

$$\frac{1{,}000\ \text{km}}{914\ \text{km/h}} = 1.1\ \text{h}$$

필요한 출력을 유지하기 위해 1.1시간 동안 필요한 출력 에너지 E_{out}과 제트 엔진의 효율성을 기반으로 한 입력 에너지 E_{in}은 다음과 같이 계산된다.

$$E_{out} = P_{total}t = (32.6\ \text{MW})(1.1\ \text{h}) = 35.9\ \text{MWh}$$

$$E_{in} = \frac{E_{out}}{\eta_{engines}} = \frac{35.9}{0.33} = 109\ \text{MWh}$$

$$E_{person} = \frac{E_{in}}{N_{occ}} = \frac{109\ \text{MWh}}{416} = 261\ \text{kWh}$$

(c) 고속철도 기차의 경우, 속도는 320 km/h이고 거리는 1,000 km이므로 필요한 시간은 3.1시간이다. (b)와 동일하게 계산할 수 있다.

$$E_{out} = P \cdot t = (6{,}037\ \text{kW})(3.1\ \text{h}) = \sim 18{,}700\ \text{kWh} = 18.7\ \text{MWh}$$

$$E_{in} = \frac{E_{out}}{\eta_{trainset}} = \frac{18.7}{0.75} = 24.9\ \text{MWh}$$

$$E_{person} = \frac{E_{in}}{N_{occ}} = \frac{24.9}{384} = 64.8\ \text{kWh}$$

결론적으로, 예제 15-4는 항공과 철도 간의 비교에 대한 여러 가지 고찰거리를 제시하고 있다. 고속철도의 1인당 에너지 소비가 현저히 낮다는 점은 중거리 도시 간 여객 여행에서는 고속철도 인프라가 더 효율적일 수 있다는 점을 보여준다. 게다가 전기를 활용하므로, 승객당 발생하는 CO_2를 줄일 수 있다. 반면 항공에 비해 약 세 배에 달하는 상당히 긴 시간(중간역에서의 정차를 제외하고)이 필요하다는 점과, 육상으로만 연결된다는 요구 사항은 고속철도의 한계이기도 하다. 매우 긴 거리(예: 러시아나 미국의 대양 횡단 또는 대륙 횡단)의 경우, 고속철도 인프라가 존재하더라도 현대 사회에서는 그렇게 오랜 기간 동안 여행하는 것은 보통 시간적으로 합리적이지 않다.

15-4 내연기관의 대안들: 대체 연료와 추진 플랫폼

이 절에서 주로 다루는 대체 연료나 대체 추진 플랫폼 차량은 석유 소비와 이산화탄소 배출을 근원적으로 줄일 잠재력이 있으며, 일부 차량은 이미 수행하고 있다. 수소연료전지 차량이나 바이오연료 차량, 전기 차량 등 대체 연료를 사용하는 차량은 화석연료가 아닌 자원에서 에너지를 얻는다. 하이브리드 차량은 에너지원에 상관없이 에너지 소비를 줄이기 위해 다른 추진 플랫폼을 사용한다. 북아메리카, 유럽 그리고 아시아의 주요 제조사들은 이 기술 중 하나 혹은 그 이상의 연구를 활발하게 진행하고 있다.

대체 차량들이 시장에서 성공하려면 환경을 위해 에너지 소비나 온실가스 배출량을 줄이면서도 내연기관 차량처럼 수긍할 만한 차량 성능을 선보여야 한다. 충분한 동력을 전달하는 것은 물론이고 부피나 무게에 있어서도 불이익이 있어서는 안 된다. 그렇지 않으면 차량을 다루거나 짐을 운반하는 것이 어려워지기 때문이다. 이 기준은 이 절에서 대체 차량을 고려할 때마다 적용된다.

15-4-1 배터리식 전기자동차

배터리식 전기자동차(battery-electric vehicle, 이후 EV로 표현)는 자동차 역사에서 일찍부터 틈새시장이나 프로토타입(prototype) 형태로 존재해 왔다. 1900년대 자동차 제조사들이 추진 시스템으로 내연기관을 채택한 뒤 20세기 내내 차량에 대한 실험이 낮은 수준에서 행해졌는데, 1970년대 프로토타입은 한 번 충전으로 130 km (80 mi) 정도를 달릴 수 있고 16초 만에 0에서 96 km/h (0에서 60 mph)의 가속도를 냈다. 1987년 호주의 두 도시 애들레이드와 다윈에서 벌였던 태양전지 자동차 경주대회는 더 발전된 EV의 새로운 세대를 여는 촉매제였다. 또한 우승을 차지한 General Motors는 1990년 1월 "Impact"라는 프로토타입 EV를 선보였는데, 한 번 충전으로 145 km 정도를 달리며 최고 속도는 150 km/h이고 8.6초 만에 0에서 96 km/h (0에서 60 mph)까지 가속하는 성능을 가졌다. 이 차량이 캘리포니아의 엄격한 배기관 기준에 부합되면서부터, GM의 EV 개념 Impact 도입은 무공해 차량 개발을 자극하는 예상치 못한 결과를 가져왔다.

1990년대 미국이나 일본의 많은 제조사들이 미국 캘리포니아에서 상업용 승용차나 경트럭에 EV를 많이 적용했고, 두 좌석을 가진 쿠페 차량인 Saturn EV-1 (Impact의 생산 버전)부터 소형 SUV인 Toyota RAV-4, 소형 오픈 트럭인 Ford의 Ranger에 이르기까지 수천 대의 차량을 팔거나 임대했다. 2001년에 자동차 제조사들은 캘리포니아 시장에서 EV 판매 확대를 요구하는 규제를 약화시키는 데 성공했으며, 2002년까지 주요 제조업체들은 더 이상 새로운 전기차를 판매하지 않았다. 이 사건의 전개는 지금도 논란의 여지가 있다. 주요 제조사들은 차량 판매를 위해 노력했지만, 도시 간 주행에는 부족한 주행거리를 가진 차량의 시장은 존재하지 않으며, 다양한 주행 요구를 충족시키기 위해서는 두 번째 차량으로 내연기관 차량을 구매할 가능성이 더 높다고 주장했다. EV 지지자들은 사실상 전기차를 두 번째 차로 소유할 여력이 있는 충분히 큰 시장이 존재하지만, 자동차 제조사들이 이 기술을 홍보하기 위해 성실한 노력을 기울이지 않았다고 반박했다.

오늘날의 전기자동차

1990년대 후반과 2000년대 초반의 전기차들은 내연기관 차량이 지배하는 도시 도로망에서 잘 작동할 수 있도록 전기차가 설계될 수 있음을 증명했지만, 경제성에는 여전히 의문이 있었다. 하지만 1997년부터 북미와 일본 시장에서 꾸준히 확장해 온 HEV 기술로 나아가는 발판이 되었고, 2003년 이후에는 더 빠른 속도로 확장하고 있다. 대량 생산된 전기차는 2009년부터 2011년 사이에 Tesla Roadster와 Nissan Leaf 같은 차량들로 미국 자동차 시장에 재진입했다. 이 차량들은 나중에 Tesla Model S 세단(2012년 출시)과 Ford, Volkswagen, Mitsubishi, BMW 등 다른 자동차 제조업체들의 추가 모델들과 함께 등장했다(그림 15-5와 15-6 참조). 2015년 현재, 자동차 제조업체들은 매우 작은 전기차(Mitsubishi)부터 고성능 스포츠 세단(Tesla Model S)에 이르기까지 경량 차량 시장의 여러 세그먼트를 목표로 하고 있다. (플러그인 하이브리드 전기차와 '범위 확장' 전기차인 Chevy Volt 또는 플러그인 Toyota Prius는 이 장 후반부에서 논의된다.)

다른 전기자동차들도 다양한 방법으로 시장에 계속 진출하고 있다. 최대 속도 50~60 km/h (30~35 mph)인 전기자동차 LUV (limited-use vehicles)는 미국 시장에서 구할 수 있는데, 고속도로에서 운행하는 것은 불법이 아니지만 대부분 국립이나 주립 주차장, 회사 주차장 또는 학교와 같은 곳에서 유용하게 사용된다(그림 15-7 참조). 매년 수천 대의 차량에 이를 새로 장착하는 소기업이나 개인 구매자가 있는데, 규격화된 것을 이용하거나 자체 시스템과 조립한다.

그림 15-5 2013년 9월, Nissan Leaf. 충전케이블이 차 앞부분 충전포트에 연결되어 있다.

그림 15-6 2019년 Tesla Model 3. (*출처*: Ethan Pitts, 허가 후 사용.)

그림 15-7 Chrysler GEM (Global Electric Motors) 부서의 limited-use vehicle (LUV).

이미지에 보이는 방향 지시등, 헤드라이트, 안전벨트 그리고 번호판은 공공도로에서 운행하는 것을 법적으로 허용한다. 뉴욕주 번호판 안의 문자 'LU'는 차량이 35 mph(대략 60 km/h)보다 낮은 속도로 운행되어야 합법적이라는 것을 나타낸다.

전기자동차 구동부 설계 시 고려사항

가장 최근 세대의 전기자동차는 탁월한 성능 때문에 AC 모터를 택해 왔다. 이러한 차량에는 그림 15-8에 나타낸 것처럼 배터리 뱅크로 이루어진 구동부, 전기적 에너지를 DC에서 AC로 변환하는 전력 제어기, 모터, 바퀴에 작용하는 변속기가 포함된다. 차량 제어는 가속페달에서 전력 변환장치로 전기적으로 전달되면서 수행되며, 모터에 작용하는 에너지 흐름 비율을 조절한다. 그림에는 없지만 전기자동차 구동부에는 회생 제동도 포함된다. 내연기관 차량에서 제동 발판을 쳐서 운동에너지를 소멸하는 방법 대신, 전기자동차는 바퀴에 항력을 발생시키는 장치로 전기모터를 사용하여 변속기를 반대로 할 수 있으며 동시에 배터리도 재충전한다.

배터리 기술의 *전하 밀도*(charge density)는 차량의 주행거리 전체에 큰 영향을 미친다. 전하 밀도는 단위 질량당 에너지 혹은 단위 부피당 에너지 형태로 측정될 수 있다. 관련된 측정에는 *출력 밀도*(power density)가 있는데, 이는 배터리 기술이 단위 질량당 혹은 단위 부피당 낼 수 있는 최대 출력을 말한다. 전하 밀도는 주행거리에 중요한 반면, 출력 밀도는 최대 가속도 또는 등반할 때

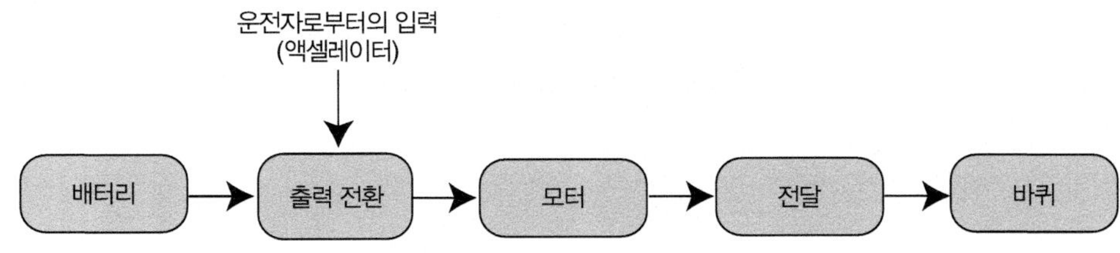

그림 15-8 전기자동차 구동 시스템 요소들.

지속 가능한 속도에 중요하다.

예를 들어, 두 가지 주요 배터리인 리튬이온(Li-ion) 배터리와 니켈 수소(NiMH) 배터리를 충전 밀도와 전력 밀도의 차이에 따라 생각해보자. 리튬이온은 높은 전하 밀도와 단위 전하당 매력적인 비용을 가지고 있어, 전기차에 주로 사용된다. 전기차는 가능한 한 저렴하게 대량의 전하를 저장하면서도 차량의 무게를 크게 증가시키지 않는 것이 중요하기 때문이다. 그러나 리튬이온은 니켈 수소보다 전력 밀도가 낮기 때문에, 작지만 대량의 전력을 가끔씩 빠르게 방출해야 하는 배터리 시스템이 필요한 하이브리드 전기차에는 니켈 수소가 더 낫다(15-4-2절 참조). 니켈 수소는 높은 전력 밀도를 가지고 있으며, 전체 크기가 작기 때문에 저장된 전하 단위당 상대적으로 높은 비용이라도 괜찮다.

간단한 전기자동차 모델이 있다고 가정하자. 이 차는 배터리의 충전 상태(예를 들면 완전 충전, 절반 정도 충전과 같이)에 상관없이 일정하게 충전 가능하고, 1 km를 움직이는 데 필요한 단위 질량당 에너지로 나타나는 에너지 밀도의 평균이 일정하다. 주행거리 R (km)은 다음과 같이 배터리 무게의 함수로 나타낼 수 있다.

$$R = \frac{CD \cdot W_{\text{battery}}}{\mu(W_{\text{vehicle}} + W_{\text{battery}})} \tag{15-13}$$

여기서 CD는 배터리의 단위 질량당 충전량을 나타내며 Wh/kg 단위를 가진다. W_{battery}는 배터리 무게(kg), W_{vehicle}은 차량에서 배터리를 제외하고 남은 부분의 무게(kg)이다. 그리고 μ는 차량의 에너지 밀도이며 단위는 Wh/kg · km이다(예를 들어 평균 배터리 용량의 Wh는 1 kg 차량을 1 km 움직이는 데 필요한 양이다). 이 방정식은 W_{battery}를 R의 함수로 구하기 위해 다음과 같이 다시 쓸 수 있다.

$$\begin{aligned} R\mu(W_{\text{vehicle}} + W_{\text{battery}}) &= CD \cdot DD_{\max} \cdot W_{\text{battery}} \\ R\mu W_{\text{vehicle}} &= CD \cdot DD_{\max} \cdot W_{\text{battery}} - R\mu W_{\text{battery}} \\ W_{\text{battery}} &= \frac{R \cdot \mu \cdot W_{\text{vehicle}}}{(CD \cdot DD_{\max} - R \cdot \mu)} \end{aligned} \tag{15-14}$$

우리가 차량 고정비 C_{fixed}를 배터리 비용을 더하기 전에 고려한다면, 차량의 전체 비용 TC는 다음과 같이 주행거리의 함수로 나타낼 수 있다.

$$\begin{aligned} TC &= C_{\text{fixed}} + W_{\text{battery}} C_{\text{battery}} \\ &= C_{\text{fixed}} + \frac{R \cdot \mu \cdot W_{\text{vehicle}}}{(CD \cdot DD_{\max} - R \cdot \mu)} C_{\text{battery}} \end{aligned} \tag{15-15}$$

여기서 C_{battery}는 배터리의 단가로 \$/kg 단위를 가진다. 이러한 방정식을 사용하여 배터리 요구 사항과 총 비용을 범위의 함수로 추정하는 방법은 예제 15-5에 나와 있다. 사용된 비용은 2010년경에 시장이 리튬이온으로 전환하기 시작할 때의 산화납의 비용과 2020년경의 리튬이온 비용을 반영한다. 이 예제의 목표는 배터리 기술의 발전이 전반적으로 전기차 판매의 급증으로 이어졌음을 설명하는 것이다.

예제 15-5

대표적인 전기자동차는 산화납(Pb)이나 리튬이온(Li-ion) 배터리와 같은 재료로 만들 수 있다. 배터리 종류에 상관없이 차량은 다음 값들을 가진다: $W_{vehicle}$ = 920 kg, μ = 0.128 Wh/kg · km, C_{fixed} = \$14,000. 산화납 배터리는 CD = 55 Wh/kg, $C_{battery}$ = \$125/kWh를 갖고, 리튬이온 배터리는 CD = 128 Wh/kg, $C_{battery}$ = \$150/kWh를 가진다. 얼마만큼의 배터리 질량이 필요한가? 그리고 각 배터리당 (a) 200 km, (b) 300 km를 주행하는 데 필요한 총 비용은 얼마인가?

풀이

(a)의 경우, 200 km 거리를 가진 전기차의 베터리 질량은 식 (15-1)에서 구한다.

산화납 배터리:

$$W_{battery} = \frac{R \cdot \mu \cdot W_{vehicle}}{(CD \cdot DD_{max} - R \cdot \mu)} = \frac{200 \cdot 0.128 \cdot 920}{(55 \cdot 0.8 - 200 \cdot 0.128)} = 1{,}280 \text{ kg}$$

리튬이온 배터리:

$$W_{battery} = \frac{R \cdot \mu \cdot W_{vehicle}}{(CD \cdot DD_{max} - R \cdot \mu)} = \frac{200 \cdot 0.128 \cdot 920}{(128 \times 0.8 - 200 \cdot 0.128)} = 307 \text{ kg}$$

사례 (b)에서의 배터리 질량: 300 km 거리의 경우, R = 300 km로 설정하여 계산을 반복하면, 산화납은 6,309 kg, 리튬이온은 552 kg의 값을 얻는다. 300 km 범위에서 산화납 배터리는 배터리가 차량의 나머지 부분보다 6배 이상 무거우므로 비현실적이라는 점에 유의하라. 이 결과는 다음에서 더 논의된다.

차량의 총 비용으로 넘어가면, 주어진 데이터에서 배터리의 kg당 비용인 $C_{battery}$를 계산해야 한다. 산화납과 리튬이온에 대해 계산해보자.

$$C_{battery.Pb} = (\$\,125/\text{kWh})(0.055 \text{ kWh/kg}) = \$\,6.88/\text{kg}$$

$$C_{battery.Li} = (\$\,150/\text{kWh})(0.128 \text{ kWh/kg}) = \$\,19.20/\text{kg}$$

200 km 범위의 경우 식 (15-3)을 사용하여 차량의 총 비용을 계산할 수 있다.

$$TC_{Pb} = C_{fixed} + W_{batt}C_{battery} = \$14{,}000 + (1{,}280)(\$\,6.88) = \$22{,}800$$

$$TC_{Li} = C_{fixed} + W_{batt}C_{battery} = \$14{,}000 + (307)(\$\,19.20) = \$19{,}894$$

(b)의 경우도 이러한 과정을 거쳐 답을 구할 수 있으며, 산화납 배터리의 경우 5만 7,374달러, 리튬이온 배터리의 경우 2만 4,598달러이다.

예제 15-5는 리튬이온 배터리의 높은 전하 밀도가 차량에 추가되는 질량을 줄이는 방법을 보여주며, 특히 긴 주행거리에서는 더하다. 이 비교는 그림 15-9에서 시각적으로 나타나는데, 여기서 전기차의 주행거리는 배터리 질량을 함수로 식 (15-13)을 사용하여 0에서 2,000 kg까지의 값과 예제 15-5에서 가져온 다른 매개변수들을 반영하여 그려져 있다. 235 km의 주행거리에서 산화납 배터리 무게는 2,000 kg이며, 이는 차량 총 중량의 2/3 이상을 차지한다. 이 추정치는 낙관적으로 단순화된 것으로, 차량 중량을 이렇게 많이 증가시키면 추가 배터리를 지원하기 위해 차량 본체의 추가 강화, 더 강력한 전기 모터, 더 무거운 브레이크 등을 요구하게 되어 중량이 더욱 증가하는 곱셈 효과가 발생한다. 이러한 제한 사항들은 더 완전한 질량–범위 모델에 대한 논의에서 고려된다.

예제 15-5의 비용, 중량 및 전하 밀도 수치를 사용하여, 두 배터리 기술의 총 차량비용 수치를 주행거리의 함수로 비교하는 것도 가능하다(그림 15-10). 낮은 주행거리값에서는 두 배터리 옵션의

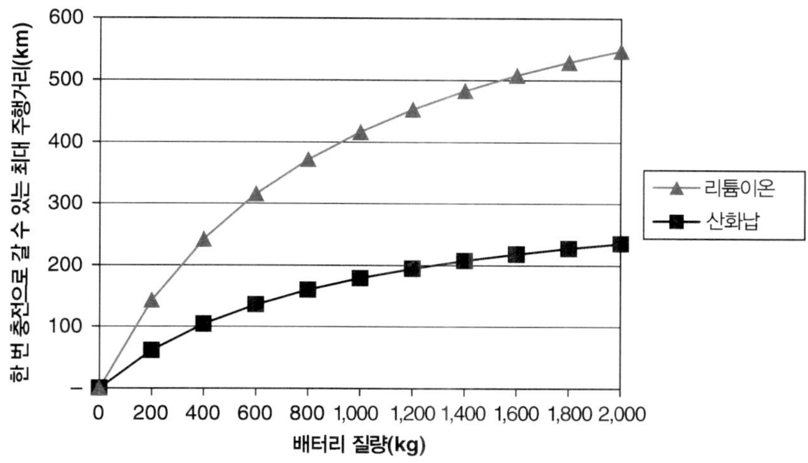

그림 15-9 리튬이온 또는 산화납 배터리 전기자동차의 한 번 충전으로 갈 수 있는 최대 주행거리(km)를 배터리 질량에 대한 함수로 나타냈다.

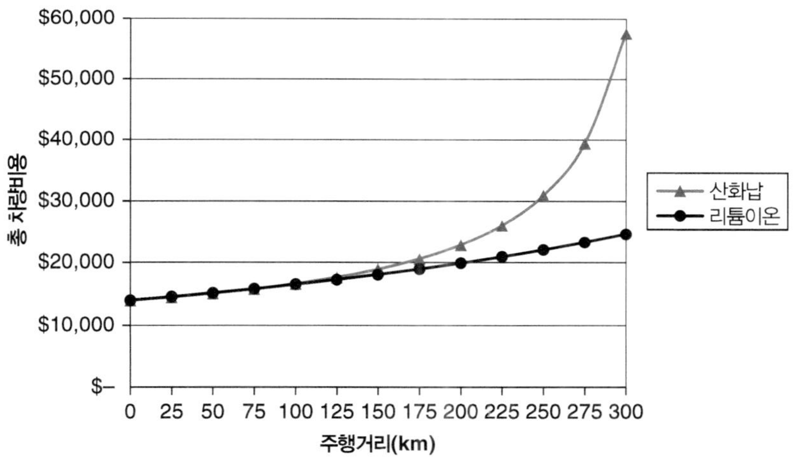

그림 15-10 리튬이온 또는 산화납 전기자동차의 거리에 대한 함수로서의 차량비용.

총 차량비용이 비슷한데, 이는 리튬이온의 높은 에너지 밀도가 킬로그램당 더 높은 비용을 상쇄하기 때문이다. 그러나 충전당 200 km 이상의 주행거리로 가솔린 차량과 경쟁력을 갖추기 시작할 때 산화납 배터리의 비용은 급격히 증가하기 때문에 총 차량비용이 시장에서 더 이상 매력적이지 않다. 산화납 배터리의 비용은 약 344 km의 범위에서 수직 점근선에 도달하며, 이 범위는 어떤 가격으로도 달성할 수 없다. 비교하자면, 리튬이온의 비용은 주행거리와 함께 서서히 증가하며, 300 km 주행거리의 차량은 2만 5,000달러로 중간 가격대의 일반 세단과 경쟁할 수 있게 된다. 이 추정치는 실제 경험과 일치하며, 4만~5만 달러 비용 범위의 전기차는 한 번 충전으로 최대 500 km의 주행거리를 달성할 수 있다.

Tesla Model S 세단 사례에 대한 주행거리 모델의 적용

Tesla Model S 세단은 배터리 시스템의 크기(킬로와트시 단위) 측면에서 다양한 구성으로 제공되기 때문에, 배터리 시스템의 크기와 무게를 기반으로 주행거리를 추정하고 다른 출처와 비교하는 데 유용한 응용 프로그램을 제공한다. 주행거리 추정치는 세 가지 출처에서 얻는데, (1) 식 (15-13)의 모델, (2) 웹사이트 fueleconomy.gov의 USEPA, (3) 제조업체가 주장하는 충전당 주행거리 등이다. 이때, Model S 세단은 40 kWh, 60 kWh 또는 85 kWh 버전이 있다. Tesla는 40 kWh 모델의 개발을 생산에 들어가기 전에 중단하기로 결정했지만, 회사는 사양을 발표하고 주행거리 추정치를 제공했으므로 그것들을 사용했다. 주행거리 모델 추정치는 배터리 시스템의 전체 무게와 최대 방전 깊이 95%를 포함하여 105 Wh/kg의 전하 밀도값을 사용한다(두 값 모두 Tesla Motors 웹사이트에서 추정되었으며, 예제 15-5의 값과 다르다). 강도값 μ는 알려져 있지 않으므로 다음 예제 15-6에서 보여준 대로 계산해야 한다.

예제 15-6

Tesla 전기차의 공차 중량은 2,112 kg, 전하 밀도는 105 Wh/kg, 최대 방전 깊이는 95%, 주행거리는 261 km, 배터리 용량은 60 kWh이다. (a) 이 차량의 에너지 밀도는 Wh/kg · km로 얼마인가? (b) 배터리 용량이 85 kWh로 증가하면, 다른 모든 요소가 일정하게 유지될 경우 차량의 예상 주행거리는 얼마인가?

풀이

(a) 먼저 배터리 시스템의 질량을 계산하자. 전하 밀도를 0.105 kWh/kg로 변환하면 다음과 같다.

$$\frac{60\ \text{kWh}}{0.105\ \text{kWh/kg}} = \sim 571.4\ \text{kg}$$

강도를 구하기 위해 식 (15-13)을 재배열한다.

$$\mu = \frac{CD \cdot DD_{max} \cdot W_{bat}}{R \cdot W_{tot}} = \frac{105 \times 0.95 \times 571.4}{261 \times 2112} = \sim 0.103\ \text{Wh kg}^{-1}\ \text{km}^{-1}$$

(b) (a)에서, 총 질량은 2,112 kg이므로, 배터리를 추가하기 전 차량의 순 질량은 W_{veh} = 2,112 − 571.4 = ~1,540.6 kg이다. 또한, 85 kWh의 용량을 기준으로 배터리 질량은 809.5 kg이다. 식 (15-13)을 사용하여 주행거리를 계산하고 알려진 값을 대입하면 다음과 같이 계산할 수 있다.

$$R = \frac{CD \cdot DD_{max} \cdot W_{bat}}{\mu \cdot W_{tot}} = \frac{105 \times 0.95 \times 809.5}{0.103(1{,}540.6 + 809.5)} = \sim 332.3\ \text{km}$$

그림 15-11의 결과는 60 kWh 버전에 대한 USEPA의 추정 범위를 사용하여 범위 모델을 보정한 것으로, 40 kWh 및 85 kWh 버전의 범위 예측이 USEPA와 잘 일치함을 보여준다. 40 kWh 버전의 경우, 모델은 190.9 km의 주행 가능 거리를 예측하는 반면, USEPA는 190.0 km를 예측한다. 85 kWh 버전의 경우, 각각의 값은 332.3(예제 15-6에서 계산됨)과 340.0이다. 참고로, 그림 15-11에 있는 "Tesla Co." 값은 USEPA나 모델값보다 높지만 반드시 부정확한 것은 아니며, 이는 전체 주행에서 고속도로 주행 비율이 높은 것과 같은, 충전당 더 긴 주행거리를 가능하게 하는 조건에서의 주행을 반영한 것이다.

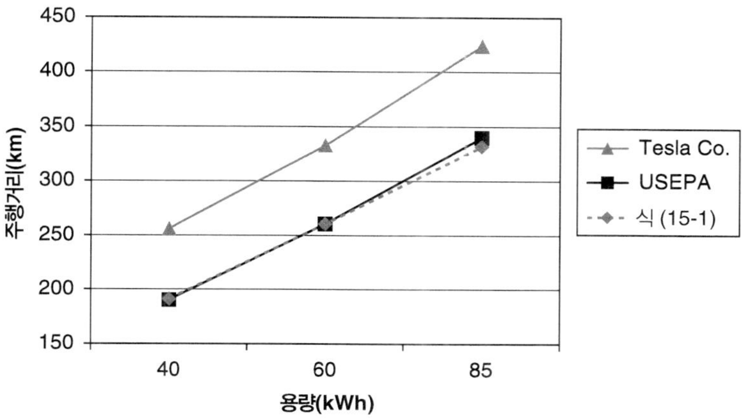

그림 15-11 세 가지 다른 출처에서 제시하는 Tesla Model S의 세 가지 배터리 크기별 평균 충전 범위 예측.

참고: Y축은 곡선 간의 차이를 더 잘 보여주기 위해 0 km 범위에서 시작하지 않았다. (*출처*: "Tesla Co"는 Tesla Motors, "USEPA"는 USEPA 웹사이트 fueleconomy.gov.)

미래의 보다 완전한 EV 주행거리 모델의 바람직한 특성

배터리 시스템 특성, 차량 특성의 균형, 작동 조건(지형, 운전 행동 등)을 기반으로 EV 주행거리를 예측하기 위해서는 식 (15-13)~(15-15)에서 보여주는 기본 모델을 넘어서는 향상된 분석 모델이 필요하다. 구체적으로, 주행거리 모델은 다음과 같은 매개변수를 포함할 수 있다.

- *배터리 크기 증가가 차량 전체 무게의 균형에 미치는 영향*: 배터리 무게가 증가함에 따라, 어느 시점에서 차량이 올바르게 작동하기 위해서는 다양한 구성 요소들의 강도와 무게가 증가해야 한다. 따라서 향상된 모델은 배터리 무게에 따른 차량 균형 무게($W_{vehicle}$) 증가에 대한 계수 또는 다른 수단들을 포함한다.
- *공기역학적 항력의 영향*: 기존 모델에서는 공기역학적 항력의 영향이 강도 계수 μ에 포함된다. 이는 같은 조건에서 1 kg의 질량을 1 km 이동시킬 때 항력이 더 큰 차량이 더 많은 에너지를 필요로 하기 때문이다. 향상된 모델에서는 공기저항계수를 분리하여 고정된 총 중량 $W_{vehicle} + W_{battery}$에 의한 공기저항의 변화가 충전당 전체 주행거리에 영향을 미치도록 할 수 있다.
- *구름저항의 영향*: 공기저항과 유사하게, 향상된 모델은 구름저항 변화가 고정된 총 중량의 범위에 미치는 영향을 설명할 수 있다.
- *작동 조건의 영향(운행 속도, 평면과 구름 면적의 비 등)*: 모델에 작동 조건을 포함하면 조건을 기반으로 주행거리를 예측할 수 있다. 예를 들어 언덕이 많은 지형에서는 전기차의 주행거리가 감소하는 경향이 있는데, 이는 고도를 오를 때 많은 전력이 소모되기 때문이다. 이 충전량의 일부는 회생 제동을 사용하여 배터리 시스템으로 되돌려지지만, 시스템의 내재적 손실과 모터가 역으로 배터리를 재충전할 수 있는 최대 속도 때문에 한계가 있다. 또한 고속도로 주행 속도, 운전의 공격성, 에어컨 사용, 그리고 외부 공기 온도 등도 영향을 미친다.

앞에서 제시한 포괄적인 전기차 주행거리 모델의 도전 과제는 모든 요소들을 폐쇄된 방정식 형

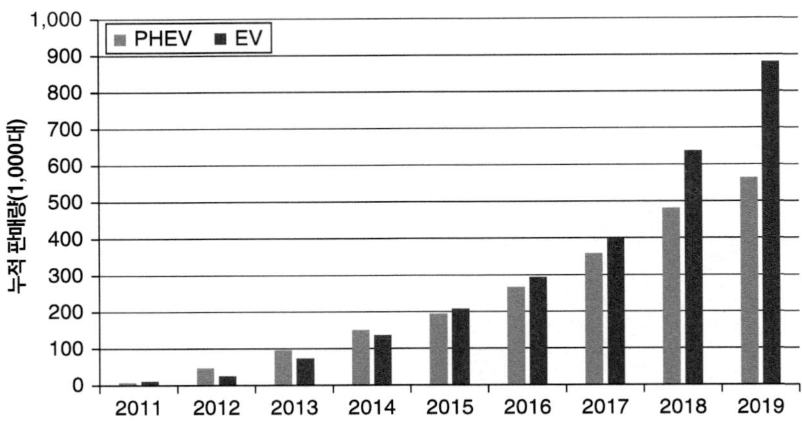

그림 15-12 2011~2019년 사이 EV와 PHEV(플러그인 하이브리드 전기차)의 미국 누적 판매량. (출처: Green Car Congress.)

태로 포착하기 어렵다는 것이다. 한 가지 해결책은 컴퓨터화된 주행 사이클 시뮬레이터를 사용하는 것으로, 이 시뮬레이터는 충전 간 주행 사이클이나 경로를 바탕으로 경로, 속도, 가속도, 경사도에 대한 동력 요구량을 측정하며, 순간 전력 요구량을 계산한 후, 총 에너지 소비량을 합산한다(Albertus et al., 2008). 예를 들어, 미국 환경 보호국 등의 기관들은 이러한 모델링을 사용, 앞에서 언급한 EV 배터리 용량과 주행거리 논의에 활용될 주행거리값을 발표한다. 그림 15-12에 나타난 바와 같이, 미국에서의 누적 판매량은 2011년에는 단 1만 8,000대(전기차와 플러그인 하이브리드 전기차 포함)에 불과했으나 2019년까지 140만 대 이상으로 증가했다. 더 많은 종류의 전기차에 대한 경험이 쌓이면서, 차량과 외부 요인 간의 관계와 차량 주행거리 간의 관계를 모델링하는 것이 더 쉬워진다.

15-4-2 하이브리드 차량

하이브리드 차량은 하이브리드 구동부(drivetrain)를 특징으로, 내연기관과 전기모터의 조합으로 동력용 에너지 사용을 최적화한다. 하이브리드 구동부는 지금까지 주로 승용차에 도입되었으며, 가다 서다를 반복하는 중형 배달 차량과 대중교통 버스에도 추가적으로 사용되고 있다. Honda와 Toyota는 2000년경에 미국 시장에 하이브리드를 처음으로 도입했다. 현재 미국 시장에서 가장 효율적인 하이브리드 전기차(HEV)인 Toyota Prius Eco는 도심/고속도로 복합 연비가 24 km/L (56 mpg)로, 일반적인 구동계 차량의 10~14 km/L (23~33 mpg)보다 높다. 그러나 Prius도 유럽에서 최고 성능을 가진 내연기관 차량인 Audi A2 디젤(가솔린 동등 연비 36 km/L 또는 85 mpg)보다는 효율적이지 않다. 디젤 연료의 부피당 에너지가 가솔린보다 11% 높다는 것을 고려하면, 디젤 연료일 때의 연비는 리터당 40 km 또는 95 mpg로 나타낼 수 있다. 그러나 Prius는 실내 공간이 넓다는 장점이 있다.

하이브리드 전기차는 내연기관과 배터리 전기 기술을 결합하여 각 기술의 단점은 피하면서 장점만을 취한다. 구동부의 하이브리드화에 대한 세 가지 기본 에너지 흐름에 관한 개념은 다음과 같다(그림 15-13).

1. *직렬 하이브리드*: 내연기관에서 발생하는 기계적 출력을 먼저 전기적 에너지로 변환한 다음

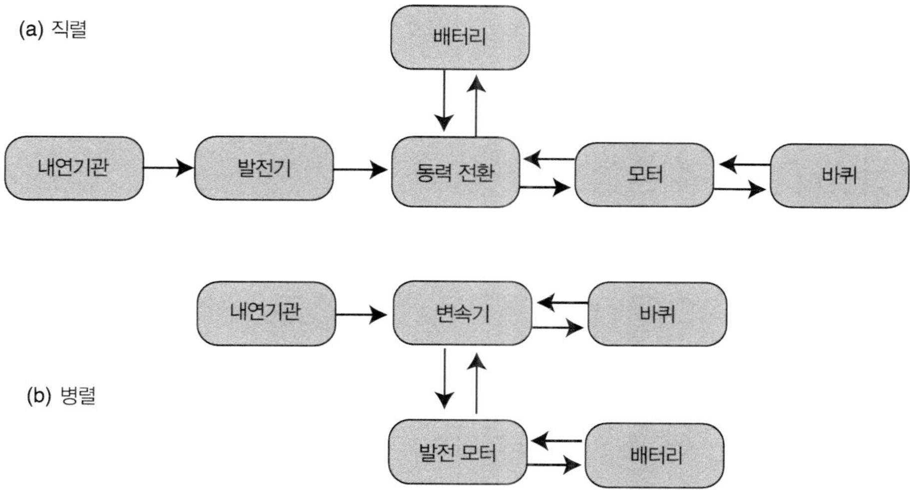

그림 15-13 하이브리드 차량 구동부의 에너지 흐름 개념 모식도.

모터에 전달하여 바퀴를 움직이거나 배터리 시스템이 저장한다.

2. *병렬 하이브리드*: 내연기관에서 발생한 기계적 출력은 변속기로 전달되어 작동조건에 따라 에너지를 저장하기 위해 바퀴를 구동하거나 발전기를 운행하는 데 사용된다(Honda 방식).
3. *병렬 연속 하이브리드*: 구동부는 변속기 한쪽에 엔진 + 모터와 다른 쪽에 피동바퀴 사이에서 분리된 '전력 분배기'를 도입하며, 바퀴를 구동시키기 위한 분리 모터와 배터리를 충전하기 위한 발전기를 갖는다(Toyota 방식, 그림 15-14).

다시 말하면 병렬 및 병렬 연속 구동부는 내연기관과 바퀴 사이를 기계적으로 직접 연결하는 것이 가능하지만 직렬 시스템은 그렇지 않다. 실제 연비에 관한 증거에 따르면, Prius와 다른 차량에 사용된 Toyota 병렬 연속 시스템은 구동부를 복잡하게 하지만 더 높은 연비를 달성할 수 있다.

그림 15-14 '철저하게' 하이브리드로 개발된 Toyota Prius.

자동차 회사들은 하이브리드 차량을 처음부터 개발하거나 기존의 내연기관 차량 모델에 하이브리드 구동부를 포함할 수 있다.

대부분의 하이브리드 구동부에서는 엔진에서 만들어지는 출력의 일부를 승객이나 짐이 적을 때 차량을 움직이는 데 사용하고, 남은 부분을 배터리나 다른 저장장치를 충전하는 데 사용한다. 엔진에서만 만들어지는 출력으로 감당하기에 적재량이 너무 많을 경우, 구동부는 배터리 시스템에서 에너지를 확보하여 내연기관과 전력의 조합이 이를 감당할 수 있도록 한다. 모든 하이브리드 차량은 구동부에 전하를 저장하고 분배하기 위해 *보조 배터리 시스템*을 사용하며, 이는 하이브리드 전기자동차나 통상적인 내연기관에서 보조 기능(빛, 소리 시스템 등)에 사용되는 기본 배터리 시스템과 분리되어 있다.

많은 종류의 하이브리드 구동부가 있다. *스루더로드*(through-the-road) 하이브리드(예: 2006 Toyota Highlander SUV, 2009 Dodge Durango SUV)는 내연기관을 사용하여 앞바퀴나 뒷바퀴 중 한 쌍을 구동하고 전기모터가 나머지 한 쌍을 구동한다. 마일드 하이브리드 시스템(mild hybrid system; 예: 2007 Chevrolet Silverado 트럭)은 차량이 전기만으로 완전히 작동할 수 없지만, 대신 내연기관의 부담을 덜어주기 위해 필요에 따라 전력을 추가한다. 가다 서다를 반복하는 배달 차량이나 쓰레기 수거 차량과 같은 중형 차량에 적용하는 것이 보편적인데, Eaton이나 Parker-Hannifin 같은 회사에서는 유압 하이브리드 시스템을 이용하여 평지에서 또는 제동 시 에너지를 저장하고, 적재량이 증가할 때 방출한다. 디젤–전기 하이브리드 구동부는 FedEx나 UPS와 같은 회사가 소유하고 있는 배달 차량에 사용된다.

하이브리드 시스템의 연비 향상

하이브리드 구동부는 적어도 다음과 같은 세 가지 장점을 갖고 있다.

1. *외부 전원으로부터 독립적*: 배터리의 모든 충전은 원래 연료(가솔린 또는 디젤)의 에너지에서 나오므로, 정지상태에서 전기차처럼 외부 전원으로 차량을 충전하는 데 시간을 낭비할 필요가 없다. 또한, 충전된 전기는 일반적으로 생성된 직후 (내연기관 또는 구동부에서) 추진에 사용되기 때문에 배터리에 필요한 공간, 무게, 비용 등이 크게 줄어든다.
2. *최대 출력의 희생을 감수하면서 최적의 내연기관 효율성 확보*: 하이브리드의 내연기관은 최대 부하 상태일 때 배터리 모터 시스템으로부터 발생하는 추가적인 동력에 의존할 수 있기 때문에, 대부분의 내연기관처럼 효율성을 희생하면서 최대 출력으로 최적화할 필요가 없다. 이를 위해 일부 하이브리드(예:Toyata Prius) 차량은 앳킨슨 사이클(Atkinson cycle)이라 불리는 다른 열역학 사이클을 사용한다. 이 사이클은 최대 출력을 줄이는 대신 평균 부하에서 높은 효율을 확보한다. 이러한 절충은 대부분의 내연기관 차량 소비자들에게는 받아들여지기 힘든데, 이는 급가속, 경사 오르기, 기타 다른 주행상황에서 만족스러운 양의 동력을 사용할 수 없기 때문이다. 그러나 이 방식은 하이브리드에서 잘 작동하며, 연비를 높이고 성능 요구사항도 만족한다.
3. *회생 제동*: 하이브리드 전기자동차는 회생 제동을 이용하여 감속할 때 바퀴의 운동에너지로 보조 배터리를 충전할 수 있다. 왕복에너지 효율로 측정하면, 원래 바퀴 회전에서 운동에너지로 사용 가능한 에너지의 최대 40% 정도가 기계에너지에서 전기에너지로, 다시 기계에너지로 변환된 후 바퀴로 돌아온다.

3번 항목이 대부분의 운전자에게 익숙한 연비 향상 요소지만, 2번 항목이 많은 하이브리드 차량에서 대부분의 연비 향상에 관여한다는 것은 흥미로운 점이다. 사실 하이브리드 시장의 성장은 앳킨슨 사이클 발전에 새로운 기회의 장을 열어주었다. 앳킨슨 사이클은 1882년 James Atkinson에 의해 처음 개발되었는데, Nicholas Otto의 오토 사이클 관련 특허를 피하는 방식을 취했다. 비록 발명 당시에는 널리 사용되지 않았지만, 앳킨슨 사이클은 연소 효율에 있어 장점이 있었고 1990년대 하이브리드 [illegible]부 개발에 적절하게 사용되었다.[5]

하이브리드 플랫폼 개발의 첫 동기는 연료 효율성 개선이었지만, 자동차 제조사들은 이를 사용하여 [illegible] 강력한 스포츠카를 만들기도 했다. 예를 들어 Porsche는 2010년대 중반에 918 Spyder를 소량 생산했는데, 이 2인승 스포츠 쿠페는 447 kW의 내연기관과 추가 210 kW의 모터 시스템을 결합하여, 회사의 테스트에 따르면 0에서 100 km/h까지 2.6초 만에 가속할 수 있다. Porsche는 이 모델을 1,000대 미만으로 생산했으며, 차량당 소매 가격은 거의 100만 달러에 달한다.

플러그인 하이브리드를 통한 석유 소비 및 온실가스 배출량 추가 감소

앞서 우리는 전기차가 다양한 에너지원에서 전기를 사용하는 것과, 하이브리드 전기차가 일반 연료를 사용하면서도 빠르게 연료를 보충하고 에너지를 절약하는 방법을 살펴보았다. 이 두 가지의 유망한 조합은 '플러그인' 하이브리드, 즉 PHEV로, 이 시스템은 보조 배터리 시스템의 용량을 증가시켜 차량이 저장된 전기로 최대 80 km(50마일)를 주행할 수 있게 한다. 이 과정에서 내연기관은 사용되지 않는다. 이 시스템은 사용자가 주유소에서 연료를 보충하는 것 외에도 밤에 집에서 충전할 수 있게 하여 차량의 '유효' 가솔린 연비(즉, 총 주행거리 나누기 총 가솔린 소비량)를 크게 증가시킨다. 전기차와 비교하면, 엔진룸의 복잡성은 증가하지만 두 가지 에너지원에 접근할 수 있어 차량을 다양하게 사용할 수 있다(그림 15-15). 예제 15-7은 HEV를 PHEV로 전환했을 때 연료 효율성과 주행 1 km당 에너지 비용에 미치는 영향을 보여준다.

▶ 예제 15-7

플러그인 하이브리드는 가솔린으로 운행할 때 연비가 20 km/L (47.3 mpg)이며, 1 kWh의 충전으로 8 km (5 mi)를 주행할 수 있다. 완전 충전 시 주행거리는 80 km(50마일)이며, 그 후에야 내연기관을 사용하기 시작한다. 휘발유는 리터당 0.79달러($3.00/갤런)이고 전기는 킬로와트시당 0.12달러이다. 2주 동안 차량이 매일 주행한 거리는 다음과 같다.

일	km	일	km
1	60.8	8	182.4
2	27.2	9	144
3	105.6	10	33.6
4	22.4	11	38.4
5	62.4	12	70.4
6	72	13	25.6
7	427.2	14	52.8

[5] 앳킨슨 사이클의 변형은 *밀러 사이클*(Miller cycle)이고, 이는 1940년대 앳킨슨 사이클에 과급(실린더로 강제적 공기 흡입)을 더하면서 개발되었다. 이 둘을 *앳킨슨–밀러 사이클 엔진*이라 언급하기도 한다.

(a)

(b)

그림 15-15 플러그인 하이브리드 전기차(PHEV)의 예: (a) Chevrolet Volt와 (b) Ford C-max 전기차.

참고: 두 차량 모두 운전자의 문 바로 앞에 전기 충전 포트가 있다. 이 두 차량은 서로 다른 PHEV 접근 방식을 갖는데, Volt는 더 큰 배터리 시스템을 가지고 있어 C-max(약 11마일)와 비교하여 더 긴 주행거리(약 40마일)를 갖고 있다. (감사의 말: Bill King과 Kathryn Caldwell.)

7일에서 9일은 장거리 도시 간 여행이 포함되어 있고, 다른 날들은 차량의 본거지 주변에서 주로 운전했다. 매일 밤 차량을 충전할 수 있고, 그날 주행한 거리만큼의 전력을 충전한다고 가정할 때, (a) 유효 연비, (b) 킬로미터당 에너지비용(전기와 가스를 합친 비용), (c) 플러그인 기능이 없는 하이브리드일 경우 킬로미터당 에너지비용을 계산하라.

▶ *풀이*

매일 80 km의 주행거리를 빼고, 남은 양이 양수이면 내연기관 추진에 할당한다. 따라서 첫째 날에는 내연기관 사용이 0 km이고, 차량은 (60.8)/(8 km/kWh) = 7.6 kWh의 전기를 사용해야 하며, 이는 다음 날 밤에 재충전해야 한다. 셋째 날에는 25.6 km가 내연기관으로 구동되어 1.3 L의 연료를 소모한다. 계속 유사하게 진행된다.

(a) 이러한 유형의 일일 계산을 바탕으로, 총 1,325 km (828 mi)를 2주 동안 주행하며, 이 중 539 km (337 mi)는 내연기관을 사용해야 한다. 주어진 연비가 20 km/L일 때, 소비된 연료는 27 L이므로, (유효) 연료 효율은 (1,325 km)/(27 L) = 49.1 km/L (116 mpg)이다.

(b) 주어진 비용으로, 27 L의 연료는 21.37달러이다. 남은 786 km (491 mi)는 전력으로 주행하며, 98.2 kWh의 전력이 필요하고, 이는 11.78달러의 비용이 든다. 따라서 총 에너지비용인 33.15달러를 주행한 총 거리로 나누면 킬로미터당 0.025달러($0.04/마일)이다.

(c) 가솔린만 사용하는 HEV가 PHEV가 가솔린으로 주행할 때와 동일한 20 km/L 연비를 유지한다고 가정할 경우, 연료 소비량은 66.2 L (17.5 gal)이며, 비용은 52.50달러이다. 주행거리로 에너지 비용을 나누면 ($52.50)/(1,325 km) = $0.04/km ($0.063/mi)이다.

▶ ***논의*** 이 예에서 연비 처리 방식은 단순하다. 특정 PHEV 드라이브 구동부의 설계에 따라 드라이브 컨트롤러가 보조 배터리에 여전히 충전이 남아 있는 상태에서도 가끔 내연기관을 활성화하여 급가속이나 경사로 주행을 위한 충분한 총 출력을 제공할 수 있기 때문이다. 그러나 이러한 수준의 세부 사항을 포함한다고 해도 결과에 극적인 변화가 생기지 않을 것이므로, 전체 연비는 여전히 42 km/L (100 mpg)를 초과할 것으로 보인다.

이 예에서 가솔린 소비를 기준으로 삼는 것은 주유소에서의 가스 가격 변동성과 수입에 크게 의존하는 미국과 같은 국가들의 에너지 안보에 대한 우려에서 비롯된다. HEV와 PHEV의 더 완전한 비교는 가솔린과 전기의 총 에너지 소비량과 총 CO_2 배출량을 고려해야 한다. 어떤 경우에는 PHEV가 휘발유를 절약할 수 있지만 에너지와 CO_2는 증가할 수 있는데, 이 경우의 비교는 장의 끝에 연습 문제로 남겨둔다.

2011년 이후 주요 자동차 제조사들은 미국 시장과 다른 지역에서 PHEV를 출시해 왔다. Chevrolet Volt (2011), Ford C-max Energy 플러그인(2012), 또는 Toyota Prius Plug-in HEV (2012) 등이 있다(그림 15-15). 많은 승용차 소유자들이 일 년 중 70~80%는 50 km 이하로 운전한다는 점을 감안하면, PHEV로의 전환이 석유 생산을 크게 줄일 수 있다는 것은 분명하다. 다양한 방식으로 생산한 전기(석유 화력 발전소에서 나오는 전기는 거의 없으며, 미국 전기 중 약 1%만이 석유나 기타 석유 유래 제품을 태워서 생성됨)는 내연기관의 가솔린 및 디젤 소비를 대체할 것이다. PHEV는 또한 보안 면에서 유리하다. 석유 공급에 차질이 생길 경우, 주요 도시 중심지의 PHEV 차량들은 전기 충전으로 매일 일정 거리를 주행할 수 있기 때문이며(국제 관계 위기에 덜 취약해질 것이다) 대중의 이동성을 어느 정도 보존할 수 있다. 전기차와 비교할 때, PHEV는 더 복잡한 동력 전달 장치를 가지고 있어 엔진룸에 더 많은 부품이 들어간다는 단점이 있다(그림 15-16).

PHEV 기술이 이산화탄소 배출량과 공기 질에 미치는 영향 측면에서 내연기관보다 명확한 이점을 제공하려면, 화석연료로 생성된 전기도 높은 열 효율성과 최신 배출 제어 장치를 통해 만들어져야 대기 중 오염 물질의 방출을 방지할 수 있다. 비탄소 원천에서 나오는 전기의 비율이 계속 증가하면 PHEV는 더욱 유리할 것이다.

PHEV 기술을 잘 활용하여 석유 의존도를 줄이고 환경을 보호하는 것은 여러 가지 교통 요인을 고려하게 만든다. 첫째, PHEV를 최적의 상태로 충전하여 일상적인 주행을 위한 상당량의 석유

(a)

(b)

그림 15-16 두 엔진의 조감도: (a) 2013년형 Nissan Leaf, (b) 2019년형 Chevrolet Volt.

(b)에서 구성 요소의 수가 증가한 것은 엔진과 모터를 모두 갖춘 PHEV의 복잡성을 나타낸다.

대체 에너지를 제공하려면, 차량이 사용되지 않을 때 긴 시간 동안 충전 시스템을 통해 전력망에 연결되어 있어야 하며, 전력망 관점에서 편리할 때 PHEV에 전류가 공급되어야 한다. 이 기능은 전체 그리드 부하와 발전 가능성을 감지할 수 있는 *스마트 그리드*의 개발과, PHEV 충전기에 시작/정지 컨트롤을 포함한다. 이러한 방식으로, PHEV는 재생 가능한 태양광 및 풍력에서 발생하는 간헐적인 전기의 버퍼 역할을 할 수 있다. 마지막으로, 차량은 이러한 방식으로 효율적으로 충전될 뿐만 아니라 *차량-그리드* 시스템에서 전기를 그리드에 판매할 수도 있다. 이 서비스는 차량 소유자에게 차량 구매비용을 상쇄할 수 있는 수익원을 제공할 수 있는데, 이러한 기능들은 특정 운송에너지 기술보다는 기술 구성 요소의 시스템 통합에 더 중점을 두기 때문에, 16장에서 더 자세히 다루어진다.

내연기관차량, 전기차, 하이브리드 전기차, 플러그인 하이브리드 전기차 간의 비교

여러 모델의 내연기관 차량(ICEV, 즉 내연기관만 장착된 차량), 전기차(EV), 하이브리드 전기차(HEV), 플러그인 하이브리드 전기차(PHEV)를 표 15-5에 비교하였다. 표의 연비는 이 플랫폼들이 다양한 응용 분야에 대해 에너지 소비를 줄이는 방법을 알려준다. 표에는 전기차 및 플러그인 하이브리드 전기차 모델의 충전당 주행거리 데이터도 포함되어 있다. 대부분 현재 미국에서 구매 가능하지만, Audi A2 디젤은 유럽에서만 구입할 수 있으며, EV-1은 단종되었다. 1976년형 Honda Accord는 역사적으로 가치가 있어 포함되어 있으며, 미국에서 처음 판매된 이후 무게, 출력, 연비가 어떻게 발전해 왔는지를 보여준다.

표는 또한 하이브리드 구동부를 사용하지 않고도 Audi A2와 같은 디젤 차량이 매우 높은 연비를 달성할 수 있다는 것을 보여준다. 하지만 최근 몇 년, 디젤 경량 차량과 관련된 대기 오염 문제와 여러 자동차 제조사의 배출가스 조작 스캔들이 겹치면서 고효율 디젤보다는 차량 전기화에 더 많은 관심이 쏟아지고 있다. 총 11개의 서로 다른 제조업체가 전기차 또는 플러그인 하이브리드 전기차 모델을 생산하고 있으며, 이 표는 그중 일부일 뿐이다. 충전당 최대 주행거리가 증가하고 있는데, 표에 있는 최근의 Chevy, Nissan, Tesla, Volkswagen의 전기차 모델들은 197~414 km 범위의 주행거리를 가지고 있으며, 이는 2001년 Saturn EV-1의 88 km 주행거리보다 훨씬 더 크다. 플러그인 모델들도 전기화 덕분에 더 높은 연비를 보여주고 있으며, Toyota Prius PHEV와 Tesla Model 3는 각각 133 mpgge(가솔린 갤런당 마일)와 131 mpgge에 달하는 높은 수치를 보여준다. 연비가 일반적으로 낮은 고급 차량들도 고려해볼 만하다. Porsche Cayenne PHEV는 소비된 에너지 등가량으로 갤런당 41마일을 주행하며, 이는 표에 있는 다른 차량들이 설정한 기준에 비해 낮지만, Porsche와 다른 제조사들의 동급 수준 고급 내연기관 차량보다 연비가 우수하다.

15-4-3 바이오연료: 수송 응용 분야에 바이오에너지 적용

자원으로서의 바이오에너지는 이미 14장에서 소개했으므로, 이 절에서는 수송에 사용하기 위해 바이오연료를 전달하는 실제적인 양상에 초점을 맞춘다. 농업 관점에서 바이오연료는 바이오에너지의 여러 가능한 응용 중 하나이며, 바이오에너지는 작물 재배, 축산업, 임학 등과 같은 수준의 다양한 응용 중 하나이다. 그러나 수송 기술 관점에서 바이오연료는 태양으로부터 재생 가능한 에너지를 수송하고 저장하기 위한 메커니즘으로 나타낼 수 있는데, 그림 15-17에 보이는 것처럼 재생 가능성에 대해 15-4-1절의 전기자동차 기술과 비교될 수 있다. 배터리 시스템이나 전기자동차의 중간 양수발전장치 또는 수소 전환 시스템에서 발생하는 저장 기능은 바이오연료로 전환하기 위한 씨앗이나 다른 작물에서 농축된 에너지로 대체된다.

일반적으로 바이오연료는 석유에서 유래된 가솔린이나 디젤에 대한 재생 가능한 액체 대체품을 제공하므로, 전기자동차 기술의 폭넓은 채택에 요구되는 커다란 기술적 변환을 피할 수 있다. 그러나 몇몇에 걸쳐 최적화가 필요하다. 하나의 도전과제는 리터당 또는 갤런당 줄어든 에너지 함량이다. 예를 들면 바이오디젤과 에탄올은 석유디젤이나 가솔린과 비교할 때 각각 단위 부피당 90%

표 15-5 대표적인 전기자동차, 하이브리드 전기자동차, 가솔린 내연기관 차량, 디젤 내연기관 차량의 성능 특징

제조사와 모델	엔진 크기	최대 출력		출력/L	차량 중량		전체 연비	
	(cc)	(kW)	(hp)	(kg)	(km)	(mi)	(L/100 km)	(mpg)
2007 Audi A2	1,190	55.0	73.8	930	n/a	n/a	2.77	85.5
2020 BMW i3	n/a	137	183.7	1,351	244.8	153	2.09	113.0
2019 Chevy Volt	1,500	111.1	149.0	1,607	84.8	53	2.23	106.0
2020 Chevy Bolt	n/a	150.0	201.2	1,620	414.4	259	2.00	118.0
2020 Chrysler Pacifica PHEV	3,600	193.9	260.0	2,267	51.2	32	2.88	82.0
2020 Ford Escape PHEV	2,500	165	221.3	1,765	60.8	38	2.37	100.0
1976 Honda Accord (auto)	1,600	50.7	68.0	909	n/a	n/a	6.18	38.3
2020 Honda Accord (auto)	1,500	187.9	252.0	1,423	n/a	n/a	7.17	33.0
2020 Honda Clarity PHEV	1,500	158.1	212.0	1,842	76.8	48	2.15	110.0
2020 Nissan Leaf (62 kWh)	n/a	160	214.6	1,777	361.6	226	2.19	108.0
2020 Porsche Cayenne PHEV	3,000	339.3	455.0	2,347	22.4	14	5.77	41.0
2001 Saturn EV-1	n/a	160	214.6	1,350	88	55	3.94	60.0
2020 Subaru Crosstrek PHEV	2,000	102.2	137.0	1,690	27.2	17	2.63	90.0
2011 Tesla Roadster	n/a	215	288.3	1,238	392	245	1.75	135.0
2013 Tesla Model S (60 kWh)	n/a	310	415.7	2,112	260	162.5	2.52	94.0
2020 Tesla Model 3 Standard	n/a	211	283.0	1,615	352	220	1.81	131.0
2020 Toyota Prius Eco HEV	1,800	123.8	166.0	1,368	n/a	n/a	4.22	56.0
2020 Toyota Prius PHEV	1,800	143.2	192.0	1,382	40	25	1.78	133.0
2020 Volkswagen e-golf	n/a	100	134.1	1,618	196.8	123	2.09	113.0

주:

1) 엔진 크기값은 적용되는 내연기관의 배기량이다. 전기모터의 크기는 고려하지 않는다.
2) 하이브리드의 최대 출력값은 전기모터(성능은 나와 있지 않지만)뿐 아니라 내연기관으로부터의 출력을 포함한다. 내연기관과 전기모터의 기능이 다르기 때문에, 각각 다른 운행조건에서 이 표에 있는 내연기관 차량, 하이브리드 전기자동차, 플러그인 하이브리드 전기자동차, 전기자동차 사이의 최대 출력 비율 비교 가능성을 제한하면서 최대 출력을 달성한다. 하이브리드 모델의 최대 출력 계산은 내연기관과 전기모터 출력의 산술적인 합으로 나타난다.
3) 연비값은 미국 환경보호청(USEPA)의 데이터를 사용하였다. 예외적으로, EV-1의 경우 전력 소비량을 휘발유 환산 갤런(gallons of gasoline equivalent: GGE)으로 변환한 후 연비를 계산하였다. 1976년식 Honda와 Tesla Roadster의 연비값은 각각 Sperling과 Gordon (2009), Randolph와 Masters (2008)의 연구에서 참조하였으며, Audi의 연비값은 디젤 1갤런이 휘발유의 약 89%의 에너지를 가진다고 가정하여 조정되었다.
4) 변환과 축약: 1,000 cc = 1 L, 'auto' = 자동 변속.

와 67%의 에너지 함량을 가진다. 그러므로 사용자가 증가된 탱크 수용력을 갖추지 않는 한 재급유를 위해 더 자주 멈춰야 한다.

바이오연료를 사용할 수 있는 차량은 바이오연료 함량의 어느 한계를 넘어서서 순수 바이오연료 또는 혼합물을 연소하기 위해 엔진 설계 변형이 필요하다. 스파크 점화 엔진은 보편적으로 10% 에탄올(E10)까지, 압축 점화 엔진은 20% 바이오디젤(B20)까지 변형 없이 연소할 수 있다. 후자의 경우 정기 보수의 빈도수를 변화된 점화 방식에 대응하여 조절해야 할지도 모른다. 에탄올의 경우 E10 위로부터 E85까지 엔진은 에탄올 비율을 측정하고 연소를 적절히 조절하는 추가적인 '플렉스 퓨얼(flex-fuel)' 센서를 포함해야 한다. E85보다 높은 비율의 에탄올은 연소가 좋지 못해 사용되지

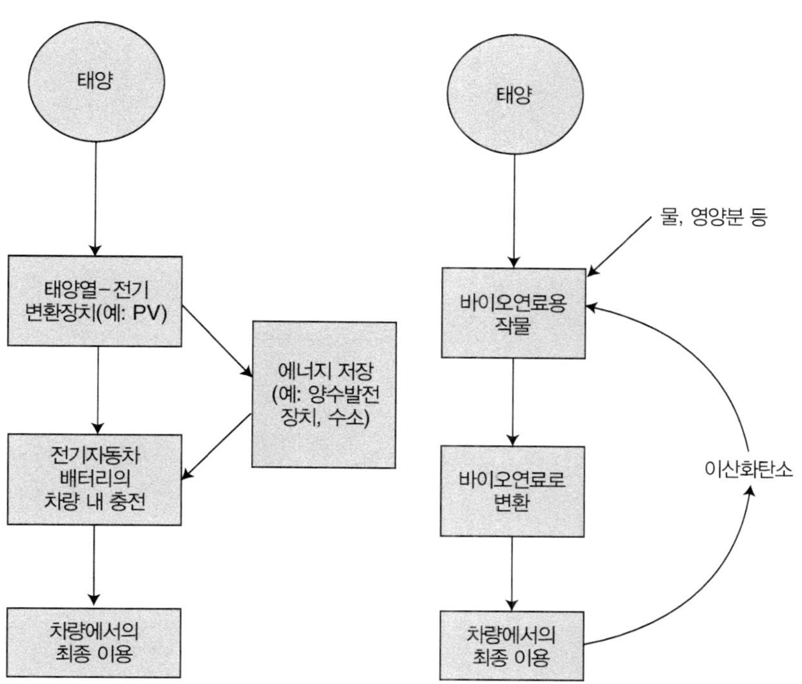

그림 15-17 태양광 패널을 이용하여 전기자동차의 에너지를 태양으로부터 얻는 방법(왼쪽)과 바이오연료를 이용하여 내연기관 차량의 에너지를 태양으로부터 얻는 방법(오른쪽) 비교.

않는다. B20에서 B100까지의 바이오디젤 혼합물은 센서 없이 사용될 수 있지만, 예를 들어 상대적으로 높은 온도에서 연료가 젤(gel)화되는 것 등에 특별한 주의를 요구한다. 미국에서의 바이오디젤 전체 공급량이 디젤에 대한 전체 수요보다 상대적으로 적기 때문에, B20보다 높은 비율의 혼합물을 사용하는 것은 거의 장려하지 않으며 추가 보수의 필요를 초래한다.

1년 내내 고정된 비율로 에탄올 혼합물이 공급될 수 있는 곳에서는 플렉스 퓨얼 시스템을 생략하고 설정된 혼합물에서 차량을 운행하도록 미리 조절하여 간편하게 할 수 있다. 이는 사탕수수 기반 에탄올 생산이 풍부하고 사계절 내내 E70 혼합물을 공급해 주는 주유소가 많은 브라질에서 실시되었다. 그러나 미국 시장에서는 에탄올 혼합물이 지역과 시기에 따라 다양하기 때문에 특정 혼합비에 대해 차량을 미리 조정하는 것은 비현실적이고, E10보다 높은 에탄올 혼합물을 연소할 수 있는 국가 경차의 일부가 E85 플렉스 퓨얼 능력을 갖고 있다.

최근 몇 년 동안의 바이오연료 처리 기술 발전은 바이오연료 가격 하락에 기여했다. 그럼에도 불구하고 옥수수 기반 에탄올과 대두 기반 바이오디젤 가격이 여전히 석유 기반 대응물보다 높아서, 상품의 갤런당 정부 보조금으로 바이오연료의 가격 경쟁을 돕고 있다. 이런 보조금은 바이오연료 혼합물 비율에 따라 지급되는데, B100 1갤런이 1.00달러의 세금 공제를 받는다면 B20은 0.20달러의 세금 공제를 받는다. 다른 방법으로 바이오연료의 시장 수요가 증가하도록 도와주는 원유 비용의 변동성과 가격 급등은 전 세계적으로 옥수수와 대두의 수요가 급증하는 것과 일반적으로 동시에 일어난다. 뿐만 아니라 화물 수송비용 증가 때문에 발생하는 바이오연료의 생산비용 증가는 아직도 종래의 가솔린과 디젤에 비해 비용 측면에서, 특히 단위 에너지당 비용을 판단할 때 크고 지속적인 장점을 보여주지 않는다(갤런당 또는 리터당 비용과는 대조적으로). 그럼에도 불구하고 미래

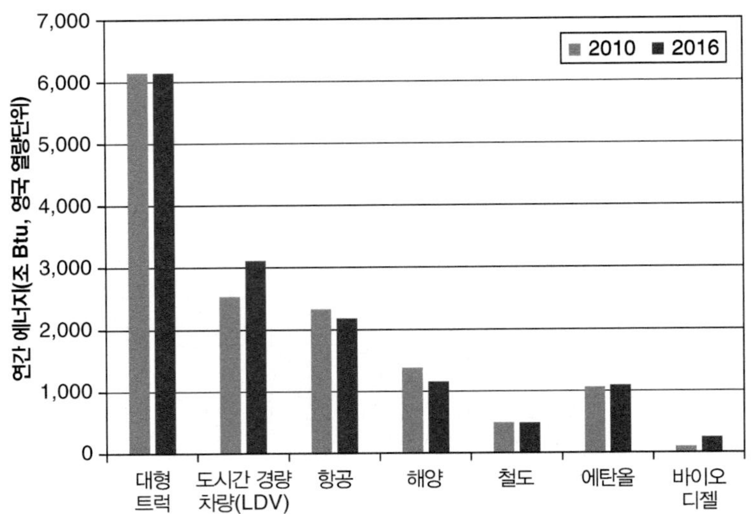

그림 15-18 2010년과 2016년, 미국의 바이오에너지 및 바이오연료 생산에 적합한 운송 하중 비교. (출처: U.S. Department of Energy.)

에는 혼합 능력이 원유 가격 변동성으로부터 수송비용을 보호할 것이다. 그리고 석유 가격이 급등할 때 바이오연료 내용물의 증가는 펌프 사용에 따른 과도한 비용으로부터 운전자를 보호할 것이다.

바이오연료에 대한 보조금은 정치적인 이슈일 뿐만 아니라, 2011년 이러한 보조금이 언젠가는 중단될 수 있으며 바이오연료 양상을 변화시킨다고 미국 의회에서 심각한 논쟁을 벌이기도 했다. 한편으로는 보조금이 에너지 시장의 일반적인 기능하에 스스로 자립할 수 있는 바이오연료 산업 출시를 막는 하나의 간섭으로 비판받고 있다. 하지만 해외의 석유 수출업자에게 돌아갈 수 있는 자금을 국내 곡물 생산자나 바이오연료 생산자에게 우회적으로 지급할 수 있다는 점에서 지지받고 있다.

14장에서 이미 설명한 것처럼 바이오연료의 가장 큰 문제점은 단위 경작 면적당 바이오연료의 낮은 연간 생산량이다. 풍력이나 태양열 같은 다른 재생 가능한 자원은 장비들로 미국의 경지를 덮을 수만 있다면 수요에 비해 막대한 양의 에너지를 얻을 수 있는 반면, 바이오연료의 최대 생산량은 연료 수요의 단지 일부분일 뿐이다. 생산성을 지속적으로 증가시킬 바이오연료의 다른 공급 원료가 없다면, 바이오연료는 혼합물(E10 또는 B20)에 있어 작은 요소 또는 지역적인 연료 해결책(풍부한 곡물을 가진 인구가 적은 지역에서)으로 장거리 운행 지원 역할을 하는 연료로 남을 것이다.

2010년과 2016년, 장거리 경량 차량, 중량 트럭, 해양, 철도, 항공 응용 분야에서의 미국 에너지 수요와 바이오연료에서 제공된 에너지를 비교한 결과, 바이오연료 기술이 발전함에 따른 시장 성장의 기회가 나타났다(그림 15-18). 그림에서, 에탄올 에너지 함량은 2010년부터 2016년까지 1,060에서 1,087조 BTU로 약간 증가한 반면, 바이오디젤의 에너지 함량은 94에서 244조 BTU로 더 눈에 띄게 증가했다. 그럼에도 불구하고, 2016년의 총 바이오연료 에너지 함량인 1.3쿼드(오른쪽 두 열)는 그해 트럭, 항공, 경량차량, 해양, 철도(왼쪽 다섯 열)가 소비한 총 13.1쿼드에 비해 적다.[6] 따라서 충분한 생산이 가능하다면, 미래의 고급 바이오연료 잠재 시장은 최소한 10쿼드에 이

6 트럭에 대해 표시된 6.1쿼드 수치는 도시 내 트럭 이동에 대한 에너지 소비를 포함한다. 미국 에너지부의 기본 데이터들은 도시 내 이동과 도시 간 이동에서 소비되는 에너지를 구분하지 않지만, 도시 내 이동에서 소비되는 비율은 무시할 수 없으며 배터리 전기 배달 차량 형태는 전기를 통한 동력 공급이 더 쉽다. 또한, 2016년의 3.1쿼드라는 수치는 도시 간 경량 차량에 할당된 총 경량 에너지의 대략적인 비율로, 도시 내 이동과는 다른 도시 간 이동에 해당한다.

를 것으로 예상된다. 바이오연료의 잠재적 시장은 전기와 수소가 현재 이 수요를 충족시키기에 적합하지 않기 때문에 크다. 표시된 부하 중에서, 도시 간 경량 차량 필요는 충전당 주행거리가 증가한 배터리 전기 EV로 점점 더 많이 충족될 수 있으며, 철드는 전차선에 연결하여 전력을 기관차에 공급할 수 있기 때문에 전철화에 적합하다. 그러나 철도 화물은 초기 인프라 비용이 높은데도 전체의 약 0.5쿼드로 매우 작은 비율을 차지한다. 수소는 이론적으로는 도로, 철도, 해양 또는 항공 응용에 유연하게 적용될 수 있지만, 아직까지는 보여진 어떤 방식에서도 잘 쓰이지 않고 있다. 생물 연료는 도표의 다섯 가지 경우에 대한 주요 대체 에너지원이 될 수 있다. 실제 모든 경우에(예: 트럭, 철도, 항공 등) 어느 정도는 바이오연료/석유 혼합물에서 전력 공급을 받아왔다. 남은 과제는 필요를 충족시킬 만큼 생산성이 높은 글로벌 공급 시스템을 만드는 것이다.

15-4-4 수소연료전지 시스템과 차량

수소연료전지는 메탄올, 고체 산화물, 인산과 같은 다양한 범주의 연료를 화학반응을 통해 전력으로 전환시키는 연료전지 설계 방법 중 하나이다. Christian Schonbein은 1838년 연료전지의 기본 원리를 개발했고, William Grove는 1843년 최초의 시제품을 조립했다. 차량에 있어 첫 번째 실험적 적용은 1959년 공개된 공업용 트랙커 시제품에 알칼리 연료전지를 사용한 Allis-Chalmers Tracker 회사의 적용이다. 첫 번째 상업적 적용은 1960년대에 있었는데, 우주선 내의 전력 공급을 위한 배터리 대안으로 사용 가능함을 입증하려고 General Electric이 개발한 연료전지를 NASA가 Gemini 5 임무에 사용한 사례이다. 같은 시기 General Motors는 내연기관으로 동력원을 얻는 밴을 수소나 산소를 이용하여 동력을 내는 연료전지로 운행할 수 있도록 새로 장착된 'Electrovan' 시제품을 이용하여 처음으로 차량에 연료전지를 시험했다.

Gemini 임무 이후 연료전지는 무중력 환경에서 소음이나 배출물 없이, 오랫동안 동력을 제공할 수 있어야 하는 우주선에서 주로 사용되어 왔다. 최근에는 자동차 제조사나 에너지 회사를 중심으로 석유 기반 액체 연료로 동력을 생산하는 내연기관의 대체 방안으로 연료전지 차량에 대한 관심이 높아지고 있다. 2000년부터 2010년 사이에는 수소연료전지 차량(HFCV)이 승용차, 경트럭, 스포츠 유틸리티와 같은 경량 차량에서 내연기관을 대체할 것으로 보았다. 하지만 2010년부터 2020년까지 10년간 전기차가 급속히 발전했으며, 당분간 수소연료전지 차량은 큰 진전을 이루기 어려울 것으로 보인다.

승용차와 비교할 때 도시 공공버스 운행은 수소 사용이 더 유리할 수 있다(그림 15-19 참조). 도시 공공버스는 전문 직원에 의해 유지·보수, 재급유, 작동된다. 그리고 승용차보다 차량 내에 수소 저장에 필요한 여분 공간을 확보하기 용이하고, 대개 단일 장소(보통 운행하지 않을 때 주차하는 차고 또는 유지·보수 시설)에서 독점적으로 재급유된다. 또한 대부분의 도시 버스 경로를 보면 하루 중 장거리 운행은 필요 없다(보통 160~240 km 또는 100~150 mi). Daimler, E1 Dorado National(미국), Toyota-Hino를 포함한 수많은 버스 판매회사는 마드리드, 슈투트가르트, 스톡홀름, 나고야, 밴쿠버 그리고 캘리포니아 팜스프링스를 포함한 여러 도시에서 수소연료전지 차량 시제품 버스를 운행해 왔다. 대형 트럭, 특히 매우 긴 거리에서 사용되는 전체 길이의 트랙터-트레일러는 이 기술이 이점을 가질 수 있는 또 다른 분야이다.

배터리 시스템을 충전하는 방식으로 에너지를 저장하는 것에 비해, 압축되거나 액화된 수소는 중형 트럭에서 상대적으로 작고 경량의 저장 옵션을 제공한다. HFCV 트럭의 연료 보충 시간은 디

그림 15-19 2008년 1월 미국 델라웨어대학교의 수소연료전지 차량 시제품.

버스는 보통 거주지와 캠퍼스 간 정기적인 학생 수송에 사용된다.

젤 연료로 보충하는 시간과 비슷한 반면, 전기로 배터리 시스템을 재충전하는 것은 훨씬 느리다. 한 예로 미국은 중형 트럭이 승용차보다 훨씬 적기 때문에, 상대적으로 적은 주유소 네트워크로도 전국의 차량에 수소 공급이 가능하다. 이 기회를 인식한 여러 트럭 제조업체들이 파일럿 프로젝트를 시작하고 있다. Toyota는 트럭 전문 업체인 Kenworth와 협력하여 2020년 말 로스앤젤레스 항구에 HFCV 트랙터를 배달하기 시작했는데, Kenworth는 트럭 트랙터 본체를 제공하고 Toyota는 연료 전지 시스템, 수소 저장소, 그리고 구동계를 제공했다. 현대차는 스위스 수소 공급업체 H2 Energy와 협약을 체결하여 스위스 시장에 수소연료전지 트럭을 공급할 예정이다. 보다 넓게 보면, 유럽의 이해관계자들은 HFCV 중형 트럭의 도입을 유럽 도로 화물 시장의 탈탄소화를 위한 주요 전략으로 구상하고 있으며, 2030년까지 유럽 전역에 최대 10만 대의 연료전지 트럭과 1,500개의 수소 충전소를 구축할 계획이다(Fuel Cell Works, 2020). 다른 화물 및 물류 분야에서는 연료전지 시스템이 포크리프트 및 기타 창고 관리 시스템에 점점 더 많은 틈새시장을 형성하고 있으며, Plug Power와 같은 회사들이 배터리나 프로판 전력의 대안으로 제로 배출, 빠른 재충전, 그리고 적은 공간을 차지하는 솔루션을 제공하고 있다.

이 절의 나머지 부분에서는 연료전지의 기능을 지배하는 기본 열역학을 소개하고자 한다. 이 기술은 상대적으로 새롭기 때문에(예: 내연기관이나 전기모터와 비교할 때) 익숙하지 않을 수 있다.[7] 이 절의 후반부에서는 차량에 연료전지를 구현하는 실질적인 측면과 이를 성공적으로 상용화할 가능성에 대해 논의할 예정이다.

7 연료전지 기술에 대해서는 Larminie and Dicks (2000)나 Spiegel (2007)을 참조하라.

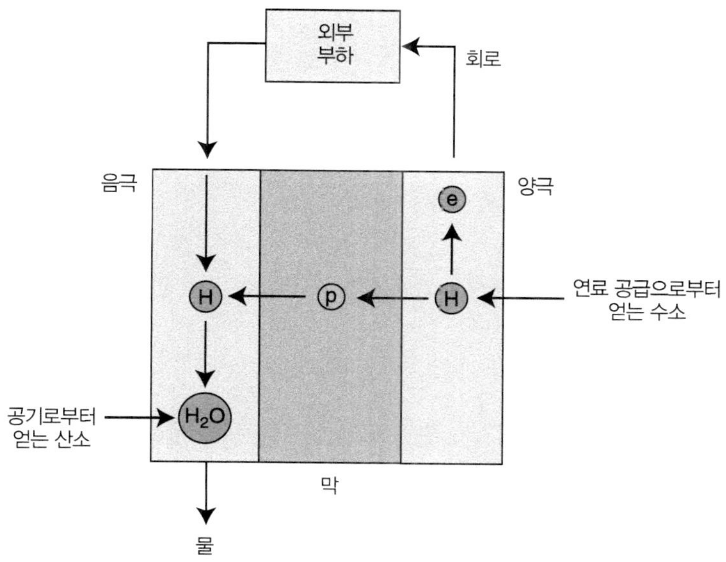

그림 15-20 양극, 음극, 양성자, 교환막을 보여주는 수소연료전지 역할 모식도.

수소연료전지의 역할과 연료전지 효율 측정

개별적인 연료전지의 기능은 그림 15-20에 나와 있다. 그림에서 연료전지는 오른쪽의 순수 수소와 왼쪽의 약 21% 산소를 포함한 충분한 공기에 의해 공급된다. 양극에서 수소는 양성자와 전자로 분리되고(중수소의 경우 중성자는 양성자에 포함된다), 그때 막은 오직 양성자만 통과할 수 있도록 한다. 이는 양극에 전자의 과잉을 남기고 외부 전하를 거쳐 작동할 수 있도록 전압 차를 만든다(차량의 전기모터와 같이). 하나의 연료전지가 대부분의 경우 충분한 전압 차를 만들 수 없기 때문에, 보통 여러 개의 연료전지가 이상적인 전압에 도달하기 위해 *연료전지 스택*(fuel cell stack)으로 결합된다. 막의 음극에서는 전자와 양성자가 수소로 재조합되고, 수소는 공기 중 산소와 결합하여 연료전지 배출 물질의 주된 구성 요소인 물을 형성한다.

다음으로 우리는 불완전한 기능이나 손실의 영향을 무시하는 이론적 모델을 사용하여 연료전지의 최대 효율 측정에 초점을 맞춘다. 주어진 온도와 압력 조건에서 외부적으로 일을 하는 능력의 측정치인 합성물의 *깁스 자유에너지*(Gibbs free energy) g_f를 고려하면서 시작한다. 깁스 자유에너지값이 선택된 참조점에 따라 변하기 때문에 우리는 화학반응이 발생할 때의 깁스 자유에너지 변화량(Δg_f)에 초점을 맞추는데, Δg_f 값은 참조점 선택에 영향을 받지 않기 때문이다. 예를 들면 298 K과 100 kPa 압력의 대기조건에서 1 mol의 물 분자를 형성하기 위한 1 mol의 수소 분자와 1/2 mol의 산소 분자의 반응은 –273.2 kJ/mol의 깁스 자유에너지값의 변화를 가져온다(이 절에서는 kilogram-moles가 아닌 gram-moles를 사용한다). 즉, 수소와 산소가 물로 변하기 때문에 생기는 깁스 자유에너지 감소는 회로에서 전자를 이동시키는 것과 같은 다른 일에 사용할 수 있는 에너지이다.

다음으로 연료전지의 양극으로부터 음극으로의 부하를 통해 생성된 전자 전부가 사용 가능하다면 에너지 방출로 인해 발생하는 전압 차를 계산할 수 있다. *페러데이 상수*(Faraday's constant) F가 전자 1 mol의 전하량 또는 $(1.602 \times 10^{-19}$ coulomb/electron$) \times (6.02 \times 10^{23}$ electron/

mole) = 9.64×10^4 coulomb/mole임을 상기하라. 게다가 1 coulomb는 1 J/V와 같기 때문에 전체 전하 사이에서 Δg_f를 반응하는 전자의 몰 수 n과 F의 곱으로 나누면 포텐셜 E가 볼트 단위로 나온다. 즉, 다음 식으로 구할 수 있다.

$$E = \frac{\Delta g_f}{nF} \tag{15-16}$$

수소연료전지에서의 반응의 경우 1 mol의 수소 분자는 2 mol의 수소 원자와 같다. 식 (15-16)에 알고 있는 대기조건에서의 값을 넣으면 다음이 주어진다.

$$E = \frac{237,200\ \text{J}}{(2)(96,400\ \text{J/V})} = 1.23\ \text{V}$$

그러므로 모든 에너지가 전자의 흐름으로 전환되고 수소 전부가 반응에 사용된다고 가정하면, 이 연료전지로부터 이론적인 최대 전압은 1.23 V이다. 이 최대 전압값은 수소연료전지에만 특수하다는 것에 주의하라. 즉, 다른 연료를 통해 작동하는 연료전지는 다른 최대 전압을 가질 것이다.

우리는 이제 수소와 같은 양의 산소를 이용한 연소로부터 사용 가능한 에너지에 관해 연료전지의 이론적인 최대 효율을 평가할 수 있다. 증기에서 액체로의 압축을 포함하는 고위 발열량 연소를 사용하면 수소 분자 1 mol의 연소는 $\Delta h_f = -285.8$ kJ/mol을 낸다.[8] 실제로는 수소연료의 전부가 연료전지에서 반응하지 않기 때문에, 우리는 투입된 연료의 질량과 사용된 연료의 질량비인 연료 소비율 μ_f를 감안하여 이러한 한계점을 고려한다. 연료전지로부터 생산되는 에너지와 연소에 사용 가능한 에너지를 비교하고 반응하지 않는 연료 때문에 생기는 손실을 포함하면 이론적인 전지의 최대 효율 η_{FC}은 다음과 같다.

$$\eta_{FC} = \mu_f \frac{\Delta g_f}{\Delta h_f} \tag{15-17}$$

일반적인 작동에서는 잘 설계된 연료전지에 대해 $\mu_f = 95\%$가 달성될 수 있다. 현재 전형적인 수소연료전지 자동차 시제품으로 구동 중인 연료전지의 경우 80℃ 작동 온도에서 깁스 자유에너지 변화량은 $\Delta g_f = -228.2$ kJ/mol로 다소 감소할 것이다. 그러므로 최대 달성 가능 효율은 다음과 같다.

$$\eta_{FC} = 0.95 \frac{-228.2}{-285.4} = 0.759 = 75.9\%$$

이와 같은 간단한 계산은 수소연료전지 차량에 대한 많은 관심을 설명한다. 미래의 차량용 연료전지에서 효율값이 나타낸 값에 가깝게 달성될 수 있다면, 수소연료전지는 카르노 한계에 의해 제한되는 내연기관에 비해 명백하게 효율적이라는 장점을 갖게 될 것이다. 상대적으로 낮은 온도(물의 끓는점보다 낮은)에서의 작동이 연료전지에 유리하다는 사실에 주의하라. 온도와 압력은 Δg_f 값에 강한 영향을 주고, 온도가 증가할수록 이론적인 최대 효율은 감소한다. 예를 들면 1,000℃에서 $\mu_f = 95\%$일 때 $\eta_{FC} = 59\%$이다. 또한 수소연료전지와 내연기관 효율에 대한 이런 방식의 비교는 연료전지에서의 공기흐름이나 산소를 조절하는 펌프와 같은 기술 작동에 요구되는 전하에 대한 시스템 요구량의 균형을 고려하지 않는다. 더 정확한 비교는 요구되는 모든 전하를 계산한 후 추진

---

8 대신 −241.8 kJ/mol의 저위 발열량을 사용할 수 있는데, 이는 농축 전의 값이다. 이 절에서 우리는 고위 발열량을 사용한다.

에 사용 가능한 전체 에너지의 평가를 필요로 한다.

소모되는 연료 비율과 함께, 연료전지에서 제품과 반응물질의 부분 압력은 전지의 성능에 영향을 미친다. 부분 압력 변화는 식 (15-16)에서 계산된 E 값에 영향을 준다. 이러한 영향은 E^0라고 하는 처음 설정된 E의 참조값을 통해 평가되고, 이는 대기조건(25℃, 0.1 MPa)에서 $E^0 = 1.23$ V일 때 이상적인 포텐셜 변화와 같다. 다음으로 반응물질의 부분 압력은 수소에 대해서는 P_{H_2}, 산소에 대해서는 P_{O_2}, 물에 대해서는 P_{H_2O}로 대기 압력과 같은 단위(1 atm = 100 kPa = 0.1 MPa)로 소개된다. 예를 들면 대기조건과 그림 15-20에서처럼 연료전지의 작동을 가정하면 $P_{H_2} = 1$, $P_{O_2} = 0.21$과 같다. 부분 압력을 계산한 조정된 포텐셜 E는 다음과 같이 쓸 수 있다.

$$E = E^0 + \frac{RT}{2F}\ln\left(\frac{P_{H_2}P_{O_2}^{0.5}}{P_{H_2O}}\right) \tag{15-18}$$

이 식은 *네른스트 방정식*(Nernst equation)으로 알려져 있다. 이 식에서 R은 이상기체 상수이고, T는 K 단위의 연료전지 반응 온도이다. 또한 구성물의 부분 압력은 반응에서 분자의 수와 마찬가지로 같은 출력까지 오르게 된다. 그러므로 수소 분자 H_2당 1/2의 O_2 분자가 반응하기 때문에 식 (15-18)에서 $P_{O_2}^{0.5}$가 나온다. 어떤 상황에서는 다음과 같이 구성물의 부분 압력을 다시 쓰는 것이 유용하다.

$$P_{H_2} = \alpha P$$

$$P_{O_2} = \beta P$$

$$P_{H_2O} = \delta P$$

여기서 P는 대기에서의 전체 압력이고, α, β, δ는 전체 압력과 비교되는 수소, 산소, 물의 부분 압력의 상대적인 값에 각각 대응하는 요소이다. 이제 식 (15-18)은 독립된 자연 로그 형태의 분리된 요소로 다시 쓸 수 있다.

$$\begin{aligned} E &= E^0 + \frac{RT}{2F}\ln\left(\frac{\alpha P \beta^{0.5} P^{0.5}}{\delta P}\right) \\ &= E^0 + \frac{RT}{2F}\ln\left(\frac{\alpha\beta^{0.5}}{\delta}\right) + \frac{RT}{2F}\ln(P^{0.5}) \\ &= E^0 + \frac{RT}{2F}\ln\left(\frac{\alpha\beta^{0.5}}{\delta}\right) + \frac{RT}{4F}\ln(P) \end{aligned} \tag{15-19}$$

식 (15-19)는 E 값에 있어 변수로 작용하는 개별 연료전지 변화의 영향 평가를 가능하게 한다. 우리는 변화량 ΔE를 E^{new}와 E^{old} 사이의 차이 혹은 변하지 않은 항은 상쇄될 것이므로 변수의 변화 전후로의 E 값으로 쓸 수 있다.

$$\Delta E = E^{new} - E^{old} = E(\alpha^{new}, \beta^{new}, \delta^{new}, P^{new}) - E(\alpha^{old}, \beta^{old}, \delta^{old}, P^{old}) \tag{15-20}$$

네른스트 방정식을 이용한 E의 평가와 작동 변수의 변화로 인한 영향은 예제 15-8에 나와 있다.

▶ 예제 15-8

수소연료전지는 대기로부터의 순수한 수소와 산소의 공급을 이용하여 25℃의 온도와 100 kPa의 압력에서 작동한다. 수소와 산소로부터 형성되는 물의 부분 압력은 30 kPa이다. (a) 연료전지에서 전압 강하는 얼마인가? (b) 공기 공급이 순수한 산소 공급으로 바뀌고 나머지는 그대로라면 전압 강하는 얼마인가?

▶ *풀이*

(a) 주어진 초기값으로부터 반응하는 요소들 각각의 부분은 $P_{H_2} = 1$, $P_{O_2} = 0.21$, $P_{H_2O} = 0.3$이다. 식 (15-18)에 대입하면 다음과 같다.

$$E = 1.23 + \frac{8.314(298)}{2(96,400)}\ln\left(\frac{1(0.21)^{0.5}}{0.3}\right) = 1.23 + 0.0054 = 1.24\text{ V}$$

(b) 연료전지가 순수 산소로 작동하면 $P_{O_2} = 1$이다. 그러므로 β^{old}가 0.21인 반면 β^{new}는 1이다. 식 (15-20)에서 0이 아닌 항만 포함하여 다시 쓰면 다음과 같다.

$$\Delta E = E^{\text{new}} - E^{\text{old}} = \frac{RT}{2F}\{\ln[(\beta^{\text{new}})^{0.5}] - \ln[(\beta^{\text{old}})^{0.5}]\}$$

$$= (0.5)\frac{RT}{2F}[\ln(1) - \ln(0.21)] = 0.01$$

따라서 $E^{\text{new}} = E^{\text{old}} + \Delta E = 1.24 + 0.01 = 1.25$ V이다.

실생활 속 연료전지의 실제 손실과 효율

현재 사용되고 있는 실생활 속 연료전지는 식 (15-16)에 근거하여 예상한 75%의 효율값을 달성하지 못한다. 대신 최고의 환경에서 대략 50%의 효율을 가진다. 앞에서 언급한 불완전한 약간의 손실이 연료 소비로부터 발생한다. 게다가 이상적인 연료전지에서 수소의 일정한 부분 압력은 연료의 지속적인 사용에도 불구하고 양성자 교환막을 거쳐 반응함으로써 유지된다. 실제 연료전지에서 사용 가능한 연료의 양과 부분 압력은 연료가 소모되면서 감소하는데, 특히 전지의 출구 가까운 부분에서 심하다. 이 부분에서 전류가 감소하며 전지의 전체 동력 출력 또한 감소한다. 또한 연료의 반응에서 방출되는 에너지의 일부분은 전기에너지로 변환되는 대신 열 형태로 주위에 방출된다. 이론적인 연료전지 전압의 상한값이 대략 1.2 V인 반면, 실제로는 1 V보다 작은 값이 더 현실적이다.

자동차에서 연료전지 구현

수소연료전지 차량의 핵심적인 요소는 *연료전지 스택*(fuel cell stack)으로, 수많은 연료전지들이 (대략 120~200개) 추진 부하를 제공할 충분한 전압을 달성하기 위해 연속적으로 연결된다(그림 15-21). 일단 전압이 고정되면 각 전지의 전류는 전체 출력 요구량을 만족하도록 적절하게 되어야 한다. 가능한 최고 효율이 달성되면 스택 설계자는 전지의 단면적을 증가시켜 단일 전지로부터 얻는 전류를 증가시킬 수 있으므로, 스택은 충분한 출력을 제공하기 위해 필요한 만큼의 전류와 전지당 면적으로 설계된다. 전력은 연료전지 스택으로부터 바퀴를 돌리는 구동부로 전달된다. 한 가지 방법은 전선을 이용하여 4개의 바퀴 각각의 전기모터에 스택을 연결하는 것이다. 이러한 배치는 4륜 구동을 제공하고 최대 설계 유연성을 주는데, 모터가 바퀴에 가깝게 위치하므로 스택이 상대적으로 적은 공간을 차지하고 스택과 모터를 연결하는 전선 띠가 차량 프레임 안에서 다른 부분 주위로 설계될 수 있다. 충전 단기 저장을 위한 2차 배터리 시스템을 가진 회생 제동 시스템 또한 가능하다.

차량에 탑재된 수소 저장 시스템은 내연기관의 휘발유나 디젤 저장 시스템과는 상당히 다르다.

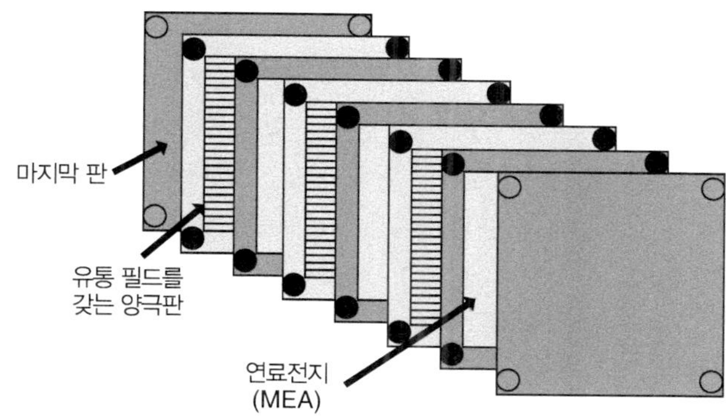

그림 15-21 연료전지 스택 분해도. 연료전지와 양극판의 단위로 구성된 이 연결은 마지막 판으로부터 외부 부하를 만든다. [*출처*: Spiegel(2007).]

1 kg의 순수한 수소는 약 2.8 kg의 휘발유(상온 및 압력에서 1 gal 또는 3.8 L)와 동일한 양의 에너지를 갖는다. 미래에 기술적 효율이 충분히 개선된 수소연료전지 차량이 5~6 kg의 수소를 저장할 수 있다면, 한 번의 연료 교체로 약 400~500 km의 충분한 거리를 달릴 수 있을 것이다. 낮은 압력에서는 이와 같은 수소량은 차량에서 너무 많은 공간을 차지하므로, 현실적인 저장 용량을 달성하기 위해 수소는 극저온에서 액체 형태나 34~68 MPa (5,000~10,000 psi)로 압축되어야 한다. 이러한 저장 사양은 효율적인 단열재와 사고 충격을 견딜 수 있는 강력한 용기를 필요로 한다. 또한 차량과 주유 시설 간의 인터페이스를 신중하게 설계해야 한다.

수소연료전지 차량의 보조 시스템도 다른 요구사항을 갖는다. 예를 들어 낮은 온도(80~100°C 정도)에서 작동하는 연료전지의 경우, 더 이상 내연기관처럼 차량 내부를 가열하는 데 사용할 수 있는 고온 배기가스가 없다. 다른 중요한 쟁점은 낮은 온도가 열방출을 복잡하게 만들어 큰 열교환기를 필요로 한다는 것이다. 60% 효율의 연료전지가 20 kW를 제공하더라도 8 kW의 하급 열을 버려야 하며, 차량 부하가 최고일 때 열방출은 더 심해진다.

기본 에너지원 측면에서, 탄소 없는 수소연료전지 시스템의 목표는 재생 가능 에너지나 원자력 에너지를 통해 대기 중 온실가스(GHG)를 순증가시키지 않거나, 탄소 포집 및 저장(CCS)에 의존하여 수소를 제공하는 것이다. 향후 수소가 운송연료로 성장한다면, 가장 일반적인 산업용 수소 공급원인 *증기 개질*에서 일부 확보할 수 있을 것이다(그림 15-22). 이 과정에서 메탄(CH_4)은 먼저 일산화탄소(CO, '합성가스'라고도 함)로 전환된 후 증기와 혼합되어 최종적으로 수소 분자(H_2)와 CO_2가 생성된다. 현재 CO_2는 일반적으로 대기로 방출되지만, 미래에는 탄소 포집 및 저장 시설로 공급될 수도 있다.

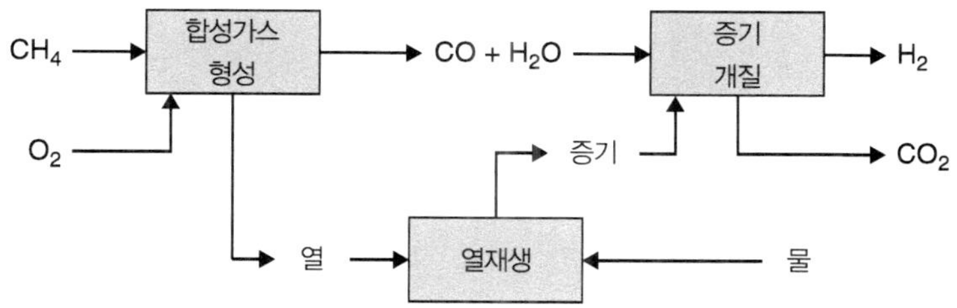

그림 15-22 증기 개질 프로세스를 통해 메탄에서 산업적으로 수소를 생산하는 과정.

수소연료전지 차량의 장단점

모든 기술적인 난관이 극복될 수 있다고 가정하면, 수소연료전지 차량은 차량 추진 대안으로서 수많은 장점을 달성할 수 있을 것이다. 먼저 전력망처럼 미래에 수소를 직접 생산하기 위해 재설계되는 것을 포함하여 원자력이나 태양열 같은 넓은 범위의 에너지원을 사용할 수 있다. 다음으로 재급유 과정이 석유 상품 방식과 비슷하기 때문에 전기자동차보다 연료를 빠르고 쉽게 충전할 수 있으며, 미래의 수소 충전소는 오늘날의 가솔린/디젤 주유소와 비슷할 것이다. 또한 넓은 도시 간 전달 라인과 소도시 지역 분배 네트워크를 가진 충분히 발달된 분배 네트워크에서 수소의 저장이나 전달은 전력 분배보다 더 싸고 더 풍부한 것으로 판명될 것이다(모든 분배는 낮은 압력에서 수행되며, 차량으로 방출하기 전에 고압 저장소에 머무는 시간을 최소화하기 위해 압축된다). 앞에서 논의한 것처럼 낮은 온도에서 연료전지는 카르노 한계를 갖는 내연기관보다 더 높은 이론적 효율 한계를 가진다. 게다가 수소연료전지 차량은 기계적인 구동축으로 분배되기 때문에 수소 저장소, 연료전지 스택 그리고 전기모터의 연결망을 유연하게 위치시킬 수 있는데, 이는 자동차 디자이너가 새로운 설계 가능성을 갖고 근본적으로 다시 설계할 수 있도록 한다. 마지막으로 연료전지 스택 형태로 차량에 탑재된 고급 전력원의 존재는 이동 가능한 전력 발생기로서 차량의 역할을 확장할 수 있다.

수소연료전지 차량에는 다음과 같은 잠재적 과제가 있다.

1. *연료전지의 비용 및 재료*: 연료전지 가격은 1960년대 NASA에서 사용할 당시 kW당 50만 달러에서 2000년에는 kW당 대략 500달러로, 대규모 생산이 가능해진 2020년에는 kW당 60~150달러까지 떨어졌다. 중형 트럭 및 창고 응용 분야의 시장에 진입할 수 있지만, 비용 프리미엄으로 인해 kW당 비용이 얼마나 떨어지는지가 이 기술의 확산을 촉진하거나 저해할 것이다. 백금 적재량(총 백금 또는 유사한 귀금속 요구량)은 또 다른 중요한 특성이다. 1960년대에 비해 1 kW 용량당 필요한 백금의 양이 약 100 g/kW에서 2020년에는 0.2 g/kW 이하로 줄어드는 큰 성과가 있었다. 미국 에너지부는 0.125~0.2 g/kW 범위의 적재를 구상하고 있으며, kW당 비용과 마찬가지로 미래의 방향이 이 기술의 궤적에 영향을 미칠 것이다.
2. *안전하고 비용 효율이 높은 수소 유통 및 저장*: 액체 수소의 극저온 냉각 및 저장은 초기 수소 에너지의 약 30%에 해당하는 큰 에너지 손실을 초래하므로, 현재로서는 압축 수소 저장이 선호된다. 그러나 매우 높은 압력에서의 저장을 위해서는 사고 시 파열되지 않고 화재에 취약하지 않은 용기가 필요하다. 연료를 주입하는 것은 서비스 스테이션에서 수소전지 차량을 주유하는 것보다 더 위험하고 복잡한 작업이다. 수소연료 보급 시설은 아마도 더 많은 전문 인력과 안전 장비에 대한 더 큰 투자가 필요할 것이다.
3. *수소를 유통/제공하기 위한 새로운 인프라 시설*: 에너지 회사들이 수소를 생산하고 다루는 경험이 있지만, 사회적으로는 수소를 운송연료로 사용하기 위한 대규모 인프라가 거의 갖춰져 있지 않다. 수소연료전지에 대한 관심이 높아지던 초기 단계에서 일부 에너지 회사들은 시범 공공 충전소를 설치했지만(그림 15-23 참조), 이는 차량 자체에 대한 기본적인 비즈니스 모델이 아직 입증되지 않은 상태에서 배치되었다는 비판을 받았다. 수소가 의미 있는 양으로 사용되기 위해서는, 대량으로 수소를 생산하고 분배할 전용 네트워크나, 탄소 없는 전기와 물을 주유소 근처로 이동시킨 후 분산 방식으로 수소를 생성하는 네트워크가 필요할 것이다.

그림 15-23 2006년 11월 워싱턴 DC에 위치한 Shell's Benning Road 수소 충전소에서의 공동 저자 Vanek이다. Benning Road 수소 충전소를 시작했던 경험은 수소연료전지 차량 시제품이 지속적인 상업 수단에 근거하여 재급유될 수 있다는 사실을 증명했지만, 이러한 사실만으로는 지역 시장에서 대중들에게 수소연료전지 차량 판매를 시작할 수 없었다.

이러한 도전과제의 확장과 전기자동차와 같은 경쟁기술의 출현, 교통 시스템의 전기화를 감안할 때, 수소는 화물과 같은 틈새 시장에서 더 많이 사용될 가능성이 있으며, 승객 운송은 주로 전기로 이루어질 것이다. 화물에서 수소의 역할은, 빠르게 연료를 보충할 수 있는 에너지원이 필요하고 차량의 총 중량을 많이 소모하지 않는 장거리 트럭과 지게차 같은 창고 작업에 적합하다. 다른 잠재적인 역할로는 화물 철도와 국내 및 국제 해상 운송이 있을 수 있지만, 이 두 가지는 좀 더 먼 미래의 일로 보인다. 일부 화물 프로그램, 예를 들어 하루 동안 멀리 운전하지 않고 밤에 재충전을 위해 배터리로 돌아오는 도시 배달 차량은 전기가 더 나을 것이다. 지상 여객 운송은 전기화된 철도 차량(고속철도 시스템, 도시 지하철 시스템)이나 민간 경량 차량과 대중교통을 위한 배터리 전기 시스템으로 대부분 충족될 수 있다. 다만 이러한 후자의 응용 프로그램들이 주행거리나 재충전 시간의 근본적인 한계에 부딪힐 가능성이 있으며, 이 경우 이러한 용도에 대해 다시 수소연료전지에 주목 가능하다.

15-5 대안 비교 수단으로서 에너지 자원 채굴에서 소비까지의 효율 분석

이전 절에서 검토했던 추진 플랫폼 옵션과 대체 연료 다양성으로부터 이산화탄소 배출은 최소화하면서 에너지원을 차량 추진으로 전환하는 옵션 각각의 양적 유효성에 대해 '애플 투 애플(apple-to-apple; 역자 주: 동일 선상에서 같은 기준으로 수행하는 비교)' 비교를 할 어떤 수단이 필요하다는 것이 명백해졌다. 에너지 효율성에 대한 에너지 자원 *채굴에서 소비까지*(well-to-wheel: WTW; 역자 주: '원유에서 바퀴까지'의 의미이지만, 이 책에서는 다양한 자원을 비교하므로 '채굴에서 소비까지'로 정의함)의 효율 분석 접근은 수송에너지 기술의 전체 에너지 효율성에 대한 객관적인 측정이다. WTW 분석은 차량 내의 성능과 차량에 에너지 상품을 전달 · 변형 · 추출하는 데 소비되는 에너지도 포함한다. WTW 효율 η_{WTW}는 다음과 같이 쓸 수 있다.

$$\eta_{WTW} = \eta_{WTT} \times \eta_{TTW} \tag{15-21}$$

여기서 η_{WTT}는 WTT (well-to-tank) 과정의 효율이고, η_{TTW}는 TTW (tank-to-wheel) 과정의 효율이다. WTT 과정은 에너지 상품을 추출하고, 처리 과정 시설에 전달하고, 연료로 변환하고, 분배하는 곳에 연료를 전달하는 것으로 확대되는 에너지를 포함한다. TTW 과정은 차량 내부에서 연료를 기계적 에너지로 변환하는 것과 이를 바퀴에 전달하는 것을 포함한다.

네 가지 대표적인 경우의 WTW 값, 즉 내연기관 차량, 하이브리드 전기 차량, 전기 차량, 수소연료전지 차량에서의 값들이 표 15-6에 주어져 있다. 내연기관 차량과 하이브리드 전기 차량 대안은 압축된 천연가스를 사용하며, WTW 효율을 계산하기 위한 기준으로 내연기관 차량은 가스 연소에 최적화되었다고 가정하는 반면, 전기 차량은 천연가스 복합 발전소에서 생산된 전기로 차량의 배터리를 충전한다고 가정한다. 전기발전은 전력 발전소에서의 손실(전체 시스템 효율은 대략 50~60%)뿐만 아니라 천연가스를 발전소로 수송하고 추출하는 데 사용되는 에너지와 발전소에서 차량 충전 지점까지의 전력 분배에서 생기는 선로 손실도 포함한다. 수소연료전지 차량을 위한 수소는 오늘날 수소를 생산하기 위한 가장 일반적인 방법인 증기 개질을 통해 천연가스로부터 생산된다고 가정한다.

WTW 비교는 미래의 대체 수송 기술 비교에 대해 유용한 점을 많이 보여준다. 먼저 내연기관 차량과 하이브리드 전기 차량이 같은 WTT 효율을 갖기 때문에, 하이브리드 구동부로 전환할 때의 효과는 16%에서 30%로 증가하는 TTW 효율이 보이는 바와 같이 전체 WTW 효율이 14%에서 26%로 증가한다고 직접적으로 해석할 수 있다. 일반적인 내연기관 차량은 낮은 TTW 값에 의해 제한된다. 이 구동부는 수십 년 전부터 연구 주제였으며, 미래의 개선이 TTW 값을 현재의 16%보다 1~2% 정도도 개선할 것 같지 않다. 가솔린을 주 연료로 사용한다는 기본적인 시각에서 볼 때,

표 15-6 경량 차량 추진 기술의 WTW 비교

대안	WTT	TTW	WTW
종래의 내연기관 차량	88%	16%	14%
가솔린 하이브리드 전기 차량(고효율)	88%	36%	32%
가스로부터 전력을 얻는 전기 차량	48%	70%	34%
가스로부터 수소를 얻는 수소연료전지 차량	55%	55%	30%

개선을 달성하기 위해서는 하이브리드 전기자동차 기술로의 전환과 같은 더욱 근본적인 변형이 필요하다. 예를 들면 Toyota는 TTW 효율 개선으로 42%의 WTW 효율 또는 내연기관 차량보다 3배 높은 효율을 달성할 수 있는 하이브리드 전기자동차를 목표로 설정해 왔다.

다음으로 전기자동차의 결과는 원천에서부터 전체 에너지 사이클을 살펴보는 것이 중요함을 보여준다. TTW 효율만을 살펴보면 전기자동차와 수소연료전지 차량이 각각 70%와 55%의 효율로 가장 효율적인 것으로 보인다. 발전장치나 기타 배급 손실을 고려하면 비교가 더 현실적이 되어, 하이브리드 전기자동차, 전기자동차, 수소연료전지 자동차가 모두 비슷한 값을 나타내며 모두 내연기관보다 더 우수하다는 것을 보여준다. 표에 사용된 숫자는 각 기관과의 비교에 대해 일반적인 관찰을 하기 위한 것이다. 특정 차량 및 에너지 공급망의 값은 물론 표시된 값과 다소 다를 수 있다.

WTW 분석은 단기에서 중기의 시간 범위 내에서 성숙한 기술적 대안을 비교할 때 가장 유용하다. 단 모든 대안들은 에너지를 단일 출처에서 얻어야 한다. 태양에너지를 전기자동차용 전기로 변환하거나 내연기관 자동차/하이브리드 자동차용 바이오연료로 변환한 후의 WTW 비교도 가능하다. 다만 일부 출처가 온실가스를 배출하지 않고 다른 출처가 배출한다면, 상대적인 WTW 효율성은 덜 중요할 수 있다. 예를 들어, 표 15-6의 전기자동차 또는 수소연료전지 차량이 재생에너지로부터 전기나 수소를 얻는다면, 이산화탄소 배출량을 크게 줄이는 최종 결과가 달성되었기 때문에 WTW 효율성은 중요하지 않을 수 있다.

15-6 요약

미래에 지속 가능한 수송에너지 기술들은 석유가 아닌, 오랜 기간 사용할 수 있고 대기 중 이산화탄소 농도를 증가시키지 않는 에너지원을 사용할 것이다. 이러한 목적을 추구하는 많은 구체적인 기술들이 오늘날 등장하고 있지만, 그것들은 각각 본질적으로 다섯 가지 엔드포인트 기술 중 하나로 축약될 수 있다. 그 가운데 가장 유망한 세 가지는 (1) 전기, (2) 수소, (3) 지속 가능한 탄소 기반 연료이다. 에너지 기술은 이러한 장기적 목표를 명심하고, 또한 종래의 석유 기반 차량에 대한 매력적인 대안 제공과 같은 단기적 목표를 갖고 개발되어야 한다. 소비자는 차량에서 연비 대비 최대 속도, 가속도, 등반 능력 등의 변수를 포함하여 성능을 평가하므로, 대체 연료나 추진 플랫폼을 사용하는 차량은 이러한 매개변수를 염두에 두고 설계해야 한다.

주로 등장하는 대체 연료나 플랫폼에는 전기 차량, (플러그인) 하이브리드 전기 차량, 바이오연료를 이용한 내연기관 차량, 수소연료전지 차량이 포함된다. 각각의 차량은 잠재적인 기술적 과제에 직면하고 있다. 전기 차량은 한 번의 충전으로 더 먼 거리를 주행할 수 있고 소비자가 원하는 차량 가격을 위해 가볍고 저렴하며 더 많은 전하를 운반하는 배터리 시스템을 필요로 한다. 현재 형태에서 하이브리드 전기 차량과 플러그인 하이브리드 전기 차량은 석유 의존도를 줄일 수는 있지만 없앨 수는 없다. 바이오연료는 단위 에너지 출력당 화석연료 에너지의 높은 입력 요구량 때문에 고통받고 있으며, 단위 연료 생산당 넓은 토지 면적 요구량 또한 도전과제이다. 수소연료전지 차량은 기술적인 문제와 비용적인 문제에 직면하고 있으며, 특히 연료전지 스택과 차량 내 수소 저장이 문제가 된다. 이러한 기술들이 계속 진화함으로써 에너지 자원 채굴에서 소비까지의 에너지 효율 분석은 에너지원으로부터 추진 전달까지의 에너지 효율 주기에 근거한 대안들 사이의 객관적 비교를 위한 편리한 도구를 제공한다.

References

Albertus, P., J. Coutsa, and V. Srinivasan (2008). "A Combined Model for Determining Capacity Usage and Battery Size for Hybrid and Plug-in Hybrid Electric Vehicles." *Journal of Power Sources*, Vol. 183, pp. 771 – 782.

Armstrong, J. (1993). *The Railroad: What it Is, What it Does*. Simmons-Boardman, Omaha, NE.

Cengel, Y., and M. Boles (2006). *Thermodynamics: An Engineering Approach*, 5th ed. McGraw-Hill, Boston.

Fuel Cell Works (2020). "Hydrogen Europe: Another Milestone in the Uptake of Fuel Cell Trucks." Fuel Cell works, online publication, posted November 23, 2020.

Hopkins, T., J. Silva, and B. Marder (1999). "Maglift Monorail: A High-Speed, Low-Cost, and Low Risk Solution for High-Speed Ground Transportation." *High Speed Ground Transportation Annual Conference*, Seattle, WA.

Larminie, J., and J. Dicks (2000). *Fuel Cell Systems Explained*. John Wiley, Chichester, West Sussex.

MacKay, D. (2009). *Sustainable Energy: Without the Hot Air*. UIT Press, Cambridge, UK.

Randolph, J., and G. Masters (2008). *Energy for Sustainability*. Island Press, Washington, DC.

Sperling, D., and D. Gordon (2009). *Two Billion Cars: Driving Toward Sustainability*. Oxford University Press, Oxford, England.

Spiegel, C. (2007). *Designing and Building Fuel Cells*. McGraw-Hill, New York.

Venkatram, A., and N. Schulte (2018). *Urban Transportation and Air Pollution*. Elsevier, Amsterdam.

Wark, K. (1983). *Thermodynamics*, 4th ed. McGraw-Hill, New York.

Further Reading

An, F., and D. Santini (2003). *Assessing Tank-to-Wheel Efficiencies of Advanced Technology Vehicles*. SAE technical paper series report 2003-01-0412. Society of Automotive Engineers, Warrendale, Pennsylvania.

Andreoli, S., and P. De Souza (2006). "Sugarcane: The Best Alternative for Converting Solar and Fossil Energy into Ethanol." *Energy & Economy*, Year 9, No. 59. Electronic resource, available on-line at http://ecen.com/. Accessed Nov. 8, 2007.

Braess, H., and U. Seiffert, eds. (2004). *Handbook of Automotive Engineering*. Society of Automotive Engineers, Warrendale, Pennsylvania.

Commission on Engineering and Technical Systems (2000). *Review of the Research Program of the Partnership for a New Generation of Vehicles*, 6th report. National Academies Press, Washington, DC.

Davies, J., M. Grant, and J. Venezia (2007). Greenhouse gas emissions of the U.S. transportation sector: Trends, uncertainties, and methodological improvements.

Davis, S., and S. Diegel (2006). *Transportation Energy Data Book*, 26th ed. Oak Ridge National Labs, Oak Ridge, Tennessee.

Daziano, R. and F. Vanek (2013). On the gap between the willingness to pay for and the marginal cost of electric battery vehicles with improved range. Paper presented at the Kuhmo Nectar Conference on Transportation Economics, Chicago, July 2013.

DeCicco, J. (2004). "Fuel Cell Vehicles." *Encyclopedia of Energy*, Vol. 2. Elsevier, Amsterdam.

Drapcho, C., J. Nghiem, and T. Walker (2008). *Biofuels Engineering Process Technology*.

McGraw-Hill, New York.

Fairley, P. (2004). "Hybrid's Rising Sun." *MIT Technology Review*, April issue, pp. 34 - 42.

Fay, J., and D. Golomb (2002). *Energy and the Environment*. Oxford University Press, New York.

General Motors Corp. (2001). *Well-to-Wheel Energy Use and Greenhouse Gas Emissions of Advanced Fuel/Vehicle Systems—North American Analysis*. Published by Argonne National Laboratories, Argonne, Illinois. Available on internet at http://www.ipd.anl.gov/anlpubs/2001/08/40409.pdf. Accessed Sep. 14, 2007.

Gillespie, T. D. (1999). *Fundamentals of Vehicle Dynamics*. Society of Automotive Engineers, Warrendale, Pennsylvania.

Hill, J., E. Nelson, D. Tilman, et al. (2006). "Environmental, Economic, and Energetic Costs and Benefits of Biodiesel and Ethanol Fuels." *Proceedings of the National Academy of Sciences of the USA*, Vol. 103, No. 30, pp. 11206 - 11210.

Husain, I. (2003). *Electric and Hybrid Vehicles: Design Fundamentals*. CRC Press, Boca Raton, Florida.

Kreith, F., R. E. West, and B. Isler (2002). "Legislative and Technical Perspectives for Advanced Ground Transportation Systems." *Transportation Quarterly*, Vol. 56, No. 1, pp. 51 - 73.

Nag, A. (2008). *Biofuels Refining and Performance*. McGraw-Hill, New York.

Oke, T., et al. (2017). *Urban Climates*. Cambridge University Press, Cambridge.

Olsson, L., ed. (2007). *Biofuels (Advances in Biochemical Engineering/Biotechnology)*. Springer-Verlag, Berlin.

Pimentel, D., and T. Patzek (2005). "Ethanol Production Using Corn, Switchgrass, and Wood; Biodiesel Production Using Soybean and sunflower." *Natural Resources Research*, Vol. 14, No. 1, pp. 65 - 76.

Romm, J. (2004). *The Hype about Hydrogen: Fact and Fiction in the Race to Save the Climate*. Island Press, Washington, DC.

Sorensen, B. (2002). *Renewable Energy: Its Physics, Engineering, Use, Environmental Impacts, Economy and Planning Aspects*, 2nd ed. Academic Press, London.

Sperling, D., and J. Cannon, eds. (2004). *The Hydrogen Energy Transition: Moving toward the Post-Petroleum Age*. Elsevier, Amsterdam.

Stone, R., and J. Ball (2004). *Automotive Engineering Fundamentals*. SAE International, Warrendale, Pennsylvania.

Tester, J., E. Drake, M. Driscoll, et al. (2006). *Sustainable Energy: Choosing among Options*. MIT Press, Cambridge, Massachusetts.

Union of Concerned Scientists (2007). "HybridCenter.org: a project of the UCS." Web resource, available at www.hybridcenter.org. Accessed Sep. 7, 2007.

U.S. Dept. of Energy, Energy Efficiency and Renewable Energy Office (2007). "Alternative Fuels Data Center." Informational website, available at http://www.eere.energy.gov/afdc/altfuel/biodiesel.html. Accessed Sep. 14, 2007.

Vanderburg, W. (2006). "The Hydrogen Economy as a Technological Bluff." *Bulletin of Science, Technology, and Society*, Vol. 26, No. 4, pp. 299 - 302.

Vanek, F., S. Galbraith, and I. Shapiro (2006). *Final Report: Alternative Fuel Vehicle Study for Suffolk County, New York*. Technical report, New York State Energy Research and Development Authority (NYSERDA), Albany, New York.

Wang, M., C. Saricks, and D. Santini (1999). *Effects of Fuel Ethanol Use on Fuel-Cycle Energy and Greenhouse Gas Emissions*. Report ANL/ESD-38, Argonne National Laboratories, Argonne, IL. Available on internet at http://www.ethanol-gec.org/information/briefing/10.pdf. Accessed Sep. 12, 2007.

연습 문제

15-1. 고효율 승용차가 2.4 m^2의 전면 면적, 0.25의 항력계수, 0.01의 구름저항값, 저속에서 2,800 N의 최대 견인력, 고속에서 32 kW의 최대 출력, 1,200 kg의 전비 중량을 가진다. (a) 100 km/h 속도로 운행할 때 필요한 동력, (b) 최대 속도, (c) 최대 등반 능력을 계산하라.

15-2. 표 15-5의 데이터를 이용해 주어진 차량의 연비 대 출력의 산포도를 만들라. 이 두 가지 측정 사이의 관계는 얼마나 밀접한가? 각각의 차량에 대해 경향으로부터 편차를 준 이유가 있는가? 설명하라.

15-3. 차량 사업자가 가솔린 내연기관 차량을 전기자동차로 대체하는 것을 고려하고 있다. 결정에 있어 하나의 요소는 차량으로부터 배출되는 이산화탄소이다. 각 차량은 연평균 1만 마일을 주행하고, 전기자동차는 평균 20 mpg의 연비를 가진다. 비교하고 있는 전기자동차는 마일당 274 Wh의 전력을 소비한다. 차량 사업자 도시에서의 전력 생산으로 발생하는 배기가스는 7장의 예제 7-2에 주어져 있다. 증가하는 이산화탄소 배출이 두 가지 대안 사이에 있으며(예를 들면 석유를 추출하거나 펌프에 공급되는 가솔린으로 변환할 때, 또는 석탄이나 가스의 추출과 운반에서부터 전기 발전소까지), 그것들은 당신의 분석 범위 밖이다. (a) 얼마나 많은 파운드의 이산화탄소가 매년 각 차량에서 배출되는가? (b) 전기자동차가 이산화탄소 배출을 줄이는가? (c) 전력의 kWh당 지역적 배출량에 근거한 당신만의 방식으로 계산을 반복하라. (d) 결과가 바뀌는가?

15-4. 연료전지와 카르노 열 엔진에 대해 섭씨온도의 함수로 도표를 만들라. 연료전지의 경우 온도의 함수로 선을 그릴 때 80℃와 1,000℃에서의 효율 한계에 대한 이 장에서의 데이터를 사용하라. 카르노 엔진에 대해서는 엔진이 대기온도(20℃)에서 저온의 열원으로 배출한다고 가정하라. 당신이 그린 도표에 따르면 카르노 엔진이 연료전지보다 더 높은 효율 한계를 갖는 경우 예상되는 '교차(cross-over)' 온도는 얼마인가?

15-5. 연료전지 스택은 75개의 연료전지가 연속적으로 배열되어 있으며, 하나의 크기는 12 cm^2이다. 스택은 80℃에서 작동하고 생산되는 전류의 양은 4.257 A/cm^2이다. 연료전지는 공기 중의 순수 수소나 산소의 공급을 이용하면서 1 MPa의 시스템 압력에서 작동한다. 유출에서의 물의 부분 압력은 0.5 MPa이다. 80℃에서 연료전지의 기준 전압은 E^0 = 1.18 V이다. 어떠한 손실도 무시될 수 있으며, 작동할 때의 전압은 열린 회로 전압이라 가정하라. 실제로는 전압이 전류의 흐름 때문에 낮아질 것이다. 최대 성능으로 작동할 때 연료전지 스택의 출력은 얼마인가? kW로 나타내라.

15-6. 자동차 구매자가 장기적으로 가솔린 소비에 지출되는 비용을 절약하기 위해 하이브리드로의 추가 지출 여부를 고민하고 있다. 구매자는 연간 2만 5,000 km 정도 주행한다. 두 차량 사이의 비용 차이는 4,000달러이고 연료 소비량은 내연기관 차량의 경우 7.9 L/100 km, 하이브리드 전기 차량의 경우 5.3 L/100 km이다. 연료 가격은 리터당 0.80달러(갤런당 약 3달러)이다. (a) 하이브리드 전기 차량을 구매하는 경우 몇 년 만에 투자한 금액을 회수할 수 있는가? (b) 구매자가 이 투자에서 5% 상환을 예상하고, 차량은 10년 동안 지속되며, 재판매 가치가 마지막 순간에는 무시될 수 있다면 순 현재가치는 얼마인가? (c) (b)에서 연료 가격이 차량을 사용하는 동안 매년 3% 상승한다면 순 현재가치는 얼마인가?

15-7. 가솔린을 사용한다는 것을 제외하고는 동일한 하이브리드 전기자동차와 비교되는 예제 15-7의 플러그인 하이브리드 전기자동차로부터 전체 에너지 소비량과 이산화탄소 배출을 고려하라. 전기발전으로 인한 이산화탄소 배출은 7장의 예제 7-2와 같다. 발전기 또는 가솔린 소매업으로부터 증가하는 에너지 사용이나 방출은 무시하라. (a) 플러그인 하이브리드 전기자동차가 하이브리드 전기자동차에 비해 에

너지 소모량과 이산화탄소 배출량을 줄이는가? (b) 전기가 가스로부터 1/3, 화석연료로부터 2/3 만들어진다면 (a)의 답은 바뀌는가?

15-8. 미래의 중형 전기자동차는 배터리 성능은 높아지고 차량 무게는 줄지만 지출비용은 많아진다. 어떠한 배터리도 추가하기 전에 생산비용과 차량 무게는 1만 8,000달러와 750 kg이다. 배터리는 85 Wh/kg의 전하 밀도와 kWh당 300달러로 사용 가능하다. 차량의 에너지 강도는 0.11 Wh/kg · km이다. (a) 이 차량에 대해 총 질량의 함수로서 차량 주행거리에 대한 그래프와 주행거리의 함수로서 총 비용에 대한 그래프를 각각 그려라. (b) 이 차량을 3만 달러의 비용과 400 km의 탱크당 주행거리를 갖는 동급 내연기관 차량과 비교하라. 같은 주행거리를 갖는다면 전기자동차 비용은 얼마인가? 같은 비용을 갖는다면 내연기관 차량과 비교할 때 몇 퍼센트의 주행거리가 감소하는가?

15-9. 그림 15-4는 자동차의 최대 속도 근처에서 가용 전력 P_a는 속도 증가에 따라 감소하는 반면, 필요한 총 견인 전력은 증가한다는 것을 보여준다. 이 요소를 고려하여 최대 속도를 구해보자. 대형 스포츠 유틸리티 차량(SUV)은 정면 면적이 3.8 m^2, 항력계수가 0.45, 구름저항값이 0.011, 그리고 공차 중량이 3,500 kg이다. 가장 높은 기어에서 측정된 kW 단위의 사용 가능한 전력 P_a는 다음 함수에서 보이는 것처럼 속도 v (m/s)의 함수이다. (a) 관련 범위에서 P_a와 P_{TR}의 그래프를 그려보자. (b) 예측된 최대 속도는 m/s와 mi/h로 각각 얼마인가? 수치 해석기를 사용하여 계산하고, 적절한 방정식에 다시 대입하여 값을 검증하라.

$$P_a = (-6.53\times10^{-7})v^3 - (2.221)v^2 + (222.1)v - 5{,}289.6$$

15-10. (a) 계산기를 사용하여 그림 15-10의 산화납 차량이 논의된 바와 같이 344 km 범위에서 점근선에 도달하는지 확인하라. (b) 리튬이온 차량이 비대칭선에 도달하는 충전당 주행거리의 값은 km로 얼마인가?

15-11. 고속철도(HSR)는 평균 운행 속도가 시속 125마일(시속 200킬로미터)이다. 고속철도의 효율은 75%이고 전기 공급 효율은 90%라고 가정하자. 기차는 한 방향으로 216마일 또는 왕복으로 432마일(345 km 또는 690 km) 주행하는 여행을 하며, 소비량을 계산할 때 kWh당 11센트의 비용이 들고, 기차는 운행 속도로 지속적으로 이동한다고 가정하자. 열차의 최대 수용 인원이 384명일 때, (a) 왕복할 경우 총 전력 소비량은 얼마인가? (b) 기차가 왕복 동안 평균 65%의 승객 수를 유지한다면, 한 명의 승객이 종점에서 종점까지 왕복하는 데 드는 에너지비용은 얼마인가?

15-12. 어떤 전기차가 정격용량이 24 kWh이고 최대 방전 깊이(depth-of-discharge)가 80%인 배터리 시스템을 가지고 있다. 비교하고자 하는 해치백 내연기관차는 12갤런 탱크를 가지고 있으며 평균 연비는 31 mpg이다. (a) 시스템이 최대로 방전되었다고 가정하고, 목표는 20분 안에 480 V 충전기로 재충전하는 것이다. 배터리가 시작부터 끝까지 일정한 속도로 충전된다고 가정할 때(즉, 선형적으로; 배터리가 거의 완전히 충전될 때 실제로는 충전 속도가 변동하기 때문에 단순화하였다) 에너지 플럭스는 kW로 얼마이며 전류는 암페어 단위로 얼마인가? (b) 배터리를 일반 가정용 벽면 콘센트 조건(20 A, 120 V)에서 충전한다고 가정하자. 같은 상황에서 충전하는 데 얼마나 걸릴까? (c) 해치백 내연기관차가 연료탱크를 가득 채운 후 출발하여 285마일을 운전한 후 주유소에 들러 연료를 보충한다고 가정해 보자. 주유소 펌프의 평균 속도가 분당 5갤런이라면, 탱크를 가득 채우는 데 얼마나 걸리는가? 가장 가까운 0.1분 단위로 답을 제시하라. (d) (a)에서 (c)까지의 답변을 비교하여 전기자동차와 내연기관차의 연료 보급을 비교할 때 어떤 결론을 도출할 수 있을까? 한두 문장으로 간단히 서술하라.

15-13. 295명의 승객을 수용할 수 있는 에어버스 A330이 시속 810 km의 일정한 속도로 700 km를

이동한다. A330의 길이는 63.7 m, 날개 길이(즉, 너비)는 60.3 m, 무게는 231톤, 항력계수는 0.03, 정면 면적은 115 m^2이다. 항공기는 공기 밀도가 $\rho = 0.4\ kg/m^3$인 순항 고도에서 비행한다. (a) A330이 순항 고도로 상승해야 하는 필요성에 대해 고민해보자. 비행 중 무게 변화 등은 무시하고, 비행기가 만석일 때 승객 1인당 여행에 필요한 에너지는 kWh로 얼마인가? (b) 이제 고속철도 열차가 같은 700 km 거리를 시속 220 km의 일정한 속도로 이동한다고 가정해 보자. 속도를 m/s로 나타낼 때 전력을 계산하려면 매개변수 $a = 3.82$, $b = 0.1404$, $c = 0.006532$를 사용하라. 고속철도 열차는 또한 295명의 승객을 수용할 수 있으며, 또한 만석으로 운행한다. 정차와 출발, 제동 등을 무시하고, 고속철도 열차가 A330 항공기 여행에 비해 승객 1인당 여행 시 에너지 소비를 몇 퍼센트나 줄이는가?

15-14. 컨테이너 선박은 아시아에서 북미까지 1만 6,320해리 길이의 항로를 항해한다. 여행 동안 속도가 20노트로 일정하다고 가정하자. BTU/h로 표현된 전력 P는 속도 V(노트)의 함수로 주어지며, 함수 $P = (21{,}300)V^3$로 나타낼 수 있는데, 여기서 21,300이라는 수치는 연료 요구량과 선박의 저항 간의 관계를 나타내는 매개변수이다. 배는 연료를 제외한 자본, 임금, 유지보수 및 기타 비용을 포함하여 하루 운영비용이 3만 3,000달러이다. 연료 비용은 톤당 550달러이며 에너지 함량은 톤당 4,000만 BTU이다. 이 경로에서 배의 편도 여정에 대한 총 비용은 얼마인가?

15-15. 고효율 하이브리드 전기차는 고속도로에서 20.29 km/L의 연료 효율을 기록하며, 이는 48 mpg에 해당한다(104 km/h, 65 mi/h). 차량의 공차 중량은 1,383 kg, 항력계수는 0.26, 구름저항은 0.01, 단면적은 2.6 m^2이다. 공기 밀도가 1.1 kg/m^3라고 할 때, 이 수치들로부터 계산할 수 있는 TTW 효율은 얼마인가?

15-16. 2000년대 초, 주요 자동차 제조업체들이 미국 시장에서 고속도로 주행이 가능한 전기자동차를 철수시키고 있을 때, 일부 제조업체들은 최고 속도가 시속 56 km(시속 35마일)인 제한 사용 차량(limited-use vehicle: LUV)을 계속 판매하고 있었다. 만약 이러한 차량을 1만 달러 이하로 생산할 수 있고, 한 번 충전으로 80 km (50마일)의 주행거리를 제공할 수 있다면, 생산을 지원할 만큼의 수요가 있을 것이라고 판단된다. 예가 되는 LUV는 정면 면적 2 m^2, 항력계수 0.4, 배터리 시스템을 제외한 차량의 질량과 비용은 각각 500 kg과 6,000달러이며, 배터리 충전 밀도와 비용은 각각 55 Wh/kg과 $13.75/kg이다. 이 LUV의 평균 효율성은 배터리 시스템의 전력을 견인력으로 변환하는 것(TTW 효율성이라고도 함)으로 43%이다. 간단하게, 배터리 시스템이 100% 방전 가능하다고 가정하면, 단순화된 방정식 $P_{TR} = 0.5\rho A_f C_D V^3$을 사용할 수 있다. (a) 적절한 계산을 사용하여 이러한 차량에 대한 시장이 있음을 입증하라. (b) (a)에서의 계산에 의해 암시된 에너지 밀도계수 μ는 Wh/kg · km 단위로 얼마인가?

수송에너지에 대한 시스템 관점

Systems Perspective on Transportation Energy

▶학습 목차

16-1 개요

이 장은 전체 에너지 소비 및 수송에서 에너지 효율을 연구하기 위한 기초 과정으로, 이전 장의 수송에너지 기술을 이해하는 데 목적이 있다. 에너지 효율에 미치는 기술적 개입 능력을 완화시키는 몇 가지 가능한 방법이 있고, 심지어 기술 변화는 '반동' 효과에 의해 약화될 수도 있다. 지난 수십 년간 수송 시스템의 여러 범주에는 긍정적인 영향과 부정적 영향이 동시에 존재했다. 21세기에는 에너지 과소비와 기후변화가 주요 쟁점이 되었으며, 이러한 문제를 일으키는 것으로 수송의 역할이 부각되었고 수송에너지 효율과 환경에 대한 성능을 향상시키는 시스템 도구의 사용이 점점 중요해지고 있다. 이러한 목적에 부합되는 두 가지 방법은 (1) 수송의 '형태(즉, 형식)'를 더욱 환경 친화적으로 바꾸는 것과 (2) 시스템 최적화를 통해 자원 소비를 줄이는 것이다. 이 장은 미래에 맞는 좀 더 적절한 시스템으로의 변환 관련 문제에 대한 논의로 마무리한다.

16-2 서론

본질적인 특성으로 인하여 수송, 특히 수송 서비스에서의 에너지 사용 및 보존은 시스템적으로 접근해야 한다. 모든 에너지 적용은 그들의 주변 환경에서 기능함으로써 어느 정도 상호작용을 한다. 예를 들면 한정된 자원에 대해 서로 경쟁하고 흡수할 수 있는 한정된 자연환경 속에서 쓰레기를 방출한다. 하지만 수송 시스템의 경우 이들의 상호작용은 특별한 중요성을 갖고 있는데, 왜냐하면 공통 인프라(예를 들어 도로, 철도, 항구, 공항 등)를 공유하면서 도시 고속도로의 운전자인가 기차 승객인가 또는 화물센터를 이용하는 화물 수송인가에 따라 서로의 다양한 기능과 성능에 상당한 영향을 미치기 때문이다. 이처럼 에너지에 영향을 미치는 상호작용은 정체 수준, 시스템의 유지 · 보수에 대한 품질, 또는 다른 요소들이 시스템의 요구를 만족시키는 데 필요한 에너지양에 큰 영향을 미친다. 시간이 지남에 따라 새로운 네트워크의 변화 조건에 적응하기 위해 수송 시스템 사용자는 차량 또는 인프라를 변화시킨다. 여기서 다시 시스템에 미치는 영향은 이러한 적용이 얼마나 잘 이루어지는가에 영향을 받을 것이다. 그러므로 수송에너지 사용에 대한 시스템적 관점은 15장에서 논의된 수송 기술에 필요한 보완 자료이며 필수 자료이다.

수송에너지의 소비는 내연기관, 제트 엔진, 또는 전력망으로부터 전기를 공급해 주는 철도 기관차의 전기모터 등 차량의 추진기관에서 발생한다. 이러한 에너지 소비는 차량 재료, 전체 중량, 스타일링, 공기역학적 항력과 같은 설계 요소에 의해 영향을 받는다. 또한 차량의 디자인 형태에 의해서도 영향을 받는다. 연구소 및 설계 기관의 연구원은 효율적인 차량 설계를 통해 제조비용이나 운영비용을 절감하며, 이는 회사의 경영진과 잠재 고객에게 제품에 대한 선호도를 높인다. 그러나 효율성의 추구는 동력이나 성능 같은 다른 요소와 비교 · 검토되어야 하며, 종종 제품 판매에서는 출력이나 성능이 선호 요인이 된다. 같은 차량이 다양한 상황에서 다른 에너지 효율을 보이는 것은 실생활에서 사람이나 물건의 이동 방식이 상황에 따라 다르기 때문이며, 이는 총 에너지 사용량에 영향을 미친다. 토지 이용 계획(예를 들어 한 지역에서 편의시설의 지리적 위치), 수송 인프라의 가용성, 혼잡 정도, 그리고 다른 요소들 모두 각각의 중요한 역할을 한다.

시스템적 관점이 수송에너지 문제를 해결하기 위한 기술 변화를 예상 결과보다 정확하게 이해하는 데 어떻게 도움이 될 수 있는지에 대한 예로 그림 16-1에 제시된 *반동 효과*(rebound effect)를 고려할 수 있다. 수송 부문에서 에너지 사용이 증가할 때 일반적인 반응은 차량의 에너지 효율을 개선하기 위한 정책을 도입하는 것이다. 이러한 정책은 제조업체로 하여금 더 효율적인 엔진과 더 적은 연료 소비로 같은 거리를 이동할 수 있는 구동에 필요한 구성품을 개발하도록 한다. 이러한 변

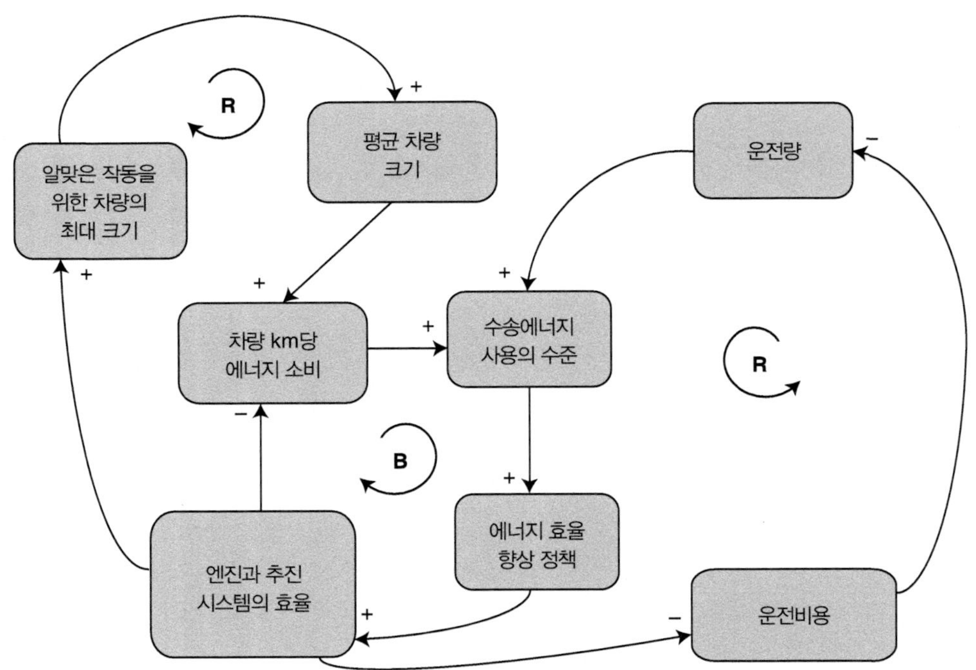

그림 16-1 에너지 효율 정책과 이동한 차량 · 킬로미터당(또는 차량 · 마일당) 에너지 소비, 평균 차량 크기, 그리고 운전에 대한 수요 사이의 인과회로 다이어그램.

화는 거리당 에너지 소비를 줄임에 따라 전체 에너지 사용을 감소시키는 효과가 있다. 또한 두 가지 다른 효과도 있는데, 첫 번째 효과는 더욱 효율적인 구동계가 평균적으로 차량 크기를 증가시키고 큰 차량을 더 저렴하게 만든다는 것이다. 경제학 법칙으로부터의 두 번째 효과는 우리가 경제적인 운전 활동을 할 수 있을 때 그 활동의 수요가 증가할 것이고, 이는 운전량도 증가시킨다는 것이다. 두 효과 모두 위쪽 방향의 에너지 소비량에 크게 영향을 미친다.

그림 16-1의 인과관계는 '에너지 효율을 증가시키는 정책'에서 '수송에너지 사용 수준'으로 수준이 향상하는 세 가지 가능한 경로를 보여주지만, 결국 이것이 에너지 사용량 개선을 달성할 수 있을 것인가에 대한 결과는 알려주지 않는다. 결과는 이러한 정책을 시도하는 각각의 상태가 처해 있는 상황에 따라 달라진다. 대부분의 경우 이러한 정책을 지정하는 정부는 예상 시나리오가 없는 것과 비교하여 반동 효과를 고려하더라도 전체적인 에너지 소비를 줄일 수도 있다. 그러나 피할 수 없는 반동 효과 때문에 에너지 효율 이득값이 약간 줄어들며, 동시에 차량 · 킬로미터 또는 차량 크기에 관한 성장 억제 정책을 시행해야 한다.

최근까지 대부분의 선진국과 신흥국에서의 장기간 수송에너지 소비는 해마다 꾸준하게 증가해 왔다. 미국에서는 2005~2010년 기간 동안 유가 상승과 2009년 경기 침체로 인해 수송에너지 소비와 승객 및 화물 이동량이 모두 크게 감소했다. 그럼에도 불구하고 2017년 미국의 수송에너지 소비는 1970년대의 수송에너지 소비보다 약 65% 증가한 상태를 유지하였다. 비록 증가 추세는 멈추었지만, 인구와 경제 모두가 계속 증가하기 때문에 에너지 소비를 실질적으로 감소시키기는 어렵다. 에너지 효율 정책이 여느 때와 다름없는(business-as-usual: BAU) 상황에 반하여 에너지 소비를 줄일 수 있지만, 1970년대 수준과 거의 유사한 형태로 에너지 소비를 줄일 수는 없다. 하이브리드 차량과 같은 개별 기술이나 대체 모드 사용 장려와 같은 정책으로 이론상 에너지 소비를 약 33% 줄일 가능성이 있다고 보고되고 있지만, 이와 같은 대안은 실행 과정과 실행 후의 변화에서 종종 예상한 것보다 덜 효과적으로 나타난다. 이러한 관찰은 시스템적 관점에서 수송에너지 사용을 바라보도록 하며, 이 장의 남은 부분에서 더 자세히 설명할 것이다.

16-2-1 수송 시스템을 분류하는 형태

수송 시스템은 수많은 형태로 분류할 수 있고, 각 시스템에 속한 분류는 어떻게 기능하는지에 의해 결정된다. 시스템 기능은 에너지 요구에 강한 영향을 준다. 다음의 네 가지 수송 분류 체계에서 하나의 분류는 다른 3개와 무관하게 만들어졌다(설명의 예는 다음과 같다).

- *기능—승객 또는 화물수송*: 일반적인 수송 분류 형태는 *승객수송*과 *화물수송*으로 나눌 수 있다. 승객수송의 구성은 어떤 사람의 이동(예를 들어 일, 심부름 그리고 여행 목적), 모든 수화물 또는 그들의 이동과 관련된 개인적인 것들을 포함한다. 화물수송은 다른 수화물(예를 들어 큰 상품, 완제품, 가축, 편지 그리고 소포)로 구성되어 있다. 일반적으로 비행기의 경우를 예로 들면, 이 규칙에 대한 예외가 있을지라도 상업적인 대형 정기 여객기는 주 객실에 승객을 실어 나르고 화물칸(또한 '낮은 로비'로 알려진)에 화물을 실어 나른다.
- *형태—도로운송, 철도운송, 해상운송, 항공운송, 그리고 관로운송*: 승객과 화물수송은 다섯 가지의 주된 형태로 세분할 수 있다. 예를 들어 도로운송 형태는 사람의 경우 자동차, 버스 그리고 모터사이클로 구성되고, 화물의 경우 '화물차'로 불리는 밴과 트럭으로 구성된다. 광범위하게 정의하면 도로운송 형태는 자전거 사용자와 행인 같은 비동력 형태를 포함할 수

있다. 해상운송(또한 '항해')은 육지에 있는 강, 호수, 운하 및 바다에서의 보트와 배를 통한 이동을 포함한다. 다섯 가지 모두는 주로 석유와 천연가스 같은 에너지 제품 수송을 위한 관로운송을 제외하고 승객과 화물수송 형태로 존재한다. 게다가 수많은 틈새 형태가 존재하며, 대부분 산악 지대에 승객을 실어 나르거나 외지 공동체에 상품을 전달해 주는 공중 케이블 형태이다.[1] 이러한 다섯 가지 형태는 세계 수송에너지 예산의 중요한 부분을 차지한다.

- *지리적 범위—도시 또는 시외*: 승객 또는 화물 수송 둘 다 도시 또는 시외 수송 이동으로 나눌 수 있다. 승객 측면에서 '도시'라는 단어는 대도시 또는 작은 지역사회에서의 이동을 포함한 포괄적 용도로 사용되지만, 각각의 경우 통근 또는 취미 생활을 위한 짧은 거리 이동을 특징으로 하고 매일 또는 정기적 수행을 포함한다. 시외 승객은 일반적으로 50~100 km(대략 30~60 mi) 또는 도시 간 이동이다. 화물 측면에서 시외 이동은 인구밀집 지역 간 주로 '화물차' 장거리 이동을 수반한다. 인구밀집 지역에서 상품은 종종 트랙터-트레일러 또는 여러 대의 차와 화물열차 등이 결합한 형태로 나타난다. 도시에서의 운송은 장거리 운송을 위해 물품을 모으는 데 사용되거나, 일단 물품이 목적지에 도착한 경우 각 도시로 분배(트럭 운송의 종점)하는 용도로 사용된다. 일부의 경우 도시에서 물건 분산을 위해 작은 운송 차량(용달 차량 또는 경트럭 같은[2])을 사용하기도 한다. 다른 경우 동일한 차량이 가까운 도시 사이에서 물건의 수집과 배달을 위해 사용된다.
- *소유권—사적 또는 상업적*: 수송 활동은 수송 서비스 수요에 대해 차량을 소유하고 이들의 모든 활동으로 대표되는 사적 수송 형태와, 승객에게 수송 서비스를 제공하거나 전문적인 수송 제공자(예를 들면 택시회사, 항공회사, 고용 트럭회사)에 의한 화물운송 거래를 포함한 상업적 수송 형태로 나눌 수 있다. 도로를 이용한 화물수송의 경우, 그것을 만들거나 그것 자체를 파는 제품의 수송을 위해 회사에 소유된 차량은 트럭 운전자가 개인적으로 차량을 소유하고 있지 않더라도 개인 수송으로 간주한다. 예를 들어 슈퍼마켓 가맹점을 경영하는 약간 큰 규모의 식품 소매업자는 자신의 차량을 소유하고 있을 수 있지만, 다른 사람들의 경우 계약을 통해 이 서비스를 제공받는다.

이런 분류의 적용 예로, 개인 차량을 소유한 사람이 일하기 위해 운전을 하면 도시 수송을 위한 도로 형태를 이용하는 승객수송을 의미한다. 철도운송이란 항구에서 내륙 도시까지 선적 컨테이너를 움직이는 철도가 계약 차량으로 도시 간 수송을 위한 철도 형태를 이용하는 화물수송을 의미한다.

16-2-2 에너지 요구에 대한 수송 형태의 영향

승객수송과 화물수송 사이의 구분은 중요하다. 왜냐하면 화물수송은 사실상 상업적인 반면, 승객수송은 비용뿐만 아니라 승객의 안락함, 이동 경로에 따른 기쁨, 그리고 차량에 대한 이미지 등 여러 요소 사이에 더 많은 균형을 수반하기 때문이다. 제품의 전반적인 가격을 책임지는 제조업자, 소매업자, 또는 다른 부분에서 화물에 대한 책임이 있는 업체들은 제품을 보호할 방법뿐만 아니라 원하

1 승객이 관광이나 관광을 목적으로 하고 종점에 도달할 의도 없이 순환하는 형태의 공중 트램, 유람선과 같은 운송 수단은 일반적으로 교통 통계에 포함되지 않는다.

2 이 장의 나머지 부분에서는 *경트럭*이라는 용어를 픽업 트럭, 밴, 미니밴 및 스포츠 유틸리티 차량(SUV)을 지칭하는 데 사용한다.

는 속도와 배달의 신뢰도, 그리고 이러한 요구들을 충족시키는 최소 비용을 찾아 결정한다. 제품의 전체 비용을 책임지는 제조업체, 소매업체 또는 기타 당사자는 화물운송에 대한 결정을 내릴 때 제품에 필요한 보호 수준(예: 보호 포장 및 냉장)은 물론 원하는 배송 속도 및 신뢰성을 결정해야 한다. 그런 다음 이러한 요구 사항을 충족하는 최소 비용으로 결정해야 한다. 비용 차이가 제품 수익성에 직접적인 영향을 미치기 때문에 고가의 해결책에 추가로 지출하는 비용은 없다. 반면 승객수송의 경우 지급 선택권이 승객에게 있으므로 멀리 있는 휴가지에 가기 위한 더 크고 편안한 차량을 위해 추가적인 소비를 할 수 있다. 특히 선진국의 중 · 상류층 주민의 경우 최근 10년간 구매력이 크게 증가했고 에너지 집중 수송 형태를 선호하게 되었다.

증가하는 부의 영향과 수송 서비스에 대한 요구는 더 많은 선택적인 수송 형태를 개발하게 했다. 예를 들어 화물의 경우 해상 및 철도와 같은 형태는 차량 운전자가 운반체에 더 많은 상품을 결합하려 하므로 평균 에너지 효율이 더 높다. 또한 해상과 철도는 도로에서의 고무 타이어보다 롤링이 적으며 가다 서다를 반복하는 일도 적다. 그러나 이러한 형태는 수송품을 수집하고 분배하는 터미널 같은 큰 조직이 필요하다. 수송의 경영 관점에서 보면 도로와 항공에 의한 수송품은 비록 평균 에너지 요구가 더 크지만, 수송품이 목적지에 더 빠르고 정확하게 도착하기 때문에 더 *확실한* 선택이 된다. 유사한 논쟁은 승객수송의 경우에도 나타날 수 있다. 최근 몇 년 동안 전반적으로 승객과 화물수송 모두에 대한 시장에서 철도와 해상운송의 에너지 효율보다 도로와 항공 형태의 높은 서비스 질이 선호되어 왔다.

마지막으로 수송의 지리적 범위의 주된 효과 중 하나는 에너지 자원 선택의 제한성이다. 승객수송의 경우 수송 활동의 대다수는 도시 이동에서 발생한다. 이러한 대부분을 차지하는 이동의 대안으로, 여행자들은 재충전/연료 충전의 필요가 많지 않기 때문에 배터리를 지닌 전기 차량 또는 높은 에너지 강도를 갖고 있지 않은 대안적인 액체 연료 같은 에너지를 선택하여 사용하는 것이 가능하다. 또한 버스나 도시철도와 같은 차량을 가선망(예를 들어 지상선)에 쉽게 연결할 수 있는데, 승객 수요의 밀도가 높은 곳에서는 가격 경쟁력이 매우 높기 때문이다. 대조적으로 화물수송 활동의 대부분은 차량 또는 항공기 재급유 지점 사이에서 장기간 운행할 수 있는 도시 간의 장거리에서 발생한다. 사용 밀도가 가장 높은 여행 철도 노선의 경우 전력망이 설치되어 있지 않고 다른 경로가 없다면 철도는 액체 연료에 의지해 작동하며, 이는 트럭, 항공기, 선박 또한 마찬가지이다.

16-2-3 수송에너지 효율 측정을 위한 단위

수송에너지 효율은 연구실에 있는 연구 장비부터 실제 세상에 있는 수송 서비스 전달까지 다양한 단계로 측정될 수 있다. 각 연속 단계는 구성 요소, 차량 혹은 전체 시스템의 원활한 작동을 방해할 수 있는 많은 개입 요소들이 있어 다음 네 가지 단계에서 손실의 가능성이 증가함을 보인다.

1. *구성 요소의 기술적 효율*: 구동계의 구성 요소는 에너지를 출력하기 위해 입력을 전송할 수 있는 능력에 대해 시험할 수 있다. 예를 들어 엔진을 정상상태에서 시험할 수 있고, 최상의 조건에서 구동축 회전으로 전달되는 에너지양이 연료 연소량에 대한 백분율로 나타난다. 비슷한 방법으로 다른 구동계의 구성 요소 손실을 평가하는 데 입력에 대한 출력의 비인 기본 효율을 사용한다.
2. *실험 차량 연비*: 에너지 효율 측정 단계에서 연료 경제성을 평가하기 위해 차량을 동력계에서 시험한다. 여기서 동력계 운전 사이클은 실제 운전 조건을 나타내기 위해 사용된다. 그

결과들은 도시 또는 고속도로의 mi/gal 또는 km/L 단위를 사용한다. 연료 소비는 주로 'L/100 km' 단위로 측정한다. 연구소 시험에서 구동계(1단계)의 기술적 효율을 측정하는 것은 차량 구성 요소의 연료 소비를 직접 측정할 수 없으며, 연료 소비에 직접적인 연관이 없는 차량 일부분(예를 들어 차체)의 효과를 확인할 수 없다. 연료 경제성 평가는 차량이 적절한 상황에서 작동하지 않을 때, 예를 들어 가다 서다를 반복하는 운전 상태에서의 측정을 포함한다. 마지막으로 차량의 잠재적 구매자는 차량 작동 비용에 대한 연료 경제성의 효과에 대해 알고자 한다. 구동계의 기술적 효율 측정은 이 점에서 적은 정보만을 구매자에게 제공하는 반면, 연료 경제성 측정은 사람이 연간 일반적으로 얼마나 운전하는지를 알면 예상된 연료에 대한 연간 비용으로 즉시 변환할 수 있도록 한다.

3. *실제 차량 연비 또는 연료의 강도*: 정부 기관에서는 일반적으로 서로 다른 차량 등급(예를 들어 승용차, 경트럭 그리고 대형 차량)에 대한 전반적인 연료 효율(또는 강도라 함)을 이동한 거리당 에너지 소비로 보고한다. 그러므로 연료의 강도는 연비의 정반대이다(L/100 km, 연료 강도 측정은 2단계에서 소개했다). 이러한 기관은 실제 KJ/차량 · km(표준 단위에서는 BTU/차량 · mi)[3]를 측정하기 위한 근거로 선택된 도로에서 차량을 세고 총 이동한 차량 거리를 평가하기 위해 모형 기법을 사용하며, 서로 다른 수송 형태에서 연간 총 수송 연료 판매 할당량을 적용한다.

4. *실제 수송 서비스의 효율 또는 강도*: 수송 시스템의 목적은 차량 자체의 이동에 있는 것이 아니라 승객 혹은 화물의 이동을 포함하기 때문에 차량의 킬로미터당 에너지 사용을 기술적 발전의 척도로 보는 것은 불완전하다. 차량 이동은 수송의 끝을 의미하지만 이동 자체로 끝나는 것은 아니다. 수송 서비스의 양은 수송 강도에 거리의 효과를 구체화하기 위해 승객 · km (pkm) 그리고 tonne · km (tkm, 예를 들어 각각 1 km 거리에 대한 1명 또는 1톤의 화물 이동) 단위로 측정된다. 다시 말해 1 km당 100명의 이동보다 100 km당 100명의 이동에 더 많은 에너지가 필요하고, 수송 인프라에 더 큰 손실이 발생한다. 샘플링과 모델링의 혼합을 통해 차량 · km 통계로 전체 승객 · km 및 tonne · km는 정부가 공표했다. 그러므로 각각 KJ/승객 · km 및 KJ/tonne · km 용어로 수송에너지 강도 측정을 표현하는 것이 가능하다. 이러한 측정은 에너지 소비에서 수송 관행을 변화시키는 효과가 있는데, 예를 들면 차량이 짐을 가득 싣지 않고 다른 모든 요소는 동일하다면 승객 · km 또는 tonne · km 에너지당 측정된 에너지 강도는 증가할 것이다

수송 시스템의 에너지 효율 평가를 위한 서로 다른 측정 방법들을 표 16-1에 요약하였다.

실제 연비(3단계)와 전체 차량을 위한 연구소 차량 연비(2단계) 값의 비교는 일반적으로 예측값과 실제 연비 사이에 차이가 있음을 보여준다. 연구소 연비값은 연비율과 측정된 운전 거리를 기초로 하여 각 차량에서 매년 연료 소비를 예상한다. 전국에 있는 모든 차량의 합은 소비된 연료량에 대한 하나의 가능한 값을 제시해 준다. 실제 연비가 연료 경제의 단위로 전환되면 연구소의 연비 수치에 기초하여 예측한 만큼 큰 값은 아니다. 연구소 실험은 일반적으로 고속주행, 교통 체증, 차량 노후화로 인한 연비 감소, 운전자의 부적절한 유지 · 관리(예를 들어 타이어 공기압을 유지하지 못

---

[3] 간결함을 위해 이 장의 나머지 부분에서는 미터법 단위가 사용된다. 표준 단위와 미터법 단위의 환산은 다음과 같다. 1인승 · mi = 1.6인승 · km, 1톤 · mi = 1.45톤 · km, 1차량 · mi = 1.6차량 · km.

표 16-1 수송에너지 효율 측정 수준

항목	단위		설명
	미터 단위	표준 단위	
구성품의 기술적인 효율	백분율 효율: kJ 입력당 kJ 출력	백분율 효율: BTU 입력당 BTU 출력	구동계 구성품 실험(엔진 트랜스미션, 타이어 등)
시험 차량 연비	L/100 km, km/L	mi/gal	운전 사이클 시험에 기초한 실제 에너지 소비 성능 평가
실제 차량 연비 또는 밀도	kJ/차량 · km	BTU/차량 · mi	실제 에너지 소비와 차량 주행거리 추산에 기초한 실제 에너지 효율
실제 수송 서비스 효율 또는 밀도	승객수송의 경우 kJ/승객 · km, 화물수송의 경우 kJ/tonne · km	승객수송의 경우 BTU/승객 · mi, 화물수송의 경우 BTU/ton · mi	실제 에너지 소비와 승객 또는 화물 이동거리에 기초한 실제 에너지 효율

한 경우) 등 다른 요소들의 부정적인 영향을 완전히 포착하지 못하기 때문에 차이가 발생한다.

16-3 수송 시스템에서 에너지 사용의 현재 평가와 최근 경향

많은 선진국에서 백분율을 기초로 할 때 수송은 가장 빠르게 성장하는 에너지 사용 부문 중 하나이다. 예를 들면 그림 16-2는 1970년을 1로 하여 1970~2017년 사이 미국에서의 상대적인 성장률 변화를 보여준다. 그림에 나타난 것처럼 화물수송은 146%로 가장 높게 성장했고, 최종 사용의 주된

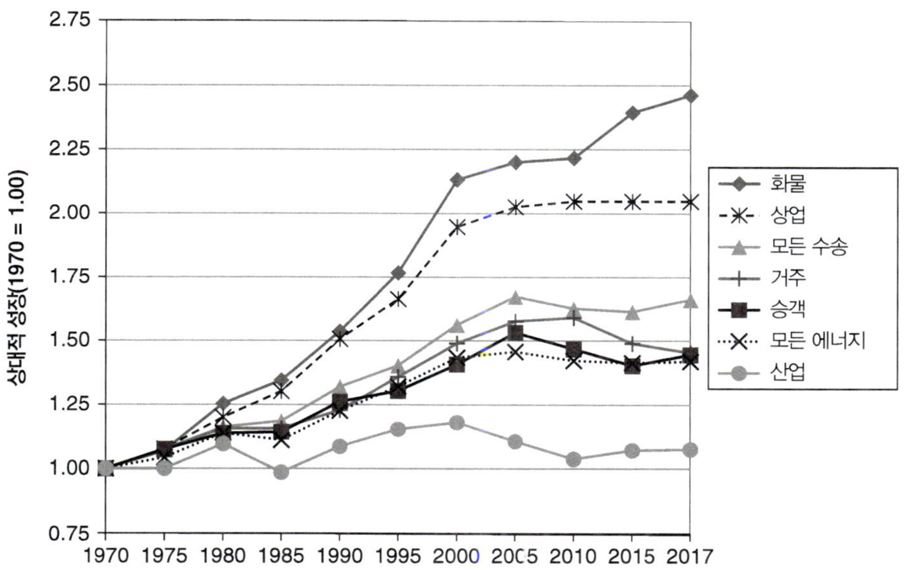

그림 16-2 1970~2017년 사이 미국 에너지 소비의 성장 관계(1970 = 1.00으로 함).

주: 1970년 값—화물수송 = 3.7 EJ, 상업 = 9.3 EJ, 모든 수송 = 17.8 EJ, 승객수송 = 14.1 EJ, 모든 에너지 = 70.2 EJ, 거주 = 14.5 EJ, 산업 = 31.0 EJ. *변환*: 1 quad = 1.055 EJ. (*출처*: 미국 에너지국의 2003년 데이터를 기반으로 자체 계산.)

네 가지(수송, 상업, 거주, 그리고 산업) 중 수송은 66%의 성장을 보인 상업적 수송 다음이다. 비교하자면 전체 에너지 사용(그림 16-2에서 "모든 에너지")은 42% 성장했다.

미국 에너지 소비 자료는 최근 수송에너지 사용이 비교적 급속하게 증가하고 있음을 보여준다(그림에서의 값은 2008~2009년의 심각한 경제 불황으로 인해 2005~2010년 사이에 하락했다가 경제가 회복되면서 상승했다). 이러한 현상은 토지 의존적인 차량 이용 증가를 포함하여 다양한 원인에 기인한다. 경제적인 부분에서 노동 생활은 빠르게 변하고 있으며, 주중에 일을 위해 먼 거리를 이동하는 사람, 거대 자산가 또는 시민들로 하여금 더 많은 이동 서비스 구매를 유도한다. 이런 상황은 다른 요소들과 대조적일 수 있다. 산업적인 부문에서 제조업자는 비용을 절감하기 위해 에너지 효율을 향상시키고 미국 밖에서의 제조 활동을 유도하며, 이러한 이유로 미국의 에너지 소비는 감소했다. 주택 부문에서 높은 에너지 비용이 요구되는 건물을 더 효율적인 건물, 더 효과적인 단열을 가진 건물, 더 현대적인 건물로 바꾸도록 장려했다.

그림 16-2에서 보여주듯이 많은 선진국에서 다른 부문(예를 들어 화물이나 상업적인 활동)의 서비스 활동이 산업 부문을 앞지른 경향을 보이며 이러한 형태는 중요한 의미를 가진다. 하지만 에너지 소비의 총량이나 운송수단의 에너지 효율성 부문에서 국가 간 커다란 차이가 있다. 예를 들어 그림 16-3과 16-4는 영국과 미국의 총 에너지 소비가 각각 다른 것을 보여주고 있다. 그림에서 백분율은 화물에너지 소비와 승객의 조합으로 계산된다. 양쪽 사례에서 도로 형태의 백분율 할당량이 영국보다 미국에서 다소 높기는 하지만, 도로와 항공 형태는 가장 큰 에너지 소비를 나타내고 있다(영국의 송유관 에너지 소비 자료가 입수되지 않았지만, 영국의 규모가 작으므로 자료를 포함하더라도 이러한 경향은 바뀌지 않을 것으로 생각한다). 또한 미국의 운송수단에 대한 1인당 에너지 소비는 영국의 2배가 넘는다(미국은 1인당 약 85 GJ, 영국은 1인당 약 37 GJ). 이러한 차이는 부분적으로 인구 통제를 넘어선 요인들로 설명되는데, 예들 들어 미국의 넓은 지리적 범위, 부분적인 토지 이용의 중 · 단기적 형태, 운송수단의 크기 등이다.

그림 16-5는 미국 수송에너지 소비량 변화에 주목하여, 승용차와 혼합 트럭(일명 *연결식 트럭*, 즉 트랙터 및 하나 이상의 이동식 트레일러로 구성된 대형 트럭)의 2005년과 2016년 사이의 연비

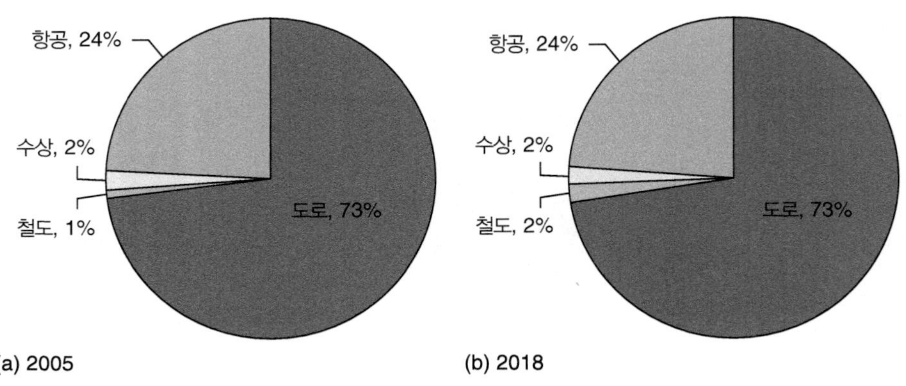

그림 16-3 2005년과 2018년 영국의 수송에너지 소비 성분 분포(2005년 총 2.49 EJ, 2018년 총 2.43 EJ).

주: 총 수송 부문에 의한 전력에너지의 0.03 EJ은 포함되지 않았다. 송유관의 에너지 소비량은 데이터 유용성이 부족하여 포함되지 않았다. (*출처*: 영국 교통부.)

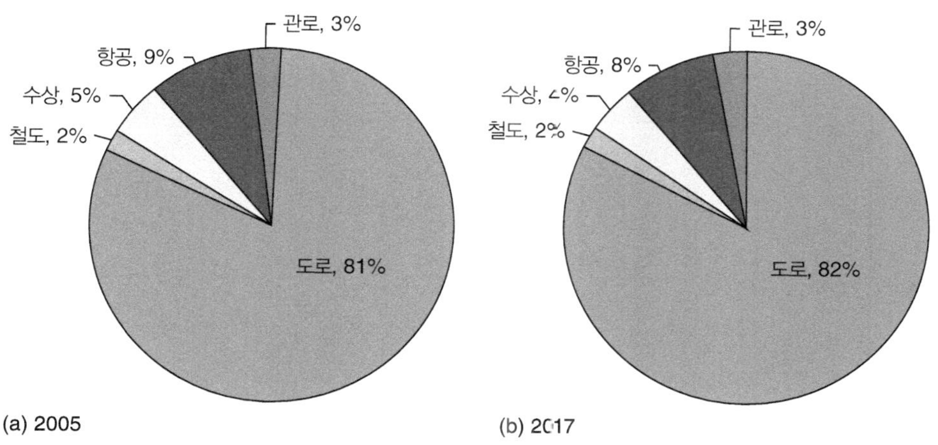

그림 16-4 2005년과 2017년 미국의 수송에너지 소비 성분 분포(2005년 총 28.8 EJ, 2017년 총 27.6 EJ). (*출처*: 미국 에너지국.)

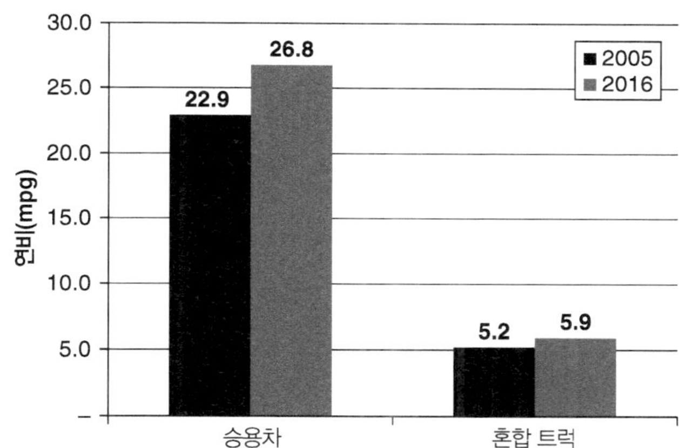

그림 16-5 2005년과 2016년 미국의 승용차와 혼합 트럭에 대한 연비 비교. (*출처*: 미국 에너지국.)

변화를 보여준다. 두 경우 모두 연비가 향상되어 그림 16-4에서 총 에너지 소비량과 1인당 에너지 소비량 모두 감소하는 데 기여했다. 승용차의 개선율은 17%와 13%로 혼합 트럭보다 약간 더 컸다. 이러한 개선은 개선된 기술 및 운영 관행뿐만 아니라 새 차량을 구입할 때 소비자가 보다 효율적인 자동차를 선택함으로써 비롯되었다.

16-3-1 승객 수송에너지 동향과 현재 상태

대부분의 산업국가에서 승객 수송에너지의 대부분을 차지하는 것은 도로의 경량 차량(승용차와 경트럭)이다(그림 16-6). 2016년에 미국의 승객 수송에너지 17.4 EJ 중 85%가 경량 차량에 소비되었다. 나머지 대부분은 항공 여행 부문에서 소비되었다. 나머지 산업국가에서도 경량 차량이 대부분의 경우 가장 많은 에너지를 소비하지만, 철도와 항공기 사용량에 따라 어떤 경우 항공기가 아닌 철도가 두 번째로 많은 사용을 나타낸다. 하지만 신흥국의 승객 수송에너지 소비에 대한 자료는 일반

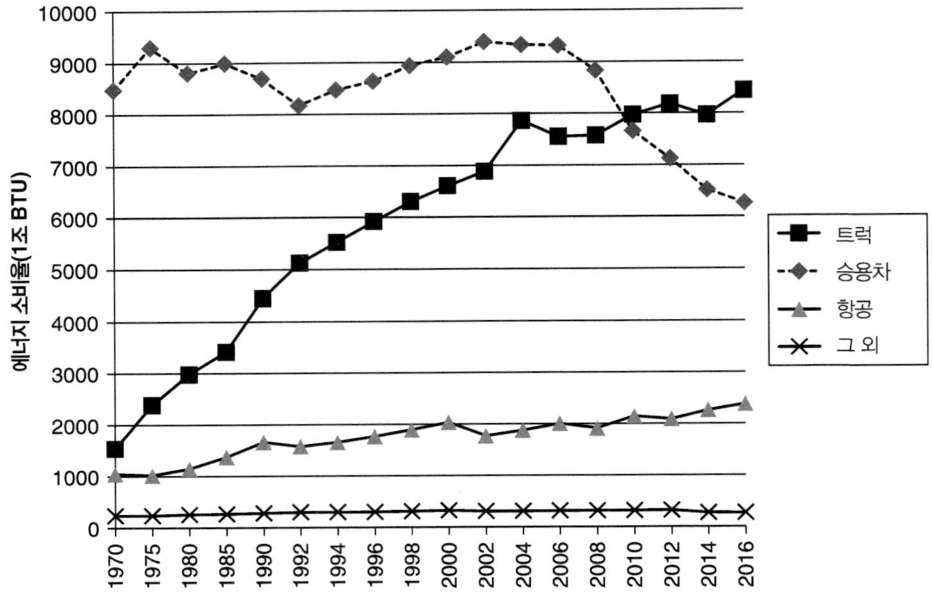

그림 16-6 항목별 1970~2016년 미국 승객 수송에너지 소비율. (*출처*: 미국 에너지국.)

적으로 유효하지 않다. 특히 경량 차량의 개인 소유 비율이 낮은 일부 국가의 경우 버스와 여객열차가 가장 많은 에너지를 소비할 것이다. 개인 차량이 부족한 상태에서 이러한 운송수단이 도시 및 장거리 여행을 위한 중요한 방법이기 때문이다.

승객 형태의 수송에너지 강도는 KJ/승객 · km이며, 차량의 고유한 기술 효율과 제공된 서비스 부하 요소(예를 들어 좌석 충원 비율)에 의존한다. 그림 16-7은 미국 도시 간 세 가지 운송수단(버스, 항공, 철도)의 에너지 강도를 보여준다. 비록 부하 요소가 높은 경우 철도 모델은 일반적으로 매우 효율적이지만, 미국 철도는 도시 간 운행에서 점유율이 낮으며 항공 여행보다 낮은 승객 · km

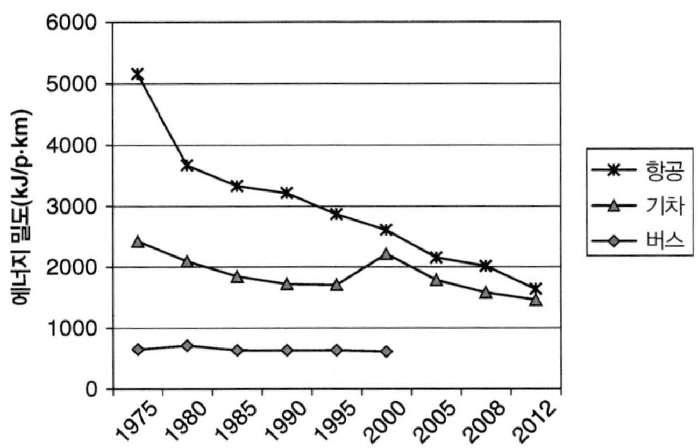

그림 16-7 1975~2012년 도시 간 승객 수송에너지 강도(kJ/승객 · km).

주: 2000년 이후 버스 에너지 강도에 대한 자료는 이용할 수 없었다. (*출처*: 미국 에너지국.)

당 에너지 강도를 갖는다. 이와 대조적으로 버스 모델은 다른 두 가지 형태(항공, 철도)보다 효율적이다. 항공기 모델은 개선된 항공기 엔진 기술 및 최대 비행 좌석 점유율을 극대화하기 위한 *생산량 관리*를 통해 이 기간 동안 에너지 강도를 68%까지 감소시켰다. 세 가지 형태에서는 2012년에 단지 항공만이 전체 승객 · km의 주요한 비율을 차지했는데, 버스와 철도가 각각 2% 미만을 차지한 데 반해 항공은 12% 정도를 차지했다. 경량 차량의 승객에 대한 자료에서 에너지 강도는 시외와 시내로 나뉘고, 지리적 범주에서 시외 차량 이동은 그림에 나타낼 수 없으므로 알 수 없다. 그러나 비교를 위해 2012년 도시와 시외 차량과 경트럭 강도값을 결합하면 각각 2,105 kJ/승객 · km와 2,348 kJ/승객 · km이다.

자료 이용이 가능한 미국의 두 가지 수송 형태인 항공과 철도 좌석 이용률 추세를 그림 16-8에 나타내었다. 상업용 항공기 좌석 이용률은 1970~2012년 사이 좌석 점유율 평균으로 주어졌다. 그러나 철도에 대한 자료는 직접 이용할 수 없어 각 기차에 대해 차량(traincar) · km당 승객 · km를 측정하여 사용했다. 차량당 이동거리 · km나 전체 기차가 이동한 거리에 기반을 둔 자료도 사용 가능하지만, 차량 · km가 이 계산의 단위로 사용된 것은 제공된 용량을 더 정확하게 반영하기 때문이다. 부하 요소의 두 가지 다른 측정 방법이 두 수송 형태에 대해 사용되었기 때문에 1970 = 1의 가치에 맞춘 상대적인 값으로 나타냈다. 그림은 더 많은 변동에도 불구하고 항공의 부하 요소들이 대략 1970년에 50%에서 2012년에 82%로 꾸준히 증가하고 있으며, 그에 반해 철도에서 같은 기간 동안 차량 · km 이동당 승객 · km의 수는 80%(14.2에서 21.3으로) 증가했음을 보여준다. 차량의 평균 크기는 시간이 흐르면서 변할 수 있기 때문에(하지만 이 비교는 충분하다고 생각됨), 철도 형태에서 승객 · km/차량 · km 사용이 아주 정확한 것은 아님에 주의해야 한다.

미국은 선진국 중 흔치 않게 버스와 철도의 승객 · km와 승객의 에너지 소비 비율이 낮은 국가이다. 대부분의 다른 선진국은 두 수송 형태의 비율이 높으며, 또한 높은 좌석 이용률 때문에 기차에서의 에너지 강도가 낮다.

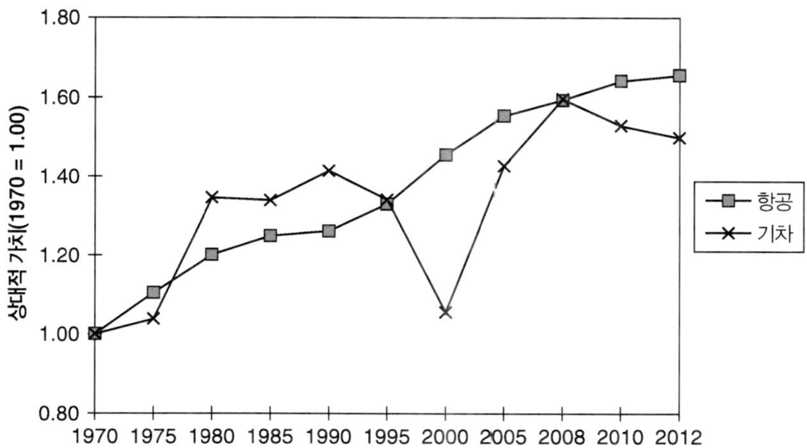

그림 16-8 1970~2012년 미국 상업적 항공과 여객철도 형태에서 이용 가능한 수용력의 사용량 관계(1970 = 1.00으로 함).

주: 항공의 경우 1970년 좌석 점유율은 49.7%였다. 기차의 경우 각각의 차량(traincar) · km의 이동은 14.2승객 · km의 수송 서비스를 제공한다. (*출처*: 미국 에너지국.)

미국의 승용차와 경트럭 에너지 소비의 디비지아 분석: 사례연구

미국의 승객수송 형태 가운데 경량 차량이 현재 운송수단 에너지 사용의 가장 주요한 사용 주체이며, 지난 몇십 년간 운송수단에서 에너지 소비의 급속한 증가를 이끌고 있다. 1970년 경량 차량은 총 9.7 EJ의 에너지를 소비했고, 2016년 이 값은 17.4 EJ로 증가했다(79% 증가).

디비지아(Divisia) 분석(부록 H 참조)은 경량 차량, 즉 승용차와 경트럭 두 가지 주요 종류의 상대적 역할을 고려하여 이러한 변화에 기여하는 요소들에 대한 통찰력을 제공한다. 미국에서 승용차와 경트럭이 최근 10년간 에너지 강도를 감소시켰을지도 모르지만, 승용차의 경우 증가하는 차량 · km를 유지하여 에너지 강도를 향상시킨 반면, 경트럭의 경우는 그렇지 않다. 표 16-2에 나타낸 것처럼 승용차의 연료 소비는 2,570억 리터에서 2005년 2,930억 리터로 소폭 증가한 뒤 2012년 2,190억 리터로 감소했다. 그에 반해 경트럭의 경우 대략 470억에서 2,510억 리터로 5배 증가했다. 미국 운전자 구매 습관의 중요한 변화가 이러한 추세를 이끌었다. 즉, 미국인들은 소수의 승객을 태우는 차와 짐칸 덮개가 없는 경트럭, 미니밴, SUV를 구매하기 때문에 경트럭에 의해 이동된 차량 · km의 수가 7인 이상의 차보다 증가했고, 반면 승용차의 차량 · km의 증가는 2인승의 증가보다 적었다.

디비지아 분석을 수행하기 위해, 우리는 기준 연도인 1970년도에 경트럭과 승용차 연합의 km, 연료 소비, 연료 경제에 대해 알아야 한다. 이것들은 표 16-3에 주어진 것처럼, 각각의 상대적인 가치를 부여함으로써 얻어질 수 있으며 비교를 위해서 2012년의 가치 또한 이 표에 포함되어 있다. 표에서 볼 수 있듯이 전반적인 연료 경제는 5.5 km/L에서 9.1 km/L로 증가한다. 활동도(승용차 이동의 킬로미터)의 증가에 기반하여, 추가 비용 없는 연비 경제의 연료 소비 추세는 7,930억 리터가 된다.

표 16-2 1970~2012년 사이 미국 승용차와 경트럭의 연비, 이동량 및 연료 소비량

연도	승용차			경트럭		
	10억 km	10억 L	km/L	10억 km	10억 L	km/L
1970	1,467	257	5.7	197	47	4.2
1975	1,654	280	5.9	322	75	4.3
1980	1,779	265	6.7	466	90	5.2
1985	1,995	271	7.4	626	104	6.0
1990	2,253	263	8.6	920	135	6.8
1995	2,301	258	8.9	1,264	173	7.3
2000	2,560	277	9.3	1,477	200	7.4
2005	2,733	293	9.3	1,666	223	7.5
2010	2,394	235	10.2	1,843	245	7.5
2012	2,302	219	10.5	1,962	251	7.8

표 16-3 1970~2012년 사이 미국 전체 경량 차량의 이동량 및 연료 소비량

연도	10억 km	10억 L	km/L
1970	1664	304	5.5
2012	4264	470	9.1

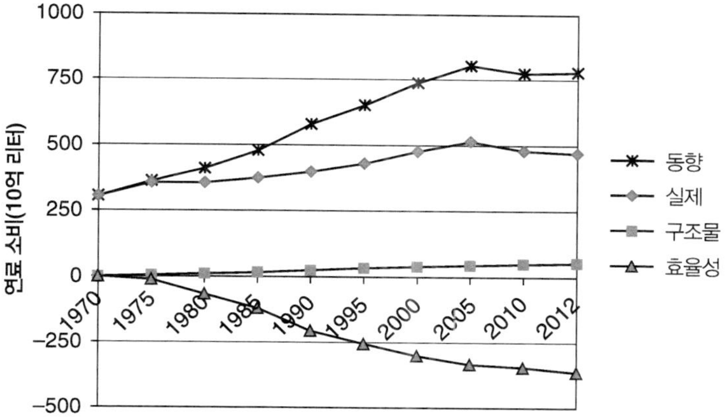

그림 16-9 1970~2012년 미국 경량 차량의 연료 소비(10억 리터) 디비지아 분석.

$$\frac{4.264\times10^{12}\ \text{km}}{5.5\ \text{km/L}} = 7.79\times10^{11}\ \text{L}$$

디비지아 분석은 전반적인 효율성 변화(결합한 에너지 강도)와 구조적 변화(두 차량 형태의 상대적 비율)의 효과를 계산함으로써 마무리될 수 있다. 그 결과를 그림 16-9에 나타내었다. 변화의 두 형태 중 효율 변화가 조금 더 강한 영향을 가지므로 2012년 변화값은 –3,630억 리터였다. 1970~2012년 사이 총 12~46%의 경트럭에 대한 차량 · km 성장 비율은 2008년의 540억 리터와 동등한 연료 소비 상승 효과를 가진다. 그림에서 두 가지 효과는 연료 소비의 실제 변화와 추세 간의 차이에 대해 설명하며 식은 다음과 같다.

$$E_{\text{actual}} = E_{\text{trended}} + \Delta E_{\text{efficiency}} + \Delta E_{\text{structure}}$$

$$470 = 779 - 363 + 54 \qquad [10^9\ \text{L fuel}]$$

디비지아 분석 결과에서 주목할 점은 1970~2012년간의 활동과 에너지 소비에서의 실질적 상승을 설명할 수 없으며, 차량 · km의 상승 때문인 연료 소비에 대한 상승 압박이 효율성에서의 증가를 통해 어느 정도 상쇄될 수 있었는지는 보여주지 않는다는 사실이다. 추측할 수 있는 하나는 이 기간에 차량 · km가 156% 증가했기 때문에 어떤 경우에도 절대적인 연료 소비 상승을 막기 어려웠으리라는 것이다. 평균 연료 경제의 속도를 유지하려면 14.0 km/L 수치로 향상이 필요했을 것이다. 분석 결과는 2012년 연료 소비 경향에 대한 예상과는 반대로 효율성 향상이 대부분의 향상 원인이라고 말해준다. 비록 자동차 회사의 더 많은 경트럭 판매 구조로의 변화가 경차 시장에 깊은 영향을 미쳤지만, 그들은 추구하고자 하는 가치와 연관된 연료 소비를 아주 완만하게 증가시켰다.

16-3-2 화물 수송에너지 추세와 현황

앞에서 설명한 것처럼 화물 수송에너지 소비는 세계 경제가 더욱 국제화되고 많은 나라들의 국내 분배체계 변화 때문에 전 세계적으로 빠르게 성장하고 있다(세계화 기간인 1970~2000년의 화물에너지 동향에 대한 추가 논의는 Vanek and Morlok, 2000을 참고). 미국을 예로 들면 그림 16-2에 나타낸 것처럼 화물 부문의 에너지 소비는 1970~2000년에 두 배 이상 증가했으며, 그 이후에는 더 천천히 증가하여 2017년에 9.4 EJ로 정점에 도달했다. 비록 후자의 절대값은 다른 부문보다 작지만 9.4 EJ은 절대적으로 큰 에너지양이고, 해당 연도 사우디아라비아의 모든 부문에서 사용된 에너지(9.3 EJ)보다 약간 더 많다. 더욱이 거의 전적으로 석유가 나왔다는 것과 소비 비율의 빠른 증가 추세는 우려되고 있다.

화물수송 부문에서 기술 향상은 일반적으로 에너지 절약을 위해 진행되고 있으며, 증가하는 수요와 운영상의 선택(예를 들어 어떤 방식으로, 얼마나 빨리, 어떤 크기로 수송할지와 같은)은 일반적인 에너지 소비에 대한 압력을 증가시키고 있다. 반면 화물수송 수단은 엔진 효율성 향상과 가벼운 재료 사용, 공기역학적 개선, 그리고 다른 발전으로부터 혜택을 받았다. 다른 한편으로는 많은 상품의 배송이 서비스 향상에 대한 기대를 증가시키고 있다. 장기운송 형태의 변화는 더욱 빠르고 에너지 집중적 형태, 즉 트럭과 항공운송 같은 형태로 나타나는데, 특히 가치가 높은 완제품에 대해서는 더욱 그러하다. 철도와 해상 형태는 많은 양의 동력 자원 제품(석탄, 석유 제품)이나 대규모 농산물(곡물, 사료)과 같은 대량 구매 상품들을 지속적으로 수송한다. 그러나 이 기간에 철도에서 고가치 완제품의 총 tonne · km 시장 비율 손실은 매우 중요하다. 예를 들어 1977년에 철도는 통조림, 생필품, 다른 형태로 준비된 부가가치 음식들을 포함한 모든 음식 생산물 tonne · km의 45%를 운송했다(곡물과 가공되지 않은 농업 생산물은 농작물로 분류되므로 포함되지 않았다). 1997년에는 철도에서의 음식 생산물 tonne · km 비율이 23%로 떨어졌다. 이런 형태의 운송 변화는 여러 유럽 국가와 일본에서도 나타났다.

미국에서의 화물 수송에너지 소비 증가는 도로 모드에 의한 것이며, 1970년 1.5 EJ에서 2002년 5.8 EJ로 증가했다. 2002년과 2016년 사이에 5.7 EJ에서 6.0 EJ로 증가한 것은 정체 상태에서 변동했다(그림 16-10). 에너지 효율의 점진적 증가와 연계된 총 화물 tonne · km의 완만한 증가 때문에 해상, 철도, 송유관을 포함한 다른 형태의 운송수단은 거의 일정하다. 비록 1995~2008년 사이 소비 상승이 있었지만, 항공 형태의 경우 에너지 강도의 빠른 감소가 이 시기까지의 항공 형태

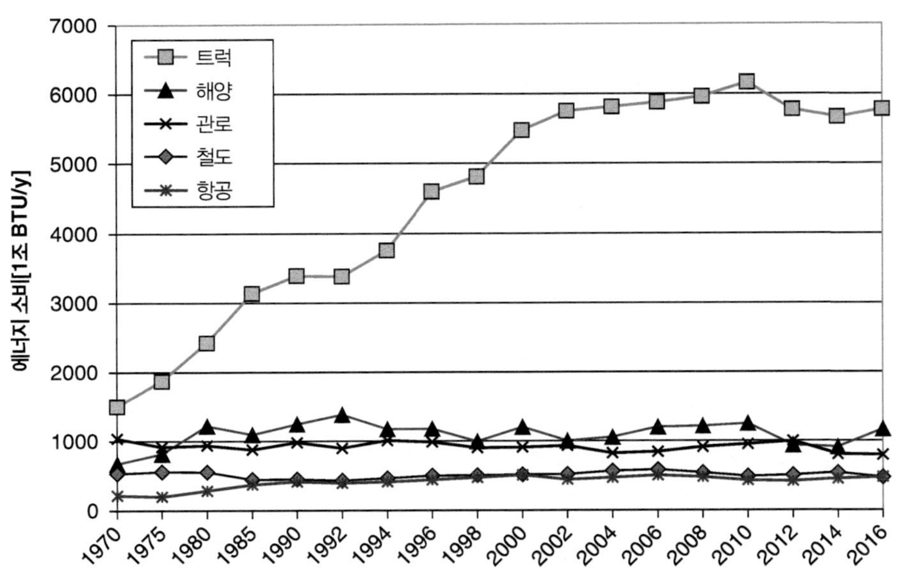

그림 16-10 1970~2016년 형태에 따른 미국의 화물에너지 소비.

수요의 빠른 성장을 상쇄했다. 해상 및 항공 화물의 시간에 따른 시계열 데이터는 그림 16-10에 나타냈으며, 다음과 같은 제한 사항이 적용된다. 미국 에너지부의 전체 해양에너지 소비 시계열은 여객 운송으로 간주되는 레저용 보트의 에너지를 차감하여 감소했다. 나머지 해양에너지 소비량에는 여객선이나 자동차 운반용 선박 등의 여객운송에 사용되는 소량의 에너지가 포함되어 있으나 시계열 데이터가 없어 이 값을 삭제할 수 없었다. 해양에너지 소비에는 미국을 오가는 국제 해상 화물 운송에 사용되는 에너지의 일부도 포함되었지만 기본 자료로부터 국내 에너지 사용과 국제 에너지 사용을 구별하는 것은 불가능하다. 항공 화물에너지 계열은 USDOE의 승객 및 화물 항공 에너지 결합 수치를 채택하고 다른 자료를 사용하여 승객과 화물 간의 분류를 각각 80%와 20%로 추정했으며, 이는 항공 화물값에 도달하기 위해 각 연도에 적용했다.

현재 트럭 모드는 평균적으로 해상이나 철도 모드보다 훨씬 더 에너지 집약적이다. 2012년 이러한 세 가지 형태의 평균 에너지 강도값은 각각 4,398, 210 및 294 BTU/ton · mile이었다. 해상과 철도 형태 같은 대규모 제품 이송이 에너지 효율에 충격을 준다는 사실에 주목해야 한다. 그것들은 빽빽하게 포장되며 천천히 움직이기 때문에 고가치 제품과 시간에 민감한 제품들에 적합하지 않으며, 더 높은 효율값을 달성하려는 경향이 있다. 아직 트럭보다는 철도로 고가치 상품을 이동하는 것이 효율적이지만, 단독으로 전체 평균 모달 에너지 강도에 기반한 대략 10 : 1 장점을 가지므로 효율성 이득값은 크지 않다.

화물 이동의 효율성에서 제품 또는 상품 종류의 영향은 제품 또는 상품(석탄, 음식 제품, 종이 제품 등)의 다른 종류에서 전체 에너지를 나누기 위한 화물에너지 소비를 이해함으로써 다른 접근 방식을 가질 수 있다. 상품 기반 접근 방식은 화물의 에너지 요구 강도, 문제의 제품에 대한 시간에 따른 추세, 그리고 총 화물에너지에 다른 화물수송 형태의 기여를 포함하여 생성하는 다른 상품의 역할에 집중되어 있다. 이 정보는 화물에너지 효율의 개선된 목표를 수행하는 데 이용될 수 있다(16-4-1절 및 16-4-2절 참조). 예를 들어 전체 화물 수송에너지 수지의 큰 부분, 또는 상품의 이동 무게나 가치와 관련된 에너지 강도, 또는 그것의 급격한 소비 증가를 사용하여 경제 부문에서 에너지 소비가 향상하는 것에 대한 특별한 관심이 있다.

화물 시장 규모에 대한 톤-마일의 영향은 그림 16-11에서 볼 수 있다. 화물을 톤-마일 단위로 분류할 때 전자제품이나 의약품 같은 고부가가치 제품은 물리적 부피가 작아서 적은 부분만을 차지

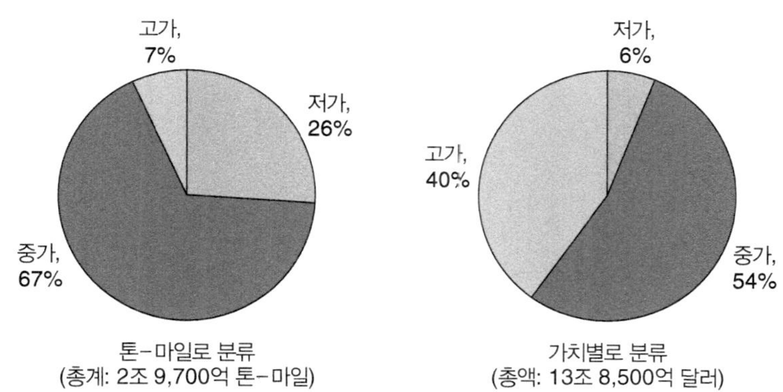

그림 16-11 2012년 미국 시장의 저가, 중가, 고가 화물을 분류하기 위한 대안적 접근 방식: 톤-마일 및 제품 가치 기준. (*출처*: 미국 상무부, 2012년 미국 상품 흐름 조사.)

한다. 그러나 이동된 제품의 달러 가치로 분류하면 이러한 제품은 화물 시장에서 훨씬 더 많은 부분을 차지하는 반면, 대량의 톤-마일을 생성하는 광석이나 곡물과 같은 대량 상품은 훨씬 더 적다.

그림 16-12(a)와 (b)는 미국과 영국의 도시 간 화물 수송에너지 이용의 편의 기반 분석 결과 비교를 보여주고 있다. 영국[그림 16-12(a)]의 경우 13개의 상품 그룹에 잡다한 출하량 범주(miscellaneous shipments category: Misc 제품)를 더한 것이다. 자료는 상품에 의한 영국 철도와 해상 형태의 세분화를 보여주지는 않는다. 따라서 이러한 모드의 기여는 상품을 분해한 가치에 포함되지

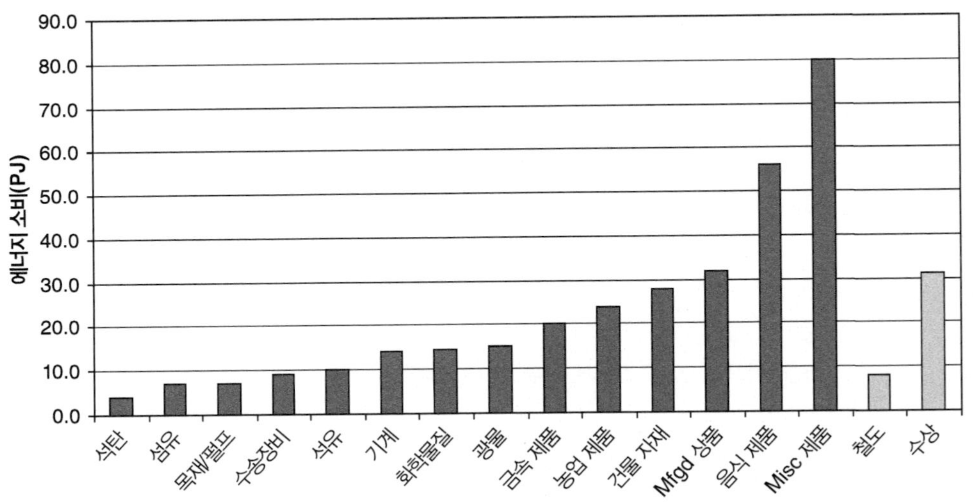

(a) 영국

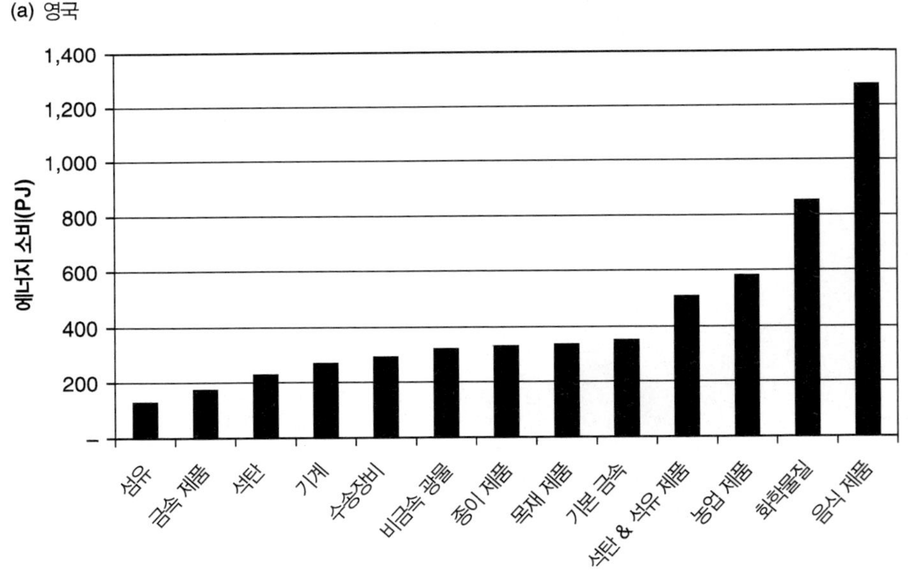

(b) 미국

그림 16-12 1995년 영국(a)과 2012년 미국(b)의 상품에 의해 세분화된 화물에너지 소비(총 에너지는 영국의 경우 0.36 EJ, 미국의 경우 5.3 EJ).

참조: 각 나라의 모든 화물에너지 소비량은 이 그림에 나타나 있지 않다. 책의 내용을 참고하라.

표 16-4 1993년 대표적인 미국 상품 분야 10개에 대한 생산 · 수송 단계의 에너지 소비값 비교

상품	결합 상품	점유율	
	PJ	생산	수송
금속 가공 제품	405	80%	20%
수송장비	458	74%	26%
펄프/종이	2,831	93%	7%
주 금속 제품	2,775	94%	6%
석유/석탄 제품	2,547	91%	9%
가구/목재 제품	784	61%	39%
화학물질	2,232	88%	12%
음식 관련 제품	1,618	62%	38%
섬유 공장 제품	326	89%	11%
의류와 섬유 제품	78	59%	41%

출처: 생산에너지 소비의 경우 미국 에너지국, 화물에너지 소비의 경우 자체 계산.

않고, 대신 빗금 막대가 오른쪽에 별도로 표시된다. 나머지 값은 단순히 도로 에너지 소비이다. 미국[그림 16-12(b)]의 경우 14개 상품별 그룹이 에너지 소비를 위한 여러 형태(예를 들어 도로, 철도 및 수상)를 포함하여 세분화된다. 두 그림[그림 16-12(a)와 (b)]에서 송유관 에너지 소비, 도시에서의 화물 이동 에너지 사용 및 국제 항공화물에서의 에너지 소비량은 제외되었다.[4]

두 그림의 공통점은 두 국가에서는 식료품 배송이 다른 상품에 비해 큰 에너지 소비 주체라는 것이다. 영국의 농산물 또는 미국의 농산물 그룹은 수송에너지 소비의 상당 부분을 차지한다. 따라서 전체 화물에너지의 일부로 농장 작물로부터 최종 소비자에게 전달되는 식품의 전체 배달을 위한 총 에너지 비율이 커지는데, 두 그림과 같이 전체 에너지 소비의 24%와 22%를 차지한다. 이러한 관찰은 식품 배송이 가능한 한 에너지 효율적으로 진행되도록 식품 산업에 작용한다.

수명주기 에너지 사용 제품 유형에 따른 화물에너지 소비량 적용

이 방법은 제품의 에너지 소비량을 사용하여 에너지 수명주기 맥락에서 화물을 살펴보는 것도 가능하게 한다. 표 16-4는 선택된 상품 그룹의 총 에너지 소비량을 위한 부분적인 수명주기 분석을 제공한다(추출, 최종 사용 및 폐기 단계에서의 에너지 데이터를 사용할 수 없었기 때문에 분석은 부분적이다). 비교 가능한 숫자가 있는 10개 상품 그룹의 경우, 미국 에너지부가 추정한 대로 1993년의 다양한 상품 가치에 대한 화물에너지 소비량을 해당 제품 부문의 생산에너지 소비량에 추가하여 표시된 총 에너지 소비량을 제공한다. 백분율값은 각 단계에서 발생하는 결합된 값의 백분율이다.

제시한 것처럼 식품, 목재, 의류 부문은 화물에너지 요구사항에 대한 관심이 이 분야에서 수명주기 에너지 효율의 중요한 부문임을 시사하고, 수송에서 비교적 높은 비율을 차지하고 있다. 이와는 대조적으로 집약적 제조 공정이 필요한 종이 제품, 화학 제품 및 야금 및 금속 가공에 기반을 둔

4 영국의 상품 분리 데이터는 더 최신 값으로 업데이트할 수 있는 시계열 데이터가 부족하기 때문에 이 장의 다른 데이터 세트만큼 최신 상태가 아니다. 그럼에도 불구하고 그림 16-11의 데이터는 상품 분리 에너지 소비의 개념을 설명하고 부문별 절대값은 시간이 지남에 따라 변할 수 있지만 상대값은 1990년대 이후 변하지 않았기 때문에 제시된 것이다. 예를 들어, 식품과 농업은 여전히 매우 큰 소비자로 남아 있다.

다양한 유형의 제품은 화물수송에서 적은 부분을 차지하고 있다. 이 예에서 수명주기 분석의 처리는 해당 부문 내의 특정 제품 수명주기를 추적하지 않고, 전체 분야에서 제품과 수송에 대한 총 에너지 소비를 다룬다는 점에서 단순화되어 있다. 또한 에너지 소비의 주위 경계가 부정확하다. 예를 들어 의복에서의 직물과 같이 일부 제품은 다른 제품의 구성 요소가 되며, 부문에 있는 많은 특정 제품들의 생산 및 수송 단계에서의 에너지 소비량의 일부는 미국 국경 밖에서 일어난다. 따라서 표 작성의 기초로 사용되는 자료는 외부에서 발생한다. 더 완벽한 수명주기 분석은 미국 국경 내의 에너지 소비량에 한정되는 것이 아니라, 지리적 범위와 완성된 제품의 원료에서 제품의 전체 수명 관찰의 일부로 특정 제품에 대한 화물수송의 에너지 소비를 검토하는 것이다.

결론적으로 화물 형태로 화물 차량에 의해 움직이는 제품의 역할은 화물수송의 현재 상태와 성장 추세를 이해하고자 하는 데 있어 중요한 요소이다. 에너지 소비 경향을 설명하기 위해 승객수송뿐만 아니라 여행 수요의 승객 · km 양을 파악하고, 이러한 요구에 맞는 차량을 선정하는 것이 유용하다. 에너지 소비의 장기 경향이 상승하고 있기 때문에 에너지 소비량, 이산화탄소 배출량 및 다른 오염물질을 줄이는 전략에 대한 명확한 고려가 있어야 한다. 다음 절에서는 화물과 승객수송 모두에 대해 이러한 문제를 해결하기 위한 몇 가지 특정 방법을 탐구한다.

16-3-3 형태별 이산화탄소 배출계수 예상

승객 및 화물운송 모두의 에너지 추세에 대한 이전 논의와 함께 제공된 운송 서비스 단위당 배출되는 이산화탄소를 승객 마일 또는 톤 마일 단위로 측정하는 것이 중요하다. 미국 에너지 밀도에 대한 데이터가 미국 교통부의 『교통 에너지 데이터 북』(Davis et al., 2014)에 출판되어 있으며, 가솔린, 디젤, 제트 연료 및 전기에 대해 알려진 배출량을 사용하여 배기관 배출(또는 전기 철도 운송의 경우 발전소 배출)에 대한 1차 통과 추정치를 확인할 수 있다.

표 16-5는 예측 결과를 제공한다. 가장 위의 행은 승객 전용이고 가장 아래 행은 화물 전용이다. 세 번째 열은 미국 에너지부가 제공한 승객-마일 또는 톤-마일당 BTU 단위로의 기본 강도를 보여주며, 가장 오른쪽 열은 1,000 승객-마일 또는 톤-마일당 배출된 이산화탄소(파운드)를 나타낸다. 배출량은 소비된 연료 갤런당 이산화탄소의 일반적인 값(부록 E 참조) 또는 전기 형태의 경우 kWh당 0.933 이산화탄소의 전국 평균 비율을 기준으로 한다. 시외 및 통근 철도의 경우 디젤이나 전기 기관차를 이용한 승객-마일의 기록은 알려져 있지 않으므로 각각 50% 비율로 가정한다. 석유를 연료로 정제하는 과정에서 발생하는 이산화탄소 배출량이나 송전 및 배전 시 전선 손실은 무시된다. 항공 화물 및 선로의 경우 톤-마일당 BTU에 대해 추정하지 않으며, "철도 운송"의 경우 각 형태마다 별도의 에너지 집약도가 있기 때문에 중전철과 경전철의 구분이 제공되지 않는다.

표 16-5의 예측 결과에 대한 몇 가지 가정들이 있다. 첫째, 미국 에너지부의 에너지 예측 결과에 포함된 기본 에너지 소비에는 원료가 제공되지 않으므로 석유 기반 연료 또는 전기 에너지 사용은 근사치이다. 다른 지표를 통한 검증으로 이 접근 방식은 거의 합리적임을 알 수 있다. 강도가 3,192 BTU/톤-마일인 승용차는 연비가 갤런당 평균 25마일이며, 이는 차량 마일당 0.784파운드의 배출량과 1.45명의 평균 점유율로 이어진다. 이는 국가 데이터와 일치한다.[5] 다음으로 시외 및 통근 철도의 전기 및 디젤 동력의 50%의 비율은 불확실하며, 기본 배출계수는 전기/디젤의 경우

5 설명: 갤런당 25 mpg 및 19.6파운드 CO_2의 배출률은 마일당 0.784파운드이다. 표에서 배출값은 승객-마일당 0.542파운드이므로 암묵적 점유율은 차량당 0.784/0.542=1.45명의 승객이다.

표 16-5 2012년 에너지 집약도(BTU) 및 배출계수(미국 승객 및 화물 운송수단의 승객-마일 또는 톤-마일당 파운드 CO_2)

형태	단위	BTU/단위	파운드 CO_2/1,000 단위
승용차	psgr-mile	3,192	542
경트럭	psgr-mile	3,561	605
오토바이	psgr-mile	2,475	420
항공	psgr-mile	2,484	422
시내 버스	psgr-mile	4,030	684
시외 버스	psgr-mile	932	158
철도 운송	psgr-mile	2,398	656
통근 철도	psgr-mile	2,838	635
시외 철도	psgr-mile	2,214	495
트럭	psgr-mile	4,398	765
철도 화물	psgr-mile	294	51
해상 화물	psgr-mile	210	37

출처: 미국 에너지부의 에너지 집약도 데이터를 기반으로 한 자체 계산.

주: 시외버스 에너지 집약도는 시계열 자료 수집 중단으로 인해 2000년부터이다. "단위"는 승객-마일 또는 톤-마일을 의미한다.

각각 0.776/0.494 및 0.606/0.385이다. 따라서 실제 비율을 알면 표에 제시된 값이 상당히 변경된다. 미국의 전기발전 설비의 개선으로 인해 kWh당 lb 이산화탄소가 점차 낮아지고 있다. 2019년 전국 평균은 0.746 이산화탄소 파운드로 떨어졌다. 전기 배출량이 더 적은 시외 및 통근 철도에 대한 계산을 반복하고 다른 모든 요소를 일정하게 유지하면 1,000 승객 마일당 각각 557 및 435 이산화탄소 파운드의 수정된 값이 된다. 또한, 캘리포니아나 뉴욕과 같은 주에서는 kWh당 주 수준 배출량을 사용하면 국가 평균 배출량을 더 정확하게 사용할 수 있으며, 이에 따라 승객-마일당 배출계수도 낮아진다(전기 견인을 이용하여 이동하는 소형의 화물은 무시했다). 아마도 가장 중요한 것은 추가 여행에 대한 모달(modal) 선택을 고려하는 경우 한계 배출량보다는 평균 배출량을 사용하는 것이 더 효과적이라는 점이다. 여행을 위해 승용차나 경트럭을 선택하면 추가 차량 이동이 발생하여, 추가적인 배출량이 발생한다. 하지만 표에 있는 대중교통의 형태를 이용하면 여유 용량을 가질 수 있다. 그러므로 여행자들은 이러한 형태를 선택해야 하며, 승용차는 이미 여행에 사용되고 있고 승객 한 명의 무게로 인해 추가되는 배출량은 매우 적다.

16-4 수송에너지에 시스템 접근 방식의 적용

이전 절에서는 승객 및 화물수송에 대한 차량 기술과 그것을 사용하는 방법과 연관된 총 수송에너지 소비 방법에 대해 검토했다. 이 절에서는 수송에너지에 대한 시스템적 접근이 에너지 수요 증가를 억제하는 가능한 해결책으로 이어지는 방법에 대해 검토한다. 해결 방법은 다음과 같다.

1. *모달 시프트*(modal shift): 에너지 소비를 줄이기 위해 가장 효율적인 형태의 모달 점유율을 증가시키면서 수송 서비스에 대한 특정 요구에 부응한다.
2. *수송 서비스 합리화*: 보다 효율적으로 서비스를 제공하기 위해 최적화 또는 다른 계획 도구

를 사용하여 총 차량 · km, 승객 · km 또는 tonne · km를 줄이면서 수송 서비스를 위한 특정 수요에 부응한다.

3. *전력망을 활용한 전기자동차*(EV)*와 플러그인 하이브리드 전기자동차*(PHEV)*의 통합*: 전기자동차나 플러그인 하이브리드 전기자동차를 위한 에너지원으로 전기를 사용함으로써 석유 소비량 및 이산화탄소 배출량을 감소시킴과 동시에 전력망의 기술적 · 경제적 성과를 향상시킨다.

16-4-1 모달 시프트를 보다 효율적인 형태로 전환

보다 효율적인 수송 형태로의 전환 시도는 승객 및 화물수송 모두에 대해 에너지 절감으로 이어질 수 있다. 수송 시스템을 전체적인 관점에서 분석함으로써 자동차와 경트럭 같은 에너지 강도가 가장 큰 형태의 사용을 줄이고, 버스 또는 기차 같은 에너지 효율이 높은 형태를 사용한다. 이 방법은 보다 효율적인 형태가 에너지 절약을 달성하기 위해 적당히 높은 부하계수(예를 들면 백분율 형태로 최대 용량에 대한 부하 비율)를 갖고 있다고 가정한다. 그림 16-7 및 16-8과 같이 미국의 도시간 철도의 경우 낮은 부하 요소가 일반적으로 유리하다고 생각되는 형태로 에너지 효율을 감소시킬 수 있다. 이 절에서는 (1) 도시의 대중교통, (2) 개인 교통의 대안, (3) 복합 화물수송 모달 시프트가 실천할 방법에 대해 설명한다.

도시 대중교통에서 운송수단의 모달 시프트

최근 세계의 많은 도시 지역은 대중교통 시스템의 현대화와 확장을 통해 운송수단 선택에서의 변화를 시도했다. 역사적으로 승용차 소유가 지난 수십 년에 걸쳐 증가함에 따라 많은 나라의 대중교통은 승객 · km의 일부 점유율을 자동차에 빼앗겼다. 따라서 버스, 지하철 및 다른 대중교통 형태의 운송수단은 점유율을 되찾기 위해 노력하고 있다.

이러한 프로그램의 초점은 단순히 에너지 효율을 높이고 환경을 보존하는 것뿐만 아니라 도시의 거주 적합성을 향상시키는 데도 있다. 대중교통 시스템은 혼잡한 도시 간선도로를 차로 여행할 때 흔히 생기는 정차 없이 출발지에서 목적지까지 신속하게 승객을 이동시킬 수 있다. 이상적인 상황에서 대중교통과 자동차 여행의 결합은 혼잡함 제거를 통해 재조정할 수 있다. 여행의 성격에 따라 대중교통 또는 개인 차량을 선택하겠지만, 어떤 경우라도 교통 혼잡이 없어야 여행 시간을 예측할 수 있다. 이러한 재조정을 위해서는 대중교통 시스템이 잘 활용되어야 하며, 이후 전반적으로 에너지 소비가 감소하고 시스템의 에너지/승객 · km 또한 감소한다. 추가 혜택으로 일부 대중교통은 재생에너지를 사용할 수 있으며, 나아가 이산화탄소 배출량을 줄일 수 있다. 몇몇 종류의 대중교통은 교통 인프라에 필요한 공간을 줄일 수 있고, 그렇게 함으로써 더 많은 녹지 공간을 보존할 수 있다. 예를 들어 최대 수용량 조건에서 고속도로 각 방향으로 차선당 운반할 수 있는 것보다 지하철 각 방향으로 트랙당 더 많은 승객을 운반할 수 있다.

다음에 나오는 것처럼 대중교통은 다양한 형태로 비용과 최대 용량에서 각각 구체적인 특성이 있다.

- *중전철*(heavy-rail transit): 지하철과 통근열차를 포함한 중전철 시스템은 평면에서 교차가 적거나 거의 없고 지하나 보행로 위로 운행된다. 지하철 시스템은 뉴욕과 런던, 도쿄와 그 밖의 다른 곳을 예로 들 수 있다.

- *경전철*(light-rail transit: LRT): 이 시스템은 철도 위에서 운행되지만, 일반적으로 중전철에 사용하는 것보다 작은 차량으로 구성된다(그림 16-13 참조). 중심가에서의 차량 흐름을 원활하게 만들기 위해 때때로 터널이나 고가도로를 사용하는 것과 마찬가지로 도로교통에서 분리된 형태와 교통에서 혼합된 가이드웨이(guideway)를 사용한다. 중전철보다 선로의 킬로미터당 건설비용은 저렴하다. 필리핀의 마닐라, 영국의 맨체스터, 미국의 오리건과 포틀랜드 등 세계 각지의 많은 예시가 있다.
- *간선급행버스*(bus rapid transit: BRT): 간선급행버스 시스템은 일반도로에서 분리된 버스 전용도로를 사용한다는 점에서 경전철과 유사하다. 그러나 전철 대신 버스를 사용하는 것은 비용을 절감하며, 국부 가로와 버스정류장 사이의 간선급행버스 노선 확장을 단순화한다(그림 16-14 참조). 그 예로는 브라질의 쿠리치바, 콜롬비아의 보고타, 미국의 클리블랜드와 오하이오 등이 있다.
- *거리 환승*(street transit): 이 시스템에는 전반적으로 도로교통에 운용되고 있는 버스, 전차 선로, 트롤리(즉, 전기 철도 차량, 가선을 사용하여 작동) 및 트롤리 버스(*무선 트롤리*로 알려짐)가 포함된다. 이러한 시스템은 구축 및 유지비용이 가장 저렴하지만, 가장 느린 서비스를 제공하며 혼잡의 영향을 가장 많이 받는다.

언급한 네 가지 유형 중 경전철(LRT)과 간선급행버스(BRT)가 최근에 개발되었고, 중전철과 거리 환승이 가장 오래되었다. 그들이 갑자기 출현한 이유는 그림 16-15와 같이 *가격 대비 서비스 수준*(LOS라고도 함) 그림을 사용하여 설명할 수 있다. 많은 도시에 대한 서비스 제공 측면에서의 두 시스템 사이의 차이를 살펴보면, 승객들에게 자가용과 경쟁하기에 중전철은 매우 비쌌고 거리

그림 16-13 스위스 제네바의 정류장에 정차한 봄바디어 'Flexity' 경전철.

최근 몇 년 동안 경전철 산업은 최대 길이에 대한 제한을 받고 있지만 여전히 필요한 곳의 거리교통을 위해 이용되고 있다. 이러한 발전은 최대 부하 기간 동안의 최대 승객 수용 능력과 자산의 경제적 수용성을 증가시켰다. 그 이후 다수의 승객 기반으로 운전자의 임금이 분배되었고, 다른 것은 모두 동일하다.

그림 16-14 미국 클리블랜드의 간선급행버스.

간성급행버스 시스템의 버스 전용로는 각 방향의 오른쪽 한 차선이 별도로 있는 일반적인 특징을 포함하여 외부 요금 징수 기능이 있는 독특한 정류장 레이아웃과 교차로에서 별도의 교통 신호, 그리고 오른쪽 또는 왼쪽 탑승 및 하차를 위해 버스 양쪽에 문이 있는 특징이 있다.

환승은 너무 느렸다. 경전철과 간선급행버스는 철도 시스템과 비교해 전체 시스템 비용은 감소하지만 도로교통에서 자주 멈춰 섰다가 다시 출발하는 것보다 승객들에게 *빠른 수송*을 제공한다. 1960년대 이후 철도 시스템을 건설할 여유가 없던 100만 이하의 인구를 가진 많은 도시는 경전철 또는 간선급행버스를 만들었다. 그러나 오늘날 세계에서 경전철과 간선급행버스를 동시에 운행하거나 둘 중 하나를 운행하는 도시의 수는 철도 시스템을 가진 도시의 수를 추월했다. 대도시에서 경전철

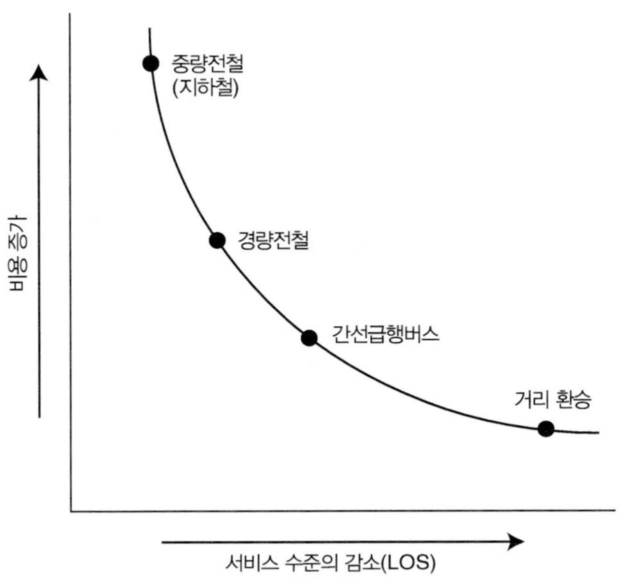

그림 16-15 대중교통 시스템의 서비스 수준 비용 비교.

과 간선급행버스는 도시 주변부 철도 시스템이 충분하지 않다고 판단되는 지역의 틈새시장을 확보할 수 있다.

예제 16-1은 에너지 소비 효율에서의 대중교통 모달 시프트의 잠재적 효과를 설명한다.

예제 16-1

대도시 지역에서 한 해 수송 요구량이 75억 승객 · km 발생하고 연간 성장률은 2%이다. km당 승객의 에너지 강도는 0.5%씩 감소한다. 현재 승용차와 대중교통의 어너지 강도는 2,200 kJ/승객 · km와 1,000 kJ/승객 · km이다. 두 가지 방법에서 승객 · km의 몫은 각각 90%와 10%이다. 선택된 에너지 강도의 그림은 효율적이고 활용도가 높은 대중교통 시스템을 의미하며, 여기서 에너지 강도값은 표 16-5의 상황과는 달리 자동차 여행의 에너지 강도값보다 상당히 낮다. 다른 유형의 교통수단은 무시하라. 10년 동안 5%까지 대중교통에 대한 승객 · km의 몫이 증가하는 종합적인 교통 프로그램을 운영하는 정부 기관을 가정하라. (a) 당해 연도 기준 에너지 소비, (b) 10년 후 기준 에너지 소비, (c) 정책으로 인한 그 해 기준 10년째의 에너지 소비 감소를 각각 계산하라.

풀이

(a) 당해 연도 전체 에너지 소비는 다음과 같이 두 가지 방법에 대한 소비의 합이다.

$$\text{승용차: } (7.5\times10^9\ \text{pkm})(0.9)\left(2{,}200\,\frac{\text{kJ}}{\text{pkm}}\right)\left(10^{-12}\,\frac{\text{PJ}}{\text{kJ}}\right)=14.85\ \text{PJ}$$

$$\text{대중교통: } (7.5\times10^9\ \text{pkm})(0.1)\left(1{,}000\,\frac{\text{kJ}}{\text{pkm}}\right)\left(10^{-12}\,\frac{\text{PJ}}{\text{kJ}}\right)=0.75\ \text{PJ}$$

두 값의 합은 15.6 PJ이다.

(b) 10년간의 승객 · km 성장률은 다음과 같이 계산할 수 있다.

$$(7.5\times10^9\ \text{pkm})(1+0.02)^{10}=9.14\times10^9\ \text{pkm}$$

모달 에너지 강도 또한 변화하며 다음과 같이 다시 계산된다.

$$\text{승용차: } \left(2{,}200\,\frac{\text{kJ}}{\text{pkm}}\right)(1-0.005)^{10}=2{,}092\,\frac{\text{kJ}}{\text{pkm}}$$

$$\text{대중교통: } \left(1{,}000\,\frac{\text{kJ}}{\text{pkm}}\right)(1-0.005)^{10}=951\,\frac{\text{kJ}}{\text{pkm}}$$

증가된 승객 · km에서 (a) 부분 계산을 반복하여 에너지 소비를 다시 계산하면 승용차의 경우 17.22 PJ, 대중교통의 경우 0.87 PJ로 에너지 강도가 감소하며, 전체 시스템에 대해 전체 값은 17.22 + 0.87 = 18.09 PJ이다.

(c) 이 대안은 10년째 해의 모달 분할은 85% 승용차/15% 대중교통으로 추정한다. 그러므로 우리는 새로운 값을 사용하여 (a) 부분을 다시 계산할 수 있다.

$$\text{승용차: } (9.14\times10^9\ \text{pkm})(0.85)\left(2{,}092\,\frac{\text{kJ}}{\text{pkm}}\right)\left(10^{-12}\,\frac{\text{PJ}}{\text{kJ}}\right)=16.26\ \text{PJ}$$

$$\text{대중교통: } (9.14\times10^9\ \text{pkm})(0.15)\left(951\,\frac{\text{kJ}}{\text{pkm}}\right)\left(10^{-12}\,\frac{\text{PJ}}{\text{kJ}}\right)=1.30\ \text{PJ}$$

합산 총량은 17.56 PJ이다. 따라서 에너지 감소량은 18.09 − 17.56 = 0.52 PJ이다.

▶ ***논의*** 이 예제의 결과는 지속적으로 증가한 승객 · km 값에도 불구하고 교통 에너지 소비의 성장률을 억제하는 것이 어렵다는 사실을 보여준다. 10년 동안 대중교통량이 50% 증가했지만, 에너지 소비는 당해 연도보다 10년 후가 더 크다. 그럼에도 불구하고 대중교통은 대중교통 수단의 증가 없이 에너지 사용 증가분인 2.49 PJ의 21%에 해당하는 0.52 PJ의 에너지 사용 측정값을 감소시켰다. 이러한 유형의 분석 한계는 대중교통으로 옮겨간 각각의 승객 · km 단위가 두 가지 수송 형태에서 평균 에너지 강도의 차이에 근거한 에너지 절감을 달성할 것이라고 가정한다는 점이다. 더 정확한 예측을 위해 분석가는 운송수단의 다른 유형에 대한 거주자들의 모달 선택 모델링이 포함된 교통 네트워크를 컴퓨터 모델로 만들 수 있을 것이다. 분석가는 먼저 모델이 현실 세계에서 상당한 정확도로 기본 시스템을 재현하고 있는지 확인하고, 새로운 모달 분할 및 총 에너지 소비를 평가하는 모델에 새로 확장된 대중교통 시스템을 도입할 수 있을 것이다. 이러한 모델링 연습을 통해 더 신뢰할 만한 결과를 제공할 수 있지만 훨씬 더 많은 노력을 필요로 한다.

개인적인 이동차량 선택의 모달 시프트

이전 절에서 모달 시프트는 개인 차량의 대안으로 대중교통 서비스를 제공하기 위해 지방 및 지역 정부의 대폭적인 노력에 의존했다. 하지만 대중교통 수단을 이용하지 않는 개별적인 운전자는 개인적인 성향에 따라 사양을 선택할 수 있다.

그들이 충분히 자금적으로 여유가 있다면 이러한 목적을 달성하는 가장 간단한 방법 중 하나는 목적에 따라서 다른 차량을 이용하는 것이다. 특히 높은 소득을 가진 운전자는 단일 운행 작업 또는 업무가 아닌 운행을 위해서는 작은 차량을 타고, 짐이 많거나 탑승자가 많은 경우에는 밴, SUV 또는 트럭 같은 큰 차량을 소유하는 것이 실용적일 수 있다. 혼자서 운행하는 운전자의 상황은 *단일탑승자 차량*(single-occupant vehicle: SOV)이라고 하고, 반면에 승객의 수가 많은 차량은 *다탑승자 차량*(high-occupant vehicle: HOV)이라고 한다. 다탑승자 차량은 많은 도시 지역에 있는 고속도로에서 전용 HOV 차선에 들어갈 수 있다. 에너지 효율 관점에서 큰 차량이나 경트럭을 혼자서 사용하는 것은 피하는 것이 바람직하다. 예를 들어, 하나의 탑승자와 함께 도시를 운행하는 동안 15 mpg (6.34 km/L 또는 15.8 L/100 km)를 사용하는 SUV가 미국의 평균값보다 훨씬 높은 약 5,000 kJ/승객 · km를 소비한다. 2005년부터 미국 시장에서 휘발유 가격의 상승에 따라 소형 자동차와 경트럭을 모두 가지고 있는 운전자가 점점 자신의 연료비용을 줄이기 위해 단일탑승자 운행에 대하여 소형 자동차를 선택하는 경향이 나타나기 시작했다.

이 외에 고속도로를 사용할 수 있는 경량차(즉, 고속도로 속도 등의 제한 범위에서 운행할 수 있는 차량), 그리고 다른 선택은 운전자가 가장 효율적인 방법으로 요구사항을 만족시키기 위해 적합한 운전사양의 변화를 위하여 적절한 운행 방법을 변경할 수 있도록 한다.

- *한정적 사용 차량*: 도시의 환경에서 제한된 최고 속도와 범위에서 소형 전기차 또는 가솔린 차량은 단거리 여행에 유용하다(15장 참조). 이들 차량 중 일부는 도로 법률에 필요한 신호 및 안전 장비를 갖추고 있다. 다른 상황에서는 도로 법률에 적용되지 않는 차량으로 골프, 쇼핑 및 기타 편의 시설의 지역 내에서 골프 카트를 별도의 도로에서 사용할 수 있다.
- *오토바이, 스쿠터, 기타 동력 이륜 및 삼륜 차량*: 운전자가 혼자 여행하고 지니고 다니는 물건이 많지 않은 경우, 이 차량은 지역 운행에 매우 에너지 효율적인 선택을 제공한다.
- *비동력 모드*: 자전거 또는 도보 여행은 단연 에너지를 사용하지 않으며, 추가적으로 날씨가

적합할 때는 심장혈관 운동을 통해 여행자의 건강을 증진시킨다. 대다수 경우에 차량의 편의 시설은 부족하지 않지만 현재 자전거나 인도가 활발히 사용되기 위한 사회 기반 시설은 아직 부족한 실정이다. 이에 대응하여 많은 도시 지역은 인도, 자전거 전용도로 및 자전거도로, 도로 갓길, 그리고 다용도 산책로를 확대하고 개선하였다. 일부에서는 정부 자금을 지원받기도 한다. 펜실베이니아주 필라델피아 근처의 '체스터크리크 철도길 프로젝트'의 경우 2007년에 환경보호기관의 '체증 완화 및 대기 품질 향상 프로그램(CMAQ)'에 의해 지원받았다.

종류가 다양한 선택이 있는 운전의 변화는 매우 매력적인 것이 분명하지만, 많은 운전자들은 또 다른 차량을 소유하기 위해 추가적인 금액을 사용하는 것과 거주지 주변에 다양한 차량을 모두 보관하기 위한 공간에 대한 실제적인 요구사항을 모두 만족하는 것은 불가능하다. 때때로 다량의 물건 또는 다수의 승객을 운반할 필요가 있고 큰 차를 제외한 차량을 소유할 여유가 없는 사람의 경우 대부분의 운행을 승객 좌석 또는 화물 공간의 체적 측면에서 '과잉설비' 상태로 운행한다. 결국 과잉설비는 이동 중에 추가적인 무게를 운송시키게 되며, 에너지 소비의 증가로 이어진다.

이러한 제한사항을 해결하기 위해, '자동차 공유' 실천은 그림 16-16(a)~(c)에 나타낸 것과 같이, *자동차 공유* 및 *자전거 공유* 모두를 포함하여 유럽과 북아메리카의 많은 도시 지역으로 확대되었다. 자동차 공유의 경우 각각의 개인이 짧은 시간 동안 가까운 거리를 이동하기 위해 차량을 빌릴 수 있는 모임에 가입한다. 사용자들은 도시 지역 주변에 분포한 다양한 위치에서 그들의 집, 직장 또는 접근이 용이한 어떤 위치에서든 사용이 가능하다. 이러한 방식으로 24시간 이상, 장거리를 대상으로 하는 자동차 렌트 산업과 자동차 공유는 다르다. 자동차 공유는 때때로 그들이 자신의 건물에 차량을 소유하고 관리할 필요 없는 차량(예를 들어, 많은 양의 물건 이동을 위한 경트럭 또는 미니밴, 홀로 여행하는 여행자를 위한 소형 자동차)이 필요할 때 자동차의 특정 유형에 회원들이 접근할 수 있도록 되어 있다. 이러한 방법으로 여행의 목적을 위해 적절한 자동차의 크기 매칭은 에너지 소비를 감소시키는 데 도움을 준다. 자동차 공유 모임의 회원들은 그들이 소유한 차가 더욱 공유될 수 있도록 여러 방법으로 참여할 수도 있으며, 자동차 소유권 대신에 참여하는 사람들을 위해 자동차 공유는 교통 방법에 대한 선택을 다양화할 수 있기 때문에 개인에게 권장하고, 이후 그들은 더 이상 차량을 소유하는 '매몰비용'을 가지지 않는다. 또한 자동차 공유는 자동차를 찾기 위해 회원들에게 사용할 수 있는 전용 자동차 주차공간의 장점이 있고 부족한 주차공간을 찾을 필요 없이 같은 위치에서 자동차를 반환한다[그림 16-16(a)].

자동차 공유의 기능과 유사하게, 자전거 공유의 목표는 사용자가 유연한 이동성을 필요로 하는 특정 여행을 위해 자전거를 편리하게 이용할 수 있어 차량 의존성을 감소시키고, 자전거 운전에 대한 매력적인 대안을 제공한다. 그림 16-16(b)에서 파리의 자전거 공유 정거장은 자전거 공유를 위한 상업적 접근 방식을 보여준다. 주민들은 시스템에 가입하기 위해 요금을 지불할 수 있고, 그들이 역에서 자전거를 대여할 때마다 비용이 청구된다. 각 자전거의 전자식 추적으로 한 위치에서 대여하고 편도 여행이 용이하도록 다른 곳에서 반환하는 것이 가능하다. 처음으로 빅시(Bixi) 시스템이 캐나다 몬트리올에서 출시되었고 최근에는 오타와와 토론토에서도 출시되었다. 뿐만 아니라 여행객들은 신용카드를 통해 즉시 자전거 공유에 참여하는 것이 가능하며 개인 차량 없이 도심지를 이동하는 것이 더욱 매력적으로 변화되었다. 파리나 몬트리올의 시스템과 같이 도크(dock)를 기반으로 하는 자전거 공유 시스템은 주요 도시에서 계속 사용되고 있다. 그러나 이제 새로운 세대의 "dockless" 자전거 공유 시스템이 시장에 합류했다. 이 시스템에서는 대여를 관리하기 위한 IT 시

(a)

(b)

(c)

그림 16-16 자동차 공유 시스템의 변화: (a) 예약된 주차 공간을 포함한 이타카 자동차 공유에 의해 제공된 자동차 공유, (b) 파리의 '벨리브' 자전거 공유 시스템의 자동화된 임대시설, (c) LimeBike dockless 공유 자전거.

스템이 자전거 자체에 내장되어 있다. 고객은 스마트폰을 사용하여 자전거를 찾고, 대여하고, 반납하고, 서비스에 대한 요금을 지불한다. 이 기능을 사용하면 자전거 공유 회사의 지리적 범위 내에서 여행을 시작하고 끝낼 수 있으므로 자전거 공유 도크와 같은 고정된 대여 장소가 전혀 필요하지 않다. 도킹형 및 dockless 자전거 공유 시스템 모두의 사업체의 운영비용에는 자전거를 구매하고 유지 관리하는 데 드는 노동력과 자재뿐만 아니라 자전거를 밴이나 트럭으로 운반하여 서비스 지역에서 유통이 원활해질 때 재배치하는 데 필요한 직원 시간도 포함된다.

화물운송의 모달 시프트

*복합운송*의 개념 중 현재 화물운송에서 에너지를 효율적으로 사용하는 형태로 확대하는 것이 가장 중요한 개념이며 또는 부분적으로 다른 먼 거리를 이동하는 방법을 이용하는 동안 높은 가격대 서비스 수준(LOS)과 원래 목적지로 막힘없이 매끄럽게 화물을 운송하는 방법의 개발이다. 각각의 방

법은 상대적인 이득을 가지고 있다. 예를 들어, 화물운송 산업은 장거리에서 에너지 효율뿐만 아니라 비용과 요구노동의 사용을 감소시켰다는 측면에서 철도(그리고 특정 상황에서의 선박)와 같은 형태가 매력적인 장점이 있다고 인식하게 되었다. 동시에, 트럭이 생산지와 목적지에 접근할 수 있는 가장 편리한 접근법을 제공한 이후 오늘날의 대부분 출하수송은 트럭에 의해 이루어진다. 큰 제조공장이나 광산과 같은 지역에서는 철도나 선박 네트워크에 직접 연결할 수도 있다. 그러나 오늘날의 역동적인 경제는 지역 변화를 가속화하였고, 철도 또는 선박 네트워크를 이용하는 것보다 도로를 이용하는 것이 더 효율적이게 되었다. 또한 중소 규모의 시설에서는 사업장과 운송업체 모두 트럭을 통해 가장 가까운 철도 혹은 선박으로 운송하는 것이 선박 혹은 철도가 주위에 있는 건물의 사용을 통해 높은 비용을 부담하는 것보다 훨씬 친숙하고 매력적이다.

화물수송을 차량에서 복합수송으로 전환하기 위한 몇 가지 시스템이 존재하며 이는 다음과 같다.

- *롤-온 롤-오프*(roll-on roll-off): 일체형 트럭 또는 트랙터-트레일러를 철도나 선박에 통째로 싣고 운송하는 방법
- *트럭 트레일러의 선적*: 트레일러를 트럭 트랙터에서 분리하고(또한 '피기백' 철도 서비스라고도 함) 철도차량에 적재된다. 해양 선박 위에 트레일러를 별도로 선적하는 것은 일반적으로 덜 사용되지만 불가능하지는 않다.
- *컨테이너 선적*: 도로를 통해 철도 또는 해상 복합운송 시설(바퀴가 있는 하부몸체로 운송 컨테이너가 도로에 이동할 수 있음)에 도착하면 컨테이너를 제거하고 철도차량 또는 선박에 적재된다. 철도와 해양 사이의 직접 선적/하역도 가능하다. 현대의 복합운송 철도차량은 각 열차의 생산성을 극대화하기 위해 철도차량에 컨테이너를 *이중 적재*할 수 있다.

이러한 다양한 시스템에 기초하여, 다양한 프로그램의 응용이 가능하다. 예를 들어, 이탈리아 살레르노와 스페인 발렌시아, 유럽연합은 프랑스를 통하는 지중해 바다의 경계를 따라 트럭운송을 방지하는 것을 목표로 롤-온 롤-오프 서비스의 개발을 지원하고 있다. 고속도로가 육로를 따라 존재하지만 인구 밀집지역을 통과하므로, 트럭운송 일부를 바다를 통해 운송하는 것이 바람직하다. 스위스와 같은 다른 유럽 지역의 정부는 트럭을 운전하지 않고 고산 지역 운송을 위한 롤-온 롤-오프 기차 네트워크를 개발했다. 이 프로그램의 주요 돈적은 환경적으로 민감한 지역에서 대기오염의 감소뿐만 아니라 스위스의 전기를 사용하는 철도와 수력, 원자력을 이용한 전기 공급 덕분에 CO_2 감소 효과도 있다.

오늘날 세계에서 가장 큰 규모의 복합 화물운송 작업 중 하나는 캐나다, 미국, 멕시코의 철도망을 따라 유럽 대륙, 북미의 컨테이너와 트럭 트레일러를 출하하는 것이다(그림 16-17 참조). 이 시장에서 일부 화물 선적은 대서양과 태평양을 따라 항구와 내륙의 인구밀집 지역 사이의 매우 긴 거리(2,000~3,000 km 이상)를 이동한다. 이와 같이 먼 거리 이동의 경우, 많은 숫자의 화물 묶음을 한 대의 기차로 운송하는 것은 금전적으로 에너지와 노동비용을 절감하기 위한 것에 의미가 있다. 한 대의 더블 스택 트레인과 세 명의 승무원은 하나의 컨테이너를 나르는 트럭 300대 혹은 그 이상을 대체할 수 있다. 1990년대를 지나 운송업체가 증가하여 철도산업의 서비스 품질이 개선되고 이를 사용하는 비용이 절감되는 이점의 발생에 따라 매년 두 자릿수의 성장률을 보였다.

복합운송으로 도로 대신 철도 혹은 선박을 통해 주어진 화물을 이동시켜 에너지를 절감할 수 있으며 각각의 이동 간 톤·km의 에너지 소비도 감소된다. 복합운송 화물은 때때로 화물을 생산지에서 목적지까지 고속도로 네트워크를 통해 트럭으로 즉시 이동시킬 필요가 없을 때 생산지 혹은

그림 16-17 선적 컨테이너를 운반하는 이중 스택 복합운송 열차. (*출처* : BNSF 철도.)

목적지에서 복합수송 터미널 사이의 트럭 운송이 요구된다. 그럼에도 불구하고, 대부분의 먼 거리 운송에는 복합수송이 트럭을 이용한 운송보다 재정적으로 경쟁력이 있고, 에너지를 상당히 절감할 수 있다. 1990년대와 2000년대 미국의 복합운송 네트워크의 경우를 인용하면 움직임의 평균값이 880~1,690 kJ/tonne · km (1,200~2,320 BTU/ton · mi) 정도의 에너지 강도를 가지며, 이와 비교하면 트럭의 평균 에너지 강도가 2,100 kJ/tonne · km (2,900 BTU/ton · mi)라고 할 수 있다. 그림 16-18에서 보여주는 바와 같이, 1980년에서 2016년까지의 기간에 복합운송 서비스의 사용 증가에 따라, 중간급 효율 시나리오(1,285 kJ/tonne · km, 또는 1,752 BTU/ton · mi)에서 트럭으로 같은 화물을 이동시키는 데 비해 복합운송 교통으로 이동에 의한 에너지 절약이 그림에서와 같이 14 PJ에서 129 PJ로 상승했다. 나중에 제시된 에너지양은 2016년에 미국에 있는 모든 철도에

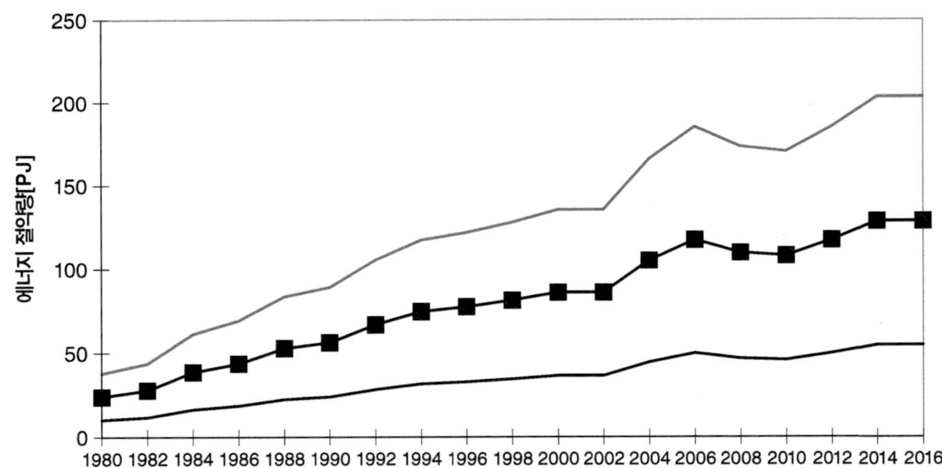

그림 16-18 1980년부터 2016년까지 미국에서 화물을 도로에서 복합운송으로 전환하여 달성한 저·중·고 범위의 에너지 절감 효과.

서 사용한 에너지의 약 19%와 26%에 해당한다.

복합운송의 확장은 차량 통행권(철도 또는 해로)과 하나의 방법에서 다른 방법으로 원활한 전환을 가능하게 하는 복합운송 시설을 포함할 뿐만 아니라 필요한 장비의 금융 투자가 필요하다. 환승 지점 또는 장거리 통로 중 하나라도 제대로 작동하지 않는 경우 전체 시스템은 선적이 원활하지 못하고 에너지를 절약할 수 있는 잠재력도 감소된다. 반면에 복합 화물운송은 정부, 운송자, 철도와 해양 사업자, 심지어 철도 또는 해로의 트럭 화물운송의 운송 단계에서 수익을 얻는 트럭 회사들 모두에게 유리한 상황이다. 이러한 단체들 모두에게 이는 고부하가 걸리며 지나치게 혼잡한 도로 네트워크의 압박을 덜어주는 장점을 준다. 이는 또한 에너지의 관점에서 적은 에너지로 화물을 운송하는 장점이 있다. 현재 정부와 민간단체에서 이러한 시스템에 지속적으로 투자할 것이며 동시에 더욱 경쟁력 있게 만들기 위한 기초 기술을 발전시킬 조짐이 있다.

16-4-2 에너지 효율을 개선하기 위한 운송 시스템의 합리화

이전 절에서 전환교통의 논의는 승객 · km 또는 tonne · km로 조정되는 화물 또는 승객의 운송에 대한 수요를 다루며, 에너지 소비를 줄일 수 있는 필요한 운송 서비스를 제공하는 모델의 대안을 찾았다. 이번 절에서 우리는 '방정식의 나머지 절반'인, 이른바 차량 · km, 승객 · km 또는 tonne · km를 여전히 고객의 요구에 충족시키면서 능률화하는 전략 또는 '실질적인' 교통 이동을 고려한다. 간단한 그림에서처럼 설명하면, 요구되는 차량 · km의 수가 버스를 이용하는 고객의 수에 비해 과도하기 때문에 버스 교통 시스템 운영회사는 종종 주말 버스 노선에서 시간당 버스의 운행 수를 줄이는 것을 합리화한다.

19세기 철도의 출현 이후로 승객과 화물의 운송을 최대화하고 이송시간, 비용 등을 최소화하기 위한 최적의 수단으로 사회에서 다방면(차량, 전차와 같은)의 수단을 사용하여 교통 계획을 수립하는 것이 목표가 되었다. 최근에, 정보기술(IT) 시스템의 개발은 이러한 역량을 크게 향상시켰다. IT 시스템의 교통 일정 프로그램이 철도 네트워크를 통한 화물열차를 배정, 신규 고객 또는 중요 대기 지점에 빈 택시의 할당, 보조교통 기관에 장애를 가진 손님의 이동 연결, 대도시 지역의 수취인 소포를 배달하는 차량 배정 또는 그 외 많은 기능을 한다. 디지털 시대 이전의 운송직원과 다른 교환원들은 이러한 문제에 대해 연필과 종이를 가지고 해결 방안을 개발했지만, IT 시스템은 복잡한 문제들을 더욱 빠르게 최적화의 몇 가지 유형(부록 H 참고)을 사용하여 더 좋은 성과물을 가지며 동시에 여러 문제를 해결할 수 있다. 요구된 수요의 승객 · km 또는 톤 · km은 더 적은 운송수단의 이동거리와 일치하기 때문에, 이러한 방식으로 시스템을 조정하는 것은 에너지 절감으로 이어진다. 거의 예외 없이 에너지 소비를 최소화하는 최적의 차량 운영 문제의 해결책은 자본, 노동력, 유지비용을 절감함으로써 재정비용을 최소화하는 것이며, 이는 산업체나 사회적 측면 모두가 관심을 가질 정도로 매력적이다.

몇몇의 경우에서, IT 시스템과 최적화는 승객 · km와 톤 · km의 기본 수요를 줄이기 위해서도 사용된다. 그러나 이것은 근본적으로 운송 서비스를 제공하는 것이며 그들은 상품과 서비스 필요에 대한 대중의 접근으로부터 발생한다. 만약 위치 선정을 통해 전체 승객 · km/ 톤 · km를 줄이는 동안 이러한 요구를 만족시킬 수 있다면, 비용과 에너지 소비 둘 다 더 절감할 수 있다. 예를 들어, 수요가 증가하는 지역에 소매장의 체인점을 통해 상품을 파는 대형 소매업체는 시장과 인접한 특정 상품의 원천을 개발함으로써 전체 운송비용을 절감하기도 한다. 새로운 원천이 원래의 것보다 생산적인 측정에서 더 많은 에너지와 비용을 소비하지 않는다고 가정하면, 상품의 전체 비용은 더 낮은 운송비용 때문에 절감되며 에너지는 운송에 요구되는 tone · km보다 더 적기 때문에 결국 에너지가 절감된다.

교통 수요의 시스템 전체 합리화: 미국 화물운송 형태에 대한 사례연구

운송 기술과 IT 시스템의 진보는 에너지 소비에 미치는 영향에 양날의 검으로 중요한 역할을 해 왔다. 운송 전문가가 최적의 방식으로 운영을 계획할 수 있게 해주는 동일한 기술을 통해 승객과 상품은 더 긴 거리를 더 낮은 비용으로 안정적으로 여행할 수 있다. 심지어 장거리에서도 이동시간은 이전보다 더 정확히 계획될 수 있다. 이는 단지 생성된 이동의 총 수 또는 이송되는 상품의 양이 증가하고 에너지 소비가 증가하지 않았음에도, *이동 또는 운송의 평균 거리*가 증가하는 것에 대한 작은 궁금증을 유발시킬 것이다.

교통 통계는 지속적으로 이러한 경향을 보여준다. 미국의 1993년부터 2007년까지의 화물운송을 예로 들면, 평균 운송거리는 230 km에서 387 km로 증가했다. 운송의 전체 톤 · km의 추정치와 마찬가지로, 미국 정부의 대리점들 또한 시스템에서 발생된 같은 기간 동안 109억 톤에서 125억 톤으로 또는 15% 증가한 화물의 전체 톤을 추정하고 있다. 동시에 톤 · km는 3조 5,000억에서 4조 9,000억으로 40% 증가했다. 동시에 매일 발생된 톤에 대한 톤 · km 또한 1993년 323에서 2007년 427로 증가했다. 유사한 현상은 영국과 다른 유럽 국가에서도 관찰되었으며, *공간확산*(spatial spreading)이라는 용어는 이를 설명하기 위해 만들어졌다.

이러한 추세에 대응하고 관련 에너지 소비 증가를 억제할 수 있는 방법은 최적화 기술을 한 단계 더 끌어올리고 내부적으로 개별 기업의 활동을 최적화하는 것뿐만 아니라 회사에서는 더 큰 이익을 얻기 위해서 여러 기업의 운송 선택을 최적화하는 것이다. 정부에서 수집한 *원자재 흐름 데이터*의 분석 또는 지역들 사이에서 주요 교통로에 따른 다른 종류의 화물 부피는 화물 흐름의 공간 형태의 그래픽 표현을 개발하는 데 사용할 수 있으며, 결과 데이터베이스는 순서대로 시스템을 합리적으로 만드는 기회를 만들기 위해 사용된다.

이 개념을 설명하기 위해, 우리는 표 16-6에 표기된 4군데의 주요 생산지와 5군데의 주요 시장 사이의 실증 네트워크를 1993년 미국 교통통계국 데이터를 사용하여 만들었다. 큰 부분에서, 데이터는 지리적 거리가 이미 흐름의 양에 영향을 미치는 형태를 제안하며, 이에 흐름의 양은 상당히 합리적이다. 예를 들어 캘리포니아의 가장 큰 종이 공급원은 오리건주이며 일리노이주의 경우 위스콘신주로, 두 경우 모두 인접한 위치에 있다. 하지만 메인주에서 캘리포니아주 또는 오리건주에서 뉴욕을 포함하여 매우 긴 거리를 이동하는 적은 양의 흐름도 있다.

표 16-6에서 형태는 정해진 시간에 인접한 종이 제품의 올바른 조합을 제공함으로써 소비자 수요를 충족시키는 충분한 제품을 운송하는 동안 화물의 전체 톤 · km를 절감할 수 있다고 제안한다. 감소의 잠재력 초기 지표로, 표 16-7은 각각의 원산지에서 생산된 제품의 동일한 톤들과 목적지에 운송되는 동일 수이다. 하지만 생성된 톤 · km의 수치는 최소화하는 최적화에 사용되는 흐름을 재배치하는 다른 형태를 보여준다. 매우 긴 흐름들은 대안 해결법으로 이를 제거하며, 톤 · km의 요구치는 감소된다. 이러한 조건에서 도로, 철도, 선박과 평균 에너지 강도를 기반으로 7.4마일 톤의 종이 제품의 이동에 추정되는 에너지 요구량은 13.4 PJ이다. 만약 이를 전적으로 제도화하면 운송 형태의 변화는 제품 이동의 23억 톤 · km을 줄일 수 있으며, 이는 3.1 PJ로 연간 이산화탄소 약 20만 톤을 줄이는 것과 동등하다.

표 16-6 1993년 미국의 몇몇 생산지와 목적지 사이의 종이 제품의 운송 흐름(단위: 1,000톤)

목적지	생산지			
	오리건	위스콘신	조지아	메인
캘리포니아	1,904	243	122	55
뉴욕	67	257	424	435
플로리다	0	79	1,258	55
일리노이	40	1,230	335	404
뉴저지	0	85	293	114

표 16-7 톤·km를 줄이기 위한 최적화가 완료된 종이 제품의 흐름

목적지	생산지			
	오리건	위스콘신	조지아	메인
캘리포니아	2,011	0	313	0
뉴욕	0	0	120	1,064
플로리다	0	0	1,393	0
일리노이	0	1,894	115	0
뉴저지	0	0	491	0

최적화 모델링 연습과 마찬가지로, 이러한 결과들은 조심스럽게 해석되어야 한다. 많은 예에서, 거리와 상관없이 특정 위치에서는 특정 제품을 공급하는 중요한 상업적 이유가 있을 수도 있다. 그러므로 정확하게 재현되는 개선된 형태는 기대하지 말아야 한다. 또한 에너지 수명주기 관점으로부터, 장거리 이송에 대한 추가 에너지 요구량이 상쇄되는 대규모 중앙집중식 생산의 효율적 장점들도 있을 수 있다. 하지만 공간 형태를 연구하는 과정과 그 후 시스템을 합리화하는 조정안에 포함된 정보를 변경하고자 하는 정부와 사기업들에게 에너지 소비를 줄이는 데 큰 기여를 할 수 있으며 이는 큰 도움이 될 수 있다. 에너지 소비량이 연관되기 때문에, 이 예제에서 사용된 제품 이동의 선택은 매우 다양하다. 추정된 13.4 PJ의 수치는 그림 16-2에서 2017년 전체 화물에너지 수치인 9.4 EJ에 비해 상당히 작지만 이는 작은 개발도상국의 전체 에너지 예산과 거의 동일하다(2017년 시에라리온 전체 에너지 소비의 사용량은 13.8 PJ이었다). 그러므로 지리적 소형 화물 유동 형태를 통해 5% 또는 10%까지 에너지 소비량을 줄이는 것은 에너지 소비에서 유익한 감소가 될 것이다.

마지막으로, 표 16-6과 16-7에 제시된 예는 각각의 원산지에서 생산되는 고정된 종이 제품의 양을, 해당 제품의 목적지에 배송하는 방법으로 최적화하여 수송에너지 소비를 감소시켰다. 더 많은 수요에 따른 공급을 위해 지역 내에 생산량을 늘린다면 외부 지역에 의존하지 않고 충족시킬 수 있다. 예를 들어, 표 16-6을 보면 기본적으로 캘리포니아에 도착하는 230만 톤 중 18%는 미국 내 다른 지역에서 왔다. 캘리포니아, 오리건, 워싱턴주를 포함하는 서부 해안을 따라 생산되는 종이 제품의 증가로 제품에 대한 더 많은 요구는 지역 내에서 충족될 수 있고 동부해안으로부터 캘리포니아까지 출하되는 제품의 양은 감소될지도 모른다.

16-4-3 차량 충전 및 성능을 최적화하기 위한 경량 자동차와 전기 공급망의 통합

전기자동차(EV)와 플러그인 하이브리드 전기자동차(PHEV)의 사용 증가로 인해 기술적으로 향상된 스마트 전력망의 기능을 가진 경량 차량에 직접 에너지를 공급하는 방법의 효율과 성능을 단기계획과 장기 계획을 통하여 개선시켜야 한다. 단기적으로 PHEV와 EV는 저비용으로 차량에 에너지를 공급하며 대규모 발전설비에서 미사용 중인 발전량을 활용하기 위해 야간에 충전시킬 수 있다. 장기적으로 전력망 관리 시스템은 차량에 제공될 에너지를 저장하고 사용하는 능력과 간헐적인 재생에너지를 저장하고 사용하기 위한 발전용량을 서로 일치시켜야 할 것이다.

완전히 발달한 형태의 전력망–차량 시스템은 독립형 관리 시스템(ISO)으로 그림 16-19에 나타난 바와 같이 충전 지점에서 연결된 차량의 충전을 통해 상호 전력 송수신 및 간헐적 충전에 필요한 적절한 양의 전기에너지를 조정할 수 있다. 시장에 EV/PHEV의 높은 보급률을 위해서는 차량의 충전이 밤뿐만 아니라 낮에도, 집이 아닌 직장에서도 가능해야 한다. ISO는 하루 중 어느 시간에도 충전이 가능하도록 최대한 탄력적으로 운영해야 한다.

통신 기술과 가격 정책은 모두 개발된 충전시스템의 영향을 받는다. 유선 또는 무선 통신 네트워크는 ISO가 항상 알 수 있게 되며 차량에 충전 가능한 용량뿐 아니라 잔여 충전량 또한 알 수 있게 한다. 앞으로 태양에너지 및 풍력에너지로부터 얻게 되는 출력을 예측하는 능력은 ISO의 역할을 용이하게 할 것이다. 차별적 가격 산정은 차량 소유자의 참여를 장려하는 데 사용될 수 있다. 다른 말로, 가정이나 직장에서 오랜 시간 충전시키면 유용성에 대한 대가로 차량을 충전시키는 kWh당 비용을 감소시킬 수 있다.

선택적으로 ISO는 EV/PHEV의 충전을 최적화할 뿐만 아니라 자동차가 소유자의 매출원을 만들기 위해 전력망으로 돌아가서 전기를 팔게 할 수 있으며, 또한 V2G (vehicle-to-grid) 시스템을 관리할 수 있어 차량 소유자에게 상당한 경제적인 도움이 될 것이다. 2021년에 닛산 리프는 62

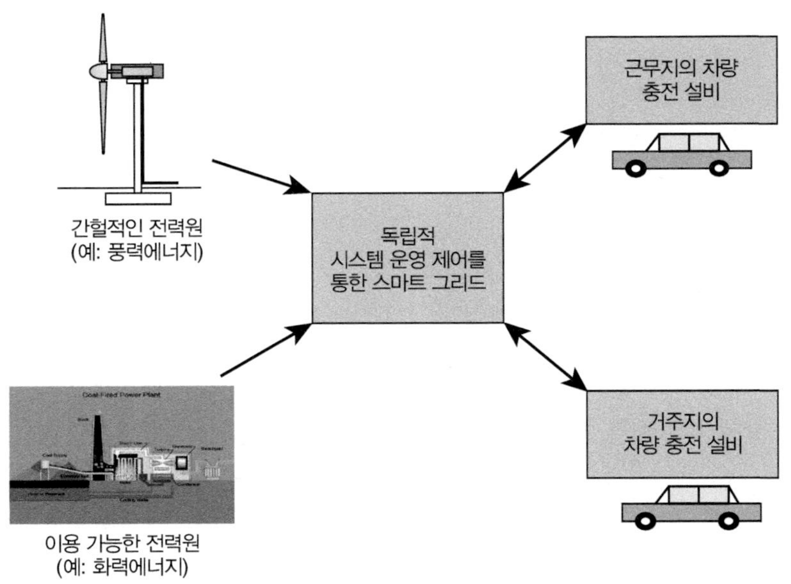

그림 16-19 V2G 및 가정, 직장을 기반으로 차량 충전을 위한 스마트 전력망 기반의 전기발전 및 차량 충전 시스템의 구성 요소. (*출처*: 테네시벨리의 공용 발전소.)

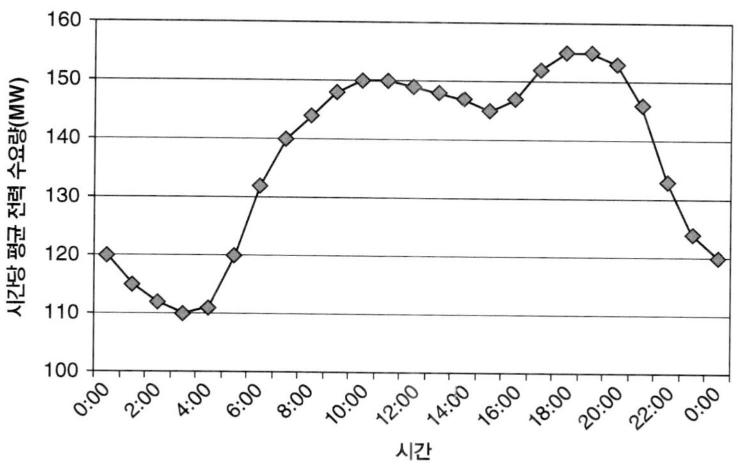

그림 16-20 뉴욕주 서부 톰킨스 카운티 지역의 24시간 동안 전력 수요 그래프.[6] *y*축이 0에서 시작하지 않는 점에 유의하라.

kWh 용량의 배터리 성능으로 $150/kWh인 9,300달러를 절감시켰다. 그림 16-19에 나타난 바와 같이 차량과 전력망의 양방향 화살표(태양에너지나 풍력에너지 같은 신재생에너지는 kWh당 설치 비용이 낮음)는 신재생에너지로 얻은 저비용의 전력을 전력망을 통해 판매한다. V2G 차량은 에너지의 공급과 소모를 대형 중앙발전소에 부분적으로 정확하게 제공하여 전력망을 통한 에너지 분배에 도움이 된다.

V2G의 배치 없이 스마트 전력망과 EV/PHEV의 성공적인 운영을 위한 주요한 요구사항은 스마트 전력망이 최적의 시간 동안 충전할 수 있도록 차량이 장기간 충전기에 연결되어 있어야 한다. 그림 16-19에서 Non-V2G 시스템은 전력망으로부터 차량으로 가는 단방향 화살표에 해당한다. 하지만 V2G 시스템은 차량과 전력망의 양방향 흐름을 통해 시스템을 더 효과적으로 관리할 수 있다.

단기적으로 EV/PHEV는 재생에너지를 이용한 발전 또는 V2G 시스템이 없을 경우에도 전력 비용이 저렴할 때 충전할 수 있다. 그림 16-20은 뉴욕주 이타카 주변의 톰킨스 카운티 지역(인구 약 10만 명)의 2009년 한 해 동안 시간별 평균 수요를 보여준다. 대부분 전력망 작동의 전형적인 수요 형태가 22:00~05:00 사이 최저점 범위에 있다. 톰킨스 카운티는 미국의 다른 지역보다 더 온화한 기후이기 때문에 공조부하가 더 작다(03:00의 피크전력은 18:00의 피크 전력인 155 MW보다 약 29% 감소한 110 MW이다). 다른 지역은 최저점이 더 낮을 수 있다. 어쨌든 최저점의 낮은 수요는 차량이 약 22:00 전에 차량의 충전을 시작하지 않도록 제어하는 한 차량 전기 충전 요구량을 충족할 수 있는 발전소 용량을 사용할 수 있다. 장기적으로 차량 제어 정책을 통하여 특정 시간 동안 차량을 충전할 수 있도록 가격이나 충전 하드웨어 설계를 통해 달성할 수 있다. 그림 16-20은 이러한 제어 없이 광범위한 차량 충전으로 인한 위험성을 보여준다. 최악의 경우에는 차량소유자가 귀가하여 17:00~19:00 사이 가구에서 전력 사용량이 최고에 달할 때 차량을 충전시킬 수도 있으므로 24시간 동안 사용할 경우 전력망의 용량 분배를 일정하게 하지 못한다면 전력망 운영에 문제를 일으킨다.

---

6 감사: Engineering Management, School of Civil & Environmental Engineering, Cornell University의 M.Eng 프로젝트에 기초하여 2010년 봄의 시간에 따른 수요를 분석하였다. 프로젝트 팀 멤버인 Christina Hoerig, Dan Grew, Happiness Munedzimwe, Jun Wan, Karl Smolenski, Kim Campbell, Nicole Gumbs, Sandeep George, Tim Komsa, Tyler Coatney에게 감사드린다.

차량이 가솔린에서 V2G 전력으로 전환할 경우 또 다른 관심은 CO_2 배출량이지만 해당사항은 예제 16-2와 같이 감소될 수 있음을 보여준다.

▶ 예제 16-2

15장에 나와 있는 47.3 mpg (20 km/L) 연비의 플러그인 하이브리드 차량을 전기와 가솔린으로 4 mi (6.4 km) 구동할 때 kWh당 CO_2 배출량을 구하라. 1년 동안 1만 2,000마일을 운전하는 차량은 전기를 통해 60%를 구동하고 내연기관을 통해 40%를 구동한다. 전력 충전 시 평균 전력손실은 8%이며 전기를 사용하여 차량을 구동시킬 때 kWh당 0.745파운드이다. 내연기관을 이용하여 차량을 구동시킬 경우 CO_2 배출량은 19.1 lb/gal로 배기관에서 배출되는 2.7 lb/gal을 포함한 값이다(2.67 kg CO_2/리터 총량 = 2.34 kg CO_2 배기관 + 석유 추출, 운송 및 정제 시 차량 상류에서 배출되는 0.32 kg CO_2). 차량의 연료를 1만 2,000마일을 주행하는 데 전부 소모했다고 가정한다.

(a) 두 가지 조건 중 어느 게 CO_2 배출량이 더 낮은가?

(b) 지금 PHEV 대신 석탄을 이용하여 생성된 전기를 사용하고 있으며 CO_2 배출량은 kWh당 2.31 lb이다(kWh당 CO_2 배출량은 1.05 kg). (a)와 비교하면 얼마나 바뀌는가?

▶ ***풀이***

(a) 전력손실 후 최종 도달하는 양을 감안하여 T&D 손실을 반영하기 위해 첫 번째로 전기의 kWh당 CO_2 배출량을 조절할 필요가 있다.

$$\text{Emits}_{\text{delivered}} = \frac{\text{Emits}_{\text{Plant}}}{1-\text{PctLoss}} = \frac{0.745}{1-0.08} = \frac{0.745}{0.92} = 0.811\ \text{lb CO}_2\ \text{kWh}^{-1}$$

PHEV의 EV 구동 시 CO_2 연간 배출량:

$$\text{총 배출량} = \left(7{,}200\frac{\text{mi}}{\text{year}}\right)\left(\frac{1\ \text{kWh}}{4\ \text{mi}}\right)\left(0.811\frac{\text{lbCO}_2}{\text{kWh}}\right) = 1{,}460\ \text{lb CO}_2\ \text{year}^{-1}$$

추가적으로 PHEV에서 내연기관을 사용했을 때의 배출량:

$$\text{총 배출량} = \left(4{,}800\frac{\text{mi}}{\text{year}}\right)\left(\frac{1\ \text{gal}}{47.3\ \text{mi}}\right)\left(22.3\frac{\text{lbCO}_2}{\text{gal}}\right) = 2{,}263\ \text{lb CO}_2\ \text{year}^{-1}$$

두 계산을 통한 PHEV의 연간 CO_2 배출량은 1.86톤, 3,723 lb에 해당한다.
동일한 HEV의 경우의 배출량:

$$\text{총 배출량} = \left(12{,}000\frac{\text{mi}}{\text{year}}\right)\left(\frac{1\text{gal}}{47.3\text{mi}}\right)\left(22.3\frac{\text{lbCO}_2}{\text{gal}}\right) = 5{,}658\ \text{lb CO}_2\ \text{year}^{-1}$$

HEV의 배출량은 2.83톤이며 HEV와 PHEV의 CO_2 배출량 차이는 0.97톤으로 연간 34%가 감소한다.

(b) (a)와 같이, 우선 전기의 kWh당 배출량을 계산한다.

$$\text{Emits}_{\text{Delivered}} = \frac{\text{Emits}_{\text{Plant}}}{1-\text{Pct Loss}} = \frac{2.31}{1-0.08} = \frac{2.31}{0.92} = 2.51\ \text{lbCO}_2/\text{kWh}$$

탄소배출거래소 측면에서는 변하지 않았다. 그래서 전체 배출량은 다음과 같다. kWh당 2.51 lb CO_2 배출계수와 EV 모드에서 구동되는 거리인 7,200 mi를 계산하면 연간 3,616 lb의 CO_2 배출량이 계산되며 총 배출량은 다음과 같다.

$$3{,}616 + 2{,}263 = 5{,}879\ \frac{\text{lb CO}_2}{\text{year}}$$

이는 (a)의 HEV 대안과 비교하여 4% 증가량 또는 이산화탄소 221 lb에 이른다.

▶ ***논의*** 예제 16-2에서는 HEV와 비교하기 위한 기준으로 PHEV 플랫폼을 사용했지만, EV에도 동일한 논거가 적용되므로 이 논의에서는 EV/PHEV 플랫폼에 중점을 둔다. EV/PHEV 플랫폼이 HEV에 비해 CO_2 배출량을 줄이는지 여부는 비교 대상 차량이 제공하는 정확한 연비, T&D의 라인 손실 정도, kWh당 배출량 및 기타 요인을 비롯한 여러 요인에 따라 달라지며 몇 가지 일반화를 제시할 수 있다. 첫째, 천연가스 또는 비화석에너지 발전량이 많은 전력망의 경우, 다른 요인에 관계없이 EV/PHEV가 HEV에 비해 배출량을 줄일 수 있다는 것은 거의 확실하다. 이는 HEV의 주 에너지원이 전적으로 CO_2를 배출하는 석유이기 때문에 무탄소에너지의 비중이 충분히 크다면 EV/PHEV가 CO_2 저감에 있어 극복할 수 없는 이점을 제공하기 때문이다. 둘째, 석탄이 전력 생산을 지배하고 EV/PHEV가 배출량을 증가시킬 가능성이 있는 경우에도 EV 또는 PHEV를 도입할 동기가 있을 수 있다. 전력망은 향후 재생에너지, 원자력 또는 화석연료에서 CCS를 통해 탄소 배출이 없는 전기를 공급할 수 있는 길을 제공하므로, 전기차 또는 PHEV가 경상용차 시장에 크게 침투할 수 있을 때쯤이면 CO_2 배출량이 그리드에서 부분적으로 또는 대부분 제거되어 순 CO_2 감축으로 이어질 수 있다.

발전 구성에 따른 평균 배출률을 사용하는 것과 달리, 마진에 전기차 또는 PHEV 1대를 추가하여 발전량과 배출량에 미미한 변화를 초래하는 영향도 신중하게 고려해야 한다. 일반적으로 태양광 및 풍력과 같은 재생에너지는 공급이 부족하고(그림 6-2 참조) 이미 기존 부하를 충족하기 위해 최선을 다하고 있다. 따라서 새로운 용량을 추가하지 않으면 전기차 또는 PHEV 충전에 필요한 추가 부하를 기존 발전원이 충족하게 되어 예제 16-2에 제시된 배출량 분석 결과에 영향을 미친다. 따라서 진정한 배출량 감소를 달성하려면 전기차 및 PHEV의 유입에 상응하는 재생 가능 또는 CO_2 무배출 발전이 개발되어야 한다. 처음에는 배치가 이루어지지 않더라도 충전 설비에 대한 투자는 궁극적으로 증가하는 비탄소 발전의 배치에 대한 준비로 단기적으로 정당화될 수 있다. 경상용차 차량의 전기화에 대한 주요 동기 중 하나는 CO_2 배출을 단계적으로 없애는 것이므로, 전기차와 PHEV의 증가는 새로운 세대의 보급을 촉진하는 촉매제 역할을 할 것이지만, 물론 사회가 이러한 기대에 부응해야 한다.

전기차를 선택적으로 충전하는 스마트 전력망 시스템의 대안으로, 또 다른 접근 방식은 전기가 공급될 때 차량 외부에서 배터리를 충전하는 것이다. 차량이 '스와핑 스테이션'에 정차할 때 충전된 배터리를 방전된 배터리로 교체하는 것이다. 2010년대 초에 Better Place 회사는 이 접근 방식을 구현하고 스와핑 스테이션을 배포하려고 시도했다. 스와핑 스테이션 네트워크의 출시는 성공하지 못했고 Better Place는 더 이상 활동하지 않지만, 전기차 에너지 공급을 신속하게 대체할 수 있다는 이점은 여전히 이 비즈니스 모델의 매력적인 포인트이다.

16-5 신기술 변천 과정의 이해

종이 제품을 이동시키기 위한 이전의 분석을 포함한 운송 시스템의 변화로 절감된 잠재적 에너지의 다양한 분석은 변화가 있기 전과 후의 비교를 통하여 진행되고, 이는 *고정 비교법*에 기반을 두고 있다. 이러한 접근법은 변화의 잠재적 이익의 예비 추정치를 빠르게 얻는 데 유용하며, 적절한 품질에 대한 정보가 정교한 모델에 지원되지 않을 때 유일한 방법인 반면에, 이는 또한 또 다른 상태로 전환되는 전환 효과(transition effects)를 무시한다.

전환 효과를 무시한 '정적 분석'의 일부 제약에는 변천 과정 동안 기본 조건의 변화를 무시하는 것이 포함된다.

- *전환 기간 동안 기준 조건에 대한 변경 사항은 무시된다*: 운송 시스템의 에너지 기술을 포함한 변화는 필연적으로 장시간이 요구된다. 이러한 시간 동안, 정적 분석의 모든 기본 요소들은 에너지의 총 수요, 기존 기술의 효율성, 온실가스 배출량 등에 의해 변하기 쉽다. 더욱이 기후변화 또는 잠재적 석유 부족이 다루어지는 상황에서, 에너지 절약과 이산화탄소 감소를 달성하는 시간은 중요하다. 비교를 통한 정적 분석은 이러한 문제에 대해 실마리를 제공하지 않는다.
- *변화 자체의 특징이 최종 결과를 형성할 수 있다*: 변화 동안 시스템에 작용한 요소는 정적 분석에서 예측한 바와 같이 최종 결과에 방해를 줄 수 있다. 발생 가능한 어려움인 변화를 고려하지 않은 예측은 변화값을 과장되게 예측할 수도 있다.
- *공급에 대한 정부 정책에 의존한 경우 변화는 제대로 자리를 잡는 데 실패할 수도 있다*: 우수한 기술 성능은 몇 가지 과도기(교통 운영 계획 및 관리에 있어 종이와 펜에서 IT 시스템으로 변화 등)를 야기하는 반면에, 다른 것들은 정부의 세금정책, 지원금 또는 규제를 통한 간섭이 요구된다. 몇몇 변화는 재정적 또는 정치적 지속성이 존재하거나 없을지라도, 기술이 사람을 이끌기 위해 정부의 지속적 간섭이 요구되기도 한다. 다른 변화들은 정착하기 위한 과도기 동안 장기간 간섭이 요구되기도 하며 이 기간이 너무 짧을 경우 정착에 실패하기도 한다. 이러한 이유로 인한 변화의 실패에 있어, 에너지 소비의 영향성은 정적 분석으로 예측할 수 없다.

다행히, 연구단체는 변화가 가져온 형상, 과도기 동안 직장에서 세력, 심지어 초기 단계에 기반을 두어 변화가 가져올 미래의 형상을 어느 정도 이해할 수 있는 기술 변화(예를 들어 시장보다 더 우수한 신기술의 유입, 현 기술의 대체 또는 정부가 주도한 단계적 원하지 않은 제품 등)에 대한 충분한 역사적 경험을 가지고 있다. 예를 들어, 라디오, 전화, 자동차, 그리드 전기와 같은 주요 기술에 대해 도입 첫해부터 시장 침투율의 형태로 전환 경로가 그림 16-21에 나와 있다. 분석가들은 필요

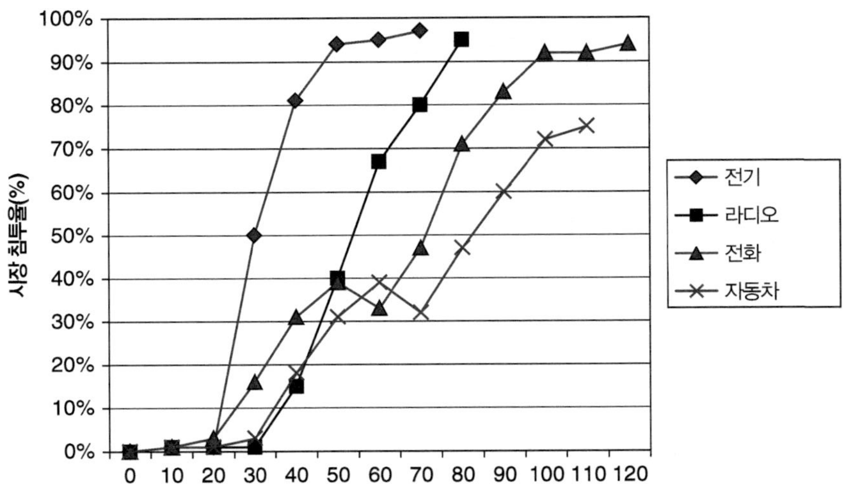

그림 16-21 전력망 연결, 라디오, 유선 전화 및 자동차 출시 후 경과 연도에 따른 미국 시장의 시장 침투율.

[*출처*: International Council on Systems Engineering (2006, p. 2–7).]

한 정보를 얻고, 변화에 대한 더 주의 깊은 동적인 연구를 수행할 수 있는 시간과 자원을 가진다면 더 정확한 결과를 얻는 것이 가능하다. 논리적 함수 또는 삼각형 곡선과 같은 도구는 시간이 지나면서 새로운 제품과 시스템의 변천 과정을 기록하는 데 적용되었으며, 더 현실적인 이해와 에너지 절약으로 이끌 것이다. 예제 16-3은 이러한 과정을 나타낸다.

예제 16-3

그림 15-12에 표시된 미국의 전기차 판매량 증가(PHEV 제외)를 출발점으로 삼아 다음과 같은 방식으로 차량 중 전기차 보급률의 전환 경로를 고려한다. 2010년에는 사실상 0대의 차량이 판매되고, 2011년에는 1만 100대의 차량이 추가되었으며, 이후 해마다 판매량이 증가하였다가 결국에는 1,300만 대로 감소하는 하이브리드 전기자동차(HEV)의 차량 수를 가정한다. 또한 휘발유를 전혀 사용하지 않는 전기차를 기준으로 휘발유 판매 감소량을 추정하고, 내연기관 차량(ICEV)의 대체 연비는 8.5 km/L로 추정하며, 2010년을 $t = 0$으로 간주한다. 2011년부터 2019년까지의 판매량은 순서대로 1만 100대, 1만 4,600대, 4만 8,100대, 6만 3,500대, 7만 1,100대, 8만 6,700대, 10만 4,500대, 23만 8,800대, 24만 2,000대이다. 새로 판매될 때마다 다른 차량이 폐차되어 이 차량 부문의 전체 규모는 변하지 않고 각 차량이 연간 1만 6,000 km를 주행한다고 가정한다. (a) 물류 함수를 사용하여 차량의 하이브리드 수가 어느 연도(N년이라고 함)에 1,300만 대 목표의 99%를 초과하는지 계산한다. (b) 신차를 모두 새해 첫날에 사용할 수 있다고 가정할 경우 0년 차부터 N년 차까지 전기차로의 전환에 따른 누적 연료 절감량(리터)을 계산한다. 2011년부터 2019년까지 실제 판매량이 아닌 물류 곡선 모델에서 추정된 판매량을 사용하여 차량의 전기차 대수를 계산한다. (c) 1,300만 대의 내연기관 차량(ICEV)을 0연도 초에 즉시 전기차로 전환한 후 N연도 말까지 운행하는 상황과 절감액을 비교한다.

풀이

(a) 먼저 판매량을 차량의 누적 판매량으로 변환한다. 다음 표는 2019년까지의 정보를 제공한다.

연도	차량 판매량(1,000대)	
	연간	누적
2010	0	0
2011	10.1	10.1
2012	14.6	24.7
2013	48.1	72.8
2014	63.5	136.3
2015	71.1	207.4
2016	86.7	294.1
2017	104.5	398.6
2018	238.8	637.4
2019	242.0	879.4

다음과 같이 논리 함수에 필요한 모든 매개변수를 얻는다. 1,300만 시장의 전체 보급률을 기준으로 2011년의 경우 $(10{,}100)/(1.3 \times 10^7) = 0.00078$, 2012년의 경우 $(24{,}700)/(1.3 \times 10^7) = 0.00190$ 등과 같이 상대 보급률의 분수값을 계산한다. 2010년부터 2019년까지의 관측값과 모델값 간의 오차를 계산한 다음 오차 항의 제곱을 최소화하여 c_1 및 c_2의 값을 스프레드시트에서 풀면 $c_1 = -6.23$,

$c_2 = 0.403$이 된다. 예를 들어, 2011년의 연도 $t = 1$이다.

$$f(t) = \frac{e^{(c_1+c_2 t)}}{1+e^{(c_1+c_2 t)}}$$

$$f(1) = \frac{e^{(-6.23+0.403\cdot 1)}}{1+e^{(-6.23+0.403\cdot 1)}} = 0.00293 = 0.293\%$$

$$\text{Total EVs in 2011: } 0.00293 \times 13\text{M} = \sim 38,000$$

이 추정치는 1만 100대의 관측값과 비교할 수 있다.

관측값과 모델링된 침투율을 비교해보면 2009년을 기준으로 그림 16-22에 표시된 곡선을 그릴 수 있다.

$N = 27$년, 즉 2037년에는 보급률이 99%를 초과한다.

$$f(26) = \frac{e^{(-6.23+0.403\cdot 26)}}{1+e^{(-6.23+0.403\cdot 26)}} = 0.98592 = \sim 98.6\%$$

$$f(27) = \frac{e^{(-6.23+0.403\cdot 27)}}{1+e^{(-6.23+0.403\cdot 27)}} = 0.99055 = \sim 99.1\%$$

(b) 전체 차량 규모가 1,300만 대로 일정하기 때문에 차량의 일부를 하이브리드로 교체하면 절감 효과가 발생한다. 전기차 보급이 없는 연도의 기준 연료 소비량은 다음과 같다.

$$\frac{(1.3 \times 10^7 \text{ 차량})(16,000 \text{ km/year})}{8.5 \text{ km/L}} = 2.45 \times 10^{10} \text{ L/year}$$

각 연도의 절감액은 차량 내 전기차와 전기차의 혼합에 따라 기준선에서 실제 소비량을 뺀 값이다. 10년 차를 예로 들어 이 공식을 적용하면 보급률은 9.9%로, 즉 129만 대의 EV가 차량에 보급된다. EV로 전환된 차량 대수를 기준으로 한 ICEV 연료 소비량은 다음과 같다.

$$\frac{(1.3 \times 10^7 - 1.29 \times 10^6)(16,000 \text{ km/year})}{8.5 \text{ km/L}} = \sim 2.2 \times 10^{10} \text{ L/year}$$

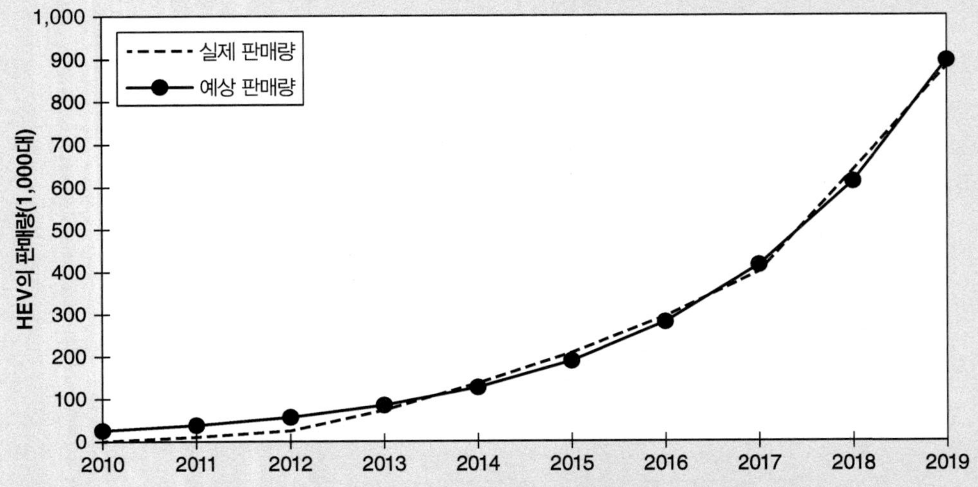

그림 16-22 2010년부터 2019년까지 하이브리드 전기자동차의 예상 판매량과 실제 판매량.

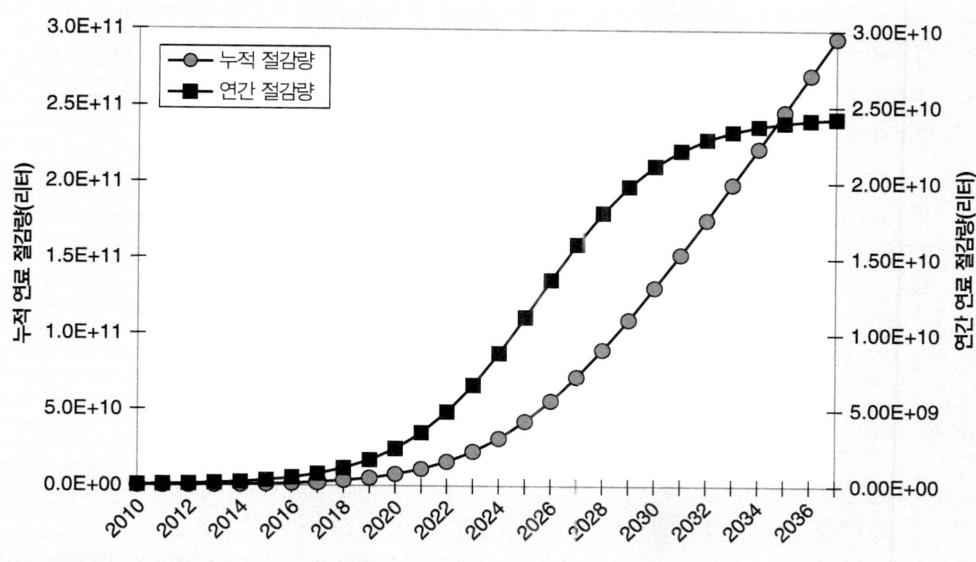

그림 16-23 2010년부터 2037년까지 매년 누적된 연료 절감량.

따라서 해당 연도의 연료 절감량은 $2.45 \times 10^{10} - 2.2 \times 10^{10} = \sim 2.5 \times 10^{9}$ L, 즉 25억 리터의 연료이다.

연도별 연간 절감량 계산을 반복하고 합산하여 누적 절감량을 정량화하면 2010년부터 2037년까지 연간 및 누적 연료 절감량 그래프가 그려지는데, 이는 그림 16-23에 나와 있다. 이러한 계산에 따르면 27년 말 기준 절감량은 300억 리터에 달한다.

(c) 1,300만 대의 전기차로 즉시 전환하면 연간 245억 리터의 연료를 절약할 수 있다. 27년 동안 누적 절감량은 다음과 같다.

$$(2.45 \times 10^{10})(27) = \sim 6.61 \times 10^{11} \text{ liters}$$

▶ ***논의*** 예제의 (b)와 (c)의 결과의 비교는 프로젝트 기간 동안의 과도기에 예상 절감량의 55%를 절감을 발생시킨다. 그러므로 CO_2 방출 또는 석유 소비량 감소의 이익은 시장을 개척할 새로운 자동차 기술 개발의 실제 시간을 고려하면 더 천천히 누적된다.

다른 실제 요인을 고려하면 이 예제는 더 현실감을 가질 수 있다. 하이브리드 전기자동차와 내연기관 자동차의 연료 경제성은 시간이 지남에 따라 달라질 수 있다. 또한, 차량의 종류를 계층화하며 판매량과 각 자동차별 연료 경제성을 추적하면 더 현실적인 연료 절감량을 예측할 수 있다. 더욱이, 기간은 27년이고 이 기간 동안 거의 모든 전기차와 ICEV를 한 번 이상 교체해야 하므로 두 유형의 차량 판매량을 모델의 일부로 고려하면 정확도를 높일 수 있다.

예제 16-3의 기술은 1,300만 대의 전기차 중 일부가 아니라 전체 경상용차를 포함하도록 확장할 수 있으며, 미국 경상용차뿐만 아니라 전 세계의 경상용차를 포함하도록 확장할 수 있다. 2016년 경상용 차량의 수는 13억 2,000만 대에 달했으며, 그 수는 계속 증가하고 있다(Wards, 2016). 이러한 유형의 분석 목표는 국가 또는 지역마다 다른 시점에 시작하고 다른 속도로 전기화할 것이라는 점을 고려하여 LDV 전기화가 전 세계에 미치는 영향을 조사하는 것이다. 예를 들어, 2020년 노르웨이의 전기차 판매량은 야심 찬 정책 덕분에 전체 신차 시장의 56%에 달한 반면, 미국에서는 신차 판매량의 2%만이 전기차였다. 전년 대비 추이를 보면 수요를 따라잡기 위해 자동차 제조 및 에너지 공급이 얼마나 빠르게 성장해야 하는지 예측할 수 있다. 또한 전기화가 무탄소 전기 공급을 앞지를 수 있으므로 무탄소 공급원이 마련될 때까지 초기에는 탄소 배출원이 새로 전기화된 차량에 전력을 공급할 수 있다(Ingvarsson 외., 2011). 비전기 차량과 전기 차량 인구를 기반으로 전 세계 경상용차 부문의 총 CO_2 배출량 궤적과 지구 평균 기온 상승을 1.5°C 또는 2°C 이하로 억제하는 등 기후 보호 목표 달성에 대한 잠재적 기여도를 예측할 수 있다. 낙관적인 시나리오에서는 2050년까지 대기에 순 CO_2를 배출하지 않으면서도 지구상의 모든 주행 수요를 충족하는 전기화된 LDV로의 완전한 전환이 완료될 수 있다. 보다 보수적인 시나리오에서는 2050년에서 2100년 사이 또는 그 이후까지 전환이 지속될 수 있다.

16-6 시스템 관점에서 본 미래 수송에너지 정책 방향

15장과 16장에서는 수송 추진을 위한 다양한 에너지 기술과 이러한 기술을 수송 시스템에서 구현하는 데 영향을 미치는 다양한 시스템 효과에 대해 논의했다. 이 마지막 절에서는 기술과 시스템의 관점을 결합하여 두 가지 주제에 초점을 맞춰 미래의 운송에너지 정책에 대해 논의한다: (1) 보다 에너지 효율적인 교통수단을 추구하는 대도시 지역을 위한 옵션 포트폴리오, (2) 새로운 에너지 자원과 기술을 다양한 교통 기능, 모드 및 지리적 영역에 할당하기 위한 계획.

16-6-1 대도시 지역 에너지 효율 계획

이 절에서는 수도권 지역에 대한 교통에너지 중기 계획(10년에서 30년 정도)에 사용 가능한 모든 선택사항들을 포함하는 예비적 계획이 제시되었다. 이 계획은 전반적으로 총 수송에너지의 소비를 줄이기 위해 노력하고 있는 유럽, 북미 또는 아시아 선진국의 일반적인 대도시(이하 "지역"이라고 표기함)에 적용된다. 대도시권은 도시 중심지와 주변 개발지구 및 준개발 지역을 의미하며 많은 도시에서 이 정의는 정치적으로 정의된 범위와 도시 경계를 둘러싼 시가지 구역을 모두 포함한다. 계획은 인당 수송에너지 사용을 높이기 위해 선진국의 도시에 초점을 맞추고 있다. 신흥국가에서는 계획의 일부를 통해 이익을 얻을 수 있다. 16-5절에서 정의된 정적 분석의 한계에도 불구하고 계획은 비율 측면에서 각 형태에서의 에너지 소비를 줄이기 위한 정적인 목표로 제안된다. 하지만 구현하는 데 얼마나 걸리는지, 구현되는 동안 기존의 에너지 소비에 무슨 일이 일어날지는 고려하지 않는다.

계획에는 여객수송, 화물운송 모두를 위한 대책이 포함되어 있다. 여객수송을 위한 계획의 경우 보통 차량보다 효율적인 경차로의 전환, 대중교통 이용 확대, 럭셔리 유틸리티차량(limited use vehicle: LUV) 및 비동력 형태의 사용, 중·단기적으로 토지 이용 형태에 대한 변경을 포함한다. 화물운송의 경우 지역은 에너지 효율적인 모드를 사용하는 상품배송 기업과 연계한다. 또한 지역 내 사업과 지역 외 기업을 연계하여 지역 외에서 생산된 상품과 지역 내 상품을 교환한다. 하지만 여객수송, 화물운송 계획에는 연료전지 자동차 등 기간 내에 사용할 수 없는 가능성이 있는 기술들은 포함하지 않는다.

표 16-8은 계획의 개요를 보여주고 있다. 표에서 주어진 백분율은 미래의 총 수송에너지 소비의 기준값과 비교한 것이다. 기존의 연구는 대도시 지역의 사용 가능한 모든 대안을 고려하지 않았

표 16-8 수도권의 이용 효율 선택에서 에너지 소비를 위한 가능성 감소율값의 범위

기능	효율적인 옵션	에너지 절약 가능성	근거
여객수송	경차의 효율 향상: EV, HEV, PHEV의 점유율 향상과 더욱 효율적인 ICEV	10~25%	2010년부터 2019년까지 하이브리드 자동차의 효율 향상과 시장 침투율에 따른 현재 세계 자동차 시장의 연비 기준 개선 제안
	(준) 대중교통의 확장: 새로운 철도 시스템, 버스 운행 확장, 카풀 및 밴풀 지원	5~15%	차량/승객·km로 비교하면 미국 대중교통의 에너지 사용량의 최대 50%까지 줄일 수 있다. 5~15%의 에너지 절약은 모든 영역으로의 이행에 대한 제한된 가능성을 전제로 하고 있다. 에너지 소비 감소는 자동차 대체를 위한 충분한 부하율을 전제로 하고 있다.
	오토바이, LUV, 비동력 모드: 오토바이, 모페드, 스쿠터, 리미티드 유스 EV, 자전거 이용 확대, 인프라 확장 공사	2~10%	네덜란드 암스테르담 여행자 중 30~40%는 자전거를 이용하였으며 호주 멜버른의 자전거 여행 비율은 20년 사이 4배 증가하였다. 산업화된 도시의 LUV 미개척 시장이다.
	단기 및 중기적 토지 이용 변경: 지역에서 사용할 수 있는 상점과 시설, 재택 근무 센터, 전통 상점가의 활성화	2~15%	캘리포니아 연구에서는 "스마트 성장" 계획이 사업적 토지 사용에 비해 차량-km를 3~10% 줄일 수 있다고 제안했다(CEC, 2001). 스마트 성장의 개념은 미국 및 기타 국가에 널리 적용 가능하다.
화물운송	격려 모델 변화: 복합운송의 활용 증가와 지역의 복합운송터미널 개발 지원	2~10%	톤·km당 비용 절감에 따라 직통운수 방식 대 트럭 운송을 예측하였으며 복합운송을 최대로 적용하였다(모든 제품이 복합운송으로 운송되지는 않음).
	합리적 화물 수요: 지역 내 자원 개발(예: 지역 내 식량 생산)	2~10%	제품의 종류는 가장 기본적(식품, 농산물, 특정 건축 제품 등)이며 화물에너지에 대한 상대적 소비 기여도를 그림 16-10(a)와 (b)에서 확인할 수 있다.

백분율의 최소 수치는 도시의 전체 교통에너지 미래 가치 소비 중 아무것도 하지 않았을 경우의 시나리오이다. 설명을 참조하라.

* 카풀과 밴풀은 차량 공유를 위해 개인 간의 협력에 의존하지만 지방 및 지역 정부의 지원을 받을 수 있으므로 이 옵션에서는 준공공으로 분류된다.

기 때문에 표에 표시된 에너지 절약 범위는 저자의 의견을 반영하였다. 개별 통계가 가능한 계획의 구성 요소를 지원하기 위해 제공되었으며 표에서 제시하는 몇 가지 주안점은 다음과 같다.

- 표에 표시된 계획은 10년에서 30년 사이의 구현 기간 동안 발생할 수 있는 승객 · km와 톤 · km의 잠재적인 증가량을 포함하지 않는다. 예제 16-1을 예로 들면, 미래 기초선에 비교하여 에너지 소비량 감소의 효율적인 선택 사용이 있을 수 있으며, 얻어진 미래가치가 현재가치보다 높을 수 있다. 급격한 인구 증가를 경험한 지역에서는 인구 증가와 일인당 수요 증가에 따라 계획에 의해 달성되는 모든 개선점들이 없어질 수도 있다. 만약 이것이 발생하면 현상이 발생한 지역은 아무런 단계가 취해지지 않은 곳보다는 형편이 나을 수 있지만 교통에너지 소비 공간의 절대값 감소에는 근접하지 않을 것이다.
- 선택사항 중 하나만이 아니라 대부분 또는 전부를 실현하면 절대적인 에너지 소비량은 감소할 것이다.

- 각 선택사항에 대한 백분율 범위의 상한선은 의도적으로 높게 만들어졌다. CO_2 발생량 감소와 석유자원 보존의 두 가지 도전들은 도시들로 하여금 전례 없는 감소 수준에 가까워지기 위한 동기가 될 것이다.
- 그러나 계획된 절약 백분율은 다른 몇 가지 옵션을 위해 높아지고 있으며 옵션들은 상호 배타적이지 않으므로 모든 옵션은 추구할 가치가 있다.
- 총 에너지 절약 가치를 제공된 백분율값에 기초하여 계산하려는 시도는 이루어지지 않았다. 이러한 분석은 다양한 선택사항 간의 상호작용에 대한 신중한 논의를 필요로 한다(예: 차량이 보다 효율적인 차량으로 변환되면 경량 차량에서 모드 전환을 통해 얻을 수 있는 총 에너지 절감 효과는 기준보다 적다). 그리고 이 분석은 본문의 범위 이상의 것이다.

결과적으로, 이 표에는 지역에서 최종적으로 얼마나 많은 에너지가 절약될 수 있을지에 대해 계산한 결론은 없다. 하지만 표에 나타난 값의 첫 인상은 잠재적인 감소율이 20%에서 40%의 범위가 될 것을 예상한다. 이러한 절약은 대부분의 수송 수요가 화석연료 차량에 의해 이루어지더라도 대표적인 CO_2 발생량의 감소로 이어질 것이다. 장기적으로 보면, 지역은 운송 수요에 의한 에너지 소비를 대기 중에 CO_2를 증가시키지 않는 에너지원으로 전환하게 될 것이다(15장에서 논의된 기술의 유형을 이용한다).

16-6-2 운송 분야의 신흥 에너지 자원 및 기술 할당

2015년 파리 기후 협정 및 기타 협약을 통해 세계 탈탄소화를 가속화해야 한다는 세계 정부 간의 공감대가 확산됨에 따라 전기, 바이오연료 및/또는 수소와 같은 대체 연료가 운송에너지 시장에서 석유 제품을 대체할 것으로 예상된다. 특히 해당 운송 적용의 기능, 각종 모드 및 지리적 범위를 고려하여 비교 우위에 있는 적용에 각각을 할당하는 것이 합리적이다.

현재의 기술 특성으로 볼 때 전기가 바이오연료나 수소보다 충전 기회가 많지 않은 도시 교통수단에서 우위를 점할 것으로 예상된다. 정부와 주요 자동차 제조업체 모두 경상용차의 전기화에 전념하고 있으며, 증가하는 차량 제조업체와 모델을 기반으로 광범위한 채택을 위한 경로를 확보하고 있는 것으로 보인다. 또한 각 도시 지역에는 공공 충전소의 설비 비용을 더 쉽게 지원할 수 있는 차량이 집중되어 있거나 개인 주택에서 충전할 수 있기 때문에 이러한 적용은 에너지원을 지원하는 데 필요한 새로운 설비를 선호한다. 태양광과 풍력발전의 전기 가격은 이제 다른 에너지원에 비해 경쟁력이 있으며, 도시 인구 밀집 지역에서 멀리 떨어져 있지만 해당 지역으로 송전이 가능할 정도로 가까운 에너지 발전소에서 이러한 에너지원으로 대량의 전기를 생산하는 데 공간적 제약이 없다.

도시 환경에서의 전기는 전력망에 추가적인 이점을 제공할 수 있다. 16-4-3절에서 설명한 바와 같이, 전기차 또는 PHEV는 직장 충전소에서 충전하여 전날 밤에 저장한 전기를 한낮에 전력망에 방전할 수 있어, 특히 화창한 여름날 피크 전력 수요를 충족하는 데 도움이 될 수 있다.

반면, 바이오연료와 수소는 석유에서 추출한 휘발유나 디젤의 1회 주유 시 긴 주행 거리와 빠른 주유 속도를 더 쉽게 맞출 수 있다는 점에서 장거리 화물운송에 전기보다 잠재적인 이점이 있으며, 따라서 도시 간 이동에 매우 적합하다. 예를 들어, 미국에서는 육상 도시 간 화물운송 시스템에 필요한 연간 5~6 EJ의 에너지 요구량과 충분한 식량을 재배할 수 있는 능력을 해치지 않으면서 미래에 가능할 수 있는 강력하게 개발된 바이오연료 생산 시설의 최대 생산량 사이에 좋은 일치점을 찾을 수 있다. 또는 CO_2를 배출하지 않고 추출한 수소를 트럭 및 철도 기관차 차량에 공급하여 연료 전지 스택에서 추진 동력으로 사용할 수도 있다. 도시 환경에서 대형 차량으로 전환하면서 전기화가 도시 대형 버스 시장에 진출하고 있지만, 수소 또는 바이오연료는 아직 이 분야에서도 중요한 에너지원으로 부상할 수 있다.

항공 운송에 눈을 돌린 항공 업계는 제트기 동력 항공기를 위한 대체 연료를 개발하는 데 서서히 진전을 보이고 있지만, 여전히 상당한 과제가 남아 있다. 이는 부분적으로는 제트기가 순항 고도에서 작동하는 까다로운 조건 때문인데, 저온으로 인해 대체 연료가 제대로 작동하기 어렵기 때문이다. 또한 에너지비용은 특히 상업용 제트 여객기의 전체 운영비용에서 큰 부분을 차지하기 때문에 대체 연료의 높은 비용은 업계에 큰 경제적 영향을 미칠 수 있다. 그럼에도 불구하고 업계는 미래 생존을 위해 장기적으로 대체 연료를 개발하는 데 관심을 갖고 있다. 초기 이정표는 2006년 미공군 제트기가 정기 훈련 비행 중에 기존 제트 연료와 천연가스에서 추출한 피셔-트롭쉬(Fischer-Tropsch) 합성 연료를 혼합하여 처음으로 사용한 것이었다. 다른 이정표로는 2008년 2월 버진애틀랜틱항공이 상업용 여객기에 처음으로 바이오연료를 사용한 것과 2008년과 2009년에 보잉이 제트 연료 기준을 충족하거나 초과하는 바이오연료 기반 항공 연료를 개발 및 시험한 것 등이 있다. 2015년에는 버진애틀랜틱항공과 전일본공수 등 여러 항공사가 기존 제트 연료를 대체하기 위해 소량으로 바이오연료를 사용하고 있다. 이러한 단계는 어느 정도 진전을 이루었지만, 바이오 원료의 적절한 공급을 개발해야 하는 과제가 남아 있다. 바이오 제트 연료의 대안으로 이비에이션과 같은 항공 회사들은 온-보드(on-board) 배터리 저장 장치를 갖춘 전기로 구동되는 소형 통근용 항공기를 개발하고 있다. 제로아비아와 같은 다른 회사들은 소형 프로펠러 항공기를 제트 연료 대신 수소로 작동하도록 개조하고 있다. 클라임웍스와 같은 다른 기업들은 재생에너지를 사용하여 공기 중 이산화탄소를 포집하고 탄소를 추출하여 물에서 수소와 결합한 합성 제트 연료를 만드는 개념을 개발하고 있다. 이 네 가지 옵션 모두 아직은 초기 단계이다.

16-7 요약

운송에서 에너지 소비와 온실가스 배출을 줄이는 데는 기술적 요소와 시스템 요소가 모두 포함되어 있으며, 시스템 효과는 필요한 총 에너지에 큰 영향을 미친다. 교통 시스템은 기능, 모드, 지리적 범위, 소유권 등 다양한 관점에서 이해할 수 있다. 에너지 효율은 상황에 따라 kJ/차량·km, kJ/승객·km, kJ/톤·km와 같은 측정값을 사용하여 평가할 수 있다. 최근 수십 년 동안 세계 에너지 사용량은 꾸준히 증가해 왔지만, 현대의 토지 이용 형태가 자동차 사용을 장려하고 글로벌 경제로 인해 상품이 전 세계로 빠른 속도로 이동함에 따라 여객 및 화물운송 에너지 소비는 더욱 빠르게 증가하는 추세에 있다. 현재 이러한 추세를 반전시키기 위해 철도, 수자원 등 보다 친환경적인 교통수단의 사용을 장려하고 대기 중 온실가스의 순증가에 기여하지 않는 에너지원을 단계적으로 도입하는 등 정부 차원에서 많은 노력을 기울이고 있다. 향후 에너지 소비와 배출을 줄이기 위해 새로운 기술을 도입하고자 할 때, 기술이 시장에 진입하는 속도와 에너지를 절약할 수 있는 속도에 영향을 미치는 전환 효과를 고려해야 한다.

Further Reading

California Energy Commission (2001). *California Smart Growth Energy Savings*: MPO *Survey Findings*. Consultant Report Prepared by Parsons-Brinckerhoff. California Energy Commission, Sacramento, CA.

Davis, S., and S. Diegel (2014). *Transportation Energy Data Book*, 33rd ed. Oak Ridge National Laboratories, Oak Ridge, TN.

Ingvarsson, A., J. Pestiaux, and F. Vanek (2011). "A Global Assessment of Hydrogen for Future Automotive Transportation: Projected Energy Requirements and CO2 Emissions." *International Journal of Sustainable Transportation*, Vol. 5, Num. 2, pp. 71 – 90.

International Council on Systems Engineering (2006). *Systems Engineering Handbook: A Guide for System Life Cycle Processes and Activities*. INCOSE, Seattle, WA.

U.K. Department for Transport (2015). *Transport energy and environment statistics*. Electronic resource, available at "http://www.gov.uk/government" www.gov.uk/government. Accessed June 12, 2015.

Vanek, F. (2019). "Mode and Commodity Perspectives on U.S. Freight Energy Consumption and CO2 Emissions: Insights and Directions for Improvement." *International Journal of Sustainable Transportation*, Vol. 13, No. 10, pp. 741 – 760, DOI: 10, 1080/15568318.2018.1512690.

Vanek, F., and E. Morlok (2000). "Reducing US Freight Energy Use Through Commodity Based Analysis: Justification and Implementation." *Transportation Research Part D*, Vol. 5, No. 1, pp. 11 – 29.

Wards (2016). "Wards Intelligence Report." Wards Intelligence, Southfield, MI.

References

Bhadra, D., and R. Schaufele (2007). Probabilistic forecasts for aviation traffic at FAA's commercial terminals. *Transportation Research Record* Number 2007, pp. 37 – 46.

Davis, S., and S. Diegel (2003). *Transportation Energy Data Book*, 22nd ed. Oak Ridge National Laboratories, Oak Ridge, TN.

Davis, S., and R. Boundy (2019). *Transportation Energy Data Book*, 39th ed. Oak Ridge National Laboratories, Oak Ridge, TN.

Department for Transport (2006). *Transport Statistics Great Britain*. DfT, London.

Earth Policy Institute (2002). *Eco-Economy Indicators: Bicycle Production breaks 100 million*. Earth Policy Institute, Washington, DC. Web resource, available at www.earth-policy.org/Indicators/indicator11.htm. Accessed Nov. 14, 2007.

Greene, D., and Y. Fan (1995). "Transportation Energy Intensity Trends: 1972 – 1992." *Transportation Research Record*, No. 1475, pp. 10 – 19.

Greene, D. (1996). *Transportation and Energy*. Eno Foundation, Washington, DC.

Kempton, W., and J. Tomic (2005). "Vehicle-to-Grid Power Fundamentals: Calculating Capacity and Net Revenue." *Journal of Power Sources*, Vol. 144, pp. 268 – 279.

Kempton, W., and J. Tomic (2005). "Vehicle-to-Grid Power Implementation: From Stabilizing the Grid to Supporting Large-Scale Renewable Energy." *Journal of Power Sources*, Vol. 144, pp. 280 – 294.

Leiby, P., and J. Rubin (2004). "Understanding the Transition to New Fuels and Vehicles: Lessons Learned from Analysis and Experience of Alternative Fuel and Hybrid Vehicles." Chap. 14. In D. Sperling and J. Cannon, Eds., *The Hydrogen Energy Transition: Moving Toward the Post-Petroleum Age in Transportation*, pp. 191 – 212.

Lovins, A., and B. Williams (2001). "From Fuel Cells to a Hydrogen Based Economy:

How Vehicle Design is Crucial to a New Energy Infrastructure. Fortnightly." *The North American Utilities Business Magazine*, Vol. 139, No. 4, pp. 12 – 22.
Schaefer, A. (1998). "The Global Demand for Motorized Mobility." *Transportation Research Part A*, Vol. 32, No. 6, pp. 455 – 477.
Schiller, P., E. Bruun, and J. Kenworthy (2010). *An Introduction to Sustainable Transportation: Policy, Planning, and Implementation*. Earthscan, London.
Schipper, L., L. Scholl, and L. Price (1997). "Energy Use and Carbon Emissions from Freight in 10 Industrialized Countries: An Analysis of Trends from 1973 to 1992." *Transportation Research Part D*, Vol. 2, No. 1, pp. 57 – 75.
Sperling, D., and D. Gordon (2008). *Two Billion Cars: Driving Toward Sustainability*. Oxford University Press, Oxford.
Theis, M., N. Cass, and J. Corbett (2004). Role of technology in achieving environmental policy goals in the maritime transportation sector. *Transportation Research Record* 1871, pp. 42 – 49.
U.S. Bureau of Transportation Statistics (1996). *Commodity Flow Survey 1993: United States*. U.S. Department of Transportation, Washington, DC.
U.S. Bureau of Transportation Statistics (2004). *Commodity Flow Survey 2002: United States*. U.S. Department of Transportation, Washington, DC.
U.S. Dept. of Energy (1994). *Manufacturing Consumption of Energy 1991*. Energy Information Agency, USDOE, Washington, DC.
Vanek, F., and J. Campbell (1999). "UK Road Freight Energy Use by Product: Trends and Analysis from 1985 to 1995." *Transport Policy*, Vol. 6, pp. 237 – 246.
Vanek, F. (2001). "Growth of Exports from Developing Countries: Implications for Freight Trends and Ecological Impact." *Futures*, Vol. 33, pp. 393 – 406.
Vuchic, V. (1999). *Transportation for Livable Cities*. Center for Urban Policy Research, New Brunswick, N.J.
Vuchic, V. (2005). *Urban Transit: Operations, Planning and Economics*. Wiley, New York.
Vuchic, V. (2007). *Urban Transit Systems and Technology*. Wiley, New York.

연습 문제

16-1. 소매기업은 시스템 제조업체(*주요 유통*)에서 제품을 받은 후 소매점(*이차 유통*)에 제품을 제공하기 위해 지역 주위에 분포한 6개의 작은 창고를 사용하는 *분산된* 유통 시스템(공장에서 창고를 거쳐 소매점으로)을 운영하고 있다. 소매점은 각각의 단일 제품을 기본 및 이차 유통할 수 있는 *집중형* 시스템으로 전환할 수 있는 기회가 있지만 지금은 지역 중앙에 하나의 창고만이 있다. 제품의 운송은 금융비용과 이동 시 차량당 에너지 소비량 차량·km (V·km)을 발생시킨다. 창고 비용의 경우 재고자산원가는 재고품의 구입과 판매되는 시간 동안 재고를 유지하기 위해 발생하며 창고를 작동시키기 위해 에너지가 소비된다. 그 밖의 모든 비용 그리고 에너지 소비량은 각각의 옵션에 모두 동일하다는 것을 전제로 한다.

a. 주어진 데이터에 기초하여 분산 또는 집중형 시스팀이 바람직한지 여부를 판단하라.

b. 결정의 기초가 되는 환경 문제는 무엇인가에 대하여 논의하라.

데이터:

창고비용과 창고당 에너지 사용		
	재고비용 ($1,000/year)	에너지 (GJ/year)
분산형 시스템	190	155
집중형 시스템	710	730

창고에서 발생한 연간 수송량 (1,000차량 · km/year)		
	주요 수송	이차 유통
분산형 시스템	35	82
집중형 시스템	181	645

운송비용과 에너지 사용		
	운송비용($1,000/year)	에너지 사용 (MJ/1,000 v·km)
모든 배송 시스템	1,500	19,000

16-2. 표 16-2에 주어진 표준 단위와 동일한 데이터가 다음과 같이 주어져 있다. 디비지아 분석을 수행하고 효율성 및 구조의 영향에 대한 도면을 생성하라. x축에 1970년부터 2000년도까지 나타내고, y축에 10억 갤런을 기준으로 하라.

	승용차		경트럭	
	10^9 mi	10^9 gal fuel	10^9 mi	10^9 gal fuel
1970	917	68	123	12.3
1975	1,034	74	201	19.8
1980	1,112	70	291	23.8
1985	1,247	71.5	391	27.4
1990	1,408	69.6	575	35.6
1995	1,438	68.1	790	45.6
2000	1,600	73.1	923	52.9

16-3. 그림 16-7의 디비지아 분석에서 표 16-2의 데이터를 이끌어내 보아라.

16-4. 다음의 데이터는 1980년부터 2008년까지의 미국 트럭과 철도의 경향을 10억 톤·km와 EJ의 단위로 나타내고 있다. 디비지아 분석을 사용하여 1980년부터 2008년까지 표와 4개의 곡선을 나타내라. (1) 실제 연료 소비량, (2) 연료 소비 동향, (3) 에너지 단위의 기여도, (4) 실제 연비와 연료 소비 동향의 차이에 대한 구조적 변화.

연도	톤·km		에너지	
	트럭(10억)	철도(10억)	트럭(EJ)	철도(EJ)
1980	836	1,342	1.89	0.583
1985	925	1,342	1.96	0.485
1990	1,045	1,565	2.17	0.478
1995	1,194	1,733	2.40	0.469
2000	1,524	2,168	3.24	0.555
2005	1,873	2,467	6.17	0.602
2008	1,909	2,585	6.33	0.572

16-5. 한 식품회사가 다음과 같이 3개의 생산 공장에서 4개의 시장으로 식품을 운송한다. 보이시, 더뷰크, 찰스턴 공장의 생산 능력은 각각 2,200톤, 3,000톤, 2,000톤이며 샌프란시스코, 뉴욕, 마이애미, 세

인트루이스의 소비자 수요는 각각 2,002톤, 1,784톤, 1,355톤, 1,972톤이다. 출하는 트럭을 이용해 이루어지며 에너지 단위는 2,200 KJ/톤 · km이다. 도시 간 거리는 다음의 표와 같다.

a. 마켓의 수요를 충족하고 공장의 생산 능력을 초과하지 않는 선에서 에너지 소비를 최소화하는 공장에서 시장까지의 운송 할당량은 얼마인가? 이 경우 에너지 소비량은 얼마나 되는가?

b. 모든 루트가 1,500 km이거나 더 멀고 복합수송열차를 에너지 단위 1,400 kJ/톤 · km로 사용 가능하다고 가정하고 (a)를 다시 계산하라. 에너지 소비량은 어떻게 변하게 되는가? (a)에서의 출하 패턴은 변하는가?

운송 거리(km):

	보이시	더뷰크	찰스턴
샌프란시스코	1,427	3,763	4,299
뉴욕	5,038	1,685	1,782
마이애미	5,458	2,262	548
세인트루이스	3,855	390	1,431

16-6. 지역에 살고 있는 지방 공원 관리자는 일주일에 5일간 4개의 지역 공원에 출퇴근 한다. 각각의 관리자는 하루에 한 번 자신의 집에서 공원까지 왕복해야 하며 직업의 변동성 때문에 각자 자신의 차로 이동해야 하고 카풀(car pool)이 불가능하다. 베이사이드, 마운틴뷰, 스프링필드, 시티 하이츠에 사는 공원관리자 수는 각각 24, 28, 22, 42명이며 샌디 해변, 룩아웃 산맥, 론 트리, 끝없는 숲에 필요한 공원 관리자의 수는 각각 23, 41, 19, 33명이다. 관리자의 자동차는 평균적으로 9.3 km/L의 연비를 가지고 있으며 다음 표는 단방향 거리를 나타내고 있다.

편도 거리(km)	베이사이드	마운틴뷰	스프링필드	시티 하이츠
샌디 해변	41	33	50	62
룩아웃 산맥	50	23	22	51
론 트리	80	65	49	76
끝없는 숲	33	48	45	19

a. 공원에 배정된 한 명의 관리자는 4주 동안 4개의 공원을 돌며, 각각의 공원에서 보낸 총 시간은 공원을 충당하는 시간에 비례한다. 예를 들어, 공원이 특정한 날짜에 20%의 관리자를 요구하는 경우, 각 관리자는 공원에 가기 위해 그들의 이동거리 중 20%를 추가로 소비한다. 반올림하여 계산하라. 이 분배에 따른 한 달간의 리터당 연료 소비량을 계산하라.

b. 지역 공원의 책임자는 관리자의 재할당을 통해 매월 운전 거리를 최소화해 에너지 소비를 줄이기로 결정했다. 이 분배에 따른 한 달간의 새로운 리터당 연료 소비량은 얼마인가? 풀이 (a)에 비해 얼마나 많은 연료가 절약되는가?

c. 직업 만족도의 관점에서 풀이 (b)의 한계점은 무엇인가? 또한 어떤 방법을 통해 극복할 수 있는가? 토론하라.

d. (a)와 (b)에 SOV 드라이빙을 사용하는 경우는 유연성을 허용함에도 불구하고 특히 지역 공원 단체가 환경에 초점을 맞춘 상황에 과도한 연료 소비는 비난받을 수 있다. 차량의 유연한 사용이 가능하고 관리자의 수요를 충족하는 동시에 카풀을 촉진할 수 있는 프로그램에 대해 설명하라.

16-7. 내연기관 자동차와 하이브리드 자동차의 연료 소비율을 고려하여 예제 16-3을 다시 풀어라.

하지만 이번에는 미국의 전체 승용차 시장에 대해 풀어라. 2010년에 전기차 보급률이 0%로 시작하여 2050년까지 전국 차량의 80% 보급률을 달성한다고 가정한다. 2010년의 차량 수는 1억 3,100만 대였으며, 전환 기간 동안 이 숫자가 고정되어 있다고 가정한다. 이러한 전환을 전기차의 유입이 없는 시나리오와 비교한다.

a. 2030년의 최대 변화속도에서 삼각함수를 이용하여 2010년부터 2050년까지의 누적 연료 절감량을 계산하라.

b. 물류 기능을 이용하여 2000년부터 2040년까지의 누적 연료 절감량을 계산하라. 2010~2019년 데이터에 물류 함수를 맞추고 2050년 차량의 80%, 즉 약 1억 500만 대의 차량이 있다고 가정하라.

c. (a)와 (b)의 계산 결과를 비교하고 차이에 대해 토론하라.

16-8. 이번에는 연비를 변경하여 문제 16-7을 풀어라. 평균 연비가 2000년부터 2010년까지 연평균 비율로 선형적으로 증가한다고 가정한다. 인터넷이나 다른 출처에서 변화율을 추정하는 데 필요한 데이터를 얻어라.

16-9. 16-4-2절 및 표 16-6과 16-7의 물류 합리화 개념을 다음과 같이 확장한다. 출발지에서 목적지까지의 화물 배정은 고정되어 있지만 에너지 소비와 CO_2 배출을 줄이기 위해 경로를 변경할 수 있는 상황을 고려한다. 네트워크에는 4개의 도시가 있으며, 다음 표에 거리와 출발지-목적지 수요 수준이 표시되어 있다. 트럭은 출발지에서 목적지까지 직접 보내거나, 화물을 통합하여 네트워크의 중앙에 위치한 '허브'인 시러큐스에 보낼 수 있으며, 시러큐스에서는 다른 배송 구간에서 최종 목적지로 화물을 보낼 수 있다. 트럭은 125개의 임의 화물 유닛을 적재할 수 있으며, 운행비용은 마일당 1.50달러이고 평균 5.8마일의 디젤을 사용한다. 각 임의의 화물 단위 무게는 200파운드이다(즉, 125개 단위의 용량은 2만 5,000파운드 또는 12.5톤이다). (a) 옵션 1: 허브를 사용하지 않고 모든 화물이 직접 트럭을 통해 이동해야 하는 방법, 옵션 2: 모든 화물이 허브를 통해 이동해야 하는 방법, 옵션 3: 직접 이동과 허브 경유 중 가장 비용이 적게 드는 조합을 선택할 수 있는 방법 등 세 가지 옵션에 대한 모델을 해석한다. 세 가지 옵션 모두에 대한 총 비용, 총 에너지 소비량, 총 배출량 및 톤-마일당 평균 에너지 집약도를 계산한다. 옵션 3이 다른 두 가지에 비해 이 지표들을 얼마나 줄이는가? (b) 최적의 솔루션을 선택하는 방법에서 해석을 더 복잡하게 만드는 현실적인 세부 사항에 대하여 논의하고 이를 단순화할 수 있는 방법에 대하여 토론하라. 다양한 대답이 있을 수 있다.

수요:	로체스터	시러큐스	워터타운	빙엄턴
로체스터	0	225	146	111
시러큐스	225	0	191	187
워터타운	146	191	0	97
빙엄턴	111	187	97	0

거리:	로체스터	시러큐스	워터타운	빙엄턴
로체스터	0	87	134	140
시러큐스	87	0	70	73
워터타운	134	70	0	143
빙엄턴	140	73	143	0

기타 기술 및 시스템

Other Technologies and Systems

▶ 학습 목차

17-1 개요

이 장에서는 이전에 자세히 다루지 않았던 에너지원과 시스템에 대해 다룬다. 이러한 에너지원과 시스템은 현재와 미래 사회에서 사용 가능한 에너지 시스템 리스트에서 잠재적인 역할을 가지고 있다. 우리는 먼저 14장에서 다루었던 바이오매스 에너지 응용을 고려할 것이며, 고정 전력 및 발열에 중점을 둔다. 다음으로 물로부터 전력을 생산하는 다양한 응용 분야를 다룬다. 이에는 댐 및 하천 시스템에서의 수력발전, 양수발전, 조력발전, 파력발전이 포함된다. 다음에는 히트 펌프와 땅, 공기, 물과 같은 열원(heat source) 및 열침(heat sink)으로 열을 이동시키는 데에 적용하는 방법에 대해 다룬다. 이 장은 사회가 사용하는 자원에서 더 많은 에너지 이익을 창출할 뿐만 아니라 폐기물의 양을 줄이는 방법으로써 다양한 폐기물 자원에서 에너지 추출에 대한 조사로 마무리된다.

17-2 서론

이 책의 주제를 선택함에 있어서 화석연료, 원자력, 재생에너지 기술의 모든 유형을 별도의 장으로 구성할 수 없었기 때문에, 부록의 시스템 접근법에 대한 논의에서 설명한 것처럼 '시스템 접근법'을 대략적으로 적용하여 초점을 맞출 기술들을 선정했다. 프로젝트의 범위나 경계를 설정하는 측면에서(시스템 접근법의 단계 3), 우리는 다음의 기준을 기술 선택에 적용했다.

1. 기술이 입증되었는가?
2. 지구 전역에 널리 분포하는가?
3. 미래에 큰 확장이 가능한가?

이 기준을 바탕으로, 첨단 화석연료 연소 시스템, 탄소 격리(7장의 Sleipner 프로젝트는 현재 사용 중인 기술의 실제 사례를 제공함), 몇몇의 신흥 원자력 기술, 태양에너지, 풍력에너지를 포함

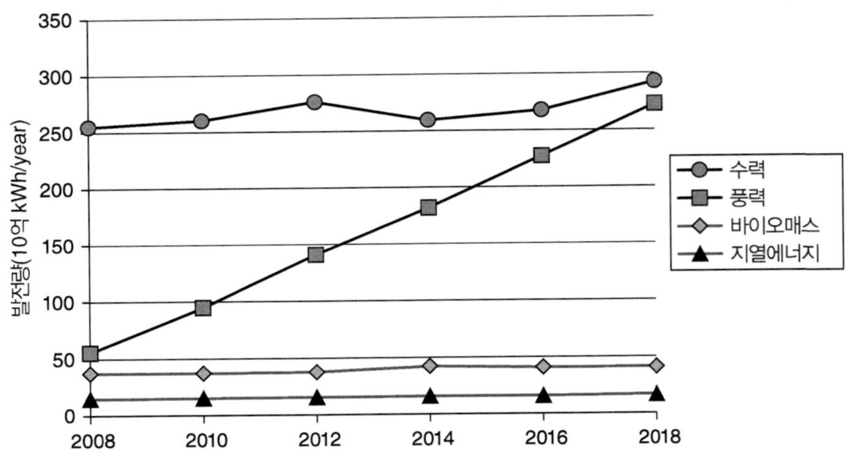

그림 17-1 2008~2018년 동안 미국의 수력, 풍력, 바이오매스, 지열에너지 발전량(10억 kWh/year). (*출처*: U.S. Energy Information Administration.)

했다. 태양에너지와 풍력에너지는 전 세계적인 발전량이 석탄이나 천연가스를 통한 전기 생산보다 훨씬 적음에도 불구하고 기술적 신뢰성이 인정되고 천연 기반 자원이 전 세계에 널리 분포되어 있으며 빠르게 성장하고 있다. 교통 분야에서는 이미 상용화되었거나 향후 상용화될 수 있는 신흥 대체 기술로 전기, 바이오 연료 및 수소 연료전지 차량을 선택했다. 이 모든 교통 기술은 전 세계적으로 널리 사용될 수 있는 잠재력을 가지고 있다.

따라서 이 장의 초점은 지금까지 깊게 다루지 않은 에너지 생산, 변화 또는 저장을 위한 에너지 시스템의 역할을 하는 다양한 기술에 맞추어져 있다. 이러한 기술 중 다수는 바이오매스, 수력, 지열에너지와 같은 재생에너지 자원에 속한다. 바이오매스 에너지와 수력에너지 같은 일부 기술들은 태양에너지나 풍력에너지의 간헐성을 보완하기 위한 조절 가능한 에너지를 제공할 수 있다. 공기, 땅, 물로부터의 열을 전달하는 것과 같은 또 다른 재생에너지 자원은 단일 단위의 전기적 에너지 입력이 여러 단위의 난방 또는 냉각을 제공할 수 있는 에너지 증폭기를 제공한다. 경우에 따라, 고체나 액체 폐기물으로부터 에너지를 추출하여 에너지를 회수하고 동시에 폐기물의 크기와 부정적인 영향을 감소시키는 것이 가능하다. 이런 응용 분야 중에서는 히트 펌프가 주요 가능성이 있는 기술로 유명하다.

이러한 에너지 자원의 역할을 나타내기 위한 예시로, 그림 17-1은 미국의 수력, 바이오매스, 지열에너지에 대한 2008년부터 2018년까지의 전력 생산을 보여주며 비교를 위해 풍력에너지도 포함되어 있다. 그래프에서 볼 수 있듯이, 수력은 전체 국가 공급에서 6~7% 기여하였으며, 바이오매스와 지열에너지는 각각 1%와 0.5%의 추가 기여를 하였다.

17-3 열과 전력을 위한 바이오매스 에너지 응용

바이오매스 에너지 자원은 이미 14장에서 논의되었으며, 열과 전력을 결합한 기본 시스템은 5-4-3절에서 제시되었다. 이 절에서는 바이오매스 에너지의 전기발전, 공정 중 발열, 또는 이 둘을 모두 생성하는 응용에 대해 고려할 것이다.

나무와 같은 바이오매스를 태우는 것은 미국 전역에서 이미 사용되고 있는 화석연료 사용의 대안 중 하나이다. 2018년 미국 전력 공급의 약 1%인 410억 kWh가 바이오매스로부터 공급되었다. 바이오매스 발전의 매력적인 응용 중 하나는 목재 및 목재 제품을 가공하는 산업 플랜트의 케이스이다. 이런 공장들은 상업적으로 사용되지 않는 목재 재료의 상당한 폐기물을 생성할 수 있지만, 전력발전용으로 연소하면 전력 구매 비용을 그리드로부터 대체함으로써 운영비용을 감소시킬 수 있으며 동시에 처분비용을 줄일 수 있다. 다른 응용 사례로는 조셉 맥닐(Joseph McNeil) 발전소와 같은 바이오매스 화력 상업 발전소가 있다. 조셉 맥닐 발전소는 버몬트주 벌링턴 외곽에 위치한 50 MW 발전소로, 주변의 숲에서 연료를 공급받는다. 목재 연료 공급은 계절에 따라 변할 수 있으며 특정 기간에 대한 수요 수준을 충족하기 위해 필요한 공급량이 부족할 수 있으므로 목재를 대체하는 석탄 및 천연가스와 같은 대체 연료원을 갖는 경우가 많다.

미국에서 석탄화력 발전소의 폐쇄는 바이오매스 발전의 기회가 된다(그림 5-2 참조). 석탄 발전소가 노후화됨에 따라 다른 에너지 자원을 통해 전력을 생산할 수 있는 가능성이 생겨나고 있다. 500 MW의 석탄 기반 전력을 840 MW의 천연가스 복합 전력으로 대체한 조지아의 맥도너 발전소(Plant McDonough)와 같이 많은 리파워링(repowering) 프로젝트들이 천연가스를 선택하고 있다. 바이오매스는 다른 대안으로도 사용할 수 있다. 기존 발전소의 많은 자산이 바이오매스 발전에 사용될 수 있으며, 석탄 대신 목재를 운반하기 위한 철도, 목재를 보일러로 운반하기 위한 발전소 내의 원자재 처리 장비, 전력 그리드로 전력을 수출하기 위한 변압기 및 고전압 전송 라인 등이 포함될 수 있다. 코넬대학교 근처의 석탄 발전소를 바이오매스 발전소로 전환할 때의 경제적 분석이 수행되었고, 이에 관련한 사례 연구는 예제 17-1에서 보여준다.

예제 17-1

목재를 사용하는 바이오매스 발전소의 발전 용량은 50 MW_e이고 자본비용은 1 MW당 430만 달러이다. 1년의 평균적인 이용률은 60%이다. 발전소의 전체 효율은 공급되는 목재의 에너지에서 산출되는 전력의 에너지로 35%이다. 목재의 에너지 함량은 21.6 GJ/tonne이며, 목재의 가격은 배송비를 포함하여 톤당 35달러이다. 자본비용은 25년 동안 5%의 할인율이어야 하고, 운영비용은 $0.0245/kWh 정도이다. (a) 연간 필요한 목재 연료의 총 무게 및 총 연료비용은 얼마인가? (b) $/kWh로 환산했을 때 균등화 발전비용(levelized cost of electricity: LCOE)은 얼마인가?

풀이

(a) 연료량과 비용을 계산하기 위해 연간 생산량을 이용한다. kWh에서 J로 환산된 연간 전력 생산량은

$$E = (50\text{ MW})(8{,}760\text{ h/y})(0.6)\left(\frac{1}{0.35}\right) = 750.9\text{ MkWh} = 2.703\ \times 10^{15}\text{ J}$$

이다. 따라서 연간 전력 생산량은 2.703 PJ이다. 목재의 에너지 함량은 21.6 GJ/tonne이므로, 연간 12만 5,100톤의 목재를 구입해야 한다. 목재의 가격은 $35/tonne이므로 연간 438만 달러의 비용이 든다.

(b) LCOE를 계산하려면, 자본비용을 연간화해야 한다. 전력비용이 $4.3M/MW인 50 MW 규모의 발전소는 0년 차에 2억 1,500만 달러가 소모된다. 할인율은 변환도구를 사용하거나 손으로 계산할 수 있다.

$$\$215\text{M}\times\left[\frac{0.05(1+0.05)^{20}}{(1+0.05)^{20}-1}\right] = \$215\text{M}\times 0.08024 = \$17.25\text{M/y}$$

운영비용이 \$0.0245/kWh이므로, 2억 6,280만 kWh에 대해 644만 달러의 총 운영비용이 발생한다. (a) 부분에서 계산한 연료비용과 모든 비용을 더한 다음, 연간 전력 생산량으로 나누면 다음과 같다.

$$\text{LCOE} = \frac{\$17.25\text{M} + \$6.44\text{M} + \$4.38\text{M}}{262.8\ \text{MkWh}} = \$0.1068/\text{kWh}$$

결론적으로 LCOE는 \$0.1068/kWh이다.

예제 17-1에서 에너지 단위당 연료비용은 석탄의 연료비용에 비해 유리하다. 그림 4-2의 상황을 고려해보자. 에너지 함량이 30 GJ/tonne인 고품질 석탄이 평균적으로 \$65/tonne에 판매된다. 목재의 에너지 함량은 21.6 GJ/tonne으로 석탄보다 적지만, 비용은 거의 절반으로 감소하여 목재의 경우 GJ당 약 1.60달러, 석탄의 경우 GJ당 약 2.20달러의 비용이 발생한다. 그러나 절감된 비용은 동급 화석연료 발전소의 자본비용보다 높은 바이오매스 발전소의 자본비용을 상쇄하지 못해 LCOE 값이 상대적으로 높게 나타난다.

17-3-1 바이오매스 연소 열병합발전 시스템의 사례연구

바이오매스 사용의 경제성을 개선할 수 있는 한 가지 방법은 예제 17-2의 CHP (combined heat and power) 시스템에서 살펴본 바와 같이, 전기 생산에서 나오는 부생열을 공정 열 또는 거주 공간의 지역 난방용으로 판매하는 것이다.

▶ 예제 17-2

예제 17-1의 연료비용 및 에너지 함량, 자본비용 및 할인율, kWh당 운영비용을 활용하여 다음 CHP 시스템을 분석해보자(5장 및 그림 5-10을 참조). CHP 플랜트는 포화상태의 물이 100 kPa에서 랭킨 사이클을 시작하고, 이후 펌프에서 4 MPa로 압축되어 혼합 챔버로 전달된다. 압축된 유체는 혼합 챔버에서 일정한 압력으로 가열되어 포화증기로 변환되는 보일러로 전달된다. 포화증기는 터빈에서 부분적으로 500 kPa까지 팽창하거나 완전히 팽창한 후 100 kPa까지 감소한다. 500 kPa의 부분적으로 포화된 증기는 CHP 발전소 외부에 판매하기 위해 열을 제거하는 프로세스 히터로 전달되고, 증기는 포화액으로 변환된다. 프로세스 히터를 지난 증기는 500 kPa에서 4 MPa로 압축되고 혼합 챔버로 전달되어 다른 유동과 결합된다. 그림 5-4를 변형하여 500 kPa 작동유체의 추가 경로를 나타낸 그림 17-2를 참조하라.

보일러의 효율은 85%, 발전기의 효율은 98%로 가정할 수 있다. 또한 펌프 압축과 터빈 팽창은 등엔트로피 과정으로 다룰 수 있다. 공정 열 판매의 경우, 송전 손실을 무시하고 열을 \$7/GJ (= \$1.95/MWh)에 판매할 수 있다고 가정할 수 있다. 순운영비용은 열 판매에서 수익을 뺀 값으로, 연간 자본비용, 연료비용, 운영비용을 포함한다. 시스템이 연간 8,760시간 동안 이러한 평균 조건에서 작동한다고 가정해보자. 작동유체가 80 kg/s의 속도로 터빈에 유입되고, 이 중 50%가 프로세스 히터로 전달되고 나머지 50%가 완전히 팽창한다면 (a) 보일러에서 생성된 열에너지 중 실제로 활용된 에너지인 시스템의 활용도와 (b) 생산된 LCOE를 계산하라.

▶ ***풀이***

(a) 터빈을 시작으로 4 MPa의 포화증기의 엔탈피는 h = 2,800.8 kJ/kg이다. 터빈을 통과하는 부분 팽창 증기의 경우 500 kPa에서 포화증기와 포화액의 엔탈피는 각각 2,784.1, 640.1 kJ/kg이다. 증기의 건도는 84.9%임을 알 수 있다. (여기서는 필요한 엔트로피값을 이용해 건도를 계산할 수 있다고 가정한다.) 따라서 엔탈피는 다음과 같다.

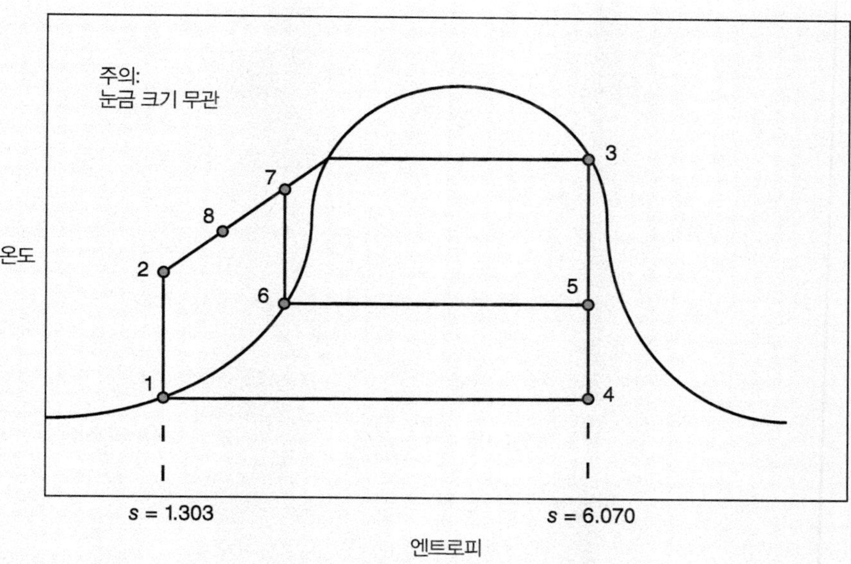

그림 17-2 예제 17-2의 CHP 시스템에 대한 온도-엔트로피 선도.

$$h = 640.1 + (0.849)(2{,}748.1 - 640.1) = 2{,}429.1 \text{ kJ/kg}$$

비슷한 과정으로, 100 kPa에서 포화증기와 포화액의 엔탈피는 2,675.0, 417.5 kJ/kg이고, 건도는 78.7%이며, 엔탈피는 다음과 같다.

$$h = 417.5 + (0.787)(2{,}675 - 417.5) = 2{,}194.5 \text{ kJ/kg}$$

100 kPa에서 펌핑하는 경우 4.0 kJ/kg, 500 kPa에서 펌핑하는 경우 3.8 kJ/kg이 필요함을 알 수 있다. 따라서 부분 팽창을 위한 터빈 공정의 순 일은 2,800.8 − 2,429.1 − 3.8 = 367.9 kJ/kg, 완전 팽창을 위해서는 2,800.8 − 2,194.5 − 4.0 = 602.3 kJ/kg이다.

열손실을 무시한다고 가정할 때 프로세스 히터에서 사용 가능한 열은 유체가 응축됨에 따른 엔탈피의 변화이다.

$$2{,}429.1 - 640.1 = 1{,}789.0 \text{kJ/kg}$$

100 kPa 유체를 4 MPa로 압축하면 엔탈피가 417.5 + 4.0 = 421.5 kJ/kg이 되고, 500 kPa 유체를 압축하면 640.1 + 3.8 = 643.9 kJ/kg이 된다. 혼합 챔버 출구의 유체 엔탈피를 계산하려면 혼합 공정 전반에 걸쳐 질량, 에너지 보존을 고려해야 한다.

$$h_{\text{out}} = \frac{(421.5 \text{ kJ/kg})(40 \text{ kg/s}) + (643.9 \text{ kJ/kg})(40 \text{ kg/s})}{80 \text{ kg/s}} = 532.7 \text{ kJ/kg}$$

보일러에 가해지는 에너지는 혼합 챔버 출구에서 터빈 입구까지의 엔탈피 변화에 기초하며, 따라서 2,800.8 − 532.7 = 2,268.1 kJ/kg이다. 따라서 전체적인 활용도는 터빈 및 프로세스 히터로부터의 총 출력을 에너지 공급으로 나눈 값이다.

$$\varepsilon = \frac{(367.9)(40) + (602.3)(40) + (1{,}789)(40)}{(2{,}268.1)(80)} = \sim 0.608 = 60.8\%$$

(b) 예제 17-1에서 동일한 비용(다음에서 다시 주목할 것임)을 가정할 때, 자본비용은 연간 1,725만 달러로 유지된다. 연료비용의 경우 엔탈피 변화 및 181.4 MW의 요구 조건으로 전환되는 작동유

체 유량을 기반으로 한 에너지 소비율에 따라 변환되며, 전체 연도에 걸쳐 181.4 × 8,760 = 1,589 GWh/y = 572만 GJ이다. 연간 비용은 보일러 효율과 상기 논의에 따라 $1.60/GJ의 단위 비용을 기준으로 한다.

$$(5.72 \times 10^6 \text{GJ})\left(\frac{1}{0.85}\right)(\$1.60) = \sim\$10.9 \text{ million}$$

터빈의 부분 팽창과 완전 팽창에 대한 각각의 출력은 14.7 MW와 24.1 MW로 총합은 38.8 MW이다. 98% 효율의 발전기를 고려하면 출력이 38.0 MW가 된다. 연간 출력은 38.0 × 8,760 = 약 333.1 GWh/y이며, 약 820만 달러의 운영비용이 발생한다.

공정 히터는 파트 (a)를 기준으로 71.6 MW의 속도로 열을 생산하므로 연간 생산량은 71.6 × 8,760 = 약 626.9 GWh/y이다. GJ로 변환하여 GJ당 수익을 7달러로 계산하면 다음과 같다.

$$(626.9 \text{ GWh})\left(\frac{3.6 \text{ TJ}}{\text{GWh}}\right)\left(\frac{1{,}000 \text{ GJ}}{\text{TJ}}\right)(\$7) = \$15.8 \text{ million}$$

마지막으로, LOCE는 모든 비용의 합에서 열 매출 수익을 뺀 후 출력으로 나눈 값이다.

$$\text{LCOE} = \frac{\$17.25\text{M} + \$10.9\text{M} + \$8.2\text{M} - 15.8\text{M}}{339.9 \text{ MkWh}} = \sim\$0.0612/\text{kWh}$$

따라서 열 판매 수익을 고려한 순 LCOE는 $0.0612/kWh이다.

예제 17-2는 잘 활용되는 CHP 시스템이 바이오매스의 전기용 LCOE를 다른 재생에너지원과 경쟁 가능한 수준의 가격대로 낮추는 방법을 보여준다. 평균 전력 생산량은 38 MW_e인데, 이는 발전소의 50 MW_e 정격용량과 비교된다. 동시에, 예제 17-1의 전기 전용 사이클은 35%의 효율성을 보였지만, CHP는 약 60%의 이용률로 에너지원을 더 잘 활용한다. 주의해야 할 사항은 발전소가 예제의 비용 목표를 달성해야 한다는 것이다. 발전소는 동일한 자본비용으로 건설되어야 하고, 공정 열을 추출하고 판매하는 시스템을 추가해야 하며, 또한 전력 및 열 생산량의 전부 또는 대부분을 지속적으로 판매해야 한다. 발전소는 시장 상황 변화에 대응하여 판매 열 및 전력의 비율을 조정할 수 있는 능력을 갖추고 있지만, 전반적인 수요가 크게 감소할 경우 생산량을 줄여야 하고 수익이 감소할 수 있다.

이 발전소는 발전 지점에서 탄소가 없는 전력을 공급하는데, 이는 연소에서 배출되는 탄소가 원래 대기 중에서 왔기 때문이다. 그러나 이는 CO_2의 수명주기, 장비로부터의 에너지 배출, 화석연료를 사용하는 운송 및 기타 요소를 포함하지 않는다. 그럼에도 불구하고 화석연료에서 나오는 CO_2를 피할 수 있는 옵션으로 소비자에게 매력적일 수 있다. 이 열과 전력 공급원은 최종 생산 단계에서 탄소가 없이 운영 가능하므로 태양 및 풍력과 달리 시장에서 더 높은 LCOE 값을 가지고 경쟁할 수 있다. 이를 기반으로 더 높은 LCOE 값으로 시장에서 경쟁할 수 있을 것이다.

다른 고려 사항으로는 수백 MW에서 가동되는 일반적인 석탄 또는 천연가스 연소 발전소에 비해 상대적으로 작은 발전소가 있다. 수백 또는 수천 마일 떨어진 곳에서 연료를 공급할 수 있는 석탄이나 가스의 전국적인 공급망에서 끌어낼 수 있는 화석 발전소에 비해 바이오매스 연소는 충분한 목재를 공급하는 데 필요한 배후지를 작게 유지하기 위해 작은 규모를 선호한다. 또한 바이오매스 발전소의 오염 관리가 불충분한 경우 지역 대기질에 부정적인 영향을 미칠 수 있다.

17-4 물로부터의 에너지: 수력, 조력, 파력에너지

대량의 재생에너지가 집중된 형태로 제공된다면, 대규모 수력보다 더 좋은 예는 아마도 없을 것이다. 물이 풍력에너지의 자원인 공기보다 밀도가 3배나 높기 때문이다. 대규모 수력발전은 재생에너지원에서 생산되는 가장 오래된 형태의 전기발전이기도 하다. 개발자들은 일찍이 1882년부터 미국 나이아가라 폭포에서 수력발전으로 전기를 생산하기 시작하였다.

수력발전은 높은 곳에서 낮은 곳으로 물이 이동하는 것을 이용하여, 보통 해수면으로 이동함으로써 증발과 강수(지구 표면과 대기 사이의 순환)의 물의 순환을 이용한다. 태양으로부터 들어오는 에너지의 1/5은 완전히 지구 표면의 증발하는 물로 흘러가서 대기 중으로 들어 올려진다. 거기서 그것은 결국 다시 지표면으로 떨어지고, 그중 많은 양은 바다에서 흡수되거나 식물 생명체에 의해 흡수되거나 지하수로 가라앉는다. 그러나 일부는 개울로 흘러가서 결국 더 큰 강으로 흘러가며, 이것이 수력발전의 기초를 제공한다.

수력발전은 13장에서 다룬 풍력발전과 유사하다. 둘 다 자연적인 운동을 기계적이고 인간이 만든 운동으로 바꾸는 장치를 통해 '유체'(공기 대신 물)가 흐른다. 또한 차이점도 있는데, 수력과 풍력은 둘 다 유체의 속도에 비례하여 에너지를 생산하기 때문에 장치를 통해 흐르는 물 또는 공기의 이동이 많아질수록 출력이 높아지며, 장치의 정격 최대 출력까지 증가하게 된다. 그러나 수력의 경우, 높은 수두가 출력을 증가시키기 때문에 물이 하강하는 높이('수두'라고도 함) 또한 출력에 영향을 미친다.

대규모 수력발전의 기회는 전 세계적으로 대부분 소진되었다(표 17-1). 이전에는 가장 큰 댐이 미국에 있었으며, 현재 미국 최대의 댐은 워싱턴주의 그랜드 쿨리 댐(Grand Coulee Dam)이다. 시간이 지나면서, 다른 국가의 댐들이 그랜드 쿨리를 추월했다. 캐나다의 세인트 제임스 복합 댐(St. James Bay Complex), 브라질과 파라과이 국경의 파라나강에 위치한 이타이푸 댐(Itaipu Dam), 그리고 가장 최근에는 중국 양쯔강에 위치한 세계 최대의 댐인 삼협 댐(Three Gorges Dam)이 그 예이다.

아직 수백 또는 수천 메가와트의 대형 댐을 위한 기회가 남아 있다. 대표적인 예로 타지키스탄의 바흐시강을 따라 있는 로군 댐(Rogun Dam)으로, 이 댐은 지난 30년 동안 중앙아시아 내륙 국가인 타지키스탄에서 건설 중인 댐이다. 이 부지는 외지고 깊은 산골짜기에 위치해 있으며, 계획대로 완공된다면 댐의 바닥에서 꼭대기까지 335 m로 3,600 MW의 용량을 가진 세계에서 가장 높은 댐이 될 것이다. 2018년, 타지키스탄 정부는 댐의 첫 단계를 완료하여 댐의 수직 상승 높이로 75 m를 개통했다. 또 다른 예는 키르기스스탄 근처에 계획된 2,000 MW 규모의 캄바라타 1댐(Kam-

표 17-1 세계의 주요 수력발전 댐들

이름	국가	용량(MW)
삼협 댐	중국	22,400
이타이푸	파라과이/브라질	12,600
세인트 제임스 복합	캐나다	총 10,000
그랜드 쿨리	미국	6,480
아스완 하이	이집트	2,100
후버 댐	미국	1,500

barata 1 Dam)으로, 계획은 되어 있지만 아직 착공되지 않은 곳이다. 로건 댐과 캄바라타 댐은 대규모 수력발전에 유리한 위치에 있다. 낮은 인구 밀도를 가지고 있고, 산악 지역에 위치하여 일정 높이의 댐을 위해 더 적은 토지가 침수되어야 하며, 농업이나 임업과 같은 다른 토지 용도로 경쟁하지 않는다. 진전이 더딘 이유는 현지의 반대로 인한 것이 아니라 키르기스스탄과 타지키스탄의 어려운 경제 조건과 외딴 건설 현장 때문이다. 이러한 상황이 세계적으로 점점 더 독특해지고 있기 때문에, 우리는 다양한 국가에서 적용 가능한 소규모 수력발전을 주목해야 한다.

17-4-1 소규모 수력발전 시스템

단일 대형 댐은 수천 메가와트의 전력을 생산할 수 있지만, 광범위한 지역에 걸쳐 분포된 많은 소규모 수력발전 시스템을 통해서도 상당한 양의 발전이 가능하다. 현재 전 세계 소규모 수력발전에 사용되고 있는 약 70 GW 용량 중 약 38 GW는 중국에 설치되어 있고, 수천 개의 마을 및 농촌에 할당되어 있으며, 이는 삼협 댐의 정격 용량보다 높다. 미국 에너지효율 및 재생에너지국(U.S. Office of Energy Efficiency and Renewable Energy)에 따르면, 미국에는 50개 주 중 49개 주(델라웨어 제외)에서 추가적으로 30 GW의 용량이 가능하며, 이는 5,000개 이상의 지역에 분산되어 있다(USDOE, 2015).

소규모 하천 수력 발전소는 강의 일부 흐름을 터빈으로 전환하여 발전기를 구동한다. 이러한 프로젝트는 댐 뒤에 많은 양의 물을 적재(즉, 수용할 수 있는 저수지를 만드는 것)하지 않아도 되고, 토지를 침수시키거나 사람들의 정착지를 이전할 필요가 없기에 매력적이다. 반면에, 계절적인 변화에 취약하고 전력 수요가 최고점일 때 터빈을 통해 방출될 물을 저장하여 출력을 조절할 수 없다. 다른 지역에서는 1 kW 미만의 정격 용량으로 전기를 생산하기 위해 소규모 저수지를 사용할 수 있으므로 대규모 저수지의 부정적인 결과를 피할 수 있다.

대규모 수력과 소규모 수력을 명확하게 구분하지는 않지만, 소규모 수력은 일반적으로 10 MW 또는 20 MW의 시스템으로 간주한다. 이러한 시스템 중 대부분은 수력터빈을 돌려 전기를 생산하기 위해 강의 흐름의 일부를 전환하는 하천 수력발전이라는 제목에 해당된다. 한편, 일반적으로 물이 상부를 통과할 수 있게 해주는 댐의 일종인 보와 같이 발전소 상류에 있는 어떤 종류의 구조물이 필요하다. 마지막으로, 소규모 수력발전 중에서도 저용량 장치에는 단일 가구에 사용될 수 있는 별도의 마이크로 수력터빈이 있으며 500 W와 같이 작은 등급도 있다. 예를 들어, 연중 계속 흐르는, 적당한 높이의 계곡 옆에 위치한 집은 강에 마이크로 수력터빈을 설치한 후 전기 케이블을 통해 가정으로 전송되는 전력을 공급할 수 있다.

소규모 수력발전에 대한 전기의 역사는 나이아가라 폭포와 같은 대규모 수력 발전소의 개발과 동시에 시작된다. 그것은 풍력과 태양전지(solar PV)를 통해 소규모로 전기를 생산하는 것보다 오래되었다. 이미 1800년대 후반에, 소규모 수력터빈은 초기 지역 전력망에 전력을 공급하기 위해 사용되고 있었다. 1978년 공공 사업 규제 정책 법(Public Utilities Regulatory Policy Act, PURPA)의 통과는 1960년대와 1970년대에 사용이 중단된 일부 발전소가 소규모 생산자를 우대하는 규제를 도입하여 친환경 에너지를 제공할 새로운 기회를 찾으면서 소규모 수력 발전소를 위한 새로운 장을 열었다.

선진국 하천 운영 시스템의 한 예로, 코넬대학은 캠퍼스와 인접한 곳에 1.2 MW 규모의 발전소를 운영하고 있으며, 400만~550만 kWh/y 규모로 전력을 생산하고 있다(그림 17-3). 이 발전

그림 17-3 코넬대학 캠퍼스 인근의 흐르는 물을 이용하는 1.2 MW급 수력 발전소.

소는 유량 데이터 수집, 생산량 추정, LCOE 산정을 위한 생애주기비용 산정 등 공장의 생산량과 경제성을 예측하는 데 사용된다. 이 발전소에서 공개된 터빈의 최대 용량은 1.9 MW이지만, 발전소로 물을 공급하는 상류 파이프 또는 펜스톡의 용량은 출력을 1.2 MW 이하로 제한하고 있다. 이 대학은 1883년에 수력발전으로 전기를 생산하기 시작했다. 그림 17-3의 발전소는 1904년에 가동을 시작했다. 1970년에 중단되었지만 1981년에 리모델링되어 다시 재가동하였다. 물은 강의 상류로부터 공급되고 펜스톡을 통해 수두 높이 42 m (138 ft)인 수직 거리에서 터빈으로 떨어지며 전력을 공급해준다. 다만 손실 수두로 인하여 순수두는 35 m이다.

발전소의 생산량은 계절에 따라 변한다. 유량이 감소하는 여름에는 전력이 적게 생산되고 나머지 세 계절에는 전력 생산량이 증가한다(그림 17-4). 2011년과 2016년 사이의 월별 데이터가 제공되는데, 2013년과 2014년에는 발전소가 대대적인 보수 공사를 거쳤기 때문에 포함되지 않았다. 2015년 2월에는 평균 온도가 비정상적으로 낮아서 결빙으로 인해 발전소가 전혀 작동되지 않았다. 전체적인 이용률은 2012년 39%부터 2011년 52%까지 다양했다. 그림 17-4에서 2011년 5월은 가장 생산적인 달로 800 MWh를 생산했는데, 이는 2011년 1.2 MW의 100%에서 31일 동안 가동할 경우 이상적인 생산량인 893 MWh에 비교하여 해당 월의 90% 이용률을 달성하였다. 이 값은 물의 유량이 풍부할 경우 소규모 수력발전이 매우 높은 이용률을 달성할 수 있음을 보여준다. 일반적으로 계절적 패턴이 지역을 대표한다고 가정하면, 소규모 수력발전은 여름에 최대치를 기록하는 태양전지와 상호보완의 역할을 할 수 있다(10장 참조).

수력발전 시스템의 순간 출력 P는 시스템을 통과하는 물의 유량에서 물리적 에너지 가용성인

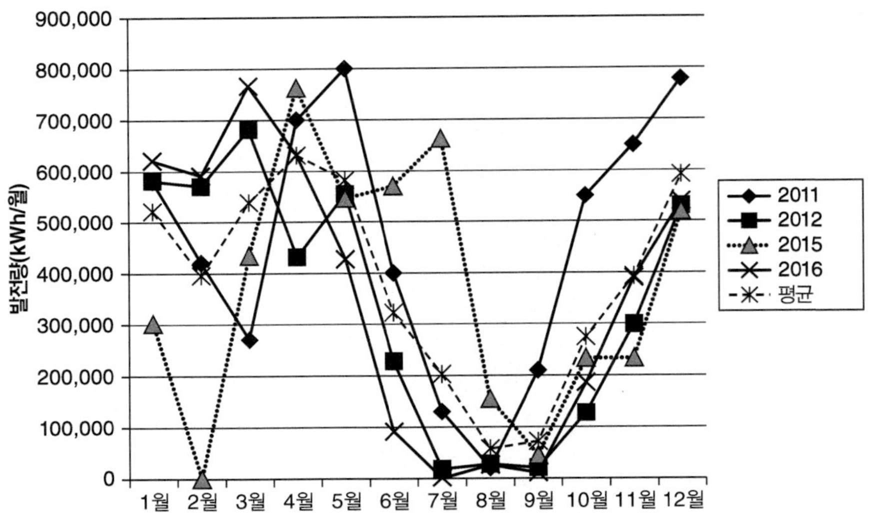

그림 17-4 2011, 2012, 2015, 그리고 2016년의 코넬대학교 인근의 수력 발전소 발전량과 4개년도의 평균 발전량(kWh/월). (*출처*: Cornell University Office of Energy and Sustainability.)

수두와 수력발전 변환 장치의 변환 효율 함수이다. 수식으로 표현하면 P는 다음과 같이 계산된다.

$$P = [\rho g Z + 0.5\rho(\Delta v)^2]Q\varepsilon \tag{17-1}$$

여기서 ρ는 물의 밀도(1,000 kg/m^3 또는 62.4 lb/ft^3, 온도에 따라 다름), g는 9.81 m/s^2 또는 32.2 ft/s^{2}의 중력 상수, Z는 수두 손실을 고려한 후 취수구에서 터빈으로의 순 상류 수직 강하량, Δv는 장치를 통과할 때의 물 유량의 속도 변화, Q는 유량(m^3/s 또는 ft^3/s), ε는 효율을 나타낸다.

10 kW~10 MW 범위의 소규모 수력발전 시스템의 경우, 분석은 지정된 위치에서의 유량 분포에 대한 과거의 데이터로부터 시작된다. 미국의 경우, 미국 지질 조사국(U.S. Geologic Survey)이 전국의 유량계 네트워크에서 유량 데이터를 수집한다. 이 장치는 시간에 따른 유량(ft^3/s)을 추적하고, USGS는 데이터의 과거 기록을 공개적으로 업로드한다. 분석가는 현장의 평균 연간 유량 및 분산도를 추정할 수 있다. 연구 중인 특정 현장의 경우, 인근의 유량 게이지 데이터는 ft^3/s에서 m^3/s로 변환되어 그림 17-5에 보이는 대표를 생성할 수 있다. 각 구간은 구간의 가장 높은 유량에 따라 레이블이 지정되므로 첫 번째 구간은 0~0.25 m^3/s이다. 세로축은 표시된 범위의 구간이 속할 확률을 제공한다. 오차 제곱을 최소화하기 위해 Weibull 분포를 사용하여 관측된 데이터에 모델링된 곡선을 적합시켰다. 누적 분포 함수(CDF)는 다음과 같다.

$$F(x) = 1 - \exp\left[-\left(\frac{x}{\sigma}\right)^k\right] \tag{17-2}$$

여기서 x는 평가할 유량 레벨, σ은 크기 매개변수, k는 형상 매개변수이다. 표시된 곡선의 경우, 매개변수값은 $\sigma = 2.7063$이고, $k = 1.3595$이다.

발전소의 평균 출력을 예상하기 위해서는 사용할 터빈 및 발전기 기술과 결합하여 그림 17-5와

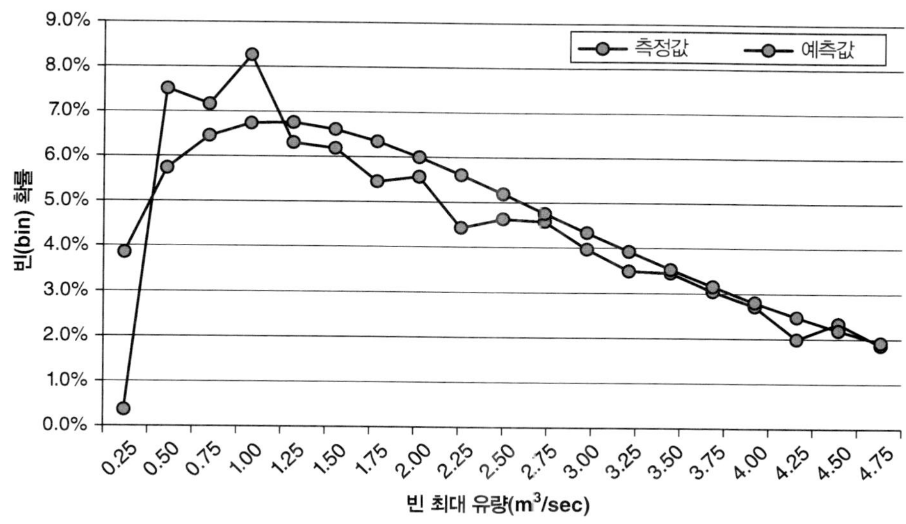

그림 17-5 뉴욕주 이타카에 위치한 수력 발전소의 유량 분포에 다한 측정값과 예측값(m^3/s).

같이 다양한 유량값에서 연간 예측된 유량 시간을 사용하여 전기 출력을 예측한다. 터빈은 특정 유량일 때 최대 출력을 달성하고, 이 이상의 유량은 최대 출력을 유지하지만 출력을 더 이상 증가시키지는 않는다. 또한 수력 발전소의 입구와 출구 사이 수로의 유지관리를 위해 1년에 한 번씩은 발전소에 물을 흘려줘야 한다. 마지막으로, 터빈이 회전을 시작하기 위해 필요한 최소한의 유량이 존재한다(13장에서 본 것과 같이 풍력터빈의 가동 속도와 유사함).

물 유량에 따른 터빈 성능은 그림 17-6과 같이 동력 곡선을 사용하여 나타낼 수 있다. 동력 곡선은 최대 유량의 백분율(%)에 따른 효율(%)을 제공하므로 특정 터빈의 크기에 관계없이 효율값을 제공할 수 있다. Francis 터빈과 Crossflow 터빈 두 가지 대안적인 설계가 제시되어 있다. 대부분의 시간 동안 유량이 최대치로 유지되거나 최대치에 가깝게 유지되는 위치에서 유리한 Francis 터빈과 광범위한 유량값에 걸쳐 최대 효율(이 경우 86%)을 달성하는 Crossflow 터빈이다. 예제 17-3은 소규모 수력에 대한 기술적 및 경제적 계산을 설명하기 위해 수력발전소의 물리적 데이터, 과거 하천의 유량 데이터 및 터빈 성능 특성을 사용한 예시이다.

예제 17-3

앞에서 설명한 코넬 수력 발전소를 사용하여 다음을 계산하라. 단순화를 위해 식 (17-1)의 수두 높이 기여도에 비해 Δv의 기여도를 무시할 수 있다고 가정하므로 추정 출력은 발전소로 들어가는 순수두인 35 m에 기반한다. 그림 17-6에서 단순화를 위해 유량이 부족하여 터빈이 회전하지 않는 상황을 제외하고 발전소 전체의 효율이 86%라고 가정한다. 이 단순화로 인해 낮은 유량인 상태에서 출력을 약간 과대 예측하지만 전체 추정치에는 큰 영향을 주지 않는다. 터빈의 효율은 93%를 가진다. 터빈을 작동하기 위해서 최소 0.25 m^3/s가 필요하고 운전을 위해서 최초 0.25 m^3/s는 항상 유동에 남아 있어야 식물과 동물의 생명을 보호해준다. 오늘 공장이 건설될 경우 비용은 \$2,100/kW가 될 것이며 투자자들은 20년 동안 5%의 투자 수익률을 희망한다. 운영비용은 \$0.02/kWh이다. (a) 그림 17-5에 표시된 4.5~4.75 m^3/s의 유량 구간에서 시스템은 정격 출력 1.2 MW를 달성함을 보여준다. (b) 매개변수가 $\sigma = 2.7063$ 및 $k = 1.3595$

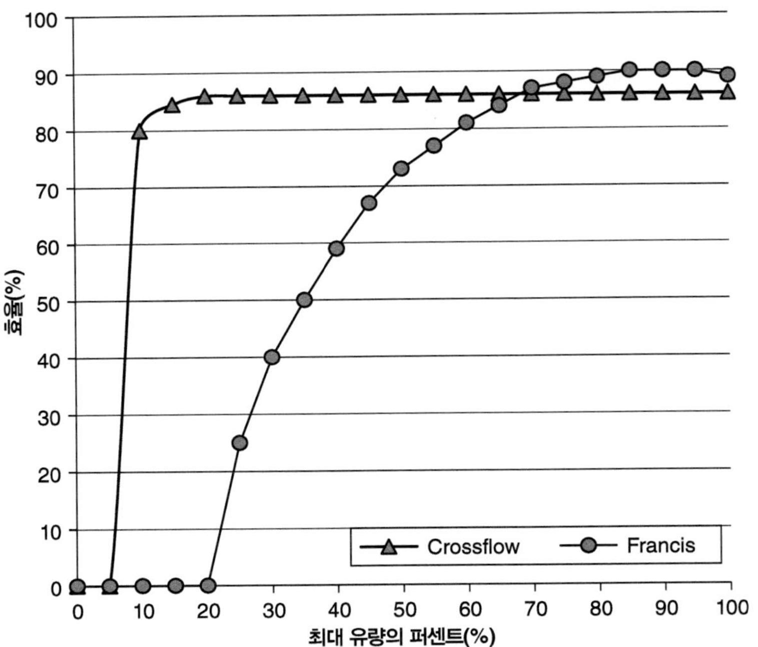

그림 17-6 최대 유량의 함수로 표현되는 소규모 수력터빈 전력곡선의 퍼센트 효율. [*출처*: Ossberger Hydro (2017).][1]

인 Weibull 분포에 따라 1년 동안의 유량이 예측된다고 가정해보자. 해당 연도 동안 발전소에서 생산되는 전력은 kWh로 얼마인가? (c) 이 발전소의 LCOE는 얼마인가?

▶ ***풀이***

(a) 전체 효율은 터빈 효율과 발전기 효율의 곱으로 구한다. 즉 86% × 93% = 약 80%이다. 표시된 구간의 평균 유량은 4.625 m^3/s이며, 하류로 흐를 수 있는 0.25 m^3/s를 뺀 값은 4.375 m^3/s이다. 밀도는 $\rho = 1{,}000\ kg/m^3$이고, $\Delta v = 0$, 식 (17-1)에 대입하면 다음과 같다.

$$P = [\rho g Z + 0.5\rho(\Delta v)^2]Q\varepsilon$$
$$= (1{,}000)(9.8)(35)(4.375)(0.8) = 1{,}200{,}500\ W = \sim 1.2\ MW$$

(b) 연간 출력은 각 구간별 연간 시간, 해당 구간의 평균 유량을 기반으로 한 구간의 평균 생산 전력, 시스템 효율을 토대로 추정된다. 예를 들어 4.5~4.75 m^3/s 구간일 때, 식 (17-2) 및 Weibull 매개변수를 사용하여, 유량값인 $Q = 4.5\ m^3/s$ 이하일 확률은 다음과 같다.

$$F(x) = 1 - \exp\left[-\left(\frac{x}{\sigma}\right)^k\right]$$

$$F(4.5) = 1 - \exp\left[-\left(\frac{4.5}{2.7063}\right)^{1.3595}\right] = 0.864$$

$Q = 4.75\ m^3/s$에 대한 계산을 반복하면 확률은 0.883이 되므로, 해당 구간에 속할 확률은 0.883 −

[1] 사사: 그림 제공을 도와준 Ossberger Hydro of Burlington, VT에게 감사를 표한다. 또한, Lesslie Jayapandian, Ari Makmoen, Garret Quist, 그리고 Defeng Tao에게도 이 프로젝트에 대한 기여에 감사를 표한다.

표 17-2 유량 빈에 따른 예제 17-3의 수력 발전소 평균 유량, 전력, 시간/년, 그리고 연간 발전량

평균 유량(m^3/s)	확률(%)	전력(kW)	시간/년	연간 발전량(MWh/y)
0.375	6.5	103	565	58
0.625	6.7	172	590	101
0.875	6.8	240	592	142
1.125	6.6	309	579	179
1.375	6.3	377	555	210
1.625	6.0	446	525	234
1.875	5.6	515	491	253
2.125	5.2	583	454	265
2.375	4.8	652	417	272
2.625	4.3	720	380	273
2.875	3.9	789	343	271
3.125	3.5	858	309	265
3.375	3.2	926	276	256
3.625	2.8	995	246	244
3.875	2.5	1,063	217	231
4.125	2.2	1,132	192	217
4.375	13.6	1,200	1,190	1,428
합계			7,921	4,898

0.864 = 1.9%, 연간 시간은 1.9% 또는 약 168시간이다. 4.375 m^3/s일 때의 출력은 약 1,200 kW이므로, 출력에 대한 총 기여량은 1,200 × 168 = 약 201,600 kWh/y이다. 이 과정은 상부 구간을 포함한 모든 유량 분포에서 반복되는데, 이는 단순히 유량이 4.375 m^3/s 이상이고 최대 출력이 가능한 모든 구간의 조합이다. 출력이 0이 아닌 모든 구간에 대한 계산은 표 17-2에 표시되어 있으며, 1년에 7,921시간 터빈이 작동되고 1년에 4,900 MWh의 총 출력과 함께, 47%의 이용률을 가진다. 시스템은 연간 1,190시간 또는 11% 동안, 완전한 1.2 MW의 출력으로 가동되지만 이 기간은 시스템이 매우 생산적인 시간이기에 전체 출력의 25%를 기여한다. 이 계산에는 충분한 유량이 제공될 때의 수리 및 재사용시간에 대한 필요가 단순화되었으며, 이 함수를 포함하면 예측 출력이 낮아짐에 유의해야 한다.

(c) 1,200 kW 발전소의 단위 비용이 $2,100/kW이므로 총 비용은 252만 달러이다. 20년 동안 5%인 연간 비용을 계산하면 연간화된 자본비용은 약 20만 2,200달러가 된다. LCOE에 운영비용을 포함하면

$$\text{LCOE} = \frac{\$202,200}{4.9\ \text{MkWh}} + \$0.02 = \$0.0613/\text{kWh}$$

LCOE는 $0.0613/kWh이다.

예제 17-3에서와 같은 소규모 수력 시스템의 이점은 태양에너지와 상호보완적인 기간에 탄소가 없는 에너지를 생산할 수 있는 능력에 있다. 수력 발전소는 태양에너지 생산이 가장 높은 여름에 가장 적게 생산한다. 넓은 면적의 물을 담고 있지 않아도 되는 강을 흐르는 수력발전 시스템은 좁은 면적에서 전력을 생산할 수 있는데, 이는 넓은 면적을 필요로 하는 멀티 메가와트 태양광 발전소와 대조된다. 반면에, 환경 영향 평가서를 작성하거나 하천에 미치는 영향을 평가하는 것은 비용과

시간이 많이 소요될 수 있으며, 하천 유역 생태계에 대한 생태학적 위험이 허용 가능하다고 환경 당국을 설득하는 것은 어려울 수 있다. 미국과 같은 국가에서는 소규모 수력발전을 많이 설치하지 않기 때문에 새로 설치하기 위한 프로젝트 비용과 프로젝트의 개방적인 구조를 완전히 예측하기가 어려운 것이 일반적이다. 이는 중국의 경우와 다른데, 중국에서는 대량의 소규모 수력발전 시스템이 설치되어 그로 인한 최근의 경험이 존재한다. 예를 들어, 현재 할당된 가격으로 발전소를 건설할 수 있는지에 대한 여부, 허가, 현장 준비 및 그리드 연결 비용(필요한 경우)은 특히 예측하기 어려운 부분이다. 최근 몇 년간 미국에서 소규모 수력발전 산업 활동의 대부분은 생산량을 늘리기 위해 현대 장비로 기존 수력 발전소를 증산하거나, 기존에 발전 용량이 없는 비발전 댐(NPD)에 발전 용량을 추가하는 데 집중되어 있다. 후자의 사례로, 미주리강 에너지 서비스(Missouri River Energy Services)는 아이오와주 펠라 근방 디모인강(Des Moines River)의 NPD에 연간 17만 8,000 MWh로 예상되는 발전량을 추가하였다.

17-4-2 양수발전 시스템

소규모 수력발전과 관련하여 17-4-1절에서 논의한 것과 동일한 기술은 양수발전에 적용할 수 있다. 여기서 터빈 하우스는 물을 높은 곳으로 펌핑한 후 필요한 경우 물을 방출하여 전력을 생산하고 전력을 시장에 송전한다. 역사적으로 양수발전은 가격이 낮은 비수기에 전력을 저장했다가, 후에 가격이 높아지는 성수기에 방출하는 데 사용되어 투자를 정당화하였다. 그러나 양수발전은 간헐적 재생에너지로 생성된 전력을 필요할 때까지 저장하는 데에도 사용될 수 있다.

표 17-3은 미국 전역의 6개 양수발전 시설의 위치와 발전 용량을 보여준다. 이 시설들은 전체 22 GW의 양수발전 용량 중 약 49%인 10.9 GW를 차지한다. 버지니아주의 배스 카운티 양수 발전소(Dominion Bath County)는 현재 미국에서 가장 크며 세계에서도 최대 발전 용량을 자랑한다. 표의 대부분 시설은 산악 지역에 위치하고 있지만, 미시간주의 러딩턴 발전소(Ludington plant)는 미시간 호수 해안의 높은 모래 언덕을 이용하여 물을 높은 고도까지 펌핑하는 기초로 사용한다. 두 가지 유형이 있는데, 물을 더 큰 유역이나 하천 시스템에서 퍼 올리는 시스템인 *개방형 양수발전 시스템*(open pumped storage systems)과 양수 및 방출을 위한 상부 및 하부 저수지가 폐쇄되어 있어 다른 수역에 연결되지 않는 시스템인 *폐쇄형 양수발전 시스템*(closed pump storage systems)이 존재한다.

미국의 양수발전 용량은 전체 전력 시장 규모에 비해 작다. 그림 17-7은 2004~2018년의 양수발전 시스템으로 송전된 전력의 총량을 보여주며, 이는 연간 45~85억 kWh/y의 범위를 보여준다.

표 17-3 미국의 대표적인 양수발전 시설과 위치, 최대 발전 용량

이름	주	최대 발전 용량(MW)
Dominion Bath County	버지니아	3,003
Ludington	미시간	2,712
Raccoon Mountain	테네시	1,652
Castaic	캘리포니아	1,247
Northfield Mountain	매사추세츠	1,168
Blenheim–Gilboa	뉴욕	1,100

출처: U.S. Energy Information Administration.

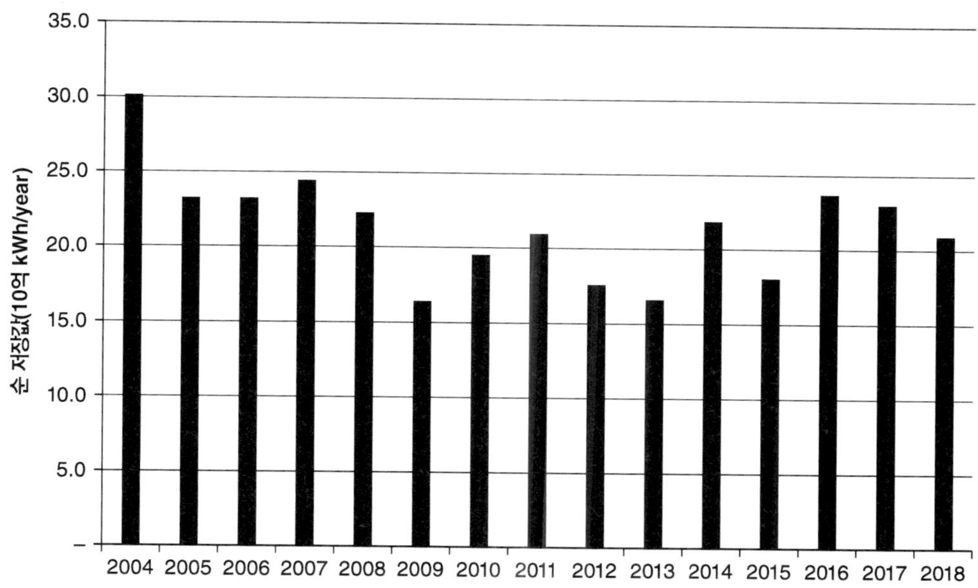

그림 17-7 2004년부터 2018년까지 미국의 연간 순 양수발전 저장에너지의 추정값(kWh/y). (*출처*: Own calculations based on data from U.S. Energy Information Administration; 본문 참조.)

그래프의 2018년 수치인 약 210억 kWh는 해당 연도의 총 수요에 대해 약 0.5%를 나타낸다. 그래프는 순 저장량을 나타내는데, 이는 USEIA가 발표한 공급한 에너지와 그리드로부터 인출된 에너지 간의 차이를 조정한 수치이다. 차이값은 USEIA 연간 전력 혼합표에서 음수로 표시된다. 양수발전에서 사용 가능한 순 에너지를 추정하기 위해, 양수발전 시스템 내에서 왕복 손실의 평균 비율인 22%를 사용하여 78%의 효율값을 가정한다.[2]

대규모 양수발전의 규모, 기능 및 용량을 설명하기 위해 표 17-4에 나온 가상 시스템을 고려해

표 17-4 300 m 수두를 사용 가능한 대표적인 1,000 MW급 양수발전 시스템의 파라미터와 용량

파라미터	값	단위
최대 유량	386	m^3/s
수두 높이(수직)	300	m
물의 밀도	1,000	kg/m^3
중력 가속도	9.8	m/s^2
시스템 효율	88%	
발전 용량	1.00E+09	W
	1,000	MW
저수량	2.00E+07	m^3 water
최대 전력 생산 시간	~51,800	seconds
	14.4	hours
최대 에너지	~14,400	MWh

2 예를 들어, 2018년에 USEIA는 펌핑된 저장값이 –59억 kWh라고 발표하였다. 여기서, 우리는 그림 17-7에서 순 209억 kWh가 그리드 고객이 이용 가능하다는 점을 기반으로, 이 값의 22%인 59억 kWh가 과정에서 손실되었다는 것을 알 수 있다.

보자. 이 지역은 파이프와 다른 요소의 마찰로 인한 손실 등을 무시하고, 산맥 호수에서 터빈까지 수직으로 300 m의 고도차가 있다. 시스템은 4개의 250 MW_e 터빈을 통해 최대 436 m^3/s의 물이 흐를 수 있다. 이 시스템의 효율은 터빈에 도달하는 물의 운동에너지부터 전기 출력까지 88%이다. 대규모 시스템은 예제 17-3의 소규모 수력 발전소보다 더 높은 효율을 달성하므로 식 (17-1)을 사용하여 출력은 1,000 MW까지 가능하다. 또한, 저장용 호수가 2,000만 m^3의 최대 저수 용량을 가지고 있다면, 터빈은 대략 14.4시간 동안 최대 유량과 전력으로 운전하여 약 14.4 GWh의 출력을 제공할 수 있다(고도차 또는 저장소 표면에서의 증발과 같은 요소를 무시함). 이 가상 시스템은 표 17-3에 나오는 블레넘 길보아 발전소(Blenheim-Gilboa plant)와 유사하다. 이 발전소는 1,100 MW의 명목 용량, 대략 300 m의 수두, 그리고 1,900만 m^3의 수용량을 가지고 있다.

재생에너지 및 간헐적 에너지 자원에 대한 더 많은 지원과 함께, 양수 저장 용량 확장에 대한 관심이 커지고 있다. USEIA에 따르면, 현재 운영 중인 22 GW와 함께 연방 에너지 규제위원회(Federal Energy Regulatory Commission)의 허가 과정 초기 단계에 있는 34 GW 양수 저장 용량 제안이 추가로 있다고 한다.

17-4-3 조력 및 파력에너지

나머지 물의 움직임을 기반으로 하는 에너지원은 해안가에서 이용 가능한 조수, 파도, 해류를 이용한 에너지원이다. 물을 이용하여 추출할 수 있는 열에너지에 기반한 에너지 시스템은 이 장의 뒷부분에서 다룰 것이다.

조수와 관련하여 이 자원을 활용하기 위한 다양한 발전소들이 경쟁하고 있다. 이러한 발전소를 위한 장소는 대량의 조수와 함께 수중지형이 각 썰물과 밀물 때마다 충분한 물 유량을 제공하여 상당한 양의 에너지를 생산할 수 있는 곳으로 선택된다. 이 에너지는 조수의 움직임으로만 얻을 수 있지만, 조수의 패턴이 매우 정확하게 알려져 있기 때문에 풍력이나 태양과 같은 다른 간헐적인 재생에너지원과 비교했을 때 예측 가능하다는 점이 장점이다. 캐나다 노바스코샤주 아나폴리스 로열에 위치한 20 MW 조력 발전소는 1984년부터 운영되어 높은 조수가 수로를 통해 흐르게 한 다음 썰물 시간에 댐 문을 닫아 터빈을 통해 물을 내보내는 방식으로 전력을 생산한다. 프랑스 노르망디 해안에 위치한 240 MW 발전소는 1966년에 개장하였고 비슷한 방식으로 작동한다. 더 최근에는 대한민국의 한국수자원공사에서 2011년에 254 MW 시화호 조력 발전소를 개장했다.

조력 발전소 설계의 다른 형태도 개발 중인데, 만조를 유지하는 구조물을 만들지 않고 해안 수면에 잠긴 수력 발전소의 수력발전 터빈과 유사하다. 이러한 유형의 조력에너지 개발의 사례로, 영국의 Marine Current Turbines Ltd.는 2003년에 영국 남서부 해안에서 실험용 300 kW 터빈을 가동하기 시작했다(그림 17-8). 2009년부터 2017년까지 MCT 북아일랜드 스트랭포드 러프에서 상업용 1.2 MW 터빈을 운영했다. 조력발전은 미국에서도 메인 해안을 따라 개발할 수 있지만 전반적으로 미국은 캐나다나 유럽 연합과 같은 고위도 국가들에 비해 조력에너지를 위한 적합한 장소가 적다. 왜냐하면 고위도의 국가들은 일반적으로 더 큰 조수를 가지며, 큰 조수가 더 큰 발전 기회를 제공하기 때문이다. 샌프란시스코와 인접한 골든 게이트 네로와 뉴욕시의 동쪽 강은 예외인데, 이들 수역을 드나드는 조수의 특성 때문이다.

해안선을 따라 이용할 수 있는 또 다른 형태의 에너지는 파력에너지이다. 파력 발전소는 파도를 받아들이는 구조물의 설계로 이루어져 있고, 이 구조물은 한쪽 끝에 파도가 들어오는 입구가 있

그림 17-8 2003년 영국 해안에 설치된 조력터빈의 이미지. [출처: Copyright Marine Current Turbines TM Ltd. (2007). 허가 후 재배포.]

는 챔버와 다른 쪽 끝에 공기가 통과할 수 있는 오리피스(orifice)로 구성되어 있다. 파도의 출입에 의해 챔버 내의 기압이 변하면 오리피스를 통해 공기가 챔버를 드나들며 오리피스의 반대편에 장착된 터빈을 구동하여 전기를 생산한다. 이 원리를 기반으로 그리드와 연결된 실험용 250 kW 발전소는 2000년에서 2012년 사이에 스코틀랜드 아일러섬에서 운영되었다. 다른 종류의 파력에너지 사례로, 스웨덴의 개발자들은 2015년에 파도에 따라 위아래 운동을 하여 터빈을 구동하고 전력을 생산하는 3 MW급 파력에너지 변환 시스템 시제품을 운영하기 시작했다.

미국은 또한 성공적인 기술이 개발될 수 있다면, 특히 걸프 스트림에서 해류의 형태로 이용 가능한 대규모 해양에너지 자원을 보유할 수도 있다. 이 자원을 개발하기 위한 하나의 개념은 해저에 수중터빈을 고정시켜 해류가 터빈을 통과함에 따라 회전하게 하는 것이다. 현재 세계 어디에서도 시험 중인 프로토타입은 없지만, 이 에너지원의 잠재력은 해안에 가깝고(15 또는 20마일 떨어진), 해류가 에너지를 집중적으로 공급하며(핵심 속도는 시간당 4마일 이상), 조력에너지와 달리 지속적인 발전이 가능하다. 문제는 해류를 포착하기 위해 연결된 물체를 적당한 깊이의 물속에 유지하는 것이고(또한 선박에 방해가 될 수 있는 수준 이하), 장기간 또는 가능한 전체 기간 동안 잠길 수 있는 매우 내구성이 좋은 장치를 만드는 것이다. 일반적으로 파도, 조수 또는 조류에 의존하는 해안에너지 시스템은 염분이 많은 환경에서 작동하여 내구성이 좋은 장치를 만들기는 어렵지만, 미래에는 발전소와 가까이 위치하는 해안 도시에 상당한 양의 전력을 공급할 수 있을 것이다.

17-5 히트 펌프를 이용한 에너지 추출

히트 펌프는 그 이름에서 알 수 있듯이 열이 자연에서 흐르는 방향과 반대로, 저온인 곳에서 고온인 곳으로 열에너지를 '올려서' 이동시키는 장치이다. 열원은 땅, 공기, 물이 될 수 있다. 히트 펌프는 일반적으로 냉매를 압축기에서 압축하고 팽창 밸브에서 팽창시키는 장점을 이용하여 한 환경에서는 열을 흡수하고 다른 환경에서 열을 방출한다. 이 책에서는 냉매 R-134a를 대표적인 냉매로 사용하고 있지만, 다양한 종류의 냉매를 사용할 수 있으며 냉동 사이클의 일반적인 패턴이 다른 냉매와 유사하더라도 냉매에 따라 열역학적 성질과 효율 계산의 결과는 다를 수 있다. HFC (hydrofluorocarbon) 냉매의 높은 지구 온난화 지수로 인해 R-134a와 같은 HFC 냉매에서 이소부탄(isobutane)과 같은 대체 냉매로 이동하는 추세이다. (주: COP와 같은 히트 펌프의 효율의 측정에 대한 유도와 토론은 6장을 참조하라.)

그림 17-9는 히트 펌프 시스템의 다양한 구성 요소를 보여준다. 그림 17-10은 히트 펌프 사이클의 단계를 T-S 선도로 보여준다. 그림 17-9는 겨울철에 난방 모드로 시스템이 작동하는 경우, 왼쪽의 열교환기에서 열전달 경로(실선 경로)가 시작되고, 여기서 저온인 곳(예를 들어 지면 또는 공기)으로부터 작동유체로 열이 전달된다. 유체는 압축되어 오른쪽 열교환기로 전달된 다음 고온인 곳으로 열을 공급하고 팽창 밸브에서 팽창되어 저압이 된다. 여름철에 냉방 모드로 시스템이 작동하는 경우, 오른쪽의 열교환기에서 열전달 경로(점선 경로)가 시작되고, 여기서 고온인 곳으로부터 유체로 열을 공급받는다. 방향이 반대로 전환되므로 유체가 압축되어 왼쪽 열교환기로 전달된 다음 저온인 곳으로 열을 방출하고 팽창 밸브에서 팽창되어 저압이 된다.

그림 17-10에서 우리는 다양한 손실을 무시하고 이상적인 사이클을 단순화하기 위해 중점을 둔다. 저온인 곳에서 시작하여 Point 1에서 유체는 저압의 포화증기 형태로 존재한다. 압축기로 이

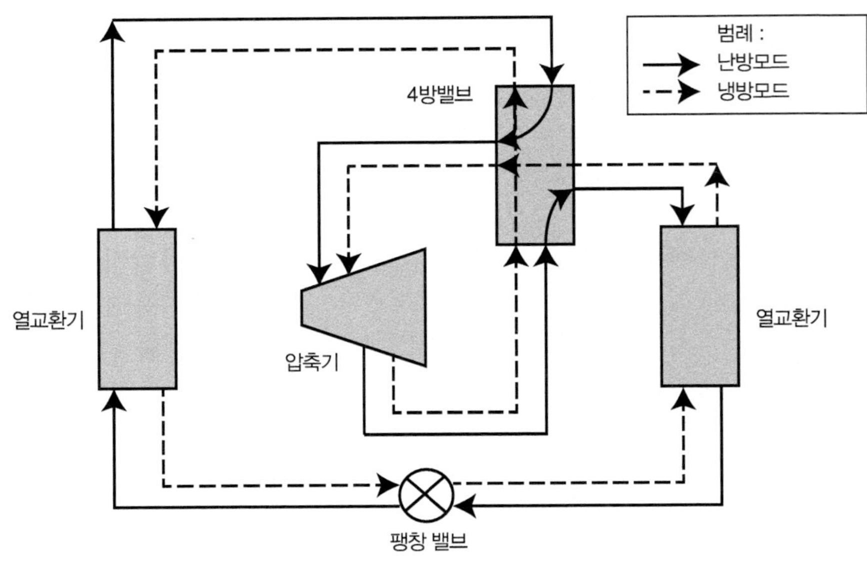

그림 17-9 압축기와 열교환기를 포함한 히트 펌프의 구성 요소. [*출처*: Adapted from Wark (1984).]

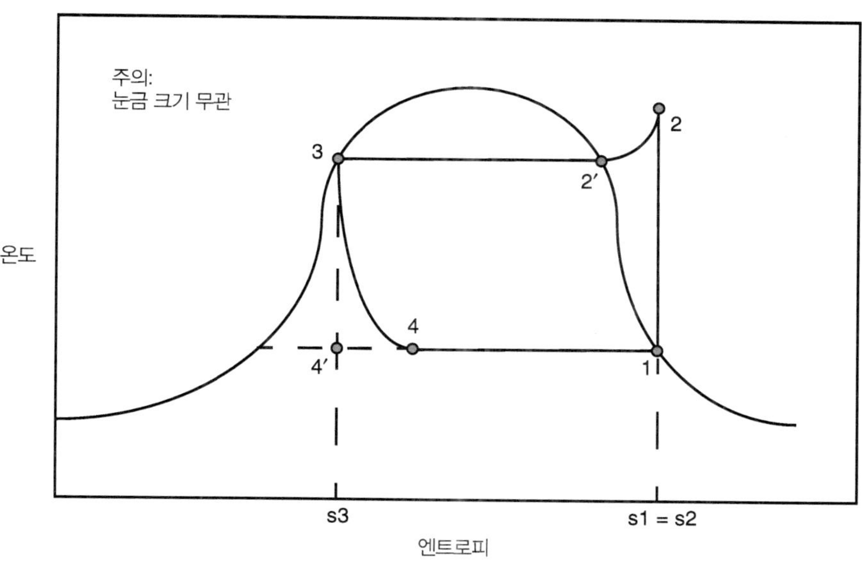

그림 17-10 이상적인 히트 펌프 사이클의 온도-엔트로피 선도.

동하고, 압축기는 Point 2에서 사이클의 최대 온도와 압력에서 과열증기 상태로 등엔트로피 과정으로 압축된다. 그러고 나서 유체는 고온과 고압에서 두 번째 열교환기를 통과하고, 과정에서 열을 주변 환경으로 전달한다. 처음에는 유체가 과열증기 상태에서 Point 2′인 포화증기 상태로 돌아올 때 압력이 일정하게 유지되므로 온도가 떨어지며, 그 후에는 일정한 압력과 온도로 열을 계속 전달하여 Point 3에서 포화액체 상태에 도달한다. 마지막으로 팽창 밸브로 이동하여 Point 4의 저압이 되면서 온도도 감소한다. Points 3과 4 사이의 이동은 등엔트로피 과정이 아님에 유의하라. 일정한 엔트로피 s에서 일어나는 것이 아니라 일정한 엔탈피 h가 유지되므로 엔트로피는 증가한다. 참고로 Point 4′ 등엔트로피 팽창의 경우 유체가 저온에 도달하는 지점으로 표시되어 있다. Point 4에서 작동유체는 저압, 저온, 일부 기화된 상태로 열교환기에 들어간다. 작동유체의 온도는 설계상 주변 환경보다 낮기 때문에 열은 유체 내부로 유입되어 이러한 온도와 압력을 일정하게 유지하면서 포화증기로 Point 1에 도달하게 된다. 이렇게 해서 사이클을 마무리하면 다시 Point 1로 되돌아간다.

17-5-1 공기열 및 지열 히트 펌프의 예

예제 17-4부터 17-6까지 겨울과 여름에 공기열 히트 펌프와 지열 히트 펌프의 비교를 위해 이상적인 히트 펌프 사이클 계산을 보여준다. 냉매 R-134a에 필요한 열역학적 성질은 표로 제공되며, 이 정보는 Cengel and Boles (2008)로부터 얻었다. 앞에서 설명한 바와 같이, 동력 공급은 손실을 무시한 이상적인 압축기만 존재한다.

예제 17-4

겨울의 공기열 히트 펌프(ASHP)에서 R-134a는 –18.7°C의 온도와 140 kPa의 압력으로 실외의 열교환기로 들어간다. 냉매는 140 kPa의 완전한 포화증기 상태에서 열교환기를 나가 55.1°C의 온도와 1.2 MPa 압력의 과열증기로 등엔트로피 압축된 후 실내의 열교환기로 들어가 실내 난방 시스템으로 열을 전달한다. 압력을 일정하게 유지하면서 46.3°C에서 포화액체로 된다. 이후 팽창 밸브를 통과하여 140 kPa의 압력과 –18.7°C의 온도로 감소하여 엔탈피가 일정하게 유지되고 사이클이 다시 시작된다. ASHP에 의해 가열되는 구조물은 24시간 동안 평균 7 kW의 열이 공급되어야 하고 난방 기간은 95일이며, 전기 요금은 $0.14/kWh이다. 온도, 압력, 엔탈피, 엔트로피값의 표는 문제에서 제공된다. 문제: (a) 이 사이클의 카르노 효율은 얼마인가? (b) kJ/kg 단위로 측정한 유체 질량 1 kg당 저온측에서 전달되는 에너지의 비율은 얼마인가? (c) COP 값은 얼마인가? (d) 구조물에 열이 공급되려면 유체가 얼마나 빨리 순환해야 하는가? (e) 압축기의 손실을 모두 무시하고 95일간 가동할 때, 난방을 위한 압축기의 전기 요금은 얼마인가?

상태	온도(°C)	압력(MPa)	엔탈피(kJ/kg)	엔트로피(kJ/kg-K)
1	–18.7	0.14	239.16	0.9446
2	55.1	1.2	284.12	0.9446
2′	46.3	1.2	273.87	0.9130
3	46.3	1.2	117.77	0.4244
4′	–18.7	0.14	106.84	0.4244
4	–18.7	0.14	117.77	0.4674

풀이

(a) *카르노 효율*: 모든 온도를 켈빈(K)으로 변환해야 한다. 이후 고온과 저온을 구하면 고온은 55.1 + 273 = 328.1 K이고 저온은 –18.7 + 273 = 254.3 K이다. 대입하면 다음과 같다.

$$\eta_{\text{Carnot}} = \frac{T_H}{\Delta T} = \frac{328.1}{328.1 - 254.3} = \frac{328.1}{73.8} = \sim 4.45$$

(b) *저온 측 열전달량*: kg당 에너지 전달량은 Points 1과 4의 엔탈피값을 기준으로 한다.

$$\Delta E = h_1 - h_4 = 239.1 - 117.8 = 121.4 \text{ kJ/kg}$$

(c) *COP*: 열을 고온 측으로 전달하는 것이 목표이므로, COP는 고온 측 열교환기와 압축기의 일로부터 계산된다.

$$\text{COP}_{\text{Heating}} = \frac{Q_{\text{out}}}{W_{\text{Compressor}}} = \frac{h_2 - h_3}{h_2 - h_1} = \frac{284.1 - 117.8}{284.1 - 239.1} = \frac{166.3}{45.0} = \sim 3.70$$

(d) *유량*: 유량은 고온 측 열교환기의 kg당 열전달량을 기준으로 한다. (c)로부터, Q_{out} = 166.3 kJ/kg이다. 원하는 열량은 7 kW 또는 7 kJ/s이므로, 유체의 유량은 다음 두 값으로부터 도출된다.

$$\frac{7 \text{ kJ/s}}{166.3 \text{ kJ/kg}} = 0.0421 \text{ kg/s}$$

(e) *압축기 에너지 비용*: 압축기가 필요로 하는 전력은 전달되는 열을 COP로 나눈 값이다.

$$P_{\text{Compressor}} = \frac{P_{\text{heat}}}{\text{COP}} = \frac{7 \text{ kW}}{3.70} = \sim 1.89 \text{ kW}$$

계절당 압축기에서 소모되는 총 에너지(kWh)는 다음과 같다.

$$1.89\ \text{kW} \times 24\text{h/d} \times 95\ \text{days} = \sim 4{,}314\ \text{kWh}$$

마지막으로, 비용은 4,314 kWh × $0.14 = 약 $604이다.

예제 17-5

이제 여름의 ASHP를 고려해보자. 여기서는 저온 측이 지금 냉각되는 구조물 내부에 있고, 고온 측은 실외 환경 온도이다. 더위가 심한 기후에서는 온도가 30~40°C (86~104°F) 범위에 도달할 수 있다. R-134a 냉매는 15.7°C, 500 kPa 압력으로 저온 측의 열교환기로 들어간다. 이후 500 kPa을 유지하면서 완전 포화증기 상태로 열교환기를 나가며, 56.0°C 온도와 1.4 MPa 압력의 과열증기로 등엔트로피 압축된 후 고온 측 열교환기로 들어가 주변 환경으로 열을 전달한다. 일정한 압력을 유지하면서, 52.4°C의 포화증기가 되어 온도가 감소하고 52.4°C와 1.4 MPa의 포화액체로 변한다. 이후 500 kPa, 15.7°C로 압력이 감소하고 엔탈피가 일정하게 유지되는 팽창 밸브를 통과하면서 사이클이 다시 시작된다. ASHP에 의해 냉각되는 구조물은 24시간 동안 평균적으로 2.5 kW의 냉각이 필요하며, 기간은 120일이고(북반구에서 대략 6월 중순에서 9월 중순까지), 전기 요금은 $0.14/kWh이다. 미국의 관습적인 단위에서, 2.5 kW는 에어컨의 약 0.71 ton에 해당한다. 온도, 압력, 엔탈피, 엔트로피값의 표는 문제에서 제공된다. 문제: (a) 이 사이클의 카르노 효율은 얼마인가? (b) 히트 펌프의 고온 측을 가열하는 것이 목적이라면 카르노 효율은 얼마인가? (c) COP 값은 얼마인가? (d) 평균적인 냉각 속도를 달성하려면 유체가 얼마나 빨리 순환해야 하는가? (e) 압축기의 손실을 모두 무시하고 120일간 가동할 때, 냉방을 위한 압축기의 전기 요금은 얼마인가?

상태	온도(°C)	압력(MPa)	엔탈피(kJ/kg)	엔트로피(kJ/kg · K)
1	15.7	0.5	259.3	0.9240
2	56.0	1.4	280.6	0.9240
2′	52.4	1.4	276.1	0.9105
3	52.4	1.4	127.2	0.4531
4′	15.7	0.5	123.3	0.4531
4	15.7	0.5	127.2	0.4674

풀이

(a) *카르노 효율*: 모든 온도를 켈빈(K)으로 변환해야 한다. 이후 고온과 저온을 구하면 고온은 56 + 273 = 329.0 K이고 저온은 15.7 + 273 = 288.7 K이다. 대입하면 다음과 같다.

$$\eta_{\text{Carnot}} = \frac{T_C}{\Delta T} = \frac{288.7}{329.0 - 288.7} = \frac{288.7}{40.3} = \sim 7.16$$

(b) *난방 카르노 효율*: (a)에서 계산한 것과 같지만, 고온 측의 온도는 $T_H = 329$ K이다.

$$\eta_{\text{Carnot}} = \frac{T_h}{\Delta T} = \frac{329.0}{329.0 - 288.7} = \frac{329.0}{40.3} = \sim 8.16$$

(c) *COP*: 저온 측에서 열을 제거하는 것이 목표이므로 COP는 저온 측 열교환기의 엔탈피 변화와 압축기의 일로부터 계산된다.

$$COP_{Cooling} = \frac{Q_{in}}{W_{Compressor}} = \frac{h_1 - h_4}{h_2 - h_1} = \frac{259.3 - 127.2}{280.6 - 259.3} = \frac{132.1}{21.3} = \sim 6.21$$

(d) *유량*: 유량은 저온 측 열교환기의 kg당 열전달량을 기반으로 한다. (c)로부터, Q_{in} = 132.1 kJ/kg 이다. 원하는 열량은 2.5 kW 또는 2.5 kJ/s이므로, 유량은 다음 두 개의 값으로부터 도출된다.

$$\frac{2.5 \text{ kJ/s}}{132.1 \text{ kJ/kg}} = 0.0189 \text{ kg/s}$$

(e) *압축기 에너지 비용*: 압축기가 필요로 하는 전력은 전달되는 열을 COP로 나눈 값이다.

$$P_{Compressor} = \frac{P_{Cooling}}{COP} = \frac{2.5 \text{ kW}}{6.21} = \sim 0.402 \text{ kW}$$

계절당 압축기에서 소모되는 총 에너지(kWh)는 다음과 같다.

$$0.402 \text{ kW} \times 24 \text{ h/d} \times 120 \text{ days} = \sim 1{,}159 \text{ kWh}$$

마지막으로, 비용은 1,159 kWh × $0.14 = 약 $162이다.

예제 17-6

이제 예제 17-4와 유사한 겨울철 난방 상황을 고려하되 ASHP 대신 지열 히트 펌프(GSHP)를 사용한다. 한 가지 다른 점은 저온 측 열 자원이 동절기 내내 약 10°C로 유지되기 때문에 온도 상승량이 적다. 냉매 R-134a는 5.8°C(약 42°F), 360 kPa 압력으로 저온 측 열교환기로 들어간다. 냉매는 동일한 360 kPa의 포화증기 상태로 열교환기를 떠나며, 57.2°C의 온도에서 1.4 MPa의 과열증기로 등엔트로피 압축된 후 실내의 열교환기로 들어가 실내 난방 시스템으로 열을 전달한다. 1.4 MPa의 압력을 일정하게 유지하면서, 52.4°C의 포화증기와 52.4°C의 포화액체로 변한다. 이후 냉매는 360 kPa, 5.8°C로 압력이 감소하고 엔탈피가 일정하게 유지되는 팽창 밸브를 통과하면서 사이클이 다시 시작된다. 비교를 위해 여름철도 동일하다. 24시간 동안 평균적으로 7 kW의 열을 공급하며, 기간은 95일이고, 전기 요금은 $0.14/kWh이다. 온도, 압력, 엔탈피, 엔트로피값의 표는 문제에서 제공된다. 문제: (a) 이 사이클의 카르노 효율은 얼마인가? (b) 단위로 측정한 유체 kg당 저온 측에서 전달되는 에너지의 비율은 얼마인가? (c) COP 값은 얼마인가? (d) 평균적인 열의 공급을 위해 유체가 얼마나 빨리 순환해야 하는가? (e) 압축기의 손실을 모두 무시하고 95일 동안 가동할 때, 난방을 위한 압축기의 전기 요금은 얼마인가?

상태	온도(°C)	압력(MPa)	엔탈피(kJ/kg)	엔트로피(kJ/kg-K)
1	5.8	0.36	253.8	0.9284
2	57.2	1.4	282.0	0.9284
2′	52.4	1.4	276.1	0.9105
3	52.4	1.4	127.2	0.4531
4′	5.8	0.36	112.6	0.4531
4	5.8	0.36	127.2	0.4746

풀이

(a) *카르노 효율*: 모든 온도를 켈빈(K)으로 변환해야 한다. 이후 고온과 저온을 구하면 고온은 57.2 + 273 = 330.2 K이고 저온은 5.8 + 273 = 278.8 K이다. 대입하면 다음과 같다.

$$\eta_{\text{Carnot}} = \frac{T_H}{\Delta T} = \frac{330.2}{330.3 - 278.8} = \frac{330.2}{51.4} = \sim 6.43$$

(b) *저온 측 열전달량*: kg당 에너지 전달량은 Points 1과 4의 엔탈피값에 기반한다.

$$\Delta E = h_1 - h_4 = 253.8 - 127.2 = 126.6 \text{ kJ/kg}$$

(c) *COP*: 열을 고온 측으로 전달하는 것이 목표이므로 COP는 고온 측 열교환기의 엔탈피 변화와 압축기의 일로부터 계산된다.

$$\text{COP}_{\text{Heating}} = \frac{Q_{\text{out}}}{W_{\text{Compressor}}} = \frac{h_2 - h_3}{h_2 - h_1} = \frac{282.0 - 127.2}{282.0 - 253.8} = \frac{154.8}{28.2} = \sim 5.49$$

(d) *유량*: 유량은 고온 측 열교환기의 kg당 열전달량을 기준으로 한다. (c)로부터, Q_{out} = 154.8 kj/kg 이다. 원하는 열량은 7 kW 또는 7 kJ/s이므로, 유체의 유량은 다음 두 값으로부터 도출된다.

$$\frac{7 \text{ kJ/s}}{154.8 \text{ kJ/kg}} = 0.0452 \text{ kg/s}$$

(e) *압축기 에너지 비용*: 압축기가 필요로 하는 전력은 전달되는 열을 COP로 나눈 값이다.

$$P_{\text{Compressor}} = \frac{P_{\text{heat}}}{\text{COP}} = \frac{7 \text{ kW}}{5.49} = \sim 1.28 \text{ kW}$$

계절당 압축기에서 소모되는 총 에너지(kWh)는 다음과 같다.

$$1.28 \text{ kW} \times 24\text{h/d} \times 95 \text{ days} = \sim 2{,}908 \text{ kWh}$$

마지막으로, 비용은 2,908 kWh × \$0.14 = 약 \$407이다.

예제 17-4부터 17-6까지의 결과를 통해 히트 펌프에 대해 몇 가지 관측이 가능하다. 첫째, 카르노 효율은 가능한 COP 값의 상한선으로 작용하며 각 경우의 히트 펌프 사이클을 사용하여 계산된 COP 값보다 높다. 예를 들어, 예제 17-6에서 카르노 효율은 4.45이고 이상적인 히트 펌프의 COP는 3.7이다. 사이클이 다양한 압력과 온도에서의 냉매의 실제 열역학적 특성을 포함하면 단순히 고온 측과 저온 측 간의 온도 차이를 비교하는 것에 비해 효율은 항상 떨어진다. 또한 예제 17-5에서 보듯이, 동일한 온도에 대해 ASHP를 냉각에서 난방으로 변경할 때 항상 카르노 효율이 증가하는 것은 낮은 온도에서 열을 흡수하는 것보다 높은 온도에서 열을 방출하는 것이 더 유리하기 때문이다.

겨울철 난방의 경우 ASHP와 GSHP의 이상적인 히트 펌프 사이클을 비교하면 온도 차이를 줄이는 것이 COP를 크게 증가시킬 수 있다는 것을 알 수 있다. 예제 17-6에서 덜 차가운 저온 측 온도로 인해 압축기가 더 높은 엔탈피값에서 시작하여 압축기에서 요구되는 일이 감소하고 COP 값이 높아진다. 예제 17-5 (COP = 6.21)에서 ASHP의 COP 값이 예제 17-6 (COP = 5.49)에서 GSHP의 COP 값보다 높은 것은 사실이지만, 이는 ASHP가 더 높은 초기 온도와 더 좁은 온도 상승 범위를 활용하기 때문이다. 즉, 예제의 표에서 GSHP인 경우 약 Δ51°C에 반해 ASHP은 약 Δ40°C의 온도 상승 범위를 가진다.

마지막으로, 세 가지 예제 모두에서 이상적인 히트 펌프 COP 값은 실제 히트 펌프에서 얻는 COP 값보다 상당히 높지만, 높은 COP 측면에서 GHSP의 장점은 여기에 제시된 이론적인 경우와 같이 실제 장치에서도 나타난다. 겨울철 작동에 중점을 두면, COP는 원하는 실내 온도와 ASHP의 경우에는 실외 공기 온도가 모두 변할 수 있기 때문에 다양하다. 그러나 실제 사용 중인 ASHP와

GSHP의 경우 각각에 대해 COP > 2 및 COP > 3 값이 관찰된다. 비록 전달되는 열은 '공짜'이지만, 압축기를 작동하는 데 드는 비용은 무시할 수 없다. 예제 17-4의 경우 난방이 필요한 겨울마다 약 600달러의 비용이 들고, 예제 17-6에서는 난방이 필요한 겨울마다 약 400달러의 비용이 든다. 이는 히트 펌프를 사용하면 가정 전체 또는 다른 건물의 난방비용이 계절당 수백 달러 또는 수천 달러에 달할 수 있다는 사실을 알려준다. 여기서는 유럽 히트 펌프 협회(2017)의 상업용 건물 또는 산업 공정용 열에 대해 제안된 유형의 대용량 히트 펌프는 여기서 더 이상 다루지 않지만, 다음 열에너지 회수에 대한 논의에서 히트 펌프 응용을 다룬다(17-6-3절).

17-6 폐기물로부터 에너지 회수

에너지 변환 공정은 도시 고형 폐기물에서 산업 부산물, 폐수 배출물에 이르기까지 다양한 종류의 폐기물에서 유용한 양의 에너지를 추출할 수 있다. 어떤 경우에는 열에너지 자체가 추출되는 반면, 다른 경우에는 폐기물이 바이오매스 또는 화석연료와 유사하게 에너지 생성을 위한 공급 원료가 된다. 모든 부문에 걸친 전체 인간 에너지 수요의 일부로, 폐기물에서 추출할 수 있는 총 에너지양은 적은 편이며, 가장 이상적인 상황에서도 5~10% 이하를 구성한다. 그럼에도 불구하고 폐기물에너지 회수는 에너지 포트폴리오를 다양화할 뿐만 아니라 공급 원료가 무료이거나 심지어 수익원이 될 수 있으며 폐기물의 크기와 범위를 줄이므로 매력적이다. 후자의 혜택은 폐기물 처리의 부정적인 생태학적 결과를 감소시킬 수 있다.

17-6-1 폐기물에너지 변환 시스템

폐기물에너지(waste-to-energy: WTE)는 불연성 재활용 물질(예: 금속, 유리)을 분리한 후 도시 고형 폐기물(municipal solid waste: MSW)을 수집하여 전문 발전소에서 연소시키고 재활용을 위해 잔여 금속을 회수한 후 안전하게 재를 처리하는 것을 수반한다. WTE는 에너지원으로서 매립지에 필요한 공간을 줄이고 매립지의 시설 운영자에게 전달되는 추가 비용이 발전소 운영자에게 전달되기 때문에 상대적으로 저렴한 비용으로 전력을 생산할 수 있는 장점이 있다. 다시 말해서, 연료에 대한 비용을 지불하는 대신 운영자는 처리자로부터 연료를 공급받는다. WTE는 전문적인 오염 관리가 필요하며, 연료의 일부는 실제로 폐기물에너지로 변환되지 않았다면 대기 대신 매립지에 버려질 탄화수소에서 파생되었기 때문에 엄격하게 제로 탄소 공급원은 아니다. (참고로, 매립지에서 분해되는 탄화수소의 일부는 매우 강력한 온실가스인 메탄을 발생시키지만, 여기서 WTE를 사용하여 연료를 연소시킴으로써 회피된 메탄 배출의 이점을 정량화하지 않는다.)

미국 에너지 정보청에 따르면, 2014년에 WTE는 미국에서 생산된 총 전력 공급량의 약 0.5%인 213억 kWh를 생산했다. WTE 시설은 뉴욕 시러큐스 외곽의 39 MW 용량의 제임스빌 발전소(Jamesville plant)와 같이 전국에 분포되어 있다. 오염 관리에 대한 실망스러운 성과와 이전 세대의 WTE 기술에 대한 대중의 반대로 인해 지난 20년 동안 미국에서 새로운 WTE 시설이 문을 열지 못했다. 그동안 유럽과 아시아, 특히 일본과 덴마크의 동종 국가들은 WTE 연소로 인한 총 배출을 줄이기 위해 노력해 왔으며, 오늘날 고형 폐기물 매립에 대한 대안으로 해당 국가들의 WTE에 대한 일반적인 의견이 미국보다 훨씬 높다. 덴마크에서는 고형 폐기물의 97%가 WTE를 사용하여 재활용되거나 연소되며, 3%만 매립된다. 덴마크의 WTE 시설은 거주 공간과 인접하여 운영된다.

50 MW급 지역 WTE 시설의 예

코넬대학 주변 지역에 있는 50 MW WTE 발전소의 타당성은 바이오매스 에너지와 관련하여 17-3절에서 언급한 석탄 화력 전기 발전소를 대체하는 대규모 경제 연구의 일환으로 연구되었다.[3] 타당성 연구는 예제 17-7에 요약되어 있다. WTE 사례 연구의 특징 중에는 대형 화석연료 발전소와 유사한 용량, 연료 자체의 불균질한 특성으로 인해 상대적으로 낮은 열 효율, 수수료와 금속 회수 및 재활용으로 수익을 얻는 비용적 이점 등이 있다.

예제 17-7

MSW를 에너지로 전환하고 재활용 회사에 판매할 금속을 회수하기 위한 50 MW급 WTE 발전소가 건설될 예정이다. 이 분석을 위해 할인율은 7%, 공장의 투자수명은 20년, 이용률은 60%라고 가정하자. WTE 발전소의 자본비용은 $2,060/kW이고, 폐기물 내의 에너지 함량으로부터 발전소를 나가는 전기까지의 전체 효율은 28.4%이다. 폐기물의 에너지 함량은 13.9 GJ/tonne이며, 발전소에 전달되는 폐기물에 부과되는 비용은 톤당 55달러이다.

연소 정화, 오염 물질 제거, 시장 가치가 없는 남은 재를 매립하기 위한 노동력, 유지보수, 전문 절차를 포함한 운영비용은 총 $0.075/kWh이다. 발전소는 폐기물을 연소하여 회수한 금속에 대해 평균 $131/tonne을 벌며, 중량 기준으로 폐기물의 5%가 재활용 가능 금속이다.

(a) 연간 전력 생산 목표를 달성하기 위해 발전소는 매년 얼마나 많은 양의 폐기물을 공급받는가? (b) 폐기물 처리 및 재활용 수익을 차감한 순 운영비용을 기준으로 kWh당 균등화 발전 비용(LCOE)은 얼마인가?

▶ *풀이*

(a) 정격 용량과 이용률에 기반한 발전소의 생산량은 다음과 같다.

$$(50\ \text{MW})(8{,}760\ \text{h/y})(0.6) = 262.8\ \text{GWh/y}$$

변환 장치는 발전소에서 946 TJ/y의 에너지 출력을 제공하므로 28.4%의 효율을 기준으로 필요한 총 에너지 입력은 다음과 같다.

$$(946\ \text{TJ})\left(\frac{1}{0.284}\right)\left(\frac{1\ \text{tonne}}{13.9\ \text{GJ}}\right) = \sim 239{,}700\ \text{tonnes/y}$$

(b) $2,060/kW의 비용으로 50 MW 발전소는 초기에는 1억 3,000만 달러가 소모된다. 20년 동안 이 가치를 7%의 할인율로 계산하면 연간 972만 달러의 자본비용이 발생한다. $0.075/kWh의 운영비용으로 262.8 GWh/y를 생산하는 데는 연간 1,971만 달러가 소모된다. $55/tonne만큼 폐기물을 소요하면 1,318만 달러가 발생한다. 또한 폐기물 소요량의 5%인 1만 2,000 tonnes/y는 스크랩의 형태로 $131/tonne으로 판매할 수 있으며, 이로써 157만 달러의 추가 수익을 올릴 수 있다. 따라서 균등화 발전 비용(LCOE)은

$$\text{LCOE} = \frac{\$9.72\text{M} + \$19.71\text{M} - \$13.18\text{M} - \$1.57\text{M}}{262.8\ \text{GWh/y}} = \$0.0559$$

그러므로 LCOE는 $0.0559/kWh이다.

---

3 사사: Michelle Chau, Hwan Choi, Benting Hu, Josh Lazoff, Molly McDonough, Sandra Quah, Justin Steimle, Kartik Shastri, Wan Hua Xie, Marrisa Yang, Martin Yu, 그리고 Dan Zhao에게 바이오매스와 WTE 프로젝트에 대한 그들의 수고에 감사를 표한다.

예제의 WTE 발전소에 대한 결과는 표 17-5에 나와 있다. 이 발전소는 고체 폐기물 연소의 복잡성과 1,000 MW 이상의 크기를 가진 화석연료로 구동되는 공장에 비해 상대적으로 작은 용량으로 인해 천연가스 연소 공장에 비해 상대적으로 높은 자본비용과 특히 높은 운영비용을 가지고 있다. 덴마크나 일본과 같이 WTE를 광범위하게 사용하는 국가들은 소규모 분산형 WTE 공장 네트워크(40~50 MW의 전형적인 최대 용량)를 선호한다. 고체 폐기물 운반비의 수익은 연간 총 비용을 낮추어 약 $0.06/kWh의 균등화된 비용을 초래한다. 전반적으로 WTE는 kWh당 비용이 상대적으로 낮고, 도시 폐기물의 꾸준한 공급으로 인하여 가격 변동성이 낮으며, 화석연료에서 파생되지 않은 폐기물을 연소시킬 때 발생하는 CO_2 배출을 일부 방지하고, 매립을 위한 공간 사용을 피할 수 있다는 장점이 있다. 그러나 WTE의 최대 범위는 제한적이다. 일반적인 1인당 폐기물 발생률과 가능한 폐기물의 최대 회수에 기초하여, WTE에서 발생할 수 있는 최대 전력량은 국가 수요의 3% 수준일 것이다.

17-6-2 폐수에너지 회수 및 음식물 쓰레기 에너지 변환

폐수에너지 회수는 폐수 처리 시설(wastewater treatment facility: WWTF)에서 처리된 물로부터 생물학적 물질을 분리하여 어떤 방식으로든 그 물질을 마련하는 것과, 전기와 공정 또는 난방(열병합발전, CHP)을 위하여 그 물질들을 연소시키는 것으로 구성된다. 생물학적 물질에 대한 전형적인 마련 방법은 혐기성 소화조에서 처리하여 바이오가스(메탄 또는 CH_4)를 만드는 것이다. 생물학적 소화조를 떠난 후 가스를 처리하여 CO_2를 제거하고 오염물질(예: 황화수소)을 추적하여 장비를 손상시키지 않고 왕복동형 엔진 또는 터빈에서 연소시킬 수 있도록 해야 한다. WWTF는 폐수 처리 발전소(wastewater treatment plants: WWTPs)라고도 한다.

전형적인 WWTF는 슬러지를 매립하는 비용을 절감할 수 있고, 경우에 따라서는 전력망에서 가스를 구매하는 것을 줄일 수 있기 때문에 수처리 부산물에 포함된 에너지를 포집하려는 강한 동기를 가지고 있다. 표 17-6은 CHP를 사용하여 내부적으로 전기 요구량의 일부를 마이크로터빈,

표 17-5 50 MW급 WTE 발전소 예제의 기술적 및 경제적 요소의 요약

기술적 요소		
연간 출력	262.8	GWh/y
발전소 효율	28.4%	
폐기물에너지 입력	3331	TJ/y
필요한 폐기물량	239,700	Tonnes/y
재활용된 금속	12,000	Tonnes/y
경제적 요소		
연간 자본비용	$9.72	Million/y
운영비용	$19.71	Million/y
연료 수익	−$13.18	Million/y
재활용된 수익	−$1.57	Million/y
순 연간 비용	$14.68	Million/y
균등화 비용	$0.0559	per kWh

표 17-6 폐기물에서 전기를 생산하기 위해 CHP를 사용하는 미국의 대표적인 폐수 처리 시설

위치	발전소 평균 유량 (MGD)	에너지 용량(kW_e)	CHP 타입	시공년도
미네소타주 앨버트리	5	120	터빈	2004
위스콘신주 치페와 폴스	2	60	터빈	2003
코네티컷주 페어필드	9	200	연료전지	2005
애리조나주 플래그스태프	3.5	290	왕복동형	2008
뉴욕주 이타카	5.5	260	터빈	2006*
뉴욕주 루이스턴	2	60	터빈	2001
캘리포니아주 산타마리아	7.8	300	터빈	2009

참고: MGD = million gallons per day of wastewater flow.
*2006년 이전에는 이 시설은 CHP를 위하여 왕복동형 엔진을 사용함.
출처: U.S. Environmental Protection Agency.

왕복동형 엔진 또는 연료 전지로 생산하는 미국 폐수 발전소의 샘플을 보여준다. 많은 WWTF에서 하수와 트럭으로 운반되는 정화조의 내용물에서 사용 가능한 총 에너지는 발전소를 자급자족할 수 있을 만큼의 전기를 공급하기에 충분하지 않다. 따라서 발전소 내의 생물학적 소화조 시설은 다른 외부 폐기물(예: 식품 처리 시설의 음식물 쓰레기 폐기물 식품 함량이 높을 수 있는 기관의 폐기물 등)을 공급받도록 조정하여 발전소가 자급자족할 수 있고 추가적으로 주변의 부하를 위한 전기의 순 발전소가 될 수 있도록 할 수 있다. 일부 WWTF들은 폐수가 여러 에너지원 중 하나인 '에너지 센터'로 이미지 변화를 위해 이름을 변경하려고 노력하고 있다.

이타카 지역의 폐수 처리 시설 에너지 변환 프로그램의 사례연구

뉴욕에 있는 이타카 지역 폐수 처리 시설(Ithaca Area Wastewater Treatment Facility: IAWWTF)은 약 10만 명의 하수를 처리할 수 있는데, 평균 유량은 5.5 MGD(하루 100만 갤런, million gallons per day)이지만 피크 시간에는 하루 30 MGD의 최대 용량을 가진다. 1980년대에 새로 건설된 시설에서 폐수 처리를 시작으로, 최근 IAWWTF는 매립지로의 지역 폐기물을 줄이고 그리드 전기 구매를 줄이기 위해 '트럭 폐기물'(음식물 쓰레기 및 다른 생물학적 폐기물)을 수용할 수 있는 용량을 확장하고 있다. 시설은 개관 당시부터 전기발전을 사용했지만, 최근 기존 왕복 Cummins 엔진 발전기가 65 kW Capstone 마이크로터빈 4대로 교체되어 총 용량이 260 kW가 되었다.

이 연구의 목표는 IAWWTF에서 폐기물로부터 전기를 생산하고 LCOE를 계산하는 데 필요한 보조 장비의 비용이다. 그림 17-11은 시스템으로 유입되는 폐기물 및 에너지 산출물의 흐름을 보여주며 여기서 도식화된 각 박스는 물리적 유량, 에너지 흐름 및 수익비용(있는 경우)을 포함한다. 표시된 도식에서 마이크로터빈에서 변환된 에너지는 하수로부터 50%, 트럭 폐기물(정화조 폐기물, 식품 가공 폐기물, 휴대용 화장실 폐기물, 동물 가공 폐기물 포함)로부터 50%를 공급받는다. 에너지 기여는 동일하지만, 폐수의 흐름이 대부분 물이기 때문에 트럭 폐기물의 물리적 부피는 훨씬 더 작다(트럭 폐기물의 하루 2만 갤런 또는 20 KGD, 5.5 MGD와 대비됨). 에너지 함량은 생물학적 소화조를 통과하여 바이오가스 공급의 일부로 CHP 시스템에 유입되며, 전기, 열 공급 또는

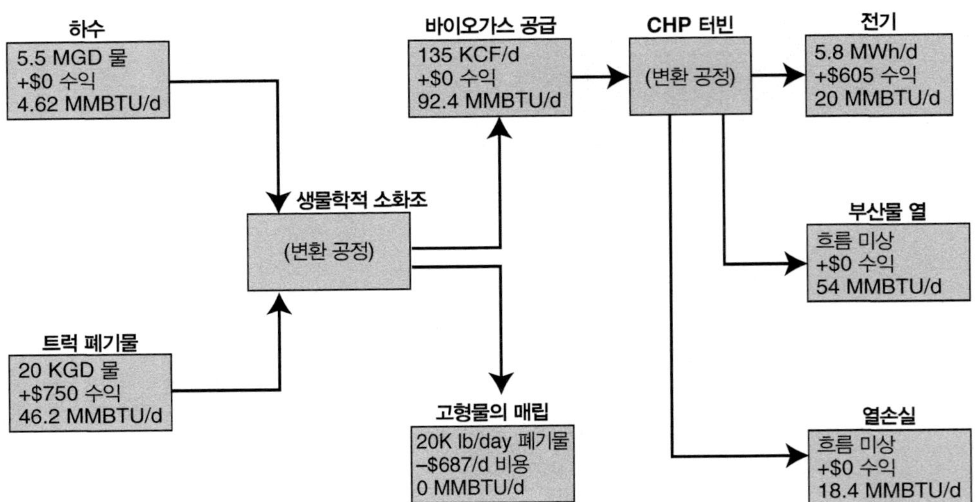

그림 17-11 폐수와 트럭 폐기물을 활용하여 전기와 열을 발생시키는 폐수 에너지 회수 시스템에서 물질과 에너지의 흐름 도식.

열손실로 할당되며, 이 비율은 표 5-2의 아파트 단지 사례 연구와 유사하다. 일부 에너지 함량은 잔여 고형물(케이크라고도 함)이 매립지로 보내지면서 손실되지만, 여기서는 정량화되지 않는다. 또한 부산물 열은 생물학적 소화조를 가열하는 데 사용되므로 이 경우 0달러의 값을 갖지만, 다른 맥락에서는 그리드 가스 구매를 줄여 다른 수익원을 창출하는 데 사용될 수도 있다. 예제 17-8은 균등화 발전 비용과 폐수 플랜트의 재정적 이익을 조사한다.

예제 17-8

그림 17-11의 260 kW_e 폐수 에너지 회수 시스템을 고려해보자. 시설은 하루에 550만 갤런의 하수(sewage)와 2만 갤런의 정화조 폐기물(septage)을 처리한다. 마이크로터빈 시스템은 4개의 65 kW_e 장치로 구성되어 있으며, 바이오가스에서 유입되는 에너지를 전력으로 전환할 때 21.4%의 효율을 가진다. 정화조에는 갤런당 0.0375달러가 부과되고, 매립 고형물 처리 비용은 톤당 68.70달러가 부과되며, 처리 속도는 하루에 10톤이다. 전력의 회피비용은 $0.105/kWh이며, 시스템에서 생산된 모든 전력을 사용할 충분한 수요가 있다고 가정할 수 있다. 시스템의 운영비용은 $0.02/kWh이다. 시스템의 자본비용은 약 $2,900/kW이며, 시스템은 12년 동안 5%의 할인율을 가진다, (a) 시스템의 연간 생산량 및 이용률은 얼마인가? (b) 발전소가 정화조 수익 및 처리비용을 전력발전 시스템에 할당할 경우 회피되는 전력 구매의 연간 가치는 얼마인가? (c) 대신 발전소가 마이크로터빈 시스템이 없더라도 트럭 폐기물을 공급받고 동일한 양으로 처리비용을 지불한다는 이유로 자본 및 운영비용만을 균등화 발전 비용에 고려한다고 가정하자. 수정된 연간 가치는 얼마인가?

▶ ***풀이***

(a) 그림 7-11에서 에너지 입력은 92.4 MMBTU/day이다. 효율을 적용하고 kWh로 변환하면 다음과 같다.

$$\left(\frac{92.4\ \text{MMBTU}}{\text{day}}\right)(0.214)\left(\frac{1\ \text{kWh}}{3{,}412\ \text{BTU}}\right) = \sim 5.795\ \text{MWh/day}$$

출력량은 약 212만 kWh/y에 달한다. 또한, 260 kW에서 24시간 동안 작동하는 마이크로터빈은 6.24 MWh를 생산하므로 실제 출력은 이용률 92%에 해당하며, 평균 전력 출력은 241 kW이다.

(b) $2,900/kW의 시스템 초기비용은 75만 4,000달러이다. 필수 할인 계수는 (A/P, 5%, 12년) = 0.1228이므로, 연간 비용은 8만 5,100달러이다. 그림에서 볼 때, 정화조는 2만 gal/day이므로 $0.0375/gal의 수익은 하루에 750달러이다. 마찬가지로, 톤당 68.70달러의 슬러지 10 tons/day 처리비용은 687달러이며, 운영비용은 $0.02/kWh이다. 따라서, 연간 순수익과 운영비용은 각각 다음과 같다.

$$(\$750 - \$687)365 = \sim\$23{,}000$$

$$(2.12\ \text{MkWh})(\$0.02/\text{kWh}) = \$42{,}400$$

LCOE는 다음과 같다.

$$\text{LCOE} = \frac{\$85.1\text{K} + \$42.4\text{K} - \$23\text{K}}{2.12\ \text{MkWh}} = \sim\$0.0493/\text{kWh}$$

연간 총 비용은 10만 4,500달러이며, 212만 kWh 구매 시 $0.105/kWh의 회피비용은 연간 22만 2,600달러이므로, 연간 가치는 11만 8,100달러이다.

(c) 정화조 폐기물을 받는 순수익은 반영하되 슬러지 처리비용을 포함하지 않는다면, LCOE는 다음과 같다.

$$\text{LCOE} = \frac{\$85.1\text{K} + \$42.4\ \text{K}}{2.12\ \text{MkWh}} = \sim\$0.0601/\text{kWh}$$

이러한 가정하에서 연간 총 비용은 12만 7,500달러로 증가하므로, 연간 가치는 9만 5,100달러로 감소한다.

다양한 요인들이 폐수 발전소의 생물학적 정화조로부터 전력 및 열 생산을 유리하게 한다. 하수 및 정화조 폐기물의 그 특성상 매년 큰 변화가 없으므로 공정에 대한 공급 원료는 예측 가능하다. 또한 생물학적 정화조는 바이오가스의 천연 저장소가 될 수 있으므로, 마이크로터빈 시스템이 이를 사용할 수 있어 정기적인 유지보수를 제외하고는 지속적인 발전을 가능하게 한다. 또한 폐수 처리는 지속적이고 상당한 전기 소비를 필요로 하므로 마이크로터빈 시스템은 발전소에서 '계량기 뒤에서' 소비되는 전력을 생산하도록 크기를 조정할 수 있다.

그림 17-11의 시스템 확장이 가능하다. 폐수 유량은 공동체의 규모가 커지지 않는 한 기본적으로 제한되지만, 트럭 폐기물을 증가시켜 공장을 순수 전기 발전소로 만들 수 있다. 만약 그렇게 되면, 여분의 전기 및 열을 지역 난방 및 발전 시스템으로 수출할 수 있다. 이 시스템에서, 공장의 지역 난방 회로는 주변 가정이나 사업체로 확장되어 생산된 전기의 일부도 공급받을 수 있다. 이 시스템은 지역적으로 정전 시에 고립 모드로 작동할 수 있는 전기 마이크로그리드로도 설정될 수도 있다.

17-6-3 폐열에너지 회수

도시 위생 조직망에 의해 수집된 폐수는 폐열에너지 회수(Effluent Thermal Energy Recovery: ETER)라는 이름으로 열 회수를 위한 또 다른 잠재적인 자원을 제공한다. 폐수는 다양한 자원(예: 가정용 온수)의 열을 유지하고 일반적으로 겨울에는 50°F에서 여름에는 75°F 사이의 온도로 유지된다. 또한 폐수 처리 시설(WWTF)을 흐르는 폐수는 냉매를 순환시켜 열원에서 목적지로 열을 전달하는 트렌치나 우물과 같은 인프라 시설에 투자할 필요 없이 즉각적인 열 공급을 제공하여 자본 비용을 절감한다. WWTF에서 ETER에 접근하는 것 외에도, 건물 아래를 통과할 때 하수관을 직접 활용하여 난방 및 냉방을 위해 ETER을 사용할 수도 있다. 이 접근 방식은 주변 건물에 분배해야 하는 WWTF에서 ETER에 비해 가까운 위치로서의 이점이 있다. 반면, WWTF에서 ETER 시스템을 통해 열을 추출하면 이미 처리된 물에 접근할 수 있으므로 물속 오염 물질에 대한 걱정 없이 폐수를 열교환기를 통해 더 쉽게 통과시킬 수 있다. ETER 시스템은 연중 내내 작동하도록 설계될 수 있다. 겨울에 난방 공간으로 열을 공급하고 여름에 냉방 공간에서 발생하는 열을 제거하기 위한 동일한 시스템이다.

실제로, ETER 시스템은 그림 17-9의 일반적인 히트 펌프 시스템을 적용한 것이다. 겨울에 난방 모드의 ETER에서 시스템 왼쪽에 있는 열교환기는 통과하는 폐수와 상호 작용하여 열교환기를 통과할 때 히트 펌프의 작동유체를 가열할 것이다. 유량(gal/min 또는 L/min)과 폐수의 온도 강하의 조합은 제거되는 열량을 나타내는데, 이는 히트 펌프에서 사용된다. 앞에서 설명한 이타카 지역 폐수 처리 시설(IAWWTF)을 통해 흐르는 5.5 MGD는 폐기물으로부터 바이오가스 추출의 예시적인 적용으로, 다음 예제 17-9에 제시된 바와 같이 상당한 열에너지도 제공할 수 있다.[4]

▶ 예제 17-9

ETER 시스템은 평균 유량이 5.5 MGD인 IAWWTF 시설에서 구현될 예정이다. 이 시스템의 목표는 폐수로부터 2,100만 BTU/day을 제거하는 것이고, 예상되는 히트 펌프의 COP는 4.4이다. 폐수가 저온 측의 열교환기를 통과하면 온도가 5°F 정도 감소한다. 시스템의 목표는 시설과 연계된 지역 난방 시스템에서 에너지 효율이 높은 다수의 주택을 난방하는 것이며, 각 시설에는 23만 5,000 BTU/day의 열이 필요하다. 펌핑하는 것의 에너지 요구 사항, 총 열손실 및 기타 비효율성을 무시할 때, (a) 저온 측 열교환기를 통과하는 물의 유량(gallons/minute)은 얼마가 필요하며, IAWWTF로 가는 총 유량의 몇 %를 차지하는가? (b) 히트 펌프 시스템의 압축기에 입력되는 전력과 시스템에서 출력되는 열은 몇 kW인가? (c) ETER 시스템에서 하루에 전달되는 열량은 얼마인가? (d) 이 시스템은 몇 개의 주택을 지원할 수 있는가?

▶ ***풀이***

(a) 풀이에서는 냉매(예: R-134a 등)의 열역학적 성질이 필요하지 않다. (a)는 열과 유량에 기반하여 해결된다. 제거되는 열량은 1만 4,583 BTU/min이다. 온도 변화가 5°F이고 비열이 8.33 BTU °F^{-1} gal^{-1}일 때, 구하고자 하는 유량 Q는 다음과 같다.

$$Q = \frac{14,583}{5 \times 8.33} = \sim 350 \text{ GPM}$$

---

[4] 사사: Shuyao Cai, Andrew Kang, Victor Khong, Mingdi Li, Saurav Sharma, Ken Shimizu, Katie White, 그리고 Zixian Zhu에게 이 프로젝트에 대한 그들의 수고에 감사를 표한다.

시설의 총 유량은 3,800 GPM이고, 우회되는 유량이 전체의 9%를 차지한다.

(b) 흐르는 열량은 0.875 MMBTU/h이다. 3,412 BTU/kWh을 256.4 kWh/h, 또는 256.4 kW로 변환할 수 있다. 미지수인 압축기의 일 W_{comp}과 전달되는 열 Q_{out}를 구하기 위해 다음 방정식을 사용한다.

$$\mathrm{COP} = \frac{Q_{out}}{W_{comp}}$$

$$Q_{in} + W_{comp} = Q_{out}$$

Q_{in} = 256.4 kW, 그리고 COP = 4.4이므로 W_{comp} = ~75.4 kW and Q_{out} = ~331.9 kW이다.

(c) 24시간 동안 시스템에 전달되는 열은 7,965 kWh이고, 변환하면 약 27.2 MMBTU/day이다.

(d) 주택 1채당 0.235 MMBTU/day의 에너지가 요구되고, 전달되는 열량은 116채의 일일 난방 요구량과 맞먹는다.

표 17-7은 예제 17-9의 주요 정량적 특성을 요약한 것이다. 예제는 지역 사회나 민간 기업이 열을 생산하고 이를 다수의 주택에 분배하기 위해 상당한 자본 투자를 하고자 한다면 ETER로부터 많은 양의 열을 사용할 수 있음을 보여준다. 또한 전기 소비량도 높다. 미국의 주택이 평균적으로 약 1 kW의 전력(즉, 8,760 kWh/y)을 소비한다고 가정하면 75 kW의 요구량은 주택 75채와 맞먹게 된다.

ETER의 적용은 아시아와 유럽의 동종 국가에서는 흔하게 발견되지만, 북미에는 아직 널리 알려지지 않았다. 두 개의 ETER 시스템은 2010년 동계 올림픽 당시 캐나다 밴쿠버에 배치되었다. 브리티시컬럼비아주 휘슬러에 있는 한 시스템은 그곳의 동계 스포츠가 열리는 단지에 열과 온수를 공급하고, 밴쿠버의 남동부 개울 근처에 있는 한 시스템은 주변의 올림픽 마을에 열과 온수를 공급해준다. 미국에서는 시카고 메트로폴리탄 물 매립 지구의 34 MGD James Kirie 발전소에서 폐수로부터 열을 추출하여 다양한 WWTF 응용을 위해 내부적으로 이용하고 있다. (다른 초기 U.S. ETER 시스템 목록은 Muller et al., 2013을 참조하라.)

표 17-7 폐수 처리 발전소의 대표적인 ETER 시스템 요약

구성요소	양	단위
우회된 물 유량	504,000	갤런/일
온도 차이	5	°F
제거된 열	21	100만 BTU/일
성능계수(COP)	4.4	
압축기 소비전력	75.4	kW
전달된 열	27.2	100만 BTU/일
소비전력량	1,810	kWh/일
지역 주택에 분배된 수	약 116	주택

17-7 요약

처음에 논의한 것처럼, 이 장에서 다루는 자원은 전체 에너지믹스(energy mix)에서 작은 부분을 차지한다. 참고로 전력 시장에서 지열은 0.5%, 바이오매스는 1%, 수력발전은 6~7%의 기여도를 차지한다. 그럼에도 불구하고 그 양은 무시할 수 없으며, 기후 보호를 추구하기 위해서는 광범위한 자원의 포트폴리오를 갖는 것이 필요하다. 바이오매스는 활용도를 높이기 위해 열병합발전 응용 분야에 사용될 수 있다. 수력발전에 있어서, 대규모 댐이 이미 대부분 개발되어 있으므로 소규모 하천 시스템과 다른 목적(예: 관개, 항로, 홍수 통제)으로 존재하는 비발전 댐에 수력발전을 추가하는 것이 가능한 전략이다. 이 장 중간에 설명된 히트 펌프 기술은 청정 에너지의 광범위한 새로운 옵션을 열어준다. 전기는 탄소를 배출하지 않는 자원에서 생산된 후 지하, 물, 공기에서 열을 추출하여 지역을 난방하고 가정용 온수를 제공하는 데 사용될 수 있다. 겨울에 난방 모드로 사용되는 동일한 인프라는 열원을 열침으로 전환하여 여름에 냉방 모드로 사용할 수 있다. 이 장의 마지막 부분에서는 폐기물에서 에너지를 추출하는 과정을 다루었다. 5장의 랭킨 사이클을 기반으로 한 폐기물에너지 기술은 도시 고형 폐기물을 연소하여 금속을 재활용하면서 전력을 생산할 수 있지만, 최근 미국 사회에서는 지역 오염에 대한 우려로 이 기술을 반대해 왔다. 폐수 처리 시설의 반응 슬러지(reacted sludge)는 Brayton 사이클 가스 터빈에 전력을 공급하는 바이오가스를 생성하여 폐기물로부터 또 다른 전력원을 제공할 수 있다. 마지막으로, 폐열에너지 회수는 폐기물에너지 회수와 히트 펌프 시스템을 결합한 것으로, 처리해야 하는 폐수는 지역 난방이나 공정 열을 위한 히트 펌프를 사용하여 지속적으로 추출할 수 있는 열적 잠재력의 자원을 제공한다.

References

Cengel, Y, and M. Boles (2008). *Thermodynamics: An Engineering Approach*, 6th ed. McGraw-Hill, New York.

European Heat Pump Association (2017). *Large-Scale Heat Pumps in Europe*. EHPA, Brussels.

Muller, M., S. Betin, and J. Dillon (2013). *Applications, Economics and Scalability of Heat Pumps in Waste Water*. ACEEE Summer Study on Energy Efficiency in Industry. American Council for an Energy-Efficient Economy, Washington, DC.

Ossberger Hydro (2017). *Budget Proposal: Six Mile Creek Project*. Ossberger Hydro Company, Burlington, VT.

U.S. Department of Energy (USDOE) (2015). "2014 Hydropower Market Report." Office of Energy Efficiency and Renewable Energy, U.S. Department of Energy, Washington, DC.

Wark, T. (1984). *Thermodynamics*, 4th ed. McGraw-Hill, New York.

Further Reading

Campbell, R. (2010). "Small Hydro and Low-Head Hydro Power Technologies and Prospects." Technical report, Congressional Research Service, Washington, DC.

Chae, K., and K. Jihoon (2013). "Estimating the Energy Independence of a Municipal Wastewater Plant." *Energy Conversion and Management*, Vol. 75, pp. 664-672.

Chau, M., H. Choi, B. Hu, et al. (2012). "Environmentally Friendly Energy Alternatives for Milliken Station, Lansing, NY." Technical report, Cornell University. Available

at www.lightlink.com/francis.
Haseltine, B., and C. Bull (2003). "Hydropower," Chapter 2. In *Field Guide to Appropriate Technology*. Academic Press, London.
Jeyapandian, L., A. Makmoen, G. Quist, and D. Tao (2017). "Hydropower on Six Mile Creek?A Feasibility Study." Technical report, Cornell University. Available at www.lightlink.com/francis/.
Kollmann, R., G. Neugebauer, and F. Kretschmer, et al. (2017). "Renewable Energy from Wastewater?Practical Aspects of Integrating a Wastewater Treatment Plant into Local Energy Supply Concepts." *Journal of Cleaner Production*, Vol. 155, pp. 119-129.
Moon, Ji-Hong (2011). "Economic Analysis of Biomass Power Generation Schemes under Renewable Energy Initiative with Renewable Portfolio Standards (RPS) in Korea." *Bioresource Technology*, Vol. 102, pp. 9550-9557.
Muller, M., S. Betin, and J. Dillon (2013). "Applications, Economics and Scalability of Heat Pumps in Waste Water." ACEEE Summer Study on Energy Efficiency in Industry. American Council for an Energy-Efficient Economy, Washington, DC.
Revelle, C. (1997). "Lessons in Context: A Multigoal Water Resources Problem Utilizing Multiple Techniques," Chapter 10. In *Civil and Environmental Infrastructure Systems*, Prentice-Hall, Englewood Cliffs, NJ.
Shimizu, K., S. Cai, A. Kang, et al. (2019). "Feasibility Study for Effluent Thermal Energy Recovery at the Ithaca Area Wastewater Treatment Facility." Technical report, Cornell University. Available at www.lightlink.com/francis.
Tester, J. (2012). "Hydropower," Chapter 12. In *Sustainable Energy: Choosing among Options*, 2nd ed. MIT Press, Cambridge, MA.
Tillman, D. A. (2000). "Biomass Cofiring: The Technology, the Experience, the Combustion Consequences." *Biomass and Bioenergy*, Vol. 19, pp. 365-384.
United States Department of Energy (2014). "Industrial Heat Pumps for Steam and Fuel Savings." Technical report, Office of Energy Efficiency and Renewable Energy, USDOE, Washington, DC.
United States Department of Energy (USDOE) (2015). "2014 Hydropower Market Report." Technical report, Office of Energy Efficiency and Renewable Energy, Washington, DC.
United States Environmental Protection Agency (2016). "Energy Recovery from Waste." Information Resource, USEPA, Washington, DC.
Upreti, B. (2004). "Conflict over Biomass Energy Development in the United Kingdom: Some Observations and Lessons from England and Wales." *Energy Policy*, Vol. 32, pp. 785-800.

연습 문제

17-1. 바이오매스 CHP 시스템: 조건이 주어지지 않은 경우, 이 장에서 제시된 효율과 할인율을 사용하라. 펌핑 및 팽창 과정을 등엔트로피 과정으로 가정하고 손실은 없는 것으로 간주한다. 매년 에이커당 2톤의 목재를 지속 가능하게 수확할 수 있는 산림 지역을 중심으로 바이오매스 에너지 시스템이 구축될 예정이다. 목재의 평균 에너지 함량은 18.6 MMBTU/ton이다. 증기 사이클에서, 물은 50 kPa에서 시작하여 6 MPa로 압축된다. 증기의 일부는 1 MPa로 부분적으로 팽창한 후 프로세스 히터로 흐르며, 나머지는 50 kPa로 완전히 팽창한다. 1 MPa의 유체는 포화액체 상태로 프로세스 히터를 빠져나가며, 6 MPa로 압축된 유체는 혼합 챔버를 통과하게 된다. 필요한 모든 엔트로피, 엔탈피 및 특정 부피는 표를 통해 구한다. 일년 내내 평균적으로 50 kg/s의 유량이 보일러를 빠져나가며, 이 중 30%는 부분적으로

팽창하고, 나머지 70%는 완전히 팽창한다. 초기 자본비용을 계산하기 위해 발전소의 정격 용량은 평균 전기 출력보다 50% 더 크고, kW당 비용은 4,500달러로 가정한다. 목재의 비용은 $32/ton이고, 기타 모든 운영 및 간접 비용은 $0.02/kWh이다. 발전소는 생산한 열을 $7/MMBTU에 고객에게 판매한다. (a) 이 시스템의 t-s 선도에서 8개 상태 각각에 대한 엔탈피 *h* (kJ/kg), (b) 시스템의 평균 활용도, (c) 시간당 소비되는 목재의 양, (d) LCOE ($/kWh), (e) 발전소 공급에 필요한 산림 지역의 에이커의 수를 계산하라.

17-2. 소규모 수력발전 시스템: 조건이 주어지지 않은 경우, 이 장에서 제시된 효율과 할인율을 사용하라. 제안된 장소에서 순수두는 55.8 ft이며, 처음 10 cfs의 유량은 항상 유동에 있어야 한다. 그 후 제안된 터빈 기술은 전력을 생산하기 위해 최소 17 cfs가 필요하고, 최대 출력은 254 kW_e이다. 유량은 Weibull 분포(σ = 40.751, k = 1.032)에 따라 결정된다. 프로젝트 비용은 터빈과 발전기에 25만 달러, 시스템 균형에 15만 8,000달러, 모든 장소의 비용에 29만 3,000달러를 포함한다. (a) 정격 출력이 달성되는 유동의 최소 유량, (b) 연간 추정되는 총 생산량, (c) LCOE를 계산하라.

17-3. 양수 저장 시스템의 최대 유량은 240 m^3/s, 순 유압 수두는 230 m, 물의 저장 용량은 1,200만 m^3이다. 전력은 일련의 150 MW_e급 수력터빈을 사용하여 생산된다. 이 장에서 주어진 매개변수를 사용하여, (a) 시스템의 최대 전력 생산량(MW), (b) 이 생산량을 달성하는 데 필요한 최소 터빈 수, (c) 저장 용량을 기반으로 시설이 출력을 유지할 수 있는 시간, (d) (a)로부터의 생산량과 (c)로부터의 시간을 기반으로 하는, 그리드에 전송되는 총 에너지(MWh), (e) 왕복 효율을 기반으로 저장 시스템을 빈 상태에서 채우는 데 필요한 총 에너지(MWh), (f) 저장 및 회수된 에너지 사이에서 손실된 총 에너지(MWh)를 계산하라.

17-4. 지열 히트 펌프는 추운 겨울에 30일 동안 건물을 난방한다. 난방 요구량은 전체 기간 동안 평균 12 kW이다. 압력 P = 0.36 MPa, 온도 T = 5.8°C의 100% 포화증기 상태인 냉매 R-134a로 시작하는 이상적인 히트 펌프로 건물을 난방한다고 가정한다. 냉매는 1.4 MPa로 압축된 후 열교환기를 통과하여 포화액체가 되고, 등엔탈피 팽창 밸브를 통해 팽창한 후 저온 열교환기에서 증발하여 다시 포화증기가 된다. 전기 요금은 $0.15/kWh이다. 표를 통해 적절한 열역학적 값을 구한다. (a) 히트 펌프의 성능계수(COP), (b) (압축기가 아닌) 펌핑에 사용되는 전기를 무시하고 1개월 동안 필요한 열을 공급하기 위한 전기 요금을 계산하라.

17-5. 문제 17-4에서 지열 히트 펌프 대신 공기열 히트 펌프를 적용하고, 다음과 같은 차이점을 주어 반복한다. 열원이 겨울의 차가운 공기이므로 사이클의 저온은 −17.5°C이고 포화증기에 해당하는 압력을 가해준다. 냉매는 1.4 MPa까지 압축된다. (a) COP와 1개월 동안의 전기 요금을 계산하고, (b) 대신 여름에 냉방을 위해 ASHP를 사용할 때, 냉각된 공간에서 10°C의 저온과 해당되는 압력, 외부에서 115°C의 고온과 해당되는 압력을 가정한다. COP는 얼마인가?

17-6. 가정용 지열원 히트 펌프는 지하 트렌치 시스템에서 4만 5,000 BTU/h의 열을 추출한다. 그런 다음 force-air 가열 시스템으로 열을 전달하여 가열한 공기는 68°F로 고온의 열교환기로 들어가고 95°F와 2,000 cfm의 유량으로 나간다. 압축기에 필요한 일(BTU/h과 kW)과 COP를 계산하라. 모든 손실은 무시한다.

17-7. 뉴욕주의 그레이터 시러큐스에는 66만 2,000명의 인구가 거주하고 있으며, 이용률 90%인 39 MW WTE 발전소를 지원하고 있다. 발전소는 처음 폐기물부터 그리드로 나가는 전기까지 전체 효율 19%를 가진다. MSW의 평균 에너지 함량은 10.9 MMBTU/ton이며, 평균적으로 미국의 거주자들은

하루에 4 lb의 MSW를 생성한다. 매년 이 발전소가 생산하는 전기와 처리하는 MSW의 양은 얼마인가? 그레이터 시러큐스가 전국적으로 MSW를 생성한다고 가정할 때, 발전소가 이를 모두 처리할 수 있는가? 아니면 일부 MSW를 다른 방법으로 처리해야 하는가?

17-8. 다음 WTE 발전소의 LCOE를 계산하라. 예제 5-1에서 발전소의 효율을 시작점으로 사용하고 85% 효율의 MSW 연소 시스템과 98% 효율의 발전기를 추가한다. 발전소는 MSW 처리비용과 재활용 금속으로 수익을 얻으며 75%의 이용률을 가지고 있다고 가정한다. 기타 필요한 기술적 및 경제적 매개변수는 이 장의 값을 사용한다.

17-9. WWTP 발전소는 마이크로터빈을 사용하여 주변 압력의 공기와 상대 압력 1.3068인 295 K, 3.5배로 압축하여, 이후 상대 압력 14.38인 580 K까지 가열하는 사이클을 가진 바이오가스로부터 동력을 생산한다. 사이클에서 압축기 입구의 엔탈피값과 최고 온도 및 압력에서의 엔탈피값은 각각 295.2과 586.0 kJ/kg이다. 터빈의 출력은 65 kW_e이고 실제 효율은 열역학적 해석에 기초한 이상적인 값의 72.3%이다. 24시간 동안 마이크로터빈은 93%의 이용률로 작동한다. 열역학적 표에서 필요한 모든 값을 구하여 다음을 계산하라. (a) 마이크로터빈의 효율은 얼마인가? (b) 24시간 하루에 한 번 터빈을 작동시키기 위해 필요한 바이오가스의 양(10^5 BTU)은 얼마인가?

17-10. WWTF는 자체적으로 생산하지 않는 전기에 대해 $0.095/kWh를 지불한다. $2,700/kW의 비용으로 문제 17-9에서 분석한 유형의 65 kW 마이크로터빈 4개를 설치한다. 투자금은 7%의 할인율로 12년에 걸쳐 상환되어야 한다. 터빈은 문제 17-9와 동일한 용량으로 연간 365일간 작동한다고 가정한다. 유지 보수 및 기타 비용을 포함한 모든 운영비용은 $0.015/kWh로 발생한다. 발전소는 그리드에서 전기를 구입하는 대신 이 시스템으로 자체 전기를 생산하여 연간 얼마나 많은 비용을 절약할 수 있는가?

17-11. 1,000만 리터/일의 폐수 처리장에서 ETER을 사용하는 공정 열에 대한 내부 수요를 최대 4,750 MJ/day로 충족시키기를 바라고 있다. 선택한 히트 펌프 기술의 COP는 3.7이다. 저온 측 열교환기는 작동유체로 열을 전달함에 따라 2.5°C의 온도를 낮춘다. 폐수 처리장은 전력 생산을 위한 효용을 위해 $0.105/kWh의 비용을 지불한다. (a) 압축기에서 소비되는 전력, (b) 시스템을 통한 폐수의 유량(L/minute), (c) WWTF에서 처리한 총 물의 비율을 ETER 시스템으로 전환하고, (d) 압축기의 일일 전기 요금을 계산하라.

17-12. 폐수 처리장은 300 kW의 열을 시설에 제공하는 것을 목표로 ETER 시스템을 설치한다. 히트 펌프 루프의 작동유체의 비열은 0.961 kJ/kg°C이다. 물의 비열은 4.186 kJ/kg°C이다. 작동유체는 90°C로 고온 측의 열교환기로 들어가고 74°C로 빠져나간다. 압축기의 일과 전달되는 에너지를 기반으로, 시스템의 COP는 3이다. 발전소는 전기료로 $0.105/kWh를 지불한다. WWTF로부터의 폐수는 저온 측 열교환기에 10°C로 들어가고 7°C로 나간다. 1 L당 물의 질량을 1 kg로 가정한다. (a) 온도 변화량에 기반하여 필요한 열을 전달하기 위해 고온 측의 열교환기를 통과하는 유체의 유량(kg/s)은 얼마인가? (b) 필요한 에너지를 제공하기 위해 배출되는 폐수의 유량(L/min)은 얼마인가? (c) 시스템이 1년 내내 이 속도로 계속 가동된다고 가정할 때, 압축기를 작동하기 위한 연간 전기 요금은 얼마인가?

ENERGY SYSTEMS ENGINEERING EVALUATION AND IMPLEMENTATION

결론: 21세기 에너지 시스템 개발

Conclusion: Creating the Twenty-First-Century Energy System

▶학습 목차

18-1 개요

이 장에서는 책에서 소개되었던 동기, 수단, 기술 등을 비교하고 다시 복습할 것이다. 다음으로 21세기에 우리가 겪을 도전으로 미래에 어떻게 세계 에너지 시스템이 변화하고 에너지 생산이 증가할지에 관한 시나리오가 소개될 것이다. 마지막으로 에너지 전문가가 자신의 전문 분야 및 그 외의 활동을 통해 보다 지속 가능한 에너지 미래의 발전을 지원하는 방법을 설명할 것이다.

18-2 서론: 경제-생태적 갈등 상황에서의 에너지

부록 H에서 정성적 도구에 대한 논의는 에너지 공학의 과제를 설명하거나 가능한 해결책을 평가할 때 스토리, 시나리오, 모델의 역할을 포함하고 있으므로, 이 책에서 기술과 시스템에 대한 논의를 마무리하는 방법으로 우선 경제 발전과 환경 보호 요소가 함께 있는 스토리를 고려한다.

에너지 시스템의 필요한 서비스를 제공하고 자연 환경을 보호하기 위한 모든 노력 아래에서 진행되는 것은 앞서 설명한 사업 기회의 경제적 비용과 인간 및 기타 생명체의 건강과 복지를 보호하기 위한 앞서 설명한 단계 사이의 근본적인 긴장이다. 이는 다음과 같이 설명된다.

> 한 가죽상이 큰 사업체가 없는 작은 마을 바로 밖에 제혁소를 짓고 있다. 제혁소는 불쾌하고 강한 냄새를 가진 화학 물질과 다른 물질을 사용하는데, 그 연기는 자극적이고 건강에 위험할 수 있다. 법과 상식에 따라, 제혁소는 바람 아래, 마을의 동쪽에 위치해 있었다. 제혁소는 매우 성공했고, 마을이 번영하는 것을 도왔다. 마을이 성장함에 따라 제혁소의 동쪽에 집들이 지어졌는데, 입주한 사람들은 곧 자신들이 불쾌한 공기를 마시고 있는 것을 알게 되었다. 그들은 제혁소의 운영을 바꾸거나 동쪽으로 더 이동할 것을 요구하며 제혁소를 상대로 소송을 제기했다. 제혁소 주인은 그렇게 하는 것은 너무 비용이 많이 들기 때문에 시설을 폐쇄하고 다른 마을로 이사하도록 강요할 수도 있다

고 주장했다.[1]

지속 가능한 에너지를 가진 많은 도전 과제에 공통적인 몇 가지 실마리가 이 비유를 통해 분명하게 드러난다. 먼저, 유럽, 아메리카, 아시아, 아프리카를 포함하여 1800년 이전에 세계 많은 지역에 존재했던 산업화 이전의 사회에 제혁소가 도착하기 전 마을의 상황을 비유할 수 있다. 이 사회들은 다양한 수준의 정교함을 발전시켰지만 현대적인 에너지원에 접근할 수 없었기 때문에 오늘날의 산업사회들만큼 부를 축적하지 못했다. 제혁소의 성장은 산업화가 번영을 가져오는 초기의 성공을 나타낸다.

일단 소송이 진행되고 있는 상황은 오늘날의 갈등된 상황을 대변한다. 제혁소 주인을 상대로 한 소송의 원고들은 대기 및 수질 오염, 건설된 환경에서 에너지 인프라가 차지하는 공간의 부정적인 영향, 서식지 파괴로 인한 종 손실 등 에너지 시스템의 부정적인 영향에 비판적인 모든 사람들을 대표할 수 있다. 당연히 그들은 제혁소 주인으로 비유되는 에너지 시스템에 대한 권한을 가진 의사 결정자들이 그들의 건강을 보호하기 위해 조치를 취할 것을 요구한다. 이 의사 결정자들은 가장 눈에 띄는 요소로, 선출된 공무원들뿐만 아니라 교통과 관련된 직업 공무원들과 에너지 자원, 변환 장치, 그리고 기반 시설을 제공하는 민간 부문의 지도자들도 포함한다.

역설과 딜레마는 원고들에게 피해를 주고 있는 바로 그 제혁소가 그들의 생계를 제공하고 있다는 것이다. 제혁소가 지어지기 전에는, 많은 경제적 번영의 이점들을 마을에 이용할 수 없었다. 주인이 제시한 위험은 제혁소를 수정하거나 옮기려고 하는 조치들이 그것의 경제적인 실패로 이어질 것이라는 것이다. 마찬가지로, 에너지 시스템에 대한 변경은 너무 비용이 많이 들어 1차적인 효과가 건강을 개선하는 것이 아니라 경제를 탈선시키는 것일 수 있다는 위험이 있다.

최근 역사에서 아무 때나 제혁소가 작동된다면 적용될 추가적인 요소는 화석연료 소비와 온실가스 배출의 문제이다. 제혁소가 열을 위해 석탄이나 천연가스를 사용하거나 전기 그리드에 연결되어 있거나 자동차를 사용하여 완제품을 공급받거나 선적한다고 가정할 때, 그것은 이산화탄소를 대기로 방출하는 데 기여하고 있다. 생각건대 누군가는 재생 가능한 에너지만을 사용하여 제혁소를 운영할 수 있지만, 지난 100년에서 200년 사이에 전 세계에서 작동한 제혁소를 고려한다면, 사실상 그들 모두는 한 가지 또는 다른 형태로 화석연료를 사용해 왔다. 이 상황은 제혁소 주인과 피해를 입은 마을 사람들 모두에게 더 큰 문제이자 도전이 된다. 그들은 유해한 화학물질과 연기의 형태로 제혁소로부터 발생하는 직접적인 오염을 고려해야 할 뿐만 아니라 마을 경제가 의존하고 있는 제혁소가 기후변화에 기여하고 있다는 사실도 감안해야 한다.

이를 통해 유례없는 인구 규모, 유례없는 1인당 세계 에너지 소비가치, 그리고 해마다 꾸준히, 거침없이 증가하는 오늘날의 상황을 맞이하게 되었다. 우리 앞에는 에너지 접근의 혜택을 보다 균등하게 확산시키는 방법, 재생 불가능한 에너지 자원의 궁극적 고갈에 대처하는 방법, 그리고 기후변화를 방지하는 방법 등 크게 세 가지 중요한 과제가 놓여 있다. 딜레마에 빠진 양측 간에 성공적인 균형을 찾을 수 있다는 것이 이 책의 근본 원리이다. 이를 통해 생태 · 경제 · 사회의 3대 축을 통한 지속 가능한 발전이라는 목표를 달성할 수 있다(부록 H 참조).

---

1 Bentley, P. (1998),"Business and Environment: A Case Study," pp. 225 – 226, in *Ecology and the Jewish Spirit: Where Nature and the Sacred Meet*, copyright 1998 Ellen Bernstein (Woodstock, VT: Jewish Lights Publishing). Jewish Lights Publishing, P.O. Box 237, Woodstock, VT 05091, *www. jewishlights.com*에서 허가받음.

18-2-1 세 가지 에너지 시스템 에너지원 비교: 포트폴리오 분석

에너지 시스템은 이 책의 목적에 맞게 본질적으로 서로 크게 다른 세 가지 근본적인 에너지원(화석연료, 원자력에너지, 재생에너지)을 기준으로 나눌 수 있다. 이러한 세 가지 에너지원을 표 18-1에서 지속성, 경제적 비용, 환경비용 측면에서 비교했다. 수송에너지는 따로 에너지원으로 구분하지 않는데, 이는 운송수단에 사용되는 에너지는 결국 세 가지 에너지원 중 하나로부터 추출되기 때문이다. 대신 수송에너지의 적합성은 추가적인 에너지원들의 비교 기준으로 다루었다.

여기서 우리는 몇 가지 결론을 도출할 수 있다. 첫째, 관련 기초 기반 기술이 최대한 발전한다면 세 가지 에너지원 모두 앞으로 장기간 사용될 수 있다. 재생 혹은 원자력에너지의 경우 사용 기한은 거의 무한에 가깝다. 화석연료의 경우 비록 오랜 기간에 걸쳐 환경적으로 지속 가능한 방식으로 사용하는 것이 어려울 수 있지만, 그것은 수 세기 동안 계속된다.

둘째, 이러한 세 가지 에너지원은 기후변화 이외에 지금은 정량화하기 힘들지만 매우 중요한 다른 환경적 영향이 있을 것이라는 점이다. 대체로 이러한 영향은 원재료를 추출하거나 부산물을 폐기하는 과정에서 나타나는데, 석탄 혹은 우라늄 자원을 추출하거나 재생에너지 시스템 제조를 위해 원재료를 사용하는 것 등과 관련이 있다. 예를 들어 광산 혹은 채석장에서의 추출 작업은 작업 동안 주변 생태 환경을 교란시키거나 수질을 오염시킬 수 있으며, 이러한 교란과 오염은 채굴 작업이 완료된 후 작업 전 상태로 되돌린다 해도 일어날 수 있다. 원자력발전에서 생기는 방사능 폐기물의 악영향과 위험도 이러한 영향과 관련 있다.

마지막으로 이러한 에너지원은 여러 가지 조건의 포트폴리오에서 에너지 생산 형태를 기술하는 *포트폴리오 방식*으로 분석하는 것이 유리하다. 금융 투자 포트폴리오가 투자의 실패 확률을 줄여주듯이, 에너지 자원의 다양성은 하나의 에너지 자원에 의존함으로써 생길 수 있는 에너지 수급 혼란의 위험을 막아준다. 탄소 격리 또는 핵융합과 같은 많은 핵심 기술은 여전히 초기 단계에 있다. 다른 유형의 포트폴리오 방식은 독점적으로 재생 가능한 포트폴리오이다. 이 접근 방식은 가장 풍부하고 널리 퍼진 태양열과 풍력에 주로 의존하며 기타 재생에너지, 에너지 저장 및 스마트 그리드 시스템에 대한 지원 역할을 한다.

현재 정치 지도자들과 에너지 소비자들은 모두 후자의 재생에너지 중심 포트폴리오로 전환하는 것에 중점을 두고 있다. 그러나 단기에서 중기적으로 포트폴리오에 화석연료와 원자력도 포함하면 전 세계 국가가 배출량을 크게 줄이더라도 전반적인 에너지 공급을 안정적으로 유지하려는 목표를 촉진할 수 있다. 이 두 가지 자원은 다음과 같은 구체적인 이점이 있다.

- *화석에너지*: 화석연료는 재생에너지 공급이 부족할 때 채워주는 데 충당 가능한 에너지원으로 사용하기에 유용하다. 예를 들어, 천연가스 연소 터빈은 빠르게 증가하거나 감소할 수 있는 전력 생산을 제공하는 데 특히 유용하다.
- *원자력에너지*: 원자로는 빠르게 증가하지는 않지만, 발전 시점에서 이산화탄소를 배출하지 않으면서 일정하고 파견 가능한 에너지를 제공한다. 현재 전 세계에서 건설되고 있는 원자력 발전소의 수는 적지만, 현재 전 세계적으로 존재하는 원자로들은 앞으로 수십 년 동안 에너지를 제공할 수 있을 것이다.

실질적으로 말하자면, 세 가지 자원(재생, 화석, 원자력) 모두 앞으로 얼마 동안 우리와 함께할 것이다. 장기적으로는 화석 및 핵 경로(예: 격리, non-GHG 영향, 핵 폐기물 관리 또는 핵융합 개

표 18-1 화석연료, 재생에너지, 원자력에너지 비교

	탄소 격리가 수반된 화석연료	재생에너지 (바이오연료 포함)	원자력에너지
설명	화석연료(주로 석탄)는 추출되어 전기나 수소로 전환되고, 부산물로 생기는 이산화탄소는 포집 및 분리됨	재생에너지 자원들이 전기나 수소로 전환됨. 바이오연료는 차량에서 직접 기계적인 동력으로 전환할 수 있음	원자력에너지는 핵분열 물질이나 핵융합에 의해 에너지가 방출됨*
장기적 가용량	최종 사용 효율을 크게 높였다고 가정한다면, 전 세계적으로 200~300년간 사용 가능함	무제한. 기후변화로 인하여 특정 지역에서 생산량이 변화(늘거나 줄거나)할 수 있음	듀테륨(deuterium) 기반 핵융합의 경우 지구가 존재하는 한 거의 무제한
경제적 비용 고려사항	연소는 성숙한 기술이고 저렴하며 신뢰할 수 있음. 대규모 탄소 격리 기술은 아직 개발되지 않았고 비용 또한 알 수 없지만, 수명주기 비용이 많이 늘어날 것으로 예상됨	낮은 가동률과 에너지 농도로 인하여 단위 에너지당 비용이 높음. 간헐성을 극복하기 위해 에너지 저장장치가 필요한데, 이는 비용 상승을 초래함(바이오연료, 지열 제외). 미래의 새로운 기술이 비용을 낮출 것으로 기대	화석연료 연소 시스템에 비해 상대적으로 자본비용이 비싸지만, 연료 변동비는 낮음. 장기 처리비용과 융합 기술 비용, U-238 증식 기술에 대한 비용은 아직 알 수 없음
온실가스 외의 환경 관련 손실 사항†	석탄 추출로 인한 토지, 수자원, 자연 서식지로의 부정적 영향	대형 기반 시설 건설을 위한 토지 확보 및 고체 폐기물 문제들	우라늄 추출로 인한 영향, 방사성 폐기물과 폐기된 기반시설의 처분
운송수단 에너지원으로서의 적합성	대기 중에서 많은 양의 이산화탄소를 제거할 수 없는 한 전기나 수소로의 변환이 필요함	바이오연료를 제외하고 전기나 수소로의 변환이 필요함	전기나 수소로의 변환이 필요함

*현재의 1회 주기 U-235 방식을 바꾸기 위하여, U-238 기술, 듀테륨 또는 트리튬 핵융합 기술, 또는 비전통적 U-235 추출 기술—예를 들어 바다에서 추출하는 기술—등이 개발되어야 한다.

† 함축적으로, 이 표에서 제시된 모든 방식은 대기 중으로의 이산화탄소 방출을 상당량 감소시킨다.

발)의 문제가 기본적으로 대부분의 에너지발전을 위한 유일한 경로가 재생 가능할 정도로 충분히 중요하다는 것이 표 18-1에서 나타난다. 사회가 이러한 전환에 더 깊이 진입함에 따라, 재생 가능한 간헐성 문제를 해결하기가 점점 더 어려워지는 탄소 배출원의 최종 20% 증가에 대한 마지막 시점이 도래할 수 있다. 그렇다면, 디스패치 가능한 동시에 비탄소 배출이 가능한 *확고한 저탄소 재생에너지*에 대한 지속적인 역할이 있을 수 있다(Sepulvida et al., 2018). 그러면 재생 가능한 비율이 약 80%, 원자력과 CCS가 각각 10%씩으로 균형을 이루게 된다. 즉 미래에는 지금과 같은 포트폴리오가 있지만, 화석연료가 아닌 재생 가능한 포트폴리오가 지배적일 것이다.

18-2-2 마지막 장의 균등화 비용값 요약

표 18-1의 비교에 이어서, 5, 8, 10, 13장의 마지막에 있는 천연가스, 원자력, 태양열, 풍력을 포함한 평준화된 비용 계산을 사용하여 추가로 비교한다. 배경 데이터 및 가정에 대한 자세한 설명은 개별 장을 참조하여 표 18-2에서 값을 비교한다. 네 가지 자원을 하나의 표로 제시하면 자본비용, 연료비용, 운영비용 및 kWh당 배출량을 비교할 수 있다.

표에서 다음과 같은 관측을 수행할 수 있다.

표 18-2 천연가스, 원자력, 재생에너지의 kWh당 대표적 균등화 비용과 이산화탄소 배출량 비교

자원	규모(MW)	비용(mil.$)	용량계수(%)	균등화 비용 ($/kWh)	배출량 (gCO_2/kWh)
천연가스	1,000	1,020	65	0.0493	418
원자력	1,000	8,000	88	0.1193	0
태양광	250	250	17	0.0579	0
풍력	200	260	34	0.0450	0
자원	**자본비용 ($/kWh)**	**연료비용 ($/kWh)**	**운영비용 ($/kWh)**	**총합 ($/kWh)**	
천연가스	0.0144	0.0196	0.0153	0.0493	
원자력	0.098	0.0043	0.017	0.1193	
태양광	0.0539	0	0.0C4	0.0579	
풍력	0.035	0	0.01	0.045	

1. 이전에 프리미엄이었던 태양광과 풍력의 수평화된 비용은 이러한 자원과 천연가스 사이의 차이가 '소음 수준'에 있는 지경에 이르렀다. 이 세 가지 자원 중 하나는 시간이 지남에 따라 kWh당 0.045달러에서 0.06달러 사이로 변할 수 있다.
2. 이를 근거로 천연가스에 비해 태양광과 풍력에 대해 보험료를 지불해야 한다는 것이 명확하지 않기 때문에 '이산화탄소 저감 톤당 가격'을 제시하는 것은 적절하지 않다. 또한, 원자력에 대한 가격이 다른 세 가지보다 상당히 크기 때문에 천연가스를 대체하기 위해 원자력을 사용하는 것은 현재로서는 실용적이지 않으며, 또한 저감된 이산화탄소에 대한 가격이 적용되지 않는다. 대신 천연가스에 대한 kWh당 이산화탄소 배출량의 평균 비율은 다른 세 가지 중 하나를 선택함으로써 가능할 수 있는 저감된 배출량의 표시로 제공된다.
3. 표에 나와 있는 가격은 발전 중 온실가스 배출을 방지하여 시장에서 유리한 위치를 제공하는 재생에너지에 대해 프리미엄을 지불하려는 일부 소비자의 의지를 반영하지 않는다.
4. 태양광과 풍력 중에서 풍력은 설치 MW당 비용이 더 높고 운영비용도 더 높다. 반면, 풍력은 태양광보다 더 높은 용량계수를 달성할 수 있다. 태양광이나 풍력 발전소의 일반적인 규모는 천연가스나 원자력 발전소의 규모보다 작기 때문에 표와 같이 프로젝트당 비용이 더 적다.

다음과 같은 몇 가지 주의사항도 유의해야 한다.

1. 미국 주변의 구체적인 현지 상황은 표에 나와 있는 값으로 변할 것이다.
2. 표의 값은 일반적인 생산비용을 나타내며 최종 판매 가격은 고려하지 않는다. 따라서 지불된 가격이 더 높을 때 더 잘 팔 수 있는 자원이 유리하다. 그러나 이것을 표에 반영하지는 않았다.
3. 미래 경제의 가격 변화는 표시된 옵션의 상대적 비용에 영향을 미칠 수 있다. 천연가스 가격의 상승은 천연가스 공급원의 상대적인 전기의 비용을 증가시킬 것이다. 반면 콘크리트, 강철, 구리 등 원자재 가격 상승은 특히 태양광, 풍력 등 재생 가능 에너지에 영향을 미칠 수 있다.

4. 부분적으로 원자력 발전소가 매우 적은 수로 건설되어 발전소당 비용과 MW당 비용이 높아서 표시된 원자력 비용값이 높다. 설치율이 높아지면 MW당 비용이 낮아질 수 있다.
5. 표시된 비용값은 전송 및 배전 전 중앙 집중식 시설에서의 생산에 대한 것이기 때문에 소비 시점에서 전력이 생성되는 분산형 태양광발전의 잠재적 이점과 전송비용(종종 0.05~0.06달러)을 포착하지 못한다. 그러나 태양광을 이용한 분산 발전은 규모가 작기 때문에 kW당 더 높은 비용이 발생하므로 이러한 비용 이점 중 일부가 무효화된다.

18-2-3 단위 에너지당 수명주기 이산화탄소 배출량 비교

표 18-1에 명시된 바와 같이 재생에너지 및 원자력에너지 시스템의 장점 중 하나는 수명주기의 최종 사용 단계에서 화석연료로부터 이산화탄소를 배출하지 않는다는 것이다. 수명주기의 다른 단계(원료 추출, 화물 운송, 인프라 건설, 수명 종료 처리)를 고려할 때 내재 에너지와 콘크리트 같은 재료의 사용 모두에서 추가 이산화탄소 배출량이 발생한다. 이러한 배출은 원자력 및 재생에너지의 경우에도 nonzero-이산화탄소 배출로 이어진다. 그림 18-1은 석탄, 가스, 원자력 및 재생 가능 에너지원의 최종 사용 단계와 수명주기 총 배출량 모두에 대한 kWh당 일반적인 값을 보여준다. 수명주기 배출량이 시설의 수명 동안 생산되는 전체 전기량에 걸쳐 분산되는 경우, 원자력 및 재생에너지의 kWh당 배출량은 특히 석탄에서 전기를 생산하기 위해 화석연료를 연소하는 것에 비해 여전히 적다. 그림 18-1의 수명주기값은 미국 국립 재생에너지 연구소의 평균 수치이다. 모든 유형의 에너지 시스템의 제조 및 설치는 매우 이질적이므로 실제 수치는 설치마다 다르다. 그러나 관찰된 가변성을 고려하더라도, 발전소에서 석탄이나 가스를 연소하여 전기를 생산할 때 발생하는 이산화탄소의 최종 사용 배출량이 전체 배출량이 높은지 낮은지를 결정하는 주요 요인이라는 일반적인 관찰

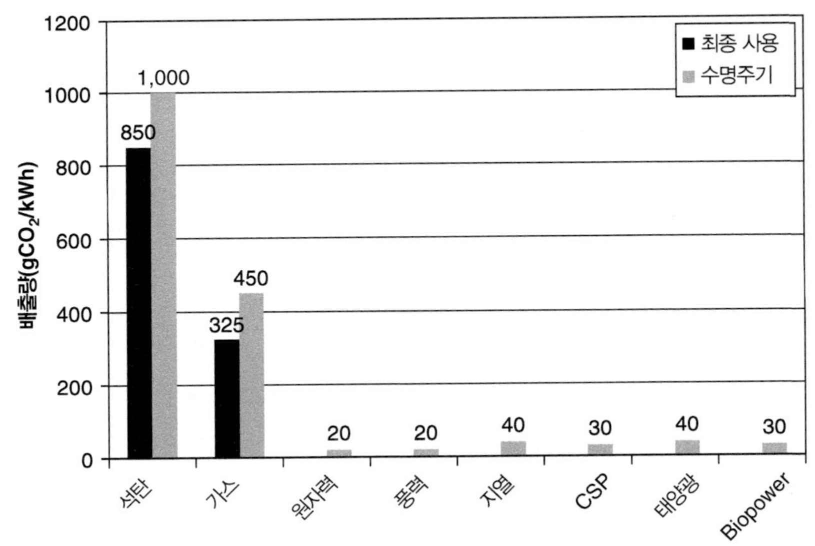

그림 18-1 에너지원에서 발생하는 kWh당 최종 사용 및 수명주기 이산화탄소 배출량.

출처: 미국 에너지 정보청, 최종 사용 배출; 수명주기 배출에 대한 국립 재생에너지 연구소. *참고*: CSP = 태양광발전 집중.

은 여전히 유효하다.

18-3 개발도상국을 위한 지속 가능한 에너지

18-4절의 글로벌 에너지 개발 시나리오를 살펴보기 전에, 여기서는 이 책의 다른 곳에서 '신흥' 국가로 지칭되는 개발도상국의 구체적인 사례를 고려한다. 인도와 중국 일부와 같은 개발도상국의 일부 지역에서는 현대 건축 기술, 기후 제어 시스템, 전기 제품, 경우에 따라 자가용과 같은 산업화된 국가의 기술을 빠르게 채택하고 있다. 18-4절의 글로벌 에너지 개발 시나리오의 일부로서 모든 개발도상국에 이러한 편의 시설이 미치는 영향에 초점을 맞췄다. 이 절에서는 대신에 '적정 기술'을 사용하여 개발도상국에서 단기 및 중기적으로 무엇을 할 수 있는지에 초점을 맞췄다(자세한 논의는 Haseltine 및 Bull, 2003 참조).

개발도상국 인구의 구성원들은 1인당 GDP가 가장 낮거나 인도와 같이 중산층이 큰 국가의 소득이 가장 낮은 사람들이며, 1인당 에너지 접근성이 낮고 현금 수입 측면에서도 연간 소득이 낮은 것이 특징이다(1장 논의 참조). 따라서 그들은 현금 유출을 줄이기 위해 땀 흘리는 자본, 자급 농업 또는 비현금 물물교환 방식을 사용하기를 원할 수 있다. 또한, 주민들은 전기에 대한 접근이 거의 또는 전혀 없고 대중 버스 형태의 자동차 교통수단에 가끔 접근할 수 있기 때문에 남은 1인당 에너지 소비량의 대부분은 요리에 사용되는 바이오매스(예: 목재 또는 배설물) 형태일 수 있다. 더 나아가, 일부 최빈국의 전체 국가 에너지 예산 중 상당 부분이 요리에 사용될 수 있다.

2100년의 목표로서 1장에서 논의된 중산층 생활방식에 대한 보편적 접근 비전과는 별개로, 이 인구의 주요 초기 목표는 안전한 식수, 충분한 영양, 의료, 실내 공기 질 문제를 야기하지 않는 요리 연료 및 시스템에 대한 접근과 같은 지속 가능성의 기본 요구사항이다. 후자의 관점에서 효과적인 설계를 찾을 수 있다면 대량 생산 버전을 구입하기 위해 부족한 현금을 지출하는 것보다 에너지 효율적인 장작 난로나 태양열 조리장치(11장 참조)를 만드는 것이 이러한 상황에서 유리할 수 있다. 시장에서 기기를 특정 가격에 구입할 수 있는 경우에도 마찬가지이다.

반면, 개발도상국용으로 특별히 설계된 기기는 신중하게 설계되고 대량 생산되어 초기 현금 구매비용이 더 높더라도 장기적으로는 유리할 수 있다. 예를 들어 양수는 손이나 발의 힘을 사용하여 수행할 수 있으며, 전기 사용을 피하면 현금 비용과 국가 에너지 예산에 대한 추가 부담을 피할 수 있다. 대량 생산 옵션 중 하나는 인도에서 개발 및 제조된 "Mark One" 핸드 펌프다. 이 펌프는 '남-남' 무역의 예를 나타낸다. 열대 국가는 종종 무역 적자를 겪게 하는 선진국과는 무역하지 않고 서로 무역하여 장기적인 구조적 경제 문제를 초래한다. 또 다른 예는 ApproTec이 개발한 "Money-Maker" 발 구동식 펌프이다. 이 펌프는 구매한 전기나 디젤 입력이 필요하지 않지만, 손보다 힘이 더 강한 발을 사용하여 펌핑 속도를 높이는 장점이 있다. 그 결과, 관개 능력을 높이고 열대 국가의 소규모 농민의 생산성을 높여 초기비용 80달러를 상환할 수 있는 펌프가 탄생했다.

마지막으로, 가장 빈곤한 개발도상국이라도 어느 정도의 전기 및 운송 연료 소비량을 갖고 있으며, 미국 기준에 비해 총 국가 에너지 예산이 적은 경향이 있기 때문에 재생 가능한 자원의 개발은 큰 영향을 미칠 수 있다. 예를 들어, 중앙아메리카의 니카라과는 2012년에 90.7 PJ의 에너지를 소비했다. 니카라과는 태평양 연안을 따라 우수한 풍력 자원을 보유하고 있으며, 특히 태평양 연안과 니카라과 호수 사이의 지대에는 바람이 지속적으로 분다. 양쪽에 수역이 있고 지형은 비교적 평평하다. 풍력 자원은 이미 2012년 현재 두 개의 농장에 설치된 다수의 인도산 Suzlon 터빈으로 개발이 진행 중이다. 이 개발이 총 400개의 2.5 MW 터빈으로 구성된 여러 풍력 발전소로 확대되어 결합 용량을 확보할 수 있다면 1,000 MW이고, 30%의 용량계수가 유지될 수 있다면 출력은 2,628 GWh가 될 것이다. 이는 9.5 PJ에 해당하거나 전체 국가 에너지 예산의 10% 이상이다. 비교를 위해 2012년 미국의 총 1차 에너지 소비량은 100 EJ였다. 1,000 MW 풍력터빈의 동일한 출력은 총 소비량의 0.009%에 불과하다.

18-4 지속 가능한 에너지 미래를 향한 길: 사례연구

표 18-1의 21세기 1차 에너지 생산에 대한 세 가지 대안에 대한 논의에 이어 지난 20년 동안 변화가 일어났다. 2000년경에는 세 가지 종점 기술이 모두 거의 동일한 부분에서 역할을 하는 것으로 나타났다. 비록 각 자원의 상대적인 기여도는 예측마다 다르지만(예: Nakicenovic 및 Jefferson, 1995 또는 Beck, 1999 참조) 2020년대에는 기후변화 해결에 대한 국가 간 합의가 어떻게 진행되는지에 따라 재생에너지가 지배적이게 될 가능성이 높아 보이며, 나머지 두 가지의 역할은 작아진다(기후변화에 관한 정부 간 패널, 2018). 이 장에서는 1장 그림 1-13에 제시된 것부터 시작하여 가능한 에너지 경로를 개발한다. 2100년까지 세계 인구와 총 1차 에너지 소비가 모두 안정화된다. 우리는 그림 1-13의 측면을 더 자세히 개발하여 세기 동안 에너지 생산 전환에 대한 가능한 시나리오를 더 고려했다. 또한, 우리는 2025년(현재 10년의 중간)부터 2050년(여러 장기 기후 목표의 목표 연도) 사이의 기간에 특별한 관심을 집중했다.

시나리오 분석에 있어 우리는 현재 상대적으로 적은(2017년 세계 총 1차 에너지 생산량의 10% 정도) 재생 가능 에너지 자원에 초점을 맞추지만, 이러한 전환 과정에서 지배적인 역할로 성장할 수 있다. 특히 흥미로운 점은 재생에너지 사용 목표에 따라 2050년까지 총 재생에너지 출력 목표를 달성하는 데 필요한 에너지 생성 용량의 연간 추가와 전환이 본격화되면 유지해야 하는 최대 연간 증가분이다. 원칙적으로 핵 또는 탄소 격리를 위한 가능한 경로도 개발될 수 있다. 간결함을 위해 여기에는 자세한 내용을 포함하지 않고 이 장 끝부분에서 다른 두 구성 요소에 대한 의미를 다시 설명한다.

우리는 그림 1-13에 표시된 총 에너지의 증가를 출발점으로 삼아 2025년 705 EJ에서 2050년 855 EJ까지의 증가에 초점을 맞췄다. 이 장에서는 미터 단위가 사용된다. 1차 에너지원 간의 총 에너지 할당이 변경되어 재생 가능 에너지가 훨씬 더 빠르게 성장하고 2050년 1차 수요의 75%가 재생 가능 에너지원에서 충족된다(원래 수치에서는 값이 약 30%였다).이 목표를 달성하기 위해 재생에너지의 성장은 일반적인 기술 보급의 경로를 따르며, 현재 초기 도입 단계(2000~2025)에서 상대적으로 느린 성장, 성장이 가속화되면서 증가하는 단계(2025~2035), 그리고 높은 보급률이 유지되는 경우의 최대 성장 단계(2035~2050)를 따른다. 2050년 이후에는 이 경로가 계속해서 '테이퍼링 오프(tapering off)' 단계로 진행될 것이다. 하지만 이 단계는 모델의 범위를 벗어나며 핵 및 탄소 격리의 최종 역할에 대한 불확실성도 따른다. 2050년 75% 점유율의 중요성은 원자력이 추가로 5% 점유율을 유지한다면 온실가스 배출 80% 감소 목표에 따라 1차 에너지의 80%가 비탄소 자원에서 나올 것이라는 점이다.

우리는 다음과 같은 가정을 한다.

- 2025년에는 재생에너지가 총 수요의 15%인 100 EJ에 도달할 것이다. 또한, 이 시점에서 세

계는 1.7 EJ/년의 재생에너지 용량을 추가하고 있다고 가정한다. 2025년부터 설치 속도가 급격히 빨라져 2035년 최대인 약 24 EJ/년에 도달할 때까지 매년 2.2 EJ씩 증가한다. 이 비율은 2050년까지 세계가 재생에너지로 인한 1차 에너지 649 EJ/년에 도달할 때까지 유지된다.

- 재생에너지의 경우 자원은 태양열 67%와 풍력 33%의 비율로 추가되는데, 이는 태양열이 더 다양한 위치에 배치될 수 있기 때문이며, 향후 태양열과 풍력 사이의 실제 시장 점유율은 시장에서 서로 어떻게 경쟁하느냐에 따라 달라질 것이다. 두 자원의 용량 요소는 각각 15%와 30%로 표 18-2보다 약간 보수적이며, 설치비용은 각각 kW당 1,000달러와 1,300달러로 표 18-2와 같다. (원칙적으로 일부 점유율은 다른 재생에너지에 할당될 수 있지만, 간결한 이유로 이는 포함하지 않는다.)
- 인프라를 구축할 수 있는 충분한 자원이 있으며, 세계 수요를 충족하기 위해 최종 사용자가 어디에 있든 에너지 생산량을 분배할 수 있는 방식으로 새로운 용량이 배치된다. 1차 에너지는 원하는 최종 용도(산업, 건물, 교통)에 필요한 적절한 형태로, 정확한 비율로 변환될 수 있다.
- 에너지 저장을 통해 재생에너지의 간헐성을 해결하거나 시간에 민감하지 않은 애플리케이션(예를 들어 전기자동차를 밤에 충전하는 것)에 초과 생산을 할당하는 실용적인 해결책을 찾을 수 있다.

18-4-1 재생 가능 시나리오 결과

이 절에서는 태양광 및 풍력 1차 에너지 생산 추가율을 매년 설치해야 하는 MW 단위의 명판 용량, 태양열 또는 풍력 발전소의 동등한 개수, 필요한 연간 투자로 환산한다. 태양열, 풍력 및 이 둘의 조합에 대한 전년 대비 경로는 그림 18-2에 나와 있다. 단순화를 위해 재생에너지가 일정한 최대 속도로 설치되고 있는 2035년에서 2050년 사이의 기간에 초점을 맞추고 있다. 도시된 바와 같이 매년 16 EJ/년의 태양광과 8 EJ/년의 풍력을 생산할 수 있는 용량이 추가되고 있다. 15년이라는 긴 기간 동안 일정한 수준으로 유지되는 큰 가치의 중요성은 이렇게 많은 재생 가능한 장치를 구축하고 배치하기 위한 인프라 및 공급망이 매우 큰 투자를 필요로 하기 때문에 일정 기간 동안 안정적인 상태로 기능할 수 있도록 허용해야 한다는 것이다.

2035~2050년 기간의 필요한 설치율은 역사적 기준에 의해 매년 매우 많은 수의 태양열 및 풍력 발전소가 추가되었다는 것을 의미한다. 선택된 용량 요소를 기준으로 매년 필요한 총 용량은 약 3,400 GW의 태양열과 840 GW의 풍력에 달한다. 두 양 모두 현재까지 전 세계 태양열 또는 풍력 산업의 최고의 해보다 1배 이상 큰 양이다. 좀 더 구체적으로 표현하자면, 표 18-2의 값을 표준 에너지 발전소 크기로 사용한다고 가정하면 태양열 발전소의 경우 250 MW, 풍력 발전소의 경우 200 MW이다. 발전소 간 총 용량을 나눈다는 것은 15년 동안 매년 1만 3,000개의 태양열 발전소와 4,000개의 풍력 발전소가 가동된다는 것을 의미한다. 새로운 용량의 일부를 주거지와 사업장에 분산된 형태로 설치할 수 있기 때문에 태양열 발전소의 설치 수는 다소 줄어들 수 있다. 그러나 풍력의 경우 풍력으로 전기를 생산하는 비용 효율적이고 생산적인 방법이기 때문에 유틸리티 규모의 터빈이 필요하다.

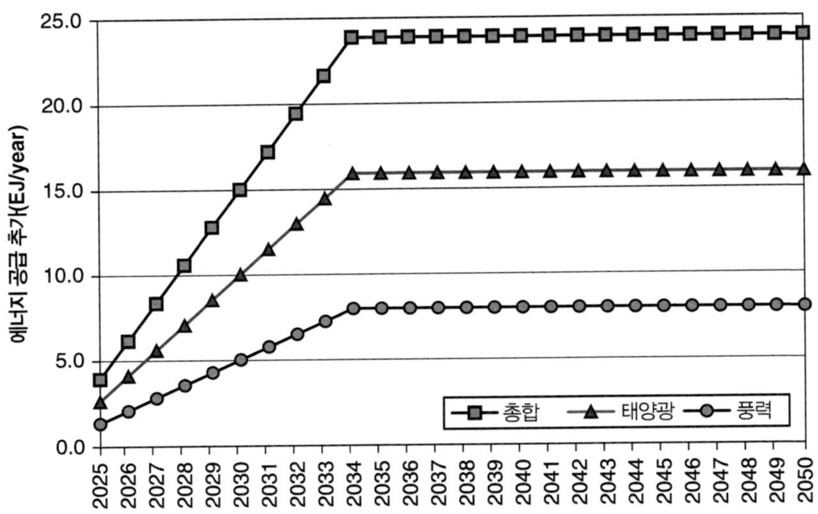

그림 18-2 2025~2050년 생산에 필요한 태양열, 풍력 및 총 용량 에너지 공급 추가(EJ/year).

다행히 전 세계적으로 원하는 풍력 및 태양광 용량을 설치할 수 있고 프로젝트 자금을 조달할 수 있으며 그리드 인프라에 대한 동반 투자가 가능한 충분한 위치가 있다. 또한, 필요한 투자에 대한 연간 가격표는 총 세계 GDP의 일부로서 에너지에 대한 경상 지출의 맥락에서 볼 수 있다. 국제 통화 기금(IMF)에 따르면 2020년 글로벌 팬데믹 이전인 2019년 명목 세계 GDP는 87조 6,000억 달러였다. 경제 부문 간의 경계를 어떻게 긋느냐에 따라 세계 GDP의 약 9분의 1이 에너지에 소비되며, 이는 그 해에 9조 7,000억 달러에 달한다. 오늘날 명목상의 설치 가격이 각각 $1/W와 $1.30/W인 태양열과 풍력의 경우 각각 현재 최고 10년 동안의 연간 총 비용은 연간 4조 5,000억 달러로, 2019년 에너지에 소비된 비용의 절반에도 미치지 못한다. 더욱이 그때쯤이면 많은 재생에너지 인프라가 구축되어 연료(특히 화석연료)에 소비될 상당한 지불 흐름이 대신 재생에너지 인프라에 투자될 수 있을 것이다.

18-4-2 가능한 원자력 또는 CCS 경로와의 비교

그림 1-13의 초기 시나리오는 재생에너지, 원자력, CCS의 동등한 기여를 상정하고 있었는데, 이는 18-4-1절의 지배적인 재생 가능 에너지 시나리오와는 다르다. 원자력 또는 CCS가 지배적인 시나리오도 개발될 수 있지만, 필요한 막대한 설치율을 중심으로 동일한 도전에 직면하게 된다. 원자력 에너지의 경우, 각 발전소의 일반적인 용량은 1 GW이고 용량 요소는 일반적으로 재생에너지의 경우와 같이 15~30%가 아닌 90%로 훨씬 높기 때문에 연간 추가되는 발전소의 수는 태양열 또는 풍력 발전소의 수보다 적다. 그러나 연간 설치되는 발전소의 수는 여전히 만만치 않을 것이다. 1,000 MW 원자력 발전소에서 전력의 형태로 연간 약 24 EJ의 새로운 에너지 공급을 추가하려면 현재 500개의 발전소가 있는 세계 전체에 비해 연간 약 840개의 발전소가 추가되어야 한다. 또한, 핵 폐기물 발생 속도도 빨라질 것이다. CCS의 경우 전환 공장, 그리드 연결, 석탄 및 가스를 공급하기 위한 상류 공급망이 이미 존재하지만, 이산화탄소를 포획하고 그러한 대량의 가스를 운반 및 격리할 수 있는 능력을 갖춘 발전소를 개조하는 것은 또 다른 매우 큰 인프라 투자 과제가 될 것이다. 화석

연료에서 발생하는 에너지 배출량이 연간 35 Gt 수준이며, 2035년에서 2050년까지 최대 성장 단계 동안 이 양의 60%가 대기 방출에서 포획 및 격리로 전환되어야 한다고 가정한다. 이 목표는 15년 동안 매년 1.4 Gt의 이산화탄소를 CCS로 전환할 수 있는 시설을 추가하는 것을 의미한다.

18-4-3 선진국과 신흥국의 기여도 비교

앞에서 살펴본 세계 1차 에너지 생산의 변화에 대한 논의를 바탕으로, 세계 1차 에너지 생산의 변화에 있어서 선진국과 신흥국의 매우 다른 역할을 비교하는 것은 흥미롭다. 이 경우 우리는 재생에너지, 원자력에너지, CCS 중 어느 것에서 오는 것인지 고려하지 않고 전 세계 에너지 소비의 총량을 고려한다. 선진국은 역사적으로 에너지 집약적인 생활방식을 지원하는 데 필요한 부를 보유하고 있던 나라들이므로, 평균 에너지 집약도는 신흥국의 3배 수준이다(표 18-3). 신흥국은 1인당 평균 에너지 사용량은 적지만 인구는 5배 정도 많아 전체적으로 에너지 소비량이 상당히 높다.

시나리오는 에너지에 대한 접근성을 모두에게 공평하게 분배하기 위한 방법으로, 전 세계 인구에 대한 에너지 집약도로 1인당 100 GJ 목표를 설정한다. 많은 선진국의 인구는 약간 감소할 것으로 예상되어 전체적으로 산업화 그룹의 인구는 감소하고, 1인당 에너지 소비량이 감소하므로 표 18-3에서 보는 바와 같이 총 에너지 소비량도 감소한다. 반면 신흥국 인구는 20% 증가하며, 1인당 에너지도 거의 두 배 가까이 증가하기 때문에 총 에너지 생산 증가율은 상당하다. 결국 에너지 수요 증가의 대부분은 신흥국에서 발생하며, 2100년까지 세계 에너지 수요의 87%를 소비하게 된다. 이 시나리오는 인구 성장 관점에서 낙관적인데, 최종 인구 90억 명은 가능한 경로의 하단에 있기 때문이다. 유엔의 상반되는 예측에 따르면 2050년에는 97억 명, 2100년에는 109억 명에 이를 것으로 예상된다(UNDP, 2019).

에너지 소비의 전반적인 증가와 선진국과 신흥국의 상대적인 증가에 기초하여, 10년 단위의 에너지 수요는 이 두 국가 그룹 간에 할당될 수 있다(그림 18-3). 이 수치는 연간 에너지 증가율이 각 10년마다 일정할 것이라는 가정하에 연평균 에너지 증가율로 제공된다는 점에 유의해야 한다. 한 세기 전체에 걸친 총 에너지 증가율은 신흥국의 경우 훨씬 더 크기 때문에, 무탄소 에너지의 10

표 18-3 2020년과 2100년의 세계 전환 시나리오에서 총 및 1인당 에너지 소비량 분배: 선진국과 신흥국

분류	선진국	신흥국
인구, 2020(10억)	1.3	6.5
전체 에너지 소비량, 2020(EJ)	247	378
1인당 에너지 소비량, 2020(1인당 GJ)	190	58
시나리오 가정	기술력 향상과 온실가스 감축 목표로 1인당 에너지 감소	시민들이 현대 기술의 효율적인 버전을 채택함에 따라 1인당 에너지 증가
인구, 2100(10억)	1.2	7.8
1인당 에너지 소비량, 2100(1인당 GJ)	100	100
전체 에너지 소비량, 2100(EJ)	120	780
1인당 에너지 소비량 변화율	−47%	72%
에너지 소비량 변화율	−51%	106%

기본 데이터 출처: 미국 에너지 정보청.

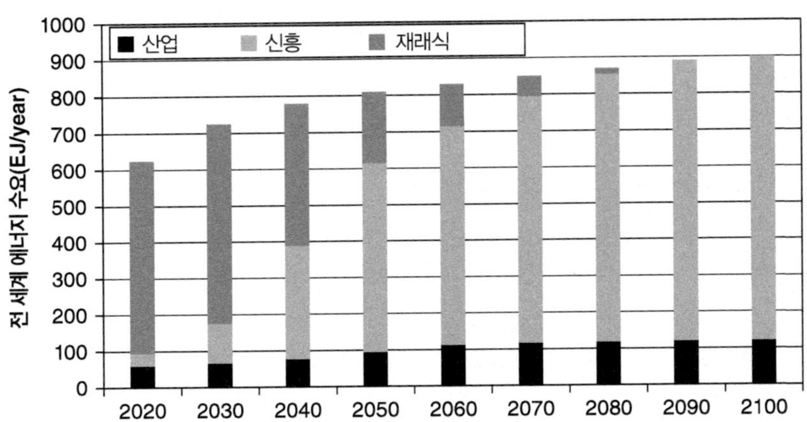

그림 18-3 2020년부터 2100년까지의 신흥국 및 선진국의 무탄소 및 재래식 자원에서 충족된 에너지 수요 비교.

참고: 그림에서, 신흥국과 선진국은 각각 무탄소에너지를 충족시킨 국가의 에너지 수요를 의미하며, 재래식은 무탄소가 아닌 것을 의미한다.

년 단위 증가율 또한 이 그룹의 경우 훨씬 더 크다. 2040년부터 2050년까지 변화의 절정기에, 무탄소에너지에 대한 수요는 선진국의 경우 18 EJ/년에 비해 신흥국의 경우 208 EJ/년 증가한다. 표 18-3에서 선진국의 경우 총 에너지 소비가 47% 감소했지만, 그림 18-3의 성장 수치는 여전히 긍정적인데, 이는 선진국이 2020년에 거의 CCS가 아닌 화석연료를 사용하는 혼합물에서 2100년에 이산화탄소 배출량이 100%인 혼합물로 전환하고 있기 때문이다.

18-4-4 논의

이러한 에너지 경로들에 대한 예제는 우리의 미래가 어떠할지를 개략적으로 보여준다. 따라서 필요한 새로운 기반시설에 대한 수요는 정확한 값이 아닌 대략적인 크기 정도로 이해해야 한다. 그렇다고 해도, 전 세계 인구가 현대 에너지를 이용하고 이산화탄소 배출을 제거하려면 에너지 시스템 전환의 경로는 적어도 도시된 경로와 대략적으로 비슷할 것이며, 이는 어려운 문제를 제기한다.

첫째, 재생 가능 에너지의 경우 필요한 인프라를 구축할 수 있다고 가정할 때, 2100년에 연간 720~900 EJ의 양으로 공급할 수 있는 지구 풍력 및 태양에너지를 위해 자연에서 사용 가능한 물리적 자원이 수력 및 지열과 같은 다른 공급원에 의해 지원될 가능성이 있다. (총량의 차이는 원자력과 CCS가 최대 180 EJ/년을 제공할 수 있는지 여부에 따라 달라진다.) 그러나 수요의 위치와 관련된 발전 위치는 심각한 문제를 초래한다. 성공적인 전환을 위해서는 재생에너지 생산 중심지(예: 태양에너지를 위한 사막, 미국 및 캐나다의 대평원과 같이 대규모 풍력 자원이 있는 지역)와 인구 중심지 사이에 새로운 배전망이 필요하다.

또 다른 과제는 제안된 목표를 달성하는 데 필요한 에너지 인프라의 증가율이다. 재생에너지의 경우 인프라의 필요한 증가율은 비용과 조직 물류 측면에서 매우 어렵다. 앞에서 언급한 바와 같이, 우리는 피크 기간 동안 연간 1만 3,000개의 태양광발전단지와 4,000개의 풍력발전단지를 추가해야 한다. 태양광을 예로 들어 각 태양광발전단지가 350 W 패널로 구성된다면, 태양광발전단지의 수는 연간 90억 개가 넘는 새로운 패널이 설치되는 것과 같다.

우선 경제성에서 풍력터빈의 단위 kW당 비용을 예측하는 것이 어렵다. 비용이 태양광의 경우 $1/W, 풍력의 경우 $1.30/W로 유지된다면 각각 연간 3조 4,000억 달러와 1조 1,000억 달러로 유지된다. 그러나 예를 들어 대규모 사업을 위한 자재 부족으로 인해 와트당 비용이 약간만 상승하더라도 연간 지출에 상당한 영향을 미칠 수 있다. 예를 들어, 태양광 패널의 설치 와트당 가격을 1.00달러에서 1.30달러로 인상하면 2035~2050년 피크 기간의 투자 비용이 연간 1조 달러 증가한다.

비용적인 부분 이외에 다른 유형의 재생에너지 시스템들로 투자를 분산시키는 것은 매년 전체 에너지 자원 중에서 재생에너지 부분을 많이 증가시키는 부담스러운 상황을 어느 정도 완화하기는 하지만, 그래도 전 세계 에너지 생산량에 너무 많은 재생에너지 생산량을 추가하는 것은 실제 이행에 있어 어려움이 있을 수 있다. 이에 비해 13장에서 언급했던 것처럼 세계적으로 2018년에 약 51 GW의 풍력발전 용량을 추가했다. 이 양은 1년에 설치된 2만 400개의 터빈에 해당하며, 평균적으로 터빈당 2.5 MW이다. 따라서 이 설치 속도는 제안된 최고 속도보다 훨씬 적은 규모다. 연간 최대 840 GW를 추가하면 연간 최대 33만 6,000개의 터빈을 설치하는 것과 동일한 요구사항이 된다. 따라서 전 세계적으로 풍력터빈을 추가할 수 있는 용량은 2000년부터 2005년 사이에 상당히 증가했지만, 여전히 시나리오에서 구상한 수준에는 미치지 못한다.

결론적으로 시나리오 분석으로부터의 결과는 조금 다른 방식으로 이해해야 한다. 여기서 다음 세 가지 사항은 몇 가지 가능성에 대한 논의이다.

1. *"2020~2100년 사이의 시나리오는 부득이하게 21세기 동안 원자력과 화석연료가 격리되어야 하는 강력한 이유를 제공한다."* 요구되는 성장률에 따라 21세기 후반까지 주요 에너지 생산을 재생에너지원에서 나오는 모든 1차 에너지의 80%에서 100%를 목표로 하는 것은 실현 가능성이 낮다. 현실적으로 재생에너지 시스템은 가장 강력한 시나리오에서도 정점에 도달할 때 연간 4만 대 이하의 2.5 MW 풍력터빈 동량(현재보다 2배 빠른 속도), 연간 80 GW와 유사한 속도로 개발될 것이다. 이러한 분석은 우리가 앞으로 100~200년 동안 원자력과 탄소 격리를 동반한 화석연료에 의존한다는 가능성에 조금 더 무게를 둔다. 재생에너지 생산 비율은 점진적으로 늘어날 것이다. 또한, 쉬운 일은 아니지만 점점 더 많이 배출되는 고준위 원자력 폐기물 관리, 원자력 확산에 의한 위협 요소 억제, 그리고 환경친화적이고 지속 가능한 탄소 격리를 동반하는 화석연료 사용 등이 모두 성공적일 것이라고 예상한다.
2. *"2100년까지 720~900 EJ를 재생에너지원으로부터 얻겠다는 것은 문제를 잘못 인식한 것이다."* 재생에너지 사용이 확대되리라는 것이 잘못된 이야기는 아니지만, 문제는 2100년 전체 에너지 생산량 목표치이다. 재생에너지 용량을 그렇게 많이 늘리려고 하기보다는 에너지 사용 방식을 전면적으로 개편하여 이미 에너지를 가지고 있는 사람들에게 양질의 삶을 제공하고 신흥국에서 훨씬 더 높은 삶의 질을 달성하는 동시에 필요한 총 에너지양을 2100년에는 300 EJ 수준으로 낮출 필요가 있다. 이러한 에너지 사용의 재정비는 (1) 더 효율적인 에너지 소비 기술(가정용 기기, 전자제품, 자동차 등)을 위한 연구 · 개발과, (2) 사람들의 기술 사용 방식 변화를 통해 에너지 요구량을 낮출 수 있다. 2100년에 300 EJ 목표를 달성한다면 재생에너지 시스템에 대한 80%에서 100%의 점유율이 더 현실적일 것이다. 이러한 분석은 비효율적인 구식 에너지 소비 기술이 새로운 고효율 방식으로 매우 빠르게 발전하리라는 전망에 기인한다. 이는 이미 수십억의 사람들이 에너지 소모 기기들을 구매하여 사용하고 있고, 개

개인의 사용 효율은 기술 발전과 효율적인 에너지 사용에 대한 교육이 이루어지는 만큼 개선될 수 있기 때문이다.

3. *"누구도 그것이 안 될 것이라 말할 수 없을 것이다."* 우리는 지금까지 경험해 보지 못한 목표의 크기 앞에서 망설이기보다는, 차라리 빠르게 나아가서 이렇게 많은 양의 재생에너지를 추가하는 방안을 찾아야 한다. 우리의 에너지 기술은 매우 빠르게 진보할 것이고 2100년까지 80년, 2015년까지 30년은 긴 시간이다. 우리 세대는 미래에 달성할 수 있는 것과 불가능한 것에 대한 가정을 하면 안 된다. 우리가 구상하고 있는 재생에너지 시스템에 대한 투자의 범위와 제2차 세계대전 중 미국의 전쟁 노력의 산출량 사이에서 유사점을 찾을 수 있다.[2] 1942년부터 1945년까지 미국은 전쟁에 사용하기 위해 모든 종류의 항공기 23만 대를 제작했는데, 이에 비해 시나리오에서 설정한 재생에너지 목표치는 필요한 원재료와 경제적 가치를 고려할 때 전쟁 기간 전투기 생산량을 뛰어넘는 수치이기는 하다. 하지만 우리의 기술은 더욱 진보해 왔고, 이러한 노력은 단 하나의 국가에 의한 것이 아니라 전 세계적으로 수행되어야 할 것이다.

여기서 이러한 세 가지 결과 중 어떤 것이든 21세기 안에 일어날 가능성이 있는 것으로 보인다. 탄소 격리 혹은 원자력 기술이 원활하게 발전한다면, 첫 번째 논의에서 언급한 것처럼 이 시기 에너지 생산량의 대부분이 탄소 격리를 수반한 화석연료 혹은 원자력에너지에 의존할 것이며 재생에너지 비율은 낮을 것이다. 반대로 재생에너지 기술 개발이 원활하다면 세 번째 논의에서 밝힌 것처럼 전체 에너지 생산에서 현재 수준보다 더 많은 역할을 하게 될 것이다. 에너지의 미래에 대해 한 가지 예상할 수 있는 것은 종국에서의 에너지 소비 수준 또는 에너지를 전달하는 데 사용되는 에너지원 기술들의 조합에 상관없이, 두 번째 논의에서 고려한 바와 같이 소모 에너지당 구현되는 효과에 대한 효율 증진은 어떤 결과에도 도움을 줄 것이다. 이는 새로운 인프라를 구축해야 하는 재정적 · 환경적 압력을 경감하기 때문이다. 이 절의 후반부에서 우리는 재생에너지의 역할과 선진국과 신흥국 사이에서의 에너지 생산 할당에 대해 조금 더 자세히 알아볼 것이다.

새로운 재생에너지 방안에 대한 견고한 개발 사례

재생에너지 목표와 상관없이 강력하게 발전시켜야 하는 이유는 여러 가지가 있다. 재생에너지를 강조하는 첫 번째 이유는 현재의 성장률이 미흡하기 때문이다. 현재 재생에너지 산업은 이전 수준에 비해 빠르게 증가하고 있다(10장에서 제시한 태양광 관련, 13장에서 제시한 풍력에너지 관련 데이터 참조). 그럼에도 불구하고 재생에너지는 다른 자원들에 비해 상대적으로 규모가 작다. 최근의 성장에도 불구하고 풍력이나 태양광 모두 세계 발전량에서 차지하는 비율이 수력을 추월하지 못하고 있으며, 천연가스나 석탄보다 더 적은 비율로 발전하고 있다. 게다가 현재의 성장 속도라면 재생 부문은 2100년 이전에는 전체 에너지 수요에서 큰 비중을 차지하지 못할 것이기 때문에 재생에너지 시스템의 출시를 가속화하기 위한 지원이 필요하다. 표 18-2에서 보는 바와 같이 태양과 풍력의 수평화된 비용은 기존의 대안과 동등한 수준이므로, 이는 자본 집약적이고 주어진 양의 재생에너지를 인간의 용도로 전환하기 위해 프로젝트 초기에 필요한 장치를 설치해야 하기 때문에 장비를 구축하고 전달하는 데 필요한 인프라를 확장하기 위한 지원이 특히 필요하다.

---

2 Brown (2006, p. 254)에 제시된 바와 같이, 이 인용문은 1942년 1월 루스벨트 대통령의 연두교서에서 언급된 전시 생산 목표에 대한 언급인 "할 수 없다고 아무도 말하지 말라"에 기초한 것이다.

재생에너지를 개발해야 하는 두 번째 이유는 CCS 혹은 원자력에너지에 수반되는 위험과 관련이 있다. 앞서 밝혔듯이 CCS는 오늘날 전 세계에서 이미 사용하고 있고 충분한 성공을 거두고 있어서 미래에는 더 확장되거나 적합하게 변할 수 있으며, 이를 통해 더 많은 탄소가 격리될 것이다. 그러나 우리는 대기 중의 농도를 안정화하기 위해 현재 연간 9 Gt의 이산화탄소가 함유된 대부분의 탄소를 화석연료로부터 격리하는 데 필요한 거대한 규모의 격리에 대해 아직 경험이 없으며, 이러한 대규모 규모에서 이 기술이 100%에 가까운 효과를 발휘하지 못하거나 에너지 또는 물 요구량이 현저하게 증가할 위험이 있다. 한편 원자력에너지 확장에는 핵확산 우려나 핵폐기물 양을 제한하기 위해 결국 전 세계적으로 확장에 제동을 걸어야 하는 위험을 수반한다. 또한 나중에 회복될 우라늄의 양이나 증식형 원자로 또는 융합이 큰 규모에서도 성공적으로 작동할 것인지는 명확하지 않다. 그리고 큰 규모에서 원자력에너지의 장기간 사용을 위한 한 가지 또는 두 가지 필요조건 모두 실현되지 않을 위험도 고려해야 한다.

현재 태양열 PV와 풍력 기술은 신뢰성이 있음이 입증되었다. 게다가 현재는 일반적으로 사용되고 있지 않지만, 필요하면 미래에 사용될 수도 있는 대규모 태양에너지 시스템(11장 참조) 또는 재생에너지 간헐성을 보완해 줄 펌프 저장(17장 참조) 같은 기술들이 개발되어 왔다. 따라서 재생에너지를 위한 기반 기술 요소들이 비교적 더 신뢰성이 높기 때문에, 다른 두 에너지원(원자력과 격리를 수반하는 화석연료)보다 이러한 재생에너지가 위험성이 적다. 이를 통해 볼 때 재생에너지가 잘 사용될 수 있도록 발전시키는 것은 타당하다. 재생에너지의 대규모 사용을 위한 몇몇 근본적 기술은 아직 도입되지 않았지만, 이런 문제는 다른 두 에너지원에 동반되는 근본적 당면 과제들(예를 들어 핵융합의 성공적 전개 등)에 비하면 훨씬 사소한 기술적 문제이다.

이미 미국 내 많은 주와 미국 이외의 국가들이 정부 차원에서 *재생에너지 포트폴리오 기준*(renewable portfolio standard: RPS)에 맞추어 재생에너지 성장에 박차를 가하고 있다. 이러한 프로그램을 통해 정부는 재생에너지 목표 달성 비율을 세운 뒤 RPS의 목표치 달성을 독려하기 위한 경제적인 성과보수를 제공한다. 예를 들어 뉴욕주에서는 2030년까지 전체 에너지 사용량의 50%를 재생에너지로 충당한다는 목표를 세웠다. RPS를 위한 자금은 에너지 사용에 따라 소비자에게 부과하는 요금과 관련 프로젝트로부터의 수익으로 충당한다.

에너지 및 물질 흐름의 순환을 폐쇄하여 지속 가능한 에너지 달성

이 장 초반의 제혁소 우화로 대표되는 현대 기술의 딜레마는 쉽거나 빠르게 해결되지는 않지만, 지속 가능한 에너지를 추구하기 위해 우리는 자연계에서 제품의 제조 및 재활용에 복제될 수 있는 모델의 예를 찾을 수 있다(그림 18-4).

자연계는 에너지와 물리적 물질을 이용하여 유기체를 창조하고 재창조한다. 이 체계의 중심에는 물질을 살아있는 유기체로 만든 다음 유기체를 다시 원료로 전환하는 다양한 변형 과정이 있다. 대부분의 에너지는 원래 고품질 형태의 태양에서 나오는데, 이는 태양이 낮은 엔트로피를 가지고 있고 다양한 응용이 가능하다는 것을 의미한다. 그 에너지는 태양광선의 형태로 직접 지구 표면의 과정에 도달할 수도 있지만, 바람에너지로 도달할 수도 있고, 바람에너지가 다시 파동을 일으킬 수도 있으며, 태양에너지가 바이오매스 에너지의 형태로 식물에 저장될 수도 있다. 에너지는 변환 과정을 겪더라도 줄(J)이나 BTU 단위로 측정되는 에너지 총량은 보존되지만, 더 낮은 품질의 형태로 바뀌어 더 이상 과정을 촉발하거나 활성화하는 데 효과적으로 작용할 수 없게 된다. 예를 들어, 나뭇잎에서 광합성을 위한 촉매제로 한 번 사용되었던 에너지는 결국 식물에 저장될 수 있고 식물의

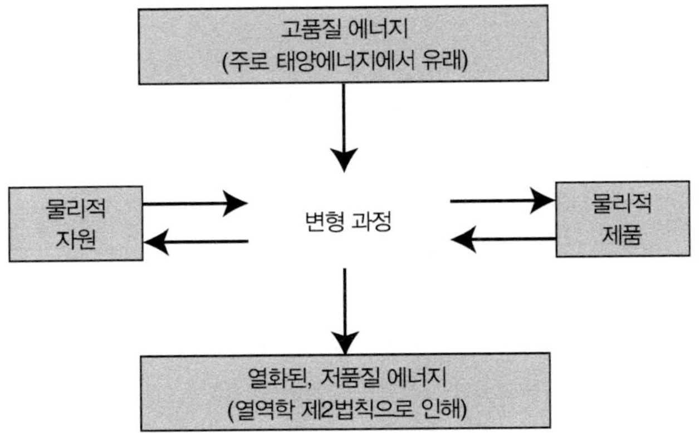

그림 18-4 고품질 에너지를 사용하여 물리적 자원을 물리적 제품으로 변환하거나 그 반대의 경우도 마찬가지이다.

일부를 먹었을 때 동물에 의해 소비될 수 있지만, 같은 에너지를 더 이상 두 번째 광합성에 사용할 수 없다. 하지만 태양이 태양광선을 계속 제공하기 때문에 그 과정은 새로 제공된 고품질의 에너지를 계속 사용할 수 있다.

동 · 식물의 생애주기 수준에서, 유기체는 성장과 건강 유지를 위해 영양소(단백질, 지방 등)와 에너지(열량)를 모두 제공하는 음식을 섭취할 수 있다. 이동이 가능한 유기체는 또한 일상생활의 여행 요건을 충족시키기 위해 음식에 함유된 에너지를 사용한다. 그들의 삶의 끝에서, 에너지는 아마도 태양, 바람, 또는 물에너지의 물리적 힘을 사용하거나 물질에서 유기체로, 다시 물질로 이어지는 그들만의 수명주기를 가진 미생물에 의존하여 유기체를 구성 물질로 분해하는 역과정을 위해 자연계에 의해서도 사용된다. 지질학적 기간 동안, 물질의 일부는 지구 표면 아래에 갇혀 있지만(따라서 화석연료의 형성), 대부분은 새로운 유기체로 형성되기 위해 다시 이용할 수 있게 된다.

지속 가능한 에너지 시스템은 그림 18-4와 같이 두 가지 차원에서 자연계를 모방할 수 있다. 첫째, 고품질의 유입 에너지를 모든 형태의 에너지 운반체를 만드는 원천으로 사용할 수 있다. 에너지는 시스템이 소비함에 따라 열과 마찰로 소멸되지만(따라서 '저하된 저품질 에너지'가 됨), 자연에서 들어오는 에너지를 에너지 운반체로 지속적으로 변환시키는 메커니즘이 존재하기 때문에(즉, 태양이 매일 1차 에너지를 계속 공급함) 시스템은 계속 작동한다. 둘째, 에너지는 일상생활에 필요한 물리적 제품, 즉 대량 생산된 제품, 인프라 및 기타 지원 시스템으로 물리적 자원을 조립하는 데 사용된다. 제품은 재활용 가능성을 염두에 두고 설계되어 수명이 다했을 때 제품의 100%를 분해하고 반환하여 물리적 자원으로 사용할 수 있다. 따라서 그림에는 물리적 제품에서 '폐천'으로 향하는 화살이 없다. 처음에는 이 시스템을 개발하는 데 드는 경제적 비용이 엄청나지만, 개발됨에 따라 사회는 재료를 재사용하고 환경을 오염시키고 건강을 해치는 폐천의 생성을 피하는 이익을 거두기 시작한다.

21세기 에너지 미래에 대한 결론

21세기에 가능한 에너지 시나리오와 선진국/신흥국의 에너지 분배를 바탕으로, 우리는 21세기에 에너지 시스템이 취할 수 있는 가능한 미래에 대해 다음과 같은 두 가지 결론을 얻을 수 있다. 첫째, 그림 18-2와 18-3에서 보여준 어마어마하게 큰 에너지에 대한 물리적 수요로 인하여 전 세계 사람들이 모두 현대적이고 지속 가능한 에너지 시스템을 사용하는 것은 상당히 어렵다는 점이다. 2100년까지 4억 5,000만의 미국인들, 또는 표 18-3에서 보여준 12억 선진국 인구를 위한 에너지 시스템을 바꾸는 것만으로도 어려움이 많다. 그러나 그림 18-2와 그림 18-3에 기초한 계산은 미래 세대의 요구 충족 능력을 손상시키지 않고 현재 세대가 요구를 충족시킬 수 있도록 하는 지속 가능한 발전의 목표에 따라 세기 말까지 90억 또는 100억 명의 모든 인구에 도달하는 것을 전제로 한다. 따라서 사실상 우리는 지리적 범위를 단지 산업화된 국가에서 전 세계로 확장함으로써 도전의 규모를 몇 배로 증가시키고 있다. 또한, 충분한 용량을 설치하기 위한 물리적 경로에 대해서만 논의했다. 그러한 경로를 달성할 수 있는 기본 정책(예: Leighty, 2012 또는 National Academy of Sciences, 2013)은 또 다른 수준의 복잡성을 수반한다.

이는 두 번째 결론으로 이어진다. 이 장에서 논의한 바와 같이 재생에너지가 선호되는지 아니면 핵과 CCS를 포함한 균형 잡힌 혼합물이 더 있는지, 1차 에너지에 대한 옵션은 이 세 가지만 남아 있다. 이러한 미래 에너지 시스템은 앞으로 여러 가지 요건들을 만족시켜야 하는데, 여기에는 온실가스 배출 억제, 에너지 공급 가격의 적절하고 안정적인 유지, 적당한 기간 안에서의 확대, 그리고 장기적인 에너지 수요 충족 가능성 등이 포함된다. 이러한 요구사항을 만족시키려면 세 가지 에너지 시스템 모두 상당히 많은 어려움에 직면할 것으로 예상한다.

세 번째이자 마지막 관찰은 온실가스 배출량을 대폭 감축하기 위해 필요한 첫 단계로, 지구촌은 먼저 배출량이 정점에 이르고 그 이후에 매년 지속적으로 감소하는 '피크 탄소'를 만나고 통과해야 한다는 것이다. 그림 18-5는 최근의 역사적이고 가까운 미래의 천연가스 연간 이산화탄소 배출량의 관점에서 이것이 어떻게 나타날 수 있는지를 보여준다. 그림은 *y*축으로 스케일링하여 시간에 따른 변동성을 시각화하기 쉽도록 31~38 Gt 사이의 값을 표시한다. 또한, 2020년까지의 역사적 배출량과 COVID 팬데믹의 영향은 다른 음영으로 나타내었다. 처음에는 세계 경제가 경기 침체에서 회복됨에 따라 2020년 이후 배출량이 증가한다. 그러나 점차 이 궤적을 벗어나 2021년에 역사

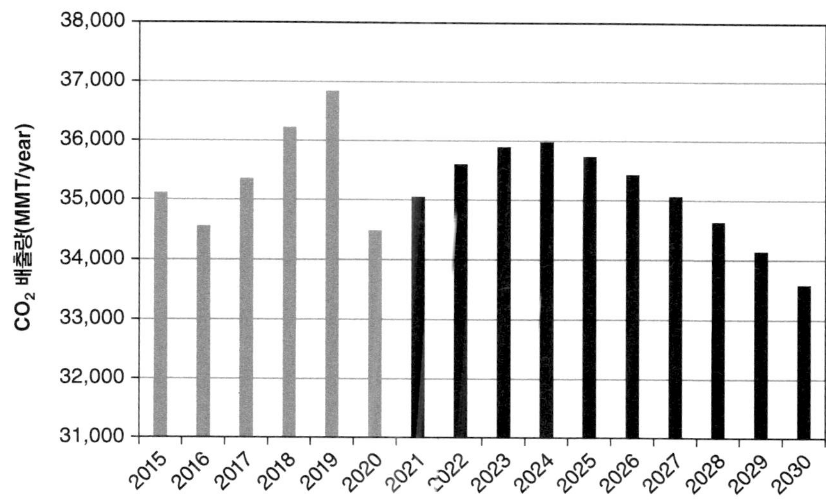

그림 18-5 과거(회색) 및 미래(검은색)의 연간 CO_2 배출량을 보여주는 2015~2030년 에너지 전환으로 인한 전 세계 CO_2 배출량에 대한 가상 경로.

참고: *y*축 눈금이 0부터 시작하지 않는 것은 연간 변화를 더 잘 나타내기 위함이다. (*과거 배출에 대한 출처*: 미국 에너지 관리청.)

적 배출량에 느슨하게 맞는 포물선 곡선으로 형성된 궤적으로 이동한다. 2024년에는 2019년에 이어 두 번째 정점을 찍게 되며, 그해를 기점으로 저탄소에너지 정책이 가속화되고 세계 무대에서 실질적인 효과를 발휘하기 시작하면서 영구적인 감소세로 접어들게 된다. 책의 마지막 장에 있는 이 최종 수치는 우리의 노력이 결실을 맺으면 어떤 일이 일어날지에 대한 이미지라는 점에서 포부이다. 그것은 어떻게 일어날 것인지를 설명하는 기본적인 정책 모델이 없고, 탄소 정점은 나중에, 예를 들어 2030년이나 2035년에 일어날 수 있다. 그럼에도, 그것은 또한 책에서 논쟁의 여지가 있는 가장 중요한 수치이다. 왜냐하면 정점의 해가 2024년이든 2030년이든 2035년이든, 그것은 국가 공동체가 다른 방향으로 돌아서고 이동하는 길을 통과해야 하는 관문을 나타내기 때문이다.

18-5 미래의 에너지 시스템을 만드는 데 있어서의 에너지 전문가들의 역할

우리는 이제 "21세기에 어떤 것들이 이루어져야 하는가?"가 아닌 "이러한 일들을 누가 할 것인가?"라는 질문을 던져야 한다. 이 책의 독자, 즉 에너지 시스템을 설계하고 작동시키며 관리하는 에너지 전문가들이 미래 에너지의 기틀을 잡는 중심적인 역할을 수행하리라는 사실에는 이론의 여지가 없다. 그들은 전문적인 영역 또는 비전문적인 분야에서도 이러한 역할을 수행할 수 있다.

우선 전문적인 역할에 대해 이야기하자면, 책에서 소개된 다양한 기술에 대한 평가를 통해 우리는 우리의 에너지 시스템을 더욱 지속 가능하도록 발전시켜 나가면서 앞으로 수십 년 동안 어디에서 기술 진보가 일어날지 알 수 있다. 이에 관련한 당면 과제는 크게 다음과 같은 분야로 나누어 설명할 수 있다.

- *연구 및 개발 분야*: 당면한 과제들의 대표적인 예는 (1) 이산화탄소 분리 및 격리를 위한 연소 시스템 재설계, (2) 핵융합 발전 기술의 성숙, (3) 저비용 태양광발전 또는 햇빛을 전기로 변환해 주는 또 다른 시스템 개발, (4) 대규모 재생에너지 시스템(예를 들어 대형 해상 풍력 터빈 또는 중앙 집중형 태양에너지 발전)과 같은 시설비용 절감을 위한 구조공학 적용, (5) 비용 효율이 높고 토지 집약도가 낮은 바이오연료 개발, (6) 수명이 길고 비용 효율이 높은 연료전지 개발 등이다.
- *자원 탐사*: 풍력발전, 지열원 이용, 이산화탄소 격리 저장소, 또는 다른 자원 개발에 적합한 지역을 찾아야 한다.
- *설치 과정의 간소화*: 특히 재생에너지 시스템을 위한 더 빠르고 저렴하며 예측 가능한 설치 과정을 개발하고 표준화한다. 동시에 폭넓은 적용이 가능한 재생에너지 시스템을 개발하여 더욱 광범위한 지역에서 사용할 수 있도록 한다.

여기서 명백한 것은 거의 모든 공학 분야와 관련 분야들이 이러한 당면 과제들을 이행하면서 제 역할을 할 수 있다는 사실이다. 이러한 성공을 위한 노력의 일환으로 정부와 산업체 의사 결정자는 정보에 밝아야 한다. 따라서 관련된 경험으로 무장된 에너지 전문가들은 크고 작은 에너지 관련 사업의 중역, 정부의 정책 결정자, 에너지 및 환경 관련 비정부 단체의 지도자로 주목받을 것이다.

18-5-1 전문 업무가 아닌 분야에서의 에너지 전문가들의 역할

공학, 경영, 정책 및 변호 등의 전문 업무 이외에도 에너지 전문가들이 수행하는 본업 외의 역할이 많이 있다. 예를 들어 일상생활의 많은 분야에서 에너지 전문가는 지속 가능한 에너지를 제공하기 위하여 정부와 전문가들에 의한 노력과 이에 대한 대중 참여 사이의 간극을 해소하는 데 도움을 줄 수 있다. 새롭고 더 효율적인 에너지 기술들이 가정과 작업장에 적용되는 예도 수없이 많지만, 잘못된 에너지 사용 예 역시 많이 볼 수 있다. 쓸모없는 가정용 기기, 에너지 누설 건물, 충분히 밝지 않으면서 에너지만 많이 사용하는 성능이 좋지 못한 실내 조명, 제대로 관리하지 않은 자동차 등이 좋은 예이다. '에너지 활용 능력' 수준은 에너지 소비자들(선진국에서는 대다수 국민)에 의해 지속적으로 개선될 수 있으며, 이러한 능력의 신장은 국제 에너지 지속 가능성 달성에 있어서 중요한 부분이 될 것이다.

에너지 전문가들이 전문 분야 이외의 사람들로 하여금 에너지를 더욱 잘 이해하도록 하고 더 나은 결정을 내릴 수 있도록 도울 수 있는 많은 방안이 있다. 한 가지 방법은 에너지 전문가들이 솔선수범하여 가정, 직장 또는 교통수단에서 더욱 에너지 효율적인 선택을 하도록 이끄는 것이다. 또 다른 방법은 태양, 풍력, 지열에너지와 같은 대체 에너지 자원을 사용하는 것이다. 그리고 친구들과 지인들에게 이러한 변화가 무엇을 의미하는지 그리고 어떤 혜택들이 예상되는지 잘 설명하고, 다른 사람들도 이와 같은 활동을 할 수 있도록 노력을 확대하는 것이다.

직장에서는 '에너지 효율 챔피언'이라는 업무 이외의 지위를 부여하여 에너지를 보다 효율적으로 사용하려는 노력을 장려할 수 있다. 예를 들어 중견기업 또는 대기업에는 카풀이나 대중교통 이용을 통해 혼자 차를 타고 출근하는 것을 줄이도록 요청할 수 있다. 이러한 노력을 수반한 리더십은 사업을 성공적으로 이끄는 데 도움이 될 수 있다. 직장에서의 노력의 일환으로 에너지 시스템을 만들고 유지하는 기술자들에 대한 현장 교육을 실시하는 것이 있다. 비록 이 책이 주로 에너지 시스템의 설계와 재정적 관리에 초점을 맞추고 있지만, 전기 기술자, 배관공, 연관공, 용접공, 목수, 전기통신 기술자와 에너지 프로젝트에 도움을 주는 기술을 가진 사람 없이는 어떤 것도 제대로 만들어지거나 유지될 수 없다. 에너지 전문가는 현장 기술자와 강한 유대를 형성해야 하고, 특히 혁신적이거나 실험적인 프로젝트에 대해서는 열의를 보이고 적극적으로 지원하는 동시에 시스템이 효율적이고 안정적으로 작동되도록 실제로 어떻게 제작 · 조립되어야 하는지를 알려주는 현장 지식을 잘 알고 있어야 한다.

또 다른 방안은 에너지 배경지식이 없는 공무원들이 기술, 정책, 현지 법률, 코드, 구역 법률들이 어떻게 에너지 효율에 영향을 미치는지 이해할 수 있도록 돕는 자문으로서 지역 정부 활동에 참여하는 것이다. 많은 공동체가 비용 절감과 환경 보호 목적으로 더욱 효율적으로 에너지를 사용하는 것에 관심이 많다. 어떤 경우 지방정부 차원에서 전문적인 에너지 서비스 회사와 입찰 계약을 할 수도 있지만, 다른 경우 이러한 전문적인 도움 없이 에너지 및 지속성에 대한 결정을 내려야 할 수도 있다. 예를 들어 소규모 풍력발전 또는 태양광 패널과 같은 새로운 기술들의 경우 건물주와 건물 관리자에게 설치 관련 지침을 줄 수 있는 새로운 건물 또는 지역 법률의 도입을 요구할 수 있다. 에너지 전문가들이 프로젝트나 내린 결정의 기술적 측면에 대해 명확하게 설명하는 데 소요되는 시간은 짧지만, 공무원들이 조금 더 나은 결정을 내리는 것에 도움을 주기까지는 상대적으로 오랜 시간이 걸린다. 또 다른 예로 어떤 공동체에서 표면적으로는 에너지비용 절감, 오염 물질 배출 감소 등의 혜택이 있어 보이는 몇몇 새로운 기술의 도입을 고려하고 있다고 하자. 하지만 기술적인 배경 지식이 없는 사람들은 이러한 새로운 기술에 대한 기술적 또는 경제적 강점과 약점들을 구분하기 힘들다. 여기서 에너지 전문가들은 이러한 정보를 수집하고 전달하는 가치 있는 역할을 할 수 있다.

지역사회에 영향을 미치는 또 다른 중요한 영역은 에너지 문제에 관한 언론의 보도이다. 에너지 전문가들은 보도가 객관적이고 명확하도록 감시하는 역할을 할 수 있다. 언론인들 역시 사회 다른 분야의 구성원들과 다르지 않다. 어떤 언론인은 에너지 관련 문제들을 잘 이해하고 정보를 정확하게 전달할 수도 있지만, 또 다른 언론인은 비록 좋은 의도라 하더라도 에너지에 관한 잘못된 정보를 주거나 독자와 청취자들의 오해를 불러일으킬 수 있다. 에너지 전문가는 편집장에게 의견을 전달하거나 사설을 내보냄으로써 언론 보도와 논평에 적절하게 대응할 수 있어야 한다. 사회 구성원들은 관심은 많지만 이해하기 힘든 에너지와 에너지 시스템의 세계에 한 줄기 빛을 내려주는 이러한 노력에 감사할 것이다.

이와 같은 개별적인 활동과 병행하여 다른 사람들과 함께 새로운 에너지 관련 해결책 또는 에너지 효율 등을 재고하는 단체 활동에 참여할 수 있다. 재정적 지원과 함께 상담에 참여하거나 프로그램 구성을 돕는 등의 단체 봉사활동에 공헌할 수도 있다. 또한 로터리 클럽, 전문직 여성 단체, 여성 유권자 동맹, 종교 단체 또는 노인 주택 지구 같은 지역 단체들은 가끔 흥미로운 주제의 연사를 초청하는 등의 정기 모임을 가질 수 있다. 여기서 에너지와 관련된 문제들을 인식한다면, 이러한 단체들은 에너지를 논의하는 것에 대해서도 관심을 갖게 될 것이다

마지막으로 그리고 가장 중요한 점은, 에너지 전문가는 젊은 사람들이 에너지 분야에 관심을 갖도록 도움을 줄 수 있다. 에너지 전문가는 어린이들이나 젊은이들에게 그들이 수행한 여러 프로젝트와 같은 개인적인 경험담 또는 이 분야에서의 진로에 관한 이야기를 들려줄 수 있다. 예를 들어 1년에 한 번 정도 현지 초등학교를 방문하여 에너지 관련 일일교사로 어린이들이 경험할 수 있는 에너지 관련 프로젝트를 직접 수행하도록 지도할 수 있다. 고등학교와 대학교에서는 에너지 관련 디자인 팀 프로젝트를 실시하는 경우가 많은데, 에너지 전문가는 이러한 프로젝트의 조언자로 활동함으로써 높은 가치를 인정받고 있다. 그들의 이러한 활동은 학생들의 당면 프로젝트 수행에 실제적인 도움을 줄 뿐만 아니라, 전반적인 교류를 통해 젊은 학생들이 자기가 수행하는 개별적인 프로젝트가 우리가 사는 세상과 어떻게 연결되어 있는지를 이해하도록 할 수 있다.

책의 서문에서 현대 에너지 시스템은 이 세상 모든 인류에게(항상 영향을 받는 선진국 사람은 물론 다소 덜 빈번한 영향을 받는 저개발 국가 사람들, 그리고 고립된 국가의 국민들에게조차) 영향을 미치고 있다는 점을 언급했다. 에너지 전문가는 전 세계 사람들과 이러한 에너지 시스템이 가져다주는 혜택을 공유한다. 그들은 미래의 에너지 시스템을 만들어가는 데 있어 지도자로 볼 수도 있고 에너지 시스템 이용자들의 동반자로 볼 수도 있다. 그들이 시스템을 만들고 배포할 뿐만 아니라 이에 대한 교육을 제공하고 변호하는 기술을 갖고 있다는 의미에서는 지도자로 볼 수 있다. 또한, 그들이 시스템에서의 변화가 어떻게 받아들여지는지 또 시스템이 더 잘 작동하기 위해 어떤 변화가 필요한지를 대중과의 교류를 통해 이해한다는 관점에서는 동반자로 볼 수 있다. 이 시점에서 우리는 어떤 조합과 형태의 에너지 시스템이 미래에 나타나게 될지 알 수 없다. 그러나 에너지 전문가가 어떤 특정 시스템에 관여하든 이러한 사회적인 참여는 미래 에너지 시스템의 지속 가능성을 위해 필수적이다. 그리고 이러한 에너지 시스템의 지속 가능성은 인류와 모든 지구 생명체의 행복을 위해 반드시 필요하다.

18-6 요약

이 책의 본문에서 언급되고 있는 바와 같이, 우리는 (1) 에너지 자원의 공평한 분배, (2) 점점 감소하고 있는 재생 불가능한 자원들에 대한 대안 모색, (3) CO_2 배출에 따른 기후변화의 억제를 중심으로 한 절실한 에너지 문제들에 직면해 있다. 재생, 화석연료, 원자력에너지원을 결합한 포트폴리오 접근법은 사회가 세 가지 자원 각각의 이점들을 잘 활용할 수 있도록 한다는 점에서 매력적이다. 포트폴리오 접근 방식이 성공하기 위해, 특히 재생에너지원을 중점적으로 개발하여 미래에는 보다 큰 역할을 할 수 있도록 해야 한다. 대기로의 GHG 배출을 단계적으로 없애려는 노력에서 재생 가능 에너지원이 지배적이게 되는 추세가 나타나고 있다. 그러나 우리는 아직 전환 과정의 초기 단계이므로 원자력에너지와 탄소 포집 및 격리(CCS)에 대한 연구를 계속하는 것이 현명하다. 엔지니어와 기타 에너지 전문가들은 자신의 전문 분야와 이외 분야에서의 활동을 통해 에너지 시스템의 변화를 이끌어내는 역할을 수행할 수 있다.

References

Beck, P. (1999). "Nuclear Energy in the Twenty-First Century: Examination of a Contentious Subject." *Annual Review of Energy & Environment*, Vol. 24, No. 1, pp. 113–137.
Brown, L. (2006). *Plan B 2.0: Rescuing a Planet under Stress and a Civilization in Trouble.* Norton, New York.
Haseltine, B., and C. Bull, Eds. (2003). *Field Guide to Appropriate Technology*, Academic Press, New York.
Intergovernmental Panel on Climate Change. (2018) Summary for Policymakers. In: Global Warming of 1.5°C, An IPCC Special Report. IPCC, Geneva.
Leighty, W. (2012). *Deep Reductions in Greenhouse Gas Emissions from the California Transportation Sector: Dynamics in Vehicle Fleet and Energy Supply Transitions to Achieve 80% Reduction in Emissions from 1990 Levels by 2050.* Technical report, Institute for Transportation Studies, U.C. Davis.
Mackay, D. (2009). *Sustainable Energy without the Hot Air.* Cambridge University Press, Cambridge, UK.
Nakicenovic, N., and M. Jefferson (1995). *Global Energy Perspective to 2050 and Beyond.* World Energy Council, London.
National Academy of Sciences (2013). *Transitions to Alternative Fuels and Vehicles.* National Academies Press, Washington, D.C.
Sepulvida, N., J. Jenkins, and R. Lester (2018). "The Role of Firm Low-Carbon Electricity Resources in Deep Decarbonization of Power Generation." *Joule*, Vol. 2, No. 11, pp. 2403–2420.
United Nations Development Program. (2019) Population Dynamics. Technical report, UNDP, Geneva.

Further Reading

Bardaglio, P., and A. Putman. (2009) *Boldly Sustainable: Hope and Opportunity for Higher Education in the Age of Climate Change.* Nacubo, Washington, DC.
Brown, L. (2009) Plan B 4.0. Norton, New York.
National Renewable Energy Laboratories (2014). *Life Cycle Assessment Harmonization*

Results and Findings. NREL, Golden, Colorado. Electronic Resource, available at http://www.nrel.gov/analysis/sustain_lca_results.html. Accessed Aug. 18, 2015.

Randolph, J., and G. Masters (2008). *Energy for Sustainability: Technology, Planning, Policy*. Island Press, Washington, DC.

REN21 (2006). *Renewables Global Status Report: 2006 Update*. Renewable Energy Policy Network for the 21st Century. Web resource, available at http://www.ren21.net/globalstatusreport/download/RE_GSR_2006_Update.pdf. Accessed Oct. 16, 2007.

Rockstrom, J, W. Steffen, and K. Noone. (2009). "A Safe Operating Space for Humans." *Nature*, Vol. 461, pp. 472–475.

Tester, J., E. Drake, M. Driscoll, et al. (2006). "Sustainable Energy: Choosing Among Options. Geothermal Energy," Chap. 11. *Geothermal Energy*. MIT Press, Cambridge, Massachusetts.

Toossi, R. (2009). *Energy and the Environment: Sources, technologies, and impacts*. Verve Publishers, Los Angeles.

von Weiszacker, U., A. Lovins, and H. Lovins (1997). *Factor Four: Doubling Wealth, Halving Resource Use*. Earthscan, London.

연습 문제

18-1. 이 장에서 제시된 미래 시나리오를 참고하여, 21세기 동안에 더 지속 가능한 에너지로의 변화를 위한 자신만의 에너지 시나리오를 만들라. 시나리오는 다음의 내용을 포함해야 한다: (a) 2050년과 2100년의 총 에너지 생산량, (b) 화석연료, 원자력에너지, 재생에너지로 나뉘는 생산 에너지원, (c) 새로운 기반시설 비용의 규모(2,000달러 단위), (d) 이산화탄소 총 배출량 규모, (e) 선진국과 신흥개발국 사이의 에너지 생산량 할당. 그리고 (a)부터 (e)까지 계산한 수치들에 관하여 설명하라.

찾아보기

Index

ㄱ

ㅅ

ㅇ

ㅈ

ㅊ

ㅋ

ㅌ

ㅍ

ㅎ

기타

ENERGY SYSTEMS ENGINEERING EVALUATION AND IMPLEMENTATION